ANATOMIE DES MENSCHEN

EIN LEHRBUCH FÜR STUDIERENDE UND ÄRZTE

ZWEITER BAND

EINGEWEIDE

(EINSCHLIESSLICH PERIPHERE LEITUNGSBAHNEN I.)

VON

HERMANN BRAUS

WEIL. O. Ö. PROFESSOR AN DER UNIVERSITÄT
DIREKTOR DER ANATOMIE WÜRZBURG

ZWEITE AUFLAGE

BEARBEITET VON

CURT ELZE

O. Ö. PROFESSOR AN DER UNIVERSITÄT
DIREKTOR DER ANATOMIE ROSTOCK

MIT 332 ZUM GROSSEN TEIL FARBIGEN ABBILDUNGEN

BERLIN · VERLAG VON JULIUS SPRINGER · 1934

ISBN-13: 978-3-642-89566-1   e-ISBN-13: 978-3-642-91422-5

DOI: 10.1007/978-3-642-91422-5

Softcover reprint of the hardcover 2nd edition 1934

Vorwort zur zweiten Auflage.

Bei der Bearbeitung für die neue Ausgabe habe ich mich von dem Gesichtspunkt leiten lassen, die BRAUSSche Darstellung in ihrer Eigenart möglichst unverändert zu erhalten. Doch habe ich den ganzen Text durchgeprüft und in den Einzelheiten nach den neuen Forschungsergebnissen so weit als möglich berichtigt und ergänzt. Dabei war es an einigen wenigen Stellen nicht zu vermeiden, auch größere Abschnitte ganz umzuschreiben. Eine Anzahl Abbildungen habe ich ersetzt, eine Anzahl neuer aufgenommen. Wie bei der 2. Auflage des 1. Bandes habe ich ein ausführliches Sachverzeichnis für Text und Abbildungen hinzugefügt. Der Vollständigkeit halber ist darin auch auf Bilder verwiesen, auf denen das betreffende Gebilde wohl dargestellt, aber nicht ausdrücklich bezeichnet ist. Ebenso enthält das Abbildungsregister manchen Hinweis, der im Text nicht erwähnt ist.

Herrn Professor ROMEIS, München, bin ich für die Überlassung der Vorlagen zu den Abbildungen auf S. 399 und 401 zu großem Danke verpflichtet, Herrn Professor v. LANZ, München, dafür, daß er den Zeichner, Herrn E. LEVIN, für einige Wochen beurlaubt hat, so daß er die Mehrzahl der neuen Vorlagen mit bewährter Kunst anfertigen konnte. Auch der Verlagsbuchhandlung habe ich für ihr stetes Entgegenkommen zu danken. Besonders aber gilt mein Dank Herrn Privatdozenten Dr. H. v. HAYEK für seine vielfache Hilfe bei meiner Arbeit.

Rostock, 14. Februar 1934.

C. ELZE.

Inhaltsverzeichnis zu Band II.

(Eingeweide im weiteren Sinn.)

Zum Nachschlagen beachte man außer den hier angegebenen Seitenverweisen und Tabellen die Überschriften am Kopf der Seiten, welche links das betreffende Kapitel und rechts den allgemeinen Inhalt des betreffenden Abschnittes angeben, ferner die Stichwörter für das spezielle Thema am Rande der Seiten. Ein alphabetisches Sachverzeichnis für Text und Abbildungen findet sich am Ende des Bandes.

Eingeweide (im eigentlichen Sinn).

Periphere Leitungsbahnen.

Allgemeiner Teil: Blut, Lymphe, ihre Bildungs- und Zerstörungsstätten; Gefäßwand, Herz und Herzbeutel.

Eingeweide.

A. Verdauungs- und Atemapparat.

I. Allgemeines.

1. Bestimmung und Umgrenzung des Begriffes: Eingeweide (Viscera).

Die Eingeweide fallen generell unter die große Gruppe der Stoffwechsel- Der Stoffwechsel im allgemeinen
organe. Auch unter ihnen gibt es mannigfache Einrichtungen, welche Hal-
tungen und Bewegungen der betreffenden Organe im ganzen und im einzelnen
bewirken, ähnlich wie die im ersten Bande behandelten Teile unseres Körpers
im biologischen Sinn statische und kinetische Apparate für die Haltung und
Bewegung des Menschen im ganzen und seiner Teile sind. Bei den Eingeweiden
sind im allgemeinen dazu glatte Muskelzellen im Gebrauch; doch kommen an
manchen Orten auch quergestreifte Muskelfasern reichlich zur Verwendung.
Eine Unterscheidung nach der histiologischen Beschaffenheit des benutzten
Materials ist also nicht möglich. Der Stoffwechsel im physiologischen Sinn
umfaßt alle Ernährungsvorgänge, welche den einzelnen Bausteinen des Körpers, den Zellen und ihren Derivaten, zu leben und zu arbeiten ermöglichen,
mögen diese Vorgänge zur Aufnahme von gelösten Nährmitteln oder von Gasen
oder zur Abscheidung der Endprodukte des Stoffwechsels, kurz mögen sie
zur Assimilation oder Dissimilation der lebendigen Substanz dienen. Jede
Gewebszelle unseres Körpers ist dauernd von einer Nährlösung umspült, in
welcher sie lebt, wie eine Hefezelle in einer Zuckerlösung oder wie ein Bacterium auf einem künstlichen Nährboden sich nährt und atmet. Eine Unzahl
von Einrichtungen des Körpers vermögen diese Nährlösung zu bereiten und
in dem richtigen Zustand zu erhalten, ohne welchen ein Weiterleben unmöglich ist. Der Magendarmkanal und die Atmungsorgane, welche die Nahrung
und Luft so aufnehmen und verarbeiten, daß sie dem Inneren des Körpers
zugeführt werden können, sind die bekanntesten. Die Physiologen nennen diese
Vorgänge: äußere Verdauung und äußere Atmung. Sie sind zu unterscheiden von den inneren Vorgängen entsprechender Art, welche sich an
den einzelnen Gewebszellen abspielen. Das Zwischenglied zwischen beiden,
das Transportmittel zwischen den Stätten der äußeren und inneren physiologischen Vorgänge, welche oft weit auseinander liegen, sind die Gefäße
(Blut- und Lymphgefäße). Diese Unterschiede sind wie bei den Aufbau-, so
auch bei den Abbauprozessen zu machen. Kot und Harn sind nur zum
Teil unverbrauchte Überbleibsel der Nahrung. Sie sind vermehrt durch die
Schlacken des inneren Stoffwechsels, welche durch die Gefäße transportiert,
an bestimmten Stellen ausgeschieden und jenen Überbleibseln beigemischt
werden: Excretion. Der ausgeschiedenen Luft der äußeren Atmung sind

in ähnlicher Weise die Schlacken des inneren Gaswechsels beigemischt. Der Stoffwechsel umfaßt also die Organe der äußeren Ernährung, Atmung und Excretion, alle inneren Stoffwanderungen und -speicherungen innerhalb der einzelnen Organe des Körpers (auch der Organe des Bewegungsapparates!) und schließlich die Transportmittel: das Blut, die Lymphe und die zu ihrer Zirkulation dienlichen Gefäße.

Begren-
zung nicht
physio-
logisch,
sondern
morpho-
logisch Diesem Heer von Einrichtungen des physiologischen Stoffwechsels stellen wir eine morphologische Einteilung entgegen, welche sich an diejenige anschließt, welche für uns das kennzeichnende Merkmal der Bewegungsapparate ist (Bd. I, S. 19). Wir greifen eine bestimmte Gruppe heraus und nennen sie Eingeweide, Viscera. Dieser Teil unseres Körpers geht aus dem ventralen

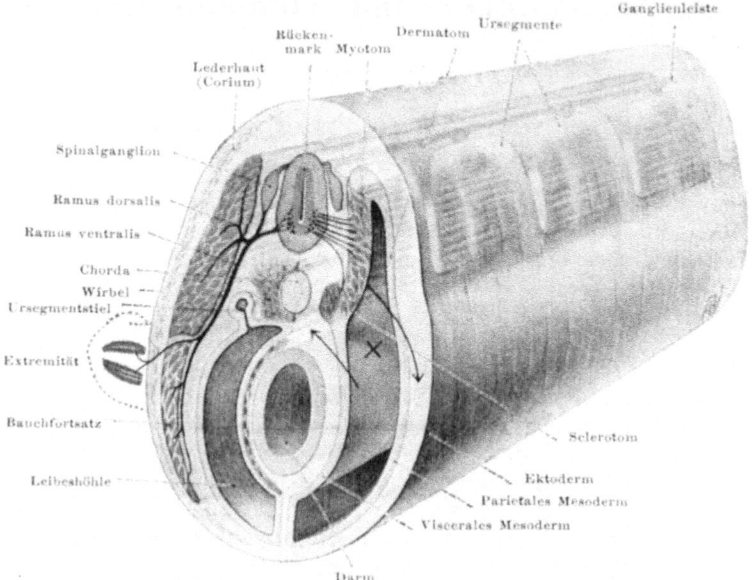

Abb. 1. Stück aus dem Rumpf eines primitiven Wirbeltierembryo, Schema. Rechts vom Beschauer ist im Querschnitt und in seitlicher Aufsicht ein jüngeres Stadium dargestellt als links. In Wirklichkeit sind immer beide Hälften gleich weit fortgeschritten. In der Seitenansicht ist das Ektoderm durchsichtig gedacht.

im allgemeinen nicht segmentierten Teil der ursprünglichen Körperanlage hervor (Abb. Nr. 1; ventral von ×, rechts vom Beschauer). Er besteht aus einer doppelwandigen Röhre: das innere Rohr ist der entodermale Darmschlauch mit dem ihm aufliegenden visceralen Blatt des Mesoderms (Splanchnopleura); das äußere Rohr ist das Ektoderm mit dem ihm von innen anliegenden parietalen Blatt des Mesoderms (Somatopleura). Anfänglich ist in der ventralen Mittellinie eine Befestigung zwischen dem äußeren und inneren Rohr vorhanden; diese geht an vielen Stellen nachträglich verloren (vgl. Abb. Nr. 1 u. S. 3). Außerdem lösen sich die ventralen Teile des Mesoderms (die sogenannten „Seitenplatten" bei höheren Tieren und beim Menschen, Bd. I, S. 20) vom dorsalen, segmentierten Mesoderm ab (Richtung des Pfeiles Abb. Nr. 1 rechts; auf der linken Seite ist die Ablösung vollzogen). Die ventrale Hälfte des Körpers ist dann zwei ineinander gesteckten Schläuchen vergleichbar, also etwa dem Luftschlauch und Mantel der Gummibereifung eines Fahrrades (mit dem Unterschied, daß Luftschlauch und Mantel in einer fortlaufenden Linie, welche dem Mesenterium in Abb. S. 3 entspricht, vereinigt zu denken sind). Von der weiteren

Ausgestaltung der äußeren Röhre, des Mantels in unserem Beispiel, sei hier abgesehen; sie ist in Abb. Nr. 2 schematisch angegeben und beim Bewegungsapparat im einzelnen behandelt. Aus dem geschilderten ventralen Teil des Körpers gehen hervor: **der Darmkanal und seine Abkömmlinge im weitesten Sinn, die Leibeshöhle, die Harn- und Geschlechtsorgane.** Wie sie aus ihm hervorgehen, was wir im einzelnen unter diesen Begriffen verstehen und was alles zu ihnen gehört, wird weiter unten zu erläutern sein. Die genannten Organe sind genetisch das, was wir als **Eingeweide** zusammenfassen.

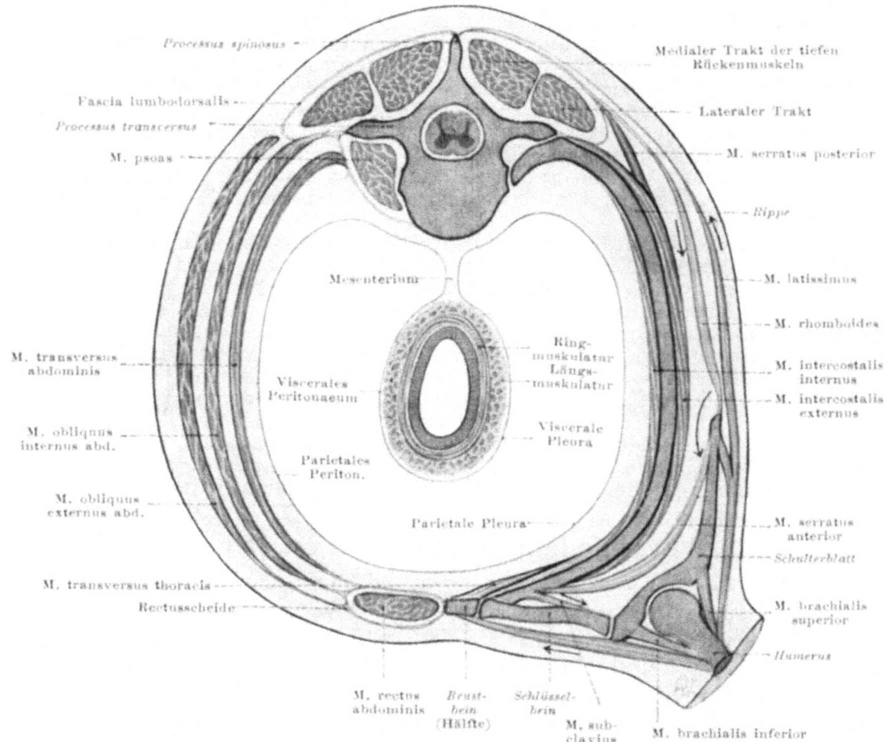

Abb. 2. **Querschnitt durch den fertigen Körper. Schema.** Rechts vom Beschauer: Brust, links: Bauch. Die Leibeshöhle ist übertrieben weit gezeichnet; sie entspricht in Wirklichkeit dem Spaltraum zwischen Luftschlauch und Mantel einer Fahrradbereifung.

Ich will vorausschicken, daß wir bei den Eingeweiden viele Einzelorgane unterscheiden werden, welche sich an die Einzelorgane des Bewegungsapparates wie die Räume eines Hauses aneinander anreihen. Wir durchwandern in den Kapiteln, welche sich mit den Bewegungsapparaten und Eingeweiden beschäftigen, gleichsam das ganze Gebäude unseres Körpers, seine Stockwerke, das Hauptgebäude und die Seitenflügel bis in jeden einzelnen Raum. Wir sehen dabei ab von den Gefäß- und Nervenbahnen, welche wie die Gas-, Wasser- und Stromleitungen überall in den Zwischenwänden zwischen den Räumen eingelassen sind und schließlich alle untereinander verbinden. Denn sie sind, obgleich sie zum Teil aus dem Mesoderm hervorgehen, ihrer Anlage nach nicht wie die Bewegungsapparate und Eingeweide auf bestimmte Abschnitte des primitiven Körpers beschränkt. Zum Teil wachsen sie von außen in diese Organe ein, wie Leitungen, welche erst nachträglich in eine Hausanlage

Beziehung zu den peripheren Leitungsbahnen

eingebaut werden. Während Gefäße und Nerven im physiologischen Sinn zum Stoffwechsel geradeso nötig sind wie die Eingeweide, gehören sie morphologisch nicht zu ihnen; sie werden im folgenden Hauptabschnitt dieses Buches besonders behandelt werden (Periphere Leitungsbahnen).

Beim Kopf sind ventrale Abschnitte des Mesoderms in den Bewegungsapparat eingetreten (Abkömmlinge der „Seitenplatten", epi- und hypobranchiale Muskeln, Bd. I, S. 644). Dort ist erläutert worden, auf welchem Wege dies möglich war. Auch für die Eingeweide wird sich ergeben, daß ihre Begrenzung gegen den Bewegungsapparat am Kopf keine so scharfe ist wie am Rumpf. Doch sind das nachträgliche Grenzüberschreitungen, welche die ursprüngliche Trennung zwar verwischen, aber nicht widerlegen.

Eingeweide im weiteren und engeren Sinn Die alten Anatomen verstanden unter Eingeweiden alles, was man aus den geöffneten Höhlen des Leichnams leicht herausnehmen kann, ohne die Lösung mit Messer oder Schere Schnitt für Schnitt vornehmen zu müssen wie bei den Muskeln, Knochen, Gefäßen oder Nerven. Deshalb wurden auch das Rückenmark und Gehirn zu den Eingeweiden gerechnet. Da diese Organe aus einer ganz anderen Anlage hervorgehen, haben sie genetisch mit dem, was wir Eingeweide nennen, nichts zu tun (Abb. S. 2, Rückenmark). Wir werden sie zusammen mit den Sinnesorganen und dem Integument, welche genetisch ähnlich zu bewerten sind, als die großen Zentralen für die nervösen Leitungsbahnen des Körpers in einem besonderen Abschnitt behandeln.

Das Herz, die Zentrale für das Blutgefäßsystem, könnte nach dem Bauplan des Körpers mit zu den Eingeweiden unserer Definition gerechnet werden und wird im gewöhnlichen Sprachgebrauch und auch von den alten Anatomen allgemein dazu gestellt. Ebenso die Milz. Beide Organe sind jedoch als spezielle Höchstleistungen von Teilen des Gefäßsystems entstanden, gehören also an sich zu den peripheren Leitungsbahnen. Da sie durch ihre Größe und Bedeutung hervortreten und für die Gestaltung von Teilen der Leibeshöhle wichtig sind, haben sie in der Tat zu den eigentlichen Eingeweiden Beziehung, werden bei den praktischen Übungen an der Leiche mit diesen zusammen behandelt und finden in diesem Bande ihre Beschreibung. Die Beziehung zu den Eingeweiden entsteht auch hier nachträglich und tut unserem Einteilungsprinzip keinen Abbruch. Letzterem zufolge behandeln wir zunächst die eigentlichen Eingeweide im engeren Sinn.

2. Verschiedene Arten von Eingeweiden.

Begrenzung des Verdauungs- und Atemapparates gegen den Harn- und Geschlechtsapparat Bei der Loslösung der „Seitenplatten" des Mesoderms von den dorsalen Ursegmenten bleiben die untersten Enden der Ursegmente an den Seitenplatten als kleine Ausbuchtungen hängen. Da diese Stücke gegen das übrige Ursegment verjüngt, abgekröpft sind, ehe die endgültige Abtrennung des letzteren einsetzt, nennt man sie Ursegmentstiele (Abb. S. 2). Sie endigen nach der Abtrennung blind, communicieren aber ventral zunächst frei mit der allgemeinen Leibeshöhle. Aus den Ursegmentstielen und aus ihnen nahe verwandten Teilen des Mesoderms gehen die Nieren im weitesten Sinn, d. h. verschiedene, aufeinanderfolgende Generationen dieser Organe hervor. Enge Beziehungen der älteren Nierengenerationen zu den Keimdrüsen bilden sich heraus, indem die Keimprodukte, welche ursprünglich frei in die Leibeshöhle gelangen, durch jene Ursegmentstiele aufgenommen und durch besondere Ausmündungen der anfänglich blind endigenden Kanälchen nach außen geleitet werden. So entstehen durch eine Kombination von Nierenabkömmlingen, welche nicht mehr den Harn, sondern die Geschlechtsprodukte ableiten, und von Keimdrüsen (Hode oder Eierstock) die inneren Geschlechtsorgane. Zu ihnen kommen die äußeren hinzu. Beides zusammen bezeichnen wir als Geschlechtsapparat. Die Nieren ergänzen sich durch hinzukommende Abfuhrwege des Harns, welche zum Teil Verbindungen der mesodermalen Abkömmlinge mit entodermalen Bezügen aus dem hintersten Abschnitt des Darmes darstellen, zum Harnapparat (uropoëtischer Apparat). Harn- und Geschlechtsapparat haben nicht nur die genannten frühen Verbindungen, sondern auch ganze Strecken der jünger entstandenen Ausführwege gemeinsam. Wir trennen sie als einen wohlbegrenzten großen Komplex von den übrigen Eingeweiden ab und behandeln sie als besonderen Teil der Eingeweide in diesem Bande: Apparatus urogenitalis (S. 342).

Die Hauptmasse des ventralen Mesoderms, welche übrig bleibt, also der ganze nicht segmentierte Teil mit dem eingelagerten Darmrohr (Abb. S. 2), wird hier als erster Teil der Eingeweide besprochen. Er läßt sich ganz im allgemeinen als Verdauungs- und Atemapparat bezeichnen: Apparatus gastropulmonalis. Wir haben für die Einteilung im einzelnen den Differenzierungen nachzugehen, welche der primitive doppelwandige Schlauch, den wir geschildert haben, bei seiner späteren Ausgestaltung erleidet, und betrachten gesondert die Ausgestaltung 1. der Leibeshöhle samt ihrer äußeren Wandung und 2. des Inhalts der Leibeshöhle (des Darmkanals und seiner Anhänge).

Von den einzelnen Bausteinen der schichtenreichen äußeren Leibeswand (Abb. S. 3) heben wir hier diejenige Lamelle heraus, welche zu innerst liegt: parietales Peritonaeum (Somatopleura). Sie schließt die primitive Leibeshöhle, Coelom, nach außen ab. Das Zwerchfell (Diaphragma) dringt, wie früher beschrieben, von der äußeren Körperwand aus ins Innere vor und trennt als Scheidewand die rechte und linke Brusthöhle von der Bauchhöhle ab (Abb. S. 145). Diese Gliederung der Leibeshöhle und ihrer Wand in die endgültigen Unterabteilungen und ihre sonstigen Schicksale behandeln wir an erster Stelle, da wir hier überall an Bekanntes anknüpfen.

Peritonaeum,
Pleura,
Pericard

Vorweg ist zu betonen, daß die „Höhlen" in Wirklichkeit von ihrem Inhalt so ausgefüllt sind, daß nur feine Spalten zwischen den dicht aneinandergrenzenden Teilen übrig bleiben. Wir sprechen also von „Höhlen" nur in dem Sinne, daß wir uns den Inhalt wegdenken oder daß wir die Möglichkeit der Ausweitung der Spalte zu einem größeren Raume, welche durch künstliche Eingriffe oder pathologische Ergüsse jederzeit eintreten kann, im Auge haben (Komplementärräume, Bd. I, Abb. S. 199).

Wir denken uns durch den Körper eines primitiven Säugers einen Horizontalschnitt gelegt (etwa in Höhe der Bezeichnung „parietale Pleura" in Abb. S. 3; diese Richtung entspricht beim ausgewachsenen Menschen einer frontalen Ebene) und zeichnen nur die Leibeshöhle mit ihrer Außenwand, ohne Rücksicht auf den Inhalt. Die anfangs einheitliche Leibeshöhle gliedert sich in eine vordere, dem Kopf zugehörige Partie: Kopfcoelom und in die gemeinsame Rumpfleibeshöhle: Rumpfcoelom (Abb. a, Nr. 3). Das Kopfcoelom hat verwickelte Schicksale, auf welche zurückzukommen ist. Der einzige Teil, welcher von ihm als selbständige Höhle übrig bleibt, ist in Beziehung zum Herzen getreten: Herzbeutel oder Pericard (Pc.). Da das Herz von der Stelle seines ersten Auftretens am Hals, wo es vom Herzbeutel umgeben wurde, bis in den Brustkorb wandert (Descensus cordis), gerät das Pericard in nähere Beziehung zu Abgliederungen des Rumpfcoeloms (Abb. b, Nr. 3). Diese entstehen in umgekehrter Richtung, kranialwärts (Pfeile, Abb. a, Nr. 3), und legen sich als blind endigende

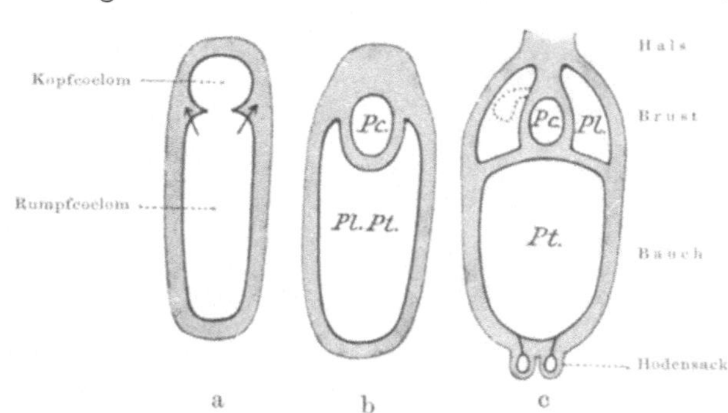

Abb. 3. Gliederung der einheitlichen Leibeshöhle (Coelom) in ihre Unterabteilungen.
Pc. Pericard (Herzbeutelhöhle), Pl.Pt. Pleuraperitonaealhöhle, Pl. Pleurahöhle (Brusthöhle), Pt. Peritonaealhöhle (Bauchhöhle).

Nischen zu beiden Seiten neben die Herzbeutelhöhle. Das Rumpfcoelom ist zunächst noch einheitlich: Pleuroperitonaealhöhle (Pl.Pt.), wird aber durch das quer durchschneidende Zwerchfell zerlegt in 1. die eigentliche Bauchhöhle (Pt.) und 2. die beiden Brust- oder Pleurahöhlen (Pl.). Die Coelomtapete, welche die Bauchhöhle auskleidet, heißt Peritonaeum parietale; diejenige, welche die Brusthöhle auskleidet, heißt Pleura parietalis. In der geschilderten Weise zerfällt die gesamte Somatopleura (parietales Mesoderm, Abb. S. 2) in Peritonaeum, Pleura und Pericard.

Gebraucht man diese Wörter ohne Zusatz, so pflegt man darunter wie hier das parietale Blatt (Somatopleura) zu verstehen. Das viscerale Blatt (Splanchnopleura, S. 2) überzieht den Darm; als dessen Bestandteil wird es auch Tunica serosa genannt (S. 19).

Parietales und viscerales Blatt zusammen kleiden die einzelnen Abteilungen der Leibeshöhlen samt ihrem Inhalt aus, deshalb auch als „seröse Säcke" bezeichnet. Der Name drückt aus, daß die den spaltförmigen Zwischenräumen zugewendeten Oberflächen der Grenzhäute mit Spuren von Flüssigkeit (Serum) benetzt, spiegelnd sind. Sie gleiten infolgedessen leicht gegeneinander.

Von der Bauchhöhle aus entwickeln sich beim Mann zwei Abgliederungen, welche mit den Hoden in den Hodensack einwandern und sich später als Hodensackhöhlen von der Bauchhöhle abschnüren (Abb. c, S. 5). Die Frau hat auch Andeutungen dieser Ausstülpungen (Diverticula Nucki).

Mangel einer Leibeshöhle im Hals und Kopf

Die Kopfleibeshöhle (Coelom) ist ursprünglich relativ ausgedehnter als die später von ihr allein übrigbleibende Herzbeutelhöhle. Letztere ist unpaar und liegt ventral. Wir sahen, daß sie mit dem Herzen in den Brustkorb wandert, also für Kopf und Hals nicht mehr in Betracht kommt. Die ursprünglich zu beiden Seiten anschließenden Teile des Kopfcoeloms fallen in denjenigen Distrikt der Kopf- und späteren Halswand, in welchem die Kiemenbogen und Kiemenspalten auftreten (Abb. Nr. 4). Letztere schneiden bei allen Tieren, welche durch Kiemen atmen, durch die Kopfwand durch und verdrängen die betreffenden Leibeshöhlenabschnitte, um dem Atemwasser die Wege frei zu geben, auf welchen der Gasaustausch zwischen der Luftbeimischung des Wassers und dem Blut der Kiemengefäße statt hat. Die Leibeshöhle reicht daher nur bis zu den letzten Kiemenanlagen bzw. bis zu der Stelle, wo die letzten Kiemenbogen lagen, ehe sie rudimentär wurden (Abb. Nr. 4). Bei höheren Tieren und beim Menschen legen sich Kiemen, obgleich die Kiemenatmung selbst vollständig verloren ist, immer noch an, wenn auch nur in den ersten Entwicklungsstufen (Abb. S. 8, Schlundtaschen); denn als Anlage für andere Organe, welche von ihnen abstammen — branchiogene Organe (S. 112) — oder welche von ihnen mittelbar bedingt sind — Kiemengefäße, Aortenbogen (Abb. S. 633) — sind die Kiemenanfänge unentbehrlich. So ist die Leibeshöhle in den seitlichen Gegenden des Kopfes gänzlich obliteriert, also im gesamten Kopf und Hals verschwunden (Abb. c, S. 5, Hals). Während man bei allen übrigen Eingeweiden nach Eröffnung der Rumpfwand in eine

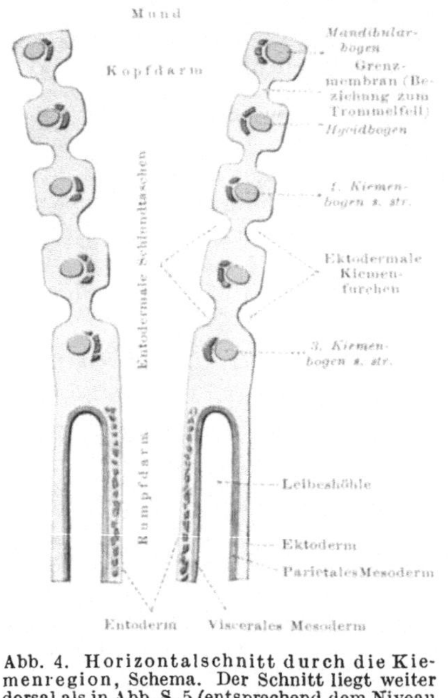

Abb. 4. Horizontalschnitt durch die Kiemenregion, Schema. Der Schnitt liegt weiter dorsal als in Abb. S. 5 (entsprechend dem Niveau des Darmquerschnittes in Abb. S. 3).

ringsum abgeschlossene Höhle gelangt (beim Bauch in die Bauchhöhle, bei der Brust in eine der Pleurahöhlen oder in die Herzbeutelhöhle) und erst in dieser den Inhalt findet, der mehr oder minder frei gegen die Wandung der Höhlen beweglich ist, ist das bei den Eingeweiden des Halses und Kopfes nicht der Fall. Die Darmwand ist bei letzteren fest in die äußere Körperwand eingelassen. Austauschprozesse zwischen Teilen der Wand und Teilen des Inhaltes sind deshalb in großer Häufigkeit erfolgt und erklären uns, warum es hier am schwierigsten ist, die ursprünglichen Herkünfte auseinanderzuhalten. Die Höhle, welche man am Hals und Kopf erreicht, wenn man die Wand durchtrennt, ist das Lumen des Darmkanales selbst. Will man das entsprechende Lumen bei der Bauchhöhle erreichen, so muß man zuerst durch die Bauchwand, dann durch die Bauchhöhle und schließlich durch die Darmwand hindurch (vgl. in Abb. S. 6 Kopf- und Rumpfdarm). Diese Unterschiede gelten genau so für den erwachsenen Menschen wie für die frühen Anlagen und sind für das Verständnis besonders wichtig.

Der Kopfdarm mit seinen Derivaten ist deshalb nicht so leicht mit dem Messer aus der Körperwand herauszutrennen wie die übrigen Eingeweide. Es gibt zwar dafür eine verhältnismäßig einfache Technik der Präparation an der Leiche, aber es bleiben dabei zahlreiche Bestandteile der Wand an den eigentlichen Eingeweiden haften. Deshalb wären nach der rein äußerlichen Bezeichnungsweise der alten Anatomie am Kopf und Hals die Eingeweide ganz anders zu begrenzen, als wir es tun. Wir richten uns nach dem, was die Darmwand selbst im Laufe der Entwicklung liefert und kommen von diesem morphologischen Standpunkt aus zu einer scharfen Begrenzung des Stoffes.

Der Inhalt der Leibeshöhle wird in viel mannigfaltigerer Weise umgewandelt als die Wandung: wir finden in dem relativ einfachen Gehäuse einen sehr verwickelt gelagerten und formenreichen Darm mit seinen Anhängen. Wir besprechen zuerst die Aufteilung des Darmkanals in den Kopf- (oder Kiemen-) darm und den Rumpfdarm, welche der Gliederung des ganzen Körpers in Kopf und Rumpf entspricht und daher der Wandung (Abb. a, S. 5) konform ist.

Primäre
Gliederung
des Darm-
kanals in
Kopf- und
Rumpf-
darm

Der Kopfdarm ist ausgezeichnet durch die Kiemenspalten, welche zu beiden Seiten seine Wand durchbrechen (Abb. S. 626). Eine von ihnen, die erste, bleibt dauernd als Tuba auditiva (Eustachii) erhalten; sie führt auch beim Erwachsenen noch vom Inneren des Verdauungskanals hinaus in die Paukenhöhle und von dort — nur durch das Trommelfell unterbrochen — in den äußeren Gehörgang und ins Freie (Bd. I, Abb. S. 652). Die anderen Kiemenspalten gehen gewöhnlich zugrunde; ausnahmsweise bleiben Reste als sogenannte „Kiemenfisteln" übrig, d. h. feine Kanäle am Hals (Fistula colli congenita), durch welche gelegentlich noch eine Sonde bis in das Lumen des Schlundes eingeführt werden kann. An blindendigende Reste schließen sich nicht selten andere Mißbildungen an (vielkammerige Cysten, Geschwülste). So leicht es ist, beim Embryo den Kopfdarm an den Kiemenspalten und an den Kiemenbogen (zwischen den Spalten) zu erkennen und gegen den Rumpfdarm zu begrenzen, so unmöglich ist es nach Verlust dieser Organe. Wir können aber denjenigen Abschnitt des Darmkanales, den wir Schlund, Pharynx, nennen, in der Entwicklungsgeschichte zurückverfolgen und wissen daher, daß er zum Kopfdarm gehört (die entodermalen Abschnitte der Kiemenspalten heißen bezeichnenderweise „Schlund"taschen, Abb. S. 6). Die Grenze gegen den Rumpfdarm liegt zwischen Schlund und Speiseröhre (bzw. zwischen Schlund und Kehlkopf).

Diese Grenze wird nicht von allen Teilen der Kopfdarmwand innegehalten, sondern gerade Abkömmlinge der Kiemenbogen wandern über sie hinaus in den Rumpfdarm, speziell in den Atmungsapparat ein. So führen auch hier Verwerfungen — ähnlich wie bei der Mischung von Kopf- und Rumpfmuskeln am Hals — zu einer komplexen Zusammensetzung gewisser Halseingeweide, besonders des Kehlkopfes. Das Nähere wird dort mitgeteilt werden.

Ekto-
dermales
Anfangs-
stück,
primäre
und sekun-
däre Mund-
höhle

Das vorderste und hinterste Ende des Gesamtdarmtractus wird je durch ein besonderes Ansatzrohr aus einwanderndem Ektoderm verlängert. Vorn heißt es ektodermale Mundbucht (Abb. Nr. 5). Sie stülpt sich von außen her ein, ist anfänglich gegen das entodermale Darmrohr durch eine Membran verschlossen und scharf gegen es abgegrenzt (primäre Rachenhaut); später verschwindet die Grenzhaut, so daß Ekto- und Entoderm zusammenfließen. Wir nennen das gemeinsame Produkt beider Keimbätter: primäre Mundhöhle. Während die beiden Komponenten, aus denen sie entstanden ist, anfänglich hintereinander liegen (Ektoderm oral, Entoderm aboral), teilt sich nachträglich die primäre Mundhöhle in zwei übereinanderliegende Stockwerke. Das untere ist die endgültige (sekundäre) Mundhöhle (Cavum oris, Abb. S. 9),

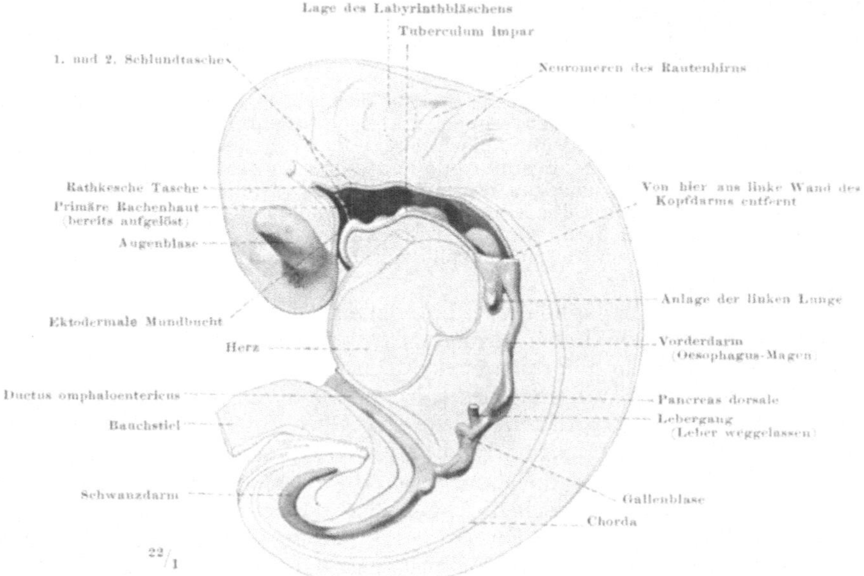

Abb. 5. Darmanlage eines menschlichen Embryo (Länge 3 mm). Linke Körperseite bis auf den Darm abgetragen, Kopfdarm von links her eröffnet. Nach einem Modell von Broman (Morph. Arb. 1895).

das obere ist ein Teil der Nasenhöhle (Cavum nasi). Die Scheidewand zwischen beiden, welche die Trennung der Länge des Darmrohrs nach vollzieht, ist der Gaumen. Der Pharynx wird nicht aufgeteilt; er ist ein Überrest des ungesonderten primitiven Kopfdarmes (vgl. Abb. Nr. 5 u. Abb. S. 9).

Ektodermale Organe sind: 1. Die RATHKESche Tasche, eine unpaare Einstülpung gegen das Gehirn zu (Abb. Nr. 5). Sie liegt unmittelbar vor der primären Rachenhaut und ist also sicher ektodermal; sie bildet einen Teil der Hypophyse. Als Rest der Stelle, an welcher sie die Anlage der späteren Schädelbasis passiert, kann ein Kanal im Knochen ausgespart sein (Canalis craniopharyngeus, Bd. I, S. 669). 2. Das Epithel und die Drüsen der Nasenhöhle und ihrer Nebenhöhlen. Daß sie ektodermaler Abkunft sind, wird daraus erschlossen, daß die RATHKESche Tasche am hinteren Rand der Nasenscheidewand liegt. Ob sie nicht vielleicht sekundär in das Entoderm hineingedrängt worden ist, können wir freilich nicht ausschließen (siehe das Folgende). 3. Das Schleimhautepithel der peripheren Partie der Mundhöhle mit Zahnfleisch und Schmelz der Zähne. Dies wird aus dem Vorkommen von Zähnen im Ektoderm der Haut bei niederen Wirbeltieren erschlossen (siehe Zähne). Da bei Fischen Zähne sehr häufig im Schlund und selbst in der Speiseröhre sitzen, so müßte hier das Ektoderm weit in das Entoderm vorgedrungen sein, oder letzteres selbst müßte die Fähigkeit besitzen, Zähne zu bilden. — Alle übrigen Epithelien der Mundhöhle werden für Abkömmlinge des Entoderms gehalten, insbesondere das Zungenepithel mit seinen Papillen und Drüsen und die großen Speicheldrüsen. Danach scheint es, daß die Derivate der beiden Keimblätter in der Mundhöhle sehr stark gegeneinander verschoben werden. Eine sichere Demarkationslinie ist jedenfalls zur Zeit nirgends zu ziehen; deshalb ist eine Einteilung des Darmtractus auf die Herkunft aus Ekto- und Entoderm nicht zu stützen.

Am Ende des Darmes stülpt sich ebenfalls das Ektoderm ein und bildet die blind endigende ektodermale Kloake. Die Afteröffnung entsteht wie die Mundöffnung sekundär, indem die Kloakenmembran zwischen Ekto- und Entoderm verschwindet. Auch findet wie bei der primären Mundhöhle eine Längsteilung in zwei nebeneinanderliegende Röhren statt (bei der Frau Vagina und Vulva einerseits und Rectum und Anus anderseits, Abb. Nr. 6). Von diesen behandeln wir vorläufig nur den dorsalen Tractus, Mastdarm und After. Der ventrale wird bei dem Harn- und Geschlechtsapparat zu behandeln sein.

Beim Enddarm ist besonders schwierig zu entscheiden, wie weit das vom Ektoderm gebildete Epithel samt Drüsen reicht. Während man im allgemeinen glaubt, daß nur die nächste Nachbarschaft des Afters dazugehöre, sprechen gewisse Mißbildungen dafür, daß der ganze Dickdarm bis zur Valvula coli damit ausgekleidet ist. — Beim Urogenitalapparat des Mannes ist die Glandula bulbourethralis (Cowperi) noch vom Ektoderm gebildet. (Nach anderen Autoren stammt die Harnröhre vom Entoderm ab.)

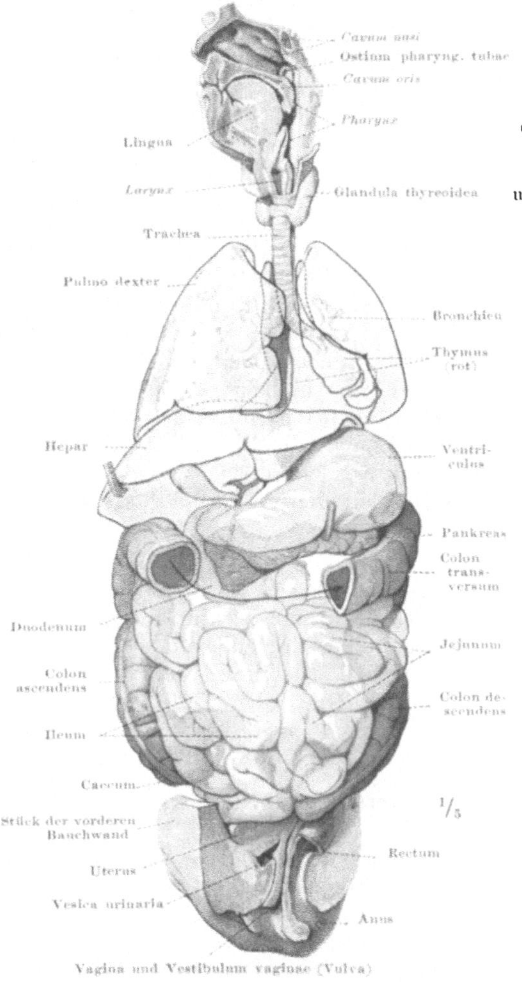

Eine ähnliche Abspaltung wie die durch den Gaumen bewirkte vollzieht sich am vorderen Ende des Rumpfdarmes. Es entsteht dort ventral die Anlage des Respirationstractus. Wir verstehen darunter Kehlkopf, Luftröhre und Lungen. Der dorsale Teil des Rumpfdarmes wird als Vorderdarm bezeichnet (Abb. S. 8). Zum Vorderdarm gehören die Speiseröhre und der Magen. Diese Längsspaltung ist so charakteristisch für den ganzen Apparat, daß man ihn danach gastropulmonalen Apparat nennt. Da zwischen den beiden der Länge nach aufgespalteten Abschnitten des Kopf- und Rumpfdarmes ein ungespaltenes Stück, der Schlund, übrig bleibt, so ergibt sich hier eine Art

Ektodermales Schlußstück: Kloake und Mastdarm

Umgliederung des übrigen Rumpfdarmes

Abb. 6. Übersicht über die Eingeweide des Erwachsenen (Frau). Kopf und Becken halbiert, Schnittfläche der rechten Körperhälfte abgebildet. Leber (Hepar) und Magen (Ventriculus) sind mit Haken in die Höhe gehoben, um die Gallenblase und die Bauchspeicheldrüse (Pankreas) sichtbar zu machen. Ein Stück des Colon transversum aus demselben Grund entfernt. Sonst alle Eingeweide in der Lage, in welcher sie innerhalb der Leibeswand liegen. Leber und Lunge durchsichtig gedacht, so daß die verdeckten Teile der Speiseröhre, Thymus und Bronchien durchschimmern.

Weichenstellung wie bei Doppelgleisen von Eisenbahnen. Was aus der Mund-
und Nasenhöhle in den Schlund (Pharynx) gelangt, kann entweder in die Speiseröhre geleitet werden (z. B. zerkaute Nahrung und Speichel aus der Mundhöhle, abfließender Schleim aus der Nasenhöhle) oder in die Luftröhre gelangen
(z. B. durch Nase oder Mund eingeatmete Luft), je nachdem der Schlund durch
die Bewegungsmittel, über welche er verfügt, den einen oder anderen Weg
freigibt (Abb. S. 9). Was geschieht, wenn die Weiche schlecht funktioniert und
wenn z. B. Nahrungspartikelchen oder Flüssigkeiten den falschen Weg nehmen
(„in die Sonntagskehle"), weiß jeder Laie. Die Neugestaltung des einfachen
Darmschlauches zum verwickelten gastropulmonalen Apparat und die mit
diesen Differenzierungen verknüpften großen Vorteile sind mit derartigen Nach-
teilen erkauft, welche der Organismus bezahlt, weil das Neue aus gegebenem
historischem Material aufgebaut wird und nicht als freie Neuschöpfung entsteht. So ist das Fertige nur aus dem ursprünglichen Zustand zu verstehen,
der bis in das Jetzt hineinspielt.

Abwärts vom Vorderdarm ist der Rumpfdarm noch überall als ursprüngliches einheitliches Rohr erhalten. Durch Längenwachstum, besondere Ausgestaltung der einzelnen Abschnitte und durch Entfaltung großer Drüsen
(Leber, Hepar, und Bauchspeicheldrüse, Pankreas, Abb. S. 8 u. 9)
kommt es auch bei ihm zu gut charakterisierten Teilen, welche später besonders
analysiert werden sollen.

Einteilung
des defini-
tiven
gastro-
pulmonalen
ApparatesWir teilen den gesamten gastropulmonalen Apparat in folgender Weise ein:

A. Kopfdarm.

1. Mundhöhle.
2. Schlund (auch Schlundkopf oder Rachen genannt).
3. Branchiogene, epitheliale und lymphoepitheliale Organe (Mandel, Bries,
   Epithelkörperchen, Schilddrüse).
4. Nasenhöhle (obere Luftwege).

B. Rumpfdarm.

1. Untere Luftwege; zerfallen in: Kehlkopf, Luftröhre, Lungen und Brust-
   fell.
2. Verdauungskanal; zerfällt in:
   a) Vorderdarm, bestehend aus Speiseröhre und Magen;
   b) Mitteldarm, bestehend aus Zwölffingerdarm, Leerdarm und Krumm-
      darm;
   c) End- oder Dickdarm, bestehend aus Blind-, Grimm-, Mastdarm.
   d) Bauchfell, überzieht den Magen, die meisten Teile des Mittel- und
      Enddarmes.

Um die Anknüpfung an die unteren Luftwege zu erleichtern, ist die Nasenhöhle
in unserer Einteilung an das Ende der Kopfdarmorgane gesetzt, so daß obere und
untere Luftwege zusammenstehen. — Magen-, Dünn- und Dickdarm lassen sich
auch als „Magendarmkanal" zusammenfassen. Dünn- und Dickdarm bilden den
Darm im engeren Sinn.

3. Die Bauelemente des gastropulmonalen Apparates und der gröbere Aufbau seiner Wandungen (allgemeine Histologie und mikroskopische Anatomie).

Die Epi-
thelienDie Oberfläche der Wandungen, welche Hohlräume begrenzen, sind ausnahmslos von einem Überzug aus Epithelien bedeckt (Abb. S. 11). Sie sind sehr
verschiedener Art, je nachdem die Oberfläche der Lichtung des Verdauungs-

schlauches und seiner Abkömmlinge oder der Leibeshöhle zugewendet ist. In letzterer finden wir immer einschichtiges Plattenepithel mit polygonalen Zellen (Abb. Nr. 7a, b). Im ersteren kommt solches nur an ganz wenigen Stellen vor (Lungenbläschen und tympanales Ende der Ohrtrompete); sonst ist das Plattenepithel in ihm überall mehrschichtig, z. B. in der Mundhöhle und in der Speiseröhre (Abb. Nr. 7h). Selbst die obersten Schichten haben immer Kerne zum Unterschied von dem mehrschichtigen Plattenepithel der Haut, welches verhornt ist und die Kerne verloren hat (mit Ausnahme der ebenfalls verhornten Kerne der Nägel). Die weitaus größten Strecken des gastropulmonalen Apparates, welche nicht wie die Mundhöhle und Speiseröhre lediglich zur Aufnahme und zum Transport der Nahrung benutzt sind, haben statt

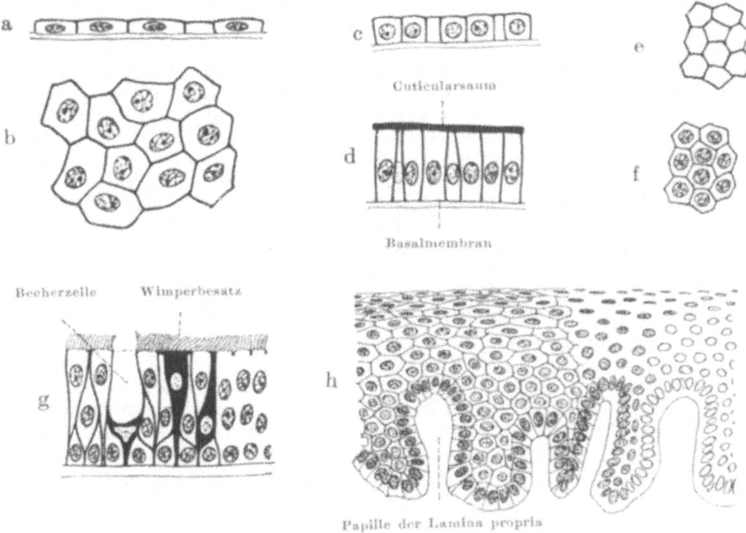

Abb. 7. **Verschiedene Epithelformen.** a Einschichtiges Plattenepithel, im Schnitt ,senkrecht zur Fläche getroffen. b Dasselbe, Totalpräparat in der Flächenansicht (ähnlich im Flachschnitt aussehend). c Pflasterepithel, im Schnitt wie Abb. a. d Einschichtiges Cylinderepithel, im Schnitt wie Abb. a. e und f Flachschnitte durch Cylinderepithel in der Höhe der kernfreien Zone und der Kernzone. g Mehrreihiges Flimmerepithel, im Schnitt wie Abb. a. Eine Becherzelle und zwei Wimperzellen schwarz hervorgehoben, bei letzteren reicht die Zelle trotz verschiedener Form durch die ganze Dicke der Epithelschicht hindurch. Rechts nur die Kernstellung ohne Zellgrenzen (sehr häufiges mikroskopisches Bild). h Mehrschichtiges Plattenepithel, im Schnitt wie voriges.

des widerstandsfähigeren Plattenepithels die protoplasmareicheren Formen des Cylinderepithels. Im Magendarmkanal dient es zur Abscheidung von Substanzen, von denen viele mechanisch oder chemisch die Verdauung befördern, andere ungenutzt abgehen, oder zur Aufnahme der Stoffe aus der Nahrung, welche dem Körper zugute kommen. Einschichtiges plattes Epithel ist dazu nicht fähig, eine Resorption ist also in der Mundhöhle und in der Speiseröhre unmöglich. Das cylindrische Epithel ist einschichtig; es hat im Darm einen Cuticularsaum (Abb. Nr. 7d), im Magen nicht. Soweit Luft vom gastropulmonalen System geleitet wird, ist das Epithel ebenfalls cylindrisch, aber mehrreihig und bewimpert (im respiratorischen Teil der Nasenhöhle, in Teilen des Pharynx und Larynx, in der Trachea und in den Bronchien, Abb. Nr. 7g). Zwischen Platten- und Cylinderepithelien gibt es an manchen Orten auch Zwischenformen: kubisches Epithel (Pflasterepithel, Abb. Nr. 7c; ein- oder mehrschichtiges, letzteres z. B. im Pharynx).

Besondere Bedeutung gewinnen die aus Epithelien hervorgehenden **Drüsen**, **Glandulae.** Sie sondern Flüssigkeiten ab, **Sekrete**, welche mechanisch das Gleiten der Nahrung erleichtern und Verletzungen durch schädliche, der Nahrung oder Atemluft beigemischte Partikel verhindern, oder chemisch durch Fermente den Aufschluß der Bestandteile der Nahrung und ihre Umwandlung in leichter resorbierbare Stoffe besorgen. Es gibt **einzellige Drüsen**, sogenannte „Becherzellen" (Abb. g, S. 11). Sie liegen **innerhalb der Epithelhaut** selbst, liefern Schleim und kommen in den luftzuführenden Wegen (Nasenhöhle, Luftröhre, Bronchien) und im eigentlichen Darm zahlreich vor.

Gruppen von Drüsenzellen pflegen der unmittelbaren Berührung mit dem Inhalt des Verdauungs- oder Atemkanals dadurch entrückt zu sein, daß sie sich in buchtenförmige Ausweitungen und Adnexe der Schleimhaut zurückziehen. Besonders am Darm von Fischen ist eine ganze Stufenleiter von rinnen- und grubenförmigen Vertiefungen zu beobachten, welche mit Drüsenepithelien ausgekleidet sind. In der Harnröhre des Mannes werden wir ein entsprechendes Beispiel beim Menschen kennen lernen (Abb. S. 468). Aus solchen spezifisch organisierten Buchten müssen wir uns die **mehrzelligen Drüsen** hervorgegangen denken. Sie liegen außerhalb der Epitheltapete, sind aber mit der Stelle, von welcher sie ausgegangen sind, sehr häufig noch durch einen Kanal verbunden, den sie wie einen Ariadnefaden hinter sich herziehen, wenn sie sich vom Ort ihrer Entstehung entfernen, um geschütztere und ihrer Ausdehnung dienlichere Orte aufzusuchen. Zu den Drüsen, welche weit ab von ihrem Entstehungsort liegen, aber annähernd an der Stelle münden, von welcher sie ausgegangen sind, gehört z. B. die Ohrspeicheldrüse. Verlieren die Drüsen ihre Verbindung mit der Stelle, von welcher sie ausgegangen sind (Abb. b, c, S. 13), so können sie sich ganz besonders weit von dem Ort ihrer Entstehung entfernen. So rückt z. B. die innere Brustdrüse, Thymus, von den Kiemenanlagen des Kopfes durch einen Descensus ähnlich dem des Herzens und des Zwerchfelles in das Innere des Brustkorbes hinein (Abb. S. 9, rot).

Die Entstehung der Drüsen in der individuellen Entwicklung geht einen sehr vereinfachten Etappengang. Das epitheliale Material wird in Form von soliden Knötchen gesammelt, welche der Basis der Epitheltapete aufsitzen (Abb. a, S. 13). Die aussprossenden Drüsenschläuche erhalten erst nachträglich ein Lumen. Die Zwischenstufen der oben geschilderten Rinnen und Buchten, die sich allmählich abschnüren, sind ganz ausgefallen. — Über „intra- oder endoepitheliale" Drüsen siehe S. 424.

Die **mehrzelligen Drüsen** werden eingeteilt in Drüsen **ohne** und **mit Ausführgang.** Die ersteren geben ihr Sekret nicht an die freie Oberfläche der Schleimhaut, sondern in das Innere des Körpers mittels der sie umspinnenden Blut- oder Lymphgefäße ab. Sie heißen **Drüsen mit innerer Sekretion, endokrine Drüsen** (weniger gut: „geschlossene" Drüsen; für die Abgabe des Sekretes muß ein Weg offen sein, eben der genannte in den Blutkreislauf); ihr Sekret wird **Botenstoff, Hormon,** genannt (auch Inkret, inkretorische Drüsen). Sie haben zum Teil noch die Form von zusammenhängenden Schläuchen mit einzelnen dickeren Stellen, die ein erweitertes Lumen haben; oder das Lumen fehlt, und statt hohler Schläuche gibt es nur solide Epithelstränge und -nester (Abb. b, S. 13). Anderseits können die kugelförmigen Auftreibungen besonders groß werden, nur mit schmalen Brücken verbunden oder ganz gegeneinander isoliert sein (Abb. c, S. 13).

Die **Drüsen mit Ausführgang** entleeren ihr Sekret auf die freie Oberfläche der Schleimhaut, also in das Lumen des Verdauungs- oder Atemtractus. Sie heißen **exokrine** Drüsen oder **Drüsen mit äußerer Sekretion** („offene" Drüsen). Es kommt auch beides gemeinsam in einer Drüse vor. So gibt die Leberzelle die einen Produkte als Sekret exokrin an den Darm ab (Galle), die anderen Produkte nach Art einer endokrinen Drüse an die Blutbahn.

Alle Hormone sind in winzigsten Mengen spezifisch wirksam. Die meisten konnten deshalb bisher nicht als reine Substanzen isoliert werden; von einigen ist aber schon die chemische Zusammensetzung, z. T. auch die Konstitution bekannt (z. B. Adrenalin, Thyroxin). Sie wirken durch geringe Quanten wie gewisse Duftstoffe der Insekten, bei welchen der Geruch des einen Geschlechts dem anderen selbst durch eine Wolke von Naphthalin hindurch bemerkbar ist.

Die exokrinen Drüsen haben sich ihrem äußeren Bau nach am höchsten spezialisiert. Geradeso wie ein Baum, der an die Stelle gebunden ist, wo der Stamm wurzelt und wo er sein Wasser und seine Nahrung bezieht, sich durch immer stärkere Verästelung entfaltet, so auch die Drüsen; bei ihnen ist die Ausmündungsstelle auf der Epitheloberfläche der Punkt, an welchen der Ausfluß des gesamten Sekretes und damit der Standort der Drüse gebunden ist. Die Notwendigkeit, das Sekret hier zu entleeren, ruft baumartige Verzweigungen hervor, sobald die Drüse sich ausdehnt (Abb. Nr. 8 f—i). Ein einfacher Schlauch wird wohl eine Weile sich verlängern und, wenn er nicht genug Platz hat, sich aufknäueln und von der Schleimhaut entfernen können, auch wenn ein besonderer Ausführgang das Sekret aufnimmt und leitet (Abb. Nr. 8 d, e). Aber das dem Ausführgang benachbarte Stück des Knäuels wird leicht der Sitz von Stockungen

Wuchs-
formen der
exokrinen
Drüsen

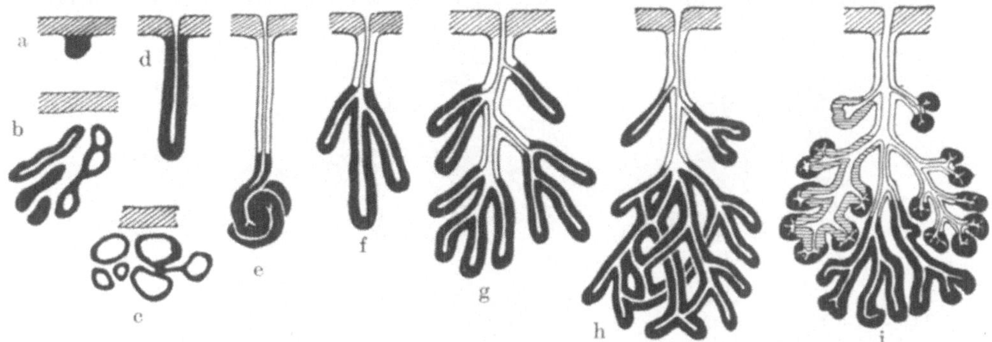

Abb. 8. Verschiedene Drüsenformen. Das Epithel der Schleimhaut schräg schraffiert, sezernierende Zellen schwarz, Ausführgänge weiß. a Erstes Entwicklungsstadium. b und c Endokrine Drüsen. d Unverästelte tubulöse Drüse. e Knäueldrüse. f Einfach verästelte Drüse. g Mehrfach verästelte Drüse. h Netzförmige Drüse. i Zusammengesetzte Drüse mit verschiedenartig gebauten Endschläuchen (schleimproduzierende Teile horizontal schraffiert).

sein, weil das hier produzierte Sekret den Abfluß von entfernteren Teilen hindern kann. Knäueldrüsen gibt es daher nur bei sehr dünnflüssigem Sekret (Schweiß). Leichtere Abflußverhältnisse hat die verästelte Drüse. Bei ihr sezerniert der Ausführgang nicht; er kann ein besonderes niedrigeres und andersschichtiges Epithel haben als die ihm anhängenden sezernierenden Endschläuche (Endstücke, Endkammern, Abb. Nr. 8 f, g). Nie ist das Epithel der Drüsen ganz abgeplattet, in den Endstücken ist es immer cylindrisch, einschichtig, in den Ausführgängen cylindrisch bis kubisch, in größeren mehrzeilig (oder mehrschichtig). Am günstigsten für die Abfuhr des Sekretes sind netzförmige Verbindungen der Drüsenschläuche (Abb. Nr. 8 h), in welchen nach der Art von Wundernetzen des Gefäßsystems das Sekret einen beliebigen Weg wählen kann, falls streckenweise der Abfluß stockt, weil er durch Kompression der Drüse oder andere äußere Momente gehemmt ist.

Nach der Art der Verästelung kann man folgende Arten der Drüsen mit äußerer Sekretion unterscheiden:

1. Die einfache Drüse, Glandula simplex. Der Ausführgang ist einfach, nicht verästelt.
    a) Die unverästelte Schlauchdrüse (Abb. Nr. 8 d), z. B. Magendrüsen des Corpus ventriculi.
    b) Die gewundene Schlauchdrüse (Knäueldrüse, Abb. Nr. 8 e), am häufigsten in der freien Haut als Schweißdrüsen, Circumanaldrüsen.

c) Die einfach verästelte Drüse (Abb. f, S. 13). Zwei oder mehrere Einzelschläuche des Typus d hängen an einem gemeinsamen Ausführgang: ein- bis mehrfach gegabeltes Gangsystem. Beispiel für einfache Gabelung: Pylorusdrüsen, für vielfache Gabelung: viele kleine Drüsen der Mundhöhle.

2. Die zusammengesetzte Drüse, Glandula composita. Der Ausführgang ist mehr oder weniger verästelt. An jedem Ast hängt ein Einzelschlauch (Typus d) oder eine einfach verästelte Drüse (Typus f).

a) Die mehrfach verästelte Drüse (Abb. g, S. 13). Beispiel: große Speicheldrüsen.

b) Die netzförmige Drüse (Abb. h, S. 13). Beispiel: die Leber der niederen Wirbeltiere (Nichtsäuger).

c) Die Drüse ohne röhrenförmigen Typus: Labyrinthdrüse. Beispiel: Leber der Säuger und des Menschen (zur näheren Erläuterung dieses Typus siehe Kapitel: Leber).

Der Ausführgang wird auch Ductus secretorius genannt. Das Wort ist irreführend, denn der Gang sezerniert nicht selbst, er leitet nur das Sekret (Ausnahmen bei den Speicheldrüsen).

Lobuli und Lobi Bei großen Exemplaren der mehrfach verästelten zusammengesetzten Drüsen ist der Ausführgang sehr stark aufgeteilt. Je an einem seiner Endästchen hängt eine dünne Drüse des Typus g. Sie bildet mit der umgebenden

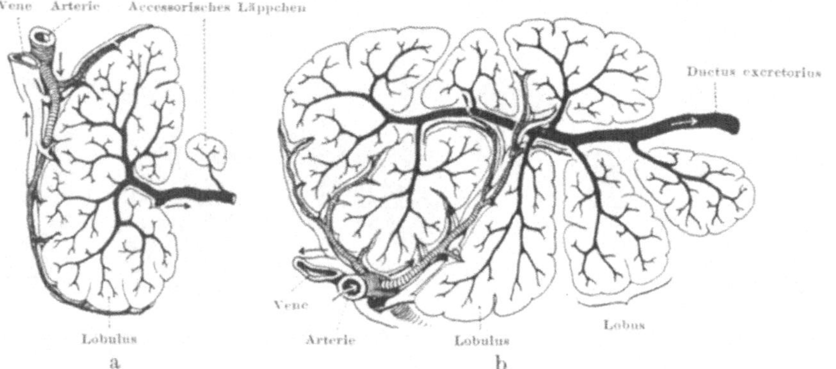

Abb. 9. Schnitte durch mehrfach verästelte zusammengesetzte Drüsen, schematisiert. a Kleine Form. b Große Form. Ausführgang und seine Äste schwarz. Pfeile in der Richtung des Sekretions- und Blutstromes.

Bindegewebskapsel ein Drüsenläppchen, Lobulus. Viele Lobuli sind zu einem Drüsenlappen, Lobus, vereinigt (Abb. Nr. 9), indem die feinsten Ausführgänge zu gröberen zusammentreten. Aus der ganzen Drüse tritt schließlich der Hauptausführgang aus, welcher beträchtliche Längen annehmen kann. Die Drüse hängt an ihm wie das Kind an der Nabelschnur.

Die Einteilung in Lobi und Lobuli geschieht durch stärkere und schwächere bindegewebige Septen, welche die Träger der Gefäße sind. Das Bindegewebe, welches die einzelnen Endschläuche umgibt, nennt man Membrana propria. Diese Haut grenzt jeden Endschlauch nach außen ab. Die Endschläuche eines Lobulus können sich nur in den einen für dieses Läppchen bestimmten Endast des Ausführungsganges entleeren. Verbindungen der Drüsenschläuche eines Läppchens mit dem Nachbarläppchen bestehen beim verästelten Typus nicht (wohl bei den Drüsen ohne röhrenförmigen Typus: Säugerleber). Die Verästelungen des Ausführganges liegen zwischen den Lappen und Läppchen (interlobär und interlobulär). Nur die letzten Enden des Ausführganges tauchen in die Läppchen ein (intralobulär). Bei vielen Drüsen (Speicheldrüsen, Pankreas, Tränendrüse) sind die intralobulären Strecken des Ausführganges zu besonderen Abteilungen differenziert: Schaltstücke und Speichelröhren (letztere kommen nur bei Speicheldrüsen vor, siehe die Detailbeschreibung der genannten Organe); unter ihnen gibt es Ausnahmen von der Regel daß der Ausführgang nicht sezerniert.

Die kleinen wenig verästelten Drüsen sind ebenfalls durch Bindegewebe umhüllt und vielfach mit bloßem Auge als hirse- oder hanfkorngroße Klümpchen (ein oder wenige Lobuli) außen auf der Schleimhaut zu sehen, weil sie außerhalb des Epithels liegen; manche von ihnen dringen bis in die Submucosa (siehe unten) vor. Die großen, stark verästelten Drüsen mit Lobi haben beträchtliche Größe bis zur Größe der Leber, der größten Drüse unseres Körpers.

Eine sehr gebräuchliche, aber wenig scharfe Unterscheidung ist die in tubu - löse und alveoläre Drüsen. Reine tubulöse Drüsen des Typus der Abb. d, S. 13 sind einem Reagenscylinder mit dicker Wand und engem Lumen vergleichbar (Tubus). Reine alveoläre Drüsen haben die Form der in chemischen Laboratorien gebrauchten Kochkolben: ein enger Hals führt in eine weite Lichtung, z. B. bei den Hautdrüsen der Amphibien. Tubulöse Drüsen können aber durch Verdickung der Wand äußerlich alveolären Charakter haben, ohne daß das Lumen weiter wäre als bei rein tubulösen Drüsen (Abb. i, S. 13). Oder eine Dilatation des Lumens kann durch Stauung des Sekretes eintreten, die bei Drüsen mit schwerflüssigem Inhalt im Lumen dauernd vorhanden ist (z. B. Glandula bulbourethralis der männlichen Harnröhre). Man nennt solche Zwischenstufen: alveolotubulöse Drüsen.

Die oben aufgestellte Tabelle der Drüsen läßt sich für jede der drei genannten Drüsenformen durchführen. Man unterscheidet 1. einfache tubulöse Drüsen mit den Unterformen a, b und c, 2. zusammengesetzte tubulöse Drüsen mit den Unterformen a, b und c. Die Schemata d—h, Abb. S. 13, sind danach gezeichnet. Ferner unterscheidet man einfache und zusammengesetzte alveolotubulöse Drüsen mit entsprechenden Unterformen. Sie sind am häufigsten, besonders bei den Drüsen der Mundschleimhaut und bei den großen Speicheldrüsen. Die dritte Art, einfache und zusammengesetzte alveoläre Drüsen mit den entsprechenden Unterarten, ist beim Menschen am seltensten. Die Talgdrüsen, MEIBOMschen Drüsen, MONTGOMERYschen Drüsen, Milchdrüsen, also nur Hautdrüsen gehören in gewissem Sinne dazu. Dabei wird das Lumen erst durch Zerfall geformter Elemente frei. Unter den serösen Speicheldrüsen sind oft einzelne Strecken verzweigt tubulös gebaut. Die vielen Übergänge und vorübergehenden Unterschiede führen dazu, daß in der Literatur die gleiche Drüse bald als tubulös, bald als alveolotubulös, bald als alveolär bezeichnet ist.

Lymphatische Organe wie die Folliculi und Nodi lymphatici werden auch als Balg„drüsen" oder Lymph„drüsen", Lymphoglandulae, bezeichnet wegen der groben äußerlichen Ähnlichkeit mit solchen, die darin besteht, daß feine Stichkanäle oder Grübchen in manche von ihnen hineinführen, welche früher mit Drüsenmündungen verwechselt wurden (vgl. z. B. die Krypten der Zungenbälge, Abb. S. 81). Die feinere Struktur aller lymphatischen Organe hat daher noch den griechischen Namen: adenoides = drüsenähnliches Gewebe. Mit epithelialen Drüsen haben diese Gebilde gar nichts zu tun. Sie sind Differenzierungen der lymphbildenden Organe und gehören zu den Gefäßen. Die Grenze gegen die wirklichen Drüsen kann nicht scharf genug gezogen werden!

Epithelien und Drüsen bilden sich sowohl aus dem Ekto-, Ento- wie Mesoderm (das Coelomepithel und gewisse Drüsenformen des Urogenitalapparates sind mesodermaler Abkunft). Nach der Herkunft aus Keimblättern läßt sich keinerlei Unterschied machen. Die Histologie der fertigen Form ist das allein entscheidende Kriterium.

Die Bewegungsfähigkeit der Wandungen des gastropulmonalen Apparates beruht auf dem Vorhandensein glatter oder quergestreifter Muskeln. Letztere haben wir beim Bewegungsapparat als vielkernige Muskelfasern kennen gelernt (Bd. I, Abb. S. 53). Die einzelnen Elemente der glatten Muskulatur sind lang gestreckt, spindelförmig, mit einem langen, stiftförmigen Kern im Innern (Abb. a, S. 16). Es sind Zellen (zum Unterschied zu den vielkernigen Muskelfasern der quergestreiften Muskulatur). Ihre Länge schwankt im gastropulmonalen Apparat zwischen 0,05 und 0,25 mm (im schwangeren Uterus des Weibes bis 0,5 mm, bei Wirbellosen bis zu 2 cm und mehr); die Dicke mißt zwischen 5 und 15 μ. Die Form der Zellen ist daher faserähnlich; die einzelnen Elemente bleiben darum doch Einzelzellen. Bei den quergestreiften Muskeln sind dagegen durch weitgehende Umbildungen echte Fasern entstanden. Im Übersichtsbild sind die geringen Größen der glatten Muskelzellen

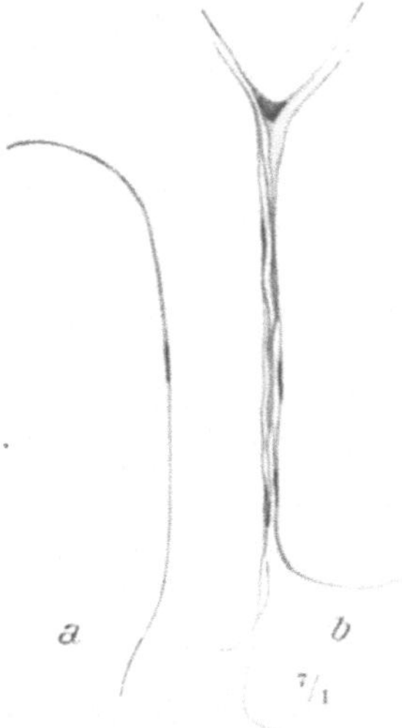

Abb. 10. Glatte Muskelzellen aus der Harnblase des Erdsalamanders, Totalpräparat. a Einzelne Zellen. b Zellenstrang.

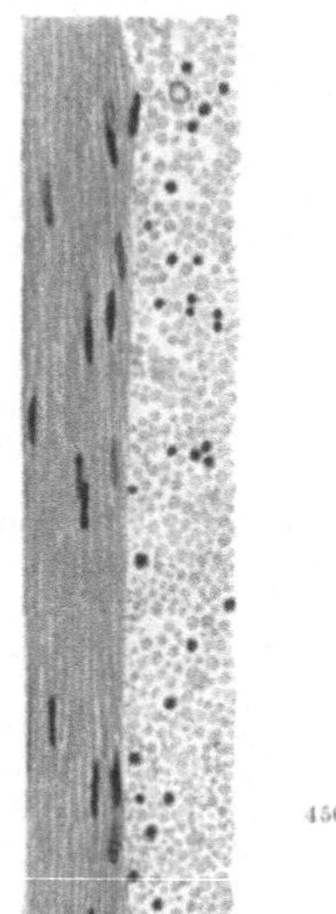

Abb. 11. Glatte Muskulatur der Darmwand des Menschen, Schnittbild. Links (vom Beschauer) längs getroffene Muskelzellen. Der Verband ist dichter als in Abb. b, Nr. 10; die Zellgrenzen sind daher undeutlicher, aber in Wirklichkeit gerade so scharf wie dort. Rechts quergetroffene Muskelzellen (grau). Zwischenräume (hell) deutlich zu erkennen. Kerne im Querschnitt rund (schwarz), von einem feinen Protoplasmasaum (grau) umgeben.

das sicherste, weil immer leicht feststellbare Unterscheidungsmerkmal gegenüber den quergestreiften Muskelfasern; die Länge der letzteren beträgt mindestens einige Bruchteile eines Zentimeters und steigt bis auf 12—16 cm, also auf das 600—800fache der gewöhnlichen glatten Muskelelemente des Menschen; die Dicke der quergestreiften Muskelfasern schwankt zwischen 11 und 80 μ, ist also im Mittel 5—6 mal größer als die der glatten Muskelzellen. Manche Farben, z. B. das Eosin, färben den Zellkörper der glatten Muskelzellen intensiv (rot), so daß sie aus dem umgebenden Bindegewebe herausleuchten (sehr schön in der Prostata zu sehen, Abb. S. 462). Sehr charakteristisch ist der stäbchenförmige Kern, welcher meist länger ist als die ihm sonst ähnlichen Kerne des Bindegewebes und welcher immer innerhalb der faserförmigen Zelle liegt (nicht zwischen Fasern wie im Bindegewebe). Im Innern jeder Zelle liegen feinste Fibrillen, welche das Protoplasma der Länge nach durchziehen und welche auf dem Querschnitt als feinste Pünktchen sichtbar sind (besonders bei den großen glatten Muskelzellen des Samenstranges). Sie sind nicht quergestreift und bei den meisten glatten Muskeln mit den üblichen Vergrößerungen überhaupt nicht sichtbar (die Fibrillen der Skeletmuskeln und ihre Querstreifung ist dagegen bei starken Trockenlinsen meist leicht erkennbar). Wegen des homogenen Aussehens der Fibrillen und der Zellen im ganzen (bei nicht sichtbaren Fibrillen) ist diese Art von Muskulatur mit dem wenig glücklichen Namen „glatt" benannt. Die glatten Muskelzellen liegen selten einzeln oder zu wenigen (Abb. Nr. 10). Sie sind in der Regel zu distinkten Zügen oder zu großen Massen zusammengedrängt; sie nutzen den Raum aus, indem die Spitze der einen Spindel sich zwischen die Spitzen der beiden folgenden Spindeln des gleichen Zuges schiebt (Abb. b, Nr. 10). Die einzelnen Zellen sind von feinen bindegewebigen (elastischen oder kollagenen) Häutchen umgeben. Große Massen sind von gröberen bindegewebigen Hüllen um- und durchzogen, welche zugleich die Träger der Gefäße und Nerven sind. Meistens sind in der Darmwand die glatten Muskelzellen zu Platten vereinigt, welche besondere Schichten mit längs oder quer zur Achse des Darmrohres gerichteten Zellen formen (Abb. Nr. 11). Sie entstehen aus dem visceralen Blatt des Mesoderms, welches dem Entoderm aufliegt (Abb. S. 2 u. 3, blau). Solche Schichten sind im fertigen Zustand für das bloße Auge fein gestreift, nicht wie die Skeletmuskeln grobbündelig und faserig und deshalb mit letzteren nicht zu verwechseln.

Die Frage des Zusammenhanges der glatten Muskelzellen untereinander ist sehr strittig. Es werden Verbindungen der fertigen Zellen untereinander angegeben, welche von anderen für Faltungen der zwischengelagerten Bindegewebshäutchen gehalten werden; sicher sind Bündel von Fibrillen der einen Zelle in die der Längsrichtung nach folgenden Nachbarzellen fortgesetzt. Ja es sind in der Frühentwicklung der undifferenzierten glatten Muskelzellen syncytiale Zusammenhänge vielfach beobachtet. Da die quergestreifte Faser eine deutlich begrenzte höhere Einheit (Syncytium) ist, die als Ganzes vielen niederen Einheiten (Zellen) entspricht, so könnte man ein ganzes Stück glatter Muskulatur mit einer einzigen quergestreiften Muskelfaser vergleichen; dagegen spricht aber die Umhüllung der glatten Muskelzellen durch Bindegewebshäutchen gegenüber dem bindegewebsfreien, rein sarkoplasmatischen Aufbau der Muskelfaser. Auf keinen Fall ist die einzelne glatte Muskelzelle mit der quergestreiften Muskelfaser zu vergleichen. — Distinkte Züge von glatten Muskelzellen, welche mit bloßem Auge sichtbar sind, werden ihres Aussehens wegen als glatte Muskelfasern bezeichnet.

Die glatte Muskulatur hat im gastropulmonalen Apparat eine außerordentliche Verbreitung. Sie dient teils zur Beförderung der Speisen (peristaltische Bewegung), teils zur Entleerung von Auswurfstoffen des Darms und der Atmungswege. Ihr übriges Vorkommen wird bei den Harn- und Geschlechtsorganen, bei den Gefäßen, auch bei der Haut und den Sinnesorganen festzustellen sein. Der Anteil der glatten Muskulatur am Gesamtbestand dieser Organe und des Körpers im ganzen ist außerordentlich viel geringer als bei den Skeletmuskeln, bei welchen er die Hälfte des Körpergewichts überschreiten kann (Bd. I, S. 52); genauere Ermittlungen sind mir nicht bekannt. Doch mag das Überwiegen im Aufbau des Magens und Darmes gegenüber anderen Organen bei Tieren daraus entnommen werden, daß sie wegen ihres Muskelreichtums zur menschlichen Nahrung dienen („Kutteln", „Flecke").

Verbreitung
der glatten
und quer-
gestreiften
Muskulatur
im Darm

Von beiden Enden her dringt die **quergestreifte Muskulatur** in den gastropulmonalen Apparat ein. Quergestreifte Muskelfasern sind beim Menschen in der Mundhöhle (Zunge, Gaumen), im Schlunde, im Kehlkopf und im oberen Teil der Speiseröhre, ferner am analen Ende des Mastdarms (Sphincter ani externus) die Regel. Auch im Urogenitalapparat werden wir ihnen begegnen. Der Aufbau der quergestreiften Muskelfasern ist bei den Eingeweiden genau gleich dem bei den Skeletmuskeln. Nur ist die Anordnung zu höheren Systemen durch zwischengeschaltetes Bindegewebe (Perimysium externum und internum, Bd. I, Abb. S. 54) nirgends so hoch entwickelt wie bei letzteren. Dies ist nur ein gradueller Unterschied, der durch mannigfache Zwischenstufen bei den Skeletmuskeln selbst weniger deutlich hervortritt als bei den extremen Graden.

Die Verbreitungsweise der beiden verschiedenen Muskelarten ist außer durch andere, hier nicht zu erörternde Unterschiede hauptsächlich dadurch bedingt, daß die glatte Muskulatur viel träger auf Reize reagiert als die quergestreifte. Bei der Muskelwand des Froschmagens vergehen beispielsweise zwischen Reiz und Kontraktion $1^1/_2$—10 Sekunden; die Zuckung erreicht langsam ihren Höhepunkt und sinkt noch langsamer ab (Dauer bis zu 120 Sekunden). Beim Wadenmuskel des Frosches erfolgt die Zuckung dagegen blitzschnell und die Dauer der Zusammenziehung ist gering (0,1 Sekunde). Deshalb sind beim quergestreiften Muskel, falls er länger in Kontraktion verharren soll, zahlreiche kurz aufeinander folgende Reize erforderlich. Begreiflicherweise werden schnelle und kurze Bewegungen, wie sie zur Aufnahme und Bewältigung der Nahrung und zur Erzeugung der Stimme erforderlich sind, von quergestreifter Muskulatur ausgeführt, während das relativ lange Verweilen der Nahrung im Magendarmkanal, das langsame Durchkneten und Weiterschieben der Ingesta in diesem Rührwerk durch glatte Muskulatur vollzogen wird, zumal zur Unterstützung dieser Vorgänge in der Bauchpresse und in den Atemmuskeln des Brustkorbs und Gesamtkörpers genug quergestreifte Muskeln für schnellere Tätigkeit zur Verfügung

Wirkungs-
weise der
glatten
Muskulatur

stehen, sobald solche nötig ist. Charakteristischerweise sind der Zwerchfell- und Herzmuskel, welche beide tagaus tagein arbeiten müssen, trotz ihrer ganz verschiedenen Genese quergestreift; sie sind kräftig, schnell und erfordern doch nur einen relativ geringen Energieaufwand, weil die Natur hier den richtigen Wechsel zwischen Arbeit und Pause gefunden hat. Beim glatten Muskel ist beispielsweise der Energievorrat, welcher nötig ist, um eine künstliche (elektrische) Reizung hervorzubringen, bis zu 5000fach größer als beim quergestreiften Muskel; die geleistete Arbeitsenergie steht oft ganz außer Verhältnis zur Kraftmenge des aufgewendeten Reizes. Bei Verschlußmuskeln spielt dieser Unterschied eine besondere Rolle: an der Analöffnung und im Urogenitalapparat gibt es eine doppelte Schließmuskulatur, eine glatte und quergestreifte.

Bei manchen Säugetieren reicht die quergestreifte Muskulatur bis zum Magen, bei manchen Knochenfischen hat der Magen selbst, bei der Schleie sogar der ganze Darm ausschließlich quergestreifte Elemente. Die Ursachen für diese Verschiedenheiten mögen in der verschiedenen Art der Nahrung und der Fortbewegung des Speisebreies liegen, sind aber nicht näher bekannt. An einem anderen Beispiel, den Akkommodationsmuskeln des Auges, welche bei Säugetieren glatt, bei Vögeln quergestreift sind, läßt sich dieser Gegensatz eher verstehen, da die Vögel bei der schnellen Fortbewegung im Flug die Einstellung des Auges häufiger und schneller als Landtiere wechseln müssen.

Willkürliche und unwillkürliche Muskeln

Die Unterscheidung in willkürliche und unwillkürliche Muskeln, welche auf quergestreifte und glatte Muskulatur anzuwenden üblich ist, ist wenig scharf und bedarf einer besonderen Erläuterung. Wir bewegen auch die quergestreiften Muskeln, auf welche der Wille Einfluß hat, nicht in der Weise, daß wir uns vorstellen, jetzt diesen, jetzt jenen Muskel zu gebrauchen, wie der Organist dieses oder jenes Register zieht. Sonst würden sich nur Anatomen bewegen können. Die willkürliche Bewegung ist nur insofern willkürlich, als ihr Ziel vom Willen abhängig ist, nicht aber ihr Ablauf im einzelnen. Auch wenn wir nichts von der Existenz der einzelnen Muskeln wissen, haben wir doch durch Erfahrung gelernt, welche Anstrengung wir machen müssen, um eine uns sinnlich wahrnehmbare Bewegung oder Veränderung hervorzubringen. Ist uns diese nicht wahrnehmbar, wie z. B. dem Taubgeborenen die Sprache, so fehlt bekanntlich auch das Sprechen trotz intakter Stimmuskeln (Taubstummheit). Doch gilt dies nicht ausnahmslos. Bei vielen quergestreiften Muskeln des Verdauungstractus (Rachen, Speiseröhre) können wir ebensowenig wie etwa bei den Muskeln der Gehörknöchelchen, die ebenfalls quergestreift sind und sehr versteckt liegen, an anderen oder an uns selbst wahrnehmen, wie sie bewegt werden, oder wie von uns verhindert wird, daß sie sich bewegen (automatische Bewegungen quergestreifter Muskeln). Man kann hier von Übergängen zwischen willkürlicher und unwillkürlicher Bewegung sprechen, obgleich die histologischen Unterschiede ganz scharf und unverkennbar sind. Es gibt anderseits glatte Muskeln, welche dem Willen gehorchen, z. B. der M. ciliaris im Auge. Bei wirbellosen Tieren ist das die Regel. Doch sind die glatten Muskeln im Gastropulmonalapparat des Menschen dem direkten Willenseinfluß entzogen. Das schließt nicht aus, daß psychische Erregungszustände die glatte Muskulatur beeinflussen (bekannt ist, daß bei manchen Menschen die Darmmuskeln prompt auf Angst oder Schrecken reagieren) und daß auf diesem unmittelbaren Weg der Wille doch nicht ganz ohne Einfluß bleibt, indem er etwa Angstvorstellungen gegenüber ohnmächtig ist oder sie meistert.

Mesodermale Abkunft sämtlicher gastropulmonalen Muskeln

Die glatten und quergestreiften Muskeln stammen vorwiegend, aber, wie es scheint, nicht ausnahmslos aus dem Mesoderm. Der Sphincter pupillae im Auge, der bei Reptilien und Vögeln quergestreift, bei Säugern glatt ist, auch glatte Muskelzellen in den Schweißdrüsen der Haut werden aus dem Ektoderm abgeleitet. Daß die glatten Muskelzellen der Bronchien aus dem Entoderm stammen, wie früher angegeben wurde, gilt heute als widerlegt. Die gesamte Muskulatur des gastropulmonalen Apparates ist also mesodermaler Abkunft.

Bindesubstanzen

Das Bindegewebe bildet das statische Gerüst der Eingeweide und vertritt bei ihnen gewissermaßen das Skelet. Es ist gleichzeitig der Träger der Gefäße und Nerven, welche den An- und Abtransport beim Stoffwechsel und seine Regulation besorgen. Bestimmte Membranen dienen als Befestigungsmittel von epithelialen Lamellen oder als Umhüllungen von Drüsen. Doch ist die Grenze zwischen Epithel und Bindegewebe nicht immer eine ebene Fläche. Die Skulptur der Epithelflächen steht vielmehr in enger Wechselwirkung zu

Papillen und Leisten der darunter liegenden Bindegewebsschichten, ohne daß wir wissen, welche der beiden Gewebsarten der bestimmende Faktor ist. Bei den mehrschichtigen Plattenepithelien ist meistens die ganze Unterfläche besät mit konischen Aushöhlungen (Abb. h, S. 11); in die Lücken greifen entsprechende Bindegewebszapfen ein, die Papillen. Mechanisch bedeutet das eine solide Verzapfung des Epithels auf der Unterlage. Die Oberfläche des Epithels ist eben, da die dicke Epithelschicht die Unebenheiten gegen das Bindegewebe zu ausgleicht. Da das Epithel selbst keine Gefäße enthält, so können durch die gefäßhaltigen Papillen die dicken Epithellager auf dem Weg der Osmose besser ernährt werden.

Im Dünndarm führen dagegen lange fingerförmige Papillen, die mit einschichtigem Cylinderepithel überzogen sind, zur Entstehung der Zotten, welche die Oberfläche des Epithels vergrößern und in das Darmlumen hineinhängen (Abb. S. 271, 273). Die leistenförmigen Vorragungen des Dünndarmes, KERKRINGsche Falten, und andere Oberflächensksulpturen der Schleimhaut gehören hierher. Die spätere Einzelbeschreibung wird sich damit zu befassen haben. Ferner wird sich im folgenden zeigen, daß das Bindegewebe ganze Schichten der Wandungen des Gastropulmonalapparates allein aufbauen kann und in anderen einen vorwiegenden Bestandteil bildet.

Die einzelnen Schichten sind im Magen und Darm am klarsten abgesetzt. Im fertigen Zustand folgen von innen nach außen aufeinander (Abb. S. 234): Die gröbere Schichtung der Wandung

1. **Schleimhaut, Tunica mucosa** (im weiteren Sinn). Sie hat ihren Namen wegen des ständigen schleimigen Überzuges, der sie kennzeichnet, während die äußere Haut (Integument) gewöhnlich trocken ist. Sie zerfällt in

   a) **Epithel** mit den ihm anhängenden Drüsen.

   b) **Lamina propria mucosae**: Die bindegewebige Unterlage des Epithels, in welche die Drüsen eingesenkt sind. Die dem Oberflächen- und Drüsenepithel zunächst liegende Bindegewebshaut ist meist homogen: **Basalmembran**.

   c) **Lamina muscularis mucosae**: Eine dünne Schicht glatter Muskelzellen, welche in der Regel die Drüsenschicht nach außen zu abschließt. Die Schichten a—c werden auch als **Mucosa** (im engeren Sinn) bezeichnet.

   d) **Tela submucosa**: Besonderes lockeres Bindegewebe, welches die bewegliche Verbindung zwischen Schleim- und Muskelhaut darstellt. Drüsen fehlen in der Regel (Ausnahme: Duodenaldrüsen).

2. **Muskelhaut, Tunica muscularis.**

   a) **Ringschicht**: Die glatten Muskelzellen verlaufen quer zur Achse des Darmes, sie sind quergestellt (mikroskopisch besonders an den Kernen erkennbar; man hüte sich bei quer„gestellter" glatter Muskulatur an quer„gestreifte" zu denken!).

   b) **Längsschicht**: Die glatten Muskelzellen stehen senkrecht zur vorhergehenden Schicht, also in der Richtung der Darmachse.

3. **Seröse Haut, Tunica serosa.**

   a) **Tela subserosa**: Wechselnd starke Lage von Bindegewebe (im Mesenterium und in anderen Duplikaturen des Bauchfells mit eingelagerten glatten Muskelzellen, mit vielen Gefäßen und Nerven); ist mit einer dünnen Grundmembran gegen das Epithel abgegrenzt.

   b) **Epithel**: Einschichtiges Plattenepithel mit zerstreut liegenden kleinen Lücken zwischen den Zellen: **Stomata**. Die Lymphe (Serum), welche durch sie passieren kann, hält das Epithel feucht, spiegelnd. Daher der Name Serosa für die ganze Haut.

2*

Fehlen Muskelhaut und Serosa wie am harten Gaumen, so ist die Schleimhaut durch die Submucosa unmittelbar mit dem Periost des Knochens oder mit der sonstigen Umgebung verkittet. Fehlt die Muscularis mucosae wie in der Schleimhaut der Mundhöhle, so ist keine scharfe Grenze zwischen der Propria mucosae und Submucosa zu ziehen. Die Tunica serosa kleidet außer der Oberfläche des Darmes auch die Innenfläche der Leibeswand aus (parietales Blatt des Peritonaeum, der Pleura und des Perikard). Liegt das Eingeweiderohr nicht frei in einer der Höhlen, so ist die Muskelhaut nach außen weniger scharf abgegrenzt als da, wo sie von einer Serosa überzogen ist. Im ersteren Falle wird das Bindegewebe, welches ähnlich wie bei den Blutgefäßwandungen das Bindemittel und zugleich die Grenze zwischen Muskulatur und Umgebung darstellt, Tunica adventitia genannt. Ist es besonders derb, so nennt man es auch Tunica fibrosa.

II. Der Kopfdarm.

1. Die Mundhöhle, Cavum oris.

a) Der Vorraum der Mundhöhle, Vestibulum oris.

Mundhöhle im weiteren und engeren Sinn

Bei der Verlängerung des Kopfdarmes durch den Hinzutritt seines ektodermalen Ansatzstückes, der Mundbucht, ist ein Vorgang von besonderer Bedeutung: die Bildung der Lippen und der Wangen. Verschiedene Weichteillappen getrennter Herkunft werden vor die Zähne geschoben und verwachsen — außer in der Mundspalte — zu einem allseitig geschlossenen Vorraum der Mundhöhle, Vestibulum oris (Abb. S. 75). Sind die Kiefer geschlossen und artikulieren die Zähne lückenlos miteinander, so ist der Vorraum gegen die eigentliche Mundhöhle, Cavum oris proprium, abgesperrt. Zwischen den letzten Backzähnen und den aufsteigenden Ästen des Unterkiefers ist jedoch jederseits ein Durchgang von sehr schwankender Größe möglich, retrodentaler Raum, Spatium maxillare posterius. Diese Stelle kann weit genug sein, um durch sie bei einem Kranken, der seinen Kiefer wegen Muskelkrampf (Trismus) oder Gelenkstarre (Ankylose) nicht zu öffnen vermag, flüssige Nahrung einzuführen. Die kleinen dreieckigen Spalten zwischen den Zähnen sind individuell sehr verschieden weit, aber in ihrem weiteren, nach den Zahnwurzeln zu gelegenen Abschnitt durch Vorsprünge des Zahnfleisches ausgefüllt. Öffnen sich die Kiefer, so fließen Vorraum und Mundhöhle in eines zusammen; wir sprechen deshalb von einer Mundhöhle im weiteren Sinn (mit Einschluß des Vorraums) und im engeren Sinn (ohne ihn).

Das Cavum proprium ist der älteste Raum; denn ursprünglich reichte die Mundhöhle nur bis zu den Zähnen wie jetzt noch bei niederen Wirbeltieren (z. B. bei vielen Fischen). Der Vorraum ist nachträglich gebildet worden und je nach der Art der Nahrungsaufnahme der Tiere außerordentlich verschieden gebaut. Alle Säuger haben ihn; denn für das Sauggeschäft ist er unentbehrlich. In der individuellen Entwicklung wird er als eine solide epitheliale Leiste angelegt, welche ähnlich der Zahnleiste — aber außen von dieser — in die Tiefe wächst und sich dann ihrer ganzen Ausdehnung nach in zwei Epithellamellen spaltet; der Spaltraum reicht bis zum späteren Fornix des Vorraumes (siehe S. 25). Die Leiste heißt beim Embryo: Lippenfurchenleiste.

Teile und Aufbau der Vorhofwand

Die äußere Wandung des Vestibulum oris besteht ausschließlich aus Weichteilen: Oberlippe, Unterlippe und Wangen (Labium-Lippe, Bucca-Wange). Wegen ihres Muskelreichtums ist sie bereits beim Bewegungsapparat des Kopfes besprochen; die äußere Form der Mundspalte, Rima oris, und der Lippen, auch die Falten der Wange (und des Kinns) sind dort geschildert worden (Bd. I, S. 784, 752, 754 u. a., Abb. S. 785). Hier ist zu dem Gesagten einiges nachzutragen, zunächst wie die einheitliche Weichteilwand aus verschiedenen getrennten Bausteinen aufgebaut wird, weil dies noch im äußeren Relief der Lippen, z. B. im Philtrum, andeutungsweise zutage tritt, ferner weil innere Kanäle des Kopfes, z. B. der Tränennasengang, dadurch erklärt werden und weil gewisse Mißbildungen des Menschen, die nicht seltenen Gesichts- und Lippenspalten, auf der komplexen Zusammensetzung des ganzen Gesichtes beruhen können. Gerade diese Mißbildungen sind wertvolle Zeugen für die Art der Entstehung der Lippen, der ganzen Weichteilmaske des Gesichtes und der Beziehungen der Weich- zu den Hartteilen des Kopfes (zum Zwischenkiefer und knöchernen Gaumen); sie sind eine Ergänzung für die Beweismittel der individuellen Entwicklungsgeschichte und als eine Art von Naturexperimenten besonders bedeutsam.

Beim Embryo entstehen zu beiden Seiten des Vorderkopfes zwei ektodermale flache Dellen (Bd. I, Abb. S. 22), die später zu tiefen Gruben und Röhren in das Innere einwachsen, die beiden Riechgruben resp. Nasenschläuche. Wir werden bei der Bildung der Nasenhöhle und des Gaumens von ihnen Näheres erfahren. Hier genügt, daß die Riechgruben, indem sich jede auf die Mundbucht hin als Nasenrinne ausdehnt, äußerlich den ganzen Vorderkopf in drei Felder zerlegen: den unpaaren mittleren Nasenfortsatz zwischen den beiden Riechgruben und Nasenrinnen (Abb. b, S. 22, violett) und die paarigen seitlichen Nasenfortsätze außen von ihm (blau). Die letzteren werden von außen durch je einen Fortsatz des ersten Visceralbogens (rot) erreicht. Anfänglich liegen beim Embryo alle Visceralbogen als parallele Spangen in Reih und Glied nebeneinander (Abb. a, S. 22). Der erste in der Reihe, der Kieferbogen, entsendet früh einen gegen das Auge gerichteten Fortsatz, den Oberkieferfortsatz (rot, siehe auch Bd. I, Abb. S. 276), welcher immer stärker gegen den in loco verbliebenen Rest des Mandibularbogens, den Unterkiefer, abknickt und schließlich fast parallel zu ihm liegt, zwischen Unterkiefer und Auge (Bd. I, Abb. S. 22). Man muß sich hüten, zu dieser Zeit die beiden nebeneinander liegenden Hälften des 1. Bogens als zwei selbständige Bogen zu zählen. Sieht man sich den Embryo so an, daß man den Eingang zur Mundbucht überblickt (Abb. b, S. 22), so ist deutlich, daß die beiden Mandibularbögen wie zwei eng zusammengekniffene, liegende V von beiden Seiten die Mundbucht umrahmen (oberer Schenkel des V rot, unterer grün). Der Oberkieferfortsatz schiebt sich so weit gegen den mittleren Nasenfortsatz vor, daß der seitliche Nasenfortsatz die Oberlippe und den Mundrand nicht erreichen kann.

Vergleichen wir die mit entsprechenden Farben bezeichneten Flächen des Gesichts beim Erwachsenen (Abb. c, d, S. 22) mit denjenigen des Embryo, so ergibt sich, daß die Oberlippe aus drei Anlagen entsteht (dem mittleren Nasenfortsatz entspricht das Philtrum), daß ebenso die weiche Nase aus drei Anlagen hervorgeht (dem mittleren Nasenfortsatz entspricht die Nasenspitze, den seitlichen entsprechen die Nasenflügel), und daß die Unterlippe nur aus zwei Anlagen zusammengesetzt wird.

Die Mundöffnung ist anfänglich viel breiter als später: sie verwächst von den Winkeln her, indem die häutigen Ober- und Unterkiefer miteinander verlöten. Die Mundspalte reicht schließlich beiderseits bis zum Eckzahn; bleibt die Verwachsung aus, so ist der Mund ungewöhnlich breit, geht sie weiter als normal, so wird er abnorm schmal (Makro- und Mikrostomie). Bleiben die Verwachsungen der genannten Komponenten der Gesichts- und Lippenanlagen aus, so entstehen angeborene Gesichts- und Lippenspalten.

Die Grenzen zwischen den einzelnen Weichteillappen, welche das Gesicht zusammensetzen, sind beim menschlichen Embryo durch tiefe Furchen gekennzeichnet, von welchen die einen sich als solide Epithellamellen bis in die epitheliale Auskleidung der Mundhöhle verfolgen lassen, die anderen schon früher frei im Bindegewebe endigen. Im letzteren Falle verkleben die Weichteillappen bereits so früh und so innig miteinander, daß eine durchgehende epitheliale Scheidewand nicht mehr zustande kommt. Potentia sind sie trotzdem vorhanden, wie sich zeigt, wenn die Verklebung gehemmt ist: dann entsteht sogar statt der Furche mit anschließender epithelialer Grenzlamelle eine Spalte, die mit Epithel ausgekleidet ist. Zwischen den Gesichtsfurchen, die beim Embryo das Normale sind, und den Gesichtsspalten, die als Hemmungsbildungen in abnormen Fällen vorkommen, besteht

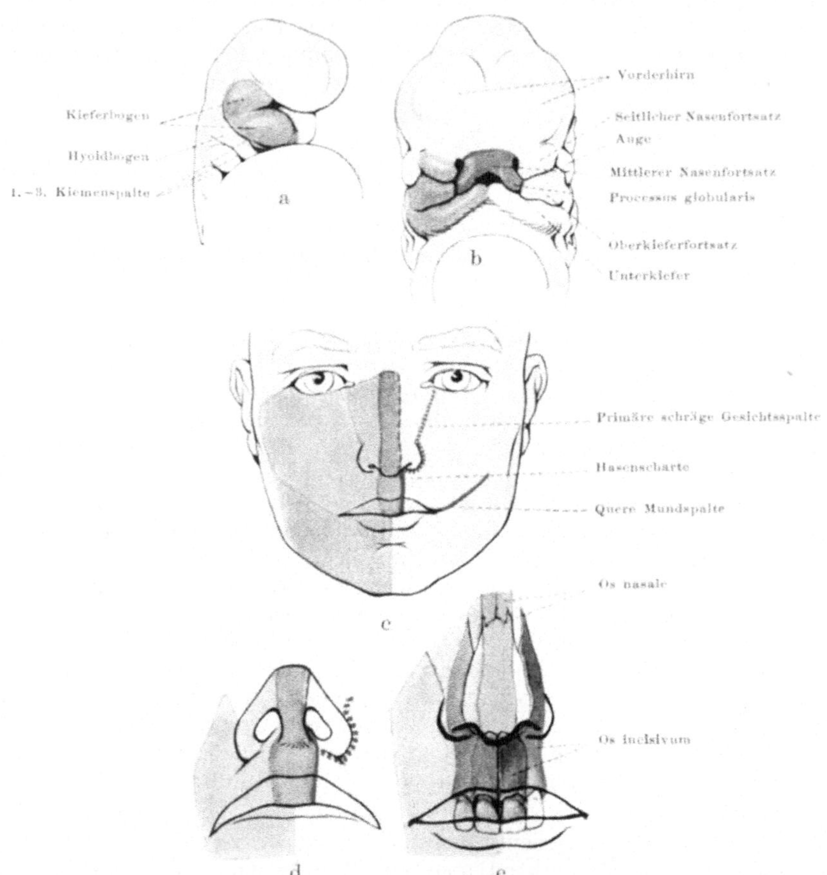

Abb 12. Entstehung der Weichteile des Gesichts. Rechte Gesichtshälfte mit schematischen Farben für die einzelnen Bausteine, linke mit Hervorhebung der Grenzen zwischen diesen (Sitz der Hasenscharte und Gesichtsspalten). a Menschlicher Embryo, Kopf von der Seite, Gesamtlänge 2,5 mm. b Kopf von vorn, etwas älterer Embryo. c—e Erwachsener (mit Benutzung der Abbildungen von INOUYE, Anat. Hefte 1912).

kein prinzipieller Gegensatz; dafür sind die Befunde an menschlichen Mißbildungen gleichsam experimentelle Beweise.

Hasen-
scharte
und
Gesichts-
spalten Am häufigsten ist die Hasenscharte der Oberlippe (rote ausgezogene Linie, Abb. c, d, Nr. 12). Sie ist gewöhnlich einseitig (am häufigsten links). Sie liegt asymmetrisch, weil sie der Nasenrinne zwischen mittlerem Nasenfortsatz (violett) und Oberkieferfortsatz (rot) entspricht. Schneidet sie gegen die Nasenöffnung durch, so liegt die Spalte zwischen Flügel und Nasenscheidewand. Sie kann seltener beiderseitig bestehen: dann hängt der dem Philtrum entsprechende Teil als ein freier Zapfen an der Nasenscheidewand. Es kommt auch vor, daß die Verlötung zwischen Rot und Blau in unserem Schema ausbleibt. Die abnorme

Spalte heißt: primäre schräge Gesichtsspalte. Sie zieht um den Nasenflügel herum nach der inneren Partie des Auges. Auf der ganzen Strecke liegt
bei normalem Verschluß der Tränennasenkanal, Canalis nasolacrimalis,
in der Tiefe verborgen (siehe Nasenhöhle und Tränenapparat des Auges). Statt
des Kanals kann bei jenen Hemmungsbildungen (wie regelmäßig beim jungen
Embryo) eine offene Rinne bestehen. Entweder setzt sich die Hasenscharte,
wenn sie mit der schrägen Gesichtsspalte zusammen vorkommt, durchlaufend
um den Nasenflügel herum in ihn fort (anfangs zwischen Violett und Rot, dann
zwischen Blau und Rot), oder sie spaltet sich an der Nase und schneidet außer
in die Wange und Lidspalte auch in das Nasenloch ein (Abb. d, S. 22 ausgezogene, gestrichelte und punktierte rote Linie).

Tiefgehende Spalten gelangen nicht selten in den Knochen (Cheilognatho-
schisis). Unter der Oberlippe liegt jederseits der Zwischenkiefer, Os incisivum, der beim Embryo selbständig ist und bis hoch auf die Nasenkapsel

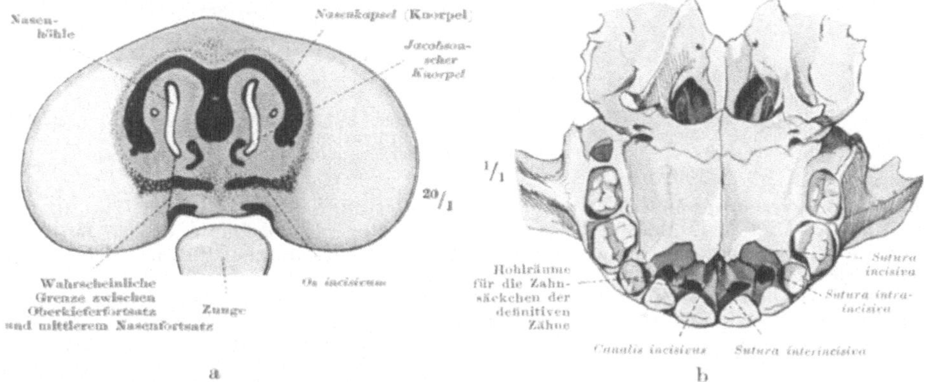

Abb. 13. Zwischenkiefer. a Frühestes Entwicklungsstadium beim Maulwurf (Vorknorpel). Aus INOUYE,
Anat. Hefte 1912. b Nähte zwischen dem Os incisivum und seinen Nachbarn (Sutura incisiva und S. inter-
incisiva) und innerhalb des Os incisivum (Sutura intraincisiva) beim einjährigen Kind (die beiden
Zwischenkiefer durch graue Tönung hervorgehoben).

hinaufreicht (Abb. S. 24). Beim Erwachsenen ist er mit dem Oberkiefer verschmolzen (in Abb. e, S. 22, schematisch aus letzterem herausgelöst). Man könnte
daran denken, daß die beiden Zwischenkiefer anfänglich auf den mittleren Nasenfortsatz beschränkt seien (schwarze Stelle der Zwischenkieferanlage, Abb. a, Nr. 13)
und erst nachträglich in den Oberkieferfortsatz hineinwüchsen (mehr lockere
Stelle der Anlage), nachdem beide Fortsätze miteinander verschmolzen sind.
Dies ist aber nicht der Fall. Denn bleibt die Verschmelzung aus, so entstehen zu
beiden Seiten der Spalte Zwischenkieferanlagen. Gewöhnlich ist in solchen
Fällen auch der zweite Schneidezahn in zwei Zähne getrennt (Abb. S. 24). Diese
Mißbildungen beweisen, daß das Material für den Zwischenkieferknochen und
den zweiten Schneidezahn, ehe es mikroskopisch sichtbar wird, hüben und
drüben von der Grenze zwischen dem mittleren Nasen- und dem Oberkieferfortsatz pro loco bereit liegt, solange die beiden Anlagen getrennt sind. Bleibt
die Vereinigung aus, so entwickelt sich jedes Stück für sich weiter. Sehr häufig
ist eine feine Naht innerhalb des Zwischenkiefers von kleinen Kindern
sichtbar, Sutura intraincisiva, welche der Verwachsungslinie der beiden
Anlagen entspricht (Abb. b, Nr. 13). Die Weichteilanlagen des Gesichtes und der
Lippen haben also nichts mit dem darunterliegenden Skelet zu tun: die Grenzen
der ersteren liegen an ganz anderen Stellen als die Grenzen der Knochen.

Die beiden halben Zahnanlagen des zweiten Schneidezahnes, welche bei einer Hemmung im Gebiet der Fissura intraincisiva wie bei einer künstlichen Teilung eines Eies in zwei Halbeier entstehen, lassen zwei Schneidezähne statt eines aus sich hervorgehen, wenn sie sich beide zu Ganzzähnen ergänzen (Abb. a, b, Nr. 14). Verläuft die Teilung nicht durch die Mitte der Anlage, so kann ein größeres und ein kleineres Zahnindividuum herauskommen. Geht ein Teilstück nachträglich zu-

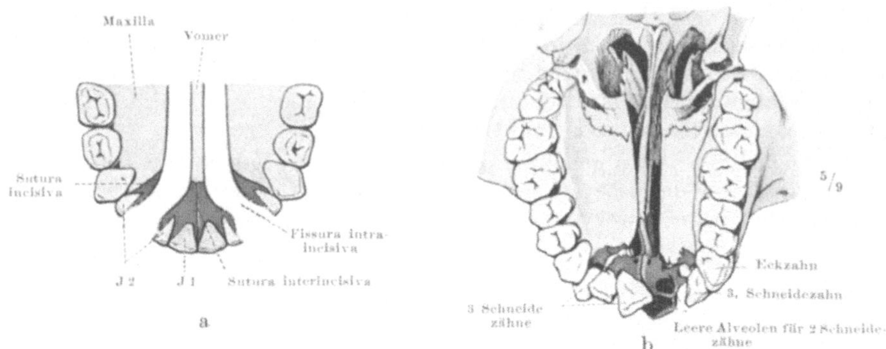

Abb. 14. **Doppelseitige Hasenscharte und Wolfsrachen.** Zwischenkiefer durch graue Tönung hervorgehoben. a Schema. Die Spalte folgt der Sutura intraincisiva, seltene Form (aus INOUYE). b Verdopplung des 2. Schneidezahnes beim Erwachsenen (nach einer Photographie von DÜMLER, Wien).

grunde, so bleibt nur ein Zahn übrig, der medial oder lateral von der Trennungslinie liegt. Dies schließen wir daraus, daß bei der Hasenscharte im ganzen drei oder zwei Schneidezähne auf der betroffenen Seite vorkommen und daß bei zweien einer oder zwei medial von der Scharte liegen.

Der Zwischenkiefer kann sich in seltenen Fällen so weit in den Oberkieferfortsatz hineinerstrecken, daß auch der Eckzahn in ihm liegt. Die Grenze zwischen Kiefer und Zwischenkiefer (Sutura incisiva) liegt dann statt zwischen Schneide- und Eckzahn zwischen Eckzahn und 1. Prämolar.

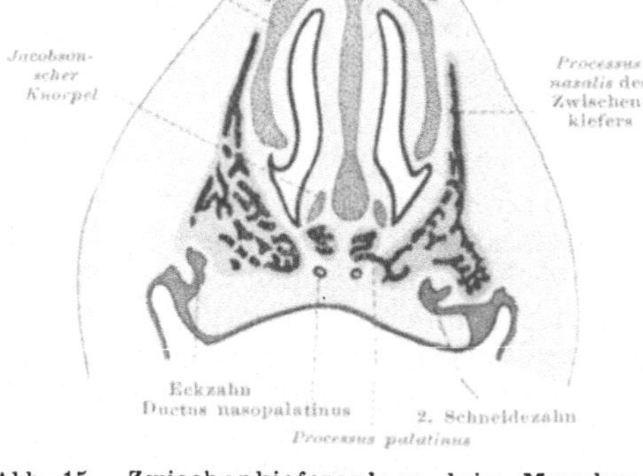

Geht die Hasenscharte noch tiefer in die Mundhöhle hinein, so verläuft sie als Wolfsrachen symmetrisch zwischen den beiden Oberkieferfortsätzen des Gaumens weiter (Cheilognathouranoschisis, Abb. Nr. 14; siehe auch: Gaumen). Eine sehr seltene Mißbildung ist eine Spalte in der Mitte der Oberlippe, welche, wenn sie in die Tiefe geht, die beiden Zwischenkiefer voneinander trennt (Sutura interincisiva, Abb. a, Nr. 14). Die sehr seltene mediane Spalte der Unterlippe kann den Unterkiefer in der Mitte teilen. Hier korrespondiert also die Skeletgrenze mit der darüberliegenden Grenze der Weichteilanlagen; dies ist aber nicht gesetzmäßig, wie die übrigen Spalten beweisen.

Abb. 15. Zwischenkieferanlage beim Menschen (Embryo von 3½ Monat). Knochen schwarz, Knorpel getüpfelt. (Nach KÖLLIKER aus INOUYE, Anat. Hefte 1912.)

Die mediane Spalte in der Oberlippe ist bei Nagern dauernd vorhanden. Das Kaninchen z. B. hat zwei Oberlippen. Andere Säuger haben in der Mittellinie eine Raphe. Eine Verwachsung aus getrennten Anlagen (die etwa den Processus globulares des mittleren Nasenfortsatzes entsprächen, Abb. b, S. 22) ist nicht beobachtet. Man weiß deshalb über die seltene mediane Hasenscharte beim Menschen nichts Sicheres. Andere Spalten des Gesichtes, welche z. B. schräg zum äußeren Teil des unteren Lides oder sogar außen vom Auge vorbeiziehen, haben sicher nichts mit den normalen Gesichtslappen des Embryo zu tun. Man nennt sie sekundäre Gesichtsspalten. Die Ursache dieser Entwicklungsstörungen ist unbekannt.

Sehr selten bleibt die normale Verwachsung zwischen mittlerem und seitlichem Nasenfortsatz aus: seitliche Nasenspalte (rot gestrichelt, Abb. c, d, S. 22). Fällt aus irgend einem Grund das im Schema blau bezeichnete Gebiet beiderseits aus, so kann sich statt der paarigen Augen ein unpaares Auge an dieser Stelle entwickeln: Cyclopenauge. Es liegt unterhalb der Nase, die bei solchen Mißbildungen gewöhnlich rüsselförmig verlängert ist.

Von den Schichten der Lippen und Wangen sind die Muskelschicht und die oberflächliche Hautbedeckung an anderen Stellen behandelt (Bd. I, S. 760, 784); wir haben uns hier speziell mit der innersten Schicht zu beschäftigen, der Schleimhaut, Tunica mucosa. Die Drüsen erwähne ich nur kurz. Sie werden im Kapitel Speicheldrüsen (S. 54) im Zusammenhang mit allen übrigen Mundhöhlendrüsen beschrieben werden.

Die Schleimhaut hat wie in der ganzen Mundhöhle keine Muscularis mucosae; sie gleicht darin und in dem verstreuten Vorkommen von Talgdrüsen (im Lippenrot und in der Innenwand der Wangen) der äußeren Haut. Die Tunica propria geht ohne scharfe Grenze in die lockere Tela submucosa über und ist durch letztere an die Muskulatur beweglich angeheftet (Abb. S. 27). In der Wangenschleimhaut ist die Befestigung straffer, so daß beim Kauen durch den M. buccinator ein Einklemmen der Wangenschleimhaut zwischen den Zähnen verhindert werden kann. Immerhin liegt die Wangenschleimhaut bei geschlossenem Mund in feinen Fältchen, die bei geöffnetem Mund ganz verstreichen. In das mehrschichtige Plattenepithel schneiden hohe Bindegewebszapfen der Tunica propria hinein, welche bis nahe an die Oberfläche heranreichen. Da die Papillen und ihre Unterlage reich an Blutgefäßen, die Deckepithelien dagegen fast völlig frei von Horn und Pigment sind, scheint die rote Farbe des Blutes durch das Epithel hindurch; die Schleimhaut sieht rosafarben aus. Geringer Hämoglobingehalt des Blutes (Chlorose) ist an der auffallenden Blässe der Schleimhaut leicht festzustellen. Die Oberfläche ist feucht, schlüpfrig, wie bei allen Schleimhäuten.

Die Schleimhaut des Vorhofes schlägt sich etwa in der Mitte der Zahnwurzeln auf den Alveolarteil der Kiefer um, Fornix vestibuli (Abb. S. 57, 87). Soweit sie dem Knochen anliegt und soweit ihre Submucosa mit dem Periost eng verfilzt und verkittet ist, nennt man sie Zahnfleisch, Gingiva. Die Fortsätze des Zahnfleisches, welche sich zwischen die Zähne schieben, haben an ihrer Kuppe ganz besonders hohe, tief in das Epithel eindringende Bindegewebspapillen; an den gegen die Zähne gewendeten Flächen fehlen die Papillen ganz. Der Reichtum an Blutgefäßen ist beträchtlich und daher die rosarote Farbe des Zahnfleisches intensiver als in der übrigen Vorhofsschleimhaut (außer dem Lippenrot). Beim Zahnziehen blutet das Zahnfleisch besonders stark. Die Furche, welche sich am Fornix rund um den ganzen Kiefer oben und unten herumzieht, Sulcus alveolobuccalis, ist in der Medianebene unterbrochen durch das obere und untere Lippenbändchen, Frenulum labii superioris et inferioris; das obere kann man mit der Zungenspitze leicht fühlen. Außer den Lippenbändchen können inkonstante Schleimhautfalten in vertikaler Richtung den Sulcus alveolobuccalis durchqueren. Konstant sind nur die beiden genannten. Eines reißt gelegentlich bei Kindern ein oder fehlt angeboren. Das obere ist ausgeprägter als das untere; es liegt innen vom Philtrum. Die Lippenbändchen teilen den Vorhof unvollkommen in zwei Hälften. Innerhalb der aktiven Verschiebungen der Lippen werden sie nicht gespannt. Alle Duplikaturen und die Umschlagsfalten der Fornices sind nicht etwa Befestigungsmittel, sondern infolge des lockeren Gewebes der Submucosa vielmehr eminent dehnbare und verschiebliche Teile der Schleimhaut, die sie befähigen, bei Gewalteinwirkungen wegzurutschen und auszuweichen. Man kann künstlich die Schleimhaut über den Fornix hinaus rollen und so den ganzen Alveolarteil des Ober- und Unterkiefers und speziell die vorspringenden Juga alveolaria vom Vorhof aus bequem

überschauen und abtasten, ja man kann durch passives Verschieben der Schleimhaut weiter entfernt liegende Kanäle und Höhlen des Schädels von hier aus
leicht erreichen.

Die Highmorshöhle kann stellenweise bis an den oberen Fornix heranreichen,
das Foramen infraorbitale (Austritt des 2. Trigeminusastes) und Foramen mentale
(Austritt des 3. Trigeminusastes) sind weiter entfernt, aber von hier aus chirurgisch
zu erreichen. So ist der Vorraum der Mundhöhle ein sehr günstiger Zugang, um von
hier aus Erkrankungen der Zahnwurzeln zu diagnostizieren und zu behandeln oder
Betäubungen der Gesichtsnerven durch Cocaininjektionen vorzunehmen. Die
Unsichtbarkeit von außen ist ein Vorzug, während Eingriffe am Gesicht leicht
entstellende Narben zurücklassen.

Bei Entzündungen der Wange, Lippe oder der Zähne, welche auf erstere übergreifen, wird die Lockerheit der bindegewebigen Unterlage daran kenntlich, daß
oft plötzliche starke Schwellungen auftreten (dicke Backe), weil das entzündliche
Exsudat sich schnell ausbreiten kann.

Lippenrot Zwischen der äußeren Haut, Pars cutanea, und der Schleimhaut, Pars
mucosa, der Lippen ist eine dem Menschen eigene Zwischenpartie eingeschoben:
das Lippenrot, Pars intermedia, welche beim erwachsenen Europäer durch
ihre besonders lebhafte rote Farbe und ihre Trockenheit ausgezeichnet ist.
Außer dem Menschen haben nur einige Menschenaffen eine Andeutung von
Lippenrot. Die Epitheldecke im ganzen ist nicht viel dünner als in der Pars
cutanea, ist aber von viel zahlreicheren, bis nahe an die Oberfläche reichenden
Papillen durchsetzt (Abb. S. 27). Daß die Gefäße der Lamina propria bei der
Lippe besser durchleuchten als bei der Haut der Körperoberfläche, liegt hauptsächlich am gänzlichen Mangel von Pigment in ihrem Epithel, welches sonst
selbst beim Weißen im Integument reichlich vorkommt (gelbliche und
bräunliche Körnchen) und die einfallenden Lichtstrahlen reflektiert. Das
Epithel der Lippe ist darin dem durchsichtigen Epithel der Hornhaut des
Auges vergleichbar. Die rote Farbe, die durch Pigmentverlust entstanden zu
denken ist, wurde als Schmuckfarbe wie die Farben des Vogelkleides durch
geschlechtliche Zuchtwahl weitergezüchtet. Die Verhornung des äußersten
Epithels des Integumentes setzt sich auf das Lippenrot fort, ist aber dort
viel spärlicher. Auch dies trägt zur roten Farbe der Lippen bei, wie die
wenig verhornte äußere Haut des Neugeborenen die Gefäße gut durchschimmern
läßt und daher krebsrot aussieht. Von der Stelle an, wo die Lippen einander
berühren, pflegen die kernlosen Hornschüppchen aufzuhören und kernhaltige
platte Zellen an ihre Stelle zu treten. Kerne sind für die ganze übrige
Mundhöhle charakteristisch (S. 11), auch wenn die platten Zellen in der
obersten Schicht ein wenig Keratin enthalten, wie es fast überall beim Erwachsenen der Fall ist (bei Entzündungen ist der Keratinreichtum der oberen
Schichten erhöht). Für die Grenze zwischen Haut und Lippenrot ist besonders
charakteristisch, daß die Ringmuskulatur des Mundes nach ihr zu umgekrempelt
ist und daß die Muskelschicht auf dem Schnitt durch die Lippe wie die Spitze
eines gebogenen Hakens auf die Grenze hindeutet (Abb. S. 27 bei ×). Die scharfe
Kante der umgekrempelten Partie ist nicht immer so deutlich; Varianten der
Dicke und Form derselben sind häufig. Außer den zirkulären Bündeln des
M. orbicularis oris ziehen spärliche radiäre Fasern, Musculi recti, von dem
Corium der Haut zwischen den Barthaaren quer durch die Ringfasern des
Orbicularis hindurch und inserieren in der Submucosa der Schleimhaut nahe
dem Lippenrot. Ihr Tonus scheint das Vorquellen des Lippenrots zu bewirken,
dessen leichte Schwellung in der Kunst als Merkmal der Schönheit, besonders
bei den Frauen gilt. Bei Völkern mit gewulsteten Lippen wie den Negern
ist die umgekrempelte Partie des M. orbicularis ein viel dickeres Polster,
welches durch einen massig entwickelten Rectus noch besonders stark gegen
das Lippenrot vorgetrieben ist.

Die Grenze des Lippenrots gegen die Schleimhaut (× ×) ist weniger bestimmt als die gegen die äußere Haut. Das Epithellager wird allmählich dicker, damit werden die Bindegewebspapillen zwar höher, aber die rote Farbe geht trotzdem in ein blasses Rosa über. Am deutlichsten ist im Schnittbild der Unterschied der Dicke der Tela submucosa, die in der Schleimhaut viel bedeutender ist als im Lippenrot und ziemlich scharf gegen das letztere abgesetzt ist.

Die Drüsen der Lippen, Glandulae labiales, liegen auf der Schleimhautseite, oft in die Muskulatur eingebettet (Abb. Nr. 16). Sie sind als kleine, bis erbsengroße Knötchen zu fühlen, wenn man die Lippe zwischen die Finger faßt. In den Seitenteilen der Lippen sind sie am reichlichsten.

Drüsen, Blutzufuhr, Nerven und Lymphbahnen der Lippen

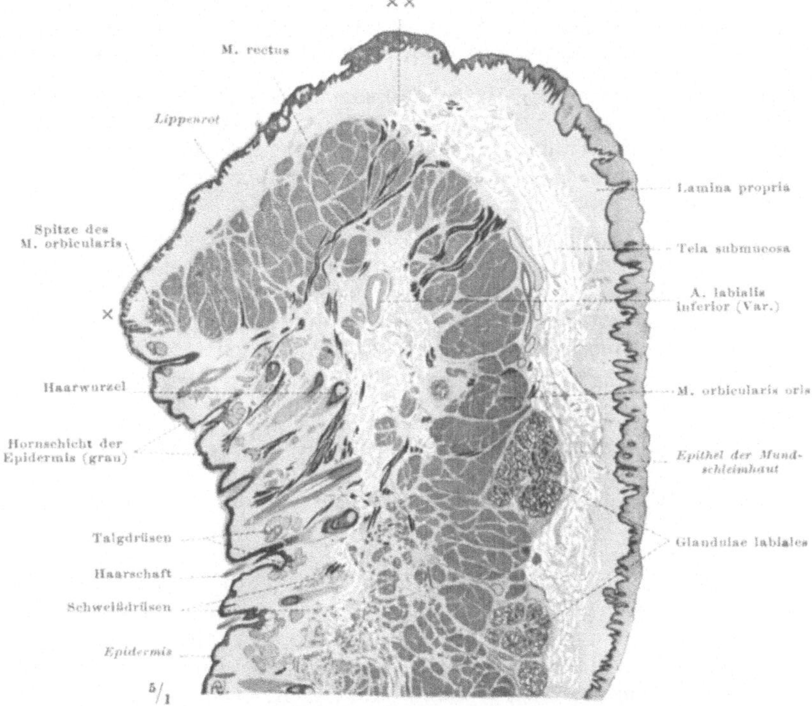

Abb. 16. Querschnitt der Unterlippe eines Mannes. Rechts vom Beschauer die Innenseite: Schleimhaut, links die Außenseite: Integument. Lippenrot zwischen × und × ×. Alle quer getroffenen Muskeln dunkelgrau, die längs getroffenen schwarz gezeichnet. Die A. lab. inf. liegt ausnahmsweise außen vom M. orbicularis oris (gewöhnlich innen von ihm).

Man fühlt gewöhnlich auch den Puls der Lippenarterie, und zwar von der Schleimhautseite aus, der sie näher liegt. Sie liegt innen vom Muskel. Bei einem Schlag oder Fall auf den Mund kann die Arterie durch die Zähne angerissen werden und stark bluten, ohne daß es von außen leicht bemerkt wird; wird dann das Blut herabgeschluckt und verdaut, so kann die schwarze Farbe des Kotes den Ungeübten zur Annahme einer Magenblutung verleiten. Bei manchen Menschen kann man im Lippenrot, vor allem der Oberlippe, Talgdrüsen als kleine gelbliche Fleckchen durchschimmern sehen. `Sie kommen bei 20% aller erwachsenen Männer vor (Frauen 6%; bei Entzündung der Schleimhaut z. B. syphilitischer Stomatitis bis 38%). Das Epithel ist außerordentlich empfindlich, weil es sehr nervenreich ist.

Die Oberlippe ist sensibel vom 2. Ast des N. trigeminus versorgt (N. infraorbitalis), die Unterlippe vom 3. Ast (N. mentalis), die Mundwinkel von beiden Nerven (N. infraorbitalis und N. mentalis) und von einem besonderen Ast des 3. Trigeminus (N. buccinatorius, gelegentlich auch von einem Spinalnerven, dem N. auricularis magnus aus dem Plexus cervicalis). Alle diese Äste überkreuzen sich am Mundwinkel, ebenso die beiderseitigen Nerven in der Mittellinie der beiden Lippen. **Motorisch** versorgt der N. facialis die gesamte Lippenmuskulatur.

Sämtliche Lymphgefäße der Oberlippe führen zu den Nodi (Lymphoglandulae) submaxillares und cervicales superiores; von den Lymphgefäßen der Unterlippe führen die submukösen ebendorthin, die subcutanen dagegen zu den Nodi (Lymphoglandulae) submentales.

Pars villosa, Doppellippe — Beim menschlichen Fetus sind Reste einer epithelialen Verschlußmembran des Mundes und zahlreiche kleine Zotten auf der hinteren Partie der Lippen, **Pars villosa**, gefunden worden. Sie sind, wie vermutet worden ist, Rudimente ausgeprägterer Einrichtungen bei Tieren, welche diesen das Festsaugen an den Zitzen der Mutter erleichtern. Beim neugeborenen Kind ist das eigentliche Lippenrot auf eine sehr schmale äußere Randzone beschränkt. Dahinter schaut jene weiche Schleimhautzone auch bei geschlossenem Mund als ziemlich breiter Streifen in beiden Lippen vor. Die Randzone breitet sich später auf Kosten des anderen Anteils aus. Beim erwachsenen Europäer kommt als Varietät ein Vorfall der Pars mucosa vor, der als **Doppellippe** bezeichnet wird. Ob in solchen Fällen die Fasern des M. rectus fehlen oder schwächer entwickelt sind, ist nicht untersucht. Sie entstehen erst im späteren Fetalleben.

Der Rand der Unterlippe ist Schädigungen besonders ausgesetzt und daher eine Lieblingsstelle für die Ansiedlung maligner Geschwülste (Lippencarcinom).

Schichten der Backe oder Wange, Bucca — Man rechnet die Wange vom Mundwinkel bis zum Ohr und vom Jochbogen bis zum Kieferrand. Die Weichteilbedeckung des Vorhofes besteht hier aus sechs Schichten (Abb. S. 57, 68):

1. Die Haut der Wange. Sie trägt beim Mann einen großen Teil der Barthaare (Backenbart). Durch Kälte oder psychische Reize können die feinen Blutgefäße gereizt werden; sie sind daraufhin stärker durchblutet und schimmern diffus durch die Epidermis durch: Erröten. Bei verminderter Blutzufuhr „erblaßt" der Europäer.

   Bei stark pigmentierter Haut (Neger) erzeugt der vermehrte Blutzufluß ein Zurücktreten der Pigmentfarbe, die Wange wird fahl; umgekehrt wird sie bei verminderter Blutzufuhr dunkler. — Für den täglichen Fieberanstieg, der bei Tuberkulösen häufig ist (hektisches Fieber), ist die Röte der Wangen besonders charakteristisch.

2. Das Fettlager, **Corpus adiposum buccae** (BICHATscher Fettpfropf).

3. Die **Fascia buccopharyngea** und

4. der **Musculus buccinator** sind beim Bewegungsapparat des Kopfes ausführlich beschrieben (Bd. I, S. 739, 748, 758; s. diesen Band, Abb. S. 57).

5. Die Drüsenschicht. Zahlreiche an die Lippendrüsen anschließende kleine Drüsen heißen **Glandulae buccales**. Weniger zahlreich sind die **Glandulae molares** (4—5). Beide Arten können in den Muskel eingebettet sein oder sogar außerhalb liegen. Die größte Drüse dieser Art, welche bis gegen das Ohr vorgedrungen ist, ist die **Glandula parotis, Ohrspeicheldrüse**. Ihre Mündung ist bei geöffnetem Mund als winzige Unebenheit der Wangenschleimhaut sichtbar (selten eine wirkliche Papille, **Papilla salivalis superior**). Bei der Leiche kann man die Mündung in der Regel nur sehen, wenn man eine Sonde vom Ausführgang aus durch sie in die Mundhöhle hineinschiebt. Sie liegt gegenüber dem oberen zweiten Molarzahn.

6. **Tunica mucosa**. Sie liegt bei normaler Muskulatur den Zähnen an; ist jedoch bei Facialislähmung die Muskulatur dauernd erschlafft, so können Speisen zwischen Zähnen und Wange liegen bleiben und das Vestibulum anfüllen. Bei geschlossenem Mund ist die Schleimhaut fein gefältelt, aber die Befestigung am M. buccinator verhindert, daß gröbere Falten entstehen, die beim Kauen von den Zähnen mitgefaßt werden könnten.

Backentaschen, Isthmus faucium — Manche Tiere haben gewaltige Backentaschen zur vorübergehenden Aufbewahrung von Körnern (Hamster). Auch beim Menschen dehnt sich die Wange passiv beträchtlich, z. B. durch Einblasen von Luft in die Mundhöhle bei geschlossenen Lippen. Gewöhnlich ist aber das „Cavum" buccae nichts anderes als eine enge Spalte (Abb. S. 57), die mit ein wenig Mundschleim ausgefüllt ist. Da die Zungen-, Lippen- und Wangenschleimhaut überall der Nachbarschaft eng anliegt, so wird die Luft aus der Mundhöhle herausgedrängt. Der äußere Luftdruck wirkt infolgedessen einseitig auf den Unterkiefer und trägt ihn. Erst beim Öffnen des Mundes und Entfernen der Zahnreihen voneinander kann die Schwere des Knochens mitwirken.

Am hinteren Ende der Backentasche stößt der sondierende Finger auf eine vorspringende Schleimhautfalte: Plica pterygomandibularis. Sie entspricht der gleichnamigen Raphe, welche dem Buccinator als Ursprung dient (Bd. I, Abb. S. 731). Die Mundhöhle wird an dieser Stelle von beiden Seiten her eingeengt, wie der Bühnenraum durch in ihn einragende Seitenkulissen. Sie ist doppelt so breit wie der anschließende Rachen. Die entstehende Enge heißt Isthmus faucium (Abb. b, S. 55). Die entscheidende Stelle der Einkröpfung liegt am hinteren Rand des letzten Molarzahnes, d. h. am Ende des Vorraumes der Mundhöhle. Von außen ist die Einkröpfung nicht sichtbar, weil der Unterkiefer wie ein Schild davor liegt. Der Griffelfortsatz mit den von ihm entspringenden Muskeln ist außen in die entstehende Nische eingebettet: Stylomaxillarraum.

In der Wangenschleimhaut gibt es wie in den Lippen bei zahlreichen Menschen Talgdrüsen, welche in der Verlängerung der Mundspalte und dieser zunächst liegen. Die Stelle entspricht der ursprünglicheren Breite der Mundspalte, die als Hemmungsmißbildung offen bleiben kann (Makrostomie). Bei Tieren sind sogar Wollhaare in der Backenschleimhaut beobachtet.

Die Lymphknötchen, welche sich in geringer Zahl im Wangenfett auf der Oberfläche des M. buccinator finden, haben ihren Abfluß nach der Ohrgegend zu und nach den Nodi (Lymphoglandulae) submaxillares und cervicales superficiales.

Man kann von der Backentasche aus den Unterkieferast, den vorderen Rand des M. masseter, des M. pterygoideus internus und des Lig. sphenomandibulare fühlen. Über das Abtasten der Zahnalveolen siehe S. 25.

b) Die Zähne und das Gebiß.

Der Mensch hat zwei geschlossene Zahnreihen, falls nicht durch Extraktion cariöser Zähne künstliche Lücken bestehen (angeborene Zahndefekte sind selten). Die übrigen Säuger haben wenigstens an einer Stelle einen Zwischenraum zwischen zwei Zähnen, Diastema; bei höheren Affen liegt er vor oder hinter dem Eckzahn, bei Nagetieren und Einhufern sind die Lücken besonders ausgedehnt. Bei uns ist jedoch der Vorhof, soweit die Zahnreihe reicht, gegen die eigentliche Mundhöhle bei geschlossenem Kiefer abgeschlossen, Okklusion. Es wurde bereits erwähnt (S. 20), daß zwischen den einzelnen Zähnen desselben Kiefers kleine dreieckige Zwischenräume übrig bleiben. Ihre Basis ist nach dem Kiefer zu gerichtet (Abb. S. 135). Aber besondere Vorsprünge des Zahnfleisches füllen diese breiteste Partie aus: interdentale Papillen. Über ihnen bis zur Kaufläche ist bei normalem Gebiß nur je eine feine Spalte zwischen je zwei Nachbarzähnen offen: interdentale Spalten, Tremata. Sie lassen Flüssigkeiten oder Luft durch (Geifern bei geschlossenen Kiefern, Zischlaute); sie beherbergen, wenn die Zähne nicht sauber gehalten werden und Speisereste in den Tremata sitzen bleiben, gute Nährböden für Mikroorganismen, welche den Zähnen gefährlich werden können. Der Verschluß des Mundes durch das Zahngehege ist nicht hermetisch; dafür ist der Lippenverschluß da, der an sich weich und nachgiebig ist, aber mit dem mauerartigen Zahnverschluß zusammen alles an Feinheit und Sicherheit der Regulation leistet, was dem Mundverschluß insbesondere beim Sprechen zugemutet wird. Wie wichtig die geschlossene Zahnreihe ist, merken wir an der veränderten Sprache eines Menschen, dem Zähne gezogen oder ausgefallen sind.

Der gute Schluß des Zahngeheges ist mitbedingt durch das Übereinandergreifen der Oberkieferzähne über die Unterkieferzähne, Überbiß. Die letzteren werden von den ersteren von außen zugedeckt, z. B. bei den vorderen Zähnen auf eine Strecke von $1^1/_2$—3 mm (Abb. Nr. 17; Bd. I, Abb. S. 732); um den gleichen Betrag sind die oberen Zähne durch die unteren in der Ansicht von hinten verdeckt (Bd. I, Abb. S. 734). Das gilt auch für die Kronen der Höckerzähne im hinteren Teil der beiden Kiefer, bei welchen freilich das Übergreifen der oberen über die unteren weniger deutlich als bei den Schneidezähnen ist. Achtet man darauf, daß von den ineinander verhakten einzelnen Zahnhöckerchen die oberen äußeren die unteren jederseits überragen (Bd. I, Abb. S. 737), so ist auch bei ihnen der Überbiß sehr charakteristisch. Die Oberlippe überdeckt immer noch ein Stück der unteren Schneidezähne und liegt deren Kronen an.

Man nennt den beim Menschen üblichen Überbiß auch Vor- oder Scherenbiß, Psalidodontie. Die vorderen Zähne schneiden wie die Blätter einer Schere ($\psi\alpha\lambda\iota\sigma$) aneinander vorbei, daher der sehr gute Name: Schneidezähne. Auch bei den Höckerzähnen wirken die Flächen, mit welchen die Zähne der Kauseite beim Zurückgleiten in die Schlußlage aufeinander „mahlen", durch Abscherung (Bd. I, S. 737).

Neben dem Scherenbiß ist beim Menschen der Kopf- oder Zangenbiß, Labidodontie, eine normale, in Deutschland allerdings seltene Okklusionsform. Die Vorderzähne treffen dabei wie die Kneifschneiden einer Zange ($\lambda\alpha\beta\iota\sigma$) aufeinander. Tiere, welche Grashalme oder Heu beim Fressen abkneifen, haben einen ähnlichen Typus zu hoher Vollendung gebracht. Weniger selten sind beim Menschen solche Typen, bei welchen die unteren Zähne vor den oberen vorstehen, Progenie. Nicht normal ist der offene Biß, Hiatodontie. Es kommt vor, daß die oberen Schneidezähne flach vorspringen und daß sie die unteren dachförmig überdecken, Stegodontie; dieser Typus ist bei Chinesen und Japanern nicht gar zu selten verbreitet (33%; seltener bei Hindu und Malaien, fehlt in der Norm bei Europäern).

Form der Zahnbogen, Zahnrichtungen

Die Zahnreihe steht in einer bogenförmigen Linie. Der Zahnbogen beschreibt im Oberkiefer ungefähr eine elliptische Linie (Bd. I, Abb. S. 663).

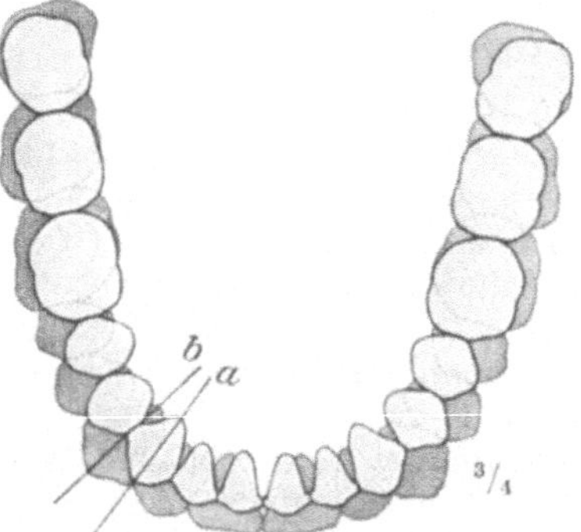

Abb. 17. Geschlossene Zahnreihen, von unten gesehen. Unterkiefer hell (Parabel), Oberkiefer dunkel (Ellipse). Die Kauflächen sämtlich in der Papierebene liegend gedacht (in Wirklichkeit in wechselnder Höhe). a größter Kronendurchmesser eines Unterkieferzahnes, b eines Oberkieferzahnes.

Denkt man sich die Ellipse vollständig, so nehmen die Zähne etwa die vordere Hälfte derselben ein. Eine an den Hinterrand der hintersten Zähne (Weisheitszahn) angelegte Gerade würde der kurzen Achse der Ellipse entsprechen. Die Zähne des Unterkiefers stehen in einer etwas anderen Linie; sie ist in den beiden seitlichen Teilen mehr geradlinig und hat mehr oder weniger die Form einer Parabel (Abb. Nr. 17).

Die Richtung der Zähne und die Form der Zahnbogen stehen in engstem Wechselverhältnis zur Form des Alveolarteiles der Kiefer. Beweisend scheinen mir dafür seltene Mißbildungen mit Riesenwuchs einer Gesichtshälfte eines Menschen zu sein, bei welchem sowohl die Kieferknochen und -alveolen als auch die Zähne entsprechend größer sind als auf der normalen Seite. Später einsetzende Störungen des Kieferwachstums können den Knochen allein treffen, ohne daß das bereits abgeschlossene Wachstum der Zähne entsprechend verändert ist. Auch wachsen in Eierstocksgeschwülsten manchmal Zähne zur normalen Form und Größe heran, ohne daß Knochen vorhanden sind.

Die Fächer für die Zähne schließen beim Erwachsenen infolge des gesetzmäßigen Abgestimmtseins des Wachstums beider aufeinander in der Norm sehr eng um die Wurzeln. Wird beim macerierten Schädel, bei welchem sich die Zähne lockern, da das Zahnfleisch und die Wurzelhaut wegfallen, jeder Zahn wieder in sein Fach eingekittet, so stehen die Zähne wie im Leben: Gipsabgüsse (Leeren), welche bei der Leiche vor der Maceration genommen werden, passen nach dem Einkitten genau zu den unabhängig von ihnen montierten Zähnen.

Man nennt Oberkiefer, bei welchen die Zähne gerade, der Senkrechten genähert stehen, orthodent, solche, bei welchen sie schräg nach außen stehen, prodent. Die Schneiden und äußeren Höcker der Oberkieferzähne liegen gewöhnlich in einer Linie, welche weiter vorspringt als die Linie, welche durch die Wurzelspitzen gelegt wird. Bei den Unterkieferzähnen liegt umgekehrt die Linie durch die Wurzelspitzen etwas mehr nach außen, weil ihre Kronen zungenwärts überhängen: Kronenflucht der unteren Zahnreihe.

Geringe Asymmetrien sind wie im ganzen Schädel und Körper so auch bei den Zahnbogen die Regel. Man beachte beispielsweise, daß in Bd. I, Abb. S. 663 der letzte Zahn der rechten Schädelseite weiter nach hinten steht als der entsprechende linke.

Der Schluß des Zahngeheges ist deshalb besonders fest, weil die Zähne des Oberkiefers gegen diejenigen des Unterkiefers verschränkt stehen. Der größte Querdurchmesser eines Oberkieferzahnes fällt in der Regel in die Spalte zwischen zwei gegenüberliegenden Unterkieferzähne und umgekehrt (a, b, Abb. S. 30). Der Einzelzahn lehnt sich also beim Kieferschluß an zwei Zähne des gegenüberliegenden Kiefers an (Abb. S. 32). Man nennt dies Artikulation der Zähne. Beim Kauen arbeiten drei Zähne zusammen. Die gleichnamigen Zähne des Ober- und Unterkiefers in jeder Dreiergruppe heißen Hauptantagonisten, der dritte Zahn der Gruppe heißt Nebenantagonist. Diese Arbeitsteilung, welche den einzelnen Zahn entlastet, ist dadurch möglich, daß die Einzelzähne sehr verschieden breit sind. Wir werden bei den Einzelformen darauf einzugehen haben.

Zwei Zähne jederseits haben nur einen Antagonisten: 1. der obere Weisheitszahn, 2. der untere mittlere Schneidezahn (Abb. S. 32). Stehen bei einem Gebiß aus einfachen Kegelzähnen die Zahnreihen alternierend, d. h. ein Oberkieferzahn gegenüber dem Trema zweier Unterkieferzähne und umgekehrt, so wird das Einklemmen der Beute erleichtert. Die Wechselbeziehungen der Ober- und Unterkieferzähne sind wahrscheinlich davon ausgegangen.

Wir unterscheiden Milchzähne, Dentes decidui, und bleibende Zähne, Dentes permanentes. Der bleibende Zahn ist der vollkommenere Typus. Er besitzt die aus dem Zahnfleisch herausragende Krone, Corona, den vom Zahnfleisch bedeckten Hals, Collum (bei macerierten Knochen liegt auch der letztere frei, Bd. I, Abb. S. 695, 701) und die Wurzel, Radix, die in Ein- oder Mehrzahl in den knöchernen Zahnfächern steckt (Abb. S. 32, 33). Charakteristisch ist für die Wurzeln, daß sie „geschlossen" sind. Die Bezeichnung will den Gegensatz zu den sogenannten „offenen" Wurzeln hervorheben, d. h. solchen, welche Krone und Hals röhrenförmig nach unten fortsetzen, ohne konisch zugespitzt zu sein (Abb. d, S. 33). Die „offene" Form haben anfänglich auch die bleibenden Zähne des Menschen (a), aber dauernd nur solche bleibenden Zähne bei Säugetieren, welche kein beschränktes Wachstum haben wie unsere Zähne, sondern welche immer weiterwachsen. Der Unterschied ist der, daß das Innere unserer bleibenden Zähne nur durch einen feinen Wurzelkanal mit der Umwelt in Verbindung steht, der ausreicht, um dem fertigen Zahn zuzuführen, was er an Blut und Nervenreizen gebraucht, Canalis radicis dentis. „Geschlossen" im buchstäblichen Sinn ist er keineswegs. Die andere Form hat eine „offene" Pulpa, d. h. eine uneingeschränkte Kommunikation seines Innern mit der Alveole und bezieht daraus die Kraft und Möglichkeit ständig zu wachsen.

Die Milchzähne besitzen zwar beim Menschen alle Teile der bleibenden Zähne, auch echte Wurzeln. Aber sie sind bekanntlich bei der Geburt noch nicht durchgebrochen, und, weil sie während des 1. und 2. Lebensjahres noch im Wachstum begriffen sind, „offen". Außerdem werden vor dem Zahnwechsel die Wurzeln

allmählich resorbiert. Da die meisten bereits im 6.—13. Lebensjahr ausfallen,
so sind sie nur relativ kurze Zeit vollständig, die übrige Zeit aber wurzellos,
besonders die beim Zahnwechsel ausfallenden Milchzähne.

Offene Zähne werden auch schlechthin „wurzellos“ genannt. Das ist unrichtig;
denn eine Wurzel, welche in der Alveole steckt, ist immer vorhanden — außer wenn
der Zahn zu jung oder zu alt ist, wie meistens bei den Milchzähnen —, ja sie kann
bei manchen offenen Zähnen ganz besonders lang sein. Es kommt darauf an, ob
der unbegrenzt wachsende Zahn seine volle Länge behält und sich entsprechend
aus der Alveole herausschiebt wie bei den Stoßzähnen des Elefanten, den Hauern
des Ebers u. a.; er benötigt dann eine entsprechend starke Wurzel. Wenn sich dagegen
die Krone in dem Maße abnutzt, als die Wurzel nachwächst wie bei den Nagetieren,
so ist die letztere nicht besonders groß.

Das Zahnwachstum wird bei den Nagern durch den Gegendruck des gegenüberliegenden Zahnes reguliert. Fehlt dieser oder treffen die Antagonisten nicht richtig
aufeinander, so wachsen die Zähne zu langen, oft abenteuerlich geformten Hauern
aus, die unter Umständen der Nahrungsaufnahme des betroffenen Individuums so
hinderlich sind, daß es jämmerlich verhungern muß, z. B. beim Kaninchen und Hasen.

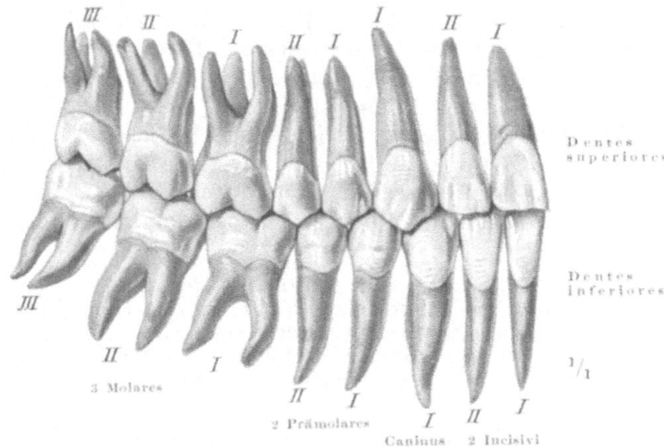

Abb. 18. **Rechte Hälfte des Gebisses, von außen** (labiale bzw. buccale Seite). Zähne in der natürlichen
Stellung innerhalb der Kiefer, nur ist der Zahnbogen in die Papierebene abgerollt (um eine perspektivische
Verkürzung der Einzelzähne zu vermeiden).

Das Innere des Zahnes ist hohl. Die Höhlung heißt **Pulpahöhle** (Abb. S. 33);
sie enthält die **Pulpa dentis**, das einzige Weichgebilde des eigentlichen Zahns.
Die Pulpahöhle ist in Krone und Hals weiter als in der Wurzel. Jede Wurzel
enthält einen Wurzelkanal, breite flache Wurzeln deren zwei, die miteinander
anastomosieren. Der Kanal kann sich gegen die Wurzelspitze hin in mehrere
Äste teilen, die getrennt nach außen münden. Um die Wurzel herum liegt die
weiche **Wurzelhaut, Periodontium**, eine Bindegewebsmasse, welche den
engen Zwischenraum zwischen Wurzel und Zahnfach ausfüllt. Sie ist zugleich
die Knochenhaut der Alveole des Kiefers, gehört also nicht zum Zahn allein.
Sie steht nach oben mit dem Zahnfleisch im engsten Zusammenhang. Unten
geht sie an der Spitze der Zahnwurzel, **Apex radicis**, durch die Öffnung des
Wurzelkanals in die Pulpa über.

Bei Milchzähnen ist die Wurzelhaut viel dicker; sie ist deutlicher als bei den
bleibenden Zähnen in Wurzel und Knochenhaut getrennt. Der Zahn ist bei ihnen beweglich. Zahnärzte erfahren das, wenn sie Milchzähne füllen; beim Milchzahn wäre
das Einhämmern einer Goldplombe ein Kunstfehler, weil der Zahn ausweicht und
die Wurzelhaut geschädigt würde. Beim bleibenden Zahn ist beides nicht der Fall.

Schichtung
der Hart-
substanzen

Alle übrigen Bestandteile des Zahnes sind hart, entweder durch eingelagerte
Mineralien wie der Knochen, oder sie sind reine Mineralien. Zu den letzteren

gehört der größte Teil des Schmelzes oder Emails, Substantia adamantina, welche bekanntlich nur die Krone überzieht. Sie besteht aus Prismen, welche identisch mit dem Apatit sind, einem Mineral, das im hexagonalen

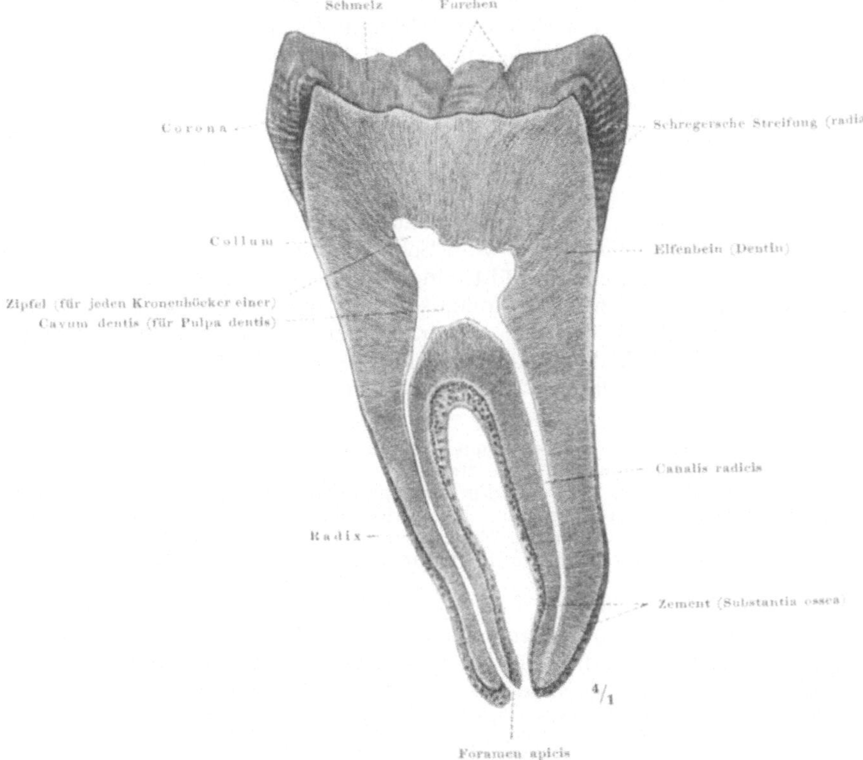

Abb. 19. Zahnschliff, Backzahn in der Ebene des Kieferbogens zersägt (rechts vom Beschauer distal, links mesial).

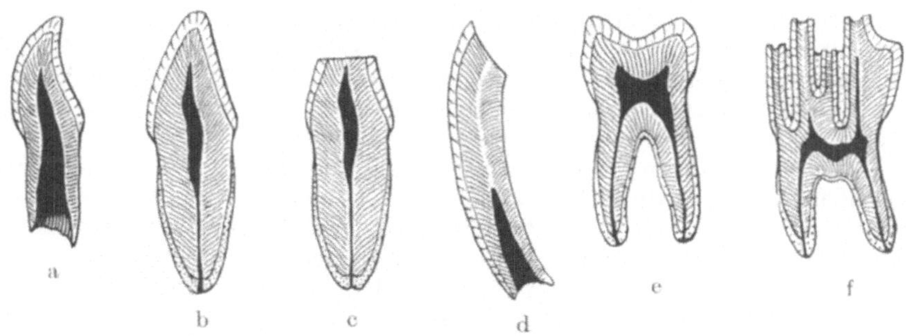

Abb. 20. Verschiedene Zahnformen. Schmelz weit gestrichelt, Dentin eng gestrichelt, Zement getüpfelt, Pulpahöhle schwarz. a—c Schneidezahn des Menschen in verschiedenen Phasen (a jung, wurzellos, b vollentwickelt, c abgekaut). d Schneidezahn eines Nagers. e Backzahn, Mensch. f Backzahn, Rind (nach ZITTEL aus HESSE-DOFLEIN, Bd. I, S. 320).

System krystallisiert (aus der Ordnung der Phosphate; im Schmelz 82—89% iger phosphorsaurer Kalk); die Schmelzprismen sind so lang und liegen so eng zusammengepreßt, daß der Schmelz auf Schliffen unter dem Mikroskop radiär gestreift aussieht (Abb. S. 33). Weitaus die größte Masse der Hartsubstanz fällt auf das Zahnbein, Elfenbein oder Dentin, Substantia eburnea; sie macht die Grundlage aller Teile des Zahns aus. Am Hals liegt das Zahnbein unter Umständen bloß, weil der Schmelz bei den bleibenden Zähnen nach unten zu sehr dünn wird und aufhören kann, ehe das Zement (siehe unten) beginnt. Man spürt das an der Empfindlichkeit der Zähne an dieser Stelle z. B. beim Trinken von kaltem Wasser. Liegt das Zahnfleisch nicht so fest an, was namentlich durch den Ansatz des sogenannten Zahnsteines begünstigt wird, so ist diese Stelle ein Hauptangriffsort von Infektionen des Zahnes und nachfolgender Caries. Daß das Elfenbein eine besondere Art Knochen ist und von den Ausläufern seiner Bildungszellen durchzogen wird, die in radiären Kanälchen, den Dentinkanälchen, verlaufen, ist bereits bei der Entstehung der Skeletknochen als wichtige Parallele zu diesen früher erörtert worden (Bd. I, Abb. S. 33). Wie die Krone vom Schmelz, so wird die Wurzel vom Zement, Substantia ossea, umhüllt, einer wirklichen Knochenhülle, welche dünn am Hals beginnt und um das Ende des Wurzelkanals herum am dicksten ist. Wie jeder Knochen beherbergt sie im Innern Knochenzellen mit verzweigten Ausläufern. Es fehlen allerdings HAVERSsche Kanäle und Lamellen; doch kommen solche in dünnen Knochenlamellen z. B. des Siebbeins auch nicht vor.

Die Zahnkronen mancher Säuger tragen einen Überzug von Zement, welcher namentlich in den Nischen von Schmelzfalten eingebettet liegt und sie ausfüllt: Kronenzement (Abb. f, S. 33). Bei der Abnutzung der Zähne liegt bei unseren Zähnen nur das Dentin frei (c), bei jenen aber abwechselnd eine Dentin-, Schmelz- und Zementleiste. Aus den weicheren Dentin- und Zementmassen wird durch die Reibung beim Zermahlen der Nahrung der Schmelz herauspräpariert (Erosion). Die etwas vorstehenden Schmelzleisten bei den stark gefalteten Backzähnen der Wiederkäuer wirken wie Feilen. Sie sind der Art der Nahrung aufs feinste angepaßt.

Zahnformel des Dauer- und Milch- gebisses

Das vollständige Dauergebiß besteht aus 32, das Milchgebiß nur aus 20 Zähnen. Die permanenten Zähne zerfallen in vier verschiedene Gruppen, von denen jede eine konstante Anzahl von Mitgliedern hat. Wir unterscheiden: 8 Schneidezähne (Vorderzähne), Dentes incisivi, 4 Eckzähne, Dentes canini, 8 vordere Backenzähne, Dentes praemolares und 12 hintere Backenzähne oder Mahlzähne, Dentes molares. Im Milchgebiß fehlen die letzteren; dagegen finden sich an Stelle der Prämolaren anders geformte Zähne, welche den permanenten Molaren ähnlich sind und deshalb Milchmolaren heißen. Die übrigen Gruppen gleichen denjenigen fertigen Zähnen, deren Vorgänger sie sind; sie sind aber natürlich kleiner und zarter als jene. Sie heißen auch Schneide- und Eckzähne. Abgekürzt schreibt man die Zähne mit den Buchstaben J, C, P, M, und zwar die permanenten Zähne mit großen, die Milchzähne mit kleinen Buchstaben, denen meist noch ein d (deciduus) hinzugefügt wird (id, cd, md). Mit Hilfe dieser Abkürzungen läßt sich die Stellung der Zähne im Gebiß als Formel aufschreiben: Zahn- oder Gebißformel. Da beim vollständigen Gebiß des Menschen die Zähne des Ober- und Unterkiefers einander entsprechen und außerdem auf der rechten und linken Gebißseite gleichviel Zähne in der gleichen Reihenfolge stehen, so genügt es, ein Viertel der Formel zu kennen. Man schreibt deshalb gewöhnlich nur dieses Viertel und kann dabei sogar die Bezeichnungen der Zähne weglassen. Die Reihenfolge der Ziffern und die Nummer 1, welche immer den Eckzahn bezeichnet, läßt den Kundigen erkennen, welche Gruppe gemeint ist. So erhält man für das Dauergebiß des Menschen die Formel:

$$\frac{M\,3\,P\,2\,C\,1\,J\,2 \mid J\,2\,C\,1\,P\,2\,M\,3}{M\,3\,P\,2\,C\,1\,J\,2 \mid J\,2\,C\,1\,P\,2\,M\,3}, \quad \text{kürzer} \quad \frac{\mid J\,2\,C\,1\,P\,2\,M\,3}{\mid}, \quad \text{oder } 2,\,1,\,2,\,3.$$

Die Formel für das Milchgebiß des Menschen lautet abgekürzt:

$$\frac{\mid id\,2\,cd\,1\,md\,2}{\mid} \quad \text{oder } 2,\,1,\,2.$$

Die Zahnformeln sind in der vergleichenden Anatomie ein sehr bequemes Mittel, um sich einen schnellen Überblick über die sehr verschiedenartigen Gebisse der Tiere zu verschaffen. Man muß, da bei vielen Tieren die Zähne im Ober- und Unterkiefer verschieden angeordnet sind, die oberen und unteren Zähne getrennt schreiben; dagegen sind die Zähne immer rechts und links die gleichen, solange das Gebiß vollständig ist (einzige Ausnahme: Narwal). Es genügt also ein Bruch, dessen Zähler die oberen und dessen Nenner die unteren Zähne enthält (man wählt die linke Gebißseite, und zwar deshalb, weil bei dieser Schreibweise die Schneidezähne an erster Stelle stehen). Die Zahnformel für die Katze lautet beispielsweise $\frac{3131}{3121}$. Gibt es Lücken im Gebiß, so bezeichnet man die betreffende Stelle mit 0, z. B. bei der Maus: $\frac{1003}{1003}$. Als hypothetische Ausgangsform des Säugergebisses wird ein Gebiß vom Typus $\frac{5145}{5145}$ angenommen, die Neuweltaffen (Platyrrhinen) haben die Formel $\frac{2133}{2133}$, die Altweltaffen (Catarrhinen) $\frac{2123}{2123}$. Der Mensch hat die gleiche Formel wie die letztgenannten. Kommen bei Säugetieren und beim Menschen überzählige Zähne vor, so handelt es sich der Form und Stellung dieser Zähne nach sehr häufig um accessorische Neubildungen, seltener um atavistische Rückschläge auf das ehemals individuenreichere Gebiß primitiver Säuger. Die Beurteilung ist jedoch manchmal sehr schwierig (siehe auch S. 49).

Die Reduktion der Zähne bei den höchsten Formen, welche in den Zahnformeln zutage liegt, hat noch einen viel größeren Umfang, wenn man niedere Wirbeltiere mit in Betracht zieht. Bei Fischen sind ganz ungeheuere Zahlen von Zähnchen in der Mundschleimhaut und darüber hinaus im Verdauungstractus verbreitet, die entweder frei in der Schleimhaut stecken oder nur oberflächlich benachbarten Knochen angehören (Bd. I, Abb. S. 34). Erst bei den Reptilien finden sich Alveolen in allen Übergängen von seitlichen Anheftungen der Zähne am knöchernen Kiefer bis zur völligen Aufnahme der Wurzel in ein besonderes Knochenfach. Dies führt zu dem hochdifferenzierten Gebiß der Säuger, bei welchem jeder Zahn eben durch die solide Befestigung seine garantierte Lebensdauer hat. Es ist hochwertiges Material, das eine spezialisierte Ausgestaltung der einzelnen Individuen lohnt. Die schlechter befestigten Zähne der Nichtsäuger haben keine hochentwickelten Formen. Bei den Embryonen von Haien gehen die gleichen Hautzähnchen, welche überall in der Haut sitzen, am Mundrand in die Mundhöhle über; in sie gelangen die Zahnanlagen mit der Einstülpung des Ektoderms hinein. Die Zähne, welche auf den Kieferbogen sitzen (Abb. S. 73), sind bei vielen Haien auch im ausgewachsenen Zustand nur größere Exemplare der Hautzähne des übrigen Körpers, haben also noch die Form einfacher Hautpapillen; bei anderen Haien finden sich mannigfache Vermehrungen und Veränderungen der einfachen Spitzen im Zusammenhang mit der sehr verschiedenen Lebens- und Ernährungsweise dieser Raubfische. Immer aber wird der Einzelzahn nur relativ kurz benutzt. Denn es schiebt sich von einer Stelle am Hinterrand der Kiefer, an welcher neue Zähne und neue Schleimhaut während des ganzen Lebens gebildet werden, eine ununterbrochene Folge von Zähnen wie ein Trottoir roulant über den Kiefer von innen nach außen herüber. Die oben auf der Kante stehenden Zähne sind das jeweils im Gebrauch befindliche Gebiß, die weiter vorn befindlichen Zähne sind bereits abgenutzt und fallen weg, die hinteren warten darauf, die vorderen abzulösen. So ist der Zahnwechsel unbeschränkt (polyphyodont). Die Reduktion bei den Säugern betrifft nicht nur die Zahl der in der Zahnreihe nebeneinander aufgereihten Zähne (Nachbarzähne), sondern auch die an jeder Stelle aufeinander folgenden Zähne (Zahngenerationen).

Ob bei Säugern und beim Menschen noch Reste eines mehrfachen Zahnwechsels nachweisbar seien, ist ein ungelöstes Problem. Bei Beuteltieren werden Anlagen beschrieben, welche den Milchzahnanlagen vorausgehen, sogar verkalken und dann zugrunde gehen: prälacteale Dentition. Beim Menschen hat man wohl früheste Anlagen von solchen zu finden geglaubt, doch ist die Deutung bestritten, da die Rückbildung zu früh erfolgt. Das gleiche gilt für die Anlagen einer 4. Generation von Anlagen, welche sich nach der Abtrennung der permanenten Zähne von ihrem Mutterboden entwickeln, aber nie über die ersten unsicheren Andeutungen hinauskommen: postpermanente Dentition. Man erkennt deshalb gewöhnlich beim menschlichen Gebiß nur zwei Generationen an (Milch- und Dauergebiß, diphyodont).

In Beziehung zur soliden Befestigung der Zähne im Kiefer und zur Hochwertigkeit der einzelnen Individuen (Nachbarn und Generationen) steht der Bau des Schädels, welcher bereits nach dieser Richtung gewürdigt wurde (Bd. I, S. 789).

3*

Die Klassifikation der Zähne, welche in der Zahnformel rein äußerlich zum Ausdruck kommt, beruht auf der verschiedenen Form der einzelnen Zahnindividuen, die so groß ist, daß der Spezialist von einem beliebigen normalen menschlichen Zahn sagen kann, welchen von den 32 er vor sich hat. Auch bei Tieren ist die Zahnform so charakteristisch, daß der kundige Paläontologe in günstigen Fällen nach einem Zahn, der an einer Fundstelle zum Vorschein kommt, das Tier bestimmen kann, zu dem er gehörte, und daß Zähne, zumal sie gegen Verwesung sehr widerstandsfähig sind, zu den wichtigsten Leitfossilien der Geologie gehören. Bei Säugetieren ist das Gebiß zu ganz besonders verschiedenen Individuen differenziert, welche die Nahrung, ehe sie verschluckt wird, so zerschneiden und zerreiben, daß eine sehr wichtige Vorarbeit für die Verdauung geleistet wird. Das kommt besonders der Aufnahme pflanzlicher Nahrung zugute, deren Ausnutzung nur voll möglich ist, wenn die Cellulosehaut der Pflanzenzellen zerstört und der Zellinhalt für die Verdauungssäfte zugänglich gemacht wird. Es gibt dazu außer chemischen Mitteln sehr verschieden lokalisierte mechanische Reibapparate, beispielsweise den Muskelmagen der Vögel, der ein erhärtendes Sekret abscheidet, mit welchem die Körner wie auf den Steinen einer Mühle zermahlen werden. Erst unter den Säugern wird die Zahl der Pflanzenfresser sehr groß, da sich mehr als die Hälfte aller Arten und prozentual noch weit mehr Individuen durch Pflanzenkost ernähren. Lippen, Wangen, Zunge und Gaumen helfen mit, die Vorarbeit der Zähne durch Zuführung des Inhaltes der Mundhöhle zwischen das Mahlwerk zu fördern und zu steigern. Die Beziehungen zwischen Zahl und Wechsel der Zähne auf der einen Seite und der individuellen Form der Zähne (Heterodontie) auf der anderen Seite sind zu vergleichen mit „ungelernten" und „gelernten" Arbeitern gewisser Industriezweige, in welchen die gelernten Arbeiter entsprechend ihrem höheren Können bevorzugte Stellen und soziale Vorteile genießen und trotz geringerer Zahl und höherer Löhnung größere Werte schaffen als eine größere Zahl ungelernter Arbeiter (Taylorsystem).

Die erhöhte Leistung, auf welche der Bau der einzelnen Zähne abgestellt ist, charakterisiert auch das menschliche Gebiß. Im ganzen ist es reduziert, indem Zähne weggefallen sind und von den vorhandenen gewisse Zähne kleiner sind oder später durchbrechen als ihre Nachbarn oder auch individuell ausbleiben (Weisheitszahn). Die voll benutzten Zähne unseres Gebisses sind dafür um so feiner ausgebaut und der vielseitigen, omnivoren Art der menschlichen Ernährung angepaßt. Der beste Beweis dafür ist die Schädigung der Verdauung durch Zahndefekte. Schon mancher Patient, der lange Zeit an hartnäckigen Magen- oder Darmleiden erkrankt war, wurde gesund, als ihn der Arzt zum Zahnarzt schickte. Der Zahnersatz ist keineswegs nur eine kosmetische Frage.

Durch die moderne Küche, welche die schneidende und reibende Tätigkeit unserer Zähne maschinell wohl ersetzen könnte, läßt sich kein voller Ersatz für sie schaffen, weil gleichzeitig mit dem Kauen eine innige Durchmischung der Bissen mit Speichel und ein für die Gesamtleistung des Verdauungskanals nötige Anregung des Nervensystems einhergeht, welche Zeit gebraucht, dagegen gemindert ist, wenn die Speisen einfach hintergeschluckt werden. Ernährung mit breiartigen Nahrungsmitteln ist deshalb für den Erwachsenen immer nur ein Notbehelf, bei welchem die Bilanz des Körpers sehr schwer im Gleichgewicht zu halten ist. — Außer den generellen Eigentümlichkeiten der Einzelzähne ist bei jedem einzelnen Menschen ein und derselbe Zahn etwas anders beschaffen als bei anderen Individuen. Zahnärzte nehmen beim Zahnersatz Abgüsse von dem Gebiß des Patienten und suchen für die Lücke aus großen Vorräten von künstlichen Zähnen den passendsten aus, der genau so eingesetzt werden muß, wie wenn er innerhalb des betreffenden Gebisses gewachsen wäre. An individuellen Besonderheiten der Zähne können besonders leicht Fundleichen agnostiziert werden; bekannt ist in dieser Hinsicht das Brandunglück in einem Wohltätigkeitsbasar in Paris, bei welchem die Zahnärzte die verkohlten Überreste ihrer Klientel aus der vornehmen Gesellschaft nach den Gebissen (echten und falschen) bestimmten.

Folgende Fachausdrücke sind für die Orientierung in der Odontologie üblich und für eine genaue Bestimmung der Details (oder eines Defektes) am Zahn unentbehrlich: *Orts- und Richtungsnamen*

1. **Außen- und Innenfläche** (nach dem Vestibulum oris und Cavum oris proprium hin gewendet).

Labial und buccal: die den Lippen oder der Wange zugekehrte Seite (bei den Vorderzähnen: **Facies anterior**, bei den Backenzähnen: **Facies lateralis**).

Lingual und palatinal: die der Zunge, beim Oberkiefer dem Gaumen zugekehrte Seite (bei den Vorderzähnen: **Facies posterior**, bei den Backenzähnen: **Facies medialis**).

2. **Seitenflächen** (nach den Nachbarzähnen hin gewendet).

Mesial: die nach der Medianlinie des Zahnbogens (Symphyse) zugewendete Seite (bei den Vorderzähnen: **Facies medialis**, bei den Backenzähnen: **Facies anterior**).

Distal: die nach dem freien Ende des Zahnbogens gerichtete Seite (bei den Vorderzähnen: **Facies lateralis**, bei den Backenzähnen: **Facies posterior**).

3. **Obere und untere Fläche der Krone und Wurzel** (nach dem anderen Zahnbogen und nach dem Grunde der Alveole hin gewendet).

Occlusal (seu incisal): die Kaufläche resp. Kaukante der Zähne (**Facies masticatoria**).

Cervical (seu gingival): die mit der Wurzel zusammenhängende basale Fläche der Krone.

Apical: die Spitze der Wurzel, **Apex radicis dentis**.

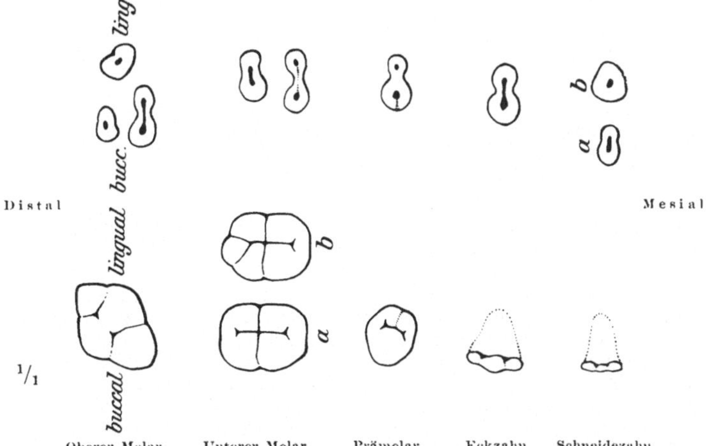

Abb. 21. Merktafel für Zahndiagnosen (Schema). Je ein Individuum jeder Gruppe so gezeichnet, wie wenn es in der rechten Unterkieferhälfte säße (vgl. Abb. S. 32). **Untere Reihe:** Aufsichten auf die Kronen. **Obere Reihe:** Querschnitte durch die Wurzeln. a, b zwei verschiedene Möglichkeiten innerhalb derselben Gruppe. Das Tuberculum dentale beim Eck- und Schneidezahn punktiert eingetragen.

An den Kauflächen und Wurzeln finden sich die wichtigsten Merkmale für die Diagnose der einzelnen Zähne. Bei der folgenden Beschreibung der Zahngruppen empfiehlt es sich, an der Hand der Diagnosentafel, Abb. S. 37, die

Merkmale der Kauflächen und Wurzelquerschnitte zu vergleichen. Das Bild dient zugleich zur Erläuterung der Ableitung der Zahnformen auseinander, auf welche bei jeder Gruppe eingegangen wird. Prägt man sich diese ein, so sind viele Details mnemotechnisch fixierbar (Merktafel).

Die Unterlagen für eine genaue Bestimmung jedes einzelnen Zahnes findet der Spezialist in den Lehrbüchern der Zahnheilkunde. Hier ist davon nur das Notwendigste mitgeteilt. Die naturgetreuen Abbildungen S. 32, 38—41 ergänzen den Text.

Schneide-
zähne,
Abb. S. 32,
37—40;
Bd. I,
S. 663, 734
u. a.

1. Schneidezähne, Incisivi (J_1, J_2): Die Krone hat eine einfache, meißelförmige Schneide (Abb. S. 32, 38). Gegen den Hals zu ist sie auf der Zungenseite durch einen Höcker verstärkt, Tuberculum dentale oder Cingulum (in Abb. S. 37 punktiert). Die Wurzel ist einfach. Die Schneidezähne dienen wesentlich zum Abbeißen des Bissens.

Die labiale Fläche der Krone ist konvex, die linguale ist konkav. Die mesiale und distale Fläche der Krone ist dreieckig, mit der Spitze nach der Schneide zu

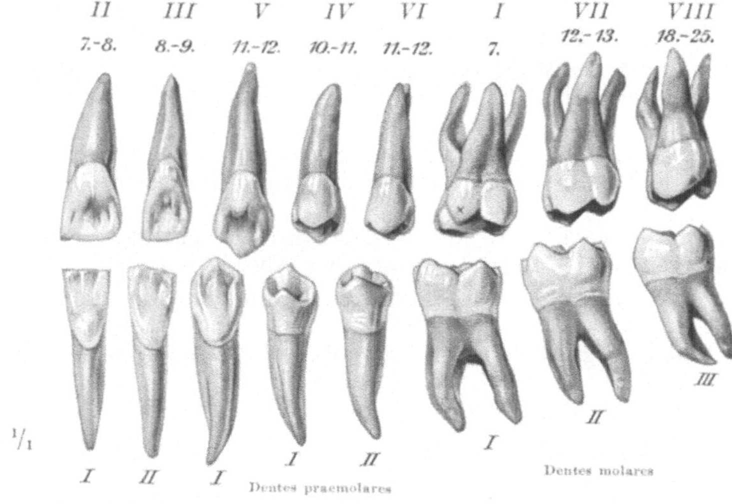

Abb. 22. Rechte Hälfte des Gebisses, von innen (linguale bzw. palatinale Seite). Abstände der Zähne innerhalb des gleichen Zahnbogens und der beiden Zahnbogen gegeneinander um den gleichen Betrag vergrößert dargestellt, sonst Stellung wie in Abb. S. 32. Bei den Oberkieferzähnen ist zuoberst die Reihenfolge des Durchbruchs der Zähne, darunter sind die Jahre des Durchbruchs vermerkt. Bei den Unterkieferzähnen steht die Numerierung innerhalb der Gruppen.

gerichtet (Abb. S. 40). Die Basis des Dreiecks ist die Grenze zwischen Krone und Wurzel (Schmelzgrenze); sie ist eine Bogenlinie, deren Konvexität nach der Zahnschneide sieht, mesial ist sie weiter von der Kaukante entfernt als distal. Die oberen Schneidezähne sind mehr schaufelförmig und breiter als die unteren (Abb. S. 55); oben ist der erste Incisivus größer als der zweite, unten der zweite größer als der erste. Die Wurzeln der oberen sind konisch, die der unteren seitlich plattgedrückt.

Bei frisch durchgebrochenen Schneidezähnen (am deutlichsten bei J_1 oben) ist die Kaukante dreizackig (Abb. S. 40). Im Innern entsprechen den Zacken drei Divertikel der Pulpahöhle, welche sich gegen die Kaukante in das Dentin hineinerstrecken. Von den beiden Einschnitten der Kaukante zwischen je zwei nebeneinander liegenden Zacken (Hügeln) laufen auf der Lippenfläche zwei seichte Längsfurchen cervicalwärts.

Entstehung
der
Schneide-
zähne,
ausgang-
gebender
Typus

Aus drei derartigen nebeneinanderliegenden Kronenhöckerchen oder Kauhügeln kann man sich alle vielhöckerigen Zähne entstanden denken (triconodonter Typus, Abb. a, S. 42). Die einen Forscher glauben, daß in ihnen getrennte kegelförmige Zähne verschmolzen seien (Concrescenzhypothese); die andern nehmen an, daß an einem ursprünglich einheitlichen Zahn mit einem kegelförmigen Höcker zwei Nebenhöcker neu entstanden seien (Differenzierungshypothese). Auf den dreizackigen Typus ist die Form der Schneidezähne unmittelbar zurückzuführen; bei den Backenzähnen werden meistens Verstellungen der Höcker gegeneinander angenommen. — Der obere J_2 hat manchmal ein sehr großes Tuberculum dentale, das sich wie ein lingualer Kronenhöcker hinter der eigentlichen Krone erhebt. Zwischen beiden kann eine tiefe Einsenkung, **Foramen caecum**, bestehen, welche ein Schlupfwinkel für Speisereste und ein Herd bakterieller Zersetzungen ist. Diese Besonderheit legt nahe, daß der Zungenhügel der Prämolaren (Abb. S. 40) nichts anderes ist als ein vergrößertes Tuberculum dentale. Man vergleiche dazu das Verhalten des Tuberculum bei den Unterkieferzähnen von mesial nach distal in Abb. S. 38. Bei den Schneidezähnen ist es nicht unmittelbar dem Kaudruck ausgesetzt, da die Kauschneiden der Antagonisten es nicht erreichen. Mittelbar ist es jedoch als Verstärkungsleiste für die Basis der Krone beim Kauen wirksam. — Der zweite Schneidezahn ist nächst dem Weisheitszahn am häufigsten rückgebildet (bis zum völligen Verlust).

2. **Eckzähne, Canini (C_1)**: Die Krone ist dreikantig mit einer Spitze zum Kauen (Abb. S. 32, 38). Das Tuberculum dentale ist ähnlich dem der Schneidezähne. Die Wurzel ist einfach. Die Eckzähne sind die stärksten einwurzeligen Zähne, ja die oberen Eckzähne sind die längsten Zähne des ganzen Gebisses (27 mm). Bei allen Raubtieren sind sie besonders groß, zum Festhalten der Beute (daher der lateinische Fachname = Hundszahn). Auch dem Menschen dienen die Eckzähne besonders dazu, Bissen aus schlecht zu beißenden Gegenständen abzureißen oder etwas festzuhalten. Daher beißen wir in harte oder zähe Dinge mit seitlich gewendetem Kopf hinein.

Eckzahn,
Abb. S. 32,
37—40;
Bd. I,
S. 663, 732
u. a.

Der obere Eckzahn hat eine stärkere Krone und eine längere Wurzel als der untere (Abb. S. 32). Beim Weibe ist der letztere auffallend klein, oft kaum breiter als sein Nachbar, der äußere untere Schneidezahn. Darin liegt der letzte Überrest eines Geschlechtsmerkmales vor; bei allen Affen haben die Männchen größere Eckzähne als die Weibchen.

Die Lippenfläche der Krone ist von einer mittleren Längsleiste eingenommen, welche in die Kauspitze ausläuft (Buckel des Konturs in Abb. S. 37). Die Zahnspitze ist der besonders vergrößerten mittleren Zacke junger Schneidezähne zu vergleichen. Mesial sitzt ihr eine kleinere, distal eine größere Seitenecke an, welche den beiden seitlichen Zacken junger Schneidezähne entsprechen, aber im Wachstum zurückbleiben (Haupt- und Nebenhöcker). An den ungleichen Seitenecken kann man daher leicht den rechten vom linken oberen Eckzahn unterscheiden. Bei den Schneidezähnen können sogar die beiden seitlichen Zacken ganz wegfallen: **Zapfenzahn** (seltene Varietät). Besonders schmächtig sind die Seitenecken beim unteren Eckzahn, der gerade an dieser Stelle schmaler als der obere ist (Krone beim unteren mehr lang und schmal, beim oberen eine auf die Spitze gestellte Raute, Abb. S. 38). Die Pulpahöhle läuft gegen die Kauspitze nur in ein Divertikel aus (die beiden den Nebenhöckern entsprechenden Divertikel fehlen in allen Eckzähnen).

Das Tuberculum dentale ist viel stärker entwickelt als bei den Schneidezähnen, geht aber unmerklich in die linguale Fläche gegen die Kauspitze über; es wird am oberen Eckzahn durch den Kaudruck, den es unmittelbar auszuhalten hat, besonders früh abgenutzt. Am unteren Eckzahn geht die Kronenspitze, welche jenen Gegendruck ausübt, entsprechend früh verloren.

Infolge der starken Entwicklung des Tuberculum dentale ist der labiolinguale Durchmesser des Eckzahns besonders groß: die Krone hat von der Seite gesehen (mesial und distal) die Form eines gleichschenkeligen Dreiecks, und die Wurzel ist, obgleich im ganzen drehrund und konisch, am Hals stark seitlich abgeplattet (Abb. S. 40). Auch die Pulpahöhle ist in dieser Richtung verschmälert (Abb. S. 37; entsprechend ist sie manchmal im Schneidezahn verschmälert, Möglichkeit a). Der untere Eckzahn hat gelegentlich zwei Wurzeln (eine buccale und eine linguale).

In den Zahnformeln ist der Eckzahn sofort daran zu erkennen, daß er bei allen Tieren an jeder Seite nur in **Einzahl** vorkommt.

3. **Vordere Backenzähne, Praemolares seu Bicuspidati (P_1, P_2).** Die Krone hat zwei Kauhöcker, einen buccalen und einen lingualen (Abb. S. 40). Der linguale Höcker entspricht dem Tuberculum dentale der Schneide- und Eckzähne, welches hier so groß ist, daß es der eigentlichen Kauspitze, dem buccalen Höcker, an Größe fast gleichkommt; doch ist es immer noch bei den unteren Prämolaren (besonders bei P_1) kleiner als bei den oberen. Die Wurzel ist seitlich abgeplattet und durch Längsfurchen auf der mesialen und distalen Fläche mehr oder minder tief eingekerbt (Abb. S. 37) und an der Wurzel-

Prämolar-
zähne,
Abb. S. 32,
37—40;
Bd. I,
S. 663, 701,
732 u. a.

spitze oft ganz gespalten (Abb. S. 40). Der Wurzelkanal ist meistens seiner
ganzen Länge nach in zwei Kanäle (einen buccalen und einen lingualen) zerlegt.

Die Prämolaren sind zwar nicht so exquisite Reibezähne wie die vielhöckerigen Molaren, können aber doch ganz anders zerquetschend beim Zerkauen
der Bissen wirken als die Kaukanten und -spitzen der Schneide- und Eckzähne.

Der Zungenhügel der oberen Prämolaren greift zwischen die beiden Kauhügel
der unteren Prämolaren ein. So verdecken von außen die buccalen Kauhügel die
Kauflächen der unteren Prämolaren gegen die Wange und bewahren die letztere vor
dem Eingeklemmtwerden (Abb. S. 32). Ebenso ist die Zunge dadurch geschützt, daß
die lingualen Kauhügel der unteren Prämolaren die Kauflächen der oberen Prämolaren bedecken. Nur der untere P_1 macht eine Ausnahme, da sein lingualer Höcker
besonders kurz ist und nicht so hoch reicht, um P_1 des Oberkiefers bedecken zu können.
Er kann einem Eckzahn sehr ähnlich sehen. Bei allen Menschenaffen hat der untere
P_1 nur einen Höcker, ein charakteristisches Unterscheidungsmerkmal gegenüber dem
menschlichen Gebiß. — Daß J_2 im Oberkiefer gelegentlich statt des Tuberculum
einen lingualen Höcker hat und dadurch einem Prämolaren ähnlich sieht, wurde
oben erwähnt.

Die Querfurche, welche die beiden Kauhügel trennt, läuft an beiden Enden in
kleine Zwickel aus (Abb. S. 37). Sie entsprechen Randleisten, welche an den Seiten
der Krone herablaufen und den Zusammenhalt zwischen Wangen- und Zungenhügel

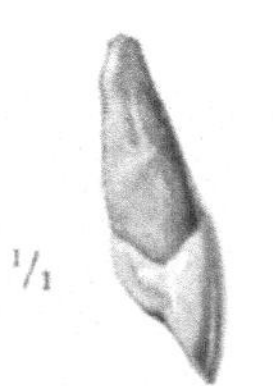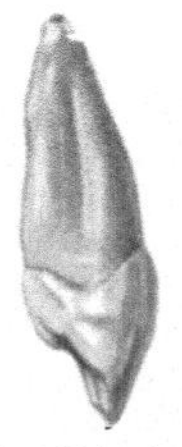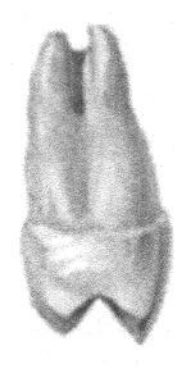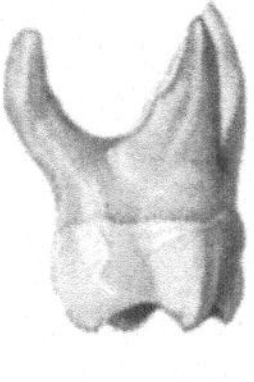

Mittlerer Schneidezahn   Eckzahn   2. Prämolar   1. Molar

Abb. 23. Zähne in distaler Seitenansicht, rechts oben.   Abb. 24. Unterer erster
Von jeder Gruppe ein Individuum. Zähne genau so gestellt wie   Schneidezahn, rechts. Lin-
in der natürlichen Lage im Kiefer. Bei den Schneidezähnen   guale Seite. Mit erhaltenen
steht die Wurzel am stärksten schräg nach hinten.   Zacken der Schneide.

sichern. Die Querfurche selbst geht häufig in eine enge Rinne über, welche tief
in das Dentin einschneidet und an ihrem Grunde nur noch mit einer minimalen
Schmelzlage ausgekleidet ist: sog. Schmelz„fissur". Das gleiche kommt zwischen
den Höckern der Molaren häufig vor. Von diesen Stellen gehen mit Vorliebe Infektionen der Zahnkrone und Caries aus.

Die Pulpahöhle setzt sich entsprechend den beiden Kauhügeln in zwei Divertikel,
ein buccales und ein linguales, fort. Das letztere ist namentlich bei den unteren
Prämolaren oft rudimentär.

Bei P_2 des Unterkiefers kann der Zungenhügel der Krone in zwei neben-
einanderstehende Höcker zerlegt sein (gestrichelte Linie, Abb. S. 37). Das entspricht
der Vermehrung der Zungenhügel bei den Molaren. Von den mehrfachen Lippen-
hügeln, welche bei Schneide- und Eckzähnen zu erkennen sind, ist diese Vermehrung
wohl zu unterscheiden. Von den letzteren, den Resten der Nebenhöcker des triconodonten Typus, ist im Wangenhügel der Prämolaren weder äußerlich noch in der
Pulpa etwas zu bemerken.

Der Querschnitt der Wurzel ist länglich oval, die Längsachse steht buccolingual.
Die beiden innerlich stets, äußerlich aber unvollkommen getrennten Wurzeln oder
vollkommen getrennten Wurzelspitzen stehen wie die Kauhügel: buccal und
lingual. Es kann in seltenen Fällen auch die buccale Wurzel durch eine äußere
Längsfurche in zwei Wurzeln, eine mesiale und eine distale, getrennt sein (gestrichelte Linie in Abb. S. 37). Der Zahn ist dann mehr oder minder dreiwurzelig
und ähnelt einem oberen Molar. Die unteren Prämolaren sind stets einwurzelig,
der Wurzelkanal in der Regel einfach.

Die Wurzelkanäle an den Spitzen der oberen Prämolaren pflegen nach der
Wurzelspitze zu stark verzweigt zu sein und statt mit einer Öffnung mit zwei
oder mehreren zu münden. Eitrige Entzündungen finden hier ein Labyrinth von
Schlupfwinkeln und pflegen deshalb bei der Behandlung sehr hartnäckig zu sein.

4. **Hintere Backenzähne, Mahlzähne, Molares** (M_1, M_2, M_3): Die Krone ist am stärksten von allen Zähnen entwickelt und trägt mindestens drei, meistens vier oder fünf, selten mehr Kauhügel. Sie treten hier besonders hervor und werden **Kronenhöckerchen, Tubercula coronae**, genannt. Sie sind bei den oberen und unteren Molaren verschieden verteilt, und zwar so, daß die einen in die Täler zwischen den anderen passen (Bd. I, Abb. S. 737). Auf ihnen beruht die mahlende und reibende Tätigkeit dieser Zähne, welche unter besonders starkem Druck der Kaumuskeln stehen; denn die Muskeln inserieren ihnen zunächst. Der stark muskularisierte Jochbogen, ein relativ später Erwerb der Säugetiere, steht zu der spezifischen Ausbildung der Kauhügel in korrelativer Beziehung. Mitbeteiligt an der Mahltätigkeit ist die Stärke und Zahl ihrer Wurzeln, durch welche die Molaren sehr fest verankert sind und Widerstand leisten. Während die Prämolaren nur selten zwei (oder mehr) äußerlich getrennte Wurzeln haben, sind bei den Molaren immer zwei oder drei vorhanden, gelegentlich mehr. Bei den oberen Molaren pflegt die Zahl der Kauhügel (4) geringer als bei den unteren (5), aber die Zahl der Wurzeln (3) größer als bei letzteren zu sein (2). Sind bei den Prämolaren 2 Wurzeln vorhanden oder angedeutet, so stehen diese doch ganz anders als die typischen beiden Wurzeln der unteren Molaren; erstere sind buccal und lingual (Abb. S. 32, oben bei P_1 und P_2), letztere mesial und distal orientiert (Abb. S. 32 unten bei M_{1-3}). Bei den dreiwurzeligen Zähnen entsprechen analog den Raumverhältnissen zwei Wurzeln dem größeren Außenkontur, einer dem kleineren Innenkontur des Zahnbogens.

Molarzähne, Abb. S. 32, 37—40; Bd. I, S. 663, 701, 732 u. a.

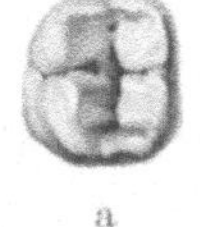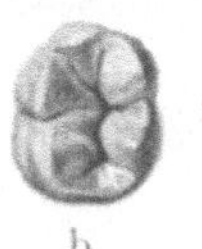

Abb. 25. Krone des zweiten unteren Molarzahnes, rechts. Ansicht der Kaufläche. Linguale Fläche nach rechts, buccale Fläche nach links vom Beschauer, distale oben. a Ein Exemplar mit vier, b mit fünf Kauhügeln (vgl. Abb. a, b, S. 37; diese um 90° gedreht).

Bei den Mahlzähnen ist stets der erste am größten, der letzte am kleinsten; er ist oft verkümmert und bricht verspätet oder manchmal gar nicht durch (Weisheitszahn).

Bei den **oberen Molaren** hat der Kontur der Krone die Form einer Raute; das Furchenbild gleicht einem schräg stehenden H (Abb. S. 37; Bd. I, Abb. S. 663). Von den 4 (oder 3) Kauhügeln ist der mesiale Wangenhöcker der größte, der distale Zungenhöcker der kleinste, die beiden übrigen sind ungefähr gleich groß. Die Furche zwischen letzteren läuft meistens nicht durch, sondern pflegt durch eine gratförmige Brücke zwischen beiden Kuppen unterbrochen zu sein. Bei M_1 ist der Typus der Krone am reinsten ausgebildet; bei ihm kommt jedoch am häufigsten ein **Tuberculum anomale** (CARABELLI, Abb. S. 38 bei ×) vor, welches seitlich am mesialen Zungenhöcker sitzt, meist die Kaufläche nicht erreicht, jedoch in seltenen Fällen zu einem typischen (5.) Kauhügel heranwächst. Bei M_2 ist der rhombische Kontur viel spitzwinkliger als bei M_1. Bei M_3 ist die Form der Krone sehr wechselnd, oft dreihöckerig, manchmal aber auch vielhöckerig. Von den drei Wurzeln der oberen Molaren stehen zwei buccal nebeneinander, die dritte steht palatinal gegenüber dem Trema zwischen den beiden buccalen (Abb. S. 37). Die beiden Wangenwurzeln sind seitlich abgeplattet und längs gefurcht. Die drei Wurzeln divergieren mit ihren Spitzen so stark, daß der von ihnen umgrenzte Raum größer als der Umfang der Krone ist. Bei der Zahnextraktion ist das sehr hinderlich. Die Wurzeln von M_2 divergieren weniger; M_3 kann durch Spaltung der vorderen Wangen- oder der Gaumenwurzel 4, sehr selten auch 5 Wurzeln haben, oder aber alle Wurzeln sind bei ihm durch Verschmelzung zu einer einzigen mehr oder minder vollkommen vereinigt. Die Pulpahöhle liegt im Zahnhals. Sie sendet in jeden Kronenhöcker ein Divertikel und in jede Wurzel einen Wurzelkanal; letzterer ist je nach der Form der betreffenden Wurzel verschieden stark abgeplattet (Abb. S. 37).

Bei den **unteren Molaren** kommen zwei Haupttypen der Krone etwa gleich häufig vor. Der eine ist wie bei den oberen Molaren vierhöckerig, das Furchenbild ist ein + (Abb. a, S. 37 u. Abb. a, S. 41). Der andere ist fünfhöckerig; das Furchenbild kann bei ihm mit einem unregelmäßigen Kreuz auf einem kleinen Sockel verglichen werden (in Abb. b, S. 41 steht das Kreuz auf dem Kopf, der Sockel nach oben; in Abb. S. 37 liegt der Sockel nach links vom Beschauer, unterer Molar, Möglichkeit b).

Der 5. Kauhügel ist entweder am distalen Ende neu hinzugetreten oder zwischen die beiden Wangenhügel eingeschoben. Ist beides gleichzeitig eingetreten, so ist die Krone sechshügelig. Auf alle Fälle liegen von 5 Höckern 3 auf der Wangenseite, so daß diese Kronenform buccal vorgebuchtet ist, während der vierhöckerige Typus einen länglich rechteckigen Kontur hat; man achte auch auf die ungleiche Größe der Höcker. Von den Wurzeln ist die vordere seitlich abgeplattet und beiderseits gefurcht, nicht gespalten (Abb. S. 37). Der Wurzelkanal ist bei jugendlichen Individuen einfach, bei älteren in zwei randständige Kanäle aufgeteilt. Die hintere Wurzel ist weniger abgeplattet, auf der distalen Fläche nur ganz schwach gefurcht, aber doch in seltenen Fällen gespalten. Der Wurzelkanal ist abgeplattet, stets einfach. Die Pulpahöhle hat so viel Divertikel als Kronenhügel vorhanden sind. Die hintere Wurzel geht schräg distalwärts, die vordere anfangs schräg nach vorn, doch biegt die Spitze distalwärts um (Abb. S. 32, 38). Beide sind nicht so weit auseinander gespreizt wie bei den oberen Molaren. M_2 ist fast immer vierhöckerig, M_3 variiert nicht so sehr wie im Oberkiefer, doch sind seine Höcker sehr häufig wenig ausgeprägt, wie verwaschen, seine Wurzeln oft vermehrt.

Entstehung der Kauhügel

Die Kauhügel der Mahlzähne fossiler Formen haben zum Teil den triconodonten Typus (Abb. a, S. 42); doch sind bei anderen die Nebenhügel aus der Reihe herausgerückt und zur gleichen Größe wie der Haupthügel herangewachsen. Die drei Höcker stehen dann an den Ecken eines gleichschenkeligen Dreiecks (trituberkulärer Typus, Abb. b, S. 42); Leisten verbinden den unpaaren Höcker mit den paarigen (Abb. c, S. 42).

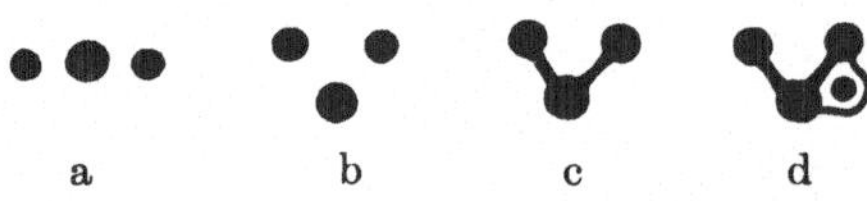

Abb. 26. Triconodonte und trituberkulare Stellung der Kauhügel der Oberkieferzähne. Die drei ursprünglichen Hügel schwarz, der neu hinzukommende Talon weiß mit schwarzem Zentrum (nach COPE-OSBORN, Zeichnung von MOLLISON). — Neuerdings wird die Stellung der schwarz gezeichneten Kauhügel in Abb. b nicht als Verschiebung, sondern als ursprünglich aufgefaßt; nur die beiden Wangenhügel werden von der Reihe a, die beiden Zungenhügel vom Tuberculum dentale der Schneidezähne abgeleitet.

Die beiden Dreiergruppen der Kauhügel des Ober- und Unterkiefers greifen bei solchen fossilen Formen ineinander, weil im Oberkiefer die ursprünglichen Nebenhöcker buccal, im Unterkiefer dagegen lingual liegen. Bei anderen Fossilien kommt im Oberkiefer der sog. Fersenhöcker oder Talon hinzu, wahrscheinlich ein Äquivalent des Tuberculum dentale der Schneidezähne (quadrituberkulärer Typus, Abb. d, S. 42, vgl. mit Abb. S. 37, oberer Molar). Dieser kann sich in einen 4. und 5. Höcker teilen. Der vierhöckerige untere Molar hat einen der ursprünglichen, schwarzgezeichneten Kauhügel des trituberkulären Typus verloren (Regressivform); seine vier Höcker entsprechen also ihrer Herkunft nach nicht den vier Kauhügeln des Oberkiefermolars (nur der letztere ist eine reine Progressivform). — Nach der Trituberkulartheorie sind die einzelnen Entwicklungsstufen dieser Reihe, welche wir durch Belege von Zähnen fossiler Säuger als tatsächliche Bildungsmöglichkeiten kennen, von den Molaren der recenten Säuger und des Menschen wirklich durchlaufen worden. Von vielen Autoren wird das bestritten oder nur auf die Molaren, nicht auf die Antemolaren (vorderen Backen-, Eck- und Schneidezähne) angewendet.

Unterscheidung zwischen rechten und linken Zähnen

Gewisse Anzeichen erlauben uns, relativ leicht Zähne der rechten Gebißhälfte von denen der linken zu unterscheiden. Wäre der Zahnbogen ein Teil eines Kreises und wären die Zähne in ihm bilateral symmetrisch gebaut, so könnte man sich vorstellen, daß Zahn I an die Stelle von Zahn II gesetzt würde, ohne daß die Vertauschung merkbar wäre (Abb. a, S. 43). Da aber der Zahnbogen ein Stück einer Ellipse bzw. Parabel ist, so ist die Krümmung der Zahnkrone in ihrem vorderen Teil eine andere als in ihrem hinteren Teil: die Krone ist asymmetrisch (Abb. c, S. 43). Denkt man sich jetzt den Zahn I an die Stelle von II gesetzt (Abb. b, S. 43), so paßt er nicht an die Stelle, da II das Spiegelbild von I und nicht identisch mit ihm ist. Man nennt dieses Kennzeichen der Krone: Krümmungsmerkmal. Es ist diagnostisch besonders beim oberen 1. Schneidezahn, bei den Eck- und Mahlzähnen anwendbar.

Die Wurzeln stehen nicht in der geradlinigen Verlängerung der Kronen, sondern sie weichen distalwärts ab (siehe obere Schneidezähne, Abb. S. 32, 38). Setzt man einen Zahn mit der Kaukante oder Kaufläche auf eine ebene Unterlage, so läßt sich die Abweichung der Wurzel von der Vertikalen am besten feststellen. Die Wurzelspitze zeigt nach der distalen Seitenfläche: Wurzelmerkmal. Da die Lippen- und Zungenfläche des Zahnes leicht zu unterscheiden sind, so ist nach dem Wurzelmerkmal für einen beliebigen oberen oder unteren Zahn klar, ob er zur linken oder rechten Gebißseite gehört.

Bei manchen Zähnen versagen beide Merkmale, z. B. beim mittleren unteren Schneidezahn. Bei den Eckzähnen ist gelegentlich die Wurzel mesial abgebogen

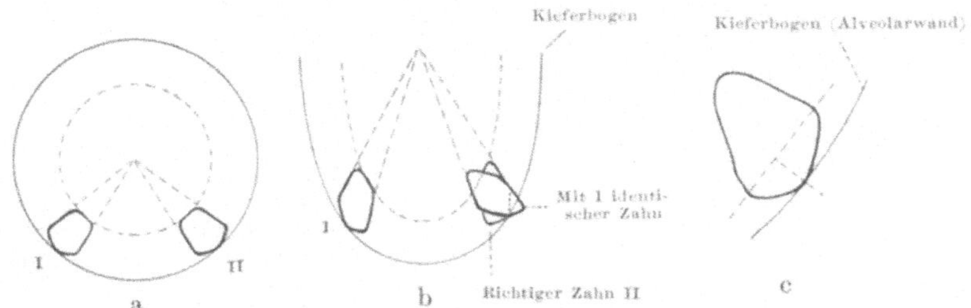

Abb. 27. Krümmungsmerkmal. a Kieferbogen kreisförmig, Zähne rechts und links identisch. b Kieferbogen elliptisch, Zähne rechts und links spiegelbildlich. c Der in b als richtig bezeichnete Zahn vergrößert; eine Senkrechte, welche von dem vorspringendsten Punkt der Krone auf die Sehne zur buccalen Oberfläche gefällt wird, teilt letztere in ein vorderes kleines, starkgekrümmtes und ein hinteres großes, schwachgekrümmtes Konturstück (nach WETZEL, Anatomie f. Zahnärzte 1920, S. 408).

(unterer Eckzahn in Abb. S. 32, 38). — Es gibt bei manchen Zähnen noch ein 3. Merkmal, das Winkelmerkmal. Beim oberen J_1 z. B. bildet mesial die Kaukante der Krone mit der Seitenfläche einen scharfeckigen, distal dagegen einen abgerundeten Winkel (Abb. S. 32, 38). Ähnliche Unterschiede bestehen bei den Seitenecken der Eckzähne.

Bei vollständigem Gebiß nutzt sich der Schmelz, da er nicht nachwachsen kann, an den Kauschneiden und Kauhügeln immer mehr ab, bis schließlich das Zahnbein durchschimmert oder wirklich freigelegt ist. Das Dentin reagiert auf die Abnutzung durch neue Ablagerung von Dentin, welches sich in der Krone unter dem vorhandenen Dentin abscheidet: Ersatzdentin. Auch letzteres kann freigelegt werden, wenn das erstere abgekaut ist. Das von Anfang an vorhandene Dentin sieht hell bräunlich aus, das Ersatzdentin dunkler braun. Beide heben sich gegen die porzellanweiße oder gelbliche Farbe des Schmelzes deutlich ab. Die Kauhügel verschwinden bei abgekauten Zähnen, die Kaufläche der Molaren und Prämolaren wird hohl oder eben (Abb. S. 43). Bei den oberen Schneidezähnen wird an der Hinterseite der Schneidekante, bei den unteren an der Vorderseite eine Rinne abgeschliffen. Auch die Schliffflächen an den Eckzähnen

Abnutzung der Krone (Schliffflächen)

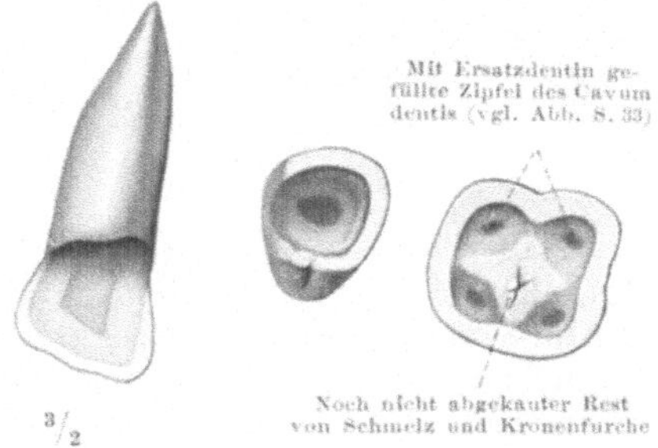

Abb. 28. Abgekaute Zähne, mittlerer Schneidezahn, Eckzahn, Molar. Ersatzdentin dunkel.

sind oben und unten verschieden. Die Stellen sind aus der Art des normalen Zusammentreffens der Zähne beim Kieferschluß abzulesen (Abb. S. 32). Ist ein Zahn ausgefallen, so rückt der gegenüberliegende Zahn in die Höhe; daraus läßt sich entnehmen, daß die Stellung der Zähne bis zu einem gewissen Grad durch Druck und Gegendruck der Antagonisten reguliert ist. Sind mehrere Zahnlücken vorhanden, so liegt das Niveau der Kauflächen und -schneiden der Zahnreihe nicht wie gewöhnlich in einer annähernd ebenen Fläche, sondern es treten die gegen die fehlenden Antagonisten vorgewachsenen Zähne aus dem gewöhnlichen Niveau heraus; je nach ihrer Zahl und Stellung ist das Gebiß ganz absonderlich geformt (Abb. S. 44). Die Kieferbewegung wird sehr stark beeinflußt, weil die

Zähne sich leichter als in der Norm verhaken. Manche Zähne werden in solchen Fällen ganz spitz zugeschliffen und im Gebrauchswert geschädigt. Ein frühzeitiger Ersatz fehlender Zähne durch künstliche ist deshalb ein sehr wichtiger Schutz für das übrige Gebiß.

Bei fehlenden Zähnen wird die Asymmetrie des Kiefers über das gewöhnliche Maß hinaus verstärkt; sie wird oft sehr erheblich. Das ganze Gesicht wird dadurch beeinflußt. Selbst stärkere Asymmetrien des Schädels können lediglich durch frühen Zahnverlust und einseitiges Kauen erworben sein.

Nach dem Grad der Abnutzung der Zähne kann man ihr Alter bestimmen wie etwa beim Pferdekauf, bei dem bekanntlich der Zustand der Zähne als sicherster Schutz gegen schwindelhafte Angaben über das Alter des Tieres gilt. Befinden sich unter den bleibenden Zähnen eines Menschen ausnahmsweise stehengebliebene Milchzähne, so sind sie an der hochgradigeren Abnutzung kenntlich. Man unterscheidet an den bleibenden Zähnen als „Kontaktschliffe" Abnützungen, welche die Kauflächen und -schneiden der Zähne untereinander hervorbringen, ferner als „interstitielle Reibungsfacetten" Abnützungen, welche die Seitenränder ausüben, wenn der Zahn nicht fest in der Alveole sitzt und gegen den Nachbarzahn scheuert; endlich kommen Anschliffe des Zahnes durch harte Nahrungsbestandteile vor.

Die Farbe der trockenen Zähne (gezogene Zähne, Zähne des macerierten Schädels) ist viel heller und weißer als beim feuchten Gebiß des Lebenden, wie etwa eine vom Regen getroffene Hauswand andersfarbig erscheint, als wenn sie trocken ist. Die gelbliche Farbe der feuchten Krone ist um so intensiver, je mehr Zwischensubstanz zwischen den Schmelzprismen vorhanden ist.

Die häufigste Ursache für den Verlust von Zähnen ist die Fäulnis der Zähne, Karies. Sie ist bei wildlebenden Tieren viel seltener als bei domestizierten, ist aber bereits beim Mastodon nachgewiesen.

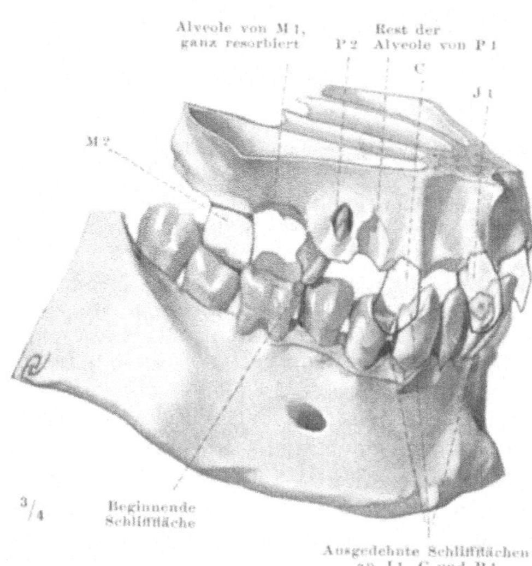

Abb. 29. Abnorme Kauflächen bei Zahnlücken. Die Zähne des Oberkiefers (außer dem mißbildeten P_2) nur als Kontur gezeichnet, um die ihnen korrespondierenden Schliffflächen an den Zähnen des Unterkiefers darstellen zu können. Oberkiefer quer durch die Sinus maxillares abgesägt.

Zahnwechsel und Zahnentwicklung im allgemeinen Außer bei den Molaren, welche nicht wechseln, vollzieht sich die Entwicklung zweimal, zuerst bei dem Milchgebiß und dann bei den bleibenden Zähnen. Beide Vorgänge sind einander so ähnlich, daß wir sie nur einmal zu beschreiben brauchen, um die Schichtung und feinere Struktur des fertigen Zahnes verstehen zu können. Der Zahnwechsel ist aber keine überflüssige Wiederholung historisch überwundener Zeitfolgen, sondern er ist nötig, weil die Zähne wegen ihrer Kappe aus unnachgiebigem Schmelz, dessen Wachstum abgeschlossen ist, von vornherein ihre endgiltige Größe haben. Die Zähne des Erwachsenen wären für den Kiefer des Neugeborenen viel zu groß. Die kleineren und weniger zahlreichen Milchzähne werden so lange beibehalten, bis die großen permanenten Zähne im Kiefer Platz haben. Sobald das Milchgebiß vollständig durchgebrochen ist (nach dem 2. Lebensjahr), hat der vordere Teil des Kiefers bereits seine endgiltige Größe. Er verlängert sich später für die Molaren nach hinten. Die permanenten Zähne brechen, entsprechend dem Größenwachstum der Kiefer, sukzessive durch. Im allgemeinen reicht der Zahnwechsel (eingerechnet den Durchbruch der Mahlzähne) vom 6.—13. Jahr; M_3 (Dens sapientiae) bricht jedoch erst zwischen dem 17. und 30.—35. Jahr durch.

Die Daten für den Durchbruch der einzelnen Zähne sind in Abb. S. 38 nachzulesen. Sie schwanken individuell und besonders familiär nicht unerheblich.

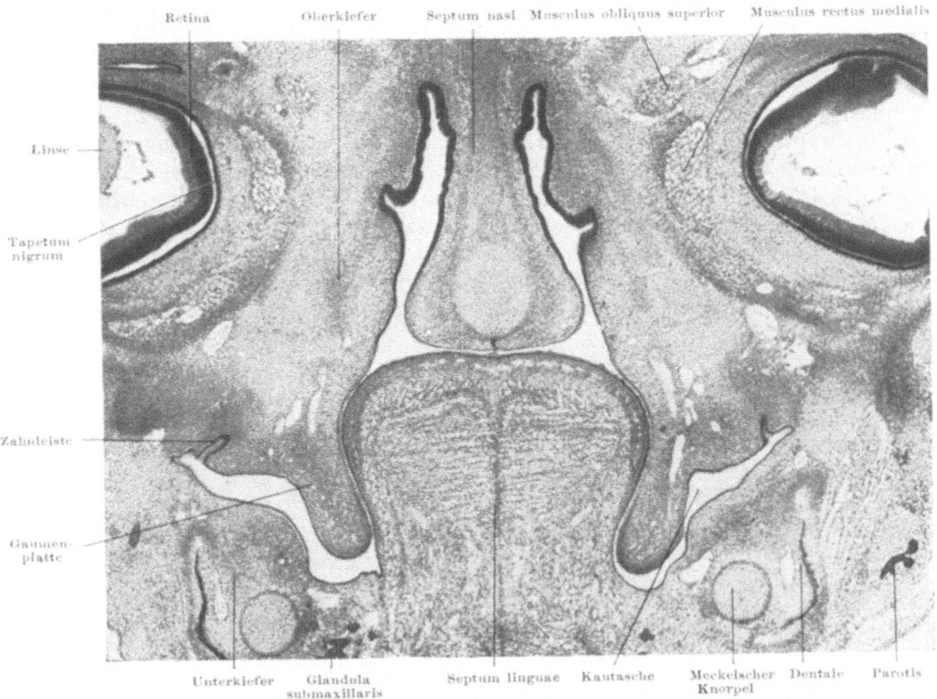

Abb. 30. Frontalschnitt durch die primäre Mund- und Nasenhöhle eines etwa 20 mm langen
menschlichen Embryo. 25 fache Vergrößerung. (Aus FISCHEL, Lehrb. d. Entw., S. 515.)

In der 1. Hälfte des 2. Fetalmonates entsteht am Kieferrand menschlicher
Embryonen die Zahnleiste (Abb. S. 45), eine solide Einwucherung des Mundhöhlenepithels in das darunterliegende embryonale Bindegewebe (Mesoderm).

Zahnleiste (Schmelzleiste) und Zahnglocken

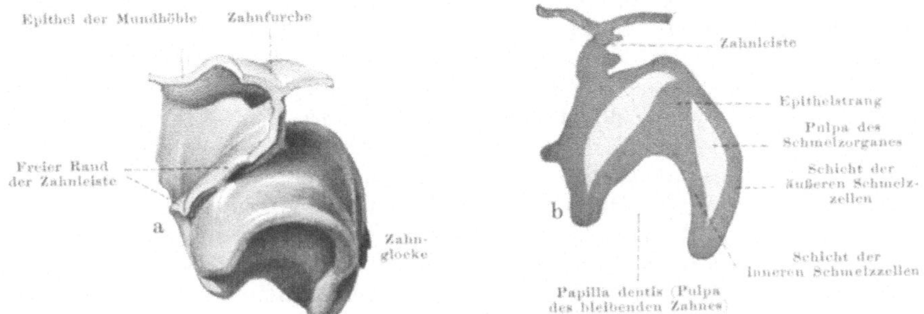

Abb. 31. Zahnglocke. Plattenmodell des 1. oberen bleibenden Molars eines menschlichen Fetus (nach
dem Original von Prof. AHRENS †, Heidelberg). a Das ganze Modell von außen, b ein Schnitt durch das
Innere, in der Richtung des Epithelstranges (Schmelzstranges).

Die knöcherne Anlage des Kiefers wuchert später gegen die Zahnleiste empor
und umwallt sie in beträchtlicher Entfernung an so vielen getrennten Stellen,
wie es später Zähne gibt; das sind die ersten Anlagen der Kieferalveolen. Den
Alveolen entsprechen kolbenförmige Auftreibungen der ektodermalen Zahnleiste,

welche zuerst terminal entstehen und dann auf die labiale Fläche der Leiste
rücken. Vom Mesoderm aus wuchern Papillen aus dichtem embryonalem
Bindegewebe in die Auftreibung hinein. Wir nennen eine jede solche Gesamt-
anlage: Zahnglocke (Abb. S. 45). Der Mantel der Glocke ist von Ektoderm
gebildet. Er ist doppelwandig nach Art einer Gastrula. Er bildet in der Folge
das Schmelzorgan; daher wird auch die Zahnleiste als „Schmelzleiste"
bezeichnet. Das Schmelzorgan besteht aus äußeren Schmelzzellen,
Schmelzpulpa und inneren Schmelzzellen (Abb. b, S. 45). Von den inneren
Schmelzzellen (Ektoderm) wird der Schmelz gebildet, aus dem mesodermalen
Inneren der Glocke gehen das Dentin und die Zahnpulpa hervor (definitive
Pulpa des Zahnes, Abb. S. 46). Soviel Zähne es gibt, soviel Schmelzorgane bilden
sich aus der Zahnleiste. Später bleibt von dem Schmelzorgan nur der Schmelz
übrig, von dessen Prismen jedes je einer inneren Schmelzzelle entspricht (Abb.
S. 47). Die inneren Schmelzzellen selbst, Adamanto- oder Ameloblasten,

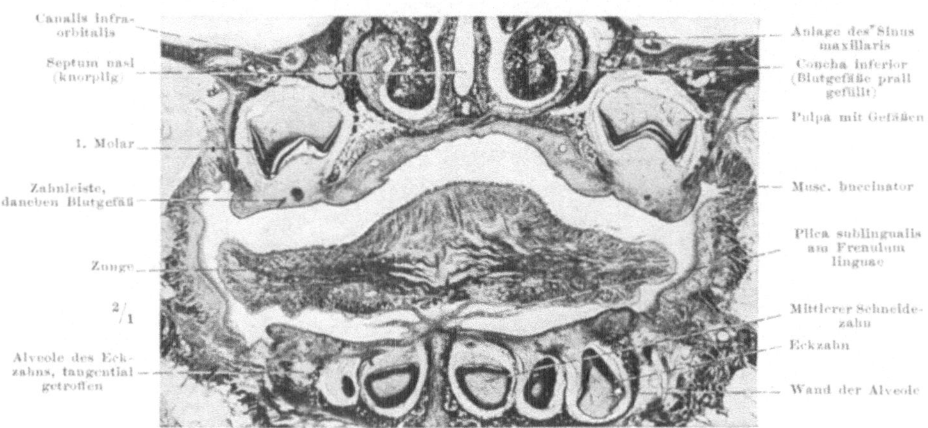

Abb. 32. Milchzähne vor dem Durchbruch.
Frontalschnitt, Neugeborener. Schnitt und Aufnahme von Dr. H. v. HAYEK.

welche den Schmelz gebildet haben, ferner die Schmelzpulpa und die äußeren
Schmelzzellen gehen später verloren. Das Dentin wächst sehr in die Dicke, und
die äußersten Zellen der Zahnpapillen, die Odontoblasten, spinnen ihre
Fortsätze entsprechend aus, so daß das ganze Dentin von Kanälchen durchzogen ist, welche für jene Zellfortsätze, die Dentinfasern, ausgespart bleiben
(Abb. S. 47 u. Bd. I, Abb. S. 33). Schließlich wird die sehr weite Pulpahöhle
durch die Menge des abgeschiedenen Dentins eingeengt. Immer liegen noch
die Odontoblasten auf der Oberfläche der Pulpa, so daß neues Dentin erzeugt
werden kann, z. B. anfänglich beim Auswachsen der Wurzeln, ferner bei den
permanenten Zähnen noch ganz spät bei der zunehmenden Verengerung des
Wurzelkanales und bei der Ablagerung von Ersatzdentin (S. 43). Die Tätigkeit der Osteoblasten geht durch das ganze Leben hindurch fort. Der
Schmelz ist dagegen nach Fortfall seiner Bildungszellen nicht mehr ergän-
zungsfähig. Die definitive mineralische Schmelzkappe für den Zahn ist so
wenig veränderlich wie etwa eine künstliche Goldhaube, mit welcher sie bei
defekten Zähnen vom Zahnarzt nachgeahmt wird (Prothesen). Das Zement
wird erst nach der Geburt kurz vor Durchbruch des Zahnes von außen auf
das Wurzeldentin abgelagert. Die Zellen, welche in das Zement eingebettet
werden, stammen aus der bindegewebigen Umgebung des Zahnes, dem Zahn-

säckchen (Abb. S. 46). Dieses umschließt die ganze Zahnanlage bis zum Durchbruch des Zahnes. Man kann beim Neugeborenen durch Aufmeißeln des Kiefers von vorn die Zahnsäckchen präparieren; in ihnen findet man die an ihrer Härte leicht kenntliche Schmelzkappe, Schmelzscherbe genannt. Aus dem Zahnsäckchen wird später die Wurzelhaut und das Alveolarperiost. Indem sich die Alveolarwand verstärkt, verengert sich das ganze Zahnfach, besonders von unten her. Dadurch wird der Zahn so lange gehoben, bis er durch das Zahnsäckchen und das Zahnfleisch durchbricht. Die ersten Milchzähne werden um die Hälfte des ersten Lebensjahres, die letzten in der ersten Hälfte des 2. Lebensjahres sichtbar (die genaueren Daten sind aus Abb. S. 48 zu ersehen).

Die embryonale Zahnleiste ist ein kontinuierliches ektodermales Gebilde, während doch die Zähne nie etwas anderes als diskontinuierliche Einzelindividuen gewesen sein können. Es ist anzunehmen, daß schon in der Zahnleiste das individuelle Material für jedes Schmelzorgan bestimmt ist, wie etwa im anscheinend einheitlichen Chromatin des Zellkernes in Wirklichkeit getrennte Chromosomenindividualitäten von bestimmter Zahl nachgewiesen sind. Auch die einzelnen Milchdrüsenanlagen treten

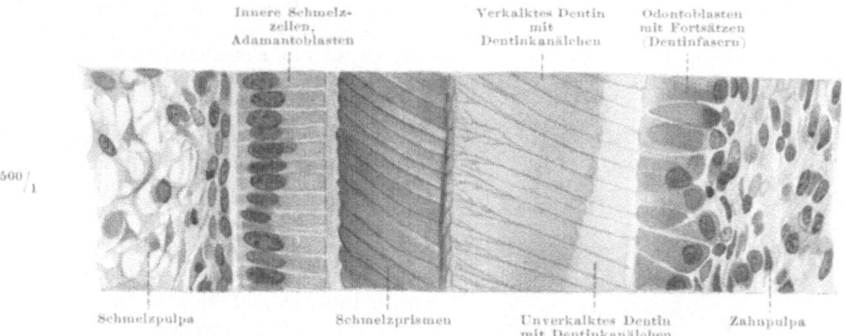

Abb. 33. Schmelz und Dentin eines Milchzahnes bei einem älteren menschlichen Fetus. Man denke sich in Abb. S. 46 etwa die Stelle, auf welche der Verweisstrich „1. Molar" zeigt, stark vergrößert.

ähnlich den Zähnen als kontinuierliche Milchleiste auf (siehe Haut, Bd. IV). In sehr seltenen Ausnahmen scheint in der frühen Entwicklung die Zahnleiste anders als normal aufgeteilt zu werden. Darauf werden Fälle zurückgeführt, bei welchen beispielsweise an Stelle der Prämolaren ein Individuum mehr als in der Norm vorhanden ist, ohne Formbeziehungen oder Übergänge zu den typischen Prämolaren zu zeigen (atypische Zahlenvariation). Ist dies richtig, so ist die erhöhte Zahl von Zähnen in solchen Fällen mit den normalen ebensowenig zu vergleichen, wie etwa die Seiten eines gleichseitigen Dreiecks denjenigen eines Quadrates von dem gleichen Umfang für homolog erklärt werden können. Häufiger ist eine Vermehrung von Zähnen im definitiven Gebiß durch Stehenbleiben von Milchzähnen, welche manchmal nur schwer von den bleibenden Zähnen zu unterscheiden sind. Bei einem menschlichen Oberkiefer wurde ein Gebiß von 22 Zähnen (statt 16) beobachtet.

Das Schmelzorgan bildet nicht nur den Schmelz, sondern ist als eine epitheliale Doppelscheide auch auf die schmelzfreie Wurzel fortgesetzt und folgt ihr beim Auswachsen bis zur Wurzelspitze (Abb. S. 46). Welche Bedeutung dem zukommt, ist wie aus einem Experiment bei einer Klasse der niederen Säuger, den Edentaten, zu sehen: diese haben keinen Schmelz und dennoch ein „Schmelz"organ. Die Bedeutung des letzteren ist viel weitgreifender, als der Name besagt. Bei Zähnen mit mehr als einer Wurzel faltet sich die Epithelscheide entsprechend den Wurzelzwischenräumen an der Basis der Krone nach innen. Die Falten verwachsen miteinander, so daß jede Wurzel von einer hosenartigen Epithelscheide umkleidet ist. Man kann, ehe das Zement gebildet ist, an der Basis der Zahnkrone den Abdruck der Verwachsungsnähte der Scheiden auf dem Dentin wahrnehmen. Aus den Beziehungen zur Wurzel geht hervor, daß das sogenannte Schmelzorgan die Form derselben und wahrscheinlich auch die Gesamtform des Zahnes bestimmt, indem es wie eine Gußform den mineralischen Bestandteilen, dem Dentin und Schmelz, vorschreibt, welche Form sie annehmen sollen. Außerdem umhüllt die Epithelscheide

Beziehung
des
Schmelz-
organs
zum Ge-
samtzahn
(Epithel-
scheide)

die Papille und grenzt sie gegen das umgebende Mesoderm ab, auch an der Basis
der ganzen Zahnanlage, indem sie sich gegen die Pulpa dentis nach innen umschlägt
(Abb. S. 46, links). Die Papille enthält immer viel jüngeres Mesoderm als die Alveole.
Diese abgekapselte Bildungsmasse wächst aus sich durch eigene Zellvermehrung.
Hat sie die Fähigkeit, auch ohne Schmelzorgan die Zahnform richtig zu bestimmen,
so könnten abnorme Zahnformen, deren es viele gibt, durch einen Konflikt zwischen
der Tätigkeit beider bestimmender Faktoren entstehen. Sicheres ist zur Zeit darüber
nicht bekannt, aber nach Analogie mit andern Erfahrungen ist eine solche Annahme
nicht unwahrscheinlich.

Kurz vor der Bildung des Zements wird die Epithelscheide resorbiert. Durch
Löcher in derselben dringen Zellen aus dem Alveolarperiost ein, welche als Osteoblasten das Zement bilden und auf das Dentin ablagern. Reste der Epithelscheide
können in Ausnahmefällen noch beim Erwachsenen im Alveolarperiost als Epithel-
inseln gefunden werden.

Die Schmelzpulpa besteht aus sternförmigen Zellen, welche reich vacuolisiert
sind und ein grobwabiges Gerüstwerk bilden (Abb. S. 47). Hier entstehen aus Ektoderm, ähnlich den Gliazellen im Centralnervensystem, Strukturen, die äußerlich
mesodermalen Stützgeweben sehr ähnlich sind. Anfangs ist das Schmelzorgan
von einem freien Epithelstrang durchzogen, welcher das innere Schmelzepithel
an seinem obersten Punkt gegen die Kuppe der Glocke fortsetzt und sich dort mit
den äußeren Schmelzzellen verbindet (Abb. b, S. 45). Dieser Strang verschwindet
sehr früh; er scheint anfangs die innere Festigkeit des Schmelzorganes zu erhöhen,
ehe die Schmelzpulpa fertig gebildet ist. Letztere ist ein Platzhalter für die junge
weiche Zahnanlage; sie verschwindet in dem Maß, als der Zahn selbst heranwächst
und verkalkt.

Das Milch-
gebiß

Das fertige Milchgebiß (Abb. S. 48) ist bis zum 6. Jahr das einzige Kau-
werkzeug. Es hat wie die definitiven Zähne gut ausgebildete Wurzeln. Nur
werden letztere erst spät gebildet und durch Osteoklasten-ähnliche Zellen früh
resorbiert. Beim Zahnwechsel sind die Wurzeln größtenteils verschwunden.
Deshalb lockert sich der Milchzahn und fällt meist ohne größere Schmerzen
und Blutung aus. Von dem ganzen Milchgebiß sind jederseits nur die beiden Milchmolaren von den bleibenden Zähnen, an deren Platz sie stehen, auffällig verschieden. Ihr Aussehen gleicht den bleibenden Molaren; deshalb sind
sie nach diesen genannt, man vergesse aber darüber nicht, daß sie an der
Stelle von Prämolaren stehen. Die Wurzeln eines Milchmolars divergieren
ganz besonders stark, da zwischen ihnen bereits das große Zahnsäckchen des
bleibenden Zahnes liegt. Das Milchgebiß ist kleiner und bläulicher als das
bleibende Gebiß; über die sonstigen Unterschiede wird der Fachmann in der
zahnärztlichen Literatur vieles Detail finden.

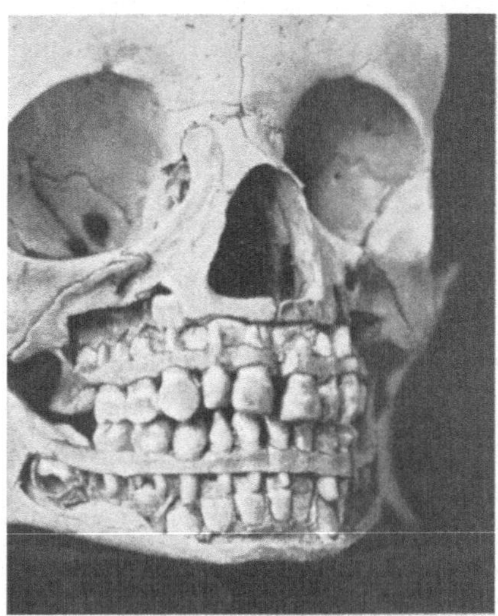

Abb. 34. Vollständiges Milchgebiß eines 3jähr.
Kindes. Die Anlagen der bleibenden Zähne von
vorn freigelegt. (Aus ORBÁN. Z. An. u. Entw. 85,
1928.) Die Milchzähne im Unterkiefer brechen
gewöhnlich durch im Alter von

6   10   16   12   24 Monaten,
J$_1$ J$_2$ C   M$_1$ M$_2$

im Oberkiefer jeweils 2—3 Monate später.

Die Zahnleiste bleibt lingual von
dem Milchzahn bestehen (Abb. S. 46).
Sie ist stark durchlöchert und zerklüftet. Epitheliale Absprengungen von ihr
erhalten sich im Zahnfleisch und können Drüsen vortäuschen („Glandulae tartaricae"). Die Zahnleiste selbst erzeugt von der 24. Fetalwoche ab labial vom
Milchgebiß die permanenten Zähne, welche beim Menschen noch in der gleichen

Richtung auf die erste Zahngeneration folgen, wie es bei niederen Wirbeltieren die zahlreichen, sich aneinander reihenden Zahngenerationen tun. Der ausgebildetere Zahn steht immer auf der konvexen, größeren Seite des Kieferbogens, der weniger ausgebildete auf der konkaven, kleineren Seite. Die Molaren des bleibenden Gebisses werden so angelegt, daß die Zahnleiste in der Tiefe der Schleimhaut distalwärts weiterwächst und hier je drei Zahnglocken erzeugt. Ehe die permanenten Zähne durchbrechen, fällt wohl der jeweils entsprechende Milchzahn aus, aber die anderen Milchzähne, soweit sie an Stelle später durchbrechender bleibender Zähne stehen, sind noch erhalten. Man kann in einem Gebiß der Übergangszeit, in welchem Milchzähne und junge bleibende Zähne oft als unmittelbare Nachbarn nebeneinander stehen, die letzteren an ihrer gelblichen Farbe, an ihren scharfen Zacken und Schneiden von den bläulichen, bereits abgekauten Milchzähnen unterscheiden.

Sehr unterschiedliche Hypothesen bestehen über die Beziehung der definitiven Molaren zum Milchgebiß. Wir wissen nicht sicher, ob es Milchzähne sind, welche dem bleibenden Gebiß einverleibt werden, oder ob es permanente Zähne sind, für welche entsprechende Milchzähne nicht zur Anlage kommen. Sehr viel Beachtung hat die Annahme gefunden, daß bei den Vorfahren des Menschen drei Prämolaren vorhanden gewesen seien, wie jetzt noch bei den platyrrhinen Affen (S. 35), und daß ein 3. Milchmolar, der jenem 3. Prämolar des permanenten Gebisses entspricht, zum bleibenden Zahn wird. Danach wäre P_3 des fertigen Gebisses ausgefallen und durch seinen Milchzahn ersetzt, den jetzigen M_1. — Viel weitergehende neuere Hypothesen nehmen an, daß in allen permanenten Molaren ganze Familien von Zahnanlagen sitzen, die bei Reptilien noch getrennt entstehen, bei Säugern aber vereinigt bleiben sollen; sie beziehen auf die im fertigen Zahn versteckt enthaltenen Komponenten gelegentliche überzählige Höcker der Molaren nach Art des CARABELLIschen Hügels (Abb. S. 38 bei ✕).

Die Schmelzprismen sind so lang, wie der Schmelz dick ist. Sie wiederholen die Form der Adamantoblasten, von welchen sie abgeschieden werden (Abb. S. 47). Diese Zellen vergrößern sich, wenn die Zahnanlage wächst; entsprechend ihrem Wachstum verdicken sich auch die oberflächlichen Enden der Schmelzprismen. Die Oberfläche des Schmelzes, welche größer ist als die Innenfläche, wird durch die dickeren Enden der Schmelzprismen ganz besonders eng ausgefüllt. Hier sind die Prismen am regelmäßigsten hexagonal; nach innen zu sind sie mehr rundliche, einseitig cannelierte Säulen. Auch ist die Kittsubstanz zwischen den Schmelzprismen, welche beim jugendlichen Zahn gar nicht spärlich ist, beim Erwachsenen in den äußersten Schmelzschichten auf Spuren rückgebildet. Nach dem Dentin zu ist sie reichlicher. Der Zahn ist um so gelber, je reicher der Schmelz an Kittsubstanz ist. Sie ist bei ausgewachsenen Zähnen vollkommen verkalkt. Die Schmelzprismen sind nicht gerade gestreckt, sondern gewunden und zopfartig miteinander verflochten (Abb. S. 50), stehen aber zu der äußeren und inneren Oberfläche des Zahnes senkrecht. Für Stöße, welche die Krone treffen, ist das sehr günstig. Sie werden, solange der Schmelz intakt dem Zahnbein aufliegt, sehr gut ausgehalten, weil sie sich in der Längsrichtung der Schmelzprismen fortpflanzen, und weil letztere sich gegenseitig stützen. Ist aber eine cariöse Höhle im Schmelz aufgetreten und unterfängt sie die angenagten Schmelzprismen, die dadurch ihre feste Unterlage und ihren Seitenschutz verlieren, so können die überhängenden Teile des Schmelzes durch relativ geringe Krafteinwirkungen den Schmelzprismen entlang abgespalten werden. Der Zahnarzt nutzt die Spaltbarkeit bei der Bearbeitung des Schmelzes aus, indem er den Meißel immer in der Längsrichtung der Schmelzprismen führt.

Junge Zähne, welche noch nicht abgekaut sind, tragen auf der Oberfläche das Schmelzoberhäutchen, Cuticula dentis (NASMITHsche Membran). Es ist sehr dünn (1 μ), strukturlos, verkalkt und ist besonders gegen die ·organischen Säuren der Mundhöhle sehr widerstandsfähig. Chemisch steht die

Cuticularsubstanz dem Keratin (Horn) nahe. Allmählich wetzt sie sich beim Kauen ab.

Über die Herkunft der Cuticula bestehen zahlreiche auseinandergehende Ansichten. Wahrscheinlich ist sie das letzte Abscheidungsprodukt der Adamantoblasten vor ihrem Untergang.

Die Schmelzprismen haben bündelweise die gleiche Ausbiegung. Auf Längsschliffen reflektiert ein Bündel das Licht anders als das Nachbarbündel wie die

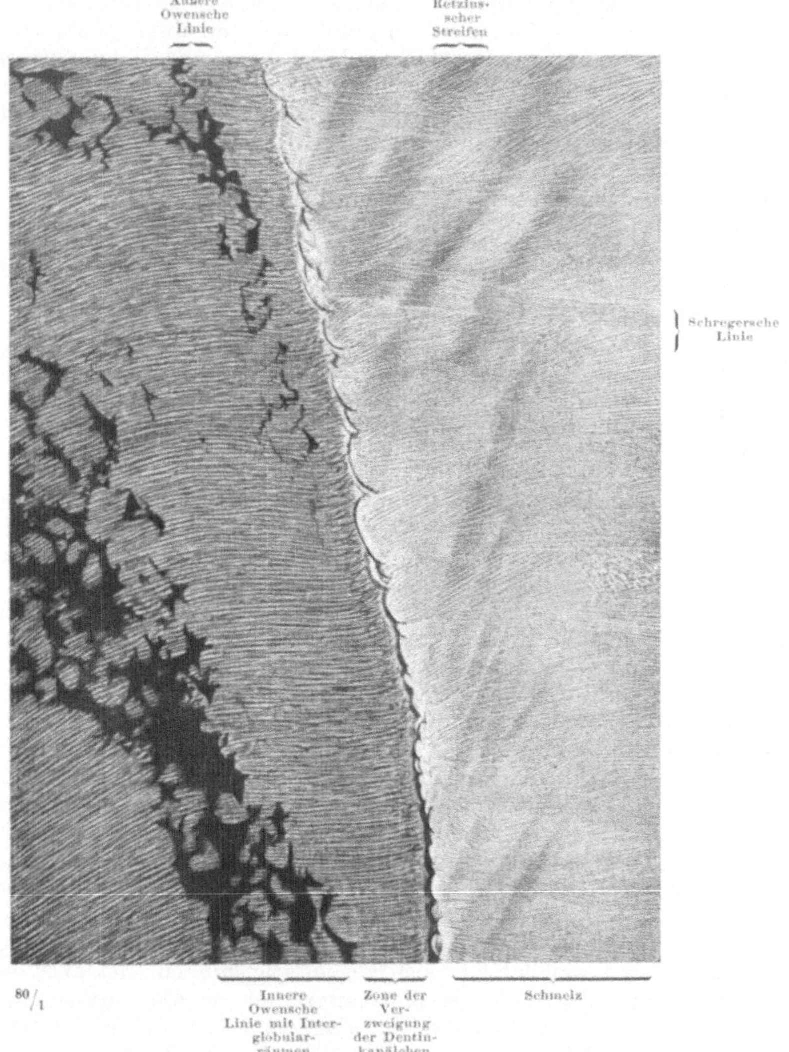

Abb. 35. Schmelzdentingrenze eines ausgewachsenen menschlichen Zahnes. Schliff. Vgl. Abb. S. 33. Die Schmelzprismen sind als feine Streifung sichtbar; Streifung nicht gerade, sondern gewellt. Interglobularräume im Dentin schwarz (lufthaltig). Zwischen den schwarzen Lacunen stellenweise deutliche rundliche Höfe ausgespart, mit Dentinkanälchen („Dentinkugeln").

Zeichnung im Damastmuster eines Leintuches. Diese Streifung des Schmelzes steht senkrecht zur Oberfläche: SCHREGERsche Streifen des Schmelzes (Abb. S. 33, 50). Außerdem gibt es RETZIUSsche Streifen im Schmelz, welche schräg zur Oberfläche von außen oben nach unten innen verlaufen (Abb. S. 50). Sie kommen durch alternierende Lagen, die stärker und weniger stark verkalkt sind, zustande. Die härteren Schichten springen an den Seiten der Zahnkrone als feine horizontale Schmelzwülstchen vor, sind aber bei den meisten Zähnen nur mit der Lupe zu sehen. Die Milchzähne haben eine Verdickung des Schmelzes am Rande gegen den Zahnhals zu. Beim bleibenden Zahn läuft der Schmelz an dieser Stelle besonders dünn aus. Dentinkanälchen setzen sich oft eine kleine Strecke weit in den Schmelz fort und endigen kolbig in ihm. Gelegentlich sitzen Tropfen oder Kugeln aus reinem Schmelz dem Zahnhals auf: Schmelzperlen. Sie können zu Schmelzzapfen auswachsen und überzählige Nebenhöcker der Mahlzähne vortäuschen (über Schmelzfissuren siehe S. 40).

Die Adamantoblasten gehen vor dem Durchbruch und der Ingebrauchnahme der Zähne verloren, beim fertigen Zahn sitzen keine Zellen im oder am Schmelz. Daraus wird vielfach geschlossen, daß die Zahnkrone nicht reaktionsfähig sei, daß mithin alle Formverschiedenheiten der Zähne durch zufällige Variationen der Anlagen entstanden seien. Der Pflanzenfresser habe nicht seine so geformten Zähne, weil er Pflanzen frißt, sondern er fräße Pflanzen, weil er zufällig solche Zähne hat. Dem ist entgegenzuhalten, daß der Schmelz zu den „geformten Sekreten" gehört, einer großen Gruppe von Abscheidungen aus Zellen, welche zum Teil äußerst feine und zweckmäßige Strukturen aufweisen. Sie können unmöglich aus Zufall entstanden und so wunderbar passend sein, wie sie es tatsächlich sind. Die Federn der Vögel, welche als ähnliche Ausscheidungen von Hautpapillen wie die Zähne entstehen, haben beispielsweise feine Häkchen, mit welchen sie ineinander verhakt sind, so daß der Wind gewöhnlich das Flugkleid nicht auseinanderspleißen und damit das Fliegen unmöglich machen kann. Diese Häkchen sind nur zweckdienlich, wenn sie wirklich vollkommen ausgebildet sind. Zufällige Höckerchen von der ungefähren Form von Häkchen sind ganz unnütz und können nie zu brauchbaren Haken gezüchtet worden sein. Zahlreiche Fälle bei den Chitinhüllen der Käfer, bei Panzern der Krebse, bei Eikapseln der Haie usw. zeigen ähnliche feinste Anpassungen (von mikroskopischen trajektoriellen Strukturen der Fasern an bis zu groben Formverhältnissen), ohne daß Zellen in den betreffenden Substanzen liegen. Welche Teile eigentlich lebendig sind und auf die Einwirkungen der Außenwelt zweckmäßig reagieren, ist allerdings eine ungelöste Frage. Beim Schmelz wäre an die Zwischensubstanz zwischen den Prismen zu denken. Das in Bd. I, S. 43 über die biologischen Eigenschaften des Zellprotoplasmas Gesagte trifft auch auf die Zellderivate, auf die „geformten Sekrete", zu. Dafür ist der Schmelz das vorzüglichste Beispiel des menschlichen Körpers. Auch das Dentin eines Zahnes, welches künstlich seiner Zellen beraubt ist, reagiert auf Beanspruchung (siehe das Folgende).

Das Zahnbein, Dentin, besteht aus einer verkalkten Grundsubstanz, welche von radiären Kanälchen, Dentinröhrchen, durchzogen ist (Abb. S. 50). Letztere verästeln sich an ihren Enden gegen die Oberfläche zu reichlich, an den Seiten gehen nur spärliche Ästchen ab. Zu den Röhrchen gehört als Inhalt eine Zahnfaser, die Fortsetzung je eines Odontoblasten, der selbst nicht in das Zahnbein eingeschlossen ist (Abb. S. 47). Denn die eigentlichen Zellkörper liegen, anders als beim Knochen und beim Zement, nicht innerhalb ihrer Abscheidungen, sondern außerhalb, an der Oberfläche der Pulpa. Mittels der Dentinröhrchen tritt aus der Pulpa auch Ernährungsmaterial in das Dentin ein und versorgt Zahnbein und Schmelz. Aber auch von außen, durch das Zement hindurch, ist eine Ernährung möglich; denn wenn die Pulpa vom Zahnarzt entfernt und durch eine künstliche Plombe ersetzt wird, so bleibt das Zahnbein genügend ernährt. In diesem Fall sind die Zellen des Dentins und folglich auch ihre Fortsätze zerstört, aber das Dentin selbst zerfällt nicht, sondern es wird im Gegenteil durch den funktionellen Reiz des ungestörten Kauens günstig beeinflußt.

In die Grundsubstanz sind außer den groben Dentinröhrchen feinste kollagene Fäserchen, ähnlich den Fibrillen des Knochens, eingelagert. Sie verlaufen parallel zueinander in der Längsrichtung des Zahnes, sind durch zahlreiche spitzwinklige Anastomosen untereinander verbunden und liegen in konzentrischen Schichten (Flächenscharen), welche zur Innenfläche des Dentins parallel, also zu den radiären Dentinkanälchen senkrecht stehen. Durch die Einlagerung der Fibrillen ist das Dentin elastisch, wie jeder von der Billardkugel weiß, dem besonders entwickelten (kreuzweise gefaserten) Elfenbein des Elefantenzahnes. Das

Reaktions
fähigkeit
des
Schmelzes

Struktur
des Dentins

Dentin ist lange nicht so hart wie der Schmelz, nutzt sich sehr schnell ab, wenn der Schmelz abgewetzt ist, kann aber den Verlust einigermaßen durch nachträgliche Produktion von neuem Dentin ausgleichen (Ersatzdentin).

Die harte Schmelzkappe überträgt den Druck, der auf dem Zahn lastet (soweit er also nicht an der Glätte des Schmelzes wie bei schneidenden Zähnen abgleitet), auf möglichst zahlreiche Strukturelemente. Beißen wir unvermutet auf ein kleines hartes Körperchen wie ein Schrotkorn, das im Fleische steckt, so kann der übermäßige, auf das weiche Fleisch berechnete Druck, den Zahn sprengen. Er pflegt dann längs den Fibrillen zu springen, manchmal bis zur Wurzelspitze. Auch Zähne in Schädelsammlungen springen nicht selten, und zwar ebenfalls in der Längsachse. Anderseits kann durch die Richtung der Dentinkanälchen ein glatter Querbruch (quer zur Längsachse des Zahnes) begünstigt werden, z. B. bei einem Mensurhieb.

Das erste Dentin, welches abgeschieden wird, ist nicht verkalkt (Prädentin, Abb. S. 47). Das kalkhaltige Dentin entsteht in ihm in Form von isolierten kleinen Kugeln, welche später miteinander verschmelzen. Die zuerst gebildeten Dentinschichten, welche später zuoberst liegen (nach dem Schmelz und Zement zu), enthalten beim fertigen Zahn noch unverkalkte Zwischenzonen, Interglobulärräume (Abb. S. 50). Die Kugeln sind hier noch erkennbar; sonst sind sie überall vollständig miteinander verschmolzen. Die Interglobulärräume sind in der Krone besonders groß und typisch; sie liegen in Reihen, den sogenannten OWENschen Konturlinien (den Anwachsstreifen der Dentinschichten beim Wachstum des Zahnes). In der Wurzel sind sie sehr klein, aber massenhaft vorhanden; man nennt sie deshalb dort TOMESsche Körner. Die von ihnen gebildete körnige Schicht, Stratum granulosum, ist schon bei schwachen Vergrößerungen sichtbar.

Die Dentinkanälchen sind in ihren feinsten Endverästelungen vielfach durch Schlingen verbunden. Die Zone dieser Anastomosen sieht bei schwacher Vergrößerung streifenförmig aus und kann deshalb mit OWENschen Konturlinien verwechselt werden. Die Dentinkanälchen endigen innerhalb der Wurzel in der Körnerschicht. In der Krone dringen sie durch die Interglobularzone hindurch, einzelne Kanälchen senken sich sogar ein wenig in den Schmelz hinein. Dort endigen sie oft kolbig. Sie verlaufen nicht geradlinig, sondern gestreckt S-förmig und oft in mehreren Wellen. Die kollagenen Fibrillen der Grundsubstanz stehen zwar senkrecht zu der Richtung der Kanälchen, weichen aber doch entsprechend dem welligen Verlauf der letzteren aus. Dadurch kommen auf dem Zahnschliff Linien im Zahnbein zustande, welche in der Richtung der SCHREGERschen Linien des Schmelzes verlaufen und deshalb auch im Dentin SCHREGERsche Streifen heißen. Sie verschwinden, wenn die leimgebenden Fasern zerstört werden. Der wellige Verlauf der Dentinkanälchen ist also nur die mittelbare Ursache für diese Linien. Im Schmelz ist die Ursache eine ganz andere (S. 50). Werden im Alter die Dentinkanälchen durch Kalk ausgefüllt, so wird das Zahnbein immer durchscheinender: transparentes Dentin.

Das Innere des Zahnbeines, nach den Odontoblasten zu, ist mit einer feinen homogenen Membran ausgekleidet, dem Grenzhäutchen. Von ihr aus folgen den Zahnkanälchen feinste verkalkte Häutchen, welche die Röhrchen auskleiden und welche besonders resistent sind. Sie heißen Zahnscheiden (NEUMANNsche Scheiden). Ihrer Entstehung nach sind sie die letzten Abscheidungen von den Odontoblasten und von deren Fortsätzen im Dentin.

Bekannt ist die große Empfindlichkeit des Dentins, die am Hals des normalen Zahnes bei Berührung mit kalten Gegenständen spürbar ist, besonders aber dem modernen Kulturmenschen bei defektem Schmelz und bei Operationen am Zahn (Ausbohren vor Füllungen) allzu wohl bekannt zu werden pflegt. Neurofibrillen, welche innerhalb der Dentinkanälchen und zwischen ihnen im Dentin selbst beschrieben sind und von der Zahnpulpa aus bis zur Schmelzgrenze vordringen sollen, sind bestritten; wahrscheinlicher leiten die Dentinfasern den Schmerz bis zur Pulpa, welche reich an Nerven ist. Am empfindlichsten ist die Schmelz-Dentingrenze.

Die Oberfläche des Dentins gegen den Schmelz ist buchtig (Abb. S. 50), gegen das Zement glatt. Die Ablagerung von Dentin an den Wänden der Pulpahöhle geht während des ganzen Lebens weiter (Ersatzdentin, vgl. S. 46), so daß ein Zahn, je älter er ist, um so dickeres Zahnbein erhält, Pulpahöhle und Wurzelkanal immer enger werden; beim fossilen Menschen, besonders beim Homo Heidelbergensis, blieb die Wand des Zahnes dagegen relativ dünn und die Pulpahöhle entsprechend weit.

Struktur des Zements Das Zement enthält zahlreiche, stark verästelte Zellen, welche den Knochenzellen entsprechen. In die verkalkte, lamellöse Grundsubstanz sind wie beim

Knochen Fibrillen eingebettet. HAVERSsche Kanäle fehlen im allgemeinen, nur bei dicken Zementbelägen kann ausnahmsweise der eine oder andere vorkommen, beim Kronenzement der Tiere sind sie häufig. Auf der Außenfläche der Wurzel strahlen in das Zement grobe Bindegewebsbündel ein, welche mit den feinen Fibrillen der Grundsubstanz nicht zu verwechseln sind. Die ersteren entsprechen den SHARPEYschen Fasern und setzen sich auch in den Knochen der Zahnalveolen fort (Näheres siehe bei Wurzelhaut). Wie der Knochen vom Periost, so ist auch das Zement abhängig von der Ernährung durch die Wurzelhaut. Wird es bei Wurzelhautentzündungen frei gelegt, so geht es zugrunde und wird ausgestoßen.

Die geringere Widerstandskraft ist sehr bemerkenswert gegenüber der großen Vitalität des Zahnbeins, selbst dann, wenn das letztere seiner Odontoblasten beraubt ist (siehe oben). Zahnärzte scheuen sich deshalb nicht, die Pulpa zu entfernen, obgleich dadurch alle Zellen und Zellausläufer für das Dentin zerstört werden. Im Zement bleiben nach Entfernung der Wurzelhaut wie im Knochen die eingelagerten Zellen erhalten, können aber das Gewebe vor Nekrose nicht schützen. Auch der vom Periost entblößte Knochen wird nekrotisch. Die geformten Sekrete des Dentins und Schmelzes erweisen sich lebenskräftiger als der zellreiche Knochen und das ihm zugehörige Zement. — Normales Zement enthält keine Gefäße.

Die Zahnpulpa hat geweblich eine gewisse Ähnlichkeit mit dem Gallert- gewebe des Nabelstranges. Das zarte Gewebe ist besonders geschützt, da sich die Mitte der Pulpa im Schwerpunkt des Zahnes, also an der relativ ruhigsten Stelle befindet. An der Oberfläche der Pulpa liegen die cylindrischen Odontoblasten (Abb. S. 47). Im Innern trägt das gallertige Stützgewebe zahlreiche Blutgefäße und Nerven. Sie stehen durch den oder die Wurzelkanäle mit den Nerven und Gefäßen des Kiefers in Verbindung. Die Richtung der Zahnwurzeln ist wahrscheinlich durch die Richtung der Gefäße und vielleicht auch der Nerven mitbestimmt; eine Unterbrechung dieser Leitungen darf nicht stattfinden, damit der wachsende Zahn seine endgültige Größe erreicht. Lymphgefäße sind nicht sicher beobachtet.

Die Nerven der Oberkieferzähne kommen aus dem zweiten, die der Unterkieferzähne aus dem dritten Ast des Trigeminus, alle Arterien stammen aus der A. maxillaris interna (für den Unterkiefer aus deren R. alveolaris inferior, für den Oberkiefer aus einer besonderen A. alv. sup. post. und ant.). Diese Gefäße dringen außer in den Wurzelkanal des Zahnes auch in seine Wurzelhaut ein. Doch wird die letztere auch von Gefäßen, die vom Zahnfleisch kommen, ernährt.

Die Wurzelhaut ist zum Unterschied zu der geschützten und wenig beanspruchten Pulpa besonders derb. Elastische Fasern fehlen. Die kollagenen Fasern sind zu besonders dicken, straffen Zügen vereinigt, welche den zwar engen, aber doch deutlichen Zwischenraum zwischen Alveole und Zahnwurzel (S. 31) ausfüllen und den Zahn in der Alveole befestigen. Besonders bei offenen Zähnen mit langen Wurzeln wie beim Stoßzahn des Elefanten (S. 32) ist deutlich, daß der Zahn nicht gegen den Knochen der Alveole angestemmt werden kann; denn der untere Rand dieses Zahnes ist papierdünn. Es gibt allerdings Ausnahmen, z. B. die Fangzähne (Canini) der Raubtiere, welche in ihren Alveolen direkt eingekeilt sitzen. Aber in allen anderen Fällen und auch beim Menschen gehen Bindegewebsfasern als „SHARPEYsche Fasern" auf der einen Seite in die knöcherne Alveolenwand hinein, nach der andern sind sie in das Zement eingebettet und befestigen auf diese Weise den Zahn. Er wird wohl beim Aufbeißen etwas in die Alveole hineingedrückt, aber der Widerstand wächst schnell, weil die derben kollagenen Fasern dabei angespannt werden, und weil sie auf Zug schließlich nicht weiter dehnbar sind. Sie stehen größtenteils schräg gegen die Wurzel und radiär. Eine Drehung des Zahnes um die Längsachse ist deshalb in der Norm am wenigsten möglich. Anderseits können durch künstliche Mittel bei der Zahnextraktion die Befestigungen am ehesten überwunden werden, indem man durch gewaltsames Drehen des Zahnes mit der Zange die Fasern der Wurzelhaut spannt und sprengt.

Vom Zahnhals aus strahlt ein besonders dichter Faserfilz in das derbe Bindegewebe des Zahnfleisches, Gingiva (S. 25). Ringfasern um den Zahnhals herum, Fibrae circulares, die ebenfalls im Zahnfleisch liegen, pressen letzteres an den Zahn an, auch wenn der Zahn, der in dem Bindegewebe der Alveole aufgehängt ist und allzu großem Druck beim Kauen etwas nachgeben kann, ein wenig nach den Seiten ausweicht. Andere Fasern laufen im Zahnfleisch von Ring zu Ring, also von Zahn zu Zahn, Fibrae interdentales; fällt ein Zahn aus oder wird er gezogen, so ist die gegenseitige Befestigung auch der übrigen Zähne gelockert, weil die durchlaufenden kollagenen Zahnfleischfasern unterbrochen sind. Das Zahnfleisch ist in der Norm durch die dem Zahn gut angepaßten bindegewebigen Bestandteile sehr wichtig für die Befestigung des Zahnes in der Alveole. Ist die Wurzel zerstört und das Zahnfleisch intakt, so sitzt der Zahn oft noch recht fest. Das Epithel des Zahnfleisches reicht in der Norm bis zum Beginn des Zementes und legt sich mit freiem, geschärftem Rand eng an diese Stelle des Zahnes an.

Meistens ist bei Wurzelerkrankungen auch das Zahnfleisch gelockert; die Schwellung des Alveolarperiostes im Grunde des engen Zahnfaches drängt den Zahn über das Niveau der Nachbarkronen hinaus, was besonders beim Schließen des Mundes Schmerzen verursacht. Über die Gefäße der Wurzelhaut siehe S. 53.

Die Fasern der eigentlichen Wurzelhaut ziehen im oberen Teil der Alveole schräg von oben innen nach unten außen, im unteren Teil umgekehrt von unten innen nach oben außen. Letztere sind am stärksten und leisten dem Kaudruck durch ihre Richtung den besten Widerstand.

Zahnsteinansatz, welcher das Zahnfleisch vom Zahn abhebt und sich der Wurzel folgend in die Alveole vorschiebt, kann die Zähne gegen den Rand der Alveole empordrücken und den Halt im knöchernen Zahnfach sehr erheblich vermindern.

Über die Beziehungen der Zahnalveolen zu der Kieferhöhle siehe Bd. I, S. 700.

Reste oder abgesprengte Teile der Zahnleiste, welche im Bindegewebe isoliert zurückbleiben, haben wie jedes Epithel die Tendenz, so lange weiterzuwachsen, bis Epithel an Epithel stößt, d. h. bis sie eine Hohlkugel formen. Dieses Verhalten ist an Deckglaskulturen von isoliert außerhalb des Körpers gezüchteten Epithelien genau studiert worden. Die nach dem Innern der Hohlkugel gewendete Fläche entspricht in unserem Fall der Oberfläche des Mundhöhlenepithels und bildet entsprechend mehrschichtige platte, leicht verhornende Zellen. Das ganze Gebilde nennt man Epithelperle. Die platten Zellen sind zwiebelschalenartig umeinander geschichtet. Stoßen sich die innersten ab, wie an der Oberfläche des gewöhnlichen Mundhöhlenepithels, so zerfließen sie zu einem Brei, da sie nicht aus der Perle herauskönnen. Kleine Cysten im Zahnfleisch können die Folge sein. Äußerlich ähnliche Epithelformen sind in der normalen Thymus (HASSALsche Körperchen) und in bösartigen Epithelgeschwülsten häufig (Carcinomperlen); die Zahnfleischcysten sind harmlos.

c) Die Mundschleimhaut und die Speicheldrüsen.

Struktur der Schleimhaut

Die Schleimhaut der eigentlichen Mundhöhle hat den gleichen feineren Bau wie diejenige des Vorhofes (S. 25). Das Epithel ist mehrschichtiges Plattenepithel wie bei der äußeren Haut. Jedoch gibt es keine Verhornung der oberen Schichten, außer auf chronische Reize hin, die infolge der Lebensweise des Kulturmenschen nicht selten sind. Das blutreiche Bindegewebe in den Zapfen der Tuniea propria schimmert durch die Epithelschicht durch; die Farbe der Oberfläche ist rosarot. Nur an hornreicheren Stellen, wie normal auf der Zunge bei den Papillae filiformes (S. 78) oder bei chronischer Hypertrophie vor allem am Gaumen haben wir mehr weiße oder grauweiße Farbe. Eine Resorption von Nahrungsbestandteilen ist nirgends in der Mundhöhle möglich. Sie ist lediglich ein Mischgefäß, in welchem die Nahrung für die spätere Verdauung und Aufsaugung im Magen und Darm vorbereitet wird.

Mit der Schleimhaut des Vorhofes steht die Schleimhaut der eigentlichen Relief des Mundhöhlenbodens, Abb. a, S. 55, 57, 68 Mundhöhle durch das Zahnfleisch, Gingiva, in kontinuierlichem Zusammenhang; das Zahnfleisch ist eine Modifikation der gewöhnlichen Schleimhaut mit besonders hohen Papillen des Bindegewebes, aber ebenfalls glatter äußerer Oberfläche (S. 25). Am Boden der Mundhöhle (Bd. I, S. 721) überzieht die Schleimhaut die Regio alveololingualis, ein drüsenreiches, unter die Zunge versenktes Feld, welches vom Zahnfleisch herüber zur Zunge führt. Wird die Zunge emporgehoben, so wird diese Gegend sichtbar (Abb. a, S. 55); liegt die Zunge dem Mundboden an, so führt nur eine schmale Spalte zu ihr hin. Auf der Schleimhaut dieser Gegend erheben sich in der Medianebene die beiden Carunculae salivales (sive sublinguales), welche nur durch einen feinen Spalt voneinander getrennt sind. Auf jeder Caruncula münden zwei große Drüsen mit gemeinsamer, selten getrennter Öffnung. Die Mündung hat die Größe eines feinen Nadelstiches. Der Speichel, welcher aus ihr hervorquillt, benetzt besonders die vorderen unteren Schneidezähne von innen und begünstigt hier

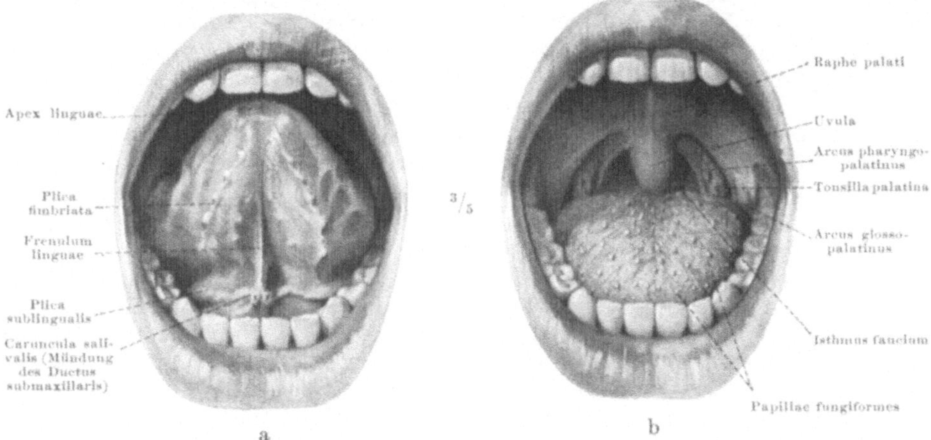

Abb. 36. Mundhöhle bei geöffnetem Mund, Lebender.
a Bei emporgehobener Zungenspitze. b Bei Ruhelage der Zunge auf dem Mundhöhlenboden.

das Wachsen der Bakterienflora des Mundes, welche zum Ansatz reichlichen Zahnsteins an diesen Stellen zu führen pflegt (an der Wange ist die Mündungsstelle der Ohrspeicheldrüse lateral von den Zähnen gelegen, so daß dort die Außenseite der oberen Molaren besonders durch Zahnstein zu leiden hat). Zwischen den Carunculae salivales erhebt sich eine unpaare Duplikatur der Schleimhaut gegen die Zunge hin, das Zungenbändchen, Frenulum linguae; nach den Seiten streichen von der Papilla aus paarige Erhebungen der Schleimhaut über die Regio alveololingualis nach hinten, die Plicae sublinguales. Diese Falten entsprechen einer großen, unter ihnen liegenden Speicheldrüse, deren Name sie tragen, der Glandula sublingualis. Die einfache Falte an jeder Seite verhüllt mehr das Detail der darunterliegenden Drüsenteile, als daß sie uns äußerlich ein Abbild derselben erkennen ließe. Über die Schleimhaut der Zunge siehe S. 77.

Man findet entwicklungsgeschichtlich das Feld zwischen Unterkiefer und Zunge (Regio alveololingualis) jederseits in drei nebeneinander parallel verlaufende sagittale Streifen geteilt, welche Drüsen bilden und welche durch nicht drüsiges, gewöhnliches Epithel gegeneinander abgesondert sind. Aus dem äußeren, dem Unterkiefer zunächst gelegenen Streifen gehen kleine Drüsen hervor, die beim Erwachsenen in individuell wechselnder Zahl erhalten sind: Glandulae sublinguales minores (RIVINI).

Die mittlere Leiste differenziert sich zur Glandula sublingualis major (Bartholini). Die innere, der Zunge benachbarte Leiste wird zur Glandula submaxillaris
(Whartoni), doch ist der Drüsenkörper selbst später außerhalb der Mundhöhle
zu finden, da er sich vom Ort seiner Entstehung weg verschiebt; aber der Ausführgang der Drüse, der Ductus submaxillaris (Whartoni), bleibt immer an der
alten Stelle liegen (Abb. S. 45, 57), in vielen Fällen auch Drüsensubstanz selbst. Von
diesen, nicht einfachen Lagebeziehungen der Drüsen gibt das Oberflächenrelief der
Schleimhaut nur eine ganz unvollkommene Vorstellung, aber die Plica sublingualis
deutet an, wo wir die gleichnamige Drüse zu suchen haben.

<table>
<tr><td>Relief des
Mundhöh-
lendaches,
Abb. b,
S. 55</td><td>

Am harten Gaumen, Palatum durum, wie am Alveolarteil der beiden
Kiefer wird der Knochen nur von Schleimhaut bedeckt. Da sie mit seinem
Periost zu einer dicken, kopfschwartenartigen Haut verschmolzen ist, finden
wir ihre Unterfläche scharf begrenzt, während sie sonst allmählich in die
benachbarten Weichteile übergeht. Am harten Gaumen ist die Dicke be-
sonders groß, sie beträgt 1 cm und mehr. Die Submucosa ist mit Drüsen-
gewebe erfüllt, welches durch seinen Sekretreichtum die Schleimhaut prall
gespannt erhält (Abb. S. 57, 89). Sie ist ein unverschiebliches festes Widerlager
für die Zunge, welche beim Zerdrücken der Bissen gegen sie arbeitet. Die
Mündungen der Drüsen sind oft als feine Grübchen oder tiefere Dellen sicht-
bar, besonders oft in Zweizahl an der Grenze zwischen hartem und weichem
Gaumen, Foveae palatinae. Nach dem Kieferrand zu tritt an die Stelle
der Drüsen Fett und an den Alveolarwänden hört auch dieses auf. Dort ist
die Schleimhaut am straffsten mit dem Periost vereinigt. Vorn ist der harte
Gaumen drüsenfrei (bis zur Höhe der Eckzähne) und von da ab auch eine
Strecke weit in seiner Mitte.</td></tr>
</table>

Eine unpaare, mediane Längsleiste der Schleimhaut, Raphe palati (Abb. b,
S. 55) und 3—4 paarige, quergestellte Schleimhautleisten in der vorderen
Hälfte des harten Gaumens, Plicae palatinae transversae, welche im höheren
Alter nahezu vollständig verstreichen, sind beim Menschen die einzigen Reprä-
sentanten eines bei vielen Tieren reich entfalteten Reliefs widerstandsfähiger
Leisten, welche für das Zerreiben der Nahrung und für das Fortschieben der
Bissen gegen den Schlund dienlich sind. Ganz vorn liegt hinter den mittleren
Schneidezähnen ein kleiner, birnförmiger Wulst, Papilla incisiva (S. 132).

Beim Neugeborenen liegen in der Schleimhaut entsprechend der medianen Raphe
ebenso wie an den Rändern der Zahnfächer kleine Knötchen von Mohn- bis Hirse-
korngröße, Epithelperlen (S. 54), welche bei der Entstehung besonders der
Milchmolaren und bei dem Verschluß der Gaumenanlagen in der Mittellinie frei
werden (S. 132). Die letzteren dienen vorübergehend beim Embryo zur Verstärkung
des Gaumengewölbes. Später bilden sie sich zurück. — Eine bisher ursächlich
unbekannte, nicht seltene Verdickung der sagittalen Naht zwischen beiden Gaumen-
beinen, die bei allen Rassen vorkommt (bei Lappen sogar in 80%), macht sich als
„Torus palatinus" des Oberflächenreliefs bemerkbar (bei Frauen etwa dreimal
so häufig wie bei Männern gleichen Alters, bei Neugeborenen sehr selten).

<table>
<tr><td>Relief des
Hinter-
grundes der
Mundhöhle,
Abb. b,
S. 55, 75, 87</td><td>

Vom harten Gaumen geht die Schleimhaut kontinuierlich auf eine beweg-
liche Falte über, das Gaumensegel, Velum palatinum. Die der Mund-
höhle zugewendete Fläche, der weiche Gaumen, Palatum molle, hat die
gleiche Schleimhaut wie die übrige Mundhöhle. Sie ist glatt. Auf die nach oben
zu gewendete Fläche des Gaumensegels setzt sich von der Nasenhöhle aus häufig
das mehrschichtige flimmernde Cylinderepithel der respiratorischen Schleim-
haut fort. Die Grenze zwischen beiden Epithelarten ist ganz scharf. Vom weichen
Gaumen hängt das Zäpfchen, Uvula, gegen die Zunge herab (Abb. b, S. 55), eine
Unterbrechung des gewölbten hinteren Gaumenrandes; es hat konische Form
und sehr wechselnde Länge. Die Unterschiede der Schleimhaut auf der Vorder-
und Hinterseite des Zäpfchens äußern sich immer in der verschiedenen Dicke
des Epithels und der Zahl und Höhe der Papillen, auch wenn, wie häufig in
der Rachenschleimhaut, das Epithel selbst mehrschichtiges Plattenepithel wie</td></tr>
</table>

in der Mundhöhle ist. Auf sagittalen Schnitten lassen sich hier die Unterschiede zwischen Mund- und Rachenschleimhaut am besten veranschaulichen (Abb. S. 58).

Vom Gaumensegel aus gehen beiderseits zwei Schleimhautduplikaturen, die Gaumenbögen, zur Zunge und zum Rachen. Der vordere heißt Arcus glossopalatinus, der hintere Arcus pharyngopalatinus. In der Nische

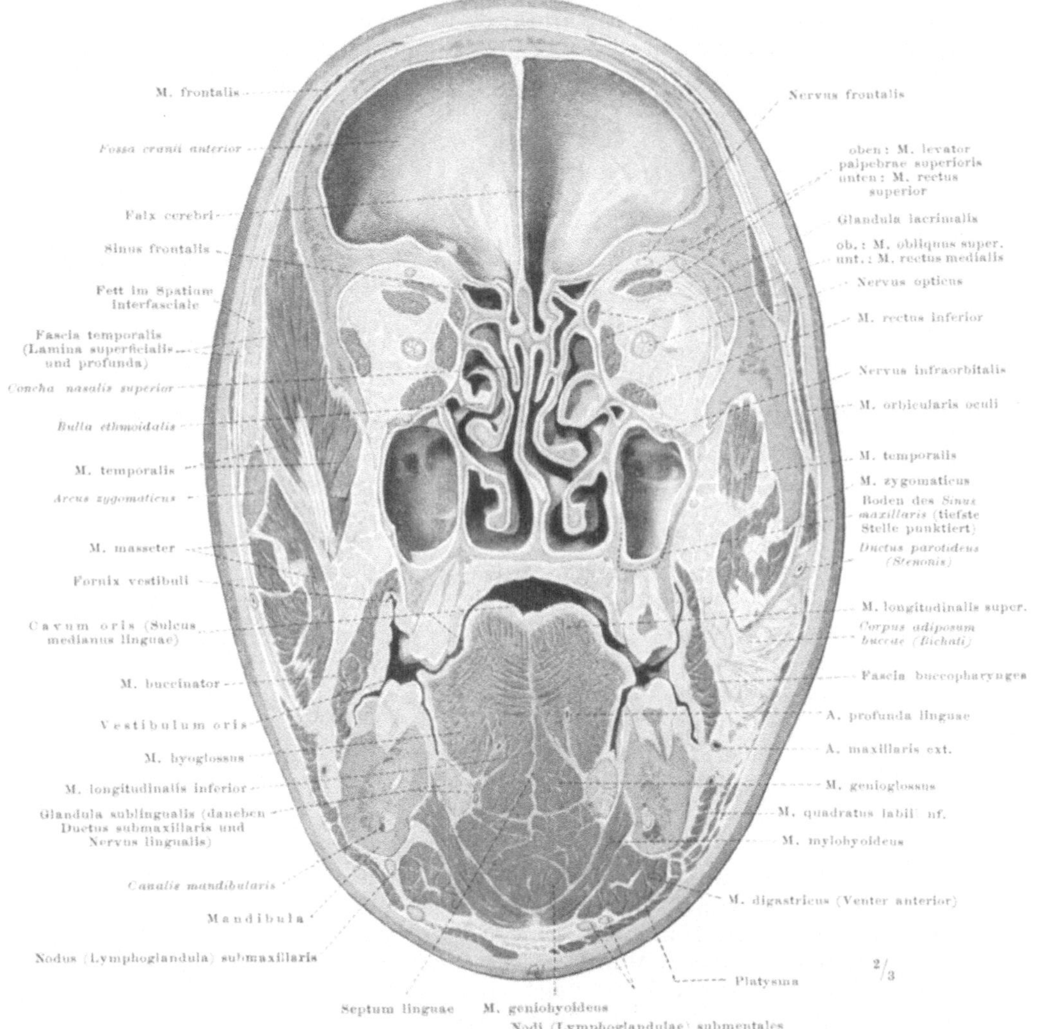

Abb. 37. **Frontalschnitt durch den Kopf**, in der Höhe der beiden mittleren unteren Molarzähne (M_2). Die Gesichtsmaske von hinten gesehen. Die linke Zungenseite ist zwischen die Zähne eingeklemmt (Selbstmord durch Schläfenschuß).

zwischen beiden liegt jederseits eine narbig vertiefte Vorwölbung der Schleimhaut, die Gaumenmandel, Tonsilla palatina (Abb. b, S. 55, 117).

Man bezeichnet entweder den vorderen oder hinteren dieser Bögen als Grenze gegen den Pharynx. Im ersteren Fall gehören der Schlund (siehe unten) und die Gaumentonsillen mit zum Pharynx. Ich folge dieser Einteilung. Der weiche Gaumen und das Zäpfchen sind in beiden Fällen Teile des Rachens, welche dessen nasale

und orale Unterabteilung durch ihre Stellung gegeneinander verschließen können
(Abb. c, S. 97, 107).

Die genannten, gegen das Lumen vorspringenden Schleimhautfalten engen
den Hintergrund der Mundhöhle wie Kulissen und Soffitten den Bühnenraum
ein. Durch zahlreiche eingelagerte Muskelfasern sind sie beweglich (siehe Gaumenmuskulatur). Der Schlund, Fauces, welcher von der Mundhöhle zwischen
Zungenrand, Gaumenbögen und Gaumensegel in den Rachen hindurchführt,
kann eng sein (deshalb Schlundenge, Isthmus faucium genannt, S. 29)
bis zum völligen Verschluß oder aber weit werden, bis zum völligen Verstreichen,
je nachdem die Pforte unbenutzt ist oder gerade die Nahrung passieren läßt.

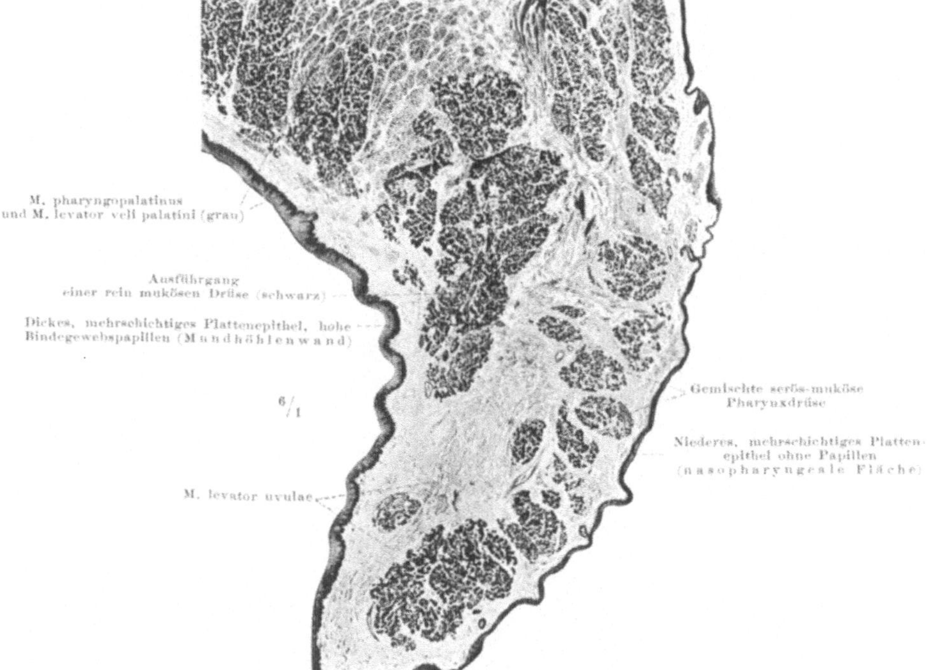

Abb. 38. Zäpfchen, Mensch, Sagittalschnitt.

Beim Sprechen können die Schleimhautfalten je nach ihrer Stellung zur Veränderung und Klangfarbe des Tones beitragen. Beim Trinken dichten sie den
hinteren Ausgang der Mundhöhle, so daß die Zunge wie der Kolben einer Saugpumpe Flüssigkeit in den Mund emporheben kann. Dies ist der wesentlichste
Unterschied gegen solche Tiere, welche die Nahrung nicht zerkleinern, sondern
in großen Stücken herabschlingen; sie haben keine Schlundenge und können
infolgedessen nicht saugen. Erst die „Säuge"tiere haben durch den Erwerb
von Mahlzähnen gelernt, die Nahrung so zu zerkleinern, daß eine Schlundenge
möglich wurde. Der Abschluß des Mundhöhlendaches durch den Gaumen
mußte hinzukommen, um aus dem anfänglichen Ablecken der Milch das
wirkliche Saugen des „Säuglings" entstehen zu lassen. Der Vogel trinkt so,
daß er bei jedem Schluck den Kopf hebt, um die Flüssigkeit der Schwere folgend,
in den Rachen hinablaufen zu lassen. Von dieser Bewegung ist der Säuger
ganz befreit. An die Stelle einer äußeren Körper- oder Skeletbewegung ist
bei ihm eine innere Bewegung der Eingeweide getreten, die weit weniger Kraftaufwand erfordert.

Das Wort „Schlund“ ist auch in der allgemeineren Bedeutung gleich „Rachen“ gebräuchlich (Pharynx, S. 96).

Von den zahlreichen feineren Beziehungen der Schleimhaut zu der Nachbarschaft sind in diesem Kapitel nur die ihr anhängenden Drüsen zu behandeln, weil sie von dem Epithel der Schleimhaut unmittelbar abstammen. Die Mündungsstelle einer Drüse ist im allgemeinen auch der Punkt, von welchem sie ursprünglich ausgegangen ist, aber bei den großen Speicheldrüsen kann das anders sein. Beispielsweise ist die Mündungsstelle der Ohrspeicheldrüse (S. 70) nachträglich in der Entwicklung verschoben, indem vom Mundhöhlenepithel aus eine Röhre wie eine Federspule abgeschnürt, zum Drüsenausführgang hinzugefügt wird und ihn verlängert. So wandert die Ausmündungsstelle nach vorn; sie ist beim Erwachsenen gegenüber dem zweiten oberen Molarzahn angelangt. Je weiter vorn der Speichel in die Mundhöhle eintritt, um so früher kommt er mit der Nahrung in Berührung und um so länger kann er auf sie wirken.

Bei vorsichtigem Tasten fühlt man lateral hinten unter der Gaumenschleimhaut des Lebenden die Hamuli des Processus pterygoideus des Keilbeines (Bd. I, Abb. S. 668).

Das Produkt sämtlicher Drüsen der Mundhöhle inkl. des Vorhofes ist der Speichel, Saliva, dessen tägliche Menge Schwankungen unterliegt und schwer zu beurteilen ist, da er normalerweise in den Magen abfließt. Bei krankhaftem Verschluß der Speiseröhre wird der Speichel durch den Mund entleert (scheinbares Erbrechen); dabei wird sichtbar, um welche Mengen es sich in solchen Fällen handelt. Im Durchschnitt wird beim gesunden Menschen die Tagesmenge auf $1-1^1/_2$ Liter geschätzt. Bei Pflanzenfressern ist sie außerordentlich groß (Rind 40—60 l). Auch der Mensch sezerniert beim Kauen sehr verschieden große Mengen, je nach der Art der Speise, welche gerade genossen wird. Ist der Lippenverschluß geschädigt, beispielsweise bei Lähmung des Nervus facialis, so fließt Speichel aus dem Mund, was oft irrtümlich als vermehrte Speichelsekretion, Speichelfluß, gedeutet wird.

Es gibt zweierlei Arten von Speichel, den Verdünnungs- und den Schmier- oder Gleitspeichel. Sie entstehen getrennt, wie sich im folgenden zeigen wird, bilden aber in der Mundhöhle ein inniges, einheitliches Gemenge. Die erstere Art stellt durch Vermischung mit den Speisen beim Kauen den für das Schlucken richtigen Zustand der Speiseballen her, die letztere überzieht vor allem die Bissen und die Wände der Schlundenge mit einem glasigen, glitschigen Sekret, so daß die Herabförderung der Speisen leichter vonstatten geht und etwaige harte oder spitzige Beimischungen nicht leicht das Epithel anritzen. Die Mikroorganismen der Mundhöhle scheinen durch den Schleim mechanisch gehindert zu sein, in kleinen Schrunden oder Rissen zu haften. Sicher ist, daß Verletzungen, vor allem solche der Zunge, meistens ohne Infektion heilen („per primam“). Bei vielen niederen Tieren, z. B. beim Frosch, dient der klebrige Schleim in sehr primitiver Weise dazu, die Beute an die Zunge anzukleben und sie so in die Mundhöhle hinein zu befördern.

Außer diesen mechanischen Funktionen des Speichels hat speziell der Verdünnungsspeichel noch die wichtige chemische Eigenschaft, durch ein Ferment, das Ptyalin, die Verdauung der Stärke einzuleiten (Amylolyse). Dieses wirkt auch im Magen nach, weil die verschluckten Bissen sich, wie wir sehen werden, nicht auflösen und mischen, sondern sich zunächst schichtenweise umhüllen, so daß die Rindenschichten noch im Magen vom Centrum des Bissens aus mit Ptyalin durchtränkt werden. Gelangt es bis an die Magenwand, so wird es von deren Sekret (Säure) zerstört.

Die Reaktion des normalen Speichels ist alkalisch, besonders während und im Anschluß an die Mahlzeiten. Die Wirkung des Ptyalins ist am stärksten bei neutraler oder schwach saurer Reaktion. Dieser Zustand entsteht erst im Magen, indem das Alkali von innen und die Säure von außen in die Bissen eindringen und da, wo sie sich treffen, eine für die Reaktion günstigste Zone erzeugen. Die Stärke unterliegt, soweit sie nicht vom Ptyalin aufgespalten wird, nach Verlassen des Magens der Amylolyse durch ein Pankreasferment.

Der Verdünnungsspeichel spielt eine besondere Rolle bei reinen Pflanzenfressern, weil von ihm die Fähigkeit abhängt, aus trockner Nahrung einen Bissen zu formen und zu schlucken. Ein Pferd, welchem die Ausführgänge der bei ihm besonders großen Drüsen für die Absonderung von Verdünnungsspeichel, der Parotiden, künstlich verschlossen sind, hat die größten Schwierigkeiten beim Schlucken von Heu und Hafer. Verdünnungsspeichel wird beim Menschen reichlich sezerniert, wenn schlecht schmeckende oder saure Substanzen in den Mund gelangen; daher stammt sein Name. Von tabakkauenden und -spuckenden Individuen und Völkern werden ganz enorme Mengen von Speichel sezerniert.

Die mikroskopischen Einschlüsse des Speichels scheinen ohne Belang für die genannten Funktionen zu sein. Abgestoßene Plattenepithelien von der Schleimhaut der Mundhöhle finden sich in ihm, daneben rundliche Zellen, sogenannte Speichelkörperchen, d. h. Leukocyten, weiße Blutkörperchen, welche durch Auswanderung aus der üblichen bindegewebigen Unterlage des Epithels in die Mundhöhle gelangen; auch Nahrungsreste und Mikroorganismen aus der reichen Flora der Mundhöhle. Daher sieht der Speichel etwas trübe aus. Sonst ist er eine durchsichtige, mehr oder minder fadenziehende, farblose Flüssigkeit, deren Herkunft wir im folgenden nach ihren Produktionsstätten, den Drüsen der Mundhöhle zu analysieren haben.

Sehr groß ist die Flora der Mundhöhle (Fadenpilze, S. 78). Harmlose und bösartige, aber in ihrer Giftigkeit geschwächte Bakterien finden sich regelmäßig in ihr (einer der üblichsten Eitererreger, Streptococcus pyogenes, wurde bei 4,5—8% der gesunden Menschen gefunden, auch bei Kindern, die nur die Mutterbrust erhielten). — Unter den chemischen Verbindungen im Speichel ist regelmäßig Schwefelcyankalium (Rhodankalium) nachzuweisen, ein Unikum im Tierreich (sonst nur bei Pflanzen, z. B. Cruciferen, vorhanden). Zu 99% besteht der Speichel aus Wasser. Wegen der übrigen Zusammensetzung siehe die Lehrbücher der Physiologie. — Unter Zahnstein versteht man ein aus Kalksalzen, Epithelien, Pilzen und Bakterien bestehendes Sediment des Speichels, welches sich fest an die Zähne ansetzt, besonders gegenüber den Ausmündungen der großen Speicheldrüsen (S. 55).

Einteilung der Speicheldrüsen Sämtliche Drüsen der Mundhöhle und des Vorhofes werden zweckmäßig Speicheldrüsen genannt. Drei von ihnen heben sich jederseits durch ihre Größe hervor; sie sind gemeint, wenn man von Speicheldrüsen schlechthin spricht. Sie heißen Ohrspeicheldrüse, Glandula parotis, Unterkieferdrüse, Glandula submaxillaris und Unterzungendrüse, Glandula sublingualis. Richtiger ist es, sie als große Speicheldrüsen den zahlreichen kleinen gegenüberzustellen, welche als Knötchen bis zur Erbsengröße in der ganzen Schleimhaut vorkommen und z. B. in den Lippen des Lebenden leicht abgetastet werden können. Man unterscheidet nach dem Ort des Vorkommens:

I. Im Vorhof der Mundhöhle (vgl. S. 27, 28):

1. Glandulae labiales auf der Schleimhautseite der Ober- und Unterlippe. An den Mundwinkeln sind sie weniger zahlreich.
2. Glandulae buccales, an die Oberlippendrüsen anschließend, in der Wange.
3. Glandulae molares, 4—5 Stück, in der Wange, nahe der Papilla salivalis superior.

II. In der eigentlichen Mundhöhle (Abb. S. 68):

1. Glandulae linguales, Zungendrüsen. Je nach dem Sitz auf der Spitze, dem Grund oder den Rändern der Zunge unterscheidet man Glandulae linguales anteriores, posteriores und laterales. Die vorderen liegen meistens in einem Paket beisammen und heißen BLANDIN-NUHNsche Drüse. Die hinteren bedecken den ganzen vertikalen Teil der Zunge.
2. Glandulae palatinae, Gaumendrüsen (S. 56), auf dem harten und weichen Gaumen, dem Zäpfchen und den Gaumenbögen in der Nachbarschaft der Gaumenmandel.

Die Lage der kleinen Drüsen ist an den angezogenen Stellen nachzulesen. Über die drei oben genannten Speicheldrüsen siehe die besonderen Beschreibungen S. 67 u. f.).

Der äußere Drüsenstreifen der Regio alveololingualis (S. 55) setzt sich in den vorderen Gaumenbogen hinein fort. Daher können gelegentlich beim Erwachsenen die Glandulae sublinguales minores (S. 67) mit den Glandulae palatinae zusammenstoßen. Gewöhnlich besteht ein deutlicher Zwischenraum, aber beide Gruppen haben noch den gleichen feineren Bau (rein muköse Drüsen). — Alle Wangendrüsen des Vorhofs (Nr. 2 und 3 der Gruppe I) gehen aus einem epithelialen Streifen hervor, der beim Embryo im Grund des Sulcus alveolobuccalis zwischen Oberkiefer und Wange liegt. Zu ihm gehört von den großen Drüsen die Glandula parotis. — Bei Säugern und Homo ist das gesamte Zahnfleisch frei von Drüsen, während beispielsweise die Reptilien Zahnfleischdrüsen besitzen (scheinbare Drüsen sind die aus Epithelperlen entstandenen Cysten im Zahnfleisch des Menschen, die sogenannten „Glandulae" tartaricae, S. 48).

Die Endstücke der Speicheldrüsen bestehen lediglich aus sezernierenden Zellen (Abb. g, S. 13, schwarz). Letztere kommen auch an anderen Stellen der Drüsen vor, doch wollen wir vorläufig davon absehen. Als Beispiel für die Besonderheiten der sezernierenden Zellen in den Endstücken greifen wir die Unterkieferdrüse des Menschen heraus (Abb. S. 65). Sie ist eine hoch spezialisierte Drüse, welche alle Vorkommnisse bei Speicheldrüsen überhaupt auf kurzem Raume vereinigt, während bei anderen Speicheldrüsen jede Zellart für sich allein oder in anderer, weniger einprägsamer Mischung mit anderen vorkommt. Davon soll später die Rede sein.

Es gibt zweierlei Arten von Drüsenzellen in den Endstücken der Speicheldrüsen, die serösen Zellen (Eiweißzellen) und mukösen Zellen (Schleimzellen), die auch anderwärts in Schleimhäuten und Drüsen vorkommen. Die ersteren bilden den wässerigen, relativ salz- und eiweißreichen Verdünnungsspeichel, die letzteren den zähen, fadenziehenden eiweiß- und salzarmen Gleit- oder Schmierspeichel. Das Speichelferment, Ptyalin, wird, wie es scheint, nur von serösen Zellen ausgeschieden. Strukturell sind die beiden Arten so deutlich unterschieden, daß da, wo beide Zellarten innig vermischt liegen und das Sekret nicht leicht getrennt aufgefangen werden kann, nach dem mikroskopischen Aussehen der Zellen auf die Art des Sekretes geschlossen werden kann. Schleim, Mucin, läßt sich meistens mikrochemisch nachweisen (die Schleimkörnchen der Zellen schwinden in verdünnten Alkalien oder Essigsäure, statt ihrer entsteht ein gallertiger Klumpen in der Zelle) oder färberisch durch DELAFIELD-sches Hämatoxylin (blau), Thionin (blau), Mucicarmin (rot) u. a. m. Bei der Hämatoxylinfärbung ist das reife Sekret intensiv blau, das reifende Sekret heller oder nicht gefärbt.

Die Struktur der mukösen Zelle ist durch zahlreiche Schleimkörnchen oder -tröpfchen gekennzeichnet, mit welchen der Zelleib prall erfüllt ist und welche polar orientiert sind. Das Sekret sammelt sich nach der dem Lumen zugewendeten Kante der Zelle, der Kern liegt platt gedrückt an ihrer basalen, der Außenwand der Drüse angehörigen Fläche (Abb. c, S. 65). Das eigentliche Protoplasma ist auf ein grobes Fachwerk beschränkt, in welchem das Sekret wie der Honig in den Bienenwaben aufgestapelt ist („pseudoalveoläre" Struktur. Die echten Schaum- oder Wabenstrukturen des Protoplasmas im allgemeinen sind ungleich feiner; man denke sich die relativ groben Protoplasmawände zwischen den Sekrettropfen in sich aus feinsten Schaumstrukturen aufgebaut). Außerdem ist um den Kern herum ein kleiner, meist sehr schwer erkennbarer Hof unveränderten Protoplasmas übrig, welches für den Wiederaufbau der Zelle wichtig ist, sobald das Sekret ausgestoßen ist. Ist letzteres reif, so verflüssigt es sich so weit, daß es in das Lumen übertreten kann, ohne daß die Zelloberfläche wie bei Becherzellen zerstört wird. Wahrscheinlich kann die Zelle sich mehrfach erholen und häufiger ihren Inhalt abgeben. Die Nachbarzellen

Muköse
Drüsen-
zellen

werden meistens auf der gleichen Stufe sekretorischer Tätigkeit gefunden. Sind einige bereits leer, so werden sie von den gefüllten Nachbarzellen fadenförmig zusammengedrückt oder nach außen an die Stelle gedrängt, wo der Kern liegt (siehe Halbmonde, S. 63).

Ein Endstück kann nur aus mukösen Zellen zusammengesetzt sein, oder muköse und seröse Zellen sind in dem gleichen Endstück gemischt (Abb. a, S. 65). Immer ist, wenn muköse Zellen allein oder in der Mehrzahl vorhanden sind, das Lumen relativ weit, viel weiter als bei serösen Endschläuchen der Nachbarschaft; denn der zähe Schleim hat mehr Platz nötig als der dünnflüssige seröse Speichel.

Seröse Drüsenzellen, Sekretkanälchen

In der serösen Zelle sind die Sekretkörnchen viel kleiner, sie füllen das ganze Zellinnere, aber sie quellen nicht in dem Maß wie die Schleimkörnchen und drücken daher nicht den Kern an die Wand. Viele der gebräuchlichen Fixierungsmittel, z. B. Sublimat, lösen die Sekretkörnchen, so daß feine Vacuolen statt ihrer im histiologischen Präparat sichtbar sind. Sind sie fixiert, so färben sie sich mit Hämatoxylin-Eosin rot (nicht blau, wie die Schleimzellen, Abb. b, S. 65). Reife Sekretkörnchen sind weniger färbbar als unreife (umgekehrt wie bei Schleimzellen, siehe oben). Gegen verdünnte Alkalien und Essigsäure sind sie viel widerstandsfähiger als die Schleimgranula. Besonders kennzeichnend ist das Verhalten des Kerns. Dieser wird nie abgeplattet, er bleibt im allgemeinen kugelig; seine Oberfläche kann wohl runzelig sein, besonders in fixierten Präparaten (Abb. S. 71, unten). Er nimmt den Massenmittelpunkt der Zelle, also eine Gleichgewichtslage ein. Ist die Zelle an der Basis breit und gegen das Lumen kantig, so nähert sich der Massenmittelpunkt und damit die Lage des Kerns der Drüsenoberfläche; aber er bleibt dabei doch annähernd kugelig.

Die seröse Zelle ergießt ihr Sekret nicht nur in das zentrale Lumen der Endschläuche, sondern außerdem in sehr feine Sekretkanälchen (Sekretcapillaren), welche seitlich von den centralen Lumina abzweigen und zwischen die Zellen eindringen (Abb. b, S. 65). Die Zellenseitenwände der Drüsenepithelien sind gegen das centrale Lumen zu ganz allgemein mit Kitt- oder Deckleisten abgedichtet, also wie die Planken eines Schiffes kalfatert. In Abb. a, S. 65 ist das feine Netz dieser Dichtungsfäden besonders schön im Speichelrohr zu sehen; die plastisch wiedergegebenen Zellen der oberen Schnittfläche werden Stück für Stück nahe ihrer inneren Oberfläche von einem Deckleistenring umzogen. In den serösen Endschläuchen folgen die Deckleisten den intercellulären Seitenkanälchen von den Centrallumina aus als feine Fäden, welche auch hier überall die Zellen gegeneinander abdichten (z. B. Abb. a, S. 65 oben links, Sekretcapillare oben rechts bezeichnet). Bei Färbungen (Eisenhämatoxylin) kann man an den längs- oder quergetroffenen Deckleisten besonders leicht erkennen, daß die Sekretkanälchen zwischenzellig, intercellulär, und nicht binnenzellig, intracellulär — wie etwa in den Belegzellen der Magendrüsen — liegen. Sie ziehen nicht nur geradlinig an den Kanten der Zellen gegen deren oberflächlich gelegene Basis hin, sondern überqueren auch die Seitenflächen der Zellen in geradem oder gewundenem Verlauf, wie im Modell an verschiedenen Stellen zu sehen ist, und nehmen infolgedessen das Sekret an vielen Punkten aus der Zelle auf. Wie bei der Lage des Kerns, so zeigt sich auch darin die seröse Zelle als ein kleines, überall gleichtätiges Laboratorium, während die Tätigkeit der Schleimzelle polar orientiert ist (siehe oben); bei ihr fehlen denn auch die seitlichen Sekretkanälchen (die Glandula bulbourethralis des Mannes, die Orbitaldrüsen und selbst gewisse Speicheldrüsenzellen mancher Tiere machen eine Ausnahme, siehe Halbmonde S. 63). Die Zuflüsse des centralen Kanals (Centrallumen) durch die zahlreichen Seitenkanälchen eines rein serösen Drüsenschlauches müssen ganz beträchtlich sein. Trotzdem ist die Lichtung des Centralkanals eng, viel enger als bei mukösen Drüsenschläuchen, wie oben bereits betont wurde; sie genügt für die dünn- und schnellflüssige Natur des Sekrets und ist für sie besonders kennzeichnend.

In der Unterkieferdrüse gibt es rein seröse Endschläuche (rot, Abb. a, S. 65), andere sind aus mukösen und serösen Zellen zusammengesetzt (rot und blau). Es können in anderen Drüsen rein muköse und rein seröse Endschläuche in den gleichen Ausführgang münden, oder andere Zusammenstellungen vorkommen (Abb. a, S. 66). Immer nennt man Drüsen, bei denen seröser und muköser Speichel aus dem Ausführgang in der Zusammensetzung hervorquillt, welche er in der Mundhöhle hat, gemischte Drüsen. Aus rein mukösen oder rein serösen Drüsen ergießt sich dagegen nur die eine der beiden dem Speichel zugrunde liegenden Sekretarten: die Mischung tritt erst innerhalb der Mundhöhle ein. Solche Spezialformen ermöglichen z. B. bei der serösen Form unter Umständen eine besonders schnelle Abscheidung großer Mengen von Verdünnungsspeichel, weil der Weg nicht durch schwerflüssigen Schleim versperrt werden kann. Den höchsten Typus dieser Art werden wir in der rein serösen Ohrspeicheldrüse kennen lernen (Parotis), welche denn auch bei Pflanzenfressern, für welche sie besondere mechanische Bedeutung hat (Pferd), bei trockenem Futter das Sechsfache von dem herausbefördern kann, was sie bei feuchtem Futter liefert (Heu- oder Grasfütterung).

Ist in mukösen Endstücken entweder am Grunde oder an der Seite ein Komplex von serösen Zellen eingeschaltet (Abb. a, S. 65, rechts), so können letztere vom Centrallumen abgedrängt sein. Scheinbar hat das Sekret keinen Abfluß in letzteres, aber durch die Sekretkanälchen, welche sich um die serösen Zellen verzweigen, sind sie immer noch imstande, ihr Sekret abzuführen. Da die serösen Gruppen vom Centrum des Endschlauches abrücken, springen sie an seiner Oberfläche polsterartig vor. Auf Schnitten sehen sie halbmondförmig aus: GIANUZZIsche Halmbonde, Lunulae (Abb. S. 69).

Je nach der Lage bezeichnet man die Halbmonde als end- oder seitenständig. Sie können sich in zwei durchteilen und so zur Vermehrung der Endzweige der Drüse führen wie die Scheitelknospen einer Pflanze. Die seitenständigen Halbmonde sind beginnende Scheitel für neu entstehende Endschläuche. Durch die Sekretkanälchen unterscheiden sich die Zellen von menschlichen Schleimzellen, auch von solchen, welche klein (leer oder jung) sind, deshalb an die Peripherie des Drüsenschlauches gedrängt werden und manchmal echten Halbmonden sehr ähnlich sehen. Beim Vorkommen echter seröser Halbmonde innerhalb sonst muköser Endstücke ist bereits das Sekret im einzelnen Endstück selbst gemischt. Wie bei Warmwasserleitungen kann in Speicheldrüsen der Mischungsgrad an sehr verschiedenen Punkten zustande gebracht und bestimmt werden, entweder möglichst weit vom Abfluß entfernt wie im Boiler am Kessel einer Centralheizung, oder in den Ausfuhrgängen wie bei manchen chirurgischen Waschbecken, die einen Zuflußhahn haben, der aus einem Mischgefäß neben dem Becken gespeist wird, oder schließlich unmittelbar an der Stelle des Gebrauchs wie in den üblichen Waschbecken mit getrennten Hähnen für Kalt- und Warmwasserzufluß. Eine sehr hoch differenzierte Versorgung durch Nerven reguliert diese Ordnungstypen der Drüsenzellen, so daß die Menge und Mischung des Speichels jeweils der Nahrung aufs feinste angepaßt werden kann. Je nachdem Fleisch- oder Pflanzenkost, trockene oder feuchte Nahrung genossen oder auch nur die Vorstellung von Leckerbissen bestimmter Art erregt wird, ist unsere Speichelsekretion ganz verschiedenartig. Die Sprache sagt vom Feinschmecker sehr anschaulich, daß ihm das Wasser im Munde „zusammenlaufe".

Reine Schleimdrüsen beim Menschen sind: die meisten Glandulae linguales posteriores et laterales, die Glandulae palatinae.

Rein seröse Drüsen beim Menschen sind: Die EBNERschen Spüldrüsen am Grund und am Rand der Zunge (S. 82), die Glandula parotis.

Gemischte Drüsen beim Menschen sind: die Glandulae labiales, buccales molares, linguales anteriores (BLANDIN-NUHNsche Drüse), Glandula sublingualis, Glandula submaxillaris.

Bei Tieren ist die Zusammensetzung häufig vom Menschen recht verschieden.

Stoffhaus-
halt der
Drüsen-
zellen,
Basal-
membran In den geschilderten Sekretansammlungen der Drüsenzellen haben wir nur das gröbere Abbild der feineren, uns zum größten Teil unbekannten Vorgänge vor uns, die sich von der Aufnahme der Substanzen aus den Blutgefäßen ab bis zu der definitiven Abscheidung des fertigen, reifen Sekretes in das zentrale Lumen hinein abspielen. Sehr wahrscheinlich wird nicht nur von der Zelle gleich bei der Entnahme der Substanzen aus dem Blut eine ihrer spezifischen Tätigkeit angemessene Auswahl getroffen, sondern der Zellmechanismus der verschiedenen Drüsenzellen arbeitet so verschieden, daß selbst bei gleichem Ausgangsmaterial doch ein verschiedenes Sekret erzeugt wird. Von den Aufnahmevorgängen sehen wir nichts. Farbstoffe, z. B. Indigcarmin, welche in die Blutbahn gebracht werden, können als Körnchen in den Speichelzellen auftauchen. Sie zeigen uns an, daß der Weg überhaupt existiert. Von dem verschiedenen Zellmechanismus geben die Körnchenstrukturen einen gewissen Eindruck, denn sie sind unter sich verschieden, z. B. in mukösen und serösen Drüsen. Aber es gibt in anderen Drüsen Zellen, welche den Körnchenstrukturen der serösen Speichelzellen mit unseren heutigen Mitteln der Untersuchung sehr ähnlich sehen und welche doch ganz andere Produkte liefern (Tränendrüse, Pankreas usw.).

Die Endstücke sind von einer zellfreien, leicht gestreiften oder homogenen Haut, der Basalmembrana (Membrana propria) umgeben (Abb. S. 65). Die Gefäße bleiben außerhalb derselben. Sie bestehen aus sehr reichlichen Netzen, die sich erweitern, wenn der autonome Nerv der betreffenden Speicheldrüse gereizt wird (siehe unten). Die spezifische Tätigkeit der Drüsenzellen stellt aus dem durch die vermehrte Blutzufuhr gebotenen Material ihr Eigensekret her.

Die Sekretkanälchen nähern sich nie der Basalmembran so weit, daß ein Durchbruch zwischen ihnen und den Blut- (oder Lymph-)Capillaren erfolgen könnte. Damit hängt zusammen, daß nie Sekretkanälchen auf der basalen Fläche der Drüsenepithelien gefunden werden. Diese Fläche und die anliegende Basalmembran sind für den Austausch von Flüssigkeiten und Gasen zwischen Blut und Zelle reserviert. Nur bei der Leberzelle steht jede Fläche mit Sekretkanälchen in Verbindung, was bereits hier hervorgehoben sei, um diesen einzig dastehenden Typus einer Drüse gegenüber allen anderen scharf zu beleuchten.

Korbzellen Innen von der Basalmembran liegen den basalen Flächen der Drüsenzellen platte, spinnenförmig verzweigte Zellen auf, Korb- oder Sternzellen (Abb. a, b, S. 65), welche am überlebenden Präparat geeigneter Objekte kontraktile Eigenschaften zeigen (Nickhautdrüse des Frosches). Sie umschnüren die Endstücke mit ihren netzförmig verbundenen Ausläufern und beschleunigen wahrscheinlich die Austreibung des Sekretes. Bei Schweißdrüsen, bei denen ähnliche Elemente zwischen Drüsenzellen und Basalmembran vorkommen und besonders deutlich sind, sollen sie vom Epithel selbst, also vom Ektoderm abstammen. Bei Speicheldrüsen könnte es sich um entodermale Zellen handeln; doch ist hier die Frage noch weniger sicher gelöst.

Sekret-
körnchen Die Sekretkörnchen, Granula, werden zurückgeführt auf feinste fadenoder stäbchenförmige Strukturen des Protoplasmas, Plastosomen sive Mitochondrien, welche auch in den meisten übrigen Fällen gefunden worden sind. Sie werden von vielen Autoren als Elementarteile, „Urlebensträger", aufgefaßt. Als Beweis dafür gilt ihre Übertragung durch das Mittelstück des Samenfadens bei der Befruchtung. Es steht aber keineswegs fest, daß es sich bei allen Zellen um identische Strukturen handelt, da das äußere Aussehen und die färberischen Qualitäten darüber allein nicht entscheiden. Häufig gibt es in serösen Zellen der Speicheldrüsen gröbere, strähnenförmige Strukturen im Protoplasma, Basalfilamente, hochentwickelte Formen von Plastosomen.

Die Beziehungen zum Kern sind nicht nur passiver Art, wie oben geschildert wurde (Abplatten und Verdrängung der Kerne an die Zellperipherie bei Schleimdrüsen). Bei Drüsenzellen wirbelloser Tiere sind amöboide Ausläufer des Kerns nach der Stelle der Sekretion innerhalb der Zelle beobachtet. Manche Autoren geben an, daß Chromatin oder andere Substanzen aus dem Kern austreten und Granula bilden, Chromidialkörnchen. Weitere Kontroversen bestehen bei den Speicheldrüsen über den Aggregatzustand der Granula; es wird gestritten darüber, ob sie schon früh zu flüssigen Tropfen (Vacuolen) werden oder ob sie Granula bleiben und nur verquellen. Beim Durchtritt des Sekretes in das Lumen wird es auf jeden Fall verflüssigt.

Die funktionellen Veränderungen der Drüsenzellen (Wachstum der Granula, Veränderung ihrer Färbbarkeit, Verflüssigung) lassen sich durch Pilocarpin beschleunigen, durch Atropin verlangsamen. Besonders wirksam sind Reizungen der Nerven. Am lebenden Objekt (z. B. Parotis) sieht man, daß sich die Granula bei der Entleerung der Zelle zuerst im basalen Teil verflüssigen. An den sezernierenden Oberflächen bleibt bis zuletzt ein granulärer Saum sichtbar.

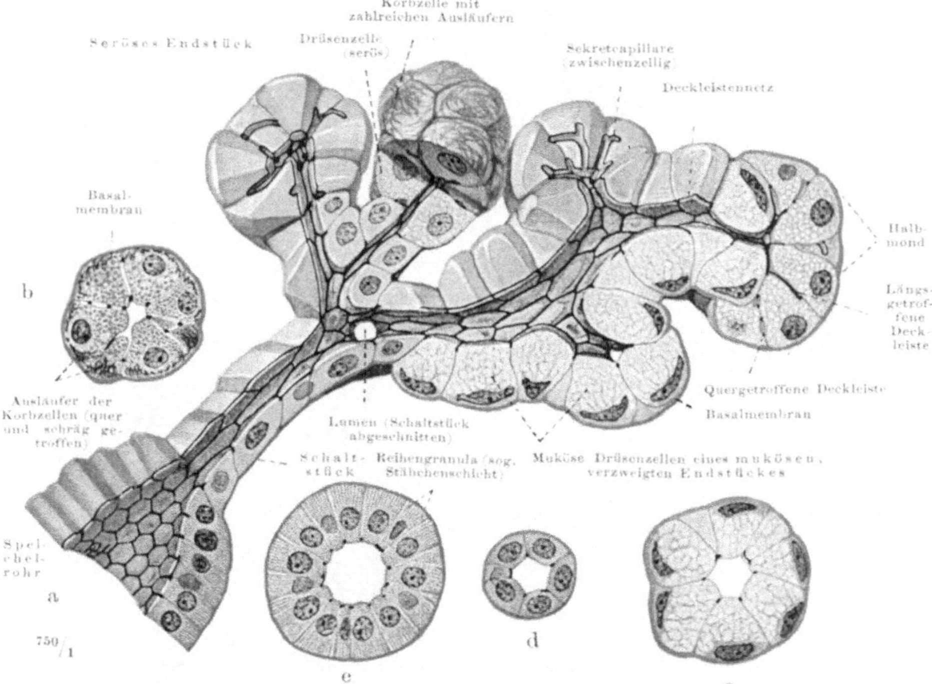

Abb. 39. Glandula submaxillaris. Plastisches Modell der Endverästelung eines Drüsenschlauches von A. VIERLING, Heidelberg. Muköse Zellen blau, seröse Zellen rot, Schaltstückzellen violett, Kittleisten zwischen den Zellen schwarz. a Flachschnitt durch das ganze Modell, einzelne Teile vor die Papierebene plastisch vorspringend, so daß die Zellen körperlich zu sehen sind, b Querschnitt durch einen rein serösen Endschlauch, c durch einen rein mukösen Endschlauch, d durch ein Schaltstück, e durch ein Speichelrohr.

Autonome, parasympathische Fasern (aus dem Nervus facialis oder Nervus glossopharyngeus) und sympathische Fasern (aus dem Grenzstrang des Sympathicus am Hals) führen zu jeder Speicheldrüse und innervieren jede einzelne Zelle. Reizung der ersteren Art ergibt bei serösen Zellen Schwellung und Granulavermehrung, Reizung der letzteren keine Schwellung, eher Größenabnahme, Granulaverarmung und Minderung der Kernfärbbarkeit. Die beiden Nervenarten wirken also bei serösen Zellen antagonistisch, wie auch sonst Sympathicus und Parasympathicus entgegengesetzt tätig sind (siehe Herz-, Gefäß- und Darmmuskulatur). Bei den mukösen Zellen dagegen wirken beide Arten von Nerven synergisch, und zwar der Parasympathicus im stärkeren, der Sympathicus im minderen Grade (Granula- verlust, Schwellung). Der Parasympathicusspeichel ist reichlich, dünnflüssig und klar, der Sympathicusspeichel spärlich, zäh, klebrig und leicht trüb. Die Enden der Nerven bilden Geflechte, welche sich teils von außen der Basalmembran an- schmiegen (epilemmal), teils innen von ihr auf, vielleicht auch in den Drüsenzellen selbst liegen (hypolemmal).

Doppelte Inner- vation der Drüsen- zellen

Die großen Speicheldrüsen unterscheiden sich von den kleinen, aber auch von allen übrigen Drüsen des Körpers durch eigenartige Stellen des Ausführ-

Speichel- röhren (Sekret- röhren)

ganges, welche mit sezernierenden Zellen ausgekleidet sind. Dies sind Ausnahmen von der sonst gültigen Regel, daß der Ausführgang nur leitet und nicht sezerniert. Man spricht wegen des großen Kalibers von „Röhren" (gegenüber den kleinkalibrigen „Kanälchen" in den Endstücken) und wendet am besten die Bezeichnung Speichelröhren (auch Sekretröhren) an, weil nur bei Speicheldrüsen Derartiges vorkommt. Die Zellen der Speichelröhren färben sich bei der üblichen Hämatoxylin-Eosinfärbung intensiv rot und fallen deshalb im Schnittbild sehr auf, außerdem durch ihre Lage innerhalb der Drüsenläppchen (intralobulär, Abb. S. 69). An diesen beiden Merkmalen sind sie leicht zu erkennen, daraufhin

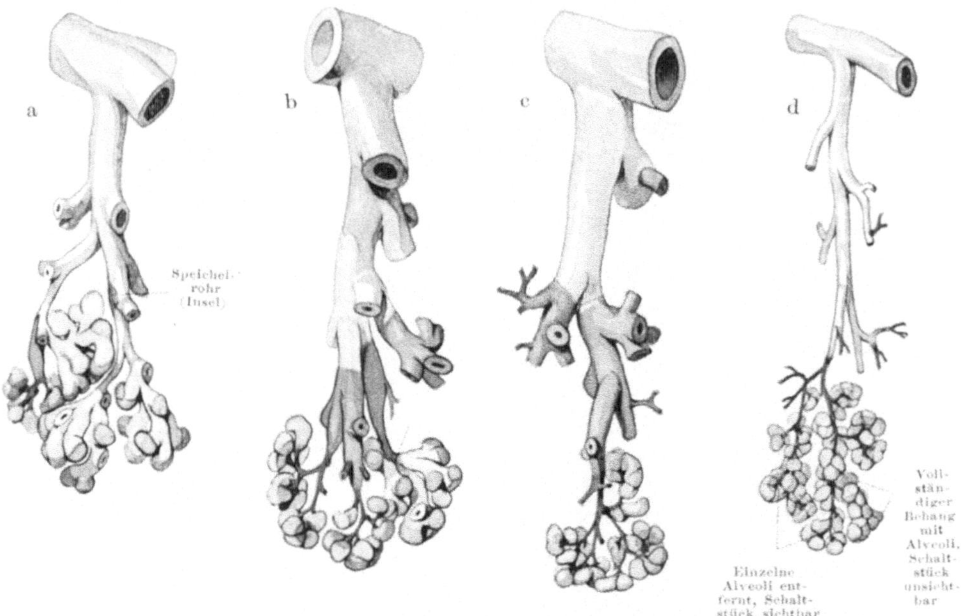

Abb. 40. Bau der Speicheldrüsen und des Pankreas (Bauchspeicheldrüse). Schemata. Ausführgang weiß, Sekretröhren orange, Schaltstücke rot, seröse Zellen der Endstücke grün, muköse Zellen blau. a Glandula sublingualis. b Glandula submaxillaris. c Glandula parotis. d Pankreas.

ist die sichere Diagnose zu stellen, daß der vorliegende Schnitt einer der großen Speicheldrüsen und keiner anderen Drüse entstammt.

Das Lumen der Speichelröhren ist stellenweise sehr weit, weiter als an den mukösen Endstücken (Abb. e u. c, S. 65); zwischen weite, spindel- oder kugelförmige Strecken sind aber nicht selten enge Passagen eingeschaltet, so daß sich die Erweiterungen wie eine Perlenschnur aneinanderreihen. Wahrscheinlich entstehen hinter den engen Durchlässen Strudel im durchfließenden Sekret, welche eine gute Durchmischung bewerkstelligen. Das Epithel ist einschichtig und schlank cylindrisch, das Schlußleistennetz sehr deutlich. Die Zellen sind mit stark färbbaren Körnchen gefüllt, welche das oben erwähnte Hervorleuchten der Speichelröhren im Farbbild bedingen; an der Basis der Zellen sind die Granula in radiären Körnchenreihen angeordnet, Reihengranula, welche wie Stäbchen aussehen und von der Oberfläche des Rohres bis zur Kernzone reichen, sog. Stäbchenschicht der Zelle (Abb. e, S. 65). Welcher Art das Sekret der Speichelröhren ist, wissen wir nicht (wahrscheinlich besteht eine Beziehung zur Wasserabsonderung). Die Zellen enthalten auch gelbes Pigment.

Schalt-
stücke Zwischen die Speichelröhren und Endstücke sind regelmäßig bei der Unterkiefer- und besonders bei der Ohrspeicheldrüse des Menschen weitere Differenzierungen der Ausführgänge eingefügt, die Schaltstücke (Abb. S. 65, 66). Sie liegen intralobulär. Die Zellen sind kubisch oder noch stärker abgeplattet;

infolgedessen ist bei relativ geringem äußeren Umfang des Röhrchens doch das Lumen weit, so daß das abfließende Sekret der Endstücke nicht gestaut wird. Ob die Zellen der Schaltstücke rein sekretorische Drüsenelemente sind und was sie sezernieren, wissen wir nicht sicher. Das relativ häufige Vorkommen von Kernteilungsfiguren hat zu der Annahme Anlaß gegeben, daß sie daneben oder hauptsächlich das Vermehrungs- und Ersatzorgan für die anstoßenden Zellen der Endschläuche und Speichelröhren sind.

Denkt man sich in Abb. b, S. 66 die Zellen des Schaltstückes der reinserösen Drüsenendschläuche (rot) in muköse Zellen (blau) umgewandelt, so ist die Anordnung gleich der Lage, welche die mukösen Zellen in gemischten Endschläuchen tatsächlich haben (z. B. bei × im rechten Büschel der Abb. b, S. 66 und in den meisten Büscheln von Abb. a, S. 66). Übergänge von Schaltzellen in muköse Zellen sind in der Gl. sublingualis und submaxillaris häufig zu sehen. Danach scheint es, daß die Schaltstücke in diesen Drüsen unentwickelte muköse Zellen sind. In der Parotis und im Pankreas sind sie vielleicht Schläuche, welche auf dieser Stufe stehen bleiben und eine andere Verwendung finden; denn Schleimzellen gibt es in diesen beiden Drüsen nicht.

Die großen Ausführgänge liegen interlobulär. Sie haben ein zweizeiliges cylindrisches Deckepithel und ein offenes Lumen (Abb. S. 71). Manchmal setzen sich die Speichelröhren weit in die interlobulären Scheidewände fort.

Die Unterzungendrüse, Glandula sublingualis, ist die kleinste der drei großen Speicheldrüsen (Gewicht etwa 5 g). Sie liegt vollkommen innen vom M. mylohyoideus, welcher den Mundhöhlenboden bildet, also innerhalb der Mundhöhle selbst (Abb. S. 57, 68) und reicht gewöhnlich bis zum Hinterrand des genannten Muskels. Medial wird sie vom M. genioglossus, lateral vom Unterkiefer flankiert (Fovea sublingualis der Mandibula) und nach der Mundhöhle zu von der Plica sublingualis bedeckt (S. 55). Kleine Einzeldrüschen, Glandulae sublinguales minores (5—12 Stück), liegen in einer Reihe lateral von der Hauptdrüse und münden jede für sich mit einem feinen Ausführgang auf dem freien Rand der Schleimhautfalte, Ductuli sublinguales (Rivini, Abb. S. 68). Die Hauptdrüse, Glandula sublingualis major, ist um so größer, je weniger zahlreich die kleinen Drüsen sind, und umgekehrt; sie fehlt nicht selten ein- oder beiderseitig. Sie mündet mit einem einzigen Ausführgang, Ductus sublingualis (Bartholini), auf der Caruncula salivalis (s. sublingualis, S. 55) gemeinsam mit oder dicht neben dem Ductus submaxillaris. Eine scharf begrenzte Drüsenkapsel wie bei den beiden anderen großen Speicheldrüsen gibt es bei der Gl. sublingualis nicht.

Glandula sub-
lingualis,
Abb. S. 57,
a, S. 66, 68,
89

Mikroskopisch ist die Unterzungendrüse eine zusammengesetzte alveolotubulöse Drüse (S. 15), die hauptsächlich Schleim absondert. Aber das Sekret ist gemischt, da in den Endstücken der Glandula major Halbmonde aus serösen Zellen häufig sind (Abb. a, S. 66, grün). Jede Lunula besteht aus einer ganzen Gruppe solcher Zellen (Randzellenkomplex). Die Glandulae minores sind rein mukös. Schaltstücke sind gewöhnlich, aber nicht immer vorhanden, an einigen Stellen kommen kurze vor, verzweigte Schaltstücke sind seltener (rot). Statt der Speichelröhren (orange) findet man manchmal eine Zellinsel, welche nur an einer Seite des Lumens, nicht ringsum, gelegen ist.

Endstücke, die rein serös sind, kommen nur ausnahmsweise in der Glandula major vor; sie haben dann Schaltstücke und Sekretröhren ähnlich den serösen Teilen der Glandula submaxillaris (Abb. b, S. 66, am linken Rande).

Medial von der Glandula sublingualis liegen der Ductus submaxillaris und der Nervus lingualis (Abb. S. 57). Am hinteren Pol der Drüse, neben dem 2. Molar des Unterkiefers, kreuzt der genannte Nerv unter der Mundhöhlenschleimhaut schräg hinüber nach der Zunge, die er innerviert. Der Ductus submaxillaris schlägt sich an dieser Stelle nach der Schleimhaut zu über den N. lingualis hinüber, da er längs der Zunge weiter läuft. Innervation und Blutzufuhr: Ein Ast des N. lingualis, der N. sublingualis, enthält die parasympathischen aus der Chorda tympani des Facialis stammenden Nervenfasern für die Drüse (S. 65); die sympathischen Nerven verlaufen mit

5*

den Gefäßen. Die Drüse liegt im Verzweigungsgebiet der A. sublingualis (aus der A. lingualis), von der sie auch versorgt wird.

Glandula sub-maxillaris, Abb. S. 65—68, 69, 89

Die Unterkieferdrüse, Glandula submaxillaris, ist größer als die vorige (Gewicht 10—15 g) und schließt an deren hinteren Pol an, liegt aber außerhalb der Mundhöhle, außen vom M. mylohyoideus. Nur der Ausführgang, Ductus submaxillaris (Warthoni), biegt um den hinteren Rand des genannten Muskels herum und erreicht auf langem Wege (5—6 cm) die Caruncula salivalis, auf der er meistens vereinigt mit dem Ductus sublingualis (Bartholini), seltener allein mündet. Die Drüse selbst kann mit einem schlanken Fortsatz mehr oder wenig weit in die Mundhöhle hineinragen (Abb. S. 68, 89), entwickelt sich aber besonders und oft ausschließlich vom hinteren Rand des

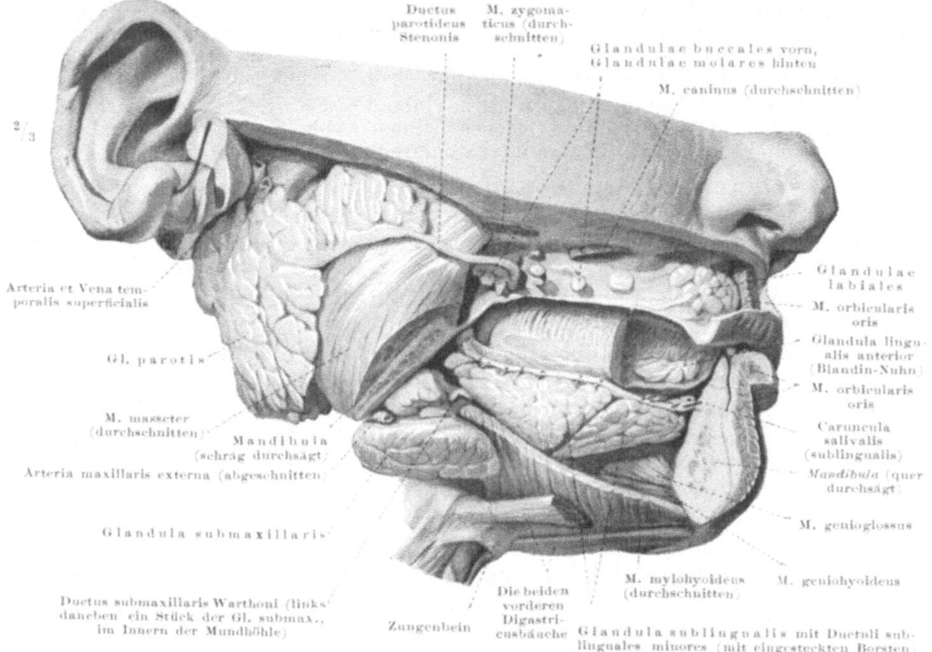

Abb. 41. Große und kleine Speicheldrüsen. Ein Stück der rechten Unterkieferhälfte ist herausgesägt, die Wangenhaut, zum Teil auch die Schleimhaut und der Mundhöhlenboden sind entfernt. Man sieht in die Mundhöhle hinein, auf den rechten Rand der Zunge und auf die rechte Glandula sublingualis. Ein Stück aus der Zungenspitze ist herausgeschnitten, um die BLANDIN-NUHNsche Drüse freizulegen. Ohrläppchen mit Haken in die Höhe gezogen.

M. mylohyoideus aus auswärts am Halse, wo sie über freieren Raum zur Entfaltung verfügt als in der engen, knochenbegrenzten Mundhöhle. Sie hat in dem Dreieck zwischen dem Unterkiefer und den beiden Bäuchen des M. digastricus ein Bett gefunden, welches sie ausfüllt, Trigonum submaxillare (Bd. I, Abb. S. 728 u. S. 751). Der vordere Teil des Drüsenkörpers, welcher auf dem M. mylohyoideus liegt, entsendet also das Sekret von den vordersten Endschläuchen aus rückwärts bis zum Rand des Muskels, dann in Uförmigem Bogen um den Muskel herum und nach vorn bis zur Caruncula salivalis. Dieser Verlauf entspricht dem Weg, welchen die Drüse in der Entwicklung genommen hat. Obgleich schließlich der Drüsenkörper dicht bei der Caruncula salivalis liegt, von ihr nur durch den dünnen Mundhöhlenboden getrennt, macht das Sekret doch den alten Umweg, so daß gerade die der Caruncula in der Luftlinie zunächst liegenden Drüsenläppchen ihr Sekret auf dem längsten Weg in die Mundhöhle entleeren. Die hinteren Partien der Drüse liegen nicht mehr auf dem M. mylohyoideus, da dieser früher zu Ende ist, sondern auf dem M. hyoglossus und auf den vom Griffelfortsatz kommenden Muskeln (Bd. I, Abb. S. 187); sie entsenden Ausführgänge, welche mehr geradlinig auf den Hauptausführgang zulaufen. Die Drüse im ganzen füllt die Nische unterhalb des Unterkiefers und eine leichte Delle am Knochen, Fovea submaxillaris, wie ein platteiförmiger Abguß dieses Raumes aus. Das oberflächliche Blatt der Halsfascie teilt sich in zwei Blätter, welche als Drüsenkapsel die Drüse ringsum einhüllen. Spaltet man die Kapsel, so kann man die Drüse leicht aus ihr herausschälen.

Man fühlt die Drüse am besten am Lebenden, indem man einen Finger in die Mundhöhle zwischen Zunge und Unterkiefer gegen den Kieferwinkel hin einführt und mit der anderen Hand von außen her die Haut entgegen-

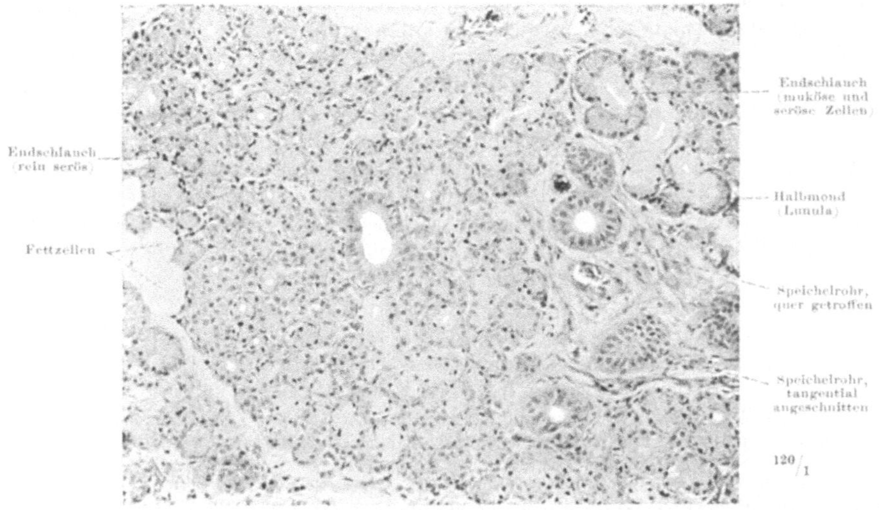

Abb. 42. Glandula submaxillaris. Schnittbild (Photo). Zahlreiche Bäumchen nach Art des in Abb. S. 65 abgebildeten Modells sind so ineinander gesteckt und durcheinander gewunden, daß ein Schnitt, der durch das Knäuel hindurchgelegt wird, die einzelnen Schläuche schräg oder quer trifft. Die Zusammenhänge sind nur auf ganz kurze Strecken erhalten.

drückt: man kann so ihre Form deutlich abtasten. Über die Lage des Ausführganges siehe auch S. 67.

Die Unterkieferdrüse ist im gröberen mikroskopischen Bau der Gl. sublingualis major ähnlich, sezerniert aber vorwiegend seröses Sekret. Die serösen Endstücke sind vorwiegend alveolär geformt. Die Zahl der rein mukösen Endschläuche (Tubuli) wechselt in histologischen Präparaten außerordentlich und ist oft sehr spärlich (Abb. b, S. 66, blau); ob dies auf verschiedenen Phasen der Verschleimung oder auf individuellen Unterschieden beruht, steht nicht fest. Die Lunulae sind meistens klein; sie bestehen oft nur aus wenigen serösen Zellen, manchmal nur aus einer einzigen. Die Speichelröhren sind lang, unverzweigt oder doch nur stellenweise verzweigt, ihre Zellen können ein gelbes Pigment enthalten. Schaltstücke kommen vor; sie sind meistens kurz und ungeteilt oder doch nur stellenweise länger und verästelt.

Innervation und Blutzufuhr: Innen an den Körper der Drüse angeschmiegt liegt das Ganglion submaxillare, von welchem Nervenfasern in sie eintreten. Auch zahlreiche Ganglienzellenhaufen finden sich in ihr wie überall im peripheren Sympathicus. Die parasympathischen Fasern stammen aus der Chorda tympani (Facialis) und erreichen die Drüse auf dem Wege über den N. lingualis und das Ganglion submaxillare. Die sympathischen Fasern gelangen mit den Blutgefäßen in die Drüse. Topographisch liegt die Drüse im Gebiet der A. maxillaris externa, deren Hauptstamm oft tief in die Drüse eingelassen ist (Abb. S. 68). Ästchen der genannten Arterie und der A. lingualis versorgen die Drüse. Über ihre Oberfläche, zwischen Kapsel und Platysma, zieht die Vena facialis anterior vom Gesicht nach dem Hals zu; oft liegt an der Unterfläche der Drüse, zwischen Kapsel und M. hyoglossus, die Vena lingualis. In die letztere fließt hauptsächlich ihr Blut ab.

Auf der Drüsenkapsel finden sich mehrere hanfkorn- bis erbsengroße Lymphknötchen, Nodi submaxillares (s. mandibulares, Abb. S. 57), die bei Erkrankungen des größten Teiles des Gesichtes (Lippen, äußere Nase, Wangen) und der Mundhöhle (insbesondere der Zähne, deshalb auch „dentale" Lymphknoten genannt) anschwellen und dann leicht tastbar sind. Man verwechsle sie nicht mit Schwellungen der Speicheldrüse! Andere submaxilläre Lymphknötchen (Nodi paramandibulares) liegen versteckter innerhalb der Kapsel auf und in dem Drüsenkörper selbst (1—2 Stück, sie gehören zum Lippen-, Zungengebiet und zu der Speicheldrüse selbst). Der Chirurg ist bei Zungenkrebs oft genötigt, die Gl. submaxillaris mit zu entfernen, weil nur so die tiefen Lymphknoten sicher mit ausgeräumt und die in sie verschleppten Geschwulstkeime vernichtet werden können.

<table>
<tr><td>Glandula
parotis,
Abb. c,
S. 66, 68,
71;
Bd. I, S. 731</td><td>Die Ohrspeicheldrüse, Glandula parotis, ist die größte Speicheldrüse (Gewicht 20—30 g) und liegt größtenteils ganz versteckt in dem Raum hinter dem Unterkiefer, Fossa retromandibularis, welcher hinten vom Kopfwender, dem Warzenfortsatz und knöchernen Gehörgang begrenzt ist und dessen Boden der Griffelfortsatz des Schädels mit seinen Muskeln bildet (vgl. Abb. S. 68 u. 87;</td></tr>
</table>

Bd. I, Abb. S. 731). Hier hat der Drüsenkörper, welcher ebenso wie die Submaxillardrüse die zu enge Mundhöhle verlassen hat, erst die volle Entfaltung gefunden. Durch die Beziehung zu der massierenden Tätigkeit des Kiefermechanismus, welche die Drüse an dieser Stelle gewonnen hat, wird der Parotisspeichel besonders leicht schußweise entleert. Die Drüse kann bis in die Nähe der Gl. submaxillaris herunterreichen, in manchen Fällen an letztere sogar anstoßen. Nur ein relativ kleiner, dreieckiger, platter Teil der Drüse liegt oberflächlich auf dem hinteren Teil des M. masseter.

Der oberflächliche, der Entwickelung nach älteste Teil der Drüse steht in breitem kontinuierlichem Zusammenhang mit dem hinteren, versteckten, neueren Teil der Drüse. Krankhafte Schwellungen, welche vorn wegen der oberflächlichen Lage vor dem Kauapparat äußerlich leicht sichtbar sind, wirken oft stark entstellend, beispielsweise beim Mumps (Ziegenpeter), weil weiter hinten die erkrankten tieferen Teile vorquellen und sogar über den Kieferwinkel vorspringen. Die Proportionen des Gesichtes in der Wangengegend werden dadurch ganz auffällig verändert, weil sie nicht mehr wie in der Norm vom Knochen bestimmt sind.

Die Drüse ist eingehüllt in eine derbe Kapsel, Fascia parotideomasseterica, welche bei den Muskeln bereits beschrieben ist (Bd. I, S. 735). Ein kleiner Drüsenfortsatz kann bis hinter das Gelenkköpfchen des Unterkiefers hinaufreichen, ein anderer nähert sich gewöhnlich zwischen M. sternocleido und M. digastricus der Rachenwand. — Etwas weiter vorn als die Parotisanlage hat der menschliche Embryo eine Drüsenanlage, die später völlig verschwindet, das CHIEVITZsche Organ. Bei der Maus ist es nach der Geburt noch vorhanden, geht aber dann ein. Möglicherweise können Cysten der Wange, die beim Menschen als Abnormitäten bekannt sind, aus Überbleibseln dieser Anlage entstehen.

Der Ausführgang, Ductus parotideus (Stenonis), ist das Kabel, welches den Drüsenkörper noch mit der Mundhöhle verbindet. Er ist 3—5 cm lang, zieht quer über den M. masseter (Abb. S. 57, 68) etwa 1 cm unterhalb des Jochbeinrandes nach vorn, biegt fast rechtwinklig um den Rand des BICHATschen Fettpfropfes herum und durchbohrt dann den M. buccinator (Bd. I, Abb. S. 731). Die Mündungsstelle liegt im Vorhof der Mundhöhle, gegenüber dem 2. oberen Molar (S. 28, 59). Nicht selten ist der Gang außen an der Wange von kleinen accessorischen Drüsen vom Bau der Parotis begleitet, Relikten auf dem Weg der Drüse von der Mundhöhle zu ihrem jetzigen, davon weit entfernten Standort.

Verbindet man beim Lebenden den unteren Rand des Gehörganges mit der Mitte des Abstandes des Nasenflügels vom Lippenrot der Oberlippe durch eine gerade Linie, so entspricht das mittlere Drittel dieser Linie dem recht konstanten Verlauf des Ganges. Er kann stark erweitert werden, wenn Luft in ihn hineingepreßt wird, z. B. beim Glasblasen (Pneumatocele).

Der gröbere mikroskopische Bau der Parotis ist vorwiegend alveolär wie bei den serösen Endstücken der Gl. submaxillaris. Sie ist die einzige rein seröse große Speicheldrüse (Abb. c, S. 66, grün). Sie enthält oft besonders zahlreiche Fettzellen. Alle Speichelröhren (orange) sind wohl entwickelt; wegen der mehrfachen Verästelung, welche sämtliche Röhren aufweisen, werden sie auf Schnitten gruppenweise angetroffen. Auch die Schaltstücke (rot) sind lang und immer stark verzweigt; sie sind mit lang ausgezogenen, platten Epithelzellen ausgekleidet (man hüte sich vor Verwechslungen mit den präcapillaren Blutgefäßen). Über den feineren Bau der Ausführgänge siehe S. 66.

Innervation und Blutzufuhr: In der Substanz der Drüse verzweigt sich der Nerv der mimischen Muskeln, N. facialis (Plexus parotideus); auf ihrer Innenseite

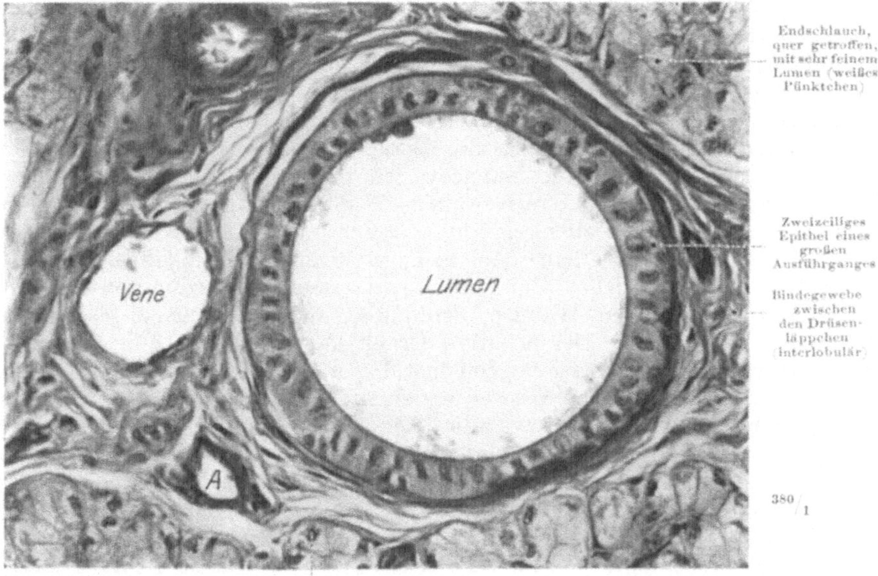

Abb. 43. Ausführgang der Glandula parotis. Schnitt (Photo). Der Zwickel in der bindegewebigen Scheidewand zwischen mehreren Drüsenläppchen abgebildet.

liegt in sie eingebettet das Endstück der Arteria carotis externa, welche sich hier in die A. temporalis superficialis und A. maxillaris interna teilt. Auf der Außenseite sind oft Zweige des rein sensiblen Nervus auricularis magnus in die Drüsensubstanz eingebettet. Äste von den genannten Gefäßen und von Gefäßen der Haut versorgen die Drüse selbst; die Nerven passieren sie, ohne sie zu versorgen, können aber bei krankhaften Schwellungen der Drüse durch Kompression stark betroffen sein. Dagegen gibt der Nervus auriculotemporalis, welcher aus der Tiefe am oberen Pol der Drüse zum Vorschein kommt, Ästchen an die Parotis ab. Sie sind parasympathisch, stammen aus dem N. glossopharyngeus und sind auf dem komplizierten Wege der JAKOBSOHNschen Anastomose zum N. auriculotemporalis gelangt. Die sympathischen Nervenfasern zweigen aus dem Nervengeflecht der A. temporalis superficialis auf der Unterfläche der Drüse an sie ab. Zu ihnen gehören kleine sympathische Ganglienzellenhaufen in der Drüsensubstanz selbst.

In den Nischen der buckeligen Unterfläche der Drüse, nur durch eine dünne Bindegewebsschicht von ihr getrennt, liegen folgende lebenswichtige Gefäße und Nerven: A. carotis interna, V. jugularis interna und N. hypoglossus; etwas entfernter: Nervus vagus und N. glossopharyngeus. Sie sind durch die Drüse nach außen gut abgedeckt, werden aber bei penetrierenden Wunden oder Eiterungen doch getroffen.

Lymphknoten, Nodi parotidei, finden sich innerhalb der Kapsel, und zwar sowohl auf der Oberfläche wie auch innerhalb des Drüsengewebes; sie täuschen bei Erkrankungen dem Unerfahrenen gelegentlich eine Drüsenschwellung vor. Die Lymphe fließt vom äußeren Ohr, den Lidern, der Nasenwurzel und auch von der Zunge den Knoten zu und von ihnen aus zu den oberflächlichen und tiefen Lymphknoten des Halses ab.

d) Die Zunge.

Mannig-
faltigkeit
der Form
und des
Gebrauches
Die Zunge ist eine skeletfreie, mit Schleimhaut überzogene Muskelmasse von der Beweglichkeit und Formbarkeit eines Weichtieres. Sie ist imstande, die Mundhöhle der vollen Breite und Länge nach auszufüllen, mag diese infolge der Beweglichkeit ihrer Wände auch noch so verschiedene Formen annehmen. Infolge dieser Anpassungsfähigkeit ist die Zunge ein wichtiges muskulöses Hilfsorgan beim Kauen und Sprechen; sie vermag mit der beweglichen Wange zusammen die Bissen so zu führen, daß sie richtig zwischen die Zahnreihen zu liegen kommen und dort zu verbleiben genötigt sind, bis das Kaugeschäft erledigt ist; sie legt sich mit ihrer Fläche oder ihren Rändern gegen bestimmte Stellen der Mundhöhle, um gewisse Konsonanten der Sprache zu erzeugen („Zahn"-, „Gaumen"laute usw.). Säugetiere, welche nicht kauen, wie beispielsweise die Wale, haben auch eine rückgebildete Zunge; Menschen, denen die Zunge wegen einer bösartigen Geschwulst exstirpiert werden mußte, können nur ganz mangelhaft sprechen. Voll ausgenützt wird die Beweglichkeit des Organs nur bei einem geschlossenen Gaumendach, welches allein den Säugern eigen ist; bei ihnen kann die Zunge wie ein beweglicher Pumpenstempel einen luftverdünnten Raum in der allseitig durch Lippen, Wangen, Schlundbögen und Gaumen abgeschlossenen Mundhöhle hervorrufen. Der negative Druck kann $100-200\,mm$ Quecksilber betragen, was einer Wassersäule von fast $1^1/_2$ m Höhe entspricht. Ein Pferd ist also imstande, im Stehen Wasser aus einem Bach zu saufen, ohne den Kopf in die Höhe zu heben, wie es ein Tier ohne Gaumen tut (S. 58). Der „Säugling" nutzt die Fähigkeit des Saugens an der Mutterbrust; die ganze Klasse der „Säugetiere" ist danach benannt. An den sehr verschiedenen Arten des Ergreifens, Festhaltens und sogar Zerkleinerns der festen Nahrung und der Aufnahme von Flüssigkeiten ist die Zunge bei den verschiedenen Säugern mitbeteiligt; dementsprechend ist das Relief ihrer Oberfläche oft hoch differenziert. Beim Menschen ist das weniger der Fall, weil er früh gelernt hat durch künstliche Instrumente das natürliche Hilfsmittel zu entlasten und zu ersetzen. Ganz besonders wichtig ist der Schleimhautüberzug wegen seines Reichtums an Nerven und Sinnesorganen. Wir werden durch die Zunge über Veränderungen in der Mundhöhle orientiert, die sie uns, wenn sie von geringer Größe sind, wie mit einem Vergrößerungsglas zeigt, z. B. kleine Fremdkörper, die zwischen den Zähnen stecken bleiben. Das nervöse Centralorgan erhält von ihr über die Konsistenz der Speisen Nachricht. Für das Einspeicheln der Nahrung, die Formung des Bissens und den Schluckakt ist die Zunge nicht minder wichtig. Sie ist bekanntlich der Hauptsitz des Geschmacksorgans.

Skelet-,
Drüsen-
und Muskel-
zunge
Kaum ein Organ unseres Körpers läßt den Aufbau aus ganz heterogenen Komponenten an der verschiedenartigen Innervation so deutlich erkennen wie die Zunge, obgleich sie als Ganzes ein einheitliches Organ ist. Ein Blick auf die historische Entwicklung wird manches wichtige Detail des fertigen Zustandes, welches sonst unverstandener Gedächtnisballast bleibt, als selbstverständliche Folge der Vorgeschichte enthüllen. Wir knüpfen an die frühere Darstellung der Kiemenbogen an, welche uns bei Haifischen ein Spangensystem an den Seiten und am Boden der Mundhöhle kennen lehrte (Bd. I,

Abb. S. 640). Die Schleimhaut ist über dem Zungenbeinbogen und den vordersten Kiemenbögen zu einem Polster emporgehoben (Abb. S. 73), welches durch die hypobranchiale Rumpfmuskulatur erreicht und bewegt wird (die Einwanderung dieser Muskulatur erfolgt in der Richtung der Pfeile, siehe auch Bd. I, S. 186, 645, 718). Diese „Spangen- oder Skeletzunge" der kiemenatmenden Fische und Amphibienlarven arbeitet gegen die schleimhautbedeckte Schädelbasis und kann infolgedessen wie unsere Zunge Bissen nach hinten befördern, aber nur mit unbeholfenen, groben Bewegungen, weil immer der ganze Kiemenapparat in Tätigkeit versetzt werden muß. Bei luftatmenden Landtieren, bei welchen Speicheldrüsen mit klebrigem Sekret in der Schleimhaut entstehen, gibt es zahlreiche Wandlungen dieses Typus. Von manchen Tieren kann die Zunge wegen ihrer besonderen Drüsenfelder wie eine Fliegenklappe benutzt werden: „Drüsen- oder Fangzunge" (z. B. Frosch, S. 59).

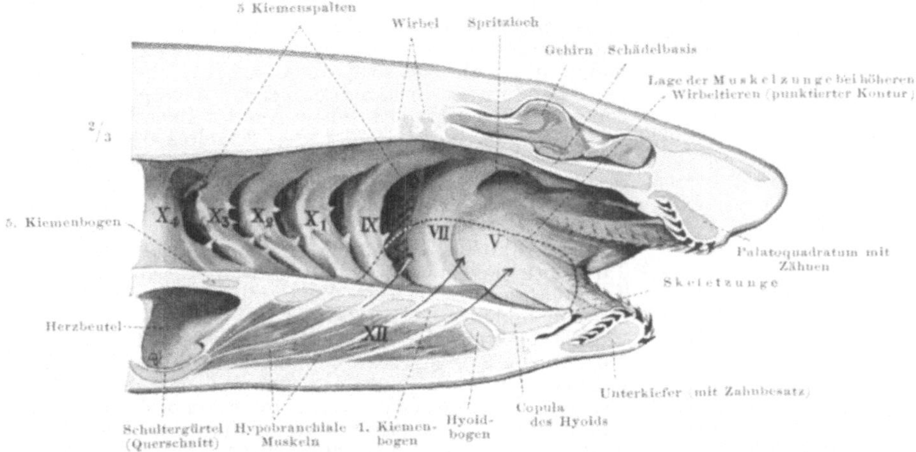

Abb. 44. **Medianschnitt durch einen Haikopf** (Scyllium catulus). Die Schleimhautbedeckung eines jeden Visceralbogens ist mit der Ziffer des Kopfnervs bezeichnet, welcher sie versorgt (siehe Text, auch Tabelle Bd. I, S. 643), ebenso die hypobranchiale Muskulatur. Denkt man sich die Schleimhaut durch einwandernde Muskeln in der Richtung der Pfeile in die Höhe gedrängt, so werden die von den Nerven der Visceralbogen bestimmten Nervenzonen V, VII, IX und X. betroffen. Diese haben wir also auf der **Oberfläche** der Muskelzunge in der genannten Reihenfolge zu erwarten, im **Innern** dagegen nur XII.

Die Muskeln ergreifen von den Amphibien ab in steigendem Maße Besitz von der Schleimhaut und bauen bei den Säugern das voluminöse Organ auf, welches sich auf dem Zungenbein, einem Abkömmling der Skeletspangen, erhebt und mit diesem Sockel zusammen, aber auch in sich allein beweglich ist (Bd. I, Abb. S. 659).

Die hypobranchiale Muskulatur ist eingewanderte Rumpfmuskulatur, sie stammt vom Rectussystem des Halses ab; die Zungenmuskulatur ist die vorderste Spitze dieses Systems und ist infolgedessen von den vordersten Nerven dieser Muskeln versorgt, die als Nervus hypoglossus (XII) in den Schädel eingetreten sind (Bd. I, S. 644). Die gesamte Muskelzunge besteht aus quergestreiften Muskelfasern wie alle Abkömmlinge der Myotome. *Motorische und sensible Innervation, Nervenzonen*

Die ursprüngliche Schleimhaut- oder Drüsenzunge, welche von der Muskulatur in die Höhe gehoben und ausgefüllt wird und welche den neuen Muskelmassen gegenüber nur noch einen relativ dünnen Überzug des definitiven Organs darstellt, bleibt von den regionären Nerven versorgt, welche zu den ursprünglich beteiligten Skeletspangen gehören. Zum Kieferbogen gehört der 3. Ast des N. trigeminus (Vc), zum Zungenbeinbogen der N. facialis (VII), zum 1. Kiemenbogen der N. glossopharyngeus (IX) und zu den folgenden Kiemenbögen der N. vagus (X) (Abb. S. 73; siehe auch Tabelle Bd. I, S. 643 und Abb. Bd. I, S. 640). Die Zunge hat also nicht weniger als fünf verschiedene Nerven, von welchen einer allein, der Hypoglossus, die gesamte Motilität beherrscht, die anderen sämtlich die niederen Empfindungen, wie Tasten, Schmerz, Temperaturgefühl, einzelne von ihnen die höhere Sinnesempfindung des Geschmackes vermitteln, und zwar im wesentlichen in den durch die Entstehungsgeschichte festgelegten Gebieten (Nervenzonen). Bei der Beschreibung des Reliefs der Zungenschleimhaut werden wir auf die Lokalisation der Sinnesempfindungen zurückkommen.

Verwischung der Zonengrenzen, individuelle Entwicklung

In Abb. S. 147 u. Bd. I, S. 640 ist allein der Hauptnervenstamm der Kopfnerven eingetragen. Jeder von ihnen liegt hinter der betreffenden Kiemenspalte, posttrematisch; außerdem gibt es noch bei jedem einen reinen Schleimhautast, welcher vor der betreffenden Kiemenspalte verläuft, prätrematisch. So versorgt also der Facialis nicht nur den Schleimhautüberzug des Zungenbeinbogens (VII, Abb. S. 73), sondern auch das Gebiet am hinteren Rand des Kieferbogens. Gehen die Kiemenspalten und Schlundtaschen spurlos verloren wie das beim Mundboden der Fall ist, so können sich die ehemals, solange jene Hindernisse bestanden, scharf getrennten Nervenzonen nachträglich vermischen. Auf der menschlichen Zunge ist daher vorn das Gebiet des 3. Astes des Trigeminus und des Facialis (Chorda tympani) innig vermengt (Abb. S. 74, N. lingualis). In der individuellen Entwicklungsgeschichte erheben sich auf dem Kieferbogen als Anlagen dieser Partie der Zunge zwei seitliche flache Wülste, welche durch ein anfänglich großes, unpaares Schlundstück, das Tuberculum impar, vereinigt werden (Abb. S. 8). Das Tuberculum impar hilft die Papillae circumvallatae und foliatae bilden (S. 81, 82), der ganze vor den genannten Papillen befindliche Abschnitt der Zunge, der eigentliche Körper, geht dagegen anfänglich vom Material des Kieferbogens, von eben jenen paarigen Wülsten, aus. Jedoch nur das Bindegewebe des Zungenkörpers und große Stücke seiner Schleimhaut sind davon ableitbar; die vom Facialis (Chorda) innervierten Geschmacksorgane auf den Papillae fungiformes (S. 79) und die gesamte vom Nervus hypoglossus versorgte Muskulatur sind später in ihn eingewandert.

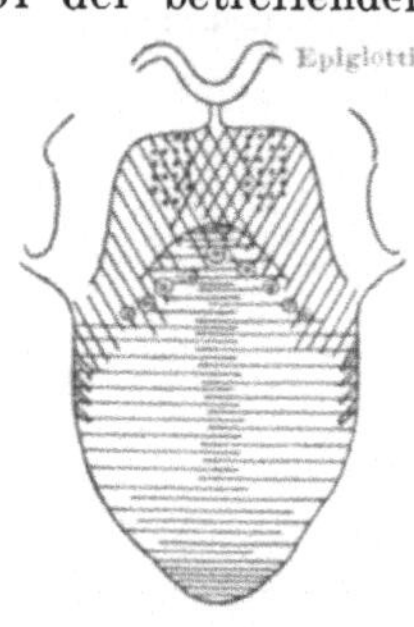

Abb. 45. Sensible Nervenfelder der menschlichen Zunge (nach ZANDER, Anat. Anzeiger, Bd. 4, 1897). Gebiet des Nervus lingualis mit horizontaler Strichelung (im Nervus lingualis steckt ein großer Anteil des N. trigeminus, V c, und ein kleiner des N. facialis, VII, Chorda tympani genannt). Gebiet des N. glossopharyngeus (IX) mit schräger Strichelung. Gebiet des N. laryngeus superior aus dem N. vagus (X) getüpfelt. Die Papillae foliatae sind durch schräge Doppellinien eingetragen; die Papillae circumvallatae durch Doppelkreise; hinter letzteren ist der Sulcus terminalis durch eine ⌒-förmig gebogene Linie angegeben.

Der Nervus glossopharyngeus versorgt posttrematisch den 3. Bogen der Reihe (IX, Abb. S. 73), prätrematisch auch den hinteren Schleimhautrand des Zungenbeinbogens. Seine Verbreitungszone liegt in primitiver Weise auf der menschlichen Zunge hinter der vom Nervus lingualis versorgten Mischzone und bleibt immer ziemlich scharf von ihr getrennt (Abb. S. 74). Auf der Grenze liegen die Papillae circumvallatae und foliatae der menschlichen Zunge. Beim Embryo liegt hier der Vförmige Sulcus terminalis. Da die Geschmacksempfindung der genannten Papillen vom N. glossopharyngeus vermittelt wird, die Papillen selbst aber vom Material des Mandibularbogens abstammen (Tuberculum impar, siehe oben), so haben sich in der schmalen Grenzzone erhebliche Vermischungen der Epithelien vollzogen.

In der individuellen Entwicklung taucht hinter dem Tuberculum impar und Sulcus terminalis ein unpaarer Hügel auf, die Copula. Sie geht hauptsächlich vom zweiten, aber auch zu einem geringen Teil vom dritten Schlundbogenpaar (X I, Abb. S. 73) aus und bildet den Zungengrund. Damit ist die Beteiligung des Vagus an der Innervation der Zunge gegeben. Vagus und Glossopharyngeusanteil der Schleimhaut decken sich völlig an den kleinen Stellen, an welchen es überhaupt Vagusversorgung gibt (Abb. S. 74).

Zahlreiche Überkreuzungen der Nervengebiete zwischen rechts und links kommen zu den geschilderten Mischungen hinzu; sie sind in Abb. S. 74 durch Fortführung der schematischen Linien über die Mittellinie hinaus versinnbildlicht.

Im Sulcus terminalis, zwischen Tuberculum impar und Copula senkt sich beim Embryo die Einstülpung der Glandula thyreoidea in die Tiefe (Abb. S. 114, 115).

In der Ruhe liegt die Zunge so in der Mundhöhle des aufrecht stehenden, geradeaus schauenden Menschen, daß wir an ihrer Oberfläche unterscheiden: 1. eine horizontale, gegen den Gaumen gewendete und bei geöffnetem Mund sichtbare Fläche, Zungenrücken, Dorsum linguae, 2. eine vertikale, gegen die Wirbelsäule gewendete und deshalb nicht ohne weiteres sichtbare

Zungen-
rücken und
Zungen-
wurzel,
Abb. S. 45,
46, b, S. 55,
57, 74, 75,
87, 98

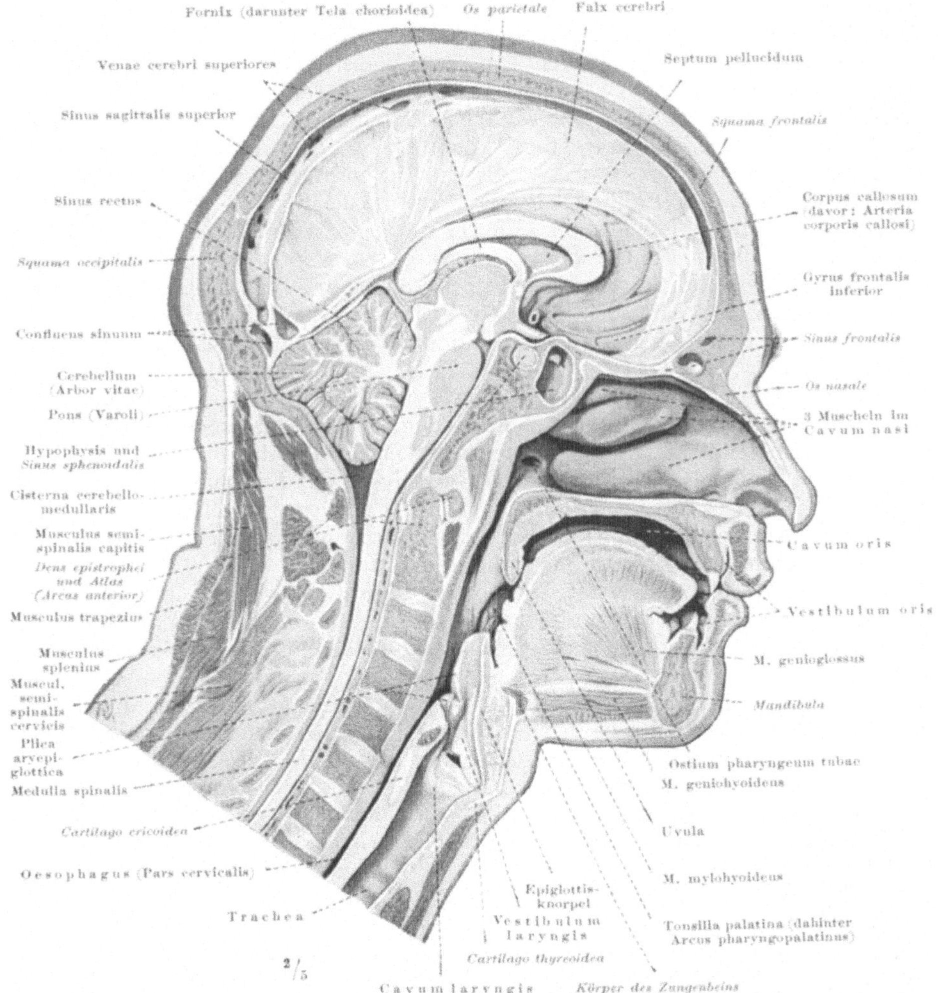

Abb. 46. **Paramedianschnitt durch den Kopf eines erwachsenen Mannes.** Selbstmörder durch Erhängen, die Strangulierung hat das Zungenbein in die Höhe gedrängt: Plica aryepiglottica gefaltet und Kehldeckel eingeknickt. Sonst keine Veränderungen. Der Sägeschnitt ist so geführt, daß die unpaare Falx cerebri unverletzt geblieben ist. Zwischen Kehldeckel und Zungengrund ist die rechte Vallecula sagittal getroffen.

Fläche, Zungenwurzel oder Zungengrund, Radix linguae (Abb. S. 75). Bei herausgestreckter Zunge wird der ganze Rücken sichtbar, aber von der Wurzel sehen wir auch dann nichts. Sie ist in Wirklichkeit recht groß, halb so groß wie der Rücken, aber so sehr im Schlundkopf versteckt, daß der Arzt sie beim Lebenden nur durch einen in den Rachen eingeführten Spiegel betrachten kann, indem er gleichzeitig mit dem Zungenspatel den Zungenrücken kräftig nach unten drückt. Eine Unterlassung dieser Art der Untersuchung kann sich schwer rächen, da ein oberflächlicher Blick in den Mund, selbst bei herausgestreckter Zunge nur etwa $^2/_3$ des Organs zu Gesicht bringt.

Der Rücken ist in der Mitte der Länge nach etwas eingedellt, Sulcus medianus linguae. Die Zunge liegt in der Ruhe dem Gaumengewölbe überall an, nur nicht in dieser Delle (in Abb. S. 57 ist der Abstand größer als im Leben, weil der Tote die Zunge einseitig zwischen die Backenzähne gefaßt und hier eingeklemmt hat); die seichte Rinne dient dem Speichelstrom als dauernde Abflußbahn gegen den Schlund, ein luftleerer Raum besteht nicht. Vertieft sie sich durch die Tätigkeit der Zungenmuskeln, so entsteht hier zuerst ein Saugraum. Der Zungenrücken ist rauh, filzig, weißlich, die Zungenwurzel rosarot, spiegelnd. Auf dem ersteren stehen zahlreiche Papillen, die unten näher beschrieben werden; die letztere ist papillenfrei, aber durch die zahlreichen Lymphbälge, welche zur Tonsilla lingualis zusammengefaßt werden, leicht höckerig (S. 120). Jeder Balg ist in der Mitte nabelartig vertieft. Man sieht mit bloßem Auge die punktförmige Öffnung des Stichkanals, der in ihn hineinführt (Abb. S. 98).

Zwischen dem Zungenrücken und der Zungenwurzel liegt beim Embryo eine tiefe, beim Erwachsenen eben sichtbare V förmige Rinne, Sulcus terminalis, deren Spitze nach hinten gerichtet ist. Unmittelbar vor ihr findet man 7—12 Wallpapillen, Papillae vallatae (Abb. S. 74, 98, 117), in der gleichen V förmigen Anordnung. Hinter derjenigen, welche die Spitze des V bildet, ist eine kleine Stelle des Sulcus terminalis zu einer blind endigenden Schleimhauttasche vertieft, Foramen caecum, welche von der Anlage der Schilddrüse abstammt (Abb. S. 114, 115). Nicht selten ist die hinterste Wallpapille in das Foramen caecum hineingerückt und füllt es aus. Der Sulcus terminalis erreicht seitlich den Zungenrand da, wo der Arcus glossopalatinus nach dem Gaumen zu aufsteigt (Abb. S. 117).

Der Zungenrücken liegt in der Ruhe dem harten und einem Teil des weichen Gaumens an, die Zungenwurzel legt sich oben an den weichen Gaumen, seitlich an die Gaumentonsillen an und schaut nach hinten gegen die Hinterwand des Rachens und die Vorderwand des Kehldeckels (Abb. S. 75). Zum Kehldeckel gehen drei Falten, die unpaare Plica glossoepiglottica mediana (Abb. S. 74) und die paarigen Plicae glossoepiglotticae laterales. Zwischen ihnen senkt sich die Schleimhaut zu den beiden Valleculae epiglotticae ein (Abb. S. 75, 98). Je nach der Stellung der Zungenwurzel und des Kehldeckels kann diese Stelle der Schleimhaut zu- und nachgeben; die Valleculae wechseln dabei ihre Tiefe.

Der Winkel zwischen den beiden Schenkeln des V beträgt im Durchschnitt 115°. An das V kann sich ein senkrechter Schenkel anschließen; dann nehmen die Wallpapillen Y-Form an. In diesem Fall kann die hinterste Papille das Foramen caecum erreichen. Ebenso wenn sich die V förmige Partie des Y so stark abflacht, daß aus dem Y ein T wird. Bei Japanern überwiegt die Y-Stellung.

Je nach der Länge und Ausbildung der Papillen und der Schleimhaut im ganzen sieht der Zungenrücken bei verschiedenen Individuen verschieden grau oder weiß, rein oder „belegt", feucht oder trocken und borkig, auch rissig aus. Die Lebensweise, z. B. das Rauchen, hinterläßt hier ihre Spuren. Bei Krankheiten des Mundes, Rachens und Magens oder bei fieberhaften Allgemeinerkrankungen unterscheiden sich die genannten Charakteristica bei dem gleichen Individuum oft sehr deutlich von dem in der Norm üblichen Verhalten. Die Venen am Zungengrund können in pathologischen Fällen varicenartig erweitert und sehr deutlich sichtbar sein (Anzeichen eines Herzfehlers, einer Leber- oder Lungenerkrankung). Nicht ohne Grund war das Betrachten der Zunge in der älteren Medizin eines der ersten diagnostischen Hilfsmittel und ist auch heute noch wichtig, zumal bei Zuhilfenahme des Schlundspiegels; die direkte Untersuchung der übrigen Organe ist aber nicht minder notwendig.

<table>
<tr><td>Unter-
fläche,
Ränder
und Spitze,
Abb. a,
S. 55, 68, 87</td><td>Die Unterfläche der Zunge, Facies inferior, ist gegen den Zungenrücken durch den Zungenrand, Margo lateralis linguae, und die Zungenspitze, Apex linguae, begrenzt. Sie ist viel kleiner als der Rücken. Etwa das hintere Drittel des letzteren und die ganze Zungenwurzel werden als Basis der Zunge</td></tr>
</table>

bezeichnet. Sie ist mit dem Mundboden in kontinuierlichem Zusammenhang. Ist die Basis unverhältnismäßig groß und reicht sie weiter als gewöhnlich nach vorn, so ist nicht nur die freie Zungenspitze entsprechend kleiner und weniger frei beweglich, sondern die Zunge im ganzen ist in ihrer Beweglichkeit eingeschränkt. Für die vorteilhafteste akustische Wirkung der im Kehlkopf erzeugten Töne beim Sprechen und Singen, den Tonansatz, ist das wenig günstig. Flache, dünne Zungen sind beweglicher als dicke, stark gewölbte Zungen.

Die Schleimhaut der Zungenunterfläche ist besonders dünn und zart. Sie sieht rosafarben aus und läßt auf beiden Seiten der Mittellinie die tiefe Zungenvene bläulich durchschimmern. In der Mittellinie selbst erhebt sie sich zu einer Falte, dem Zungenbändchen, Frenulum linguae, welches zwischen den beiden Carunculae salivales des Mundbodens inseriert (Abb. a, S. 55). Außen von den durchschimmernden Venen ist besonders bei Kindern, aber auch bei vielen Erwachsenen jederseits eine gelappte Längsfalte vorhanden, Plica fimbriata, welche dem Zungenrand parallel verläuft, oft aber nur durch kleine warzenförmige Reste ein- oder beiderseitig angedeutet ist, falls sie nicht ganz fehlt. Über die Papilla foliata am Zungenrand siehe S. 81.

Die Plica fimbriata ist ein Rest der Unterzunge; sie ist besonders mächtig bei Halbaffen (Lemuren) ausgebildet als eine genetisch und physiologisch wenig aufgeklärte dünne, häutige Zunge, welche vermutlich als ehemaliger Vorläufer der Muskelzunge mit ihr die Basis gemeinsam hat. Die Plica fimbriata kann auch beim Menschen sehr groß sein.

Das Zungenbändchen ist manchmal sehr kurz und verhindert dann, daß die Zungenspitze beim Vorstrecken der Zunge mitgeht. Die Zunge quillt vielmehr wulstförmig aus dem Mund vor. In diesem Fall hilft operatives „Lösen des Zungenbändchens". Doch ist der Volksmund geneigt, alle möglichen Sprechfehler mit dem Zungenbändchen in Beziehung zu setzen, mit welchen es gar nichts zu tun hat. Selbst für sprechende Vögel (Papageien, Raben) wird das Lösen des Zungenbändchens angewendet, eine sinnlose Tierquälerei. Das normale Zungenbändchen schränkt vor allem eine übermäßige Bewegung der Zungenspitze nach hinten ein, hemmt also das Verschlucken der eigenen Zunge, ehe ihre Basis als letztes Hindernis voll eingreift. Sein Fehlen ist jedoch ohne merkbaren Einfluß, da offenbar die Befestigung der Basis Hindernis genug ist.

Das Epithel der Schleimhaut ist wie in der ganzen Mundhöhle mehrschichtiges Plattenepithel. Es ist an der Unterfläche der Zunge und an der Zungenwurzel glatt und unverhornt, auf den Fadenpapillen des Zungenrückens (siehe unten) stark verhornt, sonst dort auch wenig oder unverhornt. In die Unterfläche des Epithels springen überall Bindegewebspapillen der Lamina propria mucosae vor wie allenthalben in der Schleimhaut der Mundhöhle und in der äußeren Haut. Diese sind mikroskopisch klein und dürfen nicht mit den mit bloßem Auge sichtbaren großen Zungenpapillen verwechselt werden, welche nur auf dem Zungenrücken vorkommen (siehe unten). Die Sehnen der Zungenmuskeln sind am Bindegewebe der Schleimhaut angeheftet. Die Submucosa ist deshalb besonders derb; sie heißt Fascia, richtiger Aponeurosis linguae (Abb. S. 89). Da die Sehnen zum Unterschied von allen übrigen Sehnen des Körpers reich an elastischen Fasern sind, so werden brüske Kontraktionen gebremst; die Übertragung auf die Schleimhaut ist derart, daß flache Dellen, keine circumscripte Grübchen wie etwa an manchen Stellen der Gesichtshaut entstehen (Kinn- oder Lachgrübchen).

Struktur
der
Zungen-
schleim-
haut

Infolge der Sehnenbefestigungen ist die Schleimhaut gegen die Muskulatur sehr wenig verschieblich. Beweis dafür sind Eiteransammlungen zwischen beiden, welche das Symptom der Fluktuation, das sonst für Abscesse charakteristisch ist, vermissen lassen. Eine Verwechslung mit einem soliden Tumor (Krebs) ist deshalb an der Zunge eher möglich als sonst.

Die spezifischen Papillen der Zunge, Papillae linguales, unterscheiden sich von den mikroskopischen Papillen der Lamina propria außer durch ihre

Papillen-
stöcke im
allgemeinen

Größe und ihre Lage (siehe oben) ganz wesentlich durch den ganzen Aufbau. Es sind **Papillenstöcke**, d. h. Kolonien von vielen kleinen Einzelpapillen, welche außerordentlich lang und miteinander zu einem Bündel vereinigt sind. Bei den Fadenpapillen des Menschen sieht man oft, daß jeder kleinen Einzelpapille eine verhornte, fadenförmige Verlängerung des Epithels entspricht (Abb. S. 79, beispielsweise rechts bei der Beschriftung „Einzelpapillen" die mit dem oberen Verweisungsstrich bezeichnete Papille). Man denke sich eine Gruppe solcher verlängerter Papillen auf einem gemeinsamen Sockel aus dem übrigen Niveau der Schleimhaut emporgehoben, so entsteht der Papillenstock, die spezifische Zungenpapille. Bei der Zunge des Embryo sind die Stöcke besonders deutlich, weil dort nur die großen, sockelförmigen Erhebungen, aber noch nicht die kleinen Papillen der Lamina propria vorhanden sind. Sämtliche Papillenstöcke sind Erhebungen einer Stelle der Schleimhaut im ganzen (Lamina propria plus Epithel); außer bei den Papillae filiformes und kleinen wechselnden Aufsätzen der übrigen Papillenstöcke ist die Oberfläche im allgemeinen durch das Epithel zu einer glatten Fläche eingeebnet (z. B. die Papilla vallata in Abb. S. 81).

An entwicklungsgeschichtliche Bilder knüpft eine sehr unglückliche Bezeichnungsweise der Papillen an: die spezifischen Papillenstöcke der Zunge heißen danach primäre, die ihnen und der ganzen übrigen Mundschleimhaut eingelagerten kleinen Papillen sekundäre, weil erstere in der Ontogenese zuerst da sind. Aber der Papillenbesatz der Lamina propria der meisten mehrschichtigen Plattenepithelien ist gerade eine „primäre" Erscheinung, welche für die Ernährung und Befestigung des Epithels notwendig ist (S. 19); der Papillenstock des Zungenrückens dagegen ist eine spezielle Anpassung der Zunge an ihre mechanischen und gustatorischen Aufgaben, wie die folgende Beschreibung der einzelnen Stockarten ergeben wird, also etwas „Sekundäres". Man könnte deshalb mit mehr Recht die Bezeichnungen gerade umgekehrt gebrauchen. Am besten ist es, ganz darauf zu verzichten.

Papillae
filiformes Die **Fadenpapillen**, **Papillae filiformes**, sind die häufigste und kleinste Sorte. Sie stehen überall auf dem Zungenrücken gleich dicht und geben ihm das samtartige Aussehen. Die feinen verhornten Fortsätze stehen, wenn sie gut ausgebildet sind, im Kranz am Rande des Papillenstockes wie die pfriemenförmigen Kelchblätter einer Rosenknospe (Abb. S. 79). Sie sind häufiger bei der menschlichen Zunge sehr unvollständig ausgebildet, ragen nur wenig vor, ja fehlen nicht selten ganz. Statt dessen kann dem Papillenstock mit seinen zahlreichen kleinen Papillen im Innern äußerlich ein einziger Hornkegel aufsitzen, dessen Spitze hakenförmig nach dem Schlund zu gerichtet ist (**Papilla conica**, Abb. S. 81). Die fadenförmigen Anhänge sind Aufpinselungen der einheitlichen konischen Kappe. Die verhornten Zellen haben wie überall in der Mundhöhle Kerne. Die Fadenpapillen sind der Lieblingssitz des Myceliums eines im Munde schmarotzenden Pilzes, das sie umspinnt (**Leptothrix buccalis**).

Besser als beim Menschen kann man bei Raubtieren und Wiederkäuern die biologische Bedeutung dieser Papillenart erkennen, da sie bei diesen zu höherer Vollendung entwickelt ist. Die kaudale Seite des Stockes läuft dort zu einem starken, kernfreien Hornhaken aus, welcher auf der stärker beanspruchten konkaven Seite einen dickeren Hornmantel hat als auf der konvexen Seite; letztere ist durch ein Zellpolster des vorderen Abschnittes gestützt (Abb. S. 79). Fährt man mit der Fingerkuppe über die Zunge einer Katze von hinten nach vorn, so fühlt man wie bei einem Reibeisen tausende solcher Häkchen, welche einen beträchtlichen Druck aushalten. In der anderen Richtung fühlt sich die Zunge glatt an. Die Katze vermag mit dieser Ausstattung ihres Zungenrückens die letzten Fleischfäserchen von einem Knochen abzuraspeln und ihn blank zu scheuern; den Wiederkäuern dient sie zum Salzlecken und zum Ergreifen der Pflanzen, was bei ihnen mit der Zunge und nicht mit den Lippen geschieht.

Vielerlei andere rein mechanische Aufgaben werden je nach der Lebensweise der Tiere von den Fadenpapillen ausgeübt. Beim Menschen wird durch sie der Reibekontakt beim Lecken verstärkt und beim Kauen ein Zurückrutschen

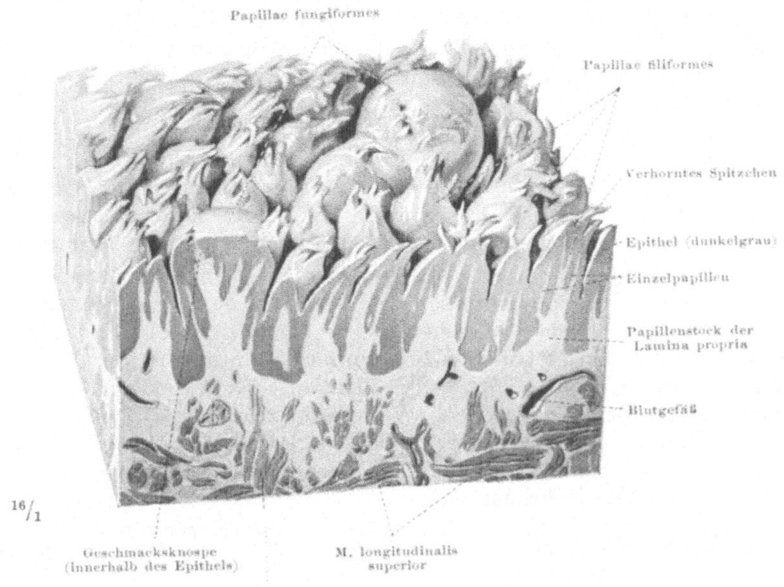

Abb. 47. **Oberfläche des Zungenrückens bei starker Vergrößerung.** Kombination aus der Betrachtung mit dem binokularen Mikroskop und von Schnittbildern. Die vordere Schnittfläche entspricht der Längsrichtung der Zunge, links vom Beschauer läge die Zungenspitze, rechts der Zungengrund.

feiner Nahrungspartikelchen nach der Mundöffnung verhindert. Denn die Hornfäden sind nach hinten gerichtet und federn in diese Lage zurück, wenn man sie gewaltsam umlegt. Der Reichtum an elastischen Fasern im Bindegewebe des Papillenstockes mag dazu mitbeitragen. Die Papillae filiformes sind die einzigen Zungenpapillen, welche keine Geschmacksfunktion haben.

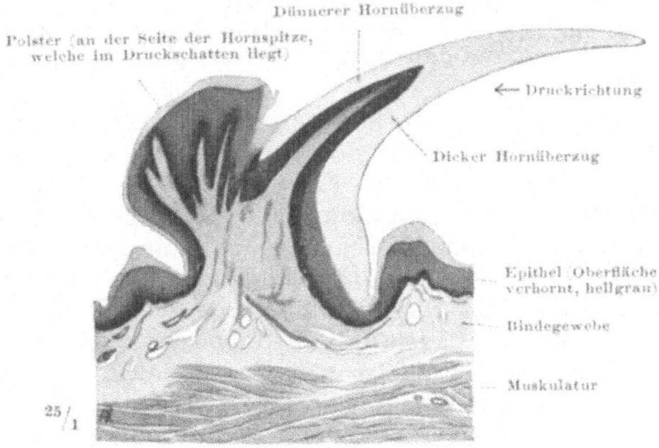

Abb. 48. **Papilla filiformis, Katze.** Stellung wie in Abb. 47.

Der „Belag" der Zunge hängt in der Norm vom Reichtum der Fadenpapillen an Hornspitzchen ab, welche weißlich schimmern, besonders wenn sie mit Fadenpilzen umsponnen sind. Der „Belag" ist am Morgen nach der Nachtruhe am deutlichsten, nach Mahlzeiten durch Selbstreinigung der Zunge am geringsten. Er schwankt individuell je nach Alter, Kräftezustand und Geschlecht (S. 76).

Die Pilzpapillen, **Papillae fungiformes,** sind größer als die vorigen und weniger zahlreich. Sie stehen immer einzeln, und zwar hauptsächlich an der Spitze und an den Rändern der Zunge, sind aber auch in unregelmäßigen

Abständen über dem Rücken verstreut (Abb. b, S. 55). Beim Lebenden fallen die
Pilzpapillen meistens durch ihre himbeerrote Farbe auf, während die Fadenpapillen weißlich aussehen. Darin äußert sich der verschieden starke Horn-
belag beider Arten. Denn die Gefäßschlingen, deren rote Farbe im ersten Fall
durchschimmert, sind in beiden gleich reichlich. Die Pilzpapillen ragen verschieden hoch über die Zungenoberfläche hinaus, haben die Form eines geschlossenen Champignons und tragen danach ihren Namen (Abb. S. 79). Sie können
aber auch keulenförmig bis konisch geformt sein. Gewöhnlich ist die Oberfläche
mit platten, wenig verhornten Zellen ausgeglättet, welche das Relief der kleinen
Papillen der Lamina propria im Innern ausgleichen; aber bei der menschlichen
Zunge kommen nicht selten fadenförmige Fortsetzungen der Oberfläche vor
wie bei den Fadenpapillen. Bei manchen Individuen kann auf Schnitten durch
die Zunge die Unterscheidung beider Arten voneinander sehr schwer sein.

Auf den Pilzpapillen befinden sich vereinzelt Geschmacksknospen, mikroskopisch kleine, epitheliale Organe, welche die Übertragung des Schmeckreizes
auf den Geschmacksnerv vollziehen (siehe Sinnesorgane). Sie sitzen auf der
Oberfläche des Pilzhutes (Abb. S. 79, vordere Schnittfläche) und werden daher
nur flüchtig erregt, wenn die zu schmeckenden Substanzen, z. B. Flüssigkeiten,
schnell über die Zunge weggleiten. Weinkoster und Feinschmecker pflegen deshalb eine Probe auf dem Zungenrücken hin und her zu rollen. Neben der
gustatorischen Aufgabe ist vielleicht eine Beziehung zum Tastgefühl vorhanden
(wie mikroskopische Spürhaare).

Der Geschmacksnerv für die Pilzpapillen ist der Nervus lingualis, speziell die
ihm eingelagerten Fasern der Chorda tympani des N. facialis (VII). Der N. trigeminus
(V c) ist nicht Geschmacksnerv, sondern vermittelt Tast-, Schmerz-, Temperatur-
empfindungen usw. — Die Empfindlichkeit für die einzelnen Geschmacksarten
ist auf der Zunge unregelmäßig verteilt. Man hat das Schmeckvermögen einzelner
Pilzpapillen beim Menschen mittels Zucker (süß), Chinin (bitter) und Weinsäure
(sauer) geprüft und gefunden, daß die einen nur auf Zucker ansprechen, die anderen
auf Weinsäure, andere auf zwei der genannten Stoffe, wieder andere auf gar keinen.
Auf salzige Stoffe reagieren sie gleichmäßiger. Danach sind für die verschiedenen
Geschmacksfunktionen verschiedene anatomische Organe anzunehmen; ob aber
die einzelnen Geschmacksknospen verschieden sind oder ob andere Stellen des Epithels
Schmeckvermögen besitzen, wissen wir nicht.

Beim Kind sind gewöhnlich die Pilzpapillen zahlreicher als beim Erwachsenen.
Man nimmt an, daß ihre Funktion später zum Teil von den Wallpapillen übernommen wird.

Papillae
vallatae

Die Wallpapillen, Papillae vallatae (s. circumvallatae) sind beim
Menschen die größten, mit bloßem Auge am besten erkennbaren, aber an Zahl
spärlichsten von allen. Es gibt ihrer 7—12, die in der früher beschriebenen
Anordnung dicht vor dem Sulcus terminalis in einer Reihe stehen (Abb. S. 74).
Sie können beim Menschen rudimentär zerklüftet und wenig charakteristisch
geformt sein. Gut ausgebildete Exemplare sind breite, cylindrische Zapfen, die
meistens an der Kuppe breiter ausladen als am Stiel (Abb. S. 81). Der ganze
Papillenstock ragt weniger wie die bisher beschriebenen Formen über die Zungenoberfläche empor; er ist meistens so tief in die Schleimhaut versenkt, daß die
Oberfläche der Papille mit der Zungenoberfläche fast in das gleiche Niveau
zu liegen kommt. Infolgedessen läuft um die ganze Papille ein enger Ringgraben herum. Ein Modell einer Wallpapille kann man sich herstellen, wenn
man den Rand eines Glasrohres in die Haut des eigenen Handrückens eindrückt:
der entstehende Ring entspricht dem Ringgraben und die gleichsam umstochene
Hautscheibe entspricht der Wallpapille selbst. Sie ist in besonders hohem
Grad gustatorisch, aber gar nicht mechanisch wichtig. Die Geschmacksknospen
sind viel zahlreicher als bei den Pilzpapillen und werden außerdem viel nach-
haltiger erregt, weil sie zu beiden Seiten des Ringgrabens auf den einander

zugewendeten Seiten der Papille und des Außenwalles, aber nicht auf der Kuppe der Papille, lokalisiert sind (Abb. Nr. 49, vordere Schnittfläche). Flüssigkeiten, welche als solche genossen oder beim Kauen aus den Speisen ausgepreßt werden, dringen in den Ringgraben ein und wirken ganz anders als bei der flüchtigen Berührung, welche sie im Hinweggleiten über die Pilzpapillen ausüben.

Der Geschmacksnerv ist der Nervus glossopharyngeus (IX).

Die Blätterpapillen, Papillae foliatae, sind bei manchen Tieren die größte Sorte von allen. Bei Nagetieren besteht jederseits am hinteren Zungen-

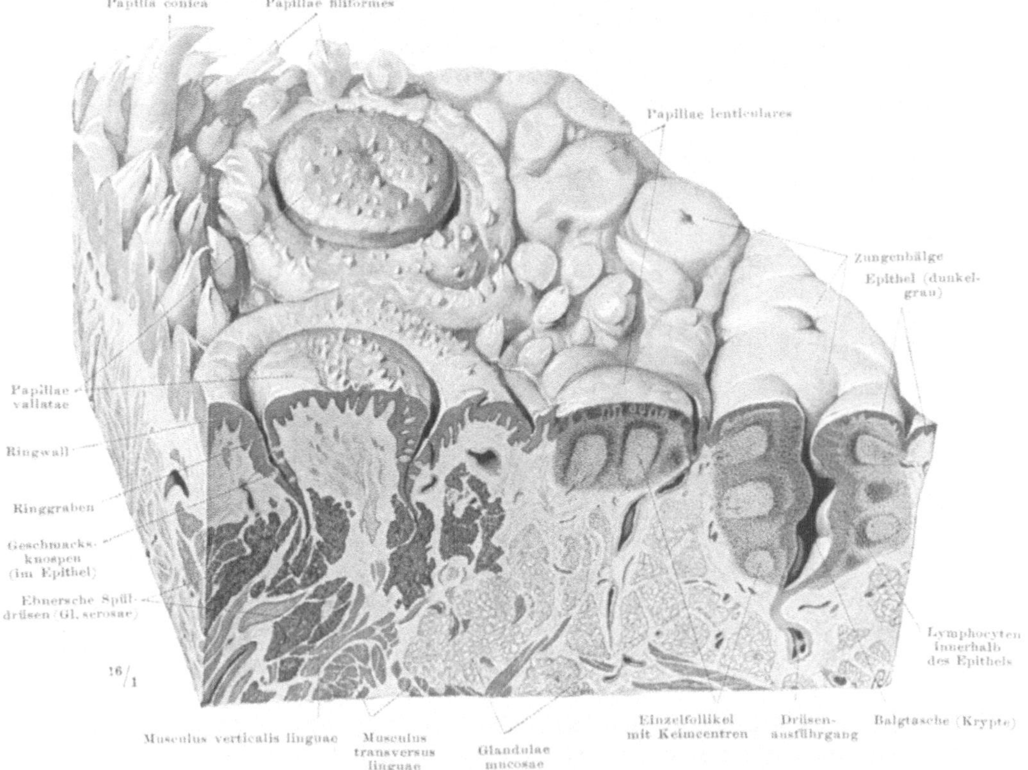

Abb. 49. Oberfläche der Zunge an der Grenze zwischen Zungenrücken und Zungengrund. Art der Darstellung und Richtung wie in Abb. S. 79.

rand ein scharf umschriebenes ovales Feld, welches durch senkrecht von oben nach unten verlaufende parallele Gräben durchfurcht ist. Auf dem Schnitt, welcher diese Gräben quer trifft, hat man den Eindruck zahlreicher Wallpapillen mit gemeinsamen Gräben (Abb. S. 82). Die Geschmacksknospen stehen wie dort im Epithel der Grabenseitenwände. Aber plastisch gedacht sind es eben keine Ringgräben, sondern fortlaufende gerade Rinnen, welche einen viel größeren Raum bestreichen. Danach kann man sich eine Vorstellung von der außerordentlich großen Zahl von Geschmacksknospen machen, welche hier in günstigster Lage in den Gräben vereinigt sind. Außerdem liegt die Papille im ganzen sehr nahe den Molaren, welche die Nahrung zerreiben und dabei die schmeckbaren Substanzen der Pflanzen entbinden.

Beim Menschen ist der Bau prinzipiell gleich, doch sind am Zungenrand vom Arcus glossopalatinus ab bis gegen die Spitze der Zunge hin zahlreiche

senkrechte Rinnen vorhanden, ohne distinkte Abgrenzung eines Feldes wie
bei Nagern und bei vielen anderen Säugetieren (Abb. S. 68, 87). Nur durch die
mikroskopische Untersuchung läßt sich im Einzelfall feststellen, welche dieser
Rinnen Geschmacksknospen beherbergen. Es sind ihrer nur wenige. Am
häufigsten finden sich solche in den hinteren Rinnen neben den Molaren, welche
auch äußerlich am ausgeprägtesten sein können.

Der Geschmacksnerv ist wie bei den Wallpapillen der N. glossopharyngeus (IX).

Die Zungendrüsen Die Glandulae linguales zerfallen der Qualität ihres Sekretes nach in rein
seröse, rein muköse und gemischte Drüsen (S. 63), ihrer Lage nach in vordere,
seitliche und hintere Zungendrüsen (S. 60). Rein seröse Zungendrüsen
finden sich nur in der unmittelbaren Nachbarschaft der Wall- und Blätterpapillen (Abb. S. 81, 82). Sie münden im Grund des Ring- bzw. Parallelgrabens.
Das dünnflüssige Sekret, in größerer Menge entleert, verdünnt den Inhalt des

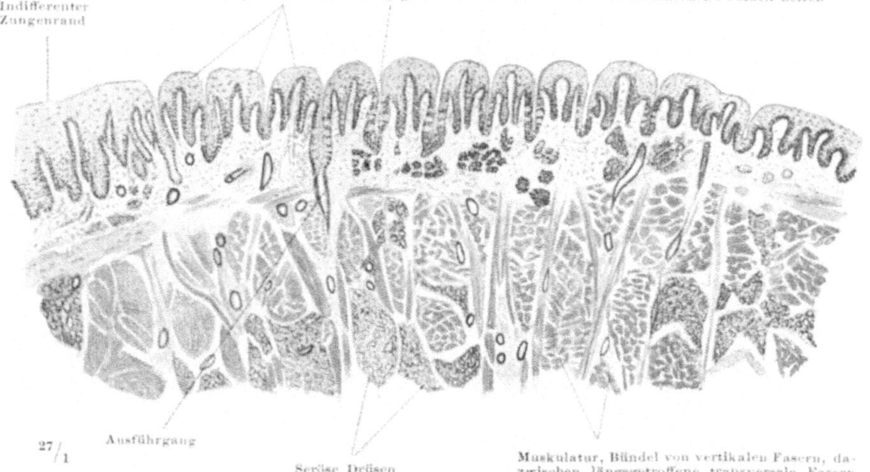

Abb. 50. Papilla foliata, Kaninchen. Querschnitt durch die Papillenblätter, d. h. Zunge parallel zur
Rückenfläche geschnitten (vgl. mit Abb. S. 87).

Grabens, nachdem der Schmeckakt vollzogen ist; der Verdünnungsspeichel
tritt hier besonders anschaulich als Regulator des normalen Geschehens unter
der Leitung des Centralnervensystems auf: in der ersten Phase sammeln die
leeren Gräben die geschmackreizenden Substanzen auf und erhöhen dadurch
die Reizdauer, so daß so eventuell erst die Reizschwelle überschritten werden
kann, in der zweiten Phase werden die Gräben ausgeschwemmt, um neuen
Geschmacksreizen offen zu stehen. Die rein serösen Drüsen der Zunge heißen
deshalb: Spüldrüsen (EBNERsche Drüsen).

Zwischen den Drüsenläppchen liegen regelmäßig viele quergestreifte Muskelfasern der Zunge (Abb. S. 82), vielfach auch Bündel glatter Muskelzellen, welche den
Austritt des Sekrets beschleunigen. Züge von glatten Muskelzellen, welche in dem
Bindegewebe der Papilla vallata in die Höhe steigen, komprimieren die Papille im
ganzen, verengern dadurch wahrscheinlich den Ringgraben und helfen ihn entleeren.

Die rein mukösen Drüsen der Zunge sind als Glandulae linguales
posteriores et laterales auf dem ganzen Zungengrund, am hinteren
Zungenrand, auch in kleinen Bezirken unmittelbar vor den Papillae vallatae
zu finden (Abb. S. 89). Nicht selten münden am Zungengrund Ausführgänge
dieser Drüsen in die Höhlen der Zungenbälge (Abb. S. 81, vordere Schnittfläche
rechts).

Die einzige gemischte Drüse der Zunge ist ein Paket von Läppchen, welches mehr oder minder geschlossen jederseits innerhalb des Muskelfleisches der Zungenspitze anzutreffen ist: BLANDIN-NUHNsche Drüse, Glandula lingualis anterior (Abb. S. 68). Sie hat mehrere Ausführgänge, welche auf der Unterfläche der Zunge an der Plica fimbriata münden.

Kopfdarmmuskeln.

Ursprung = o (origo); Insertion = i (insertio).

I. Zungenmuskeln.

A. Außenmuskeln.

1. M. genioglossus (S. 86).
   o: oberer Höcker der Spina mentalis mandibulae; medianes, an die Spina angeheftetes Sehnenblatt.
   i: Aponeurosis linguae von der Spitze bis zur Wurzel der Zunge, auch zum Zungenbein und Kehldeckel (M. glossoepiglotticus).

2. M. hyoglossus (S. 87).
   o: ganze Länge des großen Zungenbeinhorns und anschließender lateraler Teil des Zungenbeinkörpers.
   i: Aponeurosis linguae von der Wurzel bis zur Spitze der Zunge, vom vorigen durch den M. longitudinalis inferior (Nr. 6) geschieden.

3. M. chondroglossus (S. 88).
   o: mediale Fläche des kleinen Zungenbeinhorns (kann auf das Lig. stylohyoideum fortgesetzt sein).
   i: Aponeurosis linguae des Zungenrückens, bedeckt vom M. longitudinalis superior (Nr. 5).

4. M. styloglossus (S. 88).
   o: vordere Kante des Processus styloides (kann auf Lig. stylohyoideum und Lig. stylomandibulare fortgesetzt sein).
   i: Seitenrand der Zunge vom hinteren Gaumenbogen bis zur Spitze, wo die beiden Partner zusammenfließen.

B. Binnenmuskeln.

5. M. longitudinalis superior (S. 89).
   o und i: an der Aponeurosis linguae, liegt an der Oberfläche und an den Seitenrändern des Zungenrückens zunächst der Schleimhaut.

6. M. longitudinalis inferior (S. 90).
   o und i: im Fleischkörper der Zunge, liegt hinten zwischen M. hyoglossus und genioglossus, vorn zwischen M. styloglossus und M. genioglossus.

7. M. transversus linguae (S. 90).
   o und i: Aponeurosis des Zungenrückens und der freien Unterfläche der Zunge. Durch eine Zwischensehne, Septum linguae, median geteilt.

8. M. verticalis linguae (S. 90).
   o und i: Aponeurosis des Zungenrückens und der freien Unterfläche der Zunge. Er ist an den Rändern der Zunge und in der Zungenspitze am besten entwickelt.

II. Gaumenmuskeln.

9. M. tensor veli palatini (S. 91; nach Ursprung und Ansatz auch M. sphenosalpingostaphylinus genannt).
   o: Fossa scaphoidea des Keilbeins (auf der Hinterseite der medialen Lamelle des Proc. pterygoideus), Hinterrand der Unterseite des großen Keilbeinflügels bis zur Spina angularis (oder sogar bis zur angrenzenden Partie des Felsenbeins), Außenfläche der Tuba auditiva (Eustachii), speziell des membranösen Teils der letzteren.
   i: Aponeurosis palatina und durch deren Vermittlung am hinteren Rand des harten Gaumens (Pars horizontalis ossis palatini). Als Hypomochlion für die Sehne dient der Hamulus pterygoideus des Keilbeins.

10. M. levator veli palatini (S. 93; nach Ursprung und Ansatz auch M. petrosalpingostaphylinus genannt).
    o: Rauhigkeit auf der Unterfläche der Felsenbeinpyramide, nach vorn vom Canalis caroticus, auf der Innen- und Unterfläche der Tuba auditiva (Eustachii), speziell des knorpligen Teils der letzteren.
    i: Aponeurosis palatina und Durchflechtung mit Fasern des Partners in der Mittellinie des Gaumens.

11. M. uvulae (S. 95; nach Ursprung und Ansatz auch M. palatostaphylinus
   genannt).
   o: Aponeurosis palatina nahe der Spina nasalis posterior (zur Pars horizontalis
    ossis palatini gehörig).
   i: Schleimhaut an der Spitze des Zäpfchens.
12. M. glossopalatinus (S. 95).
   o: aus Bündeln des Transversus linguae (Nr. 7).
   i: Aponeurosis palatina (vermischt mit Bündeln des Levator, Nr. 10) und Durch-
    flechtung mit Fasern des Partners in der Mittellinie des Gaumens.
13. M. pharyngopalatinus (S. 95).
   o: dorsale Wand des Pharynx, hinterer Rand des Schildknorpels (Kehlkopf).
   i: Aponeurosis palatina und Durchflechtung mit Fasern des Partners in der
    Mittellinie der Hinterwand des Gaumensegels (Fasern von der Tube heißen:
    M. salpingopharyngeus).

III. Rachenmuskeln.

 A. Ringmuskeln, Constrictores pharyngis (Schlundschnürer).
   14. M. constrictor pharyngis superior (S. 101; nach Ursprung und Insertion auch
     „M. cephalopharyngeus" genannt).
     o: a) Felsenbeinpyramide, inkonstant („M. petropharyngeus"); b) unteres
      Drittel des Hinterrandes der Lamina medialis des Processus pterygoideus
      und Hamulus pterygoideus des Keilbeins („Pterygopharyngeus");
      c) Spitze der medialen, knorpligen Wand der Tube, inkonstant („Salpingo-
      pharyngeus"); d) Raphe pterygomandibularis und über diese hinweg
      sekundär verflochten mit Fasern des M. buccinator („Buccopharyngeus");
      e) hinteres Ende der Linea mylohyoidea an der Innenseite des Unterkiefers
      („M. mylopharyngeus"); f) aus dem M. transversus linguae und von der
      Mundschleimhaut („M. glossopharyngeus").
     i: Raphe pharyngis, bis in die Nähe oder an das Tuberculum pharyngeum
      des Hinterhauptsbeines hinaufreichend.
   15. M. constrictor pharyngis medius (S. 102; nach Ursprung und Insertion auch
     M. hyopharyngeus genannt).
     o: a) kleines Zungenbeinhorn und angrenzende Partie des Lig. stylohyoideum
      („M. chondropharyngeus"); b) oberer Rand und besonders der Knopf
      am Ende des großen Zungenbeinhorns („Keratopharyngeus").
     i: Raphe pharyngis (mittlere $^2/_3$ der Gesamtlänge).
   16. M. constrictor pharyngis inferior (S. 102; nach Ursprung und Insertion auch
     M. „laryngopharyngeus" genannt).
     o: a) Linea obliqua und Cornu inferius der Außenseite des Schildknorpels
      (M. „thyreopharyngeus"); b) hinterer Abschnitt der Seitenfläche des
      Ringknorpels und sehnige Brücke zwischen Schild- und Ringknorpel (M.
      „cricopharyngeus"); c) Seitenfläche des 1. Trachealringes, inkonstant
      („Tracheopharyngeus").
     i: Raphe pharyngis (fast die ganze Länge), Rückwand der Speiseröhre.
 B. Längsmuskeln, Levatores pharyngis.
   17. M. stylopharyngeus (S. 102).
     o: hinterer Rand des Griffelfortsatzes des Schläfenbeins, nach dessen Basis zu.
     i: strahlt zwischen Constr. phar. sup. und medius in die Pharynxwand ein und
      endet teils in deren Tela submucosa (Fascia pharyngobasilaris), teils am
      oberen und hinteren Rand des Schildknorpels (M. stylolaryngeus).
   18. M. pharyngopalatinus und M. salpingopharyngeus (S. 95; siehe oben Nr. 13).

IV. Kehlkopfmuskeln.

 A. Äußere Muskeln (Sphincter pharyngolaryngeus).
   19. M. cricothyreoideus (S. 165).
     o: Außenfläche der Spange des Ringknorpels, vorn und seitlich.
     i: Unterrand des Schildknorpels innen und außen an der Seitenplatte und am
      unteren Horn (nicht an der medianen Einkerbung). Varietäten: in etwa der
      Hälfte der Fälle zerfällt der Muskel sekundär mehr oder weniger deut-
      lich in einen M. rectus und M. obliquus; Aberrationen auf die Luftröhre
      und Schilddrüse (M. levator glandulae thyreoideae profundus), alte Zu-
      sammenhänge mit dem gegenseitigen Muskel und mit dem M. constrictor
      pharyngis inferior, neue Verschmelzungen mit infrahyalen Muskeln des
      Halses und inneren Kehlkopfmuskeln kommen vor. Manchmal wird als Rest
      des äußeren Sphincters der sonst beim Menschen fehlende M. thyreoideus
      transversus beobachtet.

B. Innere Muskeln (Sphincter laryngeus).
  20. M. cricoarytaenoideus posterior (S. 163).
      o: untere Hälfte der Hinterfläche der Ringknorpelplatte, angrenzend an die
         mediane Leiste der Platte. Die Ursprungsfläche ist vertieft.
      i: hinterer und lateraler Rand des Proc. muscularis des Stellknorpels. Varie-
         täten: In etwa 25% der Fälle besteht ein M. cricoceratoideus posterior,
         vom Ringknorpel zum unteren Horn des Schildknorpels; sehr selten und
         meistens einseitig ein M. ceratoarytaenoideus vom unteren Horn des Schild-
         knorpels zum Proc. musc. des Stellknorpels.
  21. M. cricoarytaenoideus lateralis (S. 163).
      o: oberer Rand und oberer Teil der Außenfläche der Ringknorpelspange.
      i: Seitenkante des Proc. muscularis des Stellknorpels und meist noch oberhalb
         desselben am Stellknorpel selbst.
         Varietäten: Aberrationen des Ursprungs auf Lig. cricothyreoideum und
         Conus elasticus und aberrierende Insertion auf Membrana quadrangularis
         bis Epiglottis. Sekundäre Verschmelzungen mit M. thyrearytaenoideus und
         M. arytaenoideus.
  22. M. arytaenoideus transversus (S. 164).
      o: mediale, grubenförmig vertiefte Fläche des Stellknorpels mit Ausnahme
         des oberen Endes.
      i: dieselbe Stelle am gegenüberliegenden Stellknorpel.
         Varietäten: Bei etwa 30% der Fälle liegt ein M. arycorniculatus unter
         dem M. transversus, zwischen Stellknorpel und SANTORINschem Knorpel.
  23. M. arytaenoideus obliquus (S. 164).
      o: hintere Fläche des Proc. muscularis des Stellknorpels.
      i: Spitze des gegenüberliegenden Stellknorpels.
         Varietäten: Verlauf über, unter oder durch den Partner hindurch. Ver-
         bindung mit vorigem fast regelmäßig; der Obliquus kann ganz fehlen.
         Verbindungen mit Teilen des M. cricoarythaenoideus lateralis und M. thyreo-
         arytaenoideus gewöhnlich, Übergang in M. aryepiglotticus (siehe Nr. 27).
  24. M. thyreoarytaenoideus externus (S. 164).
      o: vorderer Winkel der Innenseite des Schildknorpels und meistens vom
         Ligamentum cricothyreoideum (medium) und vom Ligamentum vocale.
      i: Pars inferior: ansteigend an Seitenkante und Vorderfläche des Ary-
         knorpels; Pars superior: absteigend von der Incisura thyreoidea bis
         auf den Proc. muscularis.
         Varietäten: Die Pars inferior ist bei anderen Säugern allein vorhanden,
         nur die Menschenaffen (Orang) haben Andeutungen der beim Menschen
         ausgeprägten Differenzierung. Am häufigsten sind beim letzteren Aber-
         rationen des Ursprungs auf verschiedene Abschnitte des Conus elasticus
         und der Insertion auf die Membrana quadrangularis bis zur Epiglottis
         (M. aryepiglotticus Nr. 27). Der Muskel ist einer der variabelsten am
         ganzen Kehlkopf.
  25. M. thyreoarytaenoideus internus.
         Er zerfällt in:
      M. vocalis (S. 165).
      o: vorderer Winkel der Innenseite des Schildknorpels an einem Vorsprung
         der Innenwand mit viel elastischen Fasern (Cartilago sesamoidea anterior,
         vgl. S. 153).
      i: Spitze des Processus vocalis und Fovea oblonga der Außenfläche des (Stell-
         knorpels.
      M. ventricularis.
      o und i: wie beim vorigen, nur etwas höher am Schild- und Stellknorpel.
  26. M. thyreoepiglotticus (S. 169).
      o: Innenfläche des Schildknorpels nahe der Mittellinie, im Anschluß an den
         M. thyreoarytaenoideus externus (Pars inferior).
      i: Membrana quadrangularis (in diesem Fall „Thyreomembranosus" genannt)
         und Epiglottis.
  27. M. aryepiglotticus (S. 169).
      o: Apex des Stellknorpels oder (meistens) kontinuierlich mit M. arytaenoideus
         obliquus zusammenhängend.
      i: Epiglottis.

Alle Zungenmuskeln bestehen aus quergestreiften, meistens ungeteilten, manchmal aber an ihrem Ende dendritisch verzweigten Muskelfasern. Die Muskeln sind zum Teil am Skelet außerhalb der Zunge befestigt, zum Teil

Die Muskeln der Zunge, Tabelle S. 83/1—8

sind sie Eigenmuskeln der Zunge und deshalb, da die Zunge selbst kein Skelet enthält, ohne Befestigung an Skeletteilen. Die ersteren heißen Außen-, die letzteren Binnenmuskeln (Tab. S. 83, I A u. B). Entsprechend den Ansätzen ist die Außenmuskulatur wesentlich für die Ortsbewegung des ganzen Organs geeignet (Herausstrecken, Einziehen der Zunge usw.), die Binnenmuskulatur dagegen vollzieht Formänderungen des Organs ohne oder unabhängig von Lageveränderungen im ganzen (Anschwellung, Abplattung usw.). Beides kann gleichzeitig erfolgen. Die Zunge kann mittels der Muskulatur vorgestreckt und in dieser Stellung nach oben, unten, rechts und links abgebogen, ja um ihre gewöhnliche Ruhelage im Kreise herumbewegt werden. Sie kann ferner nach hinten gezogen werden, bis sie den Kehlkopfeingang verdeckt, sich an die hintere Rachenwand anstemmt und Luft- und Speiseweg abschließt. Mit der Zungenspitze können wir im Inneren der Mundhöhle jeden Punkt der Wandung bis zum Hinterrand des harten Gaumens, alle Zähne und den ganzen Vorhof erreichen und abtasten. In Fällen von Überbeweglichkeit ist die Zunge imstande, vorn die häutige Nasenscheidewand, hinten den weichen Gaumen und sogar den Nasenrachenraum zu erreichen. Sie kann sich flach legen, eine Rinne, sogar eine Art Schlauch bilden oder einen steil aufsteigenden Wulst formen und in diesen Zuständen nach vorn oder hinten verschoben werden.

I. Die Außenmuskeln der Zunge. Die Skeletbefestigungen gehören zum einstigen Visceralskelet, nämlich zum Unterkiefer und Griffelfortsatz des Schädels und zum Zungenbein.

M. genio-
glossus
(Tabelle
S. 83/1),
Abb. S. 57,
68, 75,
87, 88;
Bd. I, S. 734

Musculus genioglossus. Der Muskel breitet sich, eng an seinen Partner gelehnt, innen vom M. hyoglossus fächerförmig im Zungenfleisch aus (Abb. S. 75, 87). Nach dem Halse zu ist er vom Ursprung an der Spina mentalis mandibulae an bis zum Zungenbein hin vom M. geniohyoideus und vom M. mylohyoideus bedeckt (Abb. S. 57, 68, 89). Die beiden letzteren haben deshalb eine beträchtliche indirekte Wirkung auf die Zunge, weil ihr Fleischkörper auf ihnen wie auf einem beweglichen Stempel ruht. Insbesondere die in der Ruhe bogenförmig herabhängenden Mylohyoidei (Abb. S. 57) heben, wenn sich der Bogen durch Kontraktion verkürzt, die Gesamtzunge energisch gegen das Munddach. Darauf ist später beim Schluckakt im Zusammenhang mit anderen Bewegungen zurückzukommen. Der Genioglossus selbst steigt mit den vorderen Fasern annähernd senkrecht in die Höhe, in die Zungenspitze hinein, mit den hinteren Fasern verläuft er annähernd longitudinal (horizontal) oberhalb des Zungenbeins bis zum Zungengrund. Die vertikalen Fasern sind Antagonisten des genannten Stempelmechanismus des Mundbodens, sie ziehen die Zunge im ganzen nach unten, vom Munddach weg. Bei einseitiger Reizung bildet sich auf dem Zungenrücken eine tiefe Furche. Die longitudinalen Fasern strecken die Zunge aus dem Mund heraus, indem der vertikale Zungengrund von ihnen nach vorn gedrängt, indem gleichzeitig durch schräge Fasern der Zungenrücken abgeflacht und dadurch die Zungenspitze auf den einzigen Ausweg, die Mundöffnung, hingedrängt wird. Bei einseitiger Lähmung weicht die Spitze der herausgestreckten Zunge nach der gelähmten Seite hin ab. Das Zusammenspiel beider Genioglossi und der übrigen beim Herausstrecken der Zunge beteiligten Muskeln (Beweger des Zungenbeins) ist auf das feinste abgewogen, so daß eine einseitige Lähmung oder auch nur die kleinste Schwächung und Störung des normalen Nervenmuskelspiels sofort durch Abweichen der Zungenspitze angezeigt wird. Dies ist für den Nervenarzt ein sehr feiner Wegzeiger.

Der vertikale Faserbestand des Muskels geht in den M. verticalis linguae über (Tab. S. 83/8). Von den longitudinalen Fasern inserieren einige Bündel durch Vermittelung von Bindegewebsmembranen am Zungenbein und am Kehldeckel. Die letzteren (M. glossoepiglotticus) ziehen den Kehldeckel für sich, die ersteren das Zungenbein + Kehldeckel nach vorn (mit anderen Zungenbeinmuskeln zusammen). Eine wesentliche Aufrichtung des Kehldeckels kann der Muskel nicht erzielen, das ist lediglich eine Wirkung der Kehlkopfmuskeln selbst.

Wie wichtig der Tonus der Genioglossi für die richtige Situation der Zunge im Mundraum ist, wird bei der Chloroformnarkose ersichtlich. Dabei sinkt infolge Lähmung der Muskeln die Zunge nach rückwärts und droht den Kehlkopfeingang zu verlegen. Das Atmungshindernis wird dadurch beseitigt, daß der Assistent die Zunge künstlich vorzieht, also die natürliche Wirkung der Genioglossi nachahmt.

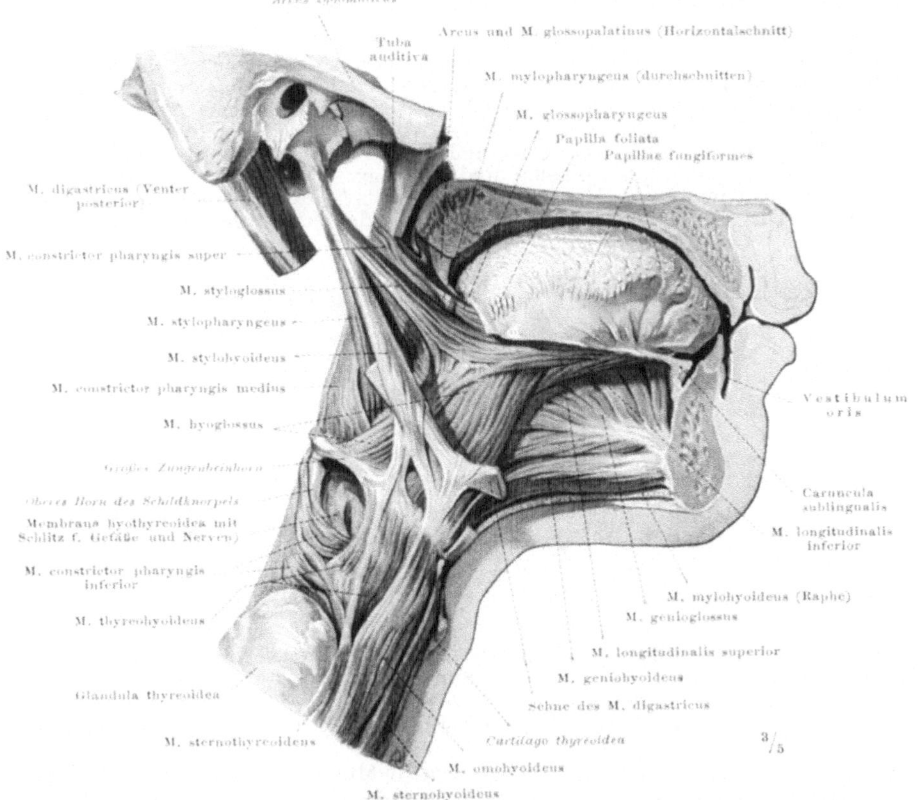

Abb. 51. Seitenansicht der Zunge, Muskeln der Zunge und des Schlundes. Die rechte Unterkieferhälfte entfernt, ebenso rechter Gaumen und Lippen. Die rechte Zungenseite und die rechtsseitigen Muskeln sind freigelegt. Vom Schädel der rechte Warzenfortsatz, äußere Gehörgang, die Gelenkpfanne für den Unterkiefer und der Griffelfortsatz gezeichnet.

Musculus hyoglossus. Die fast quadratische, dünne Muskelplatte entspringt breit von der ganzen Länge des großen Zungenbeinhorns, von dem anstoßenden Teil des Zungenbeinkörpers und steigt mit wesentlich parallelem Faserverlauf in den Zungenkörper auf, um dort längs der ganzen Flucht von der Wurzel bis zur Spitze zu inserieren (Abb. Nr. 51 u. Abb. S. 88). Der Hyoglossus bedeckt den Genioglossus von außen, ist aber von ihm nach oben zu durch den M. longitudinalis inferior geschieden (Tab. S. 83/6, Abb. S. 57, 89). Er selbst wird größtenteils nach außen vom M. mylohyoideus, M. digastricus und M. stylohyoideus zugedeckt; je ein dreieckiges Stück des Hyoglossus bleibt frei von den beiden zuletzt genannten Muskeln, oberhalb und unterhalb von ihnen (Bd. I, Abb. S. 187; das obere Dreieck zwischen dem hinteren Rand des M. mylohyoideus und

M. hyoglossus (Tab. S. 83/2). Abb. S. 87, 88, 89; Bd. I, S. 187

dem M. digastricus, das untere zwischen dem großen Zungenbeinhorn und dem
M. stylohyoideus). Die Glandula submaxillaris bedeckt auch diese von den
Muskeln frei gelassenen Stellen. Die Fleischfasern verlaufen fast alle vertikal,
einige schräg nach vorn. Alle ziehen den Zungenrücken abwärts, sind also darin
Synergisten des Genioglossus. Dagegen ziehen sie auch, besonders die vorderen,
die Zunge nach hinten, wenn das Zungenbein festgestellt ist, führen also die
herausgestreckte Zunge in die Mundhöhle zurück. Insofern sind die Hyoglossi
die kräftigsten Antagonisten der Genioglossi. Letztere können die Zunge nur
dann kräftig herausstrecken, wenn die Hyoglossi die Zunge freigeben und das
Zungenbein mitgeht.

Der Außenfläche des Hyoglossus liegen außer den beiden obengenannten Muskeln
und der Drüse noch der M. styloglossus, der verschieden stark ist, ferner zwei Nerven
(N. lingualis und N. hypoglossus) und der Ductus submaxillaris auf (Abb. S. 89). An
der Innenfläche liegen unten am Zungenbein (Abb. S. 88) außer dem M. genioglossus
die Ursprünge des M. chondroglossus und des M. constrictor pharyngis medius
(M. kerato- und chondropharyngeus) und das Lig. stylohyoideum. Im Zungenfleisch selbst liegt innen vom Muskel die A. lingualis (Abb. S. 89) und der N. glossopharyngeus. Die Vena lingualis hat eine wechselnde Lage: innen oder außen vom

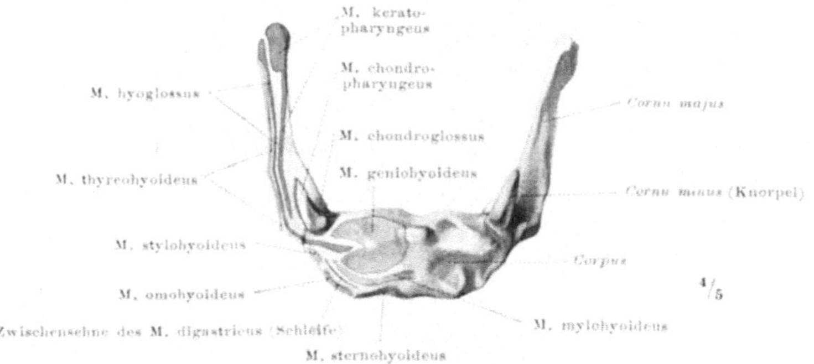

Abb. 52. Zungenbein, auf der einen Seite die Muskelansätze, rot Ursprünge, blau Insertionen.

M. hyoglossus. Wegen dieser vielseitigen topographischen Beziehungen ist er ein
Hauptleitmuskel für die Eingriffe im Trigonum submaxillare (Bd. I, S. 728). Die
A. lingualis wird gewöhnlich in dem oberen der beiden freiliegenden Dreiecke des
Hyoglossus aufgesucht, indem der Muskel durchtrennt wird (PIROGOFFsches
Dreieck).

M. chondro-
glossus
(Tabelle
S. 83/3),
Abb. S. 88

Musculus chondroglossus. Dieser zarte Muskel ist, falls er nicht fehlt,
vom vorigen deutlich geschieden. Er liegt sehr nahe dem M. genioglossus.
Man findet ihn nur vom Ursprung aus, der zwar tief versteckt unter dem M. hyoglossus liegt, aber von diesem durch die Befestigung am kleinen Zungenbeinhorn scharf geschieden ist (Abb. S. 88), Die Funktion ist gleich der des Hyoglossus, nur weniger ausgiebig.

M. stylo-
glossus
(Tabelle
S. 83/4),
Abb. S. 87,
89; Bd. I.
S. 187, 732

Musculus styloglossus. Von den drei am Griffelfortsatz des Schläfen-
beins entspringenden Muskeln hält er die vordere Kante und Außenfläche
besetzt (Abb. S. 87, Bd. I, S. 732). Der Ursprung kräftiger Exemplare ist auf den
Schädel selbst (Porus acusticus externus) und häufiger noch auf die Band-
fortsetzungen des Processus styloides fortgesetzt, entweder auf das Lig. stylomandibulare und auf diesem Weg bis zum Unterkiefer oder auf das Lig. stylohyoideum. Gewöhnlich ist der Muskel zart, er kann sogar fehlen. Er erreicht
die Zunge in der Höhe des Arcus pharyngopalatinus. Hier biegen manche
Fasern transversal in das Innere des Fleischkörpers ab (Übergang in den Transversus linguae, Tab. S. 83/7). Die meisten ziehen longitudinal am Außenrand
der Zunge unter der Schleimhaut weiter, werden von den Querzügen des M. glosso-

palatinus auf eine kurze Strecke in ein oberes und ein unteres Bündel auseinander gedrängt (Abb. S. 89) und erreichen weiterhin geschlossen die Zungenspitze, wo sie mit den Bündeln des Partners vereinigt sind. Die Zungenränder sind von beiden Styloglossi umsäumt. Wie mit einem Zügel wird die Zunge durch die zarte Muskelschlinge nach hinten und oben geleitet; so wird die Kraftleistung des Stempelmechanismus des Mundbodens (S. 86) in der richtigen Bahn erhalten.

II. Die Binnenmuskeln der Zunge. Sie entspringen und endigen in der Zunge selbst. Von den Muskelfasern werden die drei Hauptrichtungen des Raumes innegehalten. Man nennt sie danach longitudinal (in der Längs-

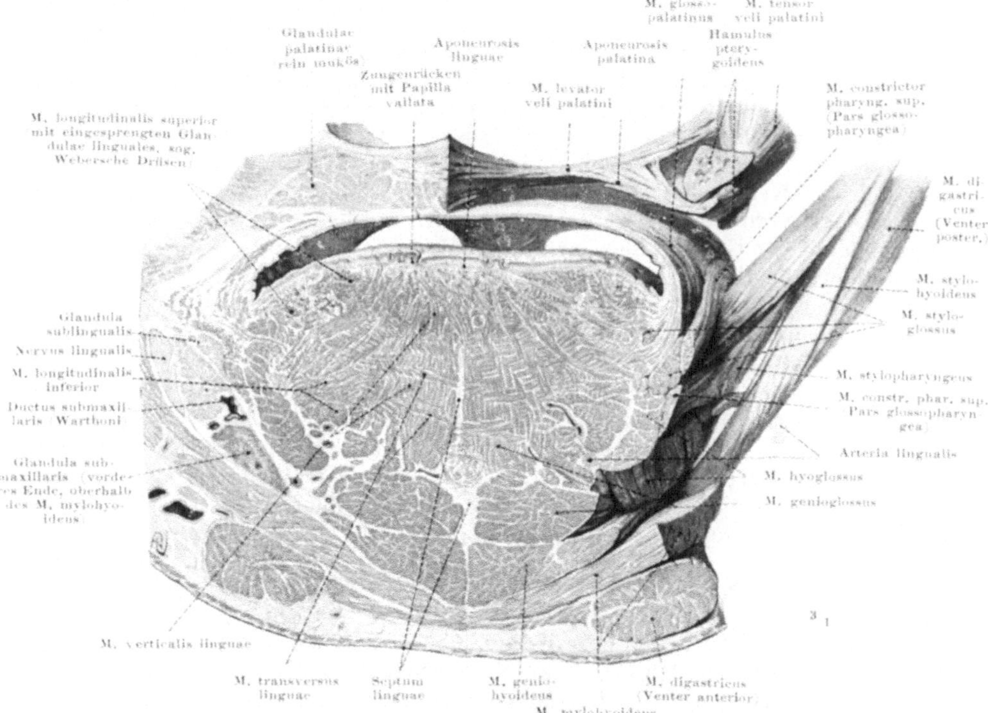

Abb. 53. Zunge, Mundhöhlenboden und Gaumen, neugeborenes Kind. Kombination aus einem Präparat und aus mikroskopischen Schnitten des gleichen Objekts. Ansicht von vorn. Vom Beschauer rechts: Namen der Außenmuskeln, links: Namen der Binnenmuskeln der Zunge. Zwischen M. genioglossus und M. hyoglossus tritt der Nervus hypoglossus in den Zungenkörper ein (beiderseits sichtbar, nicht bezeichnet).

richtung vom Zungengrund zur Zungenspitze), transversal (in der Querrichtung von Zungenrand zu Zungenrand) und vertikal (oder perpendikulär, in der Richtung von der Oberfläche zur Unterfläche des Organs). Man sieht die verschiedenen Züge mit bloßem Auge, am besten auf Querschnitten durch die Zunge. Durch die Verflechtung der dreidimensional gerichteten Muskelzüge kann die Zunge, besonders der vordere gegen den Mundboden freie Teil des Organs, in weiten Grenzen beliebig geformt werden. Das Muskelspiel wechselt von Punkt zu Punkt. Die Anteile der einzelnen Muskeln sind von Fall zu Fall immer wieder andere und im einzelnen nicht zu beschreiben. Die generelle Wirkung ist bei jedem Einzelmuskel angegeben.

Musculus longitudinalis superior. Er bedeckt als einheitliche, unpaare Muskellage den ganzen Zungenrücken unmittelbar unter der Schleimhaut von M. longitudinalis superior

(Tabelle S. 83/5), Abb. S. 57, 79, 87, 89

der Wurzel bis zur Spitze (Abb. S. 79, 89). Hinten ist die Schicht am dünnsten und von einigen Querzügen überlagert, vorn ist sie am dicksten. Fasern des Chondroglossus und Styloglossus gehen am Zungenrand in ihn über, so daß je weiter vorn, eine um so innigere Mischung entsteht; auf Querschnitten ist schwer zu sagen, welchen Anteil man vor sich hat. Bestimmend bleibt, daß die echten Fasern unseres Muskels nicht vom Zungenbein oder Griffelfortsatz entspringen wie die beiden anderen Anteile der Längszüge. Generell verkürzen alle longitudinalen Fasern, also insbesondere die spezielle Schicht des M. longit. superior, die Zunge.

M. longitudinalis inferior (Tabelle S. 83/6), Abb. S. 57, 87, 89

Musculus longitudinalis inferior. Er ist der einzige **paarige** Binnenmuskel der Zunge, alle anderen sind unpaar (die äußeren Zungenmuskeln sind sämtlich paarig). Man kann ihn von der Unterfläche der Zunge aus finden, wenn man zwischen Hyo- und Genioglossus eindringt und die Gefäße der Zunge entfernt (A. lingualis, eventuell auch die V. lingualis); das schmächtige Muskelbündel, welches von den Gefäßen nach dem Mundhöhlenboden zu bedeckt ist (Abb. S. 89), ist ein selbständiger Muskel. Es kommt allerdings vor, daß Züge bis zum Zungenbein reichen, ja es wird behauptet, daß bei elektrischer Reizung der Kehldeckel wie durch den Genioglossus so auch durch diesen Muskel nach vorn bewegt werde. Nach vorn reichen die Muskelzüge bis zur Zungenspitze und sind hier zwischen Styloglossus und Genioglossus eingeschaltet (Abb. S. 87). Er verkürzt die Zunge.

M. transversus linguae (Tabelle S. 83/7), Abb. S. 81, 82, 89

Musculus transversus linguae. Der unpaare Muskel ist in viele Blätter gespalten, welche fast völlig von dem M. longitudinalis superior bedeckt sind, im übrigen den ganzen Zungenkörper füllen und dabei von andersgerichteten Muskelbündelchen, besonders des Genioglossus, durchbrochen sind (Abb. S. 89). Dem echten Transversus sind besonders viele Ausläufer von äußeren Muskeln beigemischt, welche vom Skelet entspringen, so vom Styloglossus, Glossopalatinus und Glossopharyngeus. Alle Fasern, welche transversal verlaufen, nicht nur die echten Anteile des Transversus linguae, sind in der Medianebene der Zunge durch eine Bindegewebsplatte wie durch eine einheitliche Zwischensehne geteilt, **Septum linguae.** Dieses reicht nicht in die obere Schicht (Longitudinalis sup.) hinein, ist also deutlich ein Bestandteil des transversalen Systems. Die Zwischensehne wird bald mitbewegt, indem ein Zungenrand sich anstemmt und indem alle transversalen Fasern die Zunge nach dieser Stelle excentrisch verschmälern; bald ist sie der Fixpunkt, von welchem aus die Fasern nach beiden Seiten auf die Zungenränder wirken und die Breite des Organs centrisch verringern.

Genetisch ist jede Hälfte selbständig und auch von ihrem speziellen Nerv versorgt, dem rechten und linken N. hypoglossus. Aber wie bei anderen Muskeln ist aus beiden Anlagen ein einheitlicher unpaarer Muskel entstanden. In der Zungenspitze gehen vielfach die Muskelbündel der einen Seite ohne Zwischensehne in andere über, da hier das Septum unvollständig oder ganz rückgebildet ist.

M. verticalis linguae (Tabelle S. 83/8), Abb. S. 81, 82, 89

Musculus verticalis linguae. Die Fasern liegen im freien Teil der Zunge sehr zahlreich zwischen den longitudinalen und transversalen Züge eingeschaltet (Abb. S. 89). Ihr Verlauf ist im schlaffen Zustand leicht bogenförmig. Kontrahiert strecken sie sich und platten die Zunge ab. Ziehen sich nur die mittleren zusammen, so entsteht längs dem Zungenrücken eine tiefe konkave Rinne.

Bindegewebsgerüst, Nerven, Blutzufuhr, Lymphe

Das Bindegewebe zwischen den Zungenmuskeln ist besonders locker und mit vielen Fettzellen durchsetzt. Derb sind nur die Aponeurosis linguae (S. 77) und das Septum linguae (siehe oben), an welchen sich Muskeln befestigen. Das übrige Gewebe ist nicht wie diese auf Widerstand, sondern auf Nachgiebigkeit konstruiert, um den starken Lage- und Formveränderungen des Organs folgen zu können. Die Flüssigkeit aus den Blut- und Lymphcapillaren wird entsprechend der Beweglichkeit durch Selbstmassage verschoben. Dies beweist die Ausstreuung von Krebskeimen bei Zungencarcinom, welche besonders leicht den Weg in die der Zunge zugeordneten Lymphknoten der näheren und weiteren Umgebung finden.

Innervation: Bewegungsnerv ist der N. hypoglossus (XII); sensible Nerven sind der N. lingualis (V), N. glossopharyngeus (IX) und R. laryngeus sup. nervi vagi (X); sensorische Nerven (Geschmacksnerven) sind der N. facialis (VII, als Chorda tympani dem N. lingualis beigemischt) und der N. glossopharyngeus (IX). Siehe dazu S. 74.

Blutzufuhr: Die A. lingualis versorgt die Zunge, und zwar das Stromgebiet jeder Körperseite die ihr entsprechende Zungenhälfte. Nahe der Zungenspitze durchbohrt eine (neuerdings bestrittene) Kollaterale zwischen beiden Zungenarterien das Septum, sonst gehen nur Capillaren durch dasselbe hindurch. Wie gering der Blutaustausch zwischen rechts und links ist, sieht man bei Unterbindung einer Lingualis: man kann auf der betreffenden Seite unter Umständen mehrere Stunden lang ganz oder fast blutleer operieren. Brand (Nekrose) tritt nicht ein, weil die A. sublingualis mit der gleichnamigen Arterie der Gegenseite und mit der A. maxillaris ext. der gleichen Seite durch eine Anastomose zusammenhängt und weil feine Kollateralen aus der A. palatina und pharyngea ascendens in die Zunge eintreten. Von unten gehen Ästchen des R. hyoid. der A. thyr. sup. in sie. Über die Venen siehe S. 76, 88.

Die Lymphgefäße zwischen rechter und linker Zungenhälfte sind nicht getrennt. Bei der Ausstreuung von Krebskeimen erkranken sogar gelegentlich die Lymphknoten der Seite, auf welcher das Carcinom sitzt, später als die der anderen, „gesunden" Seite. Dagegen ist das Lymphgefäßsystem des Zungengrundes von dem des Zungenrückens fast völlig getrennt. Es gibt hintere, seitliche und vordere Abflußbahnen, deren Verlauf den Blutbahnen entspricht (der A. dors. linguae, A. sublingualis und A. prof. linguae). Die Lymphe fließt vorn in die den Speicheldrüsen des Mundhöhlenbodens beigegebenen Lymphknötchen ab (S. 70) und hinten in die tiefen Halslymphknoten, insbesondere in eine Gruppe von Knoten an der Bifurkation der A. carotis communis.

e) Das Gaumensegel.

Die Schleimhaut des Gaumens mit den Drüsen und die Einteilung in harten und weichen Gaumen ist früher beschrieben (S. 56, 54, 63). Über die Entstehung des Gaumens siehe S. 132. Hier soll nur der bewegliche Teil des Gaumens, das Gaumensegel, speziell seine Muskulatur behandelt werden, damit wir im Anschluß an die Zunge weitere Bestandteile eines einheitlichen Bewegungsmechanismus kennen lernen.

Auf die Bedeutung der Gaumenmuskeln für das Schlucken, Sprechen u. a. m. sei hier bereits vorverwiesen; einen vollen Einblick werden wir erst gewinnen, wenn wir im folgenden Abschnitt den Schlund und seine Muskeln kennen gelernt haben werden. Die Muskeln der Zunge, des Gaumens und des Schlundes sind zusammen mit den im ersten Bande beschriebenen Halsmuskeln die wichtigsten Faktoren, welche beim Schluckakt und beim artikulierten Sprechen zusammenwirken und später in diesem Zusammenhang gewürdigt werden sollen. Um die Übersicht zu erleichtern sind die genannten drei Abschnitte in unserer Disposition eng aneinander gereiht. Die Formen des Gaumensegels und Rachens sind nur zu verstehen, wenn die ursächlichen Beziehungen zur Nahrungsaufnahme und Lautbildung des Menschen berücksichtigt werden (S. 106 u. f.).

Gaumenmuskulatur im allgemeinen (Tabelle S. 83/9—13)

Musculus tensor veli palatini. Das breite, platte Muskelband entspringt in langer Linie an der Unterfläche des Keilbeins (am Innenrand des großen Keilbeinflügels und an der Basis des Flügelfortsatzes des Knochens, Abb. S. 99, Bd. I, Abb. S. 663), ferner an der äußeren, membranösen Wand der Tube. Es zieht fast senkrecht an der Innenfläche des M. pterygoideus internus abwärts, schlupft unter dem Hamulus des Flügelfortsatzes hindurch (Abb. S. 92) und gelangt auf diesem Weg über den oberen Rand der Schlundschnürer hinweg (M. constrictor pharyngis superior, Tab. S. 84/14) an den Gaumen. Die Fascia pharyngobasilaris

M. tensor veli palatini (Tabelle S. 83/9), Abb. S. 89, bis 94, 101; Bd. I, S. 663

läßt die Pforte frei, welche der Muskel passiert (Abb. S. 101). Er benutzt die
glatte Sehnenrolle des Hamulus als Hypomochlion, um eine ganz neue Richtung zu gewinnen (Abb. S. 89—94). Der Muskel hat hier bereits rein sehnigen
Charakter, so daß in einem Gaumen, welcher vom Schädel abgelöst ist, vom
Muskelfleisch des Tensor nichts zu finden ist. Die schmale, platte Sehne ist gegen

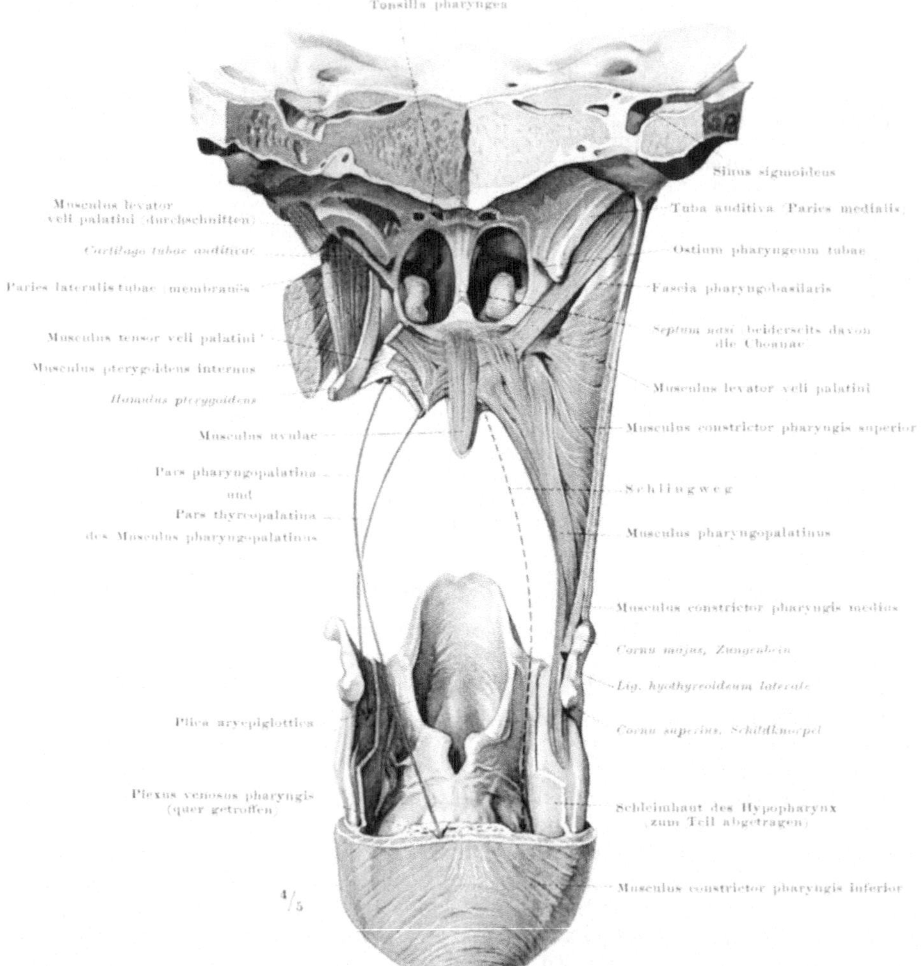

Abb. 54. **Muskeln des Gaumensegels und Schlundes**, von hinten gesehen. Die hintere Schlundwand
des Hypopharynx quer durchtrennt und von da ab nach oben zu entfernt. Links sind alle Schlundmuskeln
entfernt, rechts sind der obere Schlundschnürer und die Längsmuskulatur an der Vorderwand des Schlundes
in situ erhalten, seitlich der Länge nach durchschnitten (die Längsmuskeln sind links durch zwei schematische
Linien wiedergegeben). Unterkiefer entfernt, Schädelbasis bis zu den Schläfenbeinpyramiden weggesägt,
linke Tuba auditiva schräg durchschnitten (man vgl. zur Orientierung Abb. S. 98).

die laterale Fläche des Hamulus durch einen kleinen Schleimbeutel geschützt,
der das Gleiten befördert (Bursa m. tensoris veli palatini). Die Sehne breitet
sich vom Hamulus aus in horizontaler und aufsteigender Richtung in einer
derben Bindegewebsplatte aus, welche dem Gaumen eingelagert ist, **Aponeurosis palatina** (Abb. S. 89, 94); sie ist aus derben Zügen der Submucosa der
Mundschleimhaut hervorgegangen und vorn unter der Wirkung des Muskel-

zuges zur sehnigen Fortsetzung der Muskelfasern umgewandelt. Der vordere Rand ist am hinteren Rand des harten Gaumens befestigt. Nach dem hinteren freien Rand des Gaumensegels zu wird sie dünner; sie setzt sich dort in die unveränderte, nicht sehnige Submucosa des weichen Gaumens fort.

Spannen und Heben des Gaumensegels

Hängt das Gaumensegel schlaff herunter, so ist der Anfangsteil des weichen Gaumens, welcher an den harten Gaumen grenzt, schräg nach abwärts geneigt (Abb. S. 75). Diesen relativ muskelarmen und wenig beweglichen Teil des weichen Gaumens, welcher allein die stark ausgebildete Aponeurose besitzt, können die beiden Tensores veli palatini in Spannung versetzen. Denn sie wirken auf den Gaumen so, wie wenn sie von den Hamuli, welche als Hypomochlien benutzt werden, entsprängen; sie versuchen die Aponeurose in einer Horizontalebene zu spannen, welche in der Höhe dieser Knochenstäbchen liegt (Abb. S. 89, 94). Man fühlt am eigenen Gaumen, wie er hart wird und sich weniger scharf gegen den Rand des harten Gaumens absetzt, wenn man ihn in Spannung versetzt. Auf diese Weise kann der harte Gaumen nach hinten verlängert oder verkürzt werden, je nachdem die Tensores sich anspannen oder nicht. Da er ein knöcherner Resonanzboden für die Stimme ist, ähnlich dem Stimmholz einer Geige, so besteht die Möglichkeit, den Resonanzboden nach hinten durch eine gespannte Membran wie durch das gespannte Fell einer Trommel zu verlängern und die Gaumenlaute beim Sprechen und Singen zu beeinflussen. Der Tensor ist außerdem ein Heber des weichen Gaumens, denn er kann ihn bis in das Niveau der Hamuli in die Höhe ziehen, umgekehrt aber auch ihn senken, falls die Ausgangsstellung des Gaumens höher ist als jenes Niveau. So ist er je nach Bedarf Synergist oder Antagonist des Levator veli palatini (Tab. S. 83/10).

Öffnen der EUSTACHIschen Tube (Abb. S. 110)

Für die Tuba auditiva (Eustachii), welche der äußeren Luft den Zutritt vom Pharynx zum Mittelohr vermittelt (Bd. I, Abb. S. 652), ist der Tensor der wichtigste Öffnungsmuskel. Er erweitert die Tube in der Weise, daß er ihre membranöse Außenseite mit der er verlötet ist, nach außen und unten vom Tubenknorpel wegzieht; außerdem krempelt er die hakenförmig umgebogene obere Kante des Tubenknorpels selbst, an welcher er befestigt ist, auf (Abb. S. 94). Beides ermöglicht beim Schlucken (gleichzeitig mit Bewegungen des Gaumens) die Ventilation des Mittelohres. — Der Tubenknorpel schmiegt sich in die Fossa scaphoidea und ruht auf dem Processus tubarius des Keilbeines (Bd. I, S. 672; über seine Form und Textur siehe Gehörorgan).

Innervation: Ein Ästchen aus dem Ganglion oticum des N. trigeminus, welches aus dem 3. Ast stammt. Der Muskel ist danach ein Abkömmling der Kaumuskulatur, welcher den Weg zum Gaumen gefunden hat (Bd. I, S. 730). Blutzufuhr: Ästchen der A. palatina descendens und der A. canalis pterygoidei (Stromgebiet der Maxillaris interna), sehr wechselnde Ästchen der A. palatina ascendens und der A. pharyngea ascendens (aus A. maxillaris externa). Lymphabfluß (des gesamten weichen Gaumens): in die hintersten Nodi submaxillares und tiefen Halslymphknoten. Mit den Lymphbahnen des Zahnfleisches zahlreiche Anastomosen.

M. levator veli palatini (Tabelle S. 83/10), Abb. S. 75, 89–94, 101; Bd. I, S. 663

Musculus levator veli palatini. Der runde fleischige Muskel liegt innen vom vorigen und ist weniger versteckt. Man kann ihn an der Vorwölbung der Schleimhaut unterhalb der Tubenöffnung erkennen, welche er bedingt, Levatorwulst (bei der pharyngoskopischen Untersuchung beim Lebenden deutlich, Abb. S. 110). Der Muskel entspringt an Rauhigkeiten der Unterfläche des Felsenbeines (gegen dessen Spitze hin, Abb. S. 99, Bd. I, Abb. S. 663) und am Tubenknorpel. Er zieht längs dem unteren Rand der Tube an der Hinterseite schräg abwärts zum Gaumen und strahlt in dessen Hinterfläche nahe der Mittellinie ein, näher der Rachenschleimhaut als der Tensor (Abb. S. 92, 94). Die meisten Fasern sind mit denen des Partners zu einer durchlaufenden Muskelschlinge verflochten, andere inserieren an der darunter liegenden Gaumenaponeurose.

Da die aus beiden Levatores gebildete Schlinge wie eine Schaukel von der Schädelbasis herabhängt, kann sie je nach ihrem Verkürzungszustand den beweglichsten Teil des weichen Gaumens, der wie das Schaukelbrett an ihrem tiefsten Punkt zu denken ist, in die verschiedensten Lagen bringen. Der Muskel trägt seinen Namen insofern mit Recht, als er der kräftigste Gaumenheber ist. Nur ist er nicht der einzige, denn auch der Tensor kann heben. Doch hat der Levator nicht die Beschränkung wie jener, daß die Hebung an einem bestimmten Niveau Halt machen muß. Er hebt so weit, daß das Gaumensegel mit seiner hinteren, pharyngealen Fläche gegen eine aktive Vorwulstung der Rachenrückwand (PASSAVANTscher Wulst) angepreßt werden und einen völligen Verschluß gegen die Nase bilden kann (Abb. c, S. 97).

Der Levator ist ein Spanner des Gaumensegels, der universeller als der Tensor ist, trotz des Namens des letzteren. Er unterstützt ihn, solange der Tensor spannen kann, wirkt aber auch dann noch, wenn der Tensor erschlafft ist und das Velum über das Niveau des harten Gaumens emporrückt. Hängt das Gaumensegel herab, so gibt es keinen Muskel, der es spannen könnte.

Den Tubeneingang verengert der Levator dadurch, daß er sich von hinten her gegen die Tubenöffnung vorwulstet (Verdickung des Levatorwulstes). Die Öffnung wird, wenn der Tensor eingreift, rund, lochförmig (Abb. S. 94). Sind beide Muskeln erschlafft, so ist der Tubeneingang eine lange

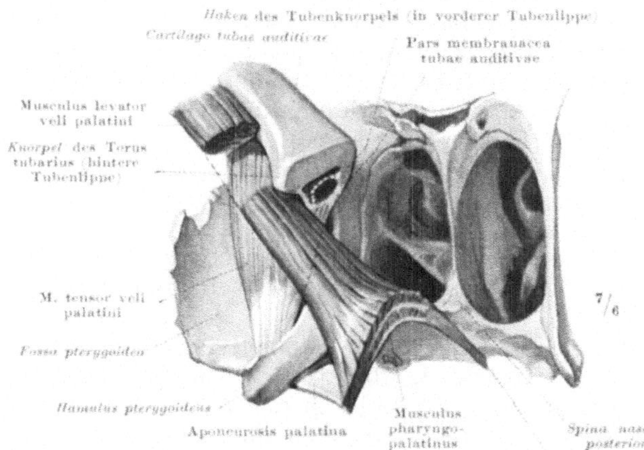

Abb. 55. Modell der Tuba auditiva mit M. tensor und M. levator veli palatini. Schräge Ansicht (vgl. Nasenscheidewand). Die häutige Tubenwand ist in der Lage dargestellt, welche der Kontraktion der beiden Muskeln entspricht (Lumen der Tube schwarz). Bei Erschlaffung des Tensor liegt sie entsprechend der weiß gestrichelten Linie; die dicke Knorpelecke, welche dem Torus tubarius entspricht, würde sich bei Erschlaffung des Levator der weiß gestrichelten Lage der Membran eng anlegen.

schmale Spalte; beide Tubenwände liegen fest aneinander. Der Levator unterstützt die dilatierende Wirkung des Tensor, ohne selbst erweitern zu können.

Eine unmittelbar dilatierende Wirkung hat der Levator nicht, wie Tierexperimente beweisen; auch ist bei einseitiger Tensorlähmung beim Menschen keine Öffnung der Tube mehr möglich. Aber der Levator hält den Tubenknorpel fest, ja drängt ihn eher ein wenig medialwärts und hindert auf alle Fälle, daß die Knorpelplatte im ganzen dem Zug des Tensor nach außen und unten folgt (Abb. S. 94). Der Mechanismus gleicht dem Zusammenwirken vom M. trapezius und M. serratus anterior beim Heben des Armes über die Horizontale. Zwar ist der Serratus der einzige aktive Faktor, aber er würde das Schulterblatt nicht drehen, sondern es im ganzen nach vorn ziehen, wenn nicht gleichzeitig der Trapezius das Ausrutschen der Scapula verhinderte; deshalb kann bei Trapeziuslähmung der Arm nicht eleviert werden, auch wenn der Serratus anterior intakt ist. Leider ist das entsprechende Naturexperiment bei den Tubenmuskeln — isolierte Levatorlähmung — meines Wissens noch nicht beobachtet.

Innervation: Äste des N. glossopharyngeus (IX) und Vagus (X) aus dem Geflecht der Schlundschnürer (Plexus pharyngeus). Der Levator veli stammt vom obersten Teil des M. constrictor pharyngis superior ab. Die früher dem N. facialis (VII) zugeschriebene Innervation besteht in der Regel nicht; bei der Facialislähmung ist der Gaumen so gut wie nie gelähmt. Blutzufuhr: wie beim vorigen. Das dort erwähnte kleine Ästchen der A. pharyngea ascendens (aus A. carotis externa) läuft längs des Levator zum Gaumen. Vertritt es die A. palatina ascendens (ebenfalls aus A. carotis ext. oder aus A. max. ext.), so ist es entsprechend dicker.

Musculus uvulae. Das dünne Muskelchen entspringt jederseits an der Gaumenaponeurose neben und hinter der Spina nasalis posterior des harten Gaumens, liegt nahe der Rachenschleimhaut auf der Hinterfläche des weichen Gaumens und vereinigt sich früher oder später mit dem Partner zu einem unpaaren Muskelstreifen, welcher in das Zäpfchen hinabsteigt. Fasern des M. pharyngopalatinus (Tab. S. 84/13) liegen häufig so dicht auf dem M. uvulae, daß sie bei der Präparation von der Rachenseite her entfernt werden müssen, ehe das Muskelchen sichtbar wird. Es kann aber auch ganz fehlen. Die Muskelfasern durchdringen als Filz das Drüsenlager der Rachenseite des Gaumensegels und befördern den Austritt des Sekrets (Abb. S. 58). Die bis zur Spitze des Zäpfchens herabreichenden Fasern inserieren an der Schleimhaut und verkürzen das Zäpfchen.

Innervation: wahrscheinlich wie beim vorigen. *Blutzufuhr* wie dort.

Musculus glossopalatinus. Die dünne Muskelschicht liegt im vorderen Gaumenbogen, Arcus glossopalatinus (Abb. b, S. 55). Sie steigt als Fortsetzung des Transversus linguae aus der Seite der Zunge an dieser Stelle schräg nach innen in die Höhe und liegt im weichen Gaumen nahe der Vorderfläche (Abb. S. 89). Dort inserieren Fasern, mit solchen des Levator veli verflochten, an der Gaumenaponeurose, andere vereinigen sich mit den Fasern des Partners in der Mittellinie.

Das System des Transversus linguae + Glossopalatinus, soweit sich ersterer in letzteren fortsetzt, ist ein Muskelring, welcher sphinkterartig die Schlundenge zusammenschnürt und beim Schlucken den Bissen abkneift, ehe er aus dem Mund in den Schlund hinabgleitet. Dabei wird der Bissen durch die Isthmusdrüsen besonders eingespeichelt; sie sind in die Muskeln eingebettete muköse Drüsen von wechselnder Zahl, welche bei Höchstentwicklung den Ring zwischen den Gaumen- und Unterzungendrüsen beiderseits schließen (S. 61).

Bei festliegender Zunge vermögen die beiden Glossopalatini den Gaumen im ganzen abwärts zu bewegen, also umgekehrt zu wirken wie die Levatores und Tensores veli palatini.

Innervation: Plexus pharyngeus, siehe Innervation des Levator veli palatini. *Blutzufuhr* wie dort, außerdem Ästchen aus der Zunge.

Musculus pharyngopalatinus. Seine Fasern steigen in dünner Schicht von der Schlundwand zum Gaumen aufwärts. Die einen sind beiderseits am Schildknorpelrand befestigt und vereinigen sich mit denen des Partners in der Mittellinie des Gaumens (Pars thyreopalatina, Abb. S. 92 links). Dieses System ist einer nach unten zu offenen Pinzette zu vergleichen. Andere Fasern gehen von der Mittellinie des Schlundes aus, verlaufen mehr schräg oder quer, enden in den Seitenteilen des Gaumens an der Aponeurosis palatina und inserieren vermittels dieser am Hamulus pterygoideus (Pars pharyngopalatina). Dieses System (die beiderseitigen Muskeln zusammen) ist einer Pinzette vergleichbar, welche gerade umgekehrt steht, mit dem Griff nach unten. Die meisten Muskelfasern beider Systeme liegen im hinteren Gaumenbogen, Arcus pharyngopalatinus (Abb. b, S. 55 u. Abb. S. 117).

Die einzelnen Muskelschlingen sind zwar kein geschlossener Sphincter, aber alle zusammen funktionieren doch wie ein solcher und verengern ähnlich dem Glossopalatinus + Transversus linguae die Schlundenge, Isthmus faucium. Kehlkopf und Gaumen werden durch den Muskel einander genähert, also ersterer gehoben, letzterer gesenkt, und der Schlundkopf im ganzen verkürzt. Die Ausstrahlungen im weichen Gaumen verbreiten sich besonders zahlreich zwischen den Schleimdrüsenpaketen und helfen das zähe Sekret derselben auszupressen (Abb. S. 58). Einige Fasern, welche nebst Drüsen in der Plica salpingopharyngea (Abb. S. 98) eingebettet liegen und an der Tube befestigt sind, heißen M. salpingopharyngeus. Sie wirken mit bei der Hebung des Pharynx (vgl. auch S. 107).

Innervation: Plexus pharyngeus (S. 94). Blutzufuhr: A. palatina ascendens und A. pharyngea ascendens.

2. Der Rachen.

a) Begrenzung und Einteilung.

Wand des Schlauches und Zugangspforten

Der Rachen, auch Schlundkopf oder Schlund genannt, Pharynx, ist ein etwa 13 cm langer, fibrös-muskulöser Schlauch. Die hintere Wand ist eine geschlossene Fläche ohne Pforten. Sie ist der Vorderfläche der Wirbelsäule und den dort liegenden tiefen Halsmuskeln mit ihrer Fascia cervicalis profunda durch lockeres Bindegewebe angeheftet. Sie reicht aufwärts bis zur Schädelbasis und abwärts bis zum Ösophagusmund (hinter dem Ringknorpel des Kehlkopfes, entsprechend dem Anfang des 6. Halswirbelkörpers, Abb. S. 75). Nach vorn ist die Wand des Schlauches von drei Toren durchbrochen (Abb. S. 98). Das oberste führt in die Nasenhöhle, das mittlere in die Mundhöhle und das unterste in den Kehlkopf. Man teilt danach den Pharynx schematisch in drei Etagen ein: Epipharynx s. Pars nasalis (blau), Mesopharynx s. Pars oralis (violett) und Hypopharynx s. Pars laryngea (rot). Wird das Gaumensegel gehoben, so läßt sich im Rachenraum die Nase gegen den Mund und damit der Epi- gegen den Mesopharynx fest abschließen (Abb. c, S. 97). Man nennt in der praktischen Medizin den oberhalb des Verschlusses liegenden Abschnitt gewöhnlich Nasenrachenraum, in welchem die Nasenhöhle mitinbegriffen ist; doch ist der Epipharynx anatomisch immer scharf vom eigentlichen Cavum nasi getrennt, weil er hinter den zwar offenen, aber gut begrenzten Pforten des letzteren, den Choanen (Abb. S. 98), liegt. Der Meso- und Hypopharynx sind weder in Ruhe noch in Bewegung gegeneinander abgesetzt. Die gedachte Grenze zwischen beiden ist eine Horizontalebene, welche etwa durch die Spitze des Kehldeckels geht. Den Mesopharynx rechnet man auch zur Mundhöhle und nennt beide Mundrachenraum; aber auch hier ist die anatomische Grenze scharf.

Als Grenze des Mesopharynx gegen die Mundhöhle wird von uns der Arcus glossopalatinus angenommen (S. 57). Die Zungenwurzel schaut in den Pharynx hinein, gehört aber nicht zu ihm.

Das deutsche Wort „Rachen" wird in sehr verschiedener Bedeutung gebraucht. Manche Anatomen nennen so nur die Enge des Pharynx zwischen den beiden Gaumenbögen, Isthmus faucium oder Fauces. In der Klinik versteht man unter „Rachen"krankheiten allgemein das Gesamtgebiet des Pharynx. Ich gebrauche das Wort in diesem Sinne.

Schling- und Luftweg

Die Höhle des Schlundkopfes, Cavum pharyngis, ist die Stelle, an welcher sich der Schlingweg (rot) und Luftweg (blau) überkreuzen müßten (Abb. b, S. 97), wenn nicht durch besondere Mechanismen verhütet würde, daß beide Wege sich wirklich schneiden. Tritt es ausnahmsweise dennoch ein, so ist eine der Folgeerscheinungen der Eintritt von Speiseteilen in den Luftweg; das „Verschlucken" ist wegen der explosiven Gegenwirkung und Selbsthilfe unseres Organismus gegen diese Schädigung jedem bekannt. Das Verschlingen von Luft durch die Speiseröhre kommt auch vor, ist aber weniger auffällig. Bei allen Vierfüßlern liegen die beiden Aufnahmerohre für die Nahrung und Luft, die Mund- und Nasenhöhle, fast in der gleichen Richtung wie die beiden Leitungsrohre, Speise- und Luftröhre (Abb. a, S. 97). Beim Menschen entsteht infolge der aufrechten Körperhaltung ein rechter Winkel zwischen beiden Paaren

(Abb. b, Nr. 56; vgl. in Bd. I, Abb. S. 637 die Verlagerung von Schädelbasis und Wirbelsäule). Damit ist eine ganz andere Art der Sicherung verbunden, welche, wie wir sehen werden, mit unserem artikulierten Sprechen zusammenhängt. Denn beim Tier reicht der Kehldeckel wie ein Eisbrecher aufwärts bis hinter den Gaumen hinauf; er zwingt die Nahrung hüben und drüben vorbei in die Speiseröhre zu rutschen und läßt immer den Luftweg in der Mitte frei von Nahrungsbestandteilen. Der Schlingweg ist typisch gespalten. Beim Menschen kommt

das nur ausnahmsweise bei Flüssigkeiten vor. Manche Individuen, können Flüssigkeiten, z. B. Bier, langsam hintergießen, „ohne zu schlucken", d. h. ohne daß eine Bewegung des Kehlkopfs oder sonst eine Bewegung außer dem Öffnen des Mundes eintritt; nach spanischer Landessitte wird allgemein der Rotwein auf diese Art getrunken. Bei Schwerkranken und Bewußtlosen, welche nicht schlucken, fließt der Speichel in ähnlicher Weise abwärts gegen den Magen zu. Die Flüssigkeit nimmt dann wie bei Tieren ihren Weg hüben und drüben vom Kehlkopfeingang, der von so hohen Wällen umsäumt ist, daß sie bei nicht zu großen Mengen nicht überflutet werden (Abb. S. 92, schwarz gestrichelte Linie). Bekanntlich „schlucken" wir gewöhnlich, d. h. wir führen eine ganz bestimmte Bewegung aus, welche äußerlich daran erkennbar ist, daß der Kehlkopf zuerst aufwärts steigt und dann wieder hinabsinkt.

Das Zustandekommen und die Ausdehnung dieser Bewegung wird später im einzelnen analysiert werden (S. 106). Der Vorgang läuft darauf hinaus, daß die Luft- und Speiseröhre wie zwei Geleise in einer Weiche verstellbar sind. Wird die Luftröhre in der Richtung des Pfeiles so nach vorn verstellt, daß sich der Kehlkopf unter die Mundhöhle begibt, sich gleichsam unter die Zunge duckt, so führt der Schlingweg (rot) von der Mundhöhle in den Meso-, Hypopharynx und die

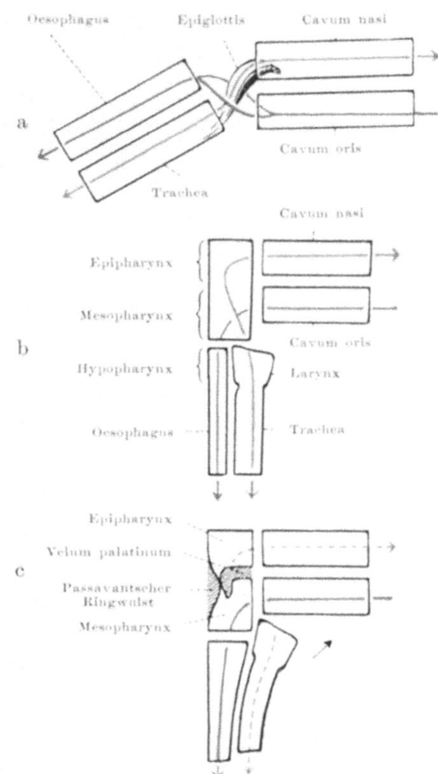

Abb. 56. Schlingweg (rot) und Luftweg (blau), Schema. a Vierfüßler, b Mensch, unter der Annahme, daß eine Überkreuzung von Schling- und Luftweg stattfände (beim Eintritt von Nahrungspartikelchen in die „Sonntagskehle" verwirklicht). c Mensch, übliches Verhalten beim Schlucken, Blockierung des Luftweges. Vgl. die natürliche Anordnung des Schling- und Luftweges in Abb. S. 107.

Speiseröhre, ohne daß etwas von den Speisen in das tote Geleise, den Kehlkopf, hineingelangt (Abb. c, Nr. 56). Der Nasenrachenraum ist bei dieser Stellung durch das emporgehobene Gaumensegel, das gegen den PASSAVANTschen Ringwulst der hinteren Rachenwand gedrückt wird, gegen den Eintritt von Speisen geschützt. Nur der Schlingweg ist offen.

Eine andere Frage ist, inwieweit dabei der Kehldeckel mitbenutzt wird, um den Kehlkopf zu schließen. Wenn dies geschieht, so ist es eine doppelte Sicherung; der Hauptschutz ist dagegen immer das Unterducken des Kehlkopfs unter die Zunge. Denn nach Verlust des Kehldeckels (syphilitische Geschwüre, Operation) ist das Schlucken nicht wesentlich erschwert.

Bei manchen Tieren, z. B. Delphinen, ist der Kehldeckel so weit in den Nasenrachenraum vorgeschoben, daß er selbst beim Verschlucken ganzer Fische in dieser

Das Spezifische des Kehldeckels beim Menschen

Lage verharrt und den Bissen zwingt, einseitig vorbei zu rutschen. Bei Raubtieren
wird das schnelle Schlucken großer Beutestücke befördert, indem sich die Epiglottis
zeitweilig aus dem Nasenrachenraum loslöst und über den Kehlkopfeingang
herüberlegt, so daß der Bissen viel Platz hat, indem er über sie hinwegrutscht.
Das Charakteristische und Einzigartige für den Menschen ist, daß der Kehldeckel
nie in den Nasenrachenraum hineinragt, daß also die Luft von der Lunge aus stets
ebensogut in die Mundhöhle wie durch die Choanen in die Nasenhöhle gelangen

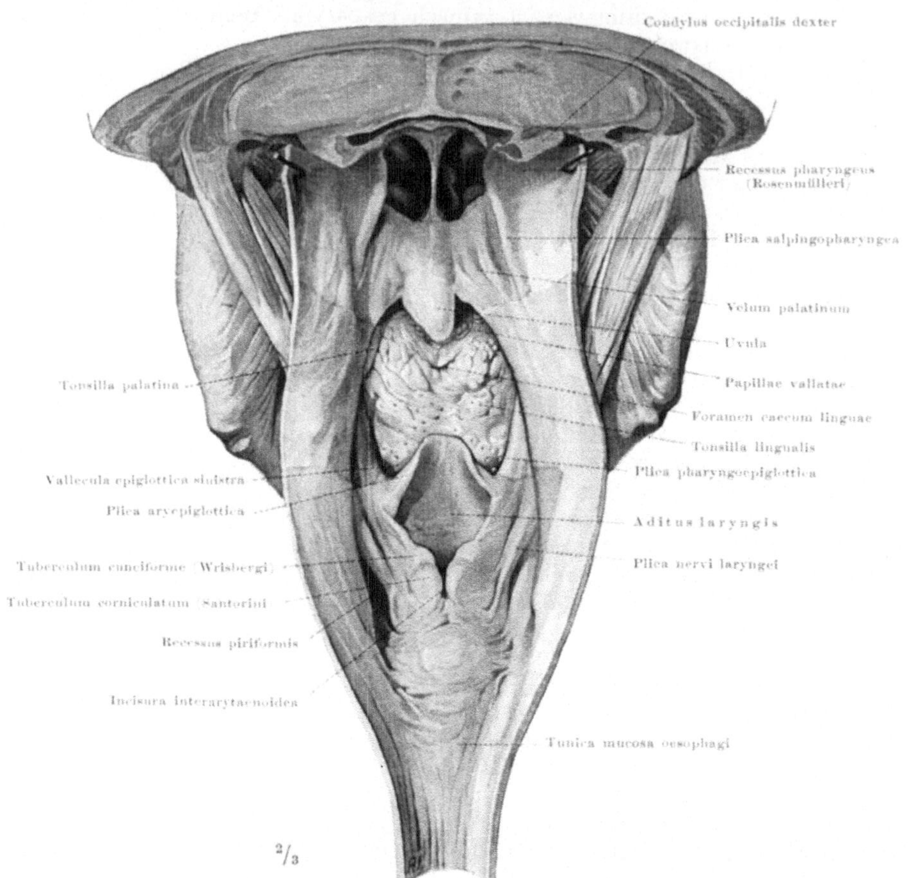

Abb. 57. Vordere Seite der Rachenwand, von hinten gesehen. Die Schleimhaut überall erhalten. Die
Hinterseite in der Medianlinie aufgeschnitten und nach beiden Seiten auseinandergeklappt (siehe Haken in
den oben vom Schädel abgetrennten Zipfeln). Blau Epipharynx, violett Mesopharynx, rot Hypopharynx.
In der blauen Zone die beiden Choanen (vgl. Abb. S. 110), in der violetten Zone die Schlundenge, begrenzt von
den beiden Arcus pharyngopalatini (Ansicht von vorn siehe Abb. b, S. 55). Wegen des Unterkiefers und der
Muskeln, welche zu Seiten der Rachenwand liegen, vgl. Abb. S. 101.

kann, das entscheidende Neue für die Ausnutzung der Mundhöhle zum artikulierten
Sprechen (S. 110).

Form und
Größe des
Binnen-
raumes
Die Wände des Hypopharynx liegen, wenn kein Bissen passiert, unterhalb des
Kehlkopfeinganges mit den Vorder- und Hinterflächen aneinander (Abb. S. 75).
Oberhalb ist der Rachenschlauch ebenfalls plattgedrückt. Man unterscheidet
eine Vorder- und Hinterwand und die beiden sie verbindenden Randabschnitte.
Der Binnenraum ist so weit offen, daß die Atemluft frei passieren kann. Der
anteroposteriore Durchmesser erscheint beim Lebenden vom Mund aus gesehen
größer, als er tatsächlich ist, weil man nicht die kürzeste Entfernung der Rachen-

rückenwand von der Schlundenge wahrnimmt, sondern weil man in der Richtung des schrägen Durchmessers in den Rachen sieht (von vorn oben nach hinten unten). Beim Schlucken wird das Innere, entsprechend der Größe des Bissens oder Schluckes durch diesen weiter geöffnet als in der Ruhe. Die Verengerung geschieht aktiv durch die Schlundschnürer. Bei der Erweiterung helfen Muskeln nur insofern mit, als sie den Schlauch aktiv verkürzen und dadurch das Material herbeischaffen können, das bei der passiven Dehnung der Rachenwand durch den Inhalt noch eine weitere Ausdehnung über ihre natürliche Nachgiebigkeit hinaus ermöglicht.

b) Die Schichten der Schlundwand.

Die Schichtenfolge gleicht derjenigen der Mundhöhle. Wir unterscheiden 1. eine Mucosa (ohne Muscularis mucosae), 2. eine Submucosa, 3. eine Muscularis, Die Bindegewebsschicht

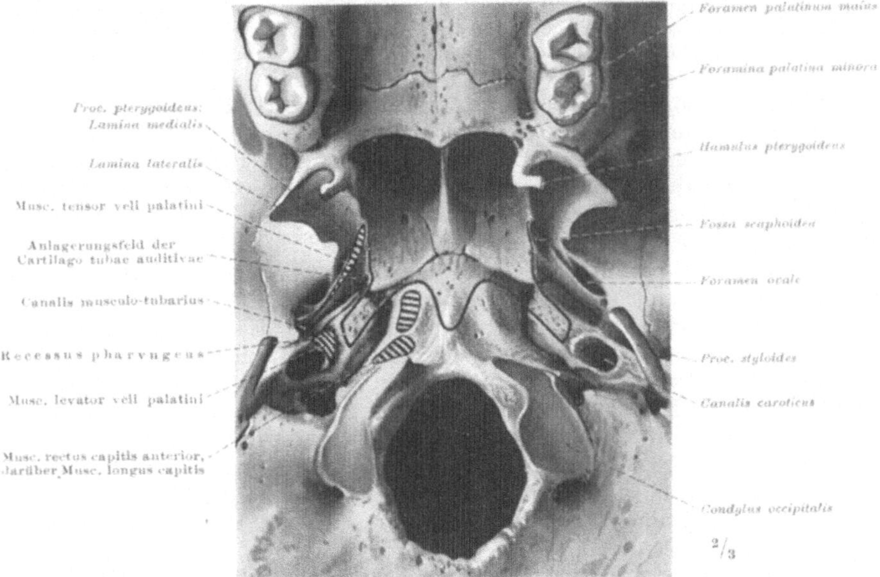

Abb. 58. Befestigungslinie der Rachenwand an der Schädelbasis.
(Vgl. V. HAYECK, Anat. Anz. 66, 1928, Erg.-Heft.)

4. eine Adventitia. Wie im weichen Gaumen, so ist auch in der Rachenwand die Tela submucosa stellenweise sehr derb und straff. Die Versteifung wird hier nicht durch Aponeurosen bedingt: denn nur wenige Sehnen von Muskeln breiten sich in ihr aus (M. stylopharyngeus, Tab. S. 84/17); im oberen Abschnitt nahe der Schädelbasis fehlt die Muskelschicht ganz. Da hier die Bindegewebshaut allein die Schlundwand zu bilden hat, ist sie besonders derb; das war die Vorbedingung für den Wegfall der Muskelschicht. Man nennt diesen freiliegenden, besonders widerstandsfähigen Teil Fascia pharyngobasilaris (Abb. S. 101). Sie stellt die Verbindung mit dem Schädel her. Die Anheftungslinie (Abb. S. 99), an welcher die Rachenwand mittels dieser Schicht aufgehängt ist, läuft nach beiden Seiten in blinde, enge Nischen aus, die Recessus pharyngei (Rosenmülleri). Sie legen sich von hinten an die mediale Wand der Tuben. Innen sind die Nischen wie die ganze Fascie von der Rachenschleimhaut ausgekleidet. Nach unten zu, wo Muskulatur hinzukommt, nimmt das straffe Bindegewebe ab.

Dagegen treten zahlreiche elastische Fasern auf, welche den unteren Teil der Tela submucosa des Rachens zu einer besonders dehnbaren Fascia elastica gestalten; sie ist am Zungenbein und Schildknorpel befestigt.

Die Tunica adventitia ist eine dünne Fascie, welche die Muskulatur von außen deckt. Sie ist nach oben vorn in die einzige Gesichtsfascie, die es gibt, fortgesetzt und heißt Fascia buccopharyngea (Bd. I, S. 758). An der Hinterwand des Rachens geht sie in lockeres retropharyngeales Gewebe über, welches den Schlund so verschieblich mit der tiefen Halsfascie verbindet, daß er beim Schlingen leicht nachgeben kann.

Wie locker dieses Gewebe ist, ergibt sich bei der rapiden Ausbreitung retropharyngealer Abscesse, welche entstehen, wenn Fremdkörper (Gräten u. dgl.) die hintere Rachenwand durchbohren. Der Eiter erreicht mit Leichtigkeit das Innere des Brustkorbes (Mediastinum posterius), ja das Zwerchfell. Für die Dehnbarkeit der Fascia elastica (Tela submucosa) und der Rachenwand im ganzen (Meso- und Hypopharynx) gibt es absonderliche Beispiele von Fremdkörpern, die lange im Rachen verweilten. Beispielsweise fand sich bei der Operation eines 60jährigen Patienten eine Zahnplatte mit 5 künstlichen Zähnen und 5 Lücken für die erhalten gebliebenen Zähne, welche für eine bösartige Geschwulst gehalten worden war. Sie verweilte 5 Monate lang im Rachen, ohne daß der Patient, obgleich er heftige Schluckbeschwerden hatte, verhungerte. Das Gebiß war im Schlaf verschluckt worden.

<table><tr><td>Die Muskel-
schicht
(Tabelle
S. 84,
Nr. 14—18)</td><td>

Die im Darm allgemeine Einteilung der Muskelschicht in Ring- und Längsmuskeln ist in der Rachenwand angedeutet.

Die Ringmuskeln sind ursprünglich ein geschlossener Sphincter (Abb. S. 3, blau). Da ihnen aber die Skeletteile eingelagert sind, welche aus den Kiemenbogen des primitiven Kopfdarmes hervorgehen, so wird dieser Teil der Muskulatur mit der Umwandlung der Kiemenbogen in Unterkiefer, Zungenbein und Kehlkopfskelet zu Muskeln dieser Skeletteile verwendet (Abb. S. 6, blau). Nur die dorsale Wand bleibt unberührt und wird in die Schlundschnürer umgewandelt; so entsteht das Constrictorensystem des Rachens. Die Muskelfasern bilden keinen geschlossenen Ring, sondern endigen hufeisenförmig hüben und drüben an den genannten Skeletteilen, welche die ventrale Wand aufgeteilt haben, bis hinauf zum Schädel (Abb. a, S. 147, rote Linie). Da Teile der Kiemenbogen in den Schädel eingetreten sind (Griffelfortsatz des Schläfenbeins usw.), war der Weg, auf welchem die Schlundmuskeln den Schädel erreicht haben, durch das Skelet vorgezeichnet. Wie alle visceralen Muskeln des Kopfes, so sind auch sämtliche Pharynxmuskeln aus quergestreiften Muskelfasern zusammengesetzt.</td></tr></table>

In der Rückwand des Rachens sind die Schlundschnürer größtenteils unterbrochen und an einem medianen Sehnenstreifen befestigt, Raphe pharyngis (Abb. S. 101). Dies hängt damit zusammen, daß durchaus nicht alle Fasern transversal verlaufen. Sie strahlen vielmehr von jedem Skeletpunkt, welchen die Sphincteren am ehemaligen Kiemenskelet als Stützpunkt besetzt halten, fächerförmig aus. Daher laufen sie vielfach in der Raphe von beiden Seiten her spitzwinklig zusammen. Die Raphe ist der gemeinsamen Wirkung der beiderseitigen schrägen Fasern, welche an dieser Stelle nach dem Parallelogramm der Kräfte in der Längsrichtung ziehen müssen, aufs beste angepaßt. Die Constrictoren sind, wenn die schrägen Fasern einzeln wirken, nicht ausschließlich Schlundschnürer. Mit dem Fachnamen wird nur eine, und zwar die genetisch älteste Tätigkeit bezeichnet; daneben sind sie auch Verkürzer des Schlundkopfes.

Die Längsmuskeln der Rachenwand sind viel spärlicher als die Schlundschnürer. Sie sind lediglich Verkürzer, und zwar ihrer Anheftung am Schädel nach „Heber" des Schlundkopfes, deshalb Levatores pharyngis genannt. Sie decken nicht die ganze Rachenwand, sondern lassen im Epi- und Mesopharynx die ganze Rückwand frei.

Musculus constrictor pharyngis superior. Er hat eine sehr ausgedehnte Ursprungslinie an der Unterfläche des Schädels, welche bei manchen Individuen beiderseits bereits an der Schläfenbeinpyramide, immer aber am Flügelfortsatz des Keilbeines beginnt und von dort die Zwischensehne zwischen Hamulus und Unterkiefer als Brücke benutzt, um letzteren zu erreichen und in der Höhe des 3. unteren Molars und in der Zunge zu endigen (Abb. S. 87, 99, Bd. I, S. 663). Der obere Rand des Muskels ist nach dem Schädel zu konkav ausgeschnitten; er läßt die Fascia pharyngobasilaris frei zutage treten (Abb. Nr. 59).

M. constrictor phar. sup. (Tabelle S. 84/14, Abb. S. 87, 92, 99, **101**; Bd. I S. 187, 663

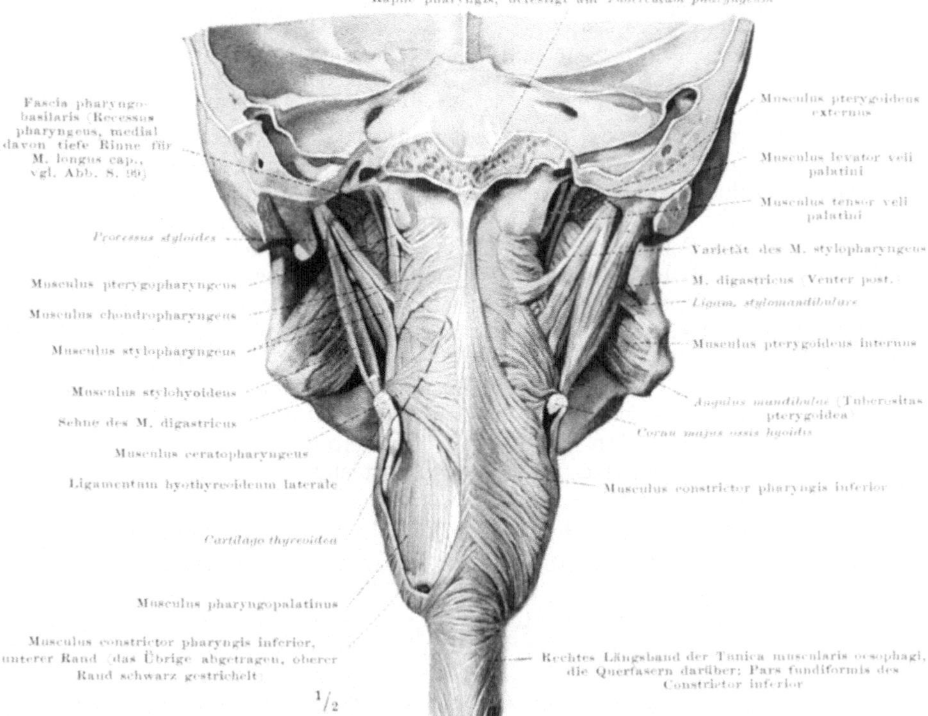

Abb. 59. Rachenmuskulatur von hinten, Pharynx nicht eröffnet. Links ist der Constr. phar. inf. bis auf einen kleinen Streifen am unteren Rand entfernt, seine obere Grenze schwarz gestrichelt. Statt des Namens des Constr. phar. sup. und Constr. medius sind einzelne Abschnitte beschriftet (siehe Tabelle S. 84). Der hintere Bauch des M. digastricus ist entfernt. Rechts sind alle Muskeln erhalten. Varietät: der M. stylopharyngeus sollte auf den platten Muskelbauch beschränkt sein, welcher rechts unter dem oberen Rand des Constr. phar. medius verschwindet. Statt dessen gibt es rechts einen zweiten Muskel, welcher sich auf den Constr. medius legt und mit ihm verschmilzt und links einen zweiten, ebenfalls atypischen Muskel, welcher sich anfangs auf den Constr. med. legt (auf den M. chondrophar.), aber dann unter ihm verschwindet (unter dem M. ceratopharyngeus).

An der Raphe reicht er bis nahe an das Tuberculum pharyngis des Schädels heran, an welchem die Raphe selbst befestigt ist. Doch ist die oberste Randpartie individuell sehr verschieden ausgebildet, bald hoch und gut, bald weniger hoch und schwach entwickelt. Nach unten reicht der Constrictor superior bis in das Niveau des unteren Randes des Unterkiefers. Doch ist die untere Spitze überlagert vom Constrictor medius und in minderem Grad auch vom Constrictor inferior. Man kann von außen erst nach Entfernung der beiden letzteren einen vollen Eindruck von der Größe des Muskels erhalten. Der Schleimhaut liegt er dagegen fast seiner ganzen Ausdehnung nach an (mit Ausnahme der von Längsmuskeln bedeckten schmalen Streifen) und ist von innen deshalb ohne weiteres frei zu legen (Abb. S. 92). Die meisten Fasern der einen Seite verflechten sich mit denen der anderen Seite in der Raphe.

Der Muskel wulstet die Schleimhaut gegen das Innere des Rachens vor: Passavantscher Ringwulst, ein Widerlager für die Hinterseite des Gaumensegels, welches beim Verschluß des Nasenrachenraums an diese Stelle der Rachenwand angepreßt wird (Abb. c, S. 97, Abb. b, S. 107). Für die Fortbewegung des Bissens gegen die Speiseröhre kommt der Muskel nicht in Betracht, da er dafür zu hoch liegt. Aber seine Fasern verstärken die Rachenwand oberhalb des für den Sphincterenmechanismus benötigten Abschnittes.

Innervation: Plexus pharyngeus des N. glossopharyngeus (IX), vagus (X) und accessorius (XI). Blutzufuhr: A. pharyngea ascendens, daneben A. palat. ascendens, A. pharyngea descendens (aus A. sphenopalatina) und A. vidiana, sämtlich aus A. carotis externa. Lymphabfluß: Obere Region zu den Nodi lymph. faciales profundi, untere Region zu den Nodi cervicales profundi.

M. constrictor phar. medius (Tabelle S. 84/15), Abb. 87, 88, 101; Bd. I, S. 187

Musculus constrictor pharyngis medius. Er entspringt beiderseits vom Zungenbein (großes und kleines Horn, Abb. S. 88) und an dem anstoßenden Teil des Lig. stylohyoideum. Er ist in zwei mehr oder minder deutliche Schichten zerlegt, welche breit nach der Raphe zu ausstrahlen. Sie können zwischen sich ein dreieckiges Fenster freilassen (Abb. S. 101, links) oder sich gut überdecken (rechts). Immer bleibt zwischen dem oberen Rand des Constr. medius und dem Constr. sup. eine Lücke, durch welche der M. stylopharyngeus (Tab. S. 84) in die Rachenwand einstrahlt (in Abb. S. 101 sind rechts und links Varianten des letzteren abgebildet). Der Constr. inferior deckt fast die ganze untere Hälfte des Constr. medius zu, beide zusammen überlagern in verschiedenem Grade den Constr. superior. Durch die dachziegelförmige Überlagerung wird die Schlundwand von oben nach unten fortschreitend muskelkräftiger. Die schnürende Wirkung bei den wellenförmig fortschreitenden Kontraktionen ist deshalb unten am stärksten.

Innervation, Blutzufuhr, Lymphabfluß wie beim vorigen.

M. constrictor phar. inferior (Tabelle S. 84/16), Abb. S. 101; Bd. I, S. 187

Musculus constrictor pharyngis inferior. Er entspringt beiderseits an den oberflächlichen Kehlkopfknorpeln (Schild- und Ringknorpel), manchmal auch vom obersten Ring der Luftröhre und hängt oft an seinen Ursprüngen mit dem M. cricothyreoideus des Kehlkopfs (Tab. S. 84) und dem M. sternothyreoideus des Halses (Bd. I, S. 186) muskulös oder sehnig zusammen. Die obersten Fasern steigen steil aufwärts zur Raphe pharyngis und decken einen großen Teil des Constr. medius und einen kleinen Teil des Constr. sup. Die untersten Fasern strahlen abwärts in die Speiseröhre aus. Die große rhombische Platte, welche die beiderseitigen Muskeln formen, ist auf der Außenfläche des Pharynx ganz sichtbar (Abb. S. 101; nur die rechte Hälfte). Über die schnürende Wirkung siehe den vorigen. Wie der Trapezius, dem die Form des Muskels ähnlich ist, auf den Schultergürtel wirkt, so vermag auch der Constr. phar. inferior den Kehlkopf in verschiedenen Richtungen zu bewegen (nach vorn-, auf- und abwärts). Schließlich kann er den Schildknorpel, solange er nicht verknöchert ist, ein wenig zusammenbiegen und sich auf diese Weise an der Verengerung der Stimmritze beteiligen.

Innervation: wie bei den vorigen. Er erhält auch Ästchen vom N. laryngeus sup. et inf. n. vagi.

M. stylopharyngeus (Tabelle S. 84/17), Abb. 101; Bd. I, S. 187, 663

Musculus stylopharyngeus. Er ist von den drei schmalen Muskeln, welche vom Griffelfortsatz entspringen, am längsten; er sitzt an dessen Hinterkante zunächst der Schädelbasis fest. Am Seitenrand des Schlundes steigt er außen vom Constrictor superior abwärts und strahlt zwischen Constr. sup. und Constr. medius in die Rachenwand ein. Von da ab schließt er sich den ebenfalls longitudinalen Fasern des M. pharyngopalatinus an und bildet mit diesen die tiefste Schicht der Pharynxmuskeln (Abb. S. 101, links freigelegt). Vom Zungenbein bis zum unteren Schildknorpelrand ist die ganze Rückwand des Rachens von longitudinalen Zügen der beiden Muskeln bedeckt, welche konvergierend von oben einstrahlen. Oberhalb und unterhalb dieser Strecke ist sie frei von Längszügen. Die Fasern des Stylopharyngeus erreichen zum Teil mit dem Pharyngopalatinus den oberen Rand des Schildknorpels und den Kehldeckel, zum Teil endigen sie in dem straffen Teil der Tela submucosa der Pharynxwand (Ausläufer der Fascia pharyngobasilaris).

Die beiderseitigen Muskelchen heben den Schlundkopf gegen ihre unbewegliche Befestigung an den Griffelfortsätzen empor, buchten dadurch die hintere Rachenwand in Höhe des Kehlkopfeinganges nach hinten aus und lenken dadurch die herabgleitenden Speisen beim Schlucken vom Kehlkopfeingang weg. Dies können wir aus dem Gegenbeispiel der experimentellen Lähmung der Muskelchen bei Tieren schließen, bei welcher sehr oft Eintritt von Speisen in die unteren Luftwege beobachtet wird („Schluckpneumonie").

Von den zahlreichen Varianten sind in Abb. S. 101 rechts und links zwei, an atypischen Stellen in die Constrictoren einstrahlende Bündel gezeichnet. Regelmäßig verlaufen Fasern des Stylopharyngeus zur Kapsel der Gaumentonsille (S. 118).

Innervation: N. glossopharyngeus (IX). Blutzufuhr: wie bei den vorigen.

Musculus pharyngopalatinus (siehe S. 95). Er ist Heber des Schlundkopfes und Schildknorpels beim Schlucken.

Auf die Seitenwände und Rückwand des Epipharynx setzt sich von der Nasenhöhle aus typisches, mehrzeiliges Flimmerepithel fort, welches der Tunica propria der Mucosa fast ganz glatt aufliegt. Das Flimmerepithel, welches beim Embryo den ganzen Pharynx auskleidet, ist beim Erwachsenen an den meisten Stellen durch Plattenepithel ersetzt; in Falten und Buchten erhält sich ersteres am längsten. Die nasale Fläche des Gaumensegels und die ganze Wand der beiden unteren Etagen des Rachens sind wie die Mundhöhle von mehrschichtigem Plattenepithel ausgekleidet. Trotz des andersartigen Epithels ist beim Gaumensegel die Tunica propria wie in der Nasenhöhle papillenlos oder die vorhandenen spärlichen Papillen sind niedrig (Abb. S. 58). Weiter unten sitzt das Epithel auf sehr hohen Papillen der Propria auf und ebnet diese Unebenheiten der bindegewebigen Grundlage nach der Oberfläche der Schleimhaut zu aus. Infolge des Blutreichtums der Propria sieht die Schleimhaut rosig aus; wo die zahlreichen, dickeren Drüsen

Die Schleimhaut, feinere Struktur und Relief

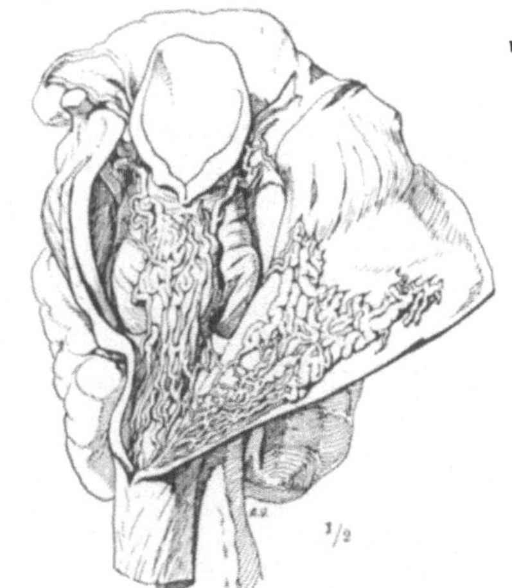

Abb. 60. Venöse Wundernetze des Hypopharynx. Rachenwand an der linken Seite geöffnet und Hinterseite nach rechts herübergeklappt. Aus Anat. Anz. 1918.

durchschimmern, ist sie heller. Die Drüsen des obersten, der Schädelbasis angelagerten Teiles, Fornix pharyngis, sind gemischt. Auch innerhalb der Pharynxtonsille (S. 121) liegen zahlreiche gemischte Drüsen, die zum Teil verödet und deren Ausführgänge zu Krypten der Tonsille geworden sind. Weiter abwärts sind die Drüsen rein mukös mit Ausnahme der nächsten Umgebung des Kehlkopfeinganges, wo wieder gemischte Drüsen liegen. Die Schleimdrüsenpakete an der Rückwand des Rachens und in den Rosenmüllerschen Taschen sind besonders reichlich. Sie haben Hirsekorn- bis Linsengröße.

Die Pharynxschleimhaut ist am Übergang in die Speiseröhre in Falten gelegt, welche radiär zusammenschließen, ähnlich den Falten eines geschlossenen Tabaksbeutels. Diese Stelle heißt Ösophagusmund. Auf der Vorder- und Hinterwand des Hypopharynx liegt unter der Schleimhaut je ein venöses Wundernetz, welches, wenn es gefüllt ist, die Schleimhaut vorwölbt und beim Sondieren einen Widerstand bietet (Abb. S. 92, 103). Das vordere liegt auf der Ringknorpelplatte und auf den Mm. arytaenoidei des Kehlkopfs (Tab. S. 85 22, 23), das hintere ein wenig weiter kaudal innen vom Constrictor pharyngis inferior oberhalb des Ösophagusmundes. Die Schleimhaut des Hypopharynx ist auf der Rückwand des Kehlkopfs ganz besonders verschieblich.

Die Blutzufuhr und der Lymphabfluß der Schleimhaut entspricht dem bei den Muskeln Gesagten (S. 102). Die Lymphgefäße, welche vom oberen Teil der Hinterwand wegleiten, gelangen in einige retropharyngeale Lymphknoten zwischen Pharynx und M. rectus capitis anterior. Von ihnen gehen die tiefen retropharyngealen Abscesse aus. Die Knötchen sind immer vorhanden, beim Kind groß, beim Erwachsenen klein.

Innervation: Aus sensiblen Ästen des gleichen Plexus pharyngeus, welcher die Muskeln motorisch versorgt (S. 102). Die Hinterwand des Kehlkopfs (zugleich die Vorderwand des Hypopharynx) ist vom sensiblen R. internus des N. laryngeus superior innerviert.

Das Relief der dem Lumen zugewendeten Schleimhautoberfläche (Abb. S. 75. 98) ist reich an Details, welche durch eingelagerte Muskelzüge und die Wandungen benachbarter Organe oder deren Zugänge bedingt sind. Die Bedeutung ergibt sich aus den veranlassenden Einschlüssen und aus der Umgebung der Falten und Gruben. Ich füge eine Tabelle mit kurzer Erklärung der verwendeten Namen bei.

Die beim Rachen üblichen Fachausdrücke:

1. Nasenrachenraum (Epipharynx). Schleimhautnerv: 2. Ast des Trigeminus (Vb).

Fornix pharyngis, Schlundkopfgewölbe: die Schleimhaut ist angeheftet an das Os occipitale, Os petrosum und Os sphenoidale des Schädels. Das Gewölbe hat Keulenform (oben breit, nach unten verengert).

Tonsilla pharyngea: schwammiger Teil der Schleimhaut an der oberen Rückwand und am Fornix (Abb. S. 92, 117), mit eingelagertem lymphatischem Gewebe; beim Erwachsenen reduziert oder verschwunden (S. 121).

Fossulae tonsillares: die Eingänge zu den Krypten der Pharynxtonsille, oft sehr weit.

Bursa pharyngea, Varietät: eine unpaare tiefe Krypte in der Pharynxtonsille, deren Grund fest an den Schädel angeheftet ist und deshalb die Schleimhaut besonders stark einbuchtet (Abb. S. 117).

Recessus pharyngeus, ROSENMÜLLERsche Tasche: seitliche Ausbuchtung, die jederseits bis zur Schädelbasis hinaufreicht (Abb. S. 99, 117); je nach der Größe der Pharynxtonsille weiter oder enger.

Ostium pharyngeum tubae auditivae: dreiseitige Öffnung der Ohrtrompete, Tuba Eustachii (Abb. S. 110), von hier aus führt die Tube in das Mittelohr (in Abb. S. 99 ist der Eintritt in die Felsenpyramide zu sehen; gute Übersicht in Bd. I, Abb. S. 652). Das Ostium ph. tub. liegt hinter der unteren Muschel und kann mit einer gebogenen Sonde vom unteren Nasengang aus sondiert werden, indem man die Spitze am hinteren Rand der Muschel (Abb. S. 75) nach oben dreht und in die Tube einführt. Geht man zu weit nach hinten, so gerät die Sonde in den Recessus pharyngeus (siehe Torus tubarius). Diese Bucht ist leichter mit der Sonde zu fühlen als das übrige Relief. Deshalb führt man das Instrument absichtlich bis dahin vor und sucht von da aus durch Rückwärtsziehen der Sonde den Torus und die Öffnung der Tube.

Labium anterius et posterius des vorigen: die Tubenlippen sind Schleimhautfalten, welche vor und hinter der Tubenöffnung vorspringen. In der vorderen Lippe liegt der Tubenhaken (umgebogene Kante des Tubenknorpels), in der hinteren Lippe das verdickte Ende der lateralen Platte des Tubenknorpels (vgl. Abb. S. 94 u. 110).

Torus tubarius, Tubenwulst: synonym der hinteren Tubenlippe, welche durch den ihr eingelagerten Tubenknorpel besonders stark vorspringt (Abb. S. 110,

117). Der derbe Wulst wird beim Sondieren gefühlt und dient als Marke: die Tubenöffnung liegt vor, der Recessus pharyngeus hinter ihm.

Levatorwulst: ein Vorsprung am unteren Rand der Tubenöffnung, welcher vom Inneren der Tube aus nach dem Gaumen zu schräg abfällt (Abb. S. 75, 110). Ihm liegt der M. levator veli palatini zugrunde.

Plica salpingopharyngea, Wulstfalte: sie läuft von der hinteren Tubenlippe aus in der seitlichen Rachenwand abwärts und verstreicht nach unten (Abb. S. 98, 110). In ihr liegen außer Drüsen Fasern des M. salpingopharyngeus (variabel) und ein Fascienstrang, Ligamentum salpingopharyngeum.

Plica salpingopalatina, Hakenfalte: schwache, kurze Falte, welche die vordere Tubenlippe gegen das Gaumensegel zu fortsetzt (Abb. S. 110).

Meatus nasopharyngeus: senkrechter Schleimhautstreifen mit wenig markierten Rändern zwischen der Plica salpingopalatina und dem hinteren Ende der Nasenmuscheln (Abb. S. 134). Diese Stelle entspricht der knöchernen Umrahmung der Choanenöffnung (Pars verticalis des Os palatinum). Gegenüber dem Meatus nasopharyngeus hört das Nasenseptum mit scharfem Hinterrande auf (Abb. S. 98).

2. Mundrachenraum (Mesopharynx). Schleimhautnerv: N. glossopharyngeus (IX).

Isthmus faucium sive Fauces, Schlundenge: der Durchlaß, welcher von der Mundhöhle in den Rachen führt (Abb. S. 98).

Arcus glossopalatinus, vorderer Gaumenbogen: zwei nach oben konvergierende Schleimhautfalten, welche die Mundhöhle gegen den Mesopharynx abgrenzen (Abb. b, S. 55 u. Abb. S. 117); in ihnen liegen Drüsen und der M. glossopalatinus.

Plica triangularis: nach der Zunge zu verbreitert sich der Arcus glossopalatinus zu einer dreieckigen Schleimhautfalte, welche mit ihrem freien Rande die Gaumenmandel von vorn etwas überdeckt (Abb. S. 117).

Arcus pharyngopalatinus, hinterer Gaumenbogen: zwei Schleimhautfalten, welche stärker vorspringen als die des vorderen Gaumenbogens, aber geradeso wie jene nach oben konvergieren (Abb. b, S. 55). Nach unten zu verstreichen sie im Hypopharynx (Abb. S. 117). In ihnen liegt jederseits der M. pharyngopalatinus.

Tonsilla palatina, Gaumenmandel (S. 117): ein ovaler Körper, welcher in der Nische zwischen den beiden Gaumenbögen, zum Teil auf dem Arcus pharyngopalatinus darauf liegt (Abb. S. 117), aber das Feld gegen den vorderen Bogen und die Zunge zu freiläßt (Plica triangularis). Wegen der teilweisen Einlagerung in den hinteren Bogen springt die Mandel bei Würgbewegungen, wenn dieser sich verengert, besonders stark vor und ist dann vom Mund aus deutlich sichtbar. Vom Pharynx aus gesehen springt sie stets vor (Abb. S. 98 links; die vergrößerte Gaumenmandel ist auch vom Mund aus gesehen prominent, die normale ist nur wenig oder gar nicht sichtbar, Abb. b, S. 55).

Fossa supratonsillaris: ein Rest des Sinus tonsillaris, einer tiefen Grube, aus welcher sich beim Fetus die Tonsille emporhebt. Sie liegt am vorderen, oberen Rand der Tonsille, zwischen ihr und dem Arcus glossopalat. (Abb. S. 117).

Tonsilla lingualis, Zungenmandel: auf der Zungenwurzel, welche gegen den Schlund schaut (Abb. S. 98), liegen zahlreiche Lymphfollikel mit je einer Krypte, Folliculi linguales (auch Balg„drüsen" genannt). Sie werden als Zungentonsille zusammengefaßt (S. 113). Sie rechnen als Bestandteil der Zunge zur Mundschleimhaut, werden aber vielfach auch mit zum Rachen gezählt, weil dieser Teil der Zunge das Loch in der Rachenvorderwand gegen die Mundhöhle zu wie eine Verschlußtür ergänzt.

Fossulae tonsillares (Abb. S. 117): die Eingänge zu den Krypten der Gaumenmandel, oft mit Pfröpfen gefüllt; ebenso die Eingänge zu den solitären Follikeln neben (vor) der Gaumenmandel und zu den Folliculi linguales (Abb. S. 81).

Plica glossoepiglottica mediana ⎫
Plicae glossoepiglotticae laterales ⎬ siehe S. 76.
Valleculae epiglotticae ⎭

Plica pharyngoepiglottica: Falte der seitlichen Pharynxwand, welche abwärts zum seitlichen Rand des Kehldeckels zieht (Abb. S. 98), enthält Fasern des M. stylopharyngeus, Grenze gegen den Hypopharynx.

3. Unterrachen (Hypopharynx). Schleimhautnerv: N. laryngeus superior des Nerv. vagus (X).

Aditus laryngis: Eingang in den Kehlkopf (Abb. S. 98).

Prominentia laryngea pharyngis: der in den Pharynx vorspringende Kehlkopf (Abb. S. 75).

Recessus piriformis: die neben dem Kehlkopfeingang jederseits einsinkende Furche der Schleimhaut (Abb. S. 98); sie ist oben durch die Plica pharyngoepiglottica von der Vallecula epiglottica geschieden. Der Recessus piriformis ist jederseits der bevorzugte Schlingweg; er führt seitlich vom Kehldeckel vorbei (Abb. S. 92), schwarz gestrichelte Linie).

Plica nervi laryngei (Abb. S. 98): eine feine Falte im Recessus pirif., enthält den sensiblen R. internus des N. laryngeus superior (N. vagus, X).

Plica aryepiglottica: Schleimhautfalte von der Epiglottis zu den Stellknorpeln; die beiderseitigen Falten umsäumen den Kehlkopfeingang (Abb. S. 92, 98), enthalten gleichnamige Muskelfasern. Die Submucosa ist in ihnen besonders locker; plötzliche Anschwellung beim Glottisödem (Gefahr des Erstickens).

Plexus venosus pharyngis anterior et posterior, venöse Wundernetze auf der Vorder- und Hinterwand (Abb. S. 92, 103).

c) Der Schlingweg und der Luftweg in Ruhe und Bewegung.

Der Schluckapparat im ganzen

Unter Schlingweg verstehen wir die Straße für die Nahrungsaufnahme von der Mundhöhle bis zur Speiseröhre, unter Schling- oder Schluckakt den Bewegungsvorgang, durch welchen Bissen auf diesem Weg gegen den Magen hin befördert werden. Beteiligt sind Muskeln des Mundhöhlenbodens, der Zunge, des Gaumensegels, Rachens und der Speiseröhre. Wir behandeln in zusammenfassender Übersicht diesen großen Muskelkomplex an dieser Stelle, weil jetzt alle wichtigen Komponenten aus der Einzelbeschreibung bekannt sind. Der Rachen ist die kritische Stelle, an welcher der Luftweg gegen den Schlingweg so gesichert sein muß, daß trotz der scheinbaren Überkreuzung beider beim Menschen gewöhnlich kein „Verschlucken" eintritt (Abb. b, c, S. 97). Diese Sicherung besorgt ohne unser Zutun die Muskulatur.

Um den Inhalt der Mundhöhle nach hinten zu treiben, muß

1. das Innere der Mundhöhle unter Druck gestellt,
2. der Bissen von der Zunge wie von einem Spritzenstempel längs dem Gaumen nach hinten gerichtet und
3. jeder andere Weg als der zur Speiseröhre verlegt werden. Zu versperren sind
   a) der Rückweg in die Mundhöhle,
   b) der Weg in den Nasenrachenraum,
   c) der Weg in den Kehlkopf.

In der Ruhestellung (Abb. a S. 107) steht das Zungenbein relativ tief und der Wirbelsäule nahe, der Kehlkopf folgt nach unten erst in gewissem Abstand auf das Zungenbein und drängt die Vorderwand des Hypopharynx so gegen die Rachenrückwand, daß beide eng aneinander liegen, also der Zugang zur Speiseröhre wie diese selbst geschlossen ist. Die Muskulatur kommt den ihr gestellten, oben näher erläuterten Aufgaben in zwei Phasen nach.

1. Phase des Schluckens

1. Phase (Vorbereitung des eigentlichen Schluckens, Dauer verhältnismäßig lang).

Nachdem der Bissen gekaut und durchspeichelt ist, schließen auf der einen Seite die Lippenmuskeln die Mundspalte und auf der anderen Seite die Muskeln der Gaumenbögen die Schlundenge, Isthmus faucium. Kontrahieren sich nun die Muskeln des Mundhöhlenbodens (M. mylohyoideus, M. geniohyoideus, M. digastricus, Abb. S. 57), so ziehen sie das Zungenbein nach oben und vorn, gleichzeitig nähern die beiden Mm. thyreohyoidei den Schildknorpel und den ganzen Kehlkopf dem Zungenbein so sehr, daß beide Teile wie ein festes Ganzes unter die Zunge schlüpfen (Abb. c, S. 97 u. Abb. b, S. 107). Der Kehlkopf duckt sich gleichsam unter die Zunge und ist infolgedessen für den Luftweg gesperrt, der Rachen dagegen geöffnet in dem Maß, als der Kehlkopf sich von der Rückwand des Hypopharynx entfernt. Gleichzeitig wird die Zunge durch den Druck, welchen der Mundhöhlenboden ausübt, gegen den Gaumen gepreßt und der Bissen gegen diesen gedrängt. Nun übernehmen die beiderseitigen Mm. hyoglossi und Mm. styloglossi die Führung des Zungenstempels nach hinten; die ersteren,

indem sie das Zungenfleisch zurückstauen, und die letzteren, indem sie das
gestaute Material nach oben und hinten leiten. So wird schließlich der hintere
Teil des Zungenrückens wulstartig längs dem Gaumen nach hinten und der
Bissen gegen die Schlundenge getrieben (man beachte in Abb. b, S. 107, wie sehr
die Zungenwurzel gegenüber der Muskellinie für den M. hyoglossus nach hinten
vorgewulstet ist, vgl. mit Abb. a, S. 107). Der Isthmus öffnet sich so lange, bis
ein Bissen von passender Länge und Größe hindurchgegangen ist. Dann kontrahieren sich der Sphincter, welcher aus dem M. transversus linguae und aus den
Mm. glosso palatini besteht, und ebenso die rautenförmige Faserkreuzung der Mm.
pharyngopalatini (Abb. S. 111), um den Bissen abzuschneiden, wie in der Wurst-
maschine für jede Wurst die Fülle Stück für Stück abgeteilt wird. Der Rückweg
in die Mundhöhle ist abgesperrt, sobald die Schlundenge wieder geschlossen ist.

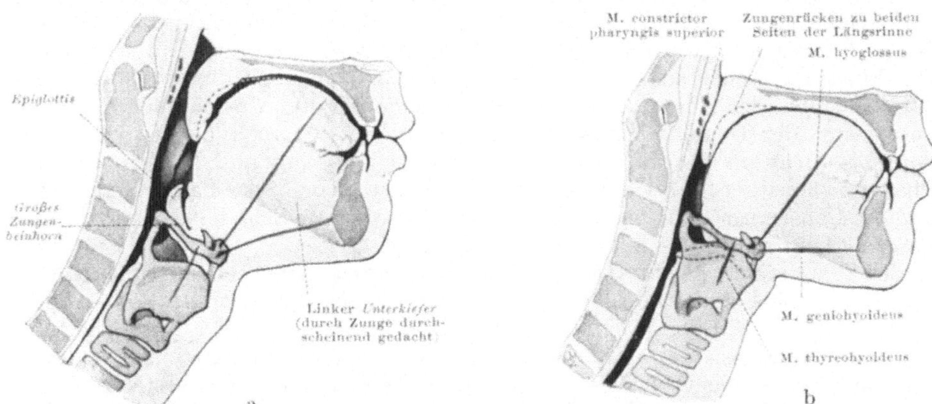

Abb. 61. Leerschlucken; Medianschnitte, Kehlkopf und Zungenbein aus der Papierebene vorspringend.
a Ruhelage von Zunge, Gaumensegel, Zungenbein und Kehlkopf; Muskeln erschlafft, deshalb rote Linien
dünn und lang. b Emporsteigen des Gaumensegels, des Zungenbeins und Kehlkopfs, Vorquellen der Zunge
nach hinten; Muskeln kontrahiert, rote Linien entsprechend verdickt und verkürzt. Der Kehldeckel in Abb. b
mit gestrichelter Konturlinie. Nach Präparaten, die entsprechend den Röntgenaufnahmen von Scheier
(Passow-Schaefer, Beiträge Bd. IV, 1910) montiert wurden.

Der Weg in den Nasenrachenraum ist verlegt, weil der M. levator veli palatini
das Gaumensegel schließlich so weit hebt und der M. constrictor pharyngis
superior den Passavantschen Ringwulst der Rachenrückwand so weit vortreibt, daß beide fest aneinanderschließen (Abb. c, S. 97 u. Abb. b, S. 107).

Der ganze, in der 1. Phase zusammengefaßte Vorgang ist äußerlich, besonders beim Mann, daran zu erkennen, daß der Kehlkopf oder „Adamsapfel",
Pomum Adami, in die Höhe steigt!

Die beiden Wulstfalten der Tube, Plicae salpingopharyngeae (Abb. S. 98), nähern
sich in der ersten Phase des Schluckaktes einander von beiden Seiten so sehr, daß
sie mit einem unpaaren Wulst auf der Hinterseite des Gaumens (M. levator uvulae)
einen Verschluß für sich bilden. Der Weg in die Nase ist also gleichsam durch eine
doppelte Plombe verschlossen.

2. Phase (Hinabschlucken, blitzschneller Vorgang).

Der Druck, welcher in der allseits geschlossenen Mundhöhle durch den muskulösen Mundboden entstanden ist, preßt in dem Augenblick, in welchem die
Schlundenge sich öffnet, den Bissen nach hinten. Er rutscht mit großer
Geschwindigkeit längs einer schrägen Ebene abwärts, welche in folgender Weise
zustande kommt. Das Zäpfchen liegt in diesem Augenblick zwischen den Arcus
pharyngopalatini. Es füllt die Öffnung zwischen den Bögen gerade aus, weil
die Bogenränder durch die ihnen eingelagerten, mit ihnen gleichnamigen Muskeln
gestrafft sind; in dieser Lage entsprechen sie den Seitenrändern des Zäpfchens
und sind ihnen angeschmiegt. Der weiche Gaumen setzt sich auf diese Weise

als schräges Dach ohne Unterbrechung auf die Rachenrückwand fort (später steigt er höher und verschließt die Mundhöhle fest gegen den Nasenrachenraum, siehe oben). Ist der Bissen breiig oder klein, so kann der Überdruck in der Mundhöhle genügen, um ihn längs der beschriebenen schrägen Ebene in den Rachen und sogar durch die Speiseröhre hindurch bis an den Magenmund zu schleudern. Solche Nahrung wird schußweise nach hinten gespritzt („Spritzschluck"). Der M. mylohyoideus scheint der kräftigste Muskel zur Erzeugung des Überdruckes in der Mundhöhle zu sein. Wenigstens ist bei Hunden nach operativer Durchtrennung der Mylohyoidei das Schlucken sehr erschwert.

Nach dem Passieren der Schlundenge gleitet der Bissen zunächst zwischen Zungengrund und hinterer Pharynxwand, dann zwischen Kehlkopf und hinterer Pharynxwand nach abwärts. Dabei sind Zungenbein und Kehlkopf nach oben und vorn gehoben, wodurch der Kehlkopfeingang verschlossen und der Zugang zur Speiseröhre erweitert ist. Gleichzeitig wird die Pharynxwand über den Bissen hinweg nach oben gezogen, der Pharynx wird verkürzt (Abb. b, S. 107). Die Muskeln, welche das Zungenbein und damit den Kehlkopf heben, sind hauptsächlich der Digastricus und Mylohyoideus; der Muskel, der sie nach vorn zieht, der Geniohyoideus. Zugleich zieht der Thyreohyoideus den Kehlkopf bis dicht an das Zungenbein heran. Die Hebung und Verkürzung des Pharynx bewirken vorwiegend der Stylopharyngeus, der Palatopharyngeus und der Constrictor pharyngis inferior mit seinen bis zur Schädelbasis reichenden Fasern (Abb. S. 101). .

Eine peristaltische Bewegung findet bei diesen sehr schnell ablaufenden Vorgängen nicht statt, alle beteiligten Muskeln sind quergestreift. Der Ablauf dieses Vorganges ist im großen und ganzen unabhängig von der Körperhaltung und von der Konsistenz der Bissen, er ist der gleiche bei aufrechter Haltung und im Liegen oder bei Kopfstand. Im einzelnen allerdings bestehen feine, noch nicht näher bekannte Unterschiede, z. B. beim Schlucken von festen Bissen und von Flüssigkeiten. Momentaufnahmen von weniger als $^1/_{40}$ Sekunde Dauer sind nötig, um auf der Röntgenplatte ein scharfes Bild des Bissens während des Durchganges durch den Rachen zu erhalten. In ihm kommt zu dem Spritzmechanismus der Mundhöhle noch ein unterstützender Schleudermechanismus hinzu. Beides zusammen nennt man den buccopharynalen Akt.

Der ösophageale Akt (3. Phase des Schluckens) übernimmt die Weiterbeförderung durch die Speiseröhre in den Magen. Wir besprechen ihn bei der Speiseröhre. Am Beginn der 3. Phase stehen die Kopfeingeweide wieder in der schlaffen Ausgangsstellung (Abb. a, S. 107).

Aysmmetrie des Schlingweges

Nach neueren Röntgenmomentbildern kann kein Zweifel sein, daß gewöhnlich der besonders bewegliche oberste Abschnitt der Epiglottis beim Schlucken nach abwärts gebogen wird (Abb. b, S. 107). Die Erfahrungen beim Sondieren mit dem Ösophagoskop, welches im Rachen nach einer Seite auszuweichen sucht, stimmen damit überein, daß der anatomischen Form nach der Weg seitlich vom Kehldeckel besonders gangbar ist (neben Zäpfchen und durch Recessus piriformes, Abb. S. 92, schwarzgestrichelte Linie). Verschluckte Nähnadeln bleiben mit Vorliebe in einem der Recessus stecken. Im Hypopharynx ist durch die venösen Wundernetze, wenn diese gestaut sind, ebenfalls der seitliche Weg am freiesten (Abb. S. 103). Ob der Bissen rechts oder links vorbeigeht, wird durch Asymmetrien der Kaubewegung bestimmt und bereits beim Passieren der Gaumenbögen eingeleitet, unter welchen zwei Wege hindurchführen (Abb. b, S. 55 u. Abb. S. 98). Das Zäpfchen steht gewöhnlich etwas schief. Fehlt es oder kommt es durch Krankheit in Fortfall, so tritt keine Störung auf. Doch ist ein geschwollenes Zäpfchen, welches den Zungenrand berührt und damit Würgreflexe auslöst, sehr lästig.

Mehrfache Sicherung für den Kehlkopfschluß; Laryngoptose

Der Kehldeckel ist nicht nötig, um den Eingang des Kehlkopfs vor Eintritt von Nahrungsbestandteilen zu bewahren (S. 97); doch ist er eine doppelte Sicherung gegen ein solches Vorkommnis. Ein dritter Schutz ist die aktive Kontraktion der Mm. aryepiglottici in den gleichnamigen Falten; diese Muskeln kommen in dieser Ausbildung nur dem Menschen zu (S. 169). Bei Tieren besteht die Gefahr des

Verschluckens nicht in dem Maß wie bei uns, weil bei ihnen der Kehldeckel hinter das Gaumensegel hinaufragt und wie ein Eisbrecher die Bissen am Kehlkopfeingang vorbeizwingt (Abb. a, S. 97). Ist diese sehr zweckmäßige Beziehung gelöst, so leitet das nur bei Primaten und beim Menschen vorkommende Zäpfchen, ferner der Recessus piriformis und seine Fortsetzung zwischen den Venenplexus des Hypopharynx die Bissen möglichst am Kehlkopfeingang vorbei. Soweit sie über ihn wegpassieren, ist er von vornherein durch die Zunge, den Kehldeckel und die Kontraktion der Plicae aryepiglotticae verschlossen. Ein ganzes Heer von Sicherungen ist aufgeboten, um den verloren gegangenen Abschluß des Luftweges gegen den Schlingweg der Vierfüßler beim Menschen zu ersetzen.

Das Schlucken in Rückenlage ist deshalb unbequemer als im Stehen und Sitzen, weil mehr Muskelaufwand nötig ist, um das Zungenbein und den Kehlkopf nach vorn zu ziehen (Abb. b, S. 107), wenn dies bei jedem Schluck gegen die Schwere geschehen muß. Alte Leute haben oft wegen Muskelschwäche einen besonders tiefstehenden Kehlkopf und deshalb Schluckbeschwerden (Laryngoptose). Hebt man das Organ manuell, so geht der Akt sofort ohne Schwierigkeit. — Wie nötig die Bewegungen des Zungenbeins für den Schluckakt sind, geht auch daraus hervor, daß ein Bruch des Zungenbeines je nach seinem Sitz eine lebensgefährdende Verletzung sein kann.

Die Schluckmuskeln sind nur zum Teil dem Willen unterworfen. Auf die Einleitung eines Schluckaktes hat der Wille wohl Einfluß. Nach Formung des Bissens vollzieht sich das übrige im allgemeinen ohne Bewußtsein des weiteren Ablaufes. Von der Gegend der Gaumenbögen und Mandeln ab ist er gänzlich dem Willen entzogen. Ist der Bissen hier angelangt, so setzt ein im Gehirn vorgebildeter Mechanismus ein (Schluckcentrum), welcher zwangsläufig den Muskeln alles weitere Geschehen vorschreibt. Dieser Schluck- und Würgreflex ist einer der am festesten eingeschliffenen Reflexe des ganzen Körpers. Er verschwindet erst in tiefer Narkose; beim Sterbenden ist er in der Agonie oft noch erhalten, wenn das Herz bereits versagt. Die zum Gehirn führende Reflexbahn verläuft nicht im 2. Ast des Trigeminus, sondern nur im Glossopharyngeus und in pharyngealen Zweigen des Vagus. Das Schluckcentrum liegt in der Medulla oblongata in der Nähe des Vaguskerns. Die centrifugale Reflexbahn folgt den motorischen Nerven, welche die beim Schlucken benutzten Muskeln versorgen (Hypoglossus, R. mylohyoideus des N. trigeminus, Glossopharyngeus, Vagus, Accessorius). Man findet das Detail der Nervenverteilung bei den einzelnen Muskeln verzeichnet; s. auch Centralnervensystem.

Jedesmal, wenn sich das Gaumensegel hebt, öffnet die Kontraktion der Mm. tensores und Mm. levatores veli palatini, welche dazu notwendig ist, automatisch die Ohrtrompete (Abb. S. 110). Auf die Art der Muskelwirkung im einzelnen will ich hier nicht zurückkommen (Abb. S. 94 u. S. 93, 94). Da im allgemeinen im Mittelohr ein negativer Druck herrscht, wenn die Tube geschlossen ist — denn die Schleimhaut resorbiert so viel Luft, daß in dem engen Luftraum der Paukenhöhle auf die Dauer Unterdruck entstehen würde —, so strömt bei geöffneter Tube die Luft des Nasenrachenraums dem Mittelohr zu. Diese Ventilation ist notwendig, damit das Trommelfell frei schwingen kann. Bei dauerndem Verschluß der Tubenöffnung — etwa durch abnorme Größe des lymphatischen Gewebes in der nahen Tonsilla pharyngea (adenoide Vegetationen bei Kindern) oder bei Katarrh der Tubenschleimhaut — wird der Unterdruck im Mittelohr so groß, daß der äußere Luftdruck vom äußeren Gehörgang aus das Trommelfell gegen das Promontorium des Mittelohrs drängt und schließlich jede Schwingung desselben verhindert.

Der Luftweg führt beim richtigen Atmen durch die Nase. Die Luft wird dort vorgewärmt, mit Feuchtigkeit angereichert und von Staub befreit; auch ist dort die Kontrolle durch das Riechorgan eingeschaltet. Das Zäpfchen kann sich so zwischen die beiden Arcus pharyngopalatini legen, wenn diese durch den Zug des tiefstehenden Kehlkopfs gestreckt werden, daß die Mundhöhle gegen den Luftweg abgeschlossen ist. Der äußere Luftdruck drängt dann die Lippen und die Kiefer zusammen und hält selbst im Schlaf, wenn die Muskeln erschlafft sind, den Mund geschlossen.

Kann infolge Verdickungen der Gaumenmandeln oder anderer krankhafter oder gewohnheitsmäßiger Störungen des Gaumensegels die Luft von hinten in die

Mundhöhle eintreten, so hängt im Schlaf der Unterkiefer herab. Leicht tritt zum Schlafen mit offenem Munde das Schnarchen hinzu, weil das unrichtig stehende Gaumensegel durch den Luftstrom vibriert.

Ansatzrohr des Stimm-organes Bei Tieren ist der Luftweg durch die Nase mittels der eigenartigen Lage des Kehldeckels gesichert (Abb. a, S. 97). Der Elefant kann lernen die Harmonika

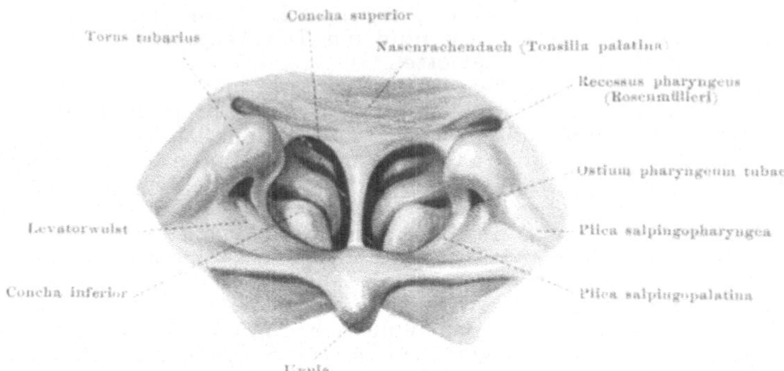

Abb. 62. Aktive Erweiterung des Ostium pharyngeum tubae bei aktiv gehobenem Gaumen. Ansicht von hinten mittels Rachenspiegel (Rhinoscopia posterior). Mit teilweiser Benutzung von A. ROSENBERG, Rachenkrankheiten, 1911, Abb. 20.

zu blasen und gleichzeitig zu trinken. Aber beim Menschen ist nicht nur der Rachen um etwa 90° zur Mundhöhle abgeknickt, was mit dem aufrechten Gang zusammenhängt (S. 96), sondern es ist damit zugleich der Kehldeckel gegen den Nasenrachenraum frei geworden. Eine Fülle von neuen Sicherungen hat bei uns den spezifischen Kehldeckelmechanismus der Tiere notdürftig ersetzen müssen. Ein Verschlucken ist nicht gar zu selten, besonders wenn die vielen Komponenten des Schluckaktes nicht hinreichend eingeschliffen sind oder

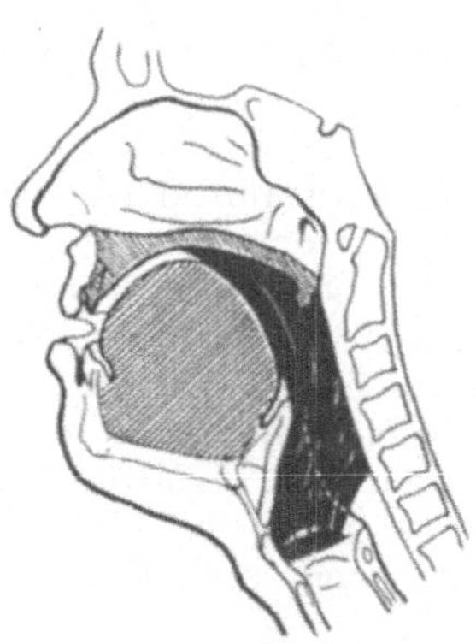

Abb. 63. Ansatzrohr beim Sprechen von Vokalen. Stellung des Gaumens und der Zunge (schraffiert) beim Sprechen des Vokals i. Luftstrom von der Stimmritze bis zum Gaumen schwarz. Mit Benutzung von BARTH, Menschliche Stimme, 1911, Abb. 188.

versagen wie bei kleinen Kindern, Kranken und Greisen. Demgegenüber haben wir einen viel größeren Gewinn zu buchen, welcher dem Menschen zugefallen ist, als der Mundraum und damit der Gaumen durch den aufrechten Gang in die neue Lage zum Rachen gelangte. Dieser betrifft die artikulierte Sprache. Der Kehlkopf erzeugt wohl die Stimme, aber die Stimmzeichen (Sprachlaute) werden in ihm nicht gebildet. Denn die Vokale und Konsonanten, welche erst die Stimme zu dem uns eigenen Sprachwerkzeug machen, kurz die Artikulation der Sprache, wird durch das Ansatzrohr oberhalb des Kehlkopfes gebildet. Seine Form, die beim Menschen sehr veränderlich ist, wirkt ähnlich wie verschiedene Ansatzrohre bei Musikinstrumenten, welche je nach ihrem Bau die gleiche Pfeife zur Oboe, zum Horn, Fagotte oder zur Trompete umwandeln. Der Wechsel vollzieht sich beim Menschen so, daß das Ansatzrohr sich je nach der Tätigkeit der Muskeln ändert. Wir haben ständig gleichsam eine ganze Sammlung von Instrumenten für unsere Stimme bereit, ähnlich wie unser Auge wegen der Veränderlichkeit der Linsenkrümmung über einen ganzen Satz von Linsen verfügt (Akkommodation).

Um zu verstehen, wie das menschliche Ansatzrohr auf die Klangfarbe der Stimme wirkt, greifen wir als Beispiel das Sprechen des Vokales i heraus. Dabei ist der Kehlkopf so gestellt, daß der Pharynx am stärksten verkürzt ist (beim Vokal u ist er gerade umgekehrt am längsten) und daß durch den maximal erweiterten Querschnitt des Rachens der Luftstrom möglichst ausgiebig gegen den Gaumen geleitet wird (Abb. S. 110). Die Kopfresonanz ist beim Sprechen von i am größten. Der harte Gaumen und die ihm aufsitzende Nasenscheidewand schwingen unter dem Anprall des Luftstromes wie das Stimmholz samt Steg einer Geige. Man kann an sich selbst die Vibration fühlen, wenn man die flache Hand auf den Scheitel legt.

Das
Sprechen
von
Vokalen

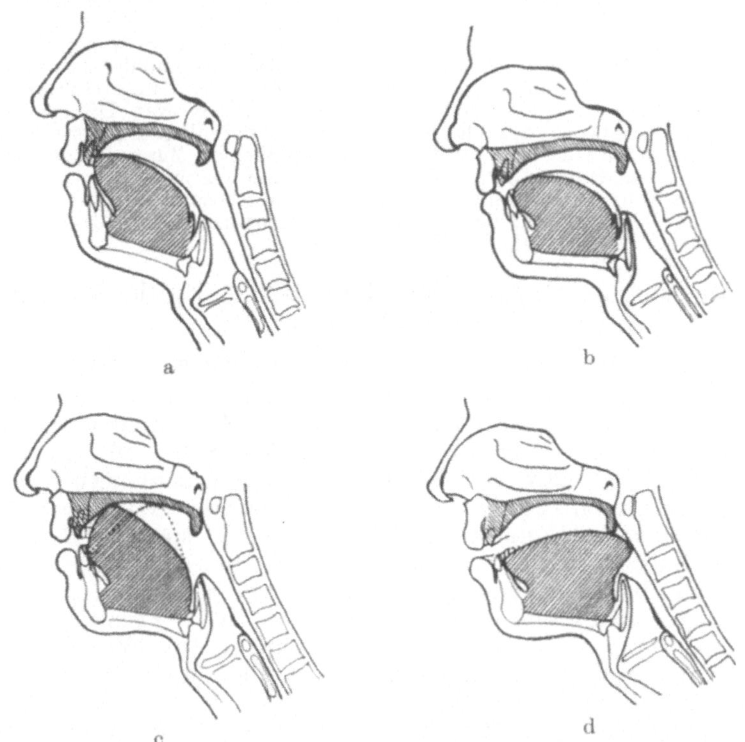

Abb. 64. Ansatzrohr beim Sprechen von Konsonanten. Verschiedene Stellungen von Zunge und Gaumen (durch Schraffur hervorgehoben). Mit Benutzung von BARTH, Abb. 189, 190—192.

Bei starker Anspannung der Mm. tensores veli palatini kann der harte Gaumen nach hinten verlängert werden (S. 93), denn gespannte Aponeurosen sind hart wie Knochen, was am sinnfälligsten ist, wenn wir die Palmaraponeurose der Hohlhand spannen. Sämtliche Vokale sind nichts anderes als verschiedene Klangfarben, welche die Stimme durch die jeweilige Form des Ansatzrohres gewinnt.

Außer der Resonanz durch den Gaumen hat die Stellung des Pharynx, der Zunge und Lippen eine große Bedeutung. Bei den Konsonanten handelt es sich bekanntlich besonders um die Stelle, an welcher die Zunge die Wand der Mundhöhle berührt, während der Ton hervorgebracht wird (Artikulationsgebiete der Zunge, Abb. S. 111). Man unterscheidet außerdem Lippenlaute, bei welchen entweder die Unter- und Oberlippe oder die Unterlippe und obere Zahnreihe einander berühren (Abb. b). Das r wird beispielsweise im brr der Kutscher als Lippenlaut (b), im rollenden italienischen r zwischen Zungen-

Das
Sprechen
von Konso-
nanten

spitze und oberen Zähnen (Abb. a, S. 111), im gewöhnlichen tonlosen deutschen r zwischen Zungenrücken und Gaumen gesprochen (Abb. c, S. 111). Für die Technik des Sprechens und Singens ist das Studium dieser Vorgänge außerordentlich wichtig (vgl. auch S. 168). Auch die Sprachforschung verdankt ihnen eine Neuorientierung in der Beurteilung der psychophysischen Sprachgesetze.

Aus-atmungs-luft und Gaumen

Am wesentlichsten ist, daß die ausgeatmete Luft beim Menschen wegen der Befreiung des Kehldeckels aus dem Nasenrachenraum den Weg in die Mundhöhle zur Verfügung hat, während der ursprüngliche Luftweg hin und her durch die Nase führt und auch beim gewöhnlichen Atmen eingehalten wird (Abb. S. 97, blauer Doppelpfeil). Die Ausatmungsluft findet im menschlichen Gaumen, sobald er gehoben und die Nase von hinten verschlossen ist, einen vorzüglichen Resonanzboden (Abb. S. 110). Beim Vierfüßler ist wegen der ganz anderen Stellung des Kopfes zur Wirbelsäule Ähnliches nicht möglich; dagegen haben manche Tiere in ihren Kehlsäcken Resonatoren. Die in der Mundhöhle von vornherein zur Verfügung stehende Beweglichkeit (im Gegensatz zur Starrwandigkeit der Nasenhöhle) ist die materielle Grundlage, auf welcher sich die phantastische Vielseitigkeit unseres Sprechens und Singens entwickeln konnte, als einmal dieser Weg beschritten war. Die Spezialisierung der Zunge im Dienst der Sprache stand potentia bei allen Säugern bereit, weil bei ihnen der Abschluß der Nase durch das Gaumendach die Zunge frei gemacht hatte.

Wird die ausgeatmete Luft beim Sprechen vom Gaumen so geleitet, daß sie durch die Nase geht, so bekommt die Stimme einen besonderen „näselnden" Ton. Bei den Rhinophonen (m, n, ng) und bei allen Wörtern, welche diese Buchstaben enthalten, ist der Weg durch die Nase notwendig.

3. Branchiogene Organe (Mandeln, Bries, Epithelkörperchen, Schilddrüse).

a) Branchiogene Herkunft und gemeinsame Aufgaben (endokrine Drüsen).

Die paarigen Schlund-taschen

Der menschliche Embryo besitzt jederseits fünf entodermale Schlundtaschen, welche gegen die entsprechenden ektodermalen Kiemenfurchen durch eine Grenz- oder Verschlußmembran getrennt sind (Abb. S. 6). Die 5. entodermale Tasche ist nicht voll entwickelt: sie hängt mit der 4. zusammen und hat mit ihr einen gemeinsamen Zugang vom Darmrohr aus (Abb. S. 114, rechts). Auch von den ektodermalen Furchen sind die hinteren in späteren Entwicklungsstadien verschmolzen und nur durch einen gemeinsamen Kanal von außen zugänglich; denn die Krümmung des Nackens bringt es mit sich, daß der Platz gerade in der hinteren Kiemenregion sehr eingeengt ist. Der gemeinsame Zugang heißt Sinus cervicalis (in Bd. I, Abb. S. 22 hinter den drei ersten Kiemenbögen als dreieckiges Loch sichtbar; der Zugang umfaßt später auch die 2. Furche, Abb. S. 114, Pfeil).

Die „Schlund"taschen gehören wie der Name sagt zum späteren Pharynx; ihre Schicksale besprechen wir deshalb hier im Anschluß an das vorhergehende Kapitel. Die erste Tasche behält zeitlebens ihre Lichtung, wobei ihr mediales Ende relativ eng bleibt und zur Tuba auditiva (Eustachii) wird, das laterale Ende sich zum Mittelohr ausweitet, Cavum tympani (Abb. S. 114, links); die innere Öffnung der Tube liegt im Epipharynx (Abb. S. 75). Die Bedeutung des Ganges für die Ventilation des Mittelohrs ist früher erläutert (S. 109). Auf die komplizierte Ausstattung des Ganzen im Dienst des Gehörorganes wird erst bei diesem Sinneswerkzeug einzugehen sein.

Epitheliale und lympho-epitheliale Abkömm-linge

Alle folgende Schlundtaschen verlieren eine durchgehende Lichtung und den Zusammenhang mit dem Ektoderm. Sie gehen als „Taschen" verloren; doch gewinnen Abkömmlinge ihres Epithels eine große Bedeutung, da sich aus den einen rein epitheliale Organe absondern (Drüsen), aus den anderen Mischorgane, in welchen die Epithelien der Schlundtaschenderivate und einwandernde Mesodermzellen symbiotisch vereinigt sind, lymphoepitheliale Organe.

Zugunsten solcher Abkömmlinge bleibt das System der Schlundtaschen erhalten, während seine ursprüngliche Bedeutung als Respirationsorgan bei den landlebenden

Tieren und bei ihren Embryonen geschwunden ist und hieraus ein Verlust durch Nichtgebrauch folgen würde. Auch das Skelet-, Gefäß- und Nervensystem (Kiemenbogen, Kiemengefäße und Kiemennerven) schließen in ihrem embryonalen Aufbau immer noch an die Gliederung an, welche durch die Schlundtaschen bestimmt ist, so daß wir hier dem Material nach unentbehrliche Lagerstätten vermuten müssen, deren Verwendbarkeit für den Organismus durch die Form und Lage der Taschen mitbestimmt ist.

Aus der zweiten Tasche geht eine blindendigende Bucht hervor, Sinus tonsillaris (Abb. S. 114 links); das umgebende Mesoderm dringt gegen den Boden der Bucht knopfförmig vor und stülpt die epitheliale Wandung so weit um, daß die Bucht bis zum Rande ausgefüllt wird. So entsteht jederseits die Gaumenmandel, Tonsilla palatina (Abb. S. 115, 117). Im Anschluß daran werden die Verbindungsstrecken zwischen der rechts- und linksseitigen zweiten Schlundtasche zu ähnlichen Organen wie die Gaumenmandel umgewandelt. Man nennt das in der dorsalen Wand des Kopfdarmes entstehende unpaare Organ Tonsilla pharyngea, das in der ventralen Wand befindliche Tonsilla lingualis. Zusammen mit den beiden Gaumenmandeln bilden die genannten Organe einen Ring, welcher seiner Anlage nach das Lumen des Kopfdarmes umgibt. Die Bestandteile des Ringes sind sämtlich lymphoepitheliale Mischorgane, welche wir zusammenfassend lymphoepithelialen Schlundring nennen. Zweite
Schlund-
tasche

Die dritte Tasche geht als solche ganz verloren. Aber vorher sproßt je ein dorsales und ventrales Divertikel von ihr aus. Das ventrale liegt anfänglich quer zur Darmachse (Abb. S. 114, links, rot), biegt aber beim Längenwachstum des Embryo in die Richtung seiner Längsachse um und unterliegt ähnlich wie Zwerchfell und Herz einem Descensus in die Brusthöhle hinein (Abb. S. 115). Beim Kind finden wir hinter dem Brustbein im vorderen Mediastinum den Bries, Thymus (Abb. S. 122), welcher je aus dem geschilderten Derivat der rechten und linken dritten Schlundtasche abstammt. Auch er ist ein lymphoepitheliales Mischorgan. Dritte
Schlund-
tasche

Das dorsale Divertikel der dritten Tasche bleibt als kleines, rein epitheliales Knötchen erhalten; es heißt Epithelkörperchen, Glandula parathyreoidea (Abb. S. 114, links, blau). Den lateinischen Fachnamen verdient es, weil es mit der Schilddrüse abwärts rückt und beim Erwachsenen gewöhnlich neben ihrem unteren Rand gefunden wird (Abb. S. 115).

Man sagt der Thymus oder die Thymus. Ersteres ist korrekter, falls das Wort vom griechischen ὁ ϑυμος stammt; letzteres ist in Deutschland gebräuchlicher und deshalb nicht zu beanstanden, da man in Gedanken die Thymus„drüse" ergänzt.

Die vierte Tasche erzeugt ebenfalls einen dorsalen und ventralen Sproß, Epithelkörperchen und Thymus (Abb. S. 114, links); doch geht außer der Tasche selbst gewöhnlich auch ihre Thymusanlage beim Menschen früh zugrunde. Bleibt sie erhalten, so kann sie beim Erwachsenen als „inneres Thymusläppchen" innerhalb des Gewebes der Schilddrüse eingebettet liegen. Bei manchen Tieren (z. B. Kalb) ist dies die Regel. Dagegen ist das Epithelkörperchen der vierten Tasche beim Erwachsenen regelmäßig nicht weit vom oberen Rand der Schilddrüse zu finden. Die verschieden schnelle Verschiebung der Epithelkörperchen der dritten und vierten Tasche beim Längenwachstum des Halses hat zur Folge, daß beim Erwachsenen gewöhnlich die Reihenfolge gerade umgekehrt ist wie beim Embryo (4 liegt kranial von 3, anstatt kaudal von ihm; Abb. S. 115, rechts). Die Körperchen können sich spalten, namentlich das untere, so daß jederseits mehr als 2 Epithelkörperchen gefunden werden (bis zu 8 oder gar 12). Sie liegen gewöhnlich neben und hinter der Schilddrüse (Abb. S. 129), manchmal sogar in ihr Gewebe eingebettet. Alle Glandulae Vierte
Schlund-
tasche parathyreoideae sind rein epitheliale Kiemenderivate, die mit der Schilddrüse sekundär nachbarliche, keine genetischen Beziehungen haben.

Abortive und atypische Abkömmlinge   Die fünfte Schlundtasche geht gewöhnlich ganz zugrunde. Bleibt der Sinus cervicalis (Abb. Nr. 65, rechts) ausnahmsweise erhalten, so wird er durch das Längenwachstum des Halses zu einem langen feinen Kanal ausgezogen, der beim Erwachsenen noch für eine feine Sonde oder Borste passierbar sein kann, Fistula colli congenita (S. 7). Die äußere Öffnung liegt am vorderen Rand des M. sternocleidomastoideus oberhalb des inneren Schlüsselbeingelenkes (Abb. S. 115).

Sichergestellt durch zuverlässige Beobachtungen sind angeborene Fisteln, welche zwischen der Arteria carotis externa und A. carotis interna hindurch zur Tonsillarbucht ziehen und hier münden. Die Lage zu den genannten Gefäßen (Kiemengefäße) ist ein schlüssiger Beweis, wie in einem Naturexperiment, für die

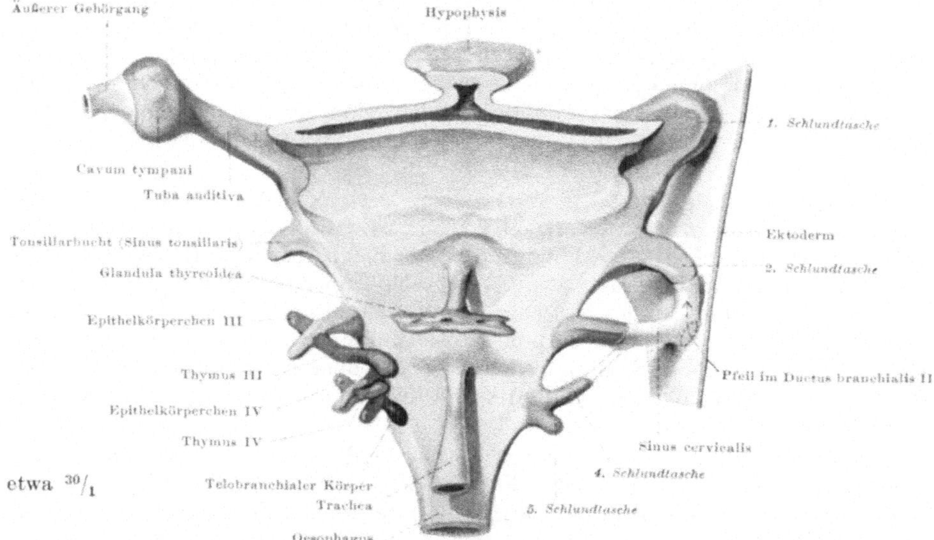

Abb. 65. **Entoderm des Kopfdarmes mit Schlundtaschen.** Ventralansicht. Entoderm **gelb**, ventrale Abkömmlinge der Schlundtaschen **rot**, dorsale **blau**. Ektoderm **weiß**. Auf der linken Seite des Präparates (rechts vom Beschauer) ist ein primitiveres Stadium abgebildet als links. Die 4. Schlundtasche verbindet sich nicht regelmäßig mit dem Sinus cervicalis, deshalb mit gestricheltem Kontur. In Wirklichkeit sind immer beide Seiten gleich entwickelt (Schema mit Benutzung der Schemata und Modelle bei GROSSER, Handb. KEIBEL-MALL, Bd. II).

Beziehung der Tonsille zur 2. Schlundtasche (vgl. Pfeil in Abb. S. 115 mit linker Körperseite in Abb. S. 114). Weniger sicher sind andere Fälle, bei welchen die angeborene Fistel innerlich neben dem Kehlkopfeingang (im Sinus piriformis) oder in der Luftröhre mündet. Vermutlich sind es Reste der ektodermalen Kiemengänge, welche vom Sinus cervicalis aus zu der 3.—5. Schlundtasche ziehen (Abb. Nr. 65). Der 3. Gang müßte zwischen A. carotis externa und Nervus vagus liegen; in dieser Gegend kann ein in loco verbliebenes Epithelkörperchen der dritten Schlundtasche und auch eine Fortsetzung der Thymus gefunden werden, welche ein Relikt der 3. oder 4. Schlundtasche ist, Thymus cervicalis. Ich zeichne schematisch die zu erwartende Konstellation in Abb. S. 115 (rechte Körperseite). Bei Operationen bedürfen die Fälle wegen der Wichtigkeit der Epithelkörperchen für den Organismus genauere Berücksichtigung, als sie bisher gefunden haben; man hat z. B. häufig irrig angenommen, daß die Fistel zum Carotisknötchen, Glomus carotideum führe, obgleich dieses mit Kiemenderivaten nichts zu tun hat (S. 402). Weil das Epithelkörperchen der 4. Tasche neben der Carotidenteilung liegen bleiben kann, in welcher das Carotisknötchen liegt, wurde es mit diesem verwechselt.

Von der 5. Schlundtasche geht ein besonderes Organ aus, welches bei allen Wirbeltieren immer an der letzten Kieme gefunden wird, mag diese die 9., 8. oder welche

Nummer auch immer tragen; es heißt telobranchiales Körperchen (Abb. S. 114).
Der Name ultimo- oder postbranchiales Körperchen ist gebräuchlicher, aber als
hybride Wortform zu vermeiden. Ob es beim Menschen am Aufbau der Schilddrüse
mitbeteiligt ist, müßte sich bei kongenitalem Defekt der unpaaren Schilddrüsen-
anlage (Thyreoaplasie) zeigen; in solchen Fällen ist aber nie ein Ersatz durch
Schilddrüsengewebe aus den telobranchialen Körpern gefunden worden. Bei Tieren
ist dagegen experimentell der Ersatz der Thyreoidea durch telobranchiale Anlagen
sichergestellt.

Bereits bei den Abkömmlingen der zweiten Schlundtasche wurde darauf hingewiesen, daß der lymphoepitheliale Schlundring auch die Zwischenstrecke

Epibran-
chiale Ab-
kömmlinge

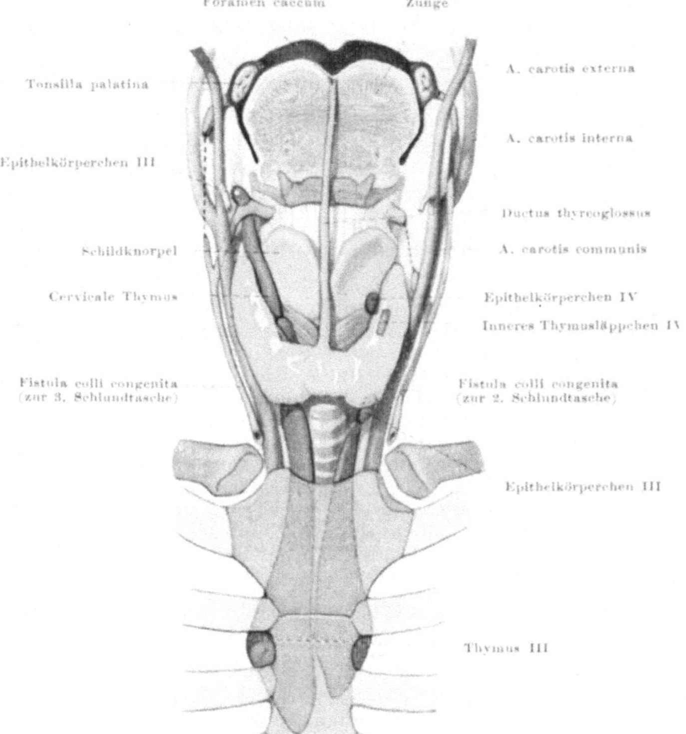

Abb. 66. Derivate der Schlundtaschen beim Erwachsenen, Schema. Fistelgänge bei Hemmungsmißbildungen eingetragen; auf linker Körperseite (rechts vom Beschauer) die zweite Schlundtasche erhalten,
auf rechter die dritte. Eine Halsfistel aus der 4. Schlundtasche, die hier nicht dargestellt ist, würde im
Sinus piriformis des Kehlkopfes unterhalb der Plica laryngea münden. Entoderm gelb, Epithelkörperchen
blau, Thymus rot (entsprechend den Farben in Abb. S. 114).

zwischen den beiderseitigen Schlundtaschen auskleidet. Es gibt nun aber Organe,
welche lediglich diesen Zwischenstrecken entstammen. Sie sind nicht eigentlich branchiogen, sondern epi- oder hypobranchialer Abkunft, je nachdem
sie aus der dorsal oder ventral von den Schlundtaschen gelegenen Wand des
Kiemendarmes entstehen. Wir stellen sie zu den Schlundtaschenorganen im
engeren Sinn, weil der ganze Schlunddarm durch die Schlundtaschen charakterisiert ist und die räumlichen Beziehungen der Anlagen zueinander sehr nahe
sind. Das war beim lymphoepithelialen Schlundring besonders deutlich. Die epi-
branchiale Wand des Schlunddarmes liegt dem Gehirn zunächst. Von ihr wird
die RATHKESche Tasche, eine der Teilanlagen für die Hypophysis, geliefert
(Abb. S. 114; die andere Teilanlage dieser Drüse stammt vom Gehirn, Bd. III).

8*

Da sich später die Schädelbasis zwischen Kopfdarm und Gehirn einschiebt, so kann der Weg, welchen die pharyngeale Anlage der Hypophysis nimmt, ausnahmsweise durch einen Knochenkanal im Schädel gekennzeichnet sein (Canalis craniopharyngeus, Bd. I, S. 669). Der Name „Hypophysis" ist auf die neue Lage unter dem Gehirn, nicht auf die alte Situation dorsal vom Kopfdarm zu beziehen.

Hypobranchiale Abkömmlinge   Aus der ventralen Wand des Kiemendarmes geht ebenfalls ein unpaares epitheliales Organ hervor, welches sehr früh zwei seitliche Fortsätze distalwärts aussendet, die Anlage der Schilddrüse, Glandula thyreoidea (Abb. S. 114). Die einer Ankerplatte vergleichbaren Seitenstiele werden später zur Hauptsache; sie kommen durch die Verschiebungen beim Längenwachstum des Halses unterhalb des Kehlkopfes zu liegen und bilden die definitive Schilddrüse, deren Lage auch dem Laien durch ihre nicht seltene Entartung, den Kropf, bekannt ist (Abb. S. 115). Die beiden normalen Seitenlappen sind sekundäre Teilstücke einer einheitlichen Anlage, während umgekehrt die fertige Thymus eine Einheit ist, die nachträglich aus paarigen Anlagen zustande kam. Der ursprüngliche Längsstiel der Schilddrüse, Ductus thyreoglossus, hat seine Mündung auf der Zunge, da diese sich am Boden des Kopfdarmes dort erhebt, wo die erste Anlage der Schilddrüse in die Tiefe sproßt. In der Regel geht der ganze Ductus thyreoglossus zugrunde. Beim Erwachsenen findet man davon gewöhnlich nur ein blind endigendes Loch im Zungengrund, Foramen caecum (Abb. S. 98).

Die Schilddrüse verliert damit ihren Ausführgang und kann nur endokrin sezernieren (Umwandlung einer Drüse mit äußerer in eine solche mit innerer Sekretion, S. 12; doch ist wahrscheinlich das erste Stadium nur der Form und dem Lumen des Ausführgangs nach so zu bezeichnen, die Drüse sondert, soviel wir wissen, in dieser Phase kein Sekret durch den Ausführgang ab). Der Ductus thyreoglossus gibt ausnahmsweise, wenn er ganz erhalten bleibt, den Weg an, welchen die Drüse genommen hat. Häufiger bleibt ein Teil als Lobus pyramidalis der Schilddrüse bestehen; er kann noch bis zum Zungenbein, häufiger viel weniger weit hinaufreichen (Abb. S. 144). Kleine Inseln können als Relikte auf dem ganzen Weg gefunden werden, Nebenschilddrüsen, akzessorische Schilddrüsen; sie sind im Zungenfleisch, um den Zungenbeinkörper herum, sogar innerhalb dieses Knöchelchens und am Hals bis zum Aortenbogen abwärts gefunden worden. Oft gibt es Cystchen ohne eigentliches Schilddrüsengewebe, deren Genese vieldeutig ist.

Regulationen durch Hormone   Nicht nur der Herkunft, sondern auch der biologischen Aufgabe nach haben die hier zusammengefaßten Organe viel Gemeinsames. Bries, Epithelkörperchen, Schilddrüse und Hypophysis sind als wichtige Drüsen mit innerer Sekretion erkannt worden (S. 12). Ihre Produkte, die inneren Sekrete (Inkrete), werden an das Gefäßsystem abgegeben und beeinflussen das sympathische Nervensystem, den Stoffwechsel, aber auch die Tätigkeit anderer Drüsen mit innerer oder äußerer Sekretion. Während man früher nur die Nerven als Regulatoren im Getriebe der Funktionen unseres Körpers kannte, wissen wir heute, daß außerdem winzige Mengen von Botenstoffen in fermentähnlicher Wirkungsweise unmittelbar viele Organe beeinflussen oder durch Beschleunigung und Hemmung gewisser Nerventätigkeiten mittelbar im Organismus regulierend arbeiten.

Näheres ist bei den einzelnen Organen weiter unten mitgeteilt. Über die Hypophysis siehe Bd. III. Wir werden außer in den hier genannten Organen noch in den Keimdrüsen, Nebennieren, im Pankreas, Magendarmkanal und in der Epiphysis des Gehirns Hormone kennen lernen. Die Drüsen stehen in engem Wechselverhältnis. Die Hypo- und die Epiphysis, die Schilddrüse und die Geschlechtsdrüsen bestimmen gemeinsam die Dauer des Wachstums bis zur Pubertät (über die Beeinflussung des Wachstums der Knochen durch die Hormone der Geschlechtsdrüsen siehe S. 419, 503). — Die Hypophysis und Schilddrüse sind bei der Regulierung des Zuckerverbrauchs durch den Organismus besonders eng miteinander verknüpft. In pathologischen Fällen glaubt man Beweise für viele andere Zusammenhänge erkannt zu haben (pluriglanduläre Erkrankung oder Insuffizienz). Fast alle chronischen Krankheiten außer den Infektionskrankheiten gehören hierher (vom Kretinismus,

der Basedowschen Krankheit, dem Myxödem, der Tetanie, dem Diabetes mellitus
und insipidus, Riesenwuchs und der Akromegalie, Chondrodystrophie, Atrophia
adiposogenitalis weiß man es sicher; vielleicht sind auch Rachitis, Chlorose, viele
Störungen der weiblichen Geschlechtstätigkeit und ein Teil der Arteriosklerose
hierhergehörige Krankheiten). Wir sehen, daß keineswegs die branchiogenen Organe
allein Hormone bilden; wie es kommt, daß mit ihnen heterogene Organe wie die
oben genannten verkuppelt sind, ob etwa das Zusammenspiel der Organsäfte ein
ursprünglich allgemeineres ist und hier zur Zeit nur Spitzen ausgedehnterer Zusammenhänge sichtbar sind, wissen wir nicht sicher.

b) Der lymphoepitheliale Schlundring.

Die Gaumenmandel, Tonsilla palatina, ist ein länglich abgeplattetes, Form und
verschieden großes Organ, meistens, wie der Name sagt, von Mandelform und Lage der Gaumen-
-größe. Die embryonale Tonsillarbucht ist je nach der Größe der Mandel von ihr mandel, Abb. S. 75, 98, 117, 144

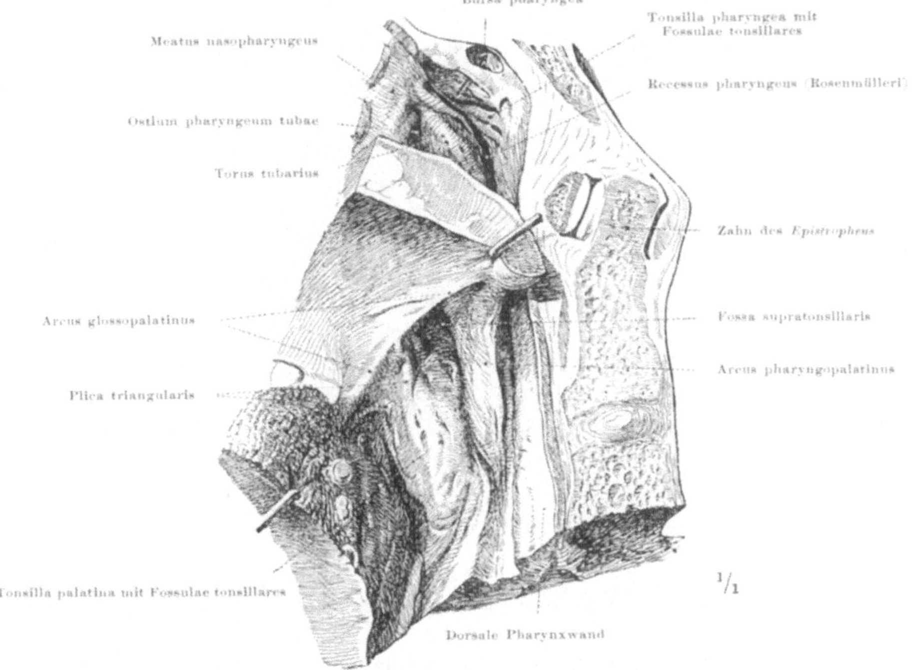

Abb. 67. Gaumenmandel, Epi- und Mesopharynx. Von der medianen Schnittfläche des Kopfes aus
gesehen. Gaumensegel auf- und Zunge abwärts gezogen (Haken). Vgl. Situation mit Abb. S. 75.

voll ausgefüllt, oder im oberen Teil klafft eine leere Spalte, Fossa supratonsillaris (Abb. Nr. 67), in welcher sich nicht selten pathogene Prozesse, welche die
Mandelgegend befallen, zuerst einnisten. Vorn ist die Mandel von einem als
Plica triangularis bezeichneten glatten Feld begrenzt, dem Vorderrand
der ehemaligen Tonsillarbucht. Doch kann die Grenze verwischt sein, wenn
sich Lymphknötchen auf der Plica selbst ansiedeln; in solchen Fällen bildet
sie die Brücke zu der bereits bei der Zunge erwähnten Zungenmandel, Tonsilla
lingualis (S. 76). Den Hinterrand der Gaumenmandel begrenzt der Arcus
pharyngopalatinus. Die embryonale Tonsillarbucht reichte bis an diesen;
ihr Rand kann noch kenntlich sein, ist aber häufiger verwischt. Die Mandel
reicht dann bis auf den Arcus selbst. Die äußere Fläche des Organs liegt versteckt nach der Muskelwand des Pharynx zu. Sie projiziert sich nach außen

ziemlich genau auf den Kieferwinkel. Unmittelbar liegt ihr der oberste Schlundschnürer an (speziell der M. buccopharyngeus, Abb. Nr. 68); er kann die Mandel
gegen die Schlundenge vortreiben. Seine Fascie ist zugleich eine kleine dünne
bindegewebige Kapsel für die Mandel, aus welcher das Organ operativ herausgelöst werden kann (Totalexstirpation). Der M. stylopharyngeus ist mit der
Kapsel verlötet und kann die Mandel nach auswärts bewegen. Ist er und der
M. glossopalatinus, welcher den Gaumenbogen gleichen Namens vor die Mandel
vorzutreiben und sie zu verdecken vermag, kräftig entwickelt, und im Leben
stark kontrahiert, so kann es schwierig sein, das Organ vom Mund aus zu
betrachten oder zu erreichen, z. B. beim Abtragen von Teilen der Tonsille bei
Kindern durch das Tonsillotom. Die der Mundhöhle zugewendete Fläche springt
an sich — bei schlaffen Muskeln — sehr verschieden weit vor. Sie allein kann

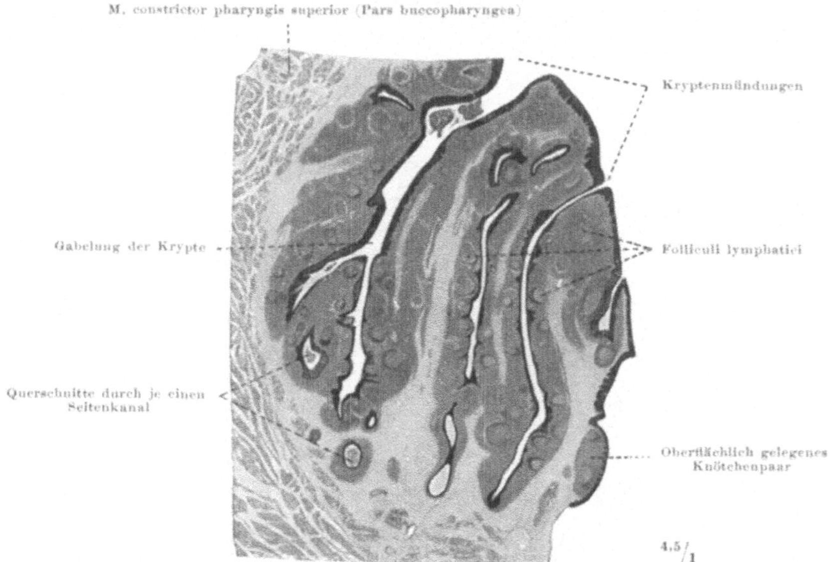

Abb. 68. Gaumenmandel, Mensch. Schnittbild. Übersicht. Epithel schwarz, lymphatische Hülle
dunkelgrau, Bindegewebe hellgrau.

sich bei entzündlichen Schwellungen frei ausdehnen und dabei die gegenüberliegende Mandel erreichen. Schluck- und Atembeschwerden sind die Folge.

Die freie Oberfläche trägt 10—15 schlitzförmige kleine Öffnungen, die Mündungen blind endigender Krypten, Fossulae tonsillares (Abb. S. 117). Gewöhnlich sind sie leer, doch kann der aus Epithelien und Lymphkörperchen
bestehende Inhalt der Krypte die Öffnungen füllen und als Pünktchen auf der
Oberfläche der Mandel sichtbar sein. Bei Infektionen (Angina) werden daraus
weiße oder eitrig gelbe, stinkende Pfröpfe von breiiger Konsistenz, die man
durch Druck herausbefördern kann. Sie können eine der Ursachen für den
üblen Foetor ex ore sein, an welchem viele Menschen leiden.

Beim Kaninchen hat die Gaumenmandel auf ihrer Oberfläche nur e i n e feine
Spalte, die in eine blind endigende Tasche führt, ähnlich wie bei manchen Zungen-
bälgen der menschlichen Tonsilla lingualis (Abb. S. 81, rechts unten). Beim
Menschen ist die Komplikation zweifach: statt der einen bestehen viele Krypten
und jede kann in sich baumartig verästelt sein (Abb. Nr. 68). Diese Kanäle verleihen dem Organ eine oberflächliche Ähnlichkeit mit einer echten Drüse, mit

welcher es aber gar nichts Essentielles gemein hat (S. 15). Die Oberfläche der
Kryptenwand wird durch die Vermehrung und Verzweigung der Kanäle im
Inneren außerordentlich vergrößert. Das betrifft nicht nur die innere Epitheltapete, eine Fortsetzung des mehrschichtigen Plattenepithels der Mundhöhle,
sondern besonders eine dicke lymphatische Außenhülle, welche jede Krypte
und jeden Kryptenast umkleidet. Die Astwinkel zwischen den Kryptenzweigen
sind durch die Lymphmäntel mehr oder minder ausgeglichen. Auch hängen
letztere manchmal, wo Nachbarn sich einander stark nähern, zusammen. In
der Außenhülle liegen zahlreiche Lymphknötchen in einer Schicht (Folliculi
lymphatici); es gehört das Organ wegen dieser herdenförmigen Ansammlung

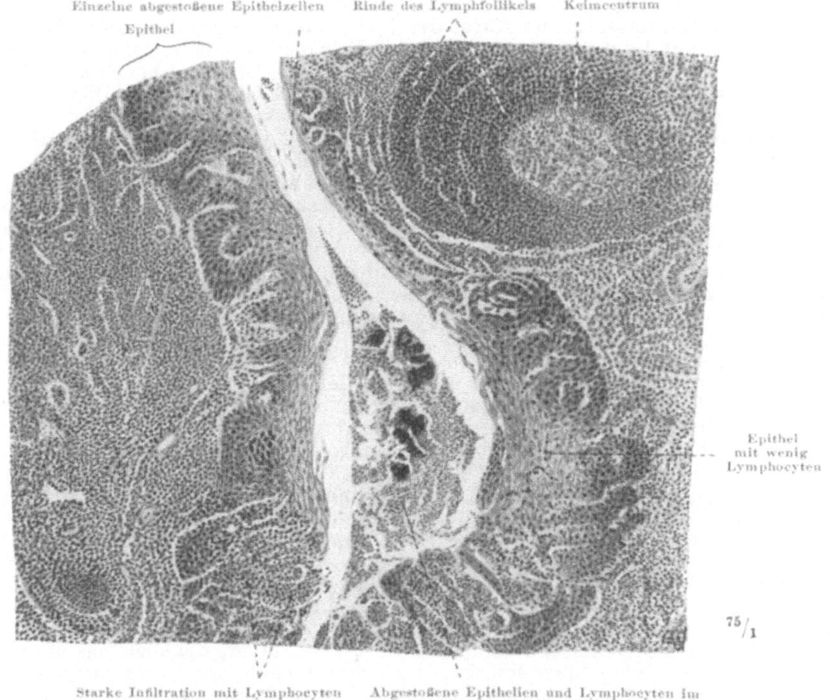

Abb. 69. Einwanderung von Lymphocyten in das Epithel.
Eine Krypte von Abb. S. 118 vergrößert.

von Lymphknötchen zu den Noduli lymphatici aggregati (siehe lymphbildende Organe, S. 575). Die verzweigten Kryptengänge beherbergen außerordentlich viel mehr Lymphfollikel als unverzweigte und die Keimzentren
in den Lymphfollikeln, aber auch das übrige Lymphgewebe verstärken die lymphatische Komponente des Organs beträchtlich.

Die eigentliche Mischung der Lymphocyten und Epithelien (lymphoepi- Einwande-
theliales Mischorgan) vollzieht sich innerhalb der Epitheltapete (Abb. Nr. 69). rung,
Sie ist stellenweise von zahllosen Lymphocyten mit sich dunkelfärbenden Durch- und
runden Kernen durchsetzt, zwischen welchen die spärlichen Epithelzellen mit Rückwan-
ihren großen, ovalen, schwächer färbbaren Kernen ganz zurücktreten. An derung
anderen Stellen, namentlich nach der Kryptenöffnung zu, ist die Einwanderung
von Lymphocyten geringer und dann der ursprünglich epitheliale Charakter
noch unverwischt. Durchgewanderte Lymph- und abgestoßene Epithelzellen

gelangen in das Lumen der Krypte. Es steht aber keineswegs fest, daß Lymphocyten wirklich durch- oder welche und wie viele zurückwandern. Wir wissen, daß „Durchwanderungen" in allen Schleimhäuten vorkommen, aber die durchwandernden Zellen sind vorwiegend oder ausschließlich polymorphkernige Leukocyten, nicht Lymphocyten, z. B. die Speichelkörperchen (S. 60). Eine Symbiose zwischen Epithel und Lymphzellen, wie sie für die Mandeln (Tonsilla palatina, pharyngea, lingualis) charakteristisch ist, muß wohl ihre Bedeutung haben, doch ist außer allgemeinen Vermutungen nichts Faßbares bekannt, insbesondere nicht, ob die Zellen als solche, ob von ihnen ausgehende Säfte als Hormone oder ob Zellen und Säfte vereint die entscheidende Rolle spielen.

Die Bezeichnung „Tonsille" sollte auf diejenigen Organe beschränkt werden, welche diese Symbiose in der Form der mehr oder weniger dauernden Durchsetzung des Epithels mit Lymphocyten aufweisen. Nur der Gehalt an reichlichem lymphatischem Gewebe in der Schleimhaut wie im Darm (PEYERsche Haufen des Ileum, Processus vermiformis) rechtfertigt nicht, hier ebenfalls von Tonsillen zu sprechen. Die Bezeichnung „Darmtonsille" sollte deshalb vermieden werden.

Epitheliales Reticulum, atypische Einschlüsse Bei stärkster Infiltration des Epithels mit Lymphocyten kann die unterste Epithelschicht, welche gewöhnlich scharf gegen das lymphatische Bindegewebe begrenzt bleibt (innere Grenzlamelle), verdrängt und die Grenze zwischen beiden kann scheinbar aufgehoben sein. Die oberste Epithelschicht (äußere Grenzlamelle) schilfert zellenweise ab, kann aber auch in ganzen Komplexen von Zellen abgehoben und in die Krypte abgestoßen werden. Die Lymphocyten dringen zwischen die Epithelzellen ein und liegen in Lücken zwischen ihnen. Es wird angegeben, daß außerdem Lücken im Zelleib der Epithelzellen selbst, welche mit den zwischenzelligen Lücken zusammenhängen, die Lymphzellen aufnehmen; es bestände danach überall ein feines Protoplasmanetz als Rest der Epithelien zwischen eng gedrängten Lymphocyten (epitheliales Reticulum). Ein großer Teil der in das Epithel eingewanderten Lymphocyten ist in Plasmazellen umgewandelt.

In der Tonsilla palatina des Menschen kommen gelegentlich eingesprengte Knorpelinseln vor. Bei Feten sind Sprossen des knorpligen zweiten und dritten Visceralbogens beobachtet, welche bis zur Anlage der Mandel reichen und sie stützen. Gelegentlich ist beim Lebenden eine Resistenz hinter der Mandel, im vorderen Teil der Vallecula, zu fühlen: d ese rührt von einem knöchei nen Rest des Hyoidbogens im Ligamentum stylohyoideum her. — In den Krypten können sich steinharte Konkremente bilden, welche eine Art Krampfhusten auslösen (Tonsillarsteine).

Gefäße und Nerven Blutzufuhr: Kleine Äste einer großen Zahl von Schlagadern versorgen die Gaumenmandel reichlich mit Blut. Es sind die A. maxillaris externa, der Ram. tonsillaris der A. palatina ascendens, Äste der A. pharyngea ascendens, der A. palatina descendens (Aa. palatinae minores) und A. lingualis (Ram. dorsalis linguae). Bei operativen Eingriffen blutet das Organ oft erheblich, obgleich das Mandelinnere selbst derb und wenig blutreich ist. Das Stämmchen der A. pharyngea ascendens verläuft der Mandel zunächst. Die starke A. carotis interna ist gut $1^1/_2$ cm entfernt und kann deshalb bei Operationen nicht leicht verletzt, wohl aber durch tiefgreifende Nekrosen von der Mandel aus erreicht werden (paratonsilläre Abszesse); wohl kann in seltenen Fällen die A. maxillaris externa mit einer Schlinge die Gaumenmandel berühren. — Regionäre Lymphknoten: Die Lymphe der Gaumenmandel fließt zu den Halslymphknoten ab, welche zwischen der Spitze des großen Zungenbeinhornes und dem Kieferwinkel liegen (auf der Vena jugularis interna, teilweise auch auf dem Musculus sternocleido). Sie sind bei allen Mandelentzündungen regelmäßig geschwollen; sie erkranken sehr oft bei Tuberkulose zuerst (Eintritt des Virus durch die Mandel). Verbindung dieser Lymphknoten mit den tiefsten obersten Knoten des Halses. — Innervation: Äste des N. glossopharyngeus (der regionär zum 3. Visceralbogen gehört und also die jenem vorausgehende 2. Schlundtasche, aus welcher die Gaumenmandel entsteht, zu versorgen hat. Die Beziehung des Glossopharyngeus zum Atemcentrum erklärt den krampfartigen Husten bei Reizung des Organs (siehe oben: Tonsillarsteine).

Zungenmandel, Abb. S. 81, 98 Die Zungenmandel, Tonsilla lingualis. Der ganze vertikale, hinter den umwallten Papillen gelegene Teil der Zunge ist höckerig (Abb. S. 98). Die zahlreichen feinen Öffnungen inmitten solcher Höcker, welche dem aufmerksamen Betrachter sofort verraten, daß die Ähnlichkeit mit Wallpapillen nur eine scheinbare ist, sind nichts anderes als Fossulae tonsillares (Abb. S. 81), welche wir als Öffnungen der blind endigenden Krypten in der Gaumenmandel kennen gelernt haben. Man nennt die Organe von alters her Balg,,drüsen", weil eine Verwechslung mit dem Ausführgang echter Drüsen nahe lag. Es kommt tatsächlich vor, daß benachbarte Schleimdrüsen der Zunge anstatt zwischen die Bälge in deren Krypte münden (rechts unten in der Abbildung). Aber diese zufällige Zutat ändert nichts daran, daß die Bälge zum Lymphsystem gehören und an sich mit Drüsen nichts zu tun haben. Wegen der Ähnlichkeit mit der Tonsilla palatina nennt man das gesamte Feld Tonsilla lingualis.

Wir haben hier alle Arten von lymphoepithelialen Mischorganen vor uns, von der einfachsten Form bis zu solchen, die der Gaumenmandel mancher Tiere entsprechen (etwa des Kaninchens, wie oben erwähnt wurde; die menschliche Gaumenmandel ist viel komplizierter). Einzelne Lymphfollikel finden wir überall in den Schleimhäuten, beispielsweise im Magen (Solitärfollikel, Abb. S. 234). Auf der Zunge drängt an manchen Stellen eine kleine Gruppe solcher Follikel das Epithel zu einem linsengroßen Knötchen in die Höhe, Papillae lenti- culares (Abb. S. 81). Sie gehören zu den Papillenstöcken, weil in der linsen- förmigen Kuppe viele kleine Papillen liegen, ähnlich wie in der Papilla vallata. Die ,,Durchwanderung" von Lymphocyten ist am intensivsten auf der Kuppe des Organs; die kleinen bindegewebigen Papillen pflegen besonders dicht mit Lymphocyten gefüllt zu sein, welche von hier aus in das Epithel eindringen. Eine Krypte existiert nicht. Der Ausführgang benachbarter Drüsen kann auf kurze Strecken einen Ringgraben vortäuschen.

Papillae lenticulares kommen nur innerhalb der Zungenmandel vor. Da sich abortive Papillae filiformes jenseits der Wallpapillen zu finden pflegen (Abb. S. 81). so sind äußerlich beide Arten nicht immer scharf auseinander zu halten. Histologisch sind die Linsenpapillen durch ihre Follikel scharf charakterisiert. Auch niedrige Abarten der Papillae fungiformes werden als Pap. lenticulares bezeichnet (am Rande und an der Spitze der Zunge); diese Bezeichnung ist, da es sich um gustatorische Organe handelt, irreführend und zu vermeiden.

Die eigentlichen Zungenbälge, Folliculi linguales, gehören zu den aggre- gierten Follikeln (S. 575). Sie besitzen fein cylindrische oder abgeplattete Krypten, welche auf der Mitte des Höckers münden (Abb. S. 81). Die ein- zelnen Lymphfollikel sind wie in der Gaumenmandel einreihig in einer lym- phatischen Mantelschicht angeordnet, welche die epitheliale Krypte umgibt. Die ,,Durchwanderung" ist hauptsächlich in der Epitheltapete der Krypte lokalisiert und oft so stark, daß die Grenze zwischen Epithel und Bindegewebe kaum zu erkennen ist.

Die Rachenmandel, Tonsilla pharyngea, liegt da, wo die Rachen- schleimhaut in der Medianlinie vor dem Tuberculum pharyngeum zu einer Platte verdickt ist und zwischen den beiden seitlichen ROSENMÜLLERschen Nischen und Tubenöffnungen vorspringt (Abb. S. 99). In ihrem Bereiche liegt bei Kindern regelmäßig, bei Erwachsenen nur individuell eine unpaare Grube, Bursa pharyngea (Abb. S. 117). Ihre Wand und das ganze Schleimhautfeld ist ein lymphoepitheliales Mischorgan mit zahlreichen Lymphfollikeln, welche ungefähr im 10. Lebensjahr am vollkommensten entwickelt sind. Die Fossulae tonsil- lares, Eingänge zu den Krypten, pflegen weiter zu bestehen, ja erweitert zu sein, auch wenn später das Organ selbst zurückgebildet ist (Abb. S. 92).

Statt Rückbildung kommt in pathologischen Fällen erhebliche Hypertrophie vor: lymphadenoide Vegetationen. Sie können den Rachen verschließen, dem Luftstrom den Weg durch die Nase und Tube versperren, tiefgreifende Ver- änderung des Gaumens (Bd. I, S. 702) und des ganzen Gehabens hervorrufen (Hans Guckindieluft). Eine eigentliche Rachenmandel ist beim Erwachsenen in der Norm nicht vorhanden, doch haben zahlreiche Individuen Reste, die oft nicht unerheblich sind.

Über Drüsen siehe S. 103. — Die regionären Lymphknoten für die Rachen- mandel liegen am Nacken.

Tonsilla
tubaria

Greifen, wie nicht selten, die lymphoepithelialen Veränderungen auf die Tubenöffnung und deren Umgebung über, so nennt man dieses Feld Tonsilla tubaria.
Sie kann jederseits so groß sein, daß die Brücke zwischen den Gaumenmandeln
und der Rachenmandel hergestellt und der lymphoepitheliale Schlundring geschlossen
ist. Bei Hypertrophie der Tonsilla tubaria ist die Ventilation des Mittelohres gehindert oder aufgehoben. Die Folge ist Schwerhörigkeit (S. 109). Bei Angina tritt
sie nicht selten ein, ein Zeichen dafür, daß eine Tonsilla tubaria besteht und mit-
ergriffen ist.

c) Bries, Thymus.

Äußere
Form und
Lage,
Abb. S. 9,
115,122,210

Der Name Bries ist vom Tier übernommen; Kalbsbries oder -brieschen ist
wegen seiner leichten Verdaulichkeit und seines Wohlgeschmacks wichtig für

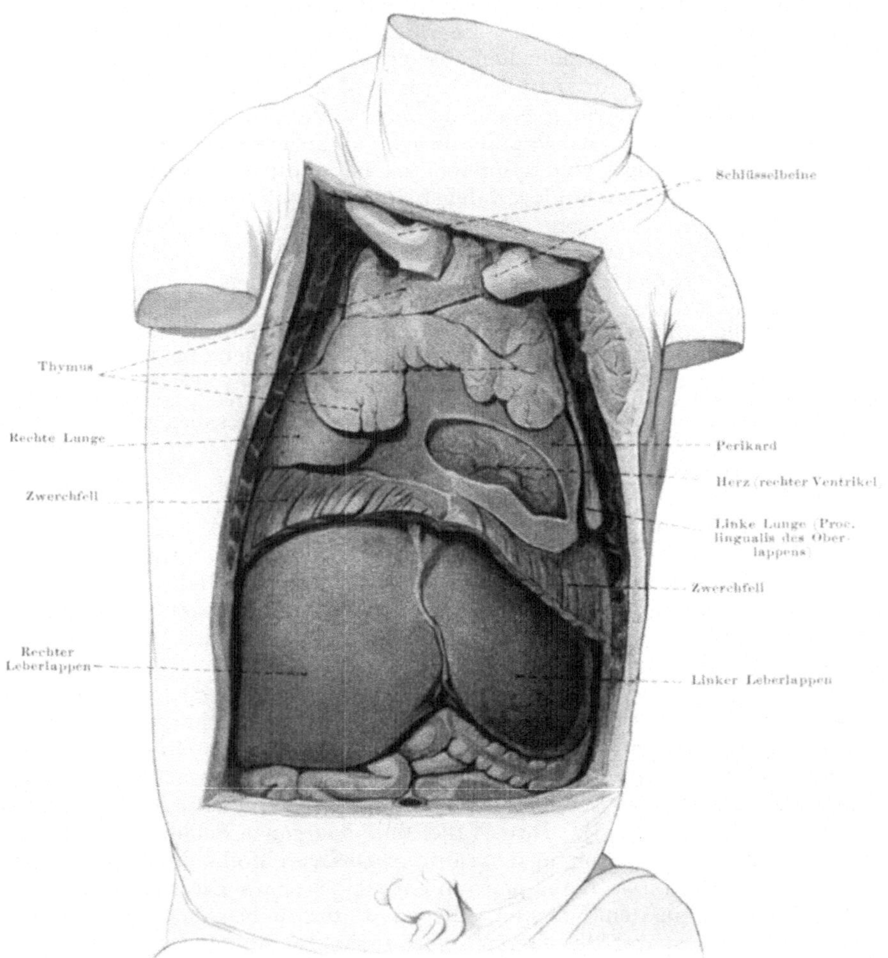

Abb. 70. Oberflächliche Brust- und Bauchorgane des Neugeborenen.
Ein großes rechteckiges Fenster ist aus der vorderen Körperwand herausgeschnitten.

die Krankenpflege. Beim neugeborenen Menschen ist das Organ relativ groß,
wächst bis zum 2.—3. Lebensjahr und behält bis zur Pubertät die zu dieser
Zeit erreichte absolute Größe bei (nach dem Gewicht zu urteilen) oder wächst
noch etwas, nimmt aber relativ zum Gesamtkörpergewicht von der Geburt

an ab (von 4% beim Neugeborenen bis auf 0,4% beim 20jährigen Menschen). Beim Erwachsenen ist scheinbar keine Thymus vorhanden. Doch ist der Fettkörper, welchen man an ihrer Stelle findet, ebenso begrenzt und manchmal sogar ganz ähnlich gelappt wie die eigentliche Thymus beim Kinde; im Innern ist das Fett von zahlreichen Inseln aus spezifischem Thymusgewebe durchsetzt. Wiegt man das Parenchym und das Fett einzeln, so sind beide im 21. bis 25. Lebensjahr durchschnittlich etwa gleich schwer; aber das Parenchym ist im Verhältnis zum Neugeborenen stark verringert (Abb. Nr. 71) und bildet sich später noch weiter zurück.

Bei zehrenden Krankheiten, bei Hunger und bei Infektionskrankheiten schmilzt das Parenchym weit stärker zusammen als beim Gesunden. Die Gewichtszahlen, die man bei an Krankheiten Verstorbenen festgestellt hat, sind daher äußerst variabel.

Beim Neugeborenen und Kinde ist das Organ graurot, länglich und oft in zwei nebeneinander liegende asymmetrische Lappen getrennt, Lobus dexter und sinister (Abb. S. 115). Diese sind häufig durch schräge oder horizontale gröbere Einschnitte untergeteilt. Verschmelzen Teile des rechten und linken Lappens äußerlich miteinander, so entstehen unpaare Lappen, das untere Ende läuft aber gewöhnlich in zwei Zipfel aus, welche den ursprünglichen beiden Seitenlappen entsprechen (Abb. S. 122). Im Innern ist regelmäßig ein durchlaufender Strang durch jeden der beiden ursprünglichen Lappen von oben nach unten zu verfolgen, der Markstrang, Tractus centralis, welcher von den äußerlichen Neugruppierungen nicht berührt wird (Abb. S. 124). Kleine Läppchen, Lobuli, zeichnen sich ähnlich wie bei den Speicheldrüsen auf der Oberfläche des Organs ab; sie lassen sich künstlich voneinander trennen, hängen aber sämtlich in der Tiefe mit dem Markstrang zusammen.

Das Organ liegt hinter dem Brustbein im vorderen Mediastinum (Abb. S. 115) und wird deshalb auch wohl als „innere" Brustdrüse bezeichnet. Eine dreieckige Stelle des Knochens bleibt von der Pleura frei; hier liegt die Thymus dem Skelet unmittelbar an (Trigonum thymicum, Abb. S. 209).

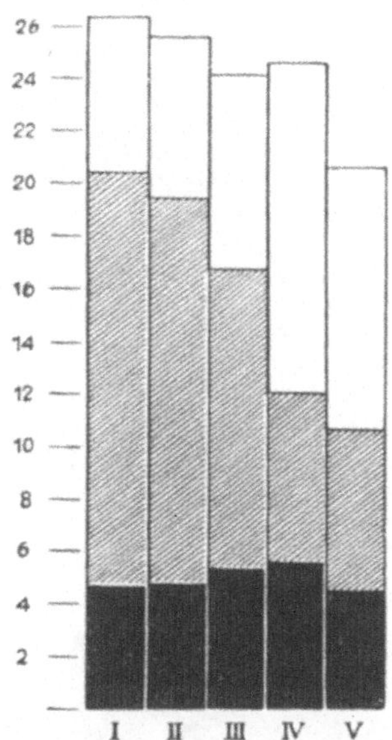

Abb. 71 Maßstäbe für Thymusgewichte. Jeder Vertikalstab gibt das Gesamtgewicht der Thymus an: I von Kindern zwischen 1—5 Jahren, II zwischen 6—10 Jahren, III zwischen 11—15 Jahren, IV von jungen Leuten (16—20 Jahre), V von Erwachsenen (21—25 Jahre). Das Material stammte in jeder Gruppe von mehreren Menschen, die nicht an einer Krankheit gestorben waren (Verunglückte). Schwarz: Gewicht des Thymusmarkes. Schraffiert: Gewicht der Rinde. Weiß: Gewicht der Zwischensubstanz, hauptsächlich des Fettes (Schwarz + Schraffiert gleich Thymusparenchym). Nach Tabellen von HAMMAR und LAGERGREN, Zeitschr. f. angew. Anat. u. Konstitutionslehre 1918.

Weiter seitlich schiebt sie sich unter die Pleura mediastinalis und ist hier außer von der Wand des Brustkorbes von den Lungenrändern bedeckt (Abb. S. 9). Sie erreicht kaudal den Herzbeutel (Abb. S. 122, 214).

Mit der Thymus sind fest verlötet: die Pleura, die Venae anonymae und die Vena cava superior, weiter unten ein beträchtlicher Teil der Vorderfläche des Herzbeutels. Die Vorderfläche der Thymus ist locker an das Brustbein angeheftet. Reicht sie — eine häufige Varietät — am Hals weiter aufwärts, so liegt sie hinter den Mm. sternothyreoidei und folgt diesen bis zum unteren Rand der Schilddrüse. Bei extremen Schwellungen (Hyperplasie) drückt das Organ auf die Gefäße und sogar auf die Luftröhre. Der plötzliche „Thymustod" bei Kindern soll so zu erklären sein. Bei Erwachsenen werden bei plötzlichen Todesfällen chemische Einflüsse der Thymus bezichtigt.

Alle Thymusläppchen sind von einer gemeinsamen, zarten Bindegewebshülle umgeben. Sie selbst bestehen aus Mark, welches mit dem Markstrang

Gröbere und feinere Struktur

zusammenhängt und so allen Läppchen gemeinsam ist, und aus der Rinde, welche sich dunkler färbt und jedes Markläppchen einzeln kappenförmig umhüllt (Abb. Nr. 72). In der Rinde liegen besonders massenhaft kleine Rundzellen

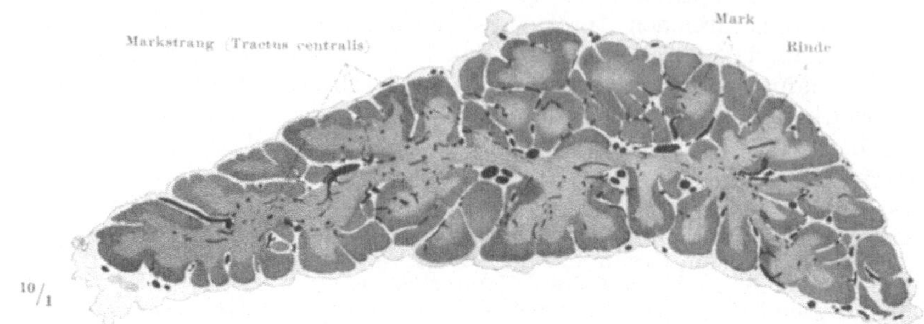

Abb. 72. Thymus, neugeborenes Kind, Übersichtsbild. Schnittrichtung längs des Markstranges der einen Seite. Mark hellgrau, Rinde dunkelgrau, Gefäße schwarz, Kapsel und Zwischengewebe (Bindegewebshülle der Läppchen) am hellsten.

mit rundem Kern, der die Zelle fast ganz ausfüllt. Diese Zellen sehen genau so aus wie Lymphocyten und sind höchstwahrscheinlich solche. Sie sind von außen an die epitheliale Thymusanlage geradeso herangewandert, wie der lymphatische Mantel, welcher die Epitheltapete der Tonsillarkrypten umgibt (in der Rinde der Thymus fehlen die Lymphfollikel, die einzelnen Rundzellen vermehren sich durch häufig zu beobachtende mitotische Teilungen). Im Mark ist der Gehalt an diesen Elementen geringer, daher ist die Färbung in tingierten Schnitten heller. Zwischen den Rundzellen des Markes liegen überall kleine Reticulumzellen, welche sich sternförmig mit Ausläufern zwischen jenen ausbreiten, und in Abständen besondere epitheliale Kugeln, die HASSALschen Körperchen (Abb. a, S. 125). Diese sind degenerierende Komplexe der ursprünglichen epithelialen Anlagen der Thymus; höchstwahrscheinlich stammen auch die Reticulumzellen vom Epithel ab (die Hassals wären

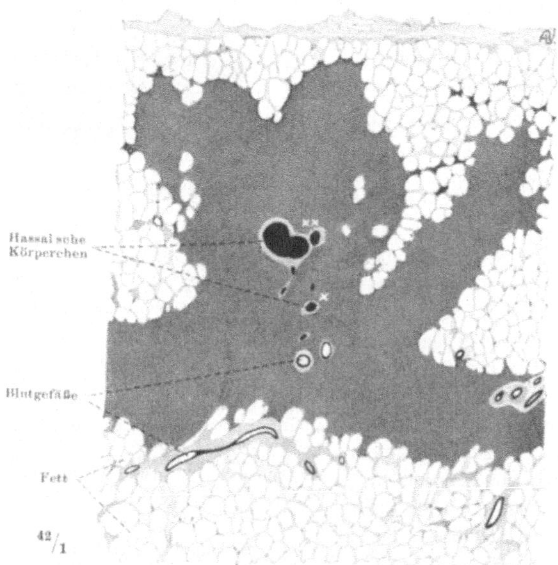

Abb. 73. Involution der Thymus. Hingerichteter von 28 Jahren. Insel von Thymusgewebe grau (Unterschied zwischen Rinde und Mark im Präparat nicht zu sehen, deshalb nur ein schematischer Ton in der Zeichnung benutzt). Blutgefäße schwarzer Ring (mit weißem Lumen). HASSALsche Körper schwarz.

insofern Ballen oder Inseln von Retikulumzellen). Das Mark ist danach eine Mischzone aus Epithelien und Lymphocyten, ähnlich der epithelialen Tapete der Tonsillarkrypten, welche von Lymphocyten durchsetzt ist (,,Durchwanderung", Abb. S. 119). Es ist der konstanteste und gegen krankhafte Einflüsse unempfindlichste Teil des gesamten Organs. Nur die Rinde nimmt bis zur

Pubertät sukzessive ab, ein Verlust, der durch die indifferente, bindegewebige Zwischensubstanz (beim Erwachsenen durch Fettzellen) aufgefüllt wird, so daß die Hülle bleibt und nur der Inhalt wechselt. Das Markgewicht ändert sich am wenigsten (Abb. S. 123, schwarz). In ihm müssen wir deshalb die Hauptstätte der spezifischen Prozesse vermuten.

Die Sekrete der Thymus gelangen auf endokrinem Weg (Blut oder Lymphe) in den Körper. Sie haben Bedeutung für das Knochenwachstum. In erster Linie scheint jedoch die Thymus ein Speicherorgan für Nucleoproteide zu sein. Daher bildet sie sich bei Unterernährung, Schwangerschaft und zur Zeit der Keimzellenentwicklung (Pubertät) zurück, ebenso bei Krankheiten und bei Röntgenbestrahlung. *Spezifische Wirkung*

Nimmt man bei Säugetieren in frühester Jugend die Thymus heraus, so bleibt das Gewicht des operierten Tieres hinter dem der nicht operierten Geschwister deutlich zurück. Zweifelhaft ist, inwiefern dies auf einer allgemeinen Schädigung durch die Operation oder auf dem Ausfall eines spezifischen Einflusses beruht. In solchen Fällen ist das Knochenwachstum ganz wie bei der Rachitis gestört (spezifische Unterschiede gegen die

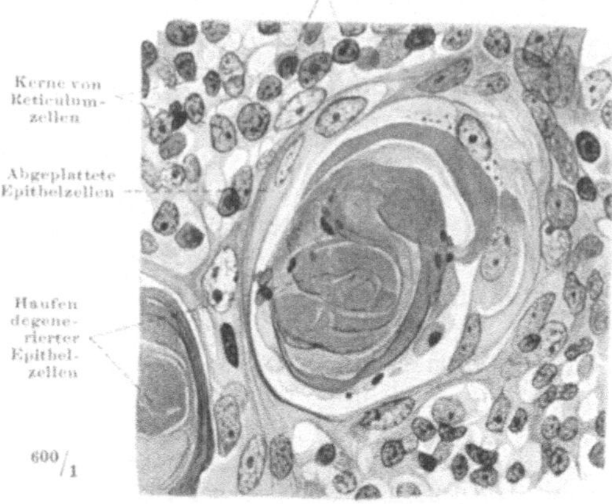

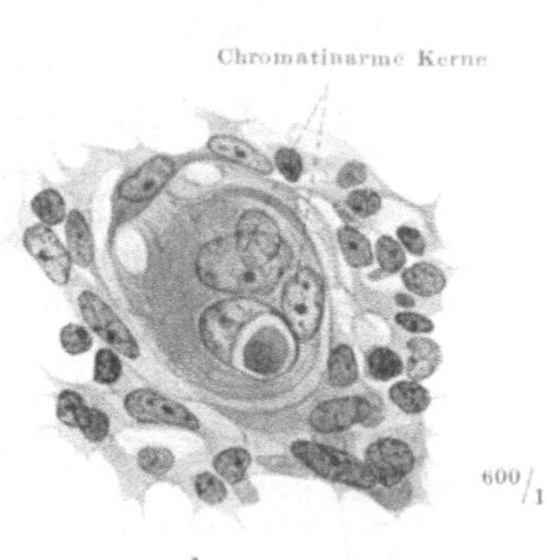

Abb. 74. HASSALsche Körperchen, aus dem gleichen Schnitt wie in Abb. S. 124, bei starker Vergr. a das in Abb. S. 124 mit ×× bezeichnete Körperchen. b Dort mit × bezeichnet.

Veränderungen bei Fehlen der Epithelkörper, siehe diese). Etwaige Knochenbrüche heilen beim operierten Tier schlechter als beim Gesunden. Bei älteren Tieren macht die Herausnahme der Thymus keine deutlichen Erscheinungen.

Froschlarven, die mit Thymus von Säugetieren gefüttert werden, wachsen ganz beträchtlich, metamorphosieren aber nicht (Riesenlarven). Die Thyreoidea, welche für das Wachstum die entgegengesetzte Wirkung hat (S. 130), ist auch bei der Metamorphose ein Gegenmittel. Man kann beim Axolotl, dem bekanntesten Beispiel für lebenslanges Verharren im Larvenstadium (sog. Neotenie), die Metamorphose durch Verfütterung von Schilddrüsensubstanz erzwingen.

Die HASSALschen Körperchen sind Epithelperlen (S. 54) aus zwiebelschalenförmig ineinandergeschachtelten platten Zellen, die nach dem Inneren zu zerfallen (Abb. Nr. 74). Sie erinnern an in vitro gezüchtetes Epithel. Der Inhalt der Kugel, welcher der Epitheloberfläche entspricht, kann verhornt, verfettet oder verkalkt sein. Die Zahl der Hassals beträgt beim Neugeborenen durchschnittlich 1 350 000 (238 pro 1 Milligramm Mark). Die Gesamtzahl ist bis zur Pubertät nur wenig geändert, nimmt aber im 20.—25. Lebensjahr sowohl absolut wie relativ ab (pro Milligramm Mark). Die Abnahme tritt bei Hunger früher und besonders stark ein. Die Zahl wächst auffallenderweise bei Krankheiten (z. B. bei Diphtherie der Kinder). Man sucht solche Daten zu verwerten, um konstitutionelle Unterschiede der Individuen untereinander aufzuhellen (Konstitutionsforschung). *HASSALsche Körperchen*

Neue kleine Körperchen entstehen durch Zerfall von großen. Rückbildung und Neubildung halten sich bis zur Pubertät die Waage, offenbar aber nicht in pathologischen Fällen von gröberer organischer und feinerer psychischer Art.

Immigration oder Transformation

Die hier vertretene Ansicht, daß die Rundzellen der Thymus eingewanderte Lymphocyten sind, wird als Immigrationstheorie bezeichnet. Einzelne Autoren nehmen eine Umwandlung von Epithelzellen der Thymusanlage in Rundzellen oder in echte Lymphzellen an (scheinbare oder wirkliche Transformation). Außer den neueren histiogenetischen Beobachtungen spricht für echte immigrierte Lymphocyten der Umstand, daß die Zellen genau so wie in Lymphknoten auf Röntgenstrahlen reagieren. Ob alle Reticulumzellen epithelialer Abkunft sind oder ob ähnlich aussehende Zellen in der Rinde zu den lymphatischen Elementen gehören, ist noch unsicher. Versprengte Thymusinseln (z. B. in der Schilddrüse) haben den gleichen Bau wie das Hauptorgan.

Blut- und Lymphgefäße, Nerven

Die Blutgefäße sind besonders reichlich in der Rinde, spärlicher im Mark. Die Arterien stammen aus der Subclavia (inkonstante kleine Ästchen der A. thyr. inf. u. A. mamm. int.), die Venen münden vornehmlich in die Vena anonyma sinistra, auch in die den Arterien beigesellten Venen. Man hüte sich vor Verwechslungen kontrahierter Gefäße mit HASSALschen Körperchen im mikroskopischen Bild. — Die Lymphgefäße sind zahlreich und weit. Sie führen in Lymphknoten des vorderen Mediastinum, welche der Thymus nahe liegen. — Die Nerven für die Thymus selbst kommen aus dem Vagus (X) und Sympathicus; feine dem Phrenicus beigemischte Ästchen dieser Art sind zur Kapsel verfolgt worden.

d) Epithelkörperchen, Glandulae parathyreoideae.

Zahl und Lage, Abb. S. 115, 129

Gewöhnlich sind vier Epithelkörperchen (EK) vorhanden, jederseits ein oberes und ein unteres (Abb. S. 129). Ihre Form und Größe ist sehr wechselnd, sie sind rundliche oder ovale abgeplattete Körper von etwa 3—8 mm Länge, etwa 2 mm Dicke. Ihre ausgesprochen braune, lehmartige Farbe unterscheidet sie von der mehr ins Blaurote gehenden der Schilddrüse, ihre größere Weichheit von kleinen Lymphknoten. Sie finden sich in nächster Nähe von größeren Ästen der Schilddrüsenarterien, die oberen unmittelbar auf der Kapsel der Schilddrüse auf deren dorsaler Fläche nahe dem Oesophagus, die unteren meist $^{1}/_{2}$—1 cm von den unteren Schilddrüsenpolen entfernt in Fettgewebe eingebettet (Abb. a, S. 156). Sie aufzufinden erfordert einige Übung, ist meist auch nur an frischen Präparaten möglich.

Die Zahl der EK kann vermehrt (S. 113) oder vermindert sein. Letzteres kann dadurch vorgetäuscht werden, daß sie nicht am üblichen Ort liegen (z. B. innerhalb der Schilddrüse). Sie können auf einer Seite gänzlich fehlen.

Die frühere Bezeichnung „Nebenschilddrüsen" für die EK wird besser vermieden wegen der Verwechslung mit Glandulae thyreoideae accessoriae (S. 116), die gleichfalls Nebenschilddrüsen benannt worden sind.

Mikroskopische Struktur

Solide Stränge aus Epithelzellen setzen das eigentliche Parenchym zusammen; dazwischen liegen zahlreiche Fettzellen, lockeres Bindegewebe und Gefäße (Abb. S. 127). In der Regel fehlen im Epithel die für die Schilddrüsen charakteristischen Hohlkugeln mit kolloidalem Inhalt. Gewöhnlich liegen beide EK außen von der inneren Schilddrüsenkapsel, das untere besonders locker mit ihr verbunden. Deshalb kann die Schilddrüse bei Kropfoperationen entfernt werden, ohne die Körperchen zu schädigen, zumal wenn der Teil der Schilddrüse, den man genötigt ist zurückzulassen (siehe nächstes Kapitel), so gewählt wird, daß es gerade die den Körperchen benachbarte Partie ist.

Die Zellstränge bestehen aus zahlreichen kleinen Zellen mit stark vacuolisiertem Protoplasma und aus spärlichen großen Zellen voll kleiner oxyphiler Granula. Im Centrum der Stränge sieht man manchmal Lumina; auch Bläschen mit kolloidähnlichem Inhalt sind beobachtet. Trotzdem sind EK und Schilddrüse ganz verschiedene Organe (S. 113). Dies gilt auch für die seltenen Fälle, in welchen EK im Schilddrüsengewebe eingebettet liegen.

Spezifische Wirkung

Werden alle EK entfernt, so entsteht Tetanie, eine erhöhte Erregbarkeit der Muskeln gegen äußere Reize, die sich in langdauernden, schmerzhaften Muskelkrämpfen äußert. Sie ist im Tierversuch regelmäßig zu erzielen; beim Menschen ist sie von zu ausgiebigen Kropfoperationen her bekannt. So klein also diese Organe auch sind, so unentbehrlich sind sie für die Gesundheit.

Man stellt sich vor, daß das Hormon der EK zusammen mit anderen Hormonen den Salzstoffwechsel des Organismus regelt und daß bei Fortfall ihrer Tätigkeit der Kalk fehlt, welcher nötig ist, um die Übertragung der Nervenreize auf den quergestreiften Muskel (Sohlenplatten) zu dämpfen. Gleichzeitig treten als Folge des gestörten Kalkhaushaltes Veränderungen in den Epiphysen der Röhrenknochen und in den Zähnen auf, welche für Rachitis charakteristisch sind. Von Bedeutung ist nicht etwa der mangelnde Kalk in der Nahrung, sondern die von den Hormonen abhängige Kalkverteilung im Körper. Zwischen der Thymus und den EK besteht bezüglich des Salzstoffwechsels ein direkter Antagonismus. — Bei Kindern kommt eine Übererregbarkeit der Nerven mit Neigung zu allgemeinen Krämpfen vor (Spasmophilie), die mit Rachitis sehr oft kombiniert ist. Auch für dieses Syndrom werden Erkrankungen der EK beschuldigt.

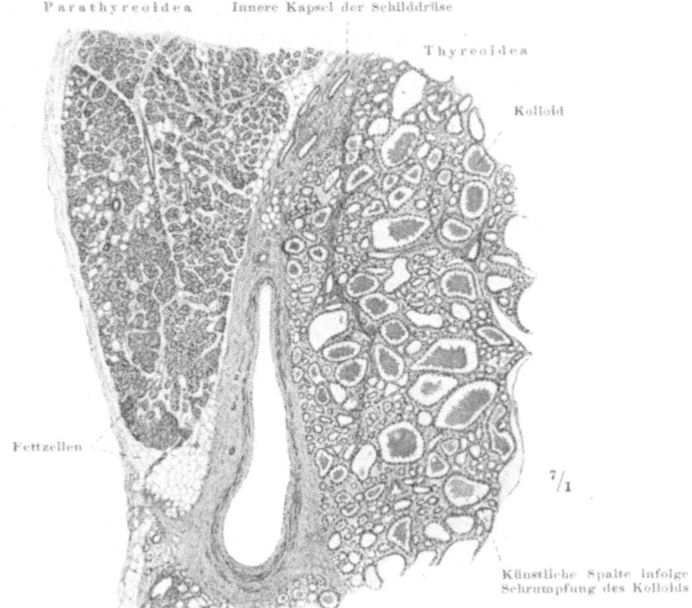

Abb. 75. Epithelkörperchen und Schilddrüse.

e) Schilddrüse, Glandula thyreoidea.

Sie besteht aus zwei großen seitlichen Lappen, Lobus dexter et Lobus sinister, welche durch ein unpaares Mittelstück, Isthmus, in Verbindung stehen (Abb. S. 128). Der Isthmus kann fehlen; dann liegen die Lobi isoliert nebeneinander, berühren sich oder sind durch einen Zwischenraum getrennt. Bei jedem dritten Menschen oder noch häufiger hängt am Isthmus ein Produkt des Ductus thyreoglossus, das man Lobus pyramidalis nennt; er liegt meistens asymmetrisch (Abb. S. 144), links häufiger als rechts und reicht in extremen Fällen bis zum Zungenbein, meist weniger hoch. Sehr häufig laufen die beiden Seitenlappen nach oben und unten zu in stumpf endigende Fortsätze aus. Das ganze Organ hat dann die Form eines H (mit nach unten leicht konvergierenden Längsschenkeln, Abb. S. 9). Doch ist die Form oft asymmetrisch und sehr wechselnd. Die oberen Hörner sind die längeren und fehlen nie ganz, die unteren wohl. Das Durchschnittsgewicht der Drüse beträgt 30—60 g. Die Höhe, Breite und Dicke eines Seitenlappens stehen zueinander im Verhältnis von etwa 6 : 4 : 2 (in Zentimetern). Allseitige Zunahme dieser Masse ist nicht normal, sie kann durch pathologische Entartung bedingt sein: Kropf,

Form und Lage, Abb. S. 9, 87, 128, 129, 144; Bd. I, S. 189

Struma. Die Drüse sieht je nach dem augenblicklichen Blutreichtum blaurot oder gelblichbraun aus. Sie ist weich und deshalb durch die Haut nicht
zu fühlen. Verhärtete Schilddrüsen, die fühlbar sind, sind pathologisch (Gebirgs-
kröpfe). Eine normale Schilddrüse füllt die Zwischenräume zwischen den Eingeweiden und Muskeln des Halses so aus, daß das Relief des Schildknorpels
gegen die Luftröhre zu ausgeglichen ist. Die Chirurgen haben dies bei
Totalexstirpation wenig vergrößerter Schilddrüsenhälften erfahren, da nachher ein häßlicher Defekt entstand, der kosmetisch übler sein kann als ein
kleiner Kropf.

Der Isthmus liegt vor dem 3.—4. (auch 2. und sogar 1.) Knorpelring der Luftröhre, die Lappen schieben sich unter die Rectusmuskeln des Halses bis zum M. omohyoideus (Abb. S. 87) und liegen oben neben dem Schildknorpel des Kehlkopfes, weiter
unten zu seiten der Luftröhre und der Speiseröhre (Abb. S. 144, Bd. I, S. 189). Der M.
sternothyreoideus verhindert ein höheres Hinaufsteigen über seinen Ansatz am Schildknorpel hinaus. Doch kann das obere Horn seitlich von ihm bis zum Zungenbein

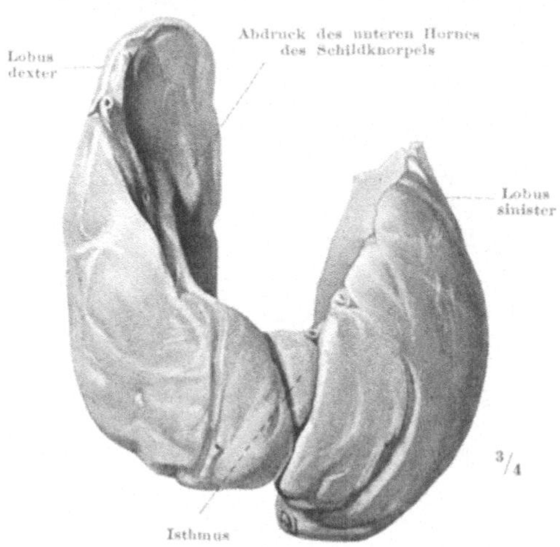

Abb. 76. Schilddrüse von vorn, in situ gehärtet und
dann herauspräpariert.

aufsteigen. Das ganze Organ ist über
die Fläche gebogen und umgreift nach
hinten die Halseingeweide (Abb.
Nr. 76 u. Abb. S. 129). Bei pathologischer Verhärtung kann die Drüse
zum erheblichen Atem- und Schling-
hindernis werden, zumal gewisse
Strumen dahin neigen, zwischen Luft-
und Speiseröhre vorzuwandern und
die erstere ganz einzuzwängen.

Eine Anschoppung der Drüse mit
Blut kann einen echten Kropf vortäuschen. Der falsche Kropf kann
in den Pubertätsjahren in wechselndem Umfang stationär werden (junge
Mädchen); der Volksmund behauptet,
nach dem ersten Geschlechtsakt sei
der weibliche Hals gebläht.

Bei der BASEDOWschen Krankheit
gehört die Schilddrüsenschwellung
neben Glotzaugen und Herzklopfen
zu den Erkennungsmerkmalen. —
Echte Kröpfe haben sehr verschiedene
Arten von Konsistenz und Wachs-
tumsgeschwindigkeit. Die Vergröße-
rungen des Isthmus neigen dazu, in das vordere Mediastinum hinabzuwachsen
und sind, wenn sie erst dort angelangt sind, für den Chirurgen schwer erreichbar.
Die Hinterfläche der Seitenlappen reicht oft bis zu der Fascia colli profunda (Bd. I,
Abb S. 189), neigt aber nicht dazu, in das Spatium retroviscerale vorzudringen. —
Über Nebenschilddrüsen, Glandulae thyreoideae accessoriae, siehe S. 116;
sie dürfen nicht mit Epithelkörperchen wegen des lateinischen Fachnamens der
letzteren verwechselt werden. Sie können dem Forscher einen Streich spielen, der
glaubt, die Schilddrüse beim Tier entfernt zu haben, denn sie scheiden das gleiche
Hormon ab, wie die Hauptdrüse.

Fascien-
hülle,
Kapsel

Man kann eine äußere und innere Kapsel der Schilddrüse unterscheiden.
Die erstere ist nichts anderes als die Fascia colli media (Bd. I, Abb. S. 189): Fascienhülle der Drüse. Sie ist durch eine feine, von Bindegewebszügen durch-
querte Spalte von der Drüse geschieden, welche auch hinten zwischen der Drüse
einerseits und der Luft- und Speiseröhre anderseits deutlich ist (Spatium
praeviscerale). Aus dieser Hülle läßt sich die Drüse leicht herausschälen.
Seitlich hängt mit ihr die Gefäßnervenscheide zusammen, welche meist so
sehr gegen die Drüse vorspringt, daß die Arteria carotis communis in ihre
Substanz grabenförmig eingebuchtet ist. Die Pulsationen des Gefäßes werden
daher bei vergrößerter Schilddrüse häufig dieser mitgeteilt.

Die innere Kapsel (Abb. S. 129) ist eine bindegewebige Membran, welche dem
Schilddrüsengewebe unmittelbar aufliegt und durch Bindegewebszüge mit dem

Innern so fest in Verbindung steht, daß sie nicht ohne weiteres abgezogen werden kann. Wir nennen sie im eigentlichen Sinne die Drüsenkapsel, Tunica fibrosa.

Die Epithelkörperchen und der zum Kehlkopf aufsteigende Nervus recurrens (Abb. S. 147), dessen Durchtrennung oder Zerrung Heiserkeit zur Folge hat, liegen außerhalb der eigentlichen Kapsel (zwischen „äußerer" und innerer Kapsel). Läßt man bei Kropfoperationen beiderseits Schilddrüsengewebe an der Hinterfläche des Organs zurück, so schont man dadurch am sichersten diese wichtigen Nachbarorgane der Drüse und erreicht zugleich gute kosmetische Resultate. Bei einseitiger Totalexstirpation verschiebt sich nachträglich die übrig gebliebene Hälfte in die Mittellage und täuscht nicht selten dem Patienten neues Wachstum des Kropfes auf der entleerten Seite vor.

Vom Zungenbein oder von einem der benachbarten Muskeln des Halses steigt nicht selten ein Muskel an den Isthmus oder Lobus pyramidalis abwärts: Musculus levator glandulae thyreoideae. Er liegt gewöhnlich seitlich von der Mittellinie (Abb. S. 144). Er kann die verschiedenste Herkunft haben, gewöhnlich von dem

M. levator glandulae

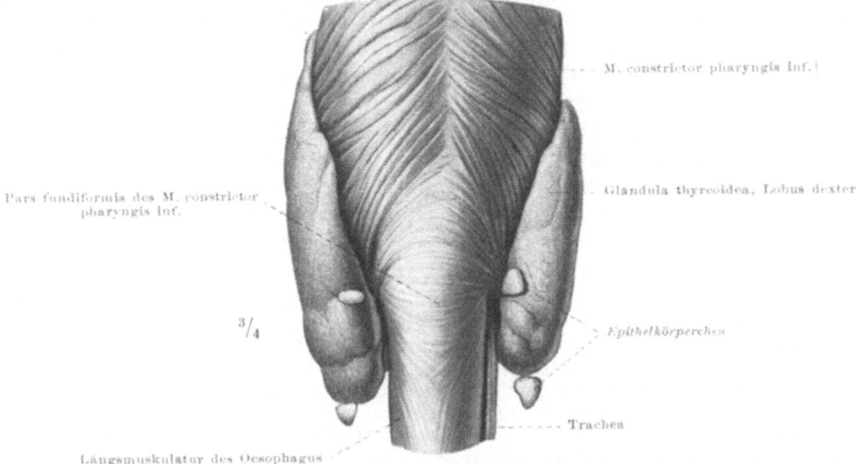

Abb. 77. Schilddrüse und Epithelkörperchen von hinten. Von den unteren Epithelkörperchen ist das umgebende Fettgewebe entfernt; vgl. Abb. a, S. 156.

Rectussystem des Halses (M. levator superficialis), gelegentlich aber auch von eigentlichen Kehlkopfmuskeln (M. levator profundus) oder von Rachenmuskeln (M. levator lateralis) abstammen. Die Innervation ist dementsprechend sehr wechselnd.

In allen Fällen folgt die Drüse dem Auf und Ab des Kehlkopfs beim Schlucken, da die Seitenlappen, auch abgesehen vom Vorhandensein des M. levator, durch ihro Hülle den Trachealringen fest anhängen (Ligamenta glandulae thyreoideae). Der Arzt kann an der Mitbewegung beim Schlucken leicht den Kropf von solchen Geschwülsten des Halses unterscheiden, welche nichts mit der Schilddrüse zu tun haben.

Das eigentliche Schilddrüsenparenchym zerfällt in kuglige Cysten von sehr verschiedener Größe. Sie sind mit einschichtigem kubischem, bei großen Kugeln oft mit stark abgeplattetem Epithel ausgekleidet und prall gefüllt mit dem Kolloid, welches auf der Schnittfläche in glasigen, klebrigen Tröpfchen vorquillt und im mikroskopischen Schnitt durch die lebhafte Färbbarkeit, z. B. mit Eosin, sehr hervortritt (es ist durch die Vorbehandlung der mikroskopischen Präparate meist geschrumpft, Abb. S. 127). Junge Cysten sind klein und leer. Die großen sind allein oder in Gruppen äußerlich als Lobuli der Schilddrüse sichtbar (Abb. Nr. 77). Da die Blasen geschlossen sind, ist zuerst bei der Schilddrüse erkannt worden, daß es endokrine Drüsen gibt, deren größte sie ist. Das Kolloid ist größtenteils ein jodreicher Eiweißkörper (Jodthyreoglobulin).

Struktur. Kolloid, Hormon (Inkret)

Das eigentliche Hormon ist es nicht. Denn durchspült man von den Gefäßen aus die Drüse mit Kochsalzlösung, so enthält diese das spezifische Sekret, aber kein Eiweiß und kein Jod. Das Hormon selbst ist neuerdings rein dargestellt worden. Es wird wahrscheinlich nur bei Anwesenheit von Kolloid erzeugt; letzteres scheint sein notwendiger Begleiter zu sein. Das Kolloid wird von den Epithelzellen nach innen in die Höhle der Cysten abgegeben und dort gestapelt; wir wissen nicht, ob das Hormon zuerst auf demselben Weg abgeschieden wird, um dann nachträglich nach außen in die Blutbahn zu gelangen, oder ob es sofort nach außen sezerniert wird. Auch vom Kolloid sollen Teilchen das Epithel durchsetzen oder durchbrechen, um in die Lymphbahn zu gelangen. Das Epithel ist also nicht nur nach einem Pol wie bei gewöhnlichen Drüsen (nach innen), sondern auch nach dem anderen Pol (nach außen) tätig oder es ist sogar zwischen beiden Polen hin und her für die Sekrete durchlässig.

Das Hormon steigert die Empfindlichkeit des vegetativen Nervensystems für Reize; es kann beispielsweise ein elektrischer Strom, welcher so schwach ist, daß er den Nervus vagus nicht zu reizen und das Herz nicht zu hemmen vermag, nach Verabreichung von Schilddrüsenextrakt wirksam werden. Bei der BASEDOWschen Krankheit des Menschen ist das Nervensystem in ähnlicher Weise überreizt. Auch die Stoffwechselorgane werden durch große Gaben von Schilddrüsenextrakt sensibilisiert (Zerfall von Körperfett, sogar Zuckerharn). Früher, als man die Gefahren der totalen Entfernung der Schilddrüse nicht kannte, wurden die Patienten nach der Operation wie Nierenkranke ödematös geschwollen; die Schwellung hat eine spezifisch teigige Konsistenz und wird deshalb Myxödem genannt. Dazu tritt im weiteren Verlauf Verblödung.

Angeborenes Myxödem beruht auf mangelhafter Entwicklung der Schilddrüse; geradezu wunderbare Heilungen werden dabei durch Verabreichung von Schilddrüsentabletten erzielt. — Bei Amphibienlarven, welche mit Schilddrüsensubstanz oder -präparaten gefüttert werden, bleiben diejenigen Organe im Wachstum zurück, welche auf dem betreffenden Entwicklungsstadium bereits in Funktion begriffen sind. Die ganzen Tiere metamorphosieren besonders früh, so daß Zwergfrösche auf diesem Wege zu erzielen sind (gerade das Entgegengesetzte wie bei der Thymusfütterung). Die normalen Proportionen scheinen davon abhängig zu sein, daß die inneren Sekrete der verschiedenen endokrinen Drüsen richtig aufeinander abgestimmt sind (Bd. I, S. 15). — Hyper- oder Hypoplasien der Schilddrüse werden von Kretinismus gefolgt. Lokale Einflüsse prädisponieren die Bewohner gewisser Orte und Landstriche dazu (in den Alpenländern, Trinkwassereinfluß?)

Die sezernierenden Kugeln stehen oft miteinander in Zusammenhang (Abb. c, S. 13). Sie sind Überreste von Schläuchen, welche in Kugeln zerfallen (ähnlich wie Abb. b, S. 13). Bei manchen Tieren ist der Prozeß nicht so weit fortgeschritten wie meistens beim Menschen. Zwischen den Epithelien liegt Bindegewebe mit zahlreichen Blut- und Lymphgefäßen. Es ist nicht sicher, nach neueren Autoren sogar auszuschließen, daß kolloidartige Substanzen, die in den Lymphgefäßen gefunden werden, aus dem wirklichen Kolloid der Drüsenbläschen stammen. In letzteren gibt es oft kleinere Vacuolen mit eiweißreichem oder schleimigem Inhalt.

Blutzufuhr und Innervation

Blutzufuhr: Die Arterien des oberen Drüsenpoles stammen jederseits aus der A. carotis externa (A. thyreoidea superior), diejenigen der Hinterfläche und des unteren Poles aus der Subclavia (A. thyreoidea inferior). Außer den gleichnamigen, plexusartig verzweigten Venen gibt es besonders häufig eine unpaare Vena thyreoidea ima, welche direkt in die Vena anonyma sin. führt. Die äußere Kapsel (Fascienhülle) erstreckt sich längs dieser Vene und endet erst am Herzbeutel, Membrana thyreopericardiaca. Seltener kommt eine Arteria thyreoidea ima vor (10% der Fälle). Bei Unterbindung der genannten Gefäße wird ein Rest der Drüse reichlich von den Anastomosen mit Pharynx- und Larynxgefäßen versorgt. Dasselbe gilt für die E.K. Der Isthmus der Drüse ist gefäßarm, bei der Tracheotomie wird er ohne weiteres durchtrennt. — Innervation: Nervus laryngeus superior et inferior (recurrens, Abb. S. 147); bei Reizung dieser Nerven ist das Hormon im Gesamtblut vorhanden, sonst nur in den Venae thyreoideae. Außerdem marklose Fasern des Halssympathicus. Die Vagus- und Sympathicusästchen bilden ein nervöses Kapselgeflecht; aus ihm werden auch die Epithelkörperchen versorgt.

4. Die Nasenhöhle, Cavum nasi.

Die definitive Nasenhöhle ist ihrer Entstehung nach kompliziert zusammen- Aufbau
aus ver-
schiedenen
Komponenten gesetzt. Da die Bausteine so ineinander gefügt sind, daß bei Erwachsenen von den ursprünglichen Grenzen nichts mehr zu sehen ist, gehen wir hier nur mit einigen Worten auf die Entstehungsgeschichte ein. Sie hat Bedeutung für Mißbildungen des Gaumens.

Wir haben früher gesehen, daß der Anfangsteil des Kopfdarmes durch den Gaumen sekundär in zwei übereinanderliegende Stockwerke zerlegt wird (S. 8). Das untere ist die definitive Mundhöhle, das obere wird zur Nasenhöhle geschlagen. Doch ist nicht die ganze Nasenhöhle von hier aus gebildet, sondern sie geht gerade den umgekehrten Entwicklungsweg wie die Mundhöhle. Sie entsteht zunächst aus den primären Nasenschläuchen; zu diesen tritt später der Abkömmling der Mundhöhle hinzu. Die primäre Anlage erhält so neuen Zuwachs, anstatt wie die Mundhöhle vom alten Bestand abzugeben. Das hängt mit der Funktion der Zunge zusammen.

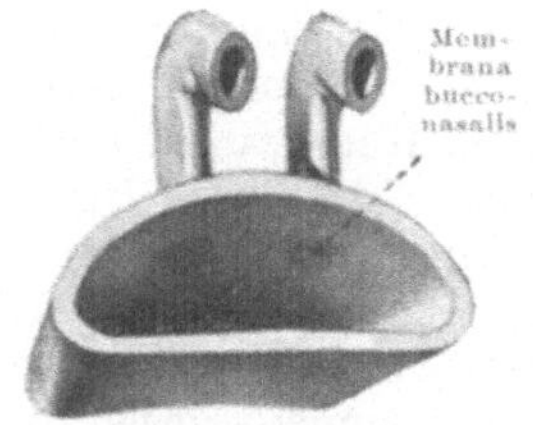

Abb. 78. Primäre Mundhöhle mit den beiden Nasenschläuchen, Schema.

Die Nasenschläuche werden als zwei ektodermale Verdickungen des Vorderkopfes angelegt: Riechplacoden; sie sinken sehr früh grubenförmig ein (Bd. I, Abb. S. 22). Von hier aus wachsen zwei blind endigende Schläuche in der Tiefe auf das Dach der primären Mundhöhle zu und sind eine Weile von dieser durch je eine dünne Verschlußmembran getrennt, Membrana bucconasalis. Die äußere Öffnung eines jeden Schlauches liegt zwischen dem mittleren und seitlichen Nasenfortsatz (Abb. b, S. 22). Etwas später verschwindet die Membrana bucconasalis. Die beiden Nasenschläuche stehen dann auf dem Dach der primären Mundhöhle wie die Luftschächte auf Deck eines Schiffes (Abb. Nr. 78). Das Riechepithel geht von der geschilderten Riechplacode aus. Die Nasenschläuche bilden sich zu schmalen sagittalen

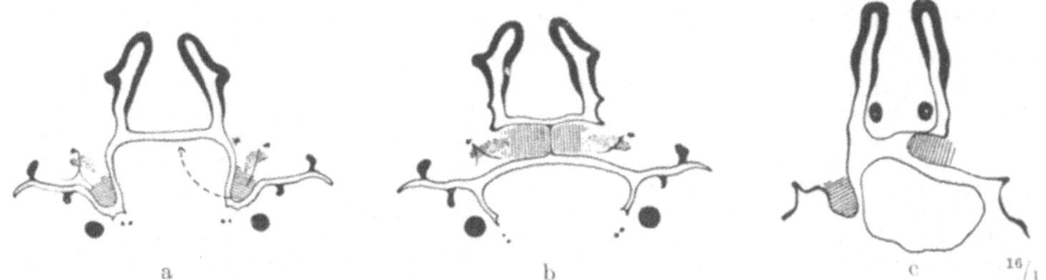

Abb. 79. Bildung des Gaumens. Zahnanlagen, MECKELscher Knorpel und Nasenschläuche schwarz, Gaumenleisten schraffiert, Zunge weiß, Skeletanlage des Gaumens punktiert. Gaumenarterie und die Skeletanlage durchbohrende Gefäßnervenäste als Punkt und Striche (neben * in Abb. a). a Herabhängende Gaumenleisten, Maulwurfembryo, b heraufgeklappte Gaumenleisten, Maulwurfembryo, c ein Gaumenfortsatz hängend, der andere aufgeklappt, Mausembryo. (Nach INOUYE, Anat. Hefte, Bd. 46, 1912, Abb. 38, 58).

Hohlräumen um (Abb. Nr. 79). Wenn der Gaumen gebildet ist, ist die Stelle der ursprünglichen Einmündung in das Dach der primären Mundhöhle nicht mehr kenntlich. Innerhalb der definitiven Nasenhöhle ist eine Grenze nicht zu sehen. Der betreffende Abschnitt der primären Mundhöhle ist ektodermal (S. 8), das Material entstammt also dem gleichen Keimblatt wie die Nasenschläuche.

Beim menschlichen Embryo von 18,5 mm Länge hängen die Gaumen- Gaumen
und
Zunge leisten beiderseits der Zunge in die primäre Mundhöhle hinab (Abb. S. 45). Die Zunge stößt direkt gegen das Nasenseptum; nachdem die Nasenschläuche in die primäre Mundhöhle durchgebrochen sind, werden sie von der Zunge verschlossen, solange sie gegen deren Öffnung gepreßt wird. Bei Reptilien dichten Zunge und Gaumenleisten den Kanal, welcher von der Zunge ausgefüllt wird, gegen die übrige Mundhöhle so ab, daß von deren Inhalt nichts in die Nasengänge hineingelangen und vom Atemstrom aspieriert werden kann. Die Tiere vermögen so zu atmen, auch wenn die Mundhöhle Nahrung enthält, ohne daß die Saugpumpe Partikelchen aus letzterer in die Lunge entführt. Bei Säugetieren wird der Kanal definitiv aus der primären Mundhöhle herausgeschnitten. Die Gaumenleisten drehen sich um eine Stelle an ihrer Basis *, in deren Nähe die Gaumenarterie schon früh erkennbar ist (Arteria palatina, Abb. a, b, S. 131). Man hat bei Mausfeten beobachtet, daß zuerst der eine Gaumenfortsatz in die Höhe schnellt. Er schiebt sich zwischen Zunge und Nasenseptum; die Zunge steht dann ein Weilchen schräg (Abb. c, S. 131). Ist auch der andere Gaumenfortsatz so gedreht, daß er horizontal gestellt ist und mit dem Fortsatz der anderen Seite zusammenstößt, so ist die Zunge aus dem Kanal, in dem sie bis dahin lag, ganz herausgedrängt. Sie stößt nun gegen den Gaumen, Palatum, der aus den beiden Gaumenleisten hervorgeht; denn es verschmelzen die freien Ränder in der Mittellinie, und Knochenanlagen, welche von den beiden Oberkiefer- und Gaumenbeinanlagen aus in sie eindringen, festigen ihre Lage (Abb. S. 24, Bd. I, Abb. S. 655). Erst durch den Verschluß des Gaumens gegen die Mundhöhle wird die Zunge von der Aufgabe befreit, die Nasenhöhle vor dem Eindringen von Mundhöhleninhalt zu schützen. Sie ist einst im Anschluß an diese Funktion zu einem beweglichen Stempel geworden, verwendet aber von jetzt ab ihre aktiv wandelbare Plastizität viel freier im Dienste des Saug- und Kauaktes; vor allem ist sie uns Menschen als wichtiges Hilfsorgan für die Sprache zugefallen (Zungen- und Gaumenlaute). Die endgültige Nasenhöhle dagegen, für welche der dorsale Abschnitt der primären Mundhöhle herausgeschnitten wurde, hat mit der Zunge nichts mehr zu tun. Die Zwischenwand zwischen den beiden Nasenschläuchen wächst abwärts bis zur Vereinigung mit dem Gaumen und teilt das einbezogene Stück der primären Mundhöhle in zwei Kanäle auf. Sie wird zum medianen Nasenseptum. Die Nasenhöhle bleibt auf diese Weise ein paariges Organ, entsprechend der einen Komponente, den primären Nasenschläuchen, die von Anfang an paarig sind. Über die Mundhöhlenseite des Gaumens siehe S. 56.

Die Gaumenschleimhaut hat eine Raphe und häufig darin Epithelperlen als Reste des medianen Zusammenschlusses (S. 56). Im Knochen bewirkt die Sutura palatina mediana den Verschluß; vorn ist der Canalis incisivus im Knochen offen (Abb. S. 135). Die Gaumenschleimhaut ist an dieser Stelle gewöhnlich geschlossen und zu einer Papille erhöht: Papilla incisiva (s. palatina). Ausnahmsweise sind neben ihr oder auf ihr feine nadelstichförmige Öffnungen zu sehen, die als Reste von Nasengaumengängen übrig geblieben sind (Ductus nasopalatini, STENSONsche Gänge, Abb. S. 24). Bleibt die Vereinigung der beiden Seitenteile des Gaumens oder eines von ihnen mit der Nasenscheidewand aus, so entsteht eine nicht seltene Mißbildung: der Wolfsrachen (Uranoschisis; sie kann mit einer Hasenscharte, welche durch die Lippe und den Alveolarrand des Kiefers durchschneidet, kombiniert sein: Cheilognatho-uranoschisis, kann aber auch auf den weichen Gaumen und das Zäpfchen beschränkt bleiben). Das Sprechen ist bei solchen Menschen sehr behindert.

Allgemeine Form

Die Nasenhöhle ist so eng von ihren knöchernen und knorpligen Skeletstützen begrenzt, daß ihre Gestalt im Groben und Feinen fast ausschließlich mit der Form des Skelets zusammenfällt. Gewisse Abweichungen, welche durch die verschiedene Dicke der Schleimhaut bedingt sind, werden bei der Beschreibung einzelner Abschnitte (besonders der Muscheln und der Zugänge zu den Nebenräumen der Nase) hervorgehoben werden. Ich werde mich hier darauf beschränken können, an früher Gesagtes zu erinnern.

Die knorplige Anlage des Schädels enthält zwei parallele Kanäle wie eine doppelläufige Flinte (Bd. I, Abb. S. 649). Ihre Wandungen werden zum größten Teil in Knochen umgewandelt, zum Teil bleiben sie knorplig oder membranös.

Letzteres ist namentlich im vorderen Teil der Nasenhöhle der Fall, welcher innerhalb der äußeren Nase liegt, beweglich ist und sehr verschieden weit sein kann. Nur die knöcherne Begrenzung durch den Oberkiefer, die Apertura piriformis (Bd. I, Abb. S. 782), ist unbeweglich; die Nasenlöcher sind es bekanntlich nicht. Dagegen hat jede Nasenhälfte nach dem Rachen zu eine Öffnung, die Choane, die von einem festen Knochenrahmen umgrenzt und deshalb unveränderlich ist (Abb. S. 144). Sie ist etwa 3 cm hoch und $1^1/_4$ cm breit. Die beiden Choanen sind, vom Rachen aus gesehen, paarige Zugänge zur Nasenhöhle (Abb. S. 92, 110), wie es von vorn her die beiden Nasenlöcher sind. Von den Choanen aus wird die Luft bei jedem Atemzug aus der gesamten Nase abgesaugt. Bei heftigem Nasenbluten läuft das Blut, wenn die Nasenlöcher zugehalten werden, durch die Choanen in den Rachen und Magen. Der Arzt ist deshalb unter Umständen genötigt, vom Rachen aus die Choane mit einem Tampon, welches den obengenannten Maßen genügen muß, abzuschließen.

Von den Nasenknorpeln in der äußeren Nase (Bd. I, Abb. S. 696) ist der untere Rand des Seitenknorpels, Cartilago nasi lateralis, nach innen umgekrempelt und im Relief des Naseninneren als leistenförmiger Vorsprung sichtbar, Limen nasi (Abb. S. 134).

Die Stelle wird auch als „inneres“ Nasenloch bezeichnet, weil sie besonders eng ist, enger als das äußere Nasenloch. Die Enge steht so, daß der Luftstrom durch sie mehr gegen die Nasenscheidewand und in die oberen Partien der Nasenhöhle gerichtet wird. Will man in das Naseninnere beim Lebenden hineinschauen, so muß man die Nasenspitze so weit in die Höhe drängen, daß das äußere Nasenloch in das Niveau des inneren zu liegen kommt. Ohne die Instrumente, welche der Nasenarzt benutzt, ist auf diese Weise nicht viel zu erblicken.

Das Limen nasi ist eine so wichtige Schwelle, daß man den Teil der Nase außen von ihm Vorhof, Vestibulum nasi, nennt und vom Limen aus erst die Nasenhöhle im engeren Sinn rechnet, Cavum nasi proprium. In diesen Namen ist der Kürze wegen davon abgesehen, daß in Wirklichkeit alles doppelt ist, man müßte genauer von den beiden Vorhöfen und den beiden Nasenhöhlen sprechen. Der Vorhof ist wie die Haut mit mehrschichtigem Plattenepithel ausgekleidet, dessen Oberfläche verhornt ist; er besitzt Talgdrüsen und auch Schweißdrüsen wie das Integument. Bis in das Niveau des unteren Randes des Spitzenknorpels (Bd. I, S. 697), welcher oft durch eine Plica alaris der Schleimhaut bezeichnet ist, reichen starre, sich durchkreuzende Haare hinauf, Vibrissae (Abb. S. 134); sie sind schräg nach unten gerichtet und können bei Männern sogar aus den Nasenlöchern herausragen. Sie erschweren das Eindringen von leichten Fremdkörpern, z. B. Zementstaub.

Das Cavum nasi proprium ist durch die Muscheln, welche von seinen äußeren Seitenwänden ausgehen, sehr stark eingeengt (Abb. S. 75, 136). Das Epithel ist hier wie im ganzen Respirationsweg flimmerndes mehrschichtiges Cylinderepithel mit zahlreichen eingestreuten Becherzellen (Abb. g, S. 11). Das spezifische Riechepithel findet sich beim Menschen nur an relativ sehr eng begrenzten Stellen (Abb. S. 142; Näheres über seinen Aufbau siehe Sinnesorgane). Legt man einen Frontalschnitt durch die Mitte der eigentlichen Nasenhöhle (Abb. S. 136) und denkt man sich ihren Inhalt, die Muscheln und die Nasenscheidewand, weg, so ist die Begrenzung des Querschnitts ein spitzwinkliges Dreieck; die Basis bildet der Gaumen, die Spitze ist durch die Siebbeinplatte etwas abgestumpft, die Seitenwände sind durch die Öffnungen, welche in die Nebenräume der Nase führen, an verschiedenen Stellen unterbrochen. Der Gesamtinnenraum der Nase entspricht einem Hohlprisma, welches vorn in der äußeren Nase endet und hinten offen ist (Choanen). Wir besprechen im folgenden die obere und untere, die mediale und laterale Wand, dann die zur letzteren gehörigen Muscheln und Nebenräume der Nasenhöhle. Die Struktur der Schleimhaut und ihre Versorgung mit Gefäßen und Nerven wird zum Schluß berücksichtigt werden.

Das Dach
der Nasen-
höhle,
Abb. S. 75,
92,110,134,
135, 136 Die obere Nasenwand ist äußerst schmal (2—3 mm breit, Abb. S. 136) und deshalb an den meisten Stellen für Instrumente beim Lebenden sehr schwer zugänglich. Von vorn nach hinten ist sie doppelt gebrochen wie ein plattes Mansardendach (Abb. S. 75), das die Nasenhöhle vorn, oben und hinten abdeckt. Der vordere Abschnitt des Daches ist am längsten. Er liegt unter dem Nasenrücken, steigt wie dieser schräg auf und ist oben am dickwandigsten (Os nasale, Abb. S. 135). Der mittlere Abschnitt steht horizontal oder ein wenig nach hinten

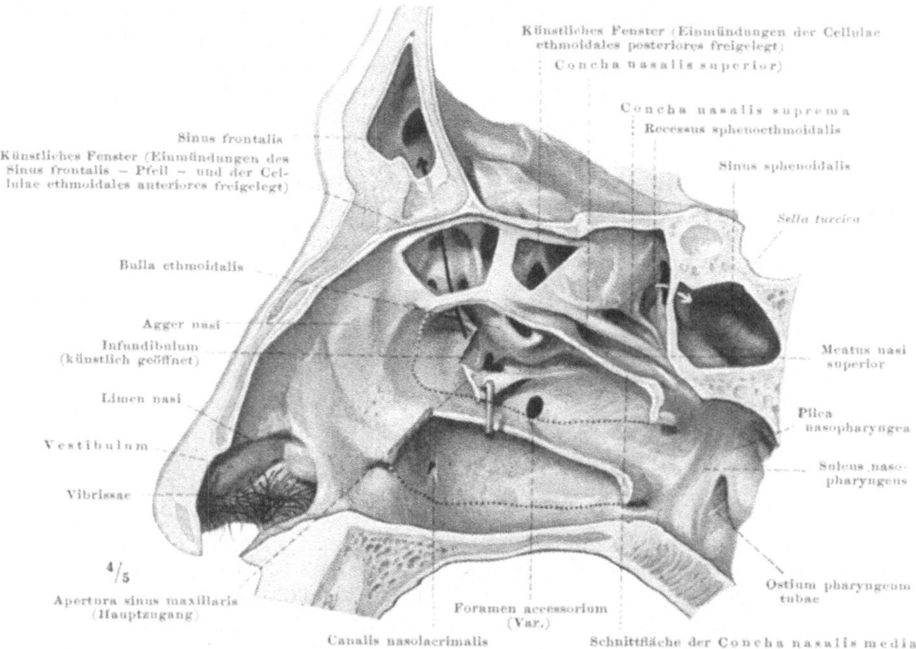

Abb. 80. **Schleimhautrelief der seitlichen Nasenwand, mittlere und untere Muschel größtenteils entfernt (Konturen punktiert). Vgl. das Knochenbild der gleichen Ansicht in Abb. S. 135. Der Processus uncinatus mit seiner Schleimhautbedeckung ist quer durchschnitten, das distale Stück mit einem Haken nach unten umgeklappt. Das Nasenseptum ist entfernt: es beginnt vorn am Nasenrücken und endet hinten gegenüber dem Meatus nasopharyngeus mit freiem Rande.**

geneigt. Er ist am dünnwandigsten (Lamina cribrosa des Siebbeins) und erfordert deshalb bei Operationen im Inneren der Nase größte Vorsicht. Der hintere Abschnitt ist gegen den mittleren rechtwinklig abgebrochen (Abb. Nr. 80); er senkt sich steil abwärts zu dem oberen Rand der Choane. Er begrenzt von hinten den Recessus sphenoethmoidalis, welcher zwischen dem hinteren Rand der Muscheln und der Vorderwand des Keilbeins eingeschoben ist und in welchen die Keilbeinhöhle mündet, Sinus sphenoidalis (Bd. I, S. 670).

Vom oberen Rand der Choane aus geht die Schädelbasis (Keil- und Hinterhauptsbein) weiter nach hinten und begleitet hier die Hinterwand der Rachenhöhle (Abb. S. 75). Die Nasenhöhle hört dagegen an der Choane auf. Sie hat keine hintere Wand, man müßte denn den knöchernen Rahmen der Choane so nennen. Richtiger sagt man, jede Hälfte der Nasenhöhle habe hinten ein „offenes Fenster", die Choane. Diese reicht bis in die Höhe der mittleren Muschel. Man kann also vom Rachen aus bei gerader Aufsicht nur die untere und mittlere Muschel sehen (Abb. S. 92). Die obere ist hinter dem steil abfallenden Dach der Decke verborgen. Doch kann man durch Einlegen eines Spiegels in den Rachen des Lebenden schräg von unten nach oben

in die Choanen hineinsehen und auch die oberen Muscheln erblicken (Abb. S. 110).
Unmittelbar hinter den Muschelenden liegt eine Furche der lateralen Nasenwand,
Sulcus nasopharyngeus (Abb. S. 134); sie entspricht dem schmalen Zwischenraum
zwischen den Enden der Muscheln und der Ebene der Choanenöffnung. Sie setzt
innerhalb der Nasenhöhle den Recessus sphenoethmoidalis mehr oder minder stark
geknickt nach unten zu fort. Die hintere Begrenzung ist oft eine Schleimhautfalte,
Plica nasopharyngea, welche den äußeren Choanenbogen kennzeichnet. Die
Knickstelle ist deshalb wichtig, weil hier eine Öffnung im Skelet verborgen liegt,
das Foramen sphenopalatinum (Abb. Nr. 81). Man kann es als drittes Fenster
der Nasenhöhle (neben dem äußeren Nasenloch und der Choane) bezeichnen. Da es
mit Schleimhaut überkleidet ist, wird es nur am macerierten Präparat sichtbar.
Durch diese Pforte treten kleine, aber wichtige Gefäße und Nerven unter die Schleim-

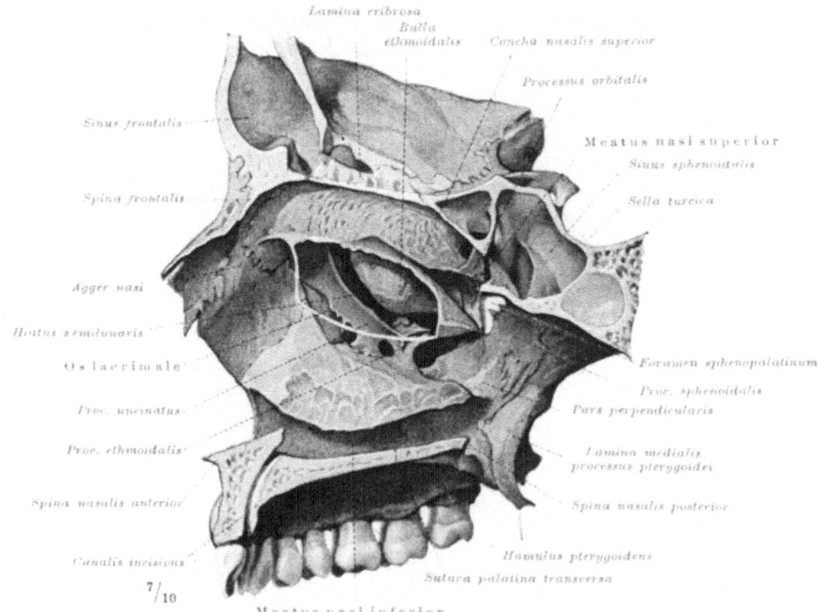

Abb. 81. Knöcherne seitliche Nasenwand. Frontale graugrün, Ethmoidale karminrot, Sphenoidale blau, Nasale rotviolett, Concha inferior blauviolett, Maxilla blaugrün, Palatinum gelbgrün.
Die mittlere Muschel zum Teil abgetragen, Kontur als weiße Linie.

haut der Nasenhöhle ein und aus. Das Loch liegt gerade am hinteren Rand des
Nasendaches.

Im horizontalen Dachteil befinden sich feinste Löchelchen der Lamina cribrosa
für die Ästchen des Riechnervs (Abb. S. 136) und ein etwas größeres Löchlein für
den Nervus ethmoidalis anterior aus dem 1. Ast des Trigeminus nebst begleitenden
feinsten Gefäßen. — Die Schleimhaut des Daches ist dünn und glatt, leicht ablösbar.

Die untere Wand der Nasenhöhle heißt Boden. Als Basis des prismatischen
Innenraumes ist er in jeder Nasenhälfte um ein Vielfaches breiter als das Dach
(12—15 mm). Der Boden ist von rechts nach links stark ausgehöhlt, entsprechend
der Einrollung der unteren Muschel, die sich ihm bis auf kurze Distanz nähert
(Abb. S. 136). Außerdem ist er von vorn nach hinten ein wenig konkav, entsprechend dem Außenrand der unteren Muschel (Abb. S. 134). Der Nasenboden ruht
auf dem harten Gaumen, der mit seiner unteren Seite Dach der Mundhöhle ist.

Die knöcherne Begrenzung ist einfacher als beim Dach (zwei Knochen: Maxilla
und Palatinum, Abb. Nr. 81). Die Schleimhautbedeckung der Rückfläche des weichen
Gaumens liegt hinter den Choanen und gehört deshalb zum Pharynx (Abb. S. 75). —
Vom Nasenboden senkt sich häufig etwa 2 cm hinter dem äußeren Nasenloch und
dicht neben dem Septum nasi ein Recessus nasopalatinus in den Gaumen hinein,
begrenzt nach innen von einem Schleimhautwulst, dem Torus palatinus (siehe

Der Boden
der Nasen-
höhle,
Abb. S. 75,
134, 135,
136

Nasenscheidewand). Der Recessus reicht mit seinen blinden Enden verschieden weit in den Canalis incisivus (Abb. S. 135) hinein. — Die Schleimhaut des Bodens gleicht derjenigen der Nasenscheidewand.

Die Nasen-
scheide-
wand, Abb.
Nr. 82;
Bd. I, S. 696

Die medialen Wände beider Nasenhälften bilden zusammen die Nasenscheidewand. Sie enthält im Innern ein aus Knochen, Knorpeln und Bindegewebsmembranen zusammengefügtes Skelet (Bd. I, Abb. S. 696). Die membranöse Stelle liegt in der Nasenspitze. Man kann sie von den äußeren Nasenlöchern aus umfassen. Die Nasenscheidewand teilt selten die Gesamthöhle in zwei symmetrische Hälften. Gewöhnlich steht sie in ihrem vorderen Teil auf einer Kopfseite (häufiger rechts als links), im hinteren Drittel ist sie dagegen annähernd symmetrisch gestellt. Ist sie nicht im ganzen verschoben, sondern nach einer Kopfseite zu ausgebogen, so ist der Bogen sehr häufig an einer Stelle eingeknickt (Abb. Nr. 82). Der Knick entspricht dem Processus sphenoidalis des

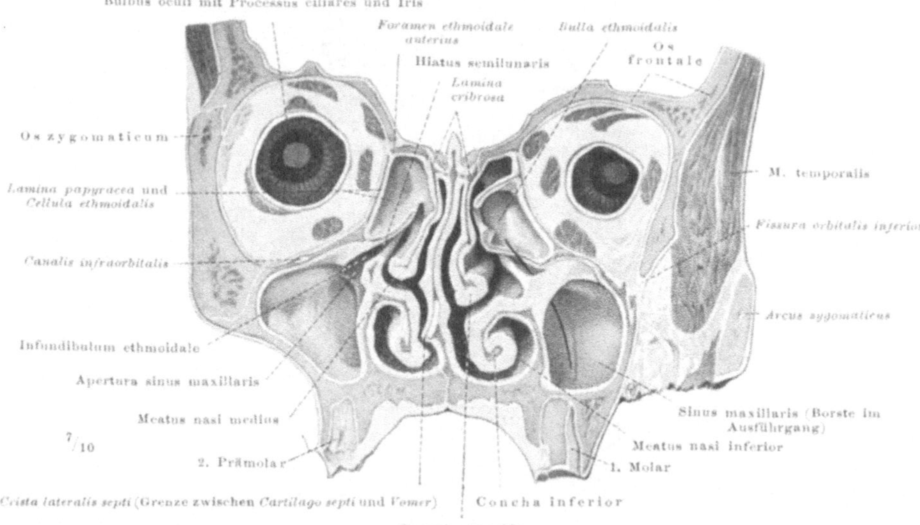

Abb. 82. Frontalschnitt durch die Nasenhöhle. Knochen dunkel-, Schleimhaut hellgrau. Der Sägeschnitt geht nicht genau frontal, daher ist auf der einen Seite der Eingang zum Sinus maxillaris getroffen, auf der anderen nicht (siehe Zähne). In der Lamina cribrosa Durchbrechungen = Löcher für Fila olfactoria.

knorpligen Nasenseptum, der bis gegen das Keilbein vordringen kann, gewöhnlich aber schon viel früher endet (Bd. I, Abb. S. 696). Dieser Knorpelstreifen springt als schräg gestellte Kante auf der konvexen Seite des gebogenen Septum vor, Spina oder Crista septi genannt (Abb. Nr. 82). An dieser Stelle ist das Septum am dicksten (4—12 mm). Da die Knorpelleiste schräg nach hinten und oben aufsteigt, so wird ein Instrument, welches oberhalb von ihr in die betreffende Nasenseite eingeführt wird, durch sie leicht gegen das Keilbein zu abgeleitet. Vorn wendet sich die Crista gegen die untere Muschel, deren Wachstum in Korrelation zur geknickten Scheidewand gehemmt sein kann; sie ist kleiner als die untere Muschel der anderen Seite oder hat eine Rinne, welche der vorspringenden Leiste entspricht. Nach hinten zu steigt die Leiste in die Höhe der mittleren Muschel auf, hemmt gelegentlich auch diese und kann sogar zur Verlegung des Zuganges zur Kieferhöhle führen. Steht das Knorpelseptum asymmetrisch, so kann die Nasenspitze mit ihrem membranösen Septumteil gerade stehen; es ist dann unter Umständen der untere Rand des Knorpels vom Nasenloch aus als Vorsprung sichtbar. Man muß sich hüten, solche Höcker und Leisten mit Polypen oder anderen Geschwülsten der Nase zu verwechseln. Sie sind meistens ein Atemhindernis, manchmal vorübergehend, solange die Schleimhaut anschwillt (siehe Schwellkörper), manchmal aber auch dauernd, wenn sich die Knochen berühren.

Wegen der schiefen Stellung der äußeren Nase siehe Bd. I, S. 788. Die Ursachen der zahlreichen Asymmetrien hängen irgendwie mit den Umbauprozessen zusammen, die gerade diesen Teil des Schädels besonders betreffen und durch welche die Nasenhöhle als besonderes Stockwerk zwischen Augen- und Mundhöhle eingeschoben wird (Bd. I, S. 646). Inwieweit in der individuellen Entwicklung mechanische Anpassungen eine Rolle spielen und von welcher Stelle sie ausgehen, ist nicht sicher bekannt. Sicher sind viele der Asymmetrien erblich fixiert, wie schon aus familiären Ähnlichkeiten der äußeren Nasenform zu schließen ist.

Selten verschmilzt die vertikale Siebbeinplatte knöchern mit dem Vomer, auch wenn keine Knorpelleiste zwischen ihnen liegt. Die Schleimhaut der Nasenscheidewand ist glatt und mit dem Periost bzw. Perichondrium zusammen leicht ablösbar. Sie gleicht die kleineren Unebenheiten der Skeletunterlage aus. Bei manchen Menschen sind streckenweise die Drüsenmündungen als nadelspitzfeine Öffnungen sichtbar, besonders bei chronischem Katarrh. In der Höhe der mittleren Muschel können Drüsen besonders angehäuft sein; dann springt hier eine Verdickung, Tuberculum septi, gegen die Muschel vor und verengt den Spalt zwischen ihr und der Nasenscheidewand. Hinten unten hat die fetale Nasenscheidewand einige Schleimhautfalten, die beim Erwachsenen meist fehlen, aber in pathologischen Fällen hypertrophieren können. Nahe dem vorderen Nasenstachel des Oberkieferknochens ist die Schleimhaut der Nasenscheidewand häufig zu dem bereits erwähnten Torus palatinus verdickt (S. 135). In ihm findet sich zuweilen ein blind endigendes Kanälchen, Organon vomeronasale, und ein Knorpelstreifchen, welches dem Unterrand des Knorpelseptum anhängt, Cartilago vomeronasalis. Beides sind Überreste des JACOBSONschen Organs, welches bei Embryonen stets angelegt wird (Abb. a, S. 23 u. Abb. S. 24). Zu ihm gehört ursprünglich ein besonderer Ast des Riechnervs; durch diesen können Tiere, deren JACOBSONsches Organ Riechepithel besitzt, die Speisen besonders gut riechen, da es durch die im Canalis incisivus liegenden, beim Menschen rudimentären STENSONschen Gänge mit der Mundhöhle in Verbindung steht (S. 132). Der Mensch riecht die Speisen vor der Einführung in den Mund und nachher auch ein wenig durch die Choanen; die Kultur hat ihn besonders unabhängig von dem der Mundhöhle angeschlossenen JACOBSONschen Riechorgan gemacht, das bei vielen anderen Säugern als ein letzter Rest der einstigen Zusammengehörigkeit von Mund- und Nasenhöhle erhalten bleibt.

Zwischen dem Crus mediale und dem Crus laterale des Spitzenknorpels der Nase (Bd. I, S. 697), ist die Haut des Vorhofs innen und vorn vom Nasenloch nischenartig ausgebuchtet: Spitzentasche, Recessus apicis.

Zur Betrachtung der seitlichen Nasenwand wählen wir zuerst ein Präparat, bei welchem die Muscheln entfernt sind, da diese sekundär in die Nasenhöhle eingedrungen sind und die eigentliche Nasenwand verdecken. In Abb. S. 135 ist nur die mittlere Muschel entfernt, in Abb. S. 134 auch die untere Muschel. Entfernt man die obere Muschel, so sieht man in die Siebbeinhöhlen hinein bis auf die Lamina papyracea an der medialen Wand der Orbita, durch welche von der Augenhöhle aus die Siebbeinzellen sichtbar sind (Abb. S. 57, Bd. I, Abb. S. 692). So ist hier die laterale Nasenwand also gar nicht mehr erkennbar; sie ist nur ideell zu rekonstruieren, wenn man weiß, daß die Siebbeinzellen aus dem ursprünglichen Niveau nach außen gegen die Augenhöhle zu vorgewachsen sind (Cellulae ethmoidales, Bd. I, S. 691). Im übrigen ist die laterale Nasenwand gut erhalten und durch ein reiches Mosaik von Skeletstücken gestützt (Abb. S. 135); beteiligt sind die Maxilla, das Palatinum, der Processus maxillaris der Concha inferior und der Processus pterygoideus des Keilbeins (vgl. die Beschreibungen der genannten Knochen in Bd. I).

Betastet man am Präparat die Wandstrecke, welche von der mittleren Muschel bedeckt ist, so fühlt man, daß die Schleimhaut nachgiebig ist. Sie ist über dem Processus uncinatus des Siebbeins wie über eine Gardinenstange herübergeschlagen, dringt über dessen oberen Rand in den Hiatus semilunaris und in die Kieferhöhle ein und ist dort an der Außenseite des Processus

Die laterale Nasenwand, Abb. S. 134, 135, 136

uncinatus befestigt. Da zwischen dem Processus uncinatus und der Befestigungsstelle der mittleren Muschel Lücken im Knochen übrig bleiben (Abb. S. 135), so ist hier die Schleimhautauskleidung der Kieferhöhle mit der Schleimhaut der lateralen Nasenwand verschmolzen. Man nennt diese Stellen Nasenfontanellen, weil sie wie die Fontanellen des kindlichen Schädeldaches knochenfrei und entsprechend nachgiebig sind. Es gibt gewöhnlich zwei, eine nach vorn und eine nach hinten von der Stelle, an welcher der Processus uncinatus mit dem Processus ethmoidalis der unteren Muschel zusammenzuhängen pflegt. Fehlt die Knochenbrücke, so kann die Fontanelle besonders groß und einheitlich sein. In jedem 9.—10. Fall ist die Schleimhaut sekundär durchbohrt (häufiger in der hinteren als in der vorderen Fontanelle) durch eine Nebenöffnung für die Kieferhöhle, Foramen accessorium (Abb. S. 134). Der Hauptzugang liegt im Hiatus semilunaris, der zugleich Zugang für die Stirnhöhle und für vordere Siebbeinzellen ist (siehe Nebenhöhlen). Bei Kindern fehlt der Nebenzugang regelmäßig.

Der untere Abschnitt des großen Hiatus maxillaris im Oberkieferbein, welcher unterhalb der Befestigungsstelle der unteren Muschel liegt, ist ganz von Knochen abgedeckt, nämlich von einem Plättchen der unteren Muschel selbst und von einem solchen des Gaumenbeins (Bd. I, Abb. S. 701). Gewöhnlich bestehen also Fontanellen nur im mittleren Nasengang (bedeckt von der mittleren Muschel), nicht im unteren Nasengang (bedeckt von der unteren Muschel). Doch ist im unteren Nasengang das Skelet an der betreffenden Stelle sehr dünn, so daß die Probepunktion der Highmorshöhle von hier aus leicht vorgenommen werden kann.

Der untere Nasengang enthält an der Grenze zwischen vorderem und mittlerem Drittel einen schwer sichtbaren länglichen Schlitz, welcher näher oder weiter vom Muschelansatz in der lateralen Seitenwand liegt, nämlich die Öffnung des Tränennasenganges, Ductus nasolacrimalis, aus welchem die Tränenflüssigkeit dauernd in die Nase abfließt.

An den Nasenfontanellen ist die Schleimhaut schwer, sonst überall leicht ablösbar. Vorn von der mittleren Muschel ist sie häufig durch das darunter liegende Nasenbein etwas vorgewulstet, Agger nasi, Nasendamm (Abb. S. 134), einen Rest einer besonderen Muschel, die vom Nasenbein ausging, Nasoturbinale (siehe Muscheln). Ausnahmsweise kann das Nasale noch einen pneumatischen Raum enthalten, der an dieser Stelle der lateralen Nasenwand gegen den mittleren Nasengang zu mündet. Der Name Nasen„damm“ ging von der Vorstellung aus, daß das Gebilde den Luftstrom hemme und leite: doch ist dies unwahrscheinlich. Durch Einführung von Lackmuspapierschnitzeln in die Nase der Leiche ist nachgewiesen, daß Ammoniakdampf beim Absaugen der Luft vom Rachen aus an alle Stellen der Nasenwand gelangt. — Ist ein ausgesprochener Agger nasi nicht vorhanden, so bleibt vor den Muscheln ein platter Gang frei, welcher vom Vorhof bis zur Siebplatte reicht; er heißt wegen seiner kielförmigen Gestalt Carina nasi. Durch ihn kann bei Unglücksfällen oder bei Selbstmord ein spitzer Fremdkörper bis in das Gehirn vordringen.

Nasenmuscheln und -gänge, Abb. S. 46, 57, 75, 92, 110, 134, 135

Auf der lateralen Nasenwand liegen beim Embryo Wülste, die durch tief einschneidende Furchen aus der anfangs glatten Wand herausgeschnitten werden und gegeneinander begrenzt sind. Die Wülste heißen in der vergleichenden Anatomie Turbinalia; man unterscheidet sie nach den Knochen, welche aus der Umgebung in sie vorwachsen und sie stützen (Abb. S. 136). Beim Menschen gibt es ein Maxilloturbinale, ein Nasoturbinale und Anlagen von 2 bis 3 Ethmoturbinalia, von denen aber nur zwei erhalten bleiben; bei anderen Säugern kommen 3—5 Ethmoturbinalia zur Entfaltung. Das Maxillo- und Nasoturbinale gehören beim Embryo von Anfang an der lateralen Nasenwand an; die Ethmoturbinalia tauchen zuerst auf der Nasenscheidewand, oberhalb des JACOBSONschen Organs auf, rücken aber schon früh auf die laterale Nasenwand. Da später noch Nebenmuscheln zwischen den zuerst vorhandenen auftreten, so nennt man die oben genannten die Hauptmuscheln der Nase; sie heißen beim Menschen:

1. Concha inferior = Maxilloturbinale.
2. Concha media = Ethmoturbinale I.
3. Concha superior = Ethmoturbinale II.

Eine gelegentlich vorkommende Concha suprema wurde früher als Rest eines 3. Ethmoturbinale gedeutet, ist aber eine Nebenmuschel (siehe unten). Aus dem Nasoturbinale wird nur ganz ausnahmsweise ein muschelartiger Einbau der Nase; gewöhnlich ist es zu dem beschriebenen sanften Vorsprung, dem Agger nasi, reduziert oder fehlt ganz (siehe oben).

Da die Muscheln zu gebogenen Platten auswachsen, ähnlich dem Deckel der Teichmuschel, nach der sie genannt sind, so wird die Nasenhöhle von ihnen ausgefüllt. Doch bleiben bei der normalen Nase zwischen den einander zugewendeten Schleimhautflächen der Muscheln und der Wände der Nasenhöhle Spalten übrig, durch welche der Luftstrom frei passieren kann (Abb. S. 136). Durch die Asymmetrien oder durch Schleimhautwucherungen (Polypen) ist freilich häufig die eine oder andere Stelle eingeengter als auf der Gegenseite. Die meisten Menschen pflegen eine Nasenseite beim Atmen zu bevorzugen.

Man nennt den Spalt, welcher längs der ganzen Nasenscheidewand von den Muscheln freigelassen wird, Meatus nasi communis. Er setzt sich unter eine jede Muschel fort in einen Gang, welcher von der Muschel gegen den allgemeinen Nasengang abgeschlossen wird bis auf einen Schlitz am Rande der Muschel. Wir unterscheiden danach einen unteren, mittleren und oberen Nasengang, Meatus nasi inferior, medius et superior. Da die Muscheln nicht die ganze äußere Seitenwand der Nasenhöhle einnehmen, so gehen der allgemeine Nasengang und die Einzelgänge sämtlich vorn in den gemeinsamen Vorhof über und hinten in einen schmalen Raum, welcher zwischen den Muschelansatzstellen und der Choane übrig bleibt, den von den Sulci nasopharyngei flankierten Meatus nasopharyngeus (Abb. S. 134).

Die verschiedenen Muscheln sind so gestellt, daß die Luft genötigt ist, gleichmäßig durch die Nasenhöhle hindurchzustreichen. Daß dies schon durch die Lage der Nasenlöcher (und besonders der „inneren" Nasenlöcher, S. 133) eingeleitet wird, geht daraus hervor, daß bei Verlust der äußeren Nase der Geruch leidet und daß er wiederkommt, wenn eine künstliche Nase vorgebunden wird. Ohne die Leitung durch den Vorhof streicht der Luftstrom hauptsächlich durch den unteren Nasengang und erreicht weniger die obere Partie der Nase mit der Riechschleimhaut (Abb. S. 142).

Die untere Muschel beginnt dicht hinter dem Nasenloch in der Höhe des oberen Randes des Limen und reicht bis zum Sulcus nasopharyngeus (Abb. S. 75, 134); häufig überragt eine Verdickung der Schleimhaut des Hinterendes die Choanenöffnung (polypöse Wucherung). Vorn ist die Muschel weniger gewölbt als hinten; infolgedessen erweitert sich der untere Nasengang nach hinten zu. In ihn mündet der Tränennasengang, dessen Öffnung gewöhnlich nur sichtbar wird, wenn man den Gang von oben her sondiert. In der Verlängerung des unteren Nasenganges liegt das Ostium pharyngeum der Tuba Eustachii (Abb. S. 75). Man kann infolgedessen die Tube sondieren, indem man einen gebogenen Katheter durch den unteren Nasengang einführt.

Die mittlere Muschel beginnt 1—2 cm rückwärts gegen das Vorderende der unteren Muschel (Abb. S. 75). Der Vorderrand ist oft senkrecht abgestutzt gegen den Unterrand. Man nennt den Vorraum des mittleren Nasenganges oberhalb der unteren Muschel und vor Beginn der mittleren Muschel Atrium meatus medii. Vorn ist die mittlere Muschel fast gar nicht gebogen (Abb. S. 136), im mittleren und hinteren Drittel ist sie eingerollt (Abb. S. 57). Das Vorderende kann aber auch als Varietät blasenförmig aufgetrieben sein und ein Atemhindernis bilden (Concha bullosa). Im mittleren Nasengang liegt der gemeinsame Zugang zur Kiefer- und Stirnhöhle und zu den vorderen Siebbeinzellen.

Die obere Muschel hängt vorn mit der mittleren zusammen, aber nicht mit deren Spitze, sondern mit einer Stelle eben so weit rückwärts, wie die Spitze der 2. Muschel hinter der ersten steht (Abb. S. 75). Mannigfache Spielarten kommen vor.

Der obere Nasengang enthält den Eingang zu hinteren Siebbeinzellen. Die Keilbeinöffnung ist nicht von der oberen Muschel gedeckt (auch nicht — falls vorhanden — von einer Concha suprema), sondern sie liegt frei im Recessus sphenoethmoidalis (Abb. S. 134). Oberhalb der oberen Muschel, zwischen ihr und dem Nasendach, besteht ein feiner Spalt, der, falls eine Concha suprema vorhanden ist, in zwei Spalten zerfällt. Man nennt ihn nicht besonders.

Die freie Oberfläche der Muscheln besteht aus höckerigem Knochengewebe (Abb. S. 135), dem die dicke Schleimhaut sehr fest anhaftet, ebenso den freien Rändern. Sie ist hier dicker als überall sonst in der Nasenhöhle (Abb. S. 136), auf der Unterfläche der Muscheln ist sie besonders dünn und leicht abzulösen.

Nebenmuscheln Die Nebenmuscheln spielen bei den meisten Säugern eine große Rolle. Eine jede Muschel kann baumförmig verästelt und jedes Seitenblatt spiralig aufgerollt sein (Bd. I, Abb. S. 656). Der Mensch, als wenig osmatisches Geschöpf, bewahrt davon nur minimale Reste. Beim Neugeborenen ist regelmäßig eine Concha suprema vorhanden, die als Seitensproß der Concha superior entsteht

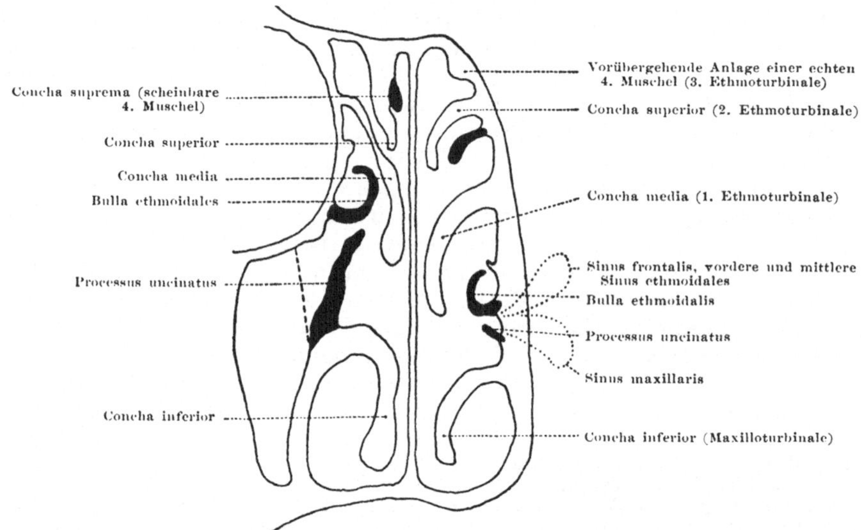

Abb. 83. Haupt- und Nebenmuscheln. Schema (aus zwei Schemata von PETER zusammengesetzt, Arch. mikrosk. Anat., Bd. 80, 1912). Die rechte Seite vom Beschauer aus gibt den primitiven, die linke Seite den definitiven Zustand beim Menschen an. Hauptmuscheln hell, Nebenmuscheln schwarz. Links die ursprüngliche Nasenwand gestrichelt, rechts die Anlagen der späteren Nebenhöhlen punktiert.

(Abb. Nr. 83, links), aber gewöhnlich beim Erwachsenen verschwunden ist. Außerdem gibt es im oberen und mittleren Nasengang Conchae intermediae, d. h. Nebenmuscheln, welche von der benachbarten Hauptmuschel auf die laterale Nasenwand verschoben sind (z. B. rechts zwischen Concha superior und media). Von Bedeutung ist für den fertigen Zustand die Bulla ethmoidalis, eine Nebenmuschel, welche im mittleren Nasengang oberhalb des gemeinsamen Zuganges für die Stirn- und Kieferhöhle liegt. Sie ist unter der mittleren Muschel versteckt und gleicht einem Schwalbennest, das in den oberen vorderen Teil des mittleren Nasenganges eingebaut ist (Abb. S. 134). Ist die Bulla vergrößert, so kann sie sich in die Höhlung der mittleren Muschel einschmiegen und eventuell den mittleren Nasengang und den Zugang zur Kieferhöhle ganz verschließen. Ihr pneumatischer Innenraum reicht regelmäßig bis zur Papierplatte der Augenhöhle (Abb. S. 57).

Die Concha intermedia im oberen Nasengang ist, wenn sie vorkommt, äußerst wechselnd, fehlt aber gewöhnlich beim Erwachsenen. — In eine Nebenmuschel, welche der unteren Muschel aufsitzt (Abb. Nr. 83), wächst der Processus uncinatus des Siebbeins hinein. Er vervollständigt die laterale Seitenwand (siehe oben: Nasenfontanellen); streng genommen dürfte man ihn nicht zu dieser rechnen; denn die wirkliche Nasenwand ist an dieser Stelle verschwunden (links, gestrichelte Linie). Er ersetzt sie teilweise.

Die Nebenhöhlen, Sinus paranasales, entstehen in umgekehrter Richtung wie die Muscheln, d. h. als Schleimhauttaschen, welche von der Nasenhöhle weg in die umgebenden Knochen einwachsen (Abb. S. 46). Nach letzteren sind sie benannt und bei den betreffenden Knochen beschrieben (Bd. I, S. 656). Alle zusammen sind geräumiger als die Haupthöhlen der Nase. Es gibt jederseits einen Sinus maxillaris (Highmori) im Oberkiefer, einen Sinus frontalis im Stirnbein, verschiedene Sinus ethmoidales im Siebbein (deshalb auch Siebbeinlabyrinth genannt) und einen Sinus sphenoidalis im Keilbein (siehe die betreffenden Knochen in Bd. I; gewisse „Siebbein"zellen werden auch vom Os lacrimale und vom Processus orbitalis ossis palatini mitgebildet). Wenngleich Stirn- und Keilbein unpaare Knochen sind, so sind doch ihre Höhlen paarig mit gesonderten Zugängen (Abb. S. 57, 144). Man kann den Sinus sphenoidalis vom Recessus sphenoethmoidalis und durch ihn die Sella turcica mit der Hypophyse von der Nase aus mit Instrumenten erreichen (Akromegalie, Bd. I, S. 780). Der Zugang zu den hinteren Siebbeinzellen liegt im oberen Nasengang (Abb. S. 134) und ist durch die obere Muschel verdeckt. Eine besondere Beachtung erfordert der gemeinsame Zugang zur Stirn- und Kieferhöhle sowie zu den vorderen Siebbeinzellen im mittleren Nasengang, der Hiatus semilunaris. Er ist je nach der Größe der mittleren Muschel ganz durch diese zugedeckt oder lugt ein wenig am unteren Rand hervor. Bei manchen Menschen kann man von der Choane aus den Hiatus im mittleren Nasengang sehen, da von hier aus der Nasengang am weitesten ist. Die halbmondförmige Spalte führt zunächst in eine platte Tasche, Infundibulum, welche so tief ist wie der Processus uncinatus breit ist und von diesem nach dem Nasenlumen zu bedeckt wird. Man kann am Präparat den Hakenfortsatz zerschneiden und die Tasche öffnen (Abb. S. 134). Man sieht dann in ihr drei Öffnungen, eine untere für die Kieferhöhle, eine vordere obere für die Stirnhöhle und eine mittlere für die vorderen Siebbeinzellen; der Zugang zur Stirnhöhle kann allerdings auch für sich (unabhängig vom Hiatus und Infundibulum) vorkommen, und zwar unter der mittleren Muschel, vorn vom Hiatus semilunaris.

Das Infundibulum ist ein „Verteiler" für die genannten Pforten und Höhlen, der bei Hypersekretion keineswegs günstige Abflußverhältnisse schafft. Man bekommt auf Frontalschnitten von ihm keinen richtigen Eindruck, da es auf einem Schnitt durch den Zugang zur Kieferhöhle, Apertura sinus maxillaris, so aussieht, als ob das Infundibulum nichts anderes als ein halsförmiger Fortsatz des flaschenförmigen Sinus sei (Abb. S. 136, links vom Beschauer). Es ist jedoch eine langgestreckte enge Tasche (Abb. S. 134). Charakteristisch ist, daß es infolge seiner Länge drei oder zwei verschiedenartige Öffnungen enthält, je nachdem der Zugang zur Stirnhöhle im Infundibulum oder getrennt davon liegt. Innerhalb des Infundibulum kann reichliches Sekret der Stirnhöhle geradenwegs in die Kieferhöhle hineingeleitet werden.

Die Nebenhöhlen sind normalerweise wie die Haupthöhlen der Nase lufthaltig. Durch sie ist der Schädel leichter und wärmer (siehe Schleimhaut); die Höhlen verstärken die Resonanz des Schädels beim Sprechen und Singen. In pathologischen Fällen kann sich Sekret oder Eiter in ihnen sammeln (Nebenhöhlenkatarrh). Die Stirnhöhle hat eine relativ tief gelegene Abflußöffnung. Bei der Keilbeinhöhle liegt die Pforte höher als der Boden der Höhle, bei der Kieferhöhle befindet sie sich gerade in Dachhöhe. Je nach der Körperstellung und Kopfhaltung ist der Abfluß des Sekretes durch die Lage der Abflüsse erleichtert oder erschwert. Beim Schlafen auf der einen Kopfseite hat die Highmorshöhle der gegenüberliegenden Kopfseite besonders gute Abflußverhältnisse. Im Stehen staut sich dagegen bei beiden Highmorshöhlen etwaiges Sekret. Wenn ein Foramen accessorium besteht (Abb. S. 134), so ist der Abfluß aus ihm bei aufrechter Kopfhaltung leichter möglich.

In der klinischen Literatur wird berichtet, daß in der Stirnhöhle Käfer- und Fliegenmaden, die in der Nasenhöhle ausgeschlüpft waren, gefunden wurden und lange dort vom Sekret lebten, weil sie den Ausgang nicht finden konnten. Man sieht daraus, wie schwer der Abfluß für Substanzen sein muß, die wie zäher Eiter passiv schwer beweglich sind. Erhebliche Belästigungen und Schmerzen durch Katarrhe der Nebenhöhlen sind nichts Seltenes.

Die Nebenhöhlen sind von derselben Schleimhaut wie die Nasenhöhle ausgekleidet, da sie von dieser aus entstanden sind. Nur ist sie sehr dünn, drüsenarm, trägt nur wenig Wimpern, ja ist oft streckenweise ganz drüsen- und wimpernlos.

Struktur und Ernährung der Schleimhaut Die Schleimhaut der Nase, **Tunica mucosa**, hat eine tiefe derbe Bindegewebsschicht, mit der sie an das Skelet stößt. Sie ist nichts anderes als das Periost (Perichondrium), in welches die oberflächlicheren Schichten ohne Grenze übergehen. Letztere bestehen dem Periost zunächst aus einer bindegewebigen Schicht, welche zahlreiche gröbere Blutgefäße und Drüsen enthält. Nach dem Epithel zu werden die Gefäße und Drüsen dünner und spärlicher. Das Bindegewebe, **Lamina propria mucosae**, ist gegen das Epithel mit einer deutlichen Basalmembran abgesetzt. Papillen der Propria gibt es in der eigentlichen Nasenhöhle nicht.

Das Epithel des Vorhofes entspricht dem der äußeren Haut. Die Grenze gegen das typische respiratorische Epithel der Nasenhöhle im engeren Sinn ist nicht scharf. Zwischen der Plica alaris und dem Limen verliert das mehrschichtige Plattenepithel die Hornbekleidung. Es reicht verschieden weit über das Limen hinauf, oft bis auf den Anfang der unteren Muschel und in versprengten Inseln auf noch weitere Strecken.

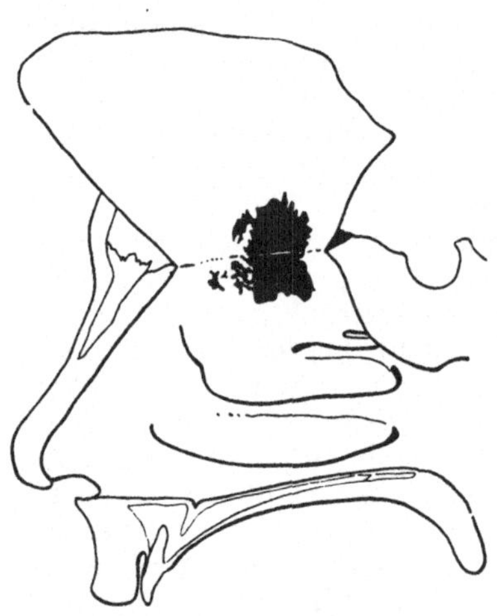

Abb. 84. Verteilung des Riechepithels (schwarz) und des respiratorischen Epithels (weiß). Nasenscheidewand in die Höhe geklappt. Seitliche Nasenwand mit Muscheln frei vorliegend (nach v. BRUNN, aus ZUCKERKANDL, Anat. d. Nasenhöhle 1893).

Das respiratorische Epithel ist ein mehrzeiliges oder mehrschichtiges flimmerndes Cylinderepithel mit eingestreuten Becherzellen (Abb. g, S. 11). Dieses Epithel charakterisiert die **Pars respiratoria** der Schleimhaut, welche weitaus den größten Teil des Naseninneren beim Menschen auskleidet (die ganze in Abb. Nr. 84 hell gelassene Wand und alle Nebenräume). Staub und andere feinste Fremdkörper können durch den Flimmerstrom aus der Nase herausbefördert werden und zwar entweder nach den Choanen zu oder auf die äußeren Nasenlöcher hin. Letztere sind nach Aufenthalt in stauberfüllten Räumen, z. B. nach Eisenbahnfahrten, oft noch tagelang mit Schmutzkrusten bedeckt, die sich vom Innern der Nase aus erneuern (namentlich bei Kindern, deren Wimperepithel noch nicht durch Katarrhe geschädigt ist). Durch die durchschimmernden Gefäßnetze der Propria sieht die Schleimhaut lebhaft rot aus. Nur wo der Knochen durchschimmert, kann sie gelbliche Farbe annehmen, z. B. am Boden der Choanen. Die untere und manchmal auch die mittlere Muschel sehen bläulichrot aus. Diese Färbung zeigt an, daß hier venöse Netze in großer Zahl in der Propria liegen; sie ähneln entfernt den Schwellkörpern der äußeren Geschlechtsorgane und vermögen durch Blutstauung wie jene anzuschwellen (Abb. S. 46). Die Schleimhaut wird dann 3—5 mm dick. Man nennt deshalb auch die Schleimhaut auf der Oberfläche, am Rand und namentlich am hinteren Ende der Muschel „Schwellkörper der Nase". Durch nervöse Beeinflussung der zahlreichen glatten

Muskeln der Venenwände können sie schnell an- und abschwellen; Verstopfungen der Nase vergehen in diesem Falle so schnell, wie sie gekommen sind.

Die Drüsen der Pars respiratoria sind gemischt mukös-serös, meist in demselben Drüsenläppchen und -schlauch (Abb. b, S. 176). Sind sie groß, so können sie das Epithel zu flachen Knötchen in die Höhe heben. Die Schleimhaut ist dann scheinbar mit flachen Wärzchen besetzt. Das Sekret der Drüsen und Becherzellen hält die Nasenschleimhaut feucht. Durch die reichen Gefäßnetze wird die Bluttemperatur dauernd benutzt, um das Sekret abzudunsten und die Luft in der Nase mit Dampf zu sättigen. Die Bedeutung für den Riechakt ist wesentlich (Bd. I, S. 655).

Durch den Gefäßreichtum der Schleimhaut wird die Atemluft vorgewärmt, aber auch der gesamte Nasenraum dauernd geheizt. Während in der Nasenhöhle selbst die Luft ständig wechselt, stagniert sie in den Nebenhöhlen; sie halten wie geheizte Stuben, welche schwach gelüftet werden, die Wärme fest. Die ganze Schleimhaut ist eine Art kombinierte Warmwasserluftheizung für den Kopf und seine Sinnesorgane, besonders für das Auge. Ist doch die Augenhöhle auf allen Seiten außer auf der Außenseite in pneumatische Nebenräume der Nase eingebettet.

Bei einer Außentemperatur von 8⁰ steigt die Wärme der Nasenluft um 25⁰, bei 20⁰ um 19⁰ usw.

Die Regio olfactoria ist beim Menschen nicht groß (Abb. S. 142). Sie soll sich durch gelbliche oder bräunliche Farbe von der Nachbarschaft abheben. Ich habe bei verschiedenen Hingerichteten sofort nach der Exekution die Stelle freigelegt, aber diese Färbung nie gesehen, obgleich ich durch die histiologische Untersuchung später typisches Riechepithel nachweisen konnte. „Gustatorisches“ Riechen sind Empfindungen, die vom Riechepithel vermittelt, aber von uns als Schmeckreiz gedeutet werden wie die ursprünglich vom JACOBSONschen Organ aufgenommenen Empfindungen (S. 137 und Riechorgan).

Bei jedem 9.—10. Menschen kommen Wucherungen der Schleimhaut vor, sog. Polypen, ja an den hinteren Enden der Muscheln, besonders der unteren, sind sie noch häufiger. Breit- oder dünngestielte Polypen können von ihrem Ausgangspunkt nach anderen Stellen des Naseninneren vordringen oder in den Rachen hinabhängen.

Blutzufuhr: Die Arteria maxillaris interna tritt mit ihrem Endast, der Arteria sphenopalatina, in die Nasenhöhle durch das Foramen sphenopalatinum ein (S. 135). Wichtigste Äste: Aa. nasales posteriores laterales et septi nasi (für die hintere untere Hälfte der Nasenhöhle und die beiden unteren Muscheln). Aus der A. max. externa tritt die A. nasalis anterior und aus der A. carotis int. treten die Aa. ethmoid. ant. et post. in die Nasenhöhle ein (an die vordere obere Hälfte der Nasenhöhle und die obere Muschel). Zahlreiche Kollateralen mit Gaumen-, Gesichts- und Augenhöhlenarterien. Die Schleimhaut der Nasenscheidewand ist besonders blutreich, 80% aller Blutungen gehen von hier aus. Ulceröse Stellen der Nasenscheidewand geben ein schwer stillbares Nasenbluten, Blutungen aus der Schleimhaut der Muscheln sind seltener und hören leichter auf. — Die Venen nehmen die gleichen Wege wie die Arterien. Ihre Zusammenhänge mit den Venen der Schädel- und Augenhöhle erklären vielleicht das Erleichterungsgefühl nach heftigem Nasenbluten. Lymphgefäße: In der Schleimhaut gibt es zahlreiche Lymphocyten. Das Epithel ist meist stark mit solchen infiltriert. Solitäre Lymphfollikel sind nicht normal, kommen aber nach den beim Kulturmenschen üblichen Katarrhen gewöhnlich vor. Die Lymphe wird durch Gefäße, welche in der Propria oberflächlicher als die Venennetze liegen, gegen Lymphknoten vor dem 2. Wirbelkörper und am großen Zungenbeinhorn abgeführt. Diese Knoten vereitern bei Nasenabscessen. Außerdem schwellen bei akutem Schnupfen die Lymphknoten in der Parotisgegend an. Vom Subduralraum des Schädels aus lassen sich die Lymphgefäße der Nase künstlich füllen (durch die Löcher der Lamina cribrosa hindurch); ob diese Wege natürlich sind, ist nicht sicher. An Eiterungen der Nase kann sich auf diesem Weg — in umgekehrter Richtung — eine Gehirnhautentzündung anschließen. Innervation: Nervi olfactorii zum Riechepithel. Rr. nasales vom 1. und 2. Ast des N. trigeminus zu der übrigen Schleimhaut. Letztere werden durch ätzende Substanzen, z. B. Ammoniak, erregt und täuschen echte Geruchsempfindungen vor.

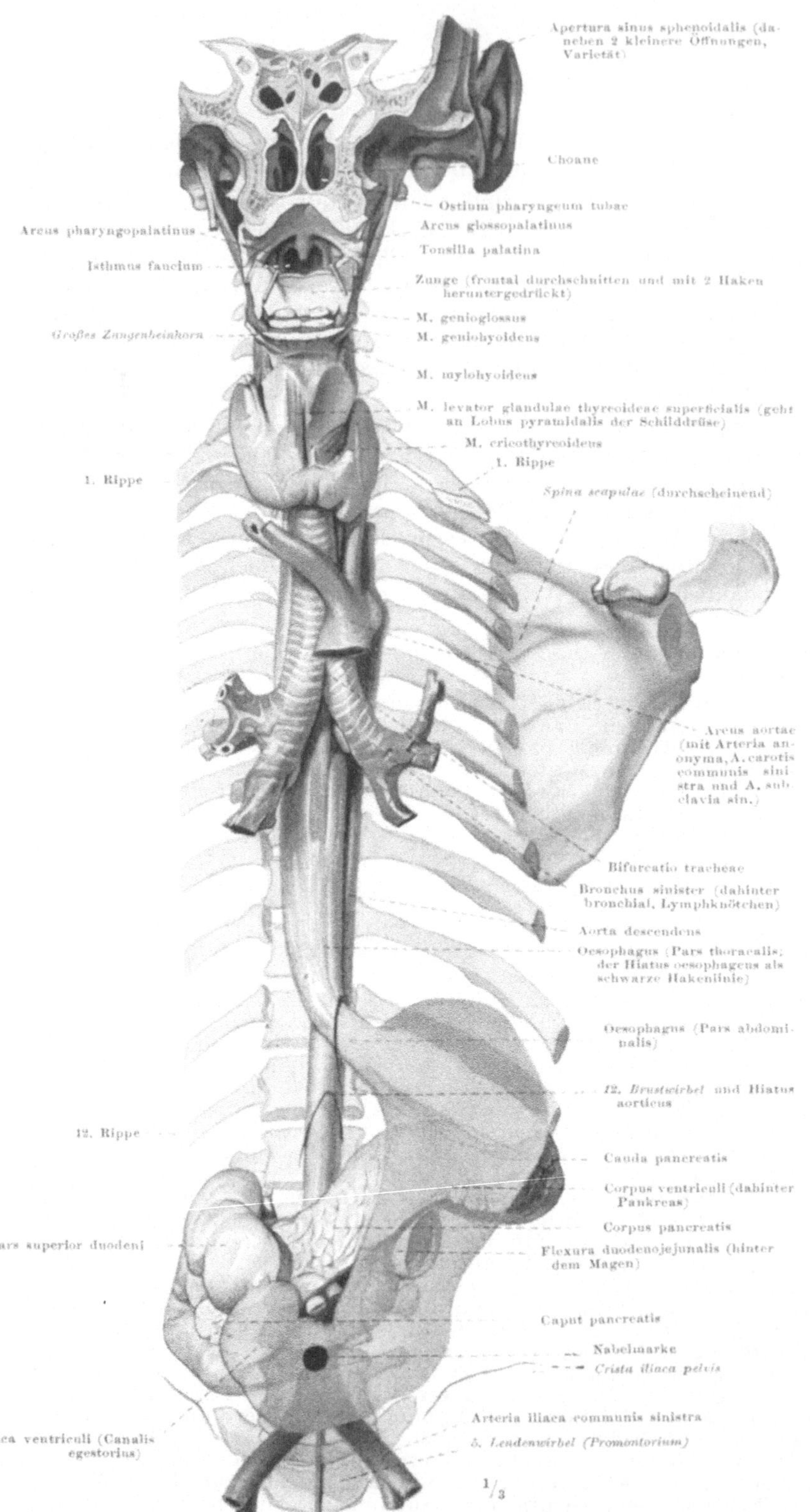

Abb. 85. Luft- und Speiseweg. Der Schädel ist durch einen Frontalschnitt durch die Choanen zersägt, der Unterkiefer ganz weggenommen. Von der Brustwand sind nur die hinteren Rippenenden gezeichnet; das Schulterblatt in seiner richtigen Lage dient als Höhenindex, ebenso die Wirbel und die Nabelmarke. Der Magen ist nach dem Röntgenbild beim aufrecht stehenden Menschen eingetragen (als Röntgenschatten). Die Lungen und der Darm vom Jejunum ab sind weggelassen.

III. Der Rumpfdarm.

1. Die unteren Luftwege (Respirationstractus s. str.).

Hierher gehören der Kehlkopf, die Luftröhre, Bronchien, Lungen und Brust- fellsäcke, welche die Lungen einhüllen. Die Atemluft, welche durch die oberen Luftwege bis in den Schlund gelangt ist, wird vom Kehlkopf, von der Luftröhre und den Bronchien bis in die Lungen geleitet. Die Luftröhre teilt sich an ihrem unteren Ende in zwei Hauptbronchien, Bifurcatio tracheae (Abb. S. 144).

Atemorgane

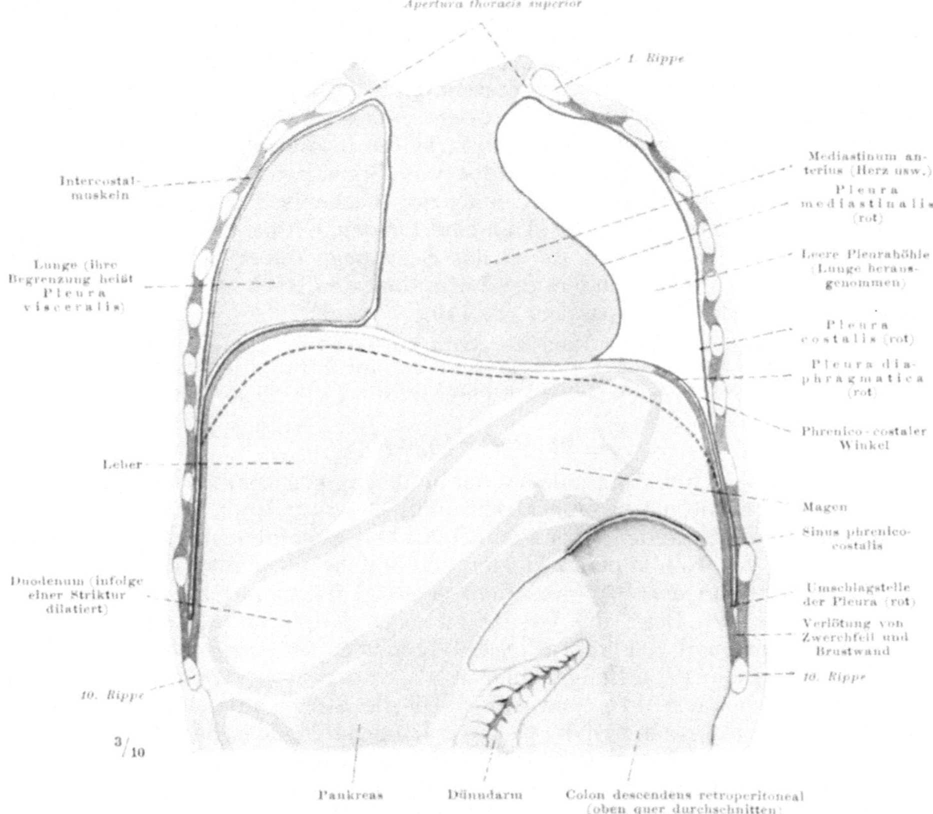

Abb. 86. Pleurahöhlen. Frontalschnitt durch den Rumpf eines Erwachsenen, von vorn gesehen. Pleura parietalis rot. Lunge und Pleura visceralis blau (siehe Legende zu Bd. I, Abb. S. 183).

Bis dahin sind die unteren Luftwege unpaar wie der Schlund. Von den Bronchien ab sind sie wieder paarig wie in der Nasenhöhle. Auf dem langen Weg bis zu den beiden Lungen wird also die Atemluft, welche durch das eine Nasenloch eintritt, mit der des anderen Nasenloches gemischt; auch bei Verstopfung einer Nasenhälfte wird beiden Lungen gleichviel Luft zugeführt. Bei der Mundatmung ist von vornherein der Weg unpaar. An der Bifurcatio wird er stets gegabelt. Die Bronchien liegen bereits innerhalb der Lunge.

Ist die Luft in den Lungen angelangt, so beginnt an bestimmten Stellen die Verwertung für den Organismus; bis dahin dienen die Luftwege lediglich als Zufuhrstraßen, die aber, wie wir bereits bei der Nasenhöhle gesehen haben, vorbereitende Aufgaben erfüllen, wie Erwärmen, Durchfeuchten, Reinigen von Staub u. dgl. An jedem der beiden Hauptbronchien hängt eine Lunge. Jede ist in ihren besonderen Brustfellsack, Pleura, eingehüllt. Der Sack selbst ist doppelwandig. Seine Außenwand, die Pleura parietalis (Abb. S. 145, rot) kleidet die Brust„höhle" aus, die nur dann ein wirklicher Raum ist, wenn man die Lunge herausnimmt. Sonst füllt die Lunge die Brusthöhle bis auf eine feine capillare Spalte aus. Sie selbst ist von der Innenwand des Brustfells, der Pleura visceralis, überzogen (blau), die fest an der ganzen Oberfläche der Lunge haftet. Wie die Brustwand imstande ist, die Lungen zu bewegen und durch abwechselnde Vergrößerung und Verkleinerung die Atmung im Gang zu halten, obgleich Brustwand und Lunge durch die spaltförmige Brust„höhle" voneinander getrennt sind, ist in Bd. I, S. 199f. dargestellt.

Stimme   Die Luft kehrt bei der Ausatmung auf dem gleichen Wege zurück, den sie bei der Einatmung genommen hat. Während der Kehlkopf auf dem Hinweg keine andere Rolle spielt als die übrigen Luftwege — er erfüllt wohl die Nebenaufgabe, den Eintritt von Speiseresten oder Flüssigkeiten in die Lungen zu verhüten — kann er beim Rückweg der Atemluft etwas Besonderes leisten: die Stimme. Ihre Bildung ist dem Ablauf der Atmung nur mechanisch angegliedert, an sich hat sie mit der Verwertung der Atemgase für den Körper nichts zu tun. Der Kehlkopf erzeugt die Stimme durch das Schwingen seiner Stimmlippen; ihre Klangfarbe erhält sie erst, indem der Luftstrom, den Rachen, den Gaumen, die Zunge, Lippen oder Nase passiert (S. 110).

In der Klinik ist es üblich den Kehlkopf noch mit zu den oberen Luftwegen zu rechnen, manche lassen sie sogar erst an der Bifurcatio tracheae endigen. Hier ist die Grenze nach morphologischen Gesichtspunkten gezogen (S. 9).

a) Der Kehlkopf.

Bausteine und ihre Herkunft   Der Kehlkopf ist aus zwei voneinander unabhängigen, sehr verschiedenartigen historischen Vorläufern hervorgegangen, ähnlich einem Volk, das aus zwei getrennten Rassen entstanden, aber zu einer Einheit geworden ist. Die Schleimhaut, welche den Kehlkopf auskleidet und welche an der wichtigsten Stelle, der Stimmritze, von den Stimmbändern gefestigt ist, gehört zum Vorderdarm, also zum Rumpf. Denn die Grenze zwischen Kopf- und Rumpfdarm liegt zwischen Schlund und Kehlkopf (S. 7). Wir müssen uns vergegenwärtigen, daß vom Vorderdarm aus die Lungenanlagen als Knospe ventralwärts auswachsen (Abb. S. 8 u. Abb. a, S. 147) und daß dabei die Stelle, an welcher der Prozeß einsetzt, unpaar bleibt. Indem die paarigen Lungenanlagen in den Brustkorb eintreten und sich von der Ausgangsstelle entfernen, wird das unpaare „Ausgangsstück" zu einem langen Kanal ausgesponnen, der sich in Kehlkopf und Luftröhre sondert. Der Kehlkopf entsteht also im ältesten Abschnitt der Lungenanlage.

Ganz anders das knorplige Kehlkopfskelet, die Muskeln, Nerven und Gefäße. Es wurde bereits im ersten Bande darauf aufmerksam gemacht, daß die Kiemenbogen am Aufbau des Kehlkopfes teilnehmen (Tabelle Bd. I, S. 643 u. Abb. S. 640, 641). Am sichersten ist dies von zwei Branchialbogen nachgewiesen, welche das Material für den Schildknorpel des Kehlkopfes liefern. Bei niederen Säugetieren (Monotremen) hat dieses Skeletstück noch jederseits zwei Ausläufer, ähnlich den Hörnern des Zungenbeines, die auch wie beim Zungenbein ursprünglichen Kiemenbogen entsprechen. Beim Menschen kommt als seltene Varietät eine Fortsetzung des oberen Schildknorpelhornes bis zum Schädel vor. Gewöhnlich bilden sich die Hörner am stärksten zurück, ändern auch beim Erwachsenen ihre Richtung. Der Schildknorpel ist also im wesentlichen eine Verschmelzung der Mittelstücke (Copulae) zweier Kiemenbogen. Somit stammt er vom Kopf.

Die übrigen Kehlkopfknorpel haben keine klare Vorgeschichte. Bei den Amphibien liegt jederseits vom unpaaren „Ausgangsstück" der Lungenanlage ein Knorpelstreifen, welcher in dessen Längsrichtung nach hinten reicht und bei dem Längenwachstum der Luftröhre mit nach hinten (unten) auswächst. Dieses Skeletstück, Cartilago lateralis, sondert sich in hintereinander liegende Knorpelchen. Das vorderste wird als der spätere Stellknorpel gedeutet; das zweite verwächst mit dem der Gegenseite und ähnelt darin dem Ringknorpel der höheren Tiere. Von den weiteren Abgliederungen sind die Tracheal- und Bronchialknorpel abzuleiten.

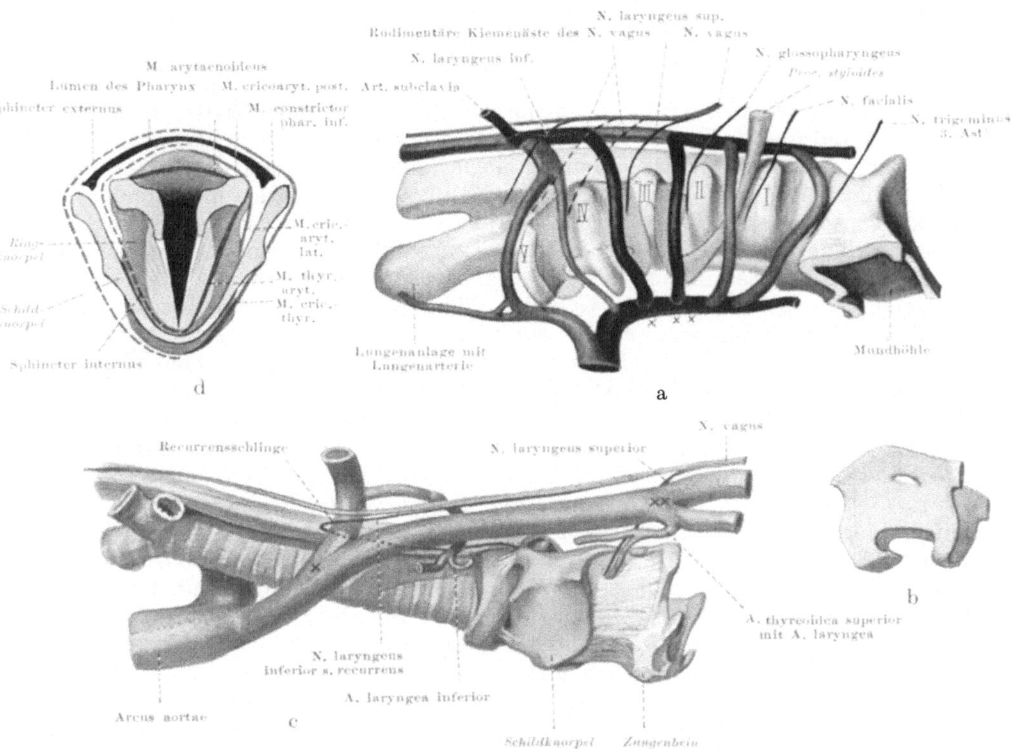

Abb. 87. Schema der Entstehung des Schildknorpels, der Nerven und Gefäße des Kehlkopfes. a In die Zustände beim menschlichen Embryo sind das spätere Zungenbein und der spätere Schildknorpel des Embryo hineingezeichnet (blau). I bis V: Schlundtaschen der rechten Körperseite, Schema. b Schildknorpel der Abb. a für sich allein; anfangs sind die beiderseitigen Platten in der ventralen Mittellinie getrennt, hier bereits verschmolzen. c Lageverhältnisse des Erwachsenen. Von den Kiemennerven sind nur diejenigen zweier Visceralbogen gezeichnet (schwarz). Die zwischen × und ×× liegende Strecke der Kiemenarterie in Abb. a ist in Abb. c sehr stark verlängert (Arteria carotis communis). d Die beiden Sphincteren, Kehlkopf von oben gesehen. Schema. Ursprünglicher Zustand (links) rot gestrichelt, definitiver Zustand (rechts) rot ausgezogen. Man denke sich die gestrichelten Linien auch rechts eingetragen, um den ursprünglichen Doppelsphincter zu erkennen.

Kopf und Rumpf steuern beide, wie wir sahen, zum Aufbau des Kehlkopfes bei. Anfänglich liegt die Lungenanlage — und damit die von ihrem „Ausgangsstück" ausgehende Schleimhaut des Kehlkopfes — eine gute Strecke weit hinter dem Kiemenkorb (Abb. a, Nr. 87). Mit dem Untergang der hintersten Kiemenbogen und -spalten kommt es zu Umschichtungen und Verwerfungen in diesem Gebiet. Das Endergebnis ist, daß der aus dem Kiemenbogen stammende Schildknorpel und die übrigen Kehlkopfknorpel mit jenem „Ausgangsstück" der Lungenanlage zusammentreten. So entsteht die neue Einheit, der Kehlkopf.

Seine Muskeln, Gefäße und Nerven sind nur verständlich, wenn wir diese Vorgeschichte im Auge behalten. Die Kiemenarterien und -nerven, von welchen jedem Kiemenbogen je ein Gefäß und ein Nerv zukommt, erleiden sehr große Veränderungen, aber sie bleiben erhalten. Ihre Umformungen werden bei den großen Rumpfgefäßen besprochen werden. Hier nur so viel, daß es zwei Nerven des Kehlkopfes gibt: N. laryngeus superior und N. laryngeus inferior. Sie entsprechen zweien von den bebeteiligten Kiemenbögen (Abb. a u. c, S. 147). Indem das letzte erhalten bleibende Kiemengefäß mit dem Herzen abwärts in den Brustkorb gelangt, nimmt es den hinteren der beiden Nerven mit und zieht ihn zu einer Schlinge aus: Nervus recurrens. Die beiden Abb. a und c sind so gestellt, daß die Abgangspunkte der beiden Kehlkopfnerven vom Nervus vagus untereinander stehen und so der Umweg des N. recurrens um die Arteria subclavia herum im richtigen räumlichen Verhältnis steht. Die Muskeln des Kehlkopfes sind nichts anderes als umgewandelte Kiemenmuskeln.

α) Gerüst und Form.

Knorpel und Bänder im allgemeinen, Abb. S. 107, Abb. c, S. 147, 149—152, 156—165

Das Kehlkopfskelet wird von 4 Knorpeln gebildet, dem Schild- und Ringknorpel und den beiden Stellknorpeln. Diese 4 Knorpel stehen im Dienste des Stimmapparates. Dazu kommen noch weitere Knorpel als Stützen von Schleimhautfalten und -erhebungen am Kehlkopfeingang: der unpaare Kehldeckelknorpel und die paarigen Spitzen- und keilförmigen Knorpel. In wechselnder Zahl finden sich noch an einigen Stellen kleine Knorpeleinlagerungen als sog. „Sesamknorpel". Dieses bewegliche Mosaik aus etwa einem Dutzend Knorpeln ist durch Gelenke, Bänder und Membranen zusammengehalten. Wie beim Schädel die Haut die Form des Skelets mehr hervortreten läßt als verhüllt, so ist auch beim Kehlkopf die Schleimhaut über das Knorpelgerüst ohne viele dazwischenliegende Teile gebreitet, so daß vom Skelet aus die allgemeine Form des Organs wie beim Kopf zu verstehen ist.

Schildknorpel, Abb. c, S. 147 u. Abb. S. 149, 150, 152, 162, 165 (Tabelle S. 170)

Der Schildknorpel, Cartilago thyreoidea (Abb. S. 149), besteht aus einer Platte, die in der Mittellinie des Halses geknickt ist; die rechte und linke Hälfte stehen von der Mitte aus nach den Seiten wie die Buchdeckel eines halb aufgeschlagenen Buches ab. Ein Einschnitt am oberen Rand verkleinert die Mitte. An den Außenrändern läuft die Platte nach oben auf das Zungenbein zu jederseits in ein größeres Horn aus, Cornu superius, nach unten auf den Ringknorpel zu in ein kleineres, Cornu inferius, und trägt eine schräge Leiste, Linea obliqua, die an ihrem oberen und unteren Ende zu einem Höckerchen verdickt ist, Tuberculum thyreoideum superius et inferius (vgl. Abb. c, S. 147). Äußerlich tastbar ist außer dem mittleren Teil der Platte der obere und untere Rand des Schildknorpels bis zum Tuberculum superius und inferius, die beiden Hörner nicht.

Am oberen Rand des Knorpels und an den oberen Hörnern ist eine Membran befestigt, Membrana hyothyreoidea, welche den Schildknorpel seiner ganzen Breite nach mit dem Körper und den großen Hörnern des Zungenbeins verbindet (Abb. c, S. 147). Am Zungenbeinkörper heftet sie sich an dessen kranialem Rande, über die hohle Hinterfläche hinwegziehend, an. Sie ist in der Mittellinie und an den Rändern verstärkt. Infolge dieser Bandverbindungen muß der Kehlkopf jeder Bewegung des Zungenbeins nach aufwärts folgen (siehe Schluckakt, S. 106). Äußerlich ist das beim Mann am Schildknorpel ablesbar, weil dieser als „Adamsapfel" deutlich vorspringt, Protuberantia laryngea s. Pomum Adami (Bd. I, Abb. S. 751, nicht bezeichnet).

Die unteren Hörner des Schildknorpels sind mit dem Ringknorpel gelenkig verbunden, Articulatio cricothyreoidea. Die Kapsel ist ziemlich schlaff, ist aber durch Bänder verstärkt. Mittels dieser Gelenke zwischen dem Ringknorpel und den unteren Hörnern des Schildknorpels sind beide gegeneinander, wie in einem doppelten Scharniergelenk, beweglich. Entweder wird der Schildknorpel bei feststehendem Ringknorpel wie ein Kastendeckel nach vorn und hinten gekippt (nach vorn in der Richtung des Pfeiles, Abb. S. 152), gewöhnlich aber wird der Ringknorpel gegen den feststehenden Schildknorpel bewegt

(Abb. S. 152). Im letzteren Fall müssen die Stellknorpel, welche am Ringknorpel befestigt sind, dem letzteren folgen. In beiden Fällen wird die Entfernung zwischen Stellknorpeln und Schildknorpel vergrößert oder verkleinert, also die Stimmbänder, welche beide verbinden, werden gespannt oder entspannt. Auch können sich der Schild- und Ringknorpel gleichzeitig bewegen, so daß keiner stille steht. Der Effekt für die Stimmbänder ist der gleiche.

Eine besondere Verstärkung des unten zu erwähnenden Conus elasticus in der Mittellinie wird als Ligamentum cricothyreoideum (medium, Abb. S. 149)

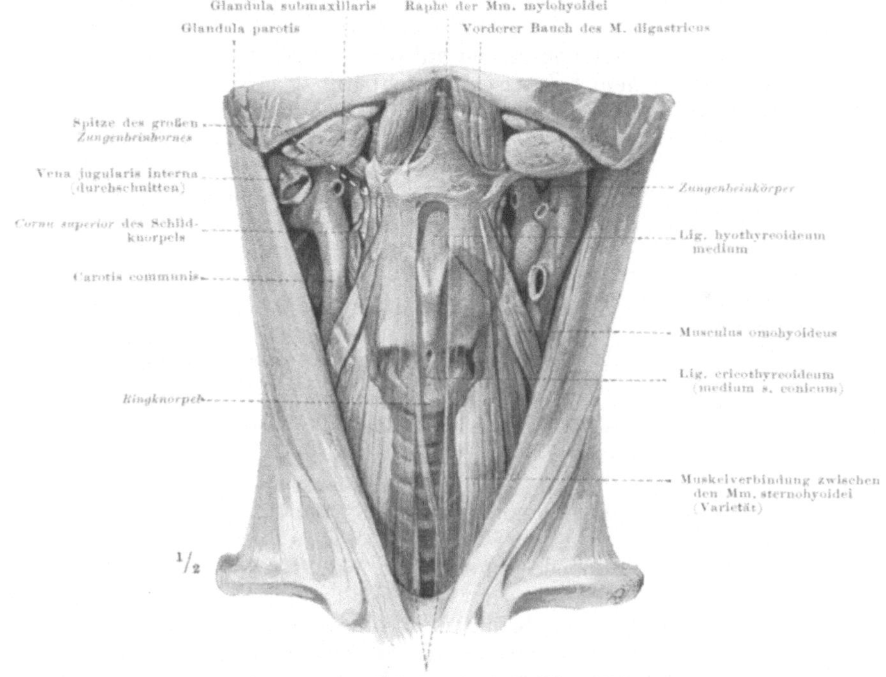

Abb. 88. Vorderansicht des Kehlkopfskeletes. Die vorderen Halsmuskeln durchsichtig gedacht. Nach einem gehärteten Präparat, bei welchem die Schichten der Reihe nach abgetragen und die relativen Lageverhältnisse genau bestimmt wurden. Beim Lebenden liegen die Sternocleidomastoidei weiter nach vorn, so daß ihre vorderen Ränder bis dicht an den Kehlkopf heranreichen.

bezeichnet. Zu große Ausschläge des Ring- und Schildknorpels voneinander weg werden durch dieses Band gebremst. — Jede Articulatio cricothyreoidea ist ein Kugelgelenk mit sehr flachen Gelenkflächen. Für gewöhnlich werden beide Gelenke um eine gemeinsame querverlaufende Achse im Sinne eines Scharniergelenkes bewegt. Außerdem sind wohl kleine Verschiebungen wie in einem Schiebe- oder Schlittengelenk möglich. — In etwa 27% der Fälle ist der Schildknorpel von einem Foramen thyreoideum durchbohrt, welches beim Embryo regelmäßig vorhanden ist (Abb. b, S. 147). Es gilt als Rest der Lücke zwischen zwei Kiemenbogen. Die Arteria laryngea superior passiert das Foramen, seltener ein Nerv.

Der Ringknorpel, Cartilago cricoidea, gleicht einem Siegelring (Abb. S. 150). Der dünne Knorpelreif ist nach vorn gewendet, die breitere Platte, welche die beiden Stellknorpel trägt, schaut nach hinten. An der Grenze zwischen beiden liegt eine kleine kreisförmige Erhabenheit, an welcher die unteren Hörner des Schildknorpels angelenkt sind, Facies articularis thyreoidea. Die Gelenkflächen für die beiden Stellknorpel am oberen Rand sind oval; sie schauen mehr seit- und vorwärts als aufwärts. Sie liegen nicht

Ringknorpel,
Abb. c,
S. 147 u.
Abb. S. 149
150, 152,
156, 162,
(Tabelle
S. 170)

waagerecht und quer, sondern schräg nach vorn abwärts. Die Ringknorpelplatte hat in der Mitte ihres oberen Randes eine kleine Delle oder Kerbe;
in einiger Entfernung davon liegt je eine dieser Gelenkflächen, Facies articularis arytaenoidea.

Der Bogen, welchen der Ringknorpel beschreibt, hat einen viel geringeren
Durchmesser als die bogenförmige Krümmung des Schildknorpels. Infolgedessen
springen die Hinterränder des letzteren weit über den Ringknorpel und über die
auf letzterem sitzenden Stellknorpel vor (Abb. S. 162, 165). Der Schildknorpel
und das Zungenbein mit der straffen Membran zwischen beiden überragen wie
ein Schutzschild vor einem Geschütz die eigentlichen Skeletstützen des Stimmapparats. Denn sehen wir von hinten auf den Kehlkopf (Abb. S. 92, 98), so ist
deutlich, daß hinter jenem Schutzschild nicht nur der unpaare Eingang in den
Kehlkopf Platz hat (Aditus laryngis), sondern daß zu beiden Seiten die paarigen
Schlingwege vorbeiführen (Recessus piriformes). Die letzteren leiten in

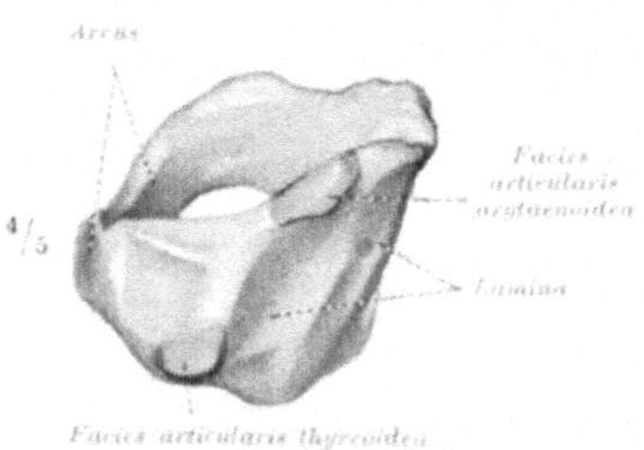

Abb. 89. Ringknorpel. Derselbe wie in
Abb. 88, von links oben gesehen. Zum
größten Teil verknöchert, Periost entfernt.

die Speiseröhre, nur der erstere führt zur
Stimmritze. Dem Luftweg sind also nur der
Ringknorpel und die auf ihm befestigten Stellknorpel angepaßt, während der Schildknorpel
(mit dem Kehldeckel) dem Luft- und Schlingweg dienstbar sind.

Der Ringknorpel ist mit der vorderen Rachenwand und mit dem obersten Trachealring bindegewebig verlötet. Äußerlich tastbar ist nur die
vordere Spange und ihre Entfernung vom unteren
Rande des Schildknorpels.

Stellknorpel, Abb. d, S. 147 u. Abb. S. 152. 163, 165 (Tabelle S. 171)

Die Stell- oder Gießbeckenknorpel,
Cartilagines arytaenoideae, auch kurz
Aryknorpel genannt, sind kleine dreiseitige Pyramiden, welche mit ihrer Basis
dem Ringknorpel aufsitzen (Abb. S. 152, 163). Eine Seite ist nach innen, dem
gegenüberliegenden Stellknorpel zugewendet, eine nach hinten und eine nach
vorn außen. Außer der planen, nur von Schleimhaut überzogenen medialen
Fläche bieten die Flächen und Kanten den Muskeln und Bändern Anheftungsstellen und sind dementsprechend sehr verschieden und zum Teil vielfältig
skulpturiert. Die Beziehungen zu den Muskeln werden sich im einzelnen bei
diesen ergeben. Die Spitze der Pyramide, Apex, trägt je ein Knorpelchen,
wegen seiner Lage „Spitzenknorpel" genannt, wegen seiner gebogenen Form
Cartilago „corniculata". An der Basis springt die vordere, zwischen Innen-
und Außenfläche gelegene Kante spitzenförmig vor, Processus vocalis; an
ihr ist das Stimmband befestigt. Die laterale Kante trägt einen besonders
wichtigen, nach rückwärts gerichteten Vorsprung für Muskelansätze, Processus muscularis (Abb. S. 152, 162).

Das Gelenk zwischen Stell- und Ringknorpel, Articulatio crico-arytae-
noidea, ist ein freies Cylindergelenk: die Gelenkflächen sind Ausschnitte aus
Cylinderflächen, und es fehlen die Ligamenta collateralia. Dadurch unterscheiden sich die Cricoarytaenoidgelenke von den Scharniergelenken. Infolge
des Fehlens der Seitenbänder sind in ihnen, abgesehen von den Scharnier- (Roll-)
bewegungen um die Längsachse des Cylinders, auch Gleitbewegungen parallel
der Cylinderachse möglich, die bei den Scharniergelenken durch die Seitenbänder verhindert werden. Zu diesen beiden Bewegungsarten kommt noch eine
dritte hinzu: die Drehung um die Höhenachse des pyramidenförmigen Stellknorpels, welche allerdings nur unter Aufhebung des Flächenschlusses der Gelenkflächen möglich ist. Die Cricoarytaenoidgelenke haben also 3 Freiheitsgrade.
Die Gelenkkapsel ist entsprechend weit, jedoch ist sie, besonders an der medialen

Fläche, durch ein sehr kräftiges Band verstärkt, das **Ligamentum crico-arytaenoideum (posterius)**, welches sich an der Ringknorpelplatte an dem Höcker neben der Mittellinie befestigt und fächerförmig gegen die mediale und die untere Kante des Stellknorpels ausstrahlt (Abb. S. 165). Man kann an ihm einen medialen, mehr sagittalstehenden Anteil und einen hinteren, mehr frontalen unterscheiden (Abb. S. 152). Dieses Band ist in allen Stellungen des Aryknorpels gespannt und führt alle Bewegungen des Aryknorpels, z. B. erzwingt es bei jeder Gleitbewegung des Aryknorpels eine Drehung um die Höhenachse der Pyramide. Außerdem verhindert es die Bewegung der Stellknorpel gegeneinander bis zur Mittellinie. Zwischen die Faserzüge des Bandes sind Reihen von Fettzellen als Rollen eingelagert, in die oberflächlichen Züge zahlreiche elastische Fasern (Abb. b, S. 152).

Die **Spitzenknorpel, Cartilagines corniculatae (Santorini)**, sind kleine gebogene Knorpelhörnchen, welche an der Pyramidenspitze der vorigen durch kompaktes Bindegewebe locker und sehr beweglich befestigt sind, **Syndesmosis arycorniculata**. Gelegentlich bestehen echte Gelenke. Da die beiden Knorpelchen den höchsten Punkt des Kehlkopfskeletes an der Hinterwand einnehmen, sind sie als Vorbuchtungen der Schleimhaut äußerlich sichtbar, **Tubercula corniculata** (Abb. S. 98, 166). *(Spitzenknorpel, Abb. S. 152, 162, 166 (Tabelle S. 171))*

Die **WRISBERGschen Knorpel, Cartilagines cuneiformes (Wrisbergi)**, fehlen nicht selten. Ihre Form schwankt; sie können als kleine Stäbchen bis dicht an die vorigen heranreichen. Auf ihrer Oberfläche gegen die Schleimhaut zu liegt ein Drüsenpaket, welches letztere vorwölbt und mittelbar die Lage der WRISBERGschen Knorpel anzeigt, **Tuberculum cuneiforme** (Abb. S. 98). Ist die Vorwölbung vorhanden, so kann doch die knorplige Unterlage ganz fehlen oder durch derbes Bindegewebe ersetzt sein. *(WRISBERGsche Knorpel, Abb. S. 162, 166 (Tabelle S. 171))*

Beim Igel und anderen niederen Säugern sind die WRISBERGschen Knorpel seitliche Anhänge des Kehldeckelknorpels. Sie sind wahrscheinlich abgelöst und gegen die Stellknorpel hin verschoben, können auch mit den Spitzenknorpeln verschmelzen. Beim menschlichen Embryo tauchen sie im Zusammenhang mit diesen auf.

Der **Kehldeckelknorpel, Cartilago epiglottica**, hat die Form eines Fahrradsattels (Abb. S. 152). Die Spitze, **Petiolus**, reicht bis hinter den Schildknorpel abwärts und ist an ihm durch Bandmassen befestigt, **Ligamentum thyreoepiglotticum**. Der obere breite Rand ragt frei in den Pharynx (Abb. S. 75). Wird die Zunge herausgezogen, so versteift sich der Kehldeckel von selbst, weil er die Form eines Stücks Wellpappe annimmt; nur beim Zurückschieben der Zunge ist er weich und umklappbar. Der Knorpel ist von Löchern durchbohrt und mit Grübchen bedeckt, besonders im unteren zugespitzten Teil der Hinterfläche. Zahlreiche Drüsen sind in diese Nischen eingebettet; Gefäße (in seltenen Fällen auch Nerven) benutzen die Löcher als Pforten zum Durchtritt auf die andere Seite. *(Kehldeckelknorpel, Abb. S. 152, 156, 162, 166 (Tabelle S. 171))*

Mit dem oberen Rand des Zungenbeins, hinter dessen Körper der Kehldeckelknorpel in die Höhe steigt (Abb. S. 75), ist er durch Bindegewebe verbunden, welches oft mit Fett durchsetzt ist, **Ligamentum hyoepiglotticum**. Ein Fettkörper liegt regelmäßig in dem dreiseitigen Zwischenraum zwischen Kehldeckelknorpel, Ligam. hyothyreoideum medium und Ligam. thyreoepiglotticum (vgl. Abb. S. 75). Er setzt sich beiderseits in die Membrana hyothyreoidea fort, welche dementsprechend bis gegen die Mitte des großen Zungenbeinhornes in zwei Lamellen gespalten ist. Die Bedeutung dieser Bänder und Fettansammlungen ist die, den Kehldeckel hinter dem Schutzschild des Schildknorpels und der Membrana hyothyreoidea sicher und doch beweglich zu verankern. Das Ganze ist ein einheitlicher Apparat, in welchen der Schildknorpel, Zungenbeinkörper und Kehldeckel als gefestigte, die übrigen Teile als nachgiebigere Mosaikstücke eingeordnet sind. Bei Annäherung des Kehlkopfes an das Zungenbein (z. B. beim Schluckakt) wird der Fettkörper verkürzt und verdickt und drückt den Kehldeckel nach rück- und abwärts

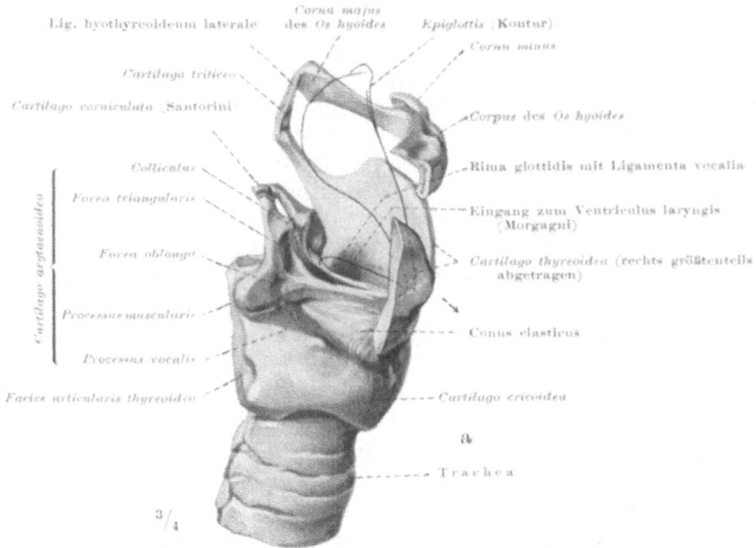

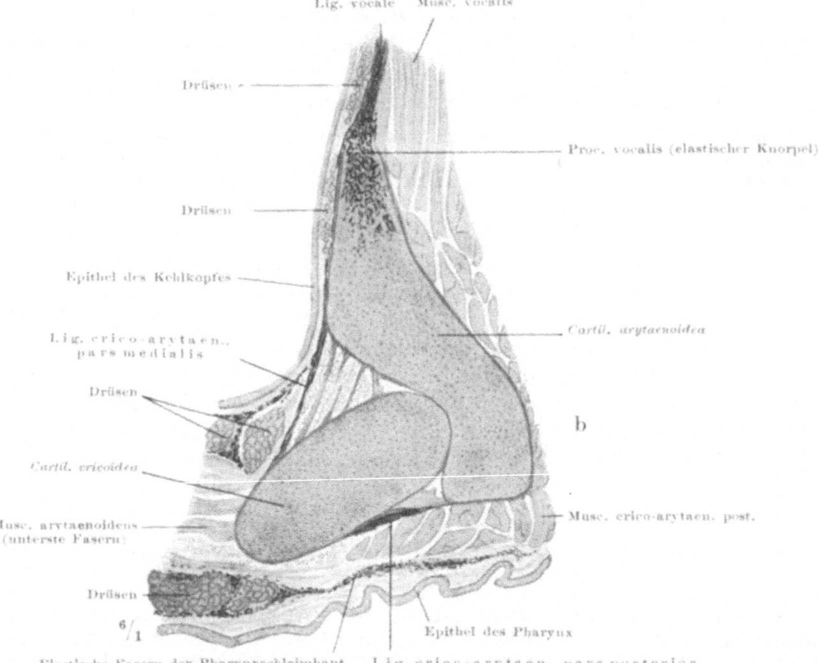

Abb. 90. a Kehlkopfskelet. Die rechte Schildknorpelplatte und die rechte Hälfte des Zungenbeines sind weggenommen. Kehldeckel nur als Kontur. Eingang zur MORGAGNIschen Schleimhauttasche an der linken Seite als Kontur eingetragen. Der Pfeil gibt die Bewegungsrichtung des Schildknorpels an (Drehpunkt in der Facies articularis thyreoidea). b Horizontalschnitt durch das Crico-arytaenoid-Gelenk in Höhe des Lig. vocaie. 9jähr. Mädchen. Elastische Fasern schwarz. Die Fasern des M. arytaenoideus setzen nur scheinbar am Ringknorpel an. (Aus SCHUMACHER, Handb. d. Hals-, Nasen-, Ohrenheilk. von DENKER-KAHLER, Bd. 1, S. 381.)

auf den Kehlkopfeingang. — Über kleine Knorpelchen siehe Tabelle S. 172: Cartilagines sesamoideae.

Der Conus elasticus (Abb. S. 152) besteht aus elastischem Bindegewebe ohne Knorpeleinlagen. Er setzt den elastischen Schlauch der Luftröhre über den Ringknorpel bis zu den Stimmbändern fort. Ist die Stimmritze geschlossen oder sehr eng, so ist der Conus nach oben, wie das Mundstück einer Klarinette, zusammengedrückt; in diesem Fall trägt er seinen Namen mit Recht (Abb. S. 156). Bei weit geöffneter Stimmritze geht die Wand des „Conus" vom Ringknorpel aus ziemlich senkrecht in die Höhe, die Form ist annähernd cylindrisch (Abb. d, S. 166). In der Mittellinie der Kehlkopfvorderseite ist der Conus verstärkt und oben am Schildknorpel befestigt. Man nennt diesen Teil Ligamentum cricothyreoideum (medium) s. conicum (Abb. S. 149). Die seitlichen Teile haben nichts mit dem Schildknorpel zu tun, sondern enden mit freiem verdicktem Rande als „Stimmbänder". Nach hinten zu wird der Conus durch die Platte des Ringknorpels ergänzt; er selbst schließt jederseits am Processus vocalis des Stellknorpels ab (Abb. S. 152).

Für die Form des Kehlkopfinneren ist der versteckt liegende Conus weitaus am wichtigsten (Abb. S. 156), während der äußerlich beim Lebenden wahrnehmbare Schildknorpel dazu keine nähere Beziehung hat, sondern, wie wir sahen, weit über den eigentlichen Stimmapparat hinaus ausladet.

Die Stimmbänder, Ligamenta vocalia (auch „wahre" Stimmbänder genannt), sind nichts anderes als die verdickten oberen Ränder des Conus elasticus. Sie sind vorn dicht nebeneinander an der Innenfläche des Schildknorpels und hinten je an der Spitze und am Oberrand des Processus vocalis des Stellknorpels ihrer Körperseite befestigt (Abb. S. 152 u. S. 163). Sie bestehen aus elastischen Längszügen, welche vom Schildknorpel zu den Processus vocales der Stellknorpel gespannt sind.

In der Nähe des vorderen Ansatzpunktes, welcher am Schildknorpel in der Mitte zwischen oberem Einschnitt und Unterrand zu suchen ist, findet sich im Stimmband ein kleines gelbes Knötchen (Abb. S. 165), das aus dicht verfilzten elastischen Fasern mit eingestreuten Bindegewebszellen besteht, Nodulus elasticus, früher irrtümlich „Cartilago sesamoidea" (anterior) genannt. Es stellt das vordere Ende des elastischen Ligamentum vocale dar und ist durch straffes kollagenes Bindegewebe wie durch eine Sehne am hier verdickten Perichondrium des Schildknorpels angeheftet. — Am hinteren Ende des Stimmbandes kann die aus elastischem Knorpel bestehende Spitze des Processus vocalis des Aryknorpels als gelbes Knötchen durchschimmern. — Das deutsche Wort Stimmband (Ligamentum vocale) wird auch noch in einer allgemeineren Bedeutung verwendet, gleich Plica vocalis (s. S. 155).

Die Taschenbänder (oder „falschen" Stimmbänder), Ligamenta ventricularia, und ihre Fortsetzung nach oben, die beiderseitige Membrana quadrangularis, sind gleichsam spiegelbildliche Wiederholungen des Conus und der wahren Stimmbänder. Das obere Stück verjüngt sich nach unten zu bis zu den Taschenbändern, das untere erweitert sich nach unten zu von den Stimmbändern an (Abb. S. 156). Zwischen den beiden konischen Innenräumen, welche mit ihren Spitzen sanduhrartig einander zugewendet sind, liegt beiderseits der Eingang zum Ventriculus laryngis Morgagni (S. 152). Das Taschenband liegt jederseits geradeso am unteren Rand des oberen Conus wie das Stimmband an der oberen Grenze des unteren Conus. Die Fasern sind im Taschenband zum Teil elastisch, aber nicht so zahlreich wie im Stimmband, zum Teil sind sie kollagen. Sie sind vorn am Ende des Einschnittes des Oberrandes des Schildknorpels befestigt, und zwar die des linken Bandes dicht neben denjenigen des rechten; an derselben Stelle inseriert das Lig. hyothyreoideum medium. Hinten inserieren die Taschenbänder an den Stellknorpeln medial neben der Fovea triangularis (Abb. S. 152), also ein wenig oberhalb der Stimmbänder.

Die Membrana quadrangularis setzt die Taschenbänder nach oben zu fort, geradeso wie der Conus elasticus eine Fortsetzung der Stimmbänder nach unten ist. Sie ist auch elastisch, aber viel zarter als der untere Conus und ohne dessen Bedeutung für die Stimmbildung (in Abb. S. 162 ist sie zwischen dem M. thyreoepiglotticus, dem Zungenbein und dem Ligam. hyothyreoideum medium sichtbar, nicht bezeichnet; auf ihr liegt die Appendix ventriculi laryngis, die sie größtenteils bedeckt). Der hintere obere Rand geht in die Plica aryepiglottica hinein und endet dort; der vordere obere Rand schließt sich dem Lig. hyothyreoideum medium an und ähnelt auch darin dem unteren Conus, da beide auf diese Weise Beziehungen zum Schildknorpel gewinnen.

Äußere Gestalt (Schleimhaut und Drüsen). Abb. S. 75, 92, 98, 162

Auch ohne die Muskeln des Kehlkopfes im einzelnen zu kennen, läßt sich die Form im ganzen von seinem Stützgerüst aus verstehen. Denn die Muskeln sind so zart und schmiegen sich so sehr den knorpligen und bindegewebigen Skeletteilen an, daß nur hin und wieder ein Zwischenraum im Skelet von Muskeln ausgefüllt ist. In solchen Ausnahmefällen kann eine Falte der Skeletunterlage entbehren, z. B. die muskulöse Brücke im Zwischenraum zwischen den beiden Stellknorpeln. Die Incisura interarytaenoidea der Schleimhaut (Abb. S. 98) reicht nur bis an die Querfalte zwischen den Stellknorpeln, welche die Muskelbrücke überkleidet, heran und nicht bis an den Ringknorpel. Abgesehen von solchen Falten, zu denen auch die Stimm- und Taschenbänder gehören, liegt die Schleimhaut der Form des Stützgerüstes wie ein Trikot dem Körper knapp an.

Gehen wir vom Zungengrund aus (Abb. S. 98), so unterscheiden wir zunächst eine Übergangsbrücke zwischen Zunge und Kehlkopf, dann erst kommt der Eingang zum eigentlichen Kehlkopf, Aditus laryngis. Der Binnenraum selbst zerfällt in drei Stockwerke, zu oberst den Vorraum, Vestibulum laryngis s. Cavum superius, darunter eine Art Zwischenstock, Cavum laryngis intermedium, die wichtigste Stelle, weil hier die Stimmritze, Rima glottidis, mit den Taschen- und Stimmbändern und dem Ventriculus Morgagni liegt; zu unterst folgt das Cavum laryngis inferius, das bis zum ersten Trachealring reicht. Außen vom eigentlichen Stimmorgan, aber noch von der Membrana hyothyreoidea und vom Schildknorpel gedeckt, liegt beiderseits der Recessus piriformis, ein Bestandteil des Hypopharynx (Abb. S. 98).

Die Übergangsbrücke ist äußerlich an zwei Vertiefungen der Schleimhaut kenntlich, welche wie Fingerabdrücke zwischen Zungengrund und Kehldeckel nebeneinander liegen, Valleculae (Abb. S. 162). Unter ihnen liegt ein mit einem Fettkörper gefüllter, von Bändern und Skeletstücken begrenzter Raum, welcher als einheitlicher Apparat dem Kehldeckel und dem Zungengrund so viel Beweglichkeit gegeneinander gestattet wie für die Bewegungen beim Schlucken und Sprechen nötig ist (S. 151). Die Schleimhautgruben sinken tiefer ein und die sie begrenzenden Schleimhautfalten werden deutlicher oder die Gruben und Falten verstreichen, je nach der Stellung des Kehldeckels, Schildknorpels und Zungengrundes zueinander.

Der Aditus laryngis wird vorn vom Kehldeckel und seitlich von zwei Schleimhautfalten begrenzt, Plicae aryepiglotticae, welche vom Kehldeckel zu den Stellknorpeln verlaufen und in der Incisura interarytaenoidea endigen (Abb. S. 98). Die Öffnung steht fast frontal, der hinteren Rachenwand zugewendet (Abb. S. 75). Sie ist bei der Leiche oben breit oval und verjüngt sich auf die Stellknorpel zu bis zu dem schmalen Schlitz zwischen diesen. In den beiden Falten liegen die Tubercula cuneiformia und corniculata mit den gleichnamigen Knorpeleinlagen. Der größte Teil der Falten ist von Bindegewebszügen und von einigen zarten Muskelfasern eingenommen, welche im

Leben die Form der Spalte regulieren. Darauf wird bei den Muskeln zurückzukommen sein. Die Schleimhaut hat eine besonders lockere Tunica submucosa,
so daß bei Austritt von krankhaften Exsudaten in sie hinein plötzliche Schwellungen möglich sind, welche den Kehlkopfeingang hochgradig versperren und
das Leben gefährden können, fälschlich „Glottisödem" genannt. Man
kann das Ödem durch Injektion einer gefärbten Flüssigkeit an der Leiche
nachahmen. Es steigt in den Kehlkopfraum hinein, aber nie weiter als
bis zu den Stimmbändern. Denn diese haben eine straffe, unnachgiebige
Verbindung mit dem Schleimhautüberzug (also die eigentliche Glottis ist
unbeteiligt).

Das Epithel der Schleimhaut ist am Kehlkopfeingang noch mehrschichtiges
Plattenepithel wie in der Mundhöhle und an vielen Stellen des Rachens. Etwas
tiefer beginnt das mehrzeilige flimmernde Cylinderepithel, welches für den Respirationstractus im allgemeinen charakteristisch und in dem unteren Teil des Vestibulum regelmäßig zu finden ist. Pakete von gemischten Drüsen, ähnlich denen der
Luftröhre (Abb. b, S. 176), finden sich vor allem auf dem WRISBERGschen Knorpel,
aber auch abwärts auf der ganzen dem Kehlkopfinneren zugewendeten Fläche des
Kehldeckelknorpels, in dessen Grübchen oder Löchern sie eingebettet liegen. Innerhalb des Schleimhautepithels liegen an dieser Stelle ganz vereinzelte Geschmacksknospen. Partikelchen der Nahrung selbst können nicht hierher gelangen. Selbst
kleinste Bröckchen lösen augenblickliche heftige Hustenstöße aus. Dies zeugt von
dem Reichtum der Schleimhaut des Kehlkopfeingangs an sehr empfindlichen
Nerven (Äste des N. laryngeus superior nervi vagi). Besonders reizbar ist die Hinterwand des Aditus, die Stelle an den Stellknorpeln, weniger die Epiglottisgegend.

Der Vorraum oder Oberstock, Vestibulum laryngis s. Cavum Oberstock
laryngis superius, reicht von den Plicae aryepiglotticae bis zu den Taschenbändern, Plicae ventriculares. Die Vorderwand ist mehr als doppelt so hoch wie
die Hinterwand, entsprechend der verschiedenen Länge der Epiglottis und der
Höhe der Stellknorpel. Außerdem ist die Hinterwand sehr wechselnd geformt,
je nachdem die Stellknorpel dicht beieinander oder weit voneinander entfernt
stehen (Abb. S. 163, 166). Die Schleimhaut verhält sich wie ein Harmonikaauszug: bei genäherten Stellknorpeln legt sie sich in längsverlaufende Falten.
Die gegenüberliegende Partie der Vorderwand ist dagegen unveränderlich in
ihrer Form. Sie ist von der Rückwand der Epiglottis gebildet, welche gegen
den Vorraum des Kehlkopfs schaut; in ihrem unteren Teil ist die Epiglottis
am Schildknorpel und Zungenbein befestigt. Ein besonderer Vorsprung gegen
das Lumen hin, Tuberculum epiglotticum (Abb. S. 166), in welchem der
Petiolus und seine Bandbefestigung liegt, ist ein wichtiger, weil konstanter
Anhaltspunkt bei der Kehlkopfspiegelung des Lebenden (siehe unten). Weiter
oberhalb ist der Kehldeckel nach dem Vorraum gerade umgekehrt geformt,
nämlich wie eine längsstehende Dachrinne, mit der Konkavität nach dem
Lumen zu. Auch wechselt diese Partie ihre Form, wenn sich der Kehldeckel
über den Eingang des Kehlkopfs legt.

Der Mittelstock, Cavum laryngis intermedium (Abb. S. 156, 75), ist Mittelstock
und
sehr niedrig. Er ist nach oben zu von den Taschenbändern, Plicae ventri- Stimmritze
culares, begrenzt. Nach unten umfaßt er noch die Stimmbänder, Plicae
vocales. Zwischen dem Taschen- und Stimmband liegt an jeder Seite der Eingang zur MORGAGNISchen Tasche, Ventriculus laryngis Morgagni.

In diesem Fall verstehen wir unter „Bändern" die Schleimhautfalten im ganzen,
während beim Skelet dasselbe Wort für die Einlage der Falten, nämlich die Faserzüge in ihnen, üblich ist. Diese doppelte Verwendung des Namens ist, so wenig
zweckmäßig sie ist, doch in der ärztlichen Ausdrucksweise seit jeher eingebürgert, so
daß wir sie notgedrungen beibehalten. Man hat für die Schleimhaut den Namen
Stimm„lippe" eingeführt, doch ist Labium vocale ein Wort, das mehr als Plica
vocalis bedeutet (siehe das Folgende). Die lateinischen Fachnamen, Plica und
Ligamentum, sind nicht mißverständlich.

Die Stimmbänder und die Innenkanten der Basalflächen der Stellknorpel begrenzen die Stimmritze, Glottis, richtiger Rima glottidis (Abb. S. 166),

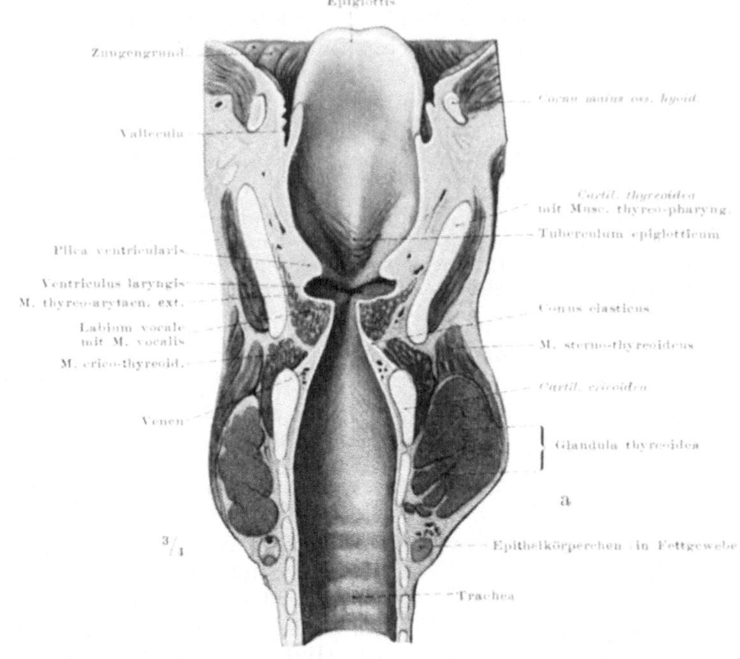

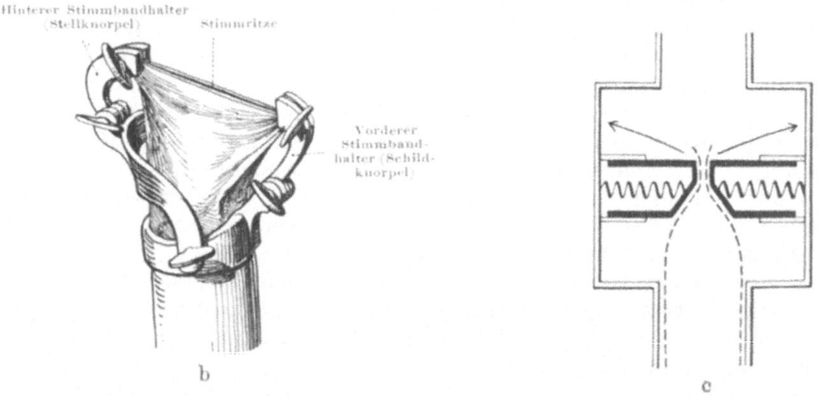

Abb. 91. a Frontalschnitt durch den Kehlkopf. b Schema des Conus elasticus. Ein Stück Gummischlauch ist über eine Röhre gespannt, welche der Luftröhre entspricht. Das freie Ende des Schlauches ist durch zwei verstellbare Halter zu einem schmalen Schlitz auseinander gezogen: Stimmritze. c Schnitt durch eine Gegenschlagpfeife vom Bau des Kehlkopfes. Die beweglichen Polster schwarz mit eingelegten Spiralen. Conus elasticus gestrichelt (vgl. a und den zugespitzten Gummischlauch in b). Beim menschlichen Kehlkopf schwingen die Stimmlippen nicht genau nach außen und innen wie in diesem Modell, sondern etwa in der Richtung der Pfeile = jedenfalls nicht so, daß die Ränder nach oben schlagen und wieder in die Ruhelage zurückkehren wie bei manchen Musikinstrumenten. (Abb. b nach SÜTTERLIN, Die Lehre von der Lautbildung 1908, S. 43, Abb. c frei nach EWALD und NAGEL aus GUTZMANN, Physiologie der Stimme und Sprache 1909, Abb. 34a, 35.)

so daß wir an ihr einen weichen Teil, Pars membranacea (s. ligamentosa), und einen härteren Teil, Pars cartilaginea, unterscheiden. Der vorderste Teil des Stellknorpels, Processus vocalis, der aus elastischem Knorpel besteht und allmählich in das elastische Bindegewebe des Ligamentum vocale übergeht (Abb. b, S. 152), schwingt beim Sprechen mit. Der ganze Apparat, Skelet und Muskeln, ist mit Schleimhaut überzogen. Seine weichen, nachgiebigen Partien sind den Lippen des Mundes vergleichbar, was im Namen: Labia vocalia zum Ausdruck kommt. Auf dem Querschnitt sind sie dreieckig und mit Muskeln gefüllt (Abb. S. 156). Plica vocalis heißt der scharfe, der Stimmritze zunächst liegende Rand des Labium.

Die Stimmlippen schwingen gegeneinander, wie sich die Lippen des Mundes gegeneinander bewegen. Deshalb hat man den Kehlkopf als „Gegenschlagpfeife" bezeichnet (Abb. S. 156). Über den Bewegungsmechanismus siehe unten.

Die Stimmbänder ragen weiter in das Innere des Kehlkopfs vor als die Taschenbänder (Abb. S. 156, 166). Ihre Farbe beim Lebenden ist grauweiß, während die Taschenbänder und die übrige Schleimhaut rötlich aussehen.

Die Taschenbänder haben keinen Anteil an der Stimmerzeugung. Sie könnten im Gegenteil hinderlich sein, wenn sie so tief herabhängen würden, daß sie die Stimmbänder berührten. Aus pathologischen Fällen ist bekannt, daß polypöse Wucherungen der Vorhofsschleimhaut, welche ein Stimmband erreichen, wie Sordinen bei der Geige den Ton dämpfen und die Stimme heiser machen. In der Norm ist der richtige Abstand beider Bänder durch den dazwischenliegenden Eingang zur MORGAGNIschen Tasche gegeben. Diese selbst ist eine Nische mit schmalem Eingang, die nach oben zu das Taschenband ein wenig unterminiert (deshalb der Name des Bandes). Die Tasche reicht vom Schildknorpel bis zum Stellknorpel. Von ihr geht meistens noch ein blinder Anhang aus, Appendix ventriculi laryngis (Abb. S. 162, 156). Sein schlitzförmiger Eingang liegt ganz verdeckt unter dem Beginn des Taschenbandes am Schildknorpel.

Die Appendix der MORGAGNIschen Tasche entspricht den großen Kehlkopfsäcken der anthropoiden Affen, die wie elastische Kissen, auf welchen der schwere Schädel ruht, und als Schallverstärker wirken. Der Kehlkopfsack des erwachsenen Orang faßt etwa 6 Liter. Beim Menschen reicht die Appendix gelegentlich bis in die Höhe des großen Zungenbeinhorns und bis in die Zungenwurzel aufwärts, meistens endigt sie am oberen Schildknorpelrand oder tiefer. Sie schiebt sich zwischen die Membrana quadrangularis und den Schildknorpel ein und liegt entweder auf den Kehlkopfmuskeln dieser Gegend oder zwischen ihnen (Abb. S. 162). Beim Lebenden sieht man gelegentlich, daß bei starkem Anspannen der Leibpresse am Hals beiderseits Anschwellungen sichtbar werden, welche von sich füllenden Luftsäcken herrühren. Drückt man auf sie, so entleeren sie sich mit einem quarrenden Ton. — Die Schleimhaut der Taschenbänder und MORGAGNIschen Taschen ist besonders reich an Drüsen. Das Sekret hält die beim Sprechakt beteiligten Teile feucht. Kommt die Luft aus dem Munde unangefeuchtet in den Kehlkopf, so genügt das Sekret nicht, es entsteht Heiserkeit (Dysphonia clericorum). Das Epithel ist das typische flimmernde Cylinderepithel der Respirationswege. — Die Pars cartilaginea des Stimmbandes ist gleich der Hälfte der ganzen Länge. Letztere beträgt beim erwachsenen Mann durchschnittlich 23 mm, die Weite der Stimmritze an der weitesten Stelle und bei maximaler Öffnung ist gerade so groß (Abb. d, S. 166). Für die Einführung von Instrumenten ist das Maß wichtig.

Die Stimmbänder haben infolge der starken mechanischen Beanspruchung einen Überzug von Plattenepithel. Auch sind sie frei von Drüsen. Diese Besonderheit gegenüber der oberhalb und unterhalb gelegenen Schleimhaut erklärt sich aus der Funktion.

Der Unterstock, Cavum laryngis inferius (Abb. S. 156), umfaßt den Raum von den Stimmbändern abwärts bis zum Beginn der Luftröhre an der Grenze zwischen Ring- und erstem Trachealknorpel. Die Form ist gleich der des Conus elasticus, dem die Schleimhaut knapp anliegt. Dringt man bei der Präparation vom Inneren des Kehlkopfes aus auf die Muskeln vor, so zerschneidet man nicht nur die Schleimhaut, sondern auch den Conus. Der Übergang in die Luftröhre ist an der Schleimhautauskleidung nicht zu erkennen.

Unterstock

Das Epithel ist das übliche respiratorische Flimmerepithel mit nicht sehr zahlreichen Drüsen.

Bei der chirurgischen Eröffnung des Kehlkopfes wird meist dieser Raum mittels Durchschneidung des Lig. cricothyreoideum zugänglich gemacht (Laryngotomie).

Der Recessus piriformis ist eine mit Schleimhaut ausgekleidete Nische links und rechts vom eigentlichen Kehlkopfeingang (Abb. S. 98). Sie dient als Schlingweg (Abb. S. 92, gestrichelte schwarze Linie); zum Atemmechanismus hat sie keine Beziehung, obgleich sie mit vom Schildknorpel gedeckt und deshalb mit zum Kehlkopf gerechnet wird. Verschluckte Fremdkörper können sich in ihr verfangen und stecken bleiben (z. B. Nadeln). Die Schleimhautkomponente der vorderen Rachenwand kleidet die Recessus aus und bedeckt die ganze Hinterfläche des Kehlkopfes mit der ihr eigentümlichen Struktur (S. 103).

Beziehungen zur Nachbarschaft

Bei der natürlichen Kopfhaltung des aufrecht stehenden Menschen entspricht der Kehlkopf dem 4.—6. Halswirbel. Der höchste Punkt, der obere Rand des Kehldeckels, schneidet mit dem unteren Rand des 3. Wirbels ab, während der tiefste Punkt, der Unterrand des Ringknorpels dem Unterrand des 6. Halswirbels entspricht. Beim Sprechen, Singen und Schlucken bewegt sich der Kehlkopf auf- und abwärts. Er wird dabei vom Zungenbein mittels der Bandapparate und Muskeln zwischen Zungenbein und Schildknorpel mitgenommen oder unmittelbar durch die Schlundschnürer, insbesondere den M. stylopharyngeus, bewegt. Beim Singen steigt er bei zunehmender Höhe des Tones empor und fällt bei abnehmender Höhe. Im Röntgenbild sind Ausschläge bis zu 1 cm nach aufwärts und 1 cm nach abwärts von der Ruhelage gemessen worden.

Zwischen Wirbelsäule und Kehlkopf liegt der Hypopharynx, dessen Vorderwand mit der Hinterwand des Kehlkopfes identisch ist. An der Vorderseite des Halses wird die mediane Partie des Schildknorpels von der vorderen und mittleren dünnen Halsfascie (Bd. I, Abb. S. 189) überzogen; beide Fascien sind fest aneinander geschmiegt; dann folgt die Haut. Zwischen ihr und dem vorspringendsten Teile des Schildknorpels liegt in der Regel ein Schleimbeutel, Bursa subcutanea prominentiae laryngeae. Die seitlichen Teile des Kehlkopfes liegen tiefer, bedeckt vom M. sternocleidomastoideus, dem Rectussystem des Halses und der Schilddrüse (Abb. S. 149). Seitlich vom Kehlkopf liegen beiderseits die großen Halsgefäße mit dem Nervus vagus.

Gewebliche Struktur, Alters- und Geschlechtsverschiedenheiten

Der Schild-, Ring- und größte Teil des Stellknorpels sind hyalinknorplig. Die Knorpel in der Nähe der Stimmritze, nämlich die Processus vocales der Stellknorpel, die Spitzenknorpel, WRISBERGschen Knorpel und der Kehldeckelknorpel sind elastisch (gelber Knorpel). (Vgl. auch Abb. b, S. 152.)

Die elastischen Knorpel und Knorpelteile verknöchern nicht. Dagegen beginnen die hyalinen Knorpel von der Geschlechtsreife ab regelmäßig zu verknöchern; sie sind im Alter fast völlig knöchern. Bei Erdrosselungsversuchen zerbrechen die größeren leicht und zwar längs den unverknöcherten Zwischenzonen, z. B. beim Schildknorpel in der Mitte. Bei der Frau beginnt die Verknöcherung etwas später und schreitet langsamer fort. Es beginnt der Schildknorpel, und zwar von den Unterhörnern an aufsteigend. Beim Ringknorpel geht umgekehrt der Oberrand voran, das untere Drittel der Platte und die ganze Vorderspange bleiben am längsten hyalinknorplig, verknöchern aber schließlich auch. Beim Stellknorpel beginnt die Ossification an der Basis. Kastraten haben einen weiblichen Verknöcherungshabitus, Scheinzwitter den ihres wirklichen Geschlechts.

Die Größe des Kehlkopfes macht eine sprunghafte Änderung zur Zeit der Geschlechtsreife durch, besonders bei Knaben. In relativ kurzer Zeit nehmen die Stimmbänder infolge der Vergrößerung des Gesamtorgans um ein Drittel ihrer Länge zu; beim weiblichen Geschlecht ist die Zunahme geringer, so daß die Lage der Männerstimme gegenüber der Frauenstimme durchschnittlich um eine Oktave nach unten verschoben ist.

Mit zunehmendem Alter sinkt die Größe des Winkels, welchen die beiden Schildknorpelhälften miteinander bilden. Beim Kind formen sie eine sanfte, nach vorn gebogene Kurve, bei der Frau bildet sich ein Winkel aus, der nicht kleiner als 120^{0} zu sein pflegt, beim Mann sinkt er auf etwa 90^{0}. Der weibliche Kehlkopf pflegt in allen Dimensionen kleiner als der männliche zu sein, zum Teil im Zusammenhang mit der durchschnittlich geringeren Körpergröße der Frau. Infolge der kürzeren Stimmbänder ist die weibliche Stimme höher. Daß dabei ein geschlechtlicher Faktor mitspielt, geht daraus hervor, daß die Stimme bei Knaben nach Entfernung der Hoden nicht mutiert (Kastratenstimme). Das ganze Organ verharrt beim Kastraten in jugendlicher Größe und Form (scheinbar weiblich).

Die Stellung des Kehlkopfes zur Wirbelsäule ist beim Kind anders als beim Erwachsenen. Beim Fetus kurz vor der Geburt entspricht der Unterrand des Ringknorpels dem Unterrand des 4. Halswirbels. Entsprechend dem Herabsteigen der Hals- und Brusteingeweide steigt auch der Kehlkopf abwärts; im 7. Lebensjahr, manchmal erst zur Zeit der Geschlechtsreife, ist die endgültige Stellung erreicht. Die Bifurkation der Luftröhre verschiebt sich um eine Wirbelhöhe. Bei anthropoiden Affen steht der Kehlkopf zeitlebens höher als beim Menschen. — Vom 60. Lebensjahr ab beginnt die Alterssenkung infolge der Erschlaffung der Muskeln und Überdehnung der Bandapparate. Sie kann mehrere Wirbelhöhen umfassen (Laryngoptose, siehe S. 109).

Mit dem Kehlkopfspiegel lassen sich bei geeigneter Beleuchtung durch den geübten Beobachter der Kehlkopfeingang, die Stimmbänder und bei geöffneter Stimmritze sogar die Luftröhre bis zur Gabelung überschauen (Abb. d, S. 166). Vor dem Kehlkopfeingang, auf die Zunge zu, sieht man die Valleculae, am Kehlkopfeingang die Plicae aryepiglotticae mit den Tubercula cuneiformia und Tubercula corniculata. Die letzteren können in zwei Vorsprünge zerfallen, von welchen der am weitesten hinten liegende der Spitze des Knorpelhörnchens, der davor liegende Vorsprung dem Stellknorpel entspricht. Je nach der Stellung der Stimmbänder und Stellknorpel ist die Incisura interarytaenoidea ausgeprägt oder verstrichen. Ein besonders wichtiger Merkpunkt für den Untersucher ist der Vorsprung der Epiglottis, Tuberculum epiglotticum; in Wirklichkeit ist es länglich, sieht aber im Kehlkopfspiegel in der Verkürzung rund aus (vgl. Abb. S. 156, 166). Die Bänder des Zwischenstockes ragen wie Soffiten einer Bühne in den Binnenraum vor, und zwar die entfernteren Stimmbänder weiter als die näheren Taschenbänder. Seitlich von den Plicae aryepiglotticae sieht man jederseits den Recessus piriformis.

Das Blut wird dem Kehlkopf aus der A. thyreoidea superior und A. thyr. inferior zugeleitet. Aus ersterer kommen zwei Äste, die größere A. laryngea superior (manchmal durch ein Loch im Schildknorpel, gewöhnlich durch die Membrana hyothyreoid. hindurch) und die kleinere A. cricothyreoidea (durch das Lig. cricothyreoid. med. hindurch); die A. laryngea inferior tritt von unten her auf den Musc. cricoarytaen. post. und versorgt die Rückwand des Kehlkopfes. Die drei Arterien jeder Seite sind miteinander durch Anastomosen verbunden. Die Venen halten sich in ihrem Verlaufe im wesentlichen an die Arterien. Regelmäßig findet man am oberen Rande des Ringknorpels mehrere unter der Schleimhaut laufende größere Venen (Abb. S. 156).

Die Lymphgefäße sind in der Kehlkopfschleimhaut sehr zahlreich. Die oberen fließen durch die Membr. hyothyreoidea ab und sammeln sich in dort gelegenen infrahyalen Lymphknötchen; sie gehören nur zum oberen Stockwerk. Die unteren erreichen durch das Lig. cricothyreoid. med. hindurch die Lymphknötchen vor der Luftröhre, vor allem aber gehen sie zwischen Ring- und Trachealknorpel hindurch zu den Lymphknoten beiderseits neben der Trachea. Zwischen oberem und unterem System ist im allgemeinen eine scharfe Grenze, so daß z. B. beim Krebs der Stimmbänder nie die Lymphknoten, welche zum oberen Stockwerk gehören, ergriffen werden, sondern die für die operative Entfernung viel ungünstigeren Knoten des unteren Systems. Nur an der Hinterwand des Kehlkopfs gibt es Verbindungen zwischen beiden Systemen. Die Lymphe des Sinus piriformis und Kehldeckels fließt hauptsächlich in die Lymphknoten vor dem Schildknorpel und der Membr. hyothyr. ab, so daß Schwellungen dieser Knötchen den Arzt auf Veränderungen in diesem Quellgebiet, also z. B. auf Geschwülste außerhalb des Kehlkopfs hinweisen.

Die Nerven stammen aus dem N. vagus (Abb. S. 147). Der Ramus internus des N. laryngeus superior verläuft mit der A. lar. sup. durch die Membrana hyothyreoidea (er geht auch durch die Membran, wenn die Arterie durch ein Foramen thyreoideum geht; nur selten geht in diesem Fall ein Ästchen des Nervs mit der Arterie durch das Loch). Im Recessus piriformis hebt der untere Ast des Nerven eine kleine Falte der Schleimhaut in die Höhe, Plica nervi laryngei (Abb. S. 98). Der Nerv ist rein sensibel. Der Ramus externus desselben Nervs ist motorisch (siehe nächsten Absatz); er verläuft außerhalb des unteren Schlundschnürers. Der N. laryngeus inferior s. recurrens ist vorwiegend motorisch, doch hat er auch sensible Äste, welche mit den sensiblen Ästen des N. lar. sup. anastomosieren und vielleicht die Schleimhaut unterhalb der Stimmlippen innervieren. Auch Äste des Grenzstranges des N. sympathicus gehen in das Nervengeflecht der Vagusäste im Kehlkopf über; ihre Bedeutung ist nicht sicher bekannt.

β) Bewegungsmechanismus.

Ursprüng-
liches
Sphincter-
system
und
Übersicht
über die
jetzigen
Muskeln
(Tabelle
S. 84/19
bis 27)

Alle eigentlichen Kehlkopfmuskeln, welche die Skeletteile des Organs gegeneinander bewegen oder feststellen, sind von einheitlicher Abstammung. Nur die von außen an den Kehlkopf herantretenden oder von ihm entspringenden Muskeln sind zum Teil ganz anderer Abkunft (infrahyale Halsmuskeln, Bd. I, S. 718, 186). Dies gilt nicht für den Schlundschnürer, welcher vom Kehlkopfskelet entspringt (M. constrictor pharyngis inferior, Tabelle S. 84). Denn ein Teil der jetzigen Kehlkopfmuskeln ist nichts anderes als ein abgespaltenes Stück dieses Muskels. Die Muskulatur umhüllte ursprünglich Rachen und Kehlkopf gemeinsam (Abb. d, S. 147, rot gestrichelt); sie tut dies tatsächlich bei niederen Wirbeltieren noch heute als einheitliche Muskelwand des Vorderdarms. Dieser äußere Sphincter (Sph. pharyngolaryngeus) wird vom N. laryngeus superior (R. externus) versorgt; der Nerv geht noch jetzt beim Menschen zu den Abkömmlingen dieses Systems, nämlich zu dem erwähnten Schlundmuskel und zum paarigen M. cricothyreoideus (Abb. d, S. 147, rot ausgezogen). Diese kleinen Muskelchen am Unterrande des Kehlkopfs sind also gewöhnlich die einzigen Reste des einst den ganzen Schildknorpel einhüllenden äußeren Sphincters.

Dagegen hat der innere Sphincter (Sph. laryngeus) bei Säugern eine viel höhere Ausbildung erfahren; speziell beim Menschen ist von ihm ein ganzes System besonderer Differenzierungen ausgegangen. Er unterscheidet sich vom äußeren Sphincter dadurch, daß er nicht den Rachen mit umgibt, sondern daß er lediglich die eigentliche Kehlkopfhöhle einhüllt; es geht ein Muskelsystem vom Schildknorpel um die Stellknorpel und weiter unten um den Ringknorpel herum, vorn bis an die Mittellinie und hängt dort mit dem der anderen Seite ringförmig zusammen. Der innere Sphincter ist vom N. recurrens versorgt. Er ist bei der Absonderung der Lungenanlage und des späteren Kehlkopfs vom Vorderdarm als ein besonderer Schnürer für die Glottis aus dem allgemeinen Schlundschnürer hervorgegangen und auf die Kiemenbogenreste, zu denen er gehört, beschränkt. Bei niederen Wirbeltieren umhüllt er alle Kehlkopfknorpel innen vom Schildknorpel, ohne sich an sie festzusetzen (Abb. d, S. 147, rot gestrichelt); aber bei den Säugetieren werden besonders die Stellknorpel so tief in ihn eingebettet, daß die Muskelfasern nicht mehr ringförmig durchlaufen, sondern in Einzelmuskelchen zerfallen, die nach den Knorpeln genannt werden, an denen sie befestigt sind. So entstehen Individuen mit komplizierten Namen, die aber den Vorteil haben, daß sie gleich Ursprung und Insertion enthalten (ähnlich den Muskeln des Halsrectus). Alle Kombinationen, welche durch die Einbettung der Stellknorpel in die von den anderen Knorpeln ausgehenden Muskelfasern möglich sind, sind tatsächlich vorhanden, also ein paariger M. thyreoarytaenoideus und M. cricoarytaenoideus, dazu ein unpaarer M. arytaenoideus s. interarytaenoideus (Abb. S. 147, rot ausgezogen).

Epiglottis-
muskeln
und
sekundärer
Sphincter

Die Epiglottis spielt eine besondere Rolle, weil es bei ihr nicht nur den nach dieser Ableitungsformel zu erwartenden M. aryepiglotticus gibt, sondern weil sie ihrerseits wieder mit allen anderen Knorpeln muskulös verbunden sein kann. Dies ist ein Vorrecht des Menschen. Bei ihm findet man also außer dem bereits genannten Kehldeckelmuskel oft einen M. thyreoepiglotticus (Abb. S. 162) und — seltener — einen M. cricoepiglotticus. Diese Muskelchen sind von den älteren Individuen des inneren Sphincters aus durch Vermittlung der Membrana quadrangularis, an welcher sie häufig festsitzen, wenn sie den schließlichen Endpunkt nicht ganz erreichen, zum Kehldeckel selbst vorgedrungen. Der Vorgang wird sofort verständlich, wenn wir uns erinnern, daß der Kehldeckel eine besondere Lage hat, daß er nicht mehr hinter dem weichen Gaumen in den Epipharynx hinaufragt, sondern beim Menschen den Luftstrom gegen den Gaumen freigibt und dadurch die Artikulation der Stimme beeinflußt (S. 110). So hat sich etwas ganz Neues gebildet, eine Muskulatur für den Kehlkopfeingang, welche ihr eigenes Spiel gegenüber der alten und natürlich wichtigsten Muskulatur für die Stimmritze entfaltet. Diese neue Muskulatur, welche dem Menschen allein eigen ist, hat alle Merkmale einer progressiven Entwicklung, nämlich zahlreiche Varianten an Zahl, Lage, Größe usw.

Dem Gedächtnis wird durch die hier gegebene Ableitung das Einprägen der Namen wesentlich erleichtert. Wegen zahlreicher Aberrationen der Muskelchen, welche wiederum nach dem Endpunkt an anderen Knorpeln oder an Bändern, die sie erreichen, genannt werden, verweise ich auf die Tabelle S. 84, 85. Dort sind nur die wichtigsten erwähnt. Ihre Zahl ist beim Menschen außerordentlich groß. Denn auch der innere Sphincter (Sph. laryngeus), der bei allen übrigen Säugern ziemlich vollständig in Einzelmuskeln aufgeteilt ist, kommt beim Menschen in sich gleichsam wieder in Bewegung, indem die Individuen Muskelfasern aussenden, die sich mit Ausläufern anderer Muskelchen verflechten oder verbinden. So kann unter Umständen von neuem etwas Ähnliches zustande kommen wie der ursprüngliche Ausgangspunkt, nämlich ein System von „Hüllmuskeln", welche ringförmig um die Kehlkopfknorpel herumlaufen, ohne sich an ihnen zu befestigen. Das kommt vor allem beim Stellknorpel vor, besonders häufig bei Fasern, die vom Ringknorpel um den Stellknorpel ihrer Seite herum bis zum Kehldeckelrand der anderen Seite verfolgt werden können (sog. M. cricoaryepiglotticus, der aber gar nicht am Stellknorpel befestigt zu sein braucht, wie man nach dem Namen glauben sollte). Immer bleiben beim Menschen neben diesen sekundären „Hüllmuskelchen" die konstanten und wichtigen Einzelindividuen erhalten, während im Primitivzustand nur Hüllmuskeln da sind. Bei menschlichen Embryonen fehlen die letzteren, sie erscheinen spärlich im Kindesalter und vermehren sich mit zunehmendem Alter, sind also deutlich etwas Sekundäres.

Eine frühe Sonderung des inneren Sphincter ist die Zerlegung des M. cricoarytaenoideus in zwei Muskeln, von welchen einer hinten am Ringknorpel, der andere seitlich an ihm entspringt, M. cricoarytaenoideus posterior und M. cricoarytaenoideus lateralis (Abb. d, S. 147 u. Abb. S. 162). Der erstere wird ganz allgemein in der Tierreihe als Dilatator laryngis bezeichnet, weil er schon in primitiven Ausgangsstadien der einzige Antagonist der Kehlkopfschnürer ist (Amphibien) und auch von einem besonderen Ast des N. recurrens versorgt wird. Seine Ableitung aus dem Sphinctersystem ist daher anfechtbar, zumal er auch bei den höheren Formen wie beim Menschen der einzige Erweiterer der Stimmritze bleibt.

Der Kehlkopf ist das Organ der stimmhaften und gesungenen Sprache. Mit der Bildung der Sprachlaute selber, der Vokale und Konsonanten, hat er nichts zu tun, sie geschieht durch Zunge, Gaumen, Lippen, Zähne (S. 111). Zu sprechen vermögen wir daher ohne den Stimmapparat im Kehlkopf, z. B. bei der Flüstersprache. Aber alle stimmhafte Sprache und aller Gesang ist an die Einschaltung der Stimmlippen in den exspiratorischen Luftstrom aus den Lungen gebunden. Die Stimmlippen spielen dabei die gleiche Rolle wie die Lippen des Trompetenbläsers. So wie die Trompete erst einen Ton gibt, wenn die in das Mundstück gepreßten Lippen des Bläsers in Schwingungen versetzt werden, so auch der Stimmapparat des Menschen durch die Schwingungen der Stimmlippen. Das an die Stimmlippen anschließende „Ansatzrohr": Oberstock des Kehlkopfraumes, Pharynx, Mund- und Nasenhöhle (Abb. S. 110) hat dabei die gleiche Aufgabe wie die Trompete: es enthält die in Schwingungen zu versetzende Luftsäule, bestimmt deren Form und dadurch die Klangfarbe des Tones. Die Höhe des Tones ist abhängig von der Schwingungszahl der Stimmlippen. Die Schwingungszahl wird wie bei den Saiten der Violine bestimmt durch ihre Dicke, durch ihre Spannung und durch ihre Länge; der Ton wird höher durch stärkere Spannung

(„Stimmen") oder durch Verkürzung der Saite („Greifen" der Töne). Auch bei den Stimmlippen ist Dicke, Länge und Spannung veränderlich. Die schwingenden Massen, der Dicke der Saite entsprechend, sind keineswegs nur die freien Ränder der Stimmlippen, die Plicae vocales (S. 155) oder gar nur die Stimmbänder, die Ligamenta vocalia, sondern es schwingen die Stimmlippen in ihrer ganzen Masse, welche hauptsächlich durch den Musculus vocalis bedingt wird (Abb. S. 156), indem sie rhythmisch gegeneinander schlagen, wobei die Stimmritze rhythmisch geöffnet und geschlossen wird. Die Stimmlippen haben dabei eine auffallende Ähnlichkeit mit den Lippen des Mundes (Abb. f u. g, S. 166).

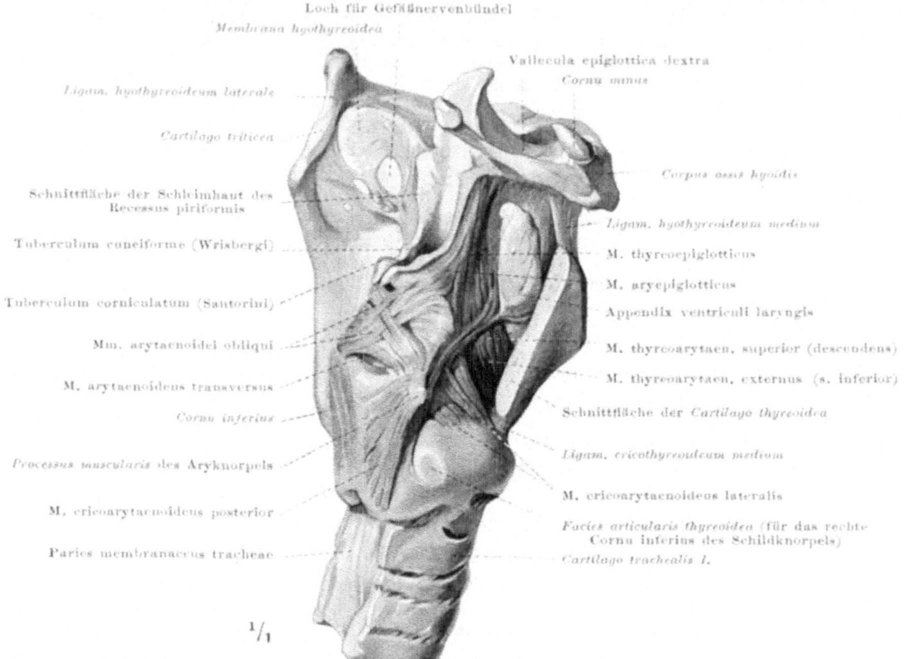

Abb. 92. **Innere Kehlkopfmuskeln von der Seite.** Die Schildknorpelplatte ist rechts durch einen Schnitt parallel der Mittellinie weggenommen. Dabei wurde das untere Horn aus dem Gelenk mit dem Ringknorpel herausgelöst und die rechte Membrana hyothyreoidea entfernt (auf der linken Seite erhalten). **Unter** der Appendix ventriculi laryngis liegt außer Muskeln die Membrana quadrangularis.

Für unsere Betrachtung des Stimmapparats im ganzen zerlegen wir den Vorgang schematisch in seine beiden Hauptbewegungen, die Einstellung der Stimmlippen und die Spannung der Stimmlippen, und unterscheiden am ganzen Stimmapparat den Stellapparat und den Spannapparat. Wegen der Einzelheiten der zu erwähnenden Muskeln s. Tabelle S. 84.

Stell-apparat Den Stellapparat bilden: als passive Anteile (Abb. S. 152) der Conus elasticus mit seinen verstärkten oberen Rändern, den Ligamenta vocalia, die Stellknorpel und jederseits das Ligamentum cricoarytaenoideum; als aktive Anteile die am Stellknorpel ansetzenden Muskeln (Abb. Nr. 92). Das Schema b, S. 163, gibt die Anordnung im Horizontalschnitt wieder: Die Stimmritze wird begrenzt von den Ligamenta vocalia (Pars interligamentosa) und den Stellknorpeln mit den Ligamenta cricoarytaenoidea (Pars intercartilaginea). Der Stellknorpel ist jederseits als Muskelhebel eingeschaltet in den vom Schildknorpel zum Ringknorpel durchlaufenden Bandzug, dessen vorderer Abschnitt, das Ligamentum vocale, ausgesprochen elastisch ist. Jede Stellungsänderung des

Stellknorpels führt notwendig zu einer Formänderung dieses Bandzuges und damit der Stimmritze, wobei der ganze Bandzug dank seiner Elastizität gespannt bleibt. In der Ruhehaltung sind daher die beiden Bandzüge gerade gestreckt, die Stimmritze steht ein wenig offen, „Kadaverstellung" (Abb. S. 156 u. b, Nr. 93). Werden die Muskelhebel nach rückwärts gezogen, so wird die Stimmritze erweitert (Abb. c, Nr. 93; Abb. b u. c, S. 166). Gehen die Muskelhebel nach vorn, so wird die Pars interligamentosa geschlossen (Abb. a, S. 166; Abb. a, Nr. 93); der Verschluß der Pars intercartilaginea erfolgt dadurch, daß außer den Processus vocales der Stellknorpel auch deren vordere Kanten bis zu den Spitzen mit den Spitzenknorpeln zur Berührung gebracht werden, so daß die Incisura interarytaenoidea verschwindet (Abb. a, S. 166), in der Höhe des Horizontalschnittes der Abb. a, Nr. 93 bleiben sie voneinander entfernt.

Als **Erweiterer der Stimmritze** wirkt allein der M. cricoarytaenoideus posterior (kurz „Posticus" genannt), seine einseitige Lähmung bedingt das in Abb. e, S. 166 wiedergegebene Bild. Er entspringt von der ganzen Höhe

Erweiterer
der
Stimmritze

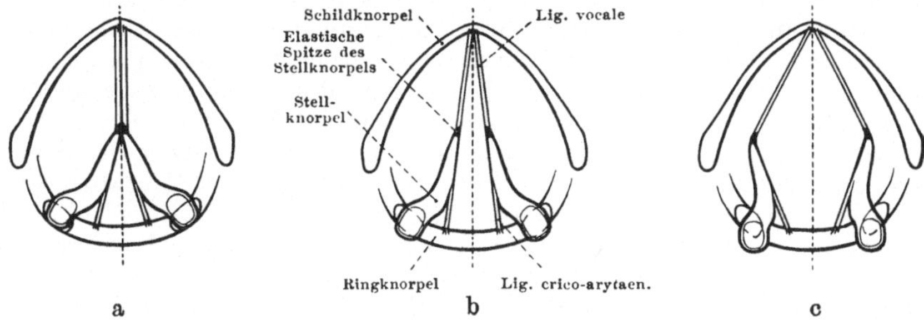

Abb. 93. Schema der Veränderung der Stimmritzenform bei den Stellbewegungen. a Stimmritze geschlossen (Stellung bei Beginn der Phonation). b Gleichgewichtslage der elastischen Elemente („Kadaverstellung"). c Maximale Erweiterung der Stimmritze (tiefe Inspiration).

der Ringknorpelplatte und setzt mit konvergierenden Bündeln an der Rückfläche des Processus muscularis des Stellknorpels an (Abb. S. 162). Indem er den Processus muscularis vorwiegend nach abwärts zieht, bewirkt er eine echte Roll- oder Scharnierbewegung im Cricoarytaenoidgelenk um die Längsachse von dessen Cylinderfläche: der Processus muscularis geht nach abwärts, der Processus vocalis nach aufwärts und zugleich, wegen der schrägen Lage der Gelenkfläche am Ringknorpel (Abb. S. 150), nach auswärts. Das Ligamentum vocale wird in die Länge gezogen, die elastische Spitze des Processus vocalis gebogen. Da auch die Spitze der Stellknorpelpyramide die Auswärtsbewegung mitmachen muß (Abb. b, S. 166), so wird die vorher annähernd sagittal stehende Medialfläche des Stellknorpels nach auswärts umgelegt, so daß sie nun schräg nach oben sieht. Diese bei jeder Inspiration eintretende glottiserweiternde, bei der Expiration wieder zurückgehende Scharnierbewegung ist beim Lebenden am operativ eröffneten Kehlkopf beobachtet und als „Kippbewegung" des Stellknorpels beschrieben worden. Als Nebenwirkung hat sie das Auspressen des Drüsensekrets aus dem Ventriculus Morgagni und damit die Anfeuchtung der Stimmlippen zur Folge.

Dem M. cricoarytaenoideus posterior als Erweiterer (Dilatator) der Stimmritze stehen alle übrigen am Stellknorpel ansetzenden Muskeln als **Verengerer** (Sphincteren) gegenüber. Sie sind die eigentlichen Stellmuskeln und werden vom Cricoarytaenoideus posterior antagonistisch geführt. Der M. cricoarytaenoideus lateralis s. anterior (Abb. S. 162) zieht den Processus muscularis des Stellknorpels nach vorn und abwärts, bringt dadurch die Spitzen der Processus vocales zur Berührung und die Pars interligamentosa der Stimmritze zum

Verengerer
der
Stimmritze

Schließen (Abb. a, S. 163). Der M. thyreoarytaenoideus externus, am Ursprung unmittelbar an ihn anschließend und an der Seitenkante des Stellknorpels ansetzend, dreht den Stellknorpel so, daß die vorderen Kanten vom Processus vocalis bis zum Spitzenknorpel sich berühren und verschließt dadurch die Pars intercartilaginea. Ähnlich wirkt der zwischen den Processus musculares und den lateralen Kanten der Aryknorpel ausgespannte M. arytaenoideus (transversus und obliquus) (Abb. S. 162), dessen übrige mannigfaltige Wirkungsweise nicht auf eine einfache Formel gebracht werden kann.

Respirations- und Phonationsbewegung Mit Rücksicht auf die Ausgangsstellung lassen sich am Stellapparat zwei Hauptbewegungen unterscheiden: die stimmritzenerweiternde Respirations- und die stimmritzenverengernde Phonationsbewegung.

In der Ausgangs- oder Ruhestellung (Abb. b, S. 163) sind alle elastischen Elemente des Stellapparats, Bänder und Muskeln, im Gleichgewicht. Insbesondere ist der durch das Ligamentum vocale und die elastischen Anteile des Ligamentum cricoarytaenoideum gebildete elastische Bandzug geradegestreckt.

Bei der Respirationsbewegung (Abb. b, S. 166) werden die Processus vocales nach außen und oben geführt, die Ligmenta vocalia verlängert und gespannt. Sobald die dies bewirkenden M. cricoarytaenoidei posteriores erschlaffen, werden die Stellknorpel allein schon durch die vorher gedehnten elastischen Züge in die Ausgangsstellung zurückgeführt. Die Phonationsbewegung (Abb. a, S. 166) beginnt mit dem Aneinanderlegen der vorderen Kanten der Stellknorpel (M. thyreoarytaenoideus externus und M. arytaenoideus), wodurch der rückwärtige Teil der Stimmritze abgeschlossen wird. Unmittelbar anschließend folgt die Adduktion der Processus vocales (M. cricoarytaen. lateralis) und damit der Ligamenta vocalia (Abb. a, S. 163). Auch in dieser Stellung ist das Gleichgewicht der elastischen Züge gestört. Soll also diese Stellung während der Phonation beibehalten werden, so kann dies nur durch die aktiven Kräfte der Muskeln geschehen. Diese Muskeln — sie gehören sämtlich dem Sphincterensystem an — haben also die doppelte Aufgabe, den Stimmapparat in die richtige Stellung für die Phonation zu bringen und ihn, entgegen den zur Ausgangslage zurückstrebenden elastischen Kräften, in dieser Stellung zu halten.

Die Respirationsbewegung ist, auf das Cricoarytaenoidgelenk bezogen, eine einfache Roll- oder Scharnierbewegung. Für die Phonationsbewegung spielt das Gelenk als solches nur eine untergeordnete Rolle: die Phonationsbewegung ist nur möglich unter vollkommener Aufhebung des Flächenschlusses. Der Processus muscularis des Stellknorpels wird so weit nach vorn gezogen, daß nur noch der rückwärtige Umfang der Gelenkfläche am Stellknorpel sich auf die Cylinderfläche am Ringknorpel aufstützt. Der Stellknorpel wird in der Phonationsstellung also schwebend von den Muskeln gehalten. Dies ist der Ausweg, den die Natur gefunden hat, um die spezifisch menschliche Phonationsbewegung ohne Umbau des allen Säugetieren gemeinsamen Cricoarytaenoidgelenks mit seiner Respirationsbewegung zu ermöglichen.

Der Phonationsbewegung des Stellapparats folgt unmittelbar die Tätigkeit des Spannapparats, welchem die Aufgabe zufällt, nunmehr den Stimmlippen die richtige Länge zu geben und bei dieser Länge die Spannung des M. vocalis zu ermöglichen, welche die Schwingungsweise bestimmt. Im wesentlichen ist es der gespannte M. vocalis, welcher bei der Phonation in Schwingungen versetzt wird, Schleimhaut und Conus elasticus mit den Ligamenta vocalia folgen ihm nur, da sie straff mit ihm verbunden sind.

Spannapparat Der Spannapparat ist gegeben in der eigenartigen Verbindung des Ringknorpels und dem Schildknorpel. Feststehender Teil ist der Schildknorpel, gehalten hauptsächlich durch die vorderen Halsmuskeln (S. 170); gegen ihn

wird der Ringknorpel in den Cricothyreoidgelenken nach Art eines Winkelhebels bewegt (Abb. Nr. 94). Die Verbindung geht einerseits vom unteren Rande
des Schildknorpels zum vorderen Bogen des Ringknorpels, andererseits von der
Innenfläche des Schildknorpels zur hinteren Platte des Ringknorpels (Abb. Nr. 94).
Beide Verbindungen bestehen aus elastischen Teilen und Muskeln. Die vordere
Verbindung wird gebildet durch die Membrana cricothyreoidea, besonders ihren
verstärkten, ausgesprochen elastischen mittleren Teil, das Ligamentum
cricothyreoideum medium (Ligamentum conicum, Abb. S. 149), welches
zugleich die Vorderwand des Conus elasticus bildet (Abb. S. 152). Dazu kommt
der M. cricothyreoideus, welcher vom unteren Rande des Schildknorpels und
von dessen unterem Horn entspringt und mit schräg nach medial ziehenden
Bündeln am vorderen Bogen des Ringknorpels ansetzt (Abb. S. 144). Die

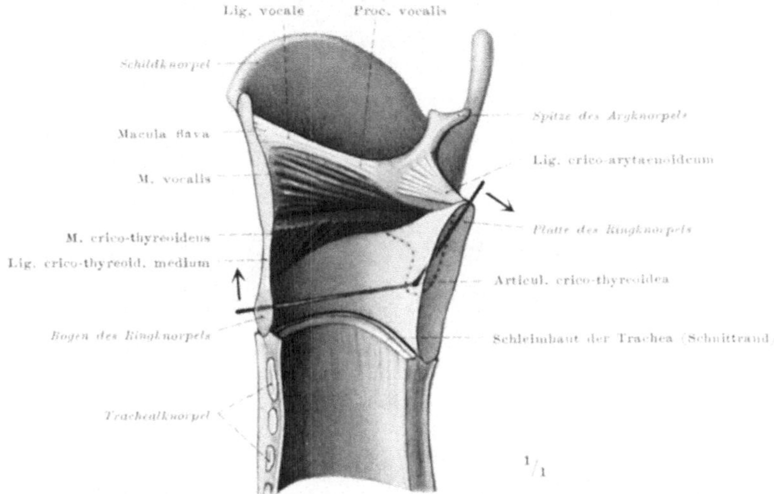

Abb. 94. Spannapparat des Kehlkopfes. Die Bewegung des Ringknorpels im Crico-thyreoid-Gelenk
durch Winkelhebel und Pfeile veranschaulicht.

hintere Verbindung besteht aus dem elastischen Bandzug des Ligamentum vocale
und des Ligamentum cricothyreoideum; in ihn ist der Stellknorpel eingefügt
(vgl. auch Abb. S. 163). Den Muskelanteil bildet der M. vocalis (M. thyreoarytaenoideus internus), welcher unterhalb des Ligmentum vocale an der Innenfläche des Schildknorpels entspringt und hauptsächlich an der Vorderfläche des
Stellknorpels lateral vom Processus vocalis ansetzt. Auf dem Querschnitt zeigt
er dreieckige Gestalt und bestimmt die Gesamtform und -masse der Stimmlippe
(Abb. S. 156).

Die Wirkung des Spannapparats ist doppelter Art: er regelt die Länge
der Stimmlippen und gibt ihnen die für das Schwingen nötige Spannung. Das
erstere ist Aufgabe des M. cricothyreoideus, das letztere die des M. vocalis. In
der Ruhelage befinden sich die elastischen Kräfte im Gleichgewicht, die Stimmlippen weisen ihre geringste Länge auf. Kontrahiert sich der M. cricothreoi-
deus, so hebt er den vorderen Bogen des Ringknorpels gegen den feststehenden
Schildknorpel (Pfeil in Abb. Nr. 94): der vordere Arm des Winkelhebels geht
nach aufwärts, der hintere Arm, die Platte des Ringknorpels mit den Stellknorpeln, nach rückwärts. Dadurch wird die Entfernung zwischen dem oberen
Rande der Ringknorpelplatte und dem Schildknorpel größer. Da das Ligamentum cricoarytaenoideum und der Stellknorpel praktisch unelastisch sind,

ist die Verlängerung der Stimmlippe (Ligamentum vocale und M. vocalis) die Folge, so wie wenn in Abb. b, S. 156 der hintere Stimmbandhalter nach rückwärts gebogen würde. Die Länge der Stimmlippen wird also vom M. cricothyreoideus bestimmt: je mehr er sich verkürzt, desto länger werden die

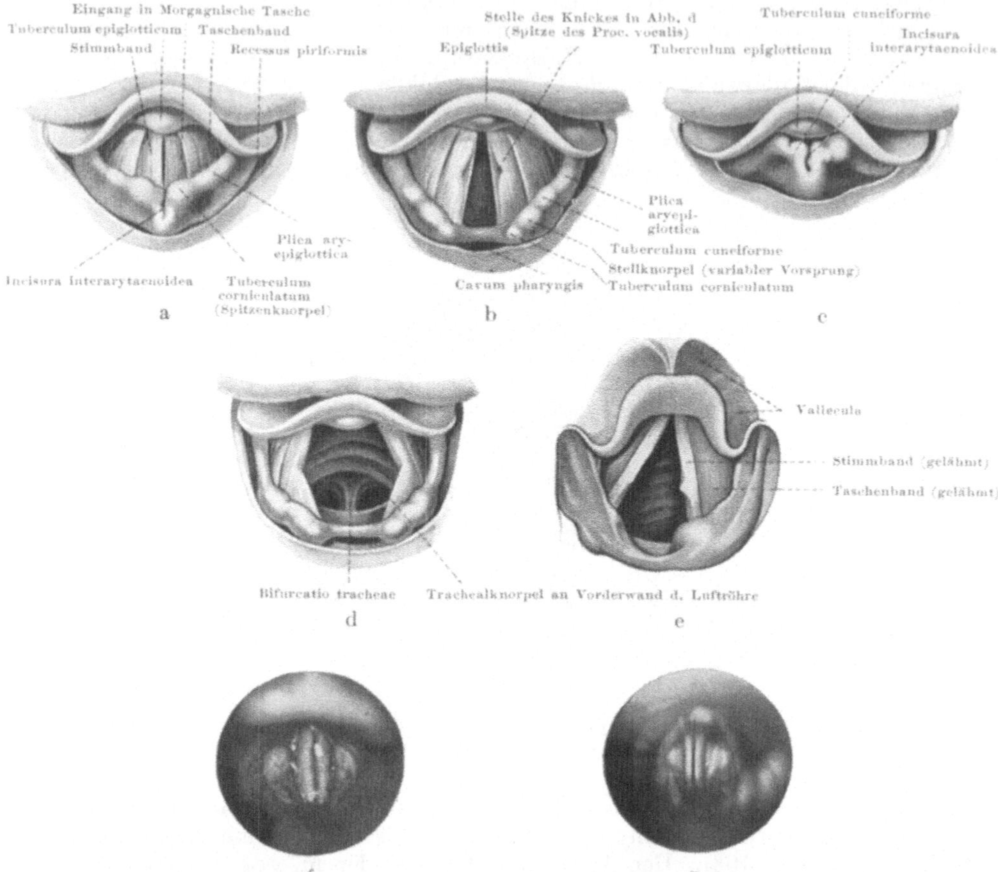

Abb. 95. Verschiedene Formen der Glottis im Kehlkopfspiegel. Die Teile rechts von der Mittellinie entsprechen der linken Seite des wirklichen Kehlkopfes und umgekehrt (spiegelverkehrt), oben und unten nicht vertauscht. a Bei höchsten schrillen Tönen stärkste Spannung, linienförmig verengte Stimmritze, b beim Einatmen, c luftdichter Verschluß der Eingangsritze (Aditus) beim „Pressen", d weiteste Öffnung bei tiefer ruhiger Einatmung (man könnte den Finger bequem durch Öffnung stecken), e Lähmung des linken Stimmbandes (in der Zeichnung rechts). f und g Stroboskopische Aufnahmen der schwingenden Stimmlippen, f im Brustregister, g im Falsett. Abb. a—d nach Zeichnungen des Erfinders des Kehlkopfspiegels, J. Czermak, nach seinem eigenen Kehlkopf („Der Kehlkopfspiegel" 1863, Taf. II). Abb. e aus v. Mering (Lehrb. der inneren Medizin 1908, S. 207). Abb. f und g aus Musehold (Allg. Akustik und Mechanik des Stimmorgans, 1913, Tafel VI, Abb. 11 u. 15).

Stimmlippen. Läßt seine Tätigkeit nach, so verkürzen die gedehnten elastischen Anteile die Stimmlippen wieder bis zur Gleichgewichtslage, in der sie am kürzesten sind. Ist durch den M. cricothyreoideus die richtige Länge der Stimmlippen hergestellt, so kann nunmehr der M. vocalis sich kontrahieren und den Stimmlippen die nötige Spannung geben. Diese geschieht durch „isometrische" Kontraktion des Vocalis, d. h. durch Erhöhung seiner Spannung bei gleichbleibender Länge (so wie wenn wir bei rechtwinklig gebeugtem Arm Beuger und Strecker kräftig kontrahieren ohne dabei den Beugungswinkel zu ändern). Die

Aufgabe des M. vocalis ist nicht, wie die der anderen Muskeln, eine Bewegung hervorzurufen, sondern lediglich seine Spannung zu ändern bei der ihm vorher durch den M. cricothyreoideus gegebenen Länge. Voraussetzung für seine isometrische Kontraktion ist, daß der M. cricothyreoideus mit gleicher Kraft gegenhält; würde dieser Gegenhalt fehlen, so würde der M. vocalis bei Erhöhung seiner Spannung den Stellknorpel und mit ihm die Platte des Ringknorpels nach vorn gegen die Schildknorpel ziehen, also die Stimmlippe wieder verkürzen.

Insgesamt wirken Stell- und Spannapparat folgendermaßen: Bei der einer jeden Phonation vorausgehenden Inspiration steht der Stimmapparat je nach der Tiefe der Inspiration mehr oder weniger weit geöffnet (Abb. d u. b, S. 166). In die Phonationsstellung (Abb. a, S. 166) wird er übergeführt dadurch, daß die Spitzen und vorderen Ränder der Aryknorpel, außerdem die Processus vocales und damit die Stimmlippen aneinanderrücken. Dies alles geschieht durch Verstellen der Stellknorpel unter der Wirkung der Muskeln des Stellapparats. In der Phonationsstellung (Abb. a, S. 166) sind die Stimmlippen nicht schwingungsfähig, solange sie noch nicht die richtige Länge und Spannung erhalten haben und die Stimmritze noch nicht vollkommen geschlossen ist. Hier setzt die Tätigkeit des Spannapparats ein, welcher die Stimmlippen verlängert und verkürzt (M. cricothyreoideus) und sie spannt (M. vocalis). Durch die Kontraktion des M. vocalis wird zugleich die Stimmritze erst vollkommen geschlossen. Die eigentliche Phonation beginnt damit, daß der Verschluß der Stimmritze durch das Anblasen mit der aus der Lunge ausgepreßten Luft gesprengt wird. Der in der gleichmäßig weiten Luftröhre zugeführte Luftstrom erfährt an den Stimmlippen, besonders an dem engen Spalt der Stimmritze, eine erhebliche Einschnürung (vgl. Abb. a u. c, S. 156). Durch diese wird die Geschwindigkeit des Durchströmens erhöht, womit eine Druckherabsetzung einhergeht. Der Druck, welcher die gespannten M. vocales zur Seite gedrängt und die Stimmritze geöffnet hat, erfährt an der engen Durchströmungsstelle eine solche Verminderung, daß die M. vocales wieder zusammenschlagen, die Stimmritze wieder geschlossen wird und der ganze Vorgang sich rhythmisch wiederholt. Nach der vorbereitenden Einstellung und Spannung der Stimmlippen durch Stell- und Spannapparat erfolgen die Schwingungen selber also rein mechanisch. Ihre Zahl und damit die Tonhöhe ist abhängig von drei Momenten: der Länge, der Dicke und der Spannung der Stimmlippen, ebenso wie bei den Saiten der Saiteninstrumente. Die Länge bewirkt der M. cricothyreoideus, Dicke und Spannung der M. vocalis. Bei gegebener Länge der Stimmlippen hängt die Schwingungszahl lediglich von der Art der Kontraktion des M. vocalis ab. Kontrahiert sich der Vocalis als ganzer Muskel bei mäßiger Spannung, so ist die Stimmlippe gerundet, wulstig (Abb. f, S. 166), die schwingende „Saite" ist dick, mäßig gespannt und gibt einen tiefen Ton. Kontrahiert sich dagegen nur das im Rande der Stimmlippe gelegene Bündel unter sehr starker Spannung, der übrige Muskel wenig oder gar nicht, so bildet die Stimmlippe ein schmales straffes Band (Abb. g, S. 166), die „Saite" ist dünn, straff gespannt und gibt einen hohen Ton. In der ersten Art kontrahiert sich der Vocalis bei der gewöhnlichen Stimmlage, der Bruststimme, in der zweiten bei der Kopfstimme (Falsett). Der Vocalis ist der eigentliche Stimm- und Singmuskel; die Länge, Dicke und Spannung seiner kontrahierten Bündel bestimmt beim Anblasen die Schwingungszahl. Der Luftstrom hat dabei eine ähnliche Bedeutung wie der Violinbogen für die Schwingungen der Saiten.

Durch den Stell- und Spannapparat wird die Tonhöhe, der Grundton, bestimmt; die Klangfarbe ist abhängig von der Gestalt des Ansatzrohres (Abb. S. 110). Das Ansatzrohr siebt sozusagen aus den Obertönen diejenigen heraus, die seiner Eigenfrequenz entsprechen, wie der Körper der Geige, und wirkt durch seine Schwingungen auf die Schwingungen der Stimmlippen steuernd zurück. Die Form des Ansatzrohrs und damit seine Eigenfrequenz kann durch Heben und Senken des Kehlkopfs (S. 170) geändert werden, vielleicht in seinem Anfangsteil, dem Oberstock des Kehlkopfraums, noch besonders durch die hier eingelagerten Muskeln (Abb. S. 162, Tabelle S. 85/24, 26, 27; vgl. dazu Abb. c, S. 166).

Vergegenwärtigt man sich, daß für Sprechen und Singen zu der hier geschilderten Tätigkeit des Stimmapparats noch hinzukommen muß die des eigentlichen Sprechapparats für die Bildung der Vokale und Konsonanten (S. 111) und die der Atemmuskeln für die Stärke des Anblasens des Stimmapparats, so erkennt man leicht, daß dieser sehr verwickelte periphere Apparat, der noch dazu beiderseits genau gleich arbeiten muß, für sich allein nichts ausrichten kann, wenn er nicht von einer centralen Stelle aus einheitlich betätigt wird, und man versteht, daß im centralen Nervensystem besondere Teile eigens in den Dienst der Sprachfunktion gestellt sind (Sprachcentren). Wie fein der Gesamtapparat arbeitet, mag das Ergebnis einer Lautanalyse zeigen: untersucht wurden 3 zweisilbige Worte, die in genau 1 Sekunde hintereinander gesprochen waren („Monsieur Seguin n'avait"). Sie enthalten 6 Konsonanten und 6 Vokale. $1/_3$ der Zeit fiel auf die ersteren, $2/_3$ auf die letzteren. Die Tonhöhen waren für jede Silbe verschieden und schwankten zwischen 160 und 256 Schwingungen. Ebenso war die Lautstärke 6 mal verschieden. Dies alles innerhalb der Frist von 1 Sekunde! Der periphere Apparat ist bei allen Säugetieren in sehr ähnlicher Art gegeben. Die besondere Verwendung für Sprechen und Singen beim Menschen ist eine Funktion des Gehirns.

Die eigentlichen Kehlkopflaute sind abhängig von der Form der Stimmritze, welche der Bewegungsapparat mit seinen hier erläuterten aktiven Mitteln erzeugt, und von der Spannung der Stimmlippen mittels des aktiven und passiven Spannapparats. Alle beteiligten Faktoren sind aufs feinste gegeneinander abgewogen, so daß in der Norm sämtliche Bewegungen streng symmetrisch verlaufen. Einseitige Bewegungen oder asymmetrische Formen der Stimmritze sind immer krankhaft. Der expiratorische Luftstrom erzeugt je nach Form und Spannung der Glottis in ihr die „Stimme" (vox, daher Vokale). Sie wird im allgemeinen durch Anblasen der Stimmbänder erzielt, ist also auch von der Stärke und Dauer des Luftstroms abhängig. Es ist jedoch nicht in allen Fällen nötig, daß bei den im Kehlkopf selbst erzeugten Lauten die Stimmbänder schwingen. Beim Hauchen (auch beim Sprechen des Buchstabens h) reibt der Luftstrom lediglich an den Stimmlippen, und beim Flüstern benutzt er gar nicht die Pars membranacea, sondern lediglich die Pars cartilaginea zum Durchtritt, welche nur zum geringsten Teil schwingen kann. Ja es ist ein sehr vernehmliches und ausreichend klares Sprechen ohne Kehlkopf möglich. Beweis dafür ist, daß Patienten nach Totalexstirpation des Kehlkopfes wieder ihr Sprechvermögen gewinnen. Denn den größten Anteil an den Sprachlauten hat das „Ansatzrohr", d. h. alles, was oberhalb der Stimmritze liegt (S. 110). Einmal verstärkt es den von den Stimmbändern hervorgebrachten Ton und gibt ihm seine besondere Färbung. Am wichtigsten ist dafür die Mundhöhle. Je nach der Form, die wir ihr geben, bekommt die vom Kehlkopf erzeugte Stimme die besondere Färbung, welche für die verschiedenen Vokale charakteristisch ist. Ferner ruft die Expirationsluft Geräusche innerhalb des Ansatzrohres selbst hervor, die je nach dessen Form irgendwo auf dem Wege vom Kehlkopf bis zum Austritt aus der Mundöffnung auftreten. Wir nennen die entstehenden Laute Konsonanten („consonat aliquid, ergo consonans"). Da gar kein Kehlkopflaut in diesem Fall nötig ist, kann, wie oben erwähnt, auch ohne Kehlkopf gesprochen werden. Die Haupterregungsstellen der Konsonanten sind Verengerungen des Ansatzrohres 1. zwischen Ober- und Unterlippe bzw. Zahnreihe und Lippe, 2. zwischen Zungenspitze und Zahnreihe, 3. zwischen Zungenrücken und Gaumen. Bei maximaler Verengerung an einer dieser drei Stellen kann der austretende Luftstrom reiben („Reibelaute") oder er kann bei Verschluß der Stelle den Verschluß mit einem Schlage sprengen („Verschlußlaute") oder ihn in kurzen Zwischenräumen wiederholt überwinden („Zitterlaute"), schließlich am Verschluß zurückprallen und durch die Nase entweichen („Nasallaute" oder „Resonanten"; sie haben nichts mit dem „Näseln" zu tun, nur die Luft entweicht durch die Nase, S. 111, 112).

Wie das äußere Gesicht dem Menschen seine individuelle Prägung gibt, so auch die Formen der Mundhöhle, des Rachens, der Nasenhöhle usw., indem sie der Sprechart des Einzelnen die Eigenart verleihen, welche wir unter tausend anderen herauskennen. Man hat deshalb auch von einem „inneren Gesicht", d. h. der Form der Innenteile des Kopfes gesprochen. Die Sprechart von Verwandten ist ähnlich, weil die Erbfaktoren den Formen des Ansatzrohres Gemeinsames verleihen, wie bei den Zügen des äußeren Gesichts.

Der Kehlkopfeingang oder die „Eingangsritze" ist wie die Stimmritze selbst zum Teil knorplig, zum Teil membranös. Bei ersterer liegt der Knorpel vorn (Epiglottis), bei letzterer hinten (Stellknorpel usw.). Beide Ritzen sind ferner darin gleich, daß sie durch Muskeln völlig verschließbar sind (Abb. c, S. 166), aber die Eingangsritze hat keine Dilatatoren wie die Stimmritze. Bei ihr dient zum Offenhalten oder Wiederöffnen nach vorhergehendem Verschluß lediglich die Elastizität des Kehldeckelknorpels, der wie eine Feder in seine Ruhelage zurückschnellt, sobald die Verschlußmuskeln nachlassen. Der Kehldeckel steht in der Ruhe senkrecht (Abb. S. 75). Er kann nur nach hinten umgebogen werden, wenn ihm die Zunge hinreichend Spielraum gibt. Wird die Zunge herausgestreckt oder -gezogen, so ist die Epiglottis so versteift, daß sie nicht niedergelegt werden kann. In diesem Fall sind die Schließmuskeln unwirksam.

Der Musculus thyreoepiglotticus ist eine Fortsetzung des M. thyreoarytaenoideus. Das Ursprungsfeld ist bei beiden gleich, doch aberrieren die Fasern in unserem Falle auf die Membrana quadrangularis und auf dieser Brücke weiter bis zum Kehldeckel. Die beiderseitigen Muskelzüge liegen hinter der gebogenen Längsachse des Kehldeckelknorpels, verhalten sich also zu ihr wie die Sehne zum Bogen und ziehen entsprechend den oberen Rand des Kehldeckels nach unten und hinten.

Gelegentlich ziehen auch Züge vom Ringknorpel bis zum Kehldeckel in die Höhe: Musculus cricoepiglotticus. Sie haben die gleiche Funktion.

Der Musculus aryepiglotticus ist ein Abkömmling des M. arytaenoideus obliquus, mit welchem er fast regelmäßig zusammenhängt. Er tritt mehr von hinten an den Kehldeckel heran als der M. thyreoepiglotticus, indem er der steil aufsteigenden Richtung der Plica aryepiglottica folgt. Er hat infolgedessen ein besonders großes Moment für die Annäherung des Kehldeckels an die Stellknorpel. Beim völligen Verschluß der Eingangsritze liegt das Tuberculum epiglotticum unter der gemeinsamen Schnürwirkung aller auf die Epiglottis ausstrahlenden Bündel schließlich den SANTORINSchen Wülsten an (Abb. c, S. 166). In diesem Fall ist der Kehlkopf an seiner dritten Stelle verschlossen (außer durch den Verschluß der Taschenbänder und durch den Verschluß der Stimmritze). Die Eingangsritze kann auch für sich allein geschlossen werden, z. B. beim Schlucken (S. 97, 108).

Die Fasern dieses Muskelchens können vermittels des Arytaenoideus obliquus mit dem M. thyreoarytaenoideus der Gegenseite zusammenhängen. Man spricht dann von einem M. thyreoaryepiglotticus. Die Fasern berühren gar nicht den Stellknorpel, so daß dieser nur in den Namen aufgenommen ist, um ihn von dem ganz anderen M. thyreoepiglotticus zu unterscheiden. Der Thyreoaryepiglotticus wirkt als einheitlicher Schnürer, ist aber kein ursprünglicher Sphincter, sondern ein Mosaik aus Einzelbestandteilen, das beim Menschen erst zu einem durchlaufenden Muskelring um den bei ihm besonders gefährdeten Kehlkopfeingang herum zusammenfließen kann. — Nach dem S. 168 oben Gesagten könnte man bei Sängern eine besonders reiche Ausgestaltung der Kehlkopfeingangsmuskeln vermuten. Der tatsächliche Befund am Kehlkopf eines Bassisten ist so gedeutet worden. Doch fehlt die Bestätigung durch weitere Untersuchungen.

Während Berührungen mit Fremdkörpern sofort Hustenstöße auslösen, werden die Eigenberührungen der Schleimhaut an den Verschlußstellen reaktionslos vertragen. Möglicherweise ist die Annäherung viel sanfter als selbst bei den kleinsten Fremdkörpern, die von der Inspirationsluft mißleitet werden; auch die Körperwärme mag dazu beitragen, Abwehrreaktionen auszuschalten.

Bewe-
gungen des
ganzen
Kehlkopfes

Die Muskeln, welche von außen an den Kehlkopf herantreten, sind so angeordnet, daß sie das Organ nach oben, unten, vorn und hinten bewegen können, aber nicht nach rechts oder links. Man kann wohl den Schildknorpel mit den Fingern nehmen und seitlich auf der Wirbelsäule verschieben; man empfindet dann ein knackendes Geräusch, das die Ränder der Schildknorpelplatte erregen, indem sie über die Buckel der Wirbelknochen hinwegholpern (Tubercula anteriora der Halswirbel). Das Rectussystem des Halses (Abb. S. 87, 149) bewegt den Kehlkopf nach oben, unten oder vorn, da einzelne seiner Muskeln direkt am Schildknorpel befestigt sind, andere am Zungenbein und dadurch indirekt den Kehlkopf mit verschieben können. Der höchste Ausschlag nach oben und unten beträgt je 2 cm von der Ruhelage aus. Das Organ nimmt die hohe Lage bei heller, die tiefe bei dunkler Klangfarbe der Sprache ein. Beim Atmen bewegt sich der Kehlkopf so gut wie gar nicht; bei tiefer Einatmung sinkt er ein wenig, um bei der folgenden tiefen Ausatmung über die Ruhelage hinaus zu steigen. Die Bewegung nach hinten besorgen die am Schild- und Ringknorpel entspringenden Fasern des unteren Schlundschnürers (Abb. S. 101). Der Ausschlag beträgt höchstens 2 mm, ist aber beim Sprechen wegen der Leitung der Exspirationsluft wichtig (Abb. S. 110).

Vokale haben nur geringen Einfluß auf die Stellung des Organs. Bei den Konsonanten ist das anders, weil die Veränderungen der Mundhöhle auf die Lage des Zungenbeines und mittelbar auf den Kehlkopf wirken. Ruhig gesprochene Konsonanten beeinflussen mehr die Bewegung nach vorn und hinten als nach oben und unten. Beim Singen ist das Auf und Ab des Kehlkopfes nicht immer parallel der Höhe des gesungenen Tones; er kann unter Umständen bei hohen Tönen sinken und umgekehrt.

Die beim Kehlkopf üblichen Fachausdrücke.

(Über die Kehlkopfmuskeln siehe Tabelle der Kopfdarmmuskeln S. 84.)

A. Knorpel, Cartilagines laryngis (Abb. S. 147, 149, 150, 152).

Cartilago thyreoidea, Schildknorpel: unpaarer hyaliner Knorpel, entspricht der Protuberantia laryngea am Halse (Adamsapfel, Pomum Adami, weil beim Manne am deutlichsten); verknöchert am frühesten (20. Lebensjahr beim Mann, 22. bei der Frau).

Laminae: zwei vierseitige Platten, welche in der Mittellinie zusammenhängen. Beim Kind und bei der Frau fast gestreckter Winkel, beim Mann kleinerer Winkel zwischen ihnen in der Mittellinie (bis zu 90°).

Linea obliqua: schräge Leiste auf jeder Lamina. Ansatz des M. sternothyreoideus, Ursprung des M. thyreohyoideus. Bis zu ihr reicht der Ursprung des M. constrictor pharyngis inferior. Siehe Tuberculum thyreoideum inferius.

Incisura thyreoidea: medianer Einschnitt am oberen Rand. Die vorspringendste Stelle des Schildknorpels am Halse, höchste Höhe des Adamsapfels.

Tuberculum thyreoideum superius: deutlicher Vorsprung der Außenfläche, nicht weit vom Abgang des oberen Horns. Verstärkung des Ursprungsfeldes des M. constrictor pharyngis inferior (M. thyreopharyngeus. Tabelle S. 84).

Tuberculum thyreoideum inferius: der untere Vorsprung sitzt in der Mitte des Unterrandes der Schildknorpelplatte. Oft ist er durch eine schräge Linie mit dem oberen Vorsprung verbunden, Linea obliqua. Das Ursprungsfeld des M. thyreopharyngeus folgt dieser Linie bis zum unteren Vorsprung. Der letztere kann fehlen.

Cornu superius: ein cylindrischer Fortsatz der hinteren oberen Ecke einer jeden Lamina. Länge wechselnd. In seltenen Fällen ist (wie regelmäßig beim kleinen und in solchen Fällen auch beim großen Zungenbeinhorn) eine Bandverbindung mit Knorpeleinlagen beobachtet, welche bis zum Schläfenbein führt und nahe beim Griffelfortsatz endet. Diese Befunde lassen die alte Kiemenbogennatur deutlicher hervortreten als gewöhnlich.

Das obere Horn kann ein- oder beiderseitig ganz fehlen, gewöhnlich findet
man aber dann einen mit der Schildknorpelplatte durch Bindegewebe verbundenen Knorpelrest.

Cornu inferius: kurzer, platter, nach vorwärts gekrümmter Fortsatz an
der unteren hinteren Ecke einer jeden Lamina. Er trägt an der Innenseite
seiner Spitze die Gelenkfläche für die Articulatio cricothyreoidea.

Foramen thyreoideum: nur in etwas mehr als $^1/_4$ aller Fälle. Ein- oder
beiderseitig, liegt unterhalb des Tuberculum superius, entweder ohne
Inhalt, oder — häufiger — Durchlaß für die A. laryngea superior mit
Begleitvene. Selten verläuft mit der Arterie ein Ast des N. laryng. sup.
von innen heraus. Das Loch ist vielleicht ein Rest des Zwischenraums
zwischen ursprünglich getrennten Kiemenbogen.

Cartilago cricoidea, Ringknorpel: unpaar, hyalinknorplig, Beginn der
Verknöcherung etwas später als beim Schildknorpel.

Arcus: schmaler Knorpelreifen, nach vorn gewendet.

Lamina: an der höchsten Stelle etwa 3fach so hoch wie der Arcus, auf der
Hinterfläche jederseits mit einem leicht vertieften Muskelfeld für den
M. cricoarytaenoideus posterior (Tabelle S. 85). An der Grenze zwischen
Platte und Ring sitzt eine Vorwölbung des unteren Randes: Ursprungsfeld
des M. constrictor pharyngis inferior (M. cricopharyngeus, Tabelle S. 84).

Facies articularis arytaenoidea: elliptische, nach oben konvexe Gelenkfläche am Abhange des oberen Plattenrandes für die Verbindung mit dem
Stellknorpel.

Facies articularis thyreoidea: etwas erhöhte, kreisförmige Gelenkfläche
an der Seitenfläche, für das untere Horn des Schildknorpels.

Cartilago arytaenoidea, Stell- oder Gießbeckenknorpel, Aryknorpel:
hat die Form einer dreiseitigen Pyramide.

Basis: dreiseitige Grundfläche.

Facies articularis: nimmt die Grundfläche ein, tief gehöhlt, artikuliert
mit der Facies articularis arytaenoidea des Ringknorpels.

Apex: die Spitze ist abgeplattet und nach hinten abgebogen, wie quer abgestutzt. Sie trägt die Cartilago corniculata.

Fovea triangularis: besonders auffallende Grube auf der nach vorn und
lateral gewendeten Fläche der Pyramide; sie ist mit Drüsen der Schleimhaut gefüllt.

Crista arcuata: erhöhter horizontaler Unterrand der vorigen.

Fovea oblonga: seichte Grube, von der Fovea triangularis durch die Crista
arcuata getrennt. Ansatzfeld des M. vocalis (Tabelle S. 85).

Colliculus: kleiner Vorsprung des Randes der Pyramide zwischen ihrer
äußeren vorderen und medialen Fläche. Hier beginnt die Crista arcuata,
höchster Punkt des Walles der Fovea triangularis.

Processus vocalis: spitz auslaufender, kräftiger Fortsatz der vorderen Ecke
der Basis in die Stimmlippe hinein, elastischer Knorpel.

Processus muscularis: plumper, stumpf endigender Fortsatz der äußeren
hinteren Ecke der Basis. Er überragt den Rand des Ringknorpels. In-
sertionsfeld des M. cricoarytaenoideus posterior et lateralis (Tabelle S. 85).

Cartilago corniculata (Santorini), Spitzenknorpel (das Wort auch
gebraucht für Spitzenknorpel der Nase, Bd. I, S. 697): paariger elastischer
Knorpel, sitzt auf je einer Spitze des Stellknorpels, zuweilen knorplig,
meistens jedoch gelenkig mit letzterem verbunden, bedingt das Tuberculum
corniculatum der Plica aryepiglottica.

Cartilago cuneiformis (Wrisbergi): paarig, nicht beständig, von wechselnder
Form, trägt ein Drüsenpaket, welches die Schleimhaut der Plica aryepiglottica
zum Tuberculum cuneiforme vorwölbt. Dieses kann vorhanden sein, wenn
der Knorpel fehlt.

Cartilago epiglottica: unpaarer, elastischer Knorpel von der Form eines
Fahrradsattels. Der scharfe obere Rand kann leicht vertieft sein; stärkere
Einkerbungen häufig bei Tieren, selten beim Menschen. Vorderfläche glatt,
Hinterfläche grubig vertieft. Gruben vereinzelt zu Löchern durchgebrochen.
Zahlreiche Varianten der Größe (kann ganz fehlen).

Petiolus epiglottidis: Spitze, nach unten gekehrt, an der Hinterfläche des
Schildknorpels befestigt. Der Petiolus und das Ligam. thyreoepiglotticum
bedingen das Tuberculum epiglotticum der Schleimhaut an der hinteren
Kehldeckelwand.

Cartilagines sesamoideae: im engeren Sinn werden paarige Knorpelchen außen von der Basis der Stellknorpel so genannt. Hierher gehört ferner ein unpaares Knorpelchen (Cartilago procricoidea, siehe Ligamentum cricopharyngeum) zwischen den Stellknorpeln und paarige Anhäufungen elastischen Gewebes in den Stimmbändern nahe dem Ansatzpunkt am Schildknorpel (Macula flava). Ferner die

Cartilago triticea: paarig, liegt jederseits im Ligam. hyothyreoideum. Dieses Knorpelchen ist ein Rest der kontinuierlichen knorpligen Verbindung des Oberhorns des Schildknorpels mit dem großen Zungenbeinhorn beim Embryo, die ihrerseits als ursprüngliche Fortsetzung beider Hörner gegen den Schädel zu aufzufassen ist (Kiemenbogen).

B. Gelenke und ihre Verstärkungsbänder (Abb. S. 149, 152, 165).

Syndesmosis arycorniculata: Bindegewebsmasse zwischen Stellknorpel und Spitzenknorpel, zuweilen knorplig (Synchondrosis) oder mit Gelenkspalte (Diarthrosis).

Articulatio cricoarytaenoidea: cylindrisch gekrümmte Gelenkflächen, hohl (beim Stellknorpel) gegen voll (beim Ringknorpel). Die Gelenkfläche des Stellknorpels ist viel kleiner als die des Ringknorpels.

Capsula articularis (siehe Lig. cricoarytaenoideum capsulare): sehr dünnwandige schlaffe Kapsel, sie erlaubt ausgiebige Bewegungen des Stellknorpels.

Ligamentum cricoarytaenoideum (posterius): die einzige Bandverstärkung der Kapsel, hinten und innen vom Stellknorpel gelegen, wird bei ausgiebigen Verschiebungen des letzteren nach außen am stärksten gespannt.

Articulatio cricothyreoidea: runde, plane Gelenkflächen, innen am Unterhorn des Schildknorpels und außen an der Seitenfläche des Ringknorpels, von ungefähr gleicher Größe. Form veränderlich. Zuweilen eine Syndesmosis.

Capsula articularis: zart, besonders unten.

Ligamentum ceratocricoideum laterale, posterius, anterius: drei künstlich voneinander trennbare Bändchen, welche vom Unterhorn des Schildknorpels zum Ringknorpel radiär ausstrahlen und die Kapsel verstärken.

C. Bandverbindungen mit Nachbarorganen und im Binnenraum (Abb. S. 149, 152, 165).

1. Verbindungen mit dem Zungenbein:

    Membrana hyothyreoidea: zwischen oberem Rand des Schildknorpels und Zungenbein; fibrös, mit zahlreichen elastischen Fasern. Nach oben zu spaltet sich die Membran in zwei dünne Häute, von welchen die vordere, dünnere an der Unterkante des Zungenbeinkörpers vorn, die hintere, dickere an der Oberkante hinten befestigt ist. Der Zwischenraum entspricht der Dicke des Zungenbeinkörpers, mit Fett gefüllt. Bursa hyoidea: ein variabel gestalteter Schleimbeutel innerhalb des Fettes, kann bis zur Incisura thyreoidea hinabreichen.

    Ligamentum hyothyreoideum medium: elastisches Verstärkungsband in der Medianlinie, liegt in dem hinteren Blatt der Membran.

    Ligamenta hyothyreoidea lateralia: elastische Verstärkungen der Seitenränder der Membran, inserieren an der Spitze des Oberhorns des Schildknorpels und an der Spitze des großen Zungenbeinhorns. In jedem eine Cartilago triticea.

    Ligamentum hyoepiglotticum: membranartige Bandzüge zwischen Zungenbeinkörper und Vorderfläche des Kehldeckelknorpels.

    Ligamentum glossoepiglotticum: elastische Bündel unmittelbar oberhalb der vorigen, strahlen vom Kehldeckelknorpel in die Zunge aus, besonders kräftig in der Mittellinie (in Plica glossoepiglottica zwischen den Valleculae).

    Ligamentum thyreoepiglotticum: zwischen Incisura thyreoidea und Petiolus (innerhalb des Tuberculum epiglotticum der Schleimhaut).

2. Verbindungen mit der Rachenwand:

    Ligamenta corniculopharyngea: paarige Verbindung zwischen der Spitze des Spitzenknorpels und der vorderen Rachenwand.

    Ligamentum cricopharyngeum: unpaare Verbindung zwischen Ringknorpel und vorderer Rachenwand. Gewöhnlich ist dieses mit den beiden vorigen zu einem zarten Yförmigen Band vereinigt, welches in die vordere Rachenwand eingelassen ist, Ligamentum jugale. In der Vereinigungsstelle der drei Bändchen kann ein unpaares Knorpelchen liegen, Cartilago procricoidea. Band und Knorpel sind elastisch.

3. Verbindungen von Kehlkopfknorpeln im Binnenraum:
Conus elasticus: der besonders starke untere Teil einer elastischen Membran, welche der gesamten Schleimhautauskleidung des Kehlkopfinneren zugrunde liegt. Der Conus beginnt am Oberrand des Ringknorpels und endigt an den Stimmbändern.
Ligamentum cricothyreoideum (medium) s. Ligamentum conicum: kräftige Verstärkung in der Mittellinie, zwischen Ring- und Schildknorpel. In diesem Band liegen Gefäßöffnungen — mehrere kleine oder ein größeres — für die A. cricothyreoidea und für Venen.
Ligamenta vocalia: starke elastische Bänder, entspringen unmittelbar nebeneinander innen am Schildknorpel im Winkel zwischen den beiden Seitenplatten an einer knötchenförmigen Verdickung aus elastischem Knorpel und enden je am Processus vocalis des Stellknorpels ihrer Körperseite.
Membrana quadrangularis: sehr dünner Teil der elastischen Haut, welche die Kehlkopfschleimhaut trägt (entspricht der Submucosa); reicht vom Kehldeckel und den Plicae aryepiglotticae bis zu den Taschenbändern.
Ligamenta ventricularia: oberhalb der Stimmbänder, aber mehr nach außen gelegen. Es sind die verstärkten unteren Bänder der Membrana quadrangularis. Sie sind vorn aus vielen elastischen Fasern zusammengesetzt, in den hinteren beiden Dritteln schwächer.
Ligamentum cricotracheale: elastische Membran zwischen Unterrand des Ringknorpels und oberstem Trachealring.

D. Kehlkopfmuskeln, siehe Tabelle S. 84, 85.

E. Relief der Kehlkopfschleimhaut (Abb. S. 75, 92, 98, 156, 162).
Cavum laryngis: der gesamte Kehlkopfbinnenraum, zerfällt in Cavum superius s. Vestibulum, Cavum intermedium, Cavum inferius.
Recessus piriformes: zwei außerhalb des Cavum gelegene, vom Schildknorpel mitgedeckte Schleimhautnischen der Vorderwand des Hypopharynx, jede mit Plica nervi laryngei für N. laryngeus superior.
Valleculae epiglotticae: zwei Schleimhautvertiefungen zwischen Zungenwurzel und Kehlkopfeingang.
Plica glossoepiglottica mediana (s. Frenulum epiglotticum): niedrige Schleimhautfalte zwischen den beiden Valleculae.
Plica glossoepiglottica lateralis: niedrige Schleimhautfalte seitlich von jeder Vallecula.
Plica pharyngoepiglottica: neben der vorigen, läuft aber in die Rachenschleimhaut aus (siehe Tabelle S. 105).
Aditus laryngis: Kehlkopfeingang, vorn vom Kehldeckel, seitlich von Plicae aryepiglotticae begrenzt, hinten unten in Incisura interarytaenoidea hineinreichend.
Plica aryepiglottica: Falte zur Seite des Kehlkopfeingangs, zwischen Kehldeckel und Stellknorpelspitze mit Tuberculum cuneatum und Tuberculum corniculatum (siehe die gleichnamigen Knorpel in dieser Tabelle).
Incisura interarytaenoidea: Schleimhautbucht zwischen den Stellknorpeln.
Plica ventricularis, Taschenband: Schleimhautfalte, welche das Ligam. ventriculare und Muskelfasern enthält.
Rima ventricularis: Zwischenraum zwischen den Plicae ventriculares, ist in der Ruhe weiter als die Stimmritze.
Labium vocale, Stimmlippe: Schleimhautwulst, welcher das Ligam. vocale und den Musc. vocalis enthält.
Glottis: die zwischen den beiden Stimmlippen liegende Stimmritze (Rima glottidis) mit ihrer Begrenzung, den Stimmfalten.
Plica vocalis, Stimmfalte: der beim Sprechen und Singen schwingende freie Rand der Stimmlippe, mit Macula lutea (einer Stelle durchschimmernden elastischen Gewebes) am Ansatzpunkt am Schildknorpel.
Ventriculus laryngis (Morgagni): Nische mit engem Eingang zwischen der Taschen- und Stimmfalte, unterhöhlt die Taschenfalte.
Appendix ventriculi: inkonstanter Blindsack als Anhang des vorigen, reicht meistens bis gegen den oberen Rand der Schildknorpelplatte.
Glandulae laryngeae: gemischte und rein seröse Drüsen, hauptsächlich im Vestibulum, und zwar Gl. anteriores an der Hinterfläche des Kehldeckels, Gl. mediae auf den Taschenfalten und in den MORGAGNIschen Divertikeln, Gl. posteriores in der Umgebung der Stellknorpel, Spitzenknorpel und WRISBERGschen Knorpel. Nur die Stimmlippen sind ganz frei von Drüsen.
Noduli lymphatici: solitäre Lymphknötchen der Schleimhaut, besonders in der MORGAGNIschen Tasche und deren Appendix.

b) Die Luftröhre.

Richtung,
Länge,
Nachbar-
schaft,
Abb. S. 9,
75,144,149,
210

Der Zwischenraum zwischen Kehlkopf und Lungen wird von einem indifferenten Verbindungskanal eingenommen, der Luftröhre, Trachea; ebenso wie der Abstand zwischen Schlund und Magen durch die Speiseröhre. Beide verlaufen gemeinsam in der Medianebene des Körpers vor der Wirbelsäule (Abb. S. 75), die längere Speiseröhre hinten, die kürzere Luftröhre vorn. Indem sie der Brustkrümmung der Wirbelsäule folgen, welche mit ihrer Konvexität dorsalwärts gerichtet ist, entfernen sich beide Stränge, je tiefer sie absteigen, um so mehr von der Vorderfläche des Rumpfes, speziell vom Brustbein (Abb. S. 210). Der Arzt hört infolgedessen am besten Geräusche in der Luftröhre von der Rückenseite aus, indem er das Stethoskop neben die Wirbelsäule aufsetzt, z. B. Rasseln des Schleimes bei Katarrh des Organes. Der oberste Rand der Röhre entspricht dem unteren Rand des Ringknorpels und liegt gegenüber dem 6. Halswirbel. Doch schwankt seine Lage, je nachdem der Kopf geradeaus, nach hinten oder vorn gestellt ist oder je nach dem Heben oder Senken des Kehlkopfes beim Sprechen. Das untere Ende, welches dem oberen Rand des 5. Brustwirbels entspricht, steht fester, da es durch Bindegewebe und glatte Muskelzüge mit der Umgebung verlötet ist. Infolgedessen können die Lungenwurzeln nicht gezerrt werden. Da Trachealgeräusche nur bis hierher, nicht tiefer ihren Ausgangspunkt nehmen können und da man am Lebenden den Brustwirbelkörper nur ganz unsicher nach der Stellung der Dornfortsätze abschätzen kann, orientiert man sich am einfachsten nach dem Schulterblatt bei herabhängenden Armen: das untere Ende der Luftröhre entspricht ungefähr der Stelle, wo die Spina scapulae an der Basis scapulae beginnt, Trigonum spinae (Abb. S. 144).

Die Gesamtlänge bei gerade ausgerichtetem Kopf beträgt 10—11 cm. Die Hälfte liegt oberhalb des Eintritts in den Brustkorb, Pars cervicalis; ihre Länge schwankt am stärksten. Von Nachbarorganen legt sich vorn auf den Halsteil (2.—4. Trachealring) der Isthmus der Schilddrüse (Abb. S. 144); die Seitenlappen erreichen beiderseits die Seiten der Röhre (bis hinab zum 5. oder 6. Trachealring). In der Rinne zwischen Luft- und Speiseröhre liegt der Nervus recurrens für den Kehlkopf (Abb. c, S. 147). Zu beiden Seiten zieht die große Halsschlagader, Arteria carotis communis, aufwärts. Hinten liegt die Speiseröhre. Vorn ist die Luftröhre am Halse von den unteren Zungenbeinmuskeln und ihren Fascien bedeckt, in einem schmalen mittleren Streifen nur von den letzteren (Abb. S. 149). Doch ist am oberen Rand des Brustbeins die Entfernung zwischen Knochen und Luftröhre bereits beträchtlich (5 cm). Die Haut sinkt hier zur Fossa jugularis, Kehl- oder Drosselgrube, ein. An dieser Stelle liegen viele große Venen zwischen Haut und Luftröhre. Soll letztere geöffnet werden (Tracheotomie), so geschieht dies in der Regel weiter oben. — Die im Brustkorb befindliche Pars thoracalis der Luftröhre liegt im hinteren Mediastinum, von der Wirbelsäule nur durch die Speiseröhre getrennt. Am oberen Rand des 4. Brustwirbels drängt sich von links her der Aortenbogen gegen die Seitenwand der Luftröhre, so daß sie oft an dieser Stelle eine Delle aufweist (Abb. S. 144). Die großen Arterien und Venen, ebenso der Nervus vagus liegen in unmittelbarer Nachbarschaft des Brustteils (Abb. S. 144, 210). Die rechte Seite wird von der rechten Pleura berührt, die Vorderseite von der Thymus resp. dem ihr entsprechenden Fettkörper des Erwachsenen.

Weite,
Wandung,
Struktur,
Abb. S. 152,
162, 156,
176

Zum Unterschied von der Speiseröhre, welche bei der Leiche kollabiert, ist die Luftröhre stets ein offenes Rohr. Sie ist wegen der Nachbarschaft der Schilddrüse am oberen Ende und wegen der Aorta am unteren Ende etwas enger als in der Mitte. Beim Lebenden ist der Querdurchmesser im Lichten gemessen 12,5 mm, der Tiefendurchmesser 11 mm; bei der Leiche sind die Durchmesser beträchtlich größer (16—17 mm) und untereinander nicht wesentlich verschieden, denn bei ihr fehlt der Tonus der Muskulatur.

Man teilt die Wandung der Luftröhre in zwei Schichten ein. In der äußeren Schicht liegen 16—20 übereinander geschichtete Trachealringe, Cartilagines tracheales, welche aus Knorpelgewebe bestehen; diese Ringe sind untereinander durch straffes und elastisches Bindegewebe zusammengehalten, nach welchem die ganze Schicht Tunica fibroelastica genannt wird. Die innere Schicht kleidet nach der Lichtung zu die vorgenannte Schicht aus; sie heißt Schleimhaut, Tunica mucosa.

Die Knorpel der Trachealringe sind hyalin knorplig; sie sind ähnlich wie ein Fingerring abgeplattet, aber nach der Speiseröhre zu offen. Der einzelne Knorpel hat Hufeisenform. Der Ring wird durch ein dem Knorpel entsprechendes Bündel von glatten Muskeln vervollständigt, welches am Perichondrium der beiden freien Hufeisenenden befestigt ist und dessen Ursprung ein wenig auf die Innenseite des Knorpels übergreift. Man nennt die hintere Wand der Luftröhre Paries membranaceus, weil sie ganz frei von Knorpeln ist (Abb. S. 162). Bissen, welche die Speiseröhre ausdehnen, finden keinen Widerstand, falls nicht der Wulst gegen die Luftröhre zu so groß wird, daß die Knorpelenden im Wege sind. Die glatte Muskulatur hängt im ganzen zusammen, die den Ringen entsprechenden Querstreifen sind dicker; sie sind beim Erwachsenen deutlicher begrenzt als beim Neugeborenen. Alle Elemente sind quer zur Achse der Luftröhre gerichtet, außer einigen wenigen, die außen auf den Ringmuskeln liegen und längs verlaufen. Die Gesamtmuskulatur heißt Musculus trachealis.

Besonders zahlreiche elastische Fasern der Tunica fibroelastica füllen die Zwischenräume zwischen den Trachealringen aus und heißen hier Ligamenta anularia. An ihnen sind die weniger dicken Muskelzüge zwischen den Ringen befestigt. Das Ganze ist einheitlich zusammengehalten, weil die Bindegewebsfasern alle Knorpel mit einhüllen. Bei Zug in der Längsrichtung geben die Ligg. anularia nach, die Luftröhre wird länger. Eine Serosa fehlt. Die Oberfläche der T. fibroelastica geht in das lockere Bindegewebe der Umgebung über. — Die Trachealknorpel unterscheiden sich vom Ringknorpel des Kehlkopfes dadurch, daß sie hinten offen sind, außerdem durch die viel geringere Breite und Dicke des Ringes (3—4 : 11,5 mm). Der oberste ist breiter, dem Ringknorpel ähnlich, aber nicht geschlossen wie dieser. Ihre Zahl schwankt, da nicht selten ein Knorpel zwei vertritt, aus welchen er verschmolzen ist; seine Enden oder größere Strecken können der Länge nach noch gespalten sein. Nach dem Lumen zu springen die Knorpel vor; man erkennt sie daran beim Lebenden im Kehlkopfspiegelbild (Abb. d, S. 166). — Bei manchen Tieren ist die glatte Muskulatur außen an den Trachealknorpeln befestigt; die freien Enden der letzteren schieben sich bei der Kontraktion nach innen zu übereinander und drängen die Schleimhaut zu einer Längsfalte gegen das Lumen zu vor (z. B. Raubtiere). Beim Menschen drängt sich lediglich der Paries membranaceus vor; die ringförmige Begrenzung des Lumens erscheint dann im Kehlkopfspiegel wie tangential abgeschnitten.

Die Tunica mucosa ist mit dem gleichen mehrzeiligen cylindrischen Flimmerepithel bedeckt wie der Respirationstractus im ganzen (Abb. S. 176). Die Zilien schlagen gegen den Kehlkopf hin und halten in dieser Richtung den von den Drüsen der Luftröhre abgesonderten Schleim in Bewegung. Die Basalmembran ist sehr deutlich. Außer zahlreichen Becherzellen gibt es gemischte serös-muköse Drüsen mit trompetenartig erweitertem Ausführgang. Die Submucosa ist gegen die Mucosa s. str. dadurch abzutrennen, daß in letzterer zahlreiche längs verlaufende elastische Fasern vorkommen, die in der Tiefe fehlen. Dagegen liegen die Drüsen namentlich in der Submucosa; die meisten finden sich im Paries membranaceus, einzelne dringen in die glatte Muskulatur ein oder liegen sogar außerhalb. Die innen den Knorpeln der Vorder- und Seitenflächen aufliegenden Drüsen sind besonders klein und platt. Die Menge des Sekrets sämtlicher Drüsen ist nicht größer als zur Benetzung der Schleimhaut dienlich ist. Bei Entzündungen, welche sich vom Kehlkopf aus leicht auf die Luftröhre ausdehnen, wird mehr Sekret als gewöhnlich abgesondert, das vom Luftstrom hin und her bewegt charakteristische Rasselgeräusche hervorruft (s. oben: Auskultation der Luftröhre vom Rücken aus).

Blutzufuhr: Von oben Äste der beiden Aa. thyreoideae inferiores, von hinten direkte Rr. tracheales et bronchiales aus der Aorta descendens, von vorn feine

Rr. mediastinales aus A. mammaria interna. Abfluß des venösen Blutes in größere Venennetze der Umgebung der Luftröhre. Die Lymphgefäße sind weit und zahlreich in der Schleimhaut; sie münden in Lymphknoten, welche außen vor der Luftröhre liegen. Zahlreiche lymphatische Zellen der Tunica propria dringen trotz der dicken Basalmembran in das Epithel ein. Innervation: Äste des N. vagus direkt und aus seinem R. laryngeus inferior s. recurrens, Äste des Sympathicus aus dem Grenzstrang des Halses.

Das untere Ende der Luftröhre teilt sich in die beiden Hauptbronchien, Bifurcatio tracheae, von denen je eine zu einer Lunge gehört, Bronchus dexter und B. sinister. Den von diesen Bronchien ausgehenden Bronchialbaum werden wir erst später beim inneren Bau der Lunge behandeln. Hier ist nur die Art des Übergangs der Luftröhre in die beiden Bronchien zu beschreiben, die für den Zugang der Luft wichtig ist. Der Bifurkationswinkel ist

Bifurkation, Ansatz der Bronchien, Abb. S. 144 u. Abb. d, S. 166

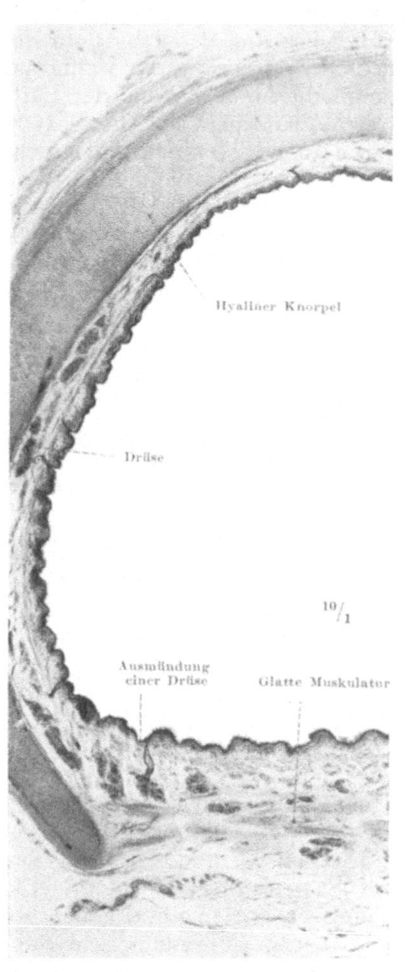

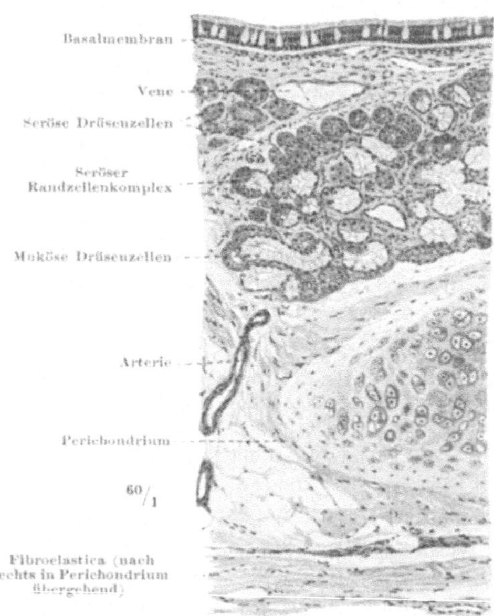

a

b

Abb. 96. Wand der menschlichen Luftröhre, Querschnitte. a Übersichtsbild. b Detailbild.

individuell sehr verschieden, er schwankt zwischen 50° und 100°, beträgt am häufigsten etwa 70°; nach innen zu springt in die Lichtung der Luftröhre ein halbmondförmiger Sporn, Carina tracheae, vor (Abb. d, S. 166). In seinem Inneren liegt in der Regel eine Knorpelspange, die noch zum letzten Trachealknorpel oder bereits zu einem der ersten Bronchialknorpel gehört.

Verschiedene Momente führen dazu, daß der Weg zur rechten Lunge gangbarer für den Luftstrom als der zur linken Lunge ist. Die Statistik lehrt, daß von allen Fremdkörpern, welche beim Einatmen in die Bronchien gelangten und dort gefunden wurden, 69% (nach anderen sogar über 75%) im rechten Bronchus lagen. In derselben Weise ist der häufigere Beginn der echten Lungenentzündung in der rechten Lunge zu deuten; denn der Luftstrom führt die infektiösen Keime leichter nach rechts als nach links (Verhältnis von rechts zu links wie 7:3, croupöse Pneumonie; auch das primäre Lungencarcinom sitzt häufiger rechts als links). Diese gleichsam experimentellen Ergebnisse beruhen auf folgenden anatomischen Verschiedenheiten der **Richtung, Weite** und **Länge** der beiden Bronchien. Am wichtigsten ist die Verschiedenheit der Winkel, welche die Richtung des linken und rechten Bronchus zur Längsachse angeben. Der rechte verläuft der geradlinigen Verlängerung der Luftröhre mehr genähert als der linke ($24,8^0$ rechts gegen $45,6^0$ links). Der linke ist etwas enger als der rechte, da die rechte Lunge größer ist als die linke. Auf der linken Seite ist die Beziehung zur Aorta maßgebend, die bereits oben erwähnt wurde (Abb. S. 144). Der linke Bronchus verläuft unter dem Aortenbogen durch in die Lungenwurzel hinein. Er ist infolgedessen länger als der rechte und bildet zur Medianebene den erwähnten stumpferen Winkel als rechts.

Die genannten Verschiedenheiten äußern sich auch in der Stellung der Carina zur Mitte der Luftröhre. Sie wurde in 57% der Fälle links von der Mitte, in 42% in der Mitte, und in 1% rechts von der Mitte gefunden. Die Trachea weicht also in der Überzahl der Fälle gegen die Senkrechte ein wenig nach links zu ab (ebenso gegen die Speiseröhre, Abb. S. 144). — Bei den letzten 3—4 Trachealringen ist der Musculus trachealis auch beim Erwachsenen nicht in Streifen gesondert, welche den einzelnen Knorpeln entsprechen, sondern einheitlicher. Er entspricht mehr dem Zustand, den er beim Kind in der ganzen Luftröhre aufweist. Das dreieckige Feld, welches zwischen den Ringmuskeln der Luftröhre und den beiden Ringmuskeln der Bronchien frei bleibt, ist von längsverlaufenden Muskelbündeln eingenommen, welche an dem Stützknorpel der Carina befestigt sind. Kontrahiert sich diese Muskulatur, so wird die Carina so gehoben, daß sie der ganzen Situation nach mehr den linken als den rechten Zugang zu den Bronchien verengt. Auch dieses Moment begünstigt den leichteren Zugang zur rechten Lunge. — Glatte Muskelfasern gehen von diesem Felde, speziell vom linken Bronchus aus sehr häufig in die Wand der Speiseröhre über, M. bronchooesophageus, gelegentlich auch im Verlauf der Luftröhre.

c) Die Lungen.

Die Lungen sind historisch wahrscheinlich aus hydrostatischen Apparaten Allgemeines ähnlich der Schwimmblase der Fische hervorgegangen. Ein unmittelbarer phylogenetischer Zusammenhang ist zweifelhaft, weil die Schwimmblase dorsal entsteht, die Lunge aber ventral (Abb. a, S. 147). Denken wir uns ein der Schwimmblase analoges ventrales Organ, einen Gassack, der durch den Schlund mit Luft aufgefüllt werden kann, so kann man sich vorstellen, daß die Kiemenatmung durch dieses Organ ersetzt werden konnte, sobald es nicht mehr hydrostatisch zur Ausbalancierung des Körpers im Wasser benutzt, sondern sobald statt stagnierender Luft reger Wechsel des Inhalts eintrat. Es gibt Fische mit solchen Einrichtungen („Lungenfische"). Alle Landtiere haben diese Art Atmung: die Lungenatmung. Der Sack ist immer bei ihnen in zwei Teile zerlegt, die beiden Lungen, und diese sind in sich mit zunehmender Funktion in immer komplizierterer Weise gekammert (Abb. S. 178). Diese Entfaltung entspricht dem gesteigerten Sauerstoffbedürfnis der Landtiere. Die atmosphärische Luft enthält etwa 30 mal mehr ausnutzbaren Sauerstoff als das den Wassertieren zur Verfügung stehende Medium. So ist die Lungenatmung das Mittel, durch welches aus kiemenatmenden Kaltblütern Warmblüter mit allen Vorteilen einer konstanten Temperatur für die Regulation der Lebensprozesse werden konnten.

Wir unterscheiden innerhalb aller Lungen eine **bronchiale** und eine **alveoläre** Komponente. Die erstere ist rein leitend, ohne einen Gaswechsel zuzulassen. Sie ist die Fortsetzung von Kehlkopf und Luftröhre, die bei den höchsten Formen in jede Lunge in ein reich verzweigtes Astwerk fortgesetzt sind, den Bronchialbaum, Arbor bronchialis (Abb. S. 187). Die alveoläre Komponente besteht aus napfförmigen, dünnhäutigen Blasen, deren Wandung einen Austausch zwischen den Gasen der Atemluft und des Blutes zuläßt, Alveolen. Die einfachen Lungen der Kaltblüter haben eine himbeerförmige Oberfläche, d. h. sie sind rundum mit Alveolen besetzt (Abb. b, Nr. 97). Die Lungen der Warmblüter bringen es durch die starke Aufteilung in kleine Inseln zu enormen Mengen von Alveolen. Die Zahl ist schwer zu schätzen. Beim Menschen

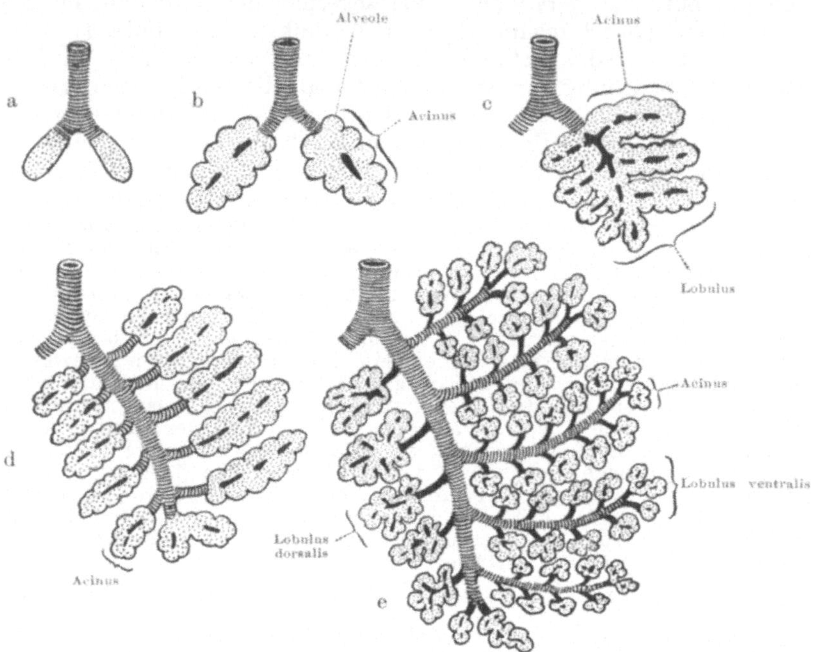

Abb. 97. Phylogenetische Entwicklung der Lungen. Schema. Bronchiale Komponente: gestrichelt (ältere Teile) und schwarz (jüngere Teile der einzelnen Tierklassen); alveoläre Komponente: getüpfelt. a Ausgangsstadium, b entspricht etwa der Lunge des Frosches, c der Eidechse, d und e der Seeschildkröte. In c—e ist nur die linke Lunge gezeichnet. Die dorsalen Bronchialäste links, die ventralen rechts vom Beschauer (nach Huntington, Amer. Journ. Anat. Bd. 27, 1920).

schwanken die Angaben zwischen 150 Millionen und 4 Milliarden oder mehr. Die atmende Oberfläche wächst entsprechend. Sie wird auf 80—130 Quadratmeter geschätzt gegenüber 1—2 Quadratmeter, falls die Lungen ungekammerte Gassäcke wären. Eine so enorme Fläche kann den Sauerstoffbedarf selbst bei starken Muskelanstrengungen decken; reicht sie nicht, so kommen wir „außer Atem". Ein mit Alveolen bedecktes Inselchen des Lungengewebes nennen wir Acinus, da es äußerlich einer Himbeere gleicht. Die primitive Zweizahl der Acini bei den Kaltblütern (Poikilotherme) steigt bei den Warmblütern (Homoiotherme) zu großen Zahlen an (wie in Abb. d u. e, Nr. 97).

Ich verwende das Wort „alveoläre" Komponente, um Unklarheiten zu vermeiden. Das üblichere Epitheton statt alveolär ist „respiratorisch"; es wird jedoch bei der Nase in ganz anderem Sinn gebraucht (als Gegensatz zu „olfaktorisch"). Für die Lunge soll „respiratorisch" im üblichen Wortsinn den Gegensatz zu „konduktorisch" bedeuten; das Wort ist also gerade für diejenigen Elemente nicht gebräuchlich, welche im übrigen „Respirations"system respiratorisch heißen (mehrzeiliges flimmerndes Cylinderepithel mit Becherzellen).

In der menschlichen Lunge unterscheiden wir Lappen (Lobi), Läppchen (Lobuli), Beeren (Acini) und Bläschen (Alveoli). Beim Embryo gabelt sich die auswachsende unpaare Lungenknospe früh in die beiden Lungen; die rechte ist von vornherein voluminöser als die linke (Abb. a, Nr. 98). Die Asymmetrie wird noch deutlicher, sobald sich jede Lunge in Unterabteilungen, die Anlagen der Lungenlappen, teilt. Rechts entstehen drei, links zwei Lappen (Abb. b, Nr. 98). Wie in der phylogenetischen Entwicklung teilt sich auch beim Embryo jeder Lappen weiter auf; so entstehen die Lobuli und die oben beschriebenen Acini und Alveoli, die äußerlich durch Bindegewebe miteinander verkittet und daher im Inneren der Lappen verborgen sind. Die Zeichnung der am Rande der Lappen liegenden Lobuli und Acini schimmert durch die Oberfläche der Lungen durch (Abb. S. 184). Die Lobuli sind Komplexe von Acini, welche von Bindegewebe besonders umhüllt sind. Die Eidechsenlunge hat nur einen Lobulus (Abb. c, S. 178); bei den Seeschildkröten sind die Lungen innerlich entweder wie ein einzelner Lobulus mit deutlich abgesetzten Acini gebaut (d) oder es ist die höchste Stufe mit zahlreichen Lobuli erreicht. Die dorsalen sind noch einfach, die ventralen sind viel reicher ausgebaut (e). Beim Menschen liegen in jedem Durchmesser eines Lobulus mehrere Acini nebeneinander (5—6, Abb. S. 194); ein Acinus hat im Durchmesser zahlreiche Alveoli (15 bis 20, Abb. S. 193).

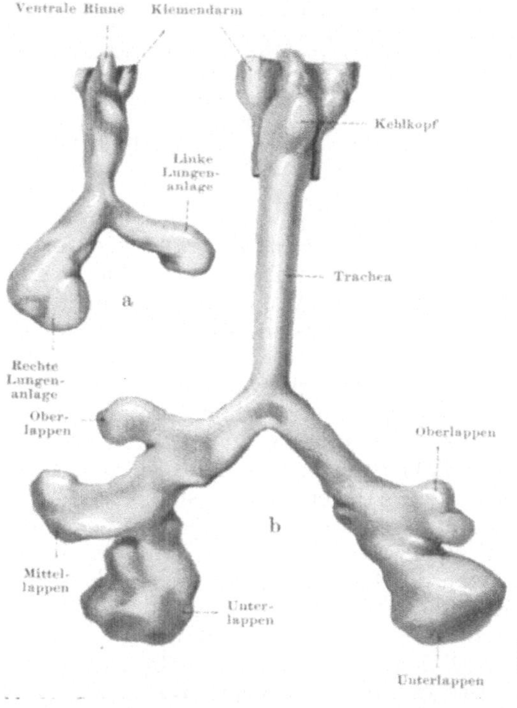

Die früh auftretende Asymmetrie der Lunge hat wahrscheinlich von vornherein eine Beziehung zur asymmetrischen Lage des Herzens. Es wird angenommen, daß die Drehung des Herzens um seine Längsachse, welche den linken Vorhof nach hinten bringt und

Abb. 98. Lungenanlage, menschlicher Embryo. a Rechte und linke Lunge, Embryo von 5,2 mm Länge, b Entstehung der Lungenlappen, Embryo von 9 mm Länge (nach HEISS, Arch. Anat. Phys. 1919, Abb. 36, 54, teilweise Wiedergabe).

den Abfluß des Lungenblutes nach dieser Stelle im Gefolge hat, eine Reihe von sonstigen Umlagerungen im embryonalen Gefäßsystem (Ductus Cuvieri) nötig macht; diesen entsprechend ist die linke Lungenanlage lang gestielt und läßt Platz für Venen, welche den Stiel beim Embryo überqueren. Rechts ist der Stiel viel kürzer (Abb. b, Nr. 98). Was Ursache und was Folge in diesen Prozessen ist, ist noch nicht genügend geklärt.

Das Bild der Bronchialverzweigung ist außerordentlich verschieden. Rechts liegt meistens der Bronchus für den Oberlappen eparteriell, d. h. kranialwärts vom Stamm der Lungenarterie, die anderen liegen hyparteriell, d. h. kaudalwärts von jenem; links gibt es gewöhnlich nur hyparterielle Bronchien (Abb. S. 184, 187). Aber es kommen auch beiderseits nur hyparterielle Bronchien vor und in seltenen Fällen beiderseits je ein eparterieller Bronchus. Viele Autoren nehmen an, daß die unteren Lungenlappen die ältesten Teile, die Stammlappen, seien; man nennt ihren Bronchus Stammbronchus (in Abb. S. 178 allein vorhanden). Dieser hat größere ventrale Äste für die nach dem Brustbein zu liegenden Lungenteile und kleinere dorsale Äste für die nach der Wirbelsäule zu gelegenen. Der Stammbronchus liegt also im Pleuraraum excentrisch. Zur Vergrößerung der Lungen seien nach dieser Annahme die

Ober- und Mittellappen erst bei den Säugetieren hinzugekommen, Sekundärlappen. Entweder kann der oberste ventrale Bronchus kopfwärts umbiegen und die Lungenspitze versorgen. Auf diesem Zustand bleibt gewöhnlich die linke Lunge des Menschen stehen. Dann liegt der oberste Bronchus hyparteriell. Oder es wandert ein dorsaler Bronchus aus und liegt eparteriell. Dieser Bronchus, der gewöhnlich rechts beim Menschen gefunden wird, versorgt den Oberlappen. Er verdrängt den obersten hyparteriellen Bronchus aus seiner Lage; so entsteht für ihn der Mittellappen. Fehlt der eparterielle Bronchus, so nimmt die rechte Lunge die gleiche Form wie auf der linken Seite an; bildet sich umgekehrt links ein eparterieller Bronchus, so entstehen auch links drei Lappen. — Zweifellos ist die Lunge ungeheuer plastisch. Daß ein gesetzmäßiger Typus nach Art des Geschilderten vorliege, wird deshalb neuerdings bezweifelt. Beim Embryo soll eine Knospung einsetzen (Abb. b, S. 179), die sich nach den jeweilig gegebenen Faktoren der Umgebung richte. Ist das richtig, so wäre die Form einer jeden Lunge eine Bildung für sich, ohne genetische Beziehung zur Form anderer Lungen derselben Art oder gar anderer Tiere. Es erscheint mir wahrscheinlicher, daß die Asymmetrie und vieles andere mehr der Hauptsache nach erblich festgelegt ist, daß aber wechselnde Milieufaktoren bald unterstützend, bald abschwächend oder gar umkehrend auf die sich bildende Lunge einwirken und so im Einzelfall immer wieder ein etwas anderes Bild erzeugen. Das würde dem bei anderen Asymmetrien experimentell nachgewiesenen Entwicklungsgang entsprechen und beide Annahmen, welche die Lunge scheinbar ganz verschieden beurteilen, vereinigen.

Äußere
Form
im allge-
meinen Jede Lunge liegt frei in der Brusthöhle der betreffenden Körperseite und wiederholt wie ein genauer Abguß die Form dieser Höhle. Nur einige enge Spalten bleiben übrig, in welche die Lunge nicht ganz eindringt (Abb. S. 145, 181). Daß der Luftdruck der Atmosphäre, welcher von außen her die Luft durch die Zufuhrwege bis in die feinsten Bläschen der Lunge treibt, das Organ an die Innenwand des Brustkorbs andrückt und in dieser Lage dauernd erhält, solange die Brustwand unversehrt ist, wurde bei dieser auseinandergesetzt (Bd. I, S. 199 usf.). Eine normale Lunge hängt also nur an einer Stelle, ihrer Wurzel, Radix pulmonis, mit der Wand des zugehörigen Pleurasackes zusammen (Abb. S. 210). Im kollabierten Zustand muß sie ganz frei und verschieblich gegen die Brustwand sein. Gegen einen feststehenden Brustkorb in situ ist sie es so wenig, wie ein Gipsausguß des Pleuraraums einer Leiche innerhalb derselben verschieblich wäre; aber die Form der Lunge entspricht in den verschiedenen Phasen der Atembewegung ebenso vielen Gipsabgüssen, da sie kraft ihrer Elastizität die Fähigkeit hat, spielend von der einen in irgend eine andere beliebige Form überzugehen. Der Brustkorb verschiebt sich und die Lunge folgt ihm überall hin, aber sie verschiebt sich nicht oder nur unbedeutend gegen die Brustwand, der sie anliegt. Wie groß ihre Elastizität ist, wird am deutlichsten, wenn sie bei geöffnetem Brustkorb kollabiert (Pneumothorax). In diesem Fall schnellen die gedehnten elastischen Elemente in ihre Ruhelage zurück, weil jetzt nicht mehr einseitig der atmosphärische Druck vom Inneren der Lunge her auf ihnen lastet, sondern weil auch von außen der gleiche Druck wirksam wird und sich infolgedessen selbst aufhebt. Die Lunge hat bei der Leiche im kollabierten Zustand nur etwa $^1/_3$ ihrer Größe in situ.

Beim Lebenden kollabiert die normale Lunge nicht sofort, wenn die Brustwand geöffnet wird, sondern erst nach mehreren Atemzügen und meist auch nicht so vollständig wie bei der Leiche. Die Gründe sind strittig (capillare Adhäsion der Pleurablätter?). Schließt sich die Thoraxwunde, so legt sich die Lunge bald wieder der Brustwand an, indem sie beim Husten u. dgl. durch Überdruck in den Bronchien (der vom Patienten mit Fleiß z. B. durch Aufblasen eines Gummikissens verstärkt werden kann) gedehnt, indem andrerseits die Luft im Pleuraraum allmählich resorbiert wird. Deshalb muß bei Tuberkulösen, bei welchen in gewissen Fällen aus Heilzwecken künstlich ein dauernder Pneumothorax erzeugt wird, von Zeit zu Zeit Luft nachgefüllt werden, um die natürliche Elastizität der Lunge zu unterstützen (sog. „geschlossener“ Pneumothorax). Man hat die Stärke der Elastizität auf 7 mm Quecksilberdruck bestimmt, indem man Patienten mit Pneumothorax in einen Raum brachte, dessen Luftinhalt so lange verdünnt wurde, bis sich die kollabierte Lunge der Brustwand wieder anschmiegte (SAUERBRUCHsche Kammer zu Zwecken

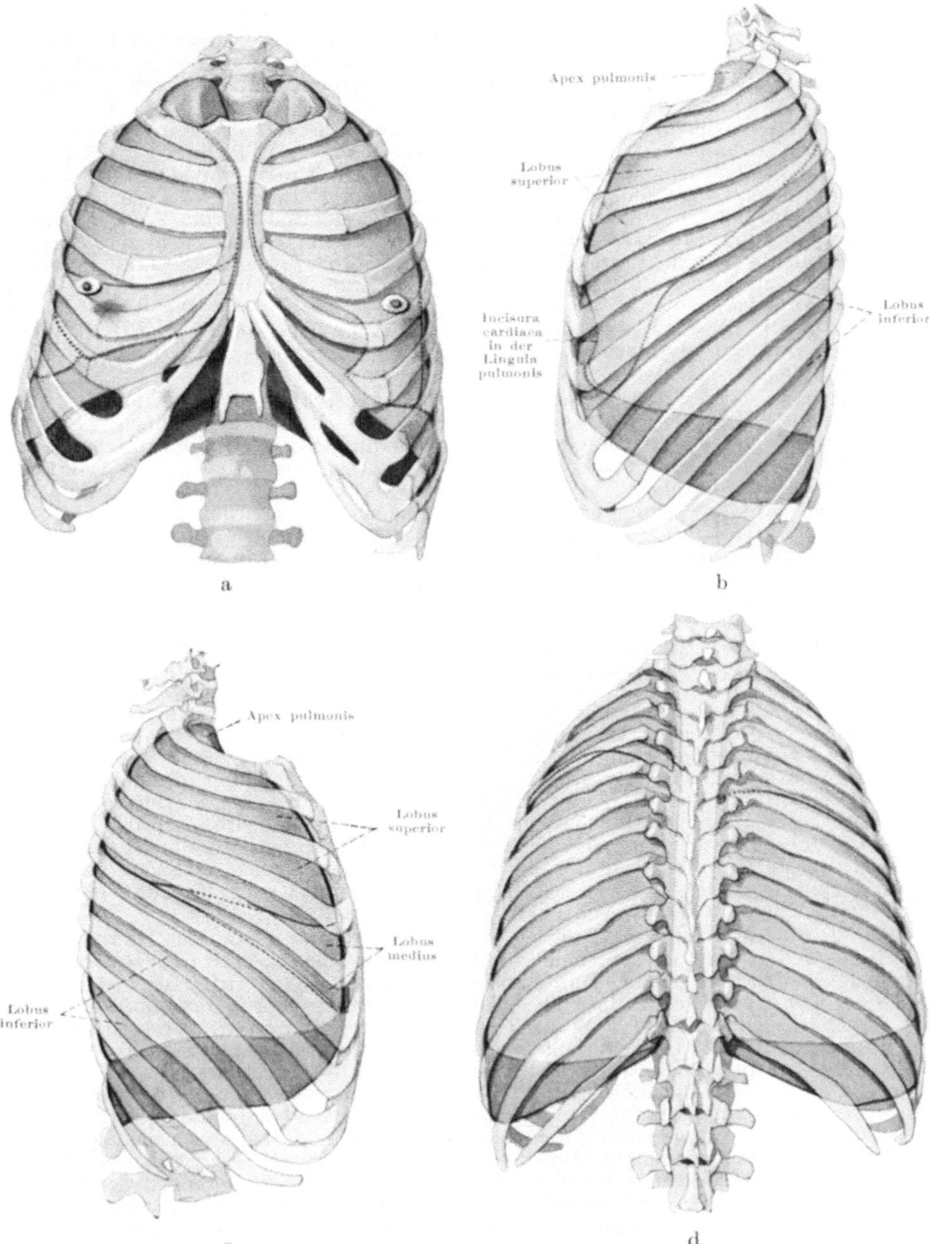

Abb. 99. Brustkorb mit Lungen (blau) und Komplementärräumen (violett) bei der Leiche. Nach einem von H. VIRCHOW der Lage im Körper entsprechend zusammengesetzten Thorax eines sehr kräftigen Mannes (Arch. f. Anat. u. Physiol. 1913). Das dort Fehlende nach eigenem Präparat ergänzt. Der untere Lungenrand (Abb. d) steht hinten gewöhnlich 1 Wirbel höher, am 11. Brustwirbel. — Zu a vgl. Abb. S. 209.

operativer Eingriffe an der Lunge. Der Kopf des Patienten befindet sich außerhalb der Kammer, so daß das Innere der Lunge unter vollem Atmosphärendruck steht. Der Hals des Patienten ist luftdicht in ein Loch der Kammerwand eingelassen).

Auf dem Präpariersaal bekommt man verhältnismäßig selten normale Lungen zu Gesicht, weil Verklebungen zwischen den Pleurablättern als Zeichen überstandener oder schleichender Entzündungen meist tuberkulöser Art bei Insassen von Pflegehäusern, Strafanstalten u. dgl. ganz gewöhnlich vorkommen. Die Lunge kann in diesen Fällen erst kollabieren, wenn die Adhäsionen künstlich gelöst werden. Bei echter Lungenentzündung kollabiert die befallene Stelle überhaupt nicht („Hepatisation" der Lunge).

Die Lungenoberfläche folgt bis in die feineren Details der Form des Pleuraraumes. Alle Erhabenheiten der Wandung erscheinen auf ihr als Furchen oder Rinnen, alle Vertiefungen als Buckel oder Leisten. Doch wird man sie an der Leiche erst gewahr, wenn man die Lunge durch Talg- oder Formolinjektion in ihre lufthaltigen Innenräume härtet, bevor der Brustraum geöffnet wird. Bei der echten Lungenentzündung (kruppöse Pneumonie), bei welcher durch den Krankheitsprozeß ähnliches geschieht, ist die befallene Lunge ebensowenig imstande zu kollabieren vie nach jenen künstlichen Maßnahmen und zeigt wie dort das Negativ ihrer Umgebung.

Spezielles über die äußere Oberfläche Die spezielle Beschreibung der Lungenoberfläche ist deshalb praktisch nicht unwichtig, weil die am meisten vorspringenden Nachbarorgane in pathologischen Fällen am ehesten mit der Lunge in Beziehung treten.

Die Spitze, Apex pulmonis, ist abgerundet, stumpf. Sie ragt über den vorderen Teil der 1. Rippe in die Höhe (Abb. a—c, S. 181). In Wirklichkeit ist die Pleurakuppel, deren Abguß die Lungenspitze ist, rundum am 1. Rippenring befestigt, also auch hinten an dem Rippenköpfchen und an dem 1. Brustwirbel (Abb. d, S. 181). Sie ist von dieser schrägen Ebene aus ein wenig kuppelförmig nach oben gebläht. Doch ist das nicht der Grund dafür, daß die Lunge vorn beträchtlich über die 1. Rippe und sogar 3—5 cm über das Schlüsselbein hinaufragt, sondern der Grund liegt im Schiefstand der 1. Rippe: das dorsale Ende projiziert sich nach vorn auf die Haut kranial vom ventralen Ende der Rippe! Daher kann der Arzt Geräusche in der Lungenspitze oberhalb des Schlüsselbeins hören (Auskultation) oder durch Beklopfen an dieser Stelle typischen oder veränderten Lungenschall nachweisen (Perkussion). Bei der Häufigkeit tuberkulöser Anfangserscheinungen in der Lungenspitze ist diese Stelle von außerordentlicher Bedeutung für die Klinik.

Beim Normalen hört sich das Atmen auf der linken Lungenspitze etwas anders an als auf der rechten an. Auch sonst können Verschiedenheiten in den Geräuschen zwischen links und rechts an einander entsprechenden Stellen bestehen, z. B. bei verdicktem Schlüsselbein oder verbreiterten Rippen auf einer Seite; die Lungen selbst würden das gleiche Geräusch ergeben, wenn die Umgebung die gleiche wäre.

Die erste Rippe hat ihren Abdruck auf der Lungenoberfläche, der schräg verläuft und vorn in den Lungenrand fast horizontal einschneidet; die Arteria subclavia erzeugt eine senkrecht aufsteigende Furche auf der Innenseite der Spitze (Abb. S. 184). Davor ist häufig an der linken Lunge der Abdruck der Vena anonyma sinistra zu sehen und an der rechten außer ihm eine Grube für die Vena cava superior (das Positiv dieser Abdrücke siehe in Abb. S. 210).

Die Basis pulmonis s. Facies diaphragmatica liegt dem Zwerchfell an und ist dessen Kuppel entsprechend tief ausgehöhlt. Sie umgreift das Herz und hat infolgedessen den Kontur eines Halbmondes. Der Rand, Margo inferior pulmonis, ist an der Konvexität des Halbmondes scharf und dünn, weil er in den Sinus phrenicocostalis hineindringt (Abb. S. 145). Er bleibt aber immer vom unteren Rand des Pleurasackes entfernt (violette Zone in Abb. S. 181), vorn weniger als hinten und am meisten bei Exspiration. In dieser Stellung entspricht der untere Lungenrand der 6. Rippe in der Mamillarlinie, der 8. Rippe in der Axillarlinie und dem Dorn des 11. Brustwirbels am Rücken. Das ist ungefähr seine Lage bei der Leiche. Bei Inspiration dringt der Unterrand in dem Maß tiefer vor, als sich der phrenicocostale Winkel nach unten verschiebt (Bd. I, Abb. S. 199), aber er erreicht nie die tiefste Tiefe des Komplementärraums außer bei krankhaften Überdehnungen der Lunge.

Da das Zwerchfell sehr dünn ist, so steht die Unterfläche der Lunge mit der Leber und dem Magen in nächster Nachbarschaft. Der rechten Lunge entspricht der rechte Leberlappen, der linken Lunge der linke Leberlappen (vorn) und der Fundus des Magens (hinten), manchmal auch die Flexura coli sinistra. Daraus erklärt sich das Übergreifen von Erkrankungen von Organ zu Organ in der einen oder anderen Richtung.

Die Rippenfläche, Facies costalis, ist am größten; sie ist konvex. Die Rippen drücken sich als sanfte, schräg gestellte Dellen ab; den Zwischenrippenräumen entsprechen leichte Vorwölbungen, die mit den Dellen abwechseln. Im Leben ist die Rippenfläche wahrscheinlich ganz eben, da der Tonus der Zwischenrippenmuskeln keine Vorwölbung zuläßt.

Die Mittelfellfläche, Facies mediastinalis, ist kleiner als die vorige. Vorn grenzt sie mit dem Margo anterior, hinten mit dem Margo posterior an jene, unten mit dem Margo inferior an die Facies diaphragmatica. Der größte Teil dieser Fläche ist von einer tiefen Höhlung für das Herz eingenommen, Impressio cardiaca, die wegen der asymmetrischen Lage des Herzens links tiefer als rechts ist (Abb. b, S. 206). Sie schneidet infolge ihrer Tiefe sogar in den Vorderrand der linken Lunge ein, Incisura cardiaca, während rechts ein solcher Ausschnitt wegen der geringeren Tiefe der Einbuchtung der rechten Lunge fehlt (Abb. a, S. 181 u. Abb. S. 184). Der Vorderrand ist zugeschärft, besonders an der linken Lunge entsprechend der Incisura cardiaca. Hier erreicht er nie den medialen Rand des Pleurasackes (violette Zwischenzone in Abb. a u. b, S. 181). Bei Exspiration zieht er sich ähnlich dem Unterrand aus dem links bestehenden Sinus costomediastinalis heraus, der Komplementärraum wird größer; bei Inspiration dringt der Lungenrand mehr in ihn vor und die Incisur flacht sich entsprechend ab. Bei der Leiche ist sie am ausgesprochensten, der tiefste Punkt nähert sich der Knochenknorpelgrenze der 5. Rippe (Abb. a, S. 181). Oberhalb des Herzens ist der Margo anterior weniger scharf, er erreicht dort bei beiden Lungen den Rand des Pleurasackes; rechts erreicht er ihn längs der ganzen vorderen Kante dieses Sackes. Es berühren sich die beiden Lungen oft hinter dem linken Rand (oder seltener hinter der Mitte) des Brustbeins zwischen 2. und 3. Rippe fast völlig, wenn die Pleurasäcke hier fest aneinander liegen. Oft bleibt auch hier ein kleiner Zwischenraum.

Der hintere Lungenrand ist immer ein langgestreckter dicker Wulst, entsprechend der Rinne, welche die an dieser Stelle nach hinten ausbiegenden Rippen formen (Abb. a u. b, S. 206; siehe Anguli costarum, Bd. I, Abb. S. 129—130).

Dorsal oberhalb der Herzbucht finden wir die Lungenwurzel mit dem Hilus s. Porta pulmonis; hierauf komme ich weiter unten zurück, ebenso auf das nach dem Zwerchfell zu anschließende Ligamentum pulmonale. Auf der linken Lunge wird der Hilus von einer breiten Furche für den Arcus aortae umzogen, Sulcus aorticus (Abb. b, S. 184). Man sagt, die Aorta „reite" auf dem linken Lungenhilus. Die Furche für die Aorta descendens setzt sich dorsal vom Lig. pulmonale nach unten fort. Unterhalb des freien Randes dieses Bandes lehnt sich die Speiseröhre kurz vor ihrem Durchtritt durch das Zwerchfell an die Lunge an und erzeugt manchmal eine flache Delle an dieser Stelle. Auf der rechten Lunge ist das Relief der ihr zugewandten Organe des Mittelfelles ablesbar (Abb. S. 210). Dort wo links der Arcus aortae abgedrückt ist, sieht man rechts eine schmale bogenförmige Rinne für die Vena azygos (sie „reitet" auf dem rechten Lungenhilus); zwischen ihrer Fortsetzung und dem Hilus liegt eine breitere Furche für die Speiseröhre (Abb. a, S. 184). Die letztere hat engere Beziehungen zur rechten als zur linken Lunge, was bei Durchbrüchen von Geschwülsten eine Rolle spielt (Ösophaguscarcinom). Auch oberhalb der Rinne für die Vena azygos liegt die Speiseröhre der rechten Lunge an; nach ventral folgt hier ein Feld für die Luftröhre, manchmal eine Rinne für die Vena cava superior und eine seichte Grube für die Aorta ascendens.

Die rechte Lunge ist von Anfang an (Abb. a, S. 179) breiter als die linke. Ihr Rand kann vorn bis zum linken Brustbeinrand reichen und hinten bis über die Mitte der Wirbelkörper hinaus nach der anderen Körperseite zu vordringen, so daß er sich auf den Rücken links von den Wirbeldornen projiziert. Doch gibt es zahlreiche Varianten. Die linke Lunge ist entsprechend schmaler, was mit der asymmetrischen Lage des Herzens zusammenhängt, das mehr links als rechts liegt, auf Kosten der linken Lunge. Die größten Breitendurchmesser stehen im Verhältnis von ungefähr 10 : 7. Das Plus der rechten Lunge wird jedoch für das Gesamtvolumen durch ein Minus an Höhe fast völlig ausgeglichen. Denn da die Leber die rechte Zwerchfellkuppel höher drängt als die linke, so ist der Durchmesser von oben nach unten bei der linken Lunge größer als bei der rechten.

Die Farbe der Lunge bei Kindern ist infolge ihres Blutreichtums rosarot, später wird sie dunkler, rotblau; feine dunkle Linien bezeichnen dann die Grenzen der oberflächlich liegenden Lobuli und Acini (Abb. b, S. 184). Die Änderung der Färbung ist am stärksten bei Städtern, überhaupt bei Menschen, die in stark russiger Luft atmen. Denn der eingeatmete Staub dringt, soweit er nicht durch die Exspiration und den Wimperschlag des Epithels aus der Lunge wieder herausbefördert wird, schließlich bis in die feinsten Bläschen der Lunge vor und wird allmählich in dem Zwischengewebe zwischen ihnen abgelagert. Die zartesten Farbschattierungen mischen sich aus dem Rot des Blutes und dem

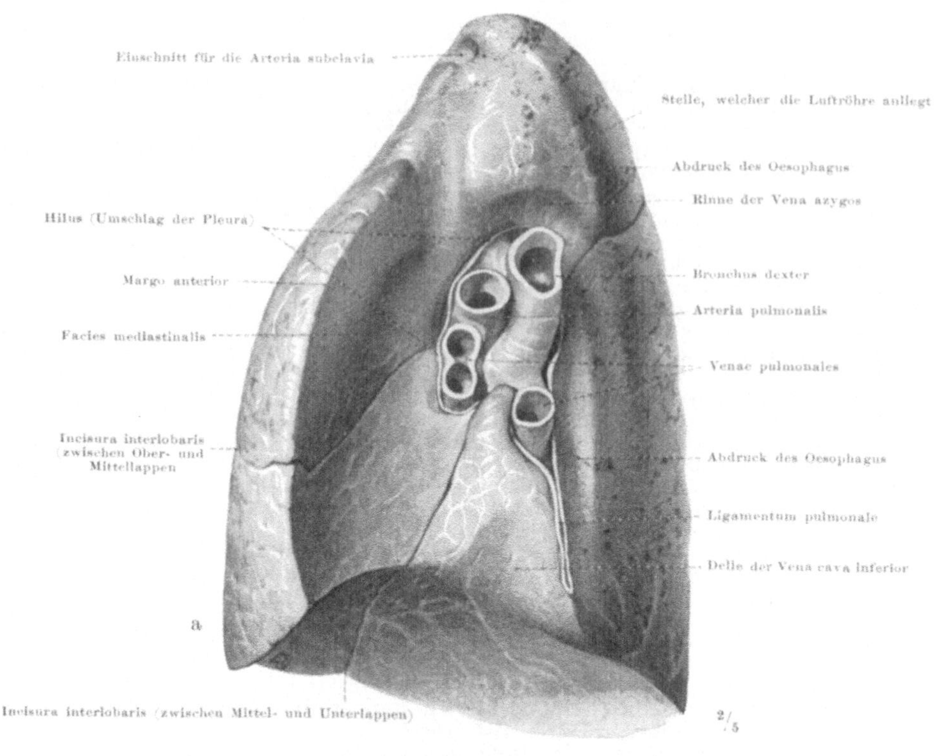

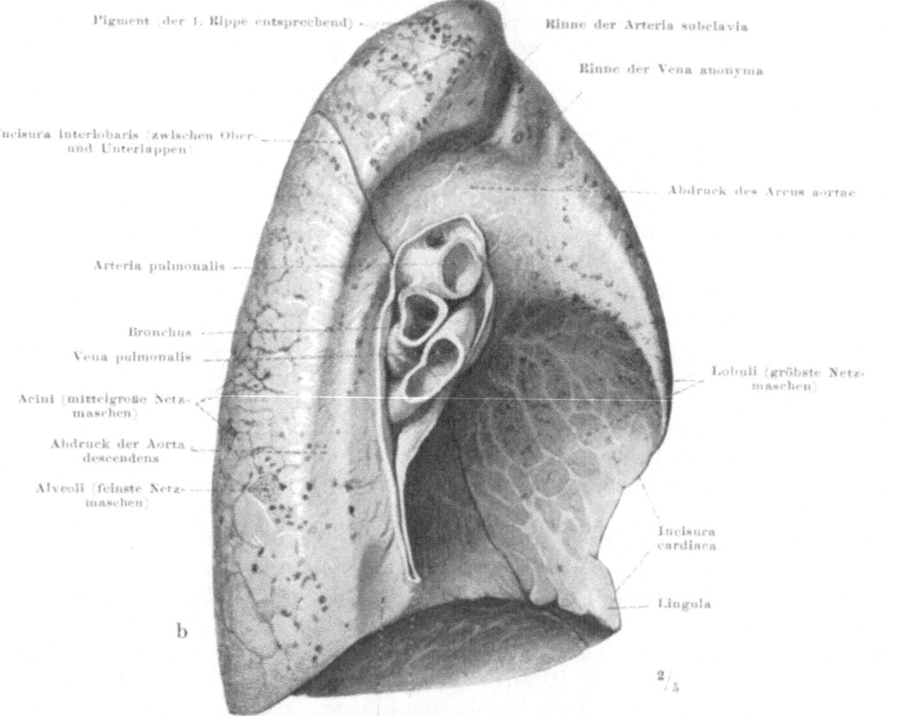

Abb. 100. **Mediale Fläche und Hilus** der rechten und linken Lunge, Erwachsener. Die Lymphknoten sind weggenommen, nur die Blutgefäße und Bronchien sind stehen geblieben. Die Arteria pulmonalis enthält venöses Blut, die Venae pulmonales enthalten arterielles Blut.

Blau des Pigments; feinste Kohlenpartikelchen sind zwar an sich schwarz, erscheinen aber durch trübe Medien hindurch gesehen blau. Im Alter wird die
Lunge schieferfarben. In den Kohlenbergwerken werden die Lungen der Berg-
leute manchmal intensiv schwarz, da bei ihnen der Kohlenstaub alles Zwischengewebe bis unmittelbar an die Oberfläche erfüllt. Entsprechend den Rippen-
abdrücken pflegt ganz allgemein die Färbung dunkler, entsprechend den
Zwischenrippenräumen heller zu sein (Abb. b, S. 184, 1. Rippe).

Das Gewicht der Lunge ist infolge des großen Luftreichtums gering, die *Gewicht*
normale Lunge schwimmt im Wasser. Bei totgeborenen Früchten, die nicht
geatmet haben, schwimmt die Lunge nicht, für den Gerichtsarzt ein Unterscheidungsmerkmal bei Verdacht auf solche Verbrechen, die erst nach einer Weile
normalen Atmens gegen das Leben des Kindes einsetzen (Mutter als Kinds-
mörderin). Auch kranke Lungen, deren Lufträume mit Exsudat statt mit
Luft gefüllt sind, sinken unter. Die normale Lunge ist schwammig mit Luft
durchsetzt, so daß sie knistert, wenn man sie zwischen Daumen und Zeigefinger
quetscht oder mit dem Messer durchschneidet. Die fein verteilte Luft verhält
sich wie ein Schaum und schimmert wie ein solcher weißlich durch die Oberfläche des Organs durch. Bei geringem Staubgehalt wird die Farbe der Lunge
je nach dem Luftgehalt durch mehr oder weniger intensives Weiß aufgehellt.

Das absolute Gewicht ist entsprechend dem jeweiligen Luftgehalt sehr wechselnd.
Relativ steht das Gewicht der rechten zur linken Lunge im Verhältnis von 11 : 10.
Darin kommt ein geringes Plus an Volumen der ersteren zum Ausdruck (siehe oben).

Die rechte menschliche Lunge zerfällt in 3, die linke in 2 Lappen, Lobi, *Einschnitte*
indem Spalten in das Lungengewebe einschneiden und bis in die nächste Nähe *und Lappen*
der Lungenwurzel vordringen, Incisurae interlobares. Die viscerale Pleura,
welche die Lungenoberfläche bildet, folgt den Spalten, so daß das eigentliche
Lungengewebe der Lappen völlig voneinander gesondert ist. Nur die Äste
des Bronchialbaumes stellen mittels ihres gemeinsamen Hauptbronchus die
Verbindung her. Jeder Lappen hat seine Bronchialverästelung für sich (Abb.
S. 187), auch wenn einmal eine Spalte nicht oder nicht voll ausgebildet oder
nachträglich durch entzündliche Verklebungen unsichtbar geworden ist.

Bei beiden Lungen gibt es einen Unterlappen, Lobus inferior. Er
kann beiderseits auf dem Rücken gleich weit hinaufreichen (etwa bis 6 cm
von der Lungenspitze, d. h. bis zur Spina scapulae bei herabhängenden Armen,
Abb. S. 144; die Stelle entspricht ungefähr der Bifurkation der Luftröhre); in
anderen Fällen stehen die Incisurae interlobares zwischen Ober- und Unterlappen hinten nicht gleich hoch (Abb. d, S. 181). Immer aber tritt, falls überhaupt
rechts drei Lappen vorhanden sind, der Unterschied zwischen rechts und links
erst von der Axillarlinie aus auf. Denn links erstreckt sich die Spalte schräg
absteigend in einer leicht welligen Flucht nach vorn bis zum Zwerchfell
(Abb. b, S. 181). So bedeckt der linke Unterlappen die linke Zwerchfellkuppel. Der
Oberlappen, Lobus superior, erreicht links nur mit einem schmalen Fortsatz das Zwerchfell. Der Fortsatz ist durch die Incisura cardiaca eingeengt
und heißt wegen seines Aussehens Lingula pulmonis (in Abb. a, S. 181 verläuft
die Incisura interlobaris nahe dem Außenkontur der Lunge lateral von der
Brustwarze, nicht bezeichnet; ist die Lingula schmäler oder stehen die Warzen
weiter auseinander, so decken sich die Warze und die Spalte oder die linke
Warze liegt sogar lateral von der Spalte). Rechts teilt sich die Incisura interlobaris von der Axillarlinie ab Y-förmig (Abb. c, S. 181). Der untere Schenkel
begrenzt wie links den Unterlappen, doch schneidet er ein viel größeres Stück
von der Zwerchfellfläche der Lunge aus dem Unterlappen heraus. Ergänzend
tritt hier der Mittellappen ein, Lobus medius. Er nimmt etwa $^1/_3$, der
Unterlappen etwa $^2/_3$ der Zwerchfellfläche ein (links „leckt" gleichsam die Lingula

des Oberlappens mit ihrer Spitze am Zwerchfell). Der Mittellappen reicht aufwärts bis zum 4. Zwischenrippenraum. Entsprechend den beiden Schenkeln des Y breitet er sich konisch von der Axillarlinie an nach dem Brustbein und Mittelfell zu aus (Abb. c, S. 181). Sein Oberrand steht annähernd horizontal. Der rechte Oberlappen ist entsprechend kleiner als der linke. Die Incisura interlobaris zwischen Ober- und Mittellappen ist besonders variabel, oft nur streckenweise entwickelt oder nicht bis zum Hilus fortgesetzt.

Die Lage der Lappen ist wichtig für die Beziehungen zu den Nachbarorganen. So kann z. B. ein Krebsgeschwür oder ein Absceß des rechten Leberlappens unmittelbar auf den Unter- oder Mittellappen, aber nicht auf den Oberlappen der rechten Lunge übergehen, während der linke Leberlappen, je nach der Größe der Lingula des Oberlappens der linken Lunge, in deren unmittelbarer Nähe liegt, auch in der des linken Unterlappens. — Der Chirurg benutzt die Incisurae interlobares um ohne Verletzung des Lungengewebes bis auf die Gefäße vordringen und diese unterbinden zu können. Die Einschnitte zerlegen das Lungengewebe wie Schneisen einen Forst. Schädigungen können die Spalte vom Bronchialbaum aus umgehen oder können sie überspringen, indem das Hindernis durch entzündliche Verklebungen der Spalte, die sehr leicht eintreten, überbrückt wird. So hält sich die akute Lungenentzündung, obgleich sie anfänglich an die Grenzen der Incisurae interlobares gebunden ist (deshalb auch „lobäre" Pneumonie genannt) und gewöhnlich mit der Erkrankung des ganzen Unterlappens einer Seite beginnt, im weiteren Verlauf nicht an die Grenzen.

Aufgabe der Lappen, Varianten

Jeder Lappen hat nur einen Ast des Bronchialbaums, der sich innerhalb desselben aufteilt (Abb. S. 187). Die Unterlappen erhalten den sog. Stammbronchus, der rechte Mittellappen und linke Oberlappen erhalten den obersten ventralen Bronchus, der rechte Oberlappen erhält den eparteriellen (1. dorsalen) Bronchus. Verschiebungen der einzelnen Lappen gegeneinander werden durch diesen Bezug getrennter Bronchialanteile erleichtert. Die Lappenbildung scheint als Hilfseinrichtung für die Elastizität der Lunge zu dienen. Denn der Brustkorb vergrößert sich bei der Atmung im oberen Teil ausschließlich nach vorn, im unteren Teil zunehmend nach den Seiten zu (Bd. I, Abb. S. 144). Die Grenze zwischen den beiden Abschnitten verläuft schräg von oben hinten nach unten vorn wie die Spalte zwischen Ober- und Unterlappen. Der Oberlappen gleitet bei der Inspiration auf der schrägen Vorderfläche des Unterlappens nach vorn abwärts, so daß seine Spitze Platz bekommt, um sich zu entfalten. Umgekehrt gleitet der Unterlappen gegen den Oberlappen nach hinten aufwärts, so daß er sich entsprechend der Senkung des Zwerchfells ausdehnen kann. In dieser Weise ist den verschiedenartigen Ausdehnungskomponenten des Brustkorbs Rechnung getragen und die Elastizität der Lunge an den Stellen stärkster Inanspruchnahme entlastet. Die Lage des Mittellappens deutet auf eine ähnliche Beziehung zum Herzen hin. In den seltenen Fällen, in welchen die eine Lunge nicht zur Anlage kommt und die andere Lunge so groß ist, daß sie auch die ihr gewöhnlich nicht zukommende Hälfte des Brustkorbs mit einnimmt, hat man keine Einteilung in Lappen gefunden.

Bei Säugetieren kommen zahlreichere Lappen vor als beim Menschen, wohl die meisten beim Stachelschwein, dessen Lunge in viele kleine Parzellen aufgeteilt ist. Auch beim menschlichen Embryo teilen sich die anfänglich auftretenden Hauptlappen (Abb. b, S. 179) in kleinere Läppchen, welche dem ausknospenden Bronchialbaum entsprechen. Die Lunge sieht deshalb eine Zeitlang parzelliert aus wie beim erwachsenen Stachelschwein. Indem immer mehr Läppchen entstehen, werden alle Zwischenräume von dem umhüllenden Bindegewebe ausgefüllt und durch den Pleuraüberzug geglättet. Nur die Grenzen der von Anfang an sichtbaren Hauptlappen bleiben gewöhnlich bestehen. Die zahlreichen Varietäten der Lappenbildung beim Menschen beruhen darauf, daß andere Grenzen als die gewöhnlichen erhalten bleiben oder daß die gewöhnlichen ebenfalls verschwinden.

Bei Tieren, bei welchen der Herzbeutel dem Zwerchfell nicht wie beim Menschen anliegt, schiebt sich ein Lobus infracardiacus zwischen beide Organe. Er erhält sich wegen der asymmetrischen Lage des Herzens auf der rechten Seite am längsten. Ihm entspricht ein besonderer, nach medial gewendeter ventraler Seitenast des Stammbronchus (Abb. S. 188); er findet sich in der menschlichen Lunge auch (J, Abb. S. 187), der Lappen selbst ist mit dem Unterlappen der rechten Lunge verschmolzen, aber in seltenen Fällen an ihrer Facies diaphragmatica noch sichtbar. — In anderen Fällen kann die Vena azygos in das Gewebe der rechten Lunge so weit vordringen, daß ein Lappen von ihr abgegrenzt wird, der wie an einem Mesenterium hängen kann, Lobus azygos.

Der Hauptbronchus einer jeden Lunge (S. 176) gleicht strukturell in jeder Beziehung der Luftröhrenwand (Abb. S. 176). Die Hinterwand ist wie dort membranös, die Knorpelstützen haben die gleiche Hufeisenform. So bleibt alles unverändert bis zum Eintritt in die Lunge, der mit dem Abgang der ersten Äste zusammenfällt. Die extrapulmonale Strecke ist links ungefähr doppelt so lang als rechts, weil die linke Lunge schmäler ist als die rechte (rechts 6—8 Knorpel, links 9—12). In dem gewonnenen Zwischenraum hat hinter dem linken Bronchus die Aorta descendens Platz. Die Speiseröhre daneben ist gegen den linken Bronchus hin nicht so ausdehnungsfähig wie sonst (mittlere Enge, S. 216).

Von dem Abgang des ersten Bronchialastes ab liegt die ganze Verzweigung des Bronchialbaumes intrapulmonal. Die Lungenwurzel wird von der

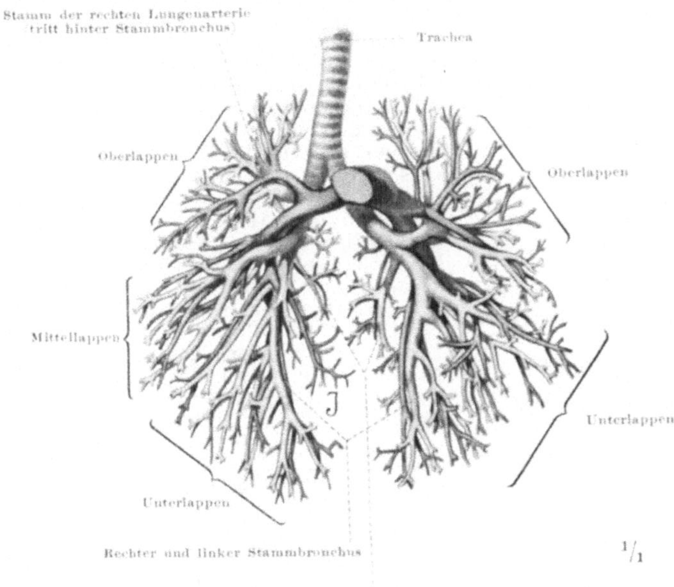

Abb. 101. Bronchialbaum und Arteria pulmonalis. Von vorn. Lunge eines Neugeborenen. Korrosionspräparat (aus NARATH, Der Bronchialbaum, Stuttgart 1901, Taf. VII).

Umschlagsfalte der Pleura wie von einem Kragen umfaßt (Abb. S. 184). An dieser Stelle geht die Pleura parietalis, welche die Brustwand auskleidet, in die Pleura visceralis über, welche die Lunge selbst überzieht. Der Teil der Pleura parietalis, an welchem die Lungenwurzel befestigt ist, heißt Pars mediastinalis. Man nennt den Engpaß, welcher von der kragenförmigen Umschlagsfalte umgeben in die Lungenwurzel, d. h. das eigentliche Lungengewebe hineinführt, die Lungenpforte, Hilus s. Porta pulmonalis. Der Name Hilus, eine sprachliche Verballhornung, ist so eingebürgert, daß wir ihn nicht mehr missen können. Er umfaßt die Blutleiter, die Bronchien, Lymphknoten und -gefäße sowie die Nerven, welche durch den Engpaß hindurchmüssen, um in die Lunge hinein oder aus ihr heraus zu gelangen. Nach dem Zwerchfell zu ist die Umschlagsfalte in eine leere Duplikatur fortgesetzt, die mit freiem Rande endigt, Ligamentum pulmonale. Faßt man also die ganze Umschlagsfalte ins Auge, so ist die Lunge sehr breit mit dem Mittelfell in Verbindung; nur die Partie des Oberlappens oberhalb des Hilus, welche mit der Lungenspitze endet, ist frei gegen das Mittelfell. Aber mechanisch betrachtet hat das Lig. pulmonale gar keine Bedeutung für die Befestigung. Es ist ebenso frei von Lungengewebe wie der Hilus selbst. Letzterer ist nur dadurch, daß sich so viele starke Gefäße und Bronchien in ihm zusammendrängen, ein fester Halt für die Lunge. Man kann gleichwohl bei breit eröffnetem Brustkorb die Lunge so weit aus der Pleurahöhle herauswälzen, indem man an der Lungenwurzel zerrt, daß man auch die Hinterfläche der Lunge und die ganze Hinterwand der Pleurahöhle zu Gesicht bekommt.

Im Lungenhilus liegen in der Richtung von vorn nach hinten zu vorderst die Lungenvenen (je 2), dann folgt die Arterie und zu hinterst liegt der Bronchus (Abb. S. 184). In der Richtung von oben nach unten verhält sich der rechte Hilus gewöhnlich anders als der linke. Links liegt zu oberst die Arterie, dann folgt der Bronchus, zuletzt kommen die Venen. Rechts liegt zu oberst der Bronchus, dann kommt die Arterie und zu unterst liegen wieder die Venen. Der Unterschied beruht auf dem Vorhandensein eines eparteriellen Bronchus, der gewöhnlich rechts vorkommt (für den rechten Oberlappen, Abb. S. 187). Die beiden zur Lungenspitze gehenden Bronchien, die mit dem gemeinsamen Namen apikale Bronchien bezeichnet werden, sind in der Regel dadurch voneinander verschieden, daß der rechte dorsal von der rechten Arteria pulmonalis liegt, der linke ventral von der Arterie seiner Lunge. Nur wenn der rechte apicale Bronchus in der gewöhnlichen Weise höher vom rechten Hauptbronchus abzweigt als die Stelle, an welcher letzterer von der Arterie überquert ist, liegt er eparteriell. Geht er tiefer ab, so liegt er, wie alle übrigen Bronchien hyparteriell, aber doch dorsal von der Arterie. Nur selten liegt er ventral von ihr. Diese Varianten sind sehr verschieden gedeutet worden (S. 179). Bei manchen Säugern kommt für den rechten Oberlappen ein Bronchus direkt aus der Luftröhre oberhalb der Bifurkation, z. B. beim Rind und Schwein. Beim Menschen gehört ein solcher „trachealer Bronchus" zu den Seltenheiten.

Äste des Bronchial-baumes

Abb. 102. Bronchialbaum (dunkel) und Arteria pulmonalis (hell) der Katze. Korrosionspräparat. Von vorn. × Ramus infracardiacus (für den gleichnamigen Lappen).

Der Bronchialbaum verästelt sich in der Lunge mit den Gefäßen. Ihm folgt genau die Arteria pulmonalis, welche das verbrauchte Blut vom Herzen aus der Lunge zuführt (Abb. S. 187). Die Vena pulmonalis, welche das in der Lunge regenerierte Blut zum Herzen zurückführt, liegt in der Pforte und in deren Nähe auch in nächster Nähe der größeren Bronchien. Nur die feineren Äste liegen weiter entfernt von den kleineren Bronchien und von deren Begleitern (Abb. S. 191). Beim Lebenden kann man im Röntgenbild die sog. „Hiluszeichnung" sehen, d. h. im wesentlichen Blutgefäßschatten, die wir nach dem Gesagten als Ausdruck für die Lage der Bronchien nehmen können, wenn wir letztere auch im Röntgenbild nicht unmittelbar sehen (Abb. S. 189). Die Seitenansicht des lebenden Brustkorbes zeigt, daß der Bronchialbaum schräg nach hinten gerichtet ist; er nimmt also die größtmögliche Ebene in der Lunge ein, indem seine Spitze auf den untersten, der letzten Rippe entsprechenden Rand der Lunge gerichtet ist.

Bei den Vierfüßlern mit ihrem schmalen, von vorn nach hinten tiefen Brustkorb liegt das Geäst der größeren Bronchien wie ein Spalierbaum in einer Ebene, welche annähernd der Papierebene in Abb. b, S. 189 entspricht. Die Äste, welche auf den vorderen Rand der Lunge hin verlaufen, heißen Rami ventrales, die nach dem hinteren Rand der Lunge hinstrebenden heißen Rami dorsales.

Nur die feineren Unteräste treten wie bei einem verwahrlosten Spalier aus der
Ebene heraus, und zwar nach der Innen- und Außenfläche der Lunge hin, so

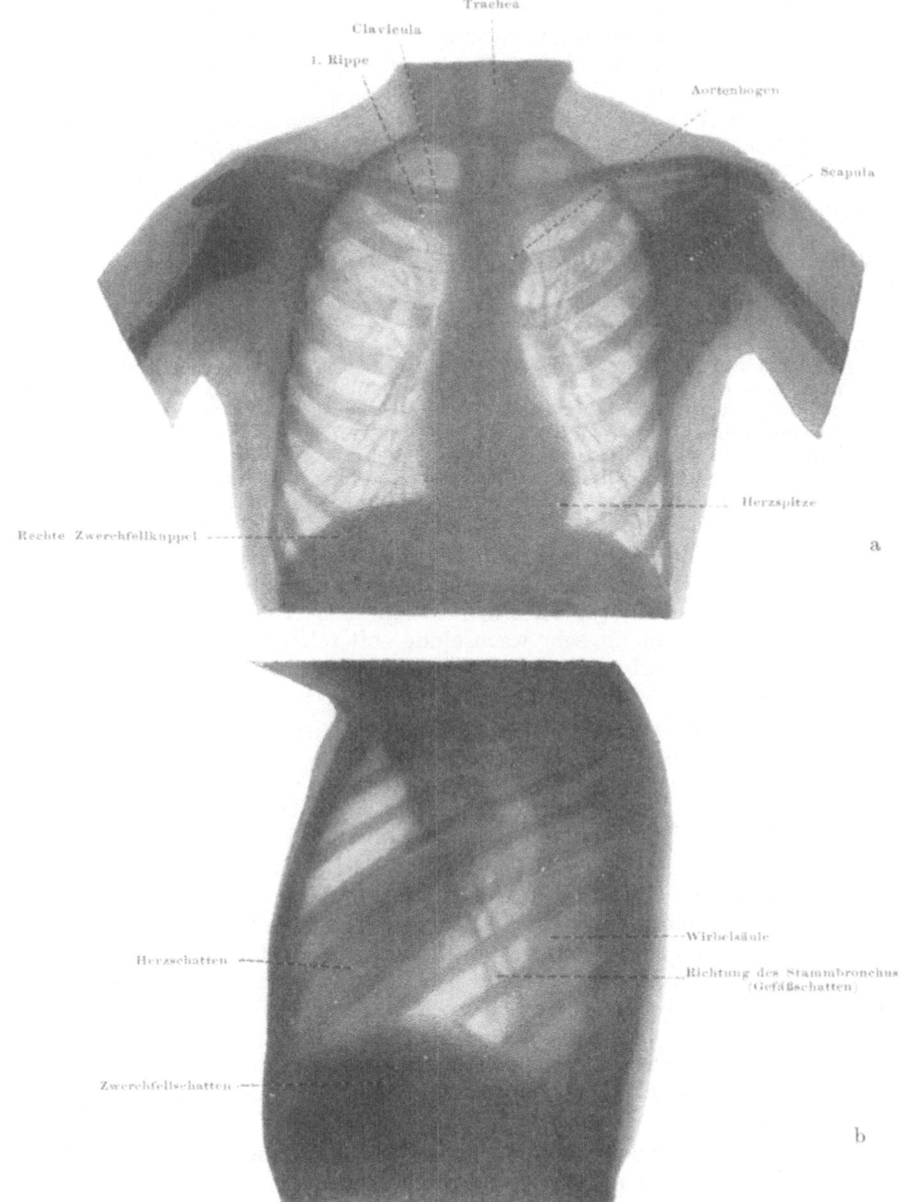

Abb. 103. Röntgenbilder normaler Brusteingeweide. a Brustkorb von vorn. Inspirationsstellung.
b Von der Seite. Umgezeichnet nach Photos von GROEDEL (Röntgendiagnostik 1914, Abb. 23, 27; Aufnahmen
mit möglichst geringer Verzerrung der Proportionen).

daß alle Teile Luft zugeführt erhalten. Um sich die Lage beim Menschen anschaulich zu machen, denke man sich die Ausbreitung des einen Bronchialbaums

so in ein Heft gezeichnet, daß der Baumstamm längs dem Heftrücken verläuft
(Stammbronchus) und daß auf der einen Seite die ventralen und auf der gegenüberliegenden Seite die dorsalen Seitenäste aufgetragen sind. Klappt man
nun das Heft halb zu, so daß die ventralen Äste nicht mehr in derselben Ebene
wie die dorsalen liegen, so entspricht das ihrem Verlauf in situ, d. h. sie sind mehr
lateral, nicht rein ventral gerichtet. Daher sind sie in der Frontalansicht nur
wenig verkürzt, was im „Hilusschatten" beim Lebenden indirekt sichtbar
ist (Abb. a, S. 189). Man nennt sie Rami ventrolaterales. Die Ursachen dieser
Umlagerung hängt mit der aufrechten Stellung des Menschen und mit der
Abplattung des Brustkorbs zusammen (Bd. I, Abb. S. 281). Die Arteria pulmonalis läuft längs dem Stammbronchus zwischen den Abgangsstellen der Rami
dorsales und Rami ventrales s. ventrolaterales; sie gelangt so im spiraligen
Verlauf von oben vorn nach unten zu auf die Hinterseite des Stammbronchus
(Abb. S. 187).

Die Richtung des Herzschattens im Röntgenbild zeigt schräg nach vorn, so daß
sich die Herzspitze in den Winkel zwischen Zwerchfell und vorderer Brustwand
hineinlegt (Abb. b S. 189). Die schrägen Ebenen für die Stammbronchien und die Herzachse stehen in einem Winkel von annähernd 90° zueinander. In der geradlinigen
Fortsetzung der Stammbronchien nach dem Halse zu liegt der Schatten der Luftröhre, in der geradlinigen Fortsetzung des Herzschattens die Aorta ascendens. Blut-
und Luftbahn stehen in der Sagittalprojektion zueinander wie gekreuzte Schwerter.
In der Ansicht von vorn projizieren sie sich so aufeinander, daß anscheinend die
Hiluszeichnung und der Herzschatten in derselben Ebene anstatt hintereinander
liegen (Abb. a, S. 189). Man lasse sich dadurch nicht täuschen.

<table><tr><td>Allgemeine
Struktur
der
Bronchien</td><td>

Gegenüber dem Hauptbronchus fehlt bei allen übrigen Teilen des Bronchial-
baums die Hufeisenform der Knorpel und die Ergänzung der freien Hufeisen-
enden durch glatte Muskulatur zu einem Ring. Die Knorpel nehmen bereits
von den ersten Teilungen an sehr wechselnde, oft reich verzweigte Formen an
(Abb. S. 144, 192). Die Muskulatur, die in der Luftröhre des Menschen innen
an den Knorpelenden inseriert, breitet sich zu einer geschlossenen Lage aus und
formt eine besondere Schicht innen von den Knorpeln. Wir unterscheiden
deshalb bei den Bronchien anstatt zwei Schichten deren drei: außen die
Faserhaut mit Knorpeln, in der Mitte die Muskelhaut und innen die
Schleimhaut (Abb. S. 191, oberer Querschnitt). Die feineren Bronchien
heißen Bronchioli. Die dünnsten haben $^1/_2$ mm im Durchmesser.

</td></tr></table>

<table><tr><td>Faserhaut
mit
Knorpeln</td><td>

Die Faserhaut, Tunica fibrocartilaginea, hat denselben Bau aus
kollagenen und elastischen Fasern wie bei der Luftröhre. Nur sind die Skelet-
stützen außer ihrer komplizierten gröberen Form im feineren Aufbau dadurch
unterschieden, daß sie beim Menschen größtenteils elastische Knorpel sind.
Nur der Kern ist bei größeren Knorpeln hyalin, die Rinde ist immer elastisch.
Dünne Brücken zwischen gröberen Knorpelteilen einer verzweigten Knorpel-
spange bestehen nur aus elastischem Knorpel (Abb. S. 192). Infolge dieser An-
ordnung und Struktur wird das Lumen offen gehalten: die elastischen Form-
veränderungen der Gesamtlunge während des Atmens werden reibungslos und
ohne Zerrung ertragen.

</td></tr></table>

Die Knorpel reichen bis zu den Bronchiolen von 1 mm Durchmesser. Die
letzten Knorpelchen sitzen je als kleines Reiterchen quer in dem Winkel einer
Teilung des Bronchiolus, die zum Unterschied von den spitzwinkligen Verzweigungen der gröberen Bronchien meistens stumpfwinklig ist (Abb. S. 191,
Mitte des Bildes). Die längsverlaufenden Knorpelstäbe erreichen mit einem
verbreiterten Ende die nächstfolgende Verzweigung und stützen sie auf der
dem Astwinkel gegenüberliegenden Seite. Am weitesten distal kommen nur
Querreiter vor, die sich entwicklungsgeschichtlich selbständig anlegen. In den
Lücken zwischen den Knorpelspangen liegen zahlreiche Drüsen der Schleimhaut.

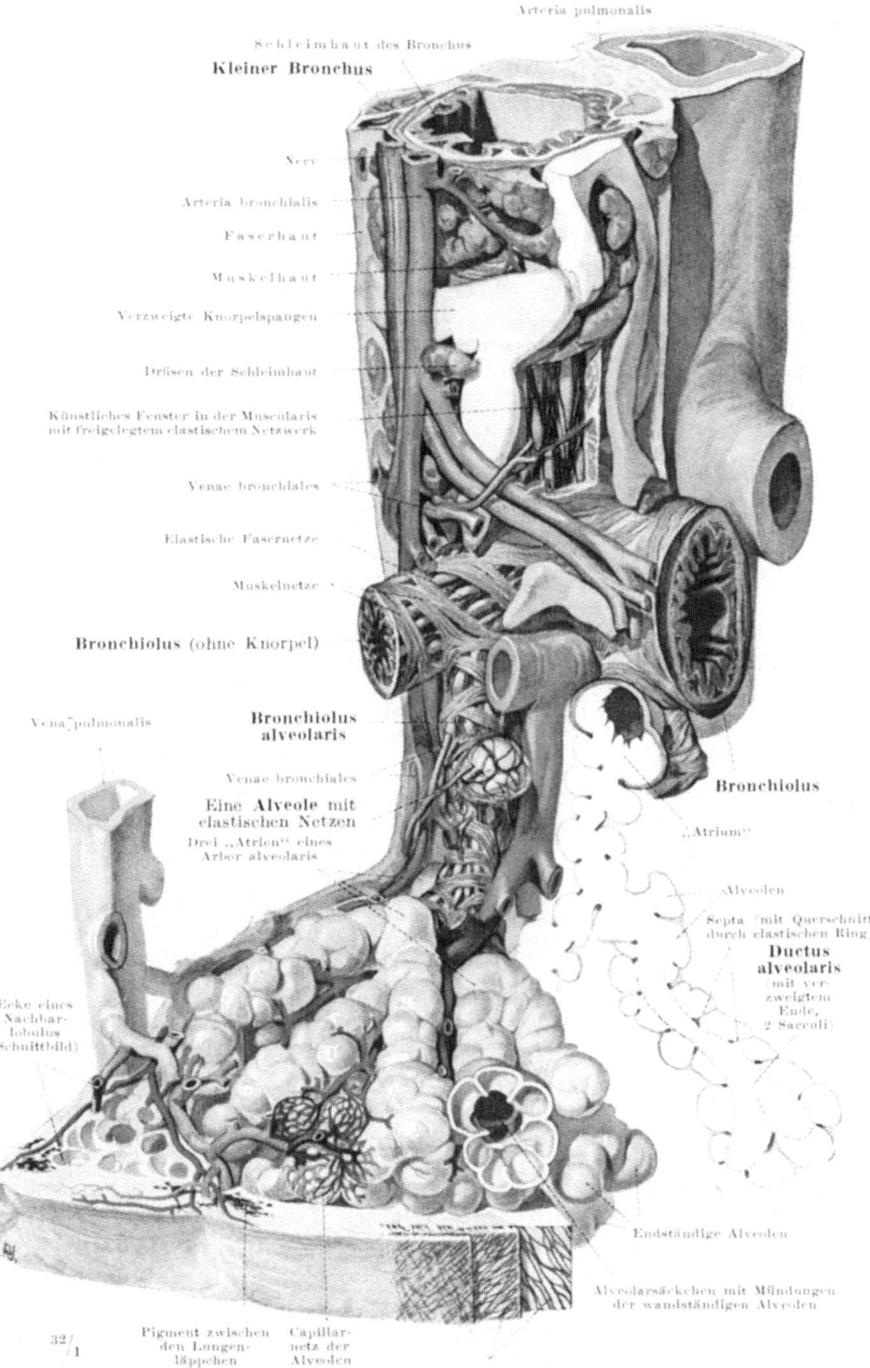

Abb. 104. Stück eines Lungenläppchens (Acinus). Lunge eines jugendlichen Hingerichteten. Freie Rekonstruktion von A. VIERLING. Die Abstände in senkrechter Richtung sind beim Bronchialbaum schematisch verkürzt, d. h. der kleine Bronchus, mit welchem die Zeichnung oben beginnt, geht in Wirklichkeit allmählicher in die Bronchioli über, auch diese sind in Wirklichkeit länger gestreckt (siehe den natürlichen Abguß Abb. S. 187, rechts oben). Rechts vom Beschauer das Schnittbild eines Alveolarganges als Kontur (nicht plastisch, Größenverhältnisse nicht verändert). Schleimhaut und Drüsen grün, Knorpel hellblau, Muskeln und Arteria bronchiales gelbrot, elastische Fasern schwarzblau, Arteria pulmonalis carminrot, Vena pulmonalis und Vena bronchialis dunkelblau (vgl. auch Legende zu Abb. S. 193).

Muskelhaut   Die Muskelhaut, Tunica muscularis, besteht aus anfänglich ringförmig, bei den kleineren Bronchien und bei den Bronchiolen netzförmig angeordneten Zügen von glatter Muskulatur. Die meisten Muskelzüge der Bronchiolen ziehen schräg zur Achse des Röhrchens, so daß alle Muskeln zusammen bei ihrer Kontraktion das Lumen verengern, aber die Länge des Röhrchens gleichzeitig verkürzen, wie durch Reizung an Stückchen der überlebenden Lunge festgestellt ist. Dadurch wird ein völliger Verschluß unmöglich. Eine reine Ringmuskulatur würde die Röhrchen verengern, gleichzeitig ihre Länge entsprechend vergrößern, das Lumen schließen und für die Luft verlegen. Es ist sehr wichtig, daß da, wo die Knorpelspangen aufhören und nicht mehr die Bronchiolen vor dem Kollabieren schützen, die Muskeln durch ihre Schräglage diese Aufgabe übernehmen. Denn die Muskulatur erstreckt sich weiter distal über die Wand des Bronchialbaums als die Knorpel, so daß die feinsten Bronchiolen eine reine Tunica fibrosa (ohne Knorpel) und darunter eine Tunica muscularis haben. Nach neueren Untersuchungen reicht die Muskelschicht erheblich weiter als die zu innerst liegende bronchiale Schleimhaut. Es sind Muskelzüge in großer Zahl beim Menschen gefunden worden, welche die Alveolargänge bis zu ihren blinden Enden begleiten (siehe unten) und welche auch im interstitiellen Bindegewebe zwischen den kleinen Bronchien und Alveolen liegen. Die Alveolen selbst sind frei davon. Kehrt die Lunge bei der Exspiration wieder in ihre Ruhelage zurück, so kann die gesamte glatte Muskulatur diese im allgemeinen von elastischen Kräften besorgte Bewegung aktiv unterstützen. Sie wirkt als Exspirationsmuskel.

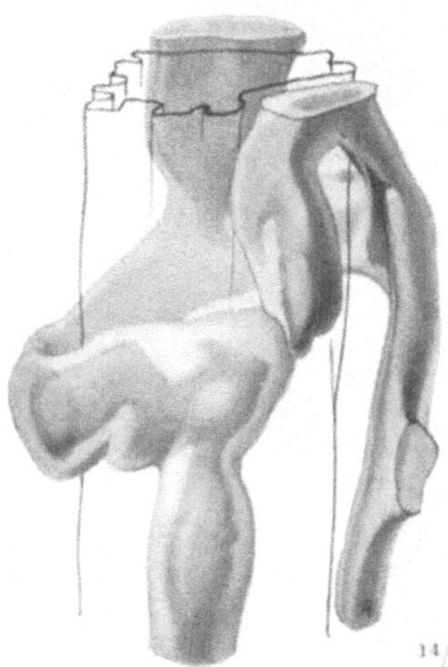

Abb. 105. Bronchialknorpel, Mensch. Die verzweigte Knorpelspange der Abb. S. 191 isoliert (Eigene graphische Rekonstruktion). Die dunkleren Partien sind hyaliner Knorpel, die helleren elastischer Knorpel. Oben und unten ist der Knorpel künstlich abgeschnitten. Die gefältete Konturlinie entspricht dem Innenrand der Schleimhaut.

Wird bei operativ geöffnetem Thorax die kollabierte Lunge künstlich aufgeblasen (Überdruckverfahren), so zieht sie sich rhythmisch zusammen. Diese Exspirationsbewegungen der freiliegenden Lungenteile gegen einen konstanten Druck sehe ich als Beweis für die aktive Tätigkeit der Bronchial- und Alveolargangmuskeln an. Andere Momente kommen allerdings unterstützend hinzu. Bei Erkrankungen, z. B. beim Asthma, ist die Tätigkeit der Muskeln, vielleicht auch ihre Anordnung, so gestört, daß die Lichtung der Bronchien durch sie verlegt und ein störendes Atemhindernis gesetzt wird.

Schleimhaut   Die Schleimhaut, Tunica mucosa, ist entsprechend der Ausdehnung der Muskulatur ringsum in Längsfalten gelegt (Abb. S. 191, u. Abb. Nr. 105), während sie bei der Luftröhre nur hinten über dem M. trachealis gefältelt ist. Die Falten der Bronchien werden höher bei der Exspiration und verstreichen mehr bei der Inspiration, um so mehr, je mehr die Lunge gedehnt und je mehr eingesogene Luft durch sie hindurchpassieren muß. Die Zusammensetzung aus zylindrischen, an der Oberfläche flimmernden Epithelien mit eingestreuten Becherzellen ist die gleiche wie in der Luftröhre, auch die zahlreichen Drüsen sind wie dort aus serösen und muкösen Elementen gemischt (Abb. S. 176). In den feinsten Bronchiolen ist das Flimmerepithel einschichtig. Die Drüsen dringen allenthalben bis in die Faserhaut vor, ihre Ausführgänge benutzen die Maschen im Muskelnetz zum Durchtritt.

In den Falten der Schleimhaut der Bronchien liegen dicke Längsbündel von elastischen Fasern (Abb. S. 191, oberer Querschnitt und künstliches

Fenster). Sie stehen durch spitzwinklige Anastomosen miteinander in Verbindung und werden in den Bronchiolen, wenn die Knorpel aufhören und die Muskelnetze weitmaschiger werden, von außen immer besser sichtbar. Manche feinste Bronchiolen haben eine Wandung, die nur aus Epithel und der elastischen Tunica propria besteht. Alle elastischen Elemente, auch die in den Knorpeln und der äußeren Faserhaut liegenden, werden bei der Inspiration durch die Kraft der den Brustkorb vergrößernden Muskeln gedehnt und versuchen bei der Exspiration, d. h. beim Nachlassen der von außen angreifenden Kräfte, wieder in ihre Ruhelage zurückzuschnellen. So ist die Lichtung der Bronchien immer genau der Luftmenge angepaßt, welche gerade ein- oder austritt. In der Norm kann kein luftverminderter oder luftleerer Raum entstehen, welcher den Rhythmus des Luftstroms beeinträchtigen könnte. Werden

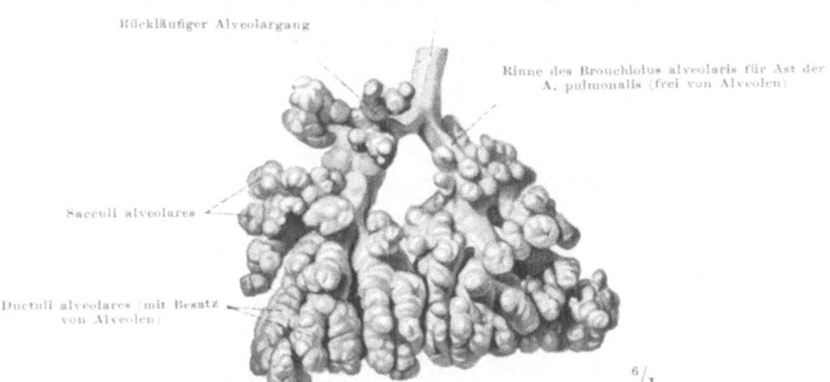

Abb. 106. Isolierter Acinus der menschlichen Lunge. Ausguß des Arbor alveolaris mit WOODschem Metall. Originalpräparat von LOESCHCKE (Zieglers Beitr. 1921). In Abb. S. 191 ist der Acinus von der schmalen Seite gesehen. Die andere Seite mit dem zweiten Bronchiolus alveolaris des Bronchiolus terminalis wird dort von der dem Beschauer zugewendeten Hälfte verdeckt.

die elastischen Längszüge der Schleimhaut bei extremer Inspiration übermäßig beansprucht, so bremsen die glatten Muskeln. Die Luftzufuhr kann nicht stocken, denn das Bronchiallumen kann nicht zu sehr verengt werden, weil die glatten Muskelnetze, welche die Bronchiolen verkürzen können, Widerstand leisten. Bei der Leiche ist die Schleimhaut der Bronchiolen in der Regel so stark gefaltet, daß der Querschnitt sternförmig aussieht (Abb. S. 191, Mitte des Bildes, links).

Die Endzweige des eigentlichen Bronchialbaums heißen **Bronchioli** **Acinus** minimi s. terminales. Diese teilen sich regelmäßig in zwei Kanälchen. Sie sind ein Zwischenglied zwischen der rein bronchialen und rein alveolären Komponente der Lunge. Denn sie tragen bereits einzelne Alveolen, dienen also nicht lediglich der Fortleitung der Luft wie der ganze übrige Bronchialbaum, sondern beteiligen sich bereits mittels dieser Anhänge an dem Gasaustausch zwischen Atemluft und Blut. Ich nenne sie **Bronchioli alveolares** (Abb. S. 191 u. Abb. Nr. 106; den üblichen Ausdruck Br. „respiratorii" vermeide ich, denn er widerspricht der Verwendung dieses Wortes in den oberen Abschnitten des Respirationstractus, s. S. 178). Die Alveolen lassen regelmäßig einen Streifen frei, an welchem sich der Ast der Arteria pulmonalis für den betreffenden Bronchiolus alveolaris und seine Anhänge der Wandung eng anschmiegt.

Alle Verzweigungen, welche aus den beiden Bronchioli alveolares eines End. bronchiolus hervorgehen, liegen beisammen und formen den platt kegelförmigen **Acinus** (Abb. Nr. 106). Die Zwischenräume zwischen den lufthaltigen Gängen und Blasen sind mit Bindegewebe gefüllt; dieses ist der Träger von zahlreichen feinsten Gefäßen und Nerven. Außerdem umgibt eine bindegewebige Kapsel von sehr wechselnder Dicke den einzelnen Acinus und schließt ihn gegen seine Nachbarn ab. Da die Kapsel je zweier Nachbaracini gemeinsam ist, heißt sie interacinäres Septum. An einer Stelle ist die Kapsel offen, nämlich am Eintritt des Bronchiolus terminalis und des ihn begleitenden Blut- und Lymphgefäßes. Hier liegt höchstwahrscheinlich der einzige Zugang für die Luft (sollten Porenverbindungen mit anderen Acini vorkommen — siehe Alveolen — so spielen sie gegenüber dem Hauptzugang nur eine untergeordnete Rolle).

Der Acinus ist die Einheit, welche der zusammengesetzten Lunge zugrunde liegt, wie etwa im Knochen das Osteon die Einheit bildet, aus welcher

Abb. 107. Lobulus. Ausguß mit WOODschem Metall. Der kleine Bronchus gabelt sich. Der rechte dickere Ast entspricht dem birnförmigen Lobulus, der dem Beschauer zugewendet ist (hell beleuchtet). Der linke dünnere Ast geht zu einem links liegenden Nachbarlobulus, der nur zum Teil sichtbar ist (linke, stark beschattete Seite des Präparates). Original von LOESCHCKE.

sich alle Teile zusammengesetzt erweisen. Man stelle sich also den Bronchialbaum wie einen reich verzweigten Stiel einer Weintraube vor; am Ende eines jeden Stielchens hängt ein Acinus wie im Beispiel die Weinbeere, nach der wir ihn nennen (Acinus = Beere).

Achtet man auf die Alveolen der Acini, so erscheint ihre Oberfläche gekörnt wie bei einer Himbeere oder Brombeere (Abb. Nr. 107). Das Beispiel der Weintraube (siehe auch das Folgende) bezeichnet gut die allgemeine Anordnung, ist aber bezüglich der feineren Form der einzelnen Beeren ungenau, da bekanntlich die Weinbeere glatt ist. — Früher, als man nicht wußte, daß der letzte Bronchiolus regelmäßig dichotomisch in zwei Bronchioli alveolares zerfällt, welche zu einem Acinus gehören, bezeichnete man irrtümlich die zu einem Bronchiolus alveolaris gehörigen Verzweigungen als Acinus.

Lobulus Viele Acini (12—18) setzen einen Lobulus zusammen, ähnlich wie in einer Weinbeere mehrere Beeren (Acini) mit ihren Stielchen an einem gemeinsamen

Seitenstiel der Hauptachse befestigt sind. Die Lobuli sind von einer Bindegewebskapsel umgeben, welche für je zwei Nachbarn gemeinsam ist, interlobuläres Septum. Sehr häufig setzt sich der inhalierte Ruß zuerst in diesen Septen fest. Man sieht dann auf der Oberfläche der Lunge ein Netz von feinen schwarzen Linien, dessen vieleckige Maschen 2—5 cm im Durchmesser haben (Abb. S. 184). Wird mehr Ruß abgelagert, so tauchen innerhalb der Maschen kleine schwarze Pünktchen auf, die Knotenpunkte der interacinären Septen. Schließlich sind sehr oft die ganzen Acini sichtbar, weil sie ringsum mit Ruß infiltriert sind. Dann wird die Zeichnung der Lobuli undeutlicher, weil das viel engmaschigere Netz der Acini für das Auge des Beschauers überwiegt. Der Kundige wird aber beide Netzarten im allgemeinen auseinanderhalten können, wenn auch nicht für jede Stelle von außen zu bestimmen ist, ob ein interlobuläres oder interacinäres Septum vorliegt. Für den inneren Bau ist der Unterschied stets scharf: der kleine Bronchus, welcher in einen Lobulus eintritt, gabelt sich innerhalb desselben 4—5mal weiter in Bronchien und Bronchiolen (je einer für jeden Acinus), gehört also zum Arbor bronchialis; der in einen Acinus eintretende Bronchiolus dagegen ist der letzte seiner Art, auf ihn folgen innerhalb des Acinus ausschließlich Röhrchen, welche am Geschäft des Gaswechsels teilweise oder voll beteiligt sind, und die wir deshalb Arbor alveolaris nennen.

Die der Lungenoberfläche zunächst liegenden Lobuli sind birn- oder pyramidenförmig. Die Basis liegt der Pleura an, so daß das Bindegewebe der Pleura sich direkt in die interlobulären Septen fortsetzt. An den Abgangsstellen der Septen sammelt sich der Ruß am frühesten (Pigment, Abb. S. 191). Ebenso hängen die interacinären Septen innerhalb der Lobuli mit der Pleura zusammen; sie färben sich bei stärkerer Überflutung mit Ruß ebenfalls an den Abgangsstellen der Septen von der Pleura (Anthrakose). Im Innern der Lunge sind die Lobuli mehr unregelmäßig vieleckig und kleiner als nahe der Oberfläche.

Die Acini liegen im allgemeinen wie die Bienenwaben an der Oberfläche eines Lobulus nebeneinander. Bricht man am Korrosionspräparat einen Acinus weg, so ist an der Lücke im Negativ sein Größenverhältnis zum Lobulus sehr deutlich (Abb. S. 194). Bricht man mehrere Acini am Rande weg, so entstehen Treppen, welche die Lage der Acini zueinander gut illustrieren (oberer Teil des Lobulus in der Abbildung).

Die Acini eines Lobulus greifen nicht ineinander ein, sondern liegen gut gesondert wie zusammengeschichtete Sandsäcke neben- und aufeinander.

Innerhalb eines Acinus verzweigt sich der eintretende Endbronchiolus in den Arbor alveolaris (Abb. S. 193). Wie wir sahen, teilt er sich zunächst dichotomisch in zwei Bronchioli alveolares; jeder von diesen verzweigt sich dichotomisch oder durch Abgabe eines Seitenastes 2—9mal in eine Anzahl von Alveolargängen, Ductuli alveolares, welche entweder ungeteilt oder dichotomisch mit einem oder zwei (selten drei) blinden Abschnitten endigen, den Alveolarsäckchen, Sacculi alveolares (Abb. S. 191, Konturzeichnung). Die meisten Alveolargänge eines Acinus strahlen in der Richtung vom Eintritt des Bronchiolus terminalis (Apex) auf die gegenüberliegende Wand (Basis) des platt birnförmigen Acinus aus. Nur wenige verlaufen auf die Seitenwände zu, und nur einige werden rückläufig gegen die Spitze zu (Abb. S. 193). Ich zähle bei einem Acinus etwa 60 Sacculi. Je nach der Größe der verschiedenen Acini dürfte die Zahl sehr stark schwanken. Alle Alveolargänge und Endsäckchen haben gemeinsam, daß sie dicht mit Alveolen besetzt sind, und zwar so dicht, daß die eigentliche Wand nur ideell besteht (gestrichelte Linie der Konturzeichnung in Abb. S. 191). In Wirklichkeit ist sie überall von den Eingängen in die Alveolen durchbrochen, die den Gang auf einem Längsschnitt wie die Kabinen in einer Badeanstalt in ununterbrochener Reihe begleiten (ausgezogener Kontur). Die Wände zweier benachbarter Alveolen sind gemeinsam, interalveoläre Septen. Auf dem Querschnitt durch einen Alveolargang oder ein

Arbor alveolaris

13*

Endsäckchen sieht man, daß die Alveolen im Kranz um das Lumen herum angeordnet sind (plastisches Bild rechts unten in Abb. S. 191). Meistens erreichen die Septen mit ihren freien Enden das Lumen des Alveolargangs oder -säckchens, so daß alle Septenenden zusammengerechnet die Wand erkennen lassen.

Die beiden Bronchioli alveolares sind die einzigen Gänge des Arbor alveolaris, bei welchem nur wenige Alveolen der Wand aufsitzen. Hier ist die Wandung also real und nicht nur ideell vorhanden. Sie ist auch durch eine ganz andere Schleimhaut gekennzeichnet als überall sonst im Arbor alveolaris.

Eine vielfach gebrauchte Benennung der Äste des Arbor alveolaris stützt sich auf das Vorkommen besonderer Atrien, d. h. erweiterter Kammern, welche in die Äste des Baumes eingeschaltet sind; die proximal und distal von ihnen liegenden Teile haben verschiedene Namen erhalten. Ich sehe von diesen Benennungen ab, weil Erweiterungen, wie sie gelegentlich vorkommen (in Abb. S. 191 als „Atrien" bezeichnet), sehr verdächtig sind. Denn das Emphysem, an sich eine Erkrankung des höheren Alters, bei welchem schließlich sämtliche Teile des Arbor alveolaris dauernd erweitert sind, beginnt bereits früh mit Erweiterungen lokaler Art (Abb. Nr. 108). Auch jede vorübergehende Überbeanspruchung der Lunge kann zur pathologischen Erweiterung an den besonders beteiligten Stellen führen (sog. Volumen auctum der Klinik). Wahrscheinlich gehören dahin die „Atrien"; sie sind pathologisch. — Die „Morgensternformen" des frühen Emphysems (Abb. Nr. 108, oben) illustrieren, was wir unter Sacculi verstehen (auch Infundibula genannt); sie sind die einzigen unversehrten und gleichsam isolierten Teile des Arbor alveolaris an der betreffenden Stelle.

Die Elemente der Alveolarwand im allgemeinen

$^{10}/_1$

Abb. 108. Krankhafte Erweiterungen, erste Veränderungen des Arbor alveolaris bei Emphysem. Unten isolierte Aufblähung eines einzigen Sacculus. Rechts oben zusammengeflossene Alveolarvorgänge zu einer Blase aufgebläht, die Sacculi nicht gebläht (Morgensternform). Originalphoto von LOESCHCKE.

Die Struktur der Alveolen ist das für den Gasaustausch wichtigste Moment im ganzen Respirationstractus. Trotz ihrer Dünne ist die Wandung recht verwickelt gebaut. Die mikroskopischen Einzelheiten sind nur durch verschiedene Methoden sichtbar zu machen, so daß man im Einzelpräparat im wesentlichen nur einen oder wenige Bestandteile zu Gesicht bekommt, z. B. die Epithelien (Abb. S. 198). Ich gebe in Abb. S. 197 eine Zusammenfassung aller, mit den verschiedenen Methoden gewonnenen Einzelheiten in einem plastischen Schema, das also nur insoweit künstlich ist, als es die Dinge so darstellt, wie wenn wir technisch imstande wären, alle strukturellen Details an derselben Alveole gleichzeitig sichtbar zu machen. Der Beschauer sieht schräg auf den Eingang der Alveole, der nach rechts von ihm gewendet ist. Man vergesse nicht, daß die Wandung mit den angrenzenden Nachbaralveolen gemeinsam ist (interalveoläre Septen).

Manche feinste Bronchien haben eine Wand, die nur aus Epithel und elastischen Fasern der Tunica propria mucosae besteht. So ist es auch bei den Alveolen; nur ist ihr Epithel ganz anders gebaut als dort, die elastischen Fasern haben ihre Besonderheiten, und endlich liegen besonders entwickelte Blutcapillaren außen von den elastischen Fasern. Die Wandung ist für den Gaswechsel zwischen atmosphärischer Luft und Blut um so geeigneter, je dünner sie ist, je permeabler also die Zwischensubstanz zwischen dem mit atmosphärischer Luft gefüllten Binnenraum der Alveolen und den außen auf den elastischen Fasern liegenden

Lichtungen der Blutcapillaren ist. Die dort zirkulierenden roten Blutkörperchen sind die Träger der Gase, d. h. sie beladen sich, indem sie durch die Lunge hindurchgetrieben werden, mit neuem Sauerstoff für die Gewebe und geben die Kohlensäure, das Abfallprodukt der Gewebsatmung, an die atmosphärische Luft in den Alveolen ab. Die Wandung der Alveole hat außer diesen unmittelbaren Beziehungen zum Gasaustausch auch die Voraussetzung dieser Leistung zu vollziehen. Denn an sich ist die große Entfernung der Alveolen von der freien Atmosphäre ein Hindernis für den Gasaustausch zwischen Luft und Blut. Bei niederen Wassertieren tritt das sauerstoffreiche und kohlensäurearme Wasser unmittelbar mit den Membranen in Berührung, hinter denen das Blut strömt. Bei uns liegt der Respirationstractus, insbesondere der weit verzweigte Bronchialbaum dazwischen. In ihm wird die Luft, sobald sie stagniert, sauerstoffärmer und kohlensäurereicher als draußen. Die Atembewegungen lüften

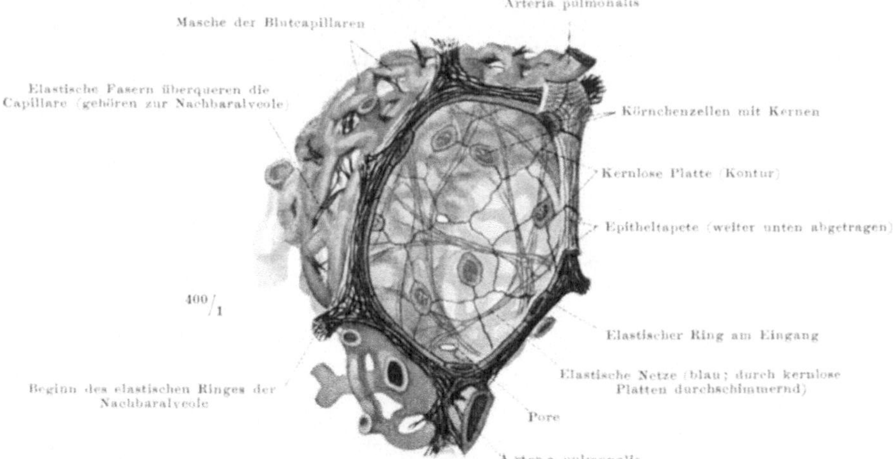

Abb. 109. Einzelne Alveole, Schema. Elastische Fasern blauschwarz, Arteria pulmonalis und die von ihr ausgehenden Capillaren rot, Vena pulmonalis und die in ihr sich sammelnden Capillaren hellblau. Freie Rekonstruktion nach demselben Objekt wie Abb. S. 191 von A. VIERLING. Die Capillaren der vom Beschauer abgewendeten Wand der Alveole schimmern (blaßrosa) durch dieselbe durch, ebenso die elastischen Fasern (blaßblau). Züge glatter Muskulatur können dem elastischen Ring am Eingang eingebettet sein.

dauernd das gesamte Zufuhrsystem. Bei der Alveole kommt es darauf an, daß sie die frische Luft, die bis an sie herangesaugt wird, auch wirklich aufnimmt. Sie wird um so mehr von der guten Luft für den Gasaustausch zur Verfügung halten, je ausdehnungsfähiger ihr Binnenraum, also je elastischer ihre Wandung ist. Diese doppelte Bedingung, Dünne und Elastizität, wird von den einzelnen Komponenten der Wand in folgender Weise erfüllt.

Das Epithel der innersten Schicht ist zum äußersten abgeplattet. Wir finden nur noch ab und zu einzelne platte Epithelzellen mit Kernen oder in Gruppen von 2—4 (5) zusammenliegende Zellen. Ihr Protoplasma ist fein granuliert; man nennt sie Körnchenzellen (Abb. S. 198). In den übrigen Epithelzellen, welche beim Embryo die Wandung Stück neben Stück austapezieren, sind die Zellkerne verloren gegangen. Das Protoplasma ist bei der Erweiterung der Lunge kurz nach der Geburt zu kernlosen Platten ausgedehnt worden. Vielleicht sind auch hier und da Nachbarzellen miteinander unter Opferung der Zellgrenzen verschmolzen (Syncytien). Ähnliche Verdünnungen des Epithels kommen an den Zotten des Mutterkuchens (Placenta) vor, wo für den Austausch von Gasen (und gelösten Nahrungsbestandteilen) günstige osmotische

Verhältnisse nötig sind. Die übrig gebliebenen Zellen der Alveole (Körnchenzellen) regenerieren die kernlosen Platten, welche im Gebrauch zugrunde gehen.
So ist von seiten des Epithels an den meisten Stellen der Alveole eine lebende,
aber strukturlose Membran von äußerster Feinheit, Durchlässigkeit und Dehnbarkeit gebildet.

Von manchen Seiten wird das Vorhandensein eines wirklichen Alveolarepithels
bestritten, die Zellen werden für Elemente des Bindegewebes gehalten, welches
durch das Zugrundegehen des embryonalen Epithelbelags unmittelbar an die
Oberfläche der Alveole gelangt. Die Zellen liegen in den Maschen der Blutgefäße
und hindern so den Gasaustausch nicht.

Elastische Netze, Eingangsring Die elastischen Fasern der mittleren Schicht sind zu lockeren Netzen
angeordnet, welche die ganze Oberfläche der Alveole überziehen (Abb. S. 197).

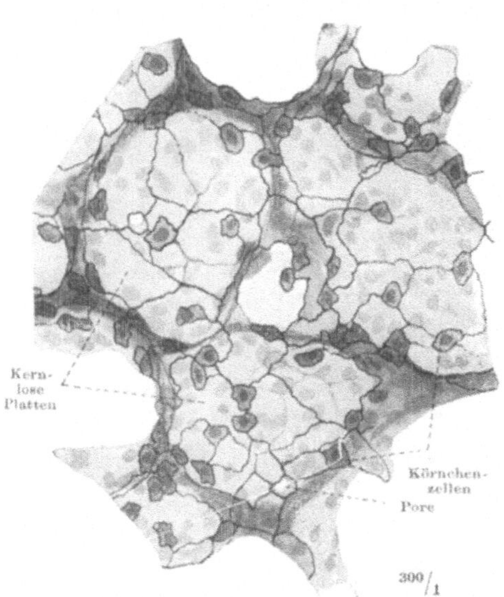

Abb. 110. Alveoläres Epithel. Dicker Schnitt aus
der Lunge der Katze. Drei Alveolen, vgl. Abb. S. 197.
Zellgrenzen mit Höllenstein geschwärzt. Stellenweise
schimmern die Zellgrenzen der Alveolen durch, welche
hinter den hier gezeichneten liegen (Überkreuzung von
Grenzlinien), ebenso die grau gezeichneten Kerne des
Bindegewebes und der Gefäßendothelien. Das Loch
in der Mitte ist der Anschnitt einer Nachbaralveole.

Sie sind durch eine homogene, nicht
elastische Grundsubstanz, in welcher
verstreute Bindegewebszellen liegen,
zu einem dünnen Häutchen verkittet.
In die Maschen des elastischen
Netzes dringen die Blutcapillaren der
äußeren Schicht so weit vor, daß
sie die kernlosen Platten der innersten Schicht unmittelbar berühren.
Das Endothel der Capillaren ist vom
Binnenraum der Alveole an diesen
Stellen nur durch die beschriebenen
strukturlosen Häutchen getrennt, so
daß die roten Blutkörperchen in
unmittelbarster Nähe des Luft-
inhaltes vorbei passieren. Die Kerne
der Gefäßendothelien und der
Bindegewebszellen der mittleren
Schicht schimmern in gefärbten
Schnitten durch die innerste Schicht
hindurch (Abb. Nr. 110).

Am Eingang der Alveole ist das
elastische Gewebe zu einem elastischen Ring verdichtet (Abb. S. 197).
Die Ringe verdicken die Ränder der
Scheidewände zwischen den einzelnen
Alveolen; man sieht sie als kleine
kolbenförmige Auftreibungen, wenn ein Alveolargang der Länge nach getroffen
ist (Abb. S. 191, Konturzeichnung). Bei Lungenerkrankungen, bei denen das
Lungengewebe eingeschmolzen wird, findet man Fragmente der Ringe im Aus-
wurf des Patienten, da das elastische Gewebe der Maceration widersteht; sie
sind ein Zeichen dafür, daß das Sputum sicher aus der Lunge und nicht
anderswoher stammt. Die Ringe sind in situ nicht rein elastisch; zahlreiche
glatte Muskeln drängen sich zwischen die elastischen Ringfasern. Die Aufgabe der Ringe ist, den Eingang der Alveole entsprechend der Menge der zirkulierenden Luft richtig einzustellen, und zwar um so mehr zu vergrößern, je
mehr die Lunge im ganzen gedehnt wird. Auch die elastischen Netze in der
übrigen Wandung erweitern sich sehr leicht, je mehr die Inspirationsmuskeln
den Brustkorb vergrößern. Man hat berechnet, daß bei einem Körpergewicht
von 60 Kilogramm und bei gewöhnlicher Atmung pro Kilo Körpergewicht und
Stunde etwa $1^1/_2$ Liter (rund 1600 cm³) Sauerstoff in die Alveolen hineingelangt,
bei forcierter Atmung der 5fache Betrag. Die Anreicherung der Alveolar-

luft an O beträgt nach jedem Atemzug nur $^1/_2\%$, da die verbleibende Luftmenge in der Lunge sehr groß ist ($2^1/_2$ Liter).

Die glatte Muskulatur erstreckt sich nicht auf die eigentliche Wand der
Alveolen. Sie liegt außer am Eingang derselben (an allen Alveolen über den
ganzen Verlauf des Alveolarganges bis zu den Sacculi) auch in dem Bindegewebe
zwischen Alveolen verschiedener Alveolargänge und Sacculi (dagegen nicht in
den Septa interalveolaria desselben Ganges oder Sackes).

Die Blutcapillaren der äußeren Schicht sind in engmaschigen Netzen
angeordnet. Die Lücken des Netzes sind kaum größer als die Breite der Capillaren. Damit wächst die Größe der Flächen, mit welchen die Blutbahn sich dem
Binnenraum der Alveolen bis aufs äußerste nähert. Indem die Blutcapillaren
etwas geschlängelt verlaufen, legen sie sich bald an die Wand der einen Alveole,
bald an die Wand der Nachbaralveole an. Denn während es in einem Septum
interalveolare zwei getrennte Epitheltapeten und zwei, durch Brücken miteinander verbundene elastische Netze gibt, ist nur ein Capillarnetz darin enthalten. Sein Inhalt kann nach beiden Seiten hin in Gasaustausch mit der
atmosphärischen Luft treten. Die Lichtungen der Capillaren sind gerade so
groß, daß ein rotes Blutkörperchen knapp hindurchpassieren kann. Indem
Stück für Stück hindurchgleitet, wendet es beiden Nachbaralveolen eine große
Fläche zu. Auf diese feineren Vorgänge kommt es bei der Ausnutzung der
Alveolarluft für den Körper an. Man hat berechnet, daß von den 1600 cm³ Sauerstoff pro Kilo Körpergewicht und Stunde, welche in die Alveolen hineingelangen
(siehe oben), rund 400 cm³ vom Körper verbraucht werden. Das Angebot
ist also bei ruhiger Atmung beträchtlicher als die Nachfrage.

Außer dem Gasaustausch wird Wasser in den Alveolen verdampft, so daß
die Exspirationsluft nahezu dampfgesättigt ist (sichtbarer Atem bei kalter Außentemperatur). Dafür ist die enge Berührung der Blutcapillaren, aus denen das
Wasser transsudiert, mit der Innenwand der Alveolen wichtig.

Die Regulation der Austauschprozesse zwischen Blut und Luft innerhalb der
durch die Größe der Berührungsflächen gesetzten Grenzen wird außer durch den
Gasdruck auch durch Eingriffe der lebenden Elemente bestimmt, welche Blut und
Luft voneinander trennen. Die atmosphärische Luft ist reicher an Sauerstoff als
das der Lunge zuströmende Blut. Das Druckgefälle wirkt dahin, Sauerstoff in das
Blut zu treiben, umgekehrt Kohlensäure in die Luft. Berechnungen haben ergeben,
daß diese rein physikalischen Faktoren (Absorption) nicht genügen, um den tatsächlichen Gasaustausch zu erklären. Chemisch-biologische Faktoren kommen
hinzu, welche wir uns in dem Alveolarepithel oder in dem Capillarendothel oder in
beiden lokalisiert vorstellen müssen (Sekretion von Gasen in spezifischer Richtung).
Als „Gasdrüse" in reinster Form würde die Alveolarwand dann funktionieren,
wenn die Sauerstoffspannung in der Alveole geringer würde als im Blut und trotzdem
O in das Blut gelangt. Bei der Schwimmblase der Fische ist nachgewiesen, daß die
Wand O in das Lumen hinein abscheidet. Für die Lunge sind die Ansichten der
Forscher darüber noch kontrovers. Der Sauerstoff wird ausschließlich vom roten
Blutfarbstoff der Blutkörperchen gebunden (Hämoglobin); bei der Kohlensäure
liegen die Dinge verwickelter.

Entscheidend für den Gasaustausch ist in letzter Linie nur die Alveolarluft. Wenn
auch der einzelne Atemzug nur wenig frische Luft in die Alveolen selbst befördert,
so wirkt die Summierung der steten Folge von Atemzügen um so sicherer. So kommt
es, daß Menschen, welche in eine Atmosphäre von anderer Gasspannung geraten,
z. B. beim Bergsteigen, oft gar nicht reagieren. Denn der Erfahrene läßt instinktiv
die Atemmuskeln entsprechend mehr Luft einpumpen, so daß die Alveolarluft
selbst unverändert bleibt. Der Neuling oder Schwächling, welcher seine Atem-
maschine nicht beherrscht, leidet allerdings an Atemnot, da bei ihm in den Alveolen
verminderte Sauerstoffspannung einsetzt.

Wie vom Hilus der Lunge aus der Bronchial- und im Anschluß daran der
Alveolarbaum sich durch die ganze Lunge verzweigt, so dringen von der gesamten
Oberfläche des Organs aus Bindegewebssepten ein, die wir bereits als gröbere
interlobuläre und feinere interacinäre Septen beschrieben haben. Die Stärke
ist nicht durchgehend bei allen gleich. Dickere und dünnere Partien wechseln

miteinander ab, je nach den mechanischen Beanspruchungen der betreffenden
Stellen und je nach dem Inhalt der Septen an größeren und kleineren Venen-
stämmen. Speziell die interacinären Septen können streckenweise außerordentlich verdünnt sein. Die feinsten Ausläufer des Septensystems dringen
zwischen die Sacculi und Alveolargänge innerhalb der einzelnen Acini ein
und endigen schließlich in den Septen zwischen denjenigen Alveolen, welche
auf ein und demselben Alveolargang oder -säckchen sitzen. Alle innerhalb
eines Acinus liegenden Septen, mögen sie zwischen Alveolen verschiedener oder
gleicher Alveolargänge und Sacculi liegen, heißen interalveoläre Septen.

Von ihnen werden hauptsächlich die Zwischenräume ausgefüllt, welche bei
einem Korrosionspräparat zum Vorschein kommen (Abb. S. 193). Denn das Alveolarepithel spielt, wie wir sahen, seiner Abplattung wegen keine Rolle. Man kann
die bindegewebigen Septen zwischen den Acini und Lobuli sichtbar machen, wenn
man ein Stück einer aufgeblasenen und getrockneten Lunge leicht anmaceriert
und dadurch alle interalveolären Septen entfernt.

Das Bindegewebe aller Septen ist aus kollagenen und elastischen Fasern
gemischt. Letztere werden um so reichlicher, je mehr die Septen in die Acini
hineindringen, während die kollagenen Fasern entsprechend abnehmen. In
den Septen zwischen den Alveolen des gleichen Alveolargangs oder -säckchens
sind fast ausschließlich elastische Fasern vorhanden. Die Dehnbarkeit der
Alveolarwand ist am größten, während die übrigen Septen nur bis zu einem
gewissen Grade nachgeben, dann aber zu starke Ausdehnungen stoppen, da die
kollagenen Fasern nur so lange nachgeben, bis sie vollkommen gestreckt sind,
von da ab aber Widerstand leisten. Werden sie überdehnt, so ist eine Rückkehr in die ursprüngliche Länge nicht mehr möglich. Falls die überdehnte
Faser nicht durch eine neue ersetzt werden kann, ist der Schaden dauernd
(Emphysem). So unterstützt das gesunde septale Gewebe die glatte Muskulatur, welche aktiv zu starke Ausdehnungen hemmt, außerdem aber bei der
Exspiration über die Ruhelage hinaus die Lichtungen der luftführenden Kanäle
verringern kann. Alle Septen sind außerdem Träger der Gefäße und Nerven,
die gröberen interacinären und interlobulären nur für Venen, die feinsten
interalveolären für Arterien, Venen und die Capillarnetze zwischen beiden.

Poren   Die Septen sind von Poren, Stomata, durchbohrt, welche sich beiderseits
in Alveolen öffnen. Beim Menschen sind sie wenig zahlreich und klein
(Abb. S. 197, 198). Bei manchen Säugern sind sie so zahlreich und groß, daß
man an ihrer Existenz im Leben nicht zweifeln kann (Fledermaus, Igel, Maus).
In diesen Fällen läßt sich leicht feststellen, daß die Poren nicht nur die Scheidewände zwischen Alveolen des gleichen Gangs, sondern auch solche zwischen
Alveolen verschiedener Gänge und Système durchbohren. Die Luft wird also
nicht nur durch den Bronchial- und Alveolarbaum verteilt, sondern auch
durch Kommunikation zwischen den Alveolen selbst. Dies mag von besonderer Bedeutung für Tiere mit großem Gasverbrauch und regem Stoffwechsel
sein, bei denen alle Blutcapillaren, je häufiger und größer die Stomata sind,
um so gleichmäßiger von guter Luft umspült werden. Beim Menschen spielen
die Poren wegen ihrer Kleinheit und Seltenheit keine so große Rolle.

Man hat sie vielfach für Kunstprodukte erklärt. Das Vorkommen bei allen
Säugern in verschiedenster Form, Verteilung und Größe spricht dagegen. Auch findet
man bei exsudativen Erkrankungen der menschlichen Lunge, daß Fibrinfäden
durch die Septen hindurch vom Binnenraum einer Alveole in den nächsten reichen.
Es ist anzunehmen, daß anfänglich bereits vorhandene Poren beim Emphysem
künstlich erweitert werden. Insofern ist es interessant, daß oft als erste Anzeichen
bei dieser Krankheit Verschmelzungen zwischen Sacculi vorkommen, welche verschiedenen Alveolargängen angehören (Abb. S. 201). Dies läßt darauf schließen, daß
auch beim Menschen Poren in allen interalveolären Septen vorhanden sind, nicht
nur in den Septen zwischen den Alveolen des gleichen Alveolarganges oder -sackes.

Ob allerdings auch zwischen den Alveolen verschiedener Acini oder gar Lobuli vorgebildete Stomata beim Menschen bestehen, ist sehr zweifelhaft und meines Wissens nicht genau untersucht. Die Dicke der Septen spricht an den meisten Stellen dagegen. Bei emphysematischen Lungen kann man allerdings beobachten, daß gefärbte Injektionsflüssigkeit, welche man in einen Bronchus einlaufen läßt, an einem anderen wieder herauskommt, was nur bei Lücken in den interlobulären Septen möglich ist. Doch kommt beim Emphysem schließlich eine weitgehende Einschmelzung sui generis zustande, die mit dem Normalen nichts mehr zu tun hat.

Die Alveolen, welche einzeln und meist in größeren Abständen den beiden Ästchen des terminalen Bronchus aufsitzen, sind genau so gebaut wie alle übrigen Alveolen (Abb. S. 191, 193). Trotzdem sind ihre Träger Bronchiolen, denn ihre Auskleidung mit flimmerndem Cylinderepithel ist gleich derjenigen aller feinsten Bronchiolen. So zeigen solche Bronchioli alveolares, wie sie ihrer Doppelnatur nach heißen, auf Schnitten sehr wechselnde Bilder. Das Lumen hat, soweit es zum Gang selbst gehört, bronchiales und, soweit es zur Alveole gehört, alveoläres Epithel. Beide stoßen ohne Übergänge aneinander an. An der Weite des Lumens ist im Schnittbild nicht immer zu erkennen, ob man die Lichtung des Bronchiolus selbst oder die einer seiner Alveolen vor sich hat. Aber ein Blick auf das Epithel gibt sofort Gewißheit. Auch hat die Wand des Bronchiolus zahlreiche Muskelnetze, während die Alveolen selbst davon frei sind (Abb. S. 191).

Struktur der Bronchioli alveolares

Die „Bronchialdrüsen" sind Nodi lymphatici. Sie schließen an die Trachealdrüsen an. Letztere begleiten in zwei Reihen, eine rechts und eine links, die Luftröhre (Nodi paratracheales), andere liegen im Bifurkationswinkel zu 9—12 Stück zwischen Herz und Speiseröhre bzw. Aorta eingekeilt, außerdem im Winkel zwischen Luftröhre und rechtem Hauptbronchus in einem Häufchen von 5—7, zwischen Luftröhre und linkem Hauptbronchus von 3 bis 6 Knötchen (Nodi tracheobronchiales). Von da ab dringen die Knötchen mit dem Bronchialbaum in das Lungengewebe ein.

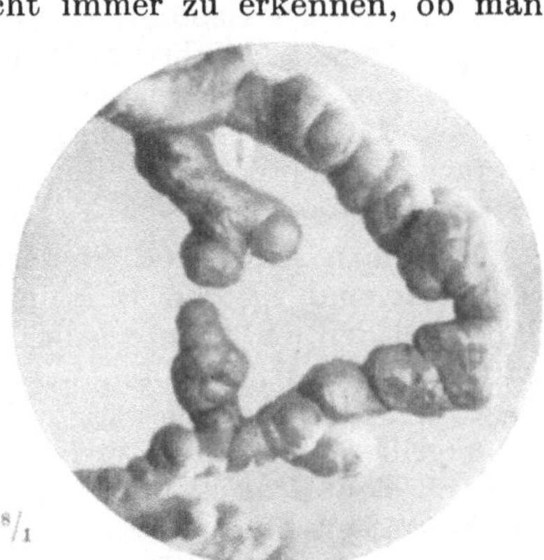

Abb. 111. Pathologische Vereinigung zweier Sacculi, die zu verschiedenen Zweigen eines Alveolarbäumchens gehören. Beginnendes Emphysem. Injektion mit WOODschem Metall. Original von LOESCHCKE.

Lymphknoten des Hilus und der Bronchien

Zum eigentlichen Hilus rechnet man diejenigen, welche in den Winkeln der ersten Teilungen des Hauptbronchus liegen (die noch in Abb. S. 144 gezeichnet sind; man nennt diese eigentlichen Hilusknötchen Nodi bronchopulmonales). Auch in den Teilungswinkeln der feineren Bronchien fanden sich einzelne winzige Knötchen (Nodi pulmonales), die bei der normalen erwachsenen Lunge höchstens die Größe einer Linse erreichen. Im Bindegewebe der Pleura kommen ebenfalls verstreute kleinste Knötchen vor, besonders am Abgang größerer interlobulärer Septen (Nodi subpleurales). Sie werden neuerdings für die normale Lunge bestritten. Die Lymphgefäße der Pleura und des Lungengewebes selbst leiten die Lymphe den genannten Knötchen zu, und zwar vereinigen sie sich zunächst sämtlich in den Hilusknoten; von da ab geht der Strom direkt oder aufsteigend (längs der Luftröhre und durch die tiefen Halslymphknoten) als Truncus bronchomediastinalis in den großen Lymphstamm des Körpers (Ductus thoracicus, bzw. rechts in den Truncus lymphaticus dexter).

Normale Lymphknoten sind im Röntgenbild nicht sichtbar; pathologische (markig geschwollene oder verkäste) Knoten heben sich nur dann gegen die Umgebung ab, wenn diese normal lufthaltig ist. Trauben- oder gruppenförmige Schattenbilder statt der normalen Hiluszeichnung deuten auf tuberkulöse Lymphknotenveränderungen hin und sind sehr charakteristisch (manchmal so scharf wie ein Geschoß gegen das Lungengewebe abgesetzt).

Staubzellen Der Staub, welchen wir einatmen, fällt gewöhnlich irgendwo in den dünnen Schleimüberzug des Respirationstractus, der von den Becherzellen und zusammengesetzten Drüsen geliefert und bis in die feinsten Bronchiolen hinein von dem Wimperschlag der Epithelien in Bewegung gehalten wird. Der Schleim hat in der Norm die richtige Konsistenz und Menge, um wie ein Trottoir roulant dauernd gegen den Zugang des Kehlkopfes zu fließen. Staubteilchen, welche nicht vorher schon in der Nase oder im Rachen abgefangen sind, werden also in der Regel mit dem Schleim, der in Spuren aus dem Kehlkopf in den Rachen sickert, verschluckt. Lebt der Mensch dagegen in stark staub- oder rußhaltiger Luft, so arbeiten sich trotz aller Schutzvorrichtungen des Körpers, die auch durch dauernde Katarrhe geschädigt sein können, immer mehr Partikelchen solcher Fremdkörper bis in die Alveolen. Dort hört das Flimmerepithel auf. Dagegen übernehmen besondere Staubzellen den Transport in das interstitielle Bindegewebe der Septen, wo sie in die Lymphgefäße hineingelangen und den Lymphknoten zugeführt werden. Daher sehen die Hilusknoten in der Regel schwarz aus. Bei Steinhauern sind sie mit Kalk erfüllt, bei Metallarbeitern mit Metall usw. Die Zeichnung auf der Lungenoberfläche (interlobuläre und interacinäre Septen) wird durch die mit Staubzellen gefüllten Lymphbahnen oder durch im Bindegewebe deponierte Staubzellen deutlich.

Die Zellen selbst sind Bindegewebselemente (Histiocyten), welche amöboid beweglich sind, in den Binnenraum der Alveolen einwandern, sich dort mit Staub beladen und dann wieder in das interstitielle Gewebe der Septen zurückwandern. Die Hilusknoten werden durch starke Staubeinlagerung gereizt und antworten darauf durch entzündliche Verhärtungen. Auch die Umgebung wird mit ergriffen, so daß es meistens sehr schwer ist, die harten, geschwollenen und mit den Bronchien und Gefäßen fest verlöteten Knoten aus dem Hilus der Lunge herauszupräparieren. Der übrige Körper wird vor Überschwemmung durch Staub von den Hilusknoten bewahrt. Versagen diese Filter, so wird der Ruß in der Leber, Milz und im Knochenmark gefunden.

Der schlüssige Beweis, daß das inhalierte Material tatsächlich bis in die Hilusknoten gelangt, wurde bei den Pforzheimer Goldarbeitern geführt, bei denen der eingeatmete Goldstaub aus den Lymphknoten zurückgewonnen werden kann. Bei der schwarzen Pigmentierung könnte es sich auch um vom Körper erzeugte Farbstoffe handeln. Da aber der Verschleppungsweg bekannt ist, ist auch hier der Vorgang der gleiche wie beim Goldstaub („anthrakotisches" Pigment). Soweit Mikroorganismen sich nicht selbst bewegen, gilt für sie der gleiche Modus des Eindringens in die Luftwege wie für den unbelebten „Staub". Tuberkelbacillen siedeln sich innerhalb der Lunge mit Vorliebe an den Astwinkeln der feineren Bronchien der Lungenspitzen an; daraus geht hervor, daß dort die Luft am ehesten stagniert. Der rückläufige apicale Bronchus und die wenig ausgiebige Bewegung der 1. Rippe begünstigen die Einnistung dieser Schädlinge.

Außer den eigentlichen Staubzellen sollen sich auch Leukocyten in den Alveolen mit Staub beladen.

Da rote Blutkörperchen aus dem Blut, welches man Tieren in die Luftwege eingegossen hat, in den Lymphgefäßen der Lunge wieder gefunden wurden, werden feinste Spalten angenommen, welche aus den Alveolen in die Lymphbahn führen. Diese könnten auch die staubbeladenen Epithelien passieren. Doch ist unklar, wie beim Vorkommen von Poren der Lymphabfluß in die Lichtungen der Alveolen verhindert wird.

Wie groß die Fremdkörper sein können, welche bis in die Alveolen aspiriert werden, sah ich an einem Präparat eines Hingerichteten, bei welchem Ascariseier in Teilung, die also bei der Fixierung lebten, in den Alveolen lagen.

Blutgefäße
(Vasa
publica et
privata) Bei der Bedeutung der Lunge für das Blut ist dessen Verteilung mehr als bei anderen Organen für den Aufbau des Ganzen von Wichtigkeit. Die Lunge hat zweierlei Blutgefäße, Arteriae et Venae pulmonales und Arteriae et Venae bronchiales. Die ersteren führen das Nutzblut für den Körper (Vasa publica) durch die Lunge hindurch, wo es von der überschüssigen Kohlensäure befreit und neu mit Sauerstoff versehen wird. Dieses Blut ist innerhalb der Lunge nur Vehikel für die allgemeinen Lebensprozesse in den Geweben des Körpers. Die Lunge selbst will aber auch ernährt sein, da sie dauernd arbeiten muß. Dieses Ernährungsblut für die Lunge transportieren die Bronchialgefäße (Vasa privata).

Die Arteriae pulmonales, welche vom Herzen aus das „verbrauchte‟ Blut den Capillarnetzen der Alveolen zuführen (zu jeder Lunge eine), verlaufen mit ihren Ästen neben den Bronchien, beim Stammbronchus dorsal (Abb. S. 187), und folgen ihnen bis in die Acini hinein. Am Bronchiolus alveolaris bleibt die Rinne, in welcher die Arterie liegt, frei von Alveolen (Abb. S. 193).

Die Arterie tritt immer an den Rand der Alveole heran. Aus mehreren kleinen Arterien geht vom Rande aus das Netz der Blutcapillaren zu der Alveolarwand. Das Blut sammelt sich dem Eingang der Alveole gegenüber, nachdem es arteriell geworden ist, in einer feinsten Vena pulmonalis (Abb. S. 191, 197). Die Venenstämmchen liegen anfangs in den interacinären Septen, die gröberen kreuzen häufig die Bronchien, begleiten aber schließlich die größten Bronchialäste, wenn sie sich dem Hilus nähern; die Vene liegt dann der Arteria pulmonalis gegenüber, beim Stammbronchus ventral. Aus jeder Lunge treten mindestens zwei Vv. pulmonales aus.

Wie die Arteria pulmonalis so folgt auch die Arteria bronchialis dem Bronchus längs seiner ganzen Bahn (Abb. S. 191). Die linke Lunge erhält gewöhnlich zwei A. bronchiales aus der Aorta descendens, die rechte eine, gewöhnlich aus der 3. oder 4. Intercostalarterie. Sie enthält arterielles Blut, die A. pulmonalis dagegen venöses. Die feinsten Verzweigungen der A. bronchialis breiten sich netzförmig in der Schleimhaut der Bronchien und Bronchiolen, an deren Muskeln und Drüsen aus, versorgen aber außerdem die Wandungen der Vasa publica (Vasa vasorum) und die ganze Pleura visceralis der Lunge. Aus allen diesen Capillarnetzen sammeln sich feine Venae bronchiales mit venösem Inhalt. Soweit sie in der Nähe des Lungenhilus liegen, vereinigen sie sich zu 2 Venenstämmchen und ergießen sich durch diese in die Körpervenen (Vena azygos und V. hemiazygos). Die entfernter liegenden Venae bronchiales münden dagegen in Venae pulmonales (Abb. S. 191 links unten), die aufgefrischtes, arterielles Blut enthalten. Diese Einmündungen liegen distal von den Capillarnetzen der Alveolarwand. So wird bereits innerhalb der Lunge das arterielle Blut für den Körper durch Mischung mit venösem Blut verschlechtert. Bei den geringen Mengen des venösen Zusatzes spielt das für den Gesamtkreislauf keine Rolle. Der Körper spart vielmehr an besonderen Röhrenleitungen für das venöse Bronchialblut in den eng zusammengeschachtelten toten Zwischenräumen zwischen den atmenden Lungenbläschen, in welchem die Luft-, Blut- und Lymphleiter liegen.

Wahrscheinlich ist das Blut in einem Teil der Bronchialvenen gar nicht venös, sondern durch die Nachbarschaft mit den Alveolen bereits arteriell geworden, ehe es in die Vena pulmonalis gelangt. Durch die gröberen Bronchialvenen strömt aber sicher venöses Blut in das arterielle Blut der V. pulmonalis.

Auch bevor sich die Arteria pulmonalis in die Capillarnetze der Alveolarwand aufsplittert (proximal von ihnen), gibt es Anastomosen mit Ästchen der Arteria bronchialis, also ebenfalls Mischungen arteriellen und venösen Blutes, das aber sofort durch den Gasaustausch voll arteriell wird. Diese Anastomosen werden besonders anschaulich bei krankhaften Prozessen.

Die Äste der A. pulmonalis sind Endarterien, d. h. sie stehen untereinander nicht (oder kaum) durch Anastomosen in Verbindung. Wird ein Ast verstopft, z. B. durch ein Klümpchen koagulierten Blutes, welches im Herzen oder an irgend einer

Stelle des Venensystems infolge Erkrankung der Venenwand entstehen kann und durch den Blutstrom in die Lunge verschleppt wird (Embolie), so wird der Lungenabschnitt von der A. pulmonalis abgeschnitten. In diesem Fall ist also gleichsam experimentell das System der Vasa publica für die betreffende Stelle ausgeschaltet und nur das der Vasa privata erhalten. Ist der betroffene Lungenabschnitt klein, so wird er ausreichend ernährt. Man sieht jetzt, daß das Nährblut durch die Anastomosen zwischen Arteriae bronchiales und pulmonales proximal von den Capillarnetzen bis in die feinsten Ausbreitungen der letzteren in die Alveolarwände gelangt und diese am Leben erhält. Dasselbe Resultat hat sich bei operativer Ausschaltung eines Lappenastes der A. pulmonalis ergeben.

Nerven von
Lunge und
Pleura Die **Innervation** ist wie die Gefäßversorgung doppelter Herkunft. Ein Nervengeflecht, das durch den Hilus eindringt und sich längs dem Bronchialbaum verzweigt (Abb. S. 191), stammt aus dem Nervus vagus (X.) und dem Grenzstrang des Nervus sympathicus. Die Äste versorgen auch die Blutgefäße. Die Muskeln, welche die Bronchien verengern, werden vom Vagus zur Kontraktion gebracht; er hebt den Muskeltonus der Gefäße auf und erweitert also deren Lichtung (Bronchoconstrictor und Vasodilatator). Der Sympathicus hat die entgegengesetzte Wirkung (Bronchodilatator und Vasoconstrictor).

Der **Nervus vagus** dringt mit einem **Plexus pulmonalis anterior et posterior** (vor und hinter dem Bronchus) in die Lungenwurzel ein. Mit ihm verflechten sich sympathische Fasern des untersten Cervicalganglion und des Plexus cardiacus. In die sympathischen Nerven sind längs der Bronchien kleine Haufen von Ganglienzellen eingeschaltet.

Das Zusammenspiel von Sympathicus und Vagus (Parasympathicus) ist aufs feinste ausreguliert und steht unter der Kontrolle eines besonderen **Atemcentrums** im Gehirn, welches vor allem auch die Tätigkeit des Zwerchfells und der übrigen Brustkorbmuskeln beherrscht. Die Atembewegungen erfolgen rhythmisch und unwillkürlich wie der Herzschlag, können aber vom Willen beeinflußt werden. Störungen der glatten Muskeln (Bronchoconstrictoren, Asthma) werden durch Einatmung von Stoffen, welche in der Lunge selbst den Vagus reizen, ausgelöst, können aber auch durch rein seelische Einwirkungen auf das Atemcentrum entstehen (Asthma „nervosum"). Der Vagus und ebenso der Sympathicus wirken auf die Gefäße und Bronchien im gleichen Moment (z. B. Vagus als Vasodilatator und Sympathicus als Bronchodilatator); denn die Blutbahn erweitert sich bei der Inspiration, um den Gasaustausch mit der zuströmenden Luft zu erleichtern, sie verengt sich bei der Exspiration.

Die Nerven für den **Pleuraüberzug** der Lunge enthalten zum Teil Ganglienzellen und stammen also vom Sympathicus. Der Vagusanteil ist unsicher. Die Pleura der Brustkorbwand, des Mediastinums und des Zwerchfells wird von den Intercostalnerven und vom N. phrenicus versorgt. Die Schmerzempfindlichkeit der Pleura parietalis ist sehr groß. Die Lunge ist ganz unempfindlich, auch die Pleura pulmonalis scheint es zu sein. Scheinbare Schmerzen in der Lunge gehen in Wirklichkeit von der beteiligten Pleura der Brustwand aus (stechende Schmerzen bei beginnender Lungenentzündung u. ä.).

Pleura
visceralis Die **Pleura „höhle"**, **Cavum pleurae**, ist nur potentiell ein Raum, der bei Wegnahme der Lunge (Abb. S. 145) oder bei Verdrängung derselben in pathologischen Fällen entstehen kann (Exsudate, Bluterguß u. dgl.). In der Norm sind die beiden Blätter der Pleura, welche die Brustwand und die Lunge überziehen, nur durch eine capillare Spalte voneinander getrennt. Die **Wandpleura, Pleura parietalis** (Abb. S. 145, rot), geht in die Lungenpleura, **Pleura visceralis** (blau), am Lungenhilus und im „Ligamentum" pulmonale über (Abb. S. 184 u. Abb. a, S. 206). Man denke sich grob schematisch die Pleura visceralis so entstanden, daß die von der Scheidewand in der Medianebene der Brusthöhle aus vordringende Lunge (Abb. c, S. 5, gestrichelt) die Wandpleura vor sich hertreibt, bis sie eine die ganze Brusthöhle ausfüllende Vorstülpung geworden ist, ähnlich wie man den leeren Gummischlauch eines Fahrrades aufbläst, bis er allseitig dem Mantel der Bereifung anliegt. Der Mantel entspricht der Pleura parietalis, der Luftschlauch der Pleura visceralis. Ich verweise auf allgemeine frühere Darlegungen (dieser Band S. 6, 146, 187, Bd. I. S. 199).

Beide Pleurablätter sind mit einschichtigem Plattenepithel überzogen, dadurch sehr glatt und von spiegelndem Glanz. Durch Spuren von Lymphflüssigkeit, welche dauernd das Epithel benetzen, wird das Gleiten beider gegeneinander noch erleichtert. Wird durch Erkrankung die Oberfläche der Pleura rauh, so hört der Arzt „Reibungsgeräusche", wenn er das Ohr auf die Brustwand oder den Rücken legt, ein Beweis dafür, daß kleine Verschiebungen der Pleurablätter gegeneinander bei der Atmung gewöhnlich sind. Im großen und ganzen folgt aber die viscerale Pleura der parietalen, indem sie ihr adhärent bleibt (S. 180).

Sie besteht außer aus dem dünnen, dehnbaren Epithel, Tunica serosa, aus Bindegewebe mit zahlreichen elastischen Netzen, die von außen nach innen immer weitmaschiger werden, Tunica subserosa (Abb. S. 191). Die schräg gerichteten Längsachsen der Maschen stehen in den übereinandergeschichteten Netzen der Subserosa abwechselnd senkrecht aufeinander. Bei der Exspiration verkürzen sie gemeinsam nach dem Parallelogramm der Kräfte die Höhe und Breite der Lunge, welche vorher bei der Inspiration durch die Bewegungen des Brustkorbes besonders gedehnt worden waren. Im ganzen unterstützt die Elastizität der pulmonalen Pleura die inneren elastischen Kräfte der Lunge.

Die parietale Pleura wird nach den verschiedenen Abschnitten der Wand des Pleuraraums benannt (Abb. S. 145). Man unterscheidet danach eine Pars costalis, welche den Rippen, dem Brustbein und der Wirbelsäule anliegt, eine Pars diaphragmatica s. phrenica, dem Zwerchfell entsprechend, und eine Pars mediastinalis, welche das Mittelfell, Mediastinum, auskleidet (siehe folgenden Abschnitt). Der deutsche Name „Rippen"fell bezeichnet also nur einen kleinen Teil der gesamten Pleura. Die Pars mediastinalis trägt weitere Unterbezeichnungen, je nach der Stelle des Mittelfells, welcher sie anliegt. Die mit dem Herzbeutel verklebte Partie nennt man Pars s. Lamina pericardiaca (Abb. S. 210), alles übrige Pars s. Lamina mediastinalis s. str.

Alle Namen beziehen sich auf die parietale Pleura, man ergänze in Gedanken Pars costalis „pleurae parietalis" usw. Die BNA (Bd. I, S. 7) gebrauchen die Bezeichnungen „Pleura" costalis usw. Dabei laufen für den Ungeübten leicht Irrtümer unter, indem die „Pleura" costalis von ihm in die gleiche Reihe mit der „Pleura" visceralis gesetzt wird, während sie doch nur ein Teil der Pleura parietalis und diese im ganzen der Lungenpleura gegenüberzustellen ist. Dem trägt die hier verwendete Bezeichnungsweise Rechnung. Hat man einmal eine feste Vorstellung vom Sachverhalt, so kann man der Kürze wegen (wie in der Klinik allgemein üblich) die Namen der BNA sehr wohl anwenden: sie bedeuten im einen Fall das Ganze, im anderen Fall werden sie pars pro toto verwendet!

Mit der Wand des Brustkorbes ist die parietale Pleura, welche selbst aus Epithel und elastischem Bindegewebe besteht, durch lockeres Bindegewebe verbunden, Fascia endothoracica. Die aufgelagerten Organe wie Stücke der Rippen sind bei Operationen nur dann leicht abzutragen, wenn sie aus dem Perichondrium herausgelöst werden; so können Verletzungen der Pleura vermieden werden. Bei der Leiche kann man die Rippenknorpel bei größter Vorsicht vor dem Einreißen der Pleura herausnehmen und letztere schonen. Beim Kind ist die Thymus mit der Pars mediastinalis fest verwachsen; die meisten übrigen Teile, auch die Pars pericardiaca, sind in jedem Lebensalter leicht ablösbar (siehe auch S. 211). Das subseröse Bindegewebe ist reich an Lymphgefäßen. Feinste Stomata der Pleura parietalis erleichtern den Austritt von Lymphe, welche in der Norm gerade ausreicht, um die Wand und den Inhalt des Pleurasackes zu befeuchten. Stärkere Ergüsse sind pathologisch (Pleuraexsudat).

Die Pleura visceralis wird nicht weiter untergeteilt. Im Leben, wo sie der Pleura parietalis anliegt, entspricht jedem Teil der letzteren ein Abschnitt der Pleura visceralis, der sich zu ihr verhält wie der Abguß zur Matrize.

Die Pleurakuppel, Cupula pleurae, gehört zur parietalen Pleura (Abb. S. 210). Sie liegt im Niveau der ersten Rippe, an deren konkaven Innenrand sie durch eine aponeurotische Membran fest angeheftet ist. Diese Membran bedeckt häufig die ganze Kuppel, ist mit ihr innig verwachsen und durch derbe

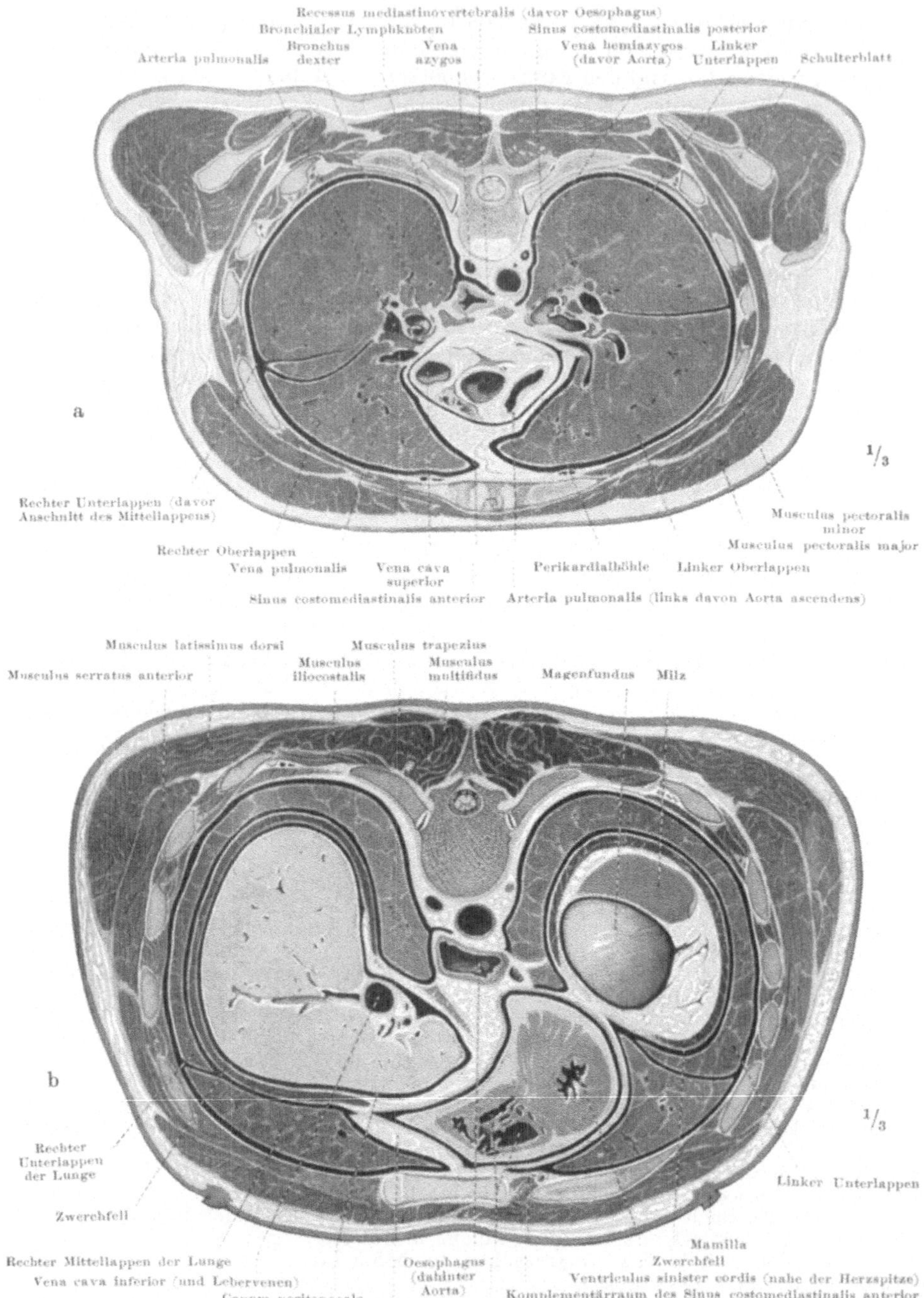

Abb. 112. Querschnitte durch den Brustkorb eines kräftigen Mannes, Gefrierschnitte.
a In Höhe der Scapula. b In Höhe der Zwerchfellkuppen (Brustwarzen).

Bindegewebszüge an den Nachbarorganen wie Luftröhre, Speiseröhre und Wirbelsäule in sehr wechselnder Weise befestigt. Nach hinten zu ist sie durch glatte Muskelzüge mit den Querfortsätzen des 7. Halswirbels in Verbindung. Quergestreifte Muskelfasern der Scalenusgruppe aberrieren häufig an sie. Die Kuppel wölbt sich vom Rand der obersten Rippen und von dem 1. Brustwirbel aus ein wenig in die Höhe. Medialwärts ist sie durch die genannten Befestigungen in ihrer Lage festgehalten. Die Form der Lungenspitze entspricht genau der Kuppel.

Die Beziehungen zu den angrenzenden Gefäßen und die Projektion auf die vordere Körperwand sind bereits bei der Lunge beschrieben (S. 182). Da der 1. Thorakalnerv der Pleurakuppel innig anliegt, können Entzündungsprozesse der Lunge sich auf diesen erstrecken und, da er zu den Nerven der oberen Extremität gehört, sich in Armschmerzen äußern (!).

Die Umschlagstellen der Pleura parietalis hat man außer am Hilus und am Ligamentum pulmonale, wo sie in die Pleura visceralis übergeht, zwischen den einzelnen Abschnitten der Pleura parietalis zu suchen. Die Stelle, an welcher ein Abschnitt an den anderen anstößt, heißt Sinus, weil häufig (aber nicht immer!) an ihr eine Bucht oder ein Spalt entsteht. Man nennt die Umschlagstelle zwischen der Pars costalis und Pars phrenica den Sinus phrenicocostalis (Abb. S. 145), diejenige zwischen Pars mediastinalis und Pars phrenica Sinus phrenicomediastinalis (z. B. der spitze Winkel rechts vom Herzen, zwischen ihm und dem Zwerchfell in der leeren Pleurahöhle der Abb. S. 145). Zwischen der Pars costalis und Pars mediastinalis gibt es jederseits zwei Sinus, einen vorn hinter dem Brustbein und einen hinten vor der Wirbelsäule, Sinus costomediastinalis anterior et posterior (Abb. S. 206).

Sinus pleurae

Die Winkelgrößen sind außerordentlich verschieden. Die Bucht kann sich in einen schmalen Spalt fortsetzen, in welchem die beiden parietalen Pleurateile einander berühren (z. B. Sinus phrenicocostalis, Abb. S. 145). In diesem Fall sinkt der Winkel auf 0°. Oder der eine Abschnitt der parietalen Fläche geht in der gleichen Ebene in den Nachbarabschnitt über (z. B. an manchen Stellen des Sinus costomediastinalis posterior, Abb. S. 206). In diesem Fall steigt der Winkel auf 180°. Zwischen diesen beiden Extremen kommen alle Winkelgrößen vor.

Die Umschlagstellen der Pleura können dadurch genauer fixiert werden, daß man die Rippe angibt, welche in einer bestimmten Vertikalen, z. B. in der Mamillarlinie, überkreuzt wird. Ich verweise auf die Abb. S. 181. Man merke sich, daß die tiefste Stelle in einer Horizontalen liegt, welche durch den untersten Punkt des 1. Lendendorns am Rücken gezogen wird. An der Wirbelsäule reicht der Pleurasack bei manchen Individuen bis auf den 1. Lendenwirbel, gewöhnlich bis auf den 12. Brustwirbel. Über die Grenzen an der Hinterseite des Brustbeins siehe weiter unten und den folgenden Abschnitt.

Unter Komplementärraum, Recessus, versteht man diejenigen Teile eines Sinus, bei welchen sich parietale Pleura an parietale Pleura legt (siehe oben: Sinus phrenicocostalis). Mit anderen Worten heißt das: die Lunge erreicht in den Komplementärräumen nicht die Grenzen des Pleuraraumes! Denn überall, wo Lunge liegt, muß Pleura visceralis an Pleura parietalis grenzen (Abb. S. 145, blau und rot; in Abb. S. 181 ist derjenige Teil des Pleurasackes, welcher nicht mit Lunge gefüllt ist, violett gezeichnet, in dem blau gezeichneten ist die Lage von Lunge und Pleura identisch, weil beide einander fest anliegen). Bei der Inspiration schlüpft die Lunge tiefer in den durch die Zwerchfellsenkung sich erweiternden Komplementärraum hinein, ohne aber den tiefsten Punkt zu erreichen, bei der Exspiration zieht sie sich wieder aus ihm zurück. Im Leben schwankt also die Breite der Komplementärräume beträchtlich. Sie sind, wie nach dem Vorhergehenden selbstverständlich ist, keine „Räume" im üblichen Sinn des Wortes, sondern capillare Spalten, die aber in pathologischen Fällen zu Räumen werden können, weil hier wässerige

Komplementärräume

Exsudate, Blut oder Eiter, welche in die Pleura ergossen werden, Platz finden, falls nicht entzündliche Verklebungen frühzeitig den Eingang verlegen. Liegt der Mensch, so sammeln sich solche Ergüsse am stärksten hinten im Sinus phrenicocostalis an und drängen die Lunge immer mehr aus dem Komplementärraum heraus. Nach vorn zu ist er sichelförmig zugespitzt (Abb. b u. c, S. 181). Dorthin dehnen sich im Stehen die Ergüsse aus. Links liegt vor dem Herzen ein Komplementärraum, welcher zum Sinus costomediastinalis sinister anterior gehört, aber nur dessen unterer Hälfte entspricht (von der 4. Rippe ab, Abb. a, S. 181 u. Abb. b, S. 206). Er fehlt rechts. Der Unterschied ist sehr charakteristisch: der untere Komplementärraum setzt sich vor dem Herzen mit einer ovalen Auftreibung nach oben fort, während er auf der gegenüberliegenden Körperseite weiter unten mit stumpfer Spitze endigt (violette Zonen, Abb. a, S. 181). Daß die Lage des Herzens hierfür entscheidend ist, wird aus Querschnitten durch diese Gegend klar (Abb. S. 206). Denn das Herz liegt so sehr der vorderen Brustwand genähert, daß keine Lunge mehr zwischen ihr und dem Herzbeutel Platz findet. Da das Herz mehr links als rechts liegt, so ist der Komplementärraum, der durch Verdrängung der Lunge entsteht, nur links und nur in der unteren, dem Herzen entsprechenden Hälfte des Sinus costomediastinalis anterior zu finden. Oberhalb des Herzens, ebenso im ganzen rechten Sinus costomediastinalis anterior füllt die Lunge den Sinus aus.

Am rechten Sinus costomediastinalis posterior reicht in etwa 70% der Fälle die Umschlagstelle weiter nach links, als in Abb. d, S. 181 gezeichnet ist. Es kann hier (wie vorn hinter dem Brustbein) zu einer Verwachsung beider Pleurae mediastinales kommen. In diesen Fällen schiebt sich eine Falte der Pleura, in welche die Lunge nicht eindringt, bis hinter die Speiseröhre: Recessus mediastinovertebralis (Abb. S. 206). Er ist eine postmortale Erscheinung als Folge des Zusammensinkens des Brustkorbes. Beim Lebenden ist das Mediastinum (S. 211) gespannt und der Recessus ausgeglichen.

Variabilität, Anomalien

Überblicken wir alle möglichen Fälle der topographischen Beziehungen zwischen Lunge und Brustwand, so ergibt sich eine interessante Reihe. Vor der Geburt füllt die Lunge den späteren Pleuraraum nicht aus. Sie überläßt diesen der Thymus, welche erst bei der Geburt in dem Maße in die mediane Scheidewand zurückgedrängt wird, als die Lunge beim Atmen gebläht wird. Schließlich können bei älteren Individuen auch die Komplementärräume von ihr eingenommen werden, wenn sie krankhaft überdehnt ist (Emphysem). Der Prozeß der Blähung, welcher normal an einer bestimmten, durch die Komplementärräume bezeichneten Grenze halt macht, wird durch jene krankhaften Veränderungen weiter geführt, bis das Ende des Pleurasackes und damit die größtmögliche Ausdehnung erreicht ist. In der Norm bleibt bei mittlerer Atmung ein etwa 6 cm breiter Abstand hinten seitlich zwischen Lungen- und Pleuragrenze beim Erwachsenen, doch gibt es viele individuelle Variationen. Bei der Leiche ist der Abstand besonders groß, wenn die Lunge ihren inneren elastischen Kräften überlassen bleibt (Abb. S. 145, siehe Text Bd. I, S. 182); wird die frische Leiche in situ durch Injektion mit Formalin gehärtet, so kann annähernd der gleiche Ausdehnungsgrad wie im Leben erhalten bleiben (Abb. S. 181).

Da sich die Lunge der Form des Brustkorbes anschmiegt, ist sie von dieser abhängig. Angeborene oder erworbene Verunstaltungen des Brustkorbes werden häufig die Ursache krankhafter Lungenveränderungen, z. B. der Tuberkulose. Die operative Durchtrennung oder Entfernung einer störenden 1. Rippe kann dann zur Heilung führen (Bd. I, S. 132). Die Vererbung des Habitus des Skelets, aber nicht die erbliche Übertragung der Krankheit selbst verursacht so die hereditäre Belastung von Kindern tuberkulöser Vorfahren. — Man liest vielfach die Meinung, daß die Form des Brustkorbes von der Form der Lungen abhängig sei. Der Anlage nach ist das sicher nicht richtig. Denn Individuen mit angeborenem totalen Mangel einer Lunge haben einen so normalen Brustkorb, daß in einem Falle die Aushebung zum Heeresdienst stattfand, ohne daß die Abnormität bemerkt wurde. Spätere Änderungen der Skeletform durch die Lungen und die Art der Atmung sind dagegen wohl möglich.

Pleura und absolute Herzdämpfung

Die größte Variabilität weist die vordere linke Pleuragrenze auf. Man sieht sie besonders gut, wenn man die Hinterseite der vorderen Brustwand betrachtet (Abb. S. 209). Sehr häufig berühren sich die beiden Umschlagsränder, und zwar links von der Mittellinie des Brustbeins. Von da ab weicht die Grenze des linken Pleurasackes um so mehr nach lateralwärts von der Mittellinie ab, je enger sich das Herz und damit der Herzbeutel der vorderen Brustwand anschmiegen, Situs superficialis cordis. Bei den meisten Tieren nähert sich das Herz weniger dem Brustbein, da es wegen der Tiefe des von den Seiten her platt gedrückten Thorax Platz genug im Innern hat; daher können die beiden Pleurasäcke sich auch vor dem Herzbeutel einander nähern und in extremen Fällen berühren wie in der Mitte des Brustbeins, Situs profundus cordis. Er kommt auch beim Menschen vor. Diese Varietät ist atavistisch, die andere progressiv; denn der Thorax wird durch den aufrechten Gang zunehmend von vorn nach hinten kürzer (Bd. I, Abb. S. 281); man denke sich in dieser Abbildung das Herz an Stelle des Ringes, welcher beim Modell dazu dient, den Brustkorb in abgeplatteter Form festzustellen. In

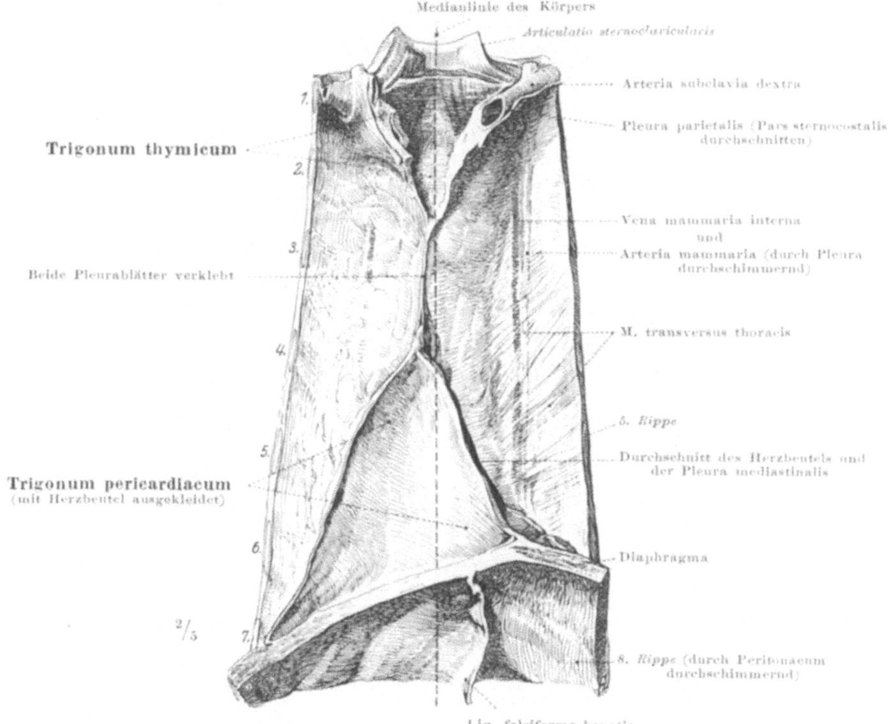

Abb. 113. Vordere Brustwand, Innenseite. Mittellinie des Brustbeins gestrichelt.

Abb. a, S. 181 ist links vom Brustbein eine kleine Stelle frei von Bedeckung mit der parietalen Pleura (hinter der 5. Rippe und im 5. Zwischenrippenraum). Im Falle der Abb. Nr. 113 ist die Stelle ausgedehnter (sie reicht bis hinter die 7. Rippe). Dies sind zwei mittlere Beispiele für die verschiedene Lage der linken Pleuragrenze. Selbstverständlich wird ein Stich an dieser Stelle nicht die Pleura, sondern unmittelbar den Herzbeutel treffen. Man ging deshalb früher von hier aus ein, um einen pathologischen Flüssigkeitserguß aus dem Herzbeutel abzuzapfen. Da man aber die Erfahrung machte, daß der Abfluß ungünstig ist, geht man jetzt so vor, daß man von der Mamillarlinie aus den Herzbeutel ansticht (Abb. a, S. 181). Dabei muß man durch die Pleurahöhle hindurch (und evtl. durch den Rand der Lunge). Die beiden Operationsmethoden sind sehr gut geeignet, sich die Art der Bedeckung des Herzens durch die Pleura und Lunge klarzumachen. Heute hat eben der Operateur bei entsprechenden Vorsichtsmaßregeln nicht mehr die Scheu vor Eröffnung der Pleura durch einen feinen Stichkanal, die früher geboten war. Für uns ergibt sich folgendes: vor dem Herzen befindet sich ein Raum, der frei von Lunge ist. Sein Rand entspricht der Grenze des Blau in Abb. a, S. 181. Man nennt das Feld die „absolute Herzdämpfung" (Abb. S. 684).

Braus, Lehrbuch der Anatomie. II. 2. Aufl.   14

Denn man findet hier beim Klopfen den gedämpften Schall des Herzens und
keinen Lungenschall. Dieses Feld liegt links vom Brustbein; es ist stumpfwinklig viereckig (die untere Grenze ist im Röntgenbild sichtbar, Abb. S. 189,
akustisch ist sie nicht festzustellen). Innerhalb des Vierecks, welches man sich
auf die Brusthaut aufzeichnet, zieht man eine Diagonale von der rechten oberen

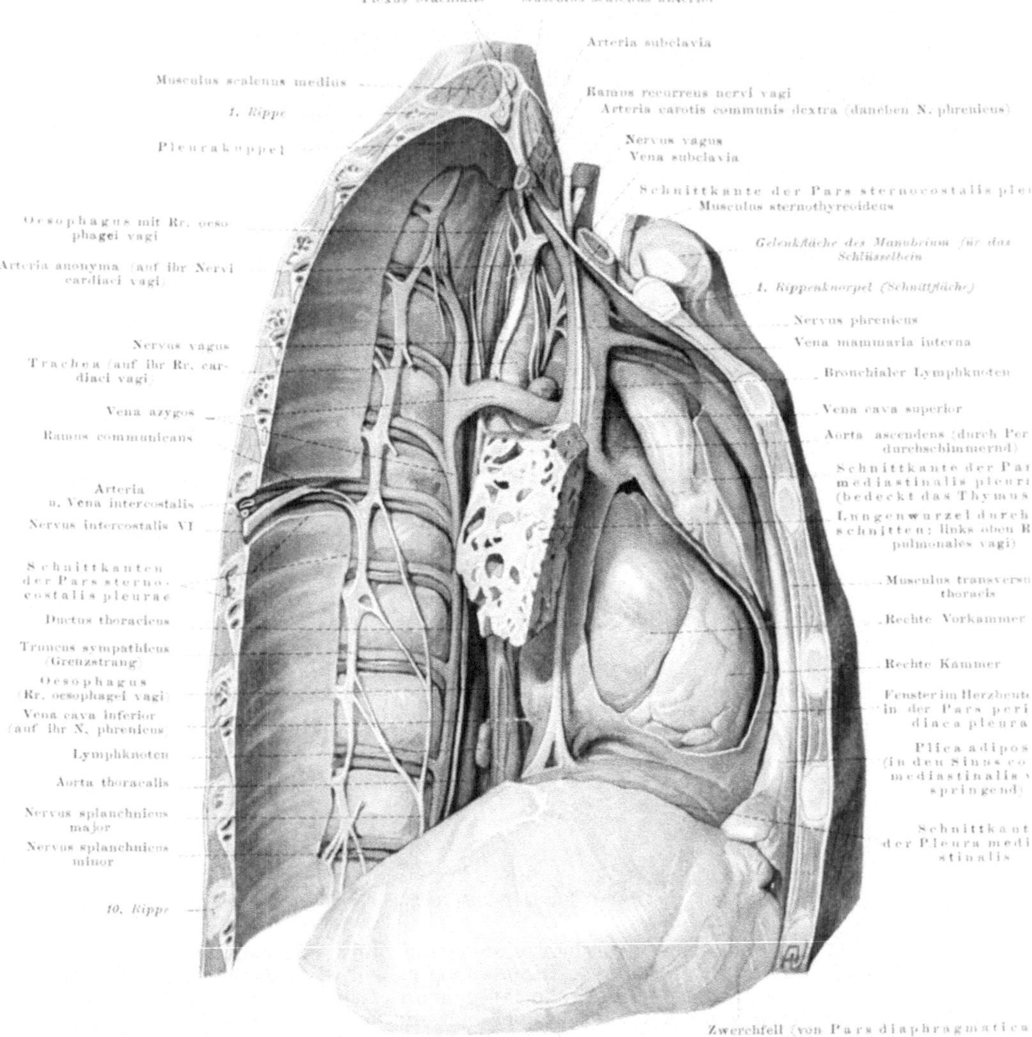

Abb. 114. **Mediastinum von rechts gesehen.** Die Rippen sind reseziert, die Lunge nahe der Wurzel abgeschnitten und die Pleura mediastinalis dextra von den Rippenköpfchen bis zum Brustbein entfernt, Fenster
im Herzbeutel. Venen blau, Arterien rot.

zur linken unteren Ecke. Sie entspricht im extremen Fall der Unterteilung in eine
mit Perikard und eine mit Pleura ausgekleidete Hälfte des Feldes. Je weniger das
Perikard an die vordere Brustwand heranreicht, um so mehr verschiebt sich die
Diagonale auf das Brustbein zu, bis sie schließlich — in sehr seltenen Fällen —
aus dem Feld der absoluten Herzdämpfung verschwinden kann. Bei solchen Individuen wird man neben dem Brustbein sofort in die Pleurahöhle gelangen; man
müßte schon bei ihnen ein Stück des Sternum resezieren, wenn man den Herzbeutel
ohne Eröffnung der Pleura erreichen wollte.

Mit den Rippenköpfchen und mit den Bandverbindungen zwischen Köpfchen und Wirbelkörpern ist die Pleura besonders fest verwachsen (in Abb. S. 210 ab- präpariert). Auch an der tiefsten Stelle des Sinus phrenicocostalis hängt die Pleura- grenze mit straffen Bindegewebszügen am Zwerchfell. Man vergegenwärtige sich nach Abb. b u. c, S. 181, daß in dem Streifen kaudal von der violetten Zone bis zum Rippenrand das Zwerchfell mit den Rippen und mit der Fascie der Zwischenrippen- muskeln durch lockeres Bindegewebe verlötet ist (Abb. S. 145). An diese Binde- gewebszüge grenzt zu oberst der feste Ring, welcher die untere Grenze des Pleura- sackes fixiert und sichert, Fascia phrenicopleuralis.

In den Sinus liegen sehr häufig Fettansammlungen, welche hernienartig die Pleura parietalis vor sich herstülpen, Plicae adiposae (Abb. S. 210, 206). Auch in diesem Fall füllt die Lunge den Sinus nicht ganz aus, weil es ihr durch die Fett- ansammlung verwehrt ist. Die Pleura visceralis hat Fortsätze feinster Art, Villi pulmonales, 1 mm lange cylindrische Fädchen, die namentlich an den Rändern des Unterlappens sitzen.

Mittelfell, Mediastinum, heißt die senkrechte Scheidewand, welche das Innere des Brustkorbes in eine rechte und linke Pleurahöhle zerlegt. Die Pars mediastinalis pleurae überzieht das Mittelfell beiderseits. Da an ihr die Lungenwurzel befestigt ist, nennt man das vorn davon gelegene Feld Media- stinum anterius, das nach hinten bis zur Wirbelsäule reichende Feld Media- stinum posterius. Im kranialen Teil des Brustkorbes ist die Grenze zwischen beiden nur ideell in der Verlängerung der Lungenwurzel zu ziehen, im kau- dalen Teil ist sie durch das Ligamentum pulmonale angezeigt. Bei eröffnetem Brustkorb sinkt das Mittelfell zusammen; insbesondere das Mediastinum posterius wird beim liegenden Leichnam durch das Gewicht des Herzens zusammen- gedrückt. Im Röntgenbild sieht man die wahre Ausdehnung (Abb. S. 215 u. b, S. 189, das helle Feld hinter dem Herzschatten, in welches sich der Bronchial- baum projiziert). Die zahlreichen Organe, welche zwischen den beiden media- stinalen Blättern der Pleurasäcke liegen, rechnen zum Mediastinum. Sie werden durch fettreiches Bindegewebe zusammengehalten.

Im vorderen Mediastinum liegt am meisten unten das Herz mit dem Herz- beutel, weiter oben die Thymus resp. der ihr beim Erwachsenen entsprechende Fett- körper, die großen Gefäße des Herzens (S. 645, Abb. S. 210, 646) und die beiden Nervi phrenici. Die Begrenzung des vorderen Mediastinum gegen die vordere Brust- wand hat die Form zweier mit den Spitzen gegeneinander gerichteter Dreiecke (Abb. S. 209). Das obere Dreieck mit nach unten gerichteter Spitze entspricht der Thymus, die hier dem Manubrium sterni zunächst gelegen ist, und den unter ihr ver- borgenen Blutgefäßen (Abb. S. 210). Dieses Dreieck heißt Trigonum thymicum. Das andere, mit der Spitze nach oben gewendete Dreieck heißt Trigonum peri- cardiacum, weil hier der Herzbeutel mit dem Herzen das Mediastinum ausfüllt.

Im hinteren Mediastinum liegen die Aorta, die Vena azygos und V. hemiazygos, die Speiseröhre, Luftröhre, die beiden Nervi vagi mit den Rr. recurrentes, der Grenz- strang des Sympathicus und der Ductus thoracicus (Abb. S. 210).

2. Der Verdauungskanal.

Der Verdauungsschlauch im ganzen, welcher durch den Mund mit Nahrungs- mitteln gespeist und durch den After entleert wird, gehört zum Teil dem Kopf, zum Teil dem Rumpf an. Den ersteren Teil, den Kopfdarm, haben wir vorangestellt; er läßt außer dem für die Ernährung bestimmten Weg, die Mund- und Rachenhöhle, noch andere Organe aus sich hervorgehen, auf welche nicht mehr zurückzukommen ist. Ich erinnere nur daran, daß wir die für die Atmung bestimmte Nasenhöhle in unserer Disposition an das Ende des Kopf- darmes setzen, weil sie so an eine Abzweigung des Rumpfdarmes anzuschließen ist, die unteren Luftwege. Wir nehmen, nachdem wir so den gesamten Luftweg (Respirationstractus) im vorigen Abschnitt beendet haben, den Faden wieder auf und wenden uns wieder dem Ernährungsweg zu. Denken wir uns in Abb. S. 8 die Lungenanlage abgeschnürt, so ist das Rohr, welches sie abgegeben hat, die Anlage des Verdauungskanales, Tubus digestorius. Der Rumpfdarm ist also nicht schlechthin gleich Verdauungskanal zu setzen, sondern nur nach Absonderung der unteren Luftwege; gerade so formt der Kopfdarm nicht nur den vorderen Teil des Ernährungsweges, sondern nur nach Abzug der oberen Luftwege usw.

Der embryonale Darm ist sehr einfach geformt. Im fertigen Zustand (Abb. S. 9) ist nur noch der vorderste Teil des Rumpfdarmes in dieser einfachen Lage, die Speiseröhre, Oesophagus. Ihr werden wir uns zuerst zuwenden. Sie nimmt die Speisen auf, da wo sie beim Schlucken den Schlingweg verlassen (S. 106), und leitet sie dem Magen zu. Speiseröhre und Magen zusammen haben wir als Vorderdarm bezeichnet (S. 10).

a) Der Vorderdarm.

Dreiteilung
des Ver
dauungs
kanales Während beim Embryo die Länge des geraden Ernährungskanales im ganzen der Gesamtlänge des Rumpfes etwa gleichkommt, ist sie beim erwachsenen Menschen 7—8 mal größer. Um dieses lange Rohr in der verhältnismäßig engen Leibeshöhle unterzubringen, ist es vielfältig gewunden, aber immer dabei ein einziges Rohr, dessen Kontinuität an der Leiche festgestellt werden kann, wenn man den Darm herausnimmt und der Länge nach ausstreckt. Das Gesagte gilt besonders für den Mittel- und Enddarm (S. 10); der Vorderdarm (Speiseröhre und Magen) ist auch in situ als unverzweigter Kanal erkennbar (Abb. S. 144). Als Grenze gegen den Mitteldarm nehmen wir den Pförtner, Pylorus, an, einen durch einen Muskel regulierten Verschluß, welcher die verschluckten Speisen aufhält (Valvula pylori). Essen wir, so wird das Gegessene gekaut, durchspeichelt, geschluckt und im Magen mit dem Magensaft vermischt, ohne daß eine Pause entsteht. Bei Tieren gibt es allerdings Nebentaschen, in welchen die aufgenommene Nahrung zunächst gehamstert wird, um sie erst später zu verarbeiten; bei anderen gelangen die Speisen aus besonderen Magenabteilungen zum Wiederkäuen wieder in die Mundhöhle zurück, um dann erst endgültig verschluckt zu werden. Der normale Mensch erledigt jedoch den ersten Akt der Verdauung in einem Zuge. An die Vorbereitungsarbeit des Magens schließt sofort die eigentliche Verdauung an, indem der Pförtner schubweise den nunmehr breiartigen Mageninhalt in den Darm entläßt, wo die Verwertung der Nahrung für den Körper einsetzt.

Der Mittel- und Enddarm sind voneinander durch eine sehr charakteristische und wichtige Klappe geschieden, Valvula coli oder BAUHINsche Klappe genannt. Die Valvulae pylori et coli sind scharfe Grenzen zwischen den drei zum Rumpfdarm gehörigen Abschnitten. Auch die Drüsen kennzeichnen sie. So gibt es im Vorderdarm, speziell im Magen, die ihm eigenen Magendrüsen, in den Mitteldarm entleeren sich die von ihm aus entstandenen, aber ganz selbständig gewordenen größten Drüsen des Körpers, Leber und Pankreas, der Enddarm ist dagegen frei von Drüsen mit spezifischem Sekret.

Blicken wir auf den Ablauf des ganzen Verdauungsvorganges, mit welchem die Anordnung der Drüsen in engster Beziehung steht, so ist der Vorderdarm der Mundhöhle und dem Rachen immer noch darin sehr nahestehend, daß er in seinem ersten Abschnitt, der Speiseröhre, sicher nicht resorbieren kann. Die Speisen gehen unverändert durch ihn hindurch. Sie können wohl mit Schleim stärker umhüllt, und die Einwirkung des Speichels kann fortgesetzt werden, aber nichts von ihnen kann durch die Speiseröhrenwand hindurch dem Blut oder sonstwie dem eigentlichen Körpergewebe zugeführt werden, ebensowenig wie das im Kopfdarm der Fall ist. Der Magen ist der erste Abschnitt des Ernährungsschlauches, in welchem resorbiert werden kann, z. B. Alkohol. Wasser kann vom Magen nicht oder nur ungenügend aufgenommen werden; denn Kranke, deren Pförtner durch eine Geschwulst verlegt ist, leiden dauernd an Durst, sie „trocknen ein", wenn nicht für Wasserzufuhr gesorgt wird durch Einlauf oder Injektion. Erst der Darm und ganz besonders der Dünndarm ist durch den ganzen Aufbau seiner Schleimhaut dazu eingerichtet, gelöste Bestandteile der Nahrung und Wasser durch die Wand hindurch in die Blut- und Lymphgefäße aufzunehmen, welche ihrerseits den Weitertransport zu den Geweben des Körpers zu besorgen haben. Beim Eintritt des Darminhalts in den Dickdarm ist die eigentliche Resorption zu Ende; nur cellulosereiche Nahrung wird von der Bakterienflora des Dickdarmes aufgeschlossen, aber ganz unvollkommen resorbiert. Hingegen nimmt der Dickdarm Wasser auf, wodurch der bis dahin dünnflüssige Darminhalt eingedickt wird. Der Durst von Kranken, welche kein Wasser trinken können oder nach Operationen nicht trinken dürfen, läßt sich daher durch Klistiere vom After aus stillen. Dagegen ist das Leben eines Menschen weder durch die Resorption vom Dickdarm (durch Nährklistiere) noch vom Magen aus (bei dauerndem Pylorusverschluß) dauernd zu erhalten. Die Dreiteilung des Verdauungskanals tritt darin scharf hervor.

Der Name „Verdauungs"schlauch ist für das Ganze nur dann gerechtfertigt, wenn wir in einem weiteren Sinn daran denken, daß die drei Abschnitte am Verdauungsgeschäft mitbeteiligt sind, obgleich nur der mittlere das für den Körper wichtigste Endziel, die Überführung der zum Leben notwendigen Nahrungsbestandteile in die Körpersäfte, vollkommen zu erreichen vermag. Da auch die Mundhöhle und der Schlund vorbereitend für das Verdauungsgeschäft tätig sind, wird von manchen Autoren der Name Verdauungskanal auch auf diese ausgedehnt. Doch ist ihre Arbeit nicht ausschließlich der Verarbeitung der Nahrung gewidmet, sie werden z. B. vom Luftstrom mitbenutzt (Mundatmung, Sprache) und scheiden deshalb besser aus; ich folge darin den BNA.

a) Die Speiseröhre, Oesophagus.

Die Grenze zwischen Schlund und Speiseröhre liegt am unteren Rande des Ringknorpels, also in Höhe des 6. Halswirbels, falls nicht der Kehlkopf höher oder tiefer steht als gewöhnlich, welch letzteres im hohen Alter regelmäßig der Fall ist. Am Ringknorpel selbst ist die Speiseröhre dadurch befestigt, daß ihre Längsmuskulatur von der Rückfläche der Ringknorpelplatte entspringt. Deshalb wird die Speiseröhre bei Hebung des Kehlkopfes, z. B. beim Schlucken, nach oben gezogen und verlängert, wie umgekehrt ihre Längsmuskulatur durch Verkürzung den Kehlkopf nach abwärts zu ziehen vermag. Das Ende der Speiseröhre ist ihr Übergang in den Magen, der Magenmund, Cardia ventriculi, gegenüber dem 11. Brustwirbel in Exspirations-, dem 12. in Inspirationsstellung (Abb. S. 144). Um den Magen zu erreichen, muß die Speiseröhre durch das Zwerchfell hindurchtreten, durch dessen Hiatus (Canalis) oesophageus (Bd. I, Abb. S. 180). Man unterscheidet an der Speiseröhre einen Hals-, Brust- und Bauchteil, Pars cervicalis, thoracalis, abdominalis. Die Pars cervicalis wird bis zur Höhe der Incisura jugularis sterni gerechnet, also etwa bis zur Grenze des 2. und 3. Brustwirbels (Bd. I, Abb. S. 141). Die Pars abdominalis, der Abschnitt unterhalb des Zwerchfells, wechselt in seiner Ausdehnung je nach dem Kontraktionszustand der Ösophagusmuskulatur, nach der Stellung des Zwerchfells und nach der Körperhaltung. Die Cardia des Magens kann bis an den Hiatus oesophageus herangezogen werden, so daß eine Pars abdominalis des Oesophagus fehlt, während z. B. in Rückenlage der zur Seite der Wirbelsäule absinkende Magen den Oesophagus ein Stück weit in die Bauchhöhle herunterzieht, so daß dann etwa eine 3 cm lange Pars abdominalis vorhanden ist. Dazwischen gibt es alle Übergänge. Als gewöhnlichen Zustand kann man eine kurze Pars abdominalis

annehmen, welche an ihrem rechten und ventralen Umfang vom Bauchfell
bedeckt, am linken und dorsalen bauchfellfrei ist.

Verlauf Im Halsbereich liegt der Oesophagus wie der Pharynx der Vorderfläche der
Wirbelkörper an, durch lockeres Verschiebegewebe mit ihr verbunden, entfernt
sich in Höhe des 1. oder 2. Brustwirbels von der Wirbelsäule und verläuft einige
Zentimeter von den Wirbelkörpern entfernt nach abwärts in einem von der
kyphotischen Biegung der Brustwirbelsäule unabhängigen flachen Bogen. Bei
geringer Kyphose der Wirbelsäule ist daher die Entfernung des Oesophagus von

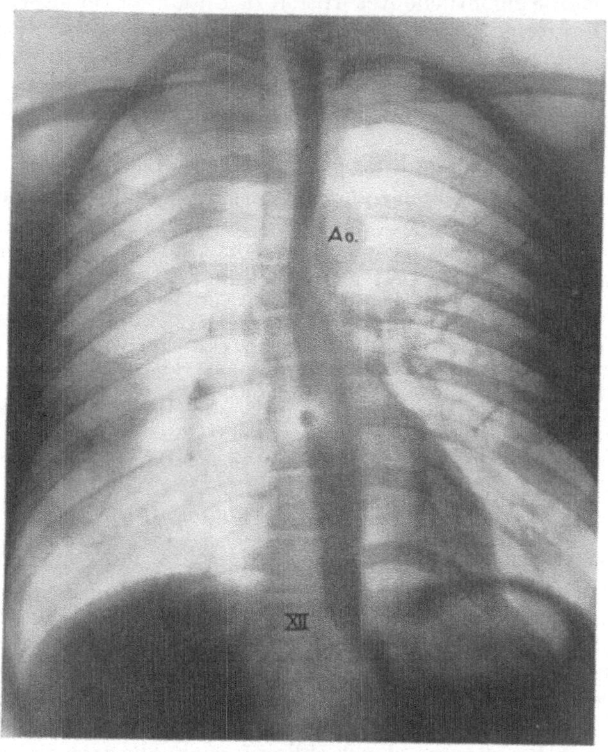

Abb. 115a.

der Wirbelsäule geringer als bei starker, am größten ist sie stets unmittelbar
oberhalb des Zwerchfells (Abb. S. 215). Die Ansicht von ventral (Abb. Nr. 115 a)
lehrt, daß der Oesophagus im Hals- und oberen Brustbereich mehr links als
rechts von der Mittellinie verläuft, zunächst gerade gestreckt, dann von der
Höhe des 6. oder 7. Brustwirbels, von der Stelle ab, wo sich ihm der Arcus
aortae anlegt, allmählich etwas mehr schräg nach links. Die Pars abdominalis,
wenn sie vorhanden ist, nimmt je nach der Lage des Magens verschiedenen
Verlauf: bei aufrechter Körperhaltung und in Bauchlage von rechts und dorsal
nach links und ventral, bei Rückenlage von rechts nach links ungefähr transversal.

Dieser Verlauf des Oesophagus wird bei den Zwerchfellbewegungen und
bei den Bewegungen der Wirbelsäule nur wenig verändert, ebenso bei krankhaften Verbiegungen der Wirbelsäule. Auch wenn diese sehr hochgradig
sind, behält der Oesophagus seinen annähernd gestreckten Verlauf gewöhnlich bei. Die geringen normalen Biegungen des Oesophagus können künstlich

ausgeglichen werden, so daß ein starres Rohr bis in den Magen eingeführt werden kann (bei der Ösophago- und Gastroskopie) oder auch ein Degen (Schwertschlucker).

In der Leiche verhält sich der Oesophagus nach Lage und Form anders als beim Lebenden. Die Befunde an der Leiche sind auf die Lebenden nur teilweise übertragbar.

Im Brustbereich liegt die Speiseröhre dem Aortenbogen und dem linken Bronchus unmittelbar an (s. mittlere Enge S. 216), weiter abwärts dem Herz-

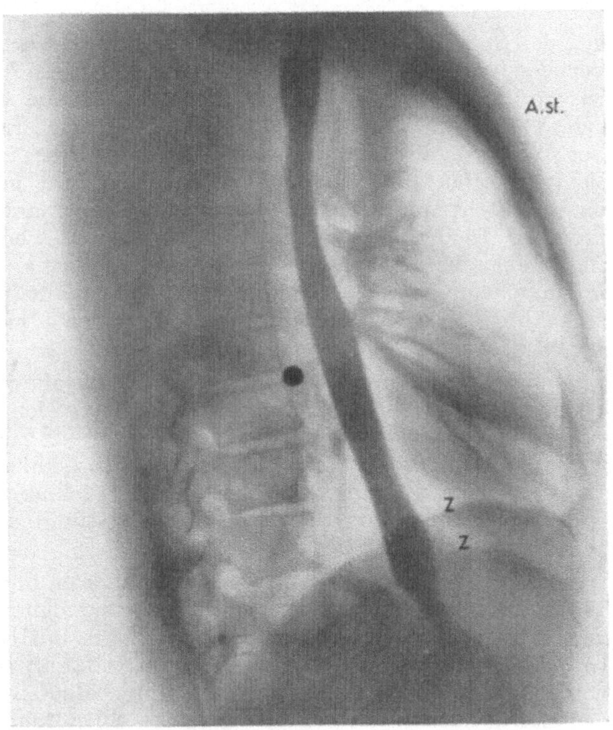

Abb. 115 b.

Abb. 115a und b. Röntgenaufnahmen der Speiseröhre in Inspirationsstellung, 23jähr. Mann. a ventro-dorsale, b Profilaufnahme (aus 1,5 m Entfernung). Schwarzer Kreis: Centrum der Kreiselblende. Ao. Arcus aortae, A.st. Angulus sternalis, Z Zwerchfellkuppeln, XII 12. Brustwirbel. — Aufnahmen der Med. Klinik Rostock. Aus DENKER-KAHLER, Handb. d. Hals-, Nasen-. Ohrenheilkunde, Bd. 9.

beutel, und zwar dem Teil, welcher den linken Vorhof deckt. Krankhafte Veränderungen im Mediastinum verändern den typischen Verlauf der Speiseröhre und sind dadurch im Röntgenbild erkennbar. Gleiches gilt von Varietäten der großen Gefäße: ein nach rechts statt nach links gewendeter Aortenbogen drängt den Oesophagus nach links und erzeugt ein Eindellung von rechts her statt von links. Die abnormerweise als letzter Ast des Aortenbogens entspringende und hinter dem Oesophagus vorbeiziehende Arteria subclavia dextra bedingt eine schräg nach rechts aufsteigende, im Röntgenbild sichtbare Furche an der dorsalen Fläche (Dysphagia lusoria).

Die Länge der Speiseröhre, gemessen vom unteren Rand des Ringknorpels bis zur Cardia, beträgt im Durchschnitt beim Manne etwa 25 cm, bei der Frau etwa 23 cm. Sie steht im geraden Verhältnis zur Länge des Oberkörpers (Scheitel-

Symphyse), nicht zur Gesamtlänge. Von der Zahnreihe ist bei rückwärts geneigtem Kopf der Ösophagusanfang durchschnittlich 15 cm entfernt, das Ösophagusende, die Cardia, durchschnittlich 40 cm. Bei der Frau sind die entsprechenden Zahlen 14 bzw. 38 cm. Beim 1 Monat alten Kinde beträgt die Entfernung von der Zahnreihe bis zur Cardia etwa 16 cm, beim 12 Jahre alten etwa 34 cm.

Eine größere Länge des Oesophagus kann dadurch vorgetäuscht werden, daß der an die Cardia anschließende Teil des Magens zu einem ösophagusähnlichen Rohr kontrahiert sein kann. Die stets scharfe Schleimhautgrenze (S. 218) zeigt das wirkliche Ende des Oesophagus an.

Lichtung   Die Lichtung der Speiseröhre verhält sich in der Ruhe in den verschiedenen Abschnitten verschieden, in Abhängigkeit von der Wirkung des Luftdrucks. Im Halsbereich, wo der äußere Luftdruck wirken kann, ist der Oesophagus ein platter Schlauch, Vorder- und Hinterwand liegen aneinander. Im Brustbereich steht unter der Wirkung des unteratmosphärischen Drucks in den Pleurahöhlen die Lichtung offen und ist mit verschluckter Luft gefüllt, die den respiratorischen Druckschwankungen im Thoraxraum ebenso unterliegt wie die Luft in der Trachea. In der Pars abdominalis liegen wahrscheinlich Vorder- und Hinterwand aneinander ähnlich wie in der Pars cervicalis. In der Leiche findet man den Oesophagus meist geschlossen, die Schleimhaut in große Längsfalten gelegt (vgl. Abb. a, S. 218), die beim Lebenden fehlen. Im höheren Alter pflegt der Oesophagus weiter zu sein als in der Jugend.

Die im Anschluß an den Schluckakt in den Oesophagus eintretenden Bissen entfalten, füllen und erweitern seine Lichtung, die fortlaufenden Kontraktionswellen der Muskulatur verengern sie wieder, so daß sie in dieser Zeit nicht gleichmäßig weit erscheint (Abb. S. 215), obwohl sie an sich ziemlich gleichmäßig erweiterungsfähig ist. Nur an drei Stellen ist die Ausdehnungsfähigkeit der Wand geringer, weshalb man von den drei Engen (Isthmi) des Oesophagus spricht, die an ganz typischen Stellen liegen.

Obere Enge   Die erste, obere Enge, der Ösophagusmund, zugleich die am wenigsten (nur bis auf 14 mm Durchmesser) erweiterungsfähige und daher engste Stelle des Oesophagus überhaupt, liegt am Beginn des Oesophagus in Höhe des unteren Ringknorpelrandes. Sie ist durch die obersten Ringmuskelfasern des Oesophagus bedingt, die sich in ständiger rhythmischer Bewegung befinden, durch welche dieser tabaksbeutelartig zugeschnürte Eingang in die Speiseröhre abwechselnd fester und leichter geschlossen wird. Hier vereinigen sich die beiden Speisewege der Sinus piriformes bzw. Sulci laryngopharyngei, wieder (vgl. S. 97 u. Abb. S. 92).

Als „Lippe des Ösophagusmundes“ wird der obere Rand des Hypopharynxwulstes bezeichnet, der in der Rückwand des Hypopharynx durch das submuköse Venengeflecht hervorgerufen wird (S. 104 u. Abb. S. 103).

Die „Pars fundiformis“ des M. constrictor pharyngis inferior (Abb. S. 101 u. 129), deren Fasern ohne mediane Raphe bogenförmig von der einen zur anderen Seite verlaufen, ist an der Bildung des Ösophagusmundes nicht beteiligt. Sie muß wohl als ein konstruktiv notwendiges Verbindungsstück zwischen dem typischen Constrictor des Pharynx und der typischen Ringmuskulatur des Oesophagus betrachtet werden, vielleicht mit der besonderen Aufgabe, nötigenfalls Bissen durch den engen Ösophagusmund hindurchzupressen.

Mittlere Enge   Als mittlere Enge wird die Stelle bezeichnet, wo sich in fast gleicher Höhe Aorta und linker Bronchus dem Oesophagus anlagern (Abb. S. 144) und seine Wand ein wenig eindellen. Der Anfangsteil der Aorta descendens drückt von links und dorsal her mit pulsatorischen Schwankungen gegen den Oesophagus (Abb. S. 214), der linke Bronchus unmittelbar anschließend von ventral her. Bronchiale Lymphknoten können im Erkrankungsfalle Bronchus- und Ösophaguswand fest miteinander verbacken und die Perforation des Oesophagus in den Bronchus vermitteln. Die mittlere Enge ist nicht durch die Wandbeschaffenheit des Oesophagus selber bedingt, sondern durch die innige Anlagerung der beiden nachbarlichen Gebilde.

Die untere Enge liegt etwa 3 cm von der Cardia entfernt. Sie ist bedingt durch Kontraktion der Ringmuskulatur des Oesophagus, zum Teil auch durch das Bindegewebe der Ösophaguswand: in dieser Gegend ist die Membrana phrenico-oesophagea (s. u.) am Oesophagus angeheftet. Die Lage der unteren Enge zum Hiatus oesophageus des Zwerchfells wechselt, da der Oesophagus im Hiatus verschieblich ist (S. 213); sie kann 2—3 cm oberhalb des Hiatus stehen oder aber im Hiatus selber. Untere
Enge

Jenseits der unteren Enge ist der Oesophagus stärker erweiterungsfähig: Ampulla oesophagi, auch als „Vormagen" beschrieben. Die Erweiterung tritt auf Röntgenbildern, welche bei Rückenlage in der letzten Phase der Entleerung des Oesophagus gemacht werden, deutlich in Erscheinung.

Unabhängig von der unteren Enge nimmt das Zwerchfell Einfluß auf die Gestaltung des Ösophaguslumens. Die den Hiatus oesophageus begrenzenden Muskelzüge geben dem Lumen die Gestalt einer schief liegenden Ellipse. Bei der gewöhnlichen Inspirationsbewegung wird diese Stelle eingeschnürt, bei tiefer Inspiration (z. B. auch beim „Pressen") wird der Oesophagus vollkommen abgeklemmt. Der völlige Verschluß währt allerdings auch beim Halten der tiefen Inspirationsstellung nur 1—2 Sekunden. Dann erschlaffen die schnürenden Zwerchfellpfeiler so weit, daß der Durchtritt des Ösophagusinhalts freigegeben wird. Die Stelle der Abschnürung durch das Zwerchfell kann mit der unteren Enge des Oesophagus zusammenfallen (Abb. S. 214), wenn diese in den Hiatus oesophageus hineingezogen ist. Ist der Oesophagus so weit hinaufgezogen, daß die Cardia im Hiatus liegt, so kann das ganze etwa 3 cm lange Stück des Oesophageus von der unteren Enge bis zur Cardia verschlossen sein. Zwerchfell
und
Oesophagus

Bei der Deutung der Röntgenbilder ist zu beachten, daß der Hiatus oesophageus nicht in der Höhe der Zwerchfellkuppeln liegt, sondern an der Rückwand des Sattels zwischen den Kuppeln, etwa 2 cm unterhalb des Sattels (Bd, I, Abb. S. 166 u. 180). Bei Lähmung des Zwerchfells, z. B. nach Entfernung des N. phrenicus (Phrenicus-Exairese) fehlt die schnürende Wirkung des Zwerchfells auf den Oesophagus, bei Lähmung nur der rechten Zwerchfellhälfte kann sie erhalten sein.

In der Exspirationsstellung des Zwerchfells ist der Hiatus oesophageus weiter als zum Durchtreten des Oesophagus notwendig wäre. Der Oesophagus ist daher gegen den Hiatus verschieblich, womit das verschiedene Verhalten seiner Pars abdominalis zusammenhängt. Die untere, sehr derbe Fascie des Zwerchfells setzt sich in den Hiatus nach oben hin zeltartig fort (Fascia phrenico-oesophagea) und heftet sich etwas oberhalb des Hiatus etwa 3 cm von der Cardia entfernt rings am Oesophagus an, indem sie sich zum größeren Teile mit seiner Adventitia verflicht, zum kleineren mit der Längsmuskulatur in Verbindung tritt. Findet letzteres in stärkerem Maße statt, so spricht man von einem M. phrenico-oesophageus. Die zarte obere Zwerchfellfascie verbindet sich mit dem trichterförmigen Fortsatz der unteren. Durch dieses Verhalten der Fascien und durch die Dicke des Zwerchfells wird im Zusammenhang mit dem schrägenDurchtritt des Oesophagus durch das Zwerchfell mehr ein Kanal als eine einfache Öffnung gebildet, weshalb man vom Canalis oesophageus statt vom Hiatus sprechen sollte.

Der Eingang in den Magen, die Cardia, ist durch tonische Kontraktion der Muskulatur locker verschlossen, außer wenn Speiseröhreninhalt hindurchtritt. Obwohl an der Cardia die innere Muskelschicht durch Abweichen einzelner Faserzüge von der rein ringförmigen Anordnung einen komplizierteren Bau aufweist, ist doch ein eigentlicher Schließmuskel im anatomischen Sinne nicht vorhanden. Immerhin nimmt die Muskulatur der Cardia durch ihre selbständige Innervation, die unabhängig ist von der der übrigen Magen- und Ösophagusmuskulatur, funktionell eine Sonderstellung ein. Die Cardiagegend des Magens Verschluß
der Cardia kann zu einem kurzen runden Rohr kontrahiert sein und eine Pars abdominalis des Oesophagus vortäuschen (S. 216).

Über die Beziehungen der Pleura und des Peritoneum zur Ösophaguswand siehe das Folgende (Serosa).

Die Schichten der Wandung Wir unterscheiden in der Richtung von innen nach außen eine **Mucosa, Submucosa, Muscularis und Adventitia s. Externa** (Abb. Nr. 116a). Eine eigentliche Serosa fehlt, außer an den Stellen, an welchen sich die Pleura oder das Peritonaeum der Wandung anschmiegen.

Schleimhaut (Mucosa und Submucosa) Die **Tunica mucosa** besteht aus Epithel, einer Lamina propria und der Muscularis mucosae. Das Epithel ist wie in der Mundhöhle mehrschichtiges Plattenepithel. Fast regelmäßig kommen beim Menschen unten in der Nähe des Magens, aber auch im obersten Halsteil kleine versprengte Inseln von cylindrischem Magenepithel mit spezifischen Magengrübchen und -drüsen vor, die äußerlich wie Erosionen aussehen. Andererseits gibt

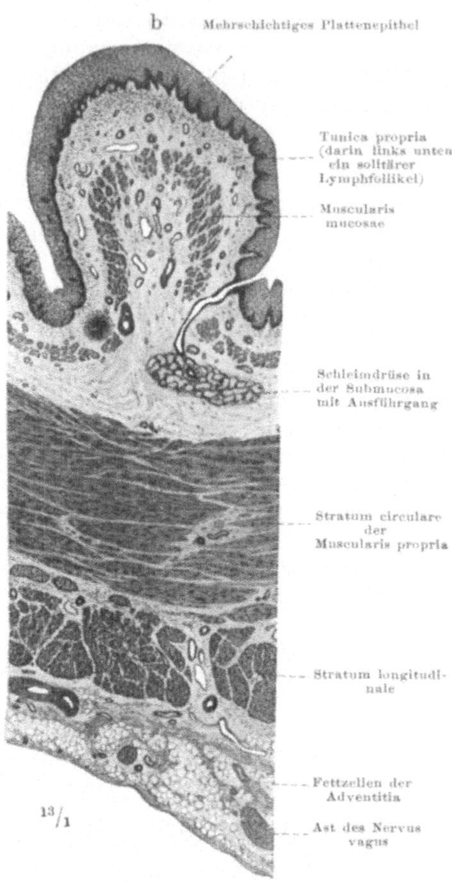

Abb. 116. **Wand der Speiseröhre.** a Gesamtquerschnitt. b Querschnitt durch die unterste Falte der Schleimhaut von Bild a vergrößert. Pars thoracalis eines Hingerichteten.

es Säugetiere (z. B. Monotremen), bei denen der ganze Magen von Plattenepithel ausgekleidet ist. Der Vorderdarm in seiner Totalität bewahrt darin die Fähigkeit seiner Epithelien, je nach Bedarf indifferente oder spezifische Elemente hervorzubringen. Im allgemeinen sind aber die Potenzen so verteilt, daß die Speiseröhre reines Leitungsrohr mit indifferentem Epithel, der Magen sekretorisches Organ mit spezifischem Epithel ist. Die eingesprengten Inseln im Oesophagus spielen keine Rolle, höchstens in pathologischen Fällen bei Geschwüren, die wie die Magengeschwüre durch Selbstverdauung von spezifischen Zellen aus bedingt zu sein scheinen. Die Grenze zwischen dem Plattenepithel und Magenepithel der Cardia ist immer ganz scharf; es gibt keine Übergangszellen. Sie stellt sich als eine mit bloßem Auge klar erkennbare gezackte Linie dar. Welche Form die Pars abdominalis

auch haben mag, diese Grenze ist immer scharf. Die Schleimhaut der Speise-
röhre sieht weißlich, glatt aus; sie fühlt sich fest und widerstandsfähig an.
Die Magenschleimhaut dagegen ist rosafarben, samtartig (bei gut gehärteten
Präparaten sieht sie wegen ihres feineren Reliefs narbig aus). — In der Tunica
propria des Oesophagus liegen zahlreiche kleine Lymphfollikel (in Abb. b,
S. 218, links, nicht bezeichnet).

Die Tunica submucosa ist verhältnismäßig dick und sehr locker. Sie
ermöglicht der Mucosa sich in Längsfalten zu legen, während die eigentliche
Muscularis faltenlos bleibt, mag sie schlaff oder kontrahiert sein. Nur die
Muscularis mucosae folgt der Faltenbildung der Mucosa (Abb. a, S. 218). Sie
besteht aus einer einheitlichen dünnen Schicht von glatten, längsverlaufenden
Muskelzellen, deren Tonus an derjenigen Stelle sinkt, an welcher die Schleimhaut von einem spitzen Gegenstand berührt wird. Infolgedessen buchtet sich
die Schleimhaut ein, sie weicht vor der Spitze aus und wird in der Regel
nicht durchbohrt. Geschieht es doch, so hat sie hier und im ganzen Magendarmkanal die Fähigkeit, den spitzen Fremdkörper festzuhalten, indem die
nicht erschlafften Nachbarmuskeln sphincterartig die eingedrungene Spitze
umklammern. Verschluckte Nadeln drehen sich auf diese Weise um, da ihre
Spitze zurückbleibt und das entgegengesetzte stumpfe Ende vorwärts getrieben
wird. Sie können den Verdauungskanal bis zum After durchwandern, ohne
die Wand des Verdauungskanals zu durchbohren.

Zahlreiche Drüsen, Glandulae oesophageae (Abb. S. 218), liegen in der
Submucosa hauptsächlich im Anfangs- und Endteil des Oesophagus. Es sind
vorwiegend Schleimdrüsen, an manchen Stellen mit serösen Halbmonden. Ihre
Mündungen liegen in der Tiefe zwischen den Falten der Mucosa. Durch den
gelieferten Schleim wird die Innenwand der Speiseröhre glitschig gehalten. Die
Zahl der Drüsen ist individuell sehr verschieden groß. Die oben bereits erwähnten
Inseln mit Magendrüsen am oberen und unteren Ende der Speiseröhre liegen
ausschließlich innen von der Muscularis mucosae.

Die Tunica muscularis propria besteht aus einer äußeren längsverlau- Eigentliche
fenden und einer inneren querverlaufenden Schicht. Die Längsschicht ist so dick Muskelhaut
wie die Ringschicht, ja stellenweise dicker, während im übrigen Verdauungskanal
stets die Ringschicht am dicksten ist. Unten geht die Längsschicht ununterbrochen in die Längszüge des Magens über. Oben teilt sie sich in zwei bandartige
Streifen, welche am Ringknorpel angeheftet sind (Abb. S. 101). Sie sind völlig
getrennt gegen die nach unten abbiegenden Längszüge des unteren Schlundschnürers. Die Ringschicht ist nach oben an der Dorsalfläche in die Rachenmuskulatur und nach unten ringsum in die zirkulären und schrägen Fasern des
Magens ununterbrochen fortgesetzt. Die Längs- und Ringschicht zusammen
vollenden den Schluckakt (3. Phase, S. 108). Durch den buccopharyngealen
Schluckakt werden Bissen wie Flüssigkeiten in jeder Körperhaltung bis zum
unteren Ende des Halsteiles der Speiseröhre befördert, also bis in das Gebiet,
in welchem der Umbau der Muskulatur erfolgt (S. 220). Die Weiterbeförderung
im Brustabschnitt erfolgt je nach den Umständen verschieden. Bei der aufrechten Körperhaltung gelangen Flüssigkeiten und Brei unter der Wirkung
der Schwerkraft sofort bis zur unteren Enge oder bis zur Cardia, da das
Lumen des thorakalen Ösophagusabschnittes offen steht (S. 216), zumal vor
dem Schlucken inspiriert zu werden pflegt. Je mehr die Körperhaltung
von der Senkrechten abweicht, z. B. bei Rückenlage, je weniger also die
Schwerkraft als beförderndes Moment wirken kann, desto mehr treten peristaltische Bewegungen der Muskulatur auf, die magenwärts an Tiefe zu-
nehmen. Für die Fortbewegung von Bissen pastöser Konsistenz ist auch
in aufrechter Haltung die Peristaltik erforderlich. Bei für das Schlucken

unphysiologischen Körperhaltungen (Beckenhochlage, Kopfstand) gelangen
Einzelschlucke nur in den Anfangsteil des thorakalen Abschnittes, und auch
nach wiederholtem Schlucken erreichen nur pastöse Bissen die Cardia, nicht
aber Flüssigkeiten.

Histologisch ist der Charakter der Muskulatur verschieden: im ersten Viertel
des Oesophagus ist sie reine quergestreifte Skeletmuskulatur wie im Pharynx,
im zweiten Viertel wird die quergestreifte Muskulatur allmählich durch glatte
Muskulatur ersetzt, in den unteren beiden Vierteln findet sich nur glatte
Muskulatur.

Da der Willen in den Schluckakt nicht mehr einzugreifen vermag, sobald der
Bissen die Gegend der Gaumenmandeln passiert hat, so haben wir in den quergestreiften Muskelfasern des Schlundes und der Speiseröhre Elemente vor uns,
welche wie die folgenden glatten Muskelzellen rein automatisch funktionieren, während sonst die quergestreifte Muskulatur dem Eingriff des Willen zugänglich ist
(willkürlich, S. 18).

Der Ersatz der quergestreiften Muskulatur durch glatte erfolgt in individuell
etwas verschiedener Höhe, in der Ringmuskelschicht früher als in der Längsschicht.
In der Mischzone liegen Bündel von quergestreifter und von glatter Muskulatur
durcheinander. In Höhe der mittleren Enge des Oesophagus pflegt der Umbau der
Muskulatur beendet zu sein, von hier ab ist nur noch glatte Muskulatur vorhanden.
Einen ähnlichen Bau der Ösophagusmuskulatur zeigt die Katze. Bei den meisten
anderen Säugetieren, z. B. Hund, Rind, Schaf, Kaninchen, reicht die quergestreifte
Muskulatur bis zum Magen.

Auf die meisten Nachbarorgane gehen wechselnde glatte Muskelzüge der Speiseröhre über, welche sie wie die Ranken einer Schlingpflanze mit jenen verbinden
(M. phrenicooesophageus (S. 217), M. pleurooesophageus zur linken Pleura,
M. bronchooesophageus zum linken Bronchus, Züge zur Hinterseite der Luftröhre, zum Herzbeutel, zur Aorta usw.). Meistens sind sie mit elastischen Fasern
vermischt und oft durch solche ersetzt.

Ver-
bindungs-
schicht   Die Tunica externa wird im Halsteil der Speiseröhre auch Adventitia
(bzw.   genannt. Das lockere Bindegewebe, welches die Muscularis umhüllt, geht hier
Serosa)   in das benachbarte Bindegewebe ohne scharfe Grenze über. Im Brustteil ist
stellenweise eine ebensolche Adventitia, stellenweise eine Serosa vorhanden,
d. h. ein Überzug mit glatter, spiegelnder Pleura. Der Bauchteil hat größtenteils eine Serosa; er ist an seinem ganzen rechten und ventralen Umfang
von Peritonaeum umkleidet (Abb. S. 254).

Aus der auf den Röntgenbildern (Abb. S. 215) erkennbaren Entfernung des
Oesophagus von der Wirbelsäule muß man schließen, daß er ein ausgesprochenes
dorsales Gekröse besitzt. Nach dem Tode sinkt er gegen die Wirbelsäule bzw. die
Aorta zurück, so daß das Gekröse scheinbar verschwindet. Im Brustteil schiebt
sich dabei meistens die Pleura hinter die Speiseröhre (Recessus mediastinovertebralis,
S. 208 u. Abb. S. 206). Soweit dies der Fall ist, gibt es eine Serosa am Oesophagus.
Regelmäßig liegt bei Neugeborenen und kleinen Kindern (nur selten bei Erwachsenen) etwas oberhalb der Durchtrittsstelle durch das Zwerchfell ein etwa markstück-
großer platter Hohlraum (Bursa infracardiaca) der Speiseröhre rechts an, der
bei der Entstehung des Zwerchfells von der Bursa omentalis der Bauchhöhle
abgespalten wird. Er reicht nur selten bis in den Hiatus oesophageus hinab. Bei
Tieren kann der Raum größer sein (irrig als dritte „Pleura"höhle bezeichnet).

Gefäße und   Blutzufuhr: Zahlreiche feine Arterienäste (am Hals von der A. thyr. inf.,
Nerven   im Brustkorb von der Aorta und den Bronchialarterien, im Bauch von der A. gastrica
und A. phrenica inf. sinistra) gehen an die Speiseröhre und verzweigen sich netzförmig in allen Schichten bis in die Papillen der Schleimhaut hinein. Die Venen
verhalten sich ähnlich. Die Abflüsse in die Magenvenen stellen eine offene Kommunikation mit den Pfortaderästen her. — Die Lymphgefäße leiten zu den tiefen
cervicalen Lymphknoten und zu solchen des hinteren Mediastinum. Im Thorax
liegen manchmal viele große Lymphknoten um die Speiseröhre herum. Die Lymphgefäße ziehen zum Teil, besonders im Brustabschnitt in der Submucosa große Strecken
auf- bzw. abwärts, ehe sie nach Durchbrechung der Muskulatur in die Lymphknoten
einmünden. Innerhalb der Schleimhaut gibt es solitäre Lymphknötchen (Abb. b,
S. 218) und im Epithel eingewanderte Lymphocyten in mäßiger Zahl. Bei manchen
Tieren (Vögeln) wandern Lymphocyten in Massen wie bei den Tonsillen durch das

Epithel, speziell das der Drüsen, hindurch. Innervation: Außen von der Muscularis
liegen grobe Nervenstämme, welche geflechtartig die Speiseröhre umspinnen (Abb. b,
S. 218). Sie gehören größtenteils dem beiderseitigen Nervus vagus und dessen Ramus
recurrens an; der linke Vagus liegt infolge der Drehung des Magens je tiefer an
der Speiseröhre um so mehr auf ihrer Vorderwand, der rechte Vagus hinten auf
der Rückwand. Den Vagusästen sind Sympathicusanteile beigemischt; außerdem
treten Sympathicusäste aus dem Grenzstrang oder aus dem Aortengeflecht direkt
an die Speiseröhre heran. Zum Sympathicus gehören zahlreiche „intramurale"
Ganglienzellenhaufen, welche zwischen Längs- und Ringschicht der Muscularis liegen
(Abb. b, S. 218). Inwieweit sich der Sympathicus und Parasympathicus (Vagus) an
der Speiseröhre antagonistisch verhalten, ist unsicher. Aus Analogiegründen hält
man den Sympathicus für den hemmenden, den Vagus für den erregenden motorischen Nerv bei den peristaltischen Kontraktionen. Wird der Vagus durchschnitten,
so hört die geregelte Peristaltik auf; der nervöse Eigenapparat der Speiseröhre,
welcher bei herausgeschnittenen Teilen der Speiseröhre von Hunden noch eine
Weile selbständige Bewegungen in Gang hält, bedarf also des Zuflusses über-
geordneter, centraler Reize aus dem Schluckcentrum im Gehirn. Die Sensi-
bilität der Speiseröhre ist gering. Druck-, Temperaturunterschiede, Chemikalien
(Alkohol, Menthol) werden der ganzen Länge nach nicht empfunden, Berührungen und elektrische Reize nur im oberen Teile. Selbst Probeexcisionen von
Schleimhautstückchen werden schmerzlos vertragen. Die sensiblen Nerven gehören
zum 5. Thorakalsegment des Rückenmarkes. Die Ausbreitung des 5. Intercostal-
nervs außen am Rumpf (HEADsche Zone) ist in Fällen von Krebs oder Verätzung
der Speiseröhre überempfindlich und kann manchmal frühzeitig dem Arzt Erkrankungen des Organs anzeigen.

β) Der Magen.

Die Zurechnung des Magens zum Vorderdarm wurde bereits früher damit
begründet, daß er nicht nur seiner Herkunft nach mit der Speiseröhre zusammen-
gehört, sondern daß er wie diese Vorbereitungsorgan für den Darm ist.
Seine Aufgabe ist sehr viel wesentlicher als die der Speiseröhre, die nur leitet.
Er sorgt dafür, daß die Bissen aufgeweicht und gelöst werden; die Nahrung
wird im breiartigen Zustand, Chymus, aus ihm in den Darm befördert. Dazu
muß sie eine geraume Zeit in ihm verweilen, er ist Reservoir. Sein Chemismus
und teilweise auch seine Motilität verflüssigen während der Verweilzeit den
Inhalt und treiben ihn, wenn der richtige Aggregatzustand erreicht ist,
in kleinen Mengen durch den Pförtner in den Darm. Dabei kann schädlicher
Inhalt noch nachträglich durch Erbrechen zurückbefördert und durch den
Mund entleert werden. Der Motor arbeitet also unter dem Einfluß fein abge-
stimmter Regulations- und Registrierapparate, vornehmlich der Nerven, je
nach Bedarf vor- oder rückwärts. Die gesamte, wesentlich mechanische
Arbeit des Magens kann kein anderer Darmteil übernehmen, wie wir experimentell aus den Beobachtungen an magenlosen Kranken wissen (nach totaler
Magenresektion). Der Chemismus des Magens kann dagegen durch den Darm
so vollkommen ersetzt werden, daß es möglich ist, vom Zwölffingerdarm
aus einen Menschen so zu ernähren, daß Kot und Harn ganz normale Zusammensetzung behalten (Verabreichung von feingewiegter Nahrung in kleinen
Portionen durch eine Öffnung in der Bauchwand, welche in das Duodenum
führt, Duodenalfistel).

Die Bauart ist für die recht komplizierte Aufgabe äußerst einfach. Es gibt
Tiermägen, die wie das Herz gekammert sind und in ihrem Bau wie dieses eine
feste Anpassung an bestimmt lokalisierte Einzelaufgaben im Dienst des ganzen
Organs aufweisen (Wiederkäuer). Beim Menschen ist er wie bei der Mehrzahl der Säugetiere ein einfacher Sack, doch läßt er sich nach dem Bau
der Drüsen in der Schleimhaut und nach dem funktionellen Verhalten der
Muskulatur in zwei Abschnitte gliedern. Er vermag sich in außerordentlich
hohem Grad den verschiedensten Aufgaben und Situationen anzupassen.

Er ist bei großen Leistenbrüchen im Hodensack oder bei Zwerchfellhernien in der linken Brusthöhle gefunden worden; trotzdem arbeitete er normal. Auch in seiner normalen Lage erleidet er regelmäßig sehr starke Formänderungen, wie sich noch zeigen wird. Diese Fähigkeiten sind Leistungen der feineren Struktur der Wand, welche motorisch wie sekretorisch den verschiedensten Anforderungen gewachsen ist. Wir werden deshalb weiter unten die Schichten der Magenwand zuerst besprechen und anschließend daran die Form im ganzen in ihren verschiedenen Wandlungen und den Chemismus beschreiben und zu verstehen versuchen.

Der Magen wie die Speiseröhre können entbehrt werden. Ein Kunstgriff der Chirurgen ist beispielsweise der, ein Stück Darmrohr unter der Haut vor dem Brustkorb bis zum Hals hinaufzuführen, so daß die Speisen, wenn Speiseröhre und Magen verlegt sind, sofort in den Darm gelangen. In anderen Fällen wird der Magen operativ ganz entfernt (siehe oben). Daraus zu schließen, daß er keine große Bedeutung hätte, wäre unrichtig. Der Darm ist sehr viel empfindlicher als der Magen. Deshalb ist letzterer ein sehr lebenswichtiges Organ als Wächter und Arbeitszuteiler für jenen; der Darm leistet die eigentliche Arbeit und ist unentbehrlich. Über die resorbierende Tätigkeit siehe S. 213.

Leichenform und Lebendform Wenige Organe haben in der Regel innerhalb der Leiche eine so verschiedene Form von der im lebenden Körper wie der Magen. Wahrscheinlich ist die Lebendform überhaupt bei der Leiche nie erhalten, so zahlreich auch die Magenformen sind, die bei ihr beobachtet werden. Am wenigsten ist noch der vollständig kontrahierte, leere Magen verändert, wenn er kurz nach dem Tode untersucht wird. Er gleicht so auffällig dem Darm, daß der Chirurg gewisse Vorsichtsmaßregeln benutzen muß, um sich bei kleinfenstrigen Eröffnungen der Bauchhöhle, aus denen nur ein Stück des Organs vorgezogen werden soll, vor Verwechslungen zu schützen (der Magen hat an beiden Rändern einen Mesenterialansatz und an beiden Rändern je einen Gefäßkranz, der Darm hat beides nur an einer Seite). Das charakterisiert wohl am besten die Darmähnlichkeit. Doch erschlafft bei der Leiche der Tonus der Muskeln bald und die Fäulnisgase dehnen das ganze Organ nach einiger Zeit zu einem gekrümmten Sack aus (Abb. S. 223, 232). Die frühere Schulanatomie hat diese Gestalt für die eigentliche Magenform gehalten. Sie kommt aber im Leben nicht oder nur unter ganz ungewöhnlichen Umständen vor. Häufig bleiben kurz nach dem Tode bestimmte Stellen des Magens kontrahiert, während andere bereits erschlafft und durch Gase gedehnt sind. So ist z. B. nicht selten an der frischen Leiche der Magen in der Mitte sanduhrartig eingezogen; in anderen Fällen ist das untere Ende stark kontrahiert, der ganze übrige Magen erschlafft.

Im Leben kann durch krankhafte Veränderungen der Magenwand der „Sanduhrmagen" bedingt sein, dessen Form unveränderlich ist (Strikturen). Auch infolge nervöser Erkrankungen oder gewisser Giftwirkungen (Morphium) kann eine Dauerkontraktion in Ringform bestehen. Inwieweit dem Tode unmittelbar vorausgehende psychische oder medikamentöse Einwirkungen die Schnürung des Leichenmagens („Isthmus" des Magens) bedingen, ist eine umstrittene Frage. Vermutlich ist die unmittelbare Ursache des Isthmus eine ringförmige Starre der Magenmuskulatur, die in der Agonie einsetzt.

Die üblichen Namen der Magenabschnitte Wir wollen den gasgedehnten Magen der Leiche zur Erläuterung der gebräuchlichen Namen benutzen. Der Studierende wird am ehesten diese Form auf dem Präpariersaal zu Gesicht bekommen. Die trompetenartig erweiterte Einmündungsstelle der Speiseröhre heißt Magenmund, Cardia, die ganze Partie des Magens wird Pars cardiaca ventriculi genannt (Abb. S. 232). Die rechte Seite des Organs setzt die Wand der Speiseröhre in einer leicht gebogenen Kurve bis zum Pförtner fort, Curvatura minor. Gegenüber liegt die längere und stärker gebogene Curvatura major, die aber nicht unmittelbar den linken Speiseröhrenrand fortsetzt, sondern nach oben in den Rand eines besonderen

Magenabschnittes ausläuft, den **Fundus** (s. **Fornix**) **ventriculi.** Der Oesophagus mündet nämlich nicht in das oberste Ende des Magens, sondern in
einigem Abstand davon in seinen rechten Rand. Der alte Name Fundus für
das blind endigende obere Ende bedeutet wörtlich: der Boden; im Stehen
ist es der oberste Teil, also in Wirklichkeit die Decke des Magenbinnenraumes,
deshalb neuerdings **Fornix** benannt. Gegen die Speiseröhre ist er durch eine
Falte abgesetzt, **Incisura** bzw. **Plica cardiaca** (Abb. Nr. 117). Die kleine
Curvatur besitzt sehr häufig in ihrem Verlauf einen Knick, der als Querfalte in
das Innere des Magens vorspringt, **Incisura** bzw. **Plica angularis.** Von der
Ösophagusmündung bis hierher reicht der Hauptteil des Magens, **Corpus
ventriculi.** Den Rest, von der Plica angularis bis zum distalen Ende, nennt
man **Pars pylorica;** sie schließt mit
dem Pförtner, **Pylorus,** ab. An
dieser Stelle liegt im Inneren die sog.
Pförtnerklappe, **Valvula pylori**
(Abb. S. 233, 289), welche den Magen
gegen den Darm absperrt. Die Muskulatur ist hier so dick, daß man sehr gut
fühlen kann, wie sie gegen den folgenden Darmteil plötzlich abnimmt, wenn
man den Magen zwischen zwei Fingern
faßt und zwischen diesen in seiner
Längsrichtung, ohne zu drücken, durchlaufen läßt; man fühlt dann genau, wo
der Magen zu Ende ist und der Darm
(Duodenum) anfängt. Die zwischen
Curvatura major und minor liegende
Strecke der Magenwand heißt vorn
Paries anterior, hinten **Paries
posterior.**

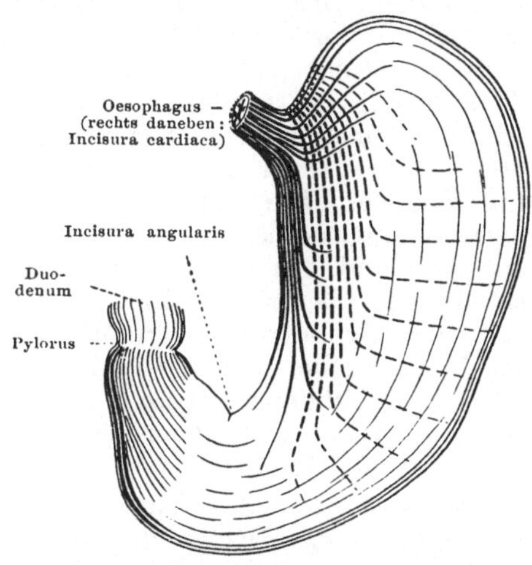

Abb. 117. **Traditionelle Form des Leichenmagens.** Vorderansicht, die kleine Curvatur etwas
schräg von ventral und rechts gesehen. Schema.
Eingezeichnet sind die Verläufe der Längsmuskeln
(ausgezogene Linien) und der Fibrae obliquae (gestrichelte Linien). Die Ringmuskulatur ist nicht
berücksichtigt. (Aus: Sitz.-Berichte Heidelberger
Akad. d. Wiss., Abt. B, Biol. Wiss., 10. Abh., 1919.)

Die dünne Darmwand und die ringförmig verdickte Pyloruswand sind äußerlich für das Auge nicht scharf gegeneinander abgegrenzt. Denn die Außen-
flächen beider Rohre gehen bündig ineinander über. Nur die Innenwand des
Pylorus springt, vom Darmlumen aus gesehen, ringförmig in die Lichtung vor.
Der alteingebürgerte Name „Klappe" ist dafür nicht zutreffend. Kollabiert die
dünne Darmwand, so wird äußerlich eine Rinne sichtbar (Abb. Nr. 117), oft der Sitz
einer durchschimmernden kleinen Vene, **Vena pylorica.** Sicherheit für die
richtige Grenze gibt aber nur das Gefühl.

Die genauere Begrenzung der drei Abteilungen (Fundus, Corpus, Pars pylorica)
wird, soweit sie möglich ist, weiter unten beschrieben. Von vorn ist der Fundus
bei der Leiche meist nicht voll zu sehen, weil er über der Milz, die hinter ihm
liegt, nach hinten übergeschlagen sein kann. Dieses Stück ist dann hinter dem
übrigen Fundus versteckt.

Der schlaffe Leichenmagen sinkt bei Rückenlage, wenn er nicht durch Gas
von innen gespannt ist, zu beiden Seiten der Wirbelsäule ab. Ist der Magen stark
gedehnt, so kann er sich in alle Spalten der Umgebung vorzwängen. Auf die
zahlreichen Namen, welche den abgeknickten oder vorgebuchteten Teilen gegeben
worden sind, können wir verzichten.

Die Magenwand ist nur etwa 2—3 mm dick. Sie besteht aus der Schleimhaut, Muskelhaut und dem Bauchfellüberzug, **Tunica mucosa, muscularis,
serosa** (Abb. S. 234). Wegen der Unterteilung der Schleimhaut und der
doppelten Verwendung des Namens Mucosa verweise ich auf S. 19. *Die drei Schichten der Wandung*

Der aktive Bewegungsapparat, welcher mit anderen Faktoren zusammen
die Form des Magens bestimmt, ist die Tunica muscularis. Die in der Schleimhaut

befindlichen Muskeln (Muscularis mucosae) haben nur Bedeutung für die Schleimhaut selbst und ihr Relief. Sie werden erst bei dem sekretorischen Apparat berücksichtigt werden, welcher in der Schleimhaut gelegen ist.

Die muskuläre Längs- und Ringschicht

Die Muskelhaut des Magens ist aus drei Schichten glatter Muskelzellen zusammengesetzt. Die äußerste Schicht besteht aus Fortsetzungen der Längsschicht der Speiseröhre und heißt deshalb Stratum longitudinale (Abb. S. 223). Doch laufen am Magen selbst diese Elemente keineswegs alle längs. Am dichtesten liegen sie an der kleinen Curvatur und reichen an ihr bis zur Incisura angularis. Ihre Enden biegen gegen den Magenkörper ab und verlaufen quer zu seiner Längsachse, endigen aber bald; an der großen Curvatur finden sich weniger dichte, aber ununterbrochene Längszüge bis zum Pförtner, die einzigen, welche den ganzen Magen umsäumen. Die übrigen, strahlig vom Magenmund aus auf die Vorder- und Hinterseite auslaufenden Längszüge liegen an sich in derselben Schicht, aber nicht als geschlossene Lage, sondern in zahlreiche feine Züge zersplittert, so daß überall zwischen ihnen die folgende Schicht durchschaut (dünne, unterbrochene Linien in Abb. S. 223); sie verlaufen an vielen Stellen schräg oder quer zur Achse des Magenkörpers und reichen nicht bis zum Pförtner. Die Stelle, welche der Incisura angularis entspricht, hat kein Stratum longitudinale, wenn man von den spärlichen Elementen an der großen Curvatur und der einen oder anderen Muskelzelle absieht, welche sie ausnahmsweise überbrückt. Erst kurz vor dem Pförtner beginnt ein schräg abgestutzter Cylinder einer geschlossenen glatten Längsschicht, welche teils den Pförtner überzieht und in die Längsschicht der Darmmuskulatur übergeht, teils in die Ringmuskulatur eindringt und mit ihr verwebt ist. Die kürzeste Seite des Cylinders liegt an der kleinen Curvatur (1—2 cm Höhe), die längste gegenüber (6—8 cm).

Die mittlere Schicht der Muskelhaut heißt Stratum circulare (Abb. S. 233). Sie setzt die Ringschicht der Speiseröhre fort und ist ununterbrochen und lückenlos über die ganze Magenwand ausgebreitet. Gegen den Pförtner zu wird sie allmählich dicker und bildet dort den Sphincter pylori, welcher den vollen Magen so lange verschließt, bis ein Teil der Speisen breiartig umgewandelt ist. Läßt der Sphincter nach und kontrahiert sich der Pylorusteil, so wird der bereits verflüssigte Mageninhalt schußweise in den Darm entleert.

Bei erschlafftem Sphincter ist der normale Pylorus so weit, daß der 4. Finger der Hand gerade passieren kann. Wird bei Operationen die Lichtung enger gefunden, so liegt ein krankhaftes Hindernis vor (Stenose). Beim leeren Magen ist der Pylorus geöffnet.

Die Kontraktion des Sphincter wird durch einen Chemoreflex von der Duodenalschleimhaut aus reguliert. Tritt saurer Mageninhalt in den Darm, so bewirkt dies Verschluß des Pförtners, bis die Säure im Duodenum neutralisiert ist. Dann erfolgt ein neuer Schuß usw. Dabei sortiert der Pförtner den Mageninhalt beim Austritt nach dessen physikalischer Beschaffenheit; denn er läßt nur flüssige oder verflüssigte Nahrung durch.

Peristolische und peristaltische Bewegung

Ehe wir die dritte Schicht der Muskelhaut beschreiben, beschäftigen wir uns mit der Wirkungsweise der beiden bisher genannten Schichten. Sie beherrschen außer dem Mechanismus des Pförtners ganz wesentlich die Magenform, soweit diese überhaupt vom Eigenapparat des Magens bedingt ist. Corpus und Fundus auf der einen Seite und Pars pylorica auf der anderen Seite verhalten sich ganz verschieden. Die beiden ersteren werden durch die Muskeln peristolisch kontrahiert. Man will damit sagen, daß der Inhalt in diesem Hauptteil des Magens hochgehalten und gleichmäßig verteilt ist, so daß nirgends die Magenwände aneinander liegen. Bei ungenügender Peristole sinkt dagegen der Inhalt ab, wie in einem Sack, der nur teilweise gefüllt ist, der Gesamtinhalt auf dem Boden liegt und oberhalb davon die Wände sich berühren.

Die Längs- und Ringsmuskulatur verteilt in der Norm den Inhalt so, daß er den Magen ganz füllt und daß ihm die Wände überall tonisch angepreßt sind. Die den Bissen beigemischte atmosphärische Luft steigt beim stehenden Menschen nach oben und sammelt sich in der sog. Gasblase im Fundus (Abb. a, S. 227 u. Abb. S. 228); auch sie wird von der Muskelhaut eng umspannt.

Ganz anders die Pars pylorica. Man nennt sie auch Canalis egestorius, weil sie die Form eines runden Rohres hat. Sie vermag den Mageninhalt auszutreiben. Dabei verlaufen an ihr die peristaltischen Wellen des Magens ab (Abb. Nr. 118): die Ringmuskulatur verengt sich zuerst in der Gegend der Incisura angularis des Leichenmagens oder etwas weiter vorher; indem dann immer weiter distal liegende Muskelringe kontrahiert werden und die bis dahin verkürzten sich wieder ausdehnen, schreitet die Welle bis gegen den Pförtner vor. Wie bei einem wogenden Kornfeld sind es immer wieder andere Elemente, die sich bewegen; die Welle ist nur scheinbar die gleiche. Aber der Effekt ist der, daß der in der Pförtnergegend befindliche Mageninhalt von der übrigen, hochgehaltenen Hauptmasse abgequetscht und von der vorwärtsschreitenden Welle weitergeschoben wird. Da Welle auf Welle folgt, so wird immer mehr Mageninhalt abgerupft. Der Canalis egestorius verhält sich infolge seiner eigenen Peristaltik etwa so wie eine Zitze, die beim Melken die Milch aus dem Euter heraustreibt. Auch beim Magen spritzt der Inhalt schußweise in den Darm, sowie sich der Pförtner öffnet (siehe oben). Jede Welle verengert gewöhnlich das Lumen maximal, wenn sie kurz vor dem Pförtner angelangt ist, so daß die Magenschleimhaut sich ringsum berührt (Sphincter antri, Längs-

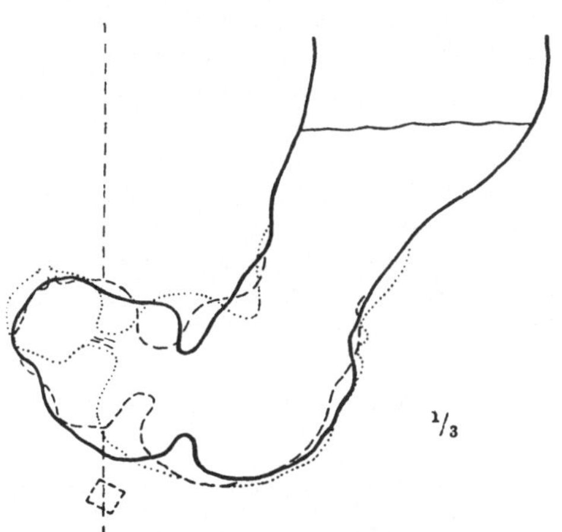

Abb. 118. Eine peristaltische Welle, in drei verschiedenen Phasen aufgenommen. Nach einer kinematographischen Serie von GROEDEL aufeinandergepaust. 1. Phase schwarz ausgezogen, 2. Phase gestrichelt, 3. Phase punktiert. Mittellinie des Körpers gestrichelt, Nabelmarke viereckig gestrichelt. Die gewellte Horizontale entspricht dem unteren Rand der Fundusblase.

strichelchen innerhalb des punktierten Konturs in der Medianlinie von Abb. Nr. 118).

Die distal vom Sphincter antri liegende, ballonförmige Partie der Pars pylorica wird von den Röntgenologen Antrum pylori genannt. Das Antrum ist am Schattenbild des mit Wismutbrei gefüllten Magens besonders deutlich und auch vom Geübten im Leben häufig tastbar. Die Begrenzung nach distal ist durch den Sphincter pylori gebildet. Die Begrenzung nach proximal wird durch den geschilderten Sphincter antri bestimmt. Doch entspricht ihm keine besondere Verdickung der Ringschicht wie am Pylorus, sondern er ist lediglich der vorübergehende, besonders tief einschneidende Schlußring der peristaltischen Welle. Das Antrum wird durch eine Gesamtkontraktion gegen den Darm zu ausgepreßt, sowie sich der Pförtner öffnet; der Sphincter antri bleibt dabei geschlossen.

Die Incisura angularis der Leiche hat mit den peristaltischen Wellen nichts zu tun. Sie ist eine Knickfalte an der verhältnismäßig muskelschwächsten Partie der Magenwand.

Am Magenkörper fehlen peristaltische Wellen nicht ganz. Sie sind aber seicht und ohne größere Bedeutung. Dort ist die peristolische Kontraktion die Hauptsache.

Die dritte Schicht der Muskelhaut ist für den Magen spezifisch. Sie besteht aus Zügen von glatten Muskelzellen, welche Fibrae obliquae heißen, weil viele von ihnen schräg zur Ringmuskulatur gelagert sind (Abb. S. 233). Der

Fibrae obliquae

Name ist nicht so aufzufassen, als ob alle Züge schräg zur Magenachse orientiert seien. Die meisten ziehen vielmehr longitudinal und parallel der kleinen Curvatur (Abb. S. 223). Von dem Stratum longitudinale, welches an dieser Stelle die gleiche Faserrichtung hat, sind sie leicht zu unterscheiden, weil jenes außen von der Ringmuskulatur liegt, die Fibrae obliquae aber innen von ihr. Am Fundus, an welchem die Ringmuskeln bis zum oberen Pol der Kuppel immer enger werden, ziehen die Fibrae obliquae auch schräg zu den Ringmuskeln, aber quer zu den Längsmuskeln (Abb. S. 223, 233). Immer handelt es sich nur um ein relativ schmales, plattes Bündel, welches zwerchsackartig über die Plica cardiaca und die benachbarte Wand des Fundus gelegt ist und beiderseits in die Magenwände ausstrahlt. Außerhalb dieses Bündels gibt es keine Fibrae obliquae. Die letzten Ausläufer der Schrägfasern biegen in die Richtung der Ringfasern um und mischen sich mit diesen. Andere dringen früher oder später in die Schleimhaut, der die Fibrae obliquae überall zunächst liegen, ein und inserieren in der Submucosa an derben Bindegewebszügen.

Die Fibrae obliquae können, wenn ihre Enden an der Magenwand einen festen Halt haben, gegen ihre Mitte hin wirken und so die Incisura cardiaca vertiefen. Der Magen ist dann wie durch eine Klappe gegen die Speiseröhre geschlossen. Bei Reizungen der Muskelhaut und starker Gasansammlung im Fundus wird durch diesen Mechanismus eine Entleerung gegen die Speiseröhre zu verhindert. Magenkranke klagen deshalb nicht selten zuerst über Herzbeschwerden. Denn der obere Magenpol liegt dem Herzen sehr nahe, da nur das dünne Sehnencentrum des Zwerchfells beide voneinander scheidet (Abb. S. 145 u. Abb. b, S. 206).

Beim normalen Magen ist der Magenmund durch die eigene Ring- und Längsmuskulatur und durch die Tiefe der Incisura cardiaca, die als Plica cardiaca in das Innere vorspringt, so reguliert, daß der Widerstand relativ leicht überwunden werden kann, z. B. beim Aufstoßen. Der sonstige Mageninhalt regurgitiert nicht. Tut er es doch, so empfinden wir seine ätzende Einwirkung als „Sodbrennen". Beim Erbrechen ist die Muskulatur der Wandung der Bauchhöhle der treibende Faktor (vordere Bauchwand, Zwerchfell).

Beim Entleerungsmechanismus des Magens gegen den Darm hin wirken die Fibrae obliquae umgekehrt, indem ihre Enden gegen die Mitte hin bewegt werden. Denkt man sich, daß in Abb. S. 223 die gestrichelten, gebogenen Linien gestreckt werden, so wird man verstehen, daß die Fibrae obliquae die Wand des Magenkörpers in die Höhe zu ziehen vermögen, wie man einen Sack über seinen Inhalt zurückstreift. Wenn also auch die Muskelhaut des Hauptteils des Magens nicht wesentlich an der eigentlichen Peristaltik beteiligt ist, so ist sie doch für den Entleerungsmechanismus nicht ohne Wichtigkeit; im wesentlichen sind ihre Fibrae obliquae in der geschilderten Weise daran beteiligt, alle übrigen sind wesentlich peristolisch tätig.

Man hat die Fibrae obliquae zur Begrenzung des Corpus ventriculi benutzt. Die untersten Schrägzüge entsprechen ziemlich genau dem Beginn der Pars pylorica (Canalis egestorius). Die obersten dagegen steigen ziemlich weit über das Niveau der Cardia empor. Infolgedessen ist der Vorschlag gemacht worden, nur den Teil der Kuppel: Fundus (s. Fornix) zu nennen, welcher frei von Fibrae obliquae ist. Ich folge dagegen den BNA, welche den ganzen, über dem Eintritt der Speiseröhre sich erhebenden Blindsack Fundus benennen.

Passiver Bewegungsapparat Die Schichten der Muskelhaut sind durch elastisches und fibröses Bindegewebe fest miteinander verbunden, so daß einzelne sich kontrahierende Elemente ihre Bewegung stets größeren Bezirken mitteilen. Daher ist die Art der Bewegung weich, fließend; sie ist grundverschieden etwa von den fest begrenzten und scharf lokalisierten Bewegungen der Skeletmuskeln, die in besonderen Fascienhülsen gleiten.

Nach außen zu ist die Tunica muscularis von der Tunica serosa überzogen, die mit glattem, spiegelndem Plattenepithel bedeckt ist (Abb. S. 250). Die Außenfläche des Organs verschiebt sich infolgedessen leicht gegen die Nachbarorgane. Man kann sagen, der Magen bewegt sich wie ein plastischer Gelenkkopf in der Gelenkhöhle, dem sog. Magenbett, das von den Nachbarorganen gebildet wird.

In dem Bindegewebe der Tunica serosa, das im allgemeinen nicht besonders dick und derb ist, befinden sich unterhalb der Incisura angularis zwei verstärkte fibröse Züge, Ligamenta ventriculi, eines auf der Vorder- und eines auf der Rückwand des Magens. Sie halten in einer ganz bestimmten Weise die beiden Schenkel der Incisura automatisch beisammen. Wird der Magen beim aufrecht stehenden Menschen gefüllt, so sinkt der Inhalt nicht bis an den Pylorus ab, sondern er sackt schon innerhalb der großen Curvatur nach unten, weil die Ligamenta ventriculi eine Senkung des Pförtners verhindern (Abb. Nr. 119). Man nennt den beulenförmig vorgebuckelten Teil der großen Curvatur „Magenknie". Er ist der tiefststehende Punkt im Stehen (Form eines J, Siphonform, Abb. S. 144 u. Abb. a, Nr. 120, S. 228, 266. Die Verschiebung der Teile des Organs wird in diesem Fall nicht durch eigene Kräfte der Magenwand, sondern durch die Schwerkraft

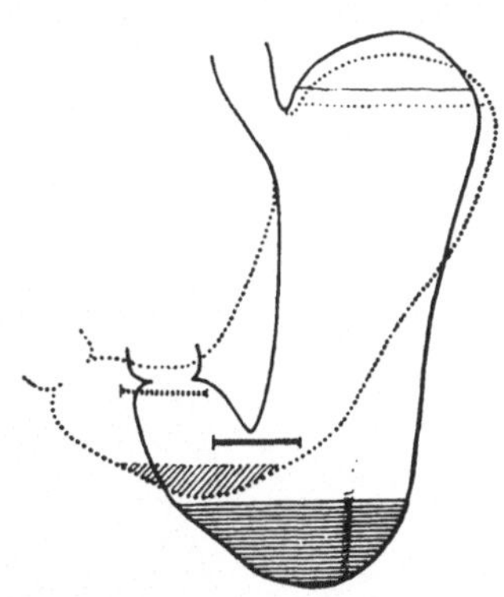

Abb. 119. Vorderes Ligamentum ventriculi. Schema. Ausgangsstellung des fast leeren Magens punktiert. Belasteter Magen mit ausgezogenem Kontur. Man denke sich den Magen am Magenmund aufgehängt (Lig. gastrophrenicum). Sein unterer Pol verschiebt sich bei Belastung nach der linken Körperseite und wird zum „Knie" ausgesackt.

bewirkt. Die Bänder spielen eine passive Rolle. Sie leiten die wirkenden Kräfte in eine bestimmte Bahn und formen also passiv die Gestalt des Magens. Die übrigen Belastungsformen des Magens — im Liegen auf dem Rücken oder auf der Seite — erfolgen ohne Anspannung der passiven Hemmungsbänder.

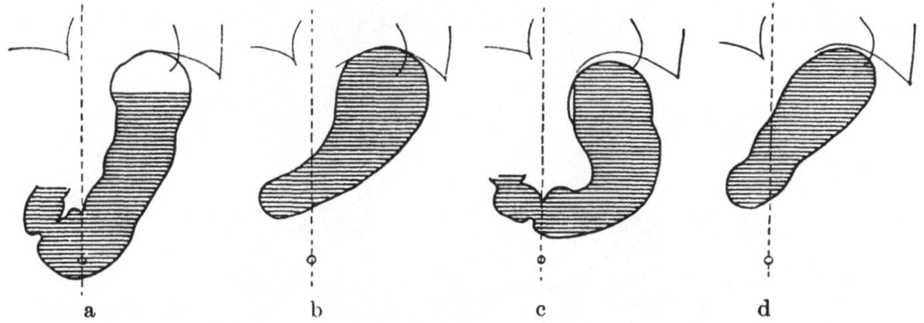

Abb. 120. Röntgenbilder des mit Wismutbrei gefüllten Magens. a Bei aufrechter Körperhaltung. b In Rückenlage. c In linker Seitenlage. d In rechter Seitenlage. Oberhalb des Magens ist der Zwerchfell- und Herzkontur angedeutet. Nabel als kleiner Kreis. Körpermittellinie gestrichelt. Nach GROEDEL, Röntgendiagnostik. LEHMANNs med. Atlanten VII. Vgl. Abb. S. 266.

Die Form des Magens unter dem Gewicht seines Inhalts ist deshalb in allen anderen Stellungen des Körpers verschieden von der im Stehen. Bei Rückenlage ist der Magen nur wenig gebogen, der Pylorus steht entsprechend höher als im Stehen (Abb. b, Nr. 120). Beim Liegen auf der linken Körperseite steht er mehr nach links verschoben und ist mehr gekrümmt als beim Liegen auf der rechten Körperseite (Abb. c u. d, Nr. 120). Die atmosphärische Luft sammelt sich in diesen Lagen nicht im Fundus, sondern an Stellen, welche auf dem Röntgenschirm

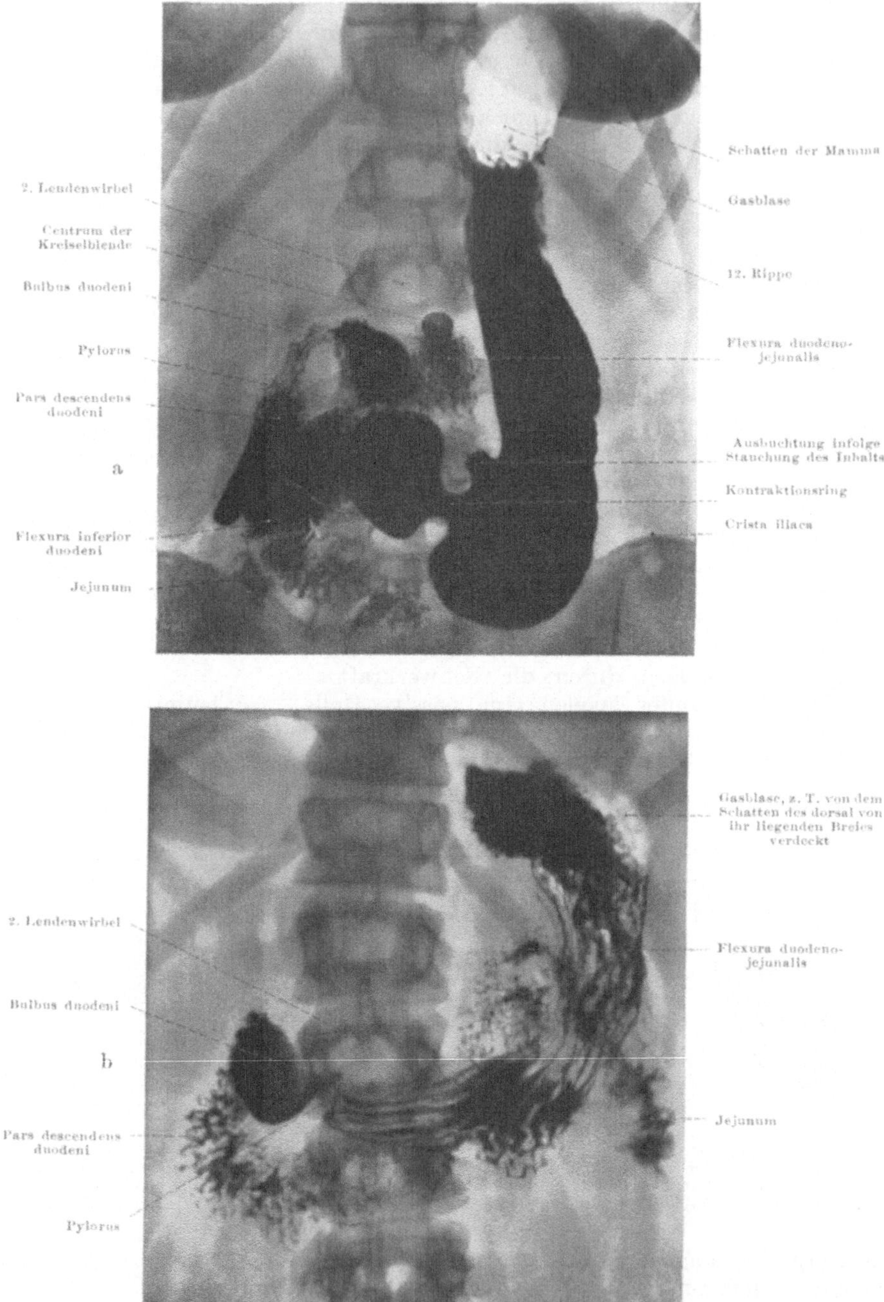

Abb. 121a und b. Röntgenbilder von Magen und Duodenum, 19jähr. Mädchen.
a Gefüllter Magen im Stehen. b Schleimhautbild desselben Magens im Liegen (bei leichter Kompression der vorderen Bauchwand); vgl. dazu Abb. S. 232. — Aufnahmen der Röntgenabteilung der Med. Klinik Rostock, Oberarzt Dr. Böhme.

vom Mageninhalt mehr oder weniger beschattet und deshalb nur teilweise sichtbar sind. — Vgl. hierzu auch Abb. S. 228, 266 u. 291 (Bauchlage).

Außer der aktiv und passiv wirkenden Struktur der Magenwand bei verschiedenen Körperhaltungen ist die Schwere des momentanen Mageninhaltes an sich und das Verhalten der unmittelbaren und entfernteren Umgebung des Magens von Bedeutung für die Gesamtform. Ein mit Wismutbrei beschwerter Magen, wie man ihn auf der Röntgenplatte zu Gesicht bekommt, hat selbstverständlich eine viel ausgeprägtere Siphon- oder Hakenform (Abb. a, S. 227) als ein mit Luft oder Gas gefüllter Magen, der dem Leichenmagen ähnlich aussehen kann. Je tiefer das Magenknie gesenkt ist (man achte in den Abbildungen auf die Nabelmarke), um so höher muß die Peristaltik des Pförtnerteiles den verflüssigten Inhalt in die Höhe hebern, um ihn in den Darm befördern zu können. Im Liegen ist die zu leistende Hebearbeit geringer oder gleich Null. Man empfindet das besonders nach einem schwer verdaulichen, im Magen beharrenden Essen (Mittagsschläfchen). Form des gefüllten Magens

Sind die Darmschlingen gefüllt und steigt das Colon transversum, das ihnen aufgelagert ist, entsprechend in die Höhe, so wird die Magenachse, die beim Siphonmagen schräg, manchmal sogar senkrecht steht, quer zur Körperlängsachse gestellt (ähnlich dem in Abb. S. 9 künstlich durch Haken angehobenen Magen). Der Magen folgt auch dem absteigenden Zwerchfell bei der Inspiration; besonders beim Pressen, wenn Zwerchfell und vordere Bauchwand gegeneinander wirken, verändert sich seine Form und Größe. So ist die Fülle seiner Formen Legion. Man hat mit Recht gesagt, der Wechsel seiner Form sei das einzig Beständige. Wir greifen nur einige wichtigere Zustände heraus.

Ist der Magen leer und schlaff, so liegen Vorder- und Hinterwand aneinander wie bei einem leeren Feuerwehrschlauch. Nur der leere kontrahierte Magen ist im Querschnitt rund, darmähnlich. Gleiten die ersten Bissen in ihn hinein, so wird er belastet und allmählich erweitert, indem Bissen auf Bissen geschichtet wird (Abb. S. 230). Die frühere Meinung, daß der Magenkörper ein Rührwerk sei, in welchem der Inhalt dauernd durchgeknetet werde, mußte auf Grund aller neueren Erfahrungen, besonders am Röntgenschirm, aufgegeben werden. Vielmehr werden die Bissen, welche zuerst aufeinander getürmt sind, so hoch der Magen ist, durch weiterfolgende nach der großen Curvatur zu abgedrängt, indem längs der kleinen Curvatur von unten anfangend eine neue Säule von Bissen aufeinander geschichtet wird. So dehnt sich der Magen hauptsächlich nach seiner linken und vorderen Seite zu aus. Der Inhalt wird indes durch die chemische Einwirkung des Magensaftes erweicht und verflüssigt. Ist die richtige breiartige Konsistenz des äußeren Mantels erreicht, was je nach der Art und Menge der Nahrung sehr verschieden lange dauern kann, so befördern die peristaltischen Wellen ihn in der beschriebenen Weise gegen den Pförtner hin. Dabei wird der Inhalt der Pars pylorica stark durchmischt und schließlich schubweise in den Darm gespritzt. Die Dauer einer Welle beträgt etwa 8 Sekunden oder länger, die gesamte Verweildauer 2—4 Stunden, bei flüssiger Nahrung kürzer. Form des sich füllenden Magens

Der Magen wird durch 400 g eines Wismutbreies laut Auskunft des Röntgenbildes vollständig entfaltet. Er faßt darüber hinaus sehr viel mehr. Das maximale Quantum ist individuell sehr verschieden. Die Form vergrößert sich, ändert sich als solche nur wenig, im Gegensatz zu der früher allgemein verbreiteten Meinung, daß sie von der Menge des Inhaltes sehr stark abhängig sei. Beispielsweise hat im Stehen der wenig und der voll gefüllte Magen Siphonform; nur ist bei voller Belastung die Achse mehr der Senkrechten genähert und das Knie ist stärker ausgeprägt (Abb. S. 227).

Beim leeren oder wenig gefüllten Magen ist die Schleimhaut in Falten gelegt, auf welche weiter unten einzugehen ist. Die der kleinen Curvatur zunächst liegenden beiden Falten (Plica mucosa I et II, Abb. S. 232, 233) sind zum Unterschied von den übrigen nicht durch quer oder schräg gestellte abzweigende Seitenfalten miteinander Magenstraße verbunden. Die zweite Falte nähert sich nach unten zu der großen Curvatur. Man nennt die rechts und links von einer oder von beiden Falten begrenzte Bahn längs der kleinen Curvatur Magenstraße. Die Flüssigkeit (Speichel, Nasenschleim usw.), welche beim „Leerschlucken" durch die Speiseröhre in den Magen befördert wird, fließt auf diesem Wege in senkrechter, kürzester Richtung nach dem Darm hin. Ob die ersten Bissen der Magenstraße folgen und durch das trompetenförmig erweiterte Ende der Pars pylorica zugeleitet werden, ist strittig. Zweifellos können sie auch mehr in der Mitte des Magens abwärts gleiten (Abb. a, Nr. 122).

Da Flüssigkeiten, welche in einen vollen Magen hineingetrunken werden, früher im Darm erscheinen als der vorher vorhandene festere Inhalt, hat man angenommen, daß sie in der Magenstraße an ihm vorbeilaufen. Dagegen spricht, daß beim vollen Magen keine Schleimhautfalten bestehen, er ist gegen das Innere ganz ausgeglättet. Wahrscheinlich sickern die Flüssigkeiten außen am Nahrungsballen abwärts, weil sie sich wegen seines Schleimgehalts mit ihm nicht oder nur schlecht mischen.

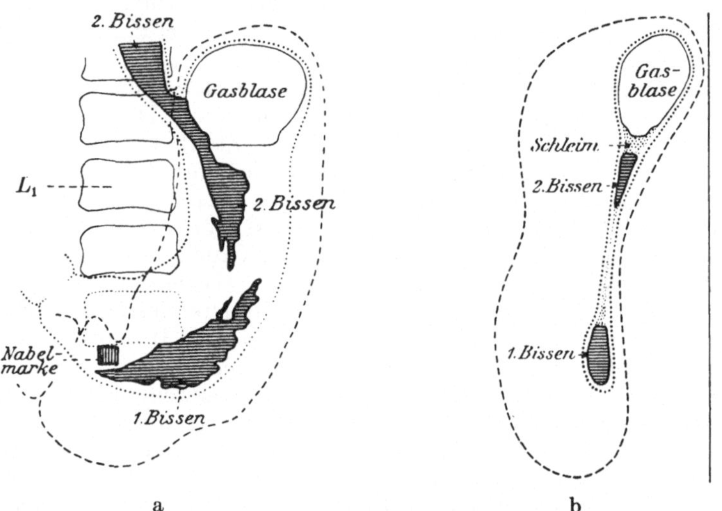

Abb. 122. Verhalten der ersten Bissen beim Eintritt in den Magen. Nach Röntgenphotogrammen von Groedel rekonstruiert (aus Sitzgsber. Heidelberg. Akad. wie Abb. S. 223). Kontur des Magens zur Zeit des Verschluckens des 2. Bissens punktiert, Kontur des gefüllten Magens gestrichelt. a Ansicht von vorn, Versuchsperson im Stehen. b Schematischer Schnitt in einer sagittalen, durch beide Bissen gelegten Ebene. Der senkrechte Strich entspricht einer Frontalebene dicht hinter dem Magen. Die schwere Spitze des zweiten Bissens tropft zuerst gegen den 1. Bissen zu ab.

Eine strittige Frage ist ferner, ob die Fibrae obliquae, welche teilweise in die Submucosa eindringen und in ihr inserieren (Abb. S. 233), die Schleimhaut beim Menschen gegen die kleine Curvatur hin zusammenraffen und dadurch einen besonderen Sulcus salivalis erzeugen können. Bei der Katze, bei welcher die Muskulatur etwas anders gebaut ist als beim Menschen, kommt nach Röntgenbildern ein solcher Weg zustande. Er hat nichts mit der Schlundrinne im Wiederkäuermagen zu tun, welche durch feste Muskelleisten dauernd abgegrenzt ist. Die Wände des Sulcus salivalis sind vorübergehender Natur, sie verschwinden, sobald die Muskelkontraktion nachläßt.

Während die eigentlichen peristaltischen Durchknetungs- und Entleerungsbewegungen auf die letzte, nur 5—6 cm lange Strecke des Magens beschränkt sind (Canalis egestorius), kann beim sich entleerenden Magen diese Strecke viel größer erscheinen als sie tatsächlich ist. Durch die peristolische Zusammenziehung wird nämlich derjenige Teil des Magenkörpers, welcher der Pars pylorica zunächst liegt, so verkleinert, daß er im Röntgenbild als Verlängerung derselben nach der linken Körperseite zu erscheint. Der noch übrig gebliebene Mageninhalt liegt als Ballen im Fundus und angrenzenden Körperabschnitt. Im Liegen hat dann der Magen die typische „Retorten"form (Abb. S. 231). Ist er ganz entleert und schlaff, so ist er bandartig abgeplattet, wie oben beschrieben.

Die innerste der drei Schichten des Magens umfaßt etwa die Hälfte der Wanddicke (Abb. S. 234); sie besteht aus der Tunica mucosa s. str., Tunica muscularis mucosae und Tunica submucosa. Durch die Submucosa ist sie sehr locker mit der Muskelhaut verbunden, so daß sich im kontrahierten Magen Falten von letzterer abheben (Rugae s. Plicae, Abb. S. 232), und zwar um so mehr, je stärker die Muskelhaut zusammengezogen ist. Die Muskelhaut selbst bildet nie Falten. Im gefüllten Magen verstreichen die Stauchungsfalten der Schleimhaut bis zum völligen Verschwinden. Wie locker die Schleimhaut an die Muskelhaut angeheftet ist, zeigt sich besonders bei Wunden durch kleinkalibrige Geschosse, welche durch die vorquellende Schleimhaut geschlossen werden können, so daß kein Mageninhalt austritt.

Gröberes Relief der Schleimhaut

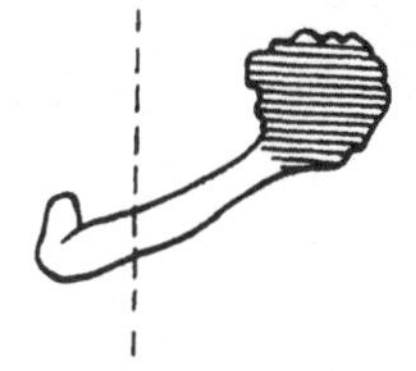

Abb. 123. Retortenform des fast entleerten Magens, Versuchsperson in Rückenlage, Medianlinie gestrichelt (nach FORSSELL, Fortschr. a. d. Geb. d. Röntgenstr. Erg.-Bd. 30, 1913).

Höchstwahrscheinlich sind die Hauptfalten, wenn sie auch entstehen und vergehen, doch immer wieder dieselben ähnlich gewissen Hautfalten im Gesicht, die schließlich stationär werden. Die in Abb. S. 233 besonders dargestellten Plicae mucosae I und II laufen je auf der Vorder- und Rückseite des Magens parallel zueinander und zur kleinen Curvatur. Sie haben keine Quer- oder Schrägverbindungen. Ihre Bedeutung für die „Magen"straße ist oben behandelt. Die folgenden Falten (Abb. S. 232, mit 1, 2, 3 bezeichnet) hängen mit Falte II und untereinander durch zahlreiche Seitenfalten von Schräg- oder Querverlauf zusammen. Wahrscheinlich wechseln sie je nach der Gesamtform des kontrahierten Magens von Fall zu Fall. In dem Faltengewirr läßt sich immer ein System von Längsfalten auf längere Strecken durchverfolgen. Ihre Zahl wechselt.

Während das beschriebene gröbere Relief unter dem Einfluß der Muskelhaut steht, wirkt auf das feinere Relief die Eigenmuskulatur der Schleimhaut, die Muscularis mucosae. Sie besteht aus einer dünnen Platte glatter Muskelzellen, welche nicht in einer bestimmten Richtung angeordnet sind, sondern sich vielfach überkreuzen und durchflechten. Was sie für Verletzungen mit spitzen Gegenständen bedeuten, ist bei der Speiseröhre erwähnt (S. 219). Besonders wichtig ist dieser Schutz für die Raubtiere, welche die zu Splittern zermalmten Knochen herunterwürgen. Beim Magen — und ebenso im Darm — verlassen zahlreiche Züge von glatten Muskelzellen die Muscularis mucosae, dringen in die Tunica propria der eigentlichen Schleimhaut ein und strahlen gegen das Epithel hin aus (Abb. S. 234, rechte Seite u. Abb. S. 235). Sie vermögen die Propria zusammenzupressen, indem sie die Oberfläche des Epithels der Muscularis mucosae nähern. Insofern haben sie Bedeutung für die Entleerung der Drüsen, welche in die Propria eingelagert sind (s. unten). Außerdem aber liegen besonders viele Muskelbündelchen in dickeren bindegewebigen Septen zwischen den Feldern der Magenschleimhaut und helfen diese in ihrer Lage festhalten. In die groben Falten der Schleimhaut (Abb. S. 232) dringt die Platte, welche man Muscularis mucosae nennt, mit ein; sie ist also zum Unterschied zur Muscularis mitgefaltet. Die kleineren Unebenheiten (Abb. S. 234) macht sie dagegen nicht mit; ihr Tonus hilft infolgedessen dieses feinere Relief aufrechtzuerhalten oder zu verändern.

Man unterscheidet Areae gastricae und Plicae villosae; erstere sind mit bloßem Auge sichtbar (in Abb. S. 232 zwischen den Falten angedeutet; sie bedecken auch die Falten selbst), letztere kann man nur bei starker Lupen-

vergrößerung wahrnehmen. Jede Area hat die Form einer Brustwarze und ist
von der Nachbarwarze durch einen tiefen Graben getrennt (Abb. S. 234). In
der Tunica propria entsprechen den Gräben mehr oder weniger ausgeprägte
Septen (interlobuläre Septen). Die Oberfläche eines jeden warzenförmigen
Polsters ist mit Leistchen und Rinnen bedeckt, welche den Windungen und
Furchen der Hirnhemisphären sehr ähnlich sehen. Auf Schnitten senkrecht
zur Oberfläche des Magens sehen die Leistchen, sobald sie quer zur Längsrichtung
getroffen sind, zapfenförmig aus (Abb. S. 235); sie ähneln dann den Zotten
(Villi) des Darmes, daher der Name Plicae „villosae". Aber man hüte sich zu

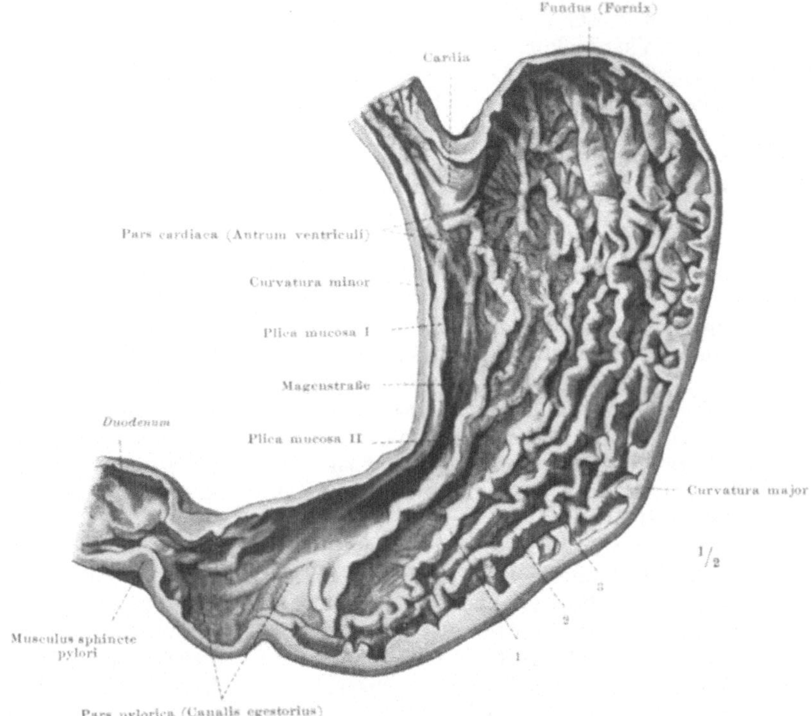

Abb. 124. Schleimhaut des nüchternen Magens.
(Aus Sitzgsber. Heidelberg. Akad. wie Abb. S. 223.)

glauben, daß im Magen Anhänge der Schleimhaut über die Oberfläche hinaus-
ragten, wozu das Schnittbild unter dem Mikroskop den Anfänger verleiten
kann. Im Darm ist das der Fall, wie wir sehen werden (Abb. S. 271). Für
den Magen ist aber gerade charakteristisch, daß keine Fortsätze der Schleimhaut in das Innere hineinhängen. An diesem wesentlichen Formunterschied
ist zu ermessen, wieviel geringer die Bedeutung des Magens für die Resorption
sein muß als die des Darmes (S. 213); die echten Villi tauchen in den Darminhalt wie die Wurzelhärchen einer Pflanze in eine Nährlösung hinein und
sind das eigentlich resorbierende Element des Verdauungskanals, sie fehlen
aber gerade im Magen.

Die Areae gastricae haben einen Durchmesser von 1—6 mm. Ihr Inneres
ist vollgestopft mit Drüsenausführgängen, welche auf der Oberfläche münden.
Insofern ist der Vergleich mit der Brustwarze besonders zutreffend. Nur sind
in unserem Fall die Drüsenmündungen so zahlreich, daß sie sich rinnenförmig

zusammenschließen, eben zu den Sulci zwischen den Plicae villosae. Man nennt
auf Schnitten die quer getroffenen Ausführgänge **Magengrübchen**, **Foveolae
gastricae**. In Wirklichkeit sind es aber keine Grübchen, sondern Rinnen
von etwa 0,2 mm querem Durchmesser (vgl. Vorderwand und Oberflächenrelief
der Abb. S. 234).

Die **Farbe** der lebenden Schleimhaut ist rosafarben, mit einem Stich ins
Graue. Einige Zeit nach dem Tode sieht sie dunkelgrau aus, sie wird bald weicher
und schwammiger als im Leben. Im Pylorusteil ist sie auch im Leben dicker als
im übrigen Magen, im Fundus am dünnsten; im letzteren treten zuerst die
Zeichen der postmortalen Verdauung ein.

Farbe

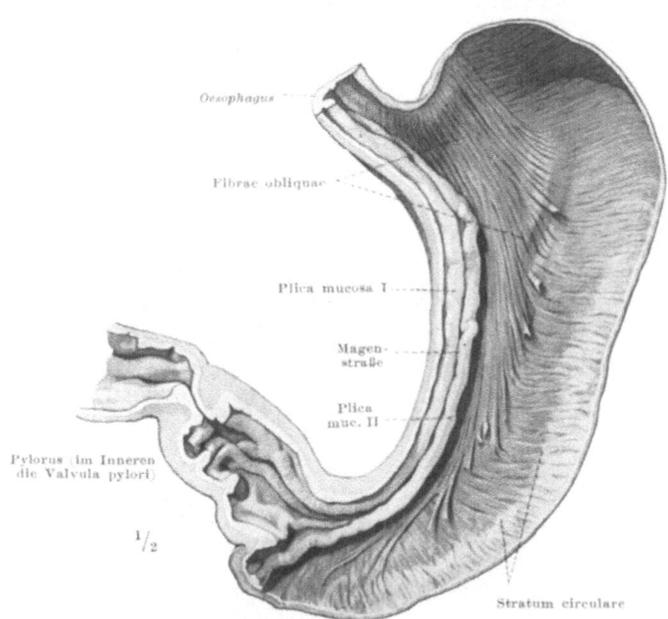

Abb. 125. **Stark kontrahierter Magen.** Die Schleimhaut wurde im größten Teil des Körpers und im
Fundus entfernt, Muskulatur von **innen** her freigelegt. Die frei herausragenden Enden der Fibrae obliquae
dringen in die hier weggenommene Submucosa ein (aus Sitzgsber. Heidelberg. Akad. wie Abb. S. 223).

Das **Epithel** der Magenoberfläche ist einschichtig cylindrisch (Abb. S. 235).
Es kleidet sämtliche Magengrübchen (-rinnen) bis zu ihrem tiefsten Punkte aus.
Häufig sind letztere an ihrem Grunde gespalten, was an der Epithelauskleidung
zu erkennen ist. Die einzelne Zelle enthält einen dicken Tropfen Sekret, der
immer nach dem Mageninnern zu liegt (Sekretsammelstelle). Das Protoplasma
mit dem Kern ist an die basale Wand gedrängt. Infolgedessen sieht das Magenepithel sehr gleichförmig aus: das Sekret liegt in einem durchlaufenden Band
im inneren Hauptteil, die Zellkerne liegen in einer dünnen Schicht im äußeren
Randteil. Die Grübchen (Rinnen) der Pars pylorica sind beträchtlich tiefer
als die im übrigen Magen; sie nehmen dort mehr als die Hälfte der Dicke
der Schleimhaut ein (Abb. S. 236). Das Sekret ist ein Mucinkörper von
alkalischer Reaktion, der sich von anderen Schleimarten dadurch unterscheidet, daß er in Salzsäure nicht löslich ist, sondern ausfällt. Bei der
üblichen Hämatoxylinfärbung wird er nicht wie in den Schleimspeicheldrüsen
gebläut. Beim eröffneten nüchternen Magen überzieht der Schleim die
Oberfläche der Schleimhaut. Er schützt sie vor schädlichen chemischen und

Der sekre-
torische
Apparat
der
Schleim-
haut physikalischen Agenzien in den Speisen und gleicht darin der Schleimkomponente des Speichels.

Glandulae
gastricae
propriae In die Magengrübchen (-rinnen) münden die Magendrüsen, Glandulae gastricae. Sie sind gegenüber ersteren mit spezifischem Epithel ausgekleidet, liefern also nicht ein indifferentes, lediglich zum Schutz der Oberfläche dienendes, sondern ein wirklich verdauendes Sekret. Die zahlreichen tubulösen Drüsenschläuche erfüllen die Tunica propria der Schleimhaut so dicht, daß nur schmale Septen aus Bindegewebe zwischen ihnen übrig bleiben (Abb. S. 235). Trotzdem ist in diesen Platz für Gefäße u. v. a. m. (S. 238). Man unterscheidet Glandulae cardiacae und propriae. Die ersteren sind spärlicher und münden meist nur in Einzahl in die ungeteilten Magengrübchen (-rinnen).

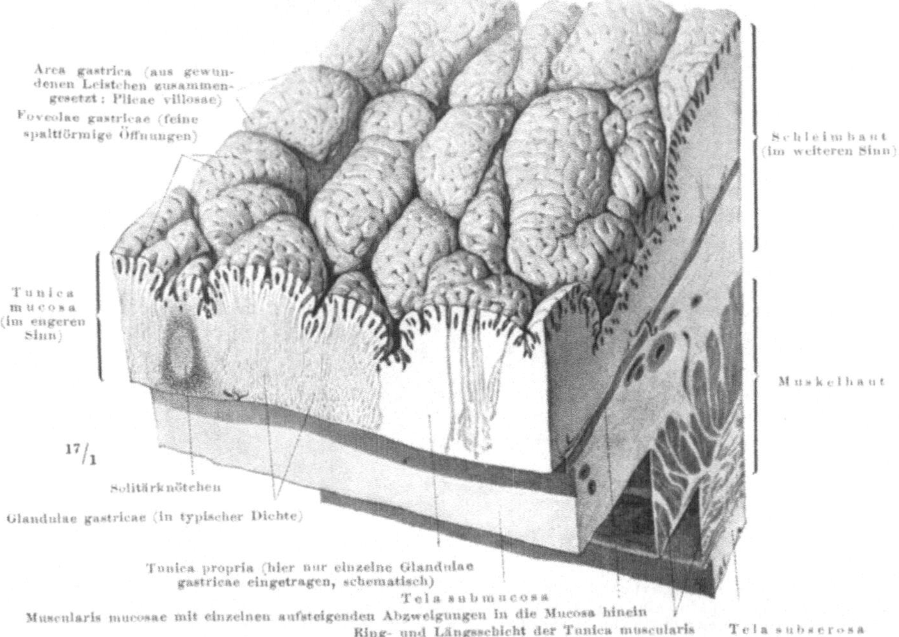

Abb. 126. Schleimhautoberfläche bei Betrachtung mit dem stereoskopischen Mikroskop (Magen eines Hingerichteten, Schnittflächen schematisiert). Auf der vorderen Schnittfläche rechts vom Beschauer nur einige Drüsen gezeichnet, die übrigen weggelassen; links vom Beschauer Drüsen in typischer Dichte. Drüsen grau, Grübchen (Rinnen) schwarz.

Die Glandulae propriae nehmen den größten Teil des Magenkörpers und den ganzen Fundus ein. Da sie in letzterem zuerst gefunden wurden, werden sie auch schlechthin „Fundusdrüsen" genannt; es wäre aber falsch, zu glauben, daß sie nur im Fundus vorkämen. Sie unterscheiden sich von den Kardiadrüsen dadurch, daß sie meistens zu mehreren nebeneinander in ein Grübchen (Rinne) münden, und zwar in entsprechende Teilungen des Grundes oder durch Vereinigung der Drüsen kurz vor ihrer Mündung. Gegen den Grund der Drüsen selbst kommen Aufteilungen in zwei oder drei, selten mehrere kurze Endröhrchen vor.

Die „Fundusdrüsen" sind von zweierlei Arten von Zellen ausgekleidet, die nichts mit dem Oberflächenepithel gemein haben (Abb. S. 235). Die helleren, bei Hämatoxylin-Eosinfärbung bläulich gefärbten Zellen heißen Hauptzellen; sie erreichen sämtlich das enge Lumen. Aus ihnen geht die Vorstufe des

Pepsins hervor. Die dunkleren, bei derselben Doppelfärbung prächtigrot gefärbten Zellen heißen Belegzellen; sie erreichen nicht alle das Lumen, sondern liegen zum Teil etwas abgedrängt, können über die Hauptzellen basal hinausquellen und ihnen teilweise aufliegen, daher der Name. Zu jeder Belegzelle geht ein kleines, quer verlaufendes Seitenästchen des centralen Sekretkanälchens der Drüse; die Zellen selbst enthalten in ihrem Protoplasma feinste Sekretkanälchen (intracelluläre Sekretcapillaren), welche ein dichtes korbartiges Netz formen und in die centralen Lumina direkt oder in die Querkanälchen derselben münden. Sie liefern die Salzsäure des Magens (s. unten).

Die Kardiadrüsen sind stark verzweigt. Sie haben keine eigentlichen Belegzellen (Ausnahmen von der Regel kommen vor). Ihr Epithel unterscheidet sich von den Hauptzellen der Fundusdrüsen durch seine größere Affinität zu sauren Farbstoffen und ist darin eher den Belegzellen ähnlich. Sie kommen beim Menschen nur einzeln vor, bei manchen Tieren bilden sie eine scharf abgegrenzte Zone. Manche Autoren halten sie für die gleiche Drüsenart wie die Pylorus- und BRUNNERschen Drüsen.

Die Glandulae propriae sind an ihrer Einmündung in die Magengrübchen (-rinnen) besonders eng: Halsteil der Drüse. In ihm liegen meistens besonders viele Belegzellen (Abb. Nr. 127). Auf verschiedene Modifikationen der Hauptzellen im Halsteil gehe ich nicht ein, weil sie beim Menschen undeutlich sind. Beim Pferd kommen netzartige Anastomosen zwischen den Drüsenschläuchen vor, beim Menschen ist jeder Schlauch selbständig.

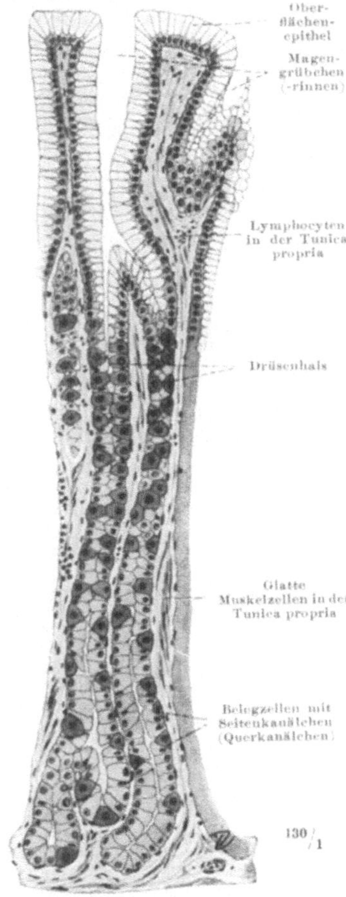

Die Glandulae pyloricae sind ihrem Namen entsprechend auf die Nähe des Pförtners beschränkt. Sie enthalten keine oder fast keine Belegzellen (Abb. S. 236). Ihr Epithel ähnelt eher den Hauptzellen, liefert auch wie diese Pepsin, ist aber nicht mit ihnen identisch; es gehört allen seinen feineren Eigenschaften nach bereits zu den Schleimdrüsen des Duodenum (BRUNNERsche Drüsen). Da aus Fisteln, welche den Magensaft des Pylorus nach außen führen, salzsäurefreier Mageninhalt herausläuft, der übrige Magen aber Salzsäure liefert, so ist der Schluß berechtigt, daß die Belegzellen die Salzsäure selbst unmittelbar herstellen oder daß sie zu ihrer Bildung mittelbar nötig sind.

Abb. 127. Sog. Fundusdrüsen des Magens. Hauptzellen hellgrau, Belegzellen dunkelgrau. Präparat vom Hingerichteten.

Die Pylorusdrüsen unterscheiden sich auch dadurch von den Fundusdrüsen, daß sie spärlicher stehen, kürzer und stark verzweigt sind; die Enden sind alveolär erweitert.

Die Grenze zwischen salzsäureproduzierenden „Fundusdrüsen" und säurefreien Pylorusdrüsen ist scharf. Sie liegt an der kleinen Curvatur zwischen 2. und letztem Drittel, am übrigen Magen und an der großen Curvatur zwischen drittem und letztem Viertel der Gesamtlänge. Zu den gröberen Formen des Magens hat die Grenze keinen Bezug.

Die Menge des Sekrets aus sämtlichen Magendrüsen, Succus gastricus, Magensaft ist sehr groß, was bei der enormen Zahl der Drüsen nicht wundernimmt.

Beim Menschen ist berechnet worden, daß bei einer Probemahlzeit 600 ccm Magensaft abgesondert werden.

Der Magensaft, mischt sich mit dem Mageninhalt und verflüssigt ihn zum Chymus von breiartiger Konsistenz. Da die freie Salzsäure nur in die Oberfläche des Speiseballens eindringt, so kann die vom Speichelferment eingeleitete diastatische Spaltung der Nahrung zunächst im Magen weitergehen. Nur dort, wo die Salzsäure wirksam geworden ist, kann das

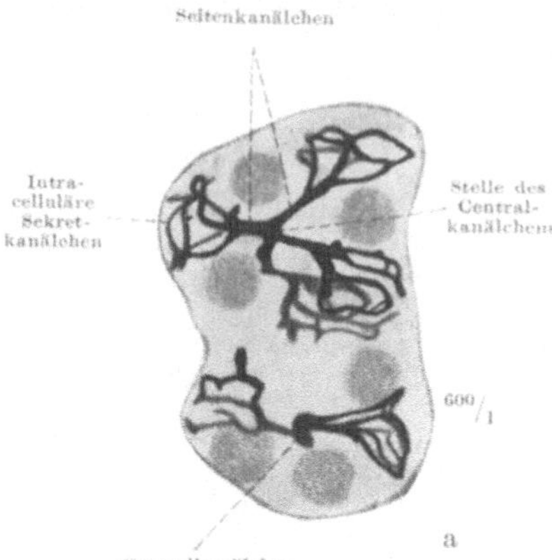

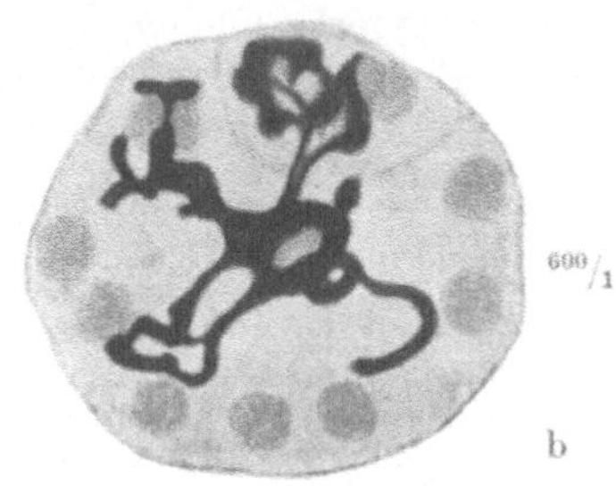

Abb. 128. **Korbcapillaren der Belegzellen.** Querschnitte durch Fundusdrüsen. Färbung mit Chromsilber nach GOLGI. a Rindsfetus, 2 eng aneinander liegende, scheinbar verschmolzene Drüsen. b Mensch (Hingerichteter).

von den Hauptzellen gelieferte Pepsinogen zu Pepsin aktiviert werden und fermentativ die Eiweißkörper aufspalten. Zum Schluß ist der Mageninhalt ganz verflüssigt und durchsäuert; dadurch ist er für die Einwirkung der Darmsäfte vorbereitet.

Nicht alle Säuren des Magens stammen aus der Magenwand. Milchsäure z. B. wird durch die Gärung des Mageninhalts produziert. Bakterielle Prozesse spielen dabei eine Rolle. Da die Salzsäure bakterientötend wirkt, fehlt die Milchsäure im normalen Magen. — Außer dem Pepsin liefern die Magendrüsen noch andere Fermente, z. B. das Labferment, welches beim Säugling die Milch ausfällt, ein fettspaltendes Ferment usw. Am wichtigsten ist jedoch die eiweißspaltende Tätigkeit des Magens, die allein dem Pepsin zukommt.

Selbstverdauung des Magens ist unter normalen Bedingungen ausgeschlossen. Wahrscheinlich schützt der Schleimbelag, der in Salzsäure unlöslich ist, das Epithel. Die Hauptabwehr dürfte aber in einem Antiferment liegen, das die Magenzellen selbst erzeugen, ähnlich wie die Darmschmarotzer, z. B. Spulwürmer. Man weiß, daß Fibrin, welches mit Extrakt von Ascaris durchtränkt ist, durch das Antiferment vor der Einwirkung der Verdauungssäfte geschützt ist. — Nach dem Tode sind die Verdauungssäfte länger wirksam als die Schutzeinrichtungen, daher wird der Leichenmagen bald durch Selbstverdauung angefressen, ebenso im Leben schlecht ernährte oder sonst geschädigte Stellen der Schleimhaut („peptisches Geschwür").

Abb. 129. **Pylorusdrüsen.** Magen eines Hingerichteten. Zeichnung ein wenig schematisiert.

In Abb. S. 144 sind die beim stehenden Menschen hinter dem Magen befindlichen Organe zu sehen. Bei anderen Körperstellungen und -lagen und anderen Magenformen verschiebt sich die Rückwand gegen die Nachbarorgane;

denn zwischen ihnen liegt eine feine, mit Bauchfell ausgekleidete Spalte
(Bursa omentalis, S. 256). Während der Atmung folgt der Magen den Bewegungen des Zwerchfells, d. h. er steigt bei der Exspiration in die Höhe.
Wenn deshalb auch die Lage und Größe der Felder nicht konstant ist,
an welchen sich die Nachbarorgane mit der Magenwand berühren, so kann
man doch regelmäßig ein oberes Feld für den Kontakt mit dem Zwerchfell, ein mittleres für das Pankreas, ein unteres für das Colon transversum
unterscheiden.

Magengeschwüre an der Hinterwand des Magens erstrecken sich nicht selten
auf das Pankreas, nachdem vorher eine entzündliche Verlötung beider Organe
eingetreten ist. Dies beweist die enge nachbarliche Beziehung im Leben (Abb. S. 266).
Die Folge kann eine Arrosion der Milzgefäße sein (Vasa lienalia, Abb. S. 254), welche
längs dem oberen Rand des Pankreas und von ihm verdeckt verlaufen, und eine
tödliche Blutung aus diesen, besonders aus der Milzarterie oder aus der Arteria
pancreaticoduodenalis superior (Abb. S. 287). Die gewöhnlichen Magenblutungen
stammen aus Gefäßen der Magenwand selbst.

Außer den genannten Organen stehen mit der Rückwand des Magens noch der
obere Pol der linken Niere, die linke Nebenniere und die Facies gastrica der Milz
in Berührung, mit der Pars pylorica die Leber. Der gefüllte Magen kann auf die
Bauchspeicheldrüse und die linke Niere derart drücken, daß der Austritt von
Pankreassaft und Urin beschleunigt wird (Abb. S. 266).

Nimmt man den Magen bei der mit Formalin gehärteten Leiche heraus, so ist
sein Negativ deutlich in der Form der Nachbarorgane ausgeprägt: das Magenbett.
— Bei künstlich verengertem Brustkorb in der Taille (Schnüren) wird außer der
Leber auch der Magen deformiert: Schnürmagen.

Vor dem Magen liegt die Leber, speziell der linke Leberlappen und ihr
Lobus quadratus (Abb. S. 314, in Abb. S. 9 künstlich emporgehoben). An
der linken Körperseite schiebt sich die Milz zwischen Zwerchfell und Magen,
der Fundus liegt breit der linken Zwerchfellkuppel an, Abb. S. 145, 266).
Zwischen Leberrand und linkem Rippenbogen bleibt ein kleines dreieckiges Feld
auf der Vorderfläche des Magenkörpers an der großen Curvatur frei. Mit
dieser Stelle liegt der leere schlaffe Magen der vorderen Bauchwand unmittelbar an (vgl. auch Abb. S. 266); man nennt es Magenfeld. Der Chirurg geht
links neben dem knorpligen Ende der 8. Rippe im Epigastrium ein, wenn er
eine künstliche Magenöffnung anlegen will (künstlicher „Magenmund" zur
Ernährung von Menschen, deren Speiseröhre verlegt ist, Gastrostomie).

Folgende Konstruktion gibt einen ungefähren Anhalt für die Lage des Magen-
feldes. Man verbindet durch eine Horizontale die untersten Punkte der beiden
Rippenbogen (Enden der 10. Rippen) und zieht eine zweite Linie schräg vom
untersten Punkt des rechten Rippenbogens zur Mitte des linken Rippenbogens.
Das Magenfeld liegt zwischen der horizontalen und schrägen Hilfslinie. Ist jedoch
der Magen leer oder gar kontrahiert, so kann er sich ganz von der vorderen Bauchwand zurückziehen. Das Colon transversum steigt entsprechend in die Höhe und
nimmt das „Magenfeld" ein. Das Epigastrium der vorderen Körperwand ist außer
vom Magenfeld ganz von der Leber eingenommen, besonders vom linken Leberlappen. Schnell wachsende Geschwülste greifen deshalb leicht vom Magen auf
die Leber über und umgekehrt.

Man nennt den gesamten Hohlraum, den der Magen einnimmt, die „Magenkammer" (nicht zu verwechseln mit den gekammerten Mägen der Wiederkäuer!).
Die Leber ist das Dach der Magenkammer. Über den Wechsel der Berührungsfelder
bei der Atmung, bei verschiedenen Körperlagen und Magenformen ist für die
Vorderfläche des Magens dasselbe maßgebend, was oben für die Hinterfläche ausgeführt wurde.

Beim Greis steht vor allem der Pylorus tiefer als im mittleren Alter (4—6 cm).
Der Magenkörper ist oft entsprechend abgesunken, oder die Senkung ist asymmetrisch,
indem der Magen auf der linken Körperseite seine Lage nur wenig verändert hat.
Die Beziehungen zur vorderen Bauchwand sind daher sehr wechselnd. Zwerchfell
und Leber stehen entsprechend tiefer, so daß das Dach der Magenkammer nicht
wesentlich verändert ist. Abnorme Senkungen des Magens (Gastroptose) und

der Bauchorgane überhaupt (Enteroptose) ähneln den typischen Veränderungen des Greisenalters.

Gefäße Blutzufuhr: Der Magen wird größtenteils von zwei Gefäßkränzen aus ernährt. Der eine folgt der kleinen, der andere der großen Curvatur (der Darm erhält nur von einer Seite, von dem Ansatz des Mesenterium aus, sein Blut). Der Gefäßkranz an der kleinen Curvatur ist eine Anastomose zwischen der A. gastrica sinistra aus der A. coeliaca (welche von links an den Magen herantritt) und der A. gastrica dextra (aus A. hepatica). Der Gefäßkranz an der großen Curvatur wird von der rechten und linken A. gastroepiploica gebildet, welche in ihm anastomosieren (die rechte kommt aus der A. gastroduodenalis, die linke aus der A. lienalis; sie verlaufen im Omentum majus, ventrales Blatt. Außerdem erhält der Fundus sein Blut von mehreren kurzen Aa. gastricae breves aus der A. lienalis. Alle genannten Gefäße gehören zur A. coeliaca. Ihre Ästchen liegen anfangs unter der Serosa des Magens, durchbohren dann die Muscularis und vereinigen sich in der Submucosa zu einem groben Netz. Von diesem ziehen zahlreiche feinste Ästchen in die eigentliche Schleimhaut und umspinnen mit capillaren Geflechten die Drüsen bis hinauf zum Oberflächenepithel. Die Capillaren liegen in den dünnen Bindegewebssepten der Tunica propria. Die dauernde lebhafte Ernährung der Magenschleimhaut und ihrer Drüsen ist die wichtigste Voraussetzung für die Tätigkeit des sekretorischen Apparates; ein Stillstand oder eine starke Verminderung der Blutzufuhr verändert die Widerstandsfähigkeit der Epithelien gegen die verdauende Wirkung des Mageninhalts, wie Unterbindungen von Magenarterienästen beim Tier beweisen (Selbstverdauung, s. o.). Die kleine Curvatur (und der obere Rand des Zwölffingerdarmes) sind weniger ausgiebig mit Gefäßen versorgt als der übrige Magen; Anastomosen der feinsten Gefäßzweige, die sonst häufig sind, fehlen hier oder sind besonders zart. Häufig findet sich das gleiche an der Hinterwand des Magens. Die Pathologie des Magengeschwürs und seine Lokalisation liefert Beweise für die relativ schlechte Gefäßversorgung der genannten Stellen. — Die Venen sammeln sich entsprechend den Verläufen der Arterien und fließen zum Teil direkt in die Vena portae ab, zum Teil in deren Zuflüsse (V. mesenterica superior und V. lienalis). An der Einmündung der Speiseröhre gibt es Abflüsse in die Venen der letzteren und dadurch venöse Anastomosen zwischen Pfortader und Vena cava inferior, welche dem Blut in pathologischen Fällen ermöglichen, den Weg durch die Leber zu vermeiden (die Venen der Ösophagusschleimhaut sind dann durch das vom Magen abströmende Blut varicenartig erweitert, bluten leicht und sind mit dem Ösophagoskop sichtbar).

Lymphgefäße: Die Lymphgefäße entstehen in der Tunica propria der Schleimhaut, wo sie die Drüsen umspinnen. Dort liegen auch Solitärfollikel (Abb. S. 234), welche im Pförtnerteil am häufigsten sind und im ganzen Magen nur selten die Muscularis mucosae überschreiten. Wie bei den Blutgefäßen gibt es in der Mucosa und in der Submucosa reiche Netze von Lymphgefäßen. Die ableitenden Lymphgefäße durchbohren schräg die Muscularis und formen ein subseröses Netz. Man unterscheidet drei lymphatische Areae des Magens, von denen jede ihren besonderen Lymphabfluß mit ihr zugeordneten Lymphknoten hat. Die erste umfaßt die ganze kleine Curvatur mit der angrenzenden halben (oder $^2/_3$) Vorder- und Hinterwand des Magens. Abfluß in Lymphknoten längs der kleinen Curvatur (Nodi gastrici superiores) und von diesen aus längs der A. gastrica zu Nodi coeliaci neben der gleichnamigen großen Arterie. Die zweite Area umfaßt die große Curvatur, mit Ausnahme von deren Fundusteil, und die Abschnitte der Wand des Magenkörpers und Pylorus, welche von der ersten Area frei gelassen werden. Abfluß längs der A. gastroepiploica dextra zu den Nodi gastrici inferiores längs der großen Curvatur und hinter dem Pylorus und von da längs der A. hepatica zu den oben genannten Nodi coeliaci. Die dritte Area umfaßt den Fundus; Abfluß durch das Lig. gastrolienale zur Milz, Durchtritt durch Nodi lienales, an deren Hilus und längs der Milzarterie ebenfalls zu den Nodi coeliaci. Die Nodi gastrici superiores et inferiores und Nodi lienales sind die ersten in den Lymphstrom des Magens eingeschalteten Lymphknötchen, die Nodi coeliaci werden erst in zweiter Linie erreicht. Dieser Etappengang, besonders vom Pylorus längs der kleinen Curvatur, ist z. B. beim Magenkrebs erkennbar, weil das von dem Lymphstrom mitgeschleppte Material krebsige Erkrankungen der Lymphknoten erzeugt. Operationen sind wenig erfolgreich, weil ferner liegende Lymphknoten früh Metastasen enthalten und schwer zu erreichen sind, ein Zeichen der auch für die Norm gültigen, ausgiebigen und schnellen lymphatischen Durchspülung der Magenwand.

Nerven Die Nerven des Magens stammen aus zwei Quellen, dem cerebrospinalen und sympathischen Nervensystem. Die letzteren gehören zum Plexus coeliacus des Sympathicus und erreichen den Magen mit den Ästen der A. coeliaca. Die ersteren stammen aus dem rechten N. vagus (auf der Rückwand) und dem linken N. vagus (auf der Vorderwand des Magens). Die Vagusfasern bilden den Parasympathicus, d. h. den Antagonisten des Sympathicus (der Vagus beschleunigt, der Sympathicus hemmt die peristolische und peristaltische Tätigkeit der Magenmuskeln, gerade umgekehrt wie der Einfluß der beiden Nerven auf die Herzmuskeln). Die Vagi vereinigen sich untereinander und mit dem Sympathicus zu Geflechten in der Subserosa. Die feineren Ästchen der beiden Nervenarten bilden ferner innerhalb der Muscularis und in der Submucosa Netze markfreier Nervenfasern, in welche sympathische Ganglienzellen einzeln oder in Häufchen eingestreut liegen (Abb. S. 284). Doch kann man vielfach Vagusfasern isoliert bis zu ihrem Eintritt in die Muskeln verfolgen, ohne daß sie in die Geflechte und Netze eintreten; auch reine sympathische Nerven sind beobachtet.

Die Magenwand trägt in ihren Ganglienzellen und Nerven alle zur Bewegung und Sekretion nötigen Antriebe in sich. Dem von außen herantretenden Sympathicus und Parasympathicus sind nur regulierende Aufgaben zugeteilt; denn nach Durchschneidung aller zuführenden Nerven bleiben die Motilität und Sekretion des Magens bestehen. Aber die Pepsinbildung wird in der Norm durch die von außen zutretenden Nerven so fein abgestimmt, wie ein geschickter Chemiker verfährt, der seine Reaktionen unter beständiger Beobachtung mit möglichst geringen Mengen ausführt. Der Vagus beschleunigt die Sekretion.

Die sympathischen Nervenfasern gehören zum 7.—9. Thorakalsegment des Rückenmarks, den gleichen, welche den oberen Teil des M. rectus abdominis versorgen; infolgedessen kann links eine tumorartige Kontraktion dieses Muskelabschnittes durch Reizung der Magenschleimhaut ausgelöst werden (Bd. I, S. 164). — Durchschneiden oder Nähen der Magenwand wird vom Patienten nicht als Schmerz empfunden, wie die Chirurgen von in Lokalanästhesie ausgeführten Magenoperationen wissen. Nur Zerren am Mesenterium schmerzt (das große Netz ist empfindungslos). Dagegen wird wohl die Berührung der Magenschleimhaut als solche empfunden, ebenso Wärme und Kälte (z. B. bei Patienten mit Magenfistel festgestellt).

b) Der Darm im engeren Sinn: Mittel- und Enddarm.

Der Darm, welcher aus der Bauchhöhle herausgenommen ist, hat für sich allein betrachtet eine sehr einheitliche Schlauchform. Der Schlauch kann dünner und weiter sein, seine Wandungen können glatt oder gebuchtet aussehen, Formen, die im Leben je nach dem Zustand der Muskulatur schwanken, die aber beim erschlafften und durch Gase oder sonstigen Inhalt geblähten Darm besonders hervortreten und uns von den verschiedenen, aus Tierdärmen hergestellten Wurstarten bekannt sind. Die einzelnen Abschnitte unterscheiden sich hauptsächlich durch die Lage im Bauchraum, durch die Art der Befestigung in diesem und durch den Weg, welchen der Darminhalt infolge der Lage der Eingeweide zu nehmen genötigt ist. Dem Plan dieses Buches gemäß wollen wir zuerst die in der Anordnung der Därme begründeten Besonderheiten kennen lernen; wir stellen den Situs der Bauchhöhle der Einzelbetrachtung voran und gewinnen auf diese Weise von vornherein einen Einblick in die biologischen Beziehungen der Teile untereinander und zum Ganzen. Die nicht einfache Anordnung des Situs zu verstehen, verlangt liebevolle Aufmerksamkeit und Vertiefung in schwierige Raumvorstellungen. Aber der Vorteil, den wir gewinnen, darf uns diese Mühe nicht verdrießen lassen, zumal es sich bei den Baucheingeweiden um lebenswichtigste, der Behandlung des Arztes häufig unterliegende Organe handelt.

Der Situs der Beckenhöhle wird erst bei den Harn- und Geschlechtsorganen besprochen, weil er außer vom Enddarm ganz wesentlich von jenen bedingt ist; ebenso die Bauchfellbedeckung der vorderen Bauchwand (die dort gebräuchlichen Fachausdrücke für das Bauchfell sind jedoch in die Tabelle S. 267 aufgenommen und sind im Bedarfsfall nachzusehen).

Die Besonderheit des Darmes beruht wesentlich auf der Beziehung zwischen seiner Länge und der Größe des Bauchraumes, in welchem er untergebracht ist. Indem die Schlauchform zäh festgehalten wird, lassen sich in der relativ kleinräumigen Bauchhöhle große Längen des Darmrohres in geordneter Weise

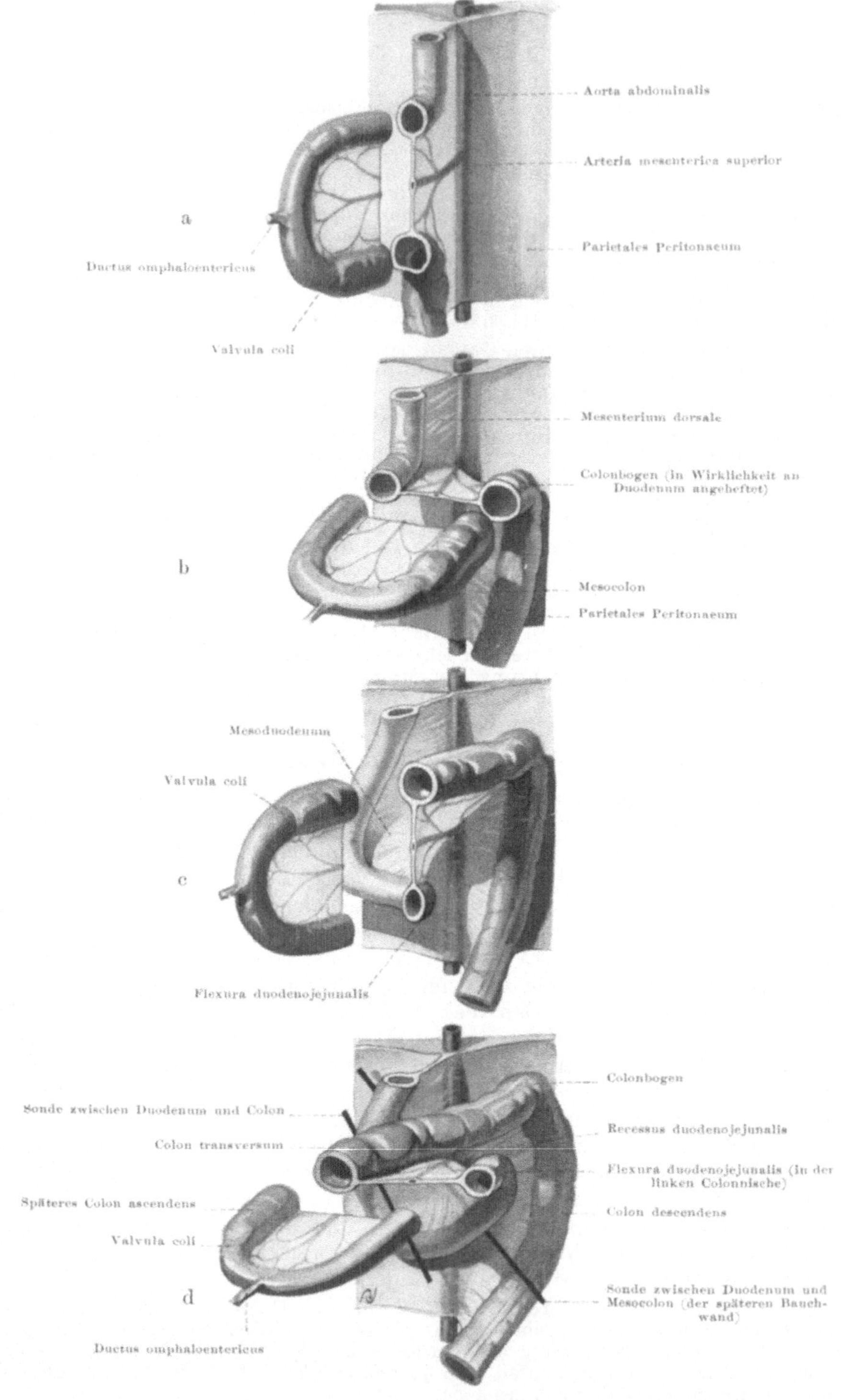

Abb. 130. Ableitung der Darmspirale aus der Nabelschleife, Schema (frei nach FREDET, Abb. 528 bis 531, in POIRIER-CHARPY: Traité d'anatomie humaine, 4. Bd.). Man denke sich den Bauch des Embryo von vorn geöffnet und die Bauchwand entfernt bis auf das Stück, an welchem das Mesenterium befestigt ist (entsprechend der Aorta). Die Nabelschleife ist abgetrennt und um einen kleinen Zwischenraum von ihrer Wurzel abgerückt, sonst in ihrer Lage belassen. Das Lumen des Darmes und die Ausbuchtungen des Dickdarmes sind wie beim Erwachsenen dargestellt. In Wirklichkeit ist zu dieser Zeit der Darm massiv (siehe Text). Das Mesoduodenum ist hier dargestellt. wird aber in Wirklichkeit beim Menschen nicht angelegt. Auch sonst starke Schematisierungen.

verstauen (beim Menschen etwa 6—7 Meter). Dadurch wird die Oberfläche der
Schleimhaut gegen das Lumen zu ganz gewaltig vergrößert. Man denke sich
nur, der Darm bliebe kurz und gestreckt, würde dagegen ausgeweitet wie der
Magen und füllte als eine große Blase den Bauchraum aus: die innere Oberfläche wäre dann in ähnlicher Weise kleiner, wie die Innenwand des primitiven Lungensackes eines Frosches kleiner ist als ein gleich großes Stück
der alveolenreichen Lunge des Menschen. Wie dort der Gasaustausch durch
die Größe des vielkammerigen Wandsystems begünstigt wird, so im Darm die
Einwirkung der Schleimhaut auf den Darminhalt. Je länger das Darmrohr
ist, um so mehr Epithelien und Drüsen können verdauende Sekrete abscheiden
und den vom Speichel und Magensekret eingeleiteten Abbau der Nahrung bis
zu der zur Resorption geeigneten Stufe vollenden, um so ausgiebiger kann die
Resorption selbst vollzogen und die zur periodischen Darmentleerung geeignete
Ballung des Kotes herbeigeführt werden.

Eine schwer verdauliche Nahrung erfordert einen langen Darm. Pflanzenfresser,
deren vegetabilische Nahrung erst verdaulich wird, wenn die Cellulosehüllen der
einzelnen Zellen gesprengt sind, haben eine Darmlänge, welche die Körperlänge des
Tieres um das 20fache übertrifft (Rind). Reine Fleischfresser kommen mit geringen
Längen aus (bei der Fledermaus nur die doppelte Körperlänge). Der Mensch steht
zwischen Herbi- und Carnivoren etwa in der Mitte (6—7fache Körperlänge; es dürfen
dabei die Beine nicht mitgerechnet werden, sondern nur wie bei Tieren die Länge
vom Scheitel bis zum After). Die Organisation unseres Körpers weist hier wie in
anderen Punkten weder auf reine Fleisch- noch reine Pflanzenkost, sondern auf eine
gemischte Kost hin.

Die Einteilung des Darmes in Mittel- und Enddarm ist früher erwähnt
(S. 10). Jeder von beiden zerfällt in drei Unterabteilungen: der Mittel- oder
Dünndarm, Intestinum tenue, in 1. den Zwölffingerdarm, Duodenum,
2. den Leerdarm, Jejunum, 3. den Krummdarm, Ileum; der End-
oder Dickdarm, Intestinum crassum, in 1. den Blinddarm, Caecum.
2. den Grimmdarm, Colon, und 3. den Mastdarm, Rectum.

Die BNA unterscheiden ein besonderes Intestinum rectum (s. terminale). Ich
halte diese Sonderstellung für überflüssig.

α) Situs der Bauchhöhle, Mesenterien.

Wir gehen von primitiven Zuständen des Darmes aus, wie sie bei niederen
Wirbeltieren (Amphioxus, Cyclostomen) zeitlebens bestehen und beim menschlichen Embryo anfänglich in ähnlicher Weise auftreten. Der Darmkanal ist ein
längsverlaufendes, in der Medianebene des Körpers liegendes Rohr (Abb. S. 8;
beim menschlichen Embryo in Wirklichkeit eine massive Walze mit inhalt-
losem Spaltraum, der erst später zu einer Lichtung ausgeweitet wird; außerdem mit Abzweigung zum Nabelstrang, von welcher vorerst abzusehen ist).
Der Darm ist umgeben von der Bauchhöhle, welche anfänglich aus zwei getrennten, rechts und links vom Darm befindlichen Hohlräumen besteht
(Abb. S. 2), dann aber ventral vom Darm zu einem einheitlichen Raum zusammenfließt (Abb. S. 3). Wegen der Bezeichnungen des die Bauchhöhle auskleidenden Bauchfells, Peritonaeum, erinnere ich an früher Gesagtes (S. 6).
Wir beschäftigen uns hier zunächst mit dem Mesenterium, d. h. derjenigen
Duplikatur des Bauchfelles, durch welche der Darm mit dem Peritonaeum
schlechthin (Peritonaeum parietale) in Verbindung steht. Ist nur ein einziges
Verbindungsband zwischen Darm und Bauchwand vorhanden, so hängt — schematisch betrachtet (Abb. S. 3) — der Querschnitt des Darmes an ihm wie ein
Pendel in die Bauchhöhle hinein; in Wirklichkeit ist immer statt des freien
Bauchraumes nur eine capillare Spalte zwischen Darm und Bauchwand übrig,
eine freie Beweglichkeit wie bei einem Pendel also nicht möglich. Ist die

primitive Verbindung des Darmes mit der ventralen Bauchwand erhalten
(Abb. S. 2), so wird sie entsprechend der Lage zum Darm Mesenterium ventrale, die Verbindung des Darmes mit der hinteren Bauchwand wird Mesenterium dorsale genannt. Oberhalb des Nabels gibt es beide, unterhalb des
Nabels nur das letztere.

Histologisch bestehen die Mesenterien aus einer mittleren Bindegewebslamelle,
Lamina propria mesenterii, welche der Träger von Gefäßen für den Darm
(Abb. S. 240), von Nerven u. a. m. ist; sie ist beiderseits nach der freien Bauchhöhle
zu von einer bindegewebigen Peritonaealmembran überzogen, die mit einer feinen
Epitheltapete aus plattem einschichtigem Epithel bedeckt ist (Endothel). Im
ganzen besteht also das Mesenterium aus ursprünglich drei miteinander verlöteten
Bindegewebsblättern. Die beiden äußeren entsprechen dem visceralen Peritonaeum,
d. h. dem epithelialen visceralen Blatt der mesodermalen Seitenplatten und dem
dazugehörigen Bindegewebe (Abb. S. 2, viscerales Mesoderm). Nur bei ihnen kann
deshalb ein Epithelüberzug vorkommen. Die mittlere Lamelle ist ein selbständiges
Blatt, welches mit den Gefäßen zusammen zwischen die beiden anderen einge-
wachsen ist.

Bindegewebe und Epithel setzen sich auf die Tela serosa und Subserosa des
Darmes und auf das Peritonaeum der Bauchwand ohne Grenzen fort. Überall haben
die Epithelzellen an den genannten Stellen gewellte oder gezähnelte Ränder, mit
welchen sie ineinander greifen und verkittet sind. Sie haften fest auf der Unterlage
und sind infolge ihrer Verkittung sehr dehnbar. Sie sezernieren die seröse Peritonaealflüssigkeit, so daß Därme, Mesenterien und Peritonaeum angefeuchtet sind
glänzend aussehen ("Serosa") und sich gegeneinander reibungslos zu verschieben
vermögen. Die Flüssigkeitsmenge kann bei Erkrankungen sehr vermehrt sein
(Bauchwassersucht, Ascites). Bei krankhaften Veränderungen am Darm kann das
Peritonaealepithel Fibrin ausscheiden, das die Darmschlingen zur Verklebung bringt.
Andererseits resorbiert das Peritonaealepithel die Peritonaealflüssigkeit wieder, in
pathologischen Fällen auch z. B. die giftigen Stoffwechselprodukte der Eitererreger,
wobei die große Ausdehnung der resorbierenden Oberfläche eine verhängnisvolle
Rolle spielt.

Das Peritonaeum ist sehr widerstandsfähig. Man sieht dies am Lebenden an
den von der Beckenwand ausgehenden Abscessen, welche nicht durchzubrechen
pflegen, sondern meistens vor dem Peritonaeum in der Bauchwand in die Höhe
steigen. Man hat die Druckbelastung, welche das Peritonaeum der Leiche aushält,
geprüft, indem man eine weite Glasröhre am Ende mit herauspräpariertem Bauchfell zuband und Wasser daraufgoß bis zum Moment des Platzens.

Die Oberfläche der Epithelauskleidung der Bauchhöhle und der Därme im
ganzen ist ungefähr so groß wie die Gesamtoberfläche des Körpers. Diese enorme
resorbierende und transsudierende Fläche spielt besonders in der Pathologie eine
große Rolle.

Die Nerven der Mesenterien sind zahlreich und schmerzempfindlich, besonders
an der Wurzel, d. h. der Verbindung des Mesenterium mit dem Bauchfellüberzug
der Bauchwand. Während operative Eingriffe an der Darmwand selbst, z. B. Durchtrennung der Wand inkl. Schleimhaut, nicht als Schmerz empfunden werden, ruft
die geringste Zerrung am Mesenterium sehr starke Schmerzen hervor (siehe Magen,
S. 239). Am empfindlichsten ist die Bauchfellauskleidung der Bauchwand.

Mesen-
terium
commune

Man nennt das Mesenterium, solange der Darm noch nicht in einzelne Abschnitte gegliedert ist, Mesenterium commune. Es zerfällt später in einzelne,
den Darmabschnitten entsprechende Unterteile, die ich in der Reihenfolge der
oben genannten Namen für den Darm hier aufführe: Mesoduodenum für
den Zwölffingerdarm, Mesenterium im engeren Sinne (Gekröse) für den
Leer- und Krummdarm (statt Mesojejunum und Mesoileum), Mesocaecum
für den Blinddarm, Mesocolon für den Grimmdarm, Mesorectum für den
Mastdarm. Der Wurmfortsatz, ein Anhang des Caecum, hat ein besonderes
kleines Mesenterium, das Mesenteriolum. Da das Endstück des Colon in
eine besondere S-förmige Schlinge, Colon sigmoides, gelegt ist, wird dessen
Mesenterium Mesosigmoideum genannt. Auch weitere Unterbezeichnungen
werden gebraucht, indem Wortbildungen aus dem betreffenden Darmnamen
mit dem Zusatz Meso hergestellt werden; wir können ihrer entraten. Beim
Magen spricht man von einem Mesogastrium. Wir behandeln es statt beim

Magen hier im Zusammenhang mit den Mesenterien des Darmes, weil es mit ihnen in engste Beziehungen getreten ist.

Das Gekröse oder Mesenterium im engeren Sinne (für Jejunum und Ileum) ist derjenige Teil, welcher zeitlebens am reinsten erhalten bleibt, während die übrigen Mesenterien entweder ganz verloren gehen oder doch ihrer Lage und Form nach hochgradig verändert werden. Bei geöffneter Bauchhöhle findet man das Jejunum und Ileum mit der hinteren Bauchwand durch eine Lamelle verbunden, welche diesen Darmteilen so viel Freiheit läßt, daß sie sich beträchtlich bewegen können. Man nennt beide zusammen deshalb Intestinum mesenteriale. Unter dem Reiz der zutretenden atmosphärischen Luft ist bei Operationen und namentlich bei der Autopsie am Hingerichteten die Bewegung dieses Darmteils so stürmisch, daß die Darmschlingen aus der Bauchhöhle herausdrängen und, wenn sie nicht gehalten werden, selbst ohne Mitwirkung der Bauchpresse herausfallen. In Abb. S. 258 u. 523 ist das Gekröse, welches solche Freiheit gibt, im Längsschnitt zu sehen. Die Lamelle breitet sich nicht mehr rein sagittal und median aus wie ursprünglich das ganze Mesenterium commune (Abb. a, S. 240), sondern sie ist schräg gestellt und verläuft im Bauchraum von oben links nach unten rechts. Man nennt die Befestigung des Gekröses an der hinteren Bauchwand seine Wurzel, Radix (Abb. S. 254). Die Ausbreitung zum Darm hin ist durch das sekundäre Längenwachstum des Darmes viel stärker gewachsen und wie eine Halskrause in zahlreiche Falten gelegt; daher der sehr anschauliche volkstümliche Name „Gekröse" (von Krause).

Man wird sich trotz der Veränderungen, welche auch diesen verhältnismäßig reinsten Abkömmling des ursprünglichen Mesenterium commune ergriffen haben, an der Leiche leicht eine Vorstellung davon verschaffen können, wie der ganze Darm ursprünglich befestigt war. Charakteristisch ist, 1. daß man vom Darmschlauch selbst ausgehend zu beiden Seiten dem Mesenterium entlang bis an die hintere Bauchwand tasten kann und 2. daß der Darm an seinem Zügel frei hin und her beweglich ist. Wir werden sehen, daß beide Merkmale an anderen Teilen des Darmes mehr oder minder verwischt, wenn nicht ganz verschwunden sind. Ich betone für den Anfänger die Wichtigkeit, sich am Gekröse der Leiche durch eigene Anschauung zu überzeugen, daß es sich im Prinzip verhält wie im Schema a Abb. S. 240, an dem man sich beide Merkmale im Bilde klar machen kann. Prüft man an der Leiche dieses Verhalten des Mesenterium, so wird man daran unterscheiden können, was Mesenterium im engeren Sinne (Gekröse) ist und was nicht dazu gehört. Das Jejunum und Ileum, welche allein ein Mesenterium s. str. haben, sind danach zu begrenzen. Am oberen Ende, wo der Darm nicht mehr frei beweglich und beiderseits kein Mesenterium bis zur hinteren Bauchwand abzutasten ist, ist das Jejunum zu Ende, das Duodenum hat begonnen. Ebenso ist die Grenze zwischen Ileum und Colon an diesem Merkmal bestimmbar.

Verfolgen wir zuerst an der Hand der stark schematisierten Abbildungen a—c (S. 240) die Lage des Mesenterium commune. In jenen 3 Schemata wird eine schlingenförmige Ausbiegung des Darmes, die Nabelschleife, entgegen dem Uhrzeiger um die Hälfte des Kreises gedreht (180°). Das Mesenterium kommt dadurch in sehr verschiedene Lagen zur hinteren Bauchwand. Man sieht, daß es in Schema c wieder sagittal steht, daß es dazwischen (und später) horizontal zu stehen kommt (Mesenterium der Nabelschleife im Schema b und d). Andere Stellen werden aus der sagittalen Ebene in die frontale gedrängt (siehe z. B. Mesoduodenum und Mesocolon des Colon descendens in Schema c; Bezeichnung aus d zu ersehen). Von hier aus ist das sekundäre Peritonaeum zu verstehen. Wir bedienen uns der Anschaulichkeit wegen eines Vergleiches aus dem Buchhandwerk. Der Buchbinder wendet einen ganz ähnlichen Kunstgriff bei der Befestigung des eigentlichen Buches im Einband an, wie hier die Natur bei der Anheftung des Darmes an die hintere Bauchwand. Beim Binden wird das vorderste Blatt des Bandes an die Innenseite

Primäres
und
sekundäres
Peritonaeum

16*

des vorderen Deckels geklebt, das hinterste Blatt an die Innenseite des hinteren Deckels. Man nennt diese beiden Seiten Vorsatzblätter („Vorsatzpapiere“). Hier wird also eine ursprüngliche Buchseite, ein Bestandteil des Buches selbst, nachträglich zum Bestandteil des Deckels: aus Visceralem wird Parietales! Denken wir uns, im Schema a wäre die Nabelschleife eine Seite des broschierten Bandes, dessen Rücken vom Buchbinder auf den Rücken des Einbandes gesetzt wird. Wäre es der vordere Vorsatz, so würde er nach der rechten Bauchwand umgeklappt und dort festgeklebt; wäre es der hintere Vorsatz, so würde er nach links umgeklappt und festgeklebt. Beides geschieht tatsächlich beim Embryo, und zwar so, daß Teile des Mesenterium durch die Drehung des Darmes in frontale Lage geraten und mit der Bauchwand verkleben: das vorhin erwähnte Mesoduodenum verklebt mit der rechtsseitigen hinteren Bauchwand, das Mesocolon des Colon descendens mit der linksseitigen. Denkt man sich in Abb. c diese Verwachsung vollzogen, so hat nur die Nabelschleife ein

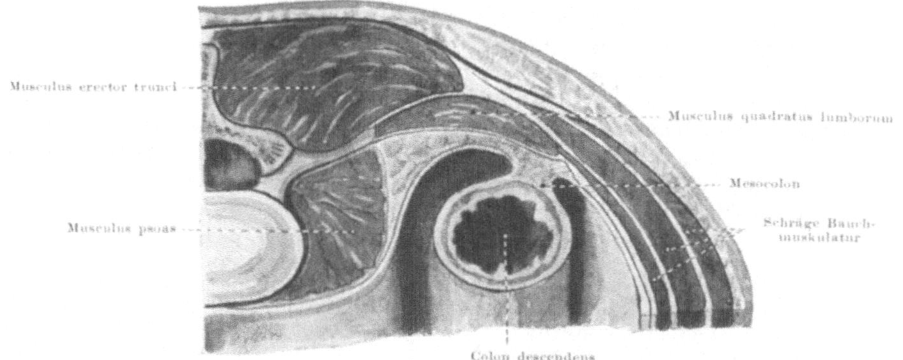

Abb. 131. Bauchfellbekleidung und -anheftung am absteigenden Colon (aus TREVES-KEITH, Chir. Anat. 1914, S. 289, modifiziert nach CORNING).

freies Mesenterium, das übrige Mesenterium commune ist Bestandteil der Bauchwand geworden und heißt jetzt nicht mehr Mesenterium, sondern Peritonaeum! Die Anheftungsstelle des Darmes an der hinteren Bauchwand ist infolgedessen verschoben, z. B. beim absteigenden Colon so, daß es nicht vor der Wirbelsäule, sondern im linken Bauchraum angeheftet ist (Abb. Nr. 131).

Wir unterscheiden also primäres und sekundäres Peritonaeum. Das erstere liegt von Anfang an parietal (primäres parietales Peritonaeum, Somatopleura); das letztere ist anfänglich viscerales Peritonaeum (Splanchnopleura), wird erst nachträglich in die Bauchwand einbezogen und dadurch gleich dem ersteren gelagert. Nur aus der Genese lassen sich beide Bauchfellarten verstehen und unterscheiden. Außer den genannten Stellen werden noch andere als sekundäres parietales Peritonaeum in das primäre Bauchfell eingeschoben. In Abb. S. 254 ist die hintere Bauchwand des Erwachsenen rotviolett getönt, soweit sie noch zum primären Bauchfell gehört; sie ist blau getönt, soweit sie mit sekundärem Bauchfell bekleidet ist. Das Zustandekommen der einzelnen Strecken wird sich aus den Verlagerungen des Darmes von selbst ergeben (siehe unten).

Legt sich freies Mesenterium an die Bauchwand an, so verkleben die einander zugewendeten Epithelüberzüge und verschwinden. Dadurch werden die Bindegewebslamellen des Mesenterium um so enger an die Tela subserosa des Bauchfelles angeklebt. Schließlich geht der Epithelüberzug des Mesenterium, welcher dem Innern der Bauchhöhle zugewendet liegt, ohne Grenze in deren ursprüngliches Epithel über. Vergleiche dazu die im folgenden beschriebene Bedeckung retroperitonaealer Organe mit Bauchfell (Abb. a u. b, S. 250).

Das in Abb. S. 240 wiedergegebene Schema hat zur Voraussetzung, daß der Dickdarm sich mit gleicher Schnelligkeit dreht wie der Dünndarm. In Abb. b, Nr. 132 ist dieser Vorgang durch die Bilder 1, 2, 3, 4 analog Abb. S. 240 wiedergegeben. Ich habe mich in der bisherigen Darstellung daran gehalten, weil die Drehung im ganzen übersichtlicher wird, wenn man die genannte Voraussetzung macht. In Wirklichkeit sind die Tempi beim Dünndarm und Dickdarm verschieden. Dadurch werden die Vorgänge komplizierter. Da aber die eigentlichen Ursachen der Drehung, auch gewisse Taschen (Recessus), manche Hemmungs- und Mißbildungen des Situs nur verständlich sind, wenn der tatsächliche Verlauf in seinen Einzelheiten beachtet wird, müssen wir uns noch mit folgendem bekannt machen.

In Abb. b, Nr. 132 entsprechen die Bilder 1' und 4' den Bildern 1 und 4. Anfang und Ende der Drehung sind also in beiden Reihen gleich. Die Bilder 2' und 3' sind so zu verstehen, daß der Dünndarm in Wirklichkeit viel früher sich zu drehen beginnt als der Dickdarm. Während der Dickdarm noch in seiner Lage verharrt, ist der Dünndarm bereits gegen den Uhrzeiger so weit kaudalwärts gewandert, daß er sich dem Mesocolon eng anschmiegt,

Der Drehungsstiel des Mesenterium

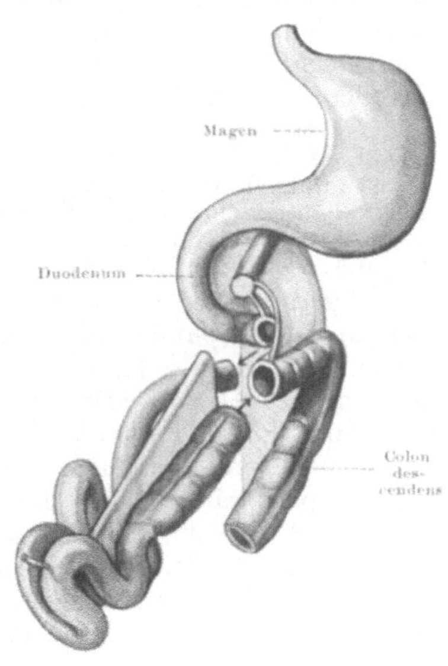

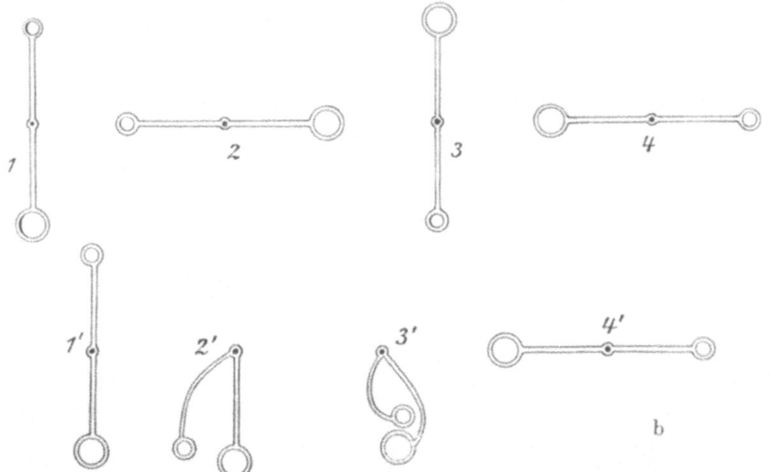

Abb. 132. Die Tempi der Dickdarm- und Dünndarmdrehung. Die Skizzen zu diesen Schemata wurden von Prof. VOGT (Würzburg, jetzt Zürich) zur Verfügung gestellt. a Dünndarmdrehung bereits weit fortgeschritten (wie in Abb. c, S. 240), Colonbogen noch in der Ausgangsstellung (wie in Abb. a, S. 240). Art der Darstellung wie in Abb. S. 240. b Die Querschnitte durch den Dickdarm (weite Lichtung), durch den Dünndarm (enge Lichtung) und die zu ihnen gehörigen Mesenterien sind bei den Bildern 1—4 der Abb. S. 240 entnommen. In Bild 1'—4' ist das wirkliche Tempo beim menschlichen Embryo wiedergegeben. Von 3'—4' macht der Dickdarm denselben Weg wie von 1—4, der Dünndarm nur wie von 3—4. Das FREDETsche Schema in Abb. S. 240 ist also in bezug auf die Tempi der Drehungen objektiv unrichtig; Abb. a, Nr. 132 gibt die tatsächliche Lage exakt wieder. — Das Mesoduodenum ist gewöhnlich nur im Anfang des Duodenum vorhanden (vgl. Abb. b, S. 248); ausnahmsweise liegt aber das Duodenum nicht von vornherein retroperitonaeal (vgl. Abb. S. 247). Auf einen solchen Fall ist in Abb. a, Nr. 132 Bezug genommen und deshalb ist hier das ganze Mesoduodenum eingetragen.

ja daß dieses vor ihm ausweichen muß, um ihm Platz zu geben (3′ und Abb. a, S. 245). Nachträglich steigt dann das Colon rasch in die Höhe (kranial), wendet sich nach rechts und wieder abwärts (kaudal); es erreicht schließlich die Lage, welche es anderenfalls viel früher erreicht hätte.

Der Punkt, von welchem in Abb. b, S. 245 die Mesenterien des Dünn- und Dickdarmes ausgehen, ist der Querschnitt durch den Drehungsstiel. In Abb. a, S. 245 sieht man, daß der Stiel eine freistehende Kante ist, welche schräg durch die Bauchhöhle hindurchzieht (und in den Nabelstrang hineinreicht; neben dem Duodenum quer durchschnitten, weißer Querschnitt, nicht bezeichnet).

Das Mesoduodenum ist beim menschlichen Embryo ganz in den Stiel einbezogen, ebenso die im Mesoduodenum befindliche Anlage der Bauchspeicheldrüse. Er ist infolgedessen viel plumper und dicker als in Abb. a, S. 245, in welcher das Mesoduodenum schematisiert ist. Hier mußte von vielen Einzelheiten der Entwicklung abgesehen und statt dessen zu schematischen Vereinfachungen gegriffen werden, um die wichtigen Tatsachen des fertigen Situs verständlich machen zu können.

Über die ersten Ursachen der Darmkrümmung wissen wir, daß experimentell bei jungen Amphibienembryonen durch Umdrehung des Daches der Urdarmhöhle, d. h. der Stelle, wo später das Pankreas liegt, eine entsprechende Umdrehung des Darmwachstums erzielt werden kann. Dreht man das Urdarmdach um 180⁰, so kommt die Seite des Daches, welche rechts liegen sollte, links zu liegen: der Darm wird dann auch invers, d. h. die Darmschlingen liegen spiegelbildlich zu der normalen Lage, die Leber liegt links statt rechts usw. Auch beim Menschen kommt Situs inversus vor. Die Ursachen dafür sind zur Zeit nicht bekannt, mögen aber auf Entwicklungsstörungen beruhen, welche den künstlich bei Amphibienembryonen gesetzten Verlagerungen des Materials für das Urdarmdach im wesentlichen entsprechen. Auch Teilumkehrungen des Bauchsitus habe ich bei letzteren im Anschluß an kleine Defekte des Urdarmdaches beobachtet.

Für den Menschen sind wir auf die Analyse von Mißbildungen angewiesen, soweit sie als Naturexperimente gedeutet werden können. So ist z. B. bekannt, daß ein Mesenterium commune beim Menschen regelmäßig dann bestehen bleibt, wenn die Duodenalschlinge nicht ihren definitiven retroperitonaealen Platz erreicht hat. Daraus wird geschlossen, daß der Antrieb für die Verlagerung des Mesocolon vom Duodenum ausgeht. In Abb. a, S. 245 ist dargestellt, wie eng sich die Flexura duodenojejunalis dem Colonbogen anschließt, sobald das Duodenum nach rechts um die Drehungsachse herum gelangt ist. Nach dieser topographischen Situation beim Embryo kann man sich vorstellen, daß die vorwachsende Duodenalschleife das Colon beiseite schiebt. Daraus würde sich erklären, daß bei Amphibien die Drehung der Stelle, wo Pankreas (und Duodenum) angelegt werden, eine Totalinversion des ganzen Situs auslösen kann. Der tatsächliche Hergang als Erscheinungsfolge steht außer Zweifel. Die ursächliche Verknüpfung zwischen dem beginnenden Aufsteigen des Colon und dem andrängenden Duodenum bedarf noch der schlüssigen Begründung durch das Experiment an analogen Vorgängen bei dazu geeigneten Objekten.

Vor allem ist zu beachten, daß vielfach Entwicklungsvorgänge mit doppelter Sicherung verlaufen. Wenn auch das Duodenum dem Colon den Antrieb zur Drehung gibt und weiterhin die ersten Jejunumschlingen die linke Flexura coli in ihre endgültige Lage drängen, so könnte sehr wohl das Colon von sich aus so wachsen, daß auch ohne Andrängen des Duodenum seine endgültige Form erreicht würde. Fände sich eine solche Anomalie beim Menschen — sie scheint neuerdings beobachtet zu sein —, so wäre sie noch kein Beweis gegen die aktive Rolle des Duodenum und der Jejunumschlingen. Ähnliches gilt von dem Zwangslauf zwischen Magenumstellung und Drehung des Duodenum (S. 256).

Man nennt die Lage von Darmteilen, welche, wie in Abb. S. 3, in primitiver Weise frei am Mesenterium in die Bauchhöhle hineinhängen, intraperitonaeal. Freie Darmteile oder Organe, welche im Mesenterium commune auf seinem Verlauf von der Bauchwand zum Darm eingeschlossen liegen, verlieren ihre intraperitonaeale Lage, sobald das Mesenterium sekundär zum Peritonaeum (parietale) wird. Sie geraten auf diese Weise sekundär in eine Lagebeziehung zum Bauchfell, welche andere Organe von vornherein, **primär**, besitzen. Man nennt diese Lage **retroperitonaeal**. Betrachten wir beispielsweise die Lage der primär retroperitonaealen Organe wie Niere, Nebenniere, Blase, Uterus usw. (Abb. S. 250, 258). Hier haben sich Organe, welche mit dem

und halb-
retroperi-
tonaeale
Organe

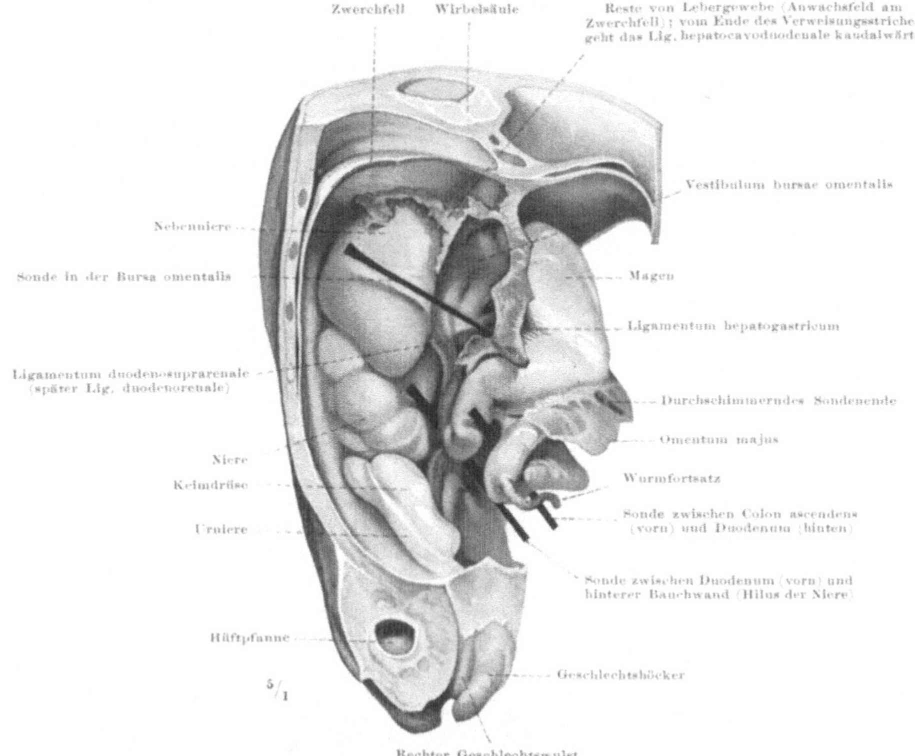

Abb. 133. **Bauchsitus eines menschlichen Embryo** (2. Monat der Schwangerschaft). Die vordere und seitliche Rumpfwand abgetragen, Leber entfernt. Vom Dünndarm ist nur das Duodenum und das Ende des Ileum (Einmündung in den Dickdarm, siehe Wurmfortsatz) zu sehen. Das Duodenum ist ausnahmsweise nicht von vornherein retroperitonaeal gelegen wie sonst. Ansicht der rechten Bauchhälfte schräg von vorn.

Bauchfell nichts zu tun haben (sie sind jedenfalls der Stelle, welcher sie später anliegen, fremd), so weit vergrößert und verdickt, daß sie das parietale Peritonaeum vor sich her buchten. Es wird bei einigen zu einem festen Überzug und integrierenden Bestandteil des Organes. Bei der Niere bleibt es bei einer geringen Ausbuchtung ihres Bauchfellüberzuges. Beim Uterus wird das Bauchfell so sehr emporgehoben, daß das Organ mit seinem Peritonaealüberzug in der Bauch- (resp. Becken-)höhle frei beweglich ist. Wir wollen Organe wie den Uterus oder die gefüllte Blase, welche umgreifbar und frei beweglich in der Bauchhöhle liegen und ihrer Genese wegen retroperitonaeal genannt werden müßten, **halbintraperitonaeale** Organe nennen.

Neben den primär retroperitonaealen Organen gibt es **sekundäre**, welche ebenfalls alle Schattierungen der Beweglichkeit und Umgreifbarkeit aufweisen.

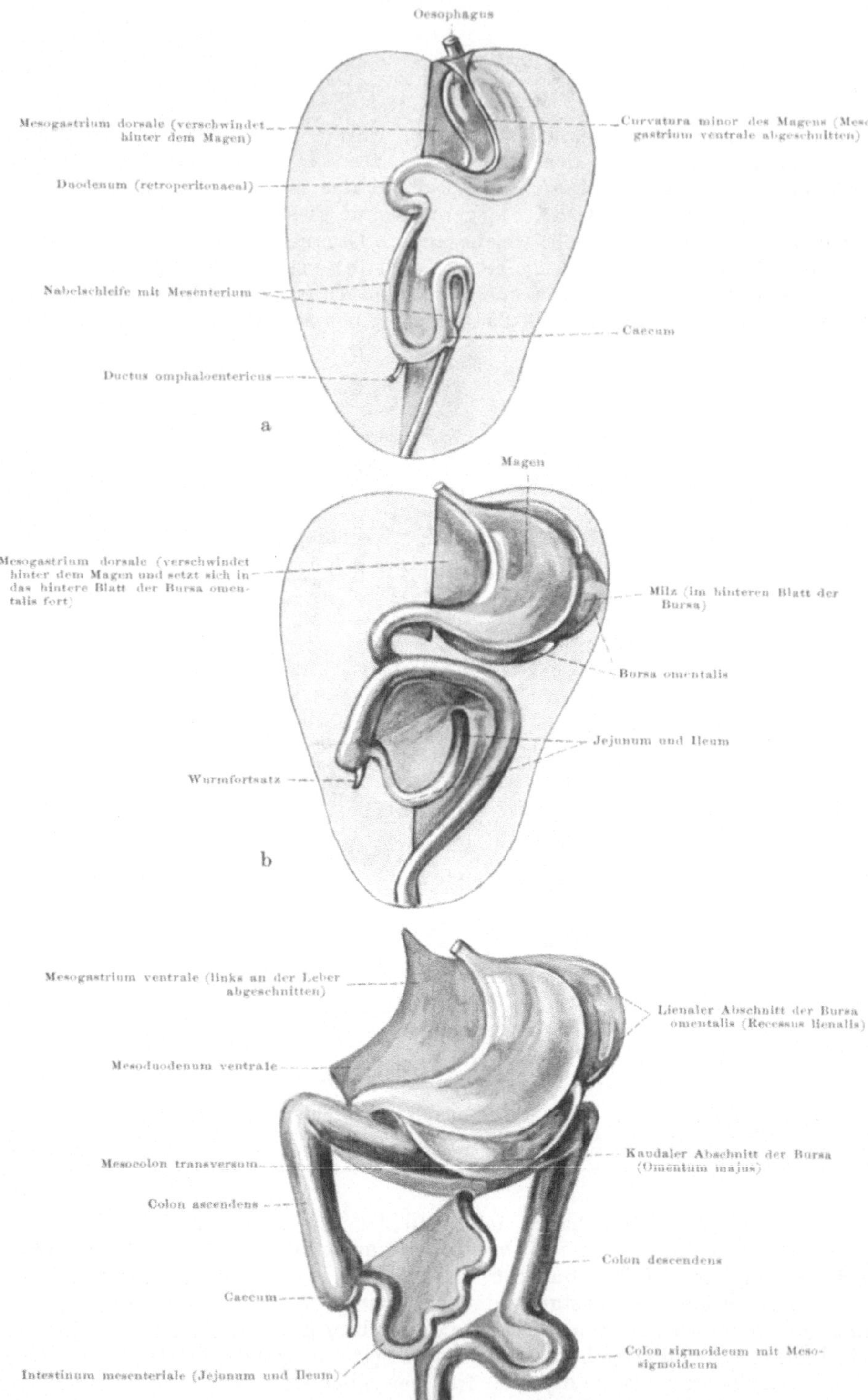

Abb. 134. Entwicklung der Mesos. Schemata. Das Mesogastrium ventrale ist nur in Abb. c dargestellt, in Abb. a und b ist nur das Mesogastrium dorsale zu sehen. Die in die Bauchwand aufgenommenen Mesos sind nicht wiedergegeben. In Abb. a ist das Mesenterium dorsale in der Mitte unterbrochen, da das Mesoduodenum fehlt. In Abb. b hat das Colon die Lücke benutzt, um in die rechte Seite der Bauchhöhle zu gelangen. In Abb. c sind deshalb ganze Abschnitte des Darmes ohne Meso (fertiger Zustand). Umzeichnungen nach der von FELIX (Zürich) besorgten Neubearbeitung von RUGES „Präparierübungen" (5. Aufl., 1921).

Entscheidend ist hier das Jetzt, nicht das Einst. Machen wir uns dies zuerst am Darm selbst klar. In der rechten Bauchhöhlenhälfte liegt in der Regel das Duodenum mit seinem Mesoduodenum von vornherein der hinteren Bauchwand an. Ausnahmsweise kann man jedoch beim Embryo eine Sonde zwischen beiden hindurchführen (Abb. S. 247), beim Erwachsenen sind beide fest verklebt (mit Ausnahme des Anfangsteiles des Duodenum, welcher sein Mesenterium behält). Die Anheftungsstelle des Dickdarms (Caecum und Colon ascendens, Abb. S. 254) ist beim Erwachsenen so an der hinteren Bauchwand gelegen, daß sie das Duodenum überbrückt: zuerst ist also das Duodenum angeklebt — wie beim Buchbinden der Vorsatz des Vorderdeckels — und dann das Colon mit der Bauchwand verschmolzen — wie wenn die erste Seite eines Buches am Vorsatz anklebt. Beide liegen retroperitonaeal, das Colon immer sekundär retroperitonaeal. Wenn solche Organe noch frei in die Bauchhöhle hineinragen wie das Colon und nur eine neue Anheftung an der Bauchhöhlenwand erfahren haben (vgl. Abb. S. 244), so heißen sie am besten halbintraperitonaeal. Unter diesen Sammelnamen fallen also, genetisch betrachtet, sowohl primär retroperitonaeale wie primär intraperitonaeale Organe. Zu den letzteren gehört auch die Milz (siehe unten).

Die im vorhergehenden Abschnitt geschilderte Verklebung des Mesocolon mit der rechten hinteren Bauchwand hat eine große Bedeutung für die Anheftung des gesamten Dünndarms am Gekröse und an dessen Wurzel, Radix mesenterii. *(Rechtes Verwachsungsfeld und Radix mesenterii)*

Ist das Colon so weit in die Höhe gestiegen, daß es über das Duodenum hinweg in die rechte Bauchhälfte hineingelangen kann (Abb. b, S. 248), so ist sein Mesocolon fächerförmig ausgebreitet. Vergleichen wir Abb. b u. c, S. 248, so sehen wir, daß das Feld, welches mit der hinteren Bauchwand verschmilzt, ungefähr dreieckig ist (in Abb. b dunkelgrau, in Abb. c weiß). Die Ecken des Dreiecks sind bestimmt auf der linken Körperseite oben durch den Beginn des Jejunum (Flexura duodenojejunalis), rechts oben durch die Flexura coli dextra und unten durch den Beginn des Dickdarms (Valvula coli). Beim Erwachsenen hat das dreieckige Verwachsungsfeld noch ungefähr die gleiche Lage (Abb. S. 254, blaue Zone des Peritonaeum vor dem Duodenum inkl. der grau gezeichneten Anheftungsstelle des Caecum und Colon ascendens). Das übrigbleibende, zum Jejunum und Ileum gehörige Stück des Mesenterium commune verwächst nicht (Abb. c, S. 248, grau); es wird zum Mesenterium im engeren Sinn. Indem der Dünndarm in die Länge wächst, wird es wie eine Krause in Falten gelegt, aber die Anheftungsstelle am Rande des dreieckigen Verwachsungsfeldes bleibt gerade. Sie läuft auch beim fertigen Situs vom Beginn des Jejunum schräg nach unten in die rechte Hälfte der Bauchhöhle (Abb. S. 254). Dies ist die Radix mesenterii.

Die Flexura duodenojejunalis bleibt in Kontakt mit dem Drehungsstiel des Mesenterium commune; das Colon, welches anfänglich mit seiner Knickung, dem Colonbogen, ganz in der Nähe liegt (Abb. a, S. 245), gibt später diese Lage auf, der Colonbogen steigt kranialwärts in die Höhe, bis schließlich der Querschenkel des Colon den Magen erreicht hat (Abb. b u. c, S. 248). Auf diese Weise werden die ursprünglich am weitesten voneinander entfernten Teile des Magendarmkanals, nämlich der Magen und der Dickdarm, miteinander in Berührung gebracht und schließlich miteinander verlötet (Ligamentum gastrocolicum). Die Lücke, welche anfangs dadurch bestand, daß das Duodenum retroperitonaeal liegt und also aus dem eigentlichen Bauchhöhlenraum ausschied (siehe den mesenterienfreien Abschnitt in der Mitte von Abb. a, S. 248), wird durch die sekundäre Annäherung von Dickdarm und Magen aneinander überbrückt. Geschähe dies nicht, so würde der Bauchinhalt in zwei getrennte Konvolute zerfallen.

So aber besteht nur ein einziges Konvolut, welches den Platz in dem engen Bauchraum bis in jeden Winkel ausnutzt.

Wir werden die Veränderungen des Mesocolon in der linken Bauchhälfte erst später behandeln (unterer Situs, S. 252). Sie sind im Prinzip so ähnlich dem hier Besprochenen, daß zunächst von ihnen Abstand genommen werden soll, um das grundsätzlich Wichtigste um so mehr hervorzuheben.

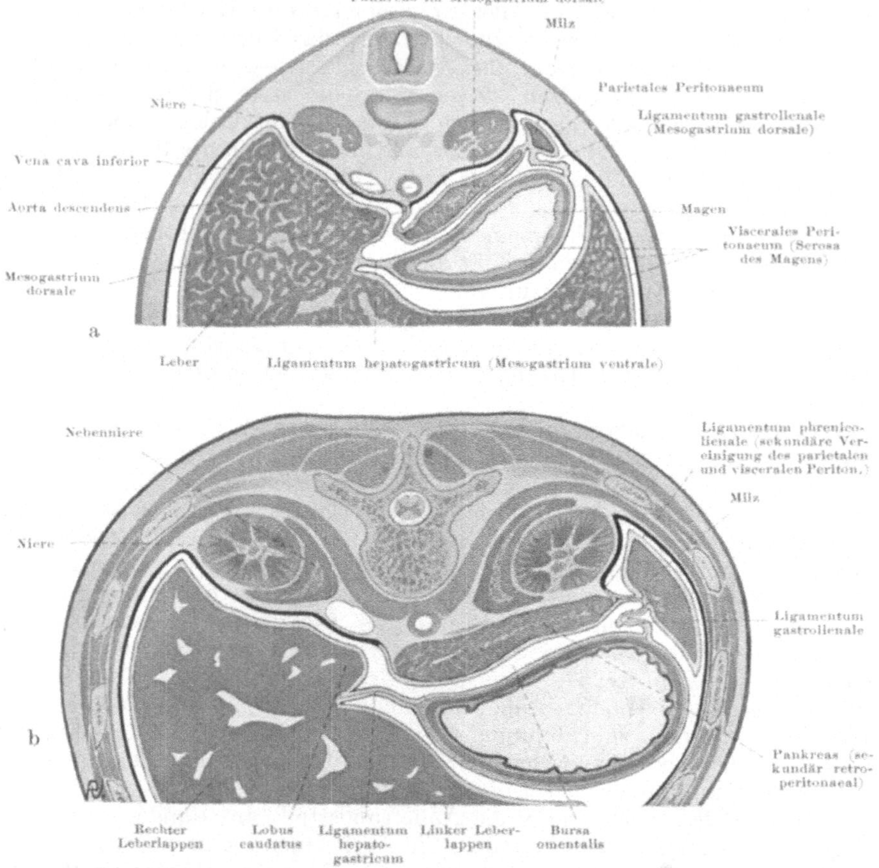

Abb. 135. Querschnitte durch die Bauchhöhle menschlicher Embryonen, schematisch. Ansicht der kranialen Fläche. a Vor Verwachsung von Pankreas und Milz mit der hinteren Bauchwand. b Nach Verwachsung derselben, endgültiger Zustand (mit Benutzung der Abbildung von TOLDT, Atlas 1914, S. 452). Primäres parietales Peritonaeum mit schwarzer Konturlinie bezeichnet, viscerales und sekundär parietales Peritonaeum mit hellgrauer Konturlinie.

Im folgenden gehen wir auf die Veränderungen ein, welche oberhalb (kranial) vom Drehungsstiel stattfinden. Das einzelne wird später beim „oberen Situs" behandelt werden (S. 256).

Pankreas und Milz (Liën) liegen im Mesoduodenum resp. Mesogastrium dorsale (man denke sich ihre Entstehung etwa an der Stelle, auf welche in Abb. S. 3 die Verweisungslinie des Mesenterium hinzeigt). Die Pankreasanlage, eine Drüse, geht vom Darm aus (Abb. S. 8), und zwar vom Duodenum. Sie wächst schräg kranialwärts im Mesogastrium auf die Wirbelsäule zu (in Abb. S. 8 schräg aufwärts zur Chorda hin, und zwar in der Richtung auf die Stelle, an welcher die Chorda vom Verweisungsstrich für den Vorderdarm gekreuzt wird).

In dem Feld zwischen Pankreas und Magen entsteht unabhängig vom Darm die Milz; sie ist ein Bestandteil des Gefäßsystems. Hier interessiert uns nur ihre Lage. Ihre Anlage liegt nach dem Gesagten dem Magen näher als die Anlage des Pankreas.

In der Folge werden Magen, Milz und Pankreas in eine ganz andere Lage zur Bauchhöhle im ganzen gebracht; die Reihenfolge, in der sie hier genannt sind, bleibt aber erhalten, wenn man die alte Richtung vom Magen nach der Wirbelsäule bei den folgenden Veränderungen im Auge behält. Wird durch diese Stelle bei einem Embryo ein Querschnitt gelegt (Abb. a, S. 250), so sieht man, daß der Magen nicht in der Medianebene liegt, sondern nach links in eine frontale Ebene verstellt ist. Das Mesogastrium dorsale ist durch die Drehung des Magens so verschoben, daß es nicht rein dorsal liegt, wie es dem Mesenterium commune zukommt (Abb. S. 3), sondern es schaut nach der linken Seite der hinteren Bauchwand zu. Entsprechend ist das Mesogastrium ventrale statt sagittal frontal gerichtet (Abb. c, S. 248). Die beiden Mesogastrien inserieren an der großen und kleinen Curvatur des endgültigen Organs, deren Lage wir früher berücksichtigt haben (S. 222). Im Augenblick interessiert uns das Verhalten des Mesogastrium dorsale. Es beginnt vor der Aorta descendens, d. h. der Mitte der Wirbelsäule, ist nicht sagittal gestellt wie das übrige Mesenterium commune, sondern verläuft entsprechend der Stellung des Magens in einer Frontalebene bis in das linke Hypochondrium hinein. Der erste Abschnitt, in welchem das Pankreas liegt, verschmilzt mit der hinteren Bauchwand (Abb. S. 250). Der in Abb. a zwischen Pankreas und Bauchfell befindliche Raum ist daher in Abb. b verschwunden. Das Pankreas kommt unmittelbar auf die Niere und Nebenniere zu liegen. Hier kommen also primär retroperitonaeale Organe (Niere, Nebenniere) in engste Nachbarschaft zu einem sekundär retroperitonaealen Organ (Pankreas). Das Bauchfell, welches sie zusammen überzieht, ist sekundär parietal und deshalb in Abb. S. 254 blau bezeichnet. Dieser Prozeß reicht nur bis nahe zur Milz. Von da ab geht das Mesogastrium dorsale frei an den Magen. Es hat eine neue Wurzel bekommen. Anstatt vor der Wirbelsäule zu entspringen, ist es im linken Hypochondrium befestigt. Man nennt den Rest des Mesogastrium dorsale zwischen Zwerchfell und Milz Ligamentum phrenicolienale und den Teil zwischen Milz und großer Curvatur des Magens Lig. gastrolienale[1] (Abb. S. 250).

Am interessantesten ist die Bauchfellbeziehung der Milz. In Abb. a, S. 250 können wir noch hinter der Milz bis zur Aorta vortasten, in Abb. b gelangt man jedoch nur bis zu der sekundären Vereinigung zwischen parietalem und visceralem Blatt. Die Milz ist umfaßbar und beweglich, ist also ein halbintraperitonaeales Organ (vgl. S. 247, 249).

Geht der Epithelüberzug der Hinterfläche des Pankreas (viscerales Peritonaeum) und der hinteren Bauchwand (parietales Peritonaeum) durch Verklebung der beiden anfänglich getrennten Blätter (Abb. a, S. 250) verloren, so verlöten am Rand der Verwachsungsstelle das parietale und viscerale Peritonaeum zu einer einheitlichen Lamelle (Abb. b, S. 250, sekundäre Vereinigung des schwarzen und hellgrauen Konturs). Das endgültige Bauchfell sieht an dieser Stelle nicht anders aus als dort, wo die Kontinuität zwischen parietalem und viszeralem Blatt nie unterbrochen wurde, also primär ist (z. B. die Stelle in Abb. S. 250, an welcher der Bauchfellüberzug der Vorderwand des Pankreas vor der Wirbelsäule in denjenigen der rechten hinteren Bauchwand übergeht). Wechselnde Größe der Befestigungsflächen oder -linien

---

[1] In der Bauchhöhle werden als Ligamente solche Teile des Bauchfelles bezeichnet, welche entweder als Duplikaturen oder als einfache Lamellen an ein Organ herantreten und bei Bewegungen des Organs gespannt werden können. Sie können unter Umständen mit daran beteiligt sein, dem Organ, zu dem sie gehören, einen Halt zu geben, sind aber ihrer Herkunft und Bedeutung nach ganz verschieden von den Ligamenten des Bewegungsapparats.

Bei den retroperitonaealen und halbintraperitonaealen Organen kommen alle Schattierungen einer mehr oder minder großen Befestigungsfläche oder -linie mit der Bauchwand vor. Die Rückfläche liegt ganz breit der Unterlage an und ist nirgends abzutasten bei der Niere; sie ist nur an einer ganz schmalen Stelle mit der Bauchwand in Kontakt und deshalb fast überall abtastbar bei der Milz. Vergleicht man in Abb. S. 254 die Breite der Anwachsungsstellen, so erhält man eine Vorstellung von den zahlreichen Abstufungen, z. B. ist die Anheftungsstelle des Colon descendens in dem betreffenden Fall viel schmaler als die des Colon ascendens, das erstere also zu mehr als $^3/_4$ seines Gesamtumfanges umgreifbar (Abb. S. 244), das letztere nur an der Vorderfläche abtastbar ($^1/_2$ des Gesamtumfanges). Bleibt beim Colon ascendens die Anheftungsstelle schmaler als in diesem Fall, so kann fast die ganze Hinterwand abtastbar sein wie bei der Milz. Das Colon wird dann wegen der Beschwerden, die seine Beweglichkeit in manchen Fällen macht, künstlich vom Chirurgen befestigt (Kolopexie). Der Chirurg vollendet dann sozusagen den vorzeitig abgebrochenen Entwicklungsgang, der normalerweise zu einer breiteren Anheftung des Colon ascendens führt. Etwas grundsätzlich anderes ist es, wenn ein primär retroperitonaeales Organ wie die Niere nachträglich beweglich wird (Wanderniere).

Die Anheftungsstellen sind nicht nur an den verschiedenen Stellen des Darms verschieden breit und variieren von Individuum zu Individuum, sie sind auch im Einzelfall wechselnd. Das Colon descendens hat z. B. im leeren Zustand eine nicht vom Bauchfell überzogene streifenförmige Fläche von 2,0—2,5 cm Breite. Ist das Colon aufgebläht, so wird dieselbe Fläche so gedehnt, daß sie 5 cm breit werden kann und darüber. Man mache sich an der Hand von Abb. S. 244 klar, daß durch Inhaltsvermehrung des Colon die beiden Bauchfellfalten auseinandergedrängt, bei Inhaltsverminderung einander genähert werden. — Beim größten Teil des Rectum haben sich die Bauchfellfalten dauernd so weit zurückgezogen, daß es retroperitonaeal liegt. Da dies schon ganz früh in der Entwicklung eintritt, rechnet man es vielfach mit zu den primär retroperitonaealen Organen.

Visceral
und
parietal in
Brust- und
Bauchhöhle

Der Sprachgebrauch ist leider nicht konsequent in der Anwendung der Bezeichnungen visceral und parietal bei der Brust- und Bauchhöhle. Bei der Lunge, welche in die Pleurahöhle aussproßt (Abb. c, S. 5), und bei der Leber, welche in die Bauchhöhle vorwächst, nennt man wohl übereinstimmend das bedeckende Blatt visceral. Aber die Lamelle, von welcher die Sprossung ausgeht, wird in der Brusthöhle als parietal, in der Bauchhöhle als viszeral bezeichnet. Denn man rechnet den Brustfellüberzug des Mediastinum zur Pleura parietalis, nennt also auch die Stelle der Pleura so, welche den Vorderdarm (Speiseröhre) bedeckt. Die Fortsetzung des Verdauungskanals in der Bauchhöhle, der Magen und Darm, werden von visceralem Peritonaeum bekleidet. Dieser Unterschied im Sprachgebrauch entspricht keinem tatsächlichen Unterschied. Es wäre richtiger, in der Brusthöhle von einem Mesooesophageum dorsale et ventrale (statt Mediastinum zu sprechen und die dazugehörigen Pleurablätter viscerale Pleura zu nennen. Praktische Gründe sprechen dafür, an der einmal eingewurzelten Verwendung der Fachnamen festzuhalten. Ich habe die Bezeichnungen Peritonaeum für parietales Blatt und Mesenterium für viscerales Blatt (vgl. S. 242, Abs. 2) verwendet, um Mißverständnissen aus dem Wege zu gehen, soweit nicht ausdrücklich parietales und viscerales Peritonaeum gesagt ist.

Der untere
Situs

Unter unterem Situs versteht man die Lage der Eingeweide unterhalb des Quercolon (Abb. S. 9, Colon transversum; vom großen Netz ist hier zunächst abzusehen). Oberhalb des Quercolon spricht man vom oberen Situs.

Die Darmdrehung im ganzen ist eine Doppelspirale: das Duodenum rollt sich entgegen der Richtung des Uhrzeigers auf, das Colon dreht sich mit dem Uhrzeiger und macht dadurch die Aufrollung rückgängig (Abb. a, S. 253). Auf diese Weise bleibt die Ein- und Austrittsstelle des Darms aus der Bauchhöhle in der Medianebene liegen (Durchtritt der Speiseröhre durch das Zwerchfell und des Mastdarms durch den Beckenboden). Der Darm selbst kann durch fortgesetztes Längenwachstum den verfügbaren Raum voll ausnutzen. Die Dickdarmschleife verhält sich dabei im weiteren Verlauf grundsätzlich anders als der Dünndarm. Sie weitet sich zu einem Rahmen aus, welcher den unteren Bauchraum seitenständig umzieht (Abb. S. 9): an das Caecum, welches in die rechte Fossa iliaca gelangt, schließt sich das Colon ascendens an, welches bis zur Leber aufsteigt, dort die Flexura coli dextra bildet, von da ab als Colon transversum dem Magen entlang bis zur Flexura coli sinistra im linken Hypogastrium reicht und schließlich als Colon descendens und Colon sigmoideum die linke Seite des Rahmens vervollständigt, um im median stehenden Rectum zu endigen. Die Duodenalschleife bleibt zeitlebens in ihrer Lage. Der übrige Dünndarm wächst so in die Länge, daß er sich in zahlreiche Schlingen legt und dadurch das eigentliche Gekröse erzeugt (Abb. c, S. 248). Die Wurzel des Gekröses an der hinteren Bauchwand, Radix mesenterii, ist eine verhältnismäßig kurze Strecke, die geradlinig verläuft (Abb. S. 254). Diese sekundäre Anheftung fixiert die Dünndarmschlingen in einer Linie, welche vom Ende des Duodenum (links neben dem 2. Lumbalwirbel) bis in die rechte Fossa iliaca führt. Legt man an der Leiche den Zeigefinger der rechten Hand neben die linke Seite der Radix und den Daumen rechts von der Radix, so kann man Daumen und Zeigefinger oberhalb des Gekröses zusammenschließen und damit den ganzen Gekrösestiel umspannen. Das Intestinum mesenteriale (Jejunum und Ileum) liegt dann als große Krause auf der Hand, sein Stiel wird von ihr gehalten. Man macht sich durch diesen Handgriff am besten klar, wie die Falten des Gekröses (Abb. S. 255) entstanden sind: das Darmrohr selbst ist weiter gewachsen, während die Anheftungslinie seines Mesenterium im Wachstum zurückblieb. Etwas Entsprechendes finden wir beim Dickdarm nur bei der Flexura sigmoides. Die Dünndarmschlingen finden im wesentlichen im Dickdarmrahmen Platz (Abb. S. 9). Im allgemeinen liegen die Jejunumschlingen, welche an das Duodenum anschließen, links oben, die Ileumschlingen, welche in das Caecum übergehen, rechts unten. Doch sind starke gegenseitige Verlagerungen möglich, da das Gekröse genügend Spielraum dazu läßt.

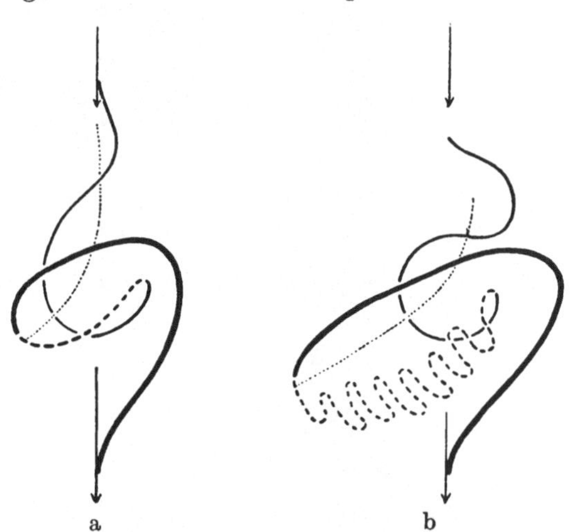

Abb. 136. Schema der doppelten Darmspirale. Dünne Linie: Magen und Duodenum, dicke Linie: Dickdarm, gestrichelte Linie: Intestinum mesenteriale (Jejunum und Ileum), punktierte Linie: Verlauf der Aorta und Arteria mesenterica superior. Pfeile: Mittellinie des Körpers. a ohne Gekröse, b mit Gekröse (a nach Abb. d, S. 240, b nach Vogt, Verhdlg. anat. Ges. 1920, S. 50, verändert).

Der Dickdarmrahmen (Abb. S. 255) legt sich so der Bauchwand an, daß das Caecum, das auf- und absteigende Colon mit ihr verlöten; die entsprechenden Abschnitte des Mesocolon werden in die Bauchwand einbezogen (Abb. S. 254). Das Quercolon und Colon sigmoideum behalten jedoch ihr Aufhängeband (Abb. c, S. 248). Da das Duodenum und das von ihm ausgehende Pankreas retroperitonaeal zu liegen kommen, hat die Wurzel des Mesocolon transversum eine feste linienförmige Anheftung auf diesen Organen gefunden, welche von einer Stelle rechts zur Pars descendens duodeni quer über das Duodenum, entlang dem unteren Pankreasrand, bis zur Anheftungsstelle der Milz läuft. Diese Linie zerlegt die hintere Bauchwand entsprechend dem oberen und unteren Situs in zwei verschieden hohe Stockwerke (Abb. S. 254).

Die Wurzel des Mesosigmoideum ist S-förmig gebogen. Der betreffende Darmteil kann im vergrößerten Maßstab die gleiche Schlingenform haben (daher auch S romanum genannt), ist aber oft ganz anders gebogen. Das Mesocolon, welches beim absteigenden Colon mit der hinteren Bauchwand verklebte (Abb. S. 254, blau), ist ganz zum Bauchfell geworden, beim Colon sigmoideum jedoch macht die Verklebung früher Halt, und zwar in der beschriebenen S-förmigen Linie, entsprechend dem besonderen Längenwachstum des Dickdarms an dieser Stelle. Er ist infolgedessen hier frei beweglich.

Das Ergebnis der zahlreichen Verschiebungen und Verwachsungen des Darmrohrs und seines Mesenterium ist, daß zahlreiche Schlingen, wie viele

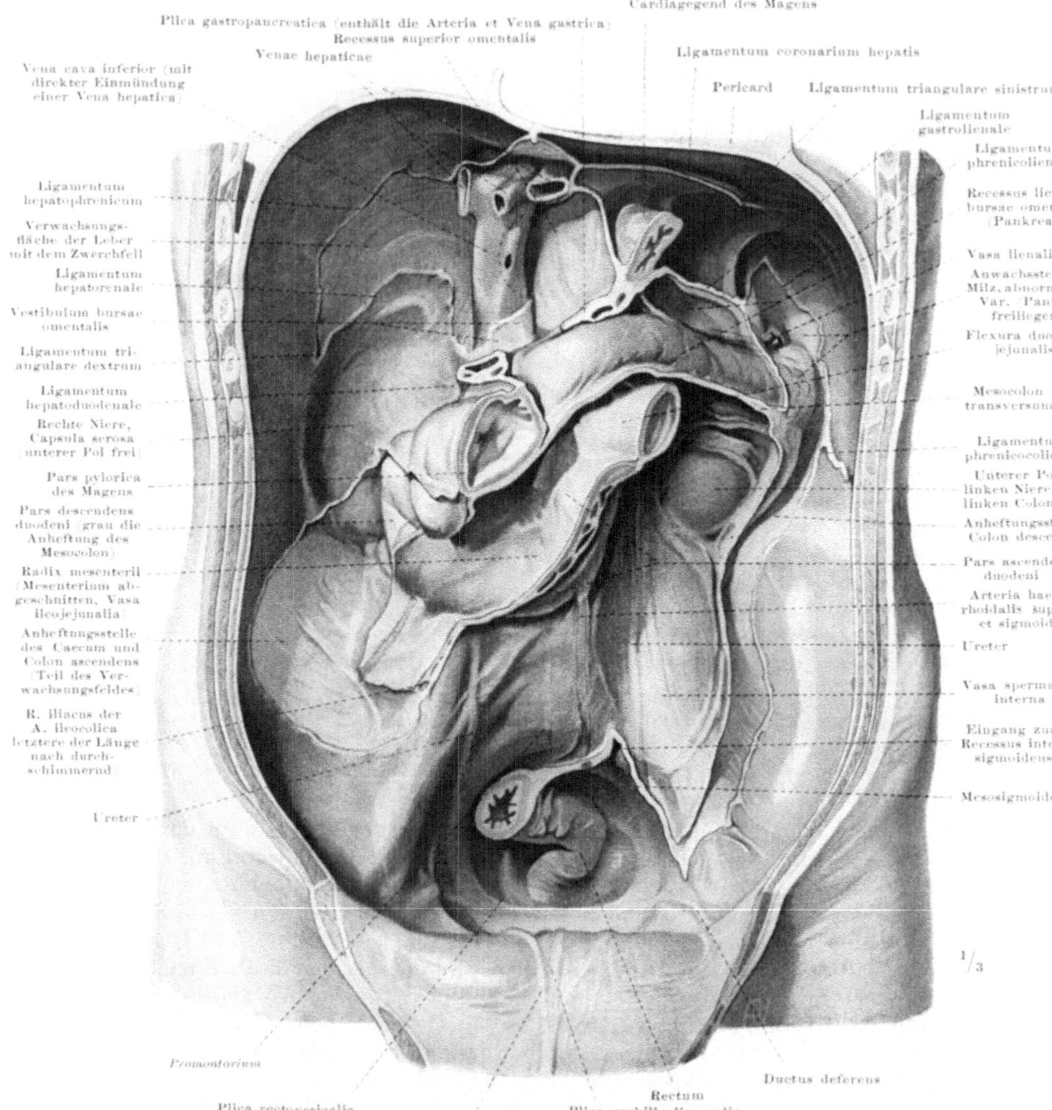

Abb. 137. **Hintere Bauchwand.** Primäres Bauchfell **rotviolett**, sekundäres Bauchfell **blau.** (Außerdem ist die Vena cava inferior als **Vene blau** bezeichnet; sie hat keinen Bauchfellüberzug an den hier sichtbaren Stellen.) Duodenum und Pankreas durch das Bauchfell durchschimmernd, vgl. mit Abb. a, S. 287. Man beachte unterhalb des Mesocolon transversum die **vier Räume** an der hinteren Bauchwand: rechts und links von der Radix mesenterii je einer, der bis zum auf- und absteigenden Colon reicht (blau) und außen vom Colon je einer (rotviolett). Auch oberhalb des Mesocolon transversum liegen **vier Räume:** 1. die Bursa omentalis (blau), 2. ihr Vestibulum mit Recessus superior (rotviolett), 3. und 4. die freien Bauchhöhlentaschen vor und hinter dem Lig. coron. des rechten und linken Leberlappens.

Gegenstände in einem Kästchen, im engen Bauchraum untergebracht sind (Abb.
S. 291); sie sind darin so befestigt, daß manche eine relativ große Verschieblichkeit
besitzen, andere eine geringere, manche fast gar keine. Die Abmessungen sind
so gegeneinander abgestimmt, daß die Därme geordnet bleiben wie in einem
Zauberkästchen, in welchem jeder weggenommene Gegenstand wieder von
selbst an seinen richtigen Ort zurückkehrt. Die Chirurgen haben bei Bauchoperationen in der Tat beobachtet, daß die Darmschlingen, die man künstlich
aus der Ordnung bringt, im allgemeinen wieder von selbst in die alte Lage

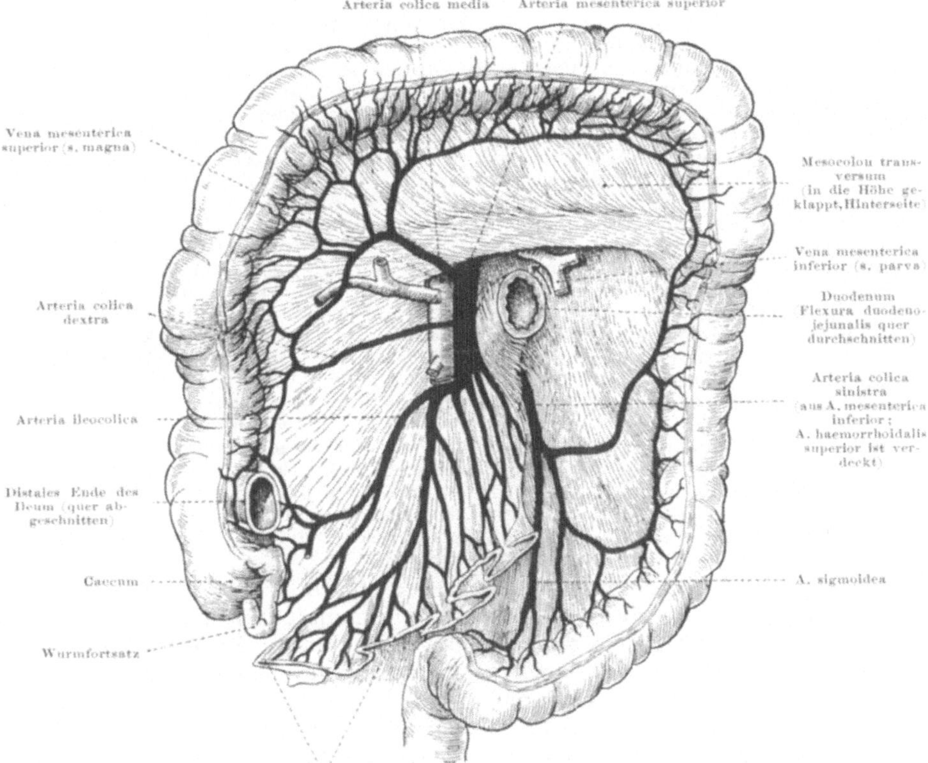

Abb. 138. **Dickdarm.** Das Gekröse des Dünndarms ist erhalten, das Jejunum und Ileum selbst sind
abgetrennt. Arterien schwarz, Venenstämme hell. Ein **Pfeil** gibt den Recessus duodenojejunalis an.

zurückkehren. Nur in Ausnahmefällen versagt der subtile Ordner der Mesen-
terialbefestigungen. Dann kann eine Darmverschlingung eintreten. Ist einmal
der Darm abgeknickt und wird der Durchtritt des Kotes unmöglich, so tritt
Koterbrechen (Ileus) ein und das Weiterleben ist ohne rechtzeitige operative
Hilfe unmöglich.

Über die Möglichkeit der Entstehung „innerer" Brüche siehe S. 263.

Die **N a b e l s c h l e i f e** ist im Anschluß an den Dottersack entstanden. Bei vielen
Tieren mit dotterreichen Eiern, z. B. beim Hühnchen, hängt der Dottersack hernienartig aus der vorderen Bauchwand heraus und ist mit dem Darm nur durch einen
stark eingeengten Kanal, den Dottersackstiel, verbunden. Bei Säugetieren haben die
niedersten Formen dotterreiche Eier (Monotremen), die übrigen haben einen leeren
Dottersack. Sein Inhalt ist wegen der Ernährung des Embryo im Mutterleib überflüssig geworden, der Sack selbst bleibt aber wegen seines Gefäßnetzes erhalten und
wird für andere Leistungen verwendbar. So finden wir auch noch den Dottersackstiel,

der am Darm entspringt, aus dem Körper des Embryo herausführt und also den
späteren Nabel passiert; daher der Name Ductus omphaloentericus (Abb. S. 8).
Die Stelle des Darms, welcher er zugehört, wächst zur Nabelschleife aus (Abb. a.
S. 245), welche zeitweise aus dem Nabel wie aus einem Fenster der Bauchhöhle heraus-
hängt, im Nabelstrang eingebettet liegt, später aber vollständig in die Bauchhöhle
zurückgezogen wird. Diese vorübergehenden Zustände des Embryo haben für den
Bauchsitus keine geringe Bedeutung. Vor allem werden die Gefäße des Darms
dadurch beeinflußt. Anfänglich gibt es nach Art des in Abb. a, S. 240 gezeichneten
Astes der Aorta zahlreiche Darmarterien, welche wie die Sprossen einer Leiter in
regelmäßiger Reihenfolge innerhalb des Mesenterium commune an den Darm herantreten. Im Zusammenhang mit der Drehung der Nabelschleife kommt die auf den
Ductus omphaloentericus hin verlaufende Arterie in die Achse der Drehung zu liegen.
Sie wird auf Kosten der übrigen Arterien, welche infolge der Drehung in Wegfall
kommen, weiter ausgebildet und heißt Arteria mesenterica superior. Von
ihr gehen nach der linken Körperseite zu zahlreiche Seitenäste vom Duodenumende
ab zum Intestinum mesenteriale hin, nach rechts und oben wenige, welche bis
zur Flexura coli sinistra reichen (Abb. S. 255). Dieses Gebiet wird von Anfang an von
dieser Arterie versorgt und entspricht der in Abb. a, S. 245 gezeichneten Nabelschleife.

   Durch die Vergleichung der Gefäßgebiete kann man sich ausgezeichnet klar
machen, wie die oben beschriebene Darmdrehung (Abb. S. 253) verlaufen ist. Denkt
man sich die Doppelspirale sei schraubenförmig fortgesetzt und die Spitze der
Schraube liege im Ductus omphaloentericus, so entsprechen die Drehungen einer
Rechtsschraube. Die Duodenalschleife läuft auf die Spitze zu, die Colonschleife
wird von der Spitze aus rückläufig. Manche Besonderheiten verwischen vorübergehend die Klarheit der doppelspiraligen Drehung. Doch kommen sie hier nicht in
Betracht, da wir nur den endgültigen Zustand und dessen Erklärung im Auge haben.

   Andere Punkte von relativ fixierter Lage sind die Stellen, wo die Arteria coeliaca
(für den oberen Situs) und die A. mesenterica inferior (anschließend an die Flexura
coli sinistra für den Rest des Dickdarms) abgehen. Von den zahlreichen Ästen
der Aorta descendens zum Darmtractus bleiben nur diese drei Arterien übrig. Sie
sind unpaar (Abb. S. 258); die paarigen Äste der Aorta gehen zu den primär retroperitonaealen Organen (auch wenn sie halbintraperitonaeal liegen wie die Gebärmutter und die Eierstöcke) und zur Bauchwand. Man kann die sekundär retroperitonaealen und sekundär halbintraperitonaealen Organe daran erkennen, daß
sie Äste von einer der drei unpaaren Arterien der Aorta empfangen, z. B. die
Milz aus der A. coeliaca, das Pankreas aus der A. coeliaca + A. mesenterica sup.,
das Colon aus der A. mesenterica sup. + inf. usw.

Der obere
Situs, Bursa
omentalis

   Oberhalb des Quercolon und seines Mesocolon liegt vom Eingeweidetractus
nur der Magen und die oberste Partie des Duodenum, außerdem die zu letzterem
gehörige Leber und Teile des ihm zugehörigen Pankreas. Die Milz liegt ebenfalls
im oberen Situs. An sich ist er viel kleiner als der untere Situs. Außer für
Magen, Leber und Milz bleibt nicht viel Raum mehr übrig. Das Spaltensystem, welches zwischen den Organen liegt, ist bestimmend für die Beweglichkeit derselben, die wir beim Magen schon kennen gelernt haben. Durchbrüche der Magenwand öffnen sich in diese Spalten; der austretende Inhalt
nimmt den von ihnen vorgeschriebenen Weg, z. B. von der hinteren Magenwand aus in die Netztasche und erst mittelbar in die freie Bauchhöhle.
Sehen wir, wie dieser Nebenraum beschaffen ist und zustande kommt!

   Wir erwähnten bereits, daß der Magen beim Embryo aus der Medianebene
heraus, in welcher der ganze Darmtractus ursprünglich liegt, nach links verstellt
und dazu um seine Achse gedreht ist, so daß die kleine Curvatur anstatt nach
vorn nach rechts und die große Curvatur anstatt nach hinten nach links schaut
(Abb. S. 248, 250). Linksverstellung und Rechtsdrehung des Magens
sind also miteinander kombiniert. Sie entstehen beim Embryo immer zugleich
mit der Schleifenbildung des Duodenum (Abb. a, S. 245) und sind deshalb wahrscheinlich ähnlich der Darmdrehung zwangsläufig damit verbunden.

   Eine Sonde kann hinter den Magen geführt werden und liegt hier zwischen
hinterer Magenwand und Pankreas. Diese Spalte ist die Netztasche, Bursa
omentalis (Abb. b, S. 250). Ihr Zugang ist das Foramen epiploicum (Winslowi, Abb. S. 258). Sucht man es beim Erwachsenen, so richtet man sich nach

dem freien unteren Rand des ventralen Mesenterium, nämlich der Darmleberverbindung, Lig. hepatoduodenale. In dieser Duplikatur liegen Zu- und Abflüsse der Leber eingebettet, darunter die Pfortader (blauer Querschnitt in Abb. S. 254). Steckt man nun den Finger in das Foramen epiploicum der Leiche hinein, so hat man die beiden großen Bauchvenen vor und hinter dem Finger liegen, die Pfortader vor ihm, die Vena cava inferior hinter ihm. Wäre der Finger lang genug, um von hier aus die ganze Bursa omentalis abzutasten, so würde man nach links bis an das Lig. gastrolienale gelangen. Die Herkunft desselben aus dem Mesogastrium dorsale ist oben besprochen worden (vgl. Abb. S. 250). Man nennt diese Nische, die außer nach dem Foramen epiploicum zu ringsum abgeschlossen ist, Recessus lienalis (Abb. c, S. 248). Geht man längs der hinteren Magenwand kranialwärts, so gelangt der Finger in den Recessus superior omentalis (Abb. S. 258). Er ist gegen den Hauptraum der Netztasche durch eine bald hohe, bald niedere Falte begrenzt, die Plica gastropancreatica; sie hat die alte mediane Lage des Mesogastrium innegehalten und beherbergt noch die Magengefäße zur Cardia, welche in dieser Lage verharren. Indem die Zwerchfellanlage die ursprünglich einheitliche Leibeshöhle quer durchtrennt hat, setzt sie dem Recessus superior eine Grenze, an welcher er blind endigt. Eine dabei von ihm abgetrennte, ringsum geschlossene Spalte haben wir früher am Durchtritt der Speiseröhre durch das Zwerchfell kennen gelernt (Bursa infracardiaca, S. 220). Auch die dritte Nische der Netztasche endigt blind, so daß das Foramen epiploicum der einzige Zugang zu dem ganzen Spaltensystem ist, wie aus der Genese hervorgeht (Abb. S. 250). Denn diese Nische ist eine sekundäre Falte, in der Duplikatur zwischen Magen und Milz; in Abb. S. 247 sieht man, daß eine Sonde bis in diese blind endigende Tasche vorgeschoben werden kann (vgl. auch Abb. b u. c, S. 248). Sie heißt Recessus inferior und wird später zum großen Netz, Omentum majus, welches der ganzen Netztasche den Namen gegeben hat.

Um den unteren Situs zugänglich zu machen, muß man das Colon transversum mit dem großen Netz wie in Abb. S. 255 zurückklappen. Man kann dabei die Hinterwand des Netzbeutels betrachten. Stößt man das Mesocolon in einem seiner großen gefäßfreien Felder durch (in Abb. S. 255 ist nur ein besonders großes Feld zu sehen, bei etwas anderer Lagerung der Gefäße finden wir 2 oder 3 etwas kleinere Felder), so gelangt man in die abgeschlossene Bursa omentalis. Der Chirurg schlägt diesen Weg ein, um eine Dünndarmschlinge mit der hinteren Magenwand zu verbinden und verschafft so bei krankhafter Verlegung des Pylorus dem Mageninhalt den kürzesten Weg in den Darm hinein (Gastroenterostomia retrocolica). Das Verfahren ist für das Studium der Lage der Eingeweide lehrreich, weil wir uns daran klar machen können, wie die freie Bauchhöhle zur Bursa omentalis liegt (siehe die höchste Stelle der Bauchhöhle in Abb. S. 258, hinter dem Endpunkt des Verweisungsstriches für das Mesocolon). Man vergleiche auch die drei Wege, die zum Pankreas führen (S. 307). Will man den Dünndarm mit der Vorderwand des Magens verbinden (Gastroenterostomia antecolica), so muß er vorn über das Quercolon herübergezogen und das Netz dabei durchstoßen werden; die Abflußverhältnisse sind für den Mageninhalt weniger günstig.

Die einzige größere Öffnung der Bursa omentalis ist das Foramen epiploicum (Winslowi). Über kleine Öffnungen im „kleinen Netz" siehe S. 262. Pathologische Ergüsse in die Bursa (Mageninhalt bei Durchbruch der hinteren Magenwand, Inhalt einer geplatzten Pankreascyste u. a.) brauchen eine Weile, bis etwas von ihnen zum Foramen epiploicum heraus in die freie Bauchhöhle gelangt oder künstlich durch die Wände der Bursa durchbricht. Daraus ist zu ersehen, daß die Bursa tatsächlich im Leben ein Nebenraum mit allseitig gegen die freie Bauchhöhle abgeschlossenen Wänden ist. Der einzige größere Zugang, das Winslowsche Loch, ist nicht selten sekundär verklebt, namentlich im Anschluß an die sehr häufigen Entzündungen der nahen Gallenblase. Häufiger noch beruhen die Verschlüsse auf einer besonderen Ausdehnung des Ligamentum hepatoduodenale, dem sog. Lig. cystoduodenocolicum.

Alle pathologischen Prozesse innerhalb der Bursa verlaufen sehr versteckt und sind deshalb schwer diagnostizierbar. Bei der Leiche kann man Luft in das

WINSLOWsche Loch einblasen und dadurch den an sich engen (capillaren) Spaltraum aufblähen. Nicht selten reicht er mehr oder minder weit in das große Netz
hinab, wenn die Verwachsung von dessen Blättern nicht zu Ende geführt ist. Auch
isolierte, gegen die Bursa abgekapselte Reste des Recessus inferior sind im großen

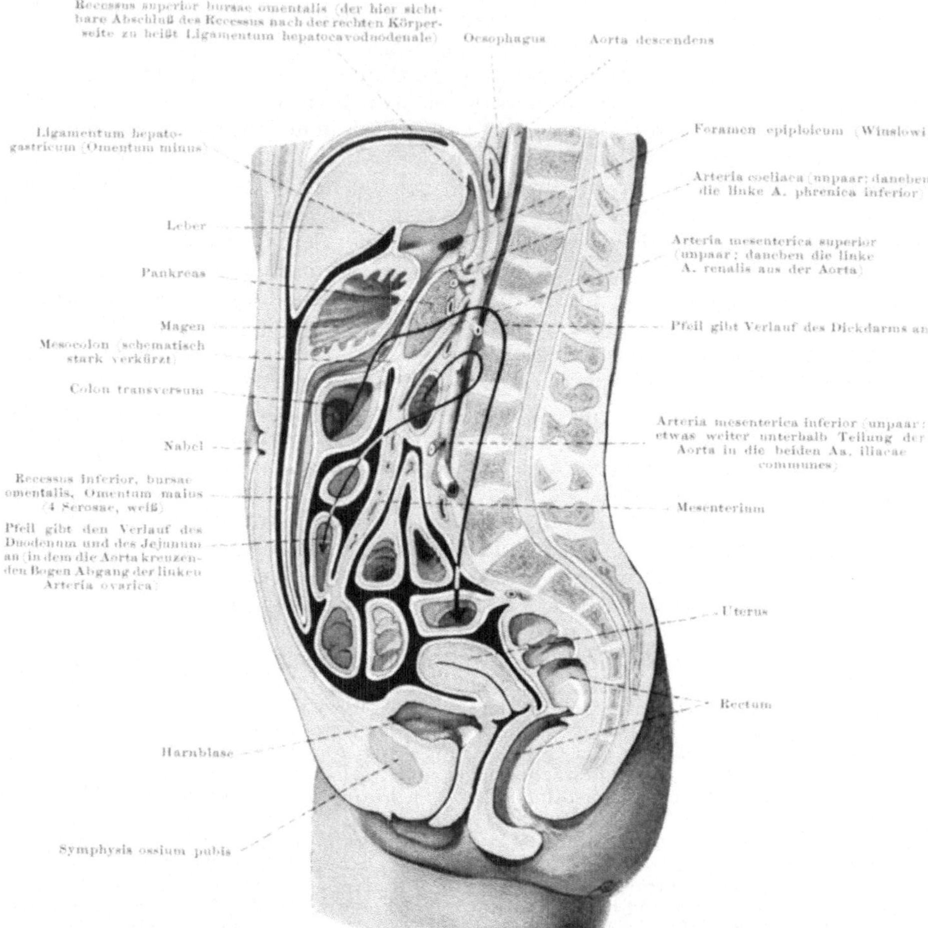

Abb. 139. **Medianschnitt durch die Bauchhöhle**, halb schematisch. Spalten zwischen den Eingeweiden erweitert. Die scheinbar frei im Bauchraum liegenden Darmteile und ihre Mesenterien sind vor oder
hinter der Schnittfläche in den übrigen Darm und das Gekröse fortgesetzt zu denken. Mit 2 schwarzen
Pfeilen ist der Verlauf für einige auf der linken Körperseite angegeben.

Netz nicht selten. Über die Beziehungen zwischen hinterer Magenwand und Pankreas siehe S. 237.

Da das Mesogastrium dorsale die Grenze zwischen rechter und linker Bauchhöhlenhälfte ist, so gehört die Bursa omentalis zur rechten Hälfte. Die Abgrenzungen
haben sich so verschoben, daß die rechte Bauchhöhlenhälfte über die Mittellinie
hinaus bis zur Milz und abwärts bis ins große Netz hinein reicht.

Entstehung
des großen
Netzes
Man stelle sich vor, daß die dem Magen anhängende Falte in der Richtung
der obersten Sonde in Abb. S. 247 weiter wächst, so wird sie zu einem schürzen-
artigen Hohlorgan, welches vom unteren Magenrand aus über die Eingeweideschlingen des unteren Situs zu liegen kommt (Abb. Nr. 139; die rote Linie gibt
den Weg der Sonde an). Das Mesogastrium dorsale, aus welchem es hervor-

geht, hat 2 Serosaüberzüge, je einen auf jeder Seite der bindegewebigen Stützlamelle. Die doppelwandige Netztasche hat also 4 Serosae bzw. Epithelhäutchen. Oberhalb des Quercolon, welchem sie fest anliegt, und mit welchem sie verlötet, ist auch das Mesocolon transversum mit der Hinterwand der Netztasche

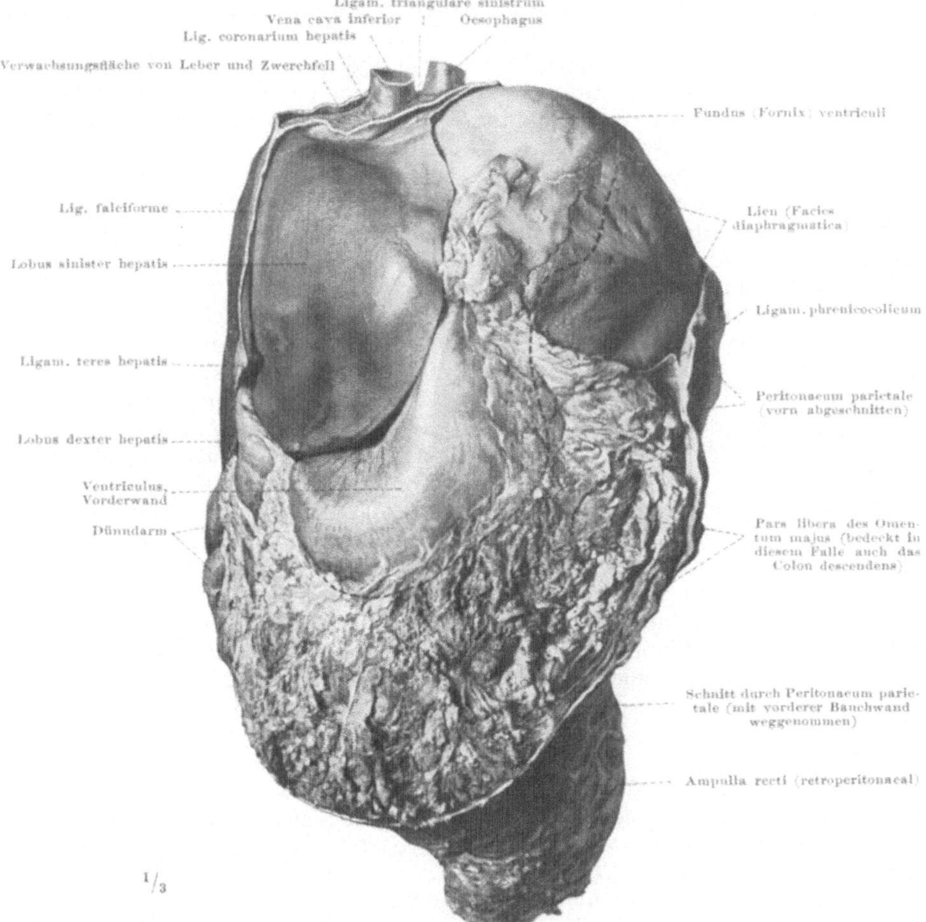

Abb. 140. Bauchinhalt nach Entfernung der Bauchwandung. In situ gehärtete und daher in ihrer Lage fixierte Bauchorgane. Unterer Magenkontur nachträglich eingetragen (er wurde nach Wegnahme der aufliegenden Organe festgestellt; die Einziehung der gestrichelten Linie entspricht dem in die Bursa omentalis vorspringenden Pankreas). Ansicht schräg von links. Das Bauchfell des kleinen Beckens ist vom Beckeneingang ab stehen geblieben. (Erhängter, der in aufrechter Stellung mit Formolalkohol injiziert wurde; Lunge vorher dem Leben entsprechend mit Luft gefüllt; unterer Leberrand überragt infolge übermäßiger Füllung der Leber mit Injektionsflüssigkeit handbreit den Rippenbogen; Magen infolge der vergrößerten Leber mehr als normal nach links verdrängt.)

verschmolzen (dies kommt in Abb. S. 258 nicht zum Ausdruck, weil das Mesocolon, um Platz für den übrigen Bauchinhalt zu schaffen, schematisch zu kurz gezeichnet ist). Sobald die beiden Serosaüberzüge des Mesocolon hinzukommen, besitzt das große Netz 3 Stützlamellen und 6 Epithelhäutchen. Gewöhnlich geht vom unteren Magenrand aus das Lumen der Netztasche verloren, indem die Wände verwachsen und die Epithelien der Verwachsungsflächen verschwinden. Das große Netz hängt als einheitliche dünne, durch zahlreiche Fetteinlagerungen gefleckt aussehende Schürze über den Dünndarmschlingen bis gegen die Symphyse hin abwärts (Abb. S. 259), erstreckt sich also durch sein Wachstum weit in den unteren Situs hinein, dem es ursprünglich ganz fremd ist.

**Die Bauch-
felldupli-
katuren der
Leber,
ventrales
Mesen-
terium**

Die Leber entsteht als Darmdrüse im ventralen Mesenterium. Denken wir uns in der Duplikatur des Bauchfells ventral vom Darm in Abb. S. 2 (welche beim Brustsitus dem Mediastinum anterius entsprechen würde) nach beiden Seiten hin den rechten und linken Leberlappen vorwachsen, so füllen diese die benachbarten Teile der Bauchhöhle aus, wie die vorwachsenden Lungen die Pleurahöhlen ausfüllen. In Abb. b, S. 250 sind beide Leberlappen bezeichnet. Das ursprüngliche Mesenterium verläuft von der Stelle aus, an welcher es die Leber umgreift (in der Abbildung als Lig. hepatogastricum bezeichnet), ursprünglich geradenwegs bis an die hintere Bauchwand und geht vor der Aorta in das (parietale) Bauchfell über. In Abb. S. 250 ist statt dieser ursprünglichen Lage die Umstellung und Drehung des Magens wiedergegeben; das Mesenterium zwischen Wirbelsäule und Leber ist in neue Lagen gekommen, welche oben beschrieben worden sind. Wir erwähnten bereits, daß der Teil des Mesogastrium ventrale, welcher zwischen Magen und Leber liegt, Ligamentum hepatogastricum oder Omentum minus (kleines Netz) genannt wird, der Teil zwischen Duodenum und Leber heißt Lig. hepatoduodenale (Abb. S. 254). Beide stehen nicht median wie ursprünglich, sondern sind durch die Umstellung und Drehung des Magens in frontale Lage gelangt. Das Omentum minus ist so locker, daß es die Form- und Lageveränderungen des Magens (S. 227) nicht behindert; das Lig. hepatoduodenale ist wesentlich derber, es enthält die großen zur Leberpforte ziehenden Gefäße.

Das Lig. hepatoduodenale endigt rechts am Eingang zum Foramen Winslowi mit einem scharfen Rande, entsprechend dem ursprünglichen kaudalen Rande des ventralen Gekröses. Der Teil des Mesenterium ventrale, welcher zwischen Leber und vorderer Bauchwand liegt, reicht abwärts bis zum Nabel; von dort ab fehlt auch hier das Mesenterium ventrale. In den freien Rand der ventralen Bauchfellduplikatur zwischen Leber und Bauchwand ist beim Embryo die Vena umbilicalis eingebettet, welche das Blut aus der Placenta der Leber und dem Körper des Embryo überhaupt zuführt. Sie obliteriert nach der Geburt zum Ligamentum teres hepatis (Abb. S. 259). Will man bei der Eröffnung der Bauchhöhle dieses Band schonen, so muß man den Medianschnitt wie üblich an der linken Seite des Nabels vorbeiführen. Das vom Lig. teres bis zum Zwerchfell reichende, auf einen schmalen sichelförmigen Streifen reduzierte ventrale Lebergekröse heißt Ligamentum falciforme hepatis (Abb. S. 259, 314, 315).

Verwachsungsflächen zwischen Leber und Zwerchfell

Bis hierher ist das Bauchfell, soweit es zur Leber gehört, nur dem Namen nach geändert, der Sache nach ist alles noch im ursprünglichen Zustand. Von den Besonderheiten des kleinen Netzes wird unten erst die Rede sein. Die Leber ist wie die Lunge mit einem Überzug bedeckt, welchen sie beim Auswachsen mitnimmt und der ihr zeitlebens anhaftet, Tunica serosa. Etwas Neues mußte beim Auswachsen der Leber dort entstehen, wo sie an das Zwerchfell grenzt.

Anfänglich ist beim Embryo die Leber in sehr breitem Zusammenhang mit dem Zwerchfell. Davon ist am rechten Leberlappen noch ein breites Verwachsungsfeld übrig (Abb. S. 315). Später nimmt die relativ sehr große Leber, die selbst beim Neugeborenen einen verhältnismäßig viel größeren Raum in der Bauchhöhle einnimmt als beim Erwachsenen (Abb. S. 122), an Volumen ab. Die Bauchhöhle, welche als Recessus superior der Bursa omentalis hinter der Leber in die Höhe steigt, und vor der Leber ebenfalls als enge Spalte zwischen Leber und Zwerchfell nach oben fortgesetzt ist, kann, je kleiner die Leber wird, um so weiter zwischen ihr und dem Zwerchfell vordringen. In Abb. S. 258 sind sie einander so stark genähert, daß nur ein kleines Verwachsungsfeld zwischen Leber und Zwerchfell übrig ist. Am kleineren linken Leberlappen ist im fertigen Zustand die Anheftung linienförmig geworden, d. h. sie ist auf eine von Lebergewebe leere Bauchfellfalte reduziert, das Ligamentum coronarium hepatis sinistrum (Abb. S. 315). Sein freier Rand heißt Ligamentum triangulare sinistrum. Wir wollen uns vorstellen, der Mesenterialüberzug des rechten Leberlappens verhielte sich genau so. Das ventrale Mesenterium würde dann an seiner Umschlagsstelle in den Bauchfellüberzug des Zwerchfells kreuzförmig aussehen; der sagittale Schenkel des Kreuzes entspricht der ursprüng lichen Lage des Mesenterium ventrale, der Querschenkel des Kreuzes entspricht dem teils faktischen, teils ideellen Auswachsen der Recessus der Bauchhöhle über die Leber hinweg längs der Unterfläche des Zwerchfells.

Die rechte Hälfte des Verwachsungsfeldes weicht in Wirklichkeit von der ideellen Form ab. Dies hängt mit der besonderen, den linken Lappen weit übertreffenden Größe des rechten Leberlappens zusammen. Man nennt die vordere Umschlagsstelle des Bauchfells auf die Leber Ligamentum hepatophrenicum, die hintere Ligamentum hepatorenale. Ideell kann man sie sich wie oben zu einem Lig. coronarium hepatis dextrum vereinigt denken, ein Name, der vielfach für sie gebraucht wird, aber in Wirklichkeit nicht zutrifft und deshalb von den BNA ausgemerzt wurde. Nur der freie Rand ist ähnlich wie links gestaltet und wird als Ligamentum triangulare dextrum bezeichnet (Abb. S. 254, 315). Man findet diese Stelle, wenn man den rechten Leberlappen bei der Leiche stark abwärts drängt und hinter ihm in das gut beleuchtete rechte Hypochondrium hineinschaut.

Am rechten Leberlappen besteht noch eine weitere Besonderheit. Sein Ver- Entstehung
des
Foramen
epiploicum
wachsungsfeld mit dem Zwerchfell beim Embryo läßt eine besondere Falte dort zurück, wo die Vena cava inferior hinter dem Bauchfell liegt (Abb. S. 254; man sieht diese Falte in statu nascendi in Abb. S. 247, sie zieht dort von dem Ende des Verweisungsstriches „Reste von Lebergewebe usw." kaudalwärts, nicht bezeichnet). Faßt man das Mesenterium ventrale als primäre und das Ligamentum coronarium hepatis als sekundäre Bauchfellfalte auf, so kann man diese Duplikatur tertiär nennen. Wegen ihrer Anheftungen an Nachbarorgane heißt sie Ligamentum hepatocavoduodenale. Diese Falte legt sich in der rechten Bauchhälfte vor den Eingang der Bursa omentalis und formt erst das Foramen epiploicum Winslowi (Abb. S. 258).

Die ursprüngliche Begrenzung der Bursa omentalis nach rechts zu ist noch an der Plica gastropancreatica erkennbar (Abb. S. 254). Bei der Umstellung und Drehung des Magens kann die dadurch entstehende sackartige Falte nur bis zu dieser Stelle, der Medianebene, reichen; denn von hier aus hat die Lageveränderung ihren Ausgang genommen. Die Sonde, welche in die Bursa omentalis in Abb. S. 247 hineinführt, benutzt als Eingang die der Medianebene entsprechende weite Öffnung des Sackes, welche in Abb. S. 250 im Querschnitt getroffen ist. Nun kommt die als Lig. hepatocavoduodenale bezeichnete Falte wie ein Vorhang hinzu, der vom Zwerchfell aus nach abwärts hängt, aber nicht so, daß der bisherige weite Eingang dadurch unmittelbar verengert wird, sondern in einigem Abstand von ihm auf der rechten Körperseite. So wird ein Vorraum zu der bisherigen sackartigen Falte hinzugeschlagen, welcher genetisch ganz anders zustande kommt als die Falte; er heißt Vestibulum bursae omentalis. In Abb. S. 258 sehen wir vom Hauptraum aus in den Vorraum hinein. Man sieht, wie der herabgewachsene Vorhang, der den letzteren nach der rechten Körperseite zu abgrenzt, nur ein enges Loch offen läßt, das Foramen epiploicum Winslowi, das bereits früher beschrieben worden ist (S. 256), aber erst durch den Mesenterialapparat der Leber seine Erklärung findet. Auch der Recessus superior omentalis wird auf diese Weise der Bursa omentalis beigefügt (Abb. S. 254). In ihm liegt der dem rechten Leberlappen zunächst liegende Lobus caudatus der Leber (Abb. S. 315), welcher also in der Netztasche verborgen und erst nach Entfernen des Omentum minus sichtbar zu machen ist; vom Foramen

Winslowi aus kann man ihn abtasten. Die ganze übrige Leber ist von der freien Bauchhöhle aus zugänglich. — Die spezielle Entwicklungsgeschichte dieser Vorgänge beruht auf recht komplizierten Recessusbildungen; ein Eingehen darauf würde hier zu weit führen. Man vergleiche die Lehrbücher der Entwicklungsgeschichte des Menschen.

Großes
und kleines
Netz Während wir bei den einzelnen Abschnitten des Darmes und den Darmdrüsen noch auf Einzelheiten des Bauchfells und Mesenteriums eingehen werden, haben wir zwei reine Mesenterialorgane hier zu Ende zu besprechen, die beiden Netze, Omentum majus et minus. Sie tragen ihren Namen deshalb, weil die anfänglich beim Embryo einheitliche Lamelle des kleinen Netzes (Lig. hepatogastricum) und die sekundär vereinfachte Lamelle des großen Netzes beim Kind und zunehmend beim Erwachsenen durchlöchert werden (Abb. S. 574). Die Löchelchen sind mikroskopisch fein, erweitern sich aber vielfach zu makroskopisch sichtbaren Öffnungen, die man nicht übersehen kann, wenn man die Membran vorsichtig ausspannt. Bei Tieren, bei welchen die Löcher sehr zahlreich sind, z. B. bei der Katze, ist das große Netz tatsächlich einem feinsten Fischernetz oder Spinngewebe ähnlich; denn es bleiben von der ursprünglichen Platte nur feine Balken übrig. Bei anderen Tieren, z. B. dem Kaninchen, sind die Löcher so spärlich, daß das Netz mehr einem Sieb mit grob verstreuten Poren ähnelt. Der Mensch steht etwa in der Mitte zwischen den Extremen, doch verändern individuelle und Altersvariationen oft das übliche Bild. Die Epitheldecke, welche ursprünglich die einheitliche Lamelle beiderseits überzieht, bleibt beim Auftreten eines Loches geschlossen, da sich an den Rändern die Epithelien der einen und der anderen Seite vereinigen. Das Bindegewebe der Grundlamelle liegt nirgends bloß. Nur feine Poren zwischen den Epithelien können einen freien Verkehr zwischen Inhalt (Substrat) der Netzbälkchen und der freien Bauchhöhle bewerkstelligen. Die Bindegewebsfasern verlaufen in der Längsrichtung der Balken und sind zahlreich; sie festigen namentlich die spinnewebfeinen Stellen des Organs.

Ein solches Netzwerk oder Reticulum darf nicht dazu verführen, an „retikuläres" Bindegewebe zu denken; als letzteres wird dem wissenschaftlichen Sprachgebrauch nach lediglich das in Lymphknoten und anderen lymphatischen Organen vorhandene, spezifische Stützgewebe dieser Organe bezeichnet. Die Netzmaschen werden dagegen durch gewöhnliches fibrilläres Bindegewebe gestützt, das Übergänge zu der straffen Form zeigt. Lymphatische Einlagerungen sind im großen Netz häufig; diese haben retikuläres Bindegewebe in ihrem Innern, welches die Lymphzellen trägt und stützt (S. 574). Sie sind aus Wanderzellen von stark verästeltem Habitus gebildet, haben verwaschene Konturen und sehen im durchfallenden Licht milchig aus, deshalb Milchflecken genannt (taches laiteuses RANVIERs). Man darf sie nicht mit anderen Einlagerungen des Netzes verwechseln, welche makroskopisch ähnlich aussehen können, aber mikroskopisch aus Fettzellen bestehen. Fetteinlagerungen sind namentlich im großen Netz ganz gewöhnlich und können so massenhaft und groß sein, daß sie das ganze Organ als Fettklümpchen und -klumpen durchsetzen (Abb. S. 259). Das Fett liegt unter der Epitheldecke im bindegewebigen Stroma des Netzes, weitet dieses aus und verdrängt die benachbarten Durchbrechungen („Speicherfett" als Reserve für Zeiten der Not).

Das kleine Netz behält zeitlebens seine Lage zwischen Leber und Magen und heißt danach Lig. hepatogastricum (Abb. S. 247). Es ist oft stellenweise oder total wie ein ganz feines Sieb durchlöchert. Das große Netz liegt sehr verschieden. Bei vorsichtiger Öffnung der Bauchhöhle findet man manchmal ganze Strecken der Darmschlingen unbedeckt (bei dem Objekt der Abb. S. 259 lagen in der rechten Bauchhälfte der größte Teil der Dünndarmschlingen und das aufsteigende Colon frei vor), besonders oft liegt das Netz in der Gegend der Milz zusammengeschoben oder es endet mit dem Quercolon, besonders wenn dieses nicht der großen Curvatur des

Magens folgt, sondern gegen den Nabel und tiefer abwärts ausgebogen ist. Die Falten des Netzes sind entweder frei oder untereinander verwachsen. Im ersteren Falle kann man das Netz ausbreiten und bei jugendlichen Personen meist bis zum Tuberculum pubicum des Beckens nach unten ziehen; bei älteren Individuen ist die Dehnbarkeit verringert. Krankhafte Prozesse äußern sich in starken Schrumpfungen und Verdickungen der übrigbleibenden derben Platten (Tuberkulose).

Da sich das Netz eng den Därmen und der Bauchwand anschmiegt, kann es durch Adhäsion auch bei geöffneter Bauchhöhle die Eingeweide zusammenhalten. Geschlachtete Schafe werden in Süditalien allgemein mit weitgeöffneter Bauchhöhle kopfabwärts aufgehängt, ohne daß die vom Netz gehaltenen Eingeweide herausfallen. Man nimmt an, daß es in der geschlossenen Bauchhöhle des Menschen die Dünndärme verhindere, über das Quercolon hinweg in den oberen Situsraum oder gar in die Bursa omentalis vorzudringen. Außer dieser mechanischen Nebenbedeutung wird dem Netz die Hauptaufgabe eines lymphatischen Schutzorgans und Fettdepots zugeschrieben. Indem es überall in der Bauchhöhle durch die peristaltischen Darmbewegungen an geschädigte Stellen vorgeschoben werden kann, sollen seröse Ausschwitzungen aus den Gefäßen des Netzes und Auswanderungen von Lymphzellen beginnende Bauchfellentzündungen zum Stillstand zu bringen vermögen. Künstliche Injektionen von Tuschekörnchen werden in der Tat von Wanderzellen des Netzes verschleppt und eingekapselt; bei Bakterien (Tuberkelbacillen) ist ähnliches beobachtet. Wegen seiner großen Oberfläche kann das Netz schnell resorbieren. In das lebende Netz eingewickelte Stückchen von Organen (Pankreas u. dgl.) werden sehr schnell so umgewandelt, daß an die Stelle der spezifischen Organzellen Lymphocyten treten.

Die Fettansammlungen scheinen topographisch mit den Milchflecken zusammenzuhängen; denn sie gehen von solchen aus und verwandeln sich durch Fettverlust wieder in gefäßreiche Lymphzellendistrikte. Man hat dies mit den Beziehungen zwischen rotem und gelbem Knochenmark verglichen (S. 569).

Durch die Anheftungen des Mesenterium und die Einbeziehung von Stücken desselben in das Bauchfell entstehen an bestimmten Stellen Nischen von individuell wechselnder Ausdehnung und Tiefe, welche blind endigen. Andererseits können sich Gefäße, welche retroperitonaeal liegen, in die Bauchhöhle hinein vordrängen und Falten des Bauchfells emporheben. Kombinationen solcher primären und sekundären Falten oder Buchten sind nicht selten. Man nennt sie Blindbuchten, Recessus; der Arzt kennt sie von einer sehr unangenehmen Seite, weil gelegentlich Darmschlingen in dieselben hineingeraten und sich festklemmen können: innere Brüche (Hernien). Sie sind natürlich viel schwerer zu erkennen als äußere Hernien, z. B. Leisten- oder Schenkelbrüche, weil sie so versteckt liegen. Deshalb ist es wichtig, die vorzugsweisen Stellen ihrer Entstehung zu kennen.

Recessus

Die Flexura duodenojejunalis kann sich an das Mesocolon anheften und je nach den Stellen des Mesocolon, die betroffen werden, sehr verschiedene Recessus erzeugen. Der praktisch wichtigste von ihnen ist der Recessus duodenojejunalis am Übergang des Zwölffingerdarms in den Leerdarm (Abb. S. 264). An dieser Stelle hat sich das Duodenumende auf das Mesocolon gelegt. Links daneben erhebt sich oft eine Falte, welche die Vena mesenterica inferior enthält. Der von ihr begrenzte Recessus findet sich bis zu 50% der Fälle. Gewöhnlich ist er von der Flexura duodenojejunalis ausgefüllt. In pathologischen Fällen tritt das Jejunum weiter in ihn ein, hebt allmählich das Bauchfell in immer weiterem Umfang ab, bis schließlich in extremen Fällen ein retroperitonaealer Bruchsack entstehen kann, der das ganze Jejunum und Ileum beherbergt (TREITZsche Hernie).

Außer diesem häufigsten Recessus, den man zu Gesicht bekommt, wenn man den Dünndarm nach rechts herüberschlägt (R. duodenojejunalis anterior), gibt es noch versteckter Recessus in derselben Gegend (R. duodenojejunalis posterior et superior). Falten von anderer Art als diejenige, welche den oben beschriebenen Recessus duodenojejunalis begrenzen (Gefäßfalte), sind in diesen Fällen beteiligt. Dabei spielen Bündel von glatter Muskulatur, welche retroperitonaeal die Duodenalschleife mit der Wirbelsäule verbinden, eine Rolle, indem sie sich gegen die Bauchhöhle vordrängen und Falten erzeugen. Im Zusammenhang mit der anders gerichteten Einschiebung der Flexura duodenojejunalis in das Mesocolon begrenzen sie die selteneren Recessus, z. B. beim Recessus superior durch ihr Vordringen in das Mesocolon transversum. Ein R. intermesocolicus transversus liegt in der Wurzel der Pars ascendens duodeni und ist nur graduell verschieden vom vorgehend genannten Recessus superior; ein R. duodenomesocolicus (superior et inferior) entspricht der Anlagerung der Pars ascendens duodeni an das Mesocolon descendens; er liegt weiter kaudal als die Flexura duodenojejunalis, lateral von der Pars ascendens duodeni. Man sieht diese Buchten im normalen Situs angedeutet (Abb. S. 254), ihre schärfere Ausprägung führt zum Recessus; für innere Brüche sind sie nur von geringer Bedeutung.

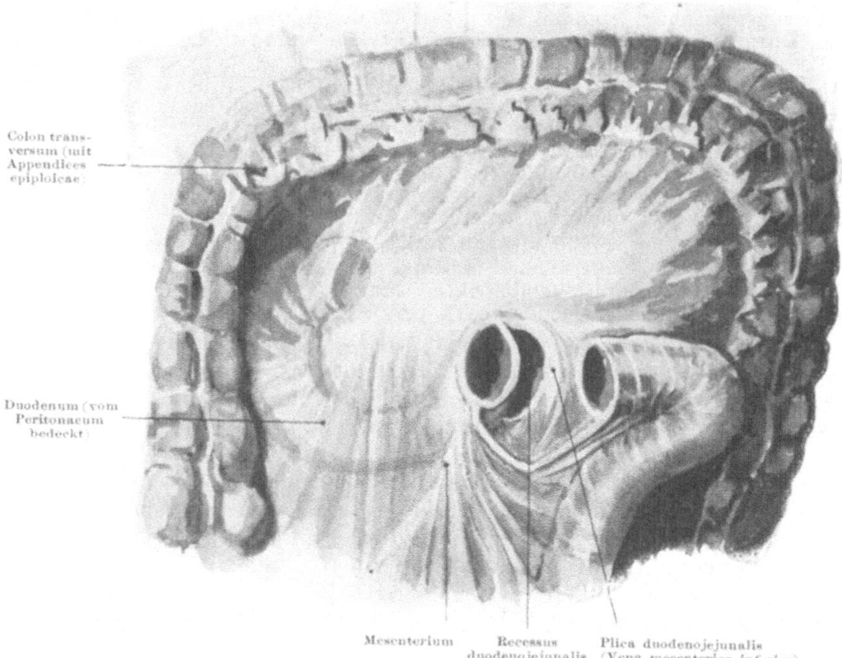

Abb. 141. Recessus duodenojejunalis. Das Quercolon ist nach oben geschlagen, das Jejunum an seinem Anfang quer durchschnitten und auseinander gezogen (schematisch, aus TREVES-KEITH, Chir. Anat. 1914. Vgl. hier Abb. S. 136).

In der Nähe des Caecum werden verschiedene Recessus gefunden, nämlich: 1. Recessus ileocaecalis superior, oberhalb der Einmündung des Ileum; er ist bedingt durch den Endast der A. ileocolica, welche eine Falte emporhebt (Abb. b, S. 293). 2. R. ileocaec. inferior, unterhalb der Einmündung des Ileum zwischen ihm und dem Wurmfortsatz. 3. Fossa caecalis, lateral vom Caecum. Sie führt verschieden tief in das rechte Verwachsungsfeld (Abb. S. 254) hinein und endigt gewöhnlich mit blinden Ausläufern, welche gerade einen Sondenknopf fassen, Recessus retrocaecales (3). Die oberste Grenze der Fossa bildet eine Falte des Bauchfells, Plica caecalis.

Ist das Mesocolon descendens nicht voll mit dem Bauchfell verwachsen, so können lateral vom absteigenden Colon Recessus paracolici vorkommen. Am häufigsten ist die Wurzel des Mesosigmoideum nicht ganz in das parietale Bauchfell eingetreten. An der in Abb. S. 254 bezeichneten Stelle kommt ein Recessus intersigmoideus vor, welcher so weit reichen kann wie das ursprüngliche viscerale Peritonaeum (blau), also bis mitten vor die Wirbelsäule und bis vor die Niere. Gewöhnlich ist es ein feiner trichterförmiger Kanal, der bis 4 cm tief ist. Er entspricht der Kreuzungsstelle des Mesosigmoideum mit dem Ureter (in Abb. S. 254 liegt der Ureter ausnahmsweise ein wenig weiter lateral). Einklemmungen von

Hernien kommen bei ihm vor. In seiner Nähe, aber beiderseitig, gibt es eine seltene Tasche, welche zwischen dem M. psoas minor und M. psoas major vordringt, wenn ersterer nicht fest seiner Unterlage anliegt: Recessus iliacosubfascialis.

Im oberen Situs kann die Bursa omentalis als Ganzes mit einem Recessus verglichen werden. Innerhalb derselben werden ihre drei Ausläufer so genannt (S. 257). Oberhalb des linken Leberlappens kann das Lig. triangulare sinistrum (Abb. S. 254) sekundär mit dem Bauchfell verschmelzen und dadurch eine Tasche zwischen Zwerchfell und Leber erzeugen, welche vor oder hinter dem Ligamentum liegt: Recessus phrenicohepaticus.

Die entzündliche Reaktion der Bauchhöhle auf Infektionen (Peritonitis) ist sehr gefürchtet, da in dem Spaltensystem zwischen den Därmen und in den blinden Fortsetzungen sich Eiter und Eitererreger leicht einnisten. Die peristaltischen Bewegungen des Darmes begünstigen die Ausbreitung. Den Ausgang bilden perforierende Wunden der Bauchwand oder Erkrankungen der Organe innerhalb der Bauchhöhle, welche den serösen Überzug erreichen und durchbrechen. Die Toleranz gegen Bakterien ist immerhin größer, als man früher glaubte; verglichen etwa mit Muskel- oder gar Gelenkwunden ist die Infektionsgefahr sogar gering. Manche Tiere sind viel widerstandsfähiger als der Mensch, z. B. vertragen Kühe den Bauchstich (Entfernen der Gase des Magens durch einen Stich in die Bauchhöhle und den Magen) und Schweine die Öffnung der Bauchhöhle bei der Kastration, auch wenn Laien diese Eingriffe ohne Vorsichtsmaßregeln vornehmen.

Infektionsherde können abgekapselt und resorbiert werden. Die Verbindungen der Bauchhöhle mit den Lymphbahnen und die lymphatischen Organe der Bauchhöhle selbst (großes Netz) sind, wie sich bei den Infektionen zeigt, weit über das Normale hinaus von großer Bedeutung (S. 263).

Über Schmerzhaftigkeit siehe S. 239. Die Nerven des (parietalen) Bauchfells entstammen den Rückenmarksnerven der Bauchwand (Nn. intercostales, N. iliohypogastricus, N. ilioinguinalis). Über die Nerven und Gefäße der Mesenterien siehe S. 285. Wenn auch der Darm nicht auf mechanische Reize mit Schmerzen reagiert, so lösen doch gewisse Veränderungen der Darmwand selbst solche aus, z. B. Bleivergiftung (Bleikolik), Geschwüre usw. Die Schmerzleitung geschieht in solchen Fällen durch den Sympathicus nach dem Rückenmark und Gehirn zu. Sensible Fasern der betreffenden Rückenmarkssegmente können mit ansprechen, so daß gleichzeitig auf der äußeren Haut Zonen mit erhöhter Schmerzempfindlichkeit auftreten (hyperalgetische Zonen, HEADsche Zonen).

Die Gegend vor der Wirbelsäule und zu beiden Seiten von ihr ist reich an lebenswichtigen Organen, welche unmittelbar unter dem Bauchfell liegen, Spatium retroperitonaeale; sein Inhalt ist durch das Bauchfell hindurch sicht- oder tastbar oder mit dem Messer leicht auffindbar. Die Aorta kann man bei uneröffneter Bauchhöhle und ganz erschlafften Bauchdecken sogar durch die vordere Bauchwand hindurch auf der Wirbelsäule abtasten und eventuell komprimieren (Nothilfe bei ausgedehnten Zerreißungen oder blutigen Operationen).

Die Aorta liegt vor der Wirbelsäule bis zum 4. Lendenwirbel, wo sie in die beiden Aa. iliacae communes geteilt wird (Abb. S. 258), rechts von ihr findet man die Vena cava inferior (Abb. S. 254), deren Blut sich ebenfalls aus Venae iliacae communes sammelt. Da die linke Vena iliaca communis schräg über die Wirbelsäule verläuft, kann sie durch Nachbarorgane leichter zusammengedrückt werden als die rechte; während der Schwangerschaft kann sich das durch eine Schwellung des linken Beines (Stauung) äußern, die nach der Geburt verschwindet. — Die Aorta und Vena cava werden überkreuzt vom Pankreas, Duodenum und der Radix mesenterii. Oberhalb des Pankreas tritt die A. coeliaca, unmittelbar unter ihr die A. mesenterica superior und unterhalb des Duodenum die A. mesenterica inferior aus der Aorta aus, um zu den Eingeweiden zu verlaufen (Abb. S. 258). Die Aorta liegt am freiesten links von der Radix mesenterii vor dem 3. und 4. Lendenwirbel.

Die Psoaswülste (Bd. I, Abb. S. 166) drängen beiderseits das Bauchfell vor. Entlang dem Längswulst der rechten Seite, welcher sich nach der Fossa iliaca zu verjüngt, liegt oben die Radix mesenterii, den linken kreuzt unten die Radix des Mesosigmoideum (Abb. S. 254). Der linke Psoas ist infolgedessen viel freier sichtbar als der rechte. Man kann durch die Psoaswülste hindurch die Linea terminalis des Beckeneingangs ihrer ganzen Länge nach abtasten. Schräg über den Psoaswulst hinweg zieht der Harnleiter, Ureter. Dieser wird spitzwinklig gekreuzt von den Vasa spermatica interna bzw. Vasa ovarica. Bisweilen schimmert nahe dem Leistenband in der Grube zwischen Psoas und Iliacus der Nervus femoralis durch das Bauchfell als weißlicher Strang hindurch. Bei sehr mageren Menschen können auch die auf dem M. iliopsoas liegenden feineren Nerven sichtbar sein (N. iliohypogastricus, N. ilioinguinalis, N. cutaneus femoralis lateralis, N. genitofemoralis).

Oberhalb der Psoaswülste wölben sich rechts und links die Nieren vor. Die rechte fühlt man, wenn man den Weg zum Foramen epiploicum einschlägt (Lig. hepatorenale!), die linke Niere ist zwischen Flexura duodenojejunalis und Colon descendens sichtbar (Abb. S. 254).

Über die Innenseite der vorderen Bauchwand und die Wandung der kleinen Beckenhöhle siehe S. 268, 388.

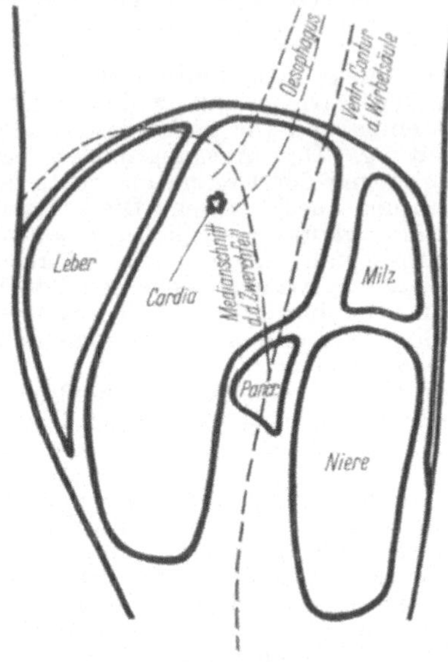

Abb. 142 a.

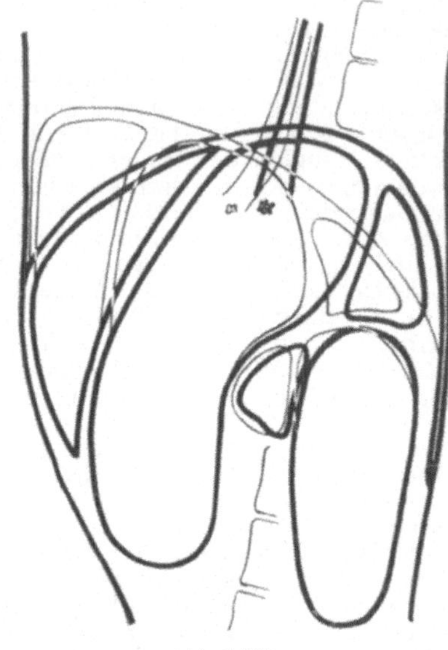

Abb. 142 b.

Abb. 142 a u. b. Magen und Nachbarorgane, halbschematisch. a Nach einem paramedianen Sagittal-schnitt durch die in Rückenlage fixierte Leiche. b Kombiniert nach Röntgenaufnahmen vom Lebenden in Rückenlage (dicke Linien) und Bauchlage (dünne Linien).
(Aus v. HAYEK, Z. Anat. u. Entw. Bd. 100, S. 248/49, 1933.)

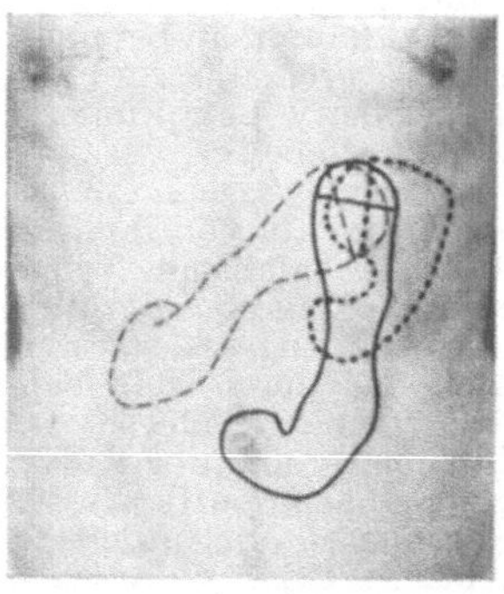

Abb. 143 a.

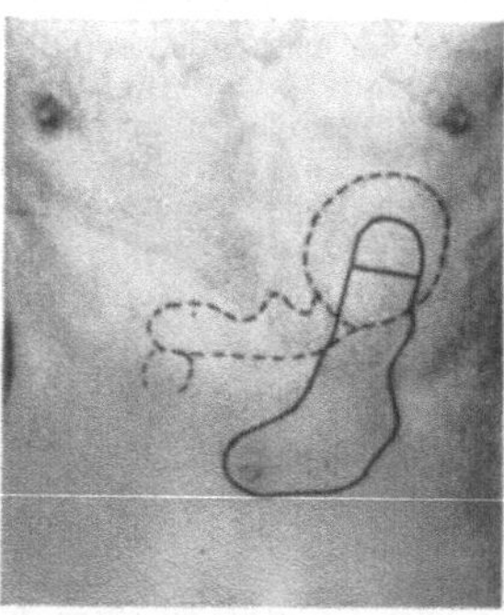

Abb. 143 b.

Abb. 143 a u. b. Änderung der Magenform und -lage bei verschiedener Körperstellung. 40jähriger Mann, Orthodiagramme, auf die vordere Bauchwand gezeichnet. a Konturen des gefüllten Magens im Stehen (aus-gezogen), in rechter und linker Seitenlage (gestrichelt bzw. punktiert). b Im Stehen (ausgezogen), in Rücken-lage (gestrichelt). (Aus SCHWARZ, in: SCHITTENHELM, Lehrbuch der Röntgendiagnostik, Bd. 2, S. 739, 1924.)

Form- und Lageände-rungen der Eingeweide beim Lebenden   Beim Lebenden ist die Bauchhöhle gerade so weit, daß die Eingeweide sie voll-kommen ausfüllen und nirgends ein leerer Raum besteht. Dies wird dadurch erreicht, daß die Bauchmuskeln unbewußt je nach dem Volumen der Eingeweide enger oder weiter gestellt werden. Versagt dieser fein ausregulierte Mechanismus (bei schlaffen Bauchdecken im Alter oder z. B. nach wiederholter Schwangerschaft), so tritt unter der Wirkung der Schwerkraft eine Senkung der Eingeweide ein (Enteroptose). Innerhalb der sie fest umschließenden Bauchhöhle unterliegen alle Eingeweide mannigfachen Form- und Lageänderungen je nach ihrer Füllung und je nach der Körperhaltung. Nach dem Ausmaße ihrer Befestigung an der hinteren Bauchwand sind die einzelnen Organe verschieden weitgehend verschieblich. Aber verschieblich sind alle, und diese Verschieblichkeit ist die Voraussetzung sowohl für die verschiedene Füllung und für die Eigenbewegung, wie für die Rumpfbewegungen, bei denen Inhalts- wie Wandform verändert wird (vgl. das Zwerchfell in Abb. S. 266). Nicht mit Unrecht sagt man, bei der Lage der Baucheingeweide sei konstant nur ihr Wechsel (Abb. S. 266, 228).

Tabelle der für das Bauchfell und Gekröse gebräuchlichen Fachausdrücke
(einschließlich Beckenhöhle).

1. Bauchfellfalten oder Ligamente (in der Richtung von der vorderen zur hinteren Bauchwand).

a) Oberer Situs.

Ligamentum falciforme hepatis: Ventrales Lebergekröse zwischen Bauchmittellinie und Leber (inseriert zwischen linkem und rechtem Leberlappen).

Ligamentum teres hepatis: Zu einem Bindegewebsstrang obliterierte Nabelvene im freien Rande des vorigen.

Ligamentum coronarium hepatis: Verbindung des linken Leberlappens mit dem Zwerchfell.

Ligamentum hepatorenale und Lig. hepatophrenicum: Verbindungen des rechten Leberlappens mit der Niere und dem Zwerchfell, entsprechen zusammen dem Lig. coronarium auf der linken Seite. Letzteres deshalb auch als L. cor. „sinistrum", die beiden hier genannten gemeinsam als L. cor. dextrum bezeichnet.

Ligamenta triangularia hepatis: Freier Rand des Lig. coron. auf der linken Seite und gemeinsamer Rand des Lig. hepatorenale und Lig. hepatophrenicum auf der rechten Seite.

Omentum minus s. Ligamentum hepatogastricum, ventrales Magengekröse: Verbindung zwischen Leberpforte und kleiner Curvatur des Magens.

Ligamentum hepatoduodenale, ventrales Gekröse des Zwölffingerdarmes: Verbindung zwischen Leberpforte und Duodenum, kontinuierlich an das vorige anschließend; der freie rechte Rand begrenzt von vorn das Foramen epiploicum Winslowi; enthält die Arteria hepatica vorn medial, den Ductus choledochus vorn lateral und die Vena portae zwischen und hinter den beiden vorigen.

Ligamentum duodenorenale: Bauchfellstrecke zwischen rechter Niere und Duodenum. Das Lig. hepatorenale und manchmal auch das Lig. duodenorenale bilden die hintere Begrenzung des WINSLOWschen Loches.

Ligamentum hepatocolicum: Inkonstante Fortsetzung und Verschmelzung des Lig. hepatoduodenale mit dem Colon transversum.

Ligamentum hepatocystocolicum: Eine vom Netz abzuleitende, nicht entzündliche Bildung. Nähert sich ihr von hinten her das Lig. hepatorenale so sehr, daß beide verschmelzen, so wird das Foramen epiploicum verschlossen.

Ligamentum gastrocolicum: Verbindung der großen Curvatur des Magens mit dem Quercolon.

Ligamentum gastrolienale: Teil des dorsalen Magengekröses (von Milz bis Magen; speziell die Verbindung der Milz mit der großen Curvatur am Fundus des Magens, laterale Begrenzung des Recessus lienalis der Netztasche).

Ligamentum phrenicolienale: Verbindung zwischen Zwerchfell und Milz, Rest des Teiles des Mesogastrium dorsale, welcher einst ganz frei zwischen Wirbelsäule und Milz lag, jetzt größtenteils in die hintere Bauchwand einbezogen.

Ligamentum phrenicocolicum: Verbindung zwischen Flexura coli sinistra und Zwerchfell im linken Hypochondrium.

Plica gastropancreatica: Sichelförmige Falte im Inneren des Netzbeutels, enthält die Arteria gastrica sinistra, Grenze zwischen Vestibulum und Hauptteil der Netztasche. Sie verengt diese Stelle zum Isthmus bursae omentalis.

b) Unterer Situs.

Omentum majus: Schürzenförmiger Anhang an der großen Curvatur des Magens, bedeckt die Darmschlingen bis Handbreit über der Symphyse (Länge sehr variabel). Hervorgegangen aus einem Teil des dorsalen Magengekröses.

Mesocolon transversum: Aufhängeband des Colon transversum. Entspringt auf der Vorderfläche des Pankreaskopfes und entlang dem unteren Rande des

Pankreaskörpers in dessen Längsrichtung. Mit der hinteren Platte des großen Netzes in ganzer Ausdehnung verwachsen; zwischen großer Curvatur des Magens und Quercolon auf eine kurze Strecke mit beiden Wänden der ursprünglichen Netztasche vereinigt (4 bzw. 6 Epithellamellen).

Mesenterium: Krausenartige Befestigung des Jejunum und Ileum (Intestinum mesenteriale) an der hinteren Bauchwand.

Radix mesenterii: Wurzel des vorigen in einer Linie schräg oben vom Anfang des Jejunum (Flexura duodenojejunalis; links neben dem 2. Lendenwirbel) nach unten rechts bis zum Ende des Ileum (rechte Fossa iliaca).

Plica duodenojejunalis: Falte, in welcher die Vena mesenterica inferior verläuft, begrenzt, falls ein Recessus duodenojejunalis vorhanden ist, diesen von oben außen.

Plica duodenomesocolica: Falte des Mesocolon descendens, lateral neben dem Duodenum, begrenzt den Recessus duodenojejunalis oder einen Recessus duodenomesocolicus inferior von unten. Inkonstant.

Plica ileocaecalis: Falte vom Ende des Ileum bis Wurzel der Appendix vermiformis, enthält einen Ast der Arteria appendicularis (siehe Mesenteriolum) und Züge glatter Muskulatur. Begrenzt den Recessus ileocaecalis inferior.

Plica caecalis: Falte zwischen der lateralen Wand des Caecum und der hinteren Bauchwand, Grenze der Fossa caecalis.

Mesocaecum: Gelegentlich vorkommende Bauchfellduplikatur zwischen Caecum und hinterer Bauchwand. Gewöhnlich ist der Anfang des Caecum breit an der hinteren Bauchwand angeheftet, das übrige Caecum liegt intraperitonaeal (halbretroperitonaeal).

Mesenteriolum processus vermiformis: Mesenterium des Wurmfortsatzes, schwankt mit dessen Größe und auch bei gleicher Größe des Wurmfortsatzes individuell sehr verschieden. Inseriert am oberen Rand der Appendix und an der Taenia mesocolica des Caecum. Im freien Rand verläuft die Arteria appendicularis (Ast der A. ileocolica aus A. mesenterica superior).

Mesocolon sigmoideum: Aufhängeband des Colon sigmoideum, entspringt mit einer zweimal geknickten Linie in der linken Fossa iliaca und ragt bis in das kleine Becken hinein.

c) Vordere Bauchwand bis zum Nabel, Beckenhöhle.

Plica umbilicalis media: Unpaare mediane streifenförmige Erhabenheit zwischen Nabel und Scheitel der Blase, enthält den obliterierten Urachus (Abb. S. 254).

Plica umbilicalis lateralis: Paarige Falte zu beiden Seiten der vorigen, oft mit dieser eine Strecke weit (an den Nabel anschließend) zu dritt zu einem Streifen verschmolzen. Ursprung am Seitenrand der Blase, enthält die obliterierte Nabelarterie, Arteria umbilicalis, welche das fetale Blut zur Placenta führt (die Vena umbilicalis leitet es zurück, siehe Ligamentum teres, oberer Situs).

Plica epigastrica: Bauchfellfalte zwischen der Fovea inguinalis lateralis und medialis, dient als Begrenzung dieser beiden, enthält die Arteria epigastrica inferior und ihre beiden Begleitvenen. Bei Leistenbrüchen liegt der äußere (indirekte) Bruch lateral, der innere (direkte) Bruch medial von ihr.

Plica pubovesicalis: Bei leerer Blase schlägt sich das Bauchfell in einer, häufig in mehreren Falten vom Schambein auf den Blasenscheitel hinüber.

Plica vesicalis transversa: Quer im kleinen Becken stehende Bauchfellfalte, in welcher nur median die Blase liegt. Bei vollkommen leerer Blase verstreicht sie völlig; das Bauchfell ist nach der Bauchhöhle zu konkav ausgerundet, man sieht von der Blase nichts. Bei stark gefüllter Blase verstreicht die Plica transversa ebenfalls: das Bauchfell hilft die Blase in so hohem Grade bedecken, daß die Bauchwand und Blase gleichsam eins werden.

Plica rectovesicalis: Beim Mann paarige halbmondförmige Falten zu beiden Seiten der Excavatio rectovesicalis, von der Seitenwand des Mastdarms zur Seitenwand der Blase, enthalten glatte Muskulatur.

Mesorectum: Kurzes Gekröse am Beginn des Rectum, Übergang des Mesocolon sigmoideum, sehr variabel.

Ligamentum latum uteri: Quer im kleinen Becken stehende Bauchfellduplikatur beim Weibe, enthält median den Uterus, am oberen Rande die beiden Eileiter. Der Teil, welcher den Uterus mit Bauchfell überzieht, heißt **Mesometrium,** der Teil zu beiden Seiten, an welchem der Eileiter hängt, **Mesosalpinx,** und Fortsetzungen der hinteren Wand, welche je einen Eierstock enthalten, **Mesovarium.**

Ligamentum teres uteri: Verdickung in der Vorderwand des Lig. latum bei der Frau, zieht vom uterinen Ende der Tube nach dem Leistenkanal und endet in den großen Schamlippen.

Ligamentum ovarii proprium: Entspringt wie das vorige, liegt aber in der Hinterwand des Lig. latum und endet am Ovarium.

Ligamentum suspensorium ovarii: Falte des Ligamentum latum am Rande des kleinen Beckens, welche die Eierstocksgefäße enthält.

Plica rectouterina (Douglasi): Paarige Falten zwischen der Seitenwand des Mastdarms und des Uterus, begrenzen die Excavatio rectouterina (Douglasi), enthalten Züge glatter Muskulatur.

2. Bauchfelltaschen, Recessus und retroperitonaeale Räume, Spatia.

Bursa omentalis, Netztasche: Zugang vom Foramen epiploicum (Winslowi) aus, mit Vestibulum und Hauptraum, beide getrennt durch die Plica gastropancreatica, welche manchmal die Verbindung zu einem Isthmus einengt. Zu der Netztasche gehören die drei folgenden Recessus.

Recessus superior: Oberer blinder Seitensack der vorigen, gehört zum Vestibulum, reicht bis zum Zwerchfelldurchtritt der Vena cava inferior, in ihn springt der Lobus caudatus der Leber vor und füllt ihn aus.

Recessus lienalis: Lateraler blinder Seitensack der Bursa omentalis, endet am Lig. gastrolienale.

Recessus inferior: Bei nicht vollständig verwachsenem Netz kann dieser nach unten reichende Seitensack der Netztasche bis zum unteren Ende des großen Netzes reichen, gewöhnlich ganz oder teilweise obliteriert.

Recessus duodenojejunalis: Selbständige, in 50% der Fälle vorhandene Bauchfelltasche seitlich links neben der Flexura duodenojejunalis von verschiedener Größe und Lage. Am häufigsten ein ansehnlicher **Rec. duodenojej. anterior** an der linken Seite der Wirbelsäule, oben von der Plica duodenojejunalis (Vena mesenterica inferior) und unten von der Plica duodenomesocolica begrenzt; beide Falten sehr variabel im Vorkommen und an Größe. Seltener gibt es einen **Rec. duodenojej. posterior** hinter dem Duodenum und einen **Rec. duodenojej. superior** zwischen Mesocolon transversum und Flexura duodenojejunalis. (Über andere Recessus an dieser Stelle siehe S. 263).

Recessus ileocaecalis inferior: Ziemlich konstante und meist tiefe Tasche unterhalb des Endes des Ileum zwischen Caecum und Wurmfortsatz. Sie wird nach vorn von der Plica ileocaecalis, nach rechts vom Caecum, nach links unten und hinten vom Mesenteriolum des Wurmfortsatzes begrenzt. Letzterer kann in ihr incarceriert werden.

Recessus ileocaecalis superior: Inkonstante, meist seichte Grube oberhalb des Endes des Ileum, zwischen diesem und dem Caecum, begrenzt von einer seltenen Falte, welche das Ende der A. ileocolica enthält.

Fossa caecalis: Nach lateral und unten offene Spalte zwischen Caecum und hinterer Bauchwand, durch die Plica caecalis nach oben und rechts begrenzt.

Recessus retrocaecales, meist drei: Inkonstante blinde Fortsetzungen der vorigen hinter das Colon ascendens, sehr eng (fassen gerade einen Sondenknopf).

Recessus paracolici: Inkonstante kleine Bauchfelldivertikel ähnlich den vorigen längs dem linken Rande des Colon descendens.

Recessus intersigmoideus: Trichterförmige Bucht von verschiedener Tiefe an der Radix des Mesocolon sigmoideum, verläuft in der Richtung des Ureter, nach unten und links offen (über den seltenen Recessus iliacosubfascialis siehe S. 265).

Excavatio rectovesicalis: Bauchfellnische zwischen Mastdarm und Blase beim Manne (auch DOUGLASscher Raum des Mannes genannt), beiderseits scharf begrenzt von den Plicae rectovesicales. Der Raum reicht bis zu dem blinden oberen Ende der Samenbläschen abwärts und kann zwischen ihnen mit einem unpaaren Divertikel bis zur Prostata fortgesetzt sein.

Recessus s. Fossae pararectales: Paarige Fortsetzungen des vorigen zu beiden Seiten des Mastdarms, gehören bei der Frau zur Excavatio rectouterina.

Excavatio rectouterina (Douglasi): Tiefe Bauchfelltasche zwischen Mastdarm und Uterus, erreicht mit ihrem tiefsten Punkt das hintere Scheidengewölbe. Die seitliche Begrenzung bilden die Plicae rectouterinae.

Excavatio vesicouterina: Bauchfellnische zwischen Uterus und Blase; der Grund der Tasche erreicht das vordere Scheidengewölbe nicht.

Bursa ovarii: Enge Spalte zwischen Mesosalpinx und lateraler Wand des Eierstocks.

Processus vaginalis peritonaei: Normal nur beim Fetus regelmäßig vorkommende Ausbuchtung des Bauchfelles oberhalb des Leistenbandes, welche in
den Hodensack führt, an der Stelle der späteren Fovea inguinalis lateralis. Obliteriert das Divertikel nicht, so kann ein angeborener Leistenbruch daraus hervor-
gehen. Bei der Frau findet sich manchmal ein Rest: Diverticulum Nuckii.
Fovea inguinalis lateralis: Paarige flache Ausbuchtung des Bauchfells beim
Erwachsenen an der Stelle des vorigen, lateral von der Plica epigastrica inferior.
Sie entspricht dem Annulus abdominalis des Leistenkanals (Ductus deferens,
Vasa spermatica, interna et externa: Brüche, welche diesen entlang vordringen,
heißen indirekte Leistenbrüche).
Fovea inguinalis medialis: Paarige, etwas weniger flache Ausbuchtung des
Bauchfells oberhalb des Leistenbandes zwischen Plica epigastrica inferior außen
und Plica umbilicalis lateralis innen. Sie entspricht der Lage nach der äußeren
Mündung des Leistenkanals, Annulus subcutaneus, der aber von ihr durch die
Fascia transversalis und das Peritonaeum getrennt ist; bei Brüchen wird diese
Stelle vorgebuchtet (direkte Leistenbrüche; sie nehmen den kürzesten Weg und
haben danach ihren Namen, die indirekten haben einen längeren Weg).
Fovea supravesicalis: Paarige, tiefe Nische zwischen Plica umbilicalis lateralis
et media.
Fovea femoralis: Seichte Grube unterhalb des Leistenbandes, entspricht der
Lacuna vasorum (speziell dem Annulus femoralis; an dieser Stelle buchten die
Schenkelhernien das Bauchfell vor).
Spatium praevesicale (Retzii): Mit lockerem Bindegewebe gefüllter Raum
zwischen Nabel und Symphyse an der Innenfläche der vorderen Bauchwand,
in welchen die Blase bei der Füllung aufsteigt (beim Neugeborenen liegt sie
dauernd in ihm); erstreckt sich beiderseits oberhalb des POUPARTschen Bandes
bis gegen die Spina iliaca anterior superior und geht in die Bindegewebsräume
des großen und kleinen Beckens über.
Spatium retroperitonaeale: Mit Bindegewebe gefüllter Raum zwischen dem
Bauchfell und der Wirbelsäule samt ihren Muskeln (Psoas, Quadratus lumborum,
Zwerchfellpfeiler). In ihm liegen eingebettet: die Nieren mit dem Harnleiter,
die Nebennieren, die Aorta und Vena cava inferior mit ihren der Bauchwand
anliegenden Ästen, Äste des Plexus lumbalis, Grenzstrang des Sympathicus.

β) Schichten und Struktur der Darmwand.

Einteilung
und All-
gemeines Wie beim Magen ist in der Darmwand eine doppelte Aufgabe gelöst: Transport des Inhalts durch motorische und Veränderung desselben durch chemische
Mittel. Von den drei Schichten der Darmwand: Schleimhaut, Muskelhaut
und seröser Haut enthält die Schleimhaut den chemischen, die Muskelhaut
den motorischen Apparat. Die seröse Haut hat die Abgrenzung nach außen
übernommen; sie ist die Fortsetzung des Bauchfellüberzuges (S. 242) und
kann hier beiseite bleiben. Über die Schleim- und Muskelhaut seien die allgemeinen, dem ganzen Darm gemeinsamen Züge vorangestellt. Bei den einzelnen Darmabschnitten (nächstes Kapitel) werden die charakteristischen
Einzelheiten behandelt; dort wird auf dieses allgemeine Kapitel und auf die
bereits geschilderten Peritonaealverhältnisse Bezug genommen werden.
Die Schleimhaut, Tunica mucosa, setzt sich zusammen aus dem
Epithel mit anhängenden Drüsen, der Lamina propria, Lamina muscularis
mucosae und Tela submucosa (S. 19). Von diesen ist die Muscularis aus einer
inneren circulären und äußeren längsverlaufenden dünnen Schicht von glatten
Muskelzellen aufgebaut. Sie steht im Spezialdienst der Schleimhaut selbst;
mit der motorischen Aufgabe der Darmwand im ganzen ist dagegen die besondere
Muskelhaut, Tunica muscularis propria, beschäftigt. Wie beim Magen dringen
Bündelchen der Muscularis der Schleimhaut in die Propria mucosae vor, und
zwar bis zu den höchsten Erhebungen derselben. Wir kommen bei den Zotten
darauf zurück. Beim Schutz gegen Verletzung durch spitze Gegenstände im
Darminhalt und beim Auspressen der Drüsensekrete spielt die Muscularis
der Schleimhaut die gleiche Rolle wie im Magen (S. 231). Auch die Tela submucosa bietet nichts Besonderes; sie ist wie beim Magen aus lockerem Binde-

gewebe zusammengesetzt und ist Trägerin der Gefäße und Nerven, welche
sowohl nach der Schleimhaut im engeren Sinne (Epithel, Propria und Muscularis
mucosae) wie nach der Muskelhaut und dem Mesenterium oder der Bauchwand
zu passieren und vielfach in der Submucosa umgelagert werden.

An einer Stelle, nämlich im Duodenum, kommen Drüsen in der Submucosa
vor. Daran ist das Duodenum histologisch sofort zu erkennen. Im Ileum gibt es
Anhäufungen von Lymphfollikeln in der Submucosa, welche diesen Darmteil charakterisieren. Über beide siehe die betreffenden Darmabschnitte.

Die entscheidenden, für die spezifische Tätigkeit des Darmes dienlichen
Bauformen finden wir im Epithel und in der Propria der Schleimhaut. Der
Dünndarm ist darin am ausgeprägtesten, denn auf ihn konzentriert sich die
wesentliche resorbierende Tätigkeit des ganzen Verdauungsschlauches. Hier
ist infolgedessen alles auf Vergrößerung und strukturelle Verfeinerung der dem

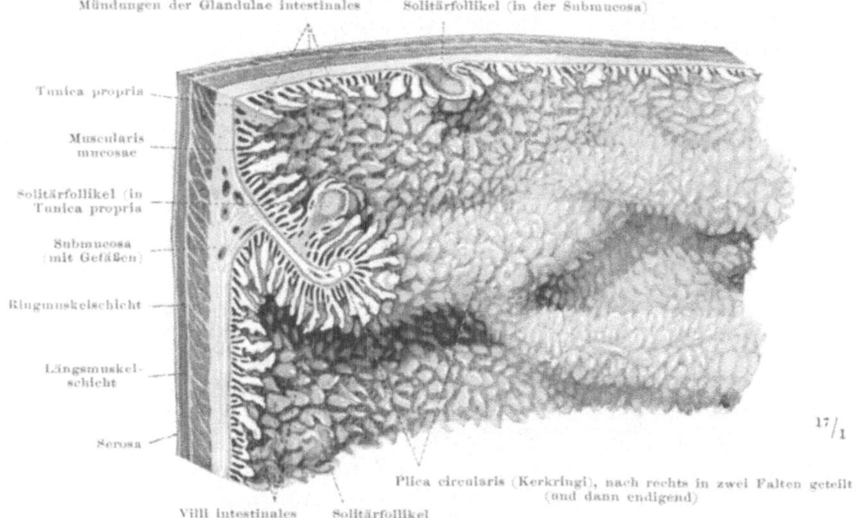

Abb. 144. Stück der Dünndarmwand, bei Betrachtung mit dem stereoskopischen Mikroskop,
Schnittflächen nach mikroskopischen Schnitten ergänzt.

Darminhalt zugewendeten Fläche eingerichtet. Sie ist bereits durch die Länge
des Dünndarmes, die im ganzen ca. $5^1/_2$ m beträgt, sehr groß und wird weiterhin
durch grobe stationäre Falten und feinste mikroskopische Auswüchse außerordentlich stark vergrößert. Man schätzt die Gesamtoberfläche auf über ein
Quadratmeter, d. h. mehr als das Doppelte, wie eine glatte Oberfläche des
menschlichen Dünndarmes groß wäre.

Die Falten der Schleimhaut, welche im Magen auch vorkommen (Rugae),   **Plicae**
dort vorübergehender Art sind, aber doch zum Teil immer wieder an derselben   **circulares**
Stelle sich bilden, verschwinden im Dünndarm nur zum Teil, andere bleiben   **(Kerk**
ständig; sie heißen Plicae circulares (Kerkringi), weil sie quer stehen (Abb. b,   **ringi)**
S. 287). Sie springen etwa 8 mm weit in das Darmlumen vor und umkreisen
es um $^2/_3$ seines Umfanges oder weniger. Die meisten Falten sind an den beiden
Enden in zwei gespalten (Abb. S. 271); außerdem kann gelegentlich in ihrem
Verlauf eine Seitenfalte abgehen. Umkreist eine Falte das Darminnere ganz,
so geschieht dies in einer Spiraltour, so daß die Enden in verschiedenen Höhenlagen stehen. Die Falten fehlen im Anfang des Duodenum, treten 2—5 cm
vom Pförtner entfernt als kleine und unregelmäßige Erhebungen auf, sind aber

an der Einmündungsstelle der Galle und des Pankreassaftes (Papilla duodeni major, Abb. b, S. 287) bereits voll entwickelt und von da ab bis etwa in die Mitte des Jejunum am dichtesten gestellt. Dann stehen sie lockerer, werden kleiner und hören etwas unterhalb der Mitte des Ileum auf. Gelegentlich finden sich einzelne Plicae aber auch bis gegen die Valvula coli hin und in einem Falle fand ich eine echte KERKRINGsche Falte noch im Caecum. Im ganzen betrachtet entspricht ihre Häufigkeit der Intensität der Verdauungsarbeit des Dünndarmes, welche wesentlich geleistet wird, nachdem das Leber- und Pankreassekret zum Darminhalt hinzugetreten sind und seine Verdaulichkeit gesteigert haben; gegen das Ende des Dünndarmes ist die aufsaugende Tätigkeit nicht mehr so lebhaft.

Die Muscularis mucosae ist mitgefaltet dank der besonderen Nachgiebigkeit der Submucosa im allgemeinen; aber innerhalb der engen KERKRINGschen Falte ist die Submucosa derb und heftet beide Blätter der Muscularis fest aneinander (Abb. S. 271, senkrechte Schnittfläche). Die eigentliche Muskelhaut zieht über die Submucosa ungefaltet hinweg. Infolgedessen sind die Plicae circulares auf die eigentliche Schleimhaut beschränkt und nur von innen sichtbar, sehr zum Unterschied von den wechselnden Falten, welche je nach der Lage des Dünndarmes als Knicke in seiner Gesamtwand entstehen und bei Zug sofort verschwinden, und zum Unterschied von den Dickdarmfalten (siehe unten). Man kann die Plicae circulares durch den uneröffneten Darm hindurch wohl fühlen, wenn man den entleerten Darm zwischen den Fingerkuppen hindurch laufen läßt; bei stark gasgeblähten Därmen schimmern sie durch die Darmwand durch.

Darm-
zotten,
Villi,
Abb. S. 271,
273, 280.

Die Darmzotten, Villi intestinales, sind 0,5—1,5 mm lange Erhebungen der Tunica propria, welche mit dem gleichen Epithel wie die ganze Darmwand überzogen sind. Man kann die einzelnen Zotten mit dem bloßen Auge nur eben erkennen, alle zusammen sehen wie ein feiner Sammetbelag aus. Beim Embryo kommt er dem ganzen Darm zu, doch behält im endgültigen Zustand lediglich der Dünndarm den Zottenbesatz. Im Duodenum sind die Zotten niedrig und breit, werden dann cylindrisch oder abgeplattet spatelförmig (Abb. S. 271) und schließlich im Ileum pfriemenförmig. Auf Schnitten kann es den Anschein haben, als ob die Zotte sich bis in die Tiefe einer LIEBERKÜHNschen Drüse fortsetzte (Abb. a, S. 273). In Wirklichkeit liegen die Öffnungen der Drüsen wie Brunnenöffnungen einzeln oder zu mehreren zwischen je zwei Zotten (Abb. S. 271). Sie gehen von der Darmoberfläche in die Tiefe, während die Zotten von ihr aus in die Höhe, d. h. in das Lumen hinein ragen. Stößt zufällig eine Drüse an den Fuß einer Zotte und geht der Schnitt der Länge der Zotte und Drüse nach durch diese Stelle, so ist von der Oberfläche des Darmes nichts wahrzunehmen. Je häufiger dies vorkommt, um so schwieriger ist es auf Schnitten, die Darmoberfläche zu erkennen, während sie in Wirklichkeit sehr wohl besteht (Pfeile in Abb. a, S. 273).

Im Inneren der Zotte verläuft ein axiales Lymphgefäß, welches aus dem Darminhalt (Chymus) die fettartigen Substanzen in feinsten Tröpfchen aufnimmt. Die Darmlymphe sieht daher während der Verdauung milchweiß aus (Chylus). An der Oberfläche der Zotte liegt ein feines Netz von Blutcapillaren, welches aus kleinen Arterien gespeist wird, die unverästelt bis zur Zottenkuppe verlaufen, von hier aus rückläufig das Capillarnetz speisen und mit der axialen Vene unmittelbare Verbindungen eingehen, durch die das Capillarnetz ausgeschaltet werden kann. Das Blut durchspült auf diesem Wege die Oberfläche der Zotte, empfängt hier die von den Epithelien resorbierten Eiweißkörper und Kohlehydrate und fließt durch die Vene längs dem axialen Lymphgefäß in gleicher Stromrichtung mit dem Chylus aus der Zotte ab. So werden

von vornherein in der Zotte die im weiteren Verlauf des Gefäßsystems nach
der Leber hin geleiteten Kohlehydrate und Eiweißkörper wohl gesondert von

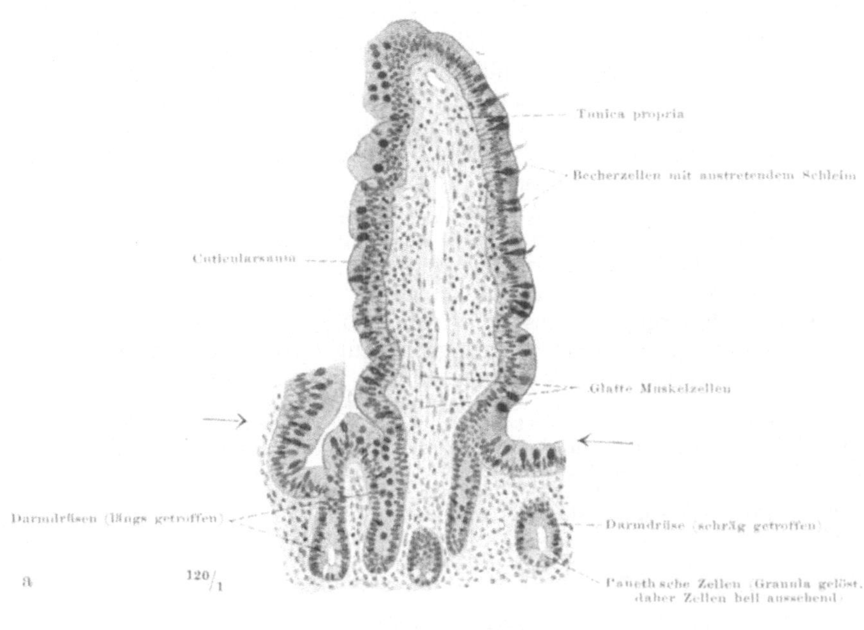

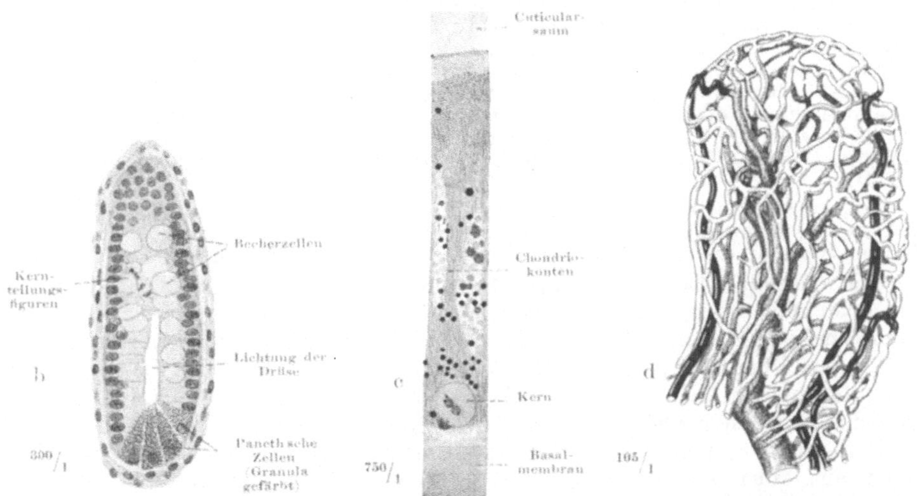

Abb. 145. Dünndarmzotten und -drüsen. a Längsschnitt durch eine Zotte. Hingerichteter, Übersichtsbild. Die Pfeile geben die Ebene der Darminnenfläche an. Im Centrum der Zotte das axiale Lymphgefäß. b Grund einer Dünndarmdrüse, Hingerichteter, stärker vergrößert. c Eine einzelne Zelle des
Darmes vom Pferdespulwurm (aus STÖHR, jun., Arch. mikr. Anat. Bd. 93, 1919). d Gefäßinjektion einer
Jejunumzotte des Menschen. Das Capillarnetz und die Arterien (schwarz) liegen an der Oberfläche der Tunica
propria nach dem Epithel zu, auf der Vorder- und Hinterfläche der Zotte sichtbar. Die ableitende Vene
begibt sich in die Achse der Zotte. (Nach SPANNER, Morph. Jahrb. 69, S. 415, 1932.)

den nach dem Hauptlymphstamm in der Brusthöhle zu beförderten Fetten
(Ductus thoracicus). Den Blut- und Lymphgefäßen der Zotte fallen diese
Aufgaben mit verteilten Rollen zu; die Weite ihrer Lichtung wird entsprechend

der zu leistenden Transportarbeit reguliert durch die glatte Muskulatur der Wandungen und durch die Bündel glatter Muskeln, welche von der Muscularis mucosae in die Zotten aufsteigen und unabhängig von den Blut- und Lymphgefäßen in der Propria der Zotten verlaufen (Abb. a, S. 273). Erschlaffen die glatten Muskeln der Zotte und läßt speziell der Tonus der Arterienwandungen nach, so füllen sich die Blutcapillaren prall mit Blut, die Zotte im ganzen wird gleichsam erigiert und erreicht die größtmögliche, dem Darminhalt zugewendete Fläche. Kontrahieren sich die glatten Muskeln der Zotte, so wird der zuführende Blutstrom gedrosselt, die freien Muskelbündel in der Propria verkürzen die Zotte und pressen sie gegen die Basis hin aus, so daß Blut und Lymphe leicht durch die rein häutigen Venen und Lymphgefäße abfließen können. Da schätzungsweise mindestens 4 Millionen Zotten im Dünndarm vorhanden sind und in der beschriebenen Weise arbeiten, wird eine enorme Leistung im Fortschaffen der resorbierten Nahrungsbestandteile möglich. Die Resorption selbst wird durch das Epithel besorgt, welches durch die Menge und Erektilität der Zotten in breite Berührung mit dem Nahrungsbrei im Darminneren gelangt.

Werden Darmstücke des Hingerichteten in eine Fixierungsflüssigkeit gelegt (Sublimat o. dgl.), so wird das Epithel früher abgetötet als die Muskelzellen in der Propria der Zotten. Unter dem Reiz des eindringenden Giftes kontrahieren sich die letzteren, reißen die Propria vom Epithel ab und raffen sie zu einem faltigen Körper zusammen, dessen Kontur oft abwechselnd aus dickeren und dünneren Ringen geschichtet erscheint. Die Zotte wird auf diese Weise maximal entleert. Der Vorgang ist ein Beweis für die aktive Tätigkeit der Zottenmuskulatur. Er erschwert die Herstellung guter Zottenpräparate gerade beim lebensfrischen Darm. Im Leben sind die spontanen Kontraktionserscheinungen wohl selten so stürmisch; das lebende Epithel ist so plastisch, daß es den Formänderungen der Zotte zu folgen vermag.

Ausnahmsformen sind diejenigen Zotten, welche in sich Lymphknötchen enthalten (Abb. S. 271, solitäre Follikel). Innerhalb der PEYERschen Plaques werden die Zotten hochgrauig verändert und verkürzt, doch stehen gewöhnlich zwischen den Kümmerformen unveränderte Zotten. Sie sind wie überall im Ileum pfriemenförmig, haben aber eine breite, plattgedrückte Basis, ähnlich einem spitzigen Rosendorn. Am Rand der Plaques hängen bei Embryonen und Neugeborenen die Basen zusammen und formen einen festbegrenzten Rand. Diese Epithelfalte kann nach dem Centrum der Plaque zu übergreifen: Pantoffelfalte. Sie verschwindet in späteren Jahren. Über die solitären und aggregierten Follikel selbst siehe: Gefäße des Darmes.

Die breiten Zotten im oberen Dünndarm enthalten in sich die Anlagen zweier Zotten, die nicht oder unvollkommen getrennt sind; sie können in zwei getrennte Zotten von cylindrischer Form zerfallen und so zur Vermehrung der Zotten führen.

Darmepithel im allgemeinen, Becherzellen

Die epitheliale Decke der ganzen Darmoberfläche ist aus einschichtigen Cylinderzellen zusammengesetzt, die vor dem Magenepithel einen Cuticularsaum voraus haben (Abb. d, S. 11 u. Abb. S. 273). Man kann infolgedessen an Schnitten durch den Übergang zwischen Magen und Duodenum die erste Darmzelle von den Magenzellen scharf unterscheiden. Zwischenformen kommen nicht vor. Manchmal liegen noch Inseln von Magenepithel im Anfang des Darmepithels und umgekehrt. Außerdem besteht das Darmepithel aus zwei Arten von Zellen, nicht aus einer wie das Magenepithel. Beide tragen den Cuticularsaum, die einen dauernd, die anderen nur zeitweise. Letztere heißen wegen ihrer Form Becherzellen (Abb. S. 273). Sie sezernieren, sind also einzellige Drüsen innerhalb der Epitheldecke wie die entsprechenden Zellen im Respirationstractus. Der Schleimballen bläht die Zelle auf, indem die Nachbarzellen zusammengedrängt werden, und gibt ihnen ihre becherglasartige Form. Die Cuticula geht auf der Höhe der Schleimsekretion verloren, tritt aber wieder auf, wenn der Schleimballen ausgestoßen ist. Der austretende Schleim quillt wie Rauchschwaden aus einem Schornstein heraus (Abb. S. 275, a S. 273). Die Zelle sackt zusammen und regeneriert von dem kernhaltigen Protoplasmarest der Basis aus.

Der Schleim des Darminhalts hat wesentlich mechanische Funktion. Er verklebt die nicht resorbierten Bestandteile miteinander. Erbsen, welche in eine Dünndarmfistel des Hundes eingeführt und aus einer analwärts gelegenen zweiten Fistel wieder entnommen wurden, waren durch Schleim miteinander verklebt. Er ist gleichsam das Gerüst des Kotes.

Neben den schmalen Zellen, welche den Schluß des Sekretionscyclus bilden und aus welchen wieder neue Sekretionsfolgen von Schleimklümpchen hervor-gehen können, gibt es cylindrische Darmepithelien, welche resorbieren. Die Frage muß offen bleiben, ob sie lediglich resorbieren oder daneben auch — in anderer Weise als die Becherzellen — sezernieren. Im Darminhalt sind verschiedene auf Eiweißkörper wirkende Fermente (Erepsin, Enterokinase u. a.), ferner fett- und kohlehydratspaltende Fermente vorhanden, aber die Stätte ihrer Abscheidung ist unbekannt. Außerdem werden Stoffe ausgeschieden (Kalk, Eisen, Phosphorsäure und organischer Detritus). Die Darmwand dient also auch der Excretion. Bewiesen wird dies besonders durch Gifte, welche sub-cutan oder intravenös eingespritzt werden, z. B. Morphium, und im Darm ausgeschieden werden, so daß dieser besonders geschädigt wird. Wir wissen

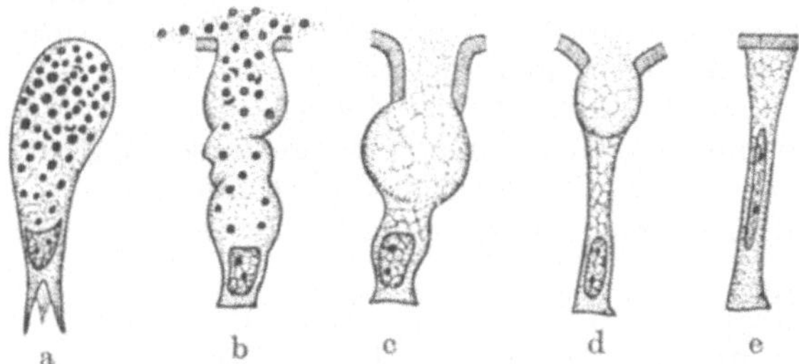

Abb. 146. Becherzellen, Dünndarm der Maus, mit vital gefärbten Granula (Trypanblau). Cyclus der Ausstoßung des Schleimballens (V. MÖLLENDORF, Verhdl. anat. Ges. Greifswald 1913).

nicht, ob die gleichen Zellen bald resorbieren, bald sezernieren. Wir nennen deshalb die Zellen zwischen den Becherzellen, soweit sie nicht in deren Lebens-cyclus hineingehören, mit dem indifferenten Namen plasmatische Zellen. Ihr Plasma bleibt im Unterschied zu den Becherzellen für die Betrachtung mit den gewöhnlichen Trockenlinsen anscheinend unverändert. Sie sind im Dünndarm weitaus zahlreicher als im Dickdarm. Bei manchen Tieren hat der letztere fast ausschließlich Schleimzellen, z. B. beim Kaninchen, bei anderen (Hund) liegen einzelne, beim Menschen mehrere schmale Zellen zwischen den Becherzellen, die aber ihrerseits zum Teil ruhende Becherzellen sind (Abb. S. 278). Im Dünndarm stehen die Becherzellen vereinzelt zwischen den plasmatischen Zellen (Abb. a, S. 273). Man kann nach dem Verhalten des Cuticularsaumes entscheiden, welche von ihnen wirklich resorbieren. In der Resorptionspause sind sie von leeren Schleimzellen mit unseren heutigen Mitteln nicht sicher zu unterscheiden.

Die Resorption äußert sich in dem der Darmlichtung zunächst gelegenen Teil der plasmatischen Zellen durch eine deutliche senkrechte Streifung des Cuticularsaumes, welche in der Zellruhe undeutlicher wird und verschwindet. Wahrscheinlich wird unter dem Einfluß von Fermenten des Darminhalts die Bahn für die resorptionsfähigen Stoffe geöffnet, indem feinste Porenkanälchen durch den Cuticularsaum gangbar werden, welche sonst geschlossen sind. Die feine Streifung ist der körperliche Ausdruck dieser Prozesse, bei denen Lipoide eine Rolle spielen mögen. Im Laboratorium des Zellplasmas der Darmepithelien und vielleicht in den unter ihnen liegenden Stromazellen der Tunica propria wird der weitere Verlauf der Resorption bestimmt. Schließlich gelangen die Fette in das centrale Chylusgefäß der Zotte, das Eiweiß und die Kohlehydrate in den Blutkreislauf.

Im Dickdarm ist der dort anlangende Kot bereits frei von resorbierbaren Stoffen außer dem in unverdaulichen Cellulosehäutchen eingeschlossenen Inhalt pflanzlicher Nahrung. Dort werden auch diese gelöst, größtenteils unter der Wirkung von Gärungsprozessen, welche die Flora des Dickdarminhalts hervorruft. Namentlich bei Pflanzenfressern werden erhebliche Mengen von Nährstoffen auf diese Weise frei und resorbierbar (Stärke). Der Blinddarmsaft verfügt auch über fermentative Eigenschaften. Doch ist beim Menschen die Abbau- und Resorptionsfähigkeit der Dickdarmschleimhaut so beschränkt, daß durch sie allein das Leben nicht aufrecht erhalten werden kann, z. B. durch Nährklistiere, welche nur bis zur Valvula coli aufsteigen können. Um so ausgedehnter ist die Wasserresorption durch die Dickdarmepithelien. Normalerweise ist der aus dem Dünndarm austretende Chymus zähflüssig (90—95% Wassergehalt), im Dickdarm wird so viel Wasser resorbiert, daß er zu Kotballen geformt werden kann (Wassergehalt 80—70%). Der vom Dickdarm produzierte Schleim ist das Substrat der Kotballen und hält die verschiedenartigsten Schlacken des Stoffwechsels so gleichförmig zusammen, daß der normale Kot im wesentlichen gleichgeformt ist. Abweichungen des Kotes von der Normalform und -festigkeit haben deshalb diagnostische Bedeutung. Bei Dickdarmkatarrh können fast reine Schleimstühle abgehen, das Resultat übermäßiger Sekretion der Becherzellen des Dickdarms.

Bei Darmepithelien von Amphibien und Wirbellosen können die Poren im Cuticularsaum so deutlich sein, daß die Cuticula scheinbar aus Stäbchen besteht und mit Stereocilien (unbeweglichen Härchen) verwechselt werden könnte. In Wirklichkeit ist sie jedoch einem Sieb mit feinsten Poren vergleichbar, deren Zwischenwände allerdings durch das Schneiden mit dem Mikrotom künstlich in Stäbchen zerlegt werden. — Der Cuticularsaum der Epithelien ist im Dickdarm des Menschen nicht so deutlich gestreift wie im Dünndarm. Der Besatz ist vielmehr flockig, leicht verletzlich und kennzeichnet durch diese Merkmale das Dickdarmepithel.

Im Inneren der plasmatischen Zellen erkennt man bei geeigneten Fixierungsmethoden mit Ölimmersionen feinste Zellstrukturen (Mitochondrien), welche bei der Resorptionstätigkeit anders aussehen als in der Zellruhe. Zwischen Cuticula und Zellkern liegen im Protoplasma Fäden (Chondriokonten, Abb. c, S. 273), zwischen Zellkern und Zellbasis und um den Kern herum Körnchen (Chondriosomen). Diese Strukturen sind aus dem Plasma hervorgegangen und mit Lipoiden verbunden. Auf der Höhe der Funktion lösen sie sich, anscheinend unter der Einwirkung des Zellkerns. Man stellt sich vor, daß die Stoffe, welche das Sieb des Cuticularsaumes passiert haben, zwischen den Mitochondrialstrukturen in feinsten Plasmafäden und -netzen durchgeflößt werden und dabei die Veränderungen erleiden, welche das Specificum der resorbierenden Tätigkeit darstellen. Denn das Epithel läßt keineswegs blind alles durch wie eine Dialysiermembran, sondern die Abstimmung auf den Bedarf des Körpers und die Art des gebotenen Materials im Chymus ist außerordentlich fein. Die Regulation scheint zum Teil durch den Chemismus der Säfte selbst, zum Teil durch die Darmnerven (siehe diese) zu erfolgen, also doppelt gesichert zu sein. Die chemische Wirkung kann von hormonartigen Stoffen ausgehen, welche zunächst in den Chymus ergossen werden und von diesem aus wirken, oder welche von den Gefäßen der Tunica propria aus auf die Zellen Einfluß nehmen. — Nur die lipoidlöslichen Stoffe scheinen durch die Darmepithelien selbst, die lipoidunlöslichen zwischen ihnen hindurch zu gehen.

Das Cylinderepithel sitzt einer B a s a l m e m b r a n auf, welche für die resorbierten Stoffe durchlässig ist. Außerdem scheinen feinste Ausläufer mancher Zellen gleich Wurzeln die Basalmembran zu durchbohren (Abb. a, S. 275).

Nachträglich kann die Resorption in der Weise korrigiert werden, daß resorbierte Stoffe sogleich durch die Becherzellen (oder PANETHschen Zellen, siehe unten) wieder ausgeschieden werden. So wird bei Injektion von vitalen Farbstoffen unter die Haut des Versuchstieres die Farbe zuerst in die Speiseröhre und den Magen hinein abgeschieden, dann im Dünndarm resorbiert, doch erscheinen sehr bald Farbstoffkörnchen in den Becherzellen (Abb. S. 275), welche von ihnen mit dem

Schleim ausgestoßen werden. Die basalen, wurzelähnlichen Ausläufer der Becherzellen empfangen diese Körnchen von ganz damit beladenen sternförmigen Zellen
im Stroma der Tunica propria. In diesem Fall ist die Excertion an die Schleimzellen gebunden. Ob andere Stoffe durch die resorbierenden Zellen ausgestoßen
werden, ist eine offene Frage.

Fraglich ist auch, ob die Gefäße der Zotten die einzigen Leitungswege für die
resorbierten Nährstoffe sind. Bei Amphibien ist cyclisch je nach der Jahreszeit
und Brunst die Leber prall mit pigmentierten Wanderzellen gefüllt, welche in
den lymphatischen Gefäßscheiden sitzen. Das Organ sieht auch äußerlich verändert
aus, z. B. beim Frosch tief schwarz und vergrößert. Ähnliche Zellen finden sich
im Stroma der Darmwand dieser Tiere. Wahrscheinlich wandern sie durch Bindegewebsspalten hindurch oder werden durch den Lymphstrom streckenweise verschleppt. Es handelt sich um Nährstoffe, welche auf diese Weise nach der Leber
hin verfrachtet werden und an ihrem Pigmentgehalt erkennbar sind. Daß es unpig-
mentierte und daher bisher nicht erkannte Transportzellen dieser Art bei höheren
Tieren und beim Menschen gibt, wäre möglich.

Gegen den After zu tritt an die Stelle des Cylinderepithels das für die äußere Haut
typische mehrschichtige Plattenepithel. Letzteres überzieht die Columnae recti,
das Cylinderepithel reicht bis in die Sinus zwischen diese hinein (Abb. S. 299).

Wie die Zotten von der Darmoberfläche aus gegen das Lumen zu aufsteigen, LIEBER-
so senken sich einfach tubulöse, blind endigende Kanälchen zwischen den Zotten KÜHNsche
vom Darmlumen weg in die Tunica propria hinein. Sie gleichen darin den Drüsen
Magengrübchen. Auch sie dienen vornehmlich wie beim Magen der Vergrößerung
der Epitheloberfläche. Wir nennen solche Vertiefungen „Krypten", d. h. Vertiefungen mit dem gleichen Epithel wie die Darmoberfläche. Nur solche
Schläuche, in welchen spezifisch sezernierendes Epithel außer den die Darmoberfläche auskleidenden Zellen vorhanden ist, sollte man streng genommen
„Drüsen" nennen. Die Epithelbedeckung des Dünndarms ist also nach zwei
Richtungen hin vergrößert, in das Darmlumen hinein (Villi) und von ihm weg
(Krypten, dunkel getönt in Abb. S. 271); beim Dickdarm fehlen die Zotten, dort
sind wie beim Magen die Vergrößerungsprozesse nur einseitig gerichtet. Man
spricht beim Dünndarm mit Recht von Drüsen, Glandulae intestinales
(Lieberkühni), weil der Grund der tubulösen Schläuche spezifisch sezernierende
Zellen enthält, die PANETHschen Zellen (Abb. b, S. 273). Sie entsprechen ihrer
Lage nach den Glandulae gastricae, sind aber viel kürzer als jene und nicht
gegen die übrigen Zellen des Schlauches als besondere Drüsen äußerlich abgesetzt. Sie fehlen im Dickdarm; trotzdem ist es üblich, von Dickdarm„drüsen"
zu sprechen, obgleich dort nur „Krypten" vorkommen. Das Sekret der PANETH-
schen Zellen ist körnig wie bei allen serösen Zellen, nur sind die Körnchen
besonders groß. Sie können sich mit vitalen Farbstoffen, die von der Darmwand in das Lumen ausgeschieden werden, beladen und gelten daher als sichere
Sekretionsprodukte. Doch ist ihre feinere chemische Beschaffenheit unbekannt.
Vermutungsweise werden sie mit der Produktion von Fermenten der Darmwand
in Verbindung gebracht.

Wenn die PANETHschen Zellen tatsächlich die gesamten Darmfermente lieferten,
so wären die plasmatischen Zellen des Darmepithels rein resorbierend; dagegen
spricht, daß im Blinddarm, wo die PANETHschen Zellen fehlen, auch Fermente
gebildet zu werden scheinen.

Man findet in den LIEBERKÜHNschen Drüsen immer zahlreiche Kernteilungsfiguren in den Darmepithelien (Abb. b, S. 273). Namentlich die Seitenwände sind
der Sitz der Zellvermehrung, welche in diesen geschützten Schläuchen ungestört
durch den Darminhalt verläuft und einerseits nach den Zotten zu und bis auf deren
Spitzen hinauf neue Darmepithelien nachschiebt, andererseits nach dem Grund der
Drüsen neue PANETHsche Zellen liefert. Ausnahmsweise können letztere in falscher
Richtung verschoben werden, dann finden sich PANETHsche Zellen vereinzelt auf
den Zotten.

Der Verbrauch von Darmepithelien ist sehr groß. Wir wissen darüber von den
künstlichen „Ringdärmen" Bescheid: man kann Dünndarmstücke bei einem Ver-
suchstier an ihrem Mesenterium belassen, aber oben und unten vom übrigen Darm

abschneiden, miteinander zu einem in sich geschlossenen Ring vernähen und wieder in die Bauchhöhle versenken; wird der übrige Darm mit seinen Schnittenden vernäht, so lebt das Tier unbeschadet seines Ringdarmes normal weiter. Man findet die Lichtung des Ringdarmes nach kurzer Zeit wie eine Wurst gefüllt, und zwar wesentlich mit abgestoßenen Epithelien, welche mit eingedicktem Schleim zusammengeklebt sind. Beim normalen Darm gehen die verbrauchten Epithelien dauernd mit dem Kot ab. Dieser besteht zum Teil aus Auswurfstoffen des Körpers selbst (Excrete), nicht nur aus Resten der Nahrung. Auch der hungernde Mensch bildet Kot. Künstliche Ringdärme füllen sich schließlich so, daß sie platzen.

Die LIEBERKÜHNschen Drüsen sind nicht selten gespalten. Zuerst verdoppelt sich der Drüsengrund; von da aus schreitet der Teilungsprozeß bis zur Drüsen-

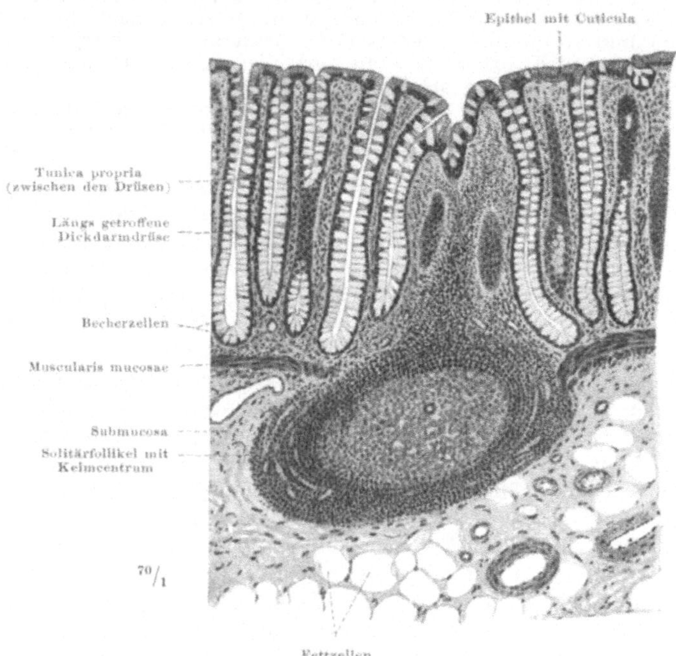

Abb. 147. Schleimhaut des Colon transversum mit Solitärfollikel, Mensch.

öffnung fort. Auf diese Weise können zahlreiche neue Drüsen entstehen (siehe die entsprechende Teilung der Zotten, S. 271).

Gegen den After zu werden die Dickdarmdrüsen sehr spärlich und verschwinden schließlich in den Sinus rectales ganz, obgleich letztere von typischem Darmepithel ausgekleidet sind.

Die BRUNNERschen Drüsen liegen größtenteils in der Tunica submucosa. Sie kommen nur im Duodenum vor und werden dort beschrieben werden. Beim Magen wurde bereits erwähnt, daß ihnen dem Baue nach die Pylorusdrüsen (wahrscheinlich auch die Kardiadrüsen) entsprechen. Ihr dünnflüssiges Sekret enthält Pepsin.

Lympho-
cyten und
solitäre
Follikel

Überall in der Tunica propria der Darmschleimhaut finden sich äußerst zahlreiche Lymphocyten; das Bindegewebe der Propria erhält dadurch von der Kardia des Magens bis zum After geradezu retikulären Charakter. Die Lymphocyten dringen auch häufig in die Epitheldecke des Darmes ein und liegen eingezwängt zwischen den Cylinderzellen. In den LIEBERKÜHNschen Drüsen können sie mit Kernteilungsfiguren verwechselt werden, da die Zellkerne dunkler aussehen wie ruhende Kerne von Cylinderzellen und darin den sich teilenden Kernen oberflächlich gleichen. Welche biologische Bedeutung die Einwanderung in das Epithel hat, ist nicht klar. Wir befinden uns hier vor ähnlichen Rätseln wie bei den exquisiten lymphoepithelialen Organen des Kopfdarms (Tonsillen,

Thymus). Doch kommt es im Darm nirgends zu einer so weitgehenden Durchsetzung des Epithels mit Lymphocyten wie bei den genannten Organen. Es ist deshalb irreführend, wenn man etwa den Wurmfortsatz als Darm„tonsille" bezeichnet (vgl. S. 120).

Die häufigste Anhäufung von Lymphocyten in der Schleimhaut sind die Solitärfollikel, runde Knötchen von 0,6—3,0 mm Durchmesser. Die größeren sind mit bloßem Auge als sagokornähnliche Buckel im Darmrelief sichtbar. Im Dünndarm liegen sie auf den KERKRINGschen Falten oder zwischen ihnen. Sie befinden sich entweder innerhalb der Tunica propria und ragen von dort in eine Zotte hinein, die dadurch kolbig aufgetrieben wird, oder sie durchbohren die Muscularis mucosae und liegen teilweise in der Submucosa (Abb. S. 271 obere Schnittfläche, Abb. S. 280). Beim Dickdarm (Abb. S. 278) liegen die Follikel vorwiegend in der Submucosa, das Oberflächenepithel über ihnen ist eingesenkt, und die in diese Einsenkung mündenden Krypten sind durch den Follikel beiseite gedrängt. Die Lymphfollikel sind Bildungs- und Lagerungsstätten von Lymphocyten. Im höheren Alter und bei auszehrenden Krankheiten nimmt ihr Gehalt an Lymphocyten ab. Als Ausdruck ihrer Funktion als Abwehrorte weisen sie sog. „Keimcentren" auf (Abb. S. 278, 280, 281), die man früher als die hauptsächlichen Bildungsstätten der Lymphocyten ansprach: lymphocytenärmere und daher im Präparat heller erscheinende runde Bezirke, in deren Umgebung die Lymphocyten oft konzentrisch angeordnet sind (Abb. S. 278). Ihrer Bedeutung nach werden sie richtiger als „Reaktionscentren" bezeichnet.

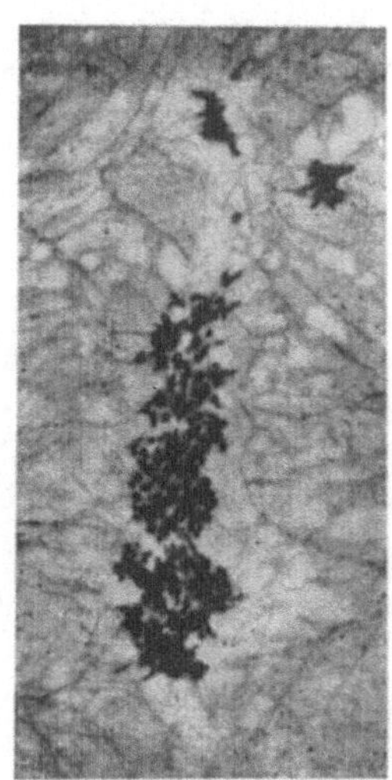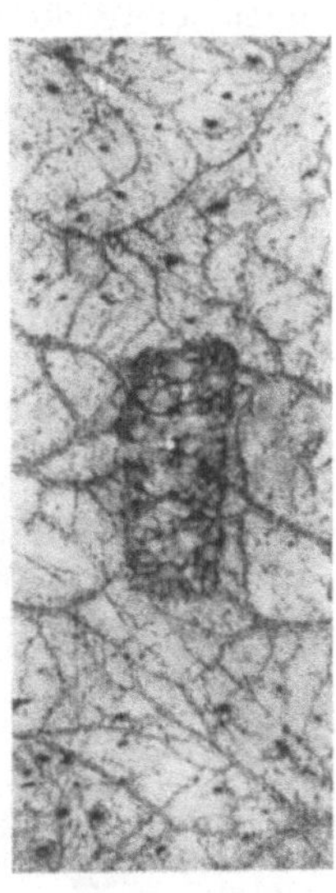

a   b   etwa $^1/_1$

Abb. 148. Noduli lymphatici solitarii et aggregati. Ileum, Mensch. HELLMANNs Methode. In Abb. b Plaque fast frei von Lymphocyten. — Man beachte die verschiedene Größe der Solitärfollikel und das Fehlen der Solitärfollikel in der unmittelbaren Umgebung der Plaques. Präparate und Aufnahmen von Dr. v. HAYEK.

Sie sind vorübergehende Bildungen. Vergleiche dazu die Schilderung bei der Tonsille S. 119 und bei den lymphatischen Organen S. 573. — Im Dünndarm nimmt die Zahl und Größe der Follikel gegen das Caecum hin zu, oft aber findet man sehr zahlreiche im Anfangsteil des Duodenum. Insgesamt hat man bei gesunden Kindern ungefähr 15000 gezählt. Im Dickdarm nehmen sie an Zahl und Größe gegen das Rectum hin ab, ihre Gesamtzahl beträgt 13—210000. Im Wurmfortsatz allein finden sich ungefähr 200.

Unter aggregierten Follikeln (Agmina Peyeri) versteht man flächen- förmige Ansammlungen von mehreren oder vielen Solitärfollikeln in einer Gruppe (grex, die Herde). Meistens hat die Anhäufung im ganzen ovale Form. Der Längsdurchmesser schwankt zwischen 2—12 cm, der Querdurchmesser zwischen 8—12 mm (Abb. Nr. 148). Das Feld ist etwas erhaben, bei Jugendlichen und Kindern deutlicher, bei älteren Personen weniger deutlich. Bei Greisen ist mit bloßem Auge nur noch eine bräunliche Verfärbung der Schleimhaut, keine Veränderung des Reliefs bemerkbar. Bei Leichen, welche länger gelegen haben oder mit gewissen chemischen Mitteln (z. B. Karbol) konserviert worden sind, verschwinden die Plaques fast ganz oder völlig. Gewöhnlich gibt es 30—40 größere Plaques, welche im allgemeinen da beginnen, wo die KERKRINGschen Falten

Aggregierte
Follikel,
PEYERsche
Haufen

aufhören, gegen das Ende des Ileum häufiger werden und dort am größten und deutlichsten sind. Dabei gibt es individuelle Ausnahmen, z. B. gar nicht so selten auch vereinzelte Agmina (Plaques) zwischen den KERKRINGschen Falten bis in das Duodenum hinein. Je weiter oben, um so kleiner und rundlicher sind sie. Alle liegen gegenüber der Anheftung des Gekröses am Darmrohr und stehen mit der Längsachse, falls sie eine solche haben, in der Längsrichtung des Darmes. Im mikroskopischen Bild ist charakteristisch, daß die Knötchen zum Teil in der Submucosa der Schleimhaut liegen, aber nicht bis an die Muskelhaut heranreichen (Abb. Nr. 149). Von der Muscularis mucosae sind meistens noch Reste zwischen den Follikelhälsen zu erkennen. Die Zotten, in welche sich die Follikel hinein erstrecken, werden so erweitert und verkürzt, daß sie größtenteils auf kurze, vulkanartige Kegel reduziert oder fast ganz in das Niveau der ursprünglichen Schleimhautoberfläche eingeebnet sind. An diesen Stellen liegen besonders

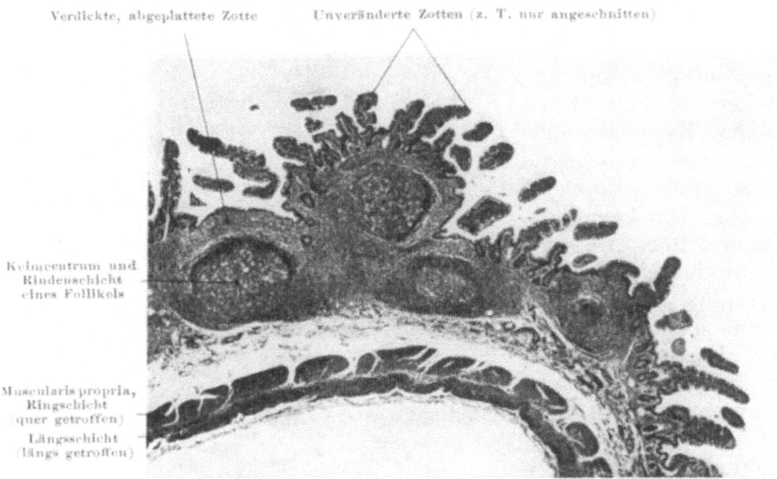

Abb. 149. Noduli lymphatici aggregati, Schnitt durch den Rand eines PEYERschen Haufens. Ileum, Mensch.

viele Lymphocyten innerhalb des Darmepithels. Zwischen den reduzierten Zotten stehen verstreut unveränderte pfriemenförmige, welche keine Beziehung zu Follikeln haben.

Die oben genannte Zahl von 30—40 Plaques betrifft nur die größeren von $^{1}/_{2}$ qcm Fläche und darüber. Werden auch die kleineren, mindestens 5 Solitärfollikel umfassenden Anhäufungen mitgezählt, so ergeben sich über 100, ja über 200.

Bei der klinischen Sektion werden die Noduli aggregati nur dann geschont, wenn der Darm am Gekröse abgeschnitten, aus der Leiche herausgenommen und dann längs der Ansatzlinie des Gekröses aufgeschnitten wird. In dieser Weise geht der Anatom vor. Wird dagegen bei der klinischen Sektion der Darm in situ gegenüber dem Ansatz des Gekröses aufgeschnitten, so werden sämtliche Plaques zertrennt.

Bei gewissen Infektionskrankheiten treten sie ganz besonders hervor, weil sie geschwürig zerfallen (Typhus, Ruhr). Sehr deutliche Bilder bei Erwachsenen müssen deshalb zur Vorsicht mahnen; das normale Bild ist eben undeutlich, verschwommen, und zwar um so mehr, je älter das Individuum ist.

Im Wurmfortsatz stehen die Follikel so dicht wie die Folliculi aggregati, aber um die enge Lichtung dieses Darmabschnittes im Kreise herum (Abb. S. 281), wie die Krypten der Tonsilla palatina von Follikeln umstanden sind. Daher der Name „Darmtonsille" für den Wurmfortsatz. Das Darmlumen ist häufig gefüllt mit zahlreichen durchgewanderten Lymphocyten ähnlich den Tonsillenpfröpfen in der Gaumenmandel. Die Follikel sind nicht selten der Sitz geschwüriger Entzündungen, welche leicht nach außen vordringen können. Denn auch die Follikel des Wurmfortsatzes liegen wie die aggregierten Follikel wesentlich in der Submucosa.

Wird die Serosa ergriffen, so kann eine Perforation und eine allgemeine eitrige
Peritonitis die Folge sein, welche Wurmfortsatzerkrankungen so gefährlich macht.
So zweifellos die Wichtigkeit dieses Organs durch seinen normalen mikroskopischen
Bau und seine Pathologie belegt ist, so wenig wissen wir über die tatsächliche Natur
seiner Wirkungsweise. Rudimentär ist der Wurmfortsatz nur seinen Maßen nach
als Darm (siehe S. 294), aber seinem Intimbau nach ist er progressiv umgewandelt
in ein lymphatisches Organ.

Zwischen solitären und aggregierten Follikeln kommen Übergänge vor, d. h.
2—3 Follikel, die zusammen ein Knötchen bilden, (Abb. S. 279). Im untersten Teil
des Mastdarms finden sich kleine Trichter in der Schleimhaut, an deren Boden ein
Follikel steht. Die Trichteröffnungen sind als Pünktchen für das bloße Auge sichtbar
(Abb. S. 299, Noduli lymphatici).

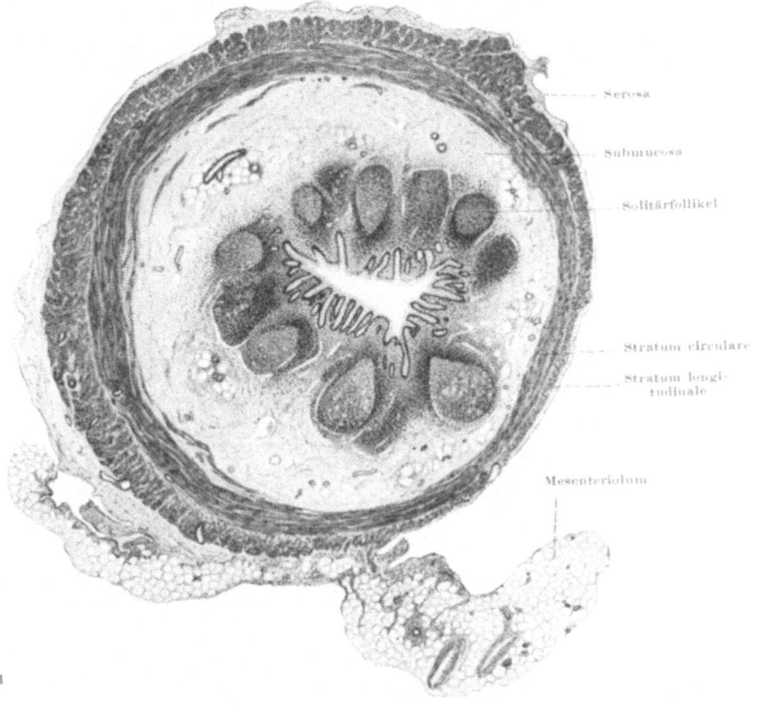

Abb. 150. **Wurmfortsatz**, Querschnitt. Hingerichteter. Links vom Beschauer geht der Schnitt schräg
durch die Wand, daher sind die Schichten scheinbar verbreitert und das Lumen scheinbar ausgezogen.

Die eigentliche Muskelhaut besteht aus glatter Muskulatur, welche scharf in zwei
völlig voneinander getrennte Schichten gesondert ist, eine dickere Ringschicht,
welche zu innerst liegt, Stratum circulare, und eine dünnere Längsschicht,
welche außen davon liegt, Stratum longitudinale (Abb. S. 271 u. Abb. Nr. 150).
Kontrahiert sich an einem Darmstück, dessen Inhalt nur form- aber nicht volum-
veränderlich ist, die Innenschicht allein, so wird das Lumen verengert und der
Darm länger; kontrahiert sich die Außenschicht allein, so wird der Darm verkürzt und das Lumen erweitert. Die Ringschicht zieht durch den ganzen Darm
ununterbrochen hindurch. Die Längsschicht ist im ganzen Dünndarm, im
Wurmfortsatz und Mastdarm ebenfalls gleichmäßig und kontinuierlich entwickelt, im Caecum und Colon dagegen an drei Stellen verstärkt und dazwischen
verdünnt, aber mikroskopisch noch erkennbar. Die drei verstärkten Längs-
streifen heißen Tänien. Wir kommen beim Dickdarm auf sie zurück. Die
Ringmuskelschicht ist außer am Pförtner des Magens, den wir bei letzterem
behandelten, auch an der Valvula coli sphincterartig verdickt. An diesen beiden

Stellen wird der Übertritt des verdauten Speisebreies reguliert. Denn weder kann der Mageninhalt dauernd in den Darm abfließen, noch der Dünndarminhalt dauernd in den Dickdarm. In beiden Fällen wird gewartet, bis der Sphincter sich öffnet und den Weg freigibt; der Zeitpunkt der Austreibungsperiode hängt davon ab, ob die chemischen und physikalischen Umwandlungen des Inhalts so weit fortgeschritten sind, daß er für die neue Strecke des Darmkanals gleichsam reif ist.

Betätigung der Muscularis bei der Darmbewegung

Die glatte Muskulatur innerhalb der eigentlichen Muscularis des Darmes dient dazu, den Chymus bzw. Kot in Bewegung zu halten und schließlich vorwärts zu bewegen. Im Dünndarm finden Verkürzungen und Verlängerungen eines Darmstückes statt, sog. Pendelbewegungen, welche den Inhalt hin- und hertreiben. Die Verkürzung wird von der Längsschicht hervorgerufen, die Verlängerung geschieht passiv oder durch geringe Mithilfe der Ringschicht.

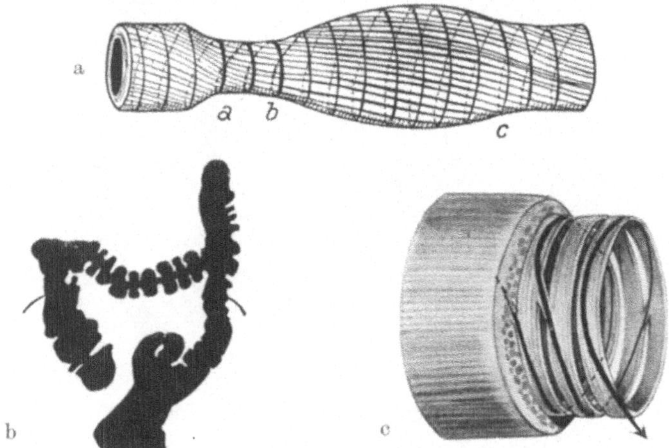

Abb. 151. Peristaltische Bewegung. a Fortschreitende Welle, tierischer Darm, Strecke a b verengert, Strecke b c erweitert. b Röntgenbild des Dickdarms, haustrale Segmentation, Füllung mit Wismutbrei, Mensch. c Ring- und Längsmuskulatur, Darm des Menschen, Schema. Die Pfeilspitze zeigt analwärts (Abb. a aus CAREY, Anat. Record, Bd. 21, Abb. 8, 1921; Abb. b nach KATSCH, aus MEYER-GOTTLIEB, Pharmakologie 1920, S. 209; Abb. c nach Präparaten von Herrn Dr. BRANDT, 1. Assistent am anat. Institut, Würzburg, jetzt in Köln.)

Viel intensiver sind die Segmentationsbewegungen im Dünndarm, bei welchen ringförmige Einschnürungen an mehreren Stellen einer Darmstrecke gleichzeitig auftreten und dann wieder verschwinden; dafür zeigen sich neue in den Zwischenstrecken. Sie werden von der Ringschicht der betreffenden Stelle ausgeführt. Pendel- und Segmentationsbewegungen durchmischen abwechselnd eine Portion Chymus etwa 500 mal, haben also eine außerordentlich intensive Wirkung.

Die Förderung der analwärts gerichteten Fortbewegung des Darminhalts wird dagegen durch gleichmäßiges und gleichzeitiges Zusammenwirken beider Muskelschichten erzielt. In diesem Falle entsteht ebenfalls eine ringförmige Schnürung, aber das Primäre ist eine Erweiterung, der oralwärts die Verengerung zeitlich folgt. Das erweiterte Darmstück steht bereit, um den von der Schnürung vorwärts getriebenen Darminhalt aufzunehmen. Die Verengerung verschwindet nicht, um regellos von neuen Schnürungen an anderen Stellen ersetzt zu werden, sondern die Schnürung der analwärts folgenden Stelle schließt sich sofort an die Schnürung der zuerst betrachteten Stelle an, nachdem die Erweiterung in der gleichen Weise analwärts vorgerückt ist. So folgt Schnürring auf Schnürring, während der jeweils vorhergehende, bis dahin kontrahierte Ring sich lockert und schlaff wird: peristaltische Welle. Der Darminhalt wird durch die peristaltische Bewegung vorwärts getrieben, wie man bei der Leiche den Chymus zwischen zwei Fingern, die man am Darm entlang zieht, ausstreichen kann. Die peristaltischen Wellen werden ausgelöst durch Reizung des Darms, besonders durch Berührung der Schleimhaut mit festeren Stückchen des Darminhalts; sie laufen immer in der gleichen Richtung — analwärts — ab und werden durch das Nervensystem reguliert. Dicht unterhalb von der Stelle, an welcher der Reiz einsetzt, erweitert sich der Darm durch die Tätigkeit der äußeren Schicht. Oberhalb der Reizstelle kontrahiert sich der Darm, das Lumen wird eng und treibt, indem die Welle fortschreitet, den Darminhalt vor sich her; dies ist auf Rechnung der inneren Schicht zu setzen (Abb. a, S. 282). Dieser Mechanismus ist gleich im Dünn- und Dickdarm; im proximalen Teil des Dickdarms, in welchem der Inhalt noch dünnbreiig ist, kommen auch Durchmischungsbewegungen vor (kleine Colonbewegungen), im distalen nicht. Die schließliche Austreibung des Kotes aus dem After findet statt, nachdem bei der Defäkation der Sphincter ani gelockert und erschlafft ist (siehe über diesen beim Mastdarm); sie wird unter wesentlicher Mitarbeit der Bauchpresse ausgeführt (Zwerchfell und vordere Bauchwandmuskeln).

Außer den gewöhnlichen kleineren peristaltischen Wellen, welche den Darminhalt um je 12 cm vorschieben, treten größere, sog. Rollbewegungen, auf, wenn der Darminhalt schnell über größere Strecken hin fortbewegt wird. Sie setzen plötzlich ein und sind heftig; man kann sie bei mageren Menschen durch die Bauchwand wahrnehmen. Beim Dickdarm heißen sie: große Colonbewegungen; sie erfolgen nur wenige Male am Tage, hauptsächlich während der Defäkation. Unter plötzlichem Verschwinden der Haustren (S. 295) wird der Dickdarminhalt ruckweise vorgeschoben und beispielsweise das absteigende Colon auf einmal entleert. Retrograder Transport des Darminhalts beim Normalen ist zwar beim Dickdarm sicher beobachtet, die Erklärung begegnet aber zur Zeit noch Schwierigkeiten. Der proximale Teil des Dickdarms bleibt besonders lange Zeit gefüllt, was auf mehrmaligen Vor- und Rücktransport des Inhalts zurückgeführt wird.

Die peristaltische Welle schreitet so vorwärts, daß die Stelle des Darms, welche bei der ersten Welle dilatiert ist, bei der nächsten kontrahiert wird usf. (Abb. a, S. 282, Stelle b—c). Beim Dickdarm tritt die Haustrenzeichnung (Abb. b, S. 282) besonders unter dem Einfluß der peristaltischen Kontraktion hervor; siehe darüber Dickdarm. Daß der Kontraktionsring immer proximal von der dilatierten Darmstelle liegt, wird neuerdings darauf zurückgeführt, daß die glatten Muskelzüge in Wirklichkeit spiralig angeordnet sind, und zwar in der „Ring"schicht in sehr eng gewundenen, in der „Längs"schicht in sehr steil gewundenen Wicklungen. Der einzelne Schraubengang in der inneren Schicht ist bei tierischen Därmen nur $1/_2$—1 mm hoch, in der äußeren Schicht 20—50 cm. Nimmt man an, daß der Reiz sich längs der beiden Spiralen gleich schnell fortpflanze, so ist er längs der Darmachse in der Innenschicht sehr stark gegenüber der Außenschicht zurück, weil ihre Wicklungen auf der gleichen Strecke Darm zahlreicher sind (Abb. a, S. 282; die kontrahierten Schraubengänge sind verdickt gezeichnet). Daraus resultiert, daß die Erweiterung des Darms, welche durch die Kontraktion der langausgezogenen Spirale hervorgerufen wird, immer der Verengerung, welche die eng gewundene Spirale bewirkt, voraus ist. Im menschlichen Darm liegen die Verhältnisse insofern anders, als die Ringmuskeln, welche aus platten Bündeln von glatten Muskelzellen aufgebaut sind, tatsächlich in geschlossenen Kreisen um die Darmlichtung herumlaufen (Abb. c, S. 282). Die Reifen sind aber durch dünne schrägstehende Brücken miteinander verbunden. Denkt man sich den Reiz von Reifen zu Reifen durch die Brücken fortgesetzt (schwarze Linie mit Pfeilspitze), so ist auch beim Menschen ein spiraliger Ablauf in der Ringmuskulatur möglich, die Längsmuskulatur ist bei ihm dagegen rein longitudinal.

Eine lebende, künstlich entnervte Schicht der Muscularis verharrt regungslos; die Innervation ist also für die Peristaltik notwendig. Wahrscheinlich wird die bei Tieren durch den spiraligen Bau gegebene Automatie der Bewegung nicht nur durch hormonale und nervöse Reize ausgelöst, sondern auch im einzelnen kontrolliert. Im Tierversuch kann man den Dünndarm umdrehen, so daß das Duodenum an das Caecum stößt und das Ileum an den Magen, die peristaltischen Wellen laufen dann in umgekehrter Richtung ab.

 Infolge der Drehungen und Verlagerungen des Darms bleiben von den zahlreichen segmentalen Darmarterien eines gerade gestreckten Darmrohres nur drei
übrig: die A. coeliaca, A. mesenterica superior et inferior (S. 256). Die Nabelschleife
selbst und ihre Abkömmlinge werden von der A. mesenterica superior versorgt
(Abb. S. 240). Ihr Stromgebiet reicht also vom Duodenum, auf welches das oberste

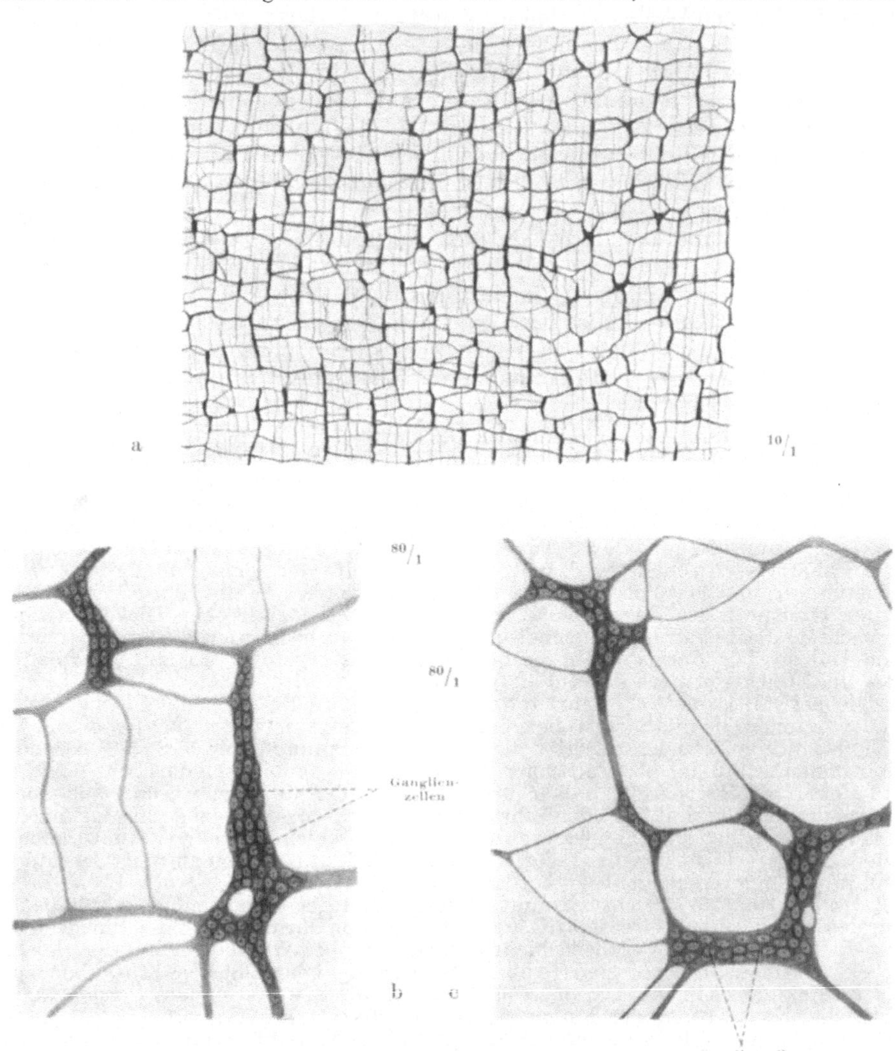

Abb. 152. Nervengeflechte des Magendarmkanals. a Plexus myentericus (Auerbachi), Darm
des Kaninchens, Übersichtsbild. b Derselbe, bei stärkerer Vergrößerung, Darm des Meerschweinchens.
c Plexus entericus (Meissneri), Magen des Kaninchens.

Ästchen der Arterie übergreift (A. pancreaticoduodenalis inferior), bis zum Ende
des Quercolon (Abb. S. 255). Das kranial davon liegende Darmstück inkl. Magen
ist von der A. coeliaca, das anal davon liegende von der A. mesenterica inferior
versorgt. Am analen Teil des Mastdarms kommen noch Äste der A. iliaca interna
hinzu (S. 301).

Alle Äste, welche an den Darm herantreten, entstammen aus flächenartig ausgebreiteten Netzen, d. h. die von der Arteria mes. sup. et inf. ausgehenden Arterien
sind durch viele Anastomosen miteinander verbunden, die in mehreren Arkaden
(3—5) übereinander liegen; erst aus diesen gehen schließlich die in die Darmwand

eintretenden Gefäße hervor, so daß eine Unterbrechung des Blutstroms an einer Stelle doch keine Anämie des Darms aufkommen läßt, weil das Blut von anderen Stellen des Netzes nachströmen kann. Wird trotzdem durch eine Darmverschlingung ein Mesenterialteil so stranguliert, daß der betreffende Darmabschnitt vom Blutstrom ganz abgeschnitten ist, so verliert die schlecht oder gar nicht mehr ernährte Muscularis ihren Tonus, der Darm wird gewaltig gebläht (Meteorismus) und schließlich, wenn keine Hilfe kommt, brandig. Dies ein Gegenbeispiel für die Bedeutung der Gefäßnetze in den Mesenterien (in Abb. S. 255 sind nur wenige Arkaden gezeichnet, die meisten liegen dicht an der Darmwand, besonders am Dünndarm; es gibt 15 bis 20 Äste der A. mes. sup. zu diesem: Aa. ileojejunales). Im Dickdarm sind die Arkaden spärlicher; an vielen Stellen gibt es nur ein Randgefäß, das dem Darm parallel läuft und aus welchem alle in die Darmwand eintretenden Arterien stammen.

Die Hauptäste der Darmarterien durchsetzen die Serosa und Muscularis, geben auf ihrem Wege kleine Ästchen an diese beiden Schichten ab, bilden dann in der Submucosa ein weitmaschiges und in der Propria am Fuß der LIEBERKÜHNschen Drüsen ein zweites, engmaschiges Netz. Beide Netze hängen durch zahlreiche Äste, welche die Muscularis mucosae durchsetzen, zusammen. Schließlich steigen feine Arterien zu den Capillarnetzen der Zotten auf (Abb. d, S. 273). Die Venen nehmen den gleichen Weg und haben die gleichen Netze. Das Prinzip der Netzbildung ist also außer- und innerhalb der Darmwand überall an den Gefäßen zu beobachten. Alle Blutgefäße zusammen können, wenn sie erschlaffen, so viel Blut aufnehmen, daß sich ein Mensch in seine eigenen Bauchhöhlenorgane hinein verbluten und daran sterben kann. In der Norm verhindert das der Tonus der Gefäßmuskulatur.

Die Lymphgefäße sammeln sich aus den axialen Chylusgefäßen der Zotten in Netzen, welche sich in der Propria und in der Submucosa ausbreiten. Von ihnen aus gehen zahlreiche Äste durch die Muscularis propria in größere, aber nicht sehr zahlreiche Lymphgefäße der Subserosa; ihre Abflüsse münden in Mesenterialgefäße, welche zusammen mit den Blutgefäßen verlaufen. Im Mesenterium liegen zahlreiche Lymphknoten (40—150), welche der Lymphstrom passiert, ehe er die Cisterna chyli und damit den Beginn des Ductus thoracicus erreicht (Abb. S. 210). Am Mastdarm liegen Lymphknoten außen auf der Muscularis, Nodi anorectales; durch sie tritt die Lymphe der Mastdarmschleimhaut hindurch.

Ohne Zusammenhang mit diesem Verlauf der Lymphbahn scheinen nach Aussage gut gelungener Injektionspräparate weiträumige Lymphscheiden des AUERBACHschen Plexus (siehe unten) zu stehen, welche entsprechend dem Plexus zu Maschen verbunden sind. Im Dickdarm finden sich die gleichen Netze, nur fehlen die Zotten und also auch deren Lymphwege.

Innerhalb der Darmwand finden wir nervöse Geflechte, in deren Knotenpunkten Ganglienzellen einzeln oder in Häufchen eingestreut sind. Die bekanntesten sind der Plexus myentericus (Auerbachi), der zwischen Längs- und Ringschicht liegt, und der Plexus entericus (Meissneri) in der Submucosa (Abb. S. 284). Diese beiden sind sympathisch. Der AUERBACHsche Plexus ist der gröbere von beiden; er kann die Darmbewegungen automatisch in Gang setzen und regeln; außerdem können von außen sympathische und parasympathische Fasern hemmend oder fördernd eingreifen. Der MEISSNERsche Plexus ist feiner und zarter als der AUERBACHsche Plexus; er ist an der Darmbewegung selbst unbeteiligt.

Intra- und extramurale Nerven

Die cerebrospinalen Nerven, welche extramural liegen und von außerhalb durch das Mesenterium an den Darm herantreten, sind histologisch nicht vom eigentlichen AUERBACHschen Geflecht, in das sie eintreten, zu unterscheiden. Bis zur Flexura coli sinistra wird der Darm nach den Ergebnissen der experimentellen (toxikologischen) Reizung vom N. vagus, von da ab bis zum Anus von sacralen Nerven versorgt (N. pelvicus bei Tieren). Diese Nerven sind parasympathisch, d. h. sie haben eine den sympathischen Nerven entgegengesetzte Wirkung auf die Muskulatur. Ein in der Serosa liegender Nervenplexus mit eingestreuten Ganglienzellen gehört zu ihnen, speziell zum Vagus. Die sympathischen Nerven kommen aus dem Ganglion coeliacum, aus den in dieses einstrahlenden Nervi splanchnici, aus dem Plexus mesentericus superior et inferior; sie hemmen, die parasympathischen Nerven beschleunigen die Darmbewegungen. Doch ist die Wirkung nicht immer eindeutig. Das autonome Nervensystem, dessen Centrum in den Nervenzellen des AUERBACHschen Plexus liegt, ist am wichtigsten.

Über Schmerzhaftigkeit und Schmerzleitung siehe S. 265. Die Schleimhaut des Afters ist bis 1 cm oberhalb der Analöffnung für alle Reize sehr empfindlich.

Über den Sitz des Centrums der Darmbewegung im Gehirn oder Rückenmark gehen die Meinungen sehr auseinander, auch über die Abhängigkeit der chemischen Prozesse in der Darmschleimhaut von der Innervation.

γ) Die einzelnen Darmabschnitte (wegen der Bauchfellbeziehungen und -namen vergleiche Tabelle S. 267).

Der Querschnitt des Dünndarms nimmt vom Magen nach der BAUHINschen Klappe zu allmählich ab (von etwa 47 auf etwa 27 mm). Das Duodenum hat die weiteste Lichtung. Sein Name „Zwölffingerdarm" wäre nur bei einer anderen Abgrenzung als der üblichen zutreffend (Länge gleich zwölf Fingerbreiten). Im modernen Sinne versteht man unter Duodenum ein viel längeres Stück Darm; der alte Name ist geblieben. Wir rechnen es bis zur Flexura duodenojejunalis (Abb. S. 287, 144, 228); es mißt bis dahin beim Erwachsenen etwa 30 cm. An dieser Stelle beginnt das Mesenterium des Intestinum mesenteriale (Jejunum und Ileum), der Darm liegt von da ab intraperitonaeal. Das Duodenum dagegen ist auf dem größten Teil seines Verlaufs retroperitonaeal gelegen. Gegen den Magen ist der Pförtner die Grenze.

Man kann drei Abschnitte von grundsätzlich verschiedenem Verhalten zum Bauchfell unterscheiden. Der Anfangsteil hat ein ventrales Gekröse (Lig. hepatoduodenale) und ein dorsales, welches an das große Netz und Mesocolon transversum anschließt (Abb. S. 254). Der mittlere der drei Abschnitte ist am größten. Er liegt retroperitonaeal, ist aber nicht nur vom Bauchfell überzogen, sondern außerdem vom Mesenterium bedeckt, dessen Radix mit der Vorderfläche des Duodenum und mit seinem Bauchfellüberzug verklebt ist. Der dritte Abschnitt ist kurz und hat individuell wechselnde Beziehungen zum Bauchfell je nach der Art der Anheftung des Dünndarms an der Unterfläche des Mesocolon transversum. Das eine Extrem entsteht, wenn der Anfangsteil des sonst freien Jejunum noch mit an der hinteren Bauchwand angeheftet ist, das andere, wenn der ganze Endabschnitt des Duodenum intraperitonaeal liegt. Dazwischen gibt es alle Übergänge. Der Reichtum an verschiedenartigen Recessus in der Gegend der Flexura duodenojejunalis hängt damit zusammen (S. 263).

Entsprechend dem Verhalten des Duodenum zur hinteren Bauchwand, an welcher der größte Teil seiner Hinterfläche fest fixiert ist, ist nur seine Vorderfläche vom Bauchfell überzogen. Sie hat eine Serosa, die ganze Hinterfläche dagegen liegt eingebettet in das Bindegewebe vor den Zwerchfellpfeilern, den Psoae und der rechten Niere. Bündel glatter Muskelfasern, welche an der Wurzel der Arteria coeliaca und A. mesenterica superior (Abb. S. 258) beginnen und in die Längsschicht der Muscularis des Duodenum einstrahlen, unterstützen nicht selten die bindegewebigen Haften vor der Wirbelsäule (M. suspensorius duodeni, TREITZscher Muskel; er ist beim Erwachsenen häufig zurückgebildet).

Gewöhnlich befindet sich der Anfang in der Höhe des 2., das Ende links vom 1. oder 2. Lendenwirbel (Abb. S. 144). Doch hängt die Stellung des beweglichen Anfangsstückes ganz wesentlich von der Körperhaltung im ganzen und von der Lage des Magens ab. Im aufrechten Stehen und bei tiefstehendem Magen sinkt dieser Teil abwärts (Abb. S. 228). Beim Lebenden ist bei der gleichen Person in Exspiration und horizontaler Lage der Anfang des Duodenum in Höhe des 12. Brustwirbels, in Inspiration und aufrechter Haltung in Höhe des 3. Lendenwirbels beobachtet worden, was einer Verschiebung von über zwei Wirbelhöhen hinweg entspricht. Das hochstehende Duodenum liegt in einem Niveau etwas oberhalb des Nabels, das tiefstehende etwas unterhalb des Nabels.

Der unterste Punkt der Duodenalschlinge entspricht dem 3. oder 4. Lendenwirbel. Beim Greis ist diese Stelle bis zur Mitte des 5. Lendenwirbels oder sogar bis zum Promontorium abgesunken. Dabei verschiebt sich das rechte Verwachsungsfeld an der hinteren Bauchwand (Abb. S. 254) und alle mit ihm verbundenen Teile inkl. der Gefäße und der rechten Niere mit: das Duodenum ist im ganzen um zwei Wirbelhöhen tiefer gerückt! Geringe Verschiebungen könnten schließliche Dauerzustände von Senkungen des Duodenum in toto sein, welche im jugendlichen Alter je nach der Körperhaltung auftreten und wieder verschwinden; stärkere Verschiebungen entstehen beim Greis als spezifische Weiterführungen der sich lockernden Anheftung des Duodenum an der hinteren Bauchwand.

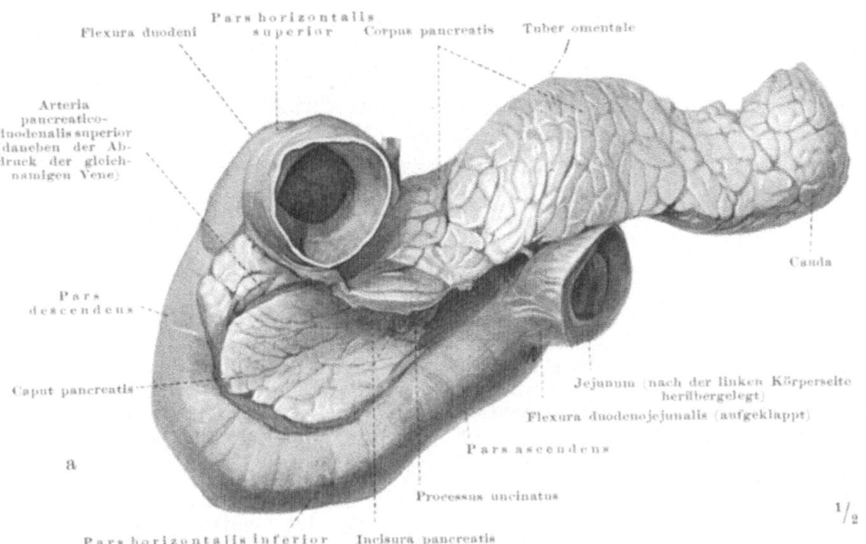

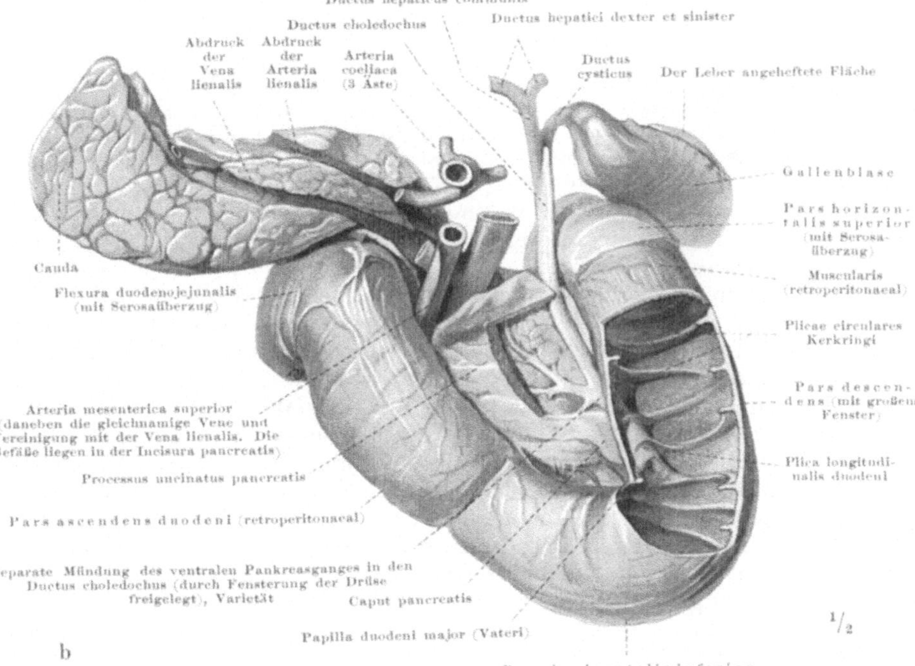

Abb. 153. **Duodenum und Pankreas**, a von vorn, b von hinten. Ein Fenster in der Pars descendens und im Processus uncinatus des Pankreas ausgeschnitten. Die A. coeliaca, die Ausführgänge der Galle und die Gallenblase in ihrer Lage in situ eingetragen. Über die Varietät des in Abb. b freigelegten Ganges siehe S. 304.

Form   Die Form des Duodenum gleicht der eines Hufeisens (Abb. S. 287). Es wendet sich mit seiner Biegung nach der rechten Körperseite zu und liegt daher größtenteils rechts von der Medianebene. Die oberste, frei bewegliche Partie heißt **Pars superior**. Sie geht in der **Flexura duodeni superior** in die **Pars descendens** über. Diese zieht rechts neben der Wirbelsäule abwärts und liegt dem medialen Rande der rechten Niere auf. Mit der **Flexura duodeni inferior** schließt die Pars descendens an die **Pars horizontalis** an; ehe diese die Wirbelsäule ganz überquert hat, geht sie ohne wesentliche Knickung in sanftem Anstieg in die **Pars ascendens** über und endet links von der Wirbelsäule an der **Flexura duodenojejunalis**.

Geht man von dieser aus, so geht man der Richtung der peristaltischen Wellen und des Darminhaltes entgegen, nach welcher die Benennung der genannten Abschnitte hergenommen ist; man wird also von dort aus die Pars „ascendens“ nicht auf-, sondern abwärts, auf das Promontorium zu, suchen müssen.

Vielfach wird eine **Pars horizontalis superior et inferior** unterschieden. Unter ersterer versteht man die oben kurzweg Pars superior genannte Strecke, die horizontal liegen kann. Die konstant horizontal liegende „Pars horizontalis“ erhält dann den Beinamen P. h. „inferior“. Da aber die Pars superior ihrer freien Beweglichkeit wegen auch ab- oder aufsteigen, gerade oder schräg nach hinten gerichtet sein kann, so begnügt man sich am zweckmäßigsten mit dieser Bezeichnung. Die Pars superior ist mit der Leber durch das **Lig. hepatoduodenale** verbunden, das ventrale Gekröse, in welchem die A. hepatica, der Ductus choledochus und die Vena portae verlaufen (Abb. S. 254). Der Hals der Gallenblase ruht auf der Pars superior, so daß bei der Leiche diese Stelle meistens durch Gallenfarbstoff verfärbt ist. — Der Anfangsteil des Duodenum ist im Leben weiter als das ganze übrige Organ, er ist glattwandig und tritt im Röntgenbild besonders hervor („Ampulla“ oder „Bulbus duodeni“ der Röntgenologen, Abb. S. 228).

Die Pars horizontalis kann sehr kurz sein oder fehlen, d. h. die Pars ascendens folgt nahe oder unmittelbar auf die Flexura inferior; in diesem Falle ist die Gestalt des Duodenum im ganzen V-förmig (Abb. S. 144). In anderen Fällen, in welchen die Pars horizontalis besonders lang ist, kann das Duodenum einen Ring darstellen, der nur an einer Stelle — links oben — auf eine kurze Strecke offen ist (Abb. S. 254).

Auf Grund der Entstehung der Duodenalschleife ist klar, daß die sog. Vorderwand die eigentliche linke Seite des Darmrohres ist (Abb. d, S. 240).

Duodenalschleimhaut und -papillen   Die Wand des Zwölffingerdarms und insbesondere seine Schleimhaut sind wie der übrige Dünndarm strukturiert, nur fehlt der Rückwand von der Pars descendens ab die Serosa (Abb. b, S. 287), was mit der Lage des Duodenum zusammenhängt. Die Zotten sind niedrige, breite Blättchen. Sie stehen quer zur Längsachse des Darms und alternieren, so daß zwischen zwei Zotten der einen Reihe eine Zotte der folgenden Reihe zu liegen kommt. Der Chymus muß im Zickzack zwischen den Lücken hindurchfließen und wird dadurch besser als bei geradlinigem Fließen ausnutzbar. Tiere mit schwer verdaulicher Nahrung haben viel ausgeprägtere Zickzackstraßen zwischen den Zotten (gewisse Vogelarten). Die KERKRINGschen Falten fehlen in der obersten Partie ganz und werden etwa in der Mitte der Pars descendens, wo sie bereits gut ausgebildet sind, von dem gemeinsamen Ausführgang für die Galle und das Pankreassekret unterbrochen. Der **Ductus choledochus** für die Galle springt schräg von oben nach unten absteigend in das Darmlumen vor. Er hebt die Schleimhaut zu einer **Plica longitudinalis duodeni** in die Höhe, welche die Querfalten kreuzt (Abb. b, S. 287). Die Ausmündung des Ganges liegt auf einem kleinen Endhügel der Längsfalte, der **Papilla duodeni major (Vateri)**. Sie ist oft überdacht durch eine besonders hohe KERKRINGsche Falte, welche nicht verstrichen ist, sondern unmittelbar über der Papille die Längsfalte überquert.

Ventral von der Papilla major, aber 2 cm weiter magenwärts, liegt gelegentlich ein zweiter Hügel, **Papilla duodeni minor**, auf welchem ein variabler 2. Ausführgang des Pankreas mündet (S. 304).

An die beiden Papillen schließt häufig analwärts je eine kleine Längsfalte der Schleimhaut an: Frenulum. Die Papilla minor kann sehr klein sein; sie soll gelegentlich vorhanden sein, auch wenn sich kein Gang auf ihr öffnet.

Außerdem kommt nicht selten an der dem Pankreas zugewendeten Fläche des Duodenum, gewöhnlich nahe bei der Papilla duodeni, ein Divertikel vor, dessen Genese dunkel ist. Es kann die Muscularis defekt sein, so daß die Mucosa nach außen prolabiert, oder die ganze Darmwand kann zu einem kleinen Blindsack ausgebuchtet sein.

Zu den Drüsen, welche sich auf dem Boden der Duodenalschleimhaut entwickelt haben, gehören die Leber und das Pankreas, die beiden größten Drüsen des menschlichen Körpers. Daher liegt ihre Mündung in der Schleimhaut, wie wir soeben sahen. Aber die beiden Drüsen haben sich durch ihr Größen-

Duodenal-
drüsen

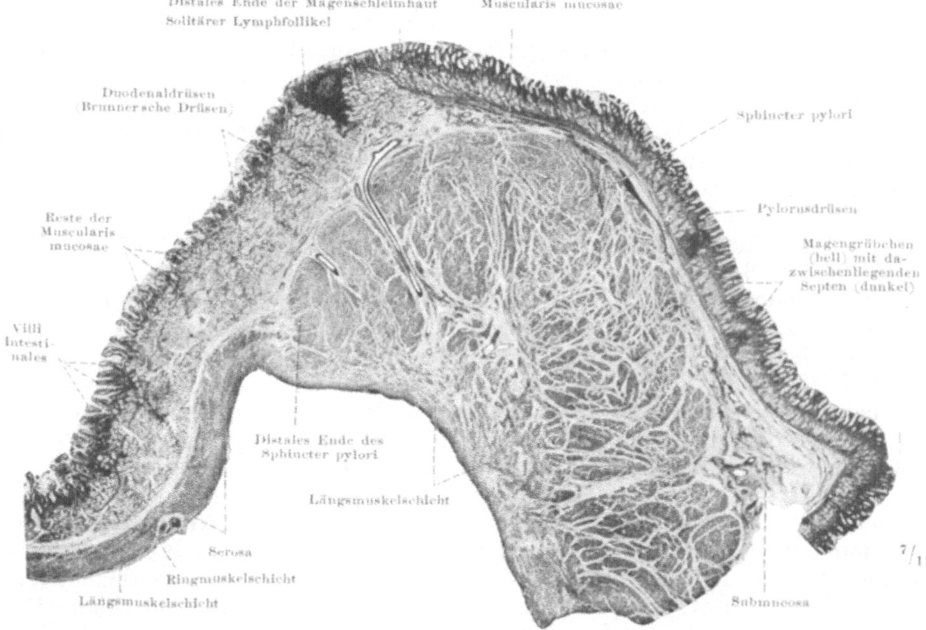

Abb. 154. BRUNNERsche Drüsen. Längsschnitt durch Pylorus und Anfang des Duodenum. Hingerichteter. Die Wand des Duodenum müßte in der Richtung der Magenwand weiterlaufen, so daß äußerer Magenkontur und Darmkontur zusammen eine gerade Linie bilden; bei der Konservierung ist jedoch das Stück etwas nach außen umgekrempelt, so daß das Duodenum in der Abbildung stark nach unten abgebogen ist. Der Sphincter pylori springt polsterartig in das Innere vor, wenn man sich das Duodenum in die richtige Lage denkt. Dies ist normal („Valvula pylori").

wachstum so sehr gegen den Darm gesondert und sind in sich so hoch spezialisiert, daß wir sie später, jede für sich, behandeln werden. Außer den LIEBERKÜHNschen Drüsen, die im ganzen Darm vorkommen und auch im Duodenum, gibt es aber noch spezielle Duodenaldrüsen, Glandulae duodenales (Brunneri). Sie münden in den Grund von LIEBERKÜHNschen Drüsen oder selbständig auf der Oberfläche der Schleimhaut am Fuß einer Zotte. Charakteristisch für die Lage dieser Drüsen ist, daß viele von ihnen die Muscularis mucosae durchbrechen und besonders in der Submucosa ausgebreitet sind. Man kann sie präparatorisch von außen darstellen, indem man die Muscularis entfernt. Die einzelnen Drüsen sind $1/_2$—2 mm große Knötchen. Sie stehen bis zur Einmündung des Gallenganges dicht und weiterhin lockerer. Am Pförtner schließen sie unmittelbar an die Pylorusdrüsen an (Abb. Nr. 154). Von der Flexura duodenojejunalis ab hören sie ganz auf, oft schon früher. Ihrem ganzen Bau nach sind sie die gleichen schlauchförmigen und vielfach verzweigten Drüsen wie die

Pylorusdrüsen (und Cardiadrüsen?), nur größer; denn jene sind auf die Tunica propria beschränkt. Das Drüsenepithel besteht aus hellen, schleimproduzierenden Zellen; auch Pepsin soll von ihnen abgesondert werden.

Gelegentlich ist auch die eine oder andere Belegzelle eingestreut; doch ist die freie Salzsäure, welche im Duodenum nachgewiesen werden kann, im wesentlichen vom Magen her mit dem Chymus in es hineingelangt.

Die Drüsenläppchen der normalen BRUNNERschen Drüsen sind oft ganz von Lymphocyten infiltriert und dann stark rückgebiluet; wahrscheinlich ist die Drüsenatrophie der Ausgangspunkt des Prozesses.

Jejunum und Ileum: Länge, Grenzen

Von der Flexura duodenojejunalis bis zur Valvula coli, den beiden Grenzpunkten des am Gekröse befestigten Dünndarmabschnittes (Intestinum mesenteriale), mißt der Darm an der Leiche etwa 6,5 m; doch ist beim Lebenden die Länge kaum größer als 5 m, da mit dem Tode der Tonus verloren geht und der Darm überdehnt wird (Längen bis zu 11 m sind beobachtet). Bei Leichen, die kurz nach dem Tode mit Formalin gehärtet wurden, sind sehr häufig einzelne Strecken besonders stark kontrahiert, andere weniger; die Gesamtlänge kann kürzer sein als im Leben (agonale Kontraktionen). Individuelle und Altersvariationen kommen hinzu, um das Bild sehr wechselnd zu gestalten. Immer ist aber dieser Teil des Darms um ein Vielfaches länger als die Höhe der Bauchhöhle (vom Zwerchfell zum Beckenboden gemessen), ja als die Entfernung vom Scheitel bis zur Sohle (beim Neugeborenen ist der Dünndarm 7 mal, beim Erwachsenen 3—4 mal so lang wie der ganze Mensch). Die Folge ist, daß er in starken Windungen liegt, die man zu Gesicht bekommt, wenn man das große Netz nach oben zurückklappt oder entfernt (Abb. S. 9, 291). Im allgemeinen gehören die oben liegenden Darmschlingen, im Anschluß an die dort in der Tiefe befindliche Flexura duodenojejunalis, zum Jejunum, während die rechts unten und im kleinen Becken liegenden Darmschlingen zum Ileum gehören, entsprechend dem in der rechten Fossa iliaca an sie anschließenden Caecum. Eine scharfe Grenze zwischen Jejunum und Ileum läßt sich nicht ziehen, so daß diesen Namen kein anderer Wert als der einer ungefähren Ortsangabe innerhalb des Intestinum mesenteriale zukommt. Üblicherweise rechnet man die kranialen $^2/_5$ zum Jejunum, die kaudalen $^3/_5$ zum Ileum. Im ersteren stehen die KERKRINGschen Falten dichter, im letzteren können sie fehlen; dagegen hat das Ileum aggregierte Follikel, das Jejunum hat gewöhnlich keine. Doch schwanken diese Merkmale, zumal an der Stelle, welche als Grenze angenommen wird.

Lage

Jejunum und Ileum sind gleichmäßig von einer glatten Serosa überzogen, die in das Mesenterium übergeht. Letzteres ist an der hinteren Bauchwand mit seiner Radix in einer geraden Linie von nur 15—17 cm Länge angeheftet, welche links neben dem 2. Lendenwirbel beginnt und schräg über die Aorta, die Pars ascendens und horizontalis des Duodenum, über den rechten Harnleiter und den rechten Psoas bis in die rechte Fossa iliaca verläuft (Abb. S. 254). Hinter den genannten Organen, rechts von der Aorta liegt die Vena cava inferior, welche also auch überkreuzt wird, allerdings nicht unmittelbar. Die Anheftungslinie der Radix ist 20—30 mal kürzer als die Anheftungslinie des Gekröses am Darm. Infolgedessen ist das Mesenterium des Dünndarms in zahlreiche Falten gelegt, die um so tiefer werden, je mehr wir uns dem Darm nähern, aber gegen die Radix hin verstreichen. Da die Entfernung der Radix von einer gegenüberliegenden Stelle des Darms etwa 15 cm (auch 20—23 cm) beträgt, so hat jedes Stück des Darms innerhalb dieses Spielraumes die Möglichkeit, sich der hinteren Bauchwand zu nähern oder von ihr zu entfernen. Wird die Bauchhöhle beim Lebenden geöffnet, so ist die Peristaltik unter dem Reiz der Abkühlung u. a. sehr gesteigert: die Darmschlingen kriechen wie ein Haufen Würmer durcheinander. Aber auch innerhalb der geschlossenen Bauchhöhle können, wenn auch langsamer und weniger ausgeprägt, beträchtliche Verlagerungen vorkommen. Man kann sie zuweilen durch die Bauchdecken wahrnehmen (besonders deutlich bei krankhafter Verengung des Pylorus).

Über den feineren Bau der Dünndarmwand siehe die früheren allgemeinen Ausführungen über KERKRINGsche Falten, Zotten, Drüsen und Follikel.

Bei etwas mehr als 2% aller Menschen bleibt ein Rest des Ductus omphalo- entericus (Abb. S. 240) zeitlebens erhalten. Man findet dann in der unteren Partie des Ileum gegenüber dem Ansatz des Gekröses einen blind endigenden Anhang, dessen lichte Weite derjenigen des Ileum an der betreffenden Stelle entspricht, Diverticulum ilei, MECKELsches Divertikel. Es pflegt 5 cm lang und vom Nabel getrennt zu sein. Bleibt ein solider Strang erhalten, der zum Nabel zieht, so kann er zum Ausgang einer Darmstrangulation werden. Ist das Divertikel als

Diverti-
culum ilei
(Meckeli)

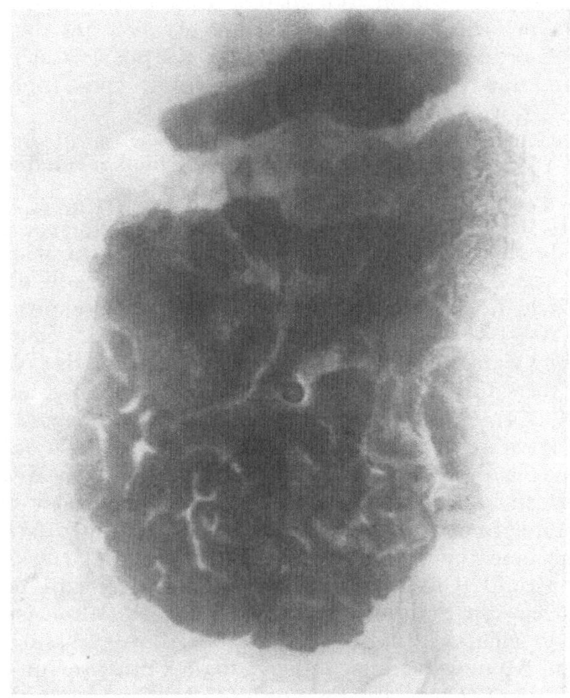

Abb. 155. Röntgenbild des Dünndarms vom Lebenden. Fernaufnahme in Bauchlage. Nur Magen und Dünndarm sind gefüllt, der Dickdarm nicht. Lage des Quercolons an der Aussparung zwischen Magen und Dünndarmkonvolut zu erkennen. Vgl. Abb. S. 9. [Aus Z. exper. Med. 66, 484 (1929).]

dünner Schlauch bis zum Nabel fortgesetzt, so tritt Kot aus einer Fistel an ihm aus. Dies sind seltene Fälle.

Der Dünndarm mündet in die mediale Seitenwand des Dickdarmes ein, nicht in seinen Anfang (Abb. S. 293). Infolgedessen ragt letzterer als ein Blindsack über die Dünndarmmündung hinaus, ähnlich wie der Fundus des Magens über die Kardia. Nur ist der Blindsack des Dickdarmes, Caecum, beim stehenden Menschen abwärts gerichtet, er liegt in der rechten Fossa iliaca (beim Magen ist er aufwärts gerichtet, deshalb auch Fornix genannt). Das Ileum ist so in die Dickdarmwand eingestülpt, daß man im Inneren des Darmes sein Ende als zwei horizontal stehende Falten vorspringen sieht, welche eine schmale Spalte zwischen sich fassen, Valvula coli, BAUHINsche Klappe (Abb. c u. d, S. 293). Die beiden Falten laufen vorn und hinten von dem Spalt in eine gemeinsame Falte aus, Frenulum anterius et posterius. Doch ist die Form beim Lebenden, bei dem sie gelegentlich eines

BAUHINsche
Klappe

19*

künstlichen Afters von außen beobachtet werden kann, anders: die Erhebung gegen das Dickdarmlumen zu ist kegelförmig und die Öffnung von radiär angeordneten Falten umgeben; Frenula sind nicht zu sehen. Die Schichten der Wandung des Ileum setzen sich in die invaginierte Partie fort, außer der Serosa, welche vorn auf die Dickdarmwand, hinten in den Bauchfellüberzug der Bauchwand übergeht. Besonders die Ringmuskelschicht ist stark entwickelt. Sie schließt die Ausgangspforte des Dünndarms gewöhnlich und läßt nur periodisch Chymus in den Dickdarm eintreten. Ein Rücktritt von Dickdarminhalt in den Dünndarm ist unter normalen Verhältnissen nicht möglich. Steigt der Druck im Caecum, so wird der Ringmuskel der Klappe nur um so stärker kontrahiert. Die Längsmuskulatur geht zum Teil in die Klappe über und ist dort mit der Ringmuskulatur verflochten, zum Teil breitet sie sich auf der Dickdarmwand aus; durch ihre Anordnung ist die BAUHINsche Klappe so fest in die Dickdarmwand eingelassen, daß sie nicht durch Überdruck vom Inhalt des letzteren aus retroinvaginiert werden kann.

Darminvaginationen pathologischer Art sind zwar in dieser Gegend häufig, gehen aber nicht von der BAUHINschen Klappe aus. Sie können diese wohl sekundär einbeziehen, besonders bei Kindern.

Nach neueren Tierversuchen wird der Verschluß der BAUHINschen Klappe durch psychisch bedingte Muskeltätigkeit reguliert, ähnlich dem Pförtner des Magens (nicht rein mechanisch durch den Füllungszustand des Caecum, wie man früher glaubte).

Blinddarm — Der **Blinddarm, Caecum,** wird von der Valvula coli ab gerechnet. Er ist durchschnittlich 7 cm lang, also der kürzeste Abschnitt des Dickdarms (Gesamtlänge 1,20—1,40 m). Seine Lage ist wechselnd. Gewöhnlich liegt er der hinteren Bauchwand in der Fossa iliaca so an, daß das Verwachsungsfeld sich nur wenig über die Ansatzlinie der Radix mesenterii hinaus kaudalwärts erstreckt (Abb. S. 254). Das ganze Caecum ist dann von Serosa umkleidet; man kann mit den Fingern an seine Rückwand vordringen, Fossa caecalis (S. 264). Das unterste Ende des Blindsackes liegt etwas medial von der Mitte des POUPARTschen Bandes. Doch kann das Ende auch höher stehen oder bis in das kleine Becken, bei Leistenhernien in den Bruchsack hineingelangen (selbst bei linken!). Meistens ist dann eine abnorme Beweglichkeit des Blinddarms gegen die hintere Bauchwand der Grund (Caecum mobile). Die Lage wird bei normaler Befestigung sehr durch den Füllungszustand beeinflußt. Selten ist der Blinddarm ganz leer. Füllt er sich, so wird besonders die laterale Wand gedehnt, bis sie sich der vorderen Bauchwand anschmiegt; man kann ihn infolgedessen durch Anpressen des Oberschenkels an die vordere Bauchwand entleeren. Das geblähte Caecum rückt über den Wurmfortsatz hinweg, er selbst bleibt annähernd am gleichen Ort liegen und befindet sich nun an der medialen hinteren Fläche des Blinddarms; dieser füllt schließlich die ganze Fossa iliaca aus. Wie sich bei Einblasen von Luft durch den After zeigt, dehnt sich der Blinddarm am leichtesten, denn seine Wandung ist die dünnste im ganzen Dickdarm. Er enthält deshalb meistens Gase und gibt tympanitischen Schall.

Die Ringmuskulatur des Blinddarms ist eine geschlossene gleichmäßige Schicht, die Längsmuskulatur hat wie überall im Dickdarm drei streifenförmige Verdickungen, Tänien. Sie konvergieren nach dem Ansatz des Wurmfortsatzes hin, nicht nach dem blinden Ende des Caecum selbst. Zwischen den Tänien ist die Längsmuskulatur auf wenige dünne Muskelzüge beschränkt.

Wurm-
fortsatz — Der Verlauf der Tänien, die Lage des Wurmfortsatzes beim Fetus und Kind beweisen, daß die ursprüngliche Fortsetzung des jetzigen Blinddarms im Wurmfortsatz lag (Abb. a, S. 293). Letzterer, **Appendix vermiformis** genannt, ist ein rudimentäres Stück Darm, das nach medial hinten gerückt ist, weil das hintere Stück Blinddarmwand zwischen ihm und der Valvula coli im Wachstum zurückblieb, das gegenüberliegende Wandstück dagegen die

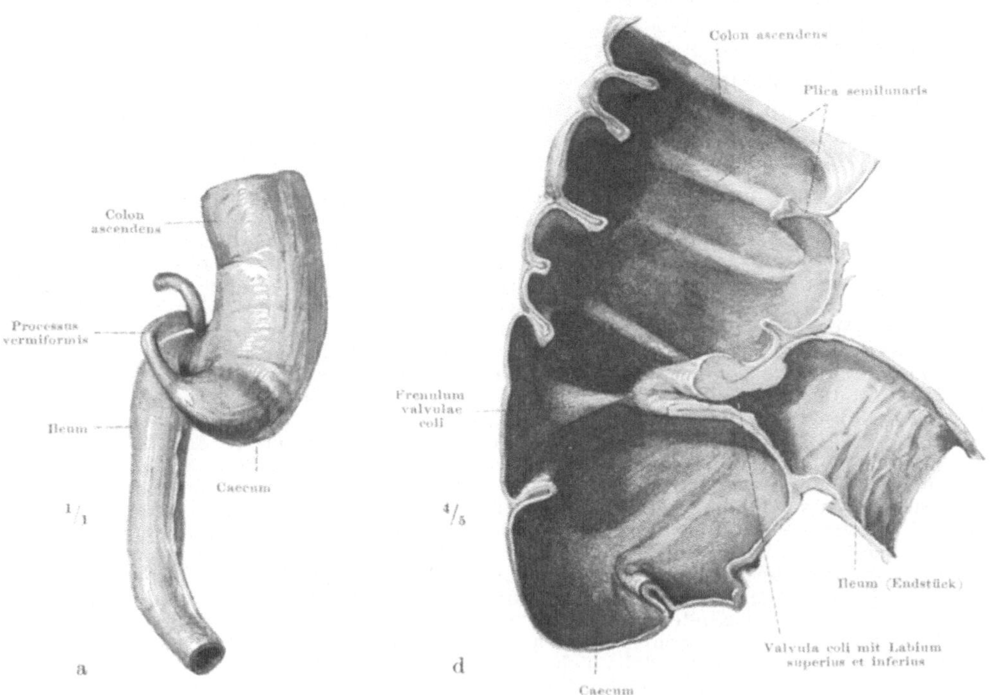

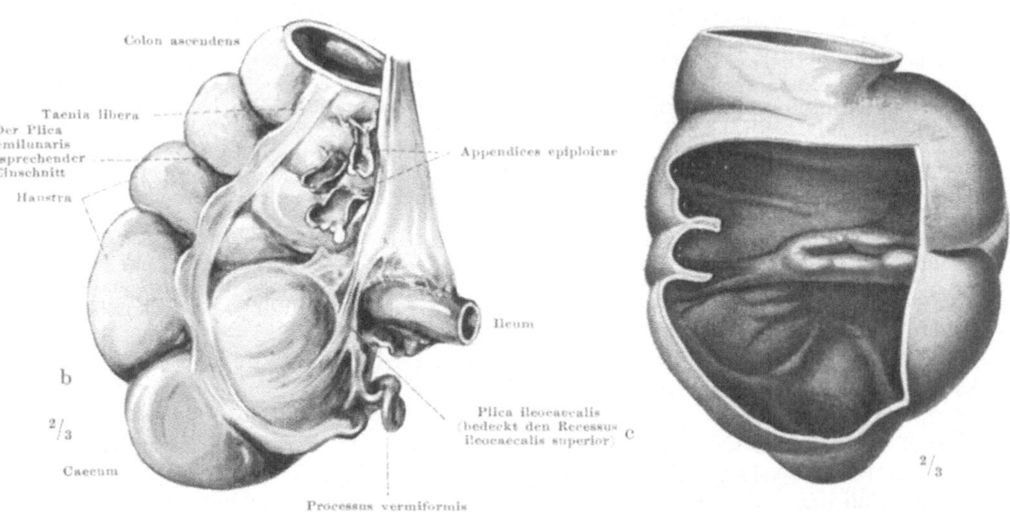

Abb. 156. **Blinddarm und Wurmfortsatz.** a Kindliche Form, Dorsalansicht, konischer Übergang des Wurmfortsatzes in das Caecum. b Erwachsener. Ventralansicht. Wurmfortsatz gegen das Caecum scharf abgesetzt. c Caecum aufgeblasen und getrocknet, Fenster gegenüber der Valvula coli. d Medianschnitt durch das Ileumende und Caecum, in Chromsäure gehärteter Darm (Zeichnungen zu a, c, d im Besitz der Heidelberger Anatomie).

Hauptausdehnung übernahm. Ist das letztere beim Erwachsenen extrem kontrahiert, so kann der Längenunterschied verwischt sein; scheinbar ist dann der kindliche Zustand (wie in Abb. a, S. 293) beim Erwachsenen noch erhalten. Bei den Vögeln und Säugern ist regelmäßig ein wohlentwickelter Blinddarm vorhanden, nur bei einigen, darunter den höheren Affen und dem Menschen, ist er zum bloßen Anhängsel geworden, das aber als lymphatisches Organ funktioniert (vgl. S. 280).

Die eigentliche Aufgabe als Darm, die verloren gegangen ist, ist am weitesten fortentwickelt bei körnerfressenden Vögeln und Säugern. Beim Pferde z. B. ist er über 60 cm lang und faßt an Inhalt mehr als das Doppelte vom Magen. Bei Vögeln ist er sogar paarig. Der langsamen Aufschließung und Verdauung der cellulosereichen pflanzlichen Nahrung kommt dies zugute. Bei uns leistet die Auswahl geeigneter Nahrung und die Küche, was bei jenen dem Darm obliegt.

Der Wurmfortsatz liegt am Mc Burneyschen bzw. Lanzschen Punkt (Bd. I, S. 158); er liegt oft hinter dem Caecum versteckt. Die Ileocaecalregion ist meistens so an der hinteren Bauchwand fixiert, daß die Wurzel des Wurmfortsatzes mitgefaßt ist. Ist der ganze Wurmfortsatz beim Embryo zur Zeit, wo das Colon mit der hinteren Bauchwand verwächst, nach aufwärts emporgeschlagen, so wird er gleichsam retroperitonaeal gefangen (intramurale Lage). Ist er gegen die Milz zu gerichtet, so muß man das Ileum zurückschlagen, um ihn zu finden. Immer zeigt die vordere freie Tänie den Weg zu ihm. Hängt er in das kleine Becken hinab, so ist sein Gekröse am ausgebildetsten. Es heißt Mesenteriolum. Die Größe schwankt auch mit der Größe des Wurmfortsatzes selbst, die zwischen 2—19 cm betragen kann (am häufigsten beträgt die Länge 10 cm, die Dicke 6 mm; in extrem seltenen Fällen fehlt er ganz oder wird bis 25 cm lang). Das Lumen kann gelegentlich ganz fehlen (3—4% der Fälle); häufiger ist es nur streckenweise zurückgebildet, besonders bei alten Leuten, selten bei Kindern, möglicherweise eine Folge abgelaufener Entzündungen Auch eine Klappe der Schleimhaut an der Mündung in den Blinddarm kommt vor. Die Muskellängsschicht zerfällt nicht in Tänien, sondern ist gleichmäßig ausgebildet. Das ganze Organ ist von einer Serosa überzogen.

Bei Entzündungen des Wurmfortsatzes (Appendicitis) oder Blinddarms (Typhlitis) wird der Schmerz häufig an der unrichtigen Stelle lokalisiert: viele Menschen neigen dazu, Blinddarmschmerzen in die Magengegend zu verlegen. Der Arzt darf sich dadurch nicht irreleiten lassen, sondern muß alle objektiven Symptome aufs sorgfältigste zu Rate ziehen (z. B. Bauchsperre, Bd. I, S. 147). Tatsächlich kommen hochgradige Verlagerungen vor, besonders bei abnorm beweglichem Colon und Caecum.

Gefäße der Ileocaecalgegend Die Blutzufuhr der Ileocaecalgegend ist wegen der häufigen Entzündungen besonders studiert worden. Man unterscheidet eine A. ileocaecalis anterior und posterior und eine A. processus vermiformis (s. appendicularis). Die beiden ersteren breiten sich mit zahlreichen Ästen vorn und hinten auf dem Ende des Ileum und ganzen Blinddarms aus; die letztere verläuft im Mesenteriolum des Wurmfortsatzes und kann auf ihrem Wege hinter dem Ileum her durch stagnierenden Inhalt zugequetscht werden. Ob damit die Neigung des Organs zu nekrotisierenden Entzündungen in Beziehung steht, ist fraglich.

Der Lymphstrom aus den üblichen Netzen der Darmwand der Ileocaecalgegend wird Lymphknoten dicht neben dem Blinddarm zugeleitet; diese stehen mit den oberhalb gelegenen Lymphknoten in der Gegend der A. coeliaca und der Lendengegend in Verbindung, aber auch nach unten mit Lymphknoten der Fossa iliaca und bei der Frau mit Lymphgefäßen des rechten Eierstocks.

Das Colon: Einteilung, Lage Das Colon folgt der seitlichen Bauchwand in seinem auf- und absteigenden Schenkel, Colon ascendens und Colon descendens; der beide verbindende Schenkel, Colon transversum, ist girlandenartig an beiden Flexuren aufgehängt. Der Name Quercolon (C. transversum) trifft den Kern der Sache nicht. Gerade die Lage dieses Teiles wechselt sehr, sie ist typisch abhängig von der Füllung und Dehnung des Darms an dieser Stelle einerseits und seiner Leerung und Verkürzung andrerseits. Im ersteren Fall sinkt die Girlande stärker abwärts, im letzteren Fall ist sie straffer gespannt (Abb. b, S. 282). Geradlinig quer ist die Lage und Richtung des „Quer"colon in Wirklichkeit nicht.

Am Ende des Colon descendens legt sich das Colon in eine Schleife von sehr verschiedener Länge und Form, Colon sigmoideum (man nennt es auch wegen einer häufig vorkommenden Form S romanum).

Die übrigen Teile verlaufen in der Regel ziemlich geradlinig.

Ist der Dickdarm durch Kot oder Gas stark gebläht, so ist infolge seiner Lage der Bauch seitlich erweitert, während Überfüllung des Dünndarms die Nabelgegend besonders vortreibt.

Die Einteilung geht mit Verschiedenheiten in der Lage zum Bauchfell Hand in Hand. Nur das Quercolon und S romanum haben ein Mesocolon und können deshalb ihre Lage am stärksten verändern. Beim auf- und absteigenden Schenkel, welche in der Norm retroperitonaeal liegen, ist ein Lagewechsel nicht ausgeschlossen, aber doch sehr viel enger begrenzt; in abnormen Fällen, in welchen die Verwachsung mit der hinteren Bauchwand beim Fetus inkomplett vollzogen oder später sekundär wieder gelöst ist, bleibt das Colon an der betreffenden Stelle frei beweglich, besonders häufig das aufsteigende Colon im Anschluß an ein Caecum mobile. Die Unterschiede sind rein graduell.

Bei völlig erschlaffter Muskulatur (Leiche) ist der Querschnitt des Dickdarmes beträchtlich größer als der des Dünndarmes (5—8 gegen 2—3 cm). Im Leben ist das Kaliber je nach dem Muskeltonus und der Füllung sehr wechselnd. Ein leerer „Dick"darm kann dünner als der „Dünn"darm sein. Durch starke Füllung mit Kot oder Gasen, besonders bei der Leiche, wird der Dickdarm überdehnt; er nimmt dann übermäßige Kaliber an. Beim Lebenden entwickeln sich bei chronischen Verstopfungen, bei Geisteskranken, welche Fremdkörper durch den After hinaufschieben u. dgl., manchmal erstaunliche Kaliber, Megacolon. Dies kann bei Kindern vorkommen, kann auch angeboren sein und ist dann die Ursache der Stuhlverhaltung; beim Erwachsenen ist es die Folge, eine Rückbildung der Muscularis kann sich hinzugesellen.

Im Bau der Darmwand weist das Colon (und ebenso der Blinddarm, also der größte Teil des Dickdarmes) gegenüber dem Dünndarm vier Unterscheidungsmerkmale auf, die in situ zu den Verschiedenheiten in der Lage und dem Kaliber hinzukommen, aber auch für sich allein jedes herausgenommene Stück Darm zu identifizieren gestatten: die Taeniae, Plicae semilunares, Haustra und Appendices epiploicae.

Man unterscheidet drei Tänien, die an den retroperitonaealen Teilen so liegen, daß eine vorn durch die Serosa hindurchschimmert, Taenia libera (Abb. b, S. 293 u. Abb. S. 9), die beiden anderen auf der mit der hinteren Bauchwand verwachsenen Strecke des Colon versteckt liegen. Im Quercolon entspricht die eine von ihnen der Anheftungslinie des Mesocolon, Taenia mesocolica, die andere derjenigen des großen Netzes, Taenia omentalis. Die Muskulatur der Längsschicht ist, wie früher beschrieben, innerhalb der drei Tänien, von denen jede etwa 1 cm breit ist, besonders stark entwickelt; in den Zwischenräumen fehlt sie nicht ganz, ist aber nur als minimale Schicht vorhanden. Die Ringschicht ist dünner als im Dünndarm. Die drei Tänien überwiegen, sobald die Ringschicht erschlafft, und wirken durch ihren Tonus wie elastische Bänder, die den Darm automatisch verkürzen. Die übrige Darmwand muß sich unter ihrer Wirkung in Falten legen wie ein Segel, das durch Verkürzung der Leinen, an die es angeheftet ist, gerafft wird.

Die Plicae semilunares und Haustra sind Folgen des eben beschriebenen Verhaltens der Längsmuskulatur. Ist diese tonisch oder kontraktorisch verkürzt, so buchtet sich der Dickdarm nach innen und außen vor; die nach der Lichtung vorspringenden, halbmondförmigen, quergestellten Falten heißen Plicae semilunares, die nach außen buckelförmig vorgebauschten Wandstrecken heißen Haustra. Präpariert man bei der Leiche die Tänien weg, so verschwinden die Plicae und Haustra. Letztere sind voneinander durch tiefe Einschnitte getrennt, dem Gegenrelief der Plicae (Abb. b, S. 293). Die Darmwand ist eben im ganzen gefaltet, nicht wie im Dünndarm, wo nur die Schleimhaut zu den KERKRINGschen Falten erhoben ist. Beide sind also strukturell nicht miteinander vergleichbar. Im Dünndarm sind die Falten dauernd vorhanden, im Dickdarm bilden sie sich im Leben nur dann, wenn die Ringmuskulatur sich an den Stellen der Plicae zusammenzieht und dazwischen erschlafft; in diesem Augenblick erzeugen die drei Tänien automatisch das typische Dickdarmbild, welches beim wismutgefüllten Darm auf dem Röntgenschirm scharf hervortritt. Man sieht dabei, wie eine Plica verschwindet und ein Haustrum an ihre Stelle tritt: Fließen der Haustra. Folgen sie nicht in regelmäßiger Anordnung von proximal nach distal aufeinander, sondern treten sie bald hier, bald da auf, so wird der Dickdarminhalt bloß durchgeknetet, anderenfalls wird er analwärts fortbewegt, wie früher beschrieben wurde.

Die Plicae können, wenn sie zu stark in die Lichtung vorgetrieben werden, ein Hindernis für die Kotbeförderung werden, besonders wenn die Schleimhaut infolge der vermehrten Reibung gereizt wird und anschwillt. Pathologische klappenartige Verschlüsse sind auf diesem Wege möglich, besonders an der Knickstelle zwischen S romanum und Rectum.

Beim Menschen ist der Kot gewöhnlich von breiiger Konsistenz und wird wurstförmig vorgeschoben. Die Defäkation wird eingeleitet, indem sich das absteigende Colon und S romanum durch die Tätigkeit ihrer Eigenmuskeln im ganzen entleeren. Der Inhalt wird dadurch in den Mastdarm gedrängt. Durch diesen Reiz wird die eigentliche Stuhlentleerung hervorgerufen, welche erst nach Lösung des Sphincterenverschlusses des Afters erfolgen kann. Gewöhnlich ist die Bauchpresse beteiligt. Doch ist im Tierversuch und bei Lähmungen der in Betracht kommenden Muskeln auch beim Menschen eine Stuhlentleerung lediglich durch die Tätigkeit der Eigenmuskulatur des Darms möglich.

Bei Tieren kann der Dickdarminhalt eine bestimmte, der Form der Haustren entsprechende Gestalt annehmen, die für die betreffende Art ganz typisch ist („Losung"). Bei ausgestorbenen Tierformen ist die Bauart des Darms nach den fossilen Kotresten rekonstruierbar (Koprolithen der Ichthyosaurier). Vielfach bilden sich die Kotballen jedoch erst in einem nicht haustrierten Endteil des Dickdarms. Der Kot, der seinen eigenen Aufbau besitzt, wird also bald durch die Umgebung im Dickdarm beeinflußt, bald nicht. Beim Menschen hängt der Einfluß von der Verweildauer ab. Gewöhnlich wird der Stuhl als gleichkalibrige Wurst vorgeschoben und durch den Sphincter ani stückweise abgekniffen und entleert. Bei Durchfall ist überhaupt keine Form möglich. Der flüssige Kot der Kuh nimmt nie eine bestimmte Form an.

Appendices epiploicae   Die Appendices epiploicae (Abb. b, S. 293) sind lappenförmige Ausstülpungen der Serosa, die beim Fetus bereits vorhanden, aber fettleer sind, beim Erwachsenen in der Regel Fetteinschlüsse enthalten. Sie liegen in der Regel so, daß der fettgefüllte Teil die ringförmige Nische ausfüllt, welche der nach innen vorspringenden Plica semilunaris entspricht. Bei fetten Menschen können sie Nußgröße erreichen; sie liegen dann zwischen Dickdarm- und Dünndarmschlingen resp. Bauchwand eingekeilt. Möglicherweise verhindern sie durch die Plastizität des Fettes eine Reibung der Dickdarmwand innerhalb der Falten oder verschiedener Darmabschnitte aneinander und schützen so die Serosa wie eingeschobene bewegliche Walzen (Baufett, Bd. I, S. 30). Die Appendices stehen in zwei Reihen, die eine an der vorderen, die andere an der medialen Seite des Colon; am Quercolon kommt nur eine Reihe vor.

Flexurae coli und Colonnischen   Der Übergang des aufsteigenden Colonschenkels in das Quercolon ist spitz-, recht- oder stumpfwinklig, der des Quercolon in den absteigenden Colonschenkel immer spitzwinklig (Abb. b, S. 292 u. Abb. S. 291). Man nennt die beiden Biegungen Flexura coli dextra et sinistra. Die rechte (auch Flexura hepatica genannt) liegt der Leber an und erzeugt am rechten Leberlappen die Impressio colica (Abb. S. 314), die Hinterwand entspricht dem unteren Pol der rechten Niere und der Pars descendens des Duodenum (Abb. S. 254). Von hier

aus geht das Quercolon anfangs stark nach vorn auf die vordere Bauchwand
zu, ehe es nach der linken Körperseite zu abbiegt. Der Bereich der rechten
Flexur ist daher recht groß. Die linke Flexur liegt tief im linken Hypochondrium, am häufigsten zwischen der großen Curvatur und dem unteren Milzpol
(daher auch Flexura lienalis genannt). Sie ist dort in einen Netzabkömmling,
das Ligamentum phrenicocolicum (Abb. S. 254, 259) und in den angrenzenden Netzabschnitt eingepackt; daher stehen Zwerchfell, Milz und linke Colonflexur zueinander in einer konstanten Lagebeziehung. Die linke Flexur steht höher
als die rechte. Das distale Ende des Quercolon steigt hinter dem Magen häufig
über die Flexur hinaus bis zur Zwerchfellkuppel auf, biegt dort scharf um und
täuscht eine Flexura lienalis vor, die aber auch dann durch eine leichte Biegung
an der Stelle des Lig. phrenicocolicum kenntlich ist. Die echte oder falsche
linke Flexur ist ein scharfer Knick und daher viel deutlicher als die rechte.
Die Fortbewegung des Kotes wird durch die Wandfalte, welche an der
Knickstelle in die Lichtung vorspringt, nach Art einer Klappe gehemmt. Bei
den großen Colonbewegungen reißt in der Regel die Kotsäule an dieser Stelle
ab; manchmal wird noch ein Stück des Inhaltes des Quercolon mitgenommen
und gegen den After befördert. Die Stelle ist eine Sperre für die Darmgase.
Versuche mit Einläufen haben ergeben, daß ein Druck von $^1/_2$ m Wasser den
Widerstand zu überwinden vermag.

Da das Mesenterium mit der nach oben anschließenden Flexura duodenojejunalis wie eine Art medianer (etwas schräg gerichteter) Scheidewand von
der hinteren Bauchwand nach vorn vorspringt, befinden sich rechts und links
davon gesonderte Räume, welche lateral vom auf- bzw. absteigenden Colon
begrenzt werden, kranialwärts bis an die beiden Colonflexuren heranreichen
und dort abgeschlossen sind: die Colonnischen (Abb. S. 254, nur die linke
bezeichnet). Die rechte (auch Duodenalnische genannt) orientiert über die
Pars descendens und Pars inferior duodeni (sog. Pars infracolica), über den unteren
Pol der rechten Niere, den rechten Ureter und die Wurzel der Vena mesenterica
superior. In die linke Colonnische (auch Pankreasnische genannt) ragen
hinein der Pankreaskörper und der Beginn seines Schwanzteiles, der untere
Teil der linken Niere in wechselnder Ausdehnung und der linke Ureter. Die
rechte Colonnische ist geräumiger als die linke; letztere ist tiefer und ragt
entsprechend der Lage der linken Colonflexur weiter kranialwärts. Beide öffnen
sich kaudalwärts, die rechte genau nach unten, die linke nach unten und rechts.

Man bekommt die Colonnischen erst zu Gesicht, wenn man das große Netz
mit dem Quercolon nach oben zurückschlägt und dabei das Mesocolon anzieht.
Sie sind treffliche Orientierungsmittel für die an der hinteren Bauchwand liegenden,
oben genannten Organe.

Die Flexura sinistra liegt weiter lateralwärts von der Mittellinie entfernt als die
Flexura dextra, entweder hinter, neben oder vor dem Magen. Das ihr benachbarte
Mesocolon transversum überkreuzt in der Regel die linke Niere, nur selten umgeht
es im Bogen ihren oberen oder unteren Pol.

Trotz der relativ stabilen Lage sind doch Verschiebungen der Flexuren nach
unten bei demselben Individuum in verschiedenen Körperlagen auf dem Röntgenschirm zu beobachten. Normal ist, daß die Senkung nicht fixiert ist, sondern daß
eine der Schwere folgende variable Einstellung jederzeit möglich ist. Die Lage
der linken Flexur ist sehr fest, vergleiche aber das oben Gesagte. Die rechte hat kein
laterales Halteband wie das Ligamentum phrenicocolicum links; sie ist deshalb
viel verschieblicher. Oft ist sie durch das Ligamentum hepatocystocolicum
mit der Gallenblase verbunden (S. 267).

Werden Darmgase durch die Stellung des Körpers oder durch die Kleidung
in der linken Flexur festgehalten, so entstehen leicht Schmerzen („Seitenstechen"),
welche nach Behebung des Hindernisses verschwinden.

Während die retroperitonaealen Abschnitte und besonders die Flexuren relativ Variabilität
des Colon
trans-
konstante Lage haben, sind die mit einem Mesocolon versehenen Abschnitte nicht
nur viel beweglicher, sondern sie nehmen auch häufiger Dauerlagen ein, welche

versum und
Colon
sigmoideum

von der durchschnittlichen Lage abweichen. Das Quercolon sollte der großen Curvatur des Magens folgen. Obgleich es nur sekundär durch Vermittlung des großen Netzes in Verbindung mit dem Magen getreten ist, sind doch feste Verlötungen eingetreten, die man als Lig. gastrocolicum bezeichnet (man nennt so die Strecke der Vorderwand der Bursa omentalis, welche zwischen Curvatura major und dem Niveau des Quercolon liegt; verwächst das Quercolon mit der Hinterwand der Bursa und diese mit der Vorderwand, so entsteht indirekt eine bandartige Befestigung des Quercolon am Magen, Abb. S. 258). In Wirklichkeit wird das Quercolon von den weiter abwärts liegenden Dünndarmschlingen wie auf einem Kissen getragen. Gibt das Kissen nach, so können Biegungen und Verlängerungen des Quercolon in beträchtlichem Ausmaß einsetzen, denen das Lig. gastrocolicum folgt, indem die Verlötung nicht an der gewöhnlichen Stelle, sondern weiter distal eintritt. Das Mesocolon transversum ist quer vor dem Pankreas befestigt (Abb. S. 254); es ist in solchen Fällen ebenfalls nachgiebig. Gewöhnlich ist die Anheftungslinie an der hinteren Bauchwand nach oben konvex gebogen, während die Anheftung mittels des Lig. gastrocolicum an der großen Curvatur des Magens nach unten zu konvex gebogen ist. Je nach seiner Füllung und seinem Kontraktionszustande kann das Quercolon zu einer oder zwei Schleifen ausgezogen sein, die V- oder U-förmig bis zum Nabel oder tiefer herabhängen, ja bis in einen Bruchsack hineingelangen. Das Quercolon kann auch so geknickt sein, daß es eine nach rechts abwärts gerichtete Schlinge bildet, welche zur Gallenblase zurückkehrt und erst dann endgültig die Wendung nach links zur Milz hin nimmt (bei Halbaffen regelmäßig vorkommend, daher Prosimierschlinge). Der absteigende Teil dieser Schlinge liegt vor dem Colon ascendens. Eine Schlinge des Quercolon kann in dem gewöhnlich ganz schmalen Spalt zwischen Leber und vorderer Bauchwand bzw. Zwerchfell liegen.

Wegen der Nachbarschaft der Gallenblase können Gallensteine in das rechte Quercolon durchbrechen.

Das Colon sigmoideum ist mit seinem Mesocolon (Mesosigmoideum) in einer zweigezackten Linie in der linken Fossa iliaca befestigt. Das Gekröse ist an der längsten Stelle 9 cm lang, erlaubt also fast die gleiche Beweglichkeit wie beim Quercolon. Entweder ist der Darm ähnlich einem liegenden S gebogen oder — häufiger — gerade umgekehrt. Im ersteren Fall ist die an das Colon descendens anschließende Schleife kranial, im zweiten Fall kaudal gerichtet. Man nennt sie auch Colonschleife im engeren Sinne, das folgende Stück Rectumschleife (weil sie an das Rectum angrenzt). Beide gehören zum Colon. Sie liegen entweder vor den Dünndarmschlingen oder hinter diesen und von ihnen bedeckt. Je nach dem Füllungszustand des Colon sigmoideum selbst oder der benachbarten Darmabschnitte und Beckenorgane (Blase, Mastdarm) kann der äußerste Pol der Schleife im kleinen Becken, links oder rechts in der Bauchhöhle, ja sogar in der Lebergegend gefunden werden. Den Auftrieb nach oben bewirken nicht selten große, in ihm gesammelte Gasmengen.

Über den Recessus intersigmoideus siehe S. 264.

Mastdarm,
Lage und
Form

Der Mastdarm, Rectum, schließt ohne scharfe Grenze an das Colon sigmoideum an. Er liegt vor dem Kreuzbein und Steißbein und folgt deren Krümmung, ist also nach hinten konvex gebogen (Abb. S. 407, 445). Dieser Teil heißt Pars pelvina, die Krümmung Flexura sacralis. Der anschließende kleinere Teil liegt bereits innerhalb des Dammes, durchbohrt ihn schräg in der Richtung von oben vorn nach unten hinten und ist also gerade entgegengesetzt gekrümmt wie die Flexura sacralis. Man nennt ihn Pars perinealis (s. analis) und die Biegung mit nach hinten gerichteter Konkavität: Flexura perinealis. Außer den beiden Biegungen in der Medianebene ist der Mastdarm sehr oft auch seitlich ausgebogen (in der Frontalebene, Abb. S. 254). Je nach der Größe dieser Biegungen ist die Länge recht verschieden; sie schwankt zwischen 15—19 cm. Er ist nur vorn und seitlich vom Bauchfell überzogen, die Hinterfläche liegt größtenteils dem Knochen an und ist durch lockeres Bindegewebe an ihm befestigt (Abb. S. 445). Wegen seiner retroperitonaealen Lage kann man, ohne die Bauchhöhle zu eröffnen, durch Resektion des Kreuzbeins von hinten an den Mastdarm heran, etwa um eine Geschwulst zu entfernen. Das Bauchfell verläßt am 3. Kreuzwirbel die hintere Beckenwand (Abb. S. 407) und steigt schräg abwärts, um an der Vorderwand des Mastdarms den tiefsten Punkt der Bauchhöhle überhaupt zu erreichen (beim Manne in der Excavatio rectovesicalis, bei der

Frau in der Excavatio rectouterina, Abb. S. 523). Infolgedessen liegen auch zu beiden Seiten des Mastdarms Taschen des Bauchfells, deren Boden schräg nach vorn abfällt, die Fossae s. Recessus pararectales (Abb. Nr. 157). Sie geben so viel Spielraum, daß sich das Rectum, wenn es sich kurz vor der

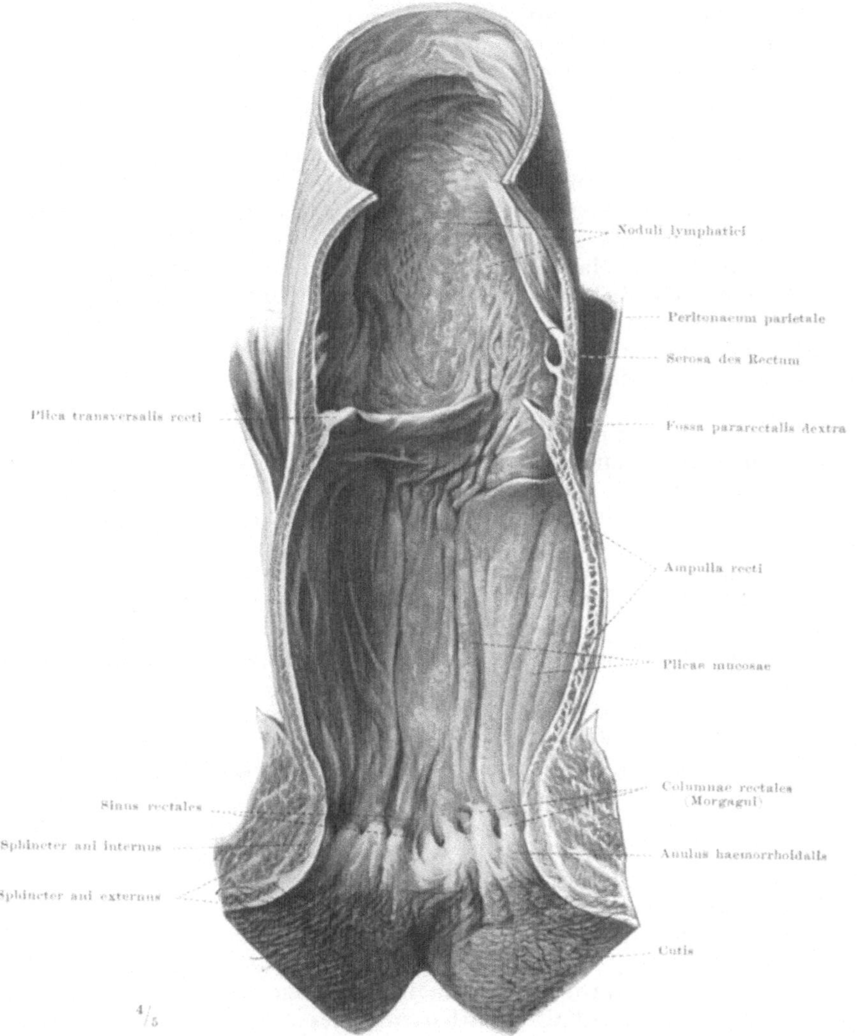

Abb. 157. Mastdarm, von hinten aufgeschnitten.

Defäkation mit Kot füllt, in der Beckenhöhle hinreichend ausdehnen kann, ohne in Konflikt mit den knöchernen Wandungen zu geraten. Etwa in der Beckenhöhle befindliche Darmschlingen, in erster Linie das Colon sigmoideum und Ileumschlingen, weichen entsprechend aus und verlassen das kleine Becken. Gewöhnlich ist der Mastdarm leer. Tritt Kot in ihn ein, so löst er das Gefühl des Stuhldranges aus. Bei nicht ganz darmgesunden Menschen kann aber dauernd Kot im Rectum zwischen den Defäkationen angesammelt bleiben. Die Pars sacralis ist dann dauernd gebläht und drückt auf die vor ihr liegenden Beckenorgane (beim Mann besonders auf die Harnblase, Vorsteherdrüse und Samenbläschen, Abb. S. 407; bei der Frau auf die inneren weiblichen Geschlechtswerkzeuge); mannigfache Störungen, vorwiegend nervöser Art, verraten im Leben die abnorme Erweiterung des Mastdarms. Auch normalerweise ist dieser Teil des Rectum stärker erweiterungsfähig, deshalb nennt man die Pars sacralis auch Ampulla recti. Beim Darmgesunden ist dieser Abschnitt zwischen den Defäkationen nicht weiter als der übrige Dickdarm, die Vorderwand liegt der Hinterwand wie bei einem Feuerwehrschlauch an. Die Pars perinealis ist stets leer; sie wird nur während des Stuhlabganges gerade so lange geöffnet, bis die Kotsäule durchgetreten und von ihr abgekniffen ist.

Mastdarmwand Die Wand des Mastdarms ist vom übrigen Dickdarm (außer dem Wurmfortsatz) dadurch unterschieden, daß die äußere Schicht der Muskularis aus einer kontinuierlichen Lage von Längsmuskeln besteht. Die Tänien des Colon sigmoideum, welche bereits verbreitert sind gegen das übrige Colon, vereinigen sich am Beginn des Mastdarms, Zwischenräume sind nicht mehr zwischen ihnen zu bemerken, die Haustra und Plicae semilunares fallen weg. Dagegen bildet die Schleimhaut einige Falten, welche zum Teil ähnlich den KERKRINGschen Falten des Dünndarms quer stehen und unverstreichbar sind, weil die Muscularis nicht mit eingefaltet ist, Plicae transversales recti (Abb. S. 299). Die Ringschicht pflegt innerhalb der Querfalten verdickt zu sein, die Längsschicht streicht unverändert über die Stelle, an der sie liegen, hinweg. Von außen kann man sie nur an den seitlichen Biegungen des Mastdarms bemerken, denen sie entsprechen. Nach der Lichtung zu ist der Vorsprung unter Umständen so groß, daß ein Hindernis für die Einführung eines Irrigators u. dgl. entstehen kann. Der Finger des Untersuchers kann vom After aus gerade bis dahin vordringen (KOHLRAUSCHsche Falte, s. unten). Wird der Mastdarm mit Kot gefüllt und dilatiert, so wird die Sperre automatisch beseitigt, indem die stationären Falten kulissenartig auseinander rücken; die übrigen, beim leeren Mastdarm zahlreichen Längs- und Querfalten sind beim geblähten Rectum verstrichen.

After Der After, Anus, ist eine längsgestellte Spalte, welche zur Haut des Damms gehört (Abb. S. 532). Die Grenzlinie zwischen äußerer Haut mit der üblichen Decke aus mehrschichtigem Plattenepithel und der eigentlichen Darmschleimhaut mit einschichtigem Cylinderepithel ist gezackt und entspricht der Lage nach nicht der Afteröffnung, sondern liegt mit ihren Zackenspitzen 2 cm oberhalb (Abb. S. 299). Man rechnet den ganzen Bezirk, welcher die Pars perinealis auskleidet, mit zur Mastdarmschleimhaut, obgleich er histologisch nur teilweise zur Schleimhaut gehört. Die in den Mastdarm vorspringenden Epidermiszacken überziehen Längsfalten der Schleimhaut, Columnae rectales (Morgagnii, 8—10 Stück), welche einem glatten Ring der Epidermis von 1 cm Breite, dem Annulus haemorrhoidalis, aufsitzen und von da aus etwa 1 cm hoch hinaufreichen. Die Falten enthalten venöse Knäuel in der Propria der Schleimhaut. In den Buchten zwischen den Falten bildet die Schleimhaut verschieden tiefe, mit Darmepithel ausgekleidete Krypten und Divertikel, Sinus rectales (Drüsen siehe S. 278). Außen von der Schleimhaut der Pars perinealis liegt ein Muskelring, in welchen dieser Darmteil eingelassen ist (Abb. S. 407, 445, 299). Der Schleimhaut zunächst liegt glatte Muskulatur, die zur Ringschicht der Muscularis des Mastdarms gehört; diese verdickt sich allmählich an ihrem unteren Rande zum Sphincter ani internus. Um ihn herum und nicht ganz so hoch hinaufreichend formt die Dammuskulatur einen Ring aus quergestreiften Muskelfasern, Sphincter ani externus. Beide zusammen öffnen sich nur beim Kotlassen und beim Abweichen von Blähungen, gewöhnlich halten sie den After geschlossen.

Die Gefäße des Mastdarms gehören zum Teil zur Arteria bzw. Vena mesenterica inferior (A. und V. haemorrhoidalis superior), zum Teil zur A. bzw. V. iliaca interna (A. und V. haemorrh. media oberhalb des Beckenbodens aus Iliaca interna unmittelbar und A. und V. haemorrh. inferior unterhalb des Beckenbodens durch Vermittlung der A. und V. pudenda). Das venöse Blut fließt infolge der vielen beteiligten, untereinander anastomosierenden Venen sowohl nach der Vena portae ab (via V. haemorrh. sup.) wie nach der Vena cava inferior (via V. haemorrh. media et inf.); trotzdem kommt es leicht zu Stauungen, zu denen die Wirkung der Afterschließer auf die distalen Venenausbreitungen in der Schleimhaut Anlaß gibt. Beim Erwachsenen pflegen die Venenstämmchen oberhalb des Annulus haemorrhoidalis geschlängelt zu sein, außerdem sind lacunäre Erweiterungen bis zu Erbsengröße eingeschaltet, welche die MORGAGNIschen Falten der Schleimhaut stärker als gewöhnlich gegen das Lumen vorbuchten. Allmähliche Übergänge führen ins Krankhafte (Hämorrhoidalknoten; sie können beim Pressen stärker vorquellen, platzen und Hämorrhoidalblutungen verursachen).

Über die Muskeln der Afteröffnung und die Beziehung des Mastdarms zu den Beckenorganen siehe Harn- und Geschlechtswerkzeuge und Damm.

Wird der erkrankte Mastdarm samt den Sphincteren operativ entfernt, so wird doch der Kot periodisch, nicht kontinuierlich entleert, ein Beweis dafür, daß die großen Colonbewegungen, besonders die Peristaltik des Colon sigmoideum, welche die Austreibung besorgen, periodenweise auftreten. Die Bauchpresse kann mithelfen, wird aber bei Lähmungen ausgeschaltet, ohne daß die Entleerung unterbrochen wird. In beiden Fällen, beim Verschluß und bei der Entleerung, kann der Darm an sich das Wichtigste leisten, doch wirken die quergestreiften Muskeln (Sphincter, Bauchwand und Zwerchfell) beim normalen Vorgang regulierend und fördernd mit oder bleiben für den Notfall und für Höchstleistungen in Reserve.

Die Sphincteren des Afters lassen, wenn die Muskeln maximal erschlaffen, eine ganze, nicht zu große Hand hindurch; doch ist die Untersuchung per rectum auf diese Weise schwierig, weil die Hand zu sehr eingezwängt und das Gefühl herabgesetzt ist. Versagt die normale Befestigung des Mastdarms, so kann er durch den erschlafften Sphinkter vorfallen (Prolapsus recti); daran ist zu erkennen, wie fest die Schleimhaut mit den Sphincteren verlötet ist. Untersucht man digital (mit einem oder zwei Fingern), so gelangt man bis zu den Plicae transversae. Häufig sind drei vorhanden, die obere und untere pflegen auf der linken Seitenwand, die mittlere auf der rechten Seitenwand zu beginnen. Die letztere ist meist am größten (KOHLRAUSCHsche Falte). In ihrer Basis ist die Ringmuskulatur besonders verdickt: Spincter ani tertius, NÉLATONscher Muskel. Bis zur Höhe dieser Falten pflegt die Bauchhöhle herabzureichen (DOUGLASscher Raum, Excavatio rectovesicalis bzw. rectouterina). Unterhalb dieses Niveaus liegt auch die Vorderwand des Rectum retroperitoneal. Die Entfernung vom After beträgt 7,5 cm, ist also mit dem eingeführten Zeigefinger bequem erreichbar. Die Prostata und Blase beim Mann, die Scheide bei der Frau sind auf dieser Strecke unmittelbar vom Mastdarm aus abzutasten und auch bei Rupturen oder sonstigen Durchbrüchen zugänglich, ohne daß die Bauchhöhle geöffnet wird. Pathologische Flüssigkeitsansammlungen in der Bauchhöhle sammeln sich naturgemäß am tiefsten Punkt; da sie zuerst an der vorderen Mastdarmwand gefunden werden und durch ein künstliches Loch an dieser Stelle am leichtesten analwärts abfließen, muß diese Stelle die zu tiefst gelegene in den verschiedenen Körperhaltungen und -lagen sein.

Der Kot, Faeces, ist eine Mischung aus Resten der Nahrung, aus Excreten   Kot der Darmwand in die Darmlichtung hinein, aus abgestoßenen Epithelien und aus Bakterien, welche im Darm ein parasitisches Leben führen oder symbiotisch mit den Zellen der Darmwand arbeiten. Ein Viertel bis ein Drittel der normalen Kotmasse besteht aus Bakterien.

Der Kot ist seiner Struktur nach eine im wesentlichen homogene Masse, solange der Darm gesund ist. Man wird dies gewahr, wenn man eine kleine Menge mit Wasser verreibt und mit bloßem Auge betrachtet. Einige wenige kleine Pünktchen, welche kleiner als die Größe eines Stecknadelkopfes sind, rühren in der Regel von Spelzresten aus der Nahrung her. Sind solche Pünktchen sehr zahlreich oder größer als angegeben, so haben sie eine andere Herkunft, die von Fall zu Fall zu bestimmen, aber immer anormal ist.

Eine volle Einsicht in die morphologische Zusammensetzung des normalen Kotes gibt erst das Mikroskop. Beim Menschen finden sich nach Fleischkost

regelmäßig Reste von quergestreiften Muskelfasern, die allerdings oft ihre
Querstreifung verloren haben und deren Ränder durch den Verdauungsakt
abgerundet sind. Bindegewebe aus roh genossenem Fleisch kann wie ein
Schleier den ganzen Kot durchziehen. Schleim fehlt im normalen Kot; der
im Dünndarm reichlich vorhandene Schleim wird von der Darmwand restlos
resorbiert. Doch ist er ein häufiges Zeichen von Katarrhen, besonders im Dickdarm. Cellulosereste von Obst, Blatt- und Wurzelgemüsen, Getreide u. a.
sind ein regelmäßiges, häufiges Vorkommen. Sie können von Unerfahrenen
mit Parasiteneiern verwechselt werden (über das Aussehen der letzteren geben
die Lehrbücher der Zoologie Auskunft). Fette (Neutralfette oder Fettsäuren)
kommen in Tropfenform, manchmal als kleine Seen vor und werden durch
Farben besonders deutlich (Sudan).

Stärke aus der Nahrung kommt in Resten vor, welche durch geeignete
Reagenzien, z. B. Jod, nachgewiesen werden können. Durch die Einwirkung
der Bakterien wird die Stärke vergoren; der Inhalt des Darms, der durch die
konstante Temperatur des Warmblüters wie in einem Gärkessel verarbeitet
wird, reagiert während dieses Prozesses sauer. Beim nicht darmgesunden
Menschen ist der Kot häufig alkalisch, ein Anzeichen von Fäulnis, welche etwas
ganz anderes ist als Gärung.

Die Winde (Flatus), welche aus dem Darminhalt stammen und für sich anal
entweichen können, bestehen aus Gemischen von verschluckter Luft, von im Darm
freigewordener Kohlensäure und von anderen, durch die Tätigkeit der Bakterien
entstandenen Gasen. Das Gas wirkt im Darm selbst anregend auf die Peristaltik
und schützt wie ein Luftkissen die Därme vor Gewalteinwirkungen der Nachbarschaft. Der Überschuß wird durch die Darmwand hindurch in die Blutbahn aufgenommen und durch die Lunge ausgeatmet. Zu starke Ansammlungen, welche
zu häufigem Abgang durch den After führen, sind nicht normal (Flatulenz).

Die Kotuntersuchung beim Lebenden gibt einen Einblick in das normale oder
krankhafte Verhalten der Darmwand, der großen Darmdrüsen und selbst des Magens.
Da im Dickdarm hauptsächlich eine Eindickung des Darminhalts stattfindet,
so läßt ein fertig verdauter Kot bei Stuhlbeschwerden darauf schließen, daß die
krankhafte Ursache innerhalb des Dickdarms zu suchen ist, während nicht fertig
verdaute Einschlüsse je nach ihrer Art die Richtung auf oberhalb des Dickdarms
gelegenen Teile des Verdauungsweges weisen. Abnorme Beimischungen, z. B. Blut,
sind besonders wichtig für den Arzt; sie können sicherer spektroskopisch als
mikroskopisch nachgewiesen werden.

Neuere Versuche mit langen Sonden, welche den Dünndarminhalt von bestimmten Stellen zu untersuchen gestatten, haben meistens eine spezifische Dünn-
darmflora kennen gelehrt, die wichtig zu sein scheint. Galle und Pankreassaft
töten die Bakterien nicht, wie man früher annahm. Im Magen und Dickdarm
kannte man immer Bakterien. Im Kot sind wesentlich Dickdarmbakterien zu finden
(z. B. das Bacterium coli commune), und zwar sehr häufig Bakterien„leichen“.
Sehr häufig kann man aus Typhusbakterien im Kot keine Kultur züchten, es sei
denn, daß man eine Probe unmittelbar bei der Defäkation entnimmt.

Auf den Chemismus des Kots ist hier nicht einzugehen. Häufigkeit, Menge,
Konsistenz und Farbe der Stuhlentleerungen sind für den normalen Menschen
bei gleichmäßiger Lebensweise ziemlich konstant; Abweichungen spielen eine große
Rolle für die Diagnose von manchen Krankheiten.

c) Die großen Darmdrüsen.

Entwick-
lung von
Pankreas
und Leber

Der Zwölffingerdarm ist seiner Form und Struktur nach besonders befähigt,
den aus dem Magen in ihn eintretenden Speisebrei chemisch zu verändern
und zu verdauen. Dazu tragen in hohem Grad zwei ihm angehörige Drüsen
bei, die Bauchspeicheldrüse (Pankreas) und die Leber (Hepar). Beide
sind im ausgebildeten Zustand so groß, daß sie in der Darmwand, von der
sie ausgegangen sind, nicht im entferntesten Platz finden, sondern ähnlich
den großen Speicheldrüsen eigene Wege gegangen sind, um zu der jetzigen

Größe heranwachsen zu können. Sie ziehen ihre Ausführgänge hinter sich her, ähnlich der Ohrspeicheldrüse; am ausgeprägtesten ist das beim Gallenausführgang der Leber. Die Einmündung bleibt jedoch an der Ausgangsstelle der Entwicklung im Zwölffingerdarm liegen und ist in der Norm für beide Drüsen zeitlebens gemeinsam (S. 288). Gewisse Struktureigentümlichkeiten des Pankreas legen ebenfalls den Vergleich mit den Speicheldrüsen nahe, was in dem deutschen Namen Bauch„speicheldrüse" zum Ausdruck kommt; eine innere Verwandtschaft ist jedoch nicht damit gemeint, da beide Drüsenarten aus ganz verschiedenen Abschnitten des Verdauungskanals hervorgehen und also stets unter ganz verschiedenen Bedingungen gestanden sind und stehen.

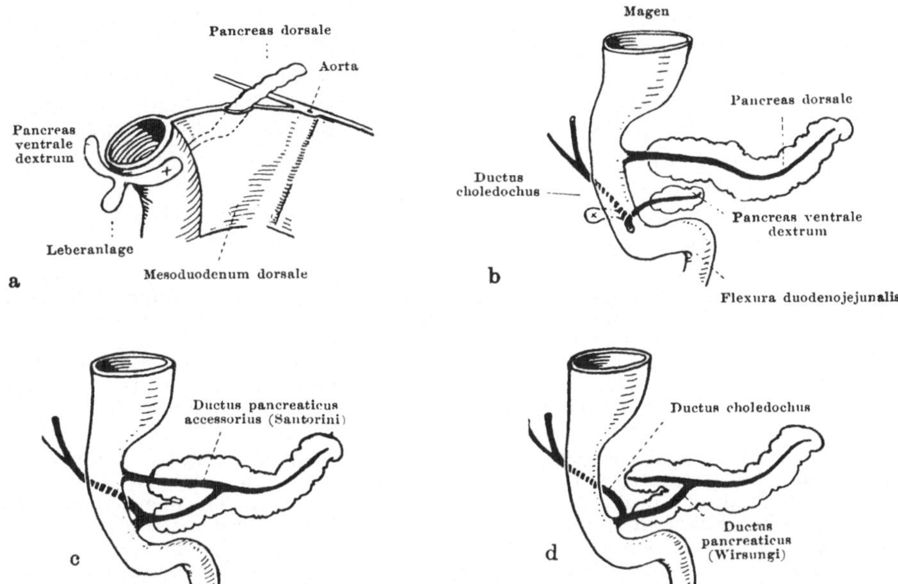

Abb. 158. Entwicklung der Bauchspeicheldrüse. Das Mesoduodenum, welches hier angenommen ist, kommt bei menschlichem Embryo nicht zur Anlage. Schemata zum Teil in Anlehnung an CORNING, Lehrb. d. Entw.-Geschichte. 1921. S. 317.

Wir sehen im Pankreas und der Leber die eine Art der Darmzellen ungeheuer vermehrt, nämlich die sezernierenden Zellen, deren Tätigkeit nicht an die unmittelbare Berührung mit der Nahrung gebunden ist. Die resorbierenden Zellen können die nachbarliche Beziehung zum Speisebrei nicht entbehren. Sie sind auf die Epithelauskleidung des Darms beschränkt. Aber sie gewinnen an Raum, indem die wichtigsten Sekrete von Anhängen des Darms und nicht mehr wie bei den meisten Evertebraten von der Darmwand allein produziert werden. Auch ist die Anordnung so, daß Pankreas und Leber ihr Sekret ergießen, nachdem der Speisebrei gerade in den Darm eingetreten ist. Die Resorption erfolgt wesentlich in den folgenden Strecken.

Leber und Bauchspeicheldrüse lassen sich auf ein gemeinsames Drüsenfeld im späteren Zwölffingerdarm zurückverfolgen, welches die Lichtung schräg ringförmig umgibt. Der dorsale Teil des Feldes schnürt sich als gesonderte Anlage ab und wird zum Pancreas dorsale. Das ventrale Stück gliedert sich in verschiedene Teile. Eine unpaare mittlere Partie zerfällt in einen kranialen und kaudalen Abschnitt: ersterer entwickelt sich zum Lebergang und zur Leber, letzterer zur Gallenblase (Abb. S. 8). Die beiden seitlichen Partien lassen zwei Pankreasanlagen aus sich hervorgehen, Pancreas ventrale dextrum et sinistrum. Die eine (×) geht bald zugrunde oder fehlt von vornherein, so beim Menschen. Die andere verbindet sich distal mit dem Pancreas dorsale (Abb. S. 303) und nimmt dessen Sekret mit auf. Behält das dorsale Pankreas seinen eigenen Ausführgang, so gibt es im ganzen zwei Öffnungen für den Austritt des Pankreassaftes im Zwölffingerdarm (Papilla duodeni major et minor, S. 288); gewöhnlich wird jedoch die Mündung der dorsalen Anlage verschlossen, ihr Sekret wird rückläufig und fließt durch den Ausführgang der ventralen Anlage aus der Papilla duodeni major ab, Ductus pancreaticus (Wirsungi, Abb. S. 305). Der Fachname Ductus accessorius (Santorini) für den Gang der dorsalen Anlage ist angesichts dieses Sachverhaltes irrig; es ist kein neu hinzugekommener, sondern ein altererbter Besitz der Drüse.

Aus der Papilla major fließt im endgültigen Zustand außer dem Pankreassaft die Galle heraus; denn der ganze Bezirk der ventralen Darmwand, dem die unpaaren Anlagen der Leber und Gallenblase sowie die paarigen Anlagen des ventralen Pankreas entstammen, wird beim Embryo zu einem allen gemeinsamen Divertikel ausgestülpt, Diverticulum duodeni, VATERsche Ampulle; Gallenblase und Leber hängen nicht mehr unmittelbar am Darmrohr, sondern an einem gemeinsamen zipfelförmigen Divertikel der VATERschen Ampulle, dem späteren Ductus choledochus (Abb. S. 305).

Dieser eigentümliche Konzentrationsvorgang, der schließlich alle Sekrete auf einer einzigen Mündungsstelle zu Beginn des Dünndarms und dessen resorbierenden Epithelien vereinigt, ist noch viel ausgedehnter, wenn man die Anzeichen einer ehemals weiteren Verbreitung des Pankreas bei niederen Wirbeltieren in Betracht zieht. Beim Menschen sind kleine akzessorische Pankreas- und Leberstückchen gelegentlich im ganzen Dünndarm (selbst im Diverticulum ilei) beobachtet worden, welche Rudimente früher weiter verbreiterter Drüsen dieser Art (oder aber versprengte Teile der jetzigen Anlagen?) sein könnten.

Die VATERsche Ampulle liegt in der Darmwand selbst, die in sie einmündenden Gänge und die zugehörigen Drüsenkörper liegen in den Mesenterien und machen die Schicksale dieser mit. Da das Mesoduodenum dorsale bei menschlichen Embryonen von vornherein unterdrückt und der Teil des Mesogastrium dorsale, in welchem das dorsale Pankreas vorwächst, in die hintere Bauchwand einbezogen ist, so liegt das Pankreas retroperitonaeal (Abb. b, S. 250). Die Leber bleibt intraperitonaeal liegen und ist dauernd vom Mesenterium ventrale umkleidet (Serosaüberzug der Leber; er fehlt nur an wenigen Stellen, S. 260, 261). Die VATERsche Ampulle kann fehlen; die Mündungen des Gallen- und Pankreasganges liegen dann auf der Spitze der Papilla major nebeneinander. Selbst der Ductus accessorius kann auf dieser münden. Denn die Strecke zwischen den Öffnungen der beiden Pankreasanlagen wächst sehr verschieden stark. Gewöhnlich beträgt die Entfernung 2—3 cm, sie kann größer sein oder auf eine minimale Größe absinken. Andere Variationen der Mündungsstellen sind meistens leicht aus dem Werdegang des Ductus Wirsungi und Ductus Santorini zu verstehen. In Abb. b, S. 287 entspricht z. B. die Mündung des Ductus Wirsungi noch Stadium b in Abb. S. 303. Es kommt sogar vor, daß wie hier beide Gänge getrennt bleiben, und außerdem ihre Reihenfolge vertauscht ist, so daß der Ductus Santorini weiter kaudal mündet als der Ductus Wirsungi.

α) Die Bauchspeicheldrüse.

Die Bauchspeicheldrüse hat die Form eines Angelhakens oder J, welches horizontal liegt, mit dem Haken kaudalwärts gerichtet. Die Schenkel sind so breit, daß sie sich berühren und nur eine schmale Spalte zwischen sich für den Durchtritt von Gefäßen frei lassen, Incisura pancreatis (Abb. S. 287). Der kurze Schenkel und die Krümmung schmiegen sich in den Bogen des Zwölffingerdarmes und werden zusammen als Kopf der Drüse, Caput pancreatis, bezeichnet; das Ende des kurzen Schenkels steigt gewöhnlich als spitzauslaufender Zipfel mit der Pars ascendens duodeni eine Strecke weit

aufwärts und heißt Processus uncinatus. An den Kopf, der zum Teil
aus der Pars ventralis der embryonalen Anlage hervorgeht, schließt sich ohne
Grenze das ganz der dorsalen Anlage entstammende Corpus pancreatis an,
welches quer über die Wirbelsäule läuft und allmählich in die Cauda pancreatis übergeht (Abb. S. 254). Der Schwanz der Drüse endigt an der Milz.
Die ganze Länge beträgt etwa 15 cm. Der lange Schenkel ist nicht gerade,
sondern ein wenig geschlängelt, weil er vor der Wirbelsäule nach vorn im
Bogen ausweicht (Abb. S. 350). Er kann bei extrem schlaffen Bauchdecken an
dieser Stelle beim Lebenden zu fühlen sein.

Die Pfortader liegt in der Incisura pancreatis am meisten der Krümmung
des J genähert und pflegt nach oben zu in den langen Schenkel einzuschneiden;

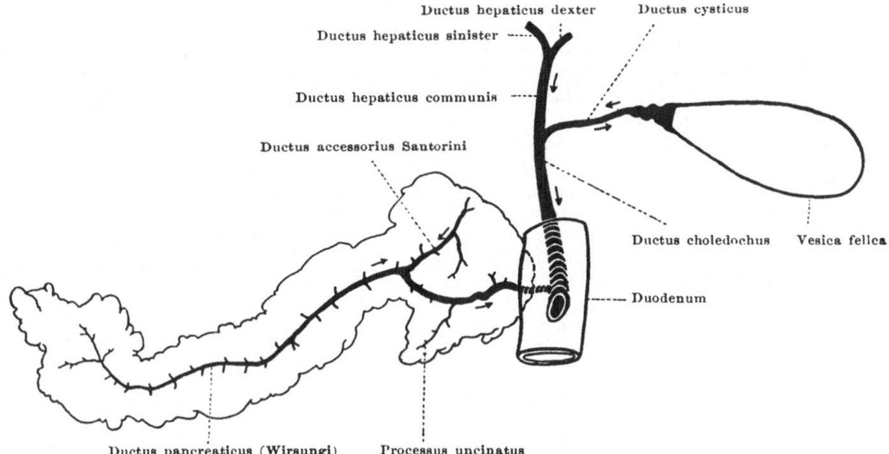

Abb. 159. Ausführgänge der Bauchspeicheldrüse. Ansicht des Pankreas von hinten. Die Lage der
Darmstücke schematisch so verändert, daß alle freipräparierten Gänge bis zu ihrer Mündung erkennbar
sind. Die Pfeile geben die Richtung an, welche das Sekret nimmt.

man nennt diese verdünnte Stelle zwischen Kopf und Körper den Hals der Drüse,
Collum pancreatis.

Die Verwachsung zwischen dorsaler und ventraler Anlage entspricht dieser
Stelle nicht, sondern der dorsale Teil des Kopfes wird noch mit von der dorsalen
Anlage gebildet; nur der ventrale Teil des Kopfes und der Processus uncinatus sind
ventraler Abkunft.

Die Drüse verliert ihre Form, wenn man sie aus dem Bauch herausnimmt,
ohne sie vorher gehärtet zu haben. In situ hat sie deutliche Flächen und Kanten,
über welche die Tabelle Auskunft gibt. Die versteckte Lage der Drüse hinter
dem Magen ist bei der Beschreibung des Situs der Eingeweide analysiert worden;
über die Einzelheiten, die benachbarten Darmteile, Bauchfellabschnitte und
Gefäße vergleiche man die Tabelle. Besonders die Blutgefäße in der Nähe der
Drüse sind außerordentlich wichtig: die Lage der Arteria coeliaca am oberen
Rand und der Arteria mesenterica superior am unteren Rand der Drüse, die
gleichsam zwischen beiden Arterien eingeklemmt ist (Abb. S. 258), dienen als
sehr brauchbare Orientierungsmerkmale in dieser Gegend.

Die Drüse hat keine eigentliche Bindegewebskapsel und ist auch im Innern
durch sehr wenig Bindegewebe zusammengehalten; der Fachname Pankreas
($\pi\tilde{\alpha}\nu$ alles, $\varkappa\varrho\acute{\varepsilon}\alpha\varsigma$ Fleisch) nimmt darauf Bezug, da die Gewebebeschaffenheit
wie beim Muskelfleisch ziemlich gleichmäßig ist. Das ganze Organ ist deutlich
gelappt und daran für das Auge und den tastenden Finger (z. B. von dem

Foramen Winslowi aus) leicht kenntlich. Die Farbe im Leben ist graurot, das Sekret ist farblos, durchsichtig. Das Gewicht beträgt 70—90 g; die größte Mundspeicheldrüse, die Parotis, wiegt nur 10 g.

Tabelle der üblichen Fachausdrücke des Pankreas.

I. Flächen und Ränder.

Facies anterior, Vorderfläche: sie ist nach oben und vorn gerichtet, reicht bis zum Ansatz des Mesocolon transversum (Abb. S. 254), dient mit letzterem als „Magenbett". Der Überzug mit Bauchfell bildet die Hinterwand der Bursa omentalis. Die Vorderfläche des Pankreaskopfes hat oberhalb des Mesocolon keinen Bauchfellüberzug, grenzt vielmehr unmittelbar an das Duodenum (Pars horizontalis superior) und oft an die Hinterwand des Quercolon an. Unterhalb des Quercolon ist die Vorderfläche des Kopfes und des Processus uncinatus von Bauchfell überzogen. Die Vorderfläche der Cauda ist frei von Bauchfell (Abb. S. 254); sie berührt die Milz, meistens die Flexura coli sinistra und kann zugespitzt längs dem lateralen Rand der linken Niere abwärts laufen. Gewöhnlich endet die Cauda mit stumpfem Ende (Abb. S. 287).

Tuber omentale (Abb. S. 287): eine kranialwärts gerichtete Vorwölbung der Vorderfläche, welche unter Umständen allein den Magenrand (Curvatura minor) überragt. Je nach der Stellung des Magens kann aber auch viel mehr von der Vorderfläche der Drüse oberhalb der Curvatura minor liegen (Abb. S. 144). Der Zugang zu der nicht vom Magen bedeckten Partie wird nur nach Zerstörung des kleinen Netzes frei, sonst für den tastenden Finger vom Winslowschen Loch aus. Vgl. auch Facies posterior.

Facies inferior, Unterfläche: sie ist nach unten und vorn gerichtet und gegen die Facies anterior durch den Ansatz des Mesocolon begrenzt. Sie reicht von der Flexura duodenojejunalis bis zum Ende der Cauda. An ihren Bauchfellüberzug lehnen sich die benachbarten Dünndarmschlingen an, welche hier in einer Nische Platz haben, deren Dach die Facies posterior darstellt.

Facies posterior, Hinterfläche (Abb. S. 287): sie ist genau nach hinten gerichtet und vollkommen frei vom Bauchfellüberzug. Sie folgt der Form der Hinterfläche der Bauchhöhle. Da die Wirbelsäule weit nach vorn vorspringt (Abb. S. 350), ist die Hinterfläche der Drüse an dieser Stelle eingebuchtet; vorn äußert sich das als Vorwölbung der Vorderfläche an der Stelle des Tuber omentale und unterhalb (Abb. S. 287).

Sulcus pro arteria lienali (Abb. S. 287): Rinne auf der Hinterfläche nahe dem oberen Rand, reicht bis zum Tuber omentale. Von da ab liegt die Arteria lienalis vom Pankreasgewebe unbedeckt unmittelbar hinter dem Bauchfell an der Hinterwand der Bursa omentalis (Abb. S. 254). Die hintere Magenwand liegt hier unmittelbar an (Arrosion durch Geschwüre, S. 237).

Sulcus pro vena lienali (Abb. S. 287): Rinne parallel zur vorigen, aber weiter unterhalb und deshalb über die ganze Hinterfläche bis zur Cauda reichend.

Margo superior, Oberrand: zwischen Vorder- und Hinterfläche, scharfkantig. Oberhalb desselben liegt die Arteria coeliaca (Abb. S. 287, 258), von deren drei Ästen zwei zum Oberrand in näherer Beziehung stehen: die Art. hepatica communis überquert ihn und erreicht so das Ligam. hepatoduodenale (Abb. S. 254), die Art. lienalis folgt ihm eine Strecke weit (siehe Sulcus pro a. lien.).

Margo anterior, Vorderrand: er reicht von der Cauda bis zum Durchtritt der Gefäße durch die Incisura pancreatis. Von da ab verstreicht die Kante, so daß die Vorderfläche des Kopfes bis zum Unterrand der Drüse hinabreicht. Der Vorderrand ist die Ansatzstelle des Mesocolon transversum (Abb. S. 254). Oberhalb liegt der Magen mit seiner Hinterfläche dem Bauchfellüberzug der Drüse an, unterhalb drängen sich die Dünndarmschlingen gegen ihn: Die Kante springt in den Zwischenraum zwischen Magen und Darm vor und nützt ihn zugunsten der Vergrößerung des Drüsenparenchyms aus.

Margo inferior, Unterrand: zwischen Unterfläche und Hinterfläche.

Incisura pancreatis (Abb. S. 287): Einschnitt in den Unterrand. In ihm liegen die A. und V. mesent. sup.; sie treten so aus dem Einschnitt heraus, daß sie auf der Vorderfläche des Processus uncinatus liegen (Abb. S. 287). Präpariert man die Hinterfläche des Pankreas, so liegen die beiden Gefäße bis zur Incisura pancreatis frei vor, von da ab sind sie mit Drüsengewebe bedeckt; bei Präparation der Vorderfläche ist es gerade umgekehrt. Bei Beachtung dieses Verhaltens wird man nicht Gefahr laufen, die Drüse anzuschneiden (Vorsicht beim Auspräparieren der Bauchgefäße!).

II. Topographische Beziehungen zur Nachbarschaft.

Caput pancreatis: eingeschmiegt in die Konkavität der Duodenalschlinge; der Processus uncinatus reicht manchmal bis zur Flexura duodenojejunalis, meistens kürzer. Dieser Teil kann abgetrennt und als Pancreas accessorium verselbständigt sein. Das Duodenum buchtet sich in die Drüsensubstanz vor. In der Mitte der Pars descendens duodeni legt sich der Ductus choledochus an die Hinterfläche der Drüse an, ist meistens in eine Rinne der Drüsensubstanz eingelassen und durchbohrt die Darmwand (Abb. S. 287). Die Hinterfläche des Kopfes liegt auf der Vorderfläche der Vena cava inferior, auf den Gefäßen der rechten Niere und auf der Vena lienalis. Auf der Vorderfläche des Kopfes liegt in einer Rinne die A. pancreaticoduodenalis superior.

Collum pancreatis: die obere Kante ist die geradlinige Fortsetzung der Oberkante des Kopfes, die untere Kante ist dagegen durch die Incisura pancreatis so weit eingeschnitten, daß in der Regel das Collum gegen Kopf und Körper der Drüse scharf zu scheiden ist. Es liegt vor der Aorta und der Pfortader; zwischen beide schiebt sich meistens der Processus uncinatus.

Corpus pancreatis: dreiseitiges Prisma; die obere Fläche schaut gegen die Hinterwand des Magens, die untere Fläche gegen die oberen Dünndarmschlingen, die hintere Fläche ist durch lockeres Bindegewebe unmittelbar mit den Zwerchfellschenkeln, dem Körper von Lendenwirbeln (1. u. 2. oder tiefere), der linken Nebenniere und linken Niere verlötet. Die Projektion auf die vordere Bauchwand entspricht der Mitte zwischen Nabel und Schwertfortsatz des Brustbeins. Um den Körper zu erreichen, geht man entweder durch das kleine Netz hindurch und drängt den Magen entsprechend nach unten, oder man durchschneidet das Lig. gastrocolicum und klappt den Magen nach oben. Ein dritter Weg führt durch das Mesocolon transversum hindurch, nachdem Magen und Quercolon in die Höhe geklappt sind. Auf jeden Fall muß die Bursa omentalis künstlich geöffnet werden, wenn man das Pankreas von vorn freilegen will. Bei den herausgenommenen Eingeweiden ist es von hinten zu präparieren, ohne das Bauchfell zu verletzen; diese Art der Präparation ist besonders lehrreich.

Cauda pancreatis: sie erreicht die Unterfläche der Milz, berührt die linke Nebenniere, das mittlere Drittel der Vorderfläche der linken Niere und den Nierenhilus.

III. Gefäße des Pankreas.

Arteria pancreaticoduodenalis superior: Ast der A. hepatica (speziell der A. gastroduodenalis), tritt von oben in die Drüse ein, nachdem sie eine Strecke weit in einer Furche der Vorderseite des Kopfes verlaufen ist (Abb. S. 287), und anastomosiert mit der folgenden. Zahlreiche Zweige gehen von ihr zum Duodenum.

Arteria pancreaticoduodenalis inferior: Ast der A. mesenterica superior, entweder aus dem Stamm der Arterie oder aus einem ihrer Äste (Rr. jejunales), verläuft im Bogen aufwärts an die Hinterseite des Kopfes und versorgt die Drüse nebst Duodenum. Anastomose mit der vorigen längs dem Unterrand des Kopfes (auch im Inneren der Drüsensubstanz).

Rr. pancreatici der A. lienalis: Ästchen der A. lienalis (3—5) auf der Hinterfläche und am Oberrand der Drüse (Abb. S. 287, 254).

Venae pancreaticoduodenales: in Begleitung der beiden obengenannten Arterien, leiten das Blut der Drüse in die Pfortader.

Venae pancreaticae: leiten das Blut aus der Drüse in die Vena lienalis auf der Hinterfläche (Abb. S. 287); diese führt es in die Pfortader.

Vasa lymphatica: die Lymphe der Drüse wird zu den Nodi coeliaci in der Umgebung der A. coeliaca abgeleitet, teils direkt zusammen mit den Lymphgefäßen der Milz, teils indirekt auf dem Umweg über die Lymphknoten neben der A. mesenterica superior. Außerdem Beziehungen zu allen Lymph-knoten des oberen Situs. Das Pankreas hat die ausgedehnteste regionäre Ableitung seiner Lymphe von allen Bauchhöhlenorganen.

IV. Nerven des Pankreas.

Plexus coeliacus: sympathische marklose Fasern gehen von hier (Umgebung der A. coeliaca) teils direkt, teils zusammen mit Fasern des Plexus hepa-ticus und Plexus lienalis zum Pankreasgewebe.

Nervi vagi: markhaltige Fasern, welche aus der Magenwand durch die Pylorus- und Duodenalwand hindurch bis in die Drüse gelangen. Ein rein sekre-torischer Nerv dieser Art soll neben den Vasa pancreaticoduodenalia superiora verlaufen.

Feinerer Bau Die äußerlich sichtbaren Läppchen des Pankreas sind durch spärliches Bindegewebe voneinander getrennt; sie zerfallen in immer kleinere Läppchen, zwischen welche das Bindegewebe vordringt. In die kleinsten Läppchen dringen die letzten Ausläufer des Ausführganges ein. Das trennende Bindegewebe ist der Träger zahlreicher Blutgefäße, von Nerven, Ganglienzellen und größeren Ausführgängen. Feinste Bindegewebszüge dringen in die kleinsten Läppchen ein. Die Blutgefäße, die in ihnen liegen, umspinnen reichlich die sezernierenden Epithelien.

Die Ausführgänge werden von einem einschichtigen cylindrischen Epithel ausgekleidet, welches nicht sezerniert. Zahlreiche Ausführgänge münden in den central gelegenen Ductus pancreaticus Wirsungi ein, welcher in der Cauda der Hinterfläche zunächst liegt und von hier aus präparatorisch am besten gefunden werden kann. Er zieht im gleichen Abstand vom oberen und unteren Rand der Drüse innerhalb des interlobulären Bindegewebes durch den Körper und Kopf der Drüse der Mündungsstelle im Zwölffingerdarm zu und ist für eine Sonde leicht durchgängig. Die Seitenästchen sind fein, sie stehen radiär zu ihm. Außerdem existiert der früher beschriebene Mün-dungsteil der dorsalen Drüsenanlage als Ductus accessorius Santorini weiter (Abb. S. 305). Er mündet in der Mehrzahl der Fälle nur in den Hauptgang, kann aber auch nicht selten noch die alte Mündung in den Zwölffingerdarm bewahren. Im ersteren Fall kann ein in der VATERschen Ampulle einge-klemmter Gallenstein den Abfluß des Pankreassaftes zum Stillstand bringen, im letzteren Fall ist das nicht möglich.

Das Cylinderepithel der größeren Ausführgänge ist zweireihig. Kleine Schleim-drüsen liegen in der Wand der Gänge; auch glatte Muskulatur kommt in ihr nahe der Mündung vor.

Sekretori-scher Apparat Das eigentliche innerhalb der Drüsenläppchen liegende sekretorische Gewebe besteht aus zweierlei Gewebsarten, den eigentlichen Drüsenalveolen, welche in ihrem Bau und in ihrem Verhalten zum Ausführungsgang den Speicheldrüsen ähneln, und den LANGERHANSschen Inseln (Abb. S. 309). Ist der Abfluß des Sekrets in den Zwölffingerdarm durch einen Gallenstein oder durch künstliche Unterbindung (im Tierversuch) verstopft, so gehen zwar infolge der Stauung des Pankreassaftes und des dadurch ausgeübten Druckes die Drüsenalveolen allmählich zugrunde, aber die LANGERHANSschen Inseln bleiben lange intakt. Sie müssen also einen anderen Abfluß für ihr Sekret, das Insulin, haben. Damit stimmt überein, daß Ausführgänge in ihnen nicht zu finden sind. Am schlagendsten läßt sich im Tierversuch durch Umpflanzung der Drüse beweisen, daß außer der äußeren Sekretion durch die Ausführgänge auch eine innere Sekretion (Hormon- oder Inkretbildung) statthat. Man kann beim Hunde den relativ freiliegenden Processus uncinatus operativ mobilisieren, unter die Bauchhaut pflanzen und dann die übrige Drüse entfernen; solange der transplantierte Processus uncinatus gut durchblutet ist und funktioniert, bleibt das Tier gesund; sobald er entfernt wird, tritt eine schwere Erkrankung ein (Zuckerharnruhr, Diabetes).

Wahrscheinlich wird das Sekret an die Lymphgefäße der Drüse abgegeben und durch den Ductus thoracicus dem Blut zugeführt, wie aus anderen Experimenten hervorgeht. Die Durchführung der Umpflanzungsexperimente beweist, daß analog anderen Drüsen mit innerer Sekretion eine Beeinflussung durch die normale Umgebung nicht nötig ist, auch nicht der Reiz durch die üblichen Pankreasnerven.

Ob nur die LANGERHANSschen Inseln — bei denen dies feststeht — oder auch die Alveolen innersekretorisch tätig sind, ist nicht sicher entschieden. Überhaupt ist die histologische Analyse der Drüse gegenüber der Fülle unserer Kenntnisse vom Chemismus des Organs weit zurück. Es sei hier nur kurz erwähnt, daß der

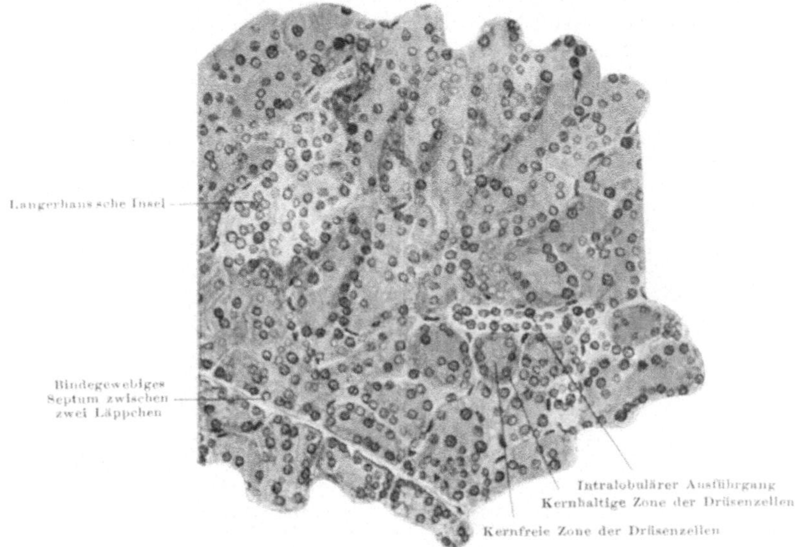

Abb. 160. **Stück eines Pankreasläppchens. Hingerichteter.** In den Alveolen enthält die bläulich gefärbte Außenzone der Drüsenzellen den Kern, die rotgefärbte Innenzone ist kernlos. Hämatoxylin-Eosinfärbung.

Pankreassaft von höchster Bedeutung für die Wechselwirkungen anderer sezernierender Drüsen des Verdauungskanals ist. Soweit er endokrin abgeschieden wird (Insulin), reguliert er die Verwertung der Kohlehydrate im Körperhaushalt; daher tritt Diabetes auf, wenn das Pankreas ausgeschaltet wird. Wahrscheinlich hat das Pankreashormon seinen Angriffspunkt hauptsächlich in der Leber, deren Zuckerabgabe bei Wegfall des Hormons gesteigert wird. Soweit der Pankreassaft in den Darm entleert wird, kommen Fermente in Tätigkeit, welche in der Drüse selbst als Profermente gebildet und erst im Darm selbst durch spezifische Stoffe „aktiviert", d. h. in die endgültigen Fermente verwandelt werden. Der Vorgang ist in recht komplizierter Weise so geregelt, daß immer die richtige Fermentmenge für den jeweils aus dem Magen in den Darm eintretenden Speisebrei vorhanden ist. Einmal geschieht dies auf dem Gefäßweg. Vom Darm wird die Vorstufe eines besonderen Ferments abgeschieden. Durch die Salzsäure, welche aus dem Magen mit dem Speisebrei in den Darm eintritt, wird Sekretin aus dem Proferment frei, gelangt durch das Blut in das Pankreas und bringt dort die Vorstufe des spezifischen Pankreassekrets zur Abscheidung. Auf diese Weise bestimmt der Magensaft, wieviel Pankreassaft ergossen wird. Zweitens ist auf nervösem Weg eine Beeinflussung der Drüse möglich, sei es vom Magen aus, sei es psychisch auf dem Umweg über das Centralnervensystem, von welchem aus bei Hunden mit Pankreasfistel bereits durch den Anblick der Nahrung erhöhte Sekretion angeregt wird, wie an der Menge des abfließenden Sekrets gemessen wurde. Der Gefäßweg (Sekretin) ist der gewöhnliche, der Nervenweg steht in Reserve.

Struktur
der LANGER-
HANSschen
Inseln und
Drüsen-
schläuche

Der feinere Aufbau der LANGERHANSschen Inseln erinnert an Leberzellenbalken. Die Zellen sind heller als die Zellen der Drüsenbeeren (Abb. S. 309).
Sie liegen in Strängen, die häufig anastomosieren. Zwischen den Strängen
liegt ein engmaschiges Netz von zahlreichen Blutcapillaren. Die Zahl und Größe
der Inseln schwankt sehr. Die größeren sind mit bloßem Auge auf der Schnittfläche der frischen Drüse eben sichtbar. Bei Diabetikern sind nekrotische
Vorgänge in den Zellen beschrieben worden; auch wurde eine Reduktion der
ganzen Inseln auf etwa $^1/_3$ des Normalbestandes berechnet, der sich ergibt, wenn
man das gesamte Inselgewebe beim Gesunden zusammenzählt.

Die Drüsenendstücke mit äußerer Sekretion haben die Form von Beeren,
Alveoli oder Acini (Abb. d, S. 66, grün). Sie gleichen den Endstücken der
serösen Speicheldrüsen und liegen in großen Mengen innerhalb der Pankreas-
läppchen. Das Sekret ergießt sich in zahlreiche lange und verzweigte Schaltstücke
(rot), ähnlich denen der Ohrspeicheldrüse, welche ebenfalls intralobulär liegen.
Speichelröhren gibt es im Pankreas nicht. Von den Ausführgängen findet man

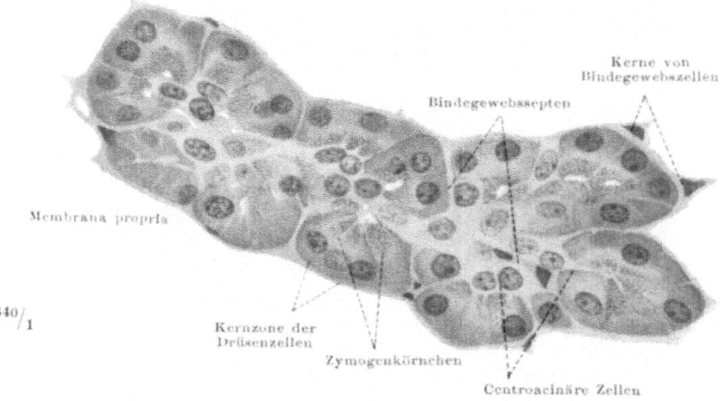

Abb. 161. Endalveolen des Pankreas. Hingerichteter. Das central gelegene Schaltstück ist ringsum
mit Alveolen besetzt (vgl. Schema, Abb. d, S. 66). Das distale Ende liegt links vom Beschauer.

die feineren Äste, welche an die Schaltstücke anschließen, innerhalb der Läppchen (Abb. S. 309), die größeren treten in das interlobuläre Stützgerüst und
verharren in ihm, wie oben beschrieben.

Centro-
acinäre
Zellen

Für eine Besonderheit der Endstücke wurde das Vorkommen von centroacinären Zellen gehalten, welche dadurch auffallen, daß sie scheinbar das
Drüsenlumen der Endstücke verstopfen. In Wirklichkeit handelt es sich um
Schaltstücke, welche so dicht mit Alveolen besetzt sind, daß sie ganz in das Innere
ihres Drüsenbehangs zu liegen kommen. In Abb. d, S. 66 sind links vom Beschauer verschieden lange Strecken des Schaltstückes freigelegt, indem schematisch mehrere Drüsenendstücke weggelassen wurden. Rechts ist der vollständige
Drüsenbehang eines Schaltstückes dargestellt. Im Schnittbild (Abb. Nr. 161)
sieht man, wie feinste Bindegewebssepten zwischen die einzelnen Alveolen
vordringen und sie gegeneinander sondern. Das Schaltstück behält seine eigene
Wand aus hellen kubischen Zellen, von denen jede ihren eigenen Kern hat;
zwischen den Zellen liegt das ziemlich enge Lumen, welches bis an die Endstücke
heranreicht. Die Endstücke sitzen beeren- oder kappenförmig dem Schaltstück an. Die centroacinären Zellen sind also in Wirklichkeit nichts anderes
als die Zellen von central gelegenen Schaltstücken.

Ähnliche Anordnungen sind neuerdings auch bei den Speicheldrüsen bekannt
geworden. Dort werden Teilungen der Endstücke durch Falten eingeleitet, die in
das Lumen vorspringen; auf dem Scheitel der Falte gegen das Lumen zu werden

Zellen vorgeschoben, die später sich teilen und, nachdem die Dichotomie des End-
stückes vollzogen ist, wieder ein einschichtiges Epithel der Drüsenwand formen.
In ähnlicher Weise können auch beim Pankreas, bei dem die Teilungen der Endstücke
häufig sind und schnell aufeinander folgen, tatsächlich Zellen in das Innere des End-
stückes gelangen. Im allgemeinen sieht es aber auf Schnitten nur so aus, als ob
die Wand zweischichtig wäre. Beachtet man die feinen bindegewebigen Septen
zwischen den Alveolen nicht, so kann man zu der irrigen Meinung kommen, die Endstücke beständen aus langgestreckten Schläuchen. In Abb. S. 310 sieht man jedoch,
daß der längs getroffene scheinbare Schlauch durch Septen in viele alveoläre Drüsenendkammern aufgeteilt ist. In den viel häufigeren Fällen, in denen man Quer-
oder Schrägschnitte vor sich hat, sieht es so aus, als ob das Epithel der Drüsenendkammern durchweg aus zwei Schichten, außen aus den eigentlichen Drüsenzellen
und innen aus den centroacinären Zellen, bestände. Daß es in Wirklichkeit die Zellen
des central gelegenen Schaltstückes sind, wird bei Vergleich der Abb. d, S. 66 u.
Abb. S. 310 klar (Beobachtungen von Herrn A. VIERLING, Oberzeichner am anatomischen Institut Heidelberg).

Die Zellen der Endstücke sind gewöhnlich in ihrem dem Schaltstücke zuge- Zymogen-
körnchen
wendeten Teil mit Granula gefüllt, welche wie die Körnchen seröser Zellen mit
Eosin lebhaft gefärbt werden (Abb. S. 310). Die Granula sind relativ groß. Die
granulierte Zone ist an ihrer Färbung schon bei schwächeren Vergrößerungen
kenntlich. Der Kern liegt in der körnchenfreien oder -armen Randzone der
Drüsenzellen. Die Dreiteilung der Wand bei der üblichen Hämatoxylin-Eosinfärbung in eine bläuliche Außenschicht mit Kernen, eine rote mittlere Schicht
ohne Kerne und eine helle innerste Schicht mit Kernen ist für das Pankreas
sehr charakteristisch und diagnostisch wertvoll: die beiden äußeren Schichten
gehören zu den Drüsenzellen, die innere zu den Schaltstücken (centroacinäre
Zellen). Die Granula werden als Zymogenkörnchen bezeichnet; das Wörtchen
„gen" ist verwendet, weil man sie als Gene (Vorstufen) der vom Pankreas gelieferten Fermente auffaßt; sie stellen danach nicht das Ferment selbst dar,
sondern eine Substanz, welche erst im Darm durch den Hinzutritt anderer
Substanzen zum Ferment wird.

Das bekannteste Ferment des Pankreas ist das Trypsin, eine eiweißspaltende
Substanz, welche im Zwölffingerdarm die Wirkungen des Pepsins fortsetzt und
beendet. Das Pankreas selbst liefert ein Proferment, welches in das Trypsin durch
Hinzutritt der Enterokinase, einem Produkt der Darmschleimhaut, umgewandelt
wird. Das Pankreassekret enthält außerdem ein fett- und ein stärkespaltendes
Ferment (Steapsin und Diastase); ersteres entsteht ebenfalls als Proferment und
wird erst im Darm durch die Galle aktiviert, letzteres geht unmittelbar als aktives
Ferment aus der Drüse hervor.

Nach neueren Autoren kann bereits im Pankreas selbst eine Aktivierung des
Zymogens stattfinden. Man vermutet auf Grund der histologischen Befunde bei
bestimmten Reizungsversuchen, daß die dazu nötige Kinase von den Granula der
Drüsenzellen geliefert werde. Danach wären diese nicht wirkliche „Zymogen"-
Körnchen. Sie vermindern sich bei Reizung der Drüsennerven allmählich, sie
rücken immer mehr centralwärts und die Randzone wird entsprechend breiter.

Neben dem Kern sekretarmer Drüsenzellen ist ein halbmondförmiger Neben-
kern gefunden worden; auch ein innerer Netzapparat der Zelle, verschiedenartige
Zelleinschlüsse im Zellprotoplasma und feinste Sekretkanälchen zwischen den
Drüsenzellen (intercellulär) sind vorhanden. Zwischen den sezernierenden Zellen
und der Membrana propria sind, wie in den Speicheldrüsen, „Korbzellen" eingeschaltet (Abb. S. 65). Stellenweise hängen die Drüsenendkammern mit den interlobulär gelegenen LANGERHANSschen Inseln innig zusammen. Es wird angenommen,
daß die beiden Zellarten ineinander übergehen können, so daß das inkretorische
Epithel vom excretorischen aus ergänzt werden könne und umgekehrt.

β) Die Leber.

Die Anlage der Leber, Hepar, erscheint bereits in der 3. Embryonalwoche All-
gemeines,
Stoff-
wechsel-
beziehungen
und gliedert sich früh in einen kranialen und kaudalen Abschnitt; beide sind
ventrale Anhänge des Darmrohres (Abb. S. 8). Aus der kaudalen Anlage wird die
Gallenblase, aus der kranialen die Leber selbst; aus letzterer wachsen Sprossen

nach beiden Körperhälften zu in das Mesogastrium ventrale und vor allem in das Septum transversum, den Vorläufer des Zwerchfells beim Embryo, hinein (Abb. S. 626). Indem die sich vergrößernde Leber immer weiter vom Darm abrückt, nimmt sie die Gallenblase mit und zieht das gemeinsame Ausgangsfeld am Darm („Leberbucht") zu einem Gang aus, dem späteren Ductus choledochus. Auf diese Weise behält sie ihre alte Mündung im Duodenum, von der sie ausgegangen ist. Allerdings treten die Ausmündungen von Galle und Pankreassaft in besondere Beziehungen zueinander, auf welche hier nicht mehr zurückzukommen ist (S. 304).

Das Wachstum der Leber ist so außerordentlich, daß beim Neugeborenen über die Hälfte der ganzen Bauchhöhle von dieser Drüse eingenommen ist. Sie ragt weit über die untersten Rippen vor und liegt überall bis gegen den Nabel zu den weichen Bauchdecken an (Abb. S. 122). Das Gewicht beträgt $1/_{18}$ bis $1/_{20}$ des Gesamtkörpergewichts beim Neugeborenen. Später geht das Organ relativ zurück, der rechte Rippenbogen wird in der Weichengegend von einer normalen Leber nicht erreicht, das Gewicht ist auf $1/_{50}$ des Körpergewichts reduziert, ist aber absolut gemessen immer noch sehr groß. Die Leber des Erwachsenen in der Leiche wiegt etwa 1500 g, beim Lebenden ist sie durch den größeren Blutgehalt noch schwerer. Da die Bauchspeicheldrüse noch nicht 100 g, die größte Speicheldrüse (Parotis) nur etwa 10 g wiegen, so ist die Leber weitaus die größte Drüse des Körpers.

Die Unterschiede zwischen fetalem und postfetalem Leben sind in besonderen Beziehungen zur Blutbildung begründet, welche nur beim Fetus bestehen und bei ihm eine so unverhältnismäßige Größe des Organs hervorbringen. Die blutbildenden Zellen sind Einschlüsse, welche, sobald sie verschwinden, erst die eigentliche Größe des wirklichen Lebergewebes zum Vorschein kommen lassen. Die normale Leber hat nach der Geburt mit der Blutbildung nichts mehr zu tun, wohl aber mit der Blutzerstörung, bei welcher die Gallenfarbstoffe frei werden. Außer der Erzeugung der Galle, welche in den Zwölffingerdarm abfließt, fällt ihr die Hauptrolle beim Stickstoff- und Kohlehydratstoffwechsel zu. Unser Körper lebt nur zum Teil oder vielleicht so gut wie gar nicht unmittelbar von den Stoffen, welche im Darm resorbiert werden. Diese werden vielmehr gespeichert, und der gewöhnliche Verbrauch wird aus den Vorräten gedeckt, die entsprechend ergänzt werden müssen, damit die Bilanz des Körperhaushalts im Gleichgewicht bleibt. Der Hauptspeicher für die Kohlehydrate ist die Leber. Aber sie übernimmt die ihr von den Darmgefäßen (Pfortader) zugeführten Kohlehydrate nicht unverändert, sondern sie verarbeitet sie zu Glykogen und gibt dieses je nach Bedarf des Körpers an die abführenden Blutgefäße (Lebervenen) ab. Die Muskeln enthalten z. B. immer viel Glykogen in sich selbst, um die an sie herantretenden Forderungen durch sofortige Kontraktionen erfüllen und diesen Energieverbrauch durch das am Ort vorhandene Glykogen decken zu können. Bei andauernden starken Muskelleistungen wird entsprechend viel Glykogen von der Leber auf dem Blutwege zu den Muskeln antransportiert. Ferner reguliert die Leber ganz vornehmlich den Stickstoffhaushalt. Denn sie ist ein sehr wichtiger Ort der Harnsäure- und Harnstoffbildung. Diese Excrete werden vom Blutstrom zur Niere transportiert, wo sie ausgeschieden werden. Außer Kohlehydrat- und Eiweißkörpern vermag die Leber Fett zu speichern, freilich nicht durch direkten Bezug aus dem Darm, denn das resorbierte Fett nimmt den Weg in die Lymphbahn, Chylus (S. 272); bei manchen Tieren ist der Fettreichtum ganz außerordentlich, man denke an den Lebertran des Dorsches. Beim Menschen kommen außer dem Fettdepot in der Leber viele andere Ablagerungen in Betracht. Glykogen und Harnstoff sind aber die wesentlichsten Produkte der Leber.

Die Galle wird von der Leber durch äußere Sekretion in den Darm, Glykogen und Harnstoff werden von ihr durch innere Sekretion in das Blut abgeschieden. Die doppelte Art der Ausscheidung fanden wir auch bei der Bauchspeicheldrüse (glanduläre und insulare bzw. interglanduläre Komponente). Die Leber hat keine besonderen für die beiden Sekretarten reservierten Teile — auch für das Pankreas wissen wir nicht, ob die Sonderung scharf durchgeführt ist —, sondern die Leberzellen können beides: sie liefern Sekrete an den Darm und an die Gefäße. Darauf beruht der besondere Intimbau der Leber, welcher also eine Art Zwischenstellung zwischen dem glandulären Typus, etwa der Speicheldrüsen, und dem Typus innersekretorischer Organe wie der Epithelkörperchen, Nebenniere usw. einnimmt. Glykogen und Harnstoff sind zwar keine Hormone; aber die Art, wie sie in der Leber an die Gefäßbahn abgegeben werden, ist dem Wege vergleichbar, welchen die Hormone in anderen Organen nehmen. Der Mischtypus der Leber hat einen so ungeheuren Vorteil für den Stoffhaushalt des Körpers zuwege gebracht, daß das Organ sich weit über alle anderen Drüsen erheben und die Speicherung lebenswichtiger Stoffe, wie des Glykogens und des Harnstoffes, fast völlig monopolisieren konnte.

Das Relief der Oberfläche ist sehr einförmig gegenüber der Komplikation des inneren Gefüges. Man sieht bei der normalen Leber von der inneren Einteilung in Läppchen (Lobuli) nur wenig oder gar nichts. Das Organ ist nicht wie andere Drüsen kleinlappig oder gekörnt, sondern durch einen spiegelnden Bauchfellüberzug geglättet (Abb. S. 122, 314—315). Auf dem Bruch oder Schnitt sieht man die Körnelung; auch können die Grenzen der Lobuli bei Stauungen im Gefäßsystem durch die Serosa hindurchschimmern. Bei starkem Fettgehalt der Leber ist die Zeichnung am deutlichsten. Das Organ sieht im ganzen rotbraun aus, doch können die äußeren Partien der Lobuli durch Fett gelblich verfärbt sein, während das Innere rotbraun bleibt. Dadurch entsteht eine feine Zeichnung, welche zu dem Namen „Muskatnußleber" Veranlassung gegeben hat. Je deutlicher sie ist, um so weniger normal ist die Leber.

Die Oberfläche entspricht der Form der Nachbarschaft. Die Leber liegt dem Zwerchfell an und zwar zum größeren Teil der rechten Zwerchfellkuppel, die höher emporragt als die linke (Abb. a, S. 189). Die Oberfläche, Facies superior, entspricht der Zwerchfellhöhe und ihrem Abfall zur vorderen Bauchwand. Sie ist konvex. Nach oben reicht sie bis zum Ligamentum coronarium hepatis resp. Lig. hepatophrenicum, nach unten bis zum vorderen Leberrand, Margo anterior (Abb. S. 314). Die konkave Unterfläche, Facies inferior, entspricht den übrigen Eingeweiden, auf welchen die Leber wie auf einem elastischen Kissen ruht (Abb. S. 314, 258). Sie umfaßt das ganze nicht als Oberfläche bezeichnete Organ (die BNA unterscheiden außerdem eine besondere Hinterfläche, die aber nicht scharf gegen die beiden übrigen abgegrenzt wird). Die Leber paßt so genau in die Form des Zwerchfells hinein, daß sie darin haftet wie ein Gelenkkopf in der Pfanne und wesentlich dadurch getragen wird. Sie ist gleichsam eins mit dem Zwerchfell und macht daher alle seine Bewegungen mit.

Nimmt man die Leber aus der Leiche heraus, so verliert sie ihre Form. Sie ist in sich so nachgiebig, daß sie der Schwere ihrer Teile folgend platter wird, als sie in situ ist. Am deutlichsten ist die Nachgiebigkeit ihrer Form bei Beobachtung der Formveränderung auf dem Röntgenschirm nach Einblasen von Luft in die Bauchhöhle. Man hat gefunden, daß die Luft zwischen Zwerchfell und Leber eindringt und die Facies superior von beiden Seiten her abplattet, so daß das Organ dreieckig aussieht. Daraus erhellt, wie fein die äußere Gestalt der Leber innerhalb des Körpers der Umgebung angepaßt ist. Wird das Zwerchfell besonders angestrengt, so können einzelne Muskelbündel aus seiner Fläche

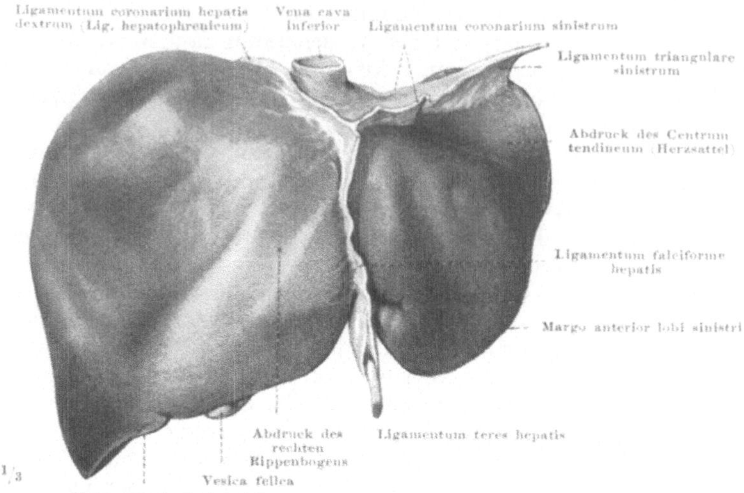

Abb. 162. Leber, von vorn. Von einem jugendlichen Selbstmörder. Das Organ in der Leiche durch Injektion von Formolalkohol gehärtet und nach der Herausnahme in Paraffin eingebettet (vgl. Abb. S. 259; durch die Schrumpfung bei der Paraffineinbettung nahm die vom Formolalkohol überdehnte Leber ihre richtige Größe wieder an).

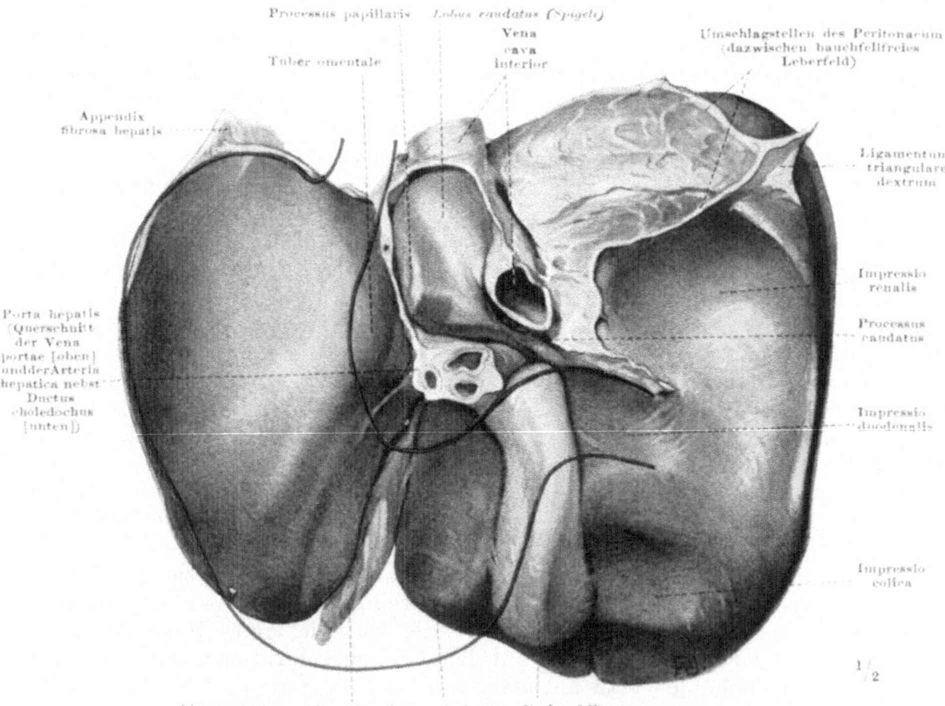

Abb. 163. Leber, von unten. Dasselbe Präparat wie in Abb. S. 314. Kontur des **Magens** mit Ende des Oesophagus und Anfang des Duodenum rot eingetragen.

vorspringen und Rinnen in der Leberoberfläche erzeugen, auch da, wo zwischen
beiden die spaltförmige Bauchhöhle liegt (Abb. S. 258). Die Zwerchfellschenkel
bewirken auf der Unterfläche stets einen Eindruck. Aber auch die viel weicheren
Eingeweide wölben sich in die Leberoberfläche vor, die Nieren und Nebennieren
konstant, die Därme und der Magen mehr oder weniger tief, je nach ihrem Füllungszustand. Bei einer in situ gehärteten Leber sind die betreffenden Stellen
in der Regel gut zu erkennen. Für die Stellen, an welchen Erkrankungen vom
einen zum anderen Organ überspringen können (z. B. für den Durchbruch von
Gallensteinen in das Duodenum oder Quercolon, Abb. S. 314), sind die Berührungsflächen der Leber mit ihrer Nachbarschaft von großer Bedeutung. Wegen ihrer
Benennung verweise ich auf die unten folgende Tabelle.

Außer den kleinen von außen wenig sichtbaren Läppchen, Lobuli, unterscheidet man wie bei anderen Drüsen auch an der Leber große Lappen, Lobi, Lappung

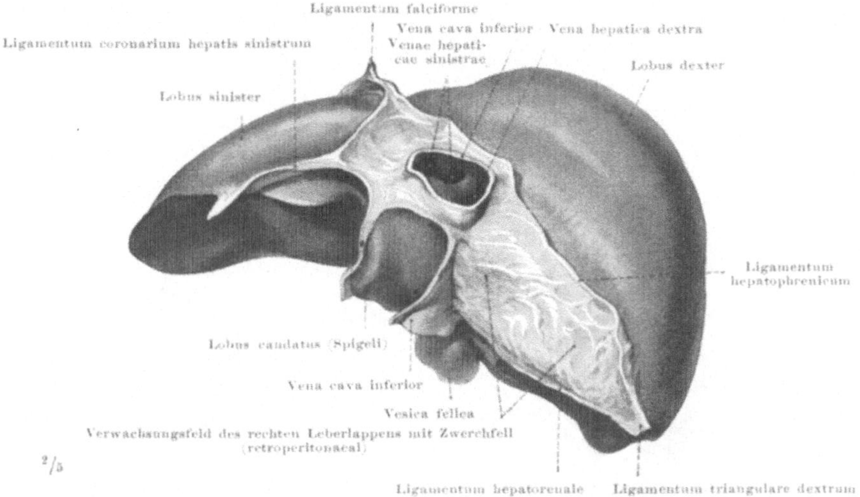

Abb. 164. Leber, von oben. Dasselbe Präparat wie in Abb. S. 314.

die aber beim Menschen sehr stark zurücktreten. Der Vorderrand hat eine tiefe
Kerbe, Incisura umbilicalis, welche nach oben in die Ansatzlinie des Lig.
falciforme hepatis, nach unten und hinten in die Leberpforte und den Ansatz
des Lig. teres und dessen Fortsetzung, den Ductus venosus Arantii, ausläuft. Man teilt danach die Leber in einen größeren Lobus dexter und einen
kleineren Lobus sinister. Beide sind aber nicht selten durch variable Spalten
in sich untergeteilt, besonders der rechte durch eine Fissura lateralis dextra
oder deren Reste (Abb. b, S. 316). Sie schneidet bei Affen so tief ein, daß man
bei ihnen einen rechten Stamm- und rechten Seitenlappen unterscheidet (Abb. a,
S. 316). Der Stammlappen ist auf der Unterfläche der menschlichen Leber im
wesentlichen erhalten und wird hier Lobus quadratus genannt. Während die
Vorderfläche einheitlich auszusehen pflegt und im Inneren des Organs die ursprünglich trennende Spalte verschwunden ist, respektieren doch die Verästelungen der
Lebergefäße immer noch diese imaginäre Grenze (Abb. c u. d, S. 316). Das gleiche
finden wir links, nur ist dort äußerlich von einer Unterscheidung zwischen
linkem Seiten- und linkem Hauptlappen beim Menschen nichts übrig geblieben.
Variable Reste der ursprünglichen Trennungsspalte sind auch seltener als rechts.
Aber innerlich wird von den Verästelungen der Gefäße die Grenze zwischen

Haupt- und Seitenlappen trotzdem innegehalten. Die feineren Endäste der Gefäß-
bäume halten sich allerdings, soweit wir wissen, nicht überall an diese Grenzen.
Auf der Unterfläche der menschlichen Leber ist außer dem Lobus quadratus
(zwischen Gallenblase und Lig. teres hepatis) noch ein besonderer Lobus caudatus abgegrenzt. Wir lernten ihn früher als den einzigen, in der Bursa omentalis versteckt liegenden Teil der Leber kennen. Zu ihm gehören zwei Vorsprünge, der Processus papillaris und Processus caudatus (Abb. S. 314).

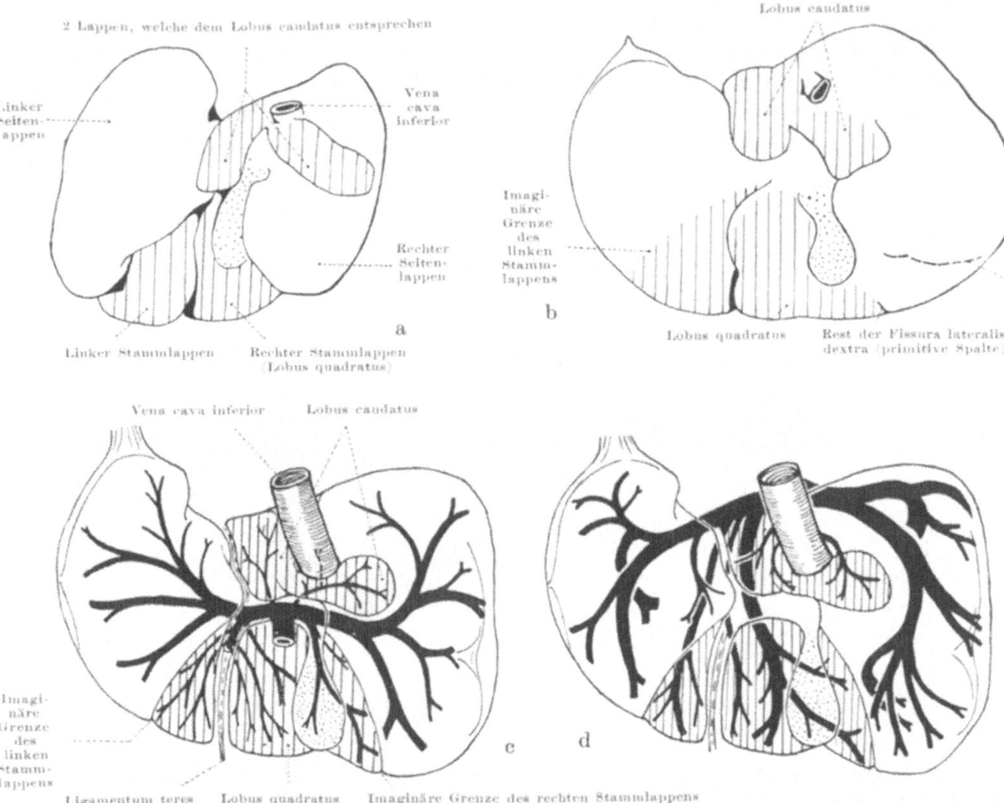

Abb. 165. **Lappen der Leber**, von dorsal. Die vier zentralen Lappen schraffiert, Seitenlappen weiß,
Gallenblase getüpfelt. a bei einem Affen (Macacus cynomolgus), b bei einem 3 Monate alten Kind (Varietät),
c mit eingezeichneten gröberen Verzweigungen der Pfortader der Leber des Erwachsenen, d mit gröberen
Verzweigungen der Lebervene (mit Veränderungen nach RUGE, Präparierübungen, 1921, Abb. 130, 133, 138, 139).

Beide sind ursprünglich getrennte Lappen, welche von der Vena cava aus divergieren (Abb. a, Nr. 165). Indem sie gerade so wie die Stammlappen mit ihren Nachbarn verschmolzen, wurde der Processus caudatus zur Brücke zwischen Lobus
caudatus und Lobus dexter; die Grenze gegen den Lobus sinister bleibt dagegen
äußerlich an dem Ductus venosus Arantii kenntlich, einem obliterierten
Gefäß, welches hier einer Furche der Leber eingelagert ist. Innerlich werden die
ursprünglichen beiden Lappen ebenso wie die Stammlappen von den Verästelungen der Lebergefäße respektiert; außerdem hat jeder seinen eigenen zu-
und abführenden Blutweg (Abb. c u. d, Nr. 165).

Zwischen dem Lobus quadratus und Lobus caudatus der menschlichen Leber
liegt der Ein- und Austritt wichtiger Gefäße, auch fließt hier die Galle ab. Die
Oberfläche hat hier eine tiefe Nische, die Porta hepatis (Abb. S. 314).

Außer den „Affenspalten" der Leber, d. h. den oben beschriebenen atavistischen, bei Affen in voller Ausbildung vorkommenden Einkerbungen und Einschnitten, kommen nicht selten Spalten vor, für welche wir bei anderen Säugetieren kein Vergleichsobjekt kennen. Sie entstehen in der Entwicklung als „Raumfalten". Wenn das Organ schneller wächst als die Umgebung, so faltet sich die Oberfläche entsprechend; die tiefsten Falten gleichen sich nicht mehr aus, sondern bleiben als Einschnitte zurück, welche mit Serosa ausgekleidet sind. Man kann oft an der Leber des Erwachsenen beide Arten nicht auseinander halten. Das gemeinsame Vorkommen beider deutet darauf hin, daß Raumfalten vor allem auf dem Boden der atavistischen Grenzen entstehen. — Selten kommen neben dem Hauptorgan abgetrennte Nebenlebern vor. Solche oder ungewöhnliche Lappen der Leber werden gelegentlich mit Wandernieren oder Geschwülsten verwechselt. — Die Vena cava inferior liegt ursprünglich im Innern des Lebergewebes eingebettet. Beim Menschen rückt sie an die Oberfläche, ist aber sehr variabel von Lebergewebe oder rein membranös überbrückt. Der linke Leberlappen ist an seinem oberen Rand oft soweit rückgebildet, daß statt eigentlichen Drüsengewebes nur eine bindegewebige Platte übrig bleibt, Appendix fibrosa; gelegentlich kann er vollkommen rückgebildet sein.

Drei Viertel der Leber liegen in der rechten, nur ein Viertel liegt in der linken Körperhälfte. Das Organ im ganzen hat daher ungefähr prismatische Form; die rechte Seite des Prismas, welche dem rechten Leberlappen entspricht, stößt mit einer quadratischen Fläche an die rechte Bauchwand, die linke Seite (entsprechend dem linken Leberlappen) endet mit einer zugespitzten Kante im linken Hypochondrium, bevor sie die Bauchwand erreicht hat. Außer an dieser Stelle ist das Organ an allen übrigen Kanten stark abgerundet, so daß die prismatische Grundform nur die Bedeutung eines Schemas, nicht irgendwie kausale Beziehung hat.

Lage der
Leber

Aus der Entwicklung der Amphibien wissen wir, daß die Asymmetrie zwischen rechtem und linkem Lappen in sehr frühen Embryonalstadien bestimmt wird. Schneidet man ein Stück des dorsalen Urdarmdaches heraus und dreht es um 180°, so wird der Situs invers, d. h. die Leber liegt mehr links als rechts. Von den Lebergefäßen aus scheint die Lage des Herzens bestimmt zu werden. In der Regel ist daher bei inversem Situs der Leber auch die Lage des Herzens spiegelbildlich zur gewöhnlichen. Auch beim Menschen kommt Situs inversus vor (S. 246).

Man kann auf der vorderen Körperoberfläche eines aufrecht stehenden Mannes die Lage der Leber ziemlich genau durch ein Dreieck bestimmen, welches von der Vorderfläche der prismatischen Grundform eine gute Vorstellung gibt. Man verbindet einen Punkt etwas unterhalb der rechten Brustwarze mit einem zweiten Punkt etwas weiter unterhalb der linken Brustwarze; darauf werden beide Punkte mit der Knorpel-Knochengrenze der rechten 10. Rippe verbunden (Bd. I, Abb. S. 141, 148). Die Verbindungslinien müssen nach dem Inneren des Dreiecks zu leicht konkav gezogen werden.

Am Lebenden ist die Lage des Organs, da es von luft- oder gashaltigen Nachbarn umgeben ist, durch Beklopfen festzustellen (Perkussion). Oberhalb gibt die Lunge, unterhalb und seitlich geben der Magen und Darm hellen Schall gegenüber dem dumpfen Schall der massiven Leber. Das ganze Organ verschiebt sich je nach der Stellung des Zwerchfells bei der Ein- und Ausatmung (vgl. auch Abb. S. 266). Der obere Rand ragt innerhalb der Grenzen dieser Bewegung verschieden hoch in den Brustkorb hinauf, kann also gegenüber der oben bezeichneten Grenze variieren; bei der Leiche erreicht er die 4. Rippe. In horizontaler Bettlage entspricht der untere Leberrand in der Mamillarlinie dem Rippenbogen. Von hier ab verläßt er diesen und läuft schräg auf das obere Drittel des linken Rippenbogens zu. Das Epigastrium zerfällt in zwei Felder, das Leber- und Magenfeld, von denen das erstere ziemlich konstante, das letztere sehr wechselnde Größe je nach der Füllung des Magens hat (S. 237). Im Leberfeld liegt die Leber der vorderen Bauchwand unmittelbar an. Nur in seltenen

Fällen kann sich das Quercolon dazwischen schieben und den vorderen Leberrand in die Tiefe drängen. Auch normalerweise kann man ihn beim Lebenden nicht fühlen, wenn man in Rückenlage tief einatmen läßt und die Hand flach auf die erschlafften Bauchdecken legt; man spürt dann, wie der herabsteigende Leberrand beim Einatmen gegen die Fingerspitzen anstößt.

Durch die relativ ungeschützte Lage im Epigastrium sind gefährliche Verletzungen der blutreichen Leber möglich. Wegen der benachbarten Organe siehe die Tabelle.

Krankhafte Vergrößerungen der Brustorgane verlagern das Zwerchfell und die Leber abwärts; umgekehrt wird sie durch krankhafte Vergrößerungen der Bauchorgane oder durch Ansammlung von Flüssigkeit in der Bauchhöhle aufwärts gedrängt. Besonders auffallend ist die Verunstaltung der Leber bei Frauen, die sich stark schnüren: Schnürleber. Was die Leber durch die unnatürliche Beengung des Brustkorbes an Breite verliert, das gewinnt sie in solchen Fällen an Höhe, indem ein zungenförmiger Fortsatz des rechten Leberlappens nach unten in die Bauchhöhle bis zum Beckenrand abgedrängt, sogar von dem übrigen Organ völlig abgequetscht und mit einer Geschwulst verwechselt werden kann (Schnürlappen).

Am rechten Leberlappen unterscheidet man einen oberen pulmonalen, einen mittleren pleuralen und einen unteren diaphragmatischen Abschnitt, je nach der Überlagerung des Organs gegen die vordere Körperfläche zu durch die entsprechenden Organe. Der diaphragmatische Abschnitt ist in der Axillarlinie 4—5 cm breit; hier kann die Leber am unschädlichsten incidiert oder punktiert werden.

Tabelle der üblichen Fachausdrücke für die Leber, Hepar.

I. Leberlappen, Lobi (Abb. S. 314—315: sie sind nur äußerlich und der Gefäßverästelung nach abgegrenzt, sonst im Innern völlig zusammenhängend.

Lobus dexter: weitaus der größte Leberlappen, begrenzt gegen die übrigen Lappen auf der Oberseite durch den Ansatz des Lig. falciforme, auf der Unterseite durch die Gallenblase und die Vena cava inferior. Brückenartige Verbindung mit dem Lobus caudatus durch deren Processus caudatus. Siehe Nr. II: Fossae sagittales dextrae.

Lobus sinister: nur ¹/₅ der ganzen Lebermasse; gegen den Lobus caudatus und Lobus quadratus abgegrenzt durch die Fossa sagittalis sinistra (Nr. II), gegen den rechten Lappen durch das Lig. falciforme.

Lobus quadratus: nur auf der Unterfläche gelegen, Viereck mit stumpfen Ecken und planer oder konkaver Fläche (sie entspricht der Pars pylorica des Magens). Die Grenzen sind die Porta hepatis, Fossa sagittalis dextra et sinistra und der Margo anterior.

Lobus caudatus (Spigeli): wie der vorige, nur hinter der Pforte gelegen. Der Rand gegen diese ist mehr oder weniger tief eingebuchtet, so daß die folgenden beiden Teile unterschieden werden können.

Processus papillaris: der gegen die Fossa sagittalis sinistra liegende, stark vorspringende Teil (Rest eines ursprünglich besonderen Leberlappens).

Processus caudatus: der brückenartige Übergang des Lobus caudatus in den Lobus dexter (Rest eines ursprünglich besonderen Leberlappens).

Margo anterior (s. inferior): der gemeinsame Rand des rechten und linken Leberlappens, Grenze zwischen Ober- und Unterfläche der Leber. Am linken Leberrand scharfkantig, wird nach rechts unten immer stumpfer.

II. Gröbere Einschnitte, Furchen und Gruben der Oberfläche (Abb. S. 314—315).

Incisura umbilicalis: Einschnitt im Margo anterior, 2,5—5 cm nach rechts von der Mittellinie des Körpers, Eintritt des Lig. teres (obliterierte Nabelvene, Vena umbilicalis).

Fossa sagittalis sinistra: beginnt an der Incisura umbilicalis und verläuft auf die Unterfläche der Leber, dem ganzen linken Lappen entlang bis zur Vena cava inferior. Sie enthält das Lig. teres. Eine Brücke von Lebergewebe kann die beiden benachbarten Lappen verbinden, Pons hepatis, so daß das Lig. teres in die Tiefe versenkt ist. Die Brücke kann schmal oder so breit wie der ganze Lobus quadratus sein.

Fossa ductus venosi: seichter Teil der Fossa sag. sinistra, welcher von der Porta hepatis bis zur Vena cava inferior reicht, zwischen Lobus sinister und Lobus caudatus. Das Lig. venosum (Arantii) ist ein Rudiment einer Vene, welche beim Fetus das meiste von der Placenta kommende Blut an der Leber vorbei direkt zum Herzen führt. Es setzt die obliterierte Nabelvene fort und ist deshalb einerseits mit dem Lig. teres, andererseits mit der Vena cava inferior verbunden.

Fossae sagittales dextrae: gemeinsamer Name für die beiden folgenden.

Fossa vesicae felleae: seichte Grube, nicht von Bauchfell bekleidet, manchmal im Margo anterior als Incisura vesicae felleae eingeschnitten. In ihr liegt die Hinterseite der Gallenblase. Ein unmittelbarer Eintritt von Galle aus der Leber in diese findet nicht statt, er geschieht nur durch die Gallengänge, siehe unter Nr. V.

Fossa venae cavae: tiefer Einschnitt für die Vena cava inferior, nicht von Bauchfell bekleidet. Die Vene wird gewöhnlich nur an ihrem oberen Ende, kurz vor dem Durchtritt durch das Zwerchfell, von Lebergewebe umwallt und nimmt hier die Lebervenen auf. Die Fossa verstreicht gegen den Lobus caudatus zu. Ursprünglich durchbohrt die Vene in einem Kanal die Leber. Auch beim Erwachsenen überbrücken manchmal noch Reste von Leberparenchym die Vena cava und ihre Fossa; gewöhnlich ist sie durch Bindegewebe bedeckt (Ligamentum venae cavae).

Porta hepatis, Leberpforte: entspricht dem Hilus der Niere oder einer Drüse. Tiefe Quergrube zwischen Lobus quadratus und L. caudatus. Die 4 Abschnitte der sagittalen Gruben und die quere Leberpforte als 5. Grube bilden auf der Unterfläche der Leber ungefähr ein H. Der untere viereckige Teil entspricht dem Lobus quadratus, der obere dem Lobus caudatus, der Querbalken der Leberpforte (Abb. S. 314). Das Lig. hepatoduodenale und Lig. hepatogastricum teilen sich an der Leberpforte so in ihre beiden Epithellamellen, daß die eine sich auf den Vorder-, die andere auf den Hinterrand der Pforte umschlägt (Abb. S. 258). Sie selbst ist nicht mit Bauchfell überzogen und gibt den Weg frei für den Ein- und Austritt der im Lig. hepatoduodenale liegenden Leitungswege. Es treten in die Pforte ein: Vena portae (Pfortader), Arteria hepatica, Plexus von Nervenfasern aus dem Vagus und aus dem Ganglion coeliacum des Sympathicus. Es verlassen die Pforte: Ductus choledochus (resp. seine Äste: 2 Ductus hepatici), Lymphgefäße mit 2 bis 3 Lymphknötchen. Alle ein- und austretenden Gebilde sind verbunden durch lockeres Bindegewebe der GLISSONschen Kapsel, welche hier in die Lamina propria der Mesenterien übergeht.

Fissura lateralis dextra et sinistra: ursprüngliche Grenzen zwischen den Stamm- und Seitenlappen; namentlich die erstere nicht selten in Resten erhalten.

Fissurae secundariae: Spalten von irregulärer Lage, ohne Bezug auf atavistische Lappen.

III. Das feinere Relief der Oberfläche, Berührungsfelder (Abb. S. 250, 314, 315, 266).

1. Facies superior:

   Impressio cardiaca: Berührungsfeld mit dem Herzsattel des Zwerchfells.

2. Facies inferior:

   Impressio oesophagea: Berührungsfeld mit der Speiseröhre, auf dem linken Leberlappen, nahe dem Ende der Fossa sagittalis sinistra.

   Impressio vertebralis: Berührungsfeld mit Wirbelsäule und Zwerchfellschenkeln, entspricht dem oberen Rand des Lobus caudatus. Nach unten zu entfernt sich die Leber von der Wirbelsäule (Abb. S. 258, 350).

   Impressio suprarenalis: Berührungsfeld mit der rechten Nebenniere, liegt auf dem rechten Leberlappen, ist frei vom Bauchfellüberzug, außen anschließend an die Fossa venae cavae.

   Impressio gastrica: Berührungsfeld mit dem Magen, schließt an die Impressio oesophagea auf dem linken Leberlappen an, fortgesetzt auf den Lobus quadratus und auf den Halsteil der Gallenblase.

   Tuber omentale hepatis: sanfter Vorsprung auf dem linken Leberlappen, zwischen Porta hepatis und dem der kleinen Curvatur des Magens entsprechenden Rand der Impressio gastrica. Wendet sich dem Innern der Bursa omentalis zu.

   Impressio duodenalis: Berührungsfeld mit dem Zwölffingerdarm, liegt auf dem rechten Leberlappen, zwischen den beiden folgenden. An der Leiche ist die Wand des Duodenum in der Regel an dieser Stelle durch Galle verfärbt.

   Impressio renalis: tief ausgehöhltes Berührungsfeld mit der rechten Niere, die fast ihrer ganzen Dicke nach in der Grube Platz hat, auf dem rechten Leberlappen; immer zum Teil und oft ganz von Bauchfell überzogen, aber manchmal im oberen Teil frei von Bauchfell (der letztere

Teil gehört zu dem bauchfellfreien Teil des rechten Leberlappens, der im allgemeinen an das Zwerchfell grenzt, siehe Nr. IV).

Impressio colica: Berührungsfeld mit der Flexura coli dextra und dem Beginn des Quercolon, auf dem rechten Leberlappen, außen von der Gallenblase. Bei der Leiche ist diese Stelle der Colonwand in der Regel durch Galle verfärbt.

Crista colicorenalis: stumpfe Querleiste zwischen Impressio renalis und Impressio colica.

IV. Bauchfellüberzug (Serosa), die sog. Ligamenta hepatis und die bauchfellfreien Stellen (Abb. S. 314—315).

Ligamentum falciforme, s. S. 267.

Ligamentum teres hepatis, s. S. 267.

Ligamentum coronarium hepatis (sinistrum), s. S. 267.

Ligamentum hepatophrenicum, s. S. 267.

Ligamentum hepatorenale, s. S. 267.

Ligamenta triangularia hepatis, s. S. 267.

Omentum minus, Lig. hepatogastricum, s. S. 267.

Ligamentum hepatoduodenale, s. S. 267.

Ligamentum hepatocolicum, s. S. 267.

Ligamentum venosum Arantii: der obliterierte Ductus venosus, d. h. die Fortsetzung der Vena umbilicalis in die Vena cava inferior beim Fetus. Nach der Geburt ein dünner fibröser Bindegewebsstrang, zu dessen beiden Seiten sich das Bauchfell auf den Lobus sinister und Lobus caudatus umschlägt (Abb. S. 314), liegt in der Fossa ductus venosi, siehe Nr. II.

Area retroperitonaealis: großes bauchfellfreies Verwachsungsfeld des rechten Leberlappens mit dem Zwerchfell (meistens auch mit der rechten Nebenniere und oft mit dem oberen Pol der rechten Niere. Es liegt zwischen Lig. hepatophrenicum (vorn), Lig. hepatorenale (hinten) und Lig. venosum und Lig. falciforme (medial), Abb. S. 314, 315.

V. Gallenblase (Vesica fellea) und Gallenausführgänge (Abb. S. 287, 305, 314).

Corpus vesicae felleae: Hauptstück der Gallenblase, liegt in der gleichnamigen Fossa zwischen Lobus dexter und Lobus quadratus; die Serosa der Leber überzieht zugleich die Oberfläche der Gallenblase (nicht oder nur sehr selten die dem Leberparenchym zugewendete Fläche).

Fundus vesicae felleae: blindes Ende der Gallenblase, liegt in der gleichnamigen Incisura des Margo anterior, die aber oft nur angedeutet ist, überragt jedenfalls den Leberrand und erreicht unmittelbar unter dem rechten Rippenbogen die vordere Bauchwand (am lateralen Rand des M. rectus abdominis dexter).

Collum vesicae felleae: gegen die Leberpforte zu verlaufender Teil der Gallenblase, aus welcher allmählich der Ductus cysticus hervorgeht. Beide zusammen formen ein ∿ (Abb. S. 341). Der angrenzende Teil der Blase selbst wird wegen seiner Trichterform als „Infundibulum" unterschieden.

Ductus cysticus: 3—4 cm langer Gang von der Gallenblase bis zum Ductus choledochus, liegt in der Porta hepatis.

Valvula spiralis (Heisteri): mehrere Querfalten der Wandung des Collum vesicae und Ductus cysticus, welche sich in der Regel zu einer spiraligen Falte zusammenschließen; sie springt in das Lumen vor. Der spiralige Verlauf ist am deutlichsten, wenn man den Gang streckt.

Ductus hepatici: 2 Gänge, von denen der rechte die Galle aus dem Lobus dexter und Lobus quadratus, der linke die Galle aus dem Lobus sinister und Lobus caudatus in die Porta hepatis hineinführt. Länge 25—30 mm.

Ductus hepaticus communis: 4—6 cm langer Gang, welcher unterhalb der Leberpforte aus der Vereinigung der beiden vorigen entsteht.

Ductus choledochus: entsteht dicht neben der Porta hepatis durch spitzwinklige Vereinigung des Ductus communis mit dem Ductus cysticus, liegt im Lig. hepatoduodenale, lateral neben der A. hepatica und ventral von der Vena portae; er geht dorsal vom Duodenum an dessen Pars descendens vorbei und mündet auf der Papilla duodeni major (S. 288). Länge 6—8 cm, Dicke etwa 0,5 cm.

VI. Gefäße und Nerven der Leber.

1. Arterie.

A. hepatica propria: Ast der A. hep. communis, einem der 3 Hauptäste der A. coeliaca; liegt im Lig. hepatoduodenale vor der Vena portae und medial vom Ductus choledochus (Abb. S. 254), tritt durch die Leberpforte in die Leber ein. Manchmal gehen überzählige Ästchen der A. coeliaca (A. hepatica communis) in die Leber, auch kleine Zwerchfellarterien. Bei Unterbindung der gesamten arteriellen Zufuhr wird die Leber nekrotisch, sie ist also nicht durch die Pfortader ersetzbar. Ein Ramus dexter der Propria versorgt den gleichnamigen Lappen und Lobus quadratus, ein Ramus sinister den gleichnamigen Lappen und ein besonderes Ästchen, den Lobus caudatus. Außerdem erhält die Gallenblase ihre eigene A. cystica. — Bei einer typischen Varietät der A. hep. propria liegt ein Gefäß im linken freien Rand des Lig. hepatoduodenale. Die übliche Arterie medial vom Ductus choledochus kann fehlen oder ebenfalls vorhanden sein. In diesem Fall entspringt die ganze Hepatica propria, häufiger nur ihr Ramus dexter aus der A. mesenterica superior bzw. aus der A. pancreatico-duodenalis inferior. Die Varietät ist für Unterbindungen wichtig.

2. **Venen.**

Vena portae, Pfortader: sie führt das venöse Blut aus den unpaaren Organen der Bauchhöhle (Magendarmkanal, Milz) in die Leber, liegt im Lig. hepatoduodenale zwischen A. hepatica und Ductus choledochus und hinter beiden (dorsal), tritt in der Leberpforte in das Lebergewebe ein (Abb. c, S. 316, 314).

Venae hepaticae, Lebervenen: zwei oder mehr Venen, welche in die Vena cava inferior da münden, wo sie die Leber verläßt, um durch das Zwerchfell hindurch in das Herz zu gelangen (Abb. S. 315). Gelegentlich münden kleinere Venen einzeln weiter unterhalb in die Vena cava inferior (Abb. S. 254, innerhalb des gestrichelten Konturs liegt das Lebergewebe unmittelbar der Vena cava an). Die Lebervenen führen das durch die Pfortader und Leberarterien zugeführte Blut aus dem Organ wieder heraus.

3. **Lymphgefäße.**

Vasa superficialia: ein dichtes Netz von feinsten Lymphgefäßen zwischen Leberparenchym und Serosa. Abfluß 1. zu kleinen Lymphknoten in der Pforte und von da durch das Lig. hep. duod. zu den Nodi coeliaci, 2. zu lumbalen Lymphknoten, 3. durch das Lig. falciforme, die Ligg. coronaria und durch das Zwerchfell in mediastinale Lymphknoten oder rückläufig in Nodi coeliaci.

Vasa profunda: aus dem Leberparenchym entweder mit den Pfortaderzweigen zur Pforte mit Abfluß wie unter Nr. 1 bei den vorigen oder mit den Lebervenen in den Thorax und rückläufig zum Anfang des Ductus thoracicus in der Bauchhöhle.

4. **Nerven.**

Nervus vagus: Äste des Vagusgeflechtes auf der Vorderwand des Magens gelangen durch das Lig. hepatogastricum in die Leber hinein.

Nervus sympathicus: Äste aus dem Plexus coeliacus umflechten die A. hepatica propria und gelangen mit ihr durch das Lig. hepatoduodenale zur Leberpforte und in die Leber hinein.

Nervus phrenicus: feine Zweige des N. phrenicus dexter erreichen die Serosa der Leber und das Lig. falciforme. Manche Autoren nehmen an, daß von ihnen die Schmerzen ausgehen, welche bei gewissen Leberleiden die rechte Schulter befallen; denn der 4. Cervicalnerv, aus welchem der Phrenicus stammt, versorgt die Haut der Schulter (HEADsche Zone).

Angesichts der vielen für die Leberoberfläche üblichen Bezeichnungen dürfen wir uns an der Richtigkeit der eingangs betonten Monotonie der äußeren Form des Organs nicht irre machen lassen; die vielen kleinen Einschnitte, Furchen und Wellen hindern nicht, daß das Ganze im wesentlichen eine einheitliche kompakte Masse ist, was für den Genuß der Leber von Schlachttieren bekanntlich ökonomische Vorteile hat: es gibt keinen Abfall. Das Innere ist für das bloße Auge sehr gleichmäßig gestaltet. Es besteht aus unzähligen kleinen Läppchen, Lobuli (s. Insulae), von durchschnittlich 1—2 mm Durchmesser oder weniger, welche dicht zusammengepackt sind. Die einzelnen Läppchen haben äußerlich die Form eines kurzen Zapfens oder Kölbchens mit facettierten Seitenflächen, stumpfen Kanten und gewölbtem Dach (Abb. S. 322). Doch ist die Form, vor allem das Verhältnis der Höhe zur Breite, sehr wechselnd (Abb. S. 323 bis 326). Manche Läppchen sind seitlich in einer Richtung stark abgeplattet.

Leberläppchen und GLISSONsche Kapsel

Die Begrenzung der Läppchen gegeneinander ist beim Menschen sehr viel weniger
deutlich als bei einigen Tieren (Schwein, Bär, Kamel), deren Leber durch besonders deutliche Zwischenwände zwischen den Läppchen ausgezeichnet ist

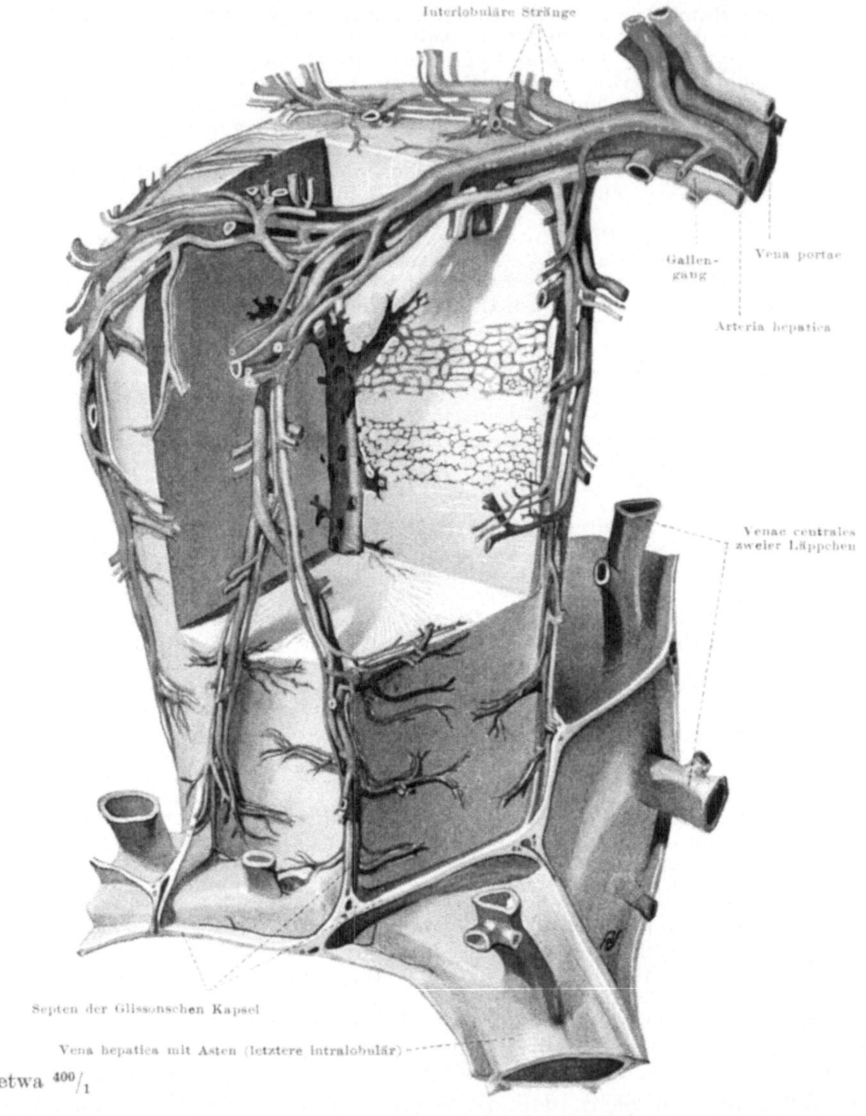

Abb. 166. Läppchen aus der Leber des Schweines. Lobulus simplex. Wachsplattenmodell der Blutgefäße
von A. VIERLING (Pfortader rotviolett, Lebervenen blau, Gallengänge grün) und der GLISSONschen
Kapsel. Ein Leberläppchen ist plastisch wiedergegeben. Keilförmiger Ansschnitt mit schematisch ein-
getragenen Netzen der feinsten Gallenkanälchen (-capillaren) und Gefäßausbreitungen (-capillaren). Vgl. das
Einzelläppchen rechts unten in Abb. S. 323.

und sich deshalb zum Studium der Form derselben besonders eignen.   Die Leber
ist nämlich äußerlich von Bindegewebe überzogen, welches wie immer beim
Bauchfell unter dem Epithel der Serosa liegt.   Man nennt die Bindegewebsschicht Capsula fibrosa (Glissoni).   Die GLISSONsche Kapsel ist an der

Leberpforte durch die ein- und austretenden Gefäße und Gallengänge in das Organ vorgedrängt und ist dort besonders stark entwickelt (Abb. S. 314). Das Bindegewebe füllt nicht nur die Tiefe der Leberpforte aus, sondern dringt mit den Blutgefäßen und Gallengängen in gröberen und immer feiner werdenden Septen bis zur Oberfläche der einzelnen Läppchen vor. Ist die GLISSONSCHE Kapsel besonders weit vorgedrungen, wie bei den oben genannten Tieren, so umkleidet sie jedes Läppchen vollständig oder wenigstens seine Seitenwände und Kuppel. Ist sie weniger weit vorgedrungen und weniger üppig ausgestaltet, so füllt sie nur die Zwickel zwischen den Läppchen aus, in welchen die ein- und austretenden Blut- und Gallenwege liegen, um letztere zusammenzuhalten und die Zwickel zu füllen. Vergleicht man unter dem Mikroskop einen Schnitt durch die Leber vom Schwein und vom Menschen, so ist die Form der Läppchen

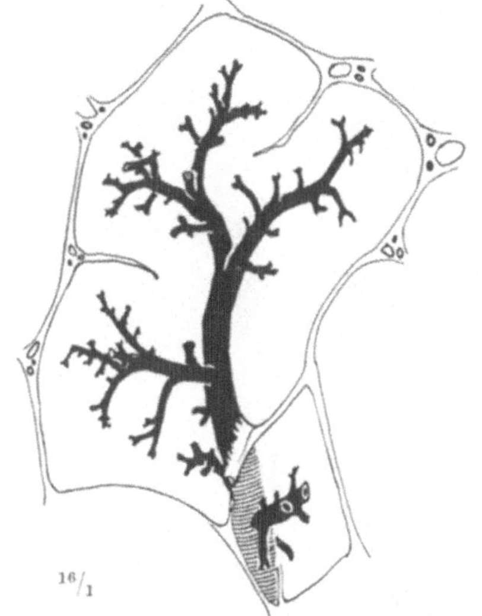

Abb. 167. Läppchen der Schweineleber. Unten ein kleines Läppchen, oben drei Läppchen, welche ein Sammelläppchen bilden. Venen schwarz. GLISSONsche Kapsel als Doppelkontur, in den Zwickeln die Pfortaderäste (groß, dünne Konturlinien), die Arterien und Gallengänge (kleiner, dickere Linien). Mikroskopischer Schnitt.

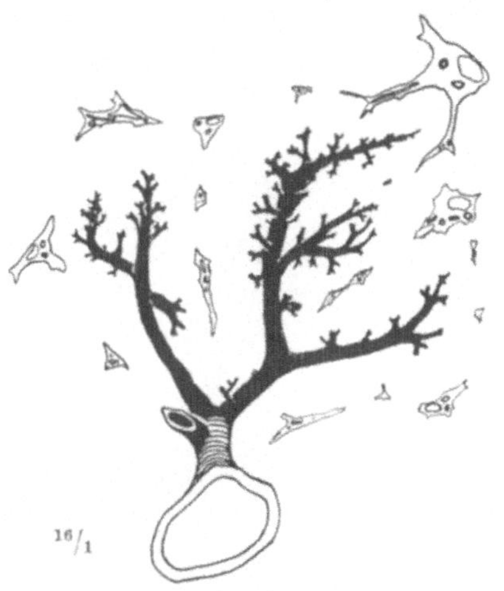

Abb. 168. Läppchen der menschlichen Leber. Eine ähnliche Stelle wie in Abb. Nr. 167 (ein Sammelläppchen, welches aus drei Einzelläppchen besteht), aber die Abgrenzung nur lückenhaft. Wiedergabe der Gefäße usw. wie in Abb. Nr. 167. Mikroskopischer Schnitt.

außerordentlich ähnlich. Beim Schwein sind jedoch die Grenzen durch die GLISSONSCHE Kapsel scharf hervorgehoben und leicht sichtbar (Abb. Nr. 167). Beim Menschen müssen sie erst durch den Untersucher herausgefunden werden, indem er sich die mit GLISSONSCHER Kapsel gefüllten Zwickel (Abb. Nr. 168) durch gerade Linien miteinander verbunden denkt. Im letzteren Fall sind die Läppchengrenzen imaginär, werden aber trotzdem vom inneren Gefüge, besonders von der Blutverteilung innegehalten, ähnlich wie auf einem Sportplatz gewisse Grenzen nur hier und da durch Fähnchen markiert sind und doch von den Spielern beachtet werden, wie wenn sichtbare Abschlußschnüre gespannt wären. Jede Zwischenwand in der Leber ist für die angrenzenden Läppchen gemeinsam.

Die einzelnen Läppchen, Lobuli simplices, sitzen in selteneren Fällen unmittelbar einer größeren Vene auf (Abb. Nr. 167, rechts unten, Abb. S. 324, rechts und links unten). In den meisten Fällen jedoch hängen sie an ihrer Basis mit anderen Läppchen zusammen und bilden ein Sammelläppchen, Lobulus compositus.

Darin gleicht die Leber den zusammengesetzten Drüsen mit ihren Lobuli und Lobi (S. 14), doch ist für die Bezeichnungsweise der Name Lobus bei der Leber für die grobe Lappung vergeben (Lobus dexter usw.). Denken wir an die Gliederung der Lunge als Beispiel der Unterteilung eines Organs in gröbere und feinere Bestandteile, so entspricht der Lobulus simplex der Leber dem Acinus der Lunge. Ein gutes Beispiel sind manche Früchte, z. B. die Himbeere, Brombeere. Die „Sammelfrucht",

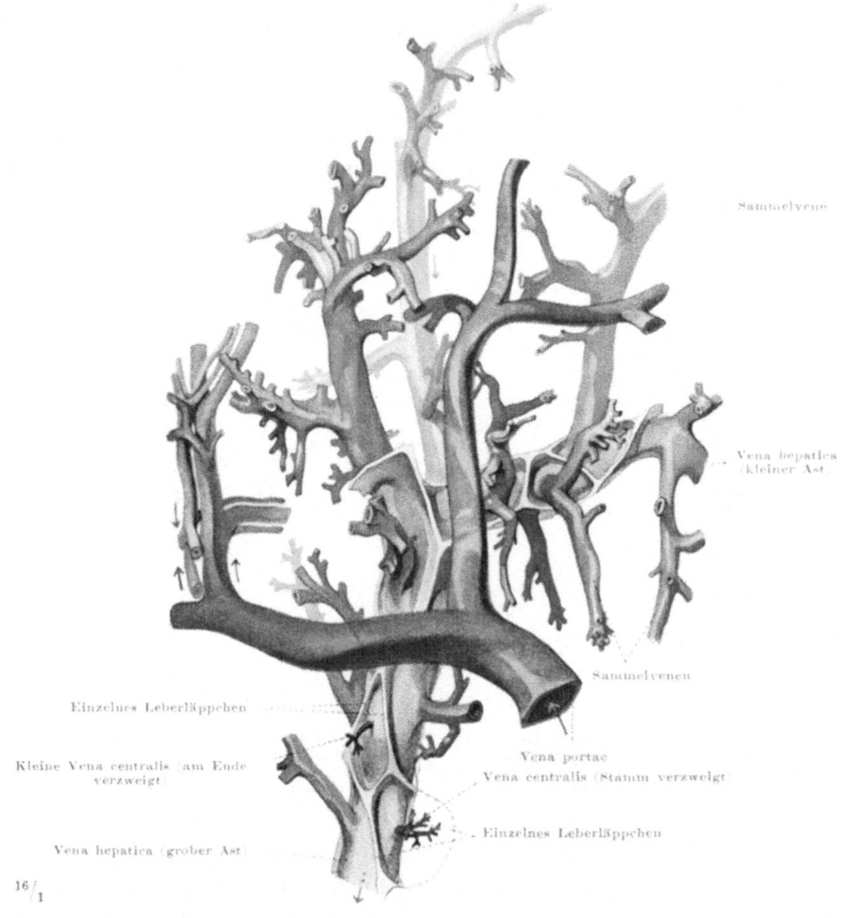

Abb. 169. Blutgefäße der Leber. Schweineleber, Wachsplattenmodell von stud. med. WITZEL. Blau: Vena hepatica. Violett: Pfortader. Rot: Leberarterie. Grün: Gallengänge. Entsprechend gefärbte Pfeile geben die Stromrichtung an. Die Grenzen der basalen Teile einiger Leberläppchen (GLISSONsche Kapsel) sind mitmodelliert. Man denke sich die Zwischenräume zwischen violett und blau durch Leberläppchen ausgefüllt. In Abb. S. 322 eines rekonstruiert (dort sind die Pfortaderäste bis in ihre feinsten Verzweigungen wiedergegeben).

welche aus vielen Einzelbeeren zusammengesetzt ist, heißt im gewöhnlichen Sprachgebrauch als Ganzes: „Beere". Ihr entspricht unser Sammelläppchen, Lobus compositus.

Zu- und Abfluß des Blutes

Das Innere des Läppchens besteht aus dem eigentlichen Leberparenchym, d. h. den spezifischen Drüsenzellen der Leber, zahlreichen feinsten Blutgefäßen, Gallenkanälchen, spärlichen verkittenden Bindegewebszügen und einem besonderen Stützgerüst, den Gitterfasern. Wir beginnen mit der Schilderung der Blutbahn, weil von hier aus der Aufbau verständlich wird. Die Pfortaderverzweigungen leiten das Blut aus dem Magen, Darm und der Milz in die Leber hinein und verzweigen sich so, daß jedes Läppchen von seiner Kuppel aus längs den Seitenkanten mit mehreren Ästen versorgt wird (Abb. S. 322). So wird auf dem Blutweg transportiertes Material, das aus dem Speisebrei im Magendarmkanal resorbiert ist oder durch Zerfall von roten Blutkörperchen in der Milz frei wird, den Leberläppchen zur weiteren Verarbeitung zur Verfügung gestellt. Die feinsten Pfortaderäste dringen in die Leberläppchen von allen Seiten (nicht nur von den Kanten, sondern auch von den Flächen) ein und lösen sich im Innern der Läppchen in langgestreckte Netzmaschen auf, welche sämtlich zusammenhängen. Aus diesem Netz sammeln sich im Centrum des Läppchens Venenstämmchen, welche alle in ein axiales Gefäß münden, die Vena centralis. Bei den Lobuli simplices, welche einer größeren Vene unmittelbar aufsitzen, mündet die Vena centralis in diese (Abb. S. 322, 324 unten). Sie hat in der Regel einen einheitlichen Stamm, aber zahlreiche Endäste wie der Wipfel eines Baumes. Sie liegt binnenlappig (intralobulär), während die Pfortaderäste und die sie begleitenden Arterien und Gallengänge zwischenlappig liegen (interlobulär). Bei den Lobuli compositi fließt das Blut aus den Einzelläppchen in eine größere Vene ab, welche sich ebenfalls von den Pfortaderästchen dadurch unterscheidet, daß sie nicht von Arterien und Gallengängen begleitet ist. Sie vertritt für die Stellen, an welchen die einzelnen Leberläppchen zu zusammengesetzten Läppchen verschmolzen sind, die Vena centralis der Einzelläppchen. Innerhalb der Einzelläppchen, welche für sich oder im Verband eines Sammelläppchens liegen, nennt man sie „Centralvene", im Stiel eines Sammelläppchens „Sammelvene". Im letzteren Fall liegt sie da, wo sich bei einer Himbeere der Zapfen befindet, welcher die Einzelbeerchen trägt (der alte Name Vena sublobularis trägt dem nicht Rechnung und wird deshalb besser vermieden).

Man stelle sich die Lebervene als Ganzes wie einen reich verzweigten Dornbusch vor: auf jedem Dorn sitzt wie eine Beere, in welche der Dorn hineingesteckt ist, das Leberläppchen. Die Beere kann klein und glatt (Lobulus simplex) oder aus einzelnen Körnern zusammengesetzt sein wie eine Himbeere (Lobulus compositus). Die Lebervenen leiten das aus den einfachen und zusammengesetzten Läppchen abfließende Blut der Vena cava inferior zu (Abb. d, S. 316).

Die GLISSONSche Kapsel setzt sich auch auf die Venae hepaticae fort, nur in viel weniger reichlichem Maß als auf die Pfortaderverästelungen. Man findet die Vena centralis oft fast nackt in das umgebende Lebergewebe eingelassen; doch haben die intralobulären Sammelvenen deutliche bindegewebige Scheiden (Abb. S. 327). Durchbricht eine Arterie das Leberläppchen, um als Vas vasorum die Vena centralis mit arteriellem Blut zu versorgen (translobuläre Arterie, Abb. S. 326). so wird sie von einem dicken Mantel der GLISSONSchen Kapsel begleitet; in diesem Fall hängen der periphere und centrale Kapselanteil deutlich zusammen. Sonst sieht man innerhalb der Läppchen nur hier und da feinste Bindegewebsblättchen für sich allein (Abb. S. 330), die übrigen Stützelemente sind auf die unmittelbare Nachbarschaft der Gefäße beschränkt. Das intralobuläre Bindegewebe ist aus eigenartigen „Gitterfasern" zusammengesetzt (siehe unten).

Man orientiert sich an Schnitten durch die menschliche Leber am besten so, daß man zuerst die Gefäße aufsucht, welche für sich allein liegen. Sind sie von wenig Bindegewebe umgeben oder nackt, so sind es Centralvenen, anderenfalls Sammelvenen (letztere sind immer sehr viel größer als die Venae centrales). Darauf sucht man in einiger Entfernung von dem Querschnitt einer jeden Vena centralis im Kranze um sie herum stehend die kleinen Bindegewebsinseln, in welchen Pfortaderäste, Gallengänge und Leberarterien beieinander liegen (Abb. S. 326).

Unser Hauptinteresse gilt den Gefäßnetzen zwischen Pfortader und Centralvene der Läppchen (in Abb. S. 322 schematisch auf einer der senkrechten Anschnittflächen gezeichnet, Abb. S. 326). Da sie zwischen zwei Venen ausgespannt sind, nennen wir sie venöse Wundernetze (Rete mirabile). Ähnlich wie in den MALPIGHIschen Körperchen der Niere arterielle Wundernetze bestehen, welche Flüssigkeiten und auch in ihnen enthaltene Stoffe durch ihre Wandung durchlassen, so ist das — nur in viel höherem Maß — bei den venösen Wundernetzen

Wundernetze der Gefäße

der Leberläppchen der Fall. Hier haben wir die wirkliche Arbeitsstätte der Leber vor uns. Denn die benachbarten Leberzellen können von den Wundernetzen Stoffe empfangen und können solche an sie abgeben, während die Wände der zu- und ableitenden Gefäßbahnen, die zwischen den Läppchen liegen, undurchlässig sind. Eine weitere Leistung scheint darin zu liegen, daß Stauungen im Blutkreislauf der Bauchorgane durch die Leber abgefangen werden können. Eine geringe Erweiterung der zahllosen Netze würde dazu genügen.

Man nennt die venösen Wundernetze der Leber auch Blut„capillaren" (S. 622).

Die Pfortader selbst kann keinen Sauerstoff abgeben, wohl aber die Leberarterie, welche sich mit ihr zusammen zwischen den Leberläppchen aufteilt. Ihr sauer-

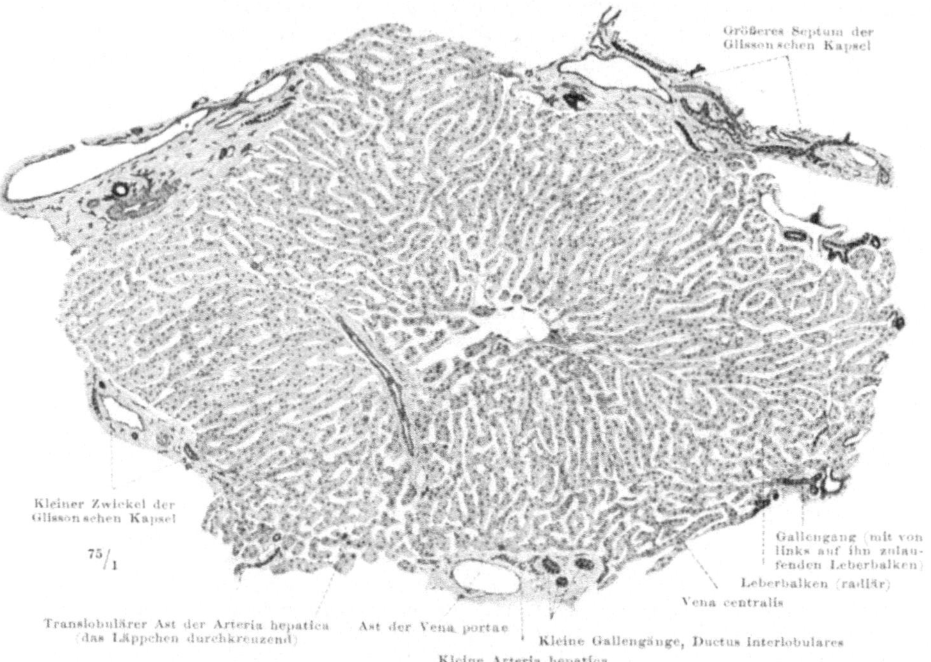

Abb. 170. Einzelnes Leberläppchen, Mensch. Querschnitt. Gelb Leberbalken, rot Kerne der Zellen und Leberarterien, hellblau GLISSONsche Kapsel, grün Gallengänge. Das venöse Wundernetz (Gefäßcapillaren) im Leberläppchen ist hell wiedergegeben (Blutkörperchen nicht mitgezeichnet).

stoffhaltiges Blut ernährt die GLISSONsche Kapsel, geht mit besonderen (translobulären) Ästchen an die Centralvene und ergießt sich sonst in die venösen Wundernetze. Gegenüber dem reichlichen Blut der Pfortader kommt es quantitativ nicht in Betracht; qualitativ ist der beigemischte Sauerstoff unentbehrlich, um die Leberzellen genügend zu versehen; eine Unterbindung der Arteria hepatica hat die schwersten Folgen (Lebernekrose).

Charakteristisch für die Leberläppchen ist, daß die meisten Maschen des venösen Wundernetzes in radiärer Richtung langgestreckt sind (schematisierte Stelle der Abb. S. 322; man beachte die oft auf lange Strecken getroffenen, radiär verlaufenden Gefäßlücken zwischen den Leberzellen der Abb. Nr. 170). Das Blut wird durch die radiär gestellten Wege am direktesten und schnellsten von der Peripherie des Läppchens zum Centrum hingeleitet. Bei anderen Drüsen und bei der Leber der Nichtsäuger kennen wir den strahligen Bau feinster Blutwege nicht. Er kommt sonst in den Venae stellatae der Nierenrinde (auch der Leberoberfläche selbst) und in den Venae vorticosae des Augapfels vor.

Bei der fetalen Leber der Säuger ist anfänglich weder eine Läppcheneinteilung, noch die strahlige Anordnung der feinsten Blutwege vorhanden (Abb. a, S. 250). Zur Zeit der Geburt sind die Läppchen durch die inzwischen eingewucherte GLISSONsche Kapsel begrenzt, aber die Wundernetze der Venen innerhalb der Läppchen sind noch irregulär geformt. Bei den Monotremen (Ameisenigel) bleiben sie zeitlebens so. Bei den übrigen Säugetieren beginnen sich kurz nach der Geburt die Maschen in radiärer Richtung zu strecken. Bei den Nagetieren werden schließlich alle radiär geordnet, so daß hier der strahlige Typus besonders ausgebildet ist (Kaninchen), während die Leber anderer Säugetiere in einer

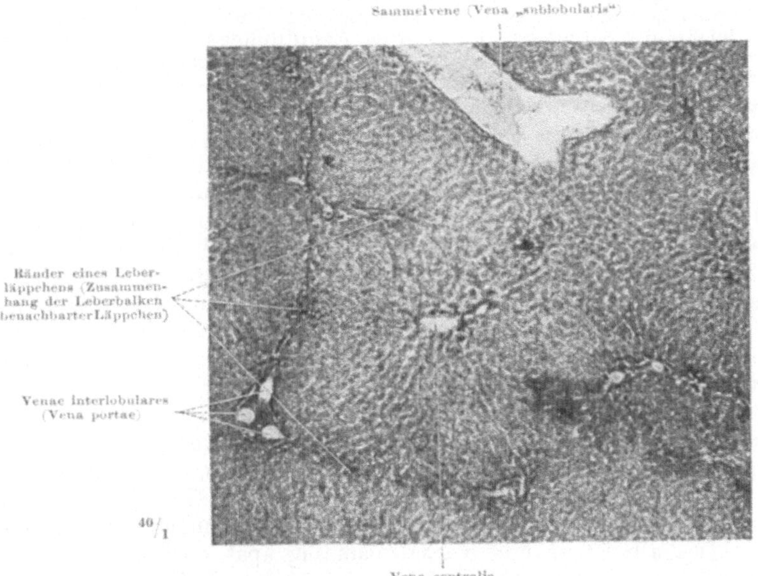

Abb. 171. **Menschliche Leber**, Schnitt. Photo. Die Grenzen zwischen den Läppchen sind in diesem Fall durch Pigmentierung der Randzellen der Läppchen außergewöhnlich deutlich.

Zwischenstellung verharrt. Dazu gehört auch der Mensch, dessen Leberläppchen zwar deutlich strahlig gebaut sind, aber doch an zahlreichen Stellen noch Reste des irregulären Ausgangstypus bewahren.

Sehr wahrscheinlich beruhen diese Umformungen auf dem Einfluß der Zwerchfellatmung. Wir sahen, daß sich Leber und Zwerchfell wie Abguß und Gußform zueinander verhalten. Zieht sich das Zwerchfell zusammen, so drückt es auf die Leber, wie striemenförmige Einkerbungen beweisen, die durch einzelne Zwerchfellportionen in der Leberoberfläche erzeugt werden. Unter dem Druck des Zwerchfells wird die Leber ausgedrückt wie ein Schwamm. Innerhalb der einzelnen Läppchen nimmt das Blut den kürzesten Weg von der Peripherie zur Mitte. Die Centralvene liegt an der Stelle geringsten Druckes, auf welche das Blut hinfließt.

In der Brusthöhle herrscht negativer Druck, in der Bauchhöhle höherer Druck als in der Brusthöhle. Die Pfortaderäste liegen rein intraabdominal, die Lebervenen dagegen schließen an die intrathorakal gelegene Strecke der Vena cava inferior dicht an; daher besteht zwischen beiden ein Druckgefälle. Wahrscheinlich hat die Pfortader in sich auch deshalb höheren Druck als andere Venen, weil sie nach beiden Seiten (im Darm und in der Leber) mit Capillarnetzen zusammenhängt. Durch diese Momente wird die unmittelbare Wirkung des Zwerchfells auf die Leber verstärkt oder ersetzt.

Die Wundernetze eines Leberläppchens hängen in der menschlichen Leber mit denen der benachbarten Läppchen in den Lücken zwischen den interlobulären Zwickeln der GLISSONschen Kapsel zusammen (Abb. S. 327). Aber wir müssen annehmen, daß in der Regel durch die Strömung des Blutes die imaginäre Grenze genau so eingehalten wird wie etwa bei der Leber des Schweines, wo die GLISSONsche Kapsel eine sichtbare Scheidewand bildet. Im letzteren Fall gibt es kein Ausweichen oder nur durch Rückstauung in die Pfortaderäste hinein; bei der menschlichen Leber können bei Störungen der Blutzirkulation die Verbindungen der Wundernetze zwischen den Läppchen zum Ausgleich dienen.

Die strahlige Anordnung der Wundernetze (und Leberbalken) kann sich auch um die Pfortaderäste geltend machen, indem von einem interlobulären Pfortaderästchen nach allen Richtungen Netze ausgehen (also in verschiedene benachbarte Läppchen hinein). Obgleich die Anordnung abweicht von dem strahligen Typus der in einem Läppchen liegenden Netze, die radiär zur Vena centralis verlaufen, kann man doch leicht auf Schnitten die radiären Anordnungen um Pfortaderäste mit denen um Centralvenen verwechseln. Das sichere Kennzeichen der Pfortader ist immer ihre Vergesellschaftung mit Arterien und Gallengängen. Achtet man darauf, so ist ein Irrtum nicht möglich.

Drüsen-
schläuche
und
Drüsen-
fachwerk

Entsprechend dem strahligen Typus der Wundernetze ist auch das eigentliche Leberparenchym angeordnet, das aus den Drüsenzellen der Leber besteht. Man erkennt leicht bei Betrachtung eines Schnittes, der quer durch ein Läppchen geht — quer durch die Centralvene —, daß die Leberzellen in radiär gestellten Strängen verlaufen. Man nennt sie die Leberbalken (gelb in Abb. S. 326). Man vergesse nicht, daß der Leberbalken ein künstlich durch die Schneidemethode aus dem kompakten Läppcheninhalt herausgeschnittenes Gebilde ist. In Wirklichkeit ist das Gefüge der Leberzellen ein zusammenhängendes Fachwerk (Netz), in dessen Lücken das Wundernetz der Blutgefäße steckt. Zu diesen beiden Netzen kommt, wie wir sehen werden, noch ein drittes hinzu, das Netz der Gallenkanälchen (grün in Abb. S. 322, 330). Von den drei ineinander gesteckten Netzen ist das Leberzellennetz am gröbsten, dann kommt dem Kaliber nach das Blutgefäßnetz; am feinsten ist das Netz der Gallenkanälchen. Die beiden ersteren kann man an Schnitten durch die Leber mit dem Mikroskop immer sehen, das letztere ist nur bei Anwendung ganz besonderer technischer Methoden wahrzunehmen. Deshalb ist es erst verhältnismäßig spät entdeckt worden. Bis dahin war der Bau der Leber im Vergleich zu den übrigen Drüsen ein völliges Rätsel; man erkannte erst, daß die Leber eine wirkliche Drüse ist, als die Abflußwege ihres Sekrets gefunden worden waren. Heute kennen wir sie genau und können daraus erschließen, worauf eigentlich das so komplizierte feinste Gefüge des Organs beruht.

Knüpfen wir an das bei den venösen Wundernetzen der Läppchen Gesagte an, so werden wir leicht verstehen, daß ein sehr einfaches Prinzip dem dreifachen Netzbau zugrunde liegt. Wir sahen, daß aus dem irregulären Netz der feinsten Blutgefäße innerhalb eines jeden Läppchens nach der Geburt ein regulär strahliges Netz wird, in dessen Centrum die abführende Centralvene liegt. Bei diesem Umbau müssen die im Wege stehenden Leberzellen irgendwie weggeschafft werden! Es geschieht dies auf zweierlei Weise. Entweder verdünnt sich ein Drüsenschlauch so weit, daß er in dem Raum, den ihm die benachbarten Blutgefäße lassen, gerade noch Platz findet, oder er gibt seinen Schlauchcharakter (Tubulus) ganz preis und wird zu einem in der Drüsenmorphologie ganz neuartigen, nur in der Leber vorkommenden Gebilde. Um das ganz zu verstehen, gehen wir von einer Leber aus, die den typischen Charakter einer Drüse hat.

Gedehnte
Schläuche

Unter den Nichtsäugern finden sich zahlreiche Tiere mit einem tubulösen Bau der Drüsenschläuche. Auf dem Quer- und Längsschnitt sieht man die Drüsenzellen um das centrale Lumen herum angeordnet (Abb. a u. c, S. 329). Wie in anderen Drüsen dringen Seitenästchen des centralen Sekretkanälchens zwischen die einzelnen Drüsenzellen ein; sie erleichtern den Abfluß des Sekrets.

Außerdem sind alle Drüsenschläuche miteinander zu irregulären Netzen verbunden, so daß das Sekret, wenn etwa der Abfluß aus einem Tubulus in der einen Richtung stockt, die entgegengesetzte Richtung nehmen und immer leicht abfließen kann (Abb. h, S. 13). Das Prinzip des Wundernetzes, welches für die Blutgefäße an bestimmten gefährdeten Stellen so wichtig ist, sehen wir hier auch bei den Sekretwegen der Drüsen angewendet. Je größer die Leber ist, um so mehr ist sie dem Druck der Nachbarorgane in der engen Leibeshöhle und dem Druck von außen ausgesetzt. Ein so weiches plastisches Organ bleibt trotzdem von Sekretstauungen verschont, weil der netzförmig tubulöse Bau allseitige Abflußmöglichkeiten eröffnet.

Bei den Säugern führt die Zwerchfellatmung zu einer erheblichen Verschärfung der kritischen Situation unseres Organes. Die netzförmige Drüse wird zur

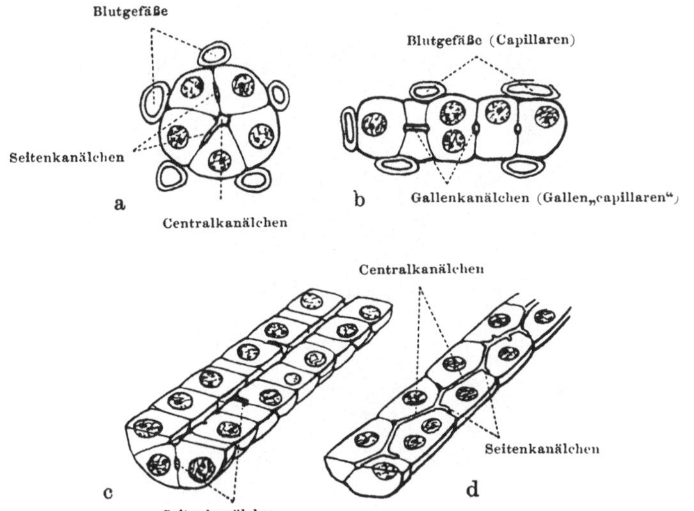

Abb. 172. Ableitung des Leberparenchyms, Schema. a und c Tubulus der Leber der Ringelnatter, im Quer- und Längsschnitt. b Zellplatte der Säugetierleber. Die Zellplatte ist so getroffen wie der Tubulus in Abb. a (zum Leberläppchen steht der Schnitt tangential). d Verdünnter Tubulus der Säugetierleber (gedehnter Schlauch).

„Labyrinthdrüse" (S. 14). Behält die einzelne Drüsenzelle bei dem Umbau, den die Wundernetze erfahren, den Kontakt mit dem Centralkanälchen, so kann sie in der Art ausweichen, daß sie gegen die Nachbarzellen längs dem Centrallumen verrutscht (Abb. d, Nr. 172). Es stehen nicht mehr 4 oder mehr Zellen im Kranz um das Centrallumen herum, wie gewöhnlich in tubulösen Drüsen (Abb. a, Nr. 172), sondern es bleiben an jeder Stelle nur 2 übrig, welche das Centrallumen zwischen sich fassen (d). Ein solcher Schlauch ist äußerst gedehnt; er ist dadurch charakterisiert, daß sein Centralkanälchen im Zickzack verläuft. Das ist bei geeigneter Präparation an mikroskopischen Schnitten durch die Leber des Menschen sehr deutlich (Abb. b, S. 332). Zweifellos ist dieser Modus in ihr sehr verbreitet. Die Leberzellen liegen alternierend einander gegenüber; ist auf dem Querschnitt durch den Tubulus der Kern der einen Zelle getroffen, so ist der Kern der anderen Zelle nicht getroffen. Sind die Leberzellen weniger stark auseinandergerutscht, so können beide Zellen so getroffen werden, daß man die Kerne auf dem gleichen Querschnitt sieht; beides kommt in der menschlichen Leber vor (Abb. S. 330, links). Wir bezeichnen diesen Typus als gedehnte Schläuche.

Zellen-
platten

Die Leberzelle ist andrerseits imstande die Berührung mit dem Centrallumen preiszugeben. Denn sie hängt dann immer noch an den Seitenkanälchen des centralen Ganges. Das gleiche kann man bei den Belegzellen der Magendrüsen, den GIANUZZIschen Halbmonden der Speicheldrüsen, den Drüsenzellen des Pankreas u. a. m. feststellen. Nur nimmt die Emanzipation der Drüsenzellen von dem Centrallumen bei der Säugerleber einen viel höheren Grad an. Denken

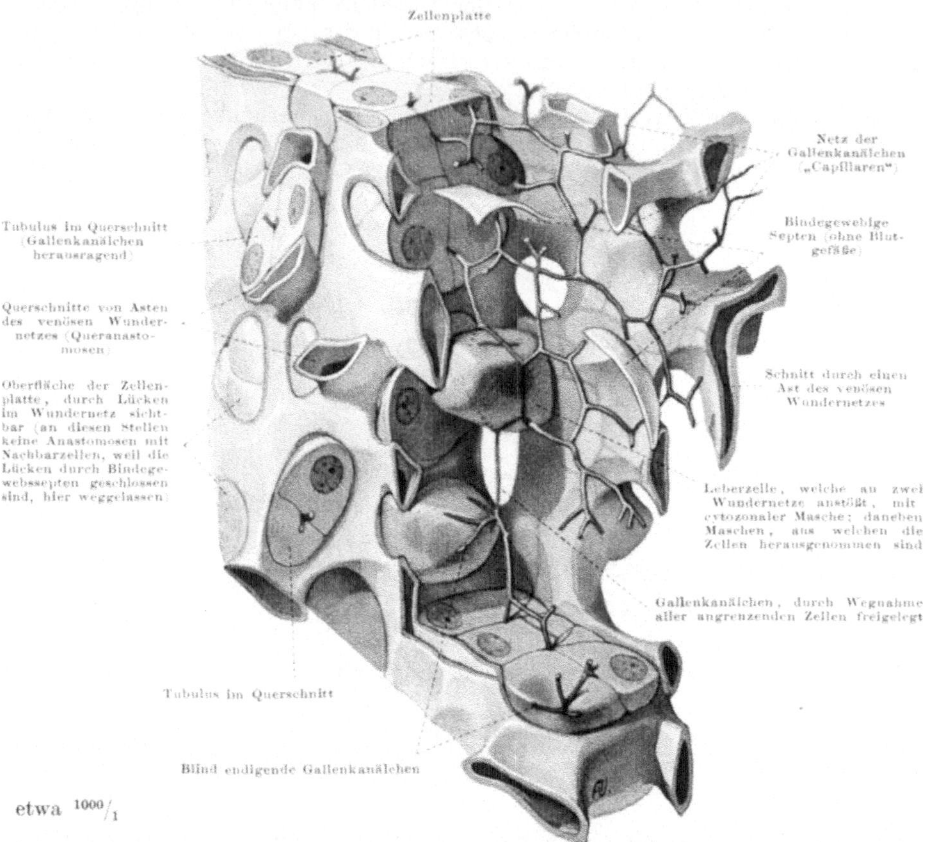

Abb. 173. **Zellenplatte aus der Leber des Menschen.** Wachsplattenrekonstruktion von A. VIERLING. Die Platte steht so, wie der senkrechte Anschnitt des Leberläppchens rechts vom Beschauer in Abb. S. 322 (Stelle mit schematisch eingezeichneten Gefäß- und Gallennetzen). Die Rekonstruktion gibt Wundernetze wieder (blau), welche in zwei radiären, zueinander parallelen Ebenen liegen. Queranastomosen zwischen beiden sind häufig. Die Leberzellen (gelb, Kerne rot) sind in dem vorderen Teil herausgenommen, dagegen sind die Gallenkanälchen (= Capillaren, grün) stehen geblieben. Letztere sind als Ausgüsse dargestellt wie bei Injektionspräparaten von Gallenkanälchen.

wir uns, die Zellen der Abb. a, S. 329 rücken auseinander, so daß sie nicht mehr radiär um das Centrallumen herum, sondern in einer Ebene nebeneinander liegen (b). Sie bilden jetzt keinen Schlauch, sondern eine Zellenplatte. Diesen Typus stellen wir als neue, für die Labyrinthdrüse spezifische Form den gestreckten Schläuchen gegenüber; letztere sind noch wirkliche Schläuche, die Zellenplatten sind es nicht. An die Stelle des Schlauchtypus tritt der Fachwerktypus. Möglich ist die Umformung deshalb, weil die Seitenkanälchen den sich verschiebenden Zellen folgen, so daß jede Zelle ihr Sekret an sie abgeben kann. In welcher Weise dies geschieht, soll im nächsten Abschnitt besprochen werden: der Vorgang führt zur Bildung eines besonders feinen Netzwerkes der Gallenkanälchen, welches für die „Labyrinthleber" der Säugetiere charakteristisch ist. Für die einzelne Leberzelle, welche in einer Zellplatte liegt, folgt daraus, daß sie nicht wie jede andere Drüsenzelle basal an die Peripherie des Drüsenschlauches grenzt (an die „Basal"membran) und apical an das Centrallumen (Abb. a, S. 329), sondern, daß sie mit beiden Enden an die Blutgefäße anstößt (b).

Die Zellenplatten der menschlichen Leber sind zwischen radiär verlaufende venöse Wundernetze eingeschaltet (Abb. S. 330); sie stehen mit benachbarten Platten durch Anastomosen in Verbindung, welche nach dem Typus der gestreckten Schläuche gebaut sind. In den Zellenplatten selbst erreichen die Leberzellen mit zwei Enden die venösen Wundernetze (resp. deren Lymphscheiden, siehe unten). Der Vorteil für die endokrine Tätigkeit der Zellen liegt auf der Hand: sie werden in eine viel ausgiebigere Beziehung zum Blut und den in ihm gelösten Stoffen gesetzt, als dies in den schlauchförmigen Drüsen der Fall sein kann. Bei der Leber ist gleichsam aus der Not eine Tugend gemacht. Eingeengt durch das Zwerchfell entstand der strahlige Bau der Blutgefäße im Inneren der Läppchen; die daraus folgende labyrinthäre Umgruppierung der Leberzellen führte zu einer viel innigeren Beziehung in den zu- und ableitenden Blutgefäßen. So hat sich diese Drüse, welche neben der äußeren Sekretion gerade durch die Prozesse der inneren Sekretion, durch ihre Schutzeinrichtung gegen Gifte und durch andere Beziehungen zum Blut ungeheuer wichtig ist, zu einer Art Speicher- und Ausgleichsorgan entwickeln und zu ihrer jetzigen Größe entfalten können. Man kann ihre Bedeutung für die Organe des menschlichen Körpers mit einer Welthandelsbank vergleichen, welche das Clearing für die einzelnen Kontinente und Länder besorgt. Alle Leistungen sind in den Intimbau verlegt; die Oberfläche verrät davon nichts, sie umhüllt und verdeckt als ungegliederte, aufs Einfachste reduzierte Fassade das innere Mikrolabyrinth. Auf dessen Bau kommt hier alles an, um den einzelnen Zellen ihre Leistungen zu erleichtern.

Ein Schnitt durch einen gedehnten Schlauch, wenn er längs geführt ist, und der Schnitt durch eine Zellenplatte, wenn er quer geführt ist, können so ähnlich aussehen, daß beide als „Zellbalken" (Leberbalken oder Leberstränge) bezeichnet werden. Die wirkliche Form kann nicht aus dem einzelnen Schnitt, sondern nur durch Rekonstruktion einer Serie von Schnitten ermittelt werden. Wie verbreitet die gedehnten Schläuche und die Zellenplatten in der Leber sind, ist nicht genau bekannt. Bei Tieren mit besonders stark ausgeprägtem radiärem Typus dürften die Platten besonders zahlreich sein.

Beim Menschen sieht man häufig innerhalb der Platten noch Reste von Bindegewebe, welche so in sie einschneiden, daß man die ursprüngliche Zusammensetzung aus gedehnten Schläuchen erkennen kann (Abb. S. 330). Indem sich die Blutgefäßmaschen radiär strecken und aus den jetzt blutgefäßfreien Septen zurückzogen, konnten sich bis dahin getrennte Lobuli zu einer Zellplatte vereinigen.

Bei der Leber der Nichtsäuger ist der tubulöse Typus nicht immer rein erhalten. Durch Einlagerung von Zellmassen, welche der Leber selbst fremd sind (pigmentierte Wanderzellen u. dgl.), ist das Organ bei vielen, z. B. auch beim Frosch, in einer der Säugerleber parallelen Weise labyrinthär umgestaltet. Bei den Embryonen der Säugetiere wirkt die Einlagerung von Blutbildungszellen deformierend auf die Tubuli ein. Auf diese Details kann hier nicht eingegangen werden. Die Kenntnis des geschilderten Intimbaues der menschlichen Leber erscheint mir jedoch für das Verständnis der Leber und ihrer Eigenart unerläßlich; er ist der Angelpunkt für die Funktion des Organs. Dazu gehört auch die Anordnung der Gallenkanälchen zu den Leberzellen.

Die Galle, welche von der Leberzelle als Produkt ihrer äußeren Sekretion abgegeben wird, wird durch besondere Ausführwege, Ductus biliferi, abgeleitet. Intralobulär liegende feinste Kanälchen, die Gallenkanälchen oder -capillaren, beginnen in der Nähe der Centralvene und führen das Sekret aus dem Läppchen heraus nach der peripheren Glissonschen Kapsel zu; der

Intralobuläre Gallenkanälchen (-capillaren) und interlobuläre Gallengänge

Gallenstrom ist also gerade entgegengesetzt gerichtet wie der Blutstrom. In der Nähe der Oberfläche der Läppchen vereinigen sich immer mehr Gallenkanälchen miteinander, die Leberzellbalken gehen unter plötzlicher Änderung der Leberzellen in „Zwischenstücke" mit einschichtigem flachem Epithel über, welche sich zu mehreren zu einem Gallen- oder Ausführgang, Ductus interlobaris vereinigen; diese Kanäle liegen zum größten Teil innerhalb der GLISSONschen Kapsel zwischen den Leberläppchen. Doch gibt es Gallengänge, welche bereits innerhalb der Leberläppchen beginnen (Abb. S. 326, rechts: grüner Streifen innerhalb der gelben Leberbalken). An diesen Stellen sieht man alle Übergänge von dem typischen Bau einer tubulösen Drüse zu den gestreckten Schläuchen der Leber (Abb. a u. d, S. 329). Die interlobulären Ausführgänge und die Zwischenstücke sind übrig gebliebene Drüsenschläuche, deren Zellen, je weiter die Lumina der Schläuche werden, zu reinen Deckepithelien werden (wie bei Schaltstücken). Die Zellen bleiben cylindrisch oder kubisch; das Epithel ist einschichtig. Von den Blutgefäßen in ihrer Nachbarschaft sind die Gallengänge daran zu unterscheiden, daß sie ein besonders enges Lumen und kein Plattenepithel und keine Muskelhülle wie diese haben.

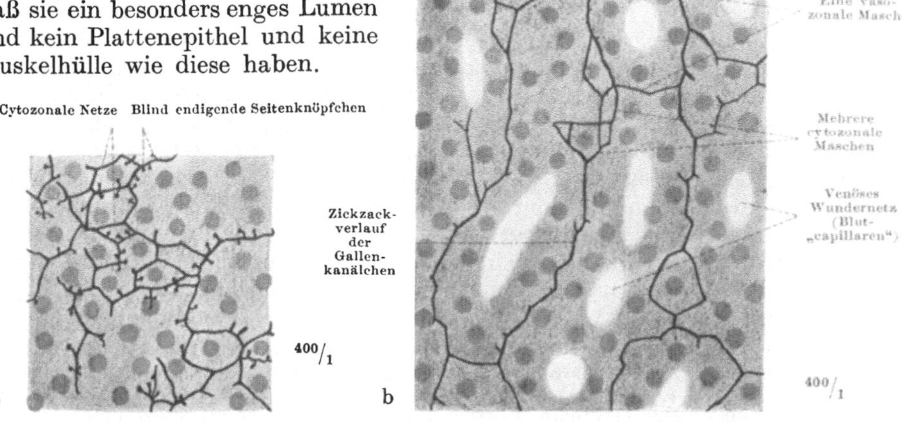

Abb. 174. Gallenkanälchen, Mensch, mit Chromsilber (nach GOLGI) imprägniert.
a Zellplatte. b Leberbalken, längs.

Die interlobulären Gallengänge sind zu Netzen verbunden, Gallengangnetze; darin ähneln sie noch ganz der fetalen netzförmig tubulösen Drüse. Sie haben wie alle Drüsen eine Membrana propria. Die größeren Gallengänge haben hohes cylindrisches Epithel, welches seinem streifigen Aussehen nach zu sezernieren scheint (Zusatzstoffe zum Gallenschleim). Sie haben eine eigene bindegewebige Umhüllung. Die Ductus interlobulares münden in die Ductus hepatici, welche die Galle aus der Leber an der Leberpforte herausführen (S. 340).

Cyto- und
vasozonale
Netze

Wie die Blutgefäße und die Leberzellenbalken, so formen auch die Gallenkanälchen in der Leber Netze (Abb. Nr. 174). Es gibt zweierlei Netze, große und kleine. Die ersteren ergeben sich von selbst aus dem Netzbau der beiden übrigen Systeme. Denn wenn ein Leberbalken (sei es ein gestreckter Schlauch, seien es aneinander gereihte Zellenplatten oder eine Mischung von beiden) sich zu einem geschlossenen Ring um ein Blutgefäß herumlegt, wie auf Schnitten durch die Leber an zahlreichen Stellen zu sehen ist (Abb. S. 326), so bilden auch die in dem Leberbalken liegenden Gallenkanälchen einen Ring. In ihm steckt je ein Blutgefäß. Danach heißen die großen Maschen vasozonale Netze („gefäßumgürtend", Abb. b, Nr. 174). Diese Art von Netzen findet sich auch in der Leber der Nichtsäuger und in der fetalen Leber der Säuger. Denn bei ihnen bilden die Leberzellenschläuche Netze: also müssen die in den Netzmaschen steckenden Gefäße ebenfalls Netze bilden. Ein Modell von diesem Typus erhält man, wenn man Daumen und Zeigefinger der einen Hand zum Ring zusammenschließt und in das Innere des Ringes die beiden entsprechenden Finger der anderen Hand hineinsteckt und zum Ring vereinigt. Der eine Ring ist die Masche des Gefäßes, der andere ist der vasozonale Leberschlauch. Vermutlich sind die vasozonalen Netze der erwachsenen Säuger nichts anderes als die übernommenen Netze der fetalen netzförmig tubulösen Drüse, also alter Besitz der Wirbeltiere. Ein Modell für eine Reihe von Ringen kann man sich verschaffen in den aus buntem Papier geschnittenen Girlanden, die als Schmuck benutzt werden. Zieht man an der Girlande, so strecken sich die Netze; ähnlich können die vorhandenen Netze der Gefäße und die entstehenden Leberbalken beim Umbau der Leber in den strahligen Typus der Läppchen zu den jetzigen radiär gestreckten Maschen umgemodelt worden sein. Inwiefern neue dazu kommen und alte geopfert werden, bleibe dahingestellt.

Die kleinen Netze sind ganz anderer Art, sie sind zellumgürtend, cytozonal. In der Mitte der Abb. S. 330 ist naturgetreu zu sehen, wie eine Leberzelle in einer solchen Netzmasche darin steckt. Viele kleine Maschen stecken in einer großen Gefäßmasche des Wundernetzes (siehe die schematische Stelle in Abb. S. 322: kleine grüne Netze in einer violetten Masche). Die cytozonalen Netze (Abb. S. 332) sind die wichtigsten. Wir müssen ihre Lage zu den einzelnen Zellen der Leber analysieren, um ihre Bedeutung zu erkennen.

Ihre Entstehung ist aus dem Bau der tubulösen Drüse zu verstehen. Die Sekretkanälchen haben ursprünglich zahlreiche Seitenästchen, welche blind endigen (Abb. c u. d, S. 329). Sie reichen nie bis zur Oberfläche des Drüsenschlauches. Denn dort liegen die Gefäße, in welche hinein das Sekret nicht durchbrechen darf. Die Sachlage wird aber sofort anders, wenn beim Umbau der Leber zum strahligen Läppchentypus die Zellenplatten entstehen. Denken wir uns, daß in Abb. S. 330 zwei benachbarte gestreckte Schläuche miteinander verschmelzen, weil das Blutgefäß zwischen ihnen verschwindet und die bindegewebigen Septen wegfallen (siehe z. B. das obere Septum in der Abbildung), so können sich die Seitencapillaren zu Netzen vereinigen. Die neu entstehenden Wege sind so zahlreich, daß die alten Centralkanälchen ihr Übergewicht verlieren wie in einem Stromdelta der ursprüngliche Hauptfluß oft nicht mehr zu erkennen ist. So strömt auch die Galle an sehr vielen Stellen der Leber durch ein engmaschiges Netz, welches einen zwar langsamen, aber vielseitigen Abfluß ermöglicht und dadurch eventuelle Stauungen vermeidet.

Die Leberzellen sind groß, polygonal. Ihr Durchmesser schwankt zwischen 15 und 35 μ. Die einzelne Zelle kann statt von einer von mehreren cytozonalen Maschen umzogen sein, welche dann untereinander verbunden sind. In Abb. a, S. 334 ist nur eine Masche vorhanden. In b sehen wir zwei, welche rechts zusammenfließen; dadurch entsteht von selbst eine 3. Masche, die um so deutlicher wird, je mehr sich der spitze Zwickel zwischen den beiden bezeichneten Maschen ausweitet. Dies ist in Abb. c und d der Fall. Die Gallenkanälchen sind, wie wir sehen, meistens flächenständig, während die Äste des Gefäßwundernetzes kantenständig sind. Beide liegen so zueinander, daß immer ein möglichst großer Zwischenraum bleibt. Dies ist erreicht, wenn die Gefäße genau an den Kanten und die Gallenkanälchen in der Mitte der Seiten verlaufen. Auf den Stirnseiten der Zellen, an welche die Nachbarzellen anstoßen, liegen keine Gefäße; dort können sich die cytozonalen Netze ungestört vereinigen (Dreistrahl in Abb. b—d, S. 334). Im Schema einer polygonalen Zelle, welche an 4 Kanten von Ästen des Gefäßwundernetzes berührt wird, sind zwei cytozonale flächenständige Maschen möglich, welche sich auf den Stirnflächen der Zellen kreuzförmig schneiden (Abb. f, S. 334). Ob dieser Zustand wirklich erreicht wird und wie oft, ist fraglich, jedenfalls kommen ihm die wirklichen Verhältnisse sehr nahe.

Wir sehen daraus, wie außerordentlich reich die Beziehungen der einzelnen Leberzelle zu den Transportwegen des Gesamtorgans ausgestaltet sind. Wie

Die einzelnen Leberzellen

in einem modernen Großbetrieb für den einzelnen Arbeiter ein besonderer
Anschluß der Wasser- und Elektrizitätsleitung, des Fernsprechers, der Rohrpost
usw. eingerichtet werden kann, so hat die einzelne Leberzelle in den mehrfachen
Berührungen mit Gefäß- und Gallenbahnen alles zur Hand, was sie zu ihrer
Arbeit braucht und was zum Abtransport ihrer Produkte nötig ist. Dabei bleiben
die Hauptleitungen — Blut und Galle — völlig getrennt. Die Abstände sind
trotz der kleinen Dimensionen maximal bemessen. Denn nie nähert sich ein
Gallenkanälchen einem Ast des Wundernetzes, sondern stets bleibt es in der
Mitte oder annähernd in der Mitte zwischen den nächst benachbarten Gefäßen.
So ist bei reichster Ausstattung der Beziehungen der einzelnen Leberzellen zu
den Leitungsbahnen doch eine Vermengung der Sekrete vermieden. Das äußere
Sekret, die Galle, bleibt von vornherein geschieden von den Stoffen, welche

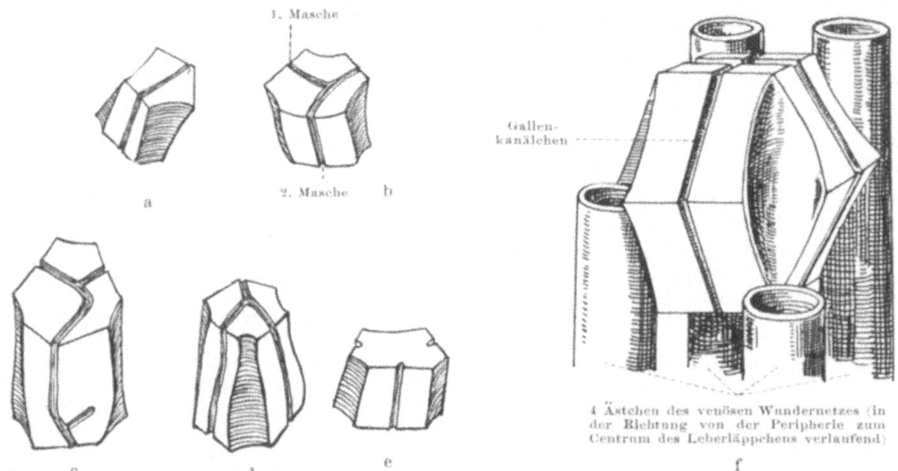

Abb. 175. Einzelne Leberzellen, Kaninchen. a—d isolierte Leberzellen, natürliche Form im fixierten
Organ (im Leben isolierte Zellen würden kugelig werden). e die obere Fläche ist eine künstliche Schnitt-
fläche. f Schema einer Leberzelle. a—e Rekonstruktionen aus Schnittserien von LÖWENHJELM, Upsala 1921,
Festschrift für HAMMAR. f schematisches Modell nach HERING, Wiener Ak. d. Wissensch. 1866.

vom Blut aufgenommen und in das Blut abgegeben werden. Wird die Galle
gestaut, z. B. bei künstlicher Unterbindung des Ductus choledochus im Tierversuch, durch eine Schwellung der Schleimhaut an der Papilla duodeni major
oder durch einen festgeklemmten Gallenstein beim Menschen, so kann freilich
das System von ineinander gesteckten Kanälchen verwirrt werden: die Gallenkanälchen werden durch die gestaute Galle ausgebuchtet, erreichen die Nähe
der Blutgefäße doch und die Galle erscheint im Blut (Stauungsikterus, eine
besondere Form der Gelbsucht). Dies ist gleichsam der experimentelle Beweis
dafür, daß die Gallenkanälchen deshalb möglichst großen Abstand von den Blutgefäßen halten, weil sonst die Galle nicht unabhängig vom Blutweg abfließen
könnte. Inwieweit der Lymphweg beteiligt ist, wird im nächsten Abschnitt
behandelt werden. Jedenfalls steht fest, daß der Intimbau der Leber unter
normalen Umständen den ungehemmten und von vornherein getrennten Abfluß
der inneren und äußeren Sekrete „ab Zelle" garantiert. Dies ist das Geheimnis
der ganzen feineren Histologie des Organs. Die Zelle erhält alles, was sie zur
Arbeit nötig hat, von dem Blut (und der Lymphe) und gibt ihre Produkte
entweder an das Blut (und die Lymphe) oder an die Galle ab. In der Vollendung, die wir vor uns sehen, leistet dies nur die „Labyrinthdrüse", keine
andere Drüse.

Die Gallenkanälchen haben keine eigene Wandung, so wenig wie die Central-lumina von Drüsenschläuchen eine solche haben. In die Zellenwände, von welchen ein Gallenkanälchen begrenzt ist, sind hohlkehlenartige Rinnen eingeschnitten (Abb. e, f, S. 334), die zu einem Kanälchen zusammenpassen. Allerdings ist die Rindenschicht des Protoplasmas in der Nähe der Gallenkanälchen besonders dicht. Schlußleisten verkitten die Zellen an den Stellen, wo sie im Röhrchen-lumen zusammenstoßen.

Die Leberbalken haben keine Membrana propria (Basalmembran). Dadurch unterscheiden sie sich von den übrigen Drüsen, bei welchen gelöste Stoffe und Gase aus dem Blut in die Drüsenzellen und umgekehrt nur durch die Membrana propria hindurch gelangen können. Durch Verlust dieser Membran ist bei der Leber der Austausch erleichtert. Weitere günstige Umstände werden wir unten kennen lernen.

Im Inneren der Leberzellen liegen häufig zwei Kerne, die durch einfache Durchschnürung (Amitose) aus einem Kern hervorgehen und wieder zu einem ver-schmelzen können (Abb. d, S. 329 u. Abb. S. 330, links oben). Zwei Kerne haben bei gleichem Inhalt wie der Mutterkern eine viel größere Oberfläche. Diese Art Teilung läßt auf besondere Beziehungen zwischen Kern und Zelleib an der Be-rührungsfläche beider schließen und spricht für eine große Aktivität der Leberzelle. Biochemisch sind in ihr zahlreiche verschiedenartige Stoffe nachgewiesen; sie ist danach als ein höchst kompliziertes Laboratorium zur chemischen Verarbeitung und Speicherung der ihr zugeführten Substanzen anzusehen. Die Leberzelle ist sehr regenerationsfähig, z. B. nach Verletzungen des Organs (operative Defekte u. dgl.). Dabei finden sich mitotische und amitotische Teilungen; in beiden Fällen folgt auf die Teilung die Durchschnürung der Zelle in zwei Tochter-zellen.

Man unterscheidet bei lebensfrischen Leberzellen im Protoplasma kleine glänzende Körnchen, die mikrochemisch die Reaktion von Glykogen geben. Sie lösen sich aber leicht auf. Fixierte Leberzellen haben statt des Glykogens gewöhnlich rund-liche Lücken im Protoplasma, die so zahlreich und groß sein können, daß der Zell-leib auf Stränge zwischen den leeren Vacuolen beschränkt ist. Daneben gibt es Fetttröpfchen, welche in der normalen Zelle nicht häufig, bei Leberkrankheiten vermehrt, zu Fettkugeln vereinigt sein können und oft die ganze Zelle füllen. Im Gegensatz zu dem feinmaschigen Protoplasma der Leberzelle von Amphibien heben sich grobschollige Einschlüsse aus gespeichertem Eiweiß ab, welche chemisch nied-riger organisiert sind als das Plasma selbst. Sie haben keine Beziehung zu den Plasto-somen (Mitochondrien), welche außerdem zahlreich sind. Letztere haben etwas mit der Gallenproduktion zu tun, erstere nicht. Pigment kommt vor allem im Alter als gelbliche oder bräunliche Schollen in den Leberzellen vor. Man sieht es in ungefärbten Schnitten. In der normalen Leberzelle sind zwei Farbstoffe nach-weisbar, ein in Äther löslicher und ein unlöslicher.

Ist bei einer Leberzelle eine Kante vom Wundernetz frei gelassen, so kann an dieser Kante ein Gallenkanälchen liegen. In der Regel liegen sie aber nicht kanten-, sondern flächenständig. Namentlich bei der menschlichen Leber sind die Wunder-netze engmaschig, weil die einzelnen Äste sehr platt und breit sind (Abb. S. 330); in der Regel bleibt nur für eine Masche der cytozonalen Gallennetze Platz. Bei der Leber des Kaninchens ist das anders (Abb. S. 334). Die Verschiedenheiten im Intim-bau zwischen verschiedenen Tieren sind beträchtlich. Beim Vergleich von Abb. S. 334 und 330 beachte man, daß die Zellen des Kaninchens an mehreren Stellen von Blut-gefäßen berührt werden, welche sich in ihre Kanten eingraben, daß beim Menschen jedoch die Blutgefäße breit einer Fläche anliegen können; im ersteren Fall sind es mehrere kleine Gefäße, im letzteren Fall wenige, aber größere.

Von den Gallenkanälchen gehen blind endigende Seitenkanälchen aus, welche zwischenzellig liegen (intercellulär, Abb. c, S. 334). Ob daneben binnenzellige (intra-celluläre) Seitenkanälchen vorkommen, ist strittig. In Golgipräparaten sieht man Knöpfchen, welche den Gallenkanälchen aufsitzen (Abb. a, S. 332); doch ist nicht sicher, ob es nicht Vacuolen innerhalb der Zelle sind, welche sich zufällig imprä-gnieren ließen.

Gitter-
fasern,
„Stern-
zellen“,
Lymph-
scheiden

Das fibrilläre Bindegewebe der Glissonschen Kapsel hört an der Peripherie der Läppchen auf. Von da ab dringt mit dem Wundernetz ein eigentümlich modifiziertes Stützgerüst in das Innere des Läppchens ein. In den Wänden der Gefäße und in den gefäßlosen Septen, welche sich häufig als Grenzen der gestreckten Schläuche nachweisen lassen (Abb. S. 330, weiße Septen), liegt kein gewöhnliches fibrilläres Bindegewebe, sondern sog. Gitterfasern, feinste Gitter von präkollagenen Fäserchen, die besonders zart sind und nur durch besondere Färbungen dargestellt werden können (Goldchlorid, Silbermethoden, Abb. Nr. 176). Außer dem Wegfall der Membranae propriae ist also in der Leber auch das übrige Stützgerüst auf ein Minimum reduziert. Ähnlich wie in der Lunge und in der Placenta sind die Austauschprozesse durch Wegfall aller hindernden Stützelemente möglichst begünstigt. Selbst die Gefäßendothelien sind in Mitleidenschaft gezogen, wofür ebenfalls die Placenta eine Parallele

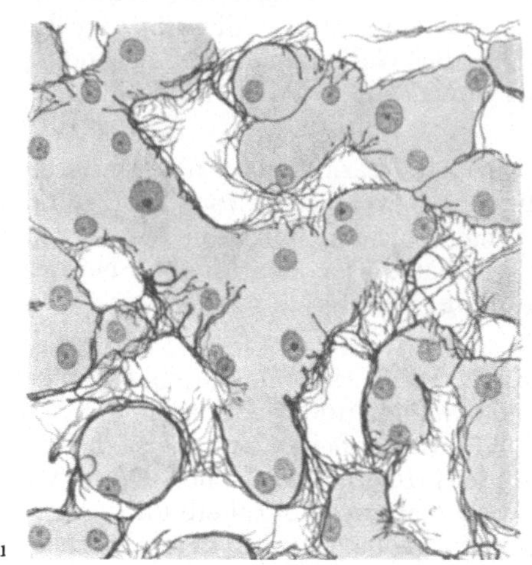

Abb. 176. Gitterfasergerüst der menschlichen Leber. Leberbalken grau, Blutgefäße hell (Silberfärbung nach Studnicka, Präp. Stöhr sen.).

bildet. In der Leber haben die venösen Wundernetze als einzige Wandbekleidung einen feinen Belag, der auf weite Strecken keine Kerne hat. Man

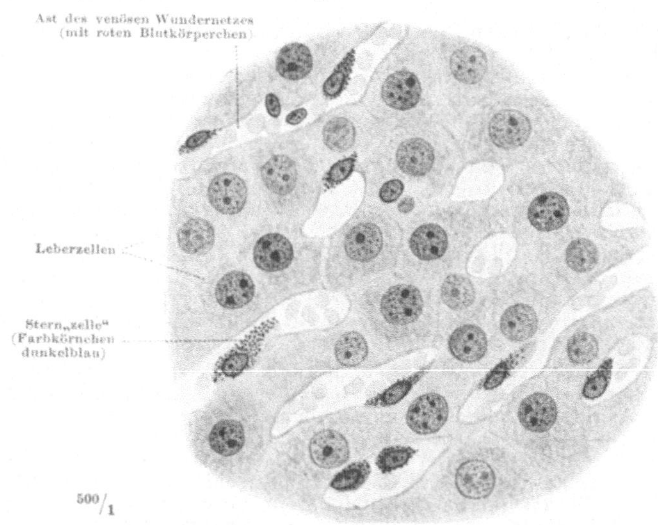

Abb. 177. „Sternzellen“ nach vitaler Speicherung von Trypanblau, Leber der Ratte. (Präp. von V. Möllendorff.)

hat deshalb vielfach geglaubt, es sei überhaupt kein Endothel vorhanden. In Wirklichkeit scheint es sich um ein sehr dünnes Plasmodium zu handeln. Die Zellen sind nicht gegeneinander abgegrenzt, haben aber in weiten Abständen voneinander Kerne, in deren Umgebung Körnchen gespeichert werden. Bei vitaler Färbung treten diese plasmareichen Stellen besonders hervor (Abb. S. 336). Wegen der sternförmigen Anordnung der Körnchen um den Kern heißen sie Sternzellen (KUPFFERsche Zellen). Es sind keine wirklichen Zellen.

Höchstwahrscheinlich befinden sich zwischen den Blutgefäßwänden und Leberbalken feine Lymphscheiden. Dieselben stoßen an der einen Seite an das Plasmodium, welches die Blutbahn abschließt, auf der anderen Seite unmittelbar an die Leberzellen. Von den „Sternzellen" wird angegeben, daß sie wie Reiß- nägel je mit einem besonderen Fortsatz versehen sind, daß dieser Fortsatz die Lymphscheiden durchquere und in oder zwischen die Leberzellen eindringe. Daraus wird geschlossen, daß die in den Sternzellen gespeicherten Körnchen direkt an die Leberzelle abgegeben und daß auf diese Weise die Produkte des Eisenstoffwechsels der Leberzelle zugeführt werden.

Das Vorhandensein von Lymphscheiden ist durch unmittelbare Beobachtung an Schnitten nicht leicht festzustellen, da Schrumpfungslücken zu Verwechslungen Anlaß geben können. Man ist auf indirekte Schlüsse angewiesen. Da die Galle bei künst- lichem Stauungsikterus (S. 334) nach Unterbindung des Hauptlymphganges (Ductus thoracicus) erst nach Wochen in die Gewebe des Körpers gelangt, obgleich sich dabei die Gallenkanälchen erweitern und ausbuchten, müssen wir annehmen, daß die Gallen- kanälchen nicht direkt in die Blutbahn hineinplatzen, sondern zuerst in Lymph- scheiden, die ihnen zunächst liegen; auch die Bildung des Blutes beim Fetus und die Anhäufung von pigmentierten Wanderzellen bei gewissen Tierformen (Amphibien) geschieht in Räumen zwischen den Blutgefäßen und Leberzellen, also an analogen Stellen wie den Lymphscheiden. Es ist anzunehmen, daß die letzteren in der menschlichen Leber nicht überall vorhanden sind, sondern daß direkte Berührungen zwischen den Leberzellen und der Blutbahn daneben sehr häufig sind.

Die „Sternzellen" drängen sich oft im ganzen in das Leberparenchym hinein. Man hat sie isoliert in vitro gezüchtet und dabei beobachtet, daß sie gewisse Farb- stoffe energisch speichern. Innerhalb des Organismus gelangen Farbstoffe, welche in die Blutbahn injiziert werden, in die Galle, anscheinend ohne die Leberzellen zu passieren; wahrscheinlich übernehmen die Reticulumzellen die unmittelbare Weiter- gabe an die Gallenkanälchen, welchen sie durch ihre Ausläufer sehr nahe kommen. Von manchen Forschern werden die Sternzellen mit den Reticulumzellen der Milz verglichen und direkt als „Milzgewebe" innerhalb der Leber bezeichnet: reticulo- endothelialer Apparat. Sicher speichern sie Eisen und besitzen dadurch physio- logische Beziehungen zu dem Eisen, welches in der Milz durch Zerfall von roten Blutkörperchen frei wird. Wir erinnern uns in diesem Zusammenhang an das, was früher über den Anschluß der Milzvene an die Pfortaderbahn gesagt wurde (S. 324). Da die „Sternzellen" auch Bakterien, Gewebstrümmer u. a. speichern, so scheinen sie außerdem die eigentliche Leber vor dem Eindringen von Schäd- lingen aus der Blutbahn schützen zu können.

Die Galle (Bilis, Fel) ist bekannt wegen ihres bitteren Geschmacks Die Galle („gallenbitter") und ihrer bräunlichgelben bis grünen Farbe; sie ist eine faden- ziehende Flüssigkeit, reagiert im normalen Zustand schwach sauer bis neutral und enthält keine geformten Bestandteile außer cylindrischen Zellen, welche aus den großen Gallengängen stammen und von der Galle verschleppt werden. Bei Infektionen werden Bakterien in ihr gefunden; doch ist dies abnorm. Die Menge der im Tag sezernierten Galle wird auf $3-4^{1}/_{2}$ Liter geschätzt. Aus der Gallenblasenfistel eines sonst normalen Menschen laufen nur 800—1100 ccm oder weniger pro Tag ab, weil nicht alle Galle in die Gallenblase gelangt und weil die Galle in ihr eingedickt wird. Jedenfalls entspricht die Menge der Galle in den einzelnen Teilen der Gänge zwischen Leber und Darm nicht der Menge der sezernierten Galle. Darauf ist zurückzukommen.

Von den zahlreichen chemischen, die Galle zusammensetzenden Sub- stanzen, auf welche hier nicht im einzelnen einzugehen ist, ist der Schleim kein Produkt der eigentlichen Leberzellen, sondern eine Beimischung seitens der Gallenausführgänge, vor allem der großen, zwischen Leber und Darm befindlichen Gänge und der Gallenblase. Er gibt der Galle die fadenziehende Beschaffenheit. Alles übrige stammt aus dem Leberparenchym selbst. Allerdings ist strittig, ob nicht die Gallenfarbstoffe zum Teil oder ganz von den „Sternzellen" gebildet und an die Leberzellen fertig abgegeben werden; jedenfalls gelangen auch sie von den Leberzellen aus — ob unmittelbar oder mittelbar bleibe dahingestellt — in die Galle. Sie sind Schlacken des Körpers wie die von der Niere ausgeschiedenen Bestandteile des Harns. Insofern ist die Galle ein Excret. Die in den Darm entleerten Gallenfarbstoffe geben dem Kot seine charakteristische Farbe und verlassen mit ihm den Körper. Diese Auswurfstoffe entstammen dem Blutfarbstoff der roten Blutkörperchen, welche kernlos und deshalb dem frühzeitigen Untergang verfallen sind. Das Blut erneuert, wie wir sehen werden, seinen Bestand an roten Blutkörperchen beständig und gibt dafür entsprechend viel Abfall auf dem Weg über die Galle ab. Insofern rückt die Galle in Parallele zum Harn, der auch ein Überlauf ist für Substanzen, welche entfernt werden sollen, z. B. für die Schlacken des Stickstoffverbrauches (Harnstoff). Im einen Fall sendet die Leber ihr Excret auf exokrinem Weg an die Galle und an den Darm (Farbstoffe), im anderen Fall nach Art einer endokrinen Drüse über das Blut an die Niere und an den Harn (Harnstoff).

Wir können die Galle unmittelbar in der Leber nachweisen und aus der Leber heraustreten sehen; die Produkte, welche sie an die Blutbahn abgibt, lassen sich durch chemische Reaktionen feststellen. Der Harnstoff ist im Blut nachweisbar, daß die Leber ihn abgibt, ist experimentell durch Exstirpationsversuche an Tieren und durch Stoffwechseluntersuchungen beim Menschen bewiesen.

Die Galle ist eine Ausscheidung, welche sowohl Excret wie Sekret ist (siehe das Folgende). Ein Beispiel für ein reines Excret, d. h. einen vom Körper nicht mehr benutzten Auswurfstoff, ist der Harn.

Die Galle enthält Sekretstoffe, welche für die Darmtätigkeit sehr wichtig sind, allerdings in anderer Weise wie die Sekrete des Magendarmkanals und der Bauchspeicheldrüse. Denn sie enthält keine Enzyme ähnlich dem Pepsin, Trypsin usw. Aber sie ist bei der Verdauung des Fettes beteiligt. Das weiß man von Menschen, bei welchen abnormerweise der Gallenabfluß in den Darm verlegt ist (Stauungsikterus); bei ihnen sieht der Kot hell lehmfarben aus, nicht nur weil die Gallenfarbstoffe nicht in den Darm hineingelangen, sondern auch weil unresorbierte Fettmengen im Kot vorwiegen.

Die Gallenblase Die Gallenblase, Vesica fellea (Abb. S. 305, 314, 341), ist ein birnförmiges Organ, dessen Stiel, der Ductus cysticus, zugleich Ein- und Austritt der Galle ist. Sie faßt etwa 40 ccm Flüssigkeit. Über die Bezeichnungen der einzelnen Teile siehe Tabelle S. 320. Die Blase liegt der Leber an ohne durch ihre Wandung hindurch Gallengänge aus der Leber zu empfangen. Man findet keine, auch nicht mit dem Mikroskop, seltene Ausnahmen abgerechnet. Daß sie fehlen, geht auch aus gelegentlichen Abweichungen des Bauchfellüberzuges hervor. Gewöhnlich überkleidet die Serosa die Gallenblase so, daß sie vom rechten Leberlappen auf sie fortgesetzt ist und dann auf den Lobus quadratus weiter verläuft. Aber es kommen Fälle vor, in welchen das Bauchfell hinter die Gallenblase von beiden Nachbarlappen der Leber aus so weit vordringt, daß das Organ an einem freien Mesenterium hängt. In diesem liegen keine Gallengänge. Der Ductus cysticus ist also die einzige Verbindung der Gallenblase mit den Gallenwegen, denen sie als ein seitliches Divertikel angeschlossen ist.

Außer der Tunica serosa, welche in der Regel den der Leber zugewendeten Wandteil der Gallenblase in mehr oder weniger großem Umfang frei läßt, besteht die Wandung aus einer Tunica muscularis und T. mucosa. Die Muskelhaut ist aus glatter Muskulatur mit vorwiegend ringförmig angeordneten Zügen von Muskelzellen zusammengesetzt; schräg und längs zur Achse der Blase verlaufende

Züge kommen in geringerer Zahl vor. Die Verbindung mit dem Bauchfellepithel ist verschieblich, da zwei derbere Bindegewebsschichten, welche sich
je der Muskelhaut und dem Epithel eng anschmiegen, durch lockeres Bindegewebe voneinander getrennt sind. Die Schleimhaut ist immer an die Muskelhaut durch eine bindegewebige Tunica propria angeheftet.

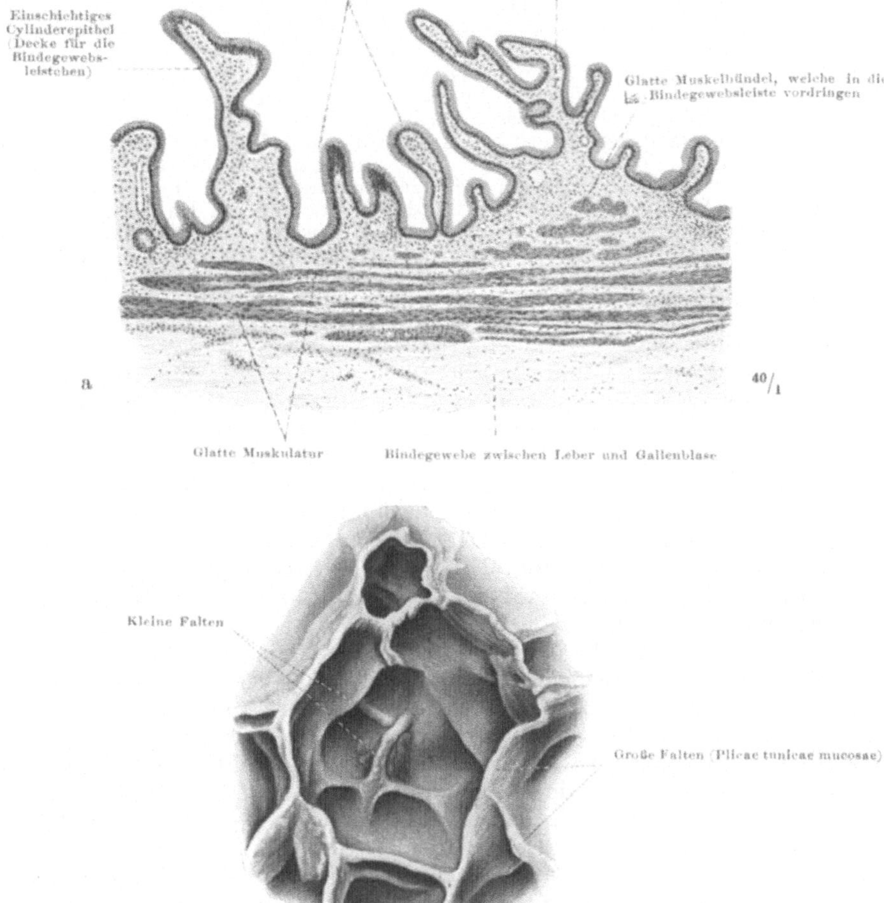

Abb. 178. Wand der Gallenblase, Relief der Schleimhaut. Mensch. a Schnitt. b Totalpräparat
(nach der SEMPERschen Methode getrocknet.)

Zahlreiche Leistchen des Bindegewebes springen in das Innere der Gallenblase vor und verbinden sich miteinander zu einem Netz. Die Maschen aus
höheren Leistchen umgeben niedrigere Leistchen, welche ebenfalls netzförmig
angeordnet sind, Plicae tunicae mucosae (Abb. b, Nr. 178). Die ganze Innenfläche ist mit einem gleichmäßigen einschichtigen Zylinderepithel überzogen
(Abb. a, Nr. 178). Der Epithelüberzug ist durch seine wabenförmige Anordnung
außerordentlich vergrößert; außerdem stagniert der Wandbelag von Galle in
den Grübchen. Die zylindrischen Epithelzellen vermögen ähnlich den Zellen

22*

des Dickdarms Wasser zu resorbieren. Die Galle wird um das 2—5fache ihres Volumens eingedickt. Ein Inhalt von 40 ccm kann also $^1/_5$ Liter sezernierter Galle entsprechen.

Außerdem enthalten die Epithelien baso- und oxyphile Körnchen, von welchen angenommen wird, daß sie ein Sekret liefern (Schleim?). Echte Schleimdrüsen, welche vom Epithelüberzug aus in die Tunica propria hinein vordringen, gibt es in der eigentlichen Gallenblase nicht, nur im Hals nahe dem Ductus cysticus.

Bei der Leiche ist das Epithel der Gallenblase mit Gallenfarbstoff imprägniert, weil die Zellen sofort nach dem Tode für das Sekret selbst durchlässig werden. Im Leben vermag nur farblose Flüssigkeit aus der Galle in das Blut zu gelangen.

In der Gallenblase gibt es Krypten, welche mit dem gleichen Epithel wie die Oberfläche der Schleimhaut ausgekleidet sind und manchmal die ganze Muskelhaut bis gegen die Serosa durchbrechen. Sie dürfen nicht mit Drüsen verwechselt werden.

Das blinde Ende der Gallenblase, Fundus, liegt gerade an der Stelle, an welcher der vordere Leberrand den Rippenbogen verläßt und sich unmittelbar an die weiche Bauchdecke anlegt (Tabelle S. 320). Ihr Fundus berührt in der Regel ebenfalls die Bauchdecke. Durch Diffusion der Gallenfarbstoffe bei der Leiche entsteht hier eine grüne Verfärbung der Bauchwand und der äußeren Hautbedeckung. Die Stelle ist beim Lebenden auf Druck schmerzhaft, wenn die Gallenblase entzündet ist. Die mit Gallensteinen gefüllte Blase kann man hier durchtasten. Gelegentlich ist aber die Gallenblase kürzer und erreicht den vorderen Leberrand nicht. Sie kann sogar ganz fehlen, andererseits auch verdoppelt sein. Die Form im einzelnen wird beeinflußt durch die benachbarten Organe, vor allem den Pylorus. Doch kommen auch angeborene Irregularitäten vor.

Die Galle wird als ununterbrochener Strom aus dem eigentlichen Leberparenchym heraus durch mehrere größere Gallengänge hinausgeleitet. Diese vereinigen sich in der Leberpforte zu einem Ductus hepaticus dexter et sinister. Der erstere leitet wesentlich die Galle aus dem rechten Leberlappen und Lobus quadratus, der letztere aus dem Lobus sinister und L. caudatus. Doch sind im Inneren der Leber die Quellgebiete an den Rändern der Lappen nicht scharf voneinander getrennt. Die beiden Ductus hepatici vereinigen sich zum Ductus communis und dieser empfängt den Ductus cysticus der Gallenblase. Den schließlichen Hauptgang, der auf der Plica longitudinalis des Zwölffingerdarms mündet, haben wir schon früher als Ductus choledochus kennen gelernt (Abb. S. 287). Über die Länge der einzelnen Abteilungen siehe Tabelle S. 320.

Die Wandung der Gallengänge ist bereits in der Leber selbst gegen die Pforte zu mit Ringmuskelzügen aus glatter Muskulatur ausgestattet. In den Gängen zwischen Leber und Darm kommen zu der inneren Ringschicht vereinzelte äußere längs und schräg verlaufende Züge hinzu. Die Muskeln regulieren das Kaliber der Gänge je nach der Menge des Inhalts. Am Ende des Ductus choledochus ist die glatte Muskulatur zu einem Sphincter verdichtet. Der Eintritt von Darminhalt in die VATERsche Ampulle wird dadurch verhindert, daß die Muskulatur der Gänge keinen leeren Raum aufkommen läßt, welcher Darminhalt ansaugen könnte, und außerdem durch den besonderen Schließmuskel in der Ampullenwand selbst (Sphincter Oddi). Die Galle tritt nicht dauernd wie aus dem Leberparenchym, sondern in Intervallen in das Duodenum ein. In den Pausen verhindert der Schließmuskel den Austritt. Gegen zu starke Stauung wirkt das Reservoir der Gallenblase wie ein Ventil.

Das Epithel der Gänge besteht aus besonders hohen einschichtig angeordneten Cylinderzellen, welche mit Körnchen beladen sind. Am dichtesten liegen diese der Oberfläche zu. Wahrscheinlich liefern sie Sekrete an die vorbeifließende Galle. Außerdem aber dringen vom Epithelüberzug der Gänge aus zahlreiche Schleimdrüsen, Gallengangdrüsen, in die Tunica propria der Schleimhaut und stellenweise sogar in die Muscularis hinein. Im Gegensatz zu der eigentlichen Gallenblase, die aus der Galle Stoffe aufnimmt (Wasser), geben die Gänge Substanzen an sie ab (vor allem Schleim). Dies beginnt bereits im Halsteil der Blase.

Beim leeren Ductus choledochus ist die Schleimhaut durch die Kontraktion der Muscularis in hohe Längsfalten gelegt, auf und zwischen denen die Gallengangdrüsen mit zahlreichen feinen Öffnungen münden. Im oberen Teil des Ductus cysticus und angrenzenden Teil der Gallenblase, welche zusammen einen ∼ förmig gewundenen Verlauf haben (Abb. Nr. 179), sind zahlreiche Querfältchen zu einer einzigen spiraligen Falte zusammengeflossen, Valvula spiralis Heisteri, oder statt dessen existieren zahlreiche gekreuzte Fältchen.

Je nach dem Verhalten der Muskulatur kann durch diese Einrichtungen das Fließen der Galle verlangsamt werden oder nicht. Der untere Teil ist mehr glattwandig und weniger beweglich als der obere Teil.

Überblicken wir die Gallenausführwege im ganzen, so ist klar, daß die Galle dem Darm in zwei Formen zugeführt werden kann, erstens als dünne Galle, wie sie aus der Leber herauskommt und via Ductus hepatici und Ductus choledochus unmittelbar in den Darm gelangt; zweitens als eingedickte Galle, welche aus dünner Galle entstand, indem diese, anstatt in den Ductus choledochus direkt zu laufen, zunächst in den Ductus cysticus abbog und dann erst bei Bedarf den Weg zurück durch den Ductus cysticus in den Ductus choledochus nahm (siehe Pfeile in Abb. S. 305). Die Absonderung der Galle in der Leber und der Abfluß der Galle in den Darm sind also keineswegs identisch. Die Gallenblase ist demnach kein nutzloses Organ, obgleich sie

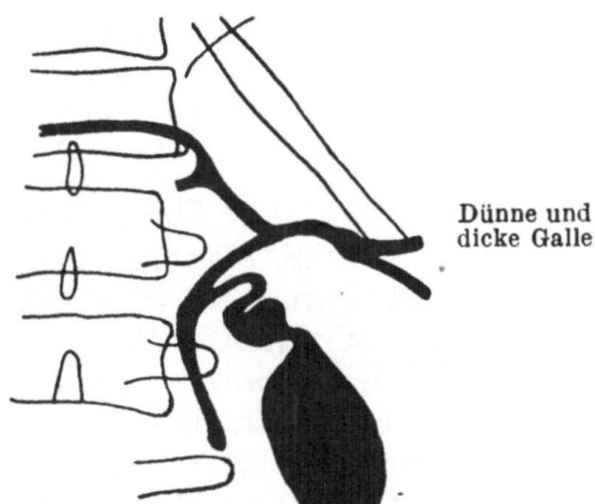

Dünne und
dicke Galle

Abb. 179. Gallenausführgänge in situ. Röntgenaufnahme der an der Leiche mit Kollargol gefüllten Gallenblase und -ausführgänge. Rückenansicht. Die schwarzen Gänge durch Wirbel hindurchscheinend, in Wirklichkeit vom Beschauer aus durch das Skelet überdeckt. (BURCKHARDT und MÜLLER, Dtsch. Zeitschr. f. Chir. Bd. 162. 1921).

von Geburt an fehlen oder vom Chirurgen exstirpiert werden kann, ohne daß dadurch schwere Schädigungen bemerkbar werden.

Es scheint, daß der Organismus auf nervösem Wege durch Abruf richtiger Dosen von dünner oder konzentrierter Galle genau die Menge in das Duodenum einfließen läßt, welche außer zu den anderen, oben erwähnten Funktionen im Darm zur Neutralisation des Salzsäuregehaltes des Speisebreies nötig ist, sobald solcher aus dem Magen in das Duodenum eintritt. Unterbleibt die Neutralisation, weil keine Galle in den Darm gelangt, z. B. bei Gallensteinleiden usw., so sistiert auch die Bildung der Salzsäure im Magen. Die Ärzte haben die Erfahrung gemacht, daß die normale Acidität des Magens das Zeichen einer funktionstüchtigen Gallenblase ist. Aus diesen Zusammenhängen erhellt die biologische Bedeutung der anatomischen Anordnung der Gallenwege.

Außer den Gallengängen, welche aus der Leberpforte austreten, kommen sog. Vasa aberrantia hepatis an verschiedenen Stellen der Leber vor, besonders am linken Leberlappen gegen das Zwerchfell zu; dort kann eine bindegewebige Platte den oberen Leberrand in das Lig. triangulare sinistrum hinein fortsetzen, Appendix fibrosa, welche Gallengänge und Gefäße, aber kein Lebergewebe enthält. Solche Stellen sind Überbleibsel der einst weiter reichenden Leber selbst. In seltenen Fällen münden auch aberrierende Gallengänge in die der Leber zugewendete Wand der Gallenblase direkt. Bei manchen Säugetieren ist das die Regel.

Die Arteria cystica ist ein Ast der A. hepatica selbst oder ihres Astes zum rechten Leberlappen. Sie teilt sich in 2 Ästchen, welche zu seiten der Gallenblase verlaufen und sich verzweigen. Sie ist das einzige Gefäß, so daß eine Verletzung bei Gallensteinoperationen zur Nekrose der Blase führt. Die Venen fließen in die Vena portae; das resorbierte Wasser wird also der Leber wieder zugeführt. Die Nerven, welche die Gallenblase und Gallenausführwege versorgen und die Muskulatur regulieren, stammen aus dem die Arteria hepatica begleitenden Plexus sympathischer Nerven.

Arterien
und Nerven
der
Gallenwege

B. Harn- und Geschlechtsapparat.

Daß der Harn- und Geschlechtsapparat wie alle Eingeweide aus dem Mesoderm stammt, aber aus einem besonderen Teil desselben und dadurch von vornherein entwicklungstopographisch eine besondere Stellung einnimmt, wurde schon früher erwähnt (S. 4). Die Harn- und Geschlechtsprodukte werden zwar an getrennten Stellen des Mesoderms erzeugt, sie werden aber ursprünglich von den gleichen Kanälen aus dem Inneren des Körpers herausgeführt. Harn und Samen nehmen z. B. beim Lachs denselben Weg; zur Zeit der Geschlechtsreife ist die Niere dieses Fisches prall mit Samenfäden gefüllt, so daß die Harnsekretion erheblich gehindert ist. Bei periodischer Reifung der Geschlechtsprodukte kann eine Art zeitlicher Abwechslung zwischen Harn- und Samenbeförderung stattfinden; der Stickstoffhaushalt des Körpers muß weitgradig abgestellt sein, solange die Harnabsonderung gehemmt ist, weil die bei der Verbrennung des Eiweißes abfallenden Schlacken sehr giftig für den Körper sind und deshalb durch den Harn herausbefördert werden müssen.

Bei den höheren Tieren und beim Menschen ist eine Arbeitsteilung eingetreten. Ein Teil der ursprünglichen Niere geht ganz in den Dienst des Geschlechtsapparates über und wird fortab zu den Geschlechtsorganen gerechnet; nur ein Teil übernimmt die Harnabsonderung und bildet die eigentlichen Harnorgane. Beide sind also schließlich getrennt und können dauernd funktionieren, weil nicht die Produkte des einen dem anderen den Weg versperren. Nur die äußeren Genitalien sind für beide gemeinsam. Sie werden nicht bei den Harnorganen, sondern bei den Geschlechtsorganen behandelt.

Die Entstehung aus inneren gemeinsam benutzten Ausführgängen und ihre Umformung zu den endgültigen Zuständen vollzieht sich noch jetzt im menschlichen Embryo in den Hauptzügen und hinterläßt in vielen Einzelheiten ihre Spuren bei den fertigen Organen; Varietäten und Mißbildungen sind allein von hier aus zu verstehen. Wir haben deshalb auf diese Vorstufen des Endzustandes einzugehen. Allerdings müssen wir wegen der Einzelheiten der sehr mannigfaltigen Bauprozesse auf die Lehrbücher der Entwicklungsgeschichte verweisen. Wir heben nur Dinge hervor, ohne welche die menschlichen Zustände unverständlich bleiben.

Außer den Harn- und Geschlechtsorganen und ihren Anhängen haben wir noch ein drittes System zu behandeln, welches nur zum Teil mit ihnen die gleiche Anlage hat: die Nebenniere. Sie stammt zum anderen Teil aus dem sympathischen Nervensystem, welches hier mit nierenartigen Abkömmlingen in Symbiose tritt. Die Nebenniere kann also nach Belieben hier oder beim Nervensystem behandelt werden. Gewöhnlich wird sie zu den Harnorganen wegen der örtlichen Nähe zu den Nieren gestellt. Ich schließe mich dem an. Dem sympathischen Anteil der Nebenniere verwandte Organe, die chromaffinen Körperchen, behandle ich im Anschluß an die Nebenniere.

I. Die Harnorgane (uropoëtischer Apparat).

Der Harn wird ausgeschieden in den beiden Nieren, Renes, abgeleitet durch je einen Harnleiter, Ureter, und gesammelt in der Harnblase, Vesica urinaria. Diese zusammen bilden die Harnorgane. Die aus der Harnblase herausführende Harnröhre behandeln wir bei den Geschlechtsorganen, mit welchen sie in engstem Zusammenhang steht.

1. Die Vorstufen der endgültigen Niere.

Wir unterscheiden drei verschiedene Nierengenerationen: Vorniere (Pronephros), Urniere (Mesonephros) und Nachniere (Metanephros). Bei den Säugetieren liefert nur die Nachniere den Harn.
Unter den niederen Wirbeltieren haben manche nur eine Vorniere, andere scheiden ihren Harn durch Vor- und Urniere aus, andere wieder nur durch die Urniere. Beim menschlichen Embryo tauchen noch spärliche Reste der Vorniere auf, die Urniere legt sich sehr umfänglich an, wird aber nicht für die Harnbereitung benutzt, sondern nur für die Ausführung der Geschlechtsprodukte. Wir haben also tatsächlich noch alle drei Systeme in uns (Abb. Nr. 180).
Die Vorniere hat die ursprüngliche Ausdehnung über den ganzen Körper verloren; sie erhält sich am längsten im Hals- oder Kopfteil der Tiere, deshalb auch „Kopfniere" genannt. Beim menschlichen Embryo liegen individuell wechselnde Reste in der unteren Hälfte der späteren Halsregion. Die Urniere erstreckt sich bei Tieren, bei welchen sie Harn absondert, noch über die ganze Körperlänge. Ihre Reste erhalten sich im Anschluß an die Vornierenreste, gehen aber da zugrunde, wo die Nachniere erscheint. Daher ist die Aufeinanderfolge der drei Nierengenerationen, die ursprünglich eine zeitliche war, schließlich eine örtliche geworden: die Vornierenreste liegen zuvorderst (kranial), dann folgen die Urnierenanlagen und zu hinterst (kaudal) kommt die Anlage der Nachniere.

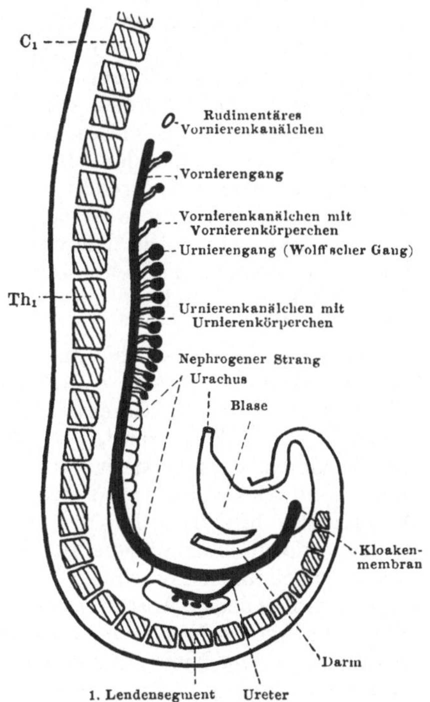

Abb. 180. Schema der Vor-, Ur- und Nachniere beim menschlichen Embryo. In Wirklichkeit sind die Vornierenkanälchen bereits verschwunden, wenn die Nachniere auftaucht. Nephrogener Strang und Kanälchen der Urniere aus mehreren dicht aufeinanderfolgenden Stadien in ein Bild zusammengezogen. WOLFFscher Gang schwarz. Ursegmente schraffiert (C₁ erstes Halssegment, Th₁ erstes Brustsegment).

Der Gang der Vorniere, welcher zur Zeit der Ausdehnung dieses Organs über den ganzen Körper sämtliche Vornierenkanälchen aufnimmt und aus ihnen den gesamten Harn ableitet, bleibt erhalten. Er läuft vom Halsteil des menschlichen Embryo aus bis zur Kloake und mündet in diese. Er heißt Vornierengang; da später die Urnierenkanälchen in den Bereichen, wo die Vorniere verschwunden ist, in ihn münden, wird er auch Urnierengang oder WOLFFscher Gang genannt, doch ist dies nur ein anderer Name für dieselbe Sache. Bemerkenswert ist, daß der Ausführgang bleibt, also jedesmal

von der neuen Nierengeneration übernommen wird, daß aber die Nierengenerationen selbst nicht durch Umwandlung der einen in die andere, sondern durch Unterdrückung der früheren und völlige Neuentstehung der
folgenden zustande kommen. Diese Opferung früherer Bauformen erinnert
an die Folge von Baustilen in der Architektur. Dasselbe Organ tritt immer
wieder in einer neuen Form auf und übernimmt von der früheren nur das
ihr Adäquate, so bei den Stilen der Niere nichts als den WOLFFschen Gang.

**Nieren-
kanälchen**   Verfolgen wir die Hauptbestandteile einer Niere durch die drei verschiedenen Stile hindurch, welche in der Vor-, Ur- und Nachniere verkörpert sind,
so sehen wir, daß ähnliche Elemente immer wiederkehren, daß sie aber eine außerordentliche Vermehrung der Gesamtzahl und der Oberflächenvergrößerung
ihrer Abschnitte durchmachen und daß darin der Hauptvorteil des Neubaues
bei jedem neuen Stil zu sehen ist. Die Nachniere kann schließlich, trotzdem
sie auf einen viel kleineren Körperbezirk beschränkt ist, als die im voll ausgebildeten Zustand durch den ganzen Körper ausgedehnten Vor- und Urnieren,
doch die ganze Harnabfuhr übernehmen.

Bei der Vorniere können wir die Hauptbestandteile einer jeden Niere in der
einfachsten Form, gleichsam im Grundschema, kennen lernen. Bei jedem
Ursegmentstiel wächst das blinde Ende kaudalwärts aus und bricht, wenn es
das folgende Stielchen erreicht hat, in dieses durch. Man nennt den Ursegmentstiel, welcher auf diese Weise ein segmentales Nierenkanälchen bildet,
das Nephrotom. Die Nierenkanälchen vereinigen sich mit ihren distalen
Enden zu einem Gang, dem Vornierengang (Abb. a, b, S. 345). Beim menschlichen Embryo verhalten sich die Vornierenkanälchen, falls sie nicht ganz rudimentär bleiben, ebenso. Der Vornierengang wächst an seinem distalen Ende
aus sich heraus weiter, bis er neben die Kloake zu liegen kommt und bricht
dann in diese durch (Abb. d, S. 345). Denken wir uns, der menschliche Embryo
besäße noch sämtliche Nierenkanälchen der Vorniere, so würde er — entsprechend
der Zahl seiner Ursegmente — nahezu 40 aufweisen.

**Prototyp
der
MALPIGHI-
schen
Körperchen
(Vorniere)**   In dieses Kanalsystem werden aus der freien Bauchhöhle heraus die
Harn- und Geschlechtsprodukte, welche zunächst in diese hineinfallen, nach
der Kloake hin befördert anstatt, wie jetzt noch bei manchen Knochenfischen, durch Löchelchen in der Bauchwand, Pori abdominales, nach
außen abgeleitet zu werden. Der Harn wird von Ästchen der großen Schlagader des Körpers, Aorta, abgeschieden, welche das Cölomepithel an einer
Stelle der blinden Nische der Bauchhöhle vorwölben (Abb. b, S. 345). Manchmal
entspricht jedem Nierenkanälchen eine besondere Vorwölbung, Glomerulus,
manchmal kommt gerade bei der Vorniere eine durchlaufende Leiste von
Gefäßschlingen vor, Glomus, welche mehr Harn liefern kann als einzelne
Glomeruli. Die zu- und ableitenden Gefäße bei beiden sind Arterien. Wir
nennen solche aufgesplitterten Gefäße, welche sich wieder vereinigen, Wundernetze. Gegenüber den Stätten der Absonderung des Harns aus arteriellen
Wundernetzen befinden sich in dem gleichen parietalen Blatt des Mesoderms
die Öffnungen der Nierenkanälchen, welche mit einem Kranz feinster Proto-
plasmahärchen besetzt sind und durch diese den Harn in das Kanalsystem
hineinstrudeln. Bei den störartigen Fischen (Ganoiden) und bei den Amphibien, bei welchen die Vorniere im Larvenleben besonders stark entwickelt
ist und gut funktioniert, wird die ganze dorsale Nische des Bauchhöhlen-
raumes gegen die übrige Bauchhöhle durch Falten abgegrenzt. Verschmelzen
diese miteinander, so bleibt dem Harn keine andere Wahl, als den Weg in die
Nierenkanälchen zu nehmen. Man nennt den abgesonderten Teil der Bauchhöhle „äußere Vornierenkammer". Sie ist das Prototyp der BOWMANschen
Kapsel, eines der wichtigsten Teile eines jeden Corpusculum renis

(Malpighi) in allen vorkommenden Arten von Nieren. Je mehr sich der
Glomerulus oder das Glomus ausdehnt und in die Vornierenkammer vorstülpt, um so mehr wird der Innenraum eingeengt (punktierte weiße Linie).
Man kann ein parietales und viscerales Blatt der Vornierenkammer unterscheiden. Der Prozeß ähnelt dem Vordringen der Lunge in die Pleurahöhle
und der Differenzierung einer parietalen und visceralen Pleura.

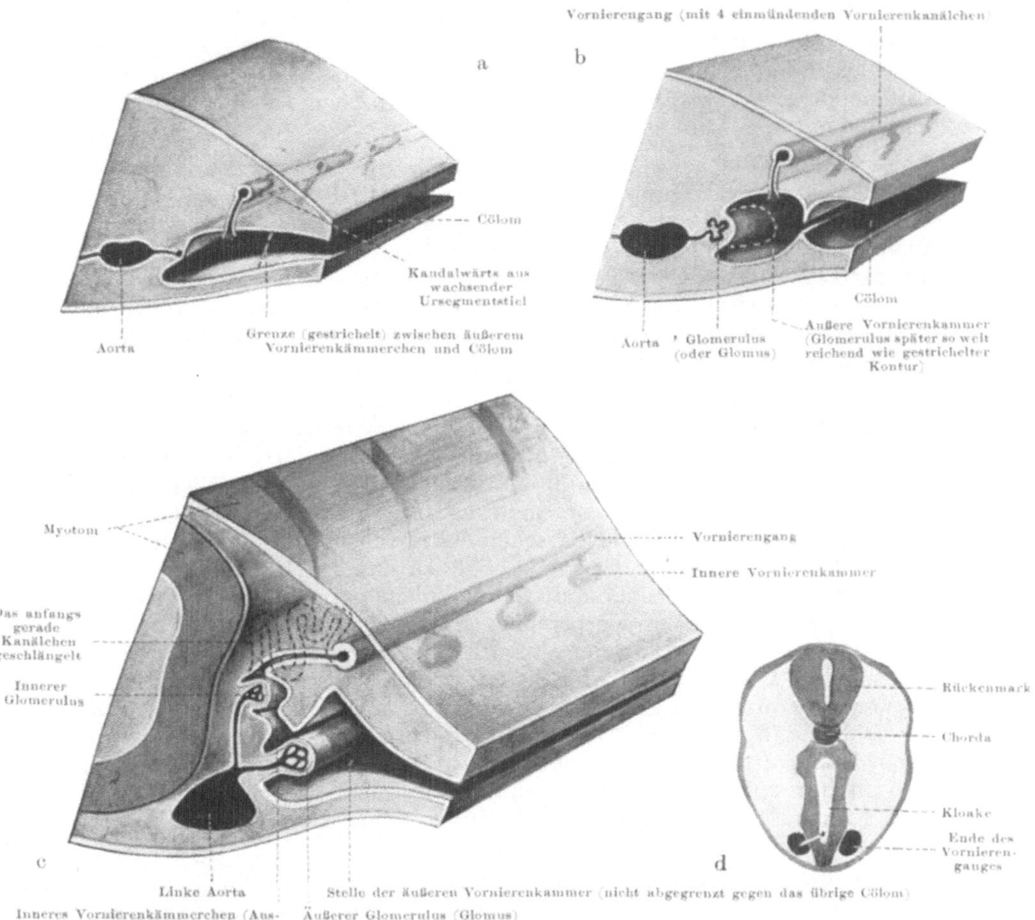

Abb. 181. Schema der Vorniere. a Entstehung des WOLFFschen Ganges (vgl. mit Abb. S. 2, links vom
Beschauer), der zukünftige Gang gestrichelt. b Entstehung des äußeren Vornierenkämmerchens und Glomus.
c Entstehung des inneren Vornierenkämmerchens. d Mündung des WOLFFschen Ganges in die Kloake,
Querschnittsbild (der Pfeil gibt die Durchbruchsstelle an). Mit freier Benutzung der Abbildungen von
FELIX (KEIBEL-MALL, Entwicklungsgeschichte, Kapitel 19).

Außer dem Harn werden in späteren Stadien auch die Keimprodukte in die
Bauchhöhle hinein entleert. Sie nehmen denselben Weg wie der Harn anstatt,
wie ursprünglich, durch die Pori abdominales abgeschieden zu werden. Be-
merkenswert ist, daß noch jetzt beim menschlichen Weibe das Ei aus der
Keimdrüse frei in die Bauchhöhle fällt und dann erst in den Eileiter gelangt
(MÜLLERscher Gang), der in engster genetischer Beziehung zu einem der
Nierenkanälchen und dem WOLFFschen Gang der Vorniere steht. Bei der
Ableitung der weiblichen Geschlechtsprodukte nach außen ist also das

Prinzipielle des geschilderten primitiven Mechanismus auch beim Menschen bis heute erhalten geblieben.

Bei der Vorniere mancher Tiere (Myxinoiden, Ganoiden, Teleostier, Reptilien u. a.) gibt es ein zweites Vornierenkämmerchen, das gleichsam eine Repetition des äußeren ist. Es bildet sich innerhalb des Nierenkanälchens, indem sich in eine Ausweitung des letzteren eine Gefäßschlinge vorstülpt, inneres Vornierenkämmerchen (Abb. c, S. 345). Von seinen beiden Öffnungen führt eine nach der Bauchhöhle und eine nach dem WOLFFschen Gang hin. Sonst ist es genau so mit einem parietalen und visceralen Blatt versehen wie das äußere Kämmerchen. Es wird zur typischen BOWMANschen Kapsel, sobald die Verbindung mit der Leibeshöhle verschwindet.

Man findet die verschiedensten Zustände des äußeren Kämmerchens, sobald das innere die Hauptfunktion übernommen hat, bis zum völligen Verschwinden des ersteren. Für die Aufnahme der Geschlechtsprodukte bleibt entweder ein Vornierenkanälchen reserviert, welches den Zusammenhang mit der Leibeshöhle nicht verliert, oder es treten spätere neue Verbindungen ein (speziell zwischen Urniere und Keimdrüse, S. 406). Bei den inneren Kämmerchen, welche genau der Zahl der segmentalen Nierenkanälchen entsprechen, ist ein durchlaufendes Glomus nicht möglich.

Der geschilderte Bildungsgang eines Corpusculum renis (Malpighi) der Vorniere liefert 1. die BOWMANsche Kapsel mit visceralem und parietalem Blatt, 2. den Glomerulus: für die Absonderung des Harns durch das viscerale Blatt hindurch, 3. den Übergang der BOWMANschen Kapsel in das Nierenkanälchen: für den Abfluß des Harns in der Richtung auf die Kloake. Das Ganze ist eine Imitation des äußeren MALPIGHIschen Körperchens, hat jedoch den Vorteil, daß der Harnabfluß nach der Bauchhöhle zu unmöglich und die Vermischung der Harn- und Geschlechtsprodukte räumlich vermeidbar ist. Dieser neue Stil eines MALPIGHIschen Körperchens wird von allen höheren Formen übernommen und ist auch in der endgültigen Niere des Menschen wieder zu finden. Nur wird die Zahl und Größe erheblich verändert. Die Zahl ist bei der Vorniere durch die Zahl der Ursegmente und Nierenkanälchen festgelegt. Wir sahen, daß sie beim Menschen im höchsten Fall jederseits etwa 40 betragen könnte (in Wirklichkeit nur geringe und individuell wechselnde Reste). Jede unserer definitiven Nieren kann jedoch mehr als eine Million MALPIGHIscher Körperchen aufweisen. Der Bildungsmodus der Ur- und Nachniere ermöglicht diese ungeheure Vermehrung.

Auch die Nierenkanälchen der Vorniere differenzieren sich, indem sie in die Länge wachsen und sich des knappen Raumes wegen in Schlingen legen (Abb. c, S. 345, gestrichelt). Ein Teil der Schlingen hat spezifisches Epithel mit einem Besatz feinster Protoplasmastäbchen, welcher dem Lumen zugewendet ist, Bürstenbesatz. Durch Vitalfärbungen ist festgestellt, daß die Vorniere bei Kaulquappen (Froschlarven) sehr früh funktioniert, und daß die Zellen mit Bürstenbesatz den Farbstoff dort speichern, wo sie von dem Flüssigkeitsstrom, der durch sie hindurchgeht, auf feinsten Protoplasmastraßen passiert werden. Der Verteilung der Farbstofftröpfchen nach wird höchst wahrscheinlich die Flüssigkeit aus dem Lumen des Kanälchens aufgenommen und auf die Gefäße hingeleitet, welche die Kanälchen umspinnen. Dadurch wird der Harn, welcher im MALPIGHIschen Körperchen abgeschieden wird, zum Teil rückresorbiert und wahrscheinlich von Substanzen befreit, welche noch dem Organismus dienlich sein können. Diese Spareinrichtung finden wir ebenfalls bei allen höheren Nierenformen wieder, nur in verfeinertem und der Zahl und Größe der Kanälchen nach vermehrtem Zustand.

Beim Amphioxus ist die Leibeshöhle genau so segmentiert wie die Ursegmente. Jedes Segment muß sein eigenes Vornierenkanälchen haben, das nach außen führt und dort für sich mündet, um das Bauchhöhlensegment von dem Harn, der sich in es ergießen würde, zu entlasten. Der Vornierengang aller übrigen Wirbeltiere verbindet die getrennten Mündungen und leitet die aus ihnen austretenden Produkte der Niere und der Keimdrüsen der Kloake zu. In der segmentalen Anordnung ihrer Vornierenkanälchen scheint ein Rest der einst bei den Wirbeltierahnen allgemein gekammerten Leibeshöhle zu bestehen. Eine jede Kammer der Leibeshöhle wäre der Urzustand eines MALPIGHIschen Körperchens in der einfachsten Form. Alle folgenden Formen sind Ableitungen, aber nicht im Sinn einer allmählichen Umbildung, sondern als freie Nachformungen an anderer Stelle und von fremdem Material (Imitation, Bd. I, S. 27).

Beim Amphioxus werden bereits die Harn- und Geschlechtsprodukte durch die Nierenkanälchen nach außen abgeleitet. Es ist anzunehmen, daß das Ableitungssystem von Anbeginn an gleichzeitig für beide funktionierte. Dagegen ist der Ort der Entstehung der Produkte selbst verschieden. Beide Organe gehören zwar dem parietalen Blatt des Mesoderms an, doch liegt die Keimdrüse immer an anderen Stellen als der Glomerulus bzw. das Glomus (in Abb. b, S. 345 mehr medial). Alle

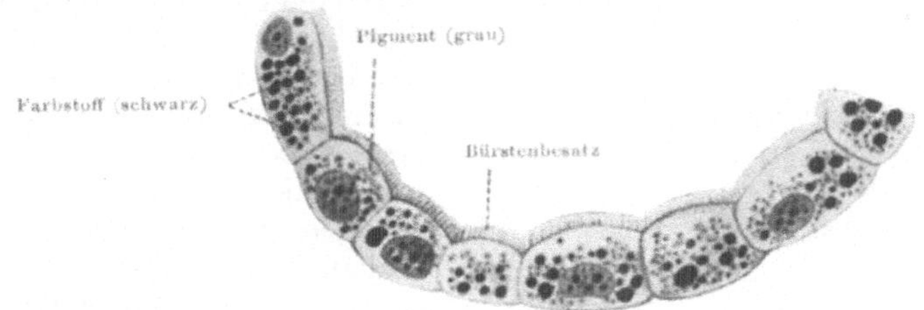

Abb. 182. Vornierenkanälchen einer Kaulquappe. Stück eines Querschnittes durch den Speicherungsabschnitt. Vitale Trypanblauspeicherung (Farbtröpfchen schwarz statt blau, dazwischen sehr kleine Pigmentkörnchen).
Aus v. MÖLLENDORFF, Festschrift für M. FÜRBRINGER (Sitz.-Ber. d. Heidelberger Akad. d. Wiss. Jg. 1919).

Vereinigungen der Nieren- und Keimdrüsenanlagen, z. B. der Urniere und des Hodens, sind sekundär.

Die Urniere entwickelt sich noch in einer beträchtlichen Länge des Rumpfes menschlicher Embryonen, ist also sehr viel vollständiger erhalten als die Vorniere. Da ihre Entstehung wie bei den Ursegmenten allmählich von vorn nach hinten fortschreitet, so findet man bei einem jungen Embryo zu hinterst (kaudal) die niedrigeren Entwicklungsstufen, zu vorderst (kranial) die vorgeschrittensten. In Abb. S. 343 ist im kaudalen Abschnitt der nephrogene Strang der Urniere gezeichnet, welcher anfänglich die ganze Länge der Urniere einnimmt. Er liegt dem Vornierengang an, ist mesodermaler Abkunft und zunächst unsegmentiert wie das parietale Blatt des Cöloms, dem er entstammt. Doch setzt nachträglich eine Gliederung ein, welche vorn beginnt und welche in Abb. S. 343 in den mittleren Abschnitten der Urniere zu einer Zerlegung in Scheiben, wie bei einem Brotlaibe, geführt hat. Im vorderen Abschnitt der Urniere ist aus jeder Scheibe ein Nierenkanälchen geworden. In dieser Weise zerfällt der nephrogene Strang allmählich in zahlreiche Urnierenkanälchen. Sie unterscheiden sich von den Vornierenkanälchen dadurch, daß nicht wie dort eines pro Ursegment angelegt wird. Es kommt dies zwar auch bei der Urniere vor; sehr oft aber werden — namentlich in den hinteren Abschnitten der Urniere — die Scheiben von vornherein so abgeteilt, daß zwei oder mehrere Urnierenkanälchen auf ein Ursegment fallen. Außerdem können die Urnierenkanälchen später sekundäre Sprossen treiben und dadurch ihre Zahl pro Segment noch weiter vermehren. Jedes Urnierenkanälchen verhält sich im übrigen ähnlich den Vornierenkanälchen: in eine Erweiterung desselben stülpt sich ein Glomerulus vor, das Kanälchen wächst in die Länge, legt sich

Vermehrung der MALPIGHIschen Körperchen und Nierenkanälchen (Urniere)

in Schlingen und bricht schon früh in den Vornierengang durch, der fortab
Urnierengang oder WOLFFscher Gang heißt (Abb. Nr. 183). Infolgedessen ist
die Zahl der MALPIGHIschen Körperchen der Urniere, welche gerade so wie
bei der höchsten Stufe der Vorniere aus Glomerulus, BOWMANscher Kapsel
und Mündung der letzteren in ein Nierenkanälchen bestehen, ganz bedeutend
vermehrt gegenüber der Zahl, welche die Vorniere im günstigsten Fall liefern
könnte.   Bei Amphibienlarven, bei welchen Vor- und Urniere im gleichen
Individuum nebeneinander bestehen und funktionieren, ist ein Glomerulus
der Vorniere im Durchmesser um ein Drittel weiter als bei der Urniere.
Ähnlich verhalten sich die Durchmesser bei den Lichtungen der Vor- und
Urnierenkanälchen zueinander.   Es ist aber klar, daß viele kleine Glomeruli
und Tubuli eine größere Oberfläche haben als wenige große.   Denn die Masse
verringert sich im Kubus, die Oberfläche aber nur im Quadrat.   So wächst
bei der Urniere die Fläche, welche den Harn in den MALPIGHIschen Körperchen ausscheidet, und die resor-
bierende Fläche, welche als Spareinrichtung in ihren Kanälchen
gerade so wie in der Vorniere
differenziert ist (Abb. S. 347),
ganz außerordentlich. Was in
der Vorniere nicht möglich ist,
weil sie an den segmentalen
Aufbau des Körpers gebunden
ist, wird durch den neuen Ent-
wicklungsstil der Urniere möglich, da hier ein anfangs einheitlicher Strang unabhängig
von fest geformten Ursegment-
stielchen geteilt und in seinen
einzelnen Gliedern sekundär vermehrt werden kann. Die Urniere
ist also wohl in hintereinander
liegende Kanälchen gegliedert,

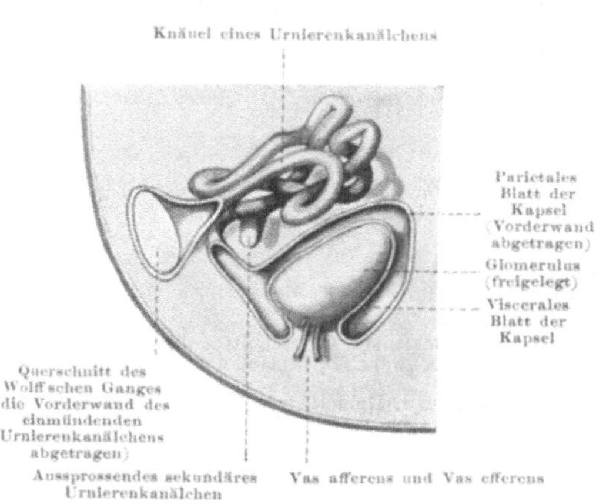

Abb. 183. Urnierenkanälchen, menschlicher Embryo von
10,2 mm Länge, halbschematisch (nach KOLLMANN, Lehrb.
d. Entwicklungsgesch. 1896).

aber nicht nur monomer wie die Vorniere, sondern in ihren wichtigsten Teilen
polymer (mehrere Kanälchen pro Metamer statt eines).

Nachniere   Bei der Nachniere ist auch diese letzte Bindung an die Metamerie des Körpers
aufgegeben.   Bei ihr finden wir nephrogenes Gewebe ähnlichen Ursprunges
wie bei der Urniere, aber nicht als Strang, sondern als Ballen, kaudal vom
hintersten Abschnitt der Urniere (Abb. S. 343). Vom WOLFFschen Gang (dem
Urnieren-, früheren Vornierengang) sproßt eine Knospe aus; sie verlängert
sich, wächst in das nephrogene Gewebe hinein und wird zum späteren Harnleiter, Ureter.   Sein distales Ende teilt sich innerhalb des nephrogenen
Gewebes in eine Anzahl von Sprossen auf, aus welchen die Ausführgänge der
definitiven Niere werden.   Durch nachträgliche Spaltung dieser Anlagen
kommen in jeder Niere mehr als eine Million Röhrchen zustande, welche dazu
bestimmt sind, den Harn aus seiner Bildungsstätte abzuleiten, ohne ihn irgendwie zu verändern.   Die genannte Zahl ist beim Menschen sehr schwankend
(1,8—3,5 Millionen in beiden Nieren zusammen).   Die während des ganzen
Lebens bleibende Zahl wird am Ende des 2. Monats nach der Geburt erreicht.

Die harnbereitenden Bestandteile der Nachniere werden von der anderen
Anlage, dem nephrogenen Gewebe, in der Weise geliefert, daß sich um das blinde
Ende eines jeden terminalen Sammelkanälchens ein kappenförmiges Stück des
nephrogenen Gewebes sondert (schwarz, Abb. S. 349). Aus diesem entsteht je ein

Harnkanälchen für jedes Sammelröhrchen. In jedem Harnkanälchen treten die uns bekannten Windungen auf, am einen Ende entsteht ein MALPIGHIsches Körperchen und am entgegengesetzten Ende bricht das Harnkanälchen in das Sammelröhrchen durch. So entsteht die große Zahl von Malpighis und von Harnkanälchen in jeder Niere, entsprechend der Aufspaltung der Sammelröhrchen und ohne jede Beziehung zur metameren Gliederung des Gesamtkörpers (Ursegmente). Bei solchen Säugetierembryonen, bei welchen die Bestandteile der Ur- und Nachniere bei demselben Individuum gemessen werden können, ist der Durchmesser der Glomeruli und Harnkanälchen der Nachniere nur ein Drittel so groß wie bei der Urniere gefunden worden. Ganz abgesehen von der Vermehrung beider wachsen also die ausscheidenden und aufnehmenden Flächen des essentiellen Nierengewebes besonders stark, wie auch bei der Urniere gegenüber der Vorniere festgestellt wurde.

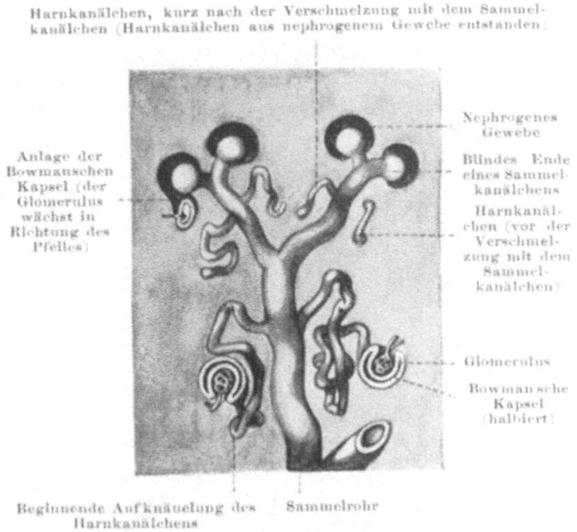

Die Nachniere ist durch die eine der beiden Komponenten, aus denen sie entsteht, die Ureterenknospe, von dem durchlaufenden WOLFFschen Gang abgerückt. Während bei der funktionierenden Urniere noch Harn und Samen den gleichen Weg nehmen, z. B. beim Stör, ist bei der Nachniere im Ureter ein besonderer Weg für den Harn geschaffen. Der WOLFFsche Gang wird für den Samen reserviert („Samenleiter" der höheren Tiere und des Menschen). Das gemeinsame Stück, welches in Abb. S. 343 noch besteht, wird schließlich auch aufgeteilt. Nur im männlichen Glied ist der Weg ungeteilt. Für die weiblichen Harngeschlechtswege gilt Ähnliches.

Abb. 184. Entwicklung der Nachniere. Schema (Umzeichnung nach CORNING, Lehrb. d. Entwicklungsgeschichte 1921, S. 405).

Auf die verschiedenen Abschnitte eines jeden Harnkanälchens der Nachniere gehen wir bei der Beschreibung der fertigen Niere ein. Sie fügen durch differentielle Ausgestaltung ihrer Form und ihres Zellbelages zu den quantitativen Fortschritten des Nierengewebes noch bedeutende qualitative Neuerungen hinzu. So sehen wir die ganze Stufenleiter der Entstehung eines der wichtigsten Organe unseres Körpers in geradezu dramatischer Steigerung durch die vergleichende embryologische Forschung klar gelegt.

2. Die Niere.

Die Niere, Ren, hat die Form einer Bohne; durch den Sprachgebrauch ist allgemein bekannt wie sie aussieht („nierenförmig"). Die rechte Niere ist mehr ohrenförmig, die linke rein bohnenförmig. Beide stehen mit der Längsachse annähernd längs im Körper, der konvexe Rand schaut lateralwärts und nach hinten, Margo lateralis, der konkave Rand medialwärts und nach vorn, Margo medialis (Abb. S. 350). Sie schmiegen sich in den Raum zur Seite der Wirbelsäule, welchem oberhalb des Zwerchfells der Raum für den hinteren Lungenabschnitt entspricht (Sulcus pulmonis). Doch liegt die Niere hinter

Äußere Form, Gewicht, Farbe

dem Bauchfell retroperitoneal, während die Lunge innerhalb der Brusthöhle,
intrapleural, gelegen ist. Der mediale Rand hat eine Öffnung, welche in die
Niere hineinführt; sie ist ein Hohlorgan. Ihre Höhlung heißt Sinus renalis,
die Pforte Hilus renalis. Hilus und Sinus sind allerdings mit Blutgefäßen, mit
den ausführenden Harnwegen (Pelvis renis und Calyces, Abb. S. 352) und
mit Fett lückenlos ausgefüllt. Nur wenn man den Inhalt ausräumt, oder auf
einem Querschnitt durch das Organ (Abb. Nr. 185) sieht man, daß die eigentliche
Nierensubstanz den Hohlraum wie eine dicke Schale umfaßt. Der Längsdurchmesser mißt 10—12 cm, der Querdurchmesser 5—6 cm, der Dickendurch-

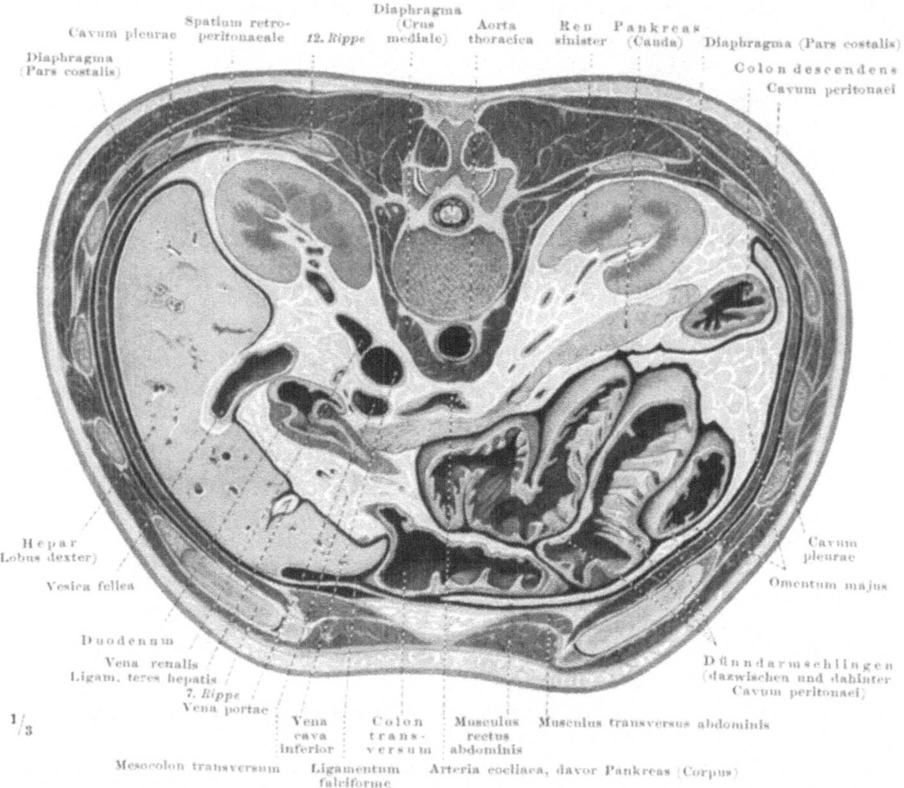

Abb. 185. Querschnitt durch den Rumpf in der Höhe der Nieren. Kräftiger Mann. Gefrierschnitt
(Vgl. Abb. S. 206 von dem gleichen Manne.)

messer etwa 4 cm. Die Niere wiegt 120—200 g, doch pflegt die rechte etwas
leichter als die linke zu sein. Die Farbe der lebenden Niere ist dunkel braunrot.
      Der obere Pol, Extremitas superior, ist breit und platt, der untere Pol,
Extremitas inferior, ist spitzer und dicker als der obere (Abb. S. 351). Die
beiden Flächen, Facies anterior und Facies posterior, kann man daran
unterscheiden, daß die vordere mehr gewölbt, die hintere mehr plan ist. Außerdem drücken sich die Nachbarorgane in die Oberfläche der Niere in situ ein
(S. 374).
      Außer den Abdrücken der Nachbarorgane gibt es individuelle Erhaben-
heiten der Oberfläche, die mit dem inneren Bau zusammenhängen und beim
Fetus und Kind regelmäßig vorhanden sind (S. 354). Sie verschwinden später
mehr oder minder vollkommen.

Kapsel

Die Verschiedenheiten des Reliefs werden auch von einer dünnen Hülle beeinflußt, welche die Niere überzieht. Sie heißt Tunica fibrosa, Binde-gewebskapsel. Sie besteht aus straffem kollagenem Bindegewebe und ist daher nicht nachgiebig. Bei arteriellem Überdruck in der Niere leistet diese Hülle Widerstand. Der Chirurg kann deshalb unter Umständen genötigt sein, die Nierenkapsel zu spalten, um Symptome einer Nierenerkrankung, die auf Überdruck beruht, zu beseitigen. Die Niere quillt dann aus der Kapsel hervor. Doch spielen außer unmittelbar mechanischen Momenten auch nervöse, nur mittelbar durch die Spannung ausgelöste Beziehungen mit.

Die Spannung des Nierengewebes sucht auch in der Norm alle Unebenheiten der Oberfläche auszugleichen. Nur wenn man die Niere bei der Leiche in situ härtet, bleiben die von der Nachbarschaft bedingten Facetten der Oberfläche bestehen. Mit der eigentlichen Nierenoberfläche ist die Kapsel durch Binde-gewebsfasern locker vereinigt, die leicht reißen, wenn man künstlich die Kapsel abzieht. Ist sie stärker adhärent, so ist das ein Zeichen einer pathologischen Veränderung. Am Hilus der Niere teilt sich die Tunica fibrosa in zwei Blätter. Das innere folgt der Nierensubstanz und kleidet den Sinus aus, das andere um-gibt den Inhalt des Sinus, indem es die Gefäße und den Harnleiter beim Eintritt in den Sinus umscheidet (bzw. beim Austritt).

Unter der Tunica fibrosa ist die eigentliche Oberfläche der Niere von einer Haut überzogen, welche nicht abziehbar ist. Sie ist nach dem Innern der Niere zu reich an glatten Muskelzellen und heißt deshalb Tunica muscularis (Abb. S. 355). Sie geht mit der Nieren-substanz am Hilus auf die dem Sinus zu-gewendeten Papillen über, ist an diesen besonders ausgebildet und ordnet sich um die Basis der Papillen zu Muskelkränzen an, welche die Papillen umgreifen.

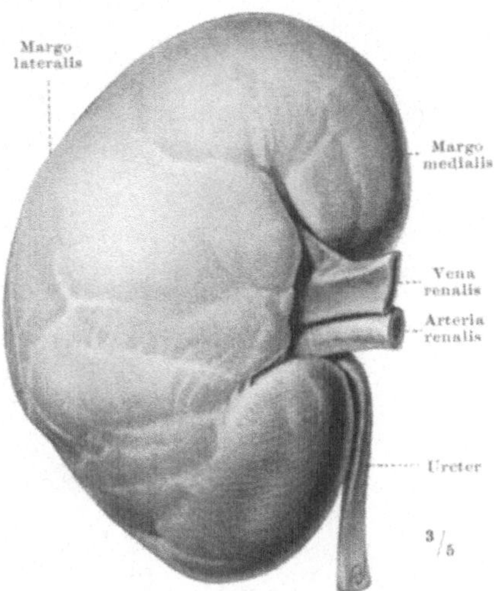

Abb. 186. Vorderfläche der rechten Niere, ohne Hülle. Mensch.

Außen von der Tunica fibrosa liegt ein Fettlager, in welches das Organ ein-gebettet ist. Diese Fettkapsel, Capsula adiposa, gehört zu dem subperi-tonaealen Fett der Lumbalregion (Bd. I, Abb. S. 168) und ist an der Hinter-fläche der Niere reichlicher als an der Vorderfläche. Eine dünne Bindegewebs-schicht, Fascia renalis, grenzt das der Niere und Nebenniere benachbarte Fett gegen das übrige Fett dieser Gegend ab, so daß man von perinephritischem und paranephritischem Fett sprechen kann. Die Fascie umhüllt das peri-nephritische Nierenfett wie ein loser Sack. Sie hat eine prä- und postrenale Fläche. Das Fett, welches die Zwischenräume im Sinus füllt, steht durch die Gefäßscheide der Tunica fibrosa hindurch mit dem perinephritischen Fett in Zusammenhang. Die ganze Bindegewebskapsel ist durch feinste Züge mit der Fettkapsel verbunden; das äußere Blatt der Tunica fibrosa an der Nierenpforte ist eine Verdichtung dieser Züge. Je nach dem Fettreichtum des einzelnen Menschen ist die Fettkapsel sehr verschieden dick. Auf der Vorderfläche der Niere fehlt sie oft ganz.

Sie ist an der Fixierung des Organs an der hinteren Bauchwand beteiligt. Gibt sie nach, so wird die krankhafte Verlagerung des Organs begünstigt: Wanderniere. Abscesse können sich in der Fettkapsel leicht entwickeln und ausbreiten.

Das Bauchfell überkleidet nur die Vorderfläche der Niere und liegt da, wo Fett fehlt, der Tunica fibrosa unmittelbar an. Solche Stellen des Bauchfells werden Capsula serosa genannt (von BNA nicht anerkannt). Ein großer Teil der Nierenvorderfläche ist von anderen retroperitonaealen Organen überlagert, so daß dort das Bauchfell scheinbar weit von der Niere entfernt bleibt (Abb. S. 350). In Wirklichkeit liegt ein Rest des primären Peritonaeum als Bindegewebsblatt noch an diesen Stellen der Niere an (vgl. Abb. a, S. 250); es trägt mit zu der Bildung der Fascia renalis bei. Siehe auch: Lage der Niere (S. 374).

Rinde   Wie bei der Leber verbirgt sich unter der einfach geformten Außenfläche ein verwickelter Innenbau. Als Ausdruck desselben zerfällt die eigentliche Nierensubstanz in Rinde und Mark, Substantia corticalis und Substantia medullaris, welche mit bloßem Auge leicht bemerkt werden können (Abb. Nr. 187). Schwieriger ist es schon mit bloßem Auge das wesentlichste Merkmal

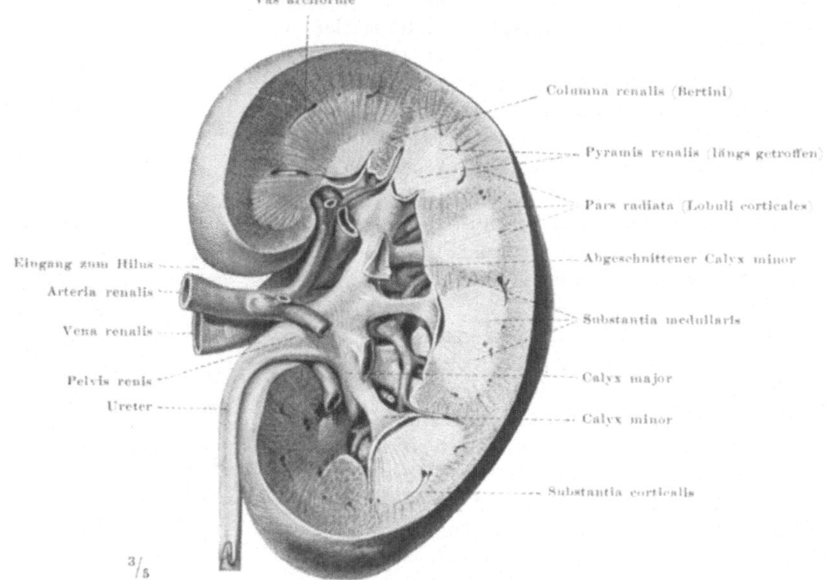

Abb. 187. Rinde, Mark und Inhalt des Sinus. Mensch. Rechte Niere von hinten durch Abtragen der Nierensubstanz so eröffnet, daß das Innere des Sinus auspräpariert werden konnte. Schnitt durch das Nierenparenchym senkrecht zur Oberfläche. Als Substantia medullaris ist die Pyramide + BERTINsche Säule bezeichnet, weil sie auf die äußere Oberfläche bezogen unter der Rinde liegen. Dem feineren Bau nach gehören die BERTINschen Säulen jedoch zur Rinde und nur die Pyramiden zum Mark. Im Text ist die letztere Unterscheidung allein berücksichtigt.

der Rinde, die MALPIGHIschen Körperchen der Niere, Corpuscula renis Malpighii, zu erkennen. Sie sind bei der frischen Niere eben sichtbare, wegen ihres Blutreichtums rot gefärbte Pünktchen. Sowie das Blut bei der Leiche seine Farbe verändert, werden sie unkenntlich. Im mikroskopischen Bild sieht man sie sofort; sie sind das beste Merkmal für die Rindensubstanz. Sonst ist für das bloße Auge die Rinden- von der Marksubstanz durch eine etwas andere Färbung unterscheidbar, die Rinde sieht mehr gelbrot, das Mark blaß blaurot beim lebensfrischen Organ aus; auch bei der Leiche bleiben geringe Farbunterschiede, wenn auch in veränderter Tönung, sichtbar. Sicherheit gibt allein die mikroskopische Untersuchung.

Die Rindensubstanz überzieht nicht nur die ganze Oberfläche, sondern sie dringt stellenweise in das Innere vor und erreicht den Hohlraum der Niere, Sinus. Man nennt diese Rindenteile Columnae renales (Bertini). In Wirklichkeit haben sie die Form von Scheidewänden, welche ein Fachwerk um die gleich zu besprechenden Pyramiden formen. Auf dem Schnitt hat ein quer getroffenes Septum das Aussehen eines Zapfens, der mit seiner Spitze in den Sinus leicht vorspringen kann (Abb. S. 352); der Name Säule, Columna, bezieht sich also nur auf das Schnittbild, nicht auf die wirkliche Form dieser Rindenteile. So ist die Rindensubstanz an der äußeren Oberfläche in einer zusammenhängenden Decke von 5—7 mm Dicke, an der inneren Oberfläche (gegen den Sinus) ist sie balkenförmig angeordnet und zwischen äußerer und innerer Oberfläche durch wabenförmige Septen verbunden zu denken. Der Name „Rinde" bezieht sich nur auf eines dieser Merkmale, allerdings auf das hervorstechendste.

In den 10—15 Lücken zwischen den Columnae renales liegt die eigentliche Marksubstanz. Sie tritt in Form von ebensovielen Pyramiden, richtiger Kegeln auf, Pyramides renales (Malpighii). Makroskopisch sieht man auf Schnitten eine feine Streifung, welche von außen nach innen verläuft. Die Basis eines jeden Kegels ist nach der Rinde zu gerichtet; der gröberen Form nach endet sie hier quer abgestutzt oder abgerundet, nach außen konvex. Die Spitze des Kegels heißt Nierenpapille, Papilla renalis, weil sie frei wie eine Brustwarze aus dem Niveau vorspringt. Die Höhe beträgt 5—8 mm. Jede Papille wird von einem Kelch des Ureters umfaßt, der zunächst seiner Form nach außer Betracht bleiben soll. Aber soviel sei hier schon bemerkt, daß der von der Niere abgeschiedene Harn allein aus den Papillen abfließt und hier wie die Milch aus den Zitzen eines Euters aufgefangen wird. Bei Lupenvergrößerung sieht man auf der Spitze der Papille kleine Löchelchen, Foramina papillaria (10—25), mit welchen die harnführenden Kanäle münden. Ein solches Feld heißt Siebplatte, Area cribrosa (Abb. S. 376). Gewöhnlich vereinigen sich zwei, manchmal auch drei Pyramiden zu einer Papille; dementsprechend schwankt die Zahl der Löchelchen sehr. Sie ist entsprechend vermehrt (auf 30 und mehr), wenn die Zahl der Pyramiden, die zu einer Papille gehören, noch mehr steigt, was am oberen und unteren Pol der Niere die Regel zu sein pflegt (6 und mehr). An diesen Stellen erreicht also die Marksubstanz die innere, gegen den Sinus gewendete Oberfläche der Niere und ist vom Hilus aus erreichbar, ohne die eigentliche Nierensubstanz zu schädigen. Der Name „Mark" bezieht sich nur auf das Verhalten zur äußeren Rinde, gerade so wie wir das bei der Rindensubstanz feststellten. In der Mitte der Niere sind die MALPIGHIschen Pyramiden schlanker als an den beiden Polen. Die gegen die Rinde zugewendete Zone, Außenzone, ist beim lebensfrischen Organ lebhafter gefärbt als die Innenzone. Auf diese wird bei Besprechung des Intimbaues zurückzukommen sein (Abb. S. 355).

Schließlich gibt es auch Markteile, welche in Form der für das Mark typischen feinen Streifung in die Rinde der äußeren Oberfläche eindringen und welche der Substantia corticalis an diesen Stellen, außen von der Basis der Pyramiden, ein gestreiftes Aussehen verleihen, Pars radiata der Rinde (Abb. S. 352). Man stelle sich also vor, daß die einzelne Pyramide an ihrer Basis nicht vollkommen aufhört, sondern daß hier feine Fortsetzungen ihrer Substanz, die Markstrahlen oder Processus Ferreini, in die Rinde hinein vordringen und bis nahe an deren Oberfläche gelangen (Abb. S. 355). Die Substanz zwischen den FERREINschen Fortsätzen heißt Pars convoluta der Rinde. Die BERTINschen Säulen enthalten keine Pars radiata, sondern bestehen lediglich aus Pars convoluta.

Ein näheres Verständnis dieses verwickelten Aufbaues wird außer durch die Anordnung der eigentlichen Nierenkanälchen schon durch die gröbere Gliederung von solchen Nierenformen vermittelt, bei welchen die Einteilung in Lappen und Läppchen weiter durchgeführt ist als beim Menschen. In diesen Fällen wird

— ähnlich wie bei der Leber an der deutlichen Begrenzung der Läppchen beim Schwein u. a. — klarer, um was es sich handelt. Unsere Niere ist auf dem Wege stehen geblieben, der unter besonderen Lebensbedingungen, namentlich bei gewissen Wassersäugetieren, in derselben Richtung weiterführte und zu einem gewissen Abschluß kam.

Beim menschlichen Fetus und Kinde ist die Oberfläche der Niere nicht glatt, sondern die Rinde ist entsprechend der gewölbten Basis der 10—15 Pyramiden vorgebuckelt, Lobi renales. Die Zahl kann bis auf 8 vermindert oder auf 18 erhöht sein. Jedem Einschnitt zwischen zwei Buckeln entspricht im Innern eine Columna Bertini. Später bleiben von der polygonalen Zeichnung dieser Einschnitte höchstens Reste übrig (Abb. S. 351). Die Rinde wird

Abb. 188. Niere vom Delphin.
Rechts unten der Hilus (Präparat
des Zoolog. Institutes in Breslau).

im übrigen bei ihrem Wachstum so verdickt, daß äußerlich alle Unebenheiten ausgeglichen sind. Die BERTINschen Säulen deuten aber die Grenzen der Lappen immer noch an. Ganz anders bei denjenigen Tieren, bei welchen die Einschnitte zwischen den Lappen deutlicher werden anstatt zu verschwinden. Die Niere zerfällt dann entweder in Renculi (jeder Lappen bildet eine kleine Niere für sich, z. B. bei den Walen, Abb. Nr. 188) oder die BERTINschen Säulen werden durch Bindegewebssepten ersetzt, welche jeden Lappen umhüllen, ohne daß die Lappen durch Einschnitte gegeneinander gesondert sind (z. B. die kompakte Niere des Seehundes). Man denke sich entsprechend bei der menschlichen Niere, bei welcher bis zu 6 Pyramiden in einer Papille zusammenhängen können, nicht nur diese Pyramiden ganz durchgespalten, sondern auch die Einzelpyramiden so geteilt, daß schließlich auf jeden Markstrahl eine Papille kommt. In Abb. S. 355 würde dann der in der Mitte gezeichnete Markstrahl mit der ihn umgebenden Rindensubstanz (Pars convoluta) bis rechts und links zum nächstfolgenden Gefäßstrang ein Läppchen bilden. Man nennt deshalb in der menschlichen Anatomie einen solchen Bezirk Lobulus corticalis und die Gefäße zwischen zwei Lobuli Arteriae und Venae interlobulares. Was hier auf die Rinde beschränkt ist, kann im ausgebildeten Zustand auch den zugehörigen Teil der Pyramide betreffen, so daß die Zahl der Lobuli und Papillen die gleiche oder annähernd die gleiche ist. Ja die ganze Niere kann in ebensoviel Renculi zerfallen: bei einem Bartenwal (Balaenoptera) sind 3000 Nieren auf jeder Körperseite statt der einen gezählt worden. Hier ist schließlich wieder erreicht, was auch die Vor- und Urniere auszeichnet, daß nämlich jedes Nierenkanälchen mit seinem Nierenkörperchen eine Einheit bildet. Nur liegen die Einheiten nicht hintereinander in einem den Körper längs durchlaufenden Strang, sondern dicht zusammengedrängt wie die Beeren einer Traube. Dies ist erst durch die spezifische Entstehung der Nachniere möglich geworden.

Ob wirklich Renculi existieren, welche einem einzigen Markstrahl der menschlichen Niere entsprechen, ist fraglich. Von mir untersuchte Nieren von Delphinus delphis und Phoca vitulina haben in den einzelnen Läppchen zahlreiche Markstrahlen, aber nur eine Pyramide. Jedes Läppchen gleicht einer einwarzigen Gesamtniere, z. B. der Niere der Maus. Sämtliche Läppchen stehen durch einen reich

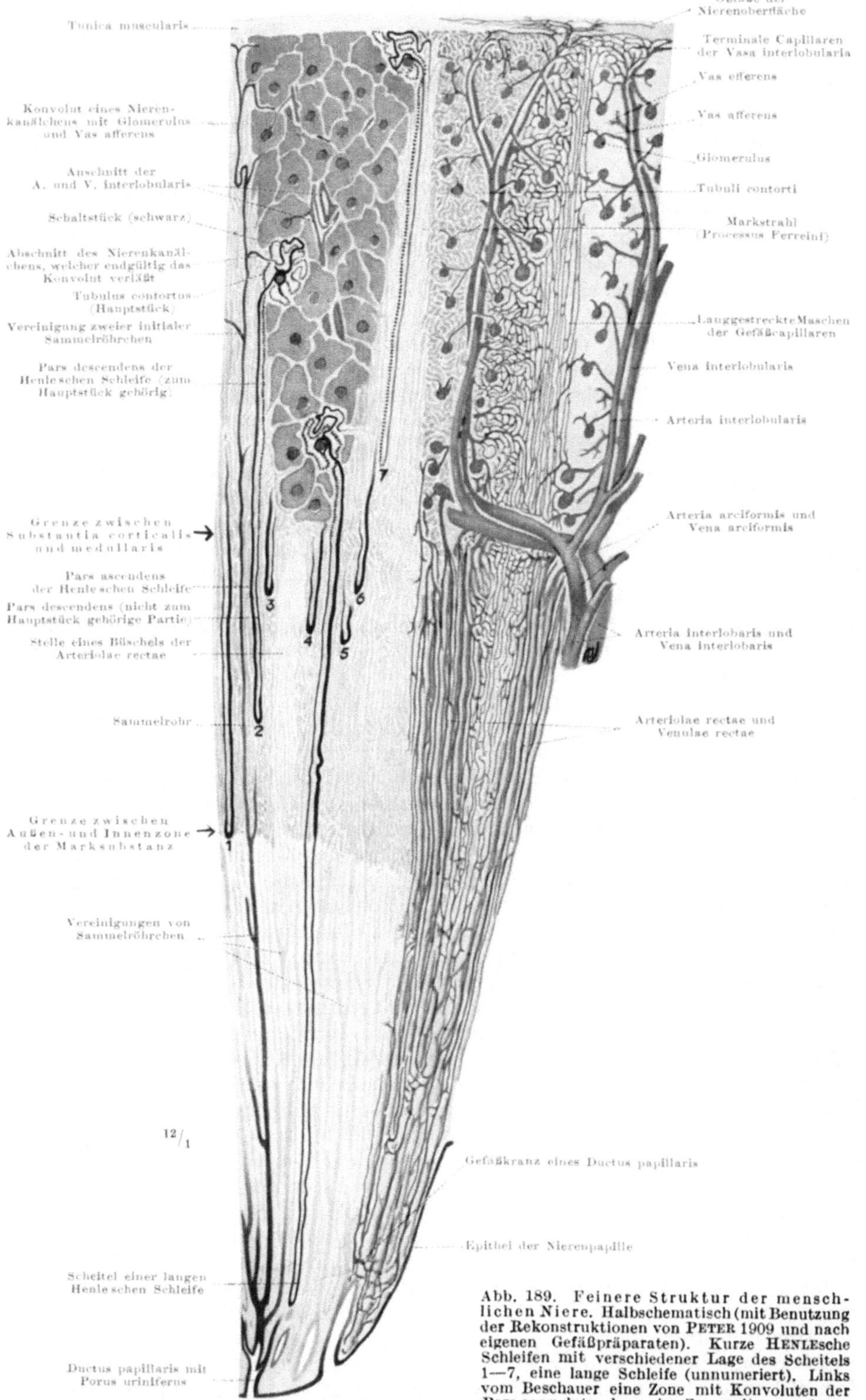

Abb. 189. Feinere Struktur der menschlichen Niere. Halbschematisch (mit Benutzung der Rekonstruktionen von PETER 1909 und nach eigenen Gefäßpräparaten). Kurze HENLEsche Schleifen mit verschiedener Lage des Scheitels 1—7, eine lange Schleife (unnumeriert). Links vom Beschauer eine Zone mit Konvoluten der Pars convoluta, dann eine Zone mit gewundenen Kanälchen und Glomeruli, eine weitere mit Capillarnetzen (polygonale und radiär gestreckte), endlich eine Zone am rechten Rande mit Arterien und Venen ohne Capillaren und Harnkanälchen. Die MALPIGHIschen Körperchen liegen mehr dem unteren Ende der Konvolute genähert als hier der Deutlichkeit wegen gezeichnet ist (vgl. Abb. S. 362).

23*

verzweigten Ureter in Verbindung, welcher ganz dem Ausführgang einer Speicheldrüse entspricht.

Höchstwahrscheinlich liegt der Grund für die Zerklüftung der Niere darin, daß die Rindensubstanz eine gewisse Dicke nicht überschreiten kann, weil sonst die geraden Teile der Nierenkanälchen eine für ihre Funktion allzu große Länge erreichen müßten. Wenn dagegen die Rindenschicht aufgeteilt wird und nicht mehr als einheitlicher Mantel das ganze Organ bedeckt, sondern in einzelnen Schalen die getrennten Pyramiden (Markkegel) umhüllt, so wird die gleiche Massenvergrößerung ohne Verdickung der Rinde erreicht. Daß tatsächlich bei größeren Nieren das Massenverhältnis zwischen Mark und Rinde die Aufteilung der Niere in diskrete Teile beherrscht, ist rechnerisch nachgewiesen worden.

Die Niere vieler Säugetiere und darunter die menschliche Niere zeigen mehrere Lappen, Lobi, die durch BERTINsche Säulen scharf getrennt sind, aber an den Papillen noch zu zweit oder mehreren zusammenhängen. Äußerlich sind sie beim Erwachsenen nicht oder kaum zu unterscheiden. Die Lobuli dagegen sind weder äußerlich noch innerlich getrennt, nur in der Rinde ist an der Stellung der Blutgefäße (Vasa „interlobularia") zu sehen, wie sich das feinere Gefüge gegeneinander abgrenzt. Sind auch die Grenzen der Lobuli nur angedeutet, so werden sie doch durch die Harnkanälchen und Blutgefäße eingehalten. Ganz wie in der Leber die Grenzen der Läppchen für den ganzen inneren Aufbau maßgebend sind, auch wenn wir sie nur mittelbar ziehen und nicht an unmittelbar sichtbaren Bindegewebssepten leicht erkennen können, so ist es auch bei der Niereneinteilung in Lappen und Läppchen. Ich erinnere an den Vergleich mit einem Sportplatz, an dem Fähnchen die Grenzen markieren: sie werden genau so scharf von den Spielern eingehalten, wie wenn ein Zaun gezogen wäre.

Die Einheit der feineren Struktur: Nephron

Wenden wir uns jetzt zu den Harnkanälchen, den Spielern in unserem Vergleich, welche die imaginären Grenzen der Lobuli innehalten und nach welchen wieder die Gefäße gerichtet sind, die ihnen Blut zuführen.

Wie bei der Vor- und Urniere geht auch in der bleibenden Niere von jedem MALPIGHIschen Körperchen ein Nierenkanälchen aus, in welchem der im Körperchen abgeschiedene Harn weitergeführt und weiter verändert wird. In Abb. S. 355 ist in schematischer Weise in der vom Beschauer aus linken Seite um jedes MALPIGHIsche Körperchen mit grauer Farbe der Bezirk angegeben, in welchem sich das zugehörige Nierenkanälchen aufknäuelt. Wir sehen zunächst von der besonderen Art dieser Aufknäuelung ab (sie ist an 3 Stellen schematisch eingezeichnet). Es genügt für den Anfang zu wissen, daß das Nierenkanälchen trotz der komplizierten Verschlingung nicht verzweigt oder geteilt ist, sondern daß das eine Kanälchen, welches am MALPIGHIschen Körperchen beginnt, auch als solches endgültig wieder herauskommt. Wir nennen seine Aufknäuelung das Konvolut des Kanälchens; die einzelnen Abschnitte, welche ihrem Verlauf und ihrer histiologischen Sonderung nach spezifisch verschieden sind, heißen Kanälchenstücke, Partes. Das ganze Konvolut plus MALPIGHIschen Körperchen ist die Einheit, welche zu etwa einer Million Exemplaren in jeder Niere vorhanden ist und das gesamte Nierenparenchym zusammensetzt: soviele MALPIGHIsche Körperchen soviele Konvolute, soviele Konvolute soviele Nierenkanälchen. Die aus den Konvoluten endgültig herauskommenden Kanälchenabschnitte arbeiten nicht mehr, sie sind rein leitend. Jedes dieser Kanälchen mündet in ein Sammelröhrchen und viele Sammelröhrchen vereinigen sich zu einem großen Sammelrohr. Der Harn fließt durch sie unverändert den Öffnungen der Nierenpapille zu: Pori uriniferi, s. Foramina papillaria der Area cribrosa.

Ich nenne die geschilderte Einheit der Intimstruktur der Niere Nephron. Vom Bau und der Anordnung der Nephrone hängt der ganze gröbere Bau der Niere, den wir geschildert haben, ab. Beachten wir die Lage der Konvolute in

dem keilförmigen Abschnitt auf der linken Seite unseres Schemas (Abb. S. 355),
so fällt auf, daß die links liegenden an solche Sammelröhrchen angeschlossen sind,
welche in dem links liegenden Markstrahl verlaufen, der nur teilweise gezeichnet
ist. Die rechts liegenden geben ihren Harn an Sammelröhrchen in dem voll
gezeichneten Markstrahl ab, welcher nach rechts zu die Pars convoluta begrenzt.
Die Grenze zwischen den nach rechts und nach links mündenden Konvoluten
ist der Strang der Vasa interlobularia, deren voller Verlauf aus der rechten
Hälfte des Schemas zu ersehen ist (links sind sie nur stellenweise im Anschnitt gezeichnet). Denkt man sich an die Stelle dieser Gefäße eine bindegewebige Scheidewand oder einen tiefen Einschnitt in die Nierenrinde, so sind
rings um jeden Markstrahl Konvolute wie Sandsäcke um einen Pfahl fest
herumgepackt. Sämtliche Konvolute dieser Art geben ihren Harn an den
central zwischen ihnen liegenden Markstrahl in die in ihm verlaufenden
Sammelröhrchen ab. So ist die Unterteilung der Nierenrinde in Läppchen,
Lobuli corticales, hochgradig durchgeführt. Bindegewebssepten oder Einschnitte existieren allerdings in der menschlichen Nierenrinde nicht. Sie
könnten auftreten ohne an der Struktur Wesentliches zu ändern, außer daß
Platz für sie verloren ginge. Hier zeigt sich, daß die Rinde auf äußerste
Raumersparnis hin gebaut ist; die Zahl der Konvolute und damit der Nephrone
in ihr ist möglichst gesteigert.

Bei den Nieren mit beerenförmiger Gliederung, vor allem bei den Renculi scheint
die Verschieblichkeit der Lobuli gegeneinander eine Rolle zu spielen. Kompakte
Nieren, wie die menschliche, sind inneren Zerreißungen eher ausgesetzt, die bei
hochgradigen Quetschungen in der Nierengegend oder bei übermäßigen Dehnungen
eintreten können (etwa durch extremes Vornüberbeugen des Körpers), ohne daß die
Kapsel zerreißt. Die einzelnen Renculi weichen eher aus, nehmen dagegen mehr
Platz ein als die Lobuli in den kompakten Nieren.

Der Bau der Nephrone ist dadurch kompliziert, daß das Harnkanälchen
nicht nur im Konvolut labyrinthartig verknäuelt ist, sondern daß außerdem
ein Teil des Kanälchens aus dem Konvolut austritt, um nachher wieder in dasselbe zurückzukehren. Der Abschnitt des Kanälchens, welcher in das Sammelrohr mündet, verläßt also nicht als einziges Kanälchenstück das Konvolut,
sondern außerdem tritt noch ein anderer Abschnitt aus und ein, im ganzen drei
Kanälchenstücke (Abb. b, S. 358). Eines von ihnen verläßt das Konvolut endgültig, die beiden anderen sind in den Verlauf des Knäuels eingeschaltet,
sie verlassen das Konvolut nur vorübergehend.

Begreiflicherweise haben die früheren Forscher angenommen, daß es nur
ein Kanälchenstück gäbe, welches das Konvolut verläßt. Erst HENLE ent-
deckte die nach ihm genannte Schleife (1862). Man erkennt sie an Schnitten
lediglich daran, daß im Markstrahl und im eigentlichen Mark (Pyramide) nicht
nur parallele und sich spitzwinklig vereinigende Sammelröhren vorkommen,
sondern daß an bestimmten Stellen Kanälchen umbiegen und in die bisherige
Richtung zurückkehren. Solche Stellen sind die Scheitel der HENLEschen
Schleife (Vertex partis laqueiformis). Man sieht davon in dünnen Schnitten
oft nur ein kleines, U-förmig gebogenes Stückchen (Abb. S. 355 bei 5). Gewißheit
bringt das Korrosions- und Rekonstruktionsbild, durch welches wir heute bis
in alle Einzelheiten die Form und den Verlauf der HENLEschen Schleifen
kennen. Man unterscheidet kurze und lange Schleifen, je nachdem der
Scheitel dem Konvolut näher oder entfernter liegt. Der Scheitel der langen
Schleifen kann selbst in der Papille liegen (Abb. S. 355). Auf 7 kurze Schleifen
(Nr. 1—7) kommt eine lange. Es gibt Rindenschleifen, bei welchen der
Scheitel noch innerhalb des Markstrahles liegt (7), und Markschleifen (1—6
und lange Schleife), welche in der Pyramide umbiegen. Die Rindenschleifen
gehören zu solchen Konvoluten, welche sich in der Rinde zunächst der Ober-

fläche finden, die langen Schleifen zu solchen, welche dem Mark zunächst liegen. Abgesehen von diesen Lageverschiedenheiten der Konvolute, durch welche gleichlange Schleifen verschieden weit nach der Papille zu abwärts, reichen (vgl. Nr. 2 und 7), sind aber auch die Schleifen als solche verschieden lang (vgl. die kurze Schleife Nr. 7 mit der langen, in der Papille umbiegenden Schleife).

Über das Zustandekommen der HENLEschen Schleife gibt die Entwicklungsgeschichte Aufschluß; sie erklärt zugleich, wie es kommt, daß die Schleifen ihren ganz bestimmten Platz haben. Ein Teil des gewundenen Kanälchens ist fest mit der Kapsel des MALPIGHISchen Körperchens verkittet. Wir nennen das gewundene Kanälchen bis zu dieser Stelle Pars contorta prima, von dieser Stelle ab Pars contorta secunda (in den drei Konvoluten mit schematisch gezeichneten Kanälchen der Abb. S. 355 ist die Pars prima quer gestrichelt, die Pars secunda ausgezogen schwarz gezeichnet, in Abb. Nr. 190 erstere

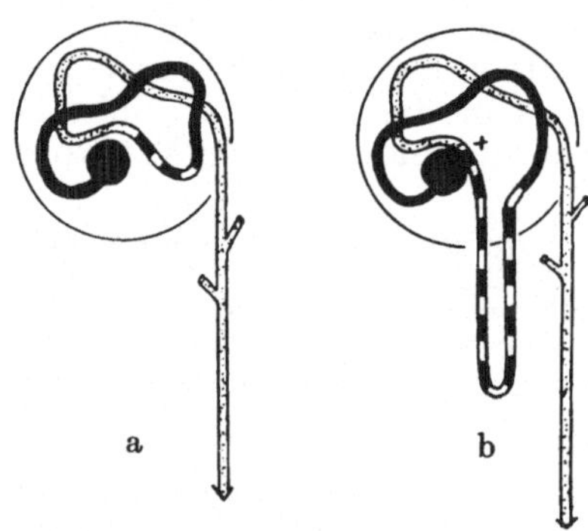

schwarz, letztere getüpfelt). Die Pars prima wächst zu einem längeren und stärker geschlängelten Stück heran, die Pars secunda bleibt kürzer und weniger geschlängelt. Derjenige Abschnitt der Pars prima, welcher unmittelbar vor der Kittstelle am MALPIGHISchen Körperchen liegt, fällt aus dem Knäuel heraus wie wenn man beim Aufwickeln eines Garnknäuels ein Fadenstück losläßt und dann weiterwickelt; dieses bildet, anstatt sich in Windungen zu legen, eine Schleife (Abb. Nr. 190). Infolge der Kittstelle fällt die Schleife immer in die Nähe des MALPIGHISchen Körperchens und bleibt in der Nachbarschaft des Sammelrohrs, welches den Harn des betreffenden Konvolutes aufnimmt, d. h. die HENLEschen Schleifen liegen immer in dem gleichen Markstrahl wie die initialen Sammelkanälchen oder in deren nächster Nähe. Geriete

Abb. 190. Schema der Schleifenentstehung. MALPIGHISches Körperchen und Pars contorta I schwarz, Pars contorta II und Sammelröhrchen getüpfelt. Bei × die Kittstelle zwischen MALPIGHISchem Körperchen und Pars contorta II. Die HENLEsche Schleife abwechselnd schwarz und weiß. Konvolut durch eine Kreislinie begrenzt.

eine Schleife in einen anderen Markstrahl hinein als denjenigen, in welchem das Sammelkanälchen für den Harn des betreffenden Konvolutes absickert, so würde sie beim Aufteilen der Rinde in getrennte Läppchen zerreißen müssen. Der Harn verbleibt also tatsächlich in dem Rindenläppchen, in welchem er von Anbeginn an abgeschieden wird. Jedes Nephron ist auf ein einziges Rindenläppchen beschränkt; es gelangt mit keinem seiner Abschnitte in ein Nachbarläppchen.

Man nennt den an die Pars contorta I angrenzenden Schenkel der HENLEschen Schleife Pars descendens, den an die Pars contorta II angrenzenden Schenkel Pars ascendens.

Selbstverständlich haben diese Bezeichnungen nur Bezug auf die Richtung zur Nierenoberfläche, nicht auf die Wirkung der Schwerkraft. Die Schleifen stehen in der Niere entsprechend der Längsstreifung der Pyramiden radiär, also von Schleife zu Schleife etwas anders zu der Senkrechten, welche man in eine beliebige Schleife hineinstellt. Auch wechselt die Lage des Organs im ganzen zur Schwerkraft je nach den verschiedenen Stellungen und Lagen unseres Körpers. Man verwendet auch die Namen papillopetal und corticopetal oder proximal und distal für die beiden Schenkel.

Glomerulus und BOWMANsche Kapsel Wir wenden uns zur Hauptquelle des Harns beim Menschen, von welcher aus der verwickelte Weg, den wir kennen lernten, vom Harn durchlaufen

wird. Das Grundprinzip des Aufbaues eines MALPIGHIschen Körperchens
ist das gleiche wie bei der Vor- und Urniere. Wir unterscheiden den Glomerulus und die Capsula glomeruli (Bowmani). Das Körperchen im ganzen
ist kuglig, manchmal etwas abgeplattet und gelappt; es liegt regelmäßig am
unteren Umfange des Konvolutes. Sein Übergang in das Nierenkanälchen ist
häufig ein wenig gegen das Kaliber des übrigen gewundenen Abschnittes verengt und heißt deshalb Halsteil, Collum. Man unterscheidet einen Harnpol
und einen Gefäßpol. Am Harnpol verläßt der Harn die BOWMANsche Kapsel
durch den Halsteil des Nierenkanälchens. Am Gefäßpol ist der Glomerulus
mit der Kapsel im Zusammenhang (Abb. Nr. 191), ähnlich wie die Lunge am

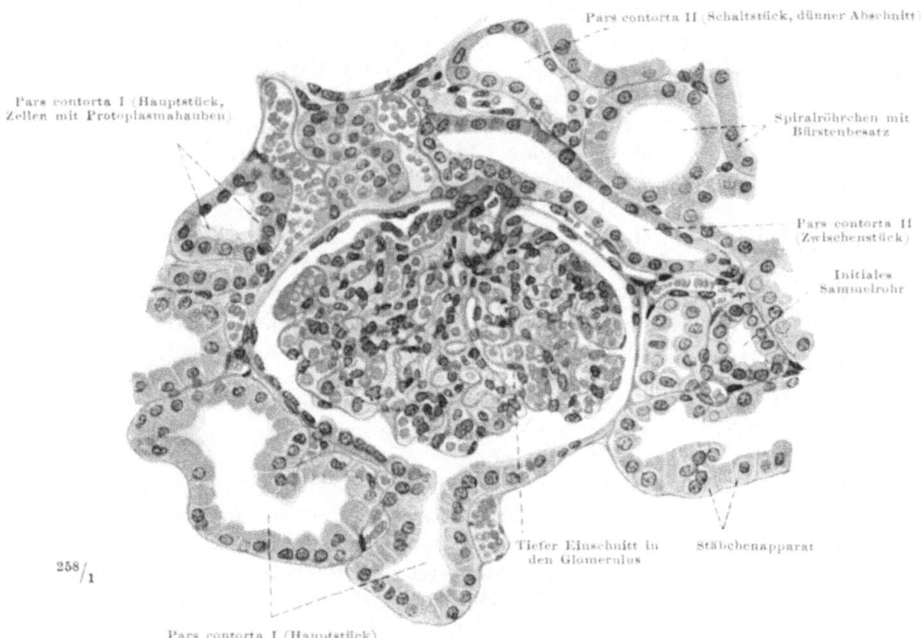

Abb. 191. MALPIGHIsches Körperchen und gewundene Kanälchen, Rinde der menschlichen Niere.
Fixierung unmittelbar nach dem Tode bei einem verunglückten gesunden jungen Manne. Der Glomerulus
ist gelappt.

Hilus mit der Brustwand, aber sonst nirgendwo in Verbindung steht. Wie beim
Hilus der Lunge treten auch beim Glomerulus am Gefäßpol Gefäße aus und
ein. Das eintretende Gefäß, Vas afferens, wie auch das austretende Gefäß,
Vas efferens, sind Arterien. Der Harnpol liegt sehr oft dem Gefäßpol genau
gegenüber, aber manchmal nähern sich beide an einer beliebigen Seite des
Körperchens oder es gibt statt eines Gefäßpoles deren zwei oder mehr. In diesen
Fällen treten das Vas afferens und Vas efferens getrennt aus und ein Gefäß
oder Äste eines von beiden oder beider haben ihren eigenen Hilus. Gewöhnlich
sind alle Gefäße auf einen Gefäßpol konzentriert. Der Harnpol kommt nur
in Einzahl vor.

Gewöhnlich teilt sich das Vas afferens in mehrere Äste, welche sich unabhängig voneinander in Schlingen legen und sich dann wieder zum Vas efferens
vereinigen (Abb. S. 360, 1). Die Schlingen sind sehr stark aufgeknäuelt und nicht
durch Anastomosen verbunden. Die einzelnen aufgeknäuelten Schlingen sind
voneinander getrennt, so daß der Glomerulus tiefe Einschnitte zeigt, gelappt

erscheint (Abb. S. 359). Jede aufgeknäuelte Schlinge bildet sozusagen einen
Teilglomerulus. Dessen Gefäßwindungen scheinen teilweise durch Anasto-
mosen verbunden zu sein. Jeder ganze Glomerulus ist also eine Summe
von Teilglomeruli. Die Arterienwände sind sehr dünn und nur mit plattem
Epithel ausgekleidet.. Die ganze Oberfläche des Glomerulus ist mit einem
flachen Epithel überzogen, dessen Zellen verschiedenartig gestaltet, z. T.
reich verzweigt und nicht durch Kittleisten verbunden sind, so daß das
Vorhandensein eines echten geschlossenen Epithelbelages von manchen
Autoren bezweifelt wird. Es bildet die innere Lamelle der BOWMANschen
Kapsel. Die Zellen sind mit stark verzweigten Fortsätzen versehen, die
mosaikartig sich mit denen der Nachbarn verschränken. Am Gefäßpol biegt
die innere Lamelle in diejenige der äußeren Wandung um: äußere Lamelle
der BOWMANschen Kapsel. Außer aus einem einschichtigen Plattenepithel
besteht die Lamelle aus einer zarten äußeren glashellen Membran. Die platten

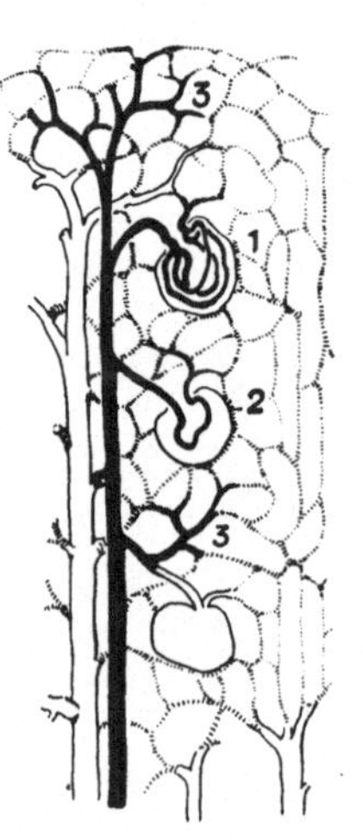

Abscheide-
produkt des
Glomerulus

Abb. 192. Schema der Blutzirkulation in der Nierenrinde. Arterien schwarz,
Capillaren und kleinere Venen
gestrichelt, größere Venen
weiß (aus DEHOFF, Virchows
Archiv, 228, 1920).

Zellen werden gegen den Harnpol zu allmählich höher
und gehen so in die hochcylindrischen Zellen des
gewundenen Abschnittes des anschließenden Harnkanälchens über (Abb. S. 359).

Das Blut, welches durch den Glomerulus fließt, hat
infolge der Aufknäuelung Zeit, Flüssigkeit abzugeben.
Bei der üblichen Teilung des Vas afferens in mehrere
Gefäßschlingen fließt es infolge des vergrößerten Ge-
samtquerschnittes dieser Gefäße besonders langsam
innerhalb des Glomerulus. Anatomisch drückt sich
der Flüssigkeitsverlust im Glomerulus darin aus, daß
das Vas efferens immer viel enger ist als das Vas
afferens. Man kann es an dem geringeren Querschnitt
direkt erkennen. Außerdem ist die Zahl der roten
Blutkörperchen pro Kubikmillimeter im Vas efferens
erhöht. Die Flüssigkeitsmenge (speziell das Blutplasma), welche den Glomerulus verläßt, ist also geringer als diejenige, welche in ihn eintritt. Man
schätzt die Wasserabgabe der 500—600 Liter Blut,
welche pro Tag die beiden Nieren passieren, auf
60 Liter. Von diesem Quantum wird allerdings in den
Nierenkanälchen wieder das meiste rückresorbiert, so
daß die Ausscheidung durch die Harnblase beim gesunden Menschen nach außen etwa $1\frac{1}{2}$ Liter pro Tag

beträgt (Maximum 3 Liter, Minimum $\frac{1}{2}$ Liter). Bei Annahme von zwei Millionen MALPIGHIscher Körperchen im ganzen gäbe der einzelne Glomerulus
etwa 0,03 ccm pro Tag ab. Man bezeichnet diesen Harn als provisorischen
Harn. Man hielt ihn früher für ein rein wässeriges Abscheideprodukt. Die
Endothelien der Blutgefäße im Glomerulus und der inneren Lamelle der
BOWMANschen Kapsel lassen aber auch Beimischungen des Harns und gelöste Stoffe durch. Harnstoff ist neuerdings mikrochemisch (mit Xanthydrol)
in den Zellen der Glomeruli bei der Ratte nachgewiesen worden. Damit ist
widerlegt, daß nur anorganische Salze durchtreten können. Wieviele der im
Harn befindlichen Substanzen hier ausgeschieden werden oder ausgeschieden
werden können, darüber bestehen noch große Meinungsverschiedenheiten.
Manche Autoren glauben sogar, daß alles, was der Harn enthält, im Glomerulus ausgeschieden werden kann. Bei der Intimstruktur der Kanälchenabschnitte ist darauf zurückzukommen. Jedenfalls sind die MALPIGHIschen
Körperchen Dialysierapparate von höchster Bedeutung. Hier liegt die Haupt-,

unter Umständen vielleicht die einzige Quelle für den Harnstrom in einem jeden Nephron, welchen wir von hier aus durch die Abschnitte des Nierenkanälchens zu verfolgen haben.

Man kann im Tierversuch durch Einspritzen von Öl in die Nierenarterie die meisten Glomeruli künstlich verstopfen. Wären sie die einzigen Abscheidungsstätten, so wären urämische Anfälle, d. h. akute Vergiftungserscheinungen durch Retention der harnbildenden Substanzen im Körper zu erwarten. Das ist ebensowenig der Fall wie bei der akuten Glomerulonephritis des Menschen, bei welcher man die BOWMANsche Kapsel durch ein entzündliches Exsudat gefüllt findet, so daß der Harn durch sie nicht abfließen kann. Danach ist also der Glomerulus nicht die einzige Stätte der Abscheidung. Man hat durch die mikrochemische Reaktion den Harnstoff bei der Ratte sowohl in den Zellen der Glomeruli wie der Pars contorta I gefunden. Damit ist nicht widerlegt, daß der Glomerulus in normalen Zuständen tatsächlich allen Harn und alle in ihm enthaltenen Substanzen abgeben kann. Ob die Nierenkanälchen nur in Reserve stehen im Sinne einer doppelten Sicherung, ob sie auch in der Norm Wasser, anorganische und organische Harnbestandteile abgeben, in welchen Quantitäten und Qualitäten ist sehr strittig.

Die Begriffe „Transsudation" oder „Sekretion", welche auf das Verhalten der MALPIGHIschen Körperchen angewendet und in der Literatur lebhaft diskutiert werden, sind nicht so scharf geschieden, wie man früher glaubte. „Sekretion" ist in hohem Grade unabhängig von der Hydromechanik des Blutstromes; „Transsudation" ist früher als völlig abhängig davon angesehen worden. Sie ist aber in unserem Falle nur relativ abhängig, da die Endothelien der Blutgefäße und der visceralen Lamelle der Kapsel die Art des Transsudates beeinflussen. Ähnliches finden wir bei allen Transsudaten, besonders deutlich bei der Produktion der Augenflüssigkeiten des Menschen. In diesem Sinn ist der provisorische Harn ein Transsudat der Glomeruli. Der Blutdruck spielt bei seiner Abgabe eine Rolle, wenn auch nicht die ausschließliche, wie man früher glaubte. Selbst wenn die Malpighis sämtliche Substanzen des Harns abgeben, ist der Unterschied gegen eine Drüse, z. B. eine Speicheldrüse, immer noch der, daß die ausgeschiedenen Stoffe fertig durch das Blut in die Glomeruli eingeführt werden und daß dort bestimmt wird, wieviel austritt und wieviel nicht; bei den Speicheldrüsen werden die Sekrete aber in den Zellen wirklich hergestellt, das Blut liefert nur die Rohstoffe und die Energie für den Stoffwechsel der Zellen.

Das ausgeschiedene Harnwasser steht in Korrelation zu dem durch die Knäueldrüsen der Haut verdunstenden oder als Schweiß ablaufenden Wasser. Man hat den Schweiß direkt als verdünnten Harn bezeichnet. Schwitzt man stark, so wird wenig Harn entleert und umgekehrt. Die Abscheidung von Wasser durch die Lunge und den Kot kommt zu der durch die Niere und die Haut hinzu (Abb. S. 549).

Während im MALPIGHIschen Körperchen das Epithel der BOWMANschen Kapsel ein einheitliches Plattenepithel ist (mit Ausnahme des Überganges am Harnpol), wechseln im Nierenkanälchen Abschnitte miteinander ab, welche eine Decke aus hohen oder niederen Epithelien haben. Die cylindrischen oder kubischen Epithelien sehen meistens im frischen Zustand trübe aus, die platten erscheinen hell, durchsichtig. Der Umfang der Kanälchenabschnitte und die Weite ihres Lumens hängt mit der Beschaffenheit des Epithels zusammen und ist also auch von Strecke zu Strecke verschieden. Der Bau ist bei allen Nephronen im Prinzip gleich, d. h. bestimmt gebaute Strecken folgen in einer bestimmten Reihenfolge aufeinander. Nur die Länge der einzelnen Strecke kann von Fall zu Fall etwas verschieden sein; in selteneren Fällen kann die Länge eines Abschnittes auf 0 sinken, dann gehen zwei sonst durch einen Zwischenabschnitt getrennte Strecken ohne Grenze ineinander über. Aber das sind Ausnahmen. Aus der Gleichförmigkeit der Reihenfolge strukturell verschiedener Abschnitte ist verständlich, daß — nach den Ergebnissen der vitalen Färbungen zu urteilen — alle Nephrone gleichzeitig funktionieren. Es werden nicht etwa von Fall zu Fall die einen bei der Arbeit bevorzugt, während die anderen ruhen, was wohl zu erwarten wäre, wenn der Bau ein sehr verschiedener wäre. Sondern alle sind gleich passend und übernehmen die Arbeit der Niere pari passu. In die Beteiligung der einzelnen Strecken an dieser Arbeit haben wir leider einen nur sehr mangelhaften Einblick.

Für die Beschreibung ist äußerst hinderlich, daß die Grenzen der strukturell verschiedenen Abschnitte mit den Grenzen der ihrer gröberen Form nach verschiedenen Strecken nicht zusammenfallen. Beim Darm ist das Epithel des Dickdarms und des Dünndarms mikroskopisch nicht wesentlich verschieden. Wir können zwar aus der Funktion schließen, daß spezifische Unterschiede bestehen, die zur Zeit mikroskopisch unsichtbar sind, aber diese sind so verteilt, daß die eine Art im wesentlichen dem Dünndarm, die

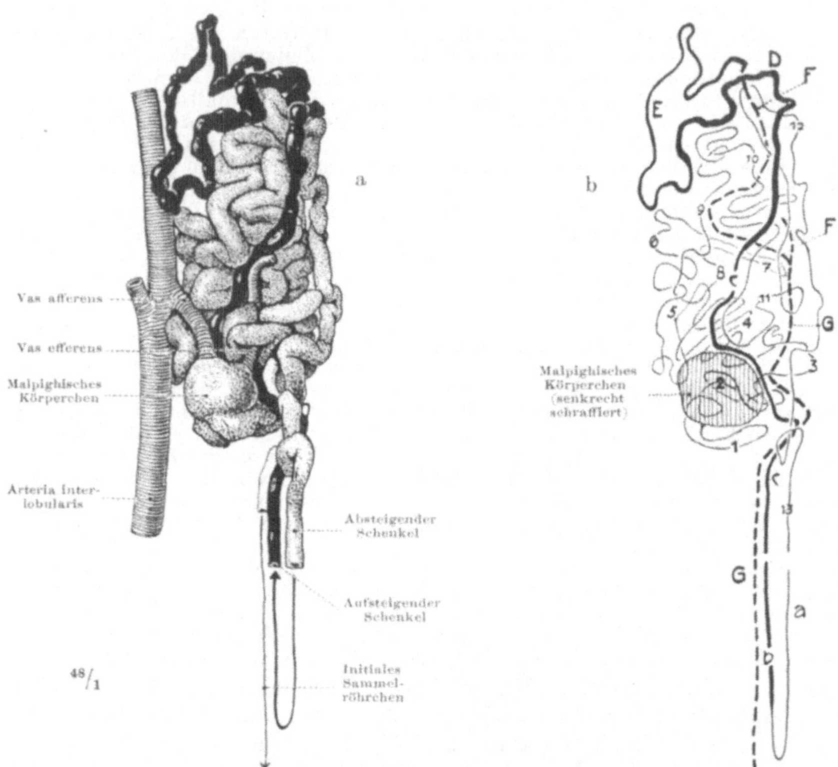

Abb. 193. Ein Nephron aus der Niere eines 26jährigen Hingerichteten, Wachsplattenrekonstruktion (PETER 1909, Taf. V; Wiedergabe in den Tönen usw. verändert, Form genau nach Modell). a Abbildung der Oberfläche des Modells. MALPIGHIsches Körperchen und Hauptstück getüpfelt, Schleife unterbrochen (in Wirklichkeit würde der Scheitel bei dieser Vergrößerung weit über die Größe der Seite hinaus zu liegen kommen), Zwischen- und Schaltstück der Pars contorta II schwarz, Sammelrohr weiß, Arterie quer gestreift. b Schlüssel für die Windungen der Abb. a. Das Hauptstück mit 1—13 durchnumeriert, um den Windungen folgen zu können. a dünner Abschnitt, b dicker Abschnitt der HENLEschen Schleife, c—c Zwischenstück, D—E Schaltstück (in Teil E allmählich an Dicke abnehmend), F initiales Sammelröhrchen, G zuflußfreie Strecke. Am Beginn von G die Vereinigung zweier initialer Sammelröhrchen (von einem nur ein kleines Stück gezeichnet).

andere Art dem Dickdarm zukommt. Die Grenzen der äußeren Form- und der inneren Strukturverschiedenheiten fallen beim Darm zusammen. Bei den Nierenkanälchen ist das anders. Wir unterscheiden der äußeren Form nach eine Pars contorta I und eine Pars contorta II, beide sind getrennt durch die HENLEsche Schleife mit ihrem ab- und aufsteigenden Schenkel (Pars descendens und Pars ascendens). Wir finden in der Pars contorta I ein im frischen Zustand trübe aussehendes kubisches Epithel (Abb. S. 359). Dieses erstreckt sich bis in den absteigenden Schenkel der HENLEschen Schleife. Man nennt diesen Abschnitt seiner Struktur nach: Hauptstück. Das Hauptstück (in Abb. a, Nr. 193 getüpfelt, in Abb. b, Nr. 193 mit 1—13 bezeichnet) ist also so lang, daß es in der Pars contorta I nicht Platz hat. Bei dem einen Nephron reicht es weiter in die HENLESche Schleife hinab, in extremen Fällen sogar bis an den Scheitel, aber nicht bis in den aufsteigenden Schenkel hinein (Abb. S. 355, kurze Schleife 7), bei anderen Nephronen kann das Hauptstück nur ganz wenig in die Pars descendens der Schleife eintreten (lange Schleife). Dazwischen gibt es alle Zwischenstufen. Man kann das auch so formulieren: das Hauptstück ist verschieden stark geknäuelt, im einen Fall so stark, daß nur ein kurzer gerader Teil, im anderen Fall so wenig, daß ein langer Teil aus der Pars contorta I herausragt. Immer ist der Teil des Hauptstückes, welcher zur HENLEschen Schleife gehört, ein wenig spiralig gewunden, nicht ganz gestreckt wie die übrigen Teile der Schleifen, Spiralröhrchen (Abb. S. 359). Die Größe des zugehörigen MALPIGHIschen Körperchens steht in konstantem Verhältnis zur Länge des gesamten Hauptstückes; beide kommen für die Nierentätigkeit in gleichem Maße in Betracht.

Die anderen Abschnitte des Nephrons sind ebenfalls so verteilt, daß die Grenzen der äußeren Form nicht eingehalten werden. Auf das trübe kubische Epithel des Hauptstückes folgt ein Abschnitt mit ganz besonders niedrigem hellem Epithel. Wir nennen ihn den dünnen Teil der HENLEschen Schleife (Abb. Nr. 194). Das Endothel kann hier so platt sein, daß die Kerne in das Lumen vorspringen. Unter Umständen ist eine Unterscheidung von Blutcapillaren im einzelnen Schnitt nur schwer möglich. Der Zusammenhang im ganzen läßt keinen Zweifel, daß diese Stücke zu den Harnkanälchen und nicht zu den Blutgefäßen gehören. Wie lang dieser dünne Abschnitt der HENLEschen Schleife ist, wechselt sehr. Bald

Dünnes und
dickes
Schleifen-
stück

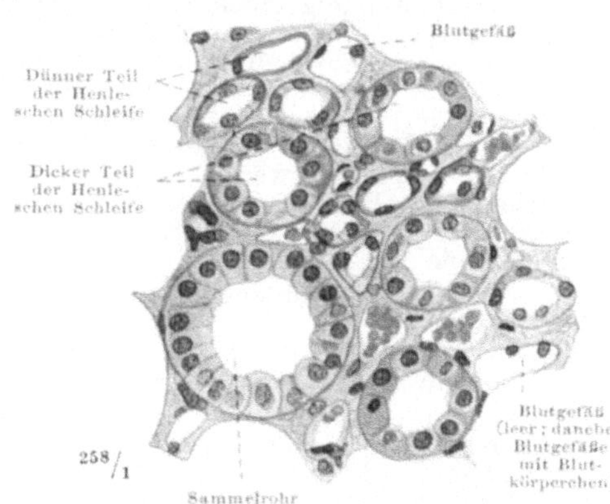

Abb. 194. Querschnitt durch eine Pyramide, dieselbe Niere wie in Abb. S. 359. Der Querschnitt trifft speziell den innersten Teil der Außenzone (S. 353).

ist er auf den absteigenden Schenkel beschränkt. Der Scheitel ist dann von dem folgenden Abschnitt, welcher wieder hohes Epithel hat, eingenommen (z. B. Abb. S. 355, Schleife 1—6, Abb. S. 359, Teil a); oder aber er geht über den Scheitel hinaus und nimmt einen mehr oder weniger großen Teil des aufsteigenden Schenkels ein (regelmäßig bei langen Schleifen, Abb. S. 355). Reicht das Hauptstück bis an den Scheitel, so fällt selbstverständlich der dünne Teil ganz in den aufsteigenden Schenkel und verdrängt zuweilen ganz den folgenden Abschnitt (Abb. S. 355, Schleife 7).

Der auf den dünnen Teil der HENLEschen Schleife gewöhnlich folgende Abschnitt ist wieder durch hohes trübes Epithel (Cylinderepithel oder kubisches Epithel) ausgezeichnet und ähnelt darin dem Hauptstück, speziell dessen geradem Stück, welches im absteigenden Schenkel der HENLEschen Schleife liegt. Wir nennen ihn den dicken Teil der HENLEschen Schleife. Er beginnt meistens vor dem Scheitel, seltener distal vom Scheitel (Abschnitt b in Abb. S. 362).

In der Regel ist der oberste Abschnitt der Pars ascendens und der anschließende Abschnitt des Pars contorta II bereits wieder von einem anderen, helleren Epithel eingenommen, „Zwischenstück" (Abb. S. 359, Strecke c—c in Abb. b, S. 362). Der auf das Zwischenstück folgende Abschnitt hat wieder trübes Epithel, ist dick und äußerlich durch vorspringende Buckel einem Dickdarm

Zwischen-
stück und
Schaltstück,
Sammel-
röhrchen

in liliputanischem **Ausmaß** vergleichbar, „Schaltstück" (Abb. S. 362, 359).
Dieses Epithel wird im distalen Abschnitt des Schaltstückes wieder niedriger,
der Querschnitt des Abschnittes infolgedessen kleiner (Abb. S. 362 E). Diese
Strecke reicht bis zum Ende des Nephrons, bis dahin, wo das Harnkanälchen
aus dem Konvolut heraustritt und in das initiale Sammelröhrchen mündet
(Abb. S. 355). Die Epithelien der Sammelröhrchen sind kubisch, eigentümlich
hell, mit scharfen Zellgrenzen (Abb. S. 363). Die Einmündungen der Nephrone
liegen in der Rinde. In der Innenzone der Marksubstanz (nicht in der Außenzone!) vereinigen sich je zwei Sammelröhrchen zu einem größeren Rohr usw. Je
weiter die Röhren werden, um so höher cylindrisch werden die Zellen des auskleidenden Epithels. Alle Zellen der Sammelröhrchen sind ihrem mikroskopischen Aussehen nach reine Deckepithelien wie die Epithelien der Ausführgänge der Drüsen. Alle Nierenkanälchen und Sammelgänge haben außen vom
Epithel eine glashelle Basalmembran.

Form- und Struktur-bezeich-nungen Die neueren Namen für die Abschnitte der Nierenkanälchen verquicken meiner
Meinung nach in wenig glücklicher Weise die Bezeichnungen für die äußere Form
mit denjenigen für die feinere Struktur. Die Dinge liegen ähnlich wie bei der Gehirnrinde. Wir können dort äußerliche Formbildungen (Gyri, Sulci usw.) unterscheiden
und danach die Hirnrinde einteilen. Wir finden daneben strukturell verschiedene
Hirnrindenfelder, deren Grenzen keineswegs immer mit den Abteilungen und Windungen übereinstimmen, die äußerlich sichtbar sind. Man gebraucht am besten
die beiden Bezeichnungsweisen ganz unabhängig voneinander. Das entspricht dem
natürlichen Verhalten. Daß es schwierig und kompliziert ist, läßt sich durch keinen
Gewaltakt der Benennung beseitigen. Wir haben die Natur zu nehmen wie sie ist,
und nicht, wie wir möchten, daß sie wäre.

Am einfachsten erschiene mir die drei Strecken des Nephrons, welche hohes,
trübes Epithel haben, als Hauptstücke zu benennen, die drei Strecken mit
niedrigem, hellem Epithel als Nebenstücke. Es folgt bei dieser Benennung alternierend auf ein Hauptstück ein Nebenstück. Der Harn macht folgenden Weg:

1. Benennung nach der äußeren Form der Kanälchen: MALPIGHISches Körperchen — Pars contorta I. — Ab- und aufsteigender Schenkel der HENLEschen
   Schleife — Pars contorta II. — Sammelrohr.
2. Benennung nach der feineren Struktur der Kanälchen: MALPIGHISches
   Körperchen — 1. Hauptstück (oben im Text als „Hauptstück" schlechthin
   bezeichnet). — 1. Nebenstück („dünner" Abschnitt der HENLEschen Schleife).
   — 2. Hauptstück („dicker" Abschnitt der HENLEschen Schleife). — 2. Nebenstück („Zwischenstück"). — 3. Hauptstück (dicker Teil des „Schaltstückes").
   — 3. Nebenstück (dünner Teil des „Schaltstückes").

Ich habe die 2. Benennung nicht im Haupttext durchgeführt, sondern die durch
Anführungszeichen gekennzeichneten Namen belassen, weil hoffentlich bald durch
die im Fluß befindliche Erforschung der Zelltätigkeit in den verschiedenen Abschnitten des Nephrons weitere Einblicke in die eigentliche biologische Bedeutung
derselben gewonnen und dadurch die Nomenklaturfrage geklärt werden wird (vgl.
S. 370).

„Rück"-resorption, Dialysat Das Hauptstück, welches an die BOWMANsche Kapsel des MALPIGHISchen
Körperchens anschließt (Abb. S. 362, 1—13), ist ganz besonders lang. Während
das Konvolut im größten Durchmesser etwa 1 mm groß ist, hat das Hauptstück
14 mm Länge. Indem der Harn durch die vielfach verschlungene und schwer
entwirrbare Bahn des Hauptstückes hindurchfließt, können sich ausgiebige Austauschprozesse zwischen den Wandepithelien und dem Harn selbst abspielen.
Als Ausdruck davon ist bei vitalen Färbungen der Tierniere der Farbstoff allein
im Hauptstück deponiert, und zwar am intensivsten nahe dem MALPIGHISchen
Körperchen, im abnehmenden Maß gegen die HENLEsche Schleife zu. Die
Frage, ob die Farbstoffkörnchen vom Blutgefäßsystem aus in die Zellen des
Hauptstückes abgegeben und von diesen in das Lumen ausgeschieden werden
oder ob umgekehrt der Farbstoff in ganz verdünntem und in unsichtbarem Zustand durch den Glomerulus dialysiert und dann von den Zellen des Hauptstückes „rückresorbiert" wird, ist die centrale Frage des Nierenproblems. Leider

ist sie heute noch nicht sicher im einen oder anderen Sinne zu beantworten. Man hat früher allgemein das erstere angenommen und deshalb das Hauptstück als Pars secretoria bezeichnet. Dieser Name ist zum mindesten verfrüht. Bei sorgfältiger Beobachtung der Farbstoffkörnchen ist gefunden worden, daß sie zuerst in der haubenförmigen hellen Kuppe der Wandzelle liegen, welche in gewissen Funktionsstadien in das Lumen hineinragt (Abb. a, S. 365 u. Abb. S. 359), und daß sie später in den Zwischenräumen zwischen den gleich zu beschreibenden Stäbchenstrukturen in Längsreihen angeordnet sind. Es macht den Eindruck — wenn auch ein strenger Beweis zur Zeit unmöglich ist —, daß die Farbpartikelchen zwischen den Stäbchen von der dem Lumen zugewendeten Haube aus allmählich nach den basalen, den Gefäßen zugewendeten Flächen durchgeflößt werden. Darin würden die Zellen des Hauptstückes dem Darmepithel gleichen, in welchem ähnliche Resorptionsvorgänge beobachtet sind (S. 276). Die Anordnung des Hauptstückes in komplizierten Schlingen erhöht das Zutreffende eines Vergleiches, speziell mit dem Dünndarm. Wir dürfen annehmen, daß die ungefärbten und deshalb unsichtbaren Substanzen im normalen Harn sich ähnlich verhalten wie die künstlich eingeführten unschädlichen, aber durch

ihre Färbung dem Beobachter sichtbaren Partikelchen der vitalen Farbstoffe. Das Hauptstück ist ein liliputanischer, aber relativ sehr langer und wirksamer „Darm" für die Verwendung leicht diffusibler Stoffe wie Zucker, Salze u. dgl., welche bei der Dialyse des provisorischen Harns im Glomerulus notgedrungen mit ausgeschüttet werden und für den Körper verloren wären, wenn sie ihm nicht durch die Tätig-

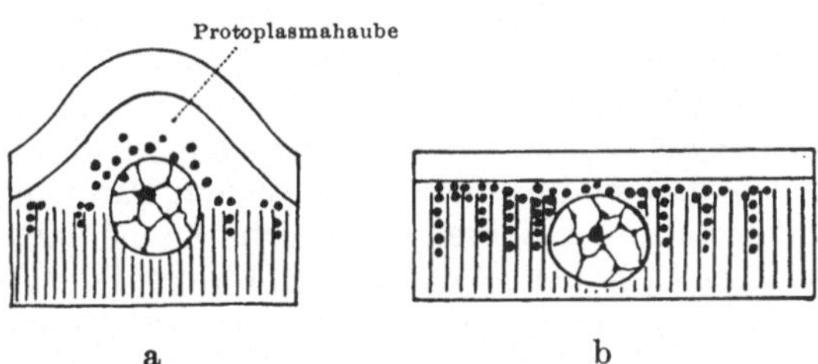

Abb. 195. Einwandernde Farbstoffgranula bei vitaler Färbung mit Trypanblau. Nierenzellen des Hauptstückes. Schema (v. MÖLLENDORFF, Anat. Hefte 1915). a Zelle mit Haube, b ohne Haube. Bürstensaum als helles Band gezeichnet, Streifung nicht sichtbar.

keit der Zellen des Hauptstückes wieder zugeführt würden („Rückresorption"). Wir neigen also angesichts der Resultate der vitalen Färbung (den einzigen Erfahrungen an den Zellen selbst, die wir besitzen) der Meinung derjenigen Forscher zu, welche das Hauptstück als eine Spareinrichtung auffassen, dessen Zellen im wesentlichen resorbieren. Dadurch wird nicht ausgeschlossen, daß sie oder andere Abschnitte des Nierenkanälchens auch Harn abscheiden können, was bei Verschluß der BOWMANschen Kapsel sicher eintreten kann; nur wissen wir nicht, wo diese Ausscheidung statthat.

Ist diese Annahme richtig, so ist das MALPIGHIsche Körperchen die Hauptquelle für den Harn, vielleicht im normalen Geschehen zeitweise oder immer die einzige Quelle. Hier fände jedoch keine wirkliche Sekretion statt in dem Sinne, daß analog den Drüsen das Sekret im endgültigen Besitz seiner Bestandteile abgegeben wird. In den Speicheldrüsen werden allerdings, wie wir heute annehmen, dem Sekret der Endstücke noch nachträglich Substanzen hinzugefügt, die in den Speichelröhren abgeschieden werden. Dadurch wird das anfängliche Sekret nachträglich verändert. Aber es wird nur mit neuem Sekret vermischt, nicht als solches qualitativ oder quantitativ verändert. In der Niere halten wir neue Zusätze nicht für ausgeschlossen; in der Hauptsache jedoch wäre das MALPIGHIsche Körperchen ein Dialysierapparat, der mehr durchläßt als im definitiven Harn abgeschieden wird, sowohl der Quantität wie der Qualität nach. Wenn man herkömmlicherweise sagt, es werde in den Glomeruli entschieden, wieviel austritt und wieviel nicht, so bedarf dies der Einschränkung, daß nur im groben darüber bestimmt wird.

Der Vorteil der besonderen Art von Transsudation und der darauffolgenden Rückresorption für den Gesamtorganismus läge in der schnellen Beseitigung gefährlicher Schlacken des Stickstoffabbaues aus dem eigentlichen Körperparenchym durch den provisorischen Harn. Wir finden bei den Tieren im allgemeinen die verschiedensten Abwehrmaßregeln für die Schlackenabfuhr im Gebrauch. Bei vielen Fischen wird z. B. das Abbauprodukt in krystallinischer Form in der Haut deponiert und erzeugt dort den Glanz und die Färbung der betreffenden Stellen. Bei den Säugetieren wird der Harnstoff, der im Blut in starken Verdünnungen zirkuliert, sofort gefährlich, so wie er zunimmt (Urämie der Nierenkranken; sie führt unter schweren Vergiftungserscheinungen, Koma, zum Tode). Das im Augenblick beseitigte und dadurch als Gift ungefährliche Dialysat wird im Nierenkanälchen weiter verarbeitet, und zwar so, daß es in Quanten rückresorbiert wird, welche nicht schaden. So wirken die Malpighis wie ein Ventil gegen drohende Überschwemmung des Blutes mit Giftkörpern. Künstlich in den Körper eingeführte Gifte oder giftige Substanzen, die durch den Stoffwechsel von infektiösen Bakterien innerhalb des Körpers entstehen (Infektionskrankheiten), erhärten diese Vorstellungen; denn sie schädigen stets die Nieren.

Vom Wasser wissen wir, daß in der Nierenrinde seine Menge abnimmt, nur ist unbekannt, wo es rückresorbiert wird. Manche Autoren nehmen an, daß dazu die dünnen hellen Abschnitte des Nierenkanälchens dienen. Doch gibt es dafür keine Beweise. Daß ungelöste, nicht krystallinische Bestandteile des Harns im Hauptstück rückresorbiert werden können, ist das einzige, was wir aus dem Verhalten der Zellen bei vitalen Färbungen mit großer Wahrscheinlichkeit wissen.

Excret   Nachdem im Nephron durch Ausscheidung und Rückresorption die endgültige Beschaffenheit des Harns hergestellt ist, wird er in das Sammelrohrsystem abgegeben. Von hier ab ist er ein reines Excret. Denn nun ist alles aus ihm beseitigt, was dem Körper noch dienlich sein könnte. Bei den Sekreten ist das anders; sie kommen dem Körper durch ihre Tätigkeit irgendwie zugute, sei es, daß sie in seinem eigentlichen Parenchym wirken wie die Hormone, oder daß sie auf der inneren Körperoberfläche dort befindliche Substanzen verändern wie der Speichel, Magen- oder Darmsaft. Der Harn fließt dagegen durch den Harnleiter, die Blase und die äußeren Geschlechtsorgane ab ohne irgendeinen Nutzen für den Haushalt des Körpers, er ist reines Abfallprodukt.

Bürstensaum, Stäbchenapparat   Das Hauptstück, welches an das MALPIGHIsche Körperchen anschließt, ist nicht nur durch die Erscheinungen bei der vitalen Färbung, sondern auch durch die schon länger bekannten histiologischen Besonderheiten seiner Zellen vor allen übrigen Epithelien des Harnkanälchens ausgezeichnet. Zwei Merkmale treffen hier zusammen, die sonst fehlen oder doch nicht vereint gefunden werden: der Bürstensaum und der Stäbchenapparat. Die kubischen bis cylindrischen Zellen sehen im spezifischen Zustand trübe aus. Dies rührt von Körnchen her, die im Protoplasma liegen. Nach dem Lumen zu sitzt ein äußerst vergänglicher heller Saum auf dem trüben Epithel (siehe Spiralröhrchen, Abb. S. 359). Er ist fein gestreift, wie wenn es sich um feinste Borsten handelte, deshalb der Name: Bürstensaum. Er überzieht auch die hellen Hauben, welche zuzeiten auf den Zellen sitzen (Abb. S. 365). Bei der Einwirkung von Reagenzien quellen Tropfen aus den Zellen in das Lumen vor, so daß der Bürstensaum unterbrochen erscheint. Er ist wahrscheinlich auch im normalen Verlauf des Zellebens sehr verschieden ausgeprägt. Die Lichtung des Hauptstückes ist infolge der bald hohen, bald niedrigen Zellhauben und des bald vorhandenen, bald fehlenden Bürstenbesatzes abwechselnd weiter und enger. Das Lumen verläuft auf Längsschnitten durch Strecken des Hauptstückes im Zickzack; es wird daran leicht kenntlich. Im frischen Zustand ist die Lichtung schwer oder gar nicht zu sehen.

Der Stäbchenapparat ist nicht so spezifisch für das Hauptstück wie der Bürstensaum. Er kommt auch im trüben, dicken Abschnitt der HENLEschen Schleife vor. Er besteht aus feinsten Stäbchen, welche vielleicht aus Körnchen aufgereiht und namentlich im basalen Teil der Zellen deutlich sind (Abb. S. 365, 359). Die Stäbchen können über den Kern hinausreichen, indem sie ihn umfassen, reichen aber nie ganz bis an den Bürstensaum heran. Bei Zellen mit Protoplasmahauben ist der Abstand immer sehr groß, weil die Haube nie Stäbchenstrukturen enthält. Die Stäbchen sehen den entsprechend gelagerten

Strukturen des Dünndarmepithels ähnlich (Abb. c, S. 273). Auch der Bürstensaum dürfte dem Cuticularsaum der Darmzellen entsprechen.

Zellgrenzen sind im Hauptstück auf Längsschnitten aus optischen Gründen scheinbar nicht vorhanden. Die Zellkerne liegen manchmal dichter beisammen, manchmal sind ganze Strecken kernfrei. In Wirklichkeit sind die Zellen wohl begrenzt und von sehr verschiedener Größe, mit je einem Kern. Die Seitenwände der Zellen sind mit längsgestellten feinen Leistchen besetzt und mit Cannelüren ineinander gefalzt.

Die Zellen des dicken Abschnittes der HENLESchen Schleife (Abb. S. 363) und diejenigen des dicken Abschnittes des Schaltstückes sind ebenfalls trübe wie die des Hauptstückes, sie haben aber keinen Bürstensaum und sind nach dem Lumen zu glatt und scharf begrenzt. Bei der Schleife sind Stäbchenstrukturen und Körnchen wie im Hauptstück die Ursache der Trübung, beim Schaltstück sind zahlreiche feinste Krystalle in das Zellprotoplasma eingelagert, die es undurchsichtig machen. Welche biologische Bedeutung diese Abschnitte haben, ist unbekannt. Nach der Differenzierung der Zellen ist aber wohl anzunehmen, daß sie eine andere Aufgabe haben als die helleren Kanälchenstücke, die mit ihnen alternieren, nämlich die dünnen Abschnitte der HENLESchen Schleife, das Zwischenstück und der dünne Abschnitt des Schaltstückes (Abschnitte a, c, E in Abb. b, S. 362). Da die Zellen der dünnen Abschnitte ohne sichtbare innere Differenzierung sind und beim Schaltstück allmählich in das initiale Sammelrohr übergehen, bei welchem das Epithel sicher ein Deckepithel ohne Sonderfunktion ist, so liegt die Annahme nahe, daß diese hellen Abschnitte des Nephrons den Harn unverändert passieren lassen. Durch ihre relativ enge Lichtung wirken sie vielleicht als Staueinrichtung. Ist das richtig, dann wären die arbeitenden Abschnitte der Nephrone (Hauptstück, dicker Abschnitt der Schleife, dicker Abschnitt des Schaltstückes) durch Stauwerke voneinander getrennt. Auch die HENLESche Schleife im ganzen kann als ein Stauwerk angesehen werden gleich der im groben ähnlich gebauten, aber kürzeren Flexura coli sinistra des Dickdarms. Da in die HENLESche Schleife ein dünner, manchmal sehr langer Abschnitt (lange Schleife in Abb. S. 355) eingebaut ist, so ist sie ein besonders wirksames Stauwerk, welches die besondere Aufgabe des Hauptstückes bei der Verarbeitung des provisorischen Harns zum definitiven Harn unterstützt.

Da im Lumen der Pars convoluta II Niederschläge von vital eingebrachten Farbstoffen als Körnchenhaufen angetroffen werden (indigoschwefelsaures Natron usw.), so liegt die Vermutung nahe, daß diese Abschnitte Wasser resorbieren und daß durch die Wasserentnahme jene dichten Ausfällungen entstehen. Im Protoplasma der Zellen finden sich hier nie vital entstandene Färbungen. — Der hier vorgetragenen Ansicht steht entgegen die Meinung anderer Autoren, welche sich daran halten, daß der dünne Abschnitt der HENLESchen Schleife das Aussehen eines Blutgefäßendothels hat, und welche daraus schließen, daß hier besonders leicht der Flüssigkeitsüberschuß des provisorischen Harns resorbiert werden könne. Ist es so, dann würden die Abschnitte eher saugen als stauen. Mir scheint die Kombination mit der HENLESchen Schleife mehr für die Staufunktion zu sprechen.

Die Sammelröhren haben ganz helle Epithelien mit scharf abgesetzten Zellgrenzen. An ihrer Bedeutung als reine Deckepithelien wird nicht gezweifelt. Das hohe cylindrische Epithel der Ductus papillares ist geradezu ein Schulbeispiel für ein einfaches Cylinderepithel im menschlichen Körper.

Finden sich im Sediment des entleerten Harns trübe große Zellen, so stammen diese aus den biologisch wichtigsten Abschnitten der Nephrone und verraten Entzündungsprozesse, welche krankhafter und oft besonders bösartiger Natur sind (BRIGHTsche Krankheit). Nur wenn der Harn aus der Niere schnell durch die Blase hindurchgelangt und frisch untersucht wird, besteht Aussicht diese Zellen erkennen und von den hellen Deckepithelien der Niere selbst, des Nierenbeckens und der anderen harnleitenden Organe unterscheiden zu können. Meistens sind die spezifischen Merkmale bei abgefallenen und durch die Verwesung veränderten Zellen verschwunden. Mehr Wert wird deshalb in der Klinik auf pathologische Ausgüsse der Nierenkanälchen gelegt, deren Genese noch sehr umstritten ist, welche aber ebenfalls im Harnsediment erscheinen: die sog. Cylinder. Sie stellen den Kernguß eines Kanälchens dar und sehen deshalb wie ein durchsichtiges Stäbchen aus. Gelegentlich hängen den Cylindern Zellen an, oder sie sind ganz aus Zellen zusammengesetzt, deren Herkunft aus der Niere daran erkannt werden kann.

Gerade und gewundene Kanälchen

Geht man nicht von dem Grundelement der essentiellen Nierensubstanz, dem Nephron, aus, sondern betrachtet man die Niere mikroskopisch nach rein regionär-topographischen Gesichtspunkten, so kommt man zu einer sehr einfachen dritten Art der Einteilung der Kanälchen. Sie ist nur der Ausdruck der Lagerung der Nephrone, ihrer Abschnitte und der ableitenden Sammelröhren zueinander, welche so auf engem Raum verstaut sind, daß möglichst Gleichgeformtes beisammenliegt: Gerades bei Geradem und Gekrümmtes bei Gekrümmtem. Wir behandeln diese Anordnungsweise hier zum Schluß und geben damit zugleich einen zusammenfassenden Rückblick auf die wesentlichsten Eigentümlichkeiten des feineren Verlaufes der Nierenkanälchen.

Alle gerade verlaufenden Nierenkanälchen heißen Tubuli recti, alle gewundenen Kanälchen Tubuli contorti. Betrachtet man das einzelne Nephron, so wechselt eine Pars contorta mit einer Pars recta ab; denn auf die Pars contorta I folgt die HENLESche Schleife, deren beide Abschnitte gerade sind. Zwischen sie ist der Scheitel der Schleife eingeschaltet, also gleichsam eine minimale Pars contorta. Die wahre Pars contorta II folgt auf den aufsteigenden, geraden Schenkel der HENLESchen Schleife und auf sie folgen wiederum die geraden Sammelröhren.

Ganz anders, wenn man alle gewundenen und alle geraden Abschnitte zusammen betrachtet, also nicht die Stücke, Partes, eines einzelnen Nephrons für sich, sondern die gleichartigen Stücke sämtlicher Nephrone und ihrer Sammelröhren zusammen. Wir sprechen deshalb in diesem Fall von ,,Tubuli'' recti s. contorti, weil jedes Stück Repräsentant eines besonderen Kanälchens ist, soweit nicht zufällig Anschnitte desselben Kanälchens nebeneinander liegen, was aber im einzelnen Schnittbild nur selten zu erkennen ist. Beim ersten Blick auf ein mikroskopisches Übersichtsbild der Niere gewahrt man das Grundprinzip, nämlich, daß alle Tubuli recti und alle Tubuli contorti beisammen liegen (Abb. S. 355, Mittelstreifen des Bildes). In der Pyramide liegen nur Tubuli recti; wir sehen dabei von den in die Außenzone eingestreuten, nur auf ganz dicken Schnitten sichtbaren Scheiteln der HENLESchen Schleifen ab. In den Markstrahlen der Rinde ist es gerade so. Sie haben deshalb auch makroskopisch das gleiche Aussehen wie die Pyramiden, Pars radiata der Rinde. Zwischen den Markstrahlen der Rinde und in den Columnae renales Bertini gibt es nur Tubuli contorti, keine Tubuli recti. Dies ist die Pars convoluta der makroskopischen Anatomie.

Angesichts eines häufigen Mißverstehens seitens der Anfänger sei hervorgehoben, daß bei der Betrachtung von Schnitten natürlich nicht erwartet werden kann, die Tubuli recti müßten immer längs getroffen sein. Im Gegenteil, es müssen, wenn an einer Stelle Längsschnitte vorliegen, an anderen Stellen Schräg- oder Querschnitte gefunden werden. Denn die Pyramiden und Pyramidenstrahlen stehen senkrecht zur Nierenoberfläche, konvergieren also nach dem Nierensinus zu. Ein Idealschnitt, welcher alle längs trifft, kommt in Wirklichkeit nicht vor. Gewöhnlich sind Bündel von geraden Kanälchen nur auf mehr oder weniger lange Strecken längs getroffen, durch alle übrigen geht das Messer schräg oder quer hindurch. Charakteristisch ist also nicht die Richtung als solche, in welcher die Kanälchen getroffen werden, sondern die Art und Weise, in welcher benachbarte Kanälchendurchschnitte sich zueinander verhalten. Sind sie alle gleich getroffen, mögen es nun Querschnitte (Abb. S. 363), Schrägschnitte oder Längsschnitte sein, so hat man Tubuli recti vor sich. Man nehme ein Bündel Bleistifte in die Hand und denke sich einen Schnitt in beliebiger Richtung hindurchgelegt. Man erhält dadurch ein gutes Modell für die verschiedensten Schnittbilder der Tubuli recti. Die Tubuli contorti sind dagegen im Schnittbild sofort daran kenntlich, daß jedes Kanälchen wieder anders getroffen ist, das eine längs, sein Nachbar schräg oder quer usw. (Abb. S. 359), wie es bei einem Schnitt durch ein Garnknäuel bei den Einzelschnitten durch aen Garnfaden der Fall sein muß. Sind Malpighische Körperchen in die Tubuli contorti eingeschaltet, so ist sicher, daß eine Stelle der Rinde vorliegt; fehlen Malpighis gänzlich und sind die Kanälchen gerade, so ist es eine Stelle der Pyramide, also des Markes. Für die Diagnose der Nierengegend, um die es sich im Einzelfall bei mikroskopischer Betrachtung handelt, ist also die regionäre Einteilung in Tubuli contorti und Tubuli recti äußerst wichtig.

Die Ursache der Einteilung in Tubuli recti und Tubuli contorti erhellt aus dem Verlauf der Nephrone und ihrer Sammelröhren. Alle Konvolute, welche in ein Sammelrohr münden, liegen um den betreffenden Markstrahl herum, in welchem das zugehörige Sammelrohr absteigt. Auch die Henleschen Schleifen der Konvolute liegen in dem Markstrahl, in welchem das zugehörige Sammelrohr eingebettet ist. So sind alle Bestandteile wohl sortiert wie Feuerwehrschläuche, welche im Spritzenhaus um die Spritze herumgehängt sind, zu der sie gehören. Alle gewundenen Kanälchen der Konvolute liegen in unserem Fall zwischen den Markstrahlen der Rinde beisammen, in Gemeinschaft mit den Malpighis, von denen sie ausgehen. Alle Henleschen Schleifen und Sammelröhren, also alle geraden Kanälchen, liegen in dem Markstrahl beisammen, zu welchem die Konvolute gehören und mit welchem sie je einen Lobulus corticalis bilden. Sämtliche Sammelgänge der Markstrahlen einer Pyramide und auch die Scheitel der meisten Henleschen Schleifen mit den angrenzenden Abschnitten der Schleifenschenkel liegen in derjenigen Pyramide beisammen, zu welcher die betreffenden Lobuli corticales gehören. Man studiere daraufhin die einzelnen Abschnitte der Abb. S. 355.

Um die Orientierung bei den verschiedenen Benennungsarten zu erleichtern, führe ich eine der Namentabellen an, welche alle Merkmale in eine einzige Namenreihe zu vereinigen versuchen, und setze die von mir angewendeten gesonderten Benennungen für Form, Struktur und Lage hinzu. Nach diesem Beispiel werden auch die anderen einheitlichen Namenreihen der Literatur mit der fraktionierten Bezeichnungsart leicht zu vergleichen und danach die Vorteile der letzteren zu ermessen sein.

WALDEYER-KOPSCH nennen die einzelnen Abschnitte der Nierenkanälchen wie folgt: A. Pars labyrinthica; sie zerfällt in Capsula glomeruli (Bowmani), Collum und Portio convoluta (Tubulus contortus). Der Form nach entspricht sie den gleichgenannten Teilen des Malpighischen Körperchens meiner Benennung und meiner Pars contorta I. Der Struktur nach ist die Portio convoluta (Tubulus contortus) ein Teil des Hauptstückes (1. Hauptstück). B. Pars laqueiformis (Henlesche Schleife) mit Crus descendens, Vertex und Crus ascendens ist der Form nach synonym mit meinen Bezeichnungen, der Struktur nach gehört der Anfangsteil zum Hauptstück (1. Hauptstück), dann folgt der dünne Abschnitt (1. Nebenstück) und der dicke Abschnitt (2. Hauptstück), schließlich der Beginn des Zwischenstückes (2. Nebenstück) der oben gebrauchten Nomenklatur. C. Pars intermedia (Schaltstück), zerfällt in Portio prima (irreguläres Kanälchen) und Portio secunda (Verbindungskanälchen). Der Form nach nenne ich die ganze Strecke Pars contorta II. Der Struktur nach gehört sie nach meiner Benennung zum Ende des Zwischenstückes (2. Nebenstück) und zum Schaltstück (3. Haupt- und 3. Nebenstück). D. Pars colligens, zerfällt in Rami primarii, secundarii usw. (Sammelröhren, Tubuli colligentes I., II. usw. Ordnung). Der Form nach habe ich diese Bezeichnungen, die allgemein üblich sind, übernommen, die Rami primarii haben gewöhnlich den besonderen Namen „Initiale Sammelröhrchen". Ich habe das System D von dem Nephron, zu welchem A—C gehören, abgetrennt und komme auf das Ausführungssystem im ganzen bei dem Nierenbecken zurück.

Der Lage nach gehören A und C zu den Tubuli contorti, B und D zu den Tubuli recti. Diese Art der Sonderbezeichnung ist allgemein üblich. Sie sollte vorbildlich sein für das System der Nierenbezeichnungen überhaupt.

Zusammenfassend gebe ich folgende Tabelle:

1. Bezeichnungen nach der Form:
    a) Die Teile eines Nephrons.
        α) Bowmansche Kapsel mit Halsteil des Malpighischen Körperchens.
        β) Pars contorta I.

γ) HENLEsche Schleife mit Pars descendens und Pars ascendens.
δ) Pars contorta II.
b) Die Teile des Sammelsystems verschiedener Nephrome: Pars colligens.
    α) Initiales Sammelröhrchen, an jedes einzelne Nephron anschließend.
    β) Aufgespaltene Sammelröhrchen als Äste eines auf der Papille mündenden Ductus papillaris (Pori uriniferi).

2. **Bezeichnungen nach der Struktur:**
    a) Die Teile eines Nephrons.
        α) BOWMANsche Kapsel eines MALPIGHIschen Körperchens und mit plattem bis kubischem Epithel ihres visceralen und parietalen Blattes.
        β) Hauptstück (1. Hauptstück) mit hohem, trübem Epithel.
        γ) Dünner Abschnitt der HENLEschen Schleife (1. Nebenstück) mit plattem, hellem Epithel.
        δ) Dicker Abschnitt der HENLEschen Schleife (2. Hauptstück) mit hohem, trübem Epithel.
        ε) Zwischenstück (2. Nebenstück) mit niederem, hellem Epithel.
        ζ) Schaltstück mit dickem und dünnem Teil (der erstere gleich 3. Haupt-, der letztere gleich 3. Nebenstück). Der dicke Teil mit höherem trübem, der dünnere Teil mit niederem, hellem Epithel.
    b) Die Teile des Ausführungssystems bestehen aus gleichmäßig hellem Deckepithel von verschiedener Höhe (nach dem Nephron zu kubisch, nach der Papille zu höher bis hochcylindrisch.

3. **Bezeichnungen nach der Lage:**
    a) Tubuli contorti: alle topographisch vereinigten gewundenen Strecken der verschiedensten Nephrone; dazwischen eingestreut die zugehörigen MALPIGHIschen Körperchen.
    b) Tubuli recti: alle topographisch vereinigten geraden Strecken der verschiedensten Nephrone und Sammelröhrchen.

Nieren-arterien Das Blut wird jeder Niere durch eine Arteria renalis (seltener durch zwei oder sogar noch mehr) unmittelbar von der Bauchaorta aus zugeführt. Im Nierenhilus liegt die einheitliche Vena renalis, welche die Abfuhr des Blutes übernimmt, mit ihren Ästen vor (ventral von) der Arterie und deren Ästen. Auf diese Weise hat das venöse Blut in den dünnwandigen Venen einen günstigen Abfluß. Läge, was in seltenen Ausnahmefällen vorkommt, die Vene hinter der Arterie, so käme die linke Nierenvene zwischen Aorta und Wirbelsäule zu liegen und dadurch in eine höchst ungünstige Lage. Diese ist in der Regel vermieden. Hinter (dorsal von) den Blutgefäßen liegt der Ureter (Abb. S. 351, 352).

Innerhalb des Nierensinus liegen die Äste der Arterie und Vene paketweise vor und hinter dem Nierenbecken. Die Arterie verästelt sich in einzelne gröbere Zweige, Arteriae interlobares. Jeder Ast tritt zwischen je zwei Pyramiden ein, liegt in der BERTINschen Säule, welche sie voneinander scheidet und hat danach seinen Namen (Abb. S. 376). Die Arteriae interlobares sind Endarterien, d. h. ihre Seitenäste stehen mit den Seitenästen anderer Arteriae interlobares nicht in Verbindung. Man sieht es besonders schön, wenn man nur einen Ast mit einer Farblösung injiziert. Die Färbung erstreckt sich nur auf das betreffende Segment der Niere und ist scharf gegen die übrige ungefärbte Nierensubstanz abgesetzt. Bei krankhaften Infarkten der lebendigen Nieren (Verstopfung einer Arteria interlobaris durch koaguliertes Blut) ist gleichfalls nur ein Segment betroffen.

Aus den Arteriae interlobares gehen die Arteriae interlobulares hervor, welche an den Grenzen der Lobuli corticales senkrecht zur Nierenoberfläche aufsteigen (Abb. S. 371, 355). Die Hauptverzweigungsstellen der Arteriae interlobares, welche dem Mark angehören, in die Arteriae interlobulares, welche nur in der Rinde liegen, befinden sich an der Grenze zwischen Rinde und Mark. Man sieht dort auf Schnitten quergestellte Gefäße, welche man früher irrtümlich für Verbindungen benachbarter Arteriae interlobares gehalten und mit den Arkaden der Darmarterien verglichen hat. Der Name Arteriae arciformes für sie, welcher allgemein gebräuchlich ist, ist direkt falsch. Denn wirkliche Verbindungen existieren nicht. Man kann auf Korrosionspräparaten von Arterien, die mit einer elastischen Celluloidmasse injiziert sind, die scheinbaren Arkaden leicht auseinander biegen. Auch ist der Querverlauf in Wirklichkeit nur ganz kurz und meistens gar nicht sehr gut ausgeprägt (Abb. Nr. 196). Das Charakteristische der Grenzschicht zwischen Rinde und Mark beschränkt sich bei den Gefäßen darauf, daß die wenigen (etwa 8) großen Stämme, welche vom Hilus aus zu dieser Schicht emporsteigen, in ihr in ein dichtes Gewirr von Einzelästchen zerfallen und entsprechend breit nach den Seiten zu ausladen wie ein Baumstamm mit einer pinienartigen Verästelung.

Die einzelnen Arteriae interlobulares teilen sich meist dichotomisch mehrfach in radiäre Äste. Jeder Ast gibt zahlreiche kurze Vasa afferentia ab, von denen die unteren rückläufig, die mittleren quer zu den MALPIGHIschen Körperchen ziehen, welche wie Beeren einer Rispe, z. B. der Johannisbeere an diesen Gefäßstielchen hängen (Abb. S. 373, 355, 360). Im Glomerulus des MALPIGHIschen Körperchens teilt sich die Arterie in mehrere Schlingen. Jede Schlinge geht aufgeknäuelt, aber unverästelt vom Vas afferens zum Vas efferens (vgl. S. 359). Die Schlingen bilden zusammen ein arterielles „Wundernetz". Das viscerale Blatt der Kapsel dringt zwischen die einzelnen Knäuel ein wie die viscerale Pleura zwischen die einzelnen Lungenlappen (Abb. S. 359). Die Arterie tritt als Vas efferens aus dem MALPIGHIschen Körperchen aus, nachdem innerhalb des Glomerulus der provisorische Harn

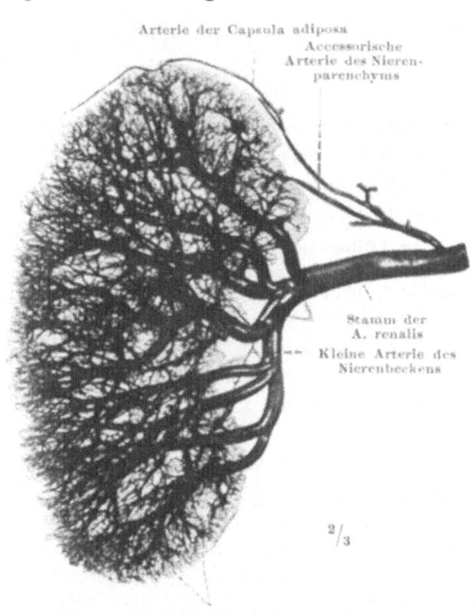

Abb. 196. Nierenarterie des Menschen. Korrosionspräparat. Rechte Arterie. Ventralansicht. Injektion mit Celluloidmasse (Photo).

abgeschieden ist. Die Vasa efferentia begeben sich, anstatt den gleichen Weg zurückzulaufen, zunächst in ein dichtes Netz äußerst feiner Blutcapillaren, welche alle Tubuli contorti und Tubuli recti umspinnen. Diese Capillaren sind in das zarte interstitielle Bindegewebe zwischen den Nierenkanälchen eingebettet und eng den Basalmembranen derselben angeschmiegt (Abb. S. 359, 363). Die Austauschprozesse zwischen Harn und Blut, welche durch die Arbeit der Epithelien in den verschiedenen Abschnitten der Nephrone erzeugt werden, beruhen auf der nahen Nachbarschaft der fein verzweigten Capillaren zu den basalen Enden der Nierenzellen an diesen Stellen. Die Maschenweite ist bei den gewundenen Kanälchen gerade so groß, daß ein Kanälchenquerschnitt darin Platz hat. Die Zahl der Capillaren ist so bedeutend, daß die Nierenkanälchen gleichsam im umspülenden Blut schwimmen. Während die gewundenen Kanälchen von mehr rundmaschigen Netzen umsponnen werden, sind die geraden Kanälchen in den Markstrahlen mit in die Länge gezogenen Maschen beschickt (in Abb. S. 355 zum größten Teil rot gezeichnet; sie wären jedoch je nach der im einzelnen noch fraglichen Tätigkeit der betreffenden Kanälchenabschnitte nicht als Arterien, sondern als echte

Capillaren anzusprechen, in Abb. S. 360 schraffiert). Die Zuflüsse für die Capillarmaschen der Pyramide, welche ebenfalls langgestreckt sind und welche der frischen Niere durch ihren Inhalt ein streifiges Aussehen verleihen, heißen Arteriolae rectae. Sie entspringen zum größten Teil aus Vasa efferentia der in der Rinde zu unterst liegenden MALPIGHIschen Körperchen und verlaufen gerade in die Pyramide hinein. In der Papille befinden sich Kränze der Arteriolae rectae um die Ductus papillares herum.

Außer den Ästen der Nierenarterien für das Nierenparenchym gibt es besondere feine Ästchen aus der oder aus den Hauptarterien für das Nierenbecken und das die Niere umgebende Gewebe. Sie verlaufen außen im Kapselfett (Abb. S. 371). Gelegentlich gelangen derartige Ästchen bis in das Nierenparenchym und versorgen dort keilartige Bezirke ähnlich wie die Arteriae interlobulares, aber nicht wie die letzteren vom Sinus her, sondern von der Peripherie her (accessorische Arterie, Abb. S. 371). Bei Tieren sind solche Arterien häufig.

Nieren-
venen

Die Venulae rectae, Venae interlobulares und Venae interlobares empfangen ihr Blut aus den beschriebenen Capillarnetzen und führen es, eng benachbart mit den gleichnamigen Arterien, in die eine Nierenvene zurück, die oben beschrieben wurde. Nur die Venae arciformes unterscheiden sich von den gleichnamigen Arterien. Denn sie hängen wirklich zusammen, so daß hier echte Arkaden vorkommen.

Die Venae capsulares beginnen mit allseitigen Ausbreitungen von Venenästchen um die terminale Vena interlobularis herum. Sind sie beim frischen Organ mit Blut überfüllt, oder injiziert man sie mit farbiger Masse, so sieht man an der Oberfläche der Niere zierliche strahlige Gefäßausbreitungen, Venae stellatae Verheynii.

Arterielle
Neben-
schlie-
ßungen

Wäre der bisher beschriebene Blutweg der einzige, so müßte das Gesamtblut der Niere ausnahmslos und unter allen Umständen durch die MALPIGHIschen Körperchen hindurchfließen. Das ist auch wohl in der Regel so. Denn bei dem großen Widerstand der Gefäßknäuel im Glomerulus ginge das Blut überhaupt nicht durch sie hindurch, wenn nicht die kürzeren Wege, die es gibt, gewöhnlich gedrosselt wären. Wir nennen sie Nebenschließungen. Der Glomerulus ist die Hauptschließung des Blutkreislaufes, die gewöhnlich allein offen steht. Ist er aber aus irgendeinem Grund verlegt — es kann das Vas afferens abgedrosselt sein, vielleicht auch nur ein Teil der Glomerulusschlingen (Abb. S. 360, Nr. 3 unten bzw. Nr. 2) —, so kann das Blut entweder durch die terminalen Aufsplitterungen der Arteriae interlobulares oder durch Abzweigungen der Vasa afferentia (LUDWIGsche Capillaren) unmittelbar in die Capillarnetze gelangen und so die MALPIGHIschen Körperchen umgehen (Abb. S. 373, 360, Nr. 3, oben und unten). Außerdem gibt es Arteriolae rectae, welche nicht aus den Vasa efferentia, sondern aus den sog. Arteriae arciformes kommen (Abb. S. 355); auch auf diesem Weg umgeht das Blut die MALPIGHIschen Körperchen.

Werden die Malpighis im Tierversuch oder bei Erkrankungen des Menschen verlegt, so ist ein Weiterleben der Nephrone beobachtet; da Harn in diesen Fällen abgeschieden wird, so müssen auch die Epithelien der Kanälchen zur Abscheidung desselben fähig sein. Dieser Prozeß setzt aber nur langsam ein. Es scheint also ein bloßer Ersatz vorzuliegen; in der Regel geht alles Blut durch die Malpighis und gibt dort Harn ab (S. 360).

Lymph-
gefäße
und
Nerven

Die Lymphe fließt in zahlreichen Spalten des interstitiellen Bindegewebes des Nierenparenchyms. Oberflächliche Lymphgefäße zunächst der Kapsel und tiefe, welche den Gefäßen folgen, sammeln die Lymphe. Der Hauptabfluß erfolgt durch Lymphstämmchen im Hilus der Niere. Außerdem gibt es Lymphgefäße in der Capsula fibrosa, welche mit denen der Nierenrinde und den folgenden zusammenhängen, sowie Lymphgefäße der Capsula adiposa. Die Lymphe der Niere kann auf diesem Wege in die benachbarten Lymphknoten gelangen. Auch kann umgekehrt Lymphe der Dickdarmwand in die Nieren übertreten.

Die Nerven sind sehr zahlreich. Ihre Ausbreitungen reichen vom Hilus bis an alle MALPIGHIschen Körperchen der Niere heran. Endigungen an den Gefäßen,

die sie begleiten, und an den Zellen der Nierenkanälchen sind in großer Reichlichkeit beobachtet. Die
Fasern sind zum größeren Teil marklos, zum Teil
markhaltig. Sie stammen aus dem Plexus coeliacus,
welchem Ganglienzellen im Hilus der Niere beigemischt
sind, aus dem N. splanchnicus minor und dem Bauch-
grenzstrang. Auch Vagusäste, die in den Plexus coeliacus eintreten, sind beteiligt. Der Mechanismus der
gewöhnlich blockierten Nebenschließungen ist neuromuskulär geregelt. Auch eine direkte Beeinflussung
der Nierenepithelien durch die Nerven ist anzunehmen,
die Einzelheiten der Wirkung der verschiedenen Nerven
sind beim Menschen nicht geklärt. Diese Einwirkungen
sind für die Funktion nicht obligatorisch wie diejenigen der Gefäßnerven, sondern regulieren wahrscheinlich nur die feinere Einstellung der Harnabgabe.

Beide Nieren stehen mit den oberen Abschnitten
konvergent zueinander. Die oberen Pole sind etwa 7,
die unteren etwa 11 cm voneinander entfernt.
Außerdem liegt die linke Niere etwas höher als die
rechte, da links hinten der Magen weniger Platz
beansprucht als rechts die Leber. Die rechte Niere
kann so weit nach unten reichen, daß der Darm-
beinkamm beim Mann in 11%, beim Weib in 40%
der Fälle erreicht wird. Nach oben zu reicht die
rechte Niere bis zur 11. Rippe (und höher), die
linke stets über die 11. Rippe hinauf. Bei starker
Rumpfbeugung nach vorn kann das Organ zwischen
Rippen und Darmschaufel gequetscht und durch
Stauchung zertrümmert werden. Die Lage wechselt mit zunehmendem Alter im Sinne einer Senkung. Auch Variabilitäten der Lage äußern sich
durch Senkungen des Organs, besonders rechts, wo das rechte Verwachsungsfeld des Dickdarmes (Abb.
S. 254) nachgeben und zu einer
Ptosis der Niere dieser Seite Veranlassung geben kann. Durch energi-
sche Senkung des Zwerchfells (for-
cierte Einatmung) kann die Niere
vorübergehend beim Lebenden gesenkt werden. Der Grad der Beweglichkeit des Organs ist individuell
verschieden. Er schwankt im Leichen-
versuch zwischen 0—8 cm.

Die Nieren liegen den Rippen nicht
unmittelbar an. Dazwischen schiebt
sich der Ursprung des Zwerchfells und
der Sinus phrenicocostalis der Pleurahöhle. Dringt man vom Rücken aus
auf die Nieren vor, wie es bei Operationen üblich ist, so eröffnet man die
Bauchhöhle nicht, sondern gelangt
extraperitonaeal an das Organ. Werden
dabei die letzte, links auch die vor-
letzte Rippe nicht beachtet, so kann
statt der Bauchhöhle die Brusthöhle
eröffnet werden. Dies kann besonders

Abb. 197. Arteria interlobularis des Menschen.
Wachsplattenmodell. Original 100/1, hier verkleinert.
Die Arterien, welche als Nebenschließung dienen,
schwarz (Seitenästchen von Vasa afferentia, terminale
Ästchen der A. interlob.); ein Teil der dazu gehörigen
Capillarnetze modelliert, die anderen weggelassen. Bei
× Äste abgeschnitten, dichotomische Teilungen.
(Modell von Frl. DEHOFF, vgl. Virchows Arch. 228, 1920.)

bei einer kurzen letzten Rippe geschehen, wenn sie mit dem Processus costarius des
1. Lendenwirbels verwechselt wird. Bei operativen Eingriffen infolge von Nierenent-
zündungen findet man den Komplementärraum des Sinus phrenicocostalis oft entzündlich verlötet. Dann wird scheinbar die Brusthöhle nicht eröffnet, auch wenn man oberhalb der letzten Rippe vordringt. Das Zwerchfell ist oft an dieser Stelle von Muskeln
frei (Trigonum lumbocostale, Abb. S. 198 u. Bd. I, S. 181). Das häufige Übergreifen
von Nieren- auf Pleuraerkrankungen und umgekehrt (Tuberkulose) ist ein deutliches
Zeichen für die Nähe beider Organe trotz des an sich zwischengeschalteten Zwerchfells; die Krankheitsstoffe werden gewöhnlich auf dem Lymphwege übertragen.

Die Hinterfläche liegt unterhalb der letzten Rippe auf dem Musc. quadratus
lumborum, teilweise auch auf der Ursprungsaponeurose des M. transversus abdominis

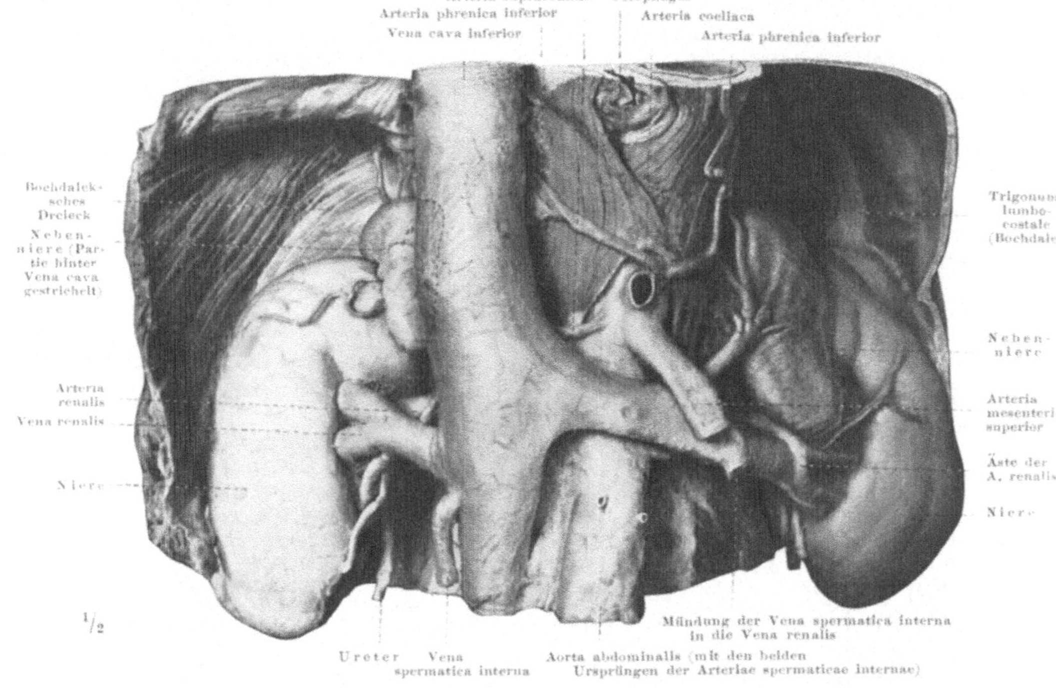

Abb. 198. Nieren und Nebennieren mit zugehörigen Gefäßen nach Entfernung der Baucheingeweide und
des Bauchfells. Photo.

und auf dem lateralen Rand des M. psoas. Im Kapselfett schräg abwärts verlaufen der
Nervus subcostalis (XII. Intercostalnerv), der Nervus iliohypogastricus und N. ilioinguinalis. Da diese Nerven ihre Endgebiete in der Inguinal- und Genitalgegend
haben, so können entzündliche Nierenschwellungen, welche diese Nerven in ihrem
Verlauf quetschen, an ausstrahlenden Schmerzen in den genannten Gebieten zuerst
bemerkbar werden. Der Arzt darf solche Schmerzen nicht einfach auf örtliche
Erkrankungen der Genitalien beziehen, sondern muß an den Lagezusammenhang
der Nerven mit der Niere denken.

Die Vorderseite der rechten Niere ist am oberen Pol medial von der rechten
Nebenniere, lateral von der Leber bedeckt (Impressio renalis der Leber). Die Nebenniere ist mit Bindegewebe mit der Niere verlötet, beide liegen retroperitoneal (Abb.
Nr. 198). Die Leber ist dagegen mit einem eigenen Peritonaealüberzug versehen und
daher von der Niere durch eine Spalte der allgemeinen Bauchhöhle trotz der großen
Nähe beider Organe getrennt (Abb. S. 350). Diese Gegend der Niere, etwa $1/2$—$2/3$
der Gesamtoberfläche, ist mit Peritonaeum überzogen: Capsula serosa (S. 352, Abb.
S. 254). Am unteren Pol liegen gewöhnlich medial das Duodenum (Pars descendens) und lateral das Colon ascendens der Niere fest an (retroperitonaeal).

Lage jeder
Niere zum
Peri-
tonaeum

Die Vorderfläche der linken Niere ist ebenfalls mit der Nebenniere und dem Pankreas (Cauda) in unmittelbarer Berührung. Statt des Leberfeldes der rechten Niere gibt es bei ihr ein Magen- und Milzfeld. Beide Organe haben ihren eigenen Bauchfellüberzug. Ein Teil der Bursa omentalis (Recessus lienalis) schiebt sich als Spalte zwischen sie und die Niere; letztere hat also in diesen Bezirken eine Capsula serosa. Aber auch der untere Pol kann ganz von Bauchfell überzogen sein, so daß die Gesamtfläche der Serosa $^2/_3$ und mehr der Oberfläche der linken Niere betragen kann (Abb. S. 254). Das Jejunum und das Colon descendens beteiligen sich in verschiedenem Grad an der Felderung des unteren Pols. Liegt das Colon ganz seitlich und nicht auf der Vorderfläche, so ist die Niere ganz vom Jejunum bedeckt, das sein eigenes Peritonaeum hat. Schiebt sich das Colon nach medial, so ist es mit der Nierenvorderfläche verwachsen, da es retroperitonaeal liegt. An der Stelle des Lig. lienorenale, einer Duplikatur des Bauchfells zwischen Milz und Niere, ist auch die Milz mit der Nierenoberfläche verkittet.

Man kann die Lage der Niere nach den Wirbeln der gleichen Körperhöhe bestimmen, obgleich das Organ nicht unmittelbar auf den Wirbeln liegt. Nur die äußersten Enden der Processus laterales (costarii), welche der letzten bzw. vorletzten Rippe entsprechen, erreichen beim 1. und manchmal auch 2. Lendenwirbel die Hinterfläche der Nieren und hinterlassen bei dem in situ gehärteten Organ einen Abdruck auf ihr. Die linke Niere erstreckt sich von der Höhe des 11. Brustwirbels bis zur Höhe der Zwischenwirbelscheibe zwischen 2. und 3. Lendenwirbel, die rechte Niere von der Höhe des 12. Brustwirbels bis zur Höhe der Mitte des 3. Lendenwirbels. Viel einfacher und anschaulicher bestimmt man jedoch die Lage nach den viel benachbarteren Rippen anstatt nach den viel entfernteren Wirbelkörpern. Im Röntgenbild tritt bei künstlicher Füllung des Nierenbeckens die Lage des Hilus sowie des unteren Pols zu den Wirbeln und Rippen deutlich hervor (Abb. S. 381). Im Röntgenbild kann man daher die oben erwähnte vorübergehende normale Senkung der Niere beim Lebenden verfolgen (Verschiebung des unteren Pols bis unter den Beckenrand bei tiefer Inspiration) und atypische Lagen aufdecken. — Als eine Reaktion der Niere auf bestimmte Stellungen des Gesamtkörpers, z. B. auf hochgradige Lordose, gilt die eigentümliche Ausscheidung von Eiweiß bei Personen, die zu Nierenreizungen disponieren, solange sie aufrecht stehen und gehen („orthotische" Albuminurie). In diesen Fällen ist nicht die Niere selbst verlagert, sondern das Milieu im Verhältnis zur Niere ist der wirksame Faktor.

Angeborene Verwachsungen der kaudalen Pole der beiden Nachnierenanlagen in der Mittellinie vor der Wirbelsäule führen zur Hufeisenniere. Sie läßt mehr oder minder gut die ursprüngliche Grenze beider Nieren erkennen, hat auch meistens zwei getrennte Harnleiter. Es kann aber auch eine völlige Verschmelzung zu einem einzigen Organ eintreten. Die Hufeisenniere liegt gewöhnlich weiter kaudal als die normalen Nieren, sehr oft vor dem Promontorium. Das Nierenbecken zieht ventralwärts; der Ureter zieht ventral vom Hufeisen vorbei. Die Funktion kann ganz normal sein. Bleiben beide Nieren an der Stelle ihrer ersten Anlage liegen, indem der Ureter nicht zur gewöhnlichen Länge auswächst, so findet man sie in der Beckenhöhle und zwar entweder im kleinen oder großen Becken (Fossa iliaca). Liegen sie im kleinen Becken, so sind sie oft mißgestaltet, besonders bei abnormen Verlagerungen, z. B. zwischen Mastdarm und Kreuzbein. Sekundär verlagerte Nieren beziehen ihre Gefäße noch von der alten Stelle in der Bauchhöhle; primär am Ort der Entstehung verharrende Nieren haben kurze Gefäße, welche aus der Aorta und den Beckengefäßen entspringen, außerdem liegt das Nierenbecken ventral. Daran kann man die gegensätzlichen Prozesse unterscheiden. Bei angeborenem Defekt einer Niere oder bei nachträglichem Verlust ist die andere Niere vergrößert, und solange sie gesund ist, imstande die Gesamtarbeit zu leisten. Die Gefahr besteht in der Ausschaltung dieser letzten Niere, die, wenn auch nur teilweise betroffen, die Excretion nicht mehr zu bewältigen und die Vergiftung des Körpers durch die Schlacken des Stickstoffabbaues nicht zu verhüten vermag (Urämie). — Accessorische Nierenarterien können eine Abknickung des Harnleiters und infolgedessen Harnstauung in der Niere bedingen (Hydronephrose).

Die Befestigung der Niere in loco hängt zum größten Teil vom Turgor der Gewebe ab. Die Fascien sind nur unterstützend tätig. Bei Menschen mit „Wanderniere" ist gewöhnlich auch an anderen Stellen des Körpers eine konstitutionelle Gewebsschwäche nachweisbar (asthenischer Habitus des Brustkorbs, Bd. I, S. 201, Neigung zu Brüchen, Genu valgum oder Plattknickfuß). Die männliche Niere hat ein tieferes Lager als die weibliche, bei welcher die Nische, besonders rechts, sehr flach ist; statistisch ist bei der Frau die Wanderniere am häufigsten, und zwar rechts häufiger als links.

3. Die Ausführwege der Niere.

Der Harn gelangt aus den Pori uriniferi der Nierenpapillen in das Nierenbecken und von dort in den Harnleiter (Abb. Nr. 199). Die beiden Harnleiter
münden in die Harnblase (Abb. S. 428, 385). Man kann am Lebenden das tropfenweise Abfließen aus den Harnleitern in die Harnblase mit einem kleinen Spiegel
beobachten, der in die Harnblase eingeführt wird (Cystoskopie); besonders deutlich zu sehen ist das tropfenweise Hervorquellen, wenn innerlich Jod ver-
abreicht und die Blase mit einer sterilen Lösung von Stärkemehl gefüllt wird,
weil dann der jodhaltige Harn die klare Flüssigkeit bläut; bei Blasenkatarrh
ist der Harn in der Blase trüb, der aus dem Harnleiter ausströmende Harn

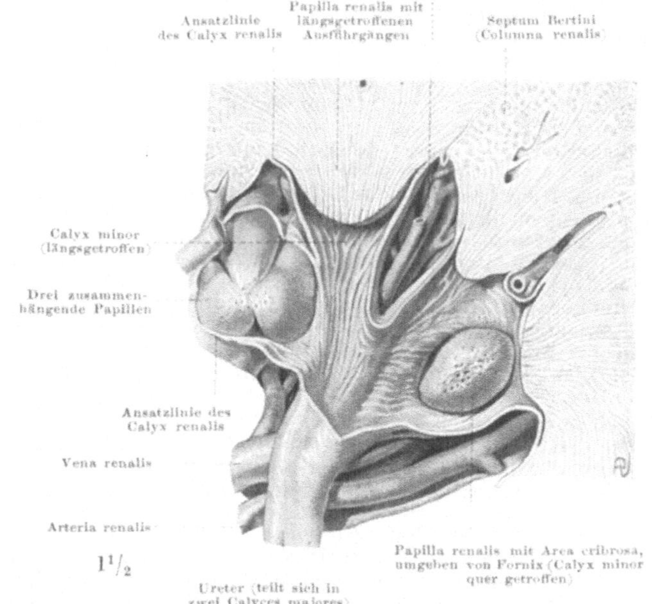

Abb. 199. **Nierenbecken**, Mensch. Von hinten aufgeschnitten, Einblick in Calyces majores et minores.

dagegen hell und daran erkennbar, daß er sich anfänglich nicht mit dem
trüben Harn mischt. Ob in normaler Weise beide Nieren Harn in die Blase
abgeben oder ob in abnormer Weise nur eine funktioniert, ist beim Lebenden
auf diesem Wege festzustellen (auch durch Katheterisierung des Ureters). Man
sieht ihn in die Blase rhythmisch abtropfen, und zwar: 8—10 Tropfen =
Pause, 8—10 Tropfen = Pause usw. Die Länge der Pausen richtet sich nach
der Tätigkeit der Nieren. In der Harnblase wird der Harn durch einen festen
Verschluß gegen die Harnröhre zu festgehalten. Von da ab geschieht der
Abfluß in großen Intervallen (Harnlassen). Wir behandeln den weiteren Weg
bei den Geschlechtsorganen, da er bei beiden Geschlechtern seine besondere
Form hat und größtenteils mit zur Ableitung der Geschlechtsprodukte benutzt
wird. Bis zum Ablauf der Harnblase ist er jedoch bei Mann und Weib im
wesentlichen gleich, und zwar reiner Harnweg. Die verschiedenen Strecken dieses
Weges werden im folgenden gesondert beschrieben. Sie haben gemeinsam, daß
die Wandung in der Norm zum Harn weder etwas hinzufügt noch abzieht.
Die eigentliche Bereitung des Harns ist streng auf die Nieren beschränkt.

a) Kelche und Becken der Niere.

Während die Nephrone mit ihren MALPIGHIschen Körperchen in der indi- Entstehung
viduellen Entwicklung neu hergestellt werden, so viele es auch geben mag,
spalten sich die vorhandenen Sammelröhren, welche aus der Ureterenknospe
hervorgehen, immer wieder erneut dichotomisch in je zwei Röhrchen. So entstehen mehrere Generationen von Sammelröhren, welche man, von dem unge-
spaltenen Ureter angefangen, als Röhrchen I., II., III. usw. Ordnung bezeichnet
(Abb. d, Nr. 200). Gewöhnlich hängen die Nephrone mit den Röhrchen V. oder
VI. Ordnung zusammen. Das Ästchen, welches den Endabschnitt eines Nephrons
und also den Harn aus dem zugehörigen Konvolut zunächst aufnimmt, heißt
„initiales Sammelröhrchen", gleichgültig ob es im Einzelfall ein Röhrchen V.,
VI. oder irgendeiner anderen Ordnung ist (Abb. S. 355).

In Einzelfällen sind überzählige Nephrone beobachtet worden, welche beim
menschlichen Embryo zu den Röhrchen I. bis IV. Ordnung zu gehören scheinen

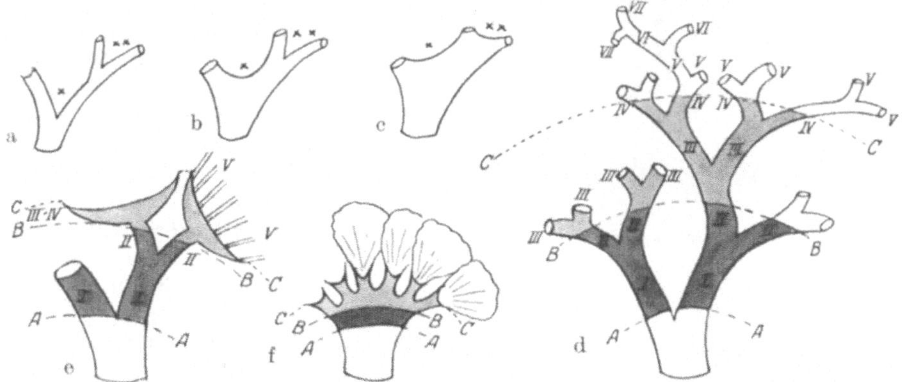

Abb. 200. Entstehung der Nierenkelche, Schema. a—c Ein für alle Reduktionen gültiges Schema.
In Abb. d—f dunkelgrau: die nicht regelmäßig vorkommende Reduktionszone, hellgrau: die immer
vorkommende Reduktionszone (sog. „sekundäre" Reduktion; sie kann aber früher als die andere einsetzen,
siehe Abb. S. 378). d Vollständige Verzweigung ohne Reduktion. e Dendritischer Typus. f Ampullärer Typus.

(Abb. S. 378). Sie bilden sich zurück; vielleicht können gelegentlich aus ihnen oder
aus anderen abgelösten Teilen der Verästelungen Nierencysten hervorgehen,
welche zu den häufigen Vorkommnissen der Pathologie der Niere gehören.

In der fertigen Niere folgen die dichotomischen Teilungen der Sammelröhrchen
in regelmäßigen Abständen aufeinander mit Ausnahme der Außenzone des Nieren-
markes, welche regelmäßig frei von Teilungen zu sein scheint. In ihr liegt also
eine astfreie Strecke der Sammelröhrchen (Abb. S. 355). — Geht die Aufspaltung
weiter als gewöhnlich, so kann auch der Ureter partiell oder total verdoppelt sein.

Bereits früh schiebt sich in der individuellen Entwicklung der Niere ein
Rückbildungsprozeß in den Vermehrungsprozeß der sich spaltenden Sammelröhrchen ein, so daß peripherwärts zwar neue Generationen entstehen, centralwärts dagegen vorhandene wieder verschwinden. Man unterscheidet zwei
Zonen der Rückbildung. Die regelmäßig vorhandene Zone (hellgrau) umfaßt die
Kanälchen III. und IV. Ordnung, die individuell variable Zone (dunkelgrau)
umfaßt die Kanälchen I. und II. Ordnung. In beiden Fällen verläuft die Rückbildung in folgender Weise (Abb. a—c, Nr. 200): der Einschnitt zwischen zwei
Röhrchen der gleichen Ordnung verstreicht allmählich (×), bis aus den beiden
engen Kanälchen ein weites geworden ist; darauf wiederholt sich das gleiche bei
den nächstfolgenden Röhrchen (××), bis schließlich ein ganz dilatierter Teil
mehrere Kanälchen aufnimmt. Indem sich in der in den Schemata Abb. Nr. 200
hellgrau gezeichneten Zone alle Röhrchen in dieser Weise miteinander vereinigen

und als Einzelkanälchen verschwinden, entstehen die kleinen Nierenkelche, Calyces minores, der definitiven Niere (Abb. e, S. 377). Die Sammelröhrchen IV. (oder VI.) Ordnung münden in diese Kelche zu vielen ein, wie wir es von der menschlichen Niere kennen (Abb. S. 376). Man nennt die Einmündungsstelle Area cribrosa, die einzelnen einmündenden Röhrchen Ductus papillares, die einzelnen Öffnungen Pori uriniferi. Von dem Calyx minor fließt der Harn in diesem Fall in die noch erhaltenen Kanäle I. und II. Ordnung und von dort in den Ureter. Die stark erweiterten Kanäle heißen große Kelche, Calyces majores. Das gesamte Nierenbecken, Pelvis renis, besteht aus den Calyces majores und minores. Es hat in dem geschilderten Fall dendritischen Typus (Abb. a u. b, S. 380 u. Abb. S. 352, 381).

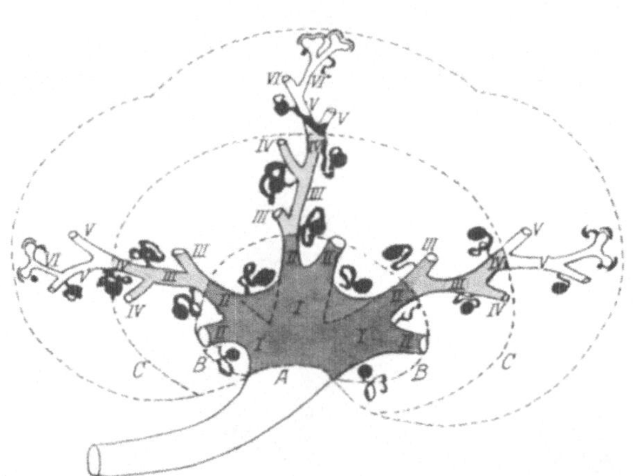

Abb. 201. Sammelröhrchen und Harnkanälchen eines menschlichen Embryo von etwa 9 Wochen (30 mm Scheitelsteißlänge). Die gestrichelten Linien A, B, C grenzen wie in Abb. d, S. 377 die Reduktionszonen gegeneinander ab. I—VI Sammelröhrchen I.—VI. Ordnung, wie in Abb. d, S. 377 getönt. Die Astwinkel zwischen den Kanälchen I. Ordnung sind bereits ausgeglichen (die ursprüngliche Form gestrichelt). Endgültige Sammelröhrchen weiß. Harnkanälchen und Malpighis schwarz (die vorhandenen gehen später zugrunde, die neu entstehenden an den Sammelröhrchen VI. Ordnung — hier als erste Anlagen zum Teil sichtbar — liefern die endgültigen Konvolute). Aus KAMPMEIER, Arch. f. Anat. u. Physiol. S. 217, 1919. Töne von mir eingetragen.

Derselbe Prozeß wie in Abb. a—c, S. 377 kann sich aber auch an den Sammelröhrchen I. bis II. Ordnung abspielen. Im Nierenbecken eines menschlichen Embryo in Abb. Nr. 201 ist z. B. die Vereinigung der Kanälchen I. Ordnung bereits sehr früh durchgeführt. In anderen Fällen entsteht er später. Werden alle Verästelungen in der Zone A—B reduziert (Abb. d, S. 377 u. Abb. Nr. 201), so entsteht der sog. ampulläre Typus des Nierenbeckens, d. h. der Ureter erweitert sich zu einem einheitlichen platten Sack, welchem die einzelnen Calyces minores unmittelbar aufsitzen (Abb. f, S. 377 u. Abb. c, S. 380).

Je nachdem der Reduktionsprozeß im einen Teil der Niere umfänglicher ausfällt als im anderen, kommen Kombinationen des ampullären und dendritischen Typus zustande. Die Form des menschlichen Nierenbeckens ist deshalb sehr wechselnd.

Die Sammelröhrchen I. Ordnung entstehen in der Regel zu 4, und zwar je eines an den Polen und 2 im Centrum der Nachnierenknospe. In Abb. S. 377 sind nur 2 gezeichnet, weil immer nur 2 in der gleichen Ebene angetroffen werden. Im Maximum kommen 6 Kanälchen I. Ordnung vor, im Minimum 3. Auch die folgenden Teilungen sind gewöhnlich nicht 2fach. Da die Teilung des einen Teilastes schneller fortschreitet als bei dem Nachbar, so findet man tatsächlich an einer Teilungsstelle gewöhnlich 3 Sammelröhrchen. In eine Sammelröhre II. Ordnung münden also 3 Sammelröhren III. Ordnung, 9 Sammelröhren IV. Ordnung und 27 Sammelröhren V. Ordnung. Indem die Sammelröhren III. und IV. Ordnung durch den beschriebenen Reduktionsprozeß verschmelzen, münden die 27 Röhrchen V. Ordnung unmittelbar in die Calyces minores und dadurch in das Nierenbecken (Röhrchen II. Ordnung). Man findet in der reifen Niere auf der Area cribrosa 20—30 Pori uriniferi, also eine Zahl, welche der berechneten entspricht. Die Schwankungen beruhen auf unvollständigen Verschmelzungen der Kanälchen und auch auf Verschmelzungen zweier oder mehrerer Papillen miteinander (Abb. S. 376).

Papillen und kleine Kelche   Die 8—9 kleinen Kelche, Calyces minores, sind etwa 1 cm lang; sie sind so eng, daß der Untersucher auch mit der Kuppe des kleinen Fingers nicht in sie eindringen kann. Sie sind nach den Papillen zu trichterförmig erweitert (Abb. S. 376, längsgetroffener Kelch). Die Papille ist in den Kelch hineingestülpt. Die Wand des Kelches sitzt rund um die Papille an einer kreisförmigen „Ansatzlinie" fest. Hier ist die Papille etwas eingezogen, Collum papillae. Doch hört an dieser Stelle der Kelch nicht auf. Vielmehr setzt sich das kubische einschichtige Epithel, welches die Wand auskleidet wie die Conjunctiva auf den Bulbus beim Auge, so auf die Papille fort und bedeckt ihre ganze Spitze. Man kann diese epitheliale Haut, welche mit der Nierensubstanz fest verlötet ist, als viscerales Blatt des Calyx, die freie Wandung als parietales Blatt bezeichnen. Die Nische zwischen visceralem und parietalem Blatt, Fornix, ist sehr eng und reicht ziemlich hoch an der Pyramide in die Höhe.

Oft bleibt oberhalb des Kelches noch eine Strecke der Pyramide frei, weiter oben legen sich dann die BERTINschen Säulen fest an die Seite der Pyramide an. In selteneren Fällen reichen die BERTINschen Säulen ganz oder fast ganz bis an die Ansatzlinie der Calyces heran (Abb. S. 376). An die freien Seitenflächen der Pyramiden grenzt derbes Bindegewebe.

Das parietale Blatt der Kelche besteht aus einer Schleimhaut mit mehrschichtigem Übergangsepithel (siehe Harnleiter und Blase, Abb. S. 391). Das einschichtige kubische Epithel der Papillen wird gegen die Ansatzlinie zweischichtig und geht in der freien Wandung der Kelche bald in das mehrschichtige Epithel über. In dem Bindegewebe der Schleimhaut liegen netzförmig bis zirkulär zur Papille angeordnete lockere Züge von glatter Muskulatur. Außen folgt auf die Muskelschicht eine Faserhaut aus Bindegewebe mit eingelagerten Fettzellen.

Die sehr mannigfaltigen Erscheinungen bei der Harnstauung beruhen zum Teil darauf, daß der Harn in die Nische zwischen visceralem und parietalem Blatt der kleinen Kelche eindringt und die Papillen komprimiert. Der Abfluß des Harns aus den Pori uriniferi wird dadurch gehemmt oder völlig unterdrückt, bis der Überdruck durch Abfließen des Harns aus dem Becken gegen die Blase abnimmt.

Das Nierenbecken setzt sich ohne Grenzen in die sehr wechselnden großen Kelche, Calyces majores, fort. Gewöhnlich finden sich beim Erwachsenen von letzteren zwei, welche selbst beim ampullären Becken angedeutet sind. Auch beim dendritischen Becken sind 2 oder 3 Hauptstämme vorwiegend. In sie münden die kleinen Kelche ein. Das Becken ist trichterförmig, aber platt gedrückt (Abb. S. 352); die Spitze des Trichters schaut aus dem Hilus kaudalwärts hervor und geht hier in den Harnleiter über. Von dieser Stelle aus kann der Chirurg vom Rücken her das Nierenbecken eröffnen, ohne die Bauchhöhle oder die Niere selbst zu verletzen.

Die feinere Struktur ist die gleiche wie bei den freien Wänden der kleinen Kelche, nur kommen zu den zirkulären glatten Muskeln innere längs verlaufende Züge hinzu, welche in die entsprechende Schicht des Harnleiters (Abb. S. 383) übergehen.

Die Gefäße der Niere, mit welchen das Nierenbecken und die Kelche den Raum im Nierenhilus und -sinus in engster Nachbarschaft zu teilen haben, verästeln sich kurz vor dem Eintritt in die Niere in 4 (seltener 5 oder 6) Äste; $^1/_3$ der Äste liegt dorsal vom Nierenbecken, die übrigen ventral. Auch die Nierenvene hat 3—4 Äste, welche sich am Hilus vereinigen und bis dahin vor und hinter dem Nierenbecken liegen. Diese Beziehungen kommen dem Chirurgen zu Gesicht, wenn er in den Nierenhilus einzudringen genötigt ist, und erfordern größte Beachtung. Nicht selten geht eine accessorische Nierenarterie anstatt in den Hilus an einer anderen Stelle in das Nierengewebe hinein (ober- oder unterhalb, am häufigsten an einem der Pole, Abb. S. 371, siehe auch S. 372).

Das Nierenbecken liegt zur Umgebung der Niere im allgemeinen so, daß es dem Spalt zwischen den Querfortsätzen des 1. und 2. Lendenwirbels entspricht (links etwas tiefer, rechts etwas höher, Abb. S. 381); von der Medianebene des Körpers ist es etwa 5 cm entfernt. Die Kelche erheben sich bis über die letzte Rippe und reichen bis in die Höhe des 3. Lendenwirbels abwärts.

Nur die Spitze des Beckens, welche in den Harnleiter umbiegt, ragt aus dem Nierenhilus heraus und liegt hier bei der rechten Niere der Pars descendens duodeni, bei der linken Niere dem Pankreas und manchmal der Flexura duodenojejunalis an (vgl. mit Abb. S. 254). Im Röntgenbild liegt der Schatten des rechten Hilus unmittelbar medial von dem der Gallenblase entsprechenden Bezirk.

b) Der Harnleiter.

Form und Lage

Aus dem Nierenbecken wird der Harn auf jeder Körperseite durch einen gefäßartigen Schlauch, den Harnleiter, Ureter, in die Blase geleitet. Aus dem Körper herausgenommen und gerade gerichtet ist er 30—35 cm lang. Im Körper

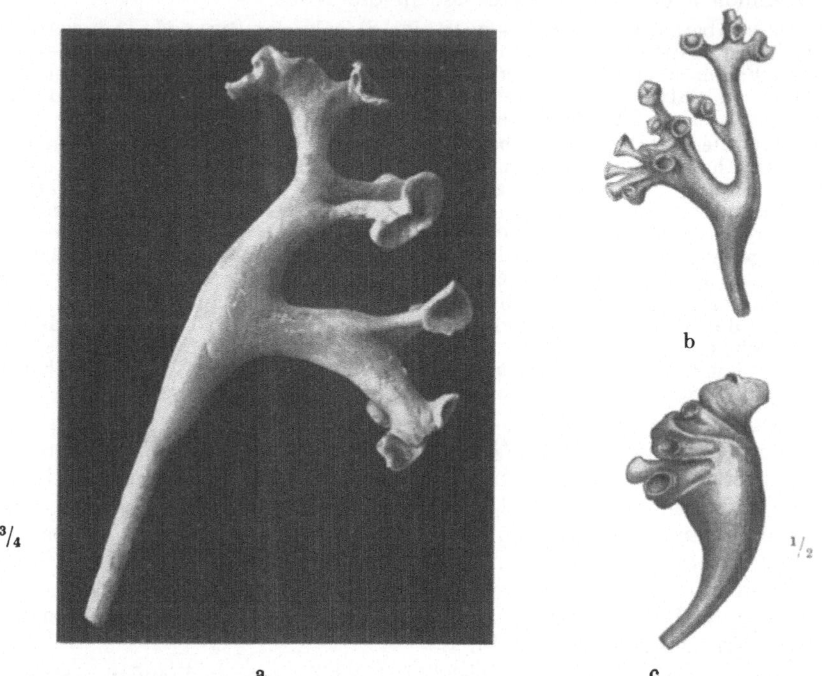

Abb. 202. Ausgüsse vom Nierenbecken des Menschen. a Dendritischer Typus mit 8 Calyces minores (vgl. Abb. S. 381). b Dendritischer Typus mit ungewöhnlich vielen Calyces minores. c Ampullärer Typus. (Abb. a Präparat von Dr. H. v. HAYEK; Abb. b und c nach HAUCK, Anat. Hefte, 1903.)

ist die kürzeste Entfernung zwischen Niere und Blasengrund geringer. Der Harnleiter ist dem durch leichte Krümmungen und bestimmte Knickungsstellen angepaßt. Man unterscheidet seinen Verlauf in der Bauchhöhle von dem in der Beckenhöhle als Pars abdominalis und Pars pelvina. Die erstere ist gerade, die letztere gekrümmt, deshalb auch Curvatura pelvina genannt (Abb. S. 407). Die Grenze zwischen beiden liegt an der Linea terminalis, und zwar entsprechend der Articulatio sacroiliaca. Hier ist der Harnleiter geknickt, und zwar entsprechend dem Winkel zwischen großem und kleinem Becken an dieser Stelle. Die Knickung heißt Flexura marginalis. Eine zweite Knickungsstelle liegt oberhalb davon, am Anfang des Ureters, Flexura renalis, und eine dritte unterhalb, die oben genannte Curvatura pelvina. Die oberste entspricht dem stumpfwinkligen Übergang des Nierenbeckens in den Harnleiter. Beim Vorkommen pathologischer Konkremente im Nierenbecken, von sog. Nierensteinen, kann ein abgehender Stein hier eingeklemmt werden. Auch die Flexura marginalis ist schwach geknickt, die Curvatura pelvina dagegen ein flacher Bogen, in welchem der Harnleiter zur Harnblase von außen nach innen verläuft.

Die Weite der Lichtung des Harnleiters ist nicht überall gleich; sie entspricht durchschnittlich der Weite einer Gänsespule, nur beim Durchtritt durch die Blasenwand verengert sich das Lumen und ist wenig dilatierbar, wie daraus hervorgeht, daß hier abgehende Nierensteine am häufigsten stecken bleiben. Eine enge Stelle findet sich gewöhnlich auch am Übergang aus dem Nierenbecken. Die gerade Strecke, Pars abdominalis, ist ziemlich gleichmäßig weit, an der unteren Knickung aber (entsprechend der Linea terminalis) nicht selten leicht spindelförmig dilatiert. Die gerade Strecke liegt vor den Querfortsätzen der Lendenwirbel (Abb. Nr. 203), ist aber von diesen getrennt durch das Muskelfleisch und die Fascie des M. psoas.

Der Harnleiter liegt in seinem ganzen Verlauf retroperitonaeal. Der abdominale Teil haftet dem Bauchfell so fest an, daß man ihn beim Ablösen desselben gewöhnlich mit ablöst. Der rechte Ureter liegt vor der rechten Arteria iliaca externa, der linke vor der linken Arteria iliaca communis. Vor ihm her kreuzen beiderseits die Vasa spermatica interna (resp. Vasa ovarica). Im kleinen Becken liegt er jederseits vor der Arteria iliaca interna. Der Ductus deferens kreuzt beim Mann etwa die Mitte der Curvatura pelvina im rechten Winkel (Abb. S. 407). Weiter nimmt der Ureter den Weg zur Blase beim Mann durch die Plica transversalis des Bauchfells, welche beiderseitig zur Harnblase zieht (S. 388). Bei der Frau liegt die Curvatura pelvina am Abgang des Ligamentum latum uteri von der Beckenwand, nahe dem Scheidengewölbe und der vorderen Scheidenwand. Hier kreuzt der Harnleiter die Arteria uterina, 2 cm von der Cervix uteri entfernt, eine Stelle, die für Operationen sehr wichtig ist. Man kann Nierensteine, welche hier stecken bleiben, bei der vaginalen Untersuchung fühlen. Die Entfernung der Enden der beiden Harnleiter am Blasengrund beträgt 5—6 cm (Abb. S. 428). Beim Mann lehnt er sich hier an das Samenbläschen, bei der Frau liegt er nahe dem Eierstock. Von hinten her ist die Stelle durch die Spina ischiadica gekennzeichnet; man kann auch von hinten beim Eindringen durch das Foramen ischiadicum minus den Ureter erreichen.

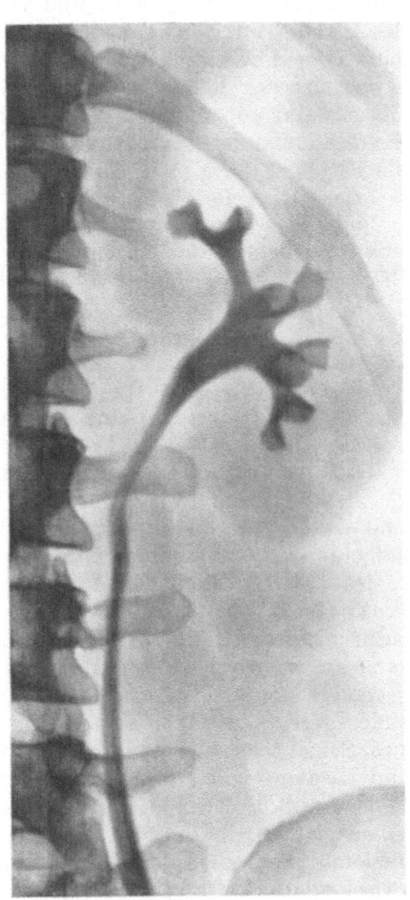

Abb. 203. Pyelogramm. Röntgenbild vom Lebenden. Injektion von dem im Ureter sichtbaren dünnen Katheter aus. Verzweigungstyp des Nierenbeckens ähnlich wie bei Abb. a, S. 380. Die leichte Knickung des Ureters in Höhe des Seitenfortsatzes des 3. Lendenwirbels ist normale Befund. Unterer Nierenpol als Schatten erkennbar (Lage zur 12. Rippe!). Aufnahme der Röntgenabteilung der Med. Klinik Rostock (Oberarzt Dr. Böhme). ¹/₂

Die Pars abdominalis liegt auf dem M. psoas. Von den Eingeweiden liegen vor ihr (retroperitonaeal) auf der rechten Körperseite: die Pars descendens duodeni und Radix mesenterii, auf der linken Körperseite die Flexura duodenojejunalis und das Mesosigmoideum.

Ähnlich wie beim Durchtritt des Ductus choledochus durch die Darmwand verläuft auch der Harnleiter schräg durch die Blasenwand. Bei der leeren Blase ist die ovale, schlitzförmige Öffnung auf der Innenwand (Abb. S. 385 u. 445) nur 25 mm

Einmündung in die Blase

von der auf der anderen Seite entfernt, während die Entfernung beim Eintritt in die Blasenwand das Doppelte und mehr beträgt. Der dicke Harnleiter drängt die Blasenschleimhaut auf seinem etwa 2 cm langen Verlauf durch die Muskulatur der Blase (intramurale Strecke) nach innen zu vor, entsprechend der Längsfalte, welche der Ductus choledochus im Zwölffingerdarm emporhebt. Bei der Blase steht die Falte quer. Von dem Querwulst, welcher die beiden Ureterenmündungen charakterisiert und von seinen Beziehungen zu dem übrigen Relief des Blasengrundes wird noch zu handeln sein (S. 392). Man kann bei der Leiche Luft oder Flüssigkeiten vom Harnleiter aus in die Blase injizieren, ohne daß etwas aus der Blase in ihn zurückgelangt, da die schräge Durchbohrung der Blasenwand automatisch als Verschluß funktioniert. Ob das im gleichen Maße für den Lebenden zutrifft, ist zweifelhaft. Regulationen des Verschlusses durch die Tätigkeit der glatten Muskulatur der Blasenwand und des Ureters selbst sind nicht unwahrscheinlich.

Sicher ist, daß bei Infektionen der Blase, z. B. bei Tuberkulose und Gonorrhöe, Bakterien in den Harnleiter und in die Niere aufsteigen können. Bei plötzlichem Druck auf die gefüllte Blase von außen kann im Tierversuch der infektiöse Inhalt in die Niere gelangen, was aus der auf den Versuch folgenden Nierentuberkulose geschlossen wird. Beim Menschen wird angenommen, daß krampfhafte Kontraktionen der Muskeln in der entzündeten Blase einen plötzlichen Druck ausüben. Rückschlüsse auf den normalen Mechanismus des Ureterverschlusses sind nicht mit Sicherheit möglich. Siehe auch die Struktur der Muscularis des Harnleiters.

Struktur der Schleimhaut

Man unterscheidet eine innere Schleimhaut, Tunica mucosa, eine mittlere Muskelhaut, Tunica muscularis, und eine äußere Faserhaut, Tunica adventitia. Die Schleimhaut besteht aus einem Epithel, welches die gleichen Eigenschaften hat wie das Blasenepithel. Im leeren Zustand des Organs sind die Zellen hoch prismatisch, fast fadenförmig und liegen in mehreren Schichten übereinander. Nur die dem Lumen zugewendeten Zellen, Deckzellen, sind kubisch oder kurzcylindrisch (Abb. S. 391). Sie haben ein helleres Protoplasma wie die Zellen der basalen Schichten und oft zwei oder mehr Zellkerne. Bei der Füllung der Lichtung mit Harn sieht das mikroskopische Bild ganz anders aus: die oberflächlichen Zellen sind sämtlich platt, die darunter liegenden können bei maximaler Dehnung ebenfalls abgeplattet und so auseinander gezerrt werden, daß sie nur noch in wenigen, manchmal sogar nur in zwei Schichten übereinander liegen und daß der Unterschied zwischen Deckzellen und basalen Zellen nicht mehr deutlich ist. Man nennt diese Art von mehrschichtigem Epithel: Übergangsepithel. Die Bezeichnung ist im doppelten Sinne richtig: in den wechselnden Zuständen geht die hohe Zellform in die niedere über und in dem leeren Organ haben die Deckzellen eine Zwischenform zwischen platten und cylindrischen Zellen. Eine Abscheidung von Substanzen durch das Epithel hindurch ist unmöglich; wie beim Epithel der Mundhöhle und der Speiseröhre handelt es sich auch hier um eine Verschlußschicht der übrigen Wandungsbestandteile nach der Lichtung zu. Sie kann sich dem jeweiligen Zustand des Hohlorganes plastisch anpassen.

Eine Basalmembran des Epithels ist nicht vorhanden. Infolgedessen ist die Begrenzung gegen das unterliegende Bindegewebe oft schwer zu erkennen. Tatsächliche Übergänge zwischen beiden Formationen finden natürlich nicht statt, sondern die Grenze ist in Wirklichkeit ganz scharf. Blutgefäße können wie überall so auch hier nicht über dieselbe hinaus in das Epithel gelangen, obgleich Schrägschnitte ein solches Verhalten vortäuschen.

Gewisse Gifte wie Cocain, Pilocarpin, Strychnin usw. werden von dem Epithel durchgelassen, können also bei Einführung größerer Mengen in die Blase zu Vergiftungen eines Menschen Veranlassung geben. Wasser wird nicht resorbiert. Für den normalen Harn spielen die genannten Ausnahmen keine Rolle.

Das Epithel ist durch lockeres Bindegewebe mit der Muskelschicht verbunden. Eine Muscularis mucosae gibt es nicht, eine Submucosa ist also nicht gegen die

Tunica propria der Mucosa s. str. abzugrenzen. Das Bindegewebe ist so locker,
daß sich die Schleimhaut in Falten legt, welche die Lichtung des Ureters sternförmig so weit verengern, daß nur das gerade abfließende Harnquantum hindurchfließen kann. Ein negativer Druck und eine Ansaugung von Urin aus der
Blase nach oben zu wird dadurch verhindert, daß Inhalt und Wandung einander
immer adäquat sind. Man hat beobachtet, daß gewöhnlich 8—10 Tropfen Harn
in der Minute 1—2mal aus der Harnleiteröffnung in die Blase eintreten; möglicherweise ist ein gewisser Überdruck nötig, um die Falten der Schleimhaut so weit
wegzudrängen, daß sich der Harnweg für eine kleine Menge Urin öffnet. Die

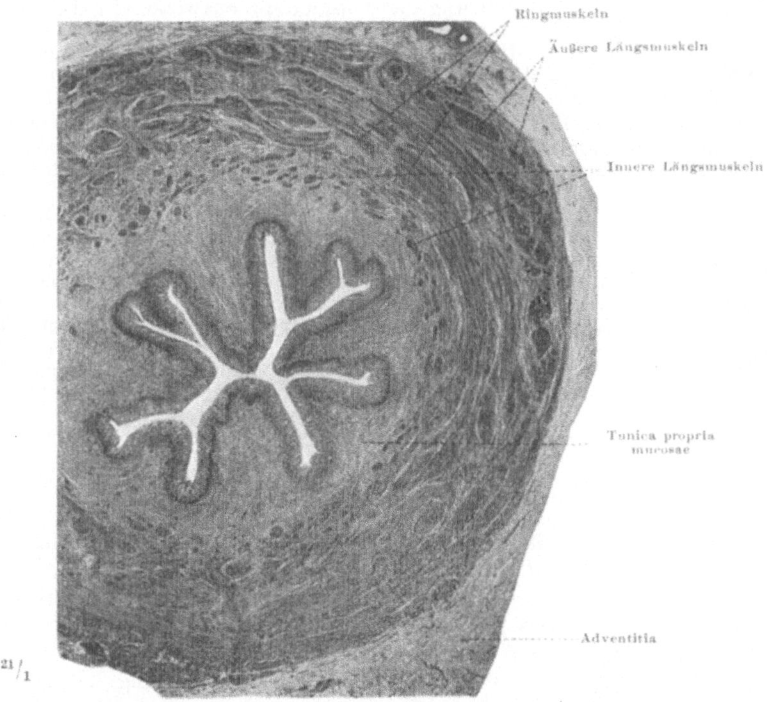

Abb. 204. Harnleiter, Mensch. Querschnitt durch das untere Drittel.

Uretereneinmündung spielt dabei keine Rolle, denn auch bei Einlegung eines
Katheters tropft der Harn in den gleichen Intervallen in die Blase.

Die Muskelschicht, welche durchweg aus glatten Muskelzellen besteht, Muskulatur
setzt sich kontinuierlich in diejenige des Nierenbeckens fort und geht am anderen
Ende in einen Teil der Blasenwand über (Trigonum vesicae). Von der eigentlichen
Blasenwandmuskulatur ist sie jedoch geschieden. Nur die Schleimhaut setzt
sich vom Ureter auf die Blase fort, ohne ihre Struktur zu ändern. Im Nierenbecken unterschieden wir innere Längsmuskeln und äußere Netze von Muskelfasern. Die letzteren sind im Harnleiter ringförmig angeordnet; sie bewirken
peristaltische Bewegungen. Die inneren Längsmuskeln sind sehr zahlreich,
liegen aber lockerer als die mehr kompakte Ringmuskulatur (Abb. Nr. 204). Im
unteren Drittel des Harnleiters treten zahlreiche äußere Längsmuskeln hinzu,
welche außerhalb der Ringschicht, der Adventitia zunächst liegen. Ausnahmsweise steigen einzelne Längszüge auch in den abdominalen Teil des Harnleiters
in die Höhe. Die Adventitia geht allmählich in das lockere Bindegewebe und
Fett der Umgebung über, ist aber nach dem Bauchfellüberzug zu beim abdomi-

nalen Teil derber und heftet hier Harnleiter und Bauchfell fester aneinander. Die Curvatura pelvina ist dagegen allseitig locker an das umgebende Bindegewebe und Fett angeheftet.

Beim Durchtritt durch die Blasenwand fehlt die Ringschicht. Die beiden Längsmuskelschichten sind zu einer Schicht vereinigt, welche in die Muskulatur des Trigonum vesicae übergeht, aber im allgemeinen selbständig gegenüber der glatten Muskulatur der Blase ist. Die oberhalb der Mündung befindliche äußere muskulöse Längsschicht wird als „Ureterenscheide" bezeichnet. — Der Tonus der glatten Muskulatur unterstützt zweifellos das Anliegen der Schleimhaut an den Inhalt des Ureters. Widerstände werden durch peristaltische Kontraktionen beseitigt, wie wir am Fortschaffen pathologischer Konkremente nach der Blase hin sehen können (Nierensteine). Die Bedeutung der besonders entwickelten Längsschichten (die innere fehlt z. B. im Darm ganz) kann vielleicht darauf beruhen, daß durch sie die Lichtung spindlig erweitert werden kann, so daß sich die Wandung vom Inhalt zeitweilig abhebt, um dann mit erhöhter Kraft durch die Ringmuskeln dem Inhalt angepreßt zu werden. Gewisse Röntgenbilder legen diese Vermutung nahe.

Gefäße und Nerven

Blutzufuhr: Die Arterien des oberen Endes des Harnleiters stammen aus den Nierenarterien, dann folgen Ästchen der A. spermatica interna (bzw. ovarica), welche an der Überkreuzungsstelle an ihn herantreten. Eine eigene A. ureterica geht aus der A. hypogastrica oder weiter oberhalb aus der A. iliaca communis oder aus der Aorta selbst an ihn, schließlich regelmäßig im kleinen Becken Ästchen der A. haemorrhoidalis media und A. vesicalis inferior (bei der Frau auch der A. uterina). — Das Venenblut fließt in Geflechten zu den Venae spermaticae der Bauchhöhle und zu den V. hypogastricae und V. iliacae communes der Beckenhöhle ab. — Die Lymphe nimmt ihren Weg zu den Lymphknötchen vor der Aorta und der A. hypogastrica (aus dem oberen Teil zu oberen Nodi aortici, die mittleren zu unteren Nodi aortici, die unteren zu den Lymphgefäßen der Harnblase oder zu Nodi hypogastrici). — Die Nerven bilden in der Adventitia ein Geflecht. Sie stammen vom Sympathicus und enthalten, besonders am unteren Ende des Ureters, eingestreute sympathische Ganglienzellen. Endigungen finden sich im Epithel und in den Muskelschichten. Die peristaltische Bewegung des Harnleiters ist ein neuromuskulär regulierter Vorgang.

c) Die Harnblase.

Die meso- und ento- dermale Kompo- nente

Der WOLFFsche Gang mündet anfänglich allein in die Kloake (Abb. S. 343). Wenn sich der Urogenitalapparat vom Darm abspaltet, wird die Mündung des WOLFFschen Ganges auf den ventralen Abschnitt, die spätere Blase, verlegt. Dabei wird das distalste Stück in die Blasenwand aufgenommen, ähnlich wie die Nierensammelgänge den Nierenkelchen einverleibt werden (Abb. a—c, S. 377). Nachdem auf diese Weise der vom WOLFFschen Gang abgehende Stiel der Nachnierenknospe, der spätere Ureter, eine selbständige Mündung in die Harnblase erhalten hat, wächst der von ihm und vom WOLFFschen Gang gelieferte Teil der Blasenwand so stark aus, daß sich jederseits die Mündungsstellen der beiden Gänge voneinander entfernen (Abb. S. 432). Beim Mann wird der WOLFFsche Gang zum Samenleiter, Ductus deferens. Ein gleichschenkliges Dreieck am Grunde der Blase, dessen Basis der Querwulst an der Einmündungsstelle der Ureteren bildet, und welches mit seiner Spitze in den Beginn der männlichen Harnröhre bis zur Einmündungsstelle der Samenleiter reicht, enthält die vom mesodermalen WOLFFschen Gange gelieferte Komponente der Blasenwand. Deren genaue Grenzen sind beim Erwachsenen nicht mehr feststellbar. Der oberste Teil des Dreiecks, welcher bis zum Beginn der Harnröhre (Orificium internum urethrae) reicht, heißt Trigonum vesicale (Lieutaudi); es ist durch seine Glätte von der übrigen Blasenschleimhaut dauernd, auch beim Erwachsenen unterschieden (Abb. S. 385). Die letztere stammt größtenteils aus dem entodermalen Abschnitt der Kloake.

Aus der Darmwand geht in der frühen embryonalen Entwicklung eine Ausstülpung hervor, welche für die Ernährung des Embryo im Mutterleib eine große Bedeutung hat, die Allantois. Sie wird als embryonaler Harnsack aufgefaßt.

welcher Wasser und Ausscheidungen der Niere aufzunehmen und zu sammeln hat, da in utero eine Entleerung nach außen nicht möglich ist. Die Allantois ist zugleich embryonales Atmungsorgan, denn sie hängt bruchsackartig aus der offenen Leibeshöhle ventral heraus — ähnlich dem Dottersack (Abb. S. 633) — und tritt dadurch in Beziehung zu den Nachbarorganen. Sie erhält später, da wo sie den Nabel passiert, einen dünnen Stiel, den Urachus, und wird im übrigen innerhalb des Mutterkuchens zu einem der wichtigsten Bestandteile desselben umgewandelt (Chorion, S. 520). Der Urachus sitzt demjenigen Teil der ventralen Darmwand an, welcher später vom anfänglich einheitlichen Darmrohr abgespalten und als ventraler Abschnitt gegenüber dem dorsalen

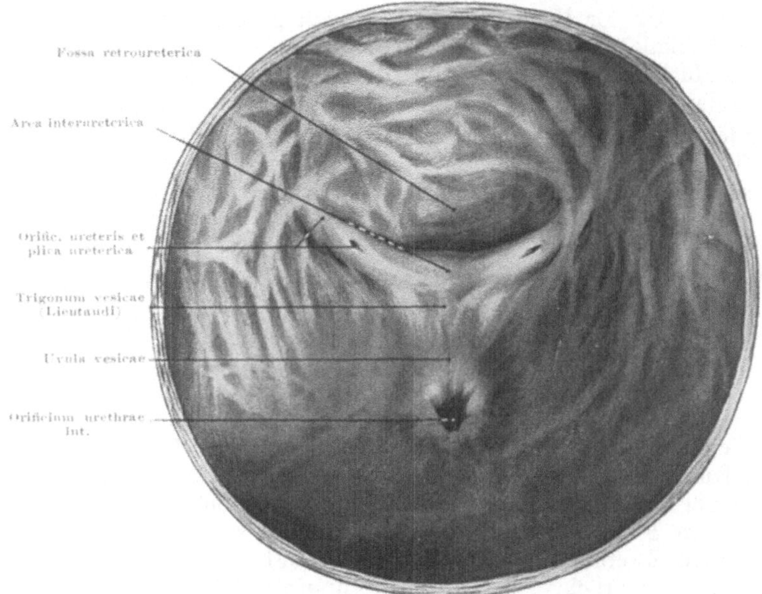

Abb. 205. Blasengrund von innen. Durch eine mäßige Füllung der Harnblase mit Formol in situ gehärtet. (Aus CORNING, Topograph. Anatomie.)

Rest selbständig wird. Man nennt das ganze Darmrohr distal vom Abgang des Urachus Kloake; ihr ventraler Abschnitt ist die spätere Blase, ihr dorsaler Abschnitt ist das endgültige Rectum. Der Urachus setzt den oberen Pol der Harnblase gegen den Nabel zu fort, ist aber zur Zeit der Geburt bereits verödet; anderenfalls müßte bei der Abnabelung des Kindes der Harn aus dem Nabel herausfließen, was auch tatsächlich geschieht, wenn ausnahmsweise der Urachus offenbleibt, wie es als sehr seltene Hemmungsbildung auch beim Erwachsenen beobachtet wird. Aus dem obliterierten Urachus wird das „Ligamentum" umbilicale medium (S. 389).

Die Kloake ist anfänglich durch die Kloakenmembran nach außen zu geschlossen, ähnlich wie die Rachenhaut den entodermalen Kopfdarm gegen die ektodermale Mundbucht abschließt. Da die Kloakenmembran erhalten bleibt, bis die wesentlichsten Bildungsvorgänge an der Blase vollzogen sind, weiß man genau, daß das Epithel der Blasenwand entodermaler Abkunft ist. Die einzige Ausnahme macht die mesodermale Komponente, welche oben beschrieben wurde. Beim Mann sind höchstwahrscheinlich die Glandulae bulbourethrales noch vom Ektoderm gebildet. Das Entoderm liefert also noch das Epithel der Pars prostatica und Pars membranacea der Harnröhre, während in der Pars cavernosa das Epithel vom Ektoderm

abstammt. Bei der Frau ist jedenfalls das ganze Harnröhrenepithel entodermaler
Abkunft.

Außer Harnblase und Harnröhre geht aus der Kloake das Rectum, das ganze
Colon und ein Stück des Ileum hervor. — Auf frühen Zuständen der Kloakenmembran, in welchen sie bis zum Nabel reicht, beruht eine seltene Hemmungsbildung: unterbleibt die normale Einwanderung von Bindegewebe zwischen die
ekto- und entodermale Epithellamelle der Kloakenmembran im Gebiet zwischen
Nabel und äußerer Harnröhrenöffnung, so reißt die erhalten gebliebene Membran
ein: Bauch-Blasenspalte.

Form in verschie-
denen Fül-
lungs-
zuständen

Die Harnblase, Vesica urinaria, ist ein muskulöses Hohlorgan, dessen
Wand dem Inhalt eng angepaßt ist, und zwar so, daß stets die Muskulatur dafür
sorgt, daß die Wandung glattwandig bleibt. Nur das Relief der Schleimhaut
kann nach dem Blaseninnern zu uneben sein und hat beim leeren Organ zuweilen
Falten, welche nach Art der Harnleiterfalten bis zur gegenseitigen Berührung
vorspringen. Sind lokale Ausbuchtungen, Recessus, an einer Blase vorhanden,
so ist sicher die Muskulatur an der betreffenden Stelle defekt; im normalen
Zustand kommt das nicht vor.

Beim Lebenden ist die Form der Blase nach Füllung mit Kollargollösungen
oder anderen für Röntgenstrahlen schwer durchlässigen Flüssigkeiten genau
bekannt. Wir sehen hier zunächst ab von der Form der Blase beim Harnlassen.
Denn die sich entleerende Blase ist, wie stark oder schwach sie auch gefüllt
sein mag, immer kuglig; sie verkleinert sich konzentrisch. Die nach der Harnröhre zu geschlossene Blase hat dagegen sehr verschiedene Formen.

Die Blase rundet sich, je stärker sie gefüllt ist, um so mehr ab, da dann
der Innendruck den auf der Blase von außen lastenden Druck der Eingeweide,
der vorderen Bauchwand usw. überwindet (Abb. S. 387, 407). Sie steigt über
die Symphyse hinaus, liegt mit ihrem längsten Durchmesser in der Medianebene, oft ein wenig nach rechts oder links seitwärts übergebogen und wird
bei hohen Graden der Ausdehnung oval bis walzenförmig. Eine Blase, die
ihren normalen Tonus besitzt, steigt nicht bis zum Nabel in die Höhe. Reicht
sie über den Nabel hinaus, so ist sie sicher atonisch. Bei der Leiche sind
durch Injektion von Flüssigkeit solche Überdehnungen zu erzielen, daß die
Blase sogar bis zum Zwerchfell reicht. Der Scheitel, Vertex, ist bei der
gefüllten Blase immer deutlich. An ihm ist die ursprüngliche Fortsetzung des
Organs in den Urachus, das Ligamentum umbilicale medium, befestigt. Auch
wenn der Scheitel äußerlich nicht erkennbar ist, wie bei der leeren Blase, kann
diese Beziehung ihn aufzufinden helfen. An den Scheitel schließt der Blasen-
körper, Corpus vesicae, an; das dem Scheitel gegenüberliegende Stück, in
welches sich die Harnleiter öffnen und aus welchem die Harnröhre herausführt,
heißt Blasengrund, Fundus.

Die leere Blase ist nur, wenn sie extrem kontrahiert ist, kuglig. Sonst folgt
sie dem Druck der Umgebung. Da sie von den starren Beckenwänden seitlich
ringsum geschützt ist, wird wesentlich der Scheitel betroffen. Die Bauch-
und ein Teil der übrigen Beckeneingeweide lasten auf ihm, bei der schwangeren
Frau besonders die anteflektierte Gebärmutter (Abb. S. 523). Er wird schüssel-
förmig eingedrückt, so daß die obere Hälfte der Blase in die untere Hälfte bis
zur Berührung der Innenflächen beider eingedellt sein kann. Von der Bauchhöhle aus gesehen, kann die Stelle, an welcher die Blase liegt, wie eine tiefe
Mulde aussehen, welche das Bauchfell auskleidet, um vorn zur vorderen Bauchwand, hinten zum Rectum (bzw. zum Uterus) aufzusteigen. Der Unkundige,
welcher eine Prominenz erwartet, sucht in solchen Fällen vergeblich nach der
Blase. Das leere Organ ist stets von vorn durch die Symphyse verdeckt (Abb.
S. 390, 523). Auch bei mäßiger Füllung erreicht der Blasenscheitel nicht den
oberen Rand der Symphyse.

Die schüsselförmige Blase kann unter Umständen auf dem Medianschnitt ein dreistrahliges Lumen haben. Der obere Strahl zieht aufwärts in der Richtung auf den Nabel zu, ein kürzerer Strahl zeigt nach hinten, den 3. Strahl bildet die Fortsetzung in die Harnröhre. Eine muldenförmige Vertiefung des Scheitels der Blase kann im Röntgenbild beim Lebenden auch bei Blasen sichtbar sein, welche ziemlich stark gefüllt sind; immer ist es ein Druck von außen, welcher die Delle bedingt, in diesem Fall der Druck der Eingeweide.

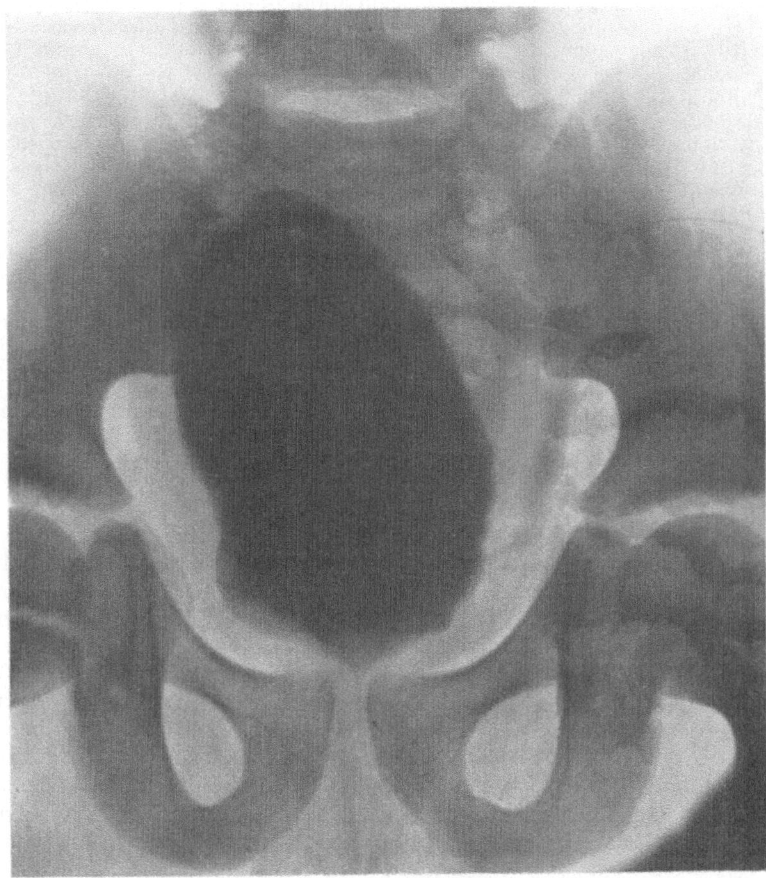

Abb. 206. Blase, gefüllt. Füllung mit Kollargol beim Lebenden (Kind). Röntgenbild, Photo (von Prof. Rost, Chirurg. Klinik, Heidelberg).

Das Peritonaeum parietale überzieht nicht das ganze Organ, sondern läßt, wie ein Stahlhelm oder eine in den Nacken gezogene Mütze das Gesicht freigibt, die Vorderfläche unbedeckt, ist dagegen dem Scheitel und der Hinterwand der Blase angeheftet. Die vordere, gegen die Symphyse gerichtete Wand grenzt unmittelbar an den Knochen und ist durch lockeres Bindegewebe mit ihm verbunden (Abb. S. 445). Das Bindegewebe gehört zur Fascia pelvis (endopelvina), einer Fortsetzung der Fascia transversalis des Bauches (Bd. I, S. 150). An der Hinterwand der Blase bleibt der Teil des Blasengrundes, an welchem die Samenleiter und -bläschen dem Organ anliegen, vom Bauchfell unbedeckt (Abb. S. 390, 428). Das Dreieck zwischen den genannten Organen ist ebenfalls meistens frei vom Bauchfellüberzug; doch kann gelegentlich ein zipfelförmiger Recessus bis

Beziehung zum Bauchfell

25*

an die Prostata herabreichen. Man nennt die Bauchfelltasche zwischen Blase
und Mastdarm beim Mann Excavatio rectovesicalis; bei der Frau liegt sie
zwischen Blase und Gebärmutter, Excavatio vesicouterina. Die letztere
reicht nicht bis zum vorderen Scheidengewölbe heran.

Nach den beiden seitlichen Wänden der Blase zu setzt sich das Bauchfell oft
auf die rechte und linke Beckenwand als in die Bauchhöhle vorspringende Falte
fort (im Prinzip ähnlich dem Lig. latum, in welchem die Gebärmutter liegt, S. 522).
Die Falte heißt Plica transversalis (beim Mann in das konstante „Ligamentum"
puboprostaticum laterale fortgesetzt). Sie verstreicht, wenn die Blase extrem erweitert wird, ist also eine Reservefalte für das sich ausdehnende Organ.

Die dem Mastdarm zunächst gelegene Bauchfellnische ist der tiefste Punkt
der Bauchhöhle im Stehen und Liegen. Man nennt sie auch den DOUGLASschen
Raum oder kurz „Douglas". Beim Mann ist es die genannte Excavatio rectovesicalis („kleiner" Douglas), bei der Frau die Excavatio rectouterina („großer"
Douglas). Bei Drainage der Bauchhöhle von vorn kann Eiter oder sonstiges pathologisches Material in der Bauchhöhle aus dieser Nische schwer abfließen, während
bei Drainage nach dem Rectum bzw. nach dem hinteren Scheidengewölbe zu der
Inhalt der Bauchhöhle gerade am tiefsten Punkt abläuft und deshalb ganz entfernt
wird. — Will man vom Rectum aus die Blase erreichen, so ist immer fraglich, ob
die Umschlagstelle des Bauchfells quer über die Enden der Samenbläschen herüber-
zieht und das dreieckige Feld zwischen den Samenbläschen frei läßt oder nicht.
Nur im ersteren Fall kann man subperitonaeal an die Blase gelangen. Beim Kind
reicht das Bauchfell immer bis zur Prostata. Bei Harnfisteln, die beim Erwachsenen
in das Rectum durchbrechen, sind die Bauchfellauskleidungen meistens frühzeitig
entzündlich verklebt; deshalb ist der Harnabfluß ohne Eröffnung der Bauchhöhle
möglich. In den „Douglas" reichen oft Eingeweideschlingen hinab, die Excavatio
vesicouterina bei der Frau ist jedoch stets eine enge Spalte, die frei von Eingeweiden
ist. Bei gefüllter Blase haben keine Darmschlingen im kleinen Becken Platz; in
diesem Fall ist der „Douglas" bei Mann und Weib leer. Leere der Blase und Leere
des Douglas stehen im gegensätzlichen Verhältnis zueinander.

Cavum
praevesicale
(Retzii) Füllt sich die Blase mit Harn und erhebt sich der Blasenscheitel über den
oberen Rand der Symphyse, so nimmt sie den helmförmigen Bauchfellüberzug
mit in die Höhe wie ein Mensch, der den Kopf über eine Deckung emporhebt.
Die bauchfellfreie Vorderwand der Blase legt sich der vorderen Bauchwand an;
der Zwischenraum zwischen Bauchfell und Symphyse wird, je stärker die Blase
gefüllt ist, um so größer. Entweder geht das Bauchfell der vorderen Bauchwand ohne Einfaltung glatt auf den Blasenscheitel über oder es senkt sich
zwischen vorderer Blasen- und Bauchwand zu einer Nische ein, Recessus
vesicoabdominalis (Abb. S. 445). In der Regel findet sich die Umschlagstelle
etwa 2 cm oberhalb der Symphyse, wenn der Blasenscheitel 5 cm oberhalb
dieses Punktes angelangt ist. Liegt der Blasenscheitel in der Mitte zwischen
Symphyse und Nabel, so hat die Umschlagsfalte von der Symphyse eine
Distanz von 5 cm. Man nennt den nicht vom Bauchfell eingenommenen Raum
zwischen vorderer Bauch- und Blasenwand Cavum s. Spatium praevesicale (Retzii). Auf seinem Vorhandensein beruht die Sectio alta, d. h. die
Möglichkeit operativ die Harnblase oberhalb der Symphyse zu erreichen, ohne
die Bauchhöhle zu eröffnen. Man benutzt sie, um Blasensteine, d. h. nicht
seltene pathologische Ausscheidungen aus dem Harn, zu entfernen. Die Erfolge
dieser von den „Steinschneidern" des Mittelalters bereits geübten Methode
haben den Wert einer breiten Statistik, welche beweist, daß in der Regel die
Vorderwand der gefüllten oder nach oben gezogenen Blase frei vom Bauchfell
ist. Bei krankhaftem völligen Verschluß der Harnröhre, der sich nicht überwinden läßt, wird hier punktiert und der Harn künstlich abgelassen.

In der Regel ist der RETZIUSsche Raum mit lockerem Bindegewebe gefüllt
(Spatium), das aber die gleiche Nachgiebigkeit besitzt, wie wenn ein Hohlraum vorhanden wäre. In seltenen Fällen fehlt das Bindegewebe und ein tatsächlicher „Raum",
ähnlich einem Schleimbeutel, ist vorhanden (Cavum). — Das Bauchfell ist bei
leerer Blase mit der vorderen Bauchwand nicht bis zu deren unterem Rand (Leisten-

band) befestigt. Dringt man in dieser Gegend bei der Leiche ein, so findet man den
unteren Befestigungsrand etwa fingerbreit oberhalb der Symphyse, beiderseits
oberhalb des POUPARTschen Bandes und des oberen vorderen Darmbeinstachels.
Von da ab kaudalwärts liegt das Bauchfell der Bauchwand nicht mehr an. Das
Cavum praevesicale ist also auch bei leerer Blase vorhanden. Der Zwischenraum
zwischen Bauchfell und Bauchwand vergrößert sich jedoch bei gefüllter Blase entsprechend dem Emporsteigen des Blasenscheitels immer mehr. Bei „hochgelagertem
Becken", d. h. in einer Körperlage, bei welcher das Becken höher steht als der
Rumpf, zieht auch eine mäßige Menge von Harn in der Blase den Scheitel durch
sein Gewicht kopfwärts; diese Lage des Patienten wird vielfach bei der Sectio alta
benutzt. Der Blasenscheitel kann über die Symphyse auch durch ein stark gefülltes
Rectum emporgedrängt werden. Beim Fetus und beim Kind ragt die Blase stets
über den Symphysenrand empor.

Die Venen an der Vorderwand der Blase liegen bei Eröffnung der vorderen Bauchwand nach dem von Bindegewebe gefüllten Cavum Retzii zu frei vor. Geht ausnahmsweise der Recessus vesicoabdominalis weiter abwärts als gewöhnlich, so bedeckt
er die Venenplexus, so daß sie unsichtbar sind; nach ihnen kann man also im Einzelfall am Lebenden leicht bestimmen, wie sich das Bauchfell verhält.

Vom Scheitel der Blase verläuft der obliterierte Urachus zum Nabel. Man
nennt den bindegewebigen, manchmal glatte Muskelzüge enthaltenden Strang,
der vom Bauchfell bedeckt an der Innenseite der vorderen Bauchwand falten-
förmig vorspringt, Ligamentum umbilicale medium und die ihn bedeckende
Bauchfellfalte Plica umbilicalis media (Abb. S. 390). Zu beiden Seiten liegen
die Plicae umbilicales laterales, welche die obliterierten Nabelarterien
enthalten und auch wohl als Ligamente bezeichnet werden. In der Regel vereinigen sich die drei Stränge schon unterhalb des Nabels zu einem gemeinsamen
Band, welches am Nabel verschwindet. Die Nischen zwischen den Strängen
selbst und zwischen ihnen und den Plicae epigastricae, welche die gleichnamigen Gefäße beherbergen, haben Bedeutung für die Lage des Leistenkanales
(siehe Bd. I, S. 174). Als Befestigungen für die Blase kommen die Stränge nicht
in Betracht. Der Name „Ligamente" hat ebensowenig Beziehung zu den Bändern
der Bewegungsapparate wie die meisten übrigen „Ligamente" des Bauchfells.
Bei prall gefüllter Blase, bei welcher am ehesten eine Fixierung des Blasenscheitels
gegen den Nabel erwartet werden könnte, ist das Ligamentum umbilicale medium
schlaff. Ebensowenig ist das Bauchfell auf der oberen und hinteren Wand der
Blase imstande das Organ zu fixieren. Es ist so locker befestigt, daß man es
mit den Fingerkuppen leicht von der Blasenwand abheben kann. Dagegen
gibt es am Blasengrund des Mannes derbe Bindegewebszügel zwischen Prostata
und Blase, die bei dem Damm und seinen Fascien näher beschrieben werden sollen,
und außerdem glatte Muskelzüge zwischen der Blase und ihrer sonstigen Umgebung: M. pubovesicalis (Abb. S. 407), M. rectovesicalis, M. deferentiovesicalis. Der Blasengrund macht jedoch alle Bewegungen der Prostata mit,
die Fixierung ist also keine absolute im Raume, am wenigsten bei der Frau,
wo der Blasengrund mittelbar an die bewegliche Vorderwand der Scheide fixiert
ist. Charakteristisch für das Organ ist eben seine Beweglichkeit in der Norm,
die ihm erlaubt entsprechend dem Füllungsgrad und dem Druck der Nachbarschaft seine Form und Lage zu ändern. Daher hat auch die gefüllte Blase ganz
andere Organe zu Nachbarn als die leere Blase. Nur bei krankhaften Fixierungen
durch entzündliche Verlötung mit der Nachbarschaft ist die Lage konstant.

Der Blasengrund ist konstant auf dem Beckenboden, Diaphragma pelvis,
gelagert. Er stößt mittelbar, durch zwischengelagertes Bindegewebe davon geschieden, an den M. levator ani und weiter seitlich an den M. obturator internus an,
je nach der Ausdehnung, welche die Blase auf die Beckenwand zu nimmt. Diese
Stelle der Blasenwand ist dreieckig, sie schaut nach der Seite und unten und ist
paarig (in Abb. S. 407 das vom Bauchfell unbedeckte Blasenfeld der rechten Seite).
Zwischen den beiden dreieckigen Feldern liegen beim Mann die Prostata, die Samenbläschen und die Samenleiter mit ihren Ampullen eingeschaltet. Sie sind zwischen
Blasengrund und Beckenboden zu suchen und nehmen ein unpaares dreieckiges

Feld ein, in welchem die Blase unmittelbar den genannten Organen aufliegt. Nur ein dreieckiges Innenstück dieses Feldes, das frei von Bauchfell zu sein pflegt, schaut zwischen den Anlagerungen vor (Abb. S. 428). Beim Weibe ruht der ganze Blasengrund ohne Zwischenschaltung besonderer Organe auf der vorderen Scheidenwand.

Der Samenleiter kann die seitliche Wand der stark ausgeweiteten Blase berühren, gewöhnlich ist er durch eine Bauchfellnische von der Blase getrennt (Abb. S. 407). Am ehesten erreicht er die Blase an seinem Kreuzungspunkt mit dem Harnleiter.

Bei der Frau liegt der Uterus der hinteren Blasenwand immer eng an, getrennt von ihr bloß durch die spaltenförmige Excavatio vesicouterina. Die Blase hat meist eine nach innen vorspringende Delle, welche vom Uterus vorgestülpt wird. Unterhalb des Bodens der Excavatio vesicouterina liegt der Blasengrund gerade so zur

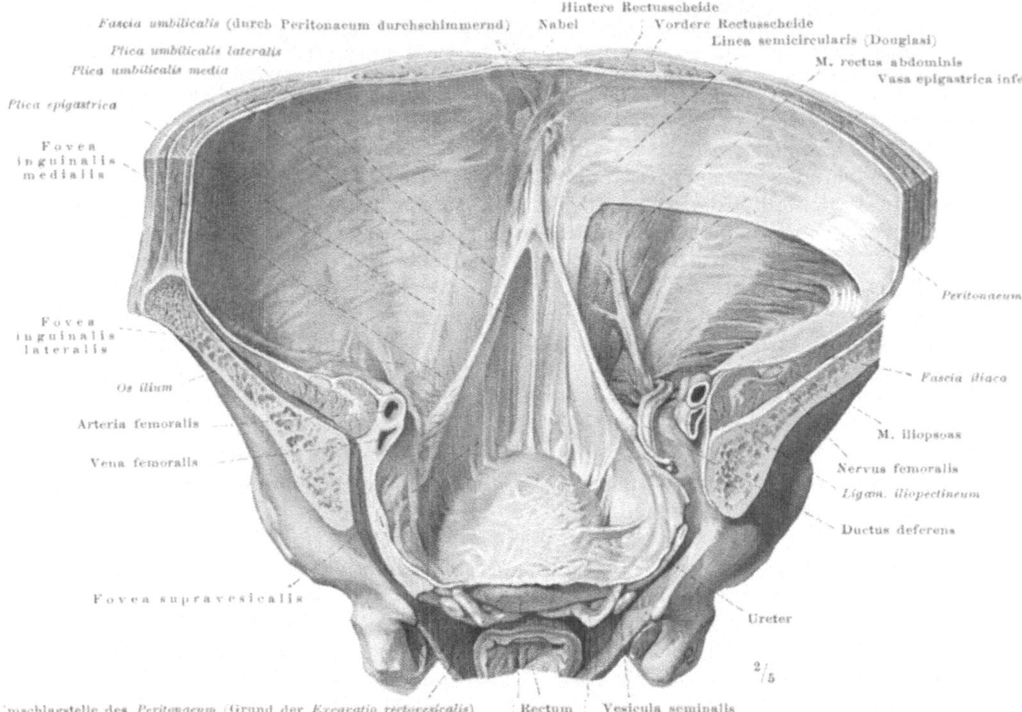

Abb. 207. Vordere Bauch- und Beckenwand, von innen gesehen, Mann.

vorderen Wand der Scheide wie beim Mann zu den zwischengeschalteten Samenbläschen und der Prostata. Infolgedessen steht bei der Frau die Blase tiefer im kleinen Becken drin als beim Mann. Das Abflußloch zur Harnröhre liegt bei der Frau etwa in einer Verbindungslinie zwischen unterem Symphysenrand und unterem Ende des Kreuzbeins, beim Mann dagegen 3—4 cm höher als diese Hilfslinie. Trotzdem scheint die weibliche Blase in der Norm keine größere Kapazität als die männliche zu besitzen (bei mehr als 500 ccm ist die Muskulatur bei normalen Individuen beider Geschlechter bereits leicht atonisch, d. h. nicht mehr normal; doch sind individuelle Verschiedenheiten sehr verbreitet).

Die gefüllte Blase erreicht die Ileumschlingen und meistens den Wurmfortsatz. Entzündliche Verwachsungen des Blasenscheitels mit letzterem sind bei Appendicitis nichts Seltenes. Im Douglas liegt gewöhnlich die Schlinge des Colon sigmoideum, die von hinten die Blase berührt, falls nicht durch die Ausdehnung der Blase, des Rectum oder beider der Raum so sehr eingeengt ist, daß das Colon sigmoideum in die Bauchhöhle gedrängt wird.

Beim Fetus und beim Neugeborenen hat die Harnblase eine ganz andere Form als beim Erwachsenen. Sie ist lang gestreckt, torpedoförmig und reicht immer, auch im leeren Zustand, hoch in den Bauchraum hinauf. Die Abflußstelle für den Harn,

Orificium urethrae internum, liegt in der Höhe des oberen Randes der Symphyse, die Mündung der Harnleiter in der Höhe des Beckenkammes. Erst mit dem Herabsinken der Blase in die endgültige Lage steigt auch das Bauchfell abwärts. Anfänglich liegt die vordere Blasenwand der vorderen Bauchwand voll an. Später legt sich das Bauchfell an dieser Stelle an die Innenseite der Bauchdecke, ebenso steigt erst nach der Geburt das Bauchfell an der Hinterwand der Blase abwärts bis zum Blasengrund. Erreicht es mit einem zipfelförmigen Fortsatz die Prostata zwischen den Samenleitern, so ist die höchste Stufe der Ausdehnung erreicht. Der Prozeß ist progressiv und individuell wechselnd, kein Rest früher umfänglicherer Anlagerung.

Die Beziehung der Blase zur vorderen Wand des Mastdarms gibt dem Arzt die Möglichkeit vom After aus die Blase abzutasten und beispielsweise auf das Vorkommen von Steinen zu fahnden. Die Tiefe des Douglas entspricht der mittleren Plica transversalis des Rectum (Abb. S. 299). Die Umschlagstelle des Bauchfells ist vom After etwa 9 cm entfernt, bei leeren Organen geringer. Über das Septum rectovaginale siehe S. 528.

Die Schleimhaut der Blase ist verhältnismäßig dick, am dicksten am Abfluß in die Harnröhre. Sie ist weich, blutreich und deshalb im Leben rot gefärbt, *Relief und Struktur der Schleimhaut*

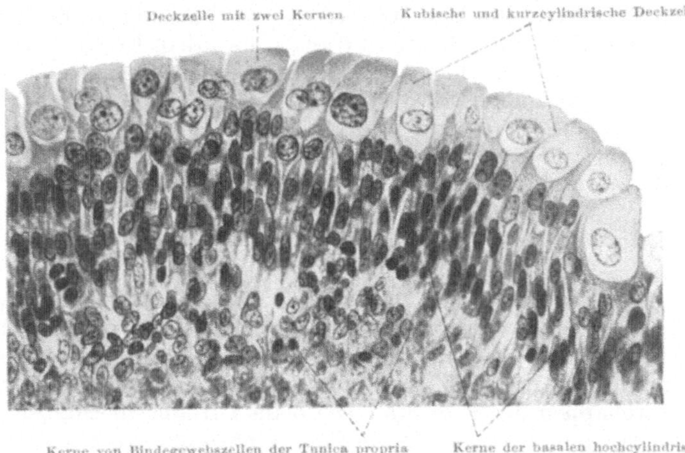

Abb. 208. Übergangsepithel der Harnblase im kontrahierten Zustand (von der Höhe einer Falte). Photo.

blasser am Trigonum vesicae. Das Epithel ist gleich dem im Harnleiter und Nierenbecken (Abb. Nr. 208). Man kann infolgedessen an abgestoßenen Epithelien, die man im Harnsediment findet, nicht erkennen, ob sie aus der Blase oder aus höher gelegenen Abschnitten der Harnausführwege stammen; wohl unterscheiden sich die oberflächlichen Deckzellen von den darunter liegenden Zellschichten, solange die Blase nicht dilatiert ist (S. 382). Feine Tröpfchen auf der Oberfläche der Deckzellen sind, wahrscheinlich mit Unrecht, als Sekrete der Zellen gedeutet worden. Die Blase ist drüsenlos bis auf gelegentliche, an der Ausflußstelle von der Harnröhre aus in sie eingewanderte Drüsen. Eine Basalmembran des Epithels fehlt. Papillen des Bindegewebes wölben sich nur im Trigonum gelegentlich in die basale Epithelschicht vor. Gewöhnlich ist das Epithel durch lockeres Bindegewebe mit der Muskelschicht verbunden, so daß sich die Schleimhaut leicht in Falten von der stets ungefalteten Muscularis abheben kann. Nur die gedehnte Blase hat ein glattes Innenrelief, die leere Blase ist von Schleimhautfalten kreuz und quer bedeckt (Abb. S. 445). Das Trigonum vesicae bleibt gewöhnlich glatt, aber selbst auf ihm können feine Längsfältchen, die nach der Harnröhre zu konvergieren, auftauchen. Bei der leeren Blase springt es kissenartig aus dem Niveau des Blasengrundes vor. Eine Muscularis mucosae existiert nicht und infolgedessen keine Trennung des Bindegewebes in eine Tunica propria und Tunica submucosa. Man nennt das ganze Binde-gewebe Tela submucosa. Anhäufungen von Lymphocyten in ihr, Noduli lymphatici vesicales, und Einwanderungen von Lymphocyten in das Epithel sind häufig zu beobachten.

Ist die Muskelhaut der Blase abnorm verstärkt, so springen die innersten Züge so sehr vor, daß sie die Schleimhaut leistenförmig vorbuchten („Balkenblase"); dieses Vorkommnis läßt auf ein pathologisches Abflußhindernis für den Harn schließen.

Das Epithel ist, solange keine Defekte bestehen, undurchlässig für Harnbestand-teile. Eine sehr langsame Diffusion, die unter besonderen Umständen beobachtet wurde, kommt für die normale Verweildauer des Harns in der Blase nicht in Betracht. Gifte im Harn, welche das Epithel selbst nicht angreifen, werden ebenfalls von ihm nicht durchgelassen. Das Epithel ist also wie im Nierenbecken und Ureter ein reines Deckepithel.

Springen die in der Blasenwand eingebetteten Harnleiterenden besonders stark in das Blaseninnere vor, so ist nicht nur ein Querwulst, Plica interureterica, sondern häufig hinter ihm eine Vertiefung der Blaseninnenfläche, namentlich bei der schlaffen Blase alter Leute, stationär geworden, Fossa retroureterica (Abb. S. 385). Beim Mann hängt dieser Blindsack nach hinten über die gegen den Blasengrund vordrängende Prostata über, um so mehr je größer die Prostata ist, besonders also bei Prostatahypertrophie. Vom Katheterisieren her ist be-kannt, daß sich oft ein Harnrest nur schwer entfernen läßt; dies entspricht wahrscheinlich der Häufigkeit des Blindsackes beim Lebenden.

Die Öffnung der Harnblase gegen die Harnröhre zu ist gewöhnlich geschlossen; sie hat rundliche Form mit feinen radiären Fältchen, welche die Stelle der Öffnung wie bei einem geschlossenen Tabaksbeutel umkränzen. Bei älteren Männern sieht man statt ihrer nicht selten eine sichelförmige Spalte, deren Konvexität nach der Symphyse zu gerichtet ist. Im letzteren Fall läuft vom Ureterenwulst ein Längswulst, Uvula, gegen die Harnröhrenöffnung zu und wulstet die Hinterwand gegen die Vorderwand zu vor. In ihr steckt der ver-größerte Mittellappen der Prostata. Die beim Öffnungsmechanismus sich voll-ziehenden Formveränderungen des Orificium internum urethrae hängen eng mit dem Verhalten der Muskulatur zusammen, welcher wir uns deshalb zunächst zuwenden. Das sich öffnende Orificium hat bei der normalen Blase Trapezform.

Muskulatur der Wandung

Die glatten Muskelzellen der außen von der Schleimhaut liegenden Tunica muscularis fügen sich zu Bündeln und Strängen, die netzförmig verflochten sind, zusammen. Wir werden eine ähnliche Anordnung in den Trabeculae carneae des Herzens kennen lernen (Abb. S. 658), nur sind sie dort deutlicher und aus den für das Herz typischen quergestreiften Muskelzügen zusammengesetzt. Nehmen bei der Blase die Züge der glatten Muskulatur eine so grob trabekuläre Form an, so entsteht die pathologische, bereits erwähnte „Balkenblase". Gewöhnlich sind die Stränge zarter, so daß die Schleimhaut innen und auch das Bauchfell außen alle Niveauunterschiede überdecken und ausgleichen. Denn gewöhnlich erfordert der im Innern der Blase herrschende Druck, der mit der Menge der sich sammelnden Harnmenge wächst, keinen allzu großen Kraftaufwand der Tunica muscularis, um ihm, dem Innendruck, das Gleichgewicht zu halten. Steigt der Innendruck zu sehr, so löst er Harndrang aus; durch das Harnlassen wird dann die Muskulatur der Blasenwand entlastet. Immerhin ist sie grobbündeliger als die sehr feinfaserige und dichte Muskulatur im Trigonum vesicae, welche einerseits mit der Muscularis der Harnleiter und andrerseits mit derjenigen der Harnröhre zusammenhängt. Wir behandeln sie unten besonders und bezeichnen sie im Gegensatz zur Wandmuskulatur als Schließmuskel, Sphincter vesicae. Beide sind innerhalb der Blasenwand so gut wie völlig voneinander getrennt; am Orificium internum der Harnröhre sind sie dagegen eng miteinander verfilzt.

Man teilt gewöhnlich die Tunica muscularis in drei Schichten ein, Stratum externum, medium, internum; diese sind durch Präparation an der Hinterwand daran erkennbar, daß sich die äußeren Fasern als senkrechte, die mittleren als ringförmige Züge, die inneren als zwei von den Ureterenöffnungen sich erhebende weitverästelte Baumkronen, also zum großen Teil auch wieder als senkrechte Züge abzeichnen. Doch sind im allgemeinen diese Unterscheidungen stark schematisiert und treffen weder die natürliche Anordnung noch die biologische Bedeutung der Wandmuskulatur. Am deutlichsten ist vielmehr die wesentliche Anordnung innerhalb der Tunica muscularis am Scheitel der Blase, wo ein regelmäßiges Netz von Zügen das gefüllte Organ wie das einen Luftballon schützende Netz überspannt. Hier sind alle Spannungsrichtungen in gleicher Weise in Anspruch genommen, deshalb alle Bündel gleichmäßig stark und alle Netzmaschen ziemlich gleich groß. Im übrigen sind die Muskelbündel da verstärkt, wo die Blasenwand am stärksten in Anspruch genommen wird, geradeso wie bei der Knochenspongiosa die Hauptmasse in den Trajektorien angehäuft ist. Man kann die Blase als Spannungsellipsoid betrachten, in dessen Haupttrajektorien die stärksten Muskelbündel liegen. Eine zu starke Erweiterung des Querdurchmessers verhindern ringförmig angeordnete Züge, welche am verbreitetsten sind; sie bilden das Stratum medium der üblichen Nomenklatur. Doch sind z. B. an der Vorderwand keine inneren Längszüge vorhanden, so daß dort die Ringschicht bis an die Submucosa heranreicht. Die Längszüge verhindern eine zu starke Ausdehnung in der Vertikalen und sind in der Hinterwand sowohl außen wie innen entwickelt, weil der Halt fehlt, welchen vorn die Beziehung zur vorderen Becken- und Bauchwand der Blase gibt. Man kann Längszüge in der als Stratum externum bezeichneten Schicht vorn und hinten an der Blase erkennen; sie breiten sich nach dem Blasenscheitel zu fächerförmig aus und gehen in das für den Scheitel charakteristische Netz über, nur wenige gerade fortlaufende Bündel erreichen das Lig. vesicale medium und treten in dieses ein. Zwischen den Längszügen zu beiden Seiten der Blase sind gegen den Blasengrund zu schräge Züge vorherrschend, weiter oben liegt die Ringmuskelschicht zutage.

Bei der aktiven Entleerung der Blase ist in erster Linie die Bauchpresse beteiligt; denn bei in Lokalanästhesie geöffneter Bauchhöhle, bei welcher die Bauchmuskeln ausgeschaltet sind, läuft selbst aus einer gefüllten Blase der Harn nur langsam ab. Gewöhnlich genügt die Schwere des Harns nach Eröffnung des Schließmuskels zum Harnlassen. Die Wandmuskulatur der Blase formt beim Beginn des Harnlassens aktiv das Organ um, so daß es kuglig wird und sich bei der Entleerung konzentrisch verkleinert. Sie ist ihrer Anordnung nach ein statisch wirksames Gerüst gegen den Innendruck. Das Bindegewebe zwischen den Muskelbündeln ist reich an elastischen Fasern, welche die glatte Muskulatur ganz wesentlich in dieser ihrer Aufgabe unterstützen. Die Muskulatur gibt in der Phase der Füllung der Blase mit Harn Schritt für Schritt nach, je mehr Harn in die Blase von den Nieren aus hereinbefördert wird, hält die Wandung in ständigem Kontakt mit dem Inhalt (peristolische Tätigkeit wie beim Magen) und verhindert eine übermäßige Füllung. Das Gegenbild ist bei Lähmungen der Gesamtmuskulatur oder bei örtlichen Atrophien der Wandmuskeln deutlich: die Blase kann sich dann bis zum Platzen im wörtlichen Sinn füllen, oder hernienartige Buchten können aus ihr herausdrängen, welche in die Nischen zwischen den umgebenden Eingeweiden hineinpassen. Die normale Blase hingegen ist nie über mittelgroß und stets nischenlos; sie verhindert ein zu langes Verweilen des Harns, der, wenn er von der Harnröhre aus infiziert

wird, sehr üble Wirkungen ausübt (Blasenkatarrh). Der normale Harn bleibt
auf diese Weise steril.

Zum Stratum externum gehören die Mm. pubovesicalis (Abb. S. 407), retrovesicalis und deferentiovesicalis beim Manne, die an die bezeichneten Nachbarorgane
angeheftet sind.

Manche Autoren bezeichnen die ganze Wandmuskulatur der Blase, andere nur
die Längszüge in ihr als M. detrusor urinae. Wahrscheinlich wird beim Harnlassen durch die Wandmuskeln nur die kuglige Form in allen Stadien der konzentrischen Verkleinerung garantiert, so daß der Druck der Bauchpresse nicht wirkungs-
los verpufft. Die eigene Wirkung der Wandmuskeln auf den Blaseninhalt ist nicht
sehr groß. Der Schließmuskel der Blase öffnet sich ohne Mitwirkung dieser Muskeln.
Da sie am Orificium internum in ihn einstrahlen, so besteht ihre Tätigkeit beim
Harnlassen darin, das einmal geöffnete Orificium geöffnet und die kuglige Form
der Blase im ganzen aufrecht zu erhalten.

Sphincter
vesicae

Die Muskelzüge des Schließmuskels sind viel feiner als die der Blasenwand, weil gröbere Bindegewebssepten zwischen ihnen so gut wie ganz fehlen.
Sie sind fest mit der Schleimhaut des Trigonum verlötet und bilden einen
Muskelfilz, dessen Züge sehr variable Richtung haben: M. trigonalis. Er
setzt sich nach oben in die äußere Längsmuskelschicht der Harnleiter fort
und ist in Form von Querzügen in der Plica ureterica besonders mächtig. Nach
der Harnröhrenöffnung zu geht der M. trigonalis allmählich in eine Schlinge
über, welche schleuderartig von oben hinten nach unten vorn schräg absteigend
um den Anfangsteil der Urethra (Pars prostatica) herumgelegt ist (Abb. S. 477,
blau). Sie ist etwa 1 cm hoch und $^1/_2$ cm dick; sie heißt Lissosphincter zum
Unterschied von dem etwas weiter von der Harnblase entfernten Rhabdosphincter (rot), einem Schließmuskel aus quergestreiften, von den Damm-
muskeln abstammenden Muskelfasern, welcher dem Willen untersteht. Der
Lissosphincter hat seinen eigenen starken Tonus, er ist wie alle glatte Muskulatur dem Willenseinfluß entzogen und schließt auch bei der Leiche so fest,
daß der Harn aus der Blase nicht abfließen kann. Werden im Leben die
Blasenwandmuskeln zu sehr gespannt, so lösen sie auf reflektorischem Weg
ein Nachlassen des Lissosphincter aus, so daß der Harn abfließen kann. Eigentlich gehört der Lissosphincter bereits ganz der Harnröhre an; da er aber aufs
engste mit dem M. trigonalis und durch diesen mit der Ureterenwand
zusammenhängt, so behandelt man ihn allgemein zusammen mit der Blase.
Die Muskulatur des Trigonum dient als Befestigungsplatte für ihn; beide fassen
wir deshalb als Sphincter vesicae zusammen. Mit dem Teil des Blasengrundes, welcher vor dem Orificium internum der Harnröhre liegt, hat der
Lissosphincter keine nähere Berührung, da sein oberer Rand schräg nach der
Symphyse zu abfällt.

Innerhalb der Pars prostatica der Harnröhre gehen die Fasern des Lissosphincter
zahlreiche Verflechtungen mit der zu ihm gehörigen glatten Muskulatur innerhalb
der Prostata ein. Am Orificium internum wird er von zahlreichen groben Bündeln
der Blasenwandmuskeln durchbrochen. Hier sind die beiden Arten von Muskeln
der Blase eng miteinander verfilzt.

Bei eröffneter Blase ist bei Operationen manchmal zu sehen, daß der Lissosphincter zuerst an seinem oberen Rande erschlafft; dann folgen erst absteigend
seine unteren Teile. Daher ist die Öffnung zuerst trichterförmig erweitert. Blasensteine sind manchmal zur Hälfte eingeklemmt, was auf diesen Mechanismus bezogen wird. Die Form der Eingangspforte des Trichters gegen die Harnblase zu
ist trapezförmig, nicht rund. An der mit Kollargol gefüllten Blase ist allerdings
auf dem Röntgenschirm von einem Trichter nichts zu sehen, so daß sein Vorhandensein von den meisten Urologen geleugnet wird. Die Beobachtungen bei Operationen
werden für nicht beweisend gehalten, weil die Blase der Operierten nicht normal sei.

Harn

Der Harn, Urina, ist eine helle, mehr oder weniger gelb gefärbte Flüssigkeit,
welche ähnlich wie die Galle keine eigenen geformten Bestandteile enthält,
dagegen wohl abgefallene Epithelien aus der ganzen Länge seines Weges bis zur

Spitze des männlichen Gliedes (bzw. der Vulva der Frau) mit sich führt. Durch Sedimentieren (Centrifuge) kann man sie in der Regel nur in ganz minimalen Mengen, bei Erkrankungen dagegen leicht gewinnen und der mikroskopischen Analyse unterwerfen; über die Unterschiede der in Betracht kommenden Epithelien ist bereits berichtet worden. Schleimwölkchen oder bei konzentriertem Harn ein ziegelmehlähnliches Sediment (Sedimentum lateritium) können dem normalen Harn beigemischt sein. Sperma oder Blut (z. B. bei der menstruierenden Frau) können in den Genitalien hinzukommen. Auch darin gleicht der Harn der Galle, daß keine Bakterien in ihm vorkommen, solange die harnbereitenden Organe normal sind. Beim Speichel, der durch die in ihm enthaltenen abgestoßenen Epithelien an das oben vom Harn Gesagte erinnert, ist bekanntlich stets eine reiche Flora von Bakterien enthalten, ebenso in den Säften des Magendarmkanals und in den Geschlechtsorganen. Da bei der Frau die Harnröhre nur sehr kurz ist, kann relativ leicht von der Scheide aus infektiöses Material in die Harnblase gelangen und einen Blasenkatarrh erzeugen, besonders bei künstlicher Einführung eines Katheters. Auch beim Mann besteht beim Katheterisieren die Gefahr, daß Mikroorganismen mitgeschleppt werden. Der normale Harn ist jedoch steril; er reagiert schwach sauer. Er ist ein reines Excret, über dessen Zusammensetzung aus Abfallstoffen die Lehrbücher der physiologischen Chemie Auskunft geben.

Hier hat uns nur die Menge zu beschäftigen; wir behandeln sie an dieser Stelle, da sie für die Form der Blase und die Einrichtungen der harnleitenden Wege von Bedeutung ist. Die Flüssigkeitsabgabe des Körpers erfolgt durch die Verdunstung der Haut (Sekret der Schweißdrüsen), die Atemluft, den Kot und den Harn (Abb. S. 549). Bei starkem Schwitzen infolge körperlicher Anstrengung läßt der Mensch wenig und konzentrierten Harn, wie jeder weiß; umgekehrt wächst die Harnmenge, welche durch Harnlassen ausgeschieden wird, je weniger die Haut abdunsten kann, z. B. in feuchtigkeitsgesättigten tropischen Gegenden. Die Tagesleistung des Körpers ist also außerordentlich verschieden, obgleich der Körper seinen Flüssigkeitsbestand möglichst auf der gleichen Höhe zu halten bestrebt ist. Aber wie bei der Körpertemperatur wird der Pegelstand des Wassers im Körper durch sehr mannigfaltige Faktoren reguliert; es kommt für die tägliche Produktion an Harn darauf an, wieviel gerade diesem Faktor der Regulation zu leisten zufällt. Durchschnittlich wird etwas mehr als $1^1/_2$ l Harn in 24 Stunden gelassen (Maximum 3, Minimum $^1/_2$ l). In welchen Intervallen das Harnlassen erfolgt, ist wiederum recht wechselnd. Man hat die „normale" Füllung der Blase mit 350 g angegeben und versteht darunter das Quantum, dessen Druck auf die Blasenwand noch gerade vertragen wird, ohne daß reflektorische Reizung des Schließmuskels und damit Harndrang auftritt. Aber je nach der Lebensweise sind die Menschen darin sehr verschieden. Städter, welche sich in geschlossenen Räumen aufzuhalten genötigt sind, und Menschen mit gesellschaftlicher Routine haben ihre besondere Harnblasendisziplin und vertragen sehr viel stärkere Füllungen des Organs ohne Harndrang. Kinder folgen bekanntlich hemmungslos dem geringsten Harndrang. Gewisse Erkrankungen der Drüsen z. B. die Prostatahypertrophie alter Männer befördert häufigen Harndrang oft unerträglich. Außer der glatten Muskulatur des Sphincter vesicae ist auch die willkürliche Muskulatur der Harnröhre, Rhabdosphincter, bei der Unterdrückung des Harnlassens beteiligt, sobald der Harndrang unterdrückt werden soll. Bereits an der Einmündungsstelle der Samenleiter in die männliche Harnröhre (Colliculus seminalis) sind glatte und quergestreifte Muskeln zu gleichen Teilen zu einem Ringmuskel vermischt. Der neuromuskuläre Mechanismus ist recht verwickelt und erst in den gröberen Zügen bekannt.

Gefäße und Nerven

Blutzufuhr: Durch A. vesicalis superior aus dem nicht obliterierten Anfangsteil der A. umbilicalis, einem Ast der A. hypogastrica, und durch A. vesicalis inferior unmittelbar aus der A. hypogastrica. Sie anastomosieren in der Blasenwand miteinander und mit Ästchen der Darmarterien, die von hinten an den Blasengrund herantreten (A. haemorrhoidalis media, gleichfalls ein Ast der A. hypogastrica). — Die Venen beginnen mit einem engmaschigen feinen Netz innerhalb der Schleimhaut, welches mit dem Cystoskop beim Lebenden sichtbar ist. Die größeren Venen bilden reiche Geflechte mit Längsstämmen, besonders auf der Vorder- und Hinterseite der Blase; sie hängen nach unten mit dem Plexus pudendalis und ringsum mit den Ästen der Vena hypogastrica zusammen. Ein besonderer venöser Plexus vesicalis liegt dem Grund und der Vorderwand der Blase im Cavum praevesicale Retzii an; er ist in die Abflüsse nach der V. hypogastrica zu eingeschaltet.

Lymphgefäße gibt es zwischen Muskulatur und Bauchfellüberzug, sie leiten die Lymphe zu einigen kleinen Lymphknötchen am Blasengrund; Nebenabflüsse zu den Lymphknoten der Beckenwand (Nodi hypogastrici et iliaci).

Nerven: Auf jeder Körperseite existiert ein Plexus vesicalis, der vermittels des Plexus hypogastricus Fasern aus oberen Lumbalnerven und ferner unmittelbar Fasern aus dem 3. und 4. Sacralnerven bezieht. Die ersteren sind sympathisch, die letzteren parasympathisch (N. pelvicus s. erigens). Außerdem gibt es in der Blasenwand zahlreiche Ganglienzellen, welche von sich aus Kontraktionen der Blase bewirken. Sie werden gesteuert durch die übergeordneten Centren im Rückenmark und Gehirn, welche auf den genannten Wegen hemmend und fördernd in die Bewegungen der Wand- und Schließmuskulatur eingreifen. Rückenmarkserkrankungen, beispielsweise Rückenmarksschüsse, führen deshalb zu Störungen der Blasenfunktion. Selbst bei Hirnschüssen sind solche beobachtet, was auf bestimmte Centren für die Blasenmotilität in den Stammganglien und in der Rinde schließen läßt. — Die Empfindlichkeit der Blase für Reize verschiedener Art wird nicht einheitlich beurteilt. Sehr erfahrene Untersucher behaupten, daß lediglich durch Kontraktionen der Muskeln, nicht von der Schleimhaut Empfindungen ausgelöst werden können. Sicher ist die Harnblase sehr viel unempfindlicher als die Harnröhre. Zweifellos wird aber von der Harnblase aus das Gefühl des Harndranges ausgelöst. Wie dies im einzelnen geschieht, ob von der Schleimhaut oder von der Muskulatur und von welcher Stelle aus, ist sehr umstritten. Störungen scheinen nicht durch die Größe der Blase oder andere lokale Ursachen, sondern psychisch bedingt zu sein; so erlischt z. B. die bei Kindern nicht seltene Enuresis nocturna (Bettnässen) oft zur Zeit der Pubertät, d. h. wenn die Schlaftiefe erfahrungsgemäß gegenüber dem Kindesalter abnimmt und nun der Harndrang eher empfunden wird.

II. Die Nebennieren und die chromaffinen Organe.

Nephrogene und sympathogene Organe

Die Nebennieren sind bei den höheren Wirbeltieren und beim Menschen zwei einheitliche Organe, welche den Nieren aufsitzen (Abb. S. 374); sie liegen außerhalb der Nierenkapsel und sind mit dieser nur durch lockeres Bindegewebe verbunden. Das Innere des Organs zerfällt in zwei Schichten, Rinde (Cortex) und Mark (Medulla). Beide sind Drüsen mit innerer Sekretion, aber ganz verschiedenen Ursprungs. Bei den Haifischen kommen sie als völlig getrennte Organe vor, beim Frosch findet man die ersten topographischen Beziehungen durch Nebeneinanderlagerung; von da ab wird in der Tierreihe die Einwanderung des einen in das andere immer deutlicher. Beim menschlichen Embryo entsteht die der Rinde zugrunde liegende Anlage ähnlich der Niere aus dem Cölomepithel (Mesoderm). Wir können diese Wucherungen ihrer Lage nach dem Interrenalorgan (Zwischenniere) der Haie vergleichen, einer besonderen Art Niere, welche zwischen den Urnieren ihren Platz hat und danach benannt ist. Dies ist die nephrogene Komponente der Nebenniere. Sie ist relativ sehr groß, auch wenn schon die Anlagen des Markes in sie hineingedrungen sind. Die Zellen des Markes entstehen in nächster Beziehung zum sympathischen Nervensystem. Letzteres bezieht seine Zellen aus der Ganglienleiste, aus welcher auch die Spinalganglien hervorgehen (Abb. S. 2). In den Ausflüssen der Leiste, welche die sympathischen Ganglienzellen liefern, differenzieren sich Nachbarzellen von solchen zu chromaffinem Gewebe. Beide Zellarten sind gleichsam

Geschwister. Sie bleiben auch während der ganzen weiteren Entwicklung eng
verschwistert, sei es daß chromaffines Gewebe den sympathischen Ganglien eng
angelagert ist, sei es daß einzelne sympathische Ganglienzellen oder Gruppen
von solchen im chromaffinen Gewebe zerstreut liegen. Diese Verschiedenheiten
hängen davon ab, ob die eine oder andere Zellart an Menge überwiegt. In der
Nebenniere tritt der letztere der beiden Typen auf. Das chromaffine Gewebe ist
ektodermaler Abkunft, entstammt also einem ganz anderen Keimblatt als das
nephrogene Rindengewebe. Die Zellen sind anfangs hell und schwer färbbar,
später erlangen sie eine besondere Affinität zu Chromsalzen und färben sich mit
solchen hellgelb bis dunkelbraun. Diese Zellen dringen als kompakte Masse in
die nephrogene Anlage der Nebenniere ein und stehen anfänglich gegenüber
jenen an Masse sehr zurück. Sie liegen als Kern zuinnerst, das nephrogene

Gewebe umgibt sie wie eine
Schale. Die Berührungsfläche
ist glattwandig. Aber später
vergrößert sie sich, indem sich
die nephrogene Rinde ähnlich
der glatten Gehirnrinde beim
Embryo flächenhaft stark ausbreitet. Eine Stelle bleibt wie
die Insula Reilii des Gehirns
am alten Ort liegen (sie um-
wächst die Vena centralis,
S. 398), während die neuent-
stehende Rinde über sie hinaus-
quillt und sie umhüllt. Möglicherweise beruht auf dieser
großen Berührungsfläche zwischen zwei heterogenen, jetzt
zu einem Organ verschmolzenen Anlagen eine Funktions-
eigenart der Nebenniere.

Andere chromaffine An-
lagen dringen nicht in die
Nebenniere ein, sondern bleiben selbständig (Abb. Nr. 209).

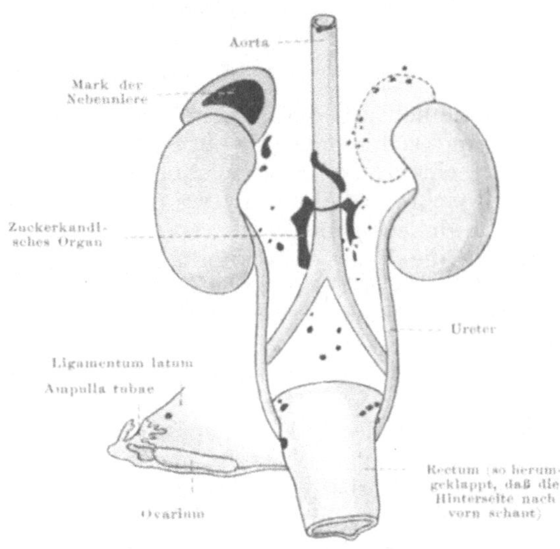

Abb. 209. Verteilung des chromaffinen Gewebes,
schwarz. 45 Tage altes Mädchen (nach A. KOHN, Arch. f.
mikroskop. Anat. 1903, etwas verändert). Die linke Nebenniere ist durchsichtig gedacht (Kontur gestrichelt), um die
hinter ihr liegenden rein chromaffinen Körperchen zu zeigen.

Sie entsprechen also ihrer Herkunft nach lediglich dem Nebennierenmark, nicht
der Rinde. Wir werden zuerst die Nebenniere und dann diese selbständigen
chromaffinen Organe beschreiben. Die letzteren liegen ihrer Mehrzahl nach als
Anhängsel an Ganglien des Sympathicus.

Da in die Zellen der Nebennierenrinde (nephrogene Komponente) nach der
Geburt in hohem Maße Lipoide eingelagert werden, welche dem Myelin in der Markscheide der peripheren Nerven nahe stehen, so hat man eine Parallele zwischen
sympathischen und cerebrospinalen Nerven darin gesehen, daß die letzteren auf
ihrem ganzen Wege mit der fetthaltigen Markscheide in Berührung sind, daß die
sympathischen Nerven eine solche Symbiose mit einem lipoiden Organ auch besitzen,
aber nicht überall, sondern nur an einer Stelle, in der Nebenniere. Aus dem Versagen dieser als lebensnotwendig betrachteten Beziehung wird der Sympathicustod
erklärt, eine der häufigeren letzten Ursachen des Ablebens. Diese Todesursache hat
ihren Sitz in der Nebenniere, wie aus den post mortem gefundenen Veränderungen
der Größe des Organs geschlossen wird. Welcher Art die biologische Einwirkung
von Nebennierenrinde und -mark aufeinander sind, ist dabei unbekannt. — Neben den
weiter unten zu erwähnenden sicher gestellten Wirkungen der Nebenniere sind gewiß
noch andere vorhanden. Bei tuberkulöser Erkrankung der Nebenniere entsteht
die Bronzekrankheit (Morbus Addisoni); die Haut der betroffenen, auch sonst schwer
geschädigten Individuen ist dunkelbraun-gelb verfärbt. Dies läßt auf Störungen

uns unbekannter Funktionen schließen, welche für den normalen Organismus lebensnotwendig sind. Es ist an eine Aufnahme giftiger, im Blut kreisender Substanzen durch die Lipoide der Rinde gedacht worden, welche toxische Zerfallsprodukte auf diese Weise binden könnten.

Abgesprengte Stückchen der Nebennierenanlage bleiben gelegentlich an den benachbarten Geschlechtsorganen hängen und gelangen dann durch den Descensus ovarii bis in das kleine Becken oder durch den Descensus testis bis in den Hodensack. Sie unterscheiden sich von den rein chromaffinen Organen dadurch, daß sie nur der Nebennierenrinde entsprechen, seltener Rinde und Mark besitzen (nephro- und sympathogene Komponente). Machen sie den Descensus nicht mit, so liegen sie in der Bauchhöhle in der Nähe der Nebenniere als sehr variable, aber nicht seltene accessorische Nebennieren. Sie sind aus reiner Rindensubstanz zusammengesetzt, ohne Mark. Rein chromaffine Organe werden bis in die Nähe des Eierstockes und Nebenhodens gefunden (Abb. S. 397). Auch in der Nebenniere selbst kann man Einsprengungen von Markinseln in die Rinde oder von Rindeninseln in das Mark finden (Ausgangsmaterial von Geschwülsten).

1. Die Nebennieren.

Lage,
Größe und
Form Gewöhnlich ist die Nebenniere, Glandula suprarenalis, ein paariges Organ, nur selten fehlt sie auf einer Seite des Körpers oder beide Nebennieren sind zu einem Organ verschmolzen. Beide liegen auf dem oberen Pol der Nieren, mehr medial als letztere (Abb. S. 374). Die rechte Nebenniere ist platt und von dreieckigem Umriß; vorn und außen stößt sie an die Leber, vorn und innen an die Vena cava inferior, hinten und innen an die Niere und an das Zwerchfell. Dem Spalt zwischen diesen Nachbarorganen ist ihre Form angepaßt. Zur Niere verhält sie sich wie ein dieser aufsitzender Dreispitz. Die obere Spitze heißt Apex. Eine solche fehlt der linken Nebenniere, letztere hat eine ganz andere Umgebung wegen der asymmetrischen Lage der Bauchorgane. Sie ist auch platt, aber von halbmondförmigem Umriß; sie liegt der medialen Seite der linken Niere an, vom Hilus bis zum oberen Pol. Auf ihrer Vorderfläche ruht der Magen, getrennt von ihr durch die spaltförmige Bursa omentalis. Unterhalb des Magens legt sich die Bauchspeicheldrüse mit den Vasa lienalia auf die Vorderfläche der Nebenniere. Mit ihrer Hinterfläche stößt sie an das Zwerchfell und die linke Niere.

Die Größe ist sehr verschieden, gewöhnlich beträgt die Höhe 5 cm, die Breite 3 cm, die Dicke nicht ganz 1 cm, das Gewicht 11—18 g (beim Neugeborenen bereits 6 g). Man nennt die Vorderfläche Facies anterior, die Hinterfläche Facies posterior und die der Niere anliegende Fläche Basis. An einer Stelle tritt eine größere Vene, Vena centralis, aus der Nebenniere heraus, bei der rechten Nebenniere vorn oben, nahe der Spitze, bei der linken vorn unten an der Basis; diese Stelle heißt Hilus. Gewöhnlich liegt der Hilus in einer Falte, welche tief in die Nebenniere einschneidet. Auf Querschnitten durch das Organ an dieser Stelle sieht sein Kontur dreistrahlig aus, da die Hinterfläche geradlinig begrenzt ist, die Vorderfläche dagegen durch die Falte eine zweizipfelige Form erhält. Manchmal schneidet auch in die Hinterfläche eine Falte ein. Der obere und mediale Rand sind meist besonders ausgeprägt und werden deshalb als Margo superior und Margo medialis unterschieden.

Die Bedeckung mit Bauchfell ist rechts und links verschieden und dabei sehr variabel. Ursprünglich liegen die Nebennieren wie die Nieren ganz retroperitonaeal (Abb. b, S. 250). Später erhält sich dies nur gelegentlich bei der linken Nebenniere, während die rechte völlig vom Bauchfell weggedrängt sein kann. Denn die bauchfellfreie Fläche des rechten Leberlappens legt sich immer so vor die rechte Nebenniere, daß die im Kontakt mit der Leber stehende Partie keinen Bauchfellüberzug mehr hat. Aber auch der untere Teil der Vorderfläche der Nebenniere kann frei von Bauchfell sein, wenn sich nämlich das Duodenum auf ihn legt. Dann steht die rechte Nebenniere überhaupt nicht mehr mit dem Bauchfell in Berührung. Gewöhnlich ist aber die genannte Stelle noch vom Peritonaeum bedeckt. — Bei der

linken Nebenniere ist gerade umgekehrt der obere Teil der Vorderfläche vom Bauchfell überzogen (hintere Lamelle der Bursa omentalis), der untere Teil ist frei davon,
da sich hier das Pankreas der Nebenniere auflegt; doch kann letzteres weiter kaudal
liegen, dann bleibt die ganze Vorderfläche wie beim Embryo mit Bauchfell bedeckt.

Die Substanz der Nebenniere zerfällt, wie oben hervorgehoben, in zwei
ihrer Herkunft nach verschiedene Teile, die Rinde, Substantia corticalis,
und das Mark, Substantia medullaris (Abb. Nr. 210). Die Rinde ist von
einer fibrösen Kapsel überzogen, von welcher Stränge in das Innere eindringen.
In der Kapsel finden sich auch glatte Muskelzellen.

Sämtliche Zellen der Rinde sind ausgezeichnet durch ihren Reichtum an
Lipoiden. Feinste Fettkörnchen erfüllen den Zelleib. Sind diese durch die
technische Behandlung beim Einbetten gelöst und entfernt worden, so sieht

Feinerer
Bau der
Rinde

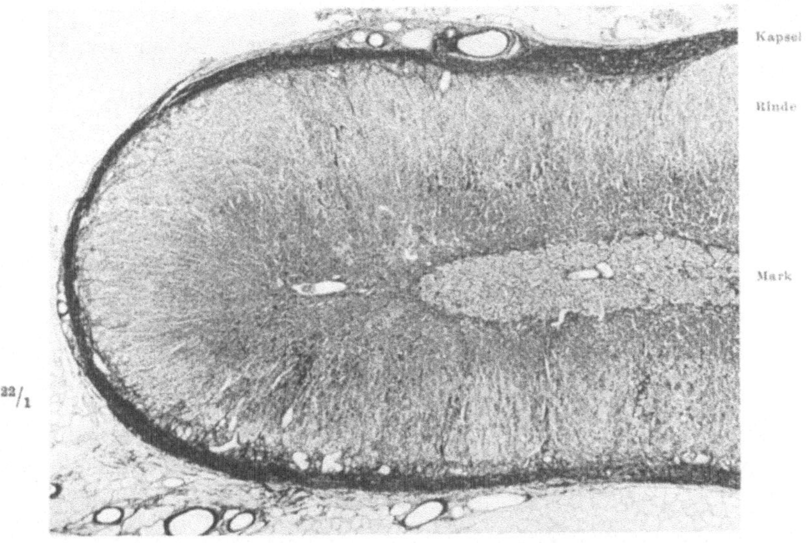

Abb. 210. Nebenniere, Mensch. Photogramm. Von Prof. ROMEIS, München.

das Protoplasma schaumig aus. Für das bloße Auge hat die Rinde infolge
ihres Fettreichtums eine gelbliche, in den innersten Teilen mehr bräunliche
Färbung. Letztere beruht auf braunen Pigmentkörnchen in den Zellen, in
denen die Fettkörnchen zurücktreten. Unter den Lipoiden der Nebenniere
treten die Cholesterinester und sonstige cholesterinartige Lipoide hervor; sie
sind doppelbrechend, verlieren diese Eigenschaft beim Erwärmen und gewinnen
sie wieder beim Erkalten. Sie sehen im frischen Zustand heller gelb aus als
gewöhnliches Fett, sie färben sich jedoch mit Fettfarbstoffen und bräunen sich
durch Osmium.

Die zarten Bindegewebsblätter zwischen den Zellen des Markes sind die
Träger zahlreicher Blutgefäße, die in ihrem weiteren Verlauf in engstem Verband
mit den Rindenzellen gefunden werden. Die Rindenzellen sitzen den Endothelien von feinsten Arterien unmittelbar auf. Zwischen dem Cholesteringehalt
des Blutes und dem der Nebennierenrinde ist ein deutlicher Parallelismus nachgewiesen. Wir wissen, daß die Nebennierenrinde ein endokrines Organ ist,
doch sind ihre Hormone noch nicht näher bekannt.

Die Kanälchen der Nebennierenrinde machen eine ähnliche Wandlung durch
wie die Drüsenschläuche in der Leber. Es entwickelt sich ein typisches Fachwerk
(Abb. S. 400). In der äußersten Schicht, Zona glomerulosa, finden sich noch

schlauchartige Stückchen, welche meist kurz und kuglig sind, manchmal noch ein Lumen besitzen, meistens aber ein solches verloren haben. In der folgenden Zona fascicularis sind an die Stelle der Tubuli Zellstränge getreten, welche im wesentlichen radiär und parallel zueinander verlaufen. Die innerste Schicht, Zona reticularis, zeigt zahlreiche Brücken zwischen den benachbarten Fascikeln, so daß eine netzförmige Balkenstruktur wie in der Leber resultiert. Es fehlt jedoch in der Nebennierenrinde etwas den Gallenkanälchen (= Capillaren) Vergleichbares, sie ist rein endokrin, nicht gleichzeitig exokrin wie die Leber.

Bei Tieren mit ausgesprochener Brunstzeit, z. B. dem Maulwurf, wurde festgestellt, daß die Samenepithelien solange wachsen und funktionieren als die Nebennierenrinde reich an Cholesterinen ist, daß sie jedoch veröden, sobald diese Substanz in der Nebennierenrinde abnimmt. Auch beim Menschen sind deutliche Korrelationen zwischen der Menge der Nebennieren und Hodensubstanz nachzuweisen, siehe S. 421.

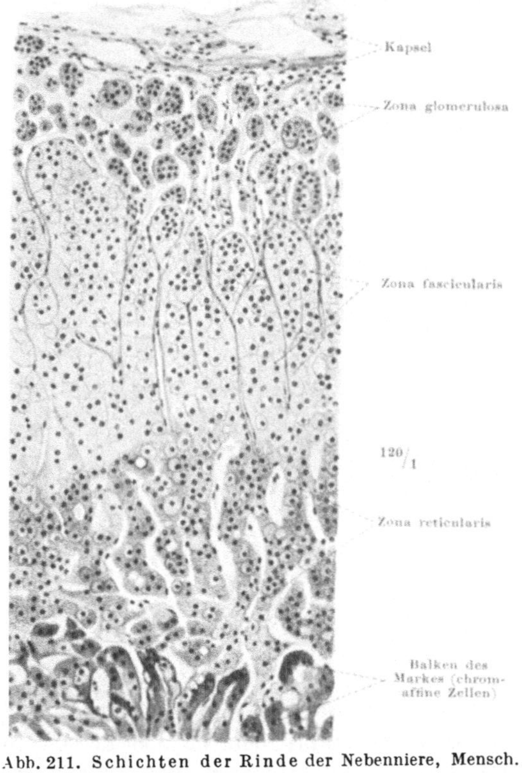

Die Zellen des Markes sind chromaffin, d. h. sie werden durch Chromsäure und ihre Salze lebhaft braun oder gelb gefärbt. Sie liegen in zusammenhängenden Strängen oder Nestern, zwischen welchen zahlreiche Blutgefäße liegen (Abb. S. 401). Das Zwischengewebe ist reich an elastischen Fasern. Die feinen Granula der chromaffinen Zellen, welche sich mit Chrom braun und mit Eisenchlorid grün färben, liefern das Adrenalin, ein Hormon, welches die Tätigkeit des Herzens sowie die Spannung der Gefäße anregt, die glatte Muskulatur des Magens und Darms dagegen erschlaffen läßt. Das Mark ist also wie die Rinde eine Drüse mit innerer Sekretion. Das Adrenalin ist nebennierenspezifisch. Daß es ausschließlich von den chromaffinen Zellen ohne Zutun der Rinde erzeugt wird, ist deshalb sicher, weil sich aus den isolierten chromaffinen Organen Adrenalin extrahieren läßt, besonders aus den Aortenkörpern (siehe unten).

Abb. 211. Schichten der Rinde der Nebenniere, Mensch.

Feinerer Bau des Markes

Das Mark ist besonders reich an großen Venen, welche sich in einem Hauptstamm sammeln, der Vena centralis, die am Hilus austritt. In der Lichtung der Vene sind die gleichen Granula wie in den Markzellen gefunden worden. Sie dient also dem Abtransport des Adrenalins. Die Wandung ist reich an längsverlaufenden glatten Muskelzellen in der Tunica externa. Infolge des Blutreichtums des Markes zerfällt es nach dem Tode schneller als die Rinde. Es ist bereits breiig erweicht, während die Rinde noch fest ist. Die Markzellen sind bei nicht ganz frisch fixierten Nebennieren oft stark geschrumpft und haben zackige Formen, die aber lediglich Kunstprodukte sind.

Im Mark liegen sympathische Ganglienzellen zwischen den chromaffinen Zellen, entweder einzeln verstreut oder in Haufen mehr oder weniger

dicht beisammen (Abb. Nr. 212). Reichliche sympathische Nervenfasern durchziehen das Mark in feinen dichten Netzen, welche die einzelnen chromaffinen
Zellen umspinnen und sich mit feinen kolbigen Enden an sie anlegen.

Auch in die Rinde dringen marklose Nervenfäserchen ein, haben aber dort keine
so innigen Beziehungen zu den Zellen. Im Verhalten von chromaffinen Zellen und
Nervenfasern liegt noch die alte Beziehung beider zueinander zutage. Denn sie
stammen, wie wir sahen, aus der gleichen Anlage (sympathogene Komponente).
Die chromaffinen Zellen entsprechen dem postganglionären Neuron des sympathischen Nervensystems. Die sympathischen Ganglienzellen sind bei der Umwandlung
in chromaffine Zellen übrig geblieben.

Blutzufuhr: Die Arterien der Nebenniere kommen aus drei Quellen, nämlich Gefäße und
unmittelbar aus der Bauchaorta (A. suprarenalis), und als Äste der benachbarten Nerven

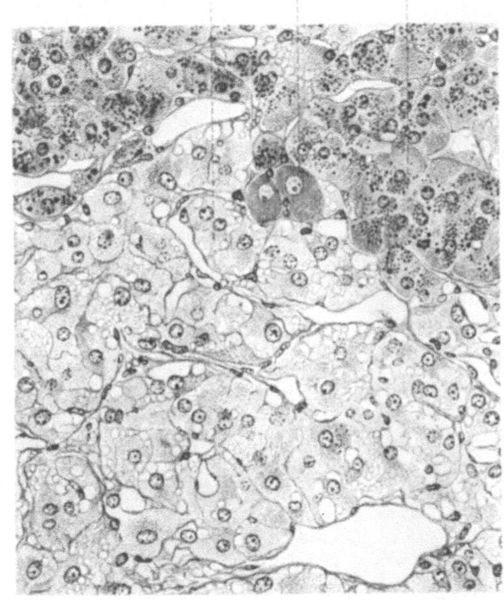

Abb. 212. Mark der Nebenniere, Mensch. Eisenhämatoxylin.
Präparat von Prof. ROMEIS, München.

Arterien aus der A. renalis (R. suprarenalis) und aus der A. phrenica inferior. Die
Ästchen verzweigen sich zu einem Netz in der Kapsel und dringen von dort in langgestreckten Maschen in die Nebennierenrinde und durch sie hindurch bis in das
Mark vor. Die feinsten Arterien liegen in der Rinde so dicht, daß jede Zelle mindestens
mit einer solchen in Berührung steht. Auch hierin ergeben sich weitgehende Analogien
mit der Struktur der Leber; nur bilden die Gefäße kein venöses, sondern ein arterielles
Wundernetz. — Die Capillaren liegen im Mark. Vom Hilus dringen auch direkte
Arterien zu ihnen vor, welche nicht die Rinde versorgen. Aus den Capillaren sammelt
sich das venöse Blut innerhalb des Markes in einer Vena centralis, welche am
Hilus austritt und von da ab V. suprarenalis heißt. Sie mündet rechts in die Vena
cava inferior direkt, links in die Vena renalis, einen Ast der Vena cava. Aus der
Rinde fließen feine Venen in ein feines Venennetz der Kapsel ab.

Die Lymphgefäße in der Nebenniere sind sehr reichlich, sie bilden Netze in der
Rinde und im Mark. Inwieweit Botenstoffe von ihnen aufgenommen und erst indirekt in das Blut gelangen, ist unbekannt. Die regionären Lymphknoten liegen
neben der Aorta und Vena cava inferior.

Die Nerven stammen aus dem Plexus coeliacus des Sympathicus, aber auch
aus dem N. vagus und N. phrenicus. Sie verlaufen entweder zuerst durch die Rinde
oder unmittelbar in das Mark, wo sie ihre dort beschriebene Hauptausbreitung
finden. Viele Fasern sind bis an die Kapsel heran markhaltig, verlieren aber ihre
Markscheide beim Eintritt in die Nebenniere selbst.

2. Die Carotidenknötchen.

Die gleichen chromaffinen Zellen wie im Mark der Nebenniere sind ursprünglich viel verbreiteter in unserem Körper. Beim Embryo von 27 mm findet man
sie in allen Grenzstrangganglien. Doch treten sie später gegen die sympathischen Ganglienzellen zurück. In den sympathischen Geflechten vor der Wirbelsäule, in welche sie von den Grenzstrangganglien aus eintreten, heißen sie
Paraganglien. Ein Relikt derselben am Halse ist das Carotidenknötchen,
Glomus caroticum. Es wurde früher irrtümlich für eine Drüse gehalten,
auch vielfach mit Abkömmlingen der Kiemenepithelien verwechselt. Wir

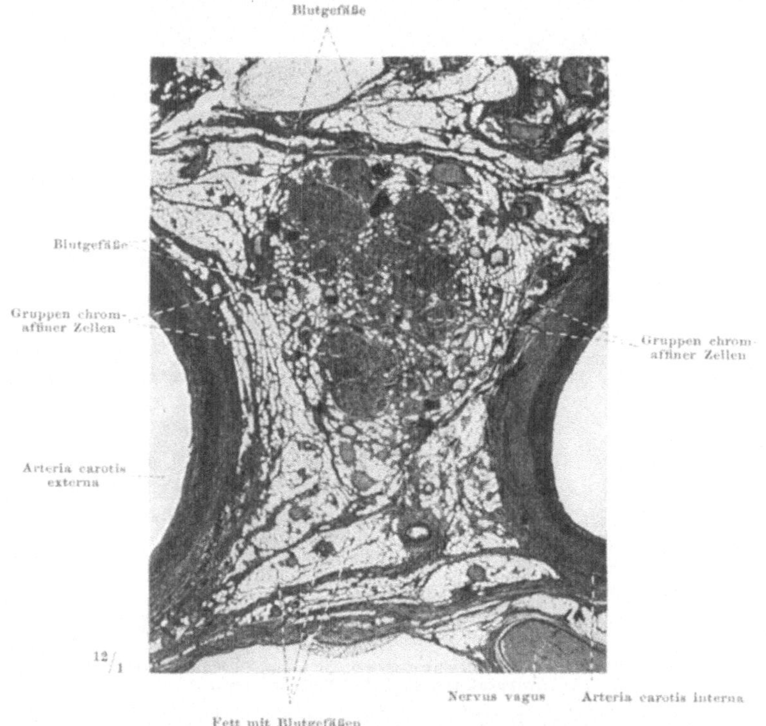

Abb. 213. Glomus caroticum, Hingerichteter. Übersichtsbild.

wissen heute, daß es reine chromaffine Zellen sind, mit der üblichen Beimengung
von sympathischen Nervenfasern, die in enger Verbindung mit den chromaffinen
Zellen stehen und mit zahlreichen Blutgefäßnetzen. Das Organ liegt im Teilungswinkel der Arteria carotis communis in die A. carotis externa und interna,
manchmal etwas höher oder tiefer. Fetthaltiges Bindegewebe umgibt das gesamte Gebilde und dringt in breiten Strängen in dasselbe ein, so daß statt eines
geschlossenen Knotens viele kleine Knötchen vorhanden und zu einem lockeren
Haufen vereinigt sind (Abb. Nr. 213); auf diese Weise können sie dem Druck der
benachbarten großen Gefäße leicht ausweichen. Jedes Knötchen wird von einer
kleinen Arterie versorgt, die sich in ihm in ein sinusreiches Capillarnetz aufspaltet.
Die Venen sammeln sich an der Oberfläche in einem feinen Plexus. Auch Lymphgefäße liegen auf der Oberfläche. Statt einer Gruppe von Knötchen können es
zwei sein. Die Form ist dementsprechend schwankend (Länge etwa 7 mm, Breite
1,5—5 mm). Die Farbe ist je nach dem Blutgehalt grau, gelblich oder braunrot.

3. Die Aortenkörper und die übrigen retroperitonaealen Splitter.

Außer den Carotidenknötchen finden sich oberhalb des Zwerchfells nach der Geburt keine Paraganglien. Eine in der Bauchhöhle vom Ursprung der Arteria coeliaca ab beginnende und bis zur Teilung der Aorta in die beiden Arteriae iliacae reichende Platte chromaffinen Gewebes löst sich bereits bei älteren Embryonen auf und hinterläßt nach der Geburt nur Splitter, welche teils vor, teils neben der Aorta, teils medial von den Nieren und Nebennieren und dorsal von letzteren, auch abwärts den Ureteren entlang zu finden sind (Abb. S. 397). Sie dehnen sich in das kleine Becken hinab aus, die medialen in das Dreieck zwischen den beiden Aa. iliacae communes und auf die Hinterwand des Rectum, die lateralen bei der Frau manchmal bis in die Nähe des Eierstockes, beim Mann bis zum Nebenhoden. Alle chromaffinen Organe dieser Art sind eng vergesellschaftet mit Ganglien des Sympathicus und liegen mit diesen retroperitonaeal. Beim Neugeborenen ist das größte von diesen Relikten ein beiderseits von der Aorta in der Höhe des Abganges der Arteria mesenterica inferior liegender Streifen chromaffinen Gewebes, der rechts größer zu sein pflegt als links (12,3 und 8,8 mm lang). Man nennt ihn Aortenkörper (ZUCKERKANDLsches Organ). Er ist leicht braun, glatt, manchmal durch eine Brücke mit dem der Gegenseite verbunden (Abb. S. 397). Der feinere Bau gleicht dem Mark der Nebenniere. Das Extrakt enthält Adrenalin. Die Blutzufuhr besorgen feinste Ästchen der benachbarten Arterien.

Schon beim 9jährigen Kind sind die Aortenkörper nicht mehr deutlich, beim Erwachsenen nie mit bloßem Auge nachweisbar.

4. Die Steißdrüse.

Wie die Carotidendrüse als Relikt der Paraganglien am kranialen Ende des Sympathicus übrig geblieben ist, so soll die Steißdrüse, Glomus coccygeum, ein Rest an seinem kaudalen Ende sein. Sie liegt als kleines unpaares Körnchen von 2—2,5 mm Durchmesser an der Vorderseite der Steißbeinspitze. Der feinere Bau ist durch einen Blutsinus ausgezeichnet; die Blutzufuhr vermittelt ein kleines Ästchen der Arteria sacralis media. Die begrenzenden Zellen werden verschieden beurteilt. Eine chromaffine Reaktion geben sie nicht; deshalb wird auch ihre Zugehörigkeit zu den Paraganglien bestritten.

III. Die Geschlechtsorgane (Genitalapparat).

Die Geschlechts- oder Sexusorgane umfassen primäre, sekundäre und accessorische Apparate. Unter primären verstehen wir die Bereitungsstätten der eigentlichen Keimstoffe bei den beiden Geschlechtern, der Samenfäden und Eier. Die sekundären Apparate dienen als Ausführwege für die Keimprodukte; sie sind nicht reine Leitungsbahnen wie die Harnwege, sondern in ihnen werden Drüsensekrete oder Hüllen den Samenfäden bzw. Eiern hinzugefügt; ohne die Ausführwege wäre der Same als solcher, wie er ejaculiert wird, und der Fetus mit seinen Hüllen, wie er im Mutterleib heranwächst, nicht im entferntesten vollständig. Außerdem werden Teile der Ausführwege mit zum Transport des Harnes aus der Harnblase beim Harnlassen benützt. Der betreffende Teil heißt deshalb Sinus urogenitalis, um die Doppelbeziehung zum uropoetischen und genitalen Apparat auszudrücken. Er entfaltet sich besonders beim Manne und läßt dort die Harnsamenröhre, meistens kurz Harnröhre genannt, aus sich hervorgehen.

Während primäre und sekundäre Sexusorgane im endgültigen Zustand eng beisammen liegen und stellenweise so verbunden sind, daß nur auf entwicklungs-

Primäre,
sekundäre,
accessori
sche Sexus
organe

geschichtlichem Wege die ursprünglich scharfen Begrenzungen aufgedeckt werden können, haben die accessorischen Sexusorgane nicht notwendig unmittelbare örtliche Beziehungen zu ihnen. Die bekanntesten sind die Brustdrüsen, Mammae, des Weibes. Hier handelt es sich um besonders entwickelte Drüsen der Haut. Die Behaarung, ebenfalls eine bei den Geschlechtern verschiedene Ausprägung von Organen der Haut, ist an den äußeren Genitalien, aber auch sonst am Körper, wie jeder weiß, bei Mann und Weib verschieden. Bei Vögeln sind die Unterschiede im Federkleid noch viel auffallender. Da außer der Haut die verschiedensten Organe des Körpers Sexualzeichen haben und sogar die ganzen Wachstums- und Proportionsverhältnisse in diesen Rahmen gehören (Bd. I, S. 14), so werden die accessorischen Geschlechtsapparate nicht an dieser Stelle, sondern jedes an der Stelle des Körpers behandelt, welcher es zugehört, z. B. die Brustdrüsen bei der Haut. Nur insofern accessorische Sexuszeichen an den Genitalorganen selbst sitzen, wie die Behaarung der äußeren Genitalien und ihrer Umgebung, werden sie hier mit berücksichtigt werden. Die Frage des biologischen Zusammenhangs zwischen den keimbereitenden und -ausführenden Organen einerseits und den accessorischen Sexuszeichen andrerseits darf jedoch durch diese topographische Sonderung nicht aus dem Auge verloren werden.

Wir gehen denselben Weg der Einteilung wie etwa bei den Drüsen mit innerer Sekretion (S. 116). Läßt man sie in ihren topographischen Zusammenhängen, so tritt die formbestimmende biologische Beziehung besonders klar hervor. Stellt man sämtliche innersekretorische Drüsen des Körpers zusammen, wie es heute vielfacn üblich ist, so muß auf diese weitgehend verzichtet werden zugunsten der vielfach ineinander greifenden physiologischen Wirkungsweise örtlich weit voneinander entfernter Organe. Für die Anatomie scheint mir in beiden Fällen der topographische Weg der gegebene; bei den accessorischen Geschlechtsapparaten ist er im allgemeinen auch der übliche, außer bei der Brustdrüse, die sonderbarerweise von vielen Autoren den äußeren Geschlechtsorganen angeschlossen wird. Die Reminiszenz an irrige Vorstellungen der alten Anatomen, die auf Grund der Sensationen des Weibes beim Beischlaf tatsächliche Verbindungen zwischen Brustdrüsen und Geschlechtswerkzeugen gefunden zu haben glaubten, ist darin noch erkennbar. — Eine andere Art der Bezeichnungsweise faßt die „sekundären" und „accessorischen" Merkmale als „akzidentelle" zusammen und bezeichnet die ersteren als „genitale", die letzteren als „extragenitale".

Innere und
äußere Ge-
schlechts-
organe Die Entstehungsgeschichte der Niere hatte uns gelehrt, daß von den unserer jetzigen Niere vorausgehenden Nierengenerationen und deren Ausführwegen beträchtliche Reste übrig geblieben sind, welche aber nicht mehr der Ableitung des Harnes, sondern derjenigen der Geschlechtsprodukte dienen. Zu diesen Abkömmlingen der Vor- und Urniere gesellen sich die Derivate des Sinus urogenitalis, d. h. einer ventralen Abspaltung der Kloake, welche ursprünglich für die Abfuhr von Kot, Harn und Geschlechtsprodukten gemeinsam ist (S. 342, Abb. S. 343). Die für den Harn und die Geschlechtsprodukte reservierte Abteilung der Kloake liegt natürlich oberflächlicher als die im Innern des Körpers versteckten Nierenabkömmlinge. Man nennt die ersteren äußere, die letzteren innere Geschlechtsorgane. Als Grenze ist die Stelle zu betrachten, an welcher sich der WOLFFsche bzw. MÜLLERsche Gang in den Sinus urogenitalis einsenkt (S. 343—348).

In Abb. a, S. 405 ist der Sinus urogenitalis mit brauner Farbe wiedergegeben, die zu ihm gehörigen Schwellkörper mit grünen Farbentönen. Beim Manne entfaltet sich der Sinus urogenitalis sehr stark, wie an den entsprechenden Farben zu erkennen ist (Abb. b, S. 405); bei der Frau bleibt er viel mehr zurück (Abb. S. 488). Umgekehrt sind die inneren Geschlechtsorgane der Frau (blau) im Verhältnis viel stärker entfaltet als diejenigen des Mannes (rot).

Die inneren Geschlechtsorgane umfassen die Keimstätten mit, also die bei der Einteilung in primäre und sekundäre Sexusorgane als primär bezeichneten Apparate. Nur die sekundären Geschlechtsorgane oder Ausführwege sind an beiden Abteilungen

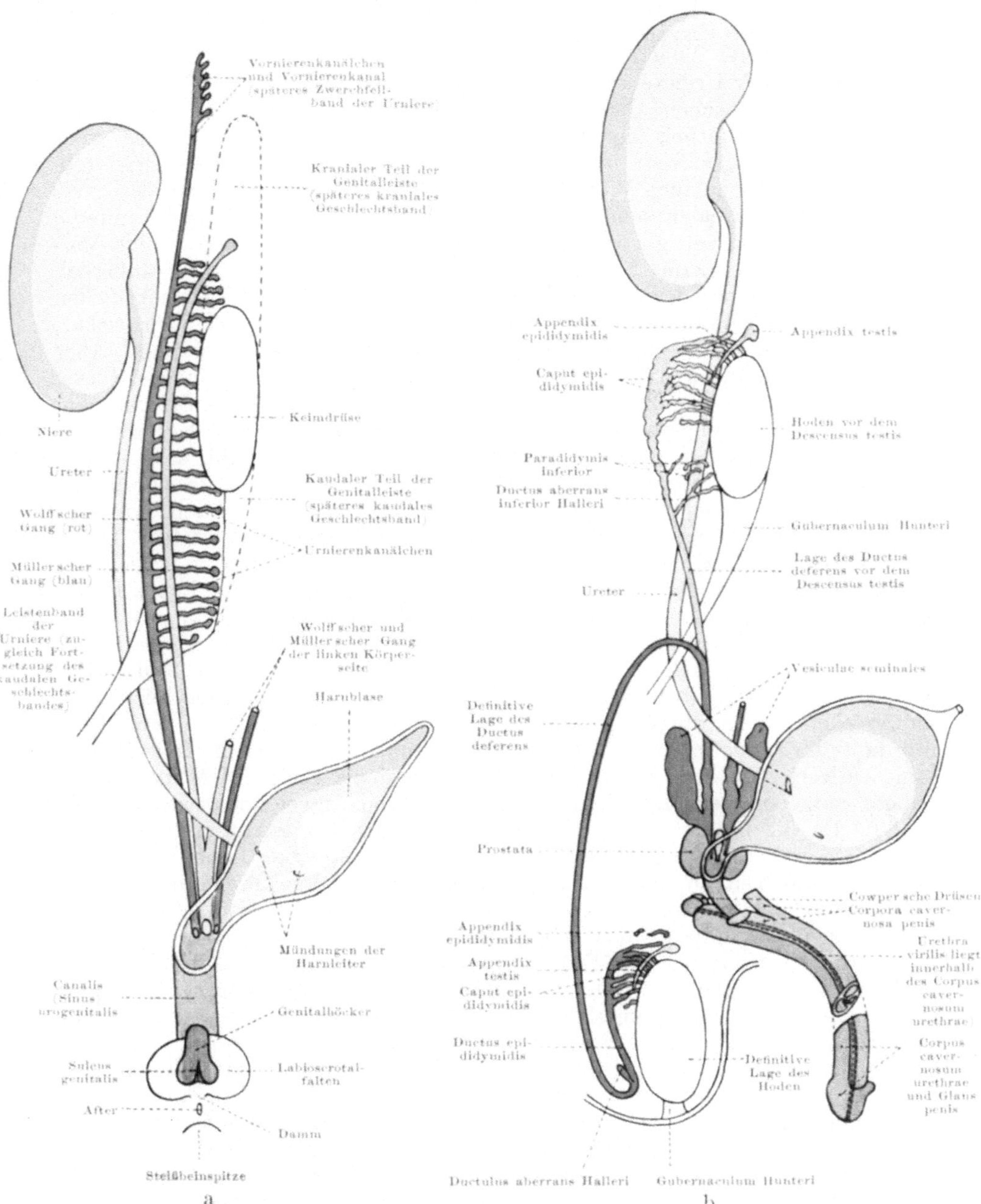

Abb. 214. Anlage des männlichen Geschlechtsapparates, Schema. a Indifferentes Ausgangsstadium beim Embryo. b Endgültiger Zustand beim Mann. Gelb: Niere und Harnwege. Rot: WOLFFscher Gang, Urniere und ihre Derivate. Blau: MÜLLERscher Gang und seine Derivate. Braun: Sinus urogenitalis und seine Derivate. Blaugrün: Schwellkörper des Sinus urogenitalis. Gelbgrün: Schwellkörper des Penis.

(an inneren und äußeren Geschlechtsorganen) beteiligt. Daran wird auch nichts geändert dadurch, daß beim Manne die Keimdrüse (Hoden) im Hodensack, also ganz äußerlich liegt. Diese Situation ist sekundär. Die Einteilungen richten wir nach dem genetisch zugrunde liegenden ursprünglichen Zustand, auch wenn nachträgliche Änderungen eingetreten sind.

Das beiden Geschlechtern gemeinsame Ausgangsstadium Medial von der Urniere und den zu ihr gehörigen Gängen (dem WOLFFschen und dem MÜLLERschen Gang) entsteht beim Embryo eine streifenförmige Verdickung des Epithels der Bauchhöhle, das Keimdrüsenfeld. Es zieht wie die ursprüngliche Niere fast durch die ganze Länge des Körpers hindurch, und zwar parallel zu ihr. Während die kaudalen Teile angelegt werden, verschwinden die kranialen schon wieder. Rechnet man jedoch alle zusammen, wie wenn sie gleichzeitig vorhanden wären, so reicht der leistenförmige Vorsprung vom 6. Thorakal- bis zum 2. Sacralsegment. Außer in der äußerlich sichtbaren Erhebung, der Genitalleiste, sind Anlagen von Geschlechtszellen bei beiden Geschlechtern noch weiter vorn und hinten mikroskopisch nachweisbar, so daß selbst im Gebiet der Vorniere Genitalprodukte angelegt werden. Aber die Keimdrüse selbst, d. h. die Anlage des endgültigen Hoden bzw. Eierstocks, nimmt nur etwa $\frac{1}{4}$ der Länge der Genitalleiste ein, nämlich die Strecke vom 4. oder 5. Lumbalsegment bis zum 1. oder 2. Sacralsegment. Infolgedessen ragt die Urniere nach vorn und hinten über die Keimdrüse hinaus (Abb. a, S. 405).

In der weiteren Entwicklung übernehmen beim männlichen Geschlecht die Urnierenkanälchen den Transport des Samens aus dem Hoden in den Urnieren- oder WOLFFschen Gang und durch diesen in den Canalis urogenitalis (Abb. b, S. 405). Der MÜLLERsche Gang bildet sich zurück, auch verschwinden viele der Urnierenkanälchen, welche den Anschluß an die verhältnismäßig kleine Keimdrüse nicht erreichen. Beim weiblichen Geschlecht dagegen verkümmert die Urniere und der Urnieren- oder WOLFFsche Gang. Bei der Frau tritt dafür der MÜLLERsche Gang, welcher parallel zum WOLFFschen Gang bei beiden Geschlechtern entsteht (bei niedersten Wirbeltieren sich auch tatsächlich vom WOLFFschen Gang durch Längsspaltung desselben ableitet), in Funktion. Ihm fällt die Aufnahme der Eier zu, welche vom Eierstock in die freie Bauchhöhle entleert, von dort durch das offene abdominale Ende des MÜLLERschen Ganges aufgenommen und dem Sinus urogenitalis zugeleitet werden (Abb. S. 488). Da die beiden MÜLLERschen Gänge gegen den letzteren zu auf eine große Strecke miteinander verschmelzen, sind die inneren Geschlechtsorgane der Frau zum Teil unpaar (Gebärmutter und Scheide), während beim Mann die ursprüngliche Paarigkeit bestehen bleibt (Samenleiter); bei ihm ist nur der Sinus urogenitalis unpaar (das männliche Glied).

Sowohl der Hode wie der Eierstock verlassen ihre ursprüngliche Bildungsstätte im Körper. Dagegen bleibt das zuführende Blutgefäß (Arteria spermatica bzw. ovarica) mit seiner Wurzel an der alten Stelle liegen, so daß auch im endgültigen Zustand danach, wie an einem Ariadnefaden, die Entstehungsstätte noch aufgesucht werden kann (Abgangsstelle von der Aorta abdominalis). Beim männlichen Geschlecht führt der Descensus testis weiter abwärts als der Descensus ovarii bei der Frau. Der Hode gelangt durch die vordere Bauchwand hindurch in den Hodensack und so in das Gebiet der äußeren Geschlechtsorgane, ohne genetisch zu ihnen zu gehören; er hinterläßt in der Bauchwand den Leistenkanal. Der Eierstock nimmt den Weg in das kleine Becken und bleibt an der Beckenwand liegen; er bleibt im Bereich der inneren Geschlechtsorgane, zu welchen er gehört. Immerhin sind auch die Eierstöcke infolge ihres Hinabtretens in das Becken von außen durch die gynäkologische Untersuchung erreichbar (vom hinteren Scheidengewölbe aus tastbar); die Hoden können im Hodensack ohne weiteres palpiert werden, ja sie sind Quetschungen von außenher infolge ihrer exponierten Lage ausgesetzt.

1. Innere männliche Geschlechtsorgane.

Wir unterscheiden den Hoden, die Ausführgänge desselben (Neben- Die ein-
zelnen Ab-
schnitte
hoden und Samenleiter) und die Drüsen der Ausführgänge (Ampullen und
Samenbläschen). Wir werden den Hoden hier ohne seine Hüllen behandeln,
um scharf hervortreten zu lassen, daß sie erst nachträglich miteinander in Verbindung gekommen sind. Tatsächlich tritt der Hode bei vielen Tieren nur

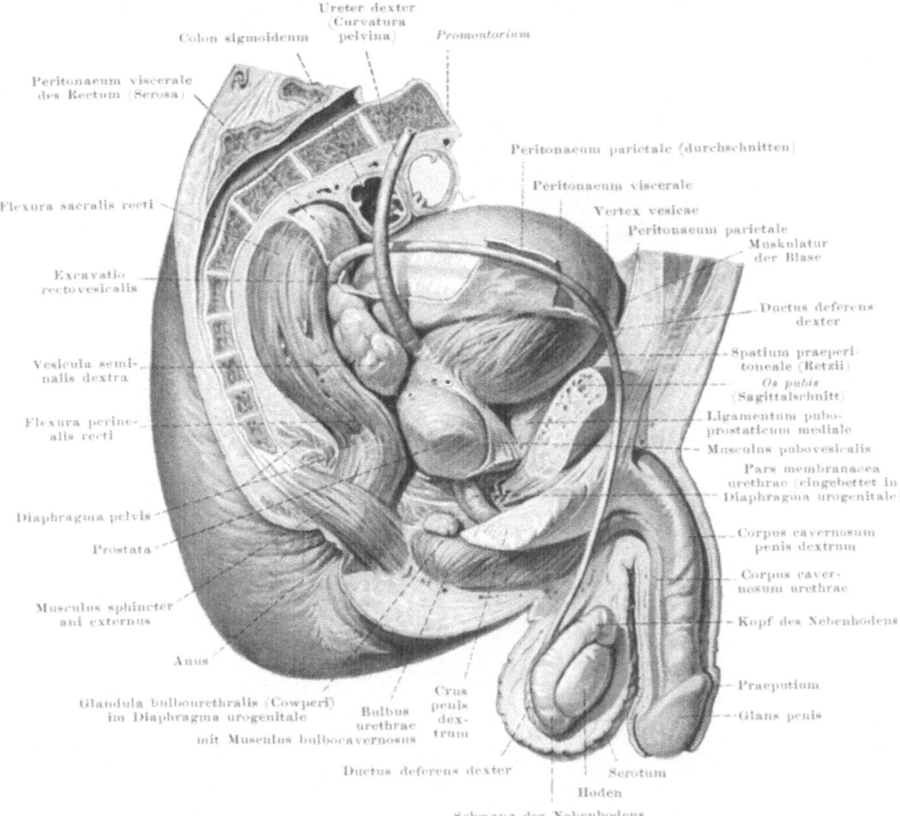

Abb. 215. Geschlechtsorgane des Mannes. Die rechte Becken- und Bauchwand entfernt, der Schnitt
geht median durch die Wirbelsäule, aber etwas seitlich von der Symphyse durch das rechte Schambein. Der
rechte Hodensack ist so weit abgetragen, daß der Hode und Nebenhode frei vorliegen. Die Haut des Penis
und die weiche Bauchdecke sind genau median durchtrennt und auf der rechten Körperseite entfernt. Man
sieht auf die rechte Seite der inneren und äußeren Geschlechtsorgane.

während der Brunft in den Hodensack hinab und wandert in der Zwischenzeit zwischen den Brunftperioden in die Bauchhöhle zurück. Dort wäre also die
Trennung im letzteren Stadium naturgegeben. Beim Menschen wird allerdings
die Lage innerhalb des Hodensacks bereits vor der Geburt stationär. Aber alle
Einrichtungen weisen noch auf die Entstehung durch den Descensus testis hin
und sind allein daraus zu verstehen. Indem wir von den äußeren Geschlechtsorganen den Hodensack zuerst behandeln und ihn so auf die inneren Geschlechtsorgane unmittelbar folgen lassen, wird, wie ich hoffe, die Einheitlichkeit von
Hoden und Hodensack im endgültigen Zustand genügend hervortreten.

Um den Weg, welchen der Same nimmt, von vornherein anschaulich zu Weg des
Samen
machen, folgen wir ihm vom Hoden bis zum Austritt aus dem männlichen Glied

(Abb. S. 407). Beide Hoden liegen im Hodensack. Vom rechten Hoden, Testis, gelangt der Same zuerst in den Nebenhoden, Epididymis, welcher dem hinteren und lateralen Abschnitt des Hoden anliegt. Aus dem untersten Ende des Nebenhoden geht der Samenleiter, Ductus deferens, hervor. Er ist scharf geknickt; der Hode und Nebenhode sitzen dem Samenleiter wie ein Pfeifen-

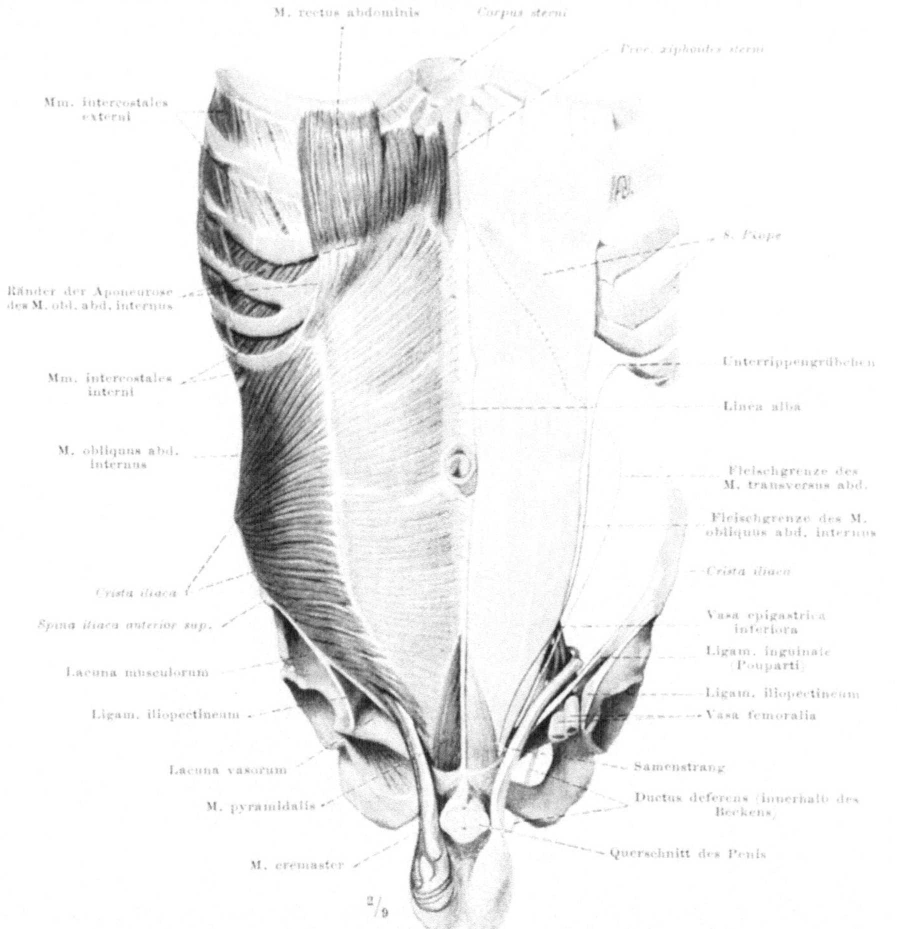

Abb. 216. **Weg des Samenleiters durch die vordere Bauchwand.** Am rechten Hoden des Präparates sind nur die Haut und die **Fascia cremasterica (Cooperi)** entfernt, am linken Hoden ist die Tunica vaginalis communis freigelegt und die Bauchdecke weggenommen. Man verfolgt den Samenleiter um die Vasa epigastrica inferiora herum in das Innere des Beckens hinein und sieht, wie er sich innen von dem Beckenknochen der Wurzel des Penis nähert (der Eintritt in den Penis ist durch den linken Samenstrang im Bilde verdeckt). Im übrigen siehe Bd. I, Abb. S. 153.

kopf dem Pfeifenstiel auf. Der Samenleiter nimmt den Weg aus dem Hoden- sack, Scrotum, heraus zur vorderen Bauchwand und gelangt durch den Leisten- kanal in das Innere der Bauchhöhle hinein (vgl. auch Abb. Nr. 216). Er umgreift auf diese Weise das Schambein, so daß der Same genötigt ist, in einer kreis- förmigen Spiraltour um das Schambein herumzufließen. Zuerst gelangt er im Samenleiter ventral vom Schambein aufwärts bis zum Leistenkanal, dann hinter dem Schambein im kleinen Becken abwärts bis an den Blasengrund, wo der Samenleiter von dem Samenbläschen, Vesicula seminalis, lateral begleitet und in der Ansicht von der Seite verdeckt ist. Betrachtet man die Blase von hinten (Abb. S. 428), so sieht man, daß beide Samenleiter an dieser Stelle eine Auftreibung aufweisen, Ampulla ductus deferentis, daß die Ampullen sich bis zur Berührung nähern und mit ihren Fortsetzungen in die Vorsteherdrüse, Prostata, eintreten. Diese rechnen wir bereits zu den äußeren Geschlechtsorganen (Pars prostatica der Harnröhre). Die Prostata ist sowohl vom Harnweg wie von den Samenwegen durchbohrt. Letztere sind in ihr besonders fein und heißen Ductus ejaculatorii. Sie münden innerhalb der Prostata in die Harnröhre, Urethra virilis, welche den Harn und von der Einmündung der Ductus ejaculatorii ab ebenso den Samen durch das männliche Glied leitet (Abb. S. 445). Betrachten wir die Stelle, wo die Urethra des Mannes unter der Symphyse passiert (Pars membranacea urethrae), so ist hier der Same ungefähr wieder an dem gleichen Ort angelangt, an welchem er sich beim Aufstieg im Samenleiter befand (Abb. S. 408, linke Körperseite). Aber der Kreis ist nicht geschlossen (sonst würde der Same ja wieder in den Hoden zurücktreten), sondern nach Art einer Spirale läuft der Samenleiter an der Harnröhre vorbei: beide Samenleiter schmiegen sich eng an das männliche Glied und die in ihm gelegene Harnröhre an.

Der große Umweg, den diese kreisförmige Spiraltour für den Samen aus jedem der beiden Hoden bedeutet, ist genetisch aus dem Descensus testis zu verstehen (Abb. b, S. 405). Wir werden darauf noch näher einzugehen haben. Die Bedeutung für den jetzigen Zustand liegt darin, daß auf dieser langen Strecke eine Menge Flüssigkeit deponiert werden kann, welche teils dem Hoden selbst, teils den Drüsen der Ausführwege entstammt. Das Gesamtprodukt dieser Bildungsstätten ist eben der Same. Er stammt keineswegs aus dem Hoden allein und ist keineswegs nur in den Samenbläschen aufbewahrt, wie diejenigen glaubten, welche einst diesen Namen prägten.

Allen Bildungsstätten für den Samen ist gemeinsam, daß sie bei Degeneration oder künstlicher Entfernung der Hoden verkümmern. Die zum Geschlechtsapparat gehörigen Drüsen sind daran von den zum uropoetischen Apparat gehörigen Drüsen unterscheidbar, besonders bei Tieren, bei welchen die drüsigen Anhänge eine weit hochgradigere Menge und Verschiedenartigkeit als beim Menschen besitzen.

a) Die Hoden.

Jeder Hode, Testis, hat die Größe und Form einer etwas abgeplatteten Walnuß und weißliche Farbe. Die laterale Fläche, Facies lateralis, ist zugleich etwas nach hinten gewendet, die mediale Fläche, Facies medialis, schaut etwas nach vorn. Die letztere ist meistens etwas stärker abgeplattet als die äußere, da die medialen Flächen beider Hoden — durch die Scheidewand des Hodensackes voneinander getrennt — gegeneinander gelagert sind. Jeder Hode steht mit der Längsachse annähernd senkrecht beim aufrecht stehenden Menschen; man unterscheidet danach den oberen Pol als Extremitas superior, den unteren als Extremitas inferior. Gewöhnlich steht der rechte Hode beim Lebenden etwas höher als der linke (Bd. I, Abb. b, S. 13), so daß sie räumlich in der Nische vorn zwischen den Oberschenkeln besser Platz haben. Die laterale Fläche geht vorn mit dem Margo anterior, hinten mit dem Margo posterior in die mediale Fläche über. Der untere Pol und vordere Rand sind frei gegen die Umgebung; am oberen Pol treten hinten die Ausführwege des Samen aus (Ductuli efferentes) und dem ganzen Hinterrande ist der Nebenhode angelagert (Abb. b, S. 405 u. Abb. S. 407).

Die Oberfläche des Hoden ist glatt spiegelnd. Er ist von einem Bauchfellblatt, Tunica vaginalis propria s. Tunica serosa, überzogen, das einem ursprünglichen Divertikel der Bauchhöhle angehört (S. 6) und bei den Hüllen des Hoden näher behandelt wird. Das Aussehen ist gleich dem des ursprunggebenden Bauchfelles geblieben. Nur da, wo der Nebenhode dem Hoden angeheftet ist, fehlt ihm der seröse Überzug; dafür ist aber auch der Nebenhode teilweise von ihm bedeckt (siehe diesen).

Auf dem oberen Pol des Hoden sitzt ziemlich regelmäßig ein kleiner läppchenförmiger Anhang, **Appendix testis (Morgagni)** oder **ungestielte Hydatide** („Wasserbläschen"). Sie ist in Wirklichkeit ein mit gallertartigem Bindegewebe, nicht mit wässeriger Flüssigkeit gefüllter Körper. dessen Oberfläche mit Flimmerepithel überzogen ist. Er ist als Rudiment des MÜLLERschen Ganges beim Manne übrig geblieben (Abb. b, S. 405) und entspricht dem distalen Ende des Eileiters bei der Frau. Eine Funktion ist unbekannt.

Feinerer Bau

Wir unterscheiden im Inneren des Hoden 1. das Hodenparenchym, d. h. die eigentlichen **Samenzellen** oder **-fäden**, deren Bildungs- und Begleitzellen, 2. die **interstitiellen Zellen** oder **Zwischenzellen** und 3. das bindegewebige **Stützgerüst**. Das letztere hält das ganze Organ zusammen, gliedert es in bestimmter Weise und ist Träger der Gefäße und Nerven. Auch die interstitiellen Zellen sind dem Stützgerüst eingelagert; sie gehen aus der gleichen bindegewebigen Anlage hervor, haben aber ihren besonderen geweblichen Charakter und ihre eigene biologische Bedeutung, die sie von den Stützelementen scharf unterscheidet. Die Spermien und ihre Bildungszellen liegen in den Lücken, welche das Stützgerüst frei läßt. Sie sind das essentielle Element des Hoden, welchem alles Übrige nur dienlich ist. Wir beginnen mit ihrer Anordnung.

Alle Samenfäden mit ihren Bildungs- und Begleitzellen liegen in Kanälchen eingeschlossen, welche äußerlich tubulösen Drüsenschläuchen ähnlich sehen. Man kann die Kanälchen aus der Schnittfläche eines Hoden herausziehen und unter Wasser flottieren sehen. Mit dem Mikroskop nimmt man auf Schnitten durch den Hoden wahr, daß sämtliche Zellen randständig sind und im Inneren ein Lumen freilassen (Abb. a, S. 413). In dieses geraten die fertigen Samenfäden hinein und von dort aus, wie das Sekret einer Drüse, in die Ausführgänge des Hoden. Man nennt die samenbereitenden Kanälchen, da sie gewunden sind, **Tubuli seminiferi contorti**. Sie haben die Stärke eines Barthaares.

Wegen der Ähnlichkeit mit Drüsenkanälchen und wegen der Ableitungswege, welche Drüsenausführgängen ähnlich sehen, wurde der Hode als Drüse (Keimdrüse) bezeichnet. Man dachte dabei an Drüsen mit äußerer Sekretion. Aber gerade das trifft auf ihn nicht zu. Denn ein Sekret kann zwar aus Zellen entstehen wie das Produkt der Talgdrüsen, ist aber eine Flüssigkeit oder ein Magma, dessen Wirksamkeit nicht auf corpusculären Beimischungen beruht; die letzteren sind, wo sie vorkommen, rein akzidentell. Der Hode produziert dagegen die Samenfäden, also gerade die Corpuscula des Samen, während die Flüssigkeit von den Drüsen der Ausführgänge geliefert wird; letztere ist akzidentell, die Samenfäden sind das essentielle Element im Samen. Diese biologisch fundamentalen Unterschiede weisen dem Hoden (und Eierstock) eine besondere Stellung an, die mit Drüsen nichts gemein hat. Der Name „Drüse" ist in dieser Hinsicht gerade so irrig wie bei den Lymphknoten (Lymph„drüse"). Da der Hode (und Eierstock) innere Sekrete liefern, so sind sie in anderer Hinsicht doch Drüsen; insofern kann man das Wort rechtfertigen, freilich in anderem Sinn als die alten Anatomen glaubten und als in der Bezeichnung „Keim"drüse zum Ausdruck kommt.

Die Samenkanälchen, deren Inhalt wir im folgenden Abschnitt gesondert besprechen werden, sind durch lockeres Bindegewebe zu Häufchen, **Lobuli testis**, vereinigt. Sie sehen auf Querschnitten durch den Hoden keilförmig aus (Abb. S. 411). Das bindegewebige Stützgerüst ist so angeordnet, daß vom hinteren oberen Rande des Organs ein Zapfen in das Innere spornartig vorragt, der auf dem Querschnitt buckelförmig aussieht, **Mediastinum testis (Corpus Highmori)**. Von ihm strahlen radiär zu einer oberflächlichen dicken Bindegewebsschale des Hoden, der **Tunica albuginea**, feine Bindegewebssepten und -bälkchen aus, **Septula testis**. Ein ganz ähnliches Bild erhält man auf Längsschnitten durch den Hoden. In das fächerförmige Gerüst sind die Samenkanälchen so eingefüllt, daß sie die Zwischenräume in Form der Lobuli ausfüllen und daß sie außerdem durch Lücken in den Septula von Lobulus zu Lobulus miteinander zusammenhängen. Löst man die Albuginea des Hoden

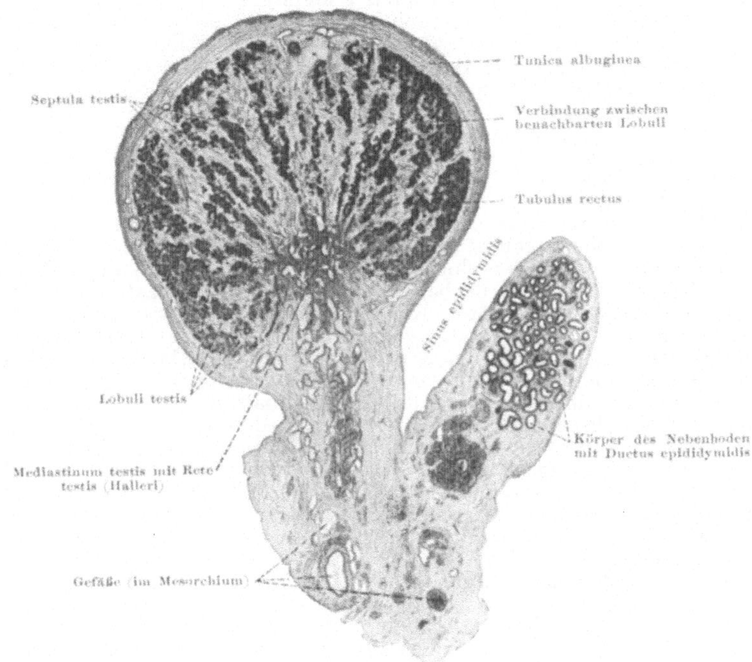

Abb. 217. Hode und Nebenhode des Neugeborenen. Querschnitt. Übersichtsbild. Photo.

ab, so liegen die Oberflächen der Lobuli frei zutage (Abb. Nr. 218). Sie sind verschieden groß, kegelförmig, wenden die Basis des Kegels der Peripherie und die Spitze dem Mediastinum des Hoden zu und konvergieren so gegen das letztere, daß die Septula radiäre Lage erhalten.

Die Samenkanälchen anastomosieren netzförmig innerhalb der Lobuli und außerdem durch die Septula hindurch miteinander, so daß die Samenfäden im reifen Hoden nach allen Seiten hin einen Ausweg finden können. Man schätzt die Zahl sämtlicher Tubuli auf 600, die eines Lobulus auf 3—4 von 30—70 cm Länge. Schließlich geht aus jedem Läppchen ein einziges gerades Kanälchen hervor, Tubulus rectus, welches in das Mediastinum testis eintritt und dort mit anderen Tubuli recti zu einem Netz feiner Kanälchen zusammenfließt, Rete testis (Halleri). Die Tubuli recti und das Rete sind von einem reinen Deckepithel ausgekleidet, welches aus einschichtigem kubischem Epithel oder sogar aus platten Zellen besteht;

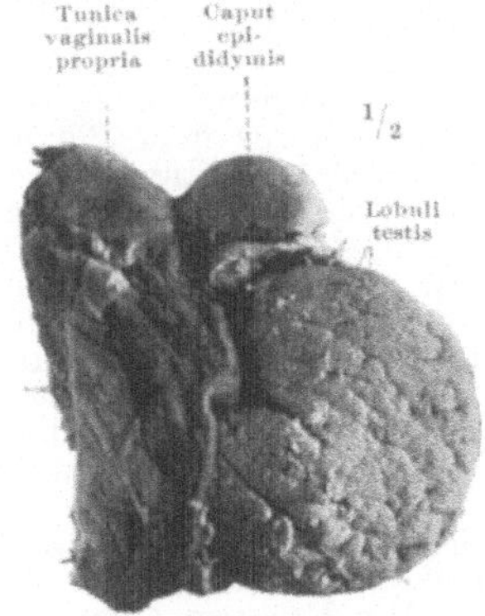

Abb. 218.
Hode des Erwachsenen, Tunica albuginea abpräpariert, Hodenhüllen zurückgeschlagen. Photo.

Samenfäden werden nur in den Tubuli contorti erzeugt. Den Weg des Samen aus dem Rete in den Nebenhoden werden wir bei diesem wieder aufnehmen.

Die Tunica albuginea ist äußerlich von Plattenepithel, der bereits erwähnten Tunica vaginalis propria s. Tunica serosa, überzogen. Das derbe kollagene Bindegewebe der Albuginea selbst ist äußerst resistent, gibt dem Hoden seine weißliche Farbe und setzt Schwellungen des Hoden Widerstand entgegen, wie aus der großen Schmerzhaftigkeit von akuten Hodenentzündungen hervorgeht (z. B. beim Mumps). Bei Verletzungen quellen die Samenkanälchen aus der Albuginea hervor, ein Beweis für den Überdruck, welcher im Inneren des Hoden herrscht. Man fühlt bei Druck auf den normalen Hoden beim Lebenden seine elastische Resistenz (Pseudofluktuation). Die einzelnen gewundenen Samenkanälchen haben eine elastische, feine Basalmembran, die sie nach außen begrenzt (Abb. a, S. 413). Platte Bindegewebszellen legen sich schalenartig um sie herum. Im übrigen ist das Bindegewebsgerüst zwischen den gewundenen Kanälchen sehr locker und grundverschieden von dem derben Zwischengewebe des Mediastinum.

Gefäße und Nerven　Reichliche Venen zwischen der Tunica vaginalis propria und Tunica albuginea, welche häufig mit Blut angefüllt sind und stark geschlängelt verlaufen, schimmern durch letztere durch (besonders deutlich beim Hoden großer Tiere, z. B. beim Stierhoden). Andrerseits liegen im derben Bindegewebe des Mediastinum außer den zur Samenleitung dienenden lacunären Kanälchen des Rete testis auch zahlreiche feine Arterien, Venen und Lymphgefäße, welche an dem Hinterrand des Hoden ein- bzw. austreten. Sie verzweigen sich in den Septula bis gegen die Albuginea, so daß das ganze Organ von einem feinen Netzwerk von Gefäßen durchzogen ist, auch Tunica vasculosa genannt; von ihr aus werden die Samenkanälchen mit zahlreichen Capillaren umsponnen. Eine Absperrung des Blutstromes wird von den samenbildenden Zellen nur auf kurze Zeit vertragen. Nach den Erfahrungen der Chirurgen ist nach 16stündiger Unterbindung sämtlicher Arterien und Venen keine Neubildung von Spermien mehr möglich, auch wenn nachher die Zirkulation wieder normal wird. Die Blutzufuhr zu diesem Schwammwerk besorgt die Arteria spermatica interna, die aus der Aorta abdominalis an der Stelle entspringt, wo einst der Hode vor seinem Hinabsteigen in den Hodensack lag. Der Weg der Arterie ist der gleiche wie der, welchen der Hode beim Descensus testis genommen hat. Es bestehen gewöhnlich Anastomosen zwischen der A. deferentialis, welche dem Ductus deferens von der Prostata nach dem Nebenhoden zu folgt, und den Arterien des Hoden, so daß eine Zerstörung der A. spermatica interna nicht notwendig zu einer Atrophie des Hoden führt. Immerhin ist bei Bauchoperationen eine Unterbindung der A. spermatica interna wegen der Empfindlichkeit des Hodenparenchyms gefährlich. Die A. spermatica externa (aus A. epigastrica inferior) und A. pudenda externa (aus A. femoralis) versorgen lediglich die Hüllen des Hoden. Doch gibt es feinste Verbindungen im Ligamentum scroti mit der A. spermatica interna. Letztere dringt mit einigen Ästchen in den Hinterrand des Hoden ein, der weitere Verlauf folgt teils oberflächlich den tiefen Schichten der Albuginea, teils in der Tiefe dem Mediastinum und den Septula. Die Venen sammeln sich entsprechend teils oberflächlich, teils im Mediastinum und fließen in zahlreiche Venen ab, welche die eine A. spermatica interna im Samenstrang umhüllen, Plexus pampiniformis. Schließlich entstehen jederseits aus dem Plexus zwei und zuletzt eine Vena spermatica interna, deren Blut rechts in die Vena cava inferior direkt, links in die Vena renalis sinistra und durch diese erst in die Cava abfließt (Samenstranggeschwülste infolge von Venenstauung, Verwechselung mit Leistenbrüchen). Die Venen des Hoden anastomosieren mit den Venen seiner Hüllen (Vv. spermaticae externae).

Die Lymphgefäße leiten die Lymphe dem Nebenhoden und Samenleiter entlang durch den Leistenkanal hindurch ab; sie münden innerhalb der Bauchhöhle in Lymphknoten, welche zur Seite der Aorta liegen, Nodi lymphatici lumbales. Auch darin tritt derselbe Verlauf zutage, den der Hode bei seinem Descensus vorgeschrieben hat. Schwellungen oberflächlicher Lymphknoten der Leistengegend (Bubo) sind deshalb nie auf Erkrankungen des Hoden selbst, sondern der wirklichen äußeren Genitalien (vor allem der Harnröhre) beziehbar. Andrerseits entstehen Metastasen von Hodengeschwülsten versteckt in der Tiefe des Bauches.

Die Nerven entstammen (entsprechend der ursprünglichen Lage des Hoden) dem 10. thorakalen Rückenmarkssegment. Sie sind sympathischer Natur, folgen den Nervi splanchnici minores zum Plexus coeliacus, Plexus aorticus und Plexus renalis, schließlich verlaufen sie neben der A. spermatica interna zum Hoden. Werden sie geschädigt, so kommt die Erzeugung von Samenfäden ins Stocken.

Spermiogenese　Das eigentliche samenbildende Gewebe des Hoden, Parenchyma testis, füllt die Samenkanälchen bis auf ein centrales Lumen aus. Auch letzteres kann bei reger Samenbildung verlegt sein. Die Zellen dienen entweder unmittelbar oder mittelbar der Samenbildung, Spermiogenese. Erstere liegen in

mehreren Schichten wie ein mehrschichtiges kubisches Epithel in der Wand der
Samenkanälchen übereinander. Jede der rundlichen Zellen hat in dieser Schichtung ihre ganz bestimmte Position im Ablauf der Samenbildung. Die nur mittelbar zur Samenbildung dienenden Zellen, SERTOLIsche Zellen, sind dagegen
länglich geformt, radiär gestellt und reichen durch die ganze Dicke des zelligen
Wandbelages hindurch (Abb. Nr. 219). Der Kern einer SERTOLIschen Zelle kann
allerdings sehr verschieden liegen, entweder basal oder in irgend einer den
Kernen der geschichteten rundlichen Zellen entsprechenden Schicht. Doch

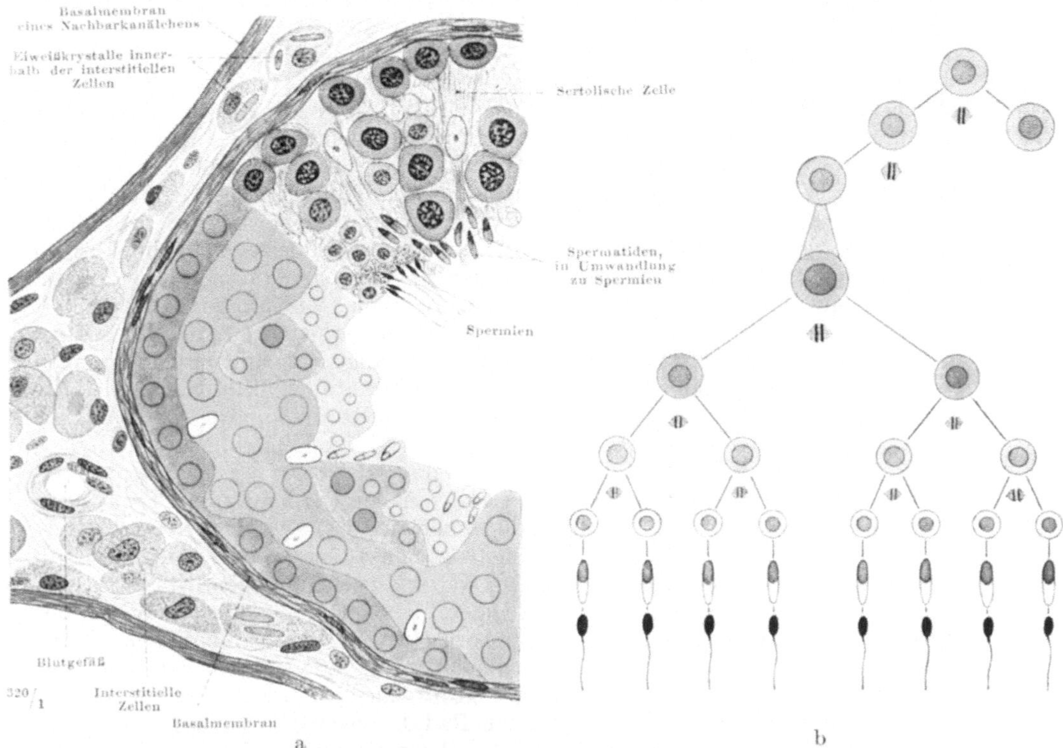

Abb. 219. Spermiogenese. a Hodenkanälchen eines hingerichteten jungen Mannes. In einem Teil des
Querschnittes ist eine Gruppe von Samenbildungszellen mit allen Einzelheiten gezeichnet (oberster Abschnitt).
In der linken Hälfte nur die Konturen der Kerne und die Zonen gleichartiger Zellen farbig wiedergegeben.
b Lebenscyclus einer Samenmutterzelle, Schema (nach Art eines Stammbaumes dargestellt). Die
mitotischen Teilungsfiguren sind in den Zwischenraum zwischen Mutter- und Tochtergeneration eingetragen.
In Abb. a und b sind bezeichnet: violett die Spermatogonien, dunkelblau die Spermatocyten, rot die
Präspermatiden 1. Ordnung, rosa die Präspermatiden 2. Ordnung, hellblau die Spermatiden, weiß die
Kerne der SERTOLIschen Zellen.

kann man die Kerne der SERTOLIschen Zellen immer leicht daran erkennen, daß
sie oval und sehr hell sind; dies rührt daher, daß das Chromatin in einem Pseudo-
nucleolus zusammengeballt in der Mitte des Kernes liegt und als ein mit Kern-
färbungsmitteln intensiv gefärbtes Pünktchen hervortritt. Die langen SERTOLI-
schen Zellen entstehen zwar aus der gleichen Anlage wie die rundlichen eigentlichen Samenbildungszellen, aber sie gehören nicht zur Samenbildung selbst,
sondern dienen nur mittelbar zur Ernährung und Befestigung der rundlichen
Zellen in einem bestimmten Stadium. Ich nenne sie deshalb Begleitzellen,
die rundlichen Zellen nenne ich Samenbildungszellen (im engeren Sinne).
Wir verfolgen ihren Lebenscyclus und stoßen dabei von selbst auf ihre Beziehung
zu den Begleitzellen.

Die Samenbildungszellen stammen aus dem Entoderm des Dottersackes, wandern aber sehr früh in das Keimdrüsenfeld (S. 406) ein. Beim neugeborenen Knaben bemerkt man sie als besonders große Elemente, Ursamenzellen oder Spermatogonien. Durch vielfache Teilung gehen aus ihnen zahlreiche Zellen hervor, welche in den Samenkanälchen am weitesten basal liegen und erst zur Zeit der Geschlechtsreife beginnen, sich in andere Zellen umzuwandeln. Da auf die Vermehrungsperiode eine Wachstumsperiode folgt, so sind die Spermatogonien im Pubertätshoden und im ganzen Mannesalter relativ klein. Sie sind an ihrer Kleinheit und an der geringen Größe ihrer Kerne von der folgenden Generation von Zellen unterscheidbar (Abb. a, S. 413, violett). Diese Zellen heißen Spermatocyten (dunkelblau); sie sind nicht durch Teilung aus der letzten Generation von Spermatogonien, sondern durch Wachstum, d. h. Vergrößerung der einzelnen Zelle und ihres Kerns entstanden. Dadurch ist die Zelle vorbereitet zu der jetzt folgenden Reifungsperiode. Sie umfaßt im allgemeinen zwei Teilungen, die Reifungsteilungen, welche auch mitotisch verlaufen, sich aber von allen anderen mitotischen Teilungen dadurch unterscheiden, daß jede der vier Zellen, welche aus jeder Spermatocyte hervorgehen, nur halb so viele Chromosomen besitzt wie alle übrigen Körperzellen und wie die ausganggebenden Spermatogonie und Spermatocyte. Man nennt deshalb die Reifungsteilungen auch Reduktionsteilungen. Neuerdings ist festgestellt worden, daß beim Menschen (und bei der Katze) jede Spermatocyte nicht 2, sondern 3 Reifungsteilungen durchmacht. Abgesehen von der dabei stattfindenden Reduktion der Chromosomenzahl auf die Hälfte erfolgt bei jeder Teilung eine Verminderung des Kernvolumens auf die halbe Größe, so daß in den 4 Generationen von Zellen sich die Kernvolumina verhalten wie 8:4:2:1 (Abb. b, S. 413). Die aus der Teilung der Spermatocyte (dunkelblau) mit dem Kernvolumen 8 hervorgehenden Zellen werden Präspermatiden 1. Ordnung (rot) genannt, die folgende Generation Präspermatiden 2. Ordnung (rosa), die letzten, mit dem Kernvolumen 1, Spermatiden (hellblau). Die Spermatiden wandeln sich, ohne sich weiter zu teilen, in die Samenfäden, Spermatozoen (s. Spermien), um, indem der Kern der Zelle zum Kopf, der Zelleib (und das Centrosoma) zum Teil zum Schwanz des Samenfadens umgewandelt, zum Teil abgestoßen wird. So gelangen von den 24 Chromosomen der gewöhnlichen Körperzellen nur 12 in den Kopf eines jeden Samenfadens hinein. Wir werden sehen, daß sich der gleiche Reduktionsprozeß an der Eizelle abspielt. Indem Samen- und Eizelle bei der Befruchtung verschmelzen, kommen zwei halbierte Chromosomenbestände (Haplonten) zusammen und vereinigen sich zu dem Kern des befruchteten Eies, von welchem wiederum alle Zellen des neuen Organismus durch Mitose mit Kernen versehen werden (Diplonten). Auf diese Weise bleibt der Chromatinbestand von Generation zu Generation der gleiche, während ohne Reduktion bei jeder Befruchtung die Zahl der Chromosomen auf das Doppelte erhöht worden und also längst zu Myriaden herangewachsen wäre. Mit diesem außerordentlich feinen Mechanismus der Übertragung einer gleichbleibenden Zahl von Chromosomen, die aber immer wieder in neuen Kombinationen an die Kinder weitergegeben werden, sind die wesentlichsten Vorgänge der Vererbung der elterlichen und vorelterlichen Eigenschaften auf die nachfolgenden Generationen verknüpft.

Die Präspermatiden haben fast die gleiche Größe und das gleiche Aussehen wie die Spermatogonien, sind aber von ihnen leicht unterscheidbar, wenn man auf die dazwischen liegenden größeren Spermatocyten achtet (Abb. S. 413). Als Präspermatiden sind die centralwärts, als Spermatogonien die basalwärts von den Spermatocyten liegenden kleineren Zellen anzusprechen. Die Spermatiden unterscheiden sich von allen übrigen Zellen durch ihre Kleinheit. Bei der Umwandlung in Spermien wird der Kern länglich, rückt an die Peripherie und färbt sich infolge der

Kondensierung des Chromatins bei Kernfärbungen ganz intensiv. Dieses topographische und tinktorielle Verhalten zeigt an, daß der Kern sich in den Kopf des Samenfadens zu verwandeln im Begriffe steht und daß vom Protoplasma nur ein Bruchteil als Anhang des Kopfes, nämlich als Schwanz des Samenfadens, übrig bleibt.

Bei Tieren mit regelmäßigen und schnellen Folgen der Brunftperioden sind die einzelnen Phasen der Samenbildung durch ganze Zellschichten repräsentiert. So folgt z. B. im Hoden der Maus zu Zeiten auf eine Schicht von Spermatogonien eine Schicht von Spermatocyten, von Präspermatiden, von Spermatiden und von Spermien wie die Schichten einer Torte. Aber beim Menschen und allen Tieren, bei welchen von der Geschlechtsreife an zu jeder Zeit Samenfäden zur Ausentwicklung kommen, ist nicht nur in den verschiedenen Samenkanälchen, sondern selbst auf dem gleichen Querschnitt eines einzigen Kanälchens ein großer Wechsel zu beobachten und deshalb das Bild sehr vielgestaltig. In Abb. a, S. 413 sind verschiedene Möglichkeiten der Anordnung in schematischer Weise dargestellt; ich hebe einige besonders wichtige Bilder hervor.

An einer Stelle können alle Präspermatiden bereits in Spermatiden umgewandelt sein. Dann stoßen die Spermatocyten unmittelbar an die Spermatiden an (Dunkelblau an Hellblau, anstatt Dunkelblau an Rot). Ist die im Schema dunkelblau bezeichnete Zone verbraucht und grenzt Violett an Rot (anstatt an Dunkelblau), so kann es schwierig sein, beide Arten von Zellen zu unterscheiden, da das trennende Element, die an ihrer Größe kenntlichen Spermatocyten, an der betreffenden Stelle fehlen. In ähnlicher Weise können die Spermatogonien (violett) ganz aufgebraucht sein. Dann liegen zu äußerst an der Basalmembran zwischen und auf den Fußplatten der Begleitzellen bereits Spermatocyten (rot) oder andere Zellgruppen. Ist dies im ganzen Hoden der Fall, so tritt bald Atrophie ein. Individuell ist dieser Zeitpunkt sehr verschieden. Zeugungsfähige Männer von 70 und mehr Jahren sind nicht selten. Jedoch erlischt die Zeugungsfähigkeit je nach der Körperanlage und Lebensweise gewöhnlich früher (zwischen 50.—60. Lebensjahr); bei der Frau sistiert die Abstoßung reifer Eier fast regelmäßig zwischen dem 45.—55. Lebensjahr (Menopause), die Zeugungsfähigkeit ist also wesentlich früher als beim Mann beendigt. Der Greisenhode fühlt sich schlaff und welk an.

Die SERTOLIschen Zellen (Begleitzellen) haben mit der geschilderten Folge von Zuständen nur insofern zu tun, als die Spermatiden während ihrer Umwandlung in reife Samenfäden mit ihnen in organische Verbindung treten. Die Köpfe der Spermatozoen senken sich in das Protoplasma der Begleitzellen ein, so daß unter Umständen ein ganzer Schopf von Samenfäden dem freien Ende der Begleitzellen aufsitzt (Abb. a, S. 413). Sie werden durch den Plasmaverband festgehalten, so daß sie nicht unreif mit dem Samen abgehen; dies kommt trotzdem gelegentlich vor, so daß Spermatiden oder Reste von solchen im Samen nicht selten sind und bei krankhaften Zuständen sogar überwiegen können. Während der Zeit der Verschmelzung dient, wie es scheint, das Protoplasma der Begleitzellen nach Art einer Amme zur Ernährung der ihm eingenestelten Spermatozoen; man kennt wenigstens zahlreiche Fett- und Eiweißtröpfchen als Einschlüsse des Zelleibes, besonders in seiner basalen Partie. Sind die Samenfäden reif, so lösen sie sich aus der vorübergehenden Vereinigung mit den Begleitzellen und treten frei in das Lumen der Samenkanälchen ein. Durch schlängelnde Bewegungen ihres Schwanzes (S. 417) gelangen sie aus den Tubuli contorti des Hoden durch das Rete testis in die Ductuli efferentes und den Ductus epididymidis, wo ihre Bewegungen abgestellt werden (siehe Nebenhode).

Man schätzt die Dauer der Umwandlung einer Spermatogonie in ein reifes, frei bewegliches Spermatozoon auf 19—20 Tage; davon fallen 10 Tage auf die Reifungsperiode und nur $^1/_2$ Stunde auf den Plasmaverband zwischen Samenfaden und Begleitzelle.

Jedes Ejaculat des geschlechtsreifen Mannes enthält außer dem Sekret der Geschlechtsdrüsen, über welches bei diesen zu berichten sein wird, schätzungsweise 200—300 Millionen Samenfäden, so daß für die ganze zeugungsfähige Zeit eines Mannes Billionen von Spermatozoen angenommen werden können. Da schätzungsweise nur etwa 200—500 Eizellen beim Weibe befruchtungsfähig werden, so hat die Natur den Mann mit Geschlechtsprodukten verschwenderisch ausgestattet; die Chancen der Befruchtung für das Ei sind möglichst hoch. Denn obgleich nur ein einziger Samenfaden, der in das Reifei eindringt, zur Befruchtung genügt, das Eindringen mehrerer Samenfäden für das Ei sogar schädlich ist und durch besondere Einrichtungen verhindert wird, so würden doch, wenn sich alle reifen Geschlechtsprodukte eines Mannes und einer Frau zusammenfänden, auf ein Ei Milliarden von Samenfäden zu rechnen sein. Bei niederen Organismen, besonders bei Wassertieren, ist die Erzeugung von Geschlechtsprodukten noch viel gewaltiger, allerdings auch die Zahl der Eier oft unmeßbar groß, so daß die Spannung zwischen männlichen und weiblichen Zahlen weniger beträchtlich erscheinen könnte. Aber auch in diesen Fällen ist anzunehmen, daß der Same immer erheblich zahlreichere zeugungsfähige Elemente enthält, als die Zahl der Eier beträgt.

Zu den günstigen Chancen für die Befruchtung gehört auch die Kleinheit, der Bau und die damit zusammenhängende leichte Beweglichkeit der Samenfäden.

Man unterscheidet an ihnen den Kopf, das Mittelstück und den Schwanz (Abb. Nr. 220). Der Kopf ist von der Fläche gesehen elliptisch, von der Kante gesehen dem Kern einer Weinbeere ähnlich; er ist 3—5 μ lang, vorn nur 1,8 μ, hinten 3,3 μ dick. Mittelstück und Schwanz sind fadenförmig, zusammen 40 bis 50 μ lang und an der dicksten Stelle nur 1 μ dick. Der Samenfaden im ganzen gehört nach diesen Maßen zu den kleinsten Zellen des Organismus.

Das Mittelstück ist hinten an den Kopf mit einer hellen durchsichtigen Stelle befestigt, welche auch als Hals bezeichnet wird; sie

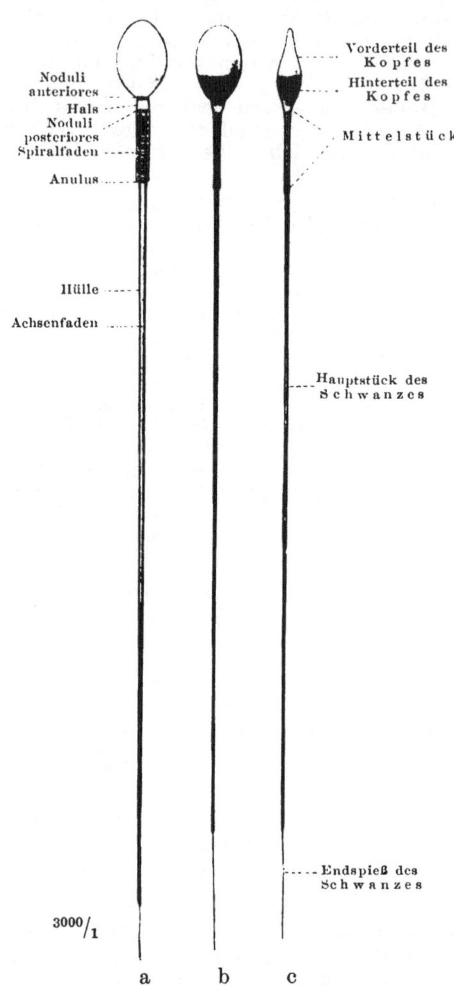

Abb. 220. Reife Samenfäden, Mensch. a Schema (frei nach MEVES). b Natürliche Abbildung von der Fläche. c Dasselbe im Profil. (b und c nach RETTZIUS, aus GEGENBAUR-FÜRBRINGER, Lehrb. d. Anat., Bd. 1, 1909.)

ist wie ein Gelenk beweglich, so daß der Kopf verschiedene Stellungen zum Mittelstück und Schwanz einnehmen kann; letztere treiben ihn durch schlängelndes Hin- und Herschlagen vorwärts und steuern ihn entsprechend. Ist die Bewegung des Schwanzes besonders heftig, so wird der Kopf zugleich mit der Vorwärtsbewegung um seine Längsachse rotiert. Beim Auftreffen auf das Ei schneidet oder bohrt der Kopf mit seinem Vorderteil das Ei an. Die vordere Kante ist gleich der Schneide eines kurz gebogenen Skalpells zugeschärft; das Vorderteil wird danach auch Perforatorium genannt. Hinter dem Gelenkteil (Hals) hat das Mittel- und Schwanzstück einen fibrillär gebauten feinen Achsenfaden, welcher sich wahrscheinlich vom Centrosom der Samenbildungszelle ableitet und den Bewegungsapparat des Schwanzes darstellt. Den Antrieb erhält die Bewegung vom Verbindungsstück, in welchem unmittelbare Abkömmlinge des Centrosoms liegen (Noduli anteriores, Noduli posteriores und Anulus). Mittelstück und Schwanz sind von einer Hülle umgeben, die sich aus dem Zelleib der Samenbildungszelle ableitet; sie enthält namentlich in ersterem Elemente, welche vielleicht bei der Befruchtung wichtige Substanzen des väterlichen Protoplasmas auf das Ei übertragen (Mitochondrien, Plastosomen). Auch auf den Kopf des Samenfadens ist die Hülle als feinster Überzug, der Plastosomen enthält, fortgesetzt. Nur die Schwanzspitze ist ohne Hülle (Endspieß). Bei vielen Tieren hat die Schwanzhülle die Form eines Bandes, in dessen Mitte der Achsenfaden liegt; sie unterstützt durch undulierende Bewegungen in von Fall zu Fall sehr verschiedenartiger Weise die Bewegungen des letzteren. Die Beweglichkeit wird gesteigert durch Strömungen, in welche die Samenfäden geraten, sie schwimmen stromauf (positiv rheotaktisch). Infolgedessen überwinden sie in den Genitalien der Frau den Gegenstrom der Sekrete im Uterus und in der Tube und finden so den Weg zum Ei.

Die Form des Perforatorium ist bei den verschiedenen Tierspecies außerordentlich verschieden (spieß-, messer-, korkzieherartig usw.) und aufs feinste dem Mechanismus eingepaßt, welcher zur Vereinigung von Ei- und Samenzelle nötig ist.

Der Schwanz entwickelt sich aus der Spermatide unter dem Einfluß des Centrosoms. Dieses teilt sich zuerst in zwei Tochtercentrosomen. Das eine bleibt am Kern der Zelle kleben, das andere legt sich an den Zellrand; von dieser Stelle wächst der Achsenfaden aus. Ganz ähnlich ist bei Wimperzellen das Auswachsen der Wimperhaare von Körnchen aus beobachtet worden, welche aus Teilungen des Centrosoms hervorgehen. Das Centrosom erweist sich also auch hier als kinetisches Organ, welches die Geißelbewegungen gerade so wie die mitotischen Bewegungen bei der Zellteilung beherrscht. Ob die Substanz des peripheren Centrosoms selbst die Substanz des Achsenfadens liefert oder ob Substanz des Zelleibes unter ihrer Wirkung dies tut, ist schwer zu sagen. Anfänglich schmiegt sich der Schwanz in Spiraltouren der Spermatide eng an, so daß er sehr schwer zu sehen ist. Erst wenn der überflüssige Protoplasmaleib abgestoßen und der Kern der Zelle zum Kopf des Samenfadens umgewandelt ist, kann man den längst vorhandenen Schwanz leichter wahrnehmen.

Das Mittelstück ist dadurch begrenzt, daß das centrale, dem Kern anhängende Centrosom der Spermatide sich an sein vorderes und daß sich ein Teil des peripheren Centrosoms an sein hinteres Ende legt. Aus beiden Centrosomen gehen sehr verschiedenartige Gebilde hervor, aus dem vorderen die Noduli anteriores, aus dem hinteren die Noduli posteriores und der Anulus (Abb. a, S. 416). Die vorderen Körnchen sind zu zweit, die hinteren, welche den gelenkigen Teil des Mittelstückes distal begrenzen, bestehen aus mehreren Endknöpfchen; der Anulus (Ring) schließt das Mittelstück ab und läßt den Achsenfaden hindurch. Letzterer reicht vorn bis an die Gelenkstelle zwischen Kopf und Mittelstück heran, ist also nicht mit den Noduli anteriores verbunden (eine homogene Zwischenmasse zwischen den Noduli anteriores et posteriores ist der Sitz der gelenkigen Beweglichkeit). Innerhalb der Hülle, welche den Achsenfaden im Mittelstück umgibt, liegt noch ein besonderer Spiralfaden, welcher den Achsenfaden in 8—9 engen Touren umgibt und im mikroskopischen Bild auf optischen Schnitten wie Reihen kleiner Pünktchen aussieht. Die Füllmasse zwischen den Spiraltouren ist homogen, dagegen ist das ganze Mittelstück von einer besonderen Außenhaut überzogen, in welche die Mitochondrien aus dem Zelleib der Spermatide eingebettet liegen.

Ich bevorzuge den Namen „Mittelstück", weil in diesem die unmittelbaren Abkömmlinge des Centrosoms liegen und es begrenzen. Andere rechnen dasselbe größtenteils mit zum Schwanz und nennen es „Verbindungsstück des Schwanzes". Der kleine gelenkige Teil wird bei dieser Art der Benennung als „Hals" zu einem Hauptteil des Samenfadens erhoben, so daß sich eine andere Einteilung des Ganzen ergibt (in: Kopf, Hals, Schwanz).

Neuerdings sind oxydative Fermente in den Samenfäden des Menschen gefunden worden, so daß sie außer als Erbträger und Entwicklungserreger auch als Regulatoren für den Sauerstoffbedarf des Eies zu funktionieren scheinen.

Verhalten des Samenfadens bei der Befruchtung Bei der Befruchtung dringen der Kopf und das Mittelstück in das Ei ein, der Schwanz geht verloren, da jetzt die Bewegung ihr Ziel erreicht hat. Aus dem Kopf rekonstruiert sich wieder ein Kern, der männliche Vorkern, welcher mit dem Kern der Eizelle verschmilzt und mit diesem den endgültigen Kern des neuen Organismus formt, aus welchem alle späteren Kerne abstammen. Der Kern von Samen- und Eizelle ist unsterblich, er vererbt sich von Geschlecht zu Geschlecht.

Das Mittelstück des Samenfadens liefert das Centrosom; da die Eizelle ihr Centrosom verliert, kann der Teilungsvorgang, welcher den Aufbau des kindlichen Organismus einzuleiten hat, erst in Gang kommen, nachdem das Spermatozoon in das weibliche Ei eingedrungen und so das väterliche Erbteil dem Kinde gesichert ist. Denn der Samenfaden enthält in seinem Kern (Chromosomen) und vielleicht auch in der plasmatischen Hülle des Kopfes und des Mittelstückes die väterlichen Erbfaktoren; er besitzt außerdem in seinem Centrosom gleichsam den Schlüssel, welcher das Triebwerk für die Verteilung der Erbmassen väterlicher und mütterlicher Herkunft im Keime erst in Gang bringt (mitotische Teilungen, Furchung des Keimes). Über Entwicklung ohne Beteiligung eines Samenfaden (Parthenogenese) siehe die Lehrbücher der Zoologie und Entwicklungsgeschichte; sie kommt beim Menschen nicht vor.

Trotzdem die einzelnen Samenfäden mikroskopisch einander gleich aussehen, wissen wir doch aus der Art, wie sich gewisse Anomalien vererben, daß bei allen Männern zusammen etwa die Hälfte von ihnen „männchenbestimmend", die andere Hälfte „weibchenbestimmend" ist (auf das männliche Geschlecht begrenzte Vererbung der Farbenblindheit und der Bluterkrankheit). Die Eier der Frau sind sämtlich weibchenbestimmend, verlieren aber diese Eigenschaft, wenn ein männchenbestimmender Samenfaden in sie eindringt. Das Kind wird männlichen Geschlechtes, enthält aber in sich die weibliche Eigenschaft, welche in seinen Kindern wieder hervortreten kann. Nach den MENDELschen Regeln nennt man das männchenbestimmende Spermatozoon dominant, das weibchenbestimmende Ei recessiv. Verbindet sich ein weibchenbestimmender Samenfaden mit einem Ei, so wird dessen Eigenschaft verstärkt, das Kind wird weiblich. So entstehen ungefähr gleich viel Knaben und Mädchen.

Fortbewegung der Samenfäden Wie und wo die Samenfäden das Ei erreichen, wird sich bei den weiblichen Geschlechtsorganen ergeben. Selbständige Bewegungen werden erst ausgelöst unter dem Einfluß chemischer Reize, welche von den Sekreten der männlichen Geschlechtsdrüsen ausgehen. Erkrankungen der Samenbläschen, der Prostata oder der COWPERschen Drüsen des Mannes können deswegen die Bewegung lähmen oder die Samenfäden sogar töten. So kann die Zeugungsfähigkeit des Mannes trotz eines normal funktionierenden Hoden und trotz wohl gebildeter Samenfäden im Ejaculat leiden oder erlöschen. Auch das Scheidensekret der Frau wirkt lähmend (bei der Kohabitation wird der Same am Gebärmuttereingang und in diesen hinein entleert). Die Spermatozoen, welche sich im Hoden aus dem Plasmaverband mit den Begleitzellen gelöst haben, sind beweglich und gelangen in den Nebenhoden. Hier werden sie vorübergehend ruhiggestellt („Samenspeicher"). Erst durch das bei der Ejaculation zugleich mit ihnen entleerte Sekret der Prostata und vielleicht auch der Samenblasen erhalten sie ihre volle Beweglichkeit (S. 426).

Die Schnelligkeit der Fortbewegung ist je nach der Art des äußeren Anreizes verschieden. Sie ist durchschnittlich auf 3,0—3,6 mm in der Minute gemessen worden, d. h. mindestens gleich dem 75fachen ihrer Länge. Dies entspricht, auf die Länge des ganzen Menschen bezogen, dem Geschwindschritt eines

Mannes. Die Strecke vom Hoden durch die männlichen Geschlechtsorgane hindurch bis zum distalen Ende des Eileiters des Weibes, wo meistens die Vereinigung mit dem Ei stattfindet, beträgt ohne die Schlängelungen im Nebenhoden annähernd einen Meter, das entspricht mit den Maßen eines sich fortbewegenden Menschen verglichen einer Wegstrecke von 34 km (20000 × der Länge des Samenfadens bzw. Menschen). Rechnet man die 5 m lange Strecke im Nebenhoden dazu, so erhöht sich die Weglänge um 170 km, wenn wir die Zahl in der angegebenen Weise umrechnen. Der Weg wird allerdings nur zum Teil vom Samenfaden durch eigene Bewegungen zurückgelegt, da vor und bei der Kohabitation andere Kräfte den Samen vortreiben und da auch in den inneren Geschlechtsorganen des Weibes bewegungsfördernde Kräfte von außen auf die Samenfäden einwirken. Immerhin geben die genannten Zahlen eine annähernde Vorstellung von den durch die Samenfäden selbst zu leistenden Fortbewegungen.

Bei Kastraten ist seit jeher beobachtet worden, daß außer dem Fortfall der Hoden als solcher zahlreiche Veränderungen im ganzen Körper und in der Psyche eintreten. Bei Tieren und beim Menschen ist die künstliche Herbeiführung solcher Veränderungen, auf die ich hier nur hinzuweisen brauche, die Absicht der Kastration. Außer Veränderungen, die nach dem weiblichen Geschlecht oder einem indifferenten sexuellen (jugendlichen) Zustand hinführen, sind namentlich an der russischen Sekte der Skopzen, die aus religiösen Gründen schon an Knaben die Kastration ausführt, ganz erhebliche Wachstumsvergrößerungen aufgefallen, besonders der unteren Körperhälfte gegenüber der oberen. Man faßt auf Grund aller an Eunuchen und Eunuchoiden beobachteten Fälle von Riesenwachstum die Beziehung der einzelnen Drüsen mit innerer Sekretion zum Wachstum im allgemeinen so auf, daß im Kindesalter die Thymus die Längenentwicklung der Knochen in den Epiphysenscheiben und den Grad ihrer Verkalkung begünstigt, daß aber zur Zeit der Pubertät die Keimdrüsen hemmend eingreifen müssen, um Riesenwachstum zu verhindern. Auch die Epithelkörperchen, die Schilddrüse und Hypophyse wirken wachstumfördernd; auf dem Spiel und Gegenspiel dieser und der wachstumhemmenden Keimdrüsen, welche von der Nebennierenrinde unterstützt werden, beruht die uns eingeborene, von den Hormonen nur realisierte schließliche Körperproportion. Von außen einwirkende Faktoren kommen zu diesen inneren Faktoren hinzu (Bd. I, S. 15).

Ähnlich, wie bei den Proportionen des Körpers kann man sich auch die zur Zeit noch viel umstrittene, aber in den wesentlichen Zügen doch wohl sichergestellte Beziehung der inneren Sekrete der Keimdrüsen zur Geschlechtsbildung vorstellen. Das Geschlecht ist zwar, wie wir sahen, von dem Zeitpunkt der Vereinigung der Keimzellen zum befruchteten Ei an determiniert. Aber die Ausführung im einzelnen, die Vollendung des endgültigen Zustandes unterliegt dem Einfluß der Keimdrüse, in unserem Fall des Hoden. Namentlich die äußeren Geschlechtsorgane und die accessorischen Sexuszeichen wie Mammabildung, Behaarung, Proportionen des Körpers usw. hängen davon ab. Da die Geschlechtsart der Keimdrüse von dem Geschlecht des Organismus im ganzen abhängt, so scheint in dieser Vorstellung eine Selbstverständlichkeit zu liegen. Aber nur scheinbar; denn bei einer solchen Sachlage kann es zu nachträglichen Abänderungen oder Umstimmungen der Geschlechtsmerkmale kommen, wenn die Hoden frühzeitig atrophieren oder künstlich durch Keimdrüsen des anderen Geschlechtes ersetzt werden. In der Tat können durch Implantation von Eierstöcken an die Stelle der Hoden bei jungen Meerschweinchen und Ratten, welche vorher kastriert worden waren, weibliche Geschlechtsmerkmale körperlicher und psychischer Art hervorgerufen werden. Man nennt die Methode deshalb „Feminieren", den entsprechenden Versuch beim weiblichen Tier „Maskulieren". Die bekannten Zwittererscheinungen beim Menschen, Herm-

Innere Sekrete des Hoden

aphroditen, wären danach im wesentlichen Hemmungsmißbildungen, bei welchen durch frühzeitige Verkümmerung der Geschlechtsdrüse die Vollendung des durch die Befruchtung bestimmten Geschlechtes ausbleibt und Spielarten der verschiedensten Kombination von männlichen und weiblichen Sexuszeichen die Folge sind

Außer Zweifel steht, daß die Wirkungen des Hoden auf chemischem Wege, nicht durch Vermittlung des centralen Nervensystems, wie man früher annahm, zustande kommen. Man hat bei kastrierten jungen Hähnchen (Kapaunen) einen neuen Hoden an beliebiger Körperstelle implantiert und, sobald er einheilt, Wiederauftreten der typischen Merkmale beobachtet, ebenso bei Fröschen das Auftreten der zur Begattung nötigen Daumenschwiele u. a. m. Da der Sitz der Auslösung beliebig verändert werden kann, ist das Nervensystem primär nicht beteiligt. Sekundär kann allerdings und wird das Centralorgan durch die vom Hoden ausgeschiedenen Sexualhormone beeinflußt werden. Ist also das Vorkommen innerer Sekrete nicht strittig, so ist es um so mehr der Ort ihrer Entstehung im Hoden. Insbesondere dreht sich der Streit der Meinungen darum, ob die Zellen der Samenkanälchen oder die Zwischenzellen des Hoden die inneren Sekrete absondern. Wichtig für diese Frage sind die histologischen Ergebnisse der Hodenuntersuchung gemästeter Tiere. Den Züchtern ist bekannt, daß beim Gänserich durch übermäßige Fütterung der Eintritt der Brunft und die Ausbildung der äußeren Geschlechtsorgane unterdrückt wird. Im Hoden des Mastgänserichs erwies sich die Zahl der Keimzellen auf ein Viertel vermindert gegenüber einem zur Kontrolle benutzten Zuchtgänserich aus dem gleichen Gelege; die Zwischenzellen waren dagegen beim Mastgänserich absolut wie relativ vermehrt. Danach scheint die Abnahme der Keimzellen das ausschlaggebende Element für die beobachtete Unterdrückung der Geschlechtszeichen zu sein.

Dem steht die andere Meinung gegenüber, daß die Zwischenzellen das geschlechtsbestimmende Hormon im Sinn unserer Formulierung oder irgend einer anderen der zahlreichen vorgebrachten Hypothesen absondern. Man hat sie deshalb als „Pubertätsdrüse" bezeichnet. Doch fällt dieser Ausdruck mit den tatsächlichen Voraussetzungen, mit deren Klärung die wissenschaftliche Forschung zur Zeit intensiv beschäftigt ist. Vorläufig jedoch ist trotz aller Bemühungen die Frage noch nicht endgültig entschieden, welche Anteile des Hodens als die hormonliefernden anzusprechen sind.

Wenn, wie es scheint, der Inhalt der Samenkanälchen das ausschlaggebende Hormon hervorbringt, so ist noch fraglich, ob es von den Samenbildungszellen, von den fertigen Samenzellen oder von den Begleitzellen (Sertolis) sezerniert wird, ob durch die lebendige Tätigkeit oder den Zerfall dieser Elemente u. a. m.

Bei Einpflanzung jugendlicher Hoden in greisenhaft veränderte Tiere wird die erloschene geschlechtliche Potenz, die Freßlust und körperliche Leistungsfähigkeit in überraschendem Grade neu erweckt und der Haarwuchs verjüngt. Ein alter Hund, der hinter dem Ofen sein Gnadenbrot bekommt, nicht mehr imstande ist, sein Lager zu verlassen, und durch Haarverlust fast kahl geworden ist, kann wieder große Spaziergänge mit seinem Herrn machen, wird voll behaart und erregt Ärgernis durch die Art, wie er weibliche Hunde angeht. Schließlich erlischt er wie ein Docht, dem es an Öl gebricht, und stirbt den rein physiologischen Erschöpfungstod. Ob dies jedoch eine spezifische Hormonwirkung ist, bleibt fraglich. Neuerdings ist durch Implantation von Lebergewebe Ähnliches erzielt worden. — Bei den sog. „Verjüngungen" durch Unterbindung des Samenstranges, die beim Menschen in einzelnen Fällen eintraten, handelt es sich wohl um die Resorption von Abbauprodukten des Hoden, bei denen ebenfalls fraglich ist, ob die Wirkungsweise spezifischer Natur ist; beim Menschen ist zudem die psychische Beeinflussung der Operierten sehr schwer auszuschalten. — Besondere Zellen des Hoden, welche für die Homosexualität verantwortlich sein sollen, wurden beschrieben, sind aber nicht bestätigt worden. Sicher ist jedoch, daß durch sexuelle Ausschweifungen geistig normal oder abnorm veranlagter Individuen das Keimgewebe des Hoden geschädigt und verändert wird.

Im lockeren Bindegewebe zwischen den Samenkanälchen liegen einzeln verstreut oder in Gruppen oder Strängen epithelartige kubische Zellen, welche wegen ihrer Lage interstitielle Zellen oder Zwischenzellen (LEYDIGsche Zellen) genannt werden (Abb. a, S. 413). Über ihre Häufigkeit gibt der einzelne mikroskopische Schnitt nur unvollkommenen Aufschluß. Daraus lassen sich offensichtliche Irrtümer der früheren Autoren herleiten. Es wird in Schnitten sehr leicht eine Vermehrung der Zwischenzellen gegenüber dem Inhalt atrophierter Samenkanälchen vorgetäuscht. Genauere Bestimmungen der Zahl der Zwischenzellen, wie die oben für die Gans erwähnten, sind deshalb zuverlässig, weil sie durch Meßmethoden an Schnittserien gewonnen sind und weil die Gesamtgröße des Hoden berücksichtigt ist. Bei der Dohle ist durch genaue Rechnung ermittelt worden, daß in der Geschlechtsruhe die Masse der Samenkanälchen und der Zwischensubstanz zwischen ihnen ungefähr gleich groß ist. Dagegen vermehrt sich während der Brunft, während welcher der Hoden bei diesen Vögeln im ganzen bis auf das 1000fache seiner Größe in der Geschlechtsruhe anschwillt, das Zwischengewebe zwischen den Samenkanälchen um das 20fache, die Samenkanälchen dagegen um das 840fache gegenüber der Ruhe. Die Zahl der Zwischenzellen selbst während der Ruhe und der Brunft ist dabei leider nicht ermittelt worden; es bleibt unentschieden, ob nicht das Plus während der Brunft größtenteils auf Kosten der Blutgefäße im Zwischengewebe fällt. Ob und in welchem Grade Schwankungen der Zahl beim Menschen vorkommen, wieviel Platz die Zwischenzellen gegenüber den Samenkanälchen beanspruchen und ob nachträglich noch Umwandlungen von Bindegewebszellen des Zwischengewebes in echte interstitielle Zellen oder Rückverwandlungen vorkommen, ist nicht sicher bekannt.

Man erkennt die Zwischenzellen außer an ihrer Größe besonders an ihrem Inhalt. Ihr Zelleib enthält beim Menschen häufig die REINKEschen Krystalle, nadel- oder stäbchenartige Lipoide. Sie sind doppellichtbrechend, verlieren aber diese Fähigkeit durch Erwärmen. Dies charakterisiert sie als Cholesterinester wie die Einschlüsse der Nebennierenrinde. Nach experimentellen Versuchen an Katern ist die Zahl der Krystalle abhängig von dem Reichtum der Nebenniere an der gleichen Lipoidart, doch tritt diese Beziehung erst zur Pubertätszeit ein. Die Übermittelung erfolgt, wie es scheint, durch das Blut. Auch Fettkörnchen, die sich mit Osmium schwärzen, und andere Einschlüsse kommen im Zelleib vor; bei vitaler Färbung speichern sie zum Teil lebhaft den Farbstoff. Wenig charakteristisch ist der Kern der Zwischenzellen. Er ist immer kuglig, manchmal ganz homogen und gleichmäßig färbbar, manchmal aber auch wie andere Kerne mit einem deutlichen Chromatingerüst und Kernkörperchen versehen.

Höchstwahrscheinlich dienen die Zwischenzellen als Stapelorgane für die Ernährung der eigentlichen Samenkanälchen. Die Beziehungen zur Nebenniere lassen daran denken, daß ihre Tätigkeit gegenüber dem Gefäßsystem resorbierender Art ist, während bei den Samenkanälchen — neben der Herstellung des Samen — eine sezernierende Tätigkeit gegen die Gefäße hin anzunehmen ist (Sexualhormone).

Daß andere Autoren alle Zwischenzellen zusammen als „Pubertätsdrüse" bezeichnen und damit ihre Meinung ausdrücken, daß sie Sexualhormone an die Säfte des Körpers abgeben, ist oben erwähnt. Das Nebennierenhormon wirkt nicht nur auf die Zwischenzellen, sondern auch auf die Samenkanälchen des Hoden. Nur ist in den Krystallen der ersteren die Beziehung in Form mikroskopisch sichtbarer Formbestandteile unmittelbar faßbar. Eine abnorme Entwicklung der Thymus beeinflußt den Hoden, wie die Pathologen aus dem Zusammentreffen von frühzeitiger Thymusatrophie, Atrophie der Samenkanälchen und starker Wucherung des interstitiellen Gewebes schließen. Der Einfluß der Thymus auf die Zwischenzellen scheint dabei durch die Samenbildungszellen vermittelt zu sein. Bei der Nebenniere könnte das gleiche der Fall sein. Es scheint, daß Thymus und Nebennieren zusammenarbeiten, um den normalen Hoden in der richtigen Bahn zu erhalten. Auch Beziehungen zwischen Hypophysengewebe und Hoden sind durch Untersuchungen beim Zwerg- und Riesenwuchs festgestellt, bei welchen ebenfalls die Zwischenzellen eine im einzelnen unbekannte Rolle spielen.

Bei Kryptorchismus (in der Bauchhöhle oder im Leistenkanal steckengebliebener Hoden) sind sehr häufig die Zwischenzellen vermehrt, während die generativen Anteile des Hodengewebes — wahrscheinlich durch den Druck der Umgebung bei dem Versuch des Hoden sich auszudehnen — rückgebildet sind. Sind letztere ganz verschwunden, so verschwinden auch die Zwischenzellen.

b) Die Nebenhoden.

Kopf, Lage und Einteilung

Die Samenkanälchen innerhalb des Hoden werden in kontinuierliche Verbindung mit dem WOLFFschen Gang gebracht, indem gewisse Kanälchen der Urniere mit dem Rete testis (Halleri) verschmelzen (Abb. b, S. 405). Der Prozeß ist im 3. Fetalmonat abgeschlossen. Die Zahl der beteiligten Urnierenkanälchen ist variabel. Aus ihnen wird je ein Ductulus efferens des endgültigen Nebenhoden, Epididymis. Man kann an der Zahl seiner Zusammenhänge mit dem Hoden beim Erwachsenen (12—18 und mehr) noch erkennen, wieviel Urnierenkanälchen sich mit dem Hoden verbunden haben.

Indem jedes Kanälchen zu einer Länge von 4—6 cm heranwächst, knäuelt es sich auf und nimmt so weniger Platz ein als im gestreckten Zustand. Gewöhnlich sind zwei Kanälchen zusammen zu einem Knäuel aufgewickelt; das oberste und unterste Kanälchen bilden für sich allein ein Knäuel. Jedes Knäuel hat die Form eines kegelförmigen Läppchens, Lobulus epididymidis (s. Conus vasculosus). Die 5—13 Läppchen messen von der Spitze bis zur Basis nur etwa 1 cm oder wenig mehr. Die oberen und mittleren sind am größten und enthalten auch die längsten Ductuli. Der Raum, welchen die Kanälchenknäuel einnehmen, ist bei allen aufs äußerste beschränkt. Immerhin findet eine Menge von Samenfäden in den Lumina der Lobuli Platz; sie sind bei geschlechtsreifen Personen, wenn nicht eine Ejaculation kurz vorher stattgefunden hat, mit Spermatozoen gefüllt, sie dienen also zur Aufbewahrung der fertigen Samenfäden. Die Spitze der Kegel zeigt auf das Rete testis zu, die an dieser Stelle gerade gestreckten Ductuli efferentes durchbohren die Tunica albuginea des Hoden (Abb. a, S. 423) und stehen so mit dem Rete testis in Verband. Da die Läppchen des Hoden ebenfalls kegelförmig sind, so stehen die Hoden- und Nebenhodenkegel Spitze auf Spitze: die Vereinigung bildet das Rete testis, nach der Peripherie des Hodens zu schließen daran die Tubuli recti der Samenkanälchen an, nach dem Nebenhoden zu die ebenfalls geraden Anfänge der Ductuli efferentes.

Alle Lobuli epididymidis zusammen sind durch Bindegewebe zu einem besonders kräftigen, äußerlich glattwandigen Abschnitt des Nebenhoden vereinigt, dem Kopf, Caput epididymidis. Er liegt dem oberen Pol des Hoden an, da sich nur mit diesem die Urnierenkanälchen verbunden haben, überragt aber wegen seines sonstigen Inhaltes den oberen Hodenpol (Abb. S. 407). Die Tunica vaginalis propria des Hoden schlägt sich als Serosa auf den Kopf des Nebenhoden über und überzieht ihn vollkommen, so daß er außer durch die innen gelegenen Ductuli efferentes auch äußerlich durch diesen Überzug an dem Hoden befestigt ist.

Bereits innerhalb des Nebenhodenkopfes geht aus den Läppchen der allen gemeinsame Nebenhodengang, Ductus epididymidis, hervor, dessen Hauptverlauf den übrigen Nebenhoden ausmacht. Er entspricht dem WOLFFschen Gang des Embryo (Abb. b, S. 405), bleibt aber nicht gerade wie in der frühen Entwicklung, sondern schlängelt sich infolge seines Längenwachstums ganz außerordentlich. Der Beginn im Kopf schließt sich unmittelbar an das oberste Läppchen, das größte von allen, an, indem aus der Basis des Kegels das Ende des Ductulus efferens wie der Faden aus einem Knäuel austritt, umbiegt und in der Längsrichtung des Nebenhoden weiter läuft. In kurzen, manchmal auch längeren Abständen münden die folgenden Ductuli efferentes ein. Da diese Anfangsstrecke des Nebenhodenganges bereits stark aufgeknäuelt ist, so liegen tatsächlich die Einmündungen noch dichter beieinander, als es dem ausgebreiteten Präparat nach den Anschein hat (Abb. Nr. 221).

In Schnitten durch den Nebenhodenkopf sieht man die Ductuli efferentes und den Ductus epididymidis im gleichen Gesichtsfeld nebeneinander (Abb. a, Nr. 221). Feinerer Bau des Kopfes

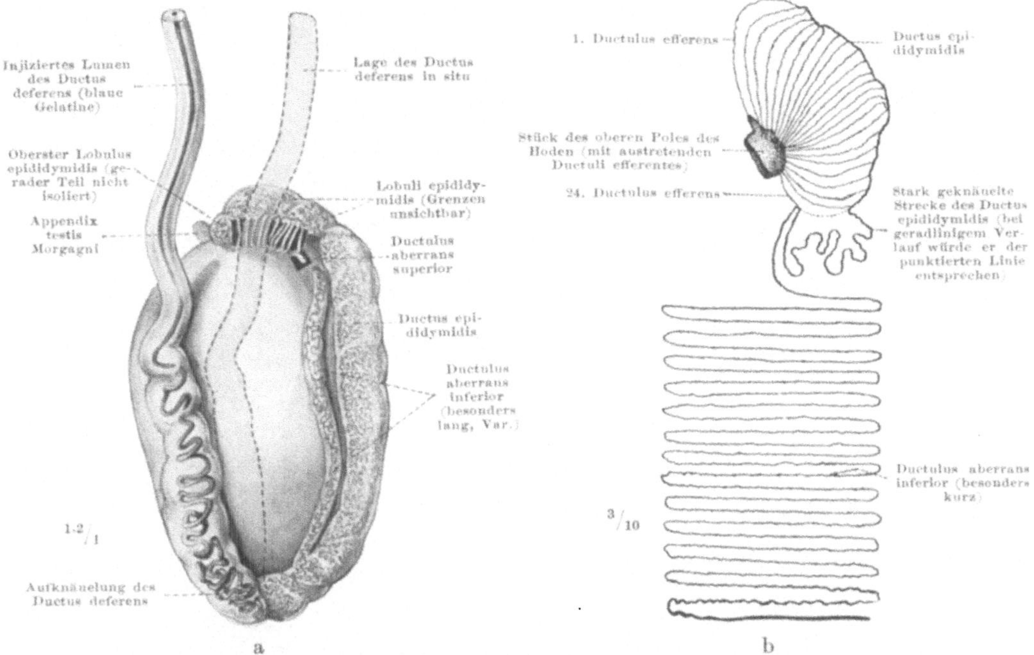

Abb. 221. Nebenhoden, junger Mann. a Der Ductus deferens und Ductus epididymidis sind mit gefärbter Gelatine gefüllt und durch Aufhellung des Präparates sichtbar gemacht. Die Ductuli efferentes waren nicht gefüllt; die gerade Strecke derselben wurde präparatorisch isoliert und durch eine Fischbeinunterlage hervorgehoben. b Ductuli efferentes und Ductus epididymidis vollkommen präparatorisch isoliert und ausgebreitet. (Beide Präparate wurden von Werkmeister SCHÄFFNER angefertigt, Anatom. Sammlung Würzburg.)

Ohne Kenntnis des wirklichen Verlaufes würde man glauben, daß es mehrere Nebenhodengänge gäbe; aber die vielen Schnittbilder gehören zu dem einen Ductus epididymidis, der infolge seines stark mäandrischen Verlaufes sehr häufig getroffen ist. Bei den Ductuli efferentes liegen die zu einem Lobulus, also zu einem einzigen oder zu zwei Kanälchen gehörigen Schnittbilder in Gruppen beisammen. Nicht immer sind die Grenzen scharf gegeneinander abgesetzt; in Wirklichkeit finden aber keine Anastomosen statt, sondern jeder Ductulus reicht vom Rete testis als selbständiges Individuum bis zur Einmündung in den Nebenhodengang. Der Übergang in diesen ist durch eine völlige Änderung des epithelialen Wandbelages gekennzeichnet. Die Ductuli efferentes (Abb. c, S. 424) haben außen einen glattwandigen Kontur, nach ihrer Lichtung zu ist dagegen die Begrenzung wellenförmig, weil in das hohe cylindrische Flimmerepithel, welches die Wand auskleidet, Nischen hineinführen, welche mit einem niedrigeren,

kubischen und flimmerlosen Epithel ausgekleidet sind. Man geht wohl nicht
fehl, in diesen Nischen Drüsenbläschen zu sehen, die aber nicht wie andere
Drüsen sich nach außen vorwölben und aus dem Epithelverband heraus-
getreten sind, sondern diesem wie einzellige Becherzellen einverleibt bleiben

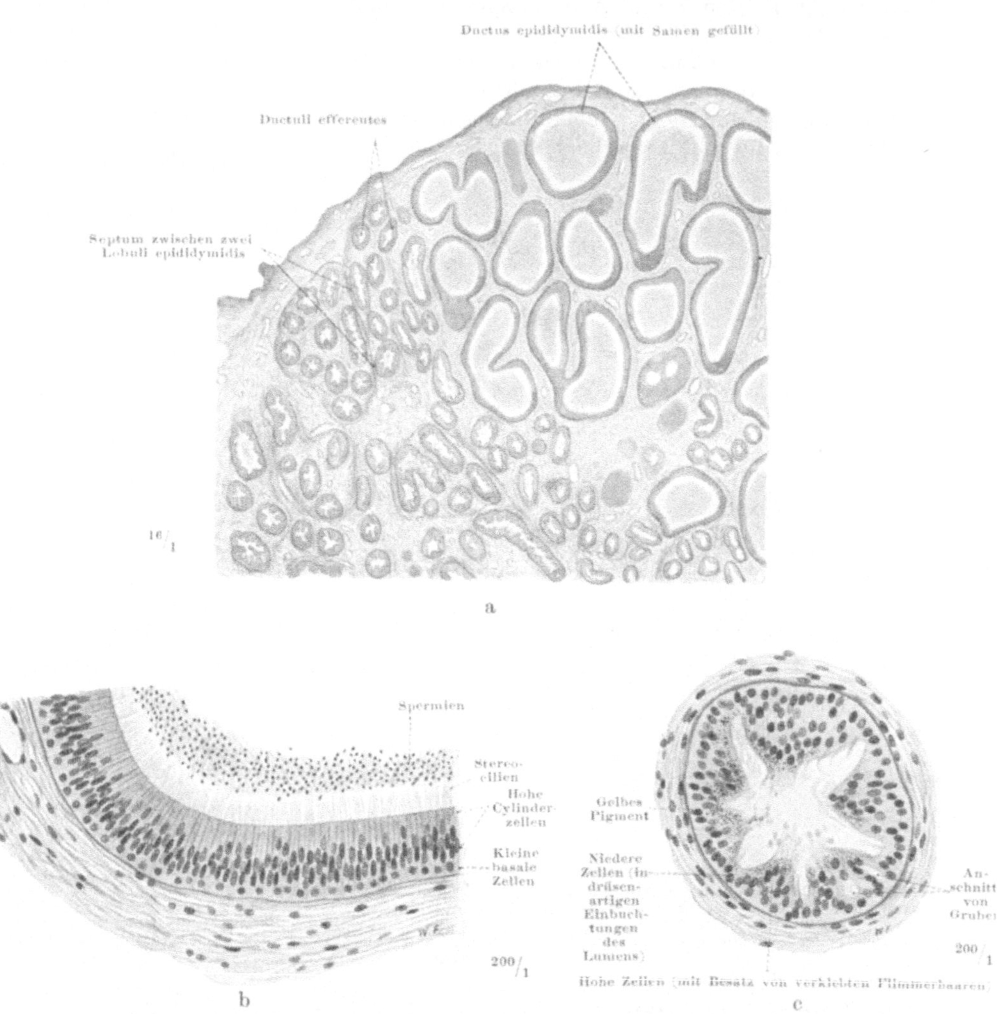

Abb. 222. Kopf des Nebenhoden, Mensch. a Übersichtsbild. b Querschnitt des Ductus epididymidis
bei stärkerer Vergrößerung. c Querschnitt eines Ductulus efferens bei der gleichen Vergrößerung.

(„intra- oder endoepitheliale Drüsen"). In den Nebenhoden mancher Individuen sind die kubischen Zellen mit Fettkörnchen gefüllt und die cylindrischen
Zellen frei davon, bei anderen ist es gerade umgekehrt. Auch können die
kubischen Zellen manchmal fehlen. Ob dies dauernde individuelle Befunde oder
nur augenblickliche, durch die histologische Bearbeitung fixierte Zustände sind,
ist unbekannt. Man hat an die Möglichkeit gedacht, daß die kubischen Zellen
Nährstoffe aus dem Blut resorbieren, darin den Zwischenzellen des Hoden
gleichen und evtl. synergetisch oder vikariierend mit ihnen tätig seien; doch
ist davon zur Zeit nichts bewiesen. Die Cilien der cylindrischen Zellen bewegen

sich im Leben wahrscheinlich in der Richtung gegen den Hoden, wodurch sie die Bewegungen der Spermien richten würden. Spermien und Sekret zusammen sind dicksuppig, weiß.

Gegen die niedrigen Zellen des Rete testis ist das Epithel der Ductuli geradeso wie gegen das ganz andere Epithel des Nebenhodenganges scharf abgesetzt. Die Wandung besteht außer aus dem Epithel aus Bindegewebsschichten und nahe dem Ductus epididymidis aus einer Ringschicht von glatten Muskelzellen.

Der Nebenhodengang (Abb. b, S. 424) hat keinen wellenförmigen Innenkontur seines Epithelbelages. Das Epithel ist hoch, zweireihig; kleine kubische Ersatzzellen liegen zu äußerst, hohe cylindrische, mit einem charakteristischen Wimperschopf ausgestattete Zellen reichen, eng aneinander gedrängt, durch die ganze Dicke des Epithels hindurch. Bewegungen hat man an den Wimpern nicht beobachten können, sie heißen deshalb Stereocilien. Bei geschlechtsreifen Individuen ist das Lumen mit Samenfäden ausgefüllt (Abb. a, S. 424). Ob diese im Vorwärtskriechen durch die Stereocilien reusenartig aufgehalten werden, ob die Stereocilien Sekretträger sind, welche in die Samenmassen vorragen, oder ob beides der Fall ist, läßt sich zur Zeit nicht beantworten. Eine sekretorische Funktion wird daraus erschlossen, daß im Zelleib der cylindrischen Zellen Körnchen vorkommen, die sehr verschieden auf Farbstoffe reagieren und sich darin ganz wie Vorstufen von Sekreten in sicheren Drüsenzellen verhalten.

Die Kerne der cylindrischen Zellen sind stäbchenförmig, sie liegen in sehr verschiedener Höhe. Die Wandung besteht um das Epithel herum aus einer sehr zarten Tunica propria und einer kräftigen glatten Ringmuskelschicht, deren Tätigkeit den Samen vorwärts zu bewegen imstande ist. Charakteristisch dafür scheint mir, daß mit dem Aufhören der Cilienbewegung der Zellen in den Ductuli die glatte Muskulatur auftritt, welche nun die Fortbewegung des Samens übernimmt.

Ohne scharfe Grenze setzt sich der Nebenhodenkopf in den Körper und Schwanz, Corpus et Cauda epididymidis, fort (Abb. S. 407). Das ganze Organ umzieht wurmförmig den hinteren Rand des Hoden. Der Schwanz des Nebenhoden ist wie der Kopf äußerlich durch die Tunica vaginalis propria s. serosa mit dem Hoden verbunden, innerlich fehlen allerdings die Ductuli efferentes beim Schwanz; lediglich lockeres Bindegewebe heftet ihn hier an den Hoden. Zwischen den Körper des Nebenhoden und den Hinterrand des Hoden dringt eine enge, von der Tunica vaginalis propria (Peritonaeum) ausgekleidete Spalte ein, welche blind endigt, Sinus epididymidis (Abb. S. 411). Beide, der Hode und Nebenhode hängen hier noch an ihrem eigenen Mesenterium in die Höhle des Hodensacks hinein, wie der Darm in die Bauchhöhle. Kopf und Schwanz des Nebenhoden haben sich enger dem Hoden angeschlossen, so daß gewöhnlich die Tasche zwischen beiden verschwunden ist.

Daß die Aufhängebänder des Hoden und Nebenhoden gelegentlich erhalten und lang ausgezogen sein können, geht aus dem Vorkommen einer Hodentorsion hervor; dabei dreht sich der Hode um sein Aufhängeband (Mesorchium) und läuft Gefahr, sich seine Blutzufuhr selbst abzuschneiden. Da der Nebenhode von keiner Albuginea und auf seiner Hinterfläche nie von der Tunica propria bedeckt ist, so kann er sich bei Entzündungen besonders ausdehnen; charakteristisch ist dabei die intensive Schmerzhaftigkeit bei Berührung. Die beiden den Sinus nach oben und unten begrenzenden Falten nennt man Nebenhodenbänder, Ligamentum epididymidis superius et inferius.

Im Inneren des Nebenhodenkörpers und -schwanzes schlängelt und windet sich der Nebenhodengang in ganz ungeheurem Maße (Abb. S. 423). Auf Schnitten macht es ganz den Eindruck, als ob es sehr viele Ductus epididymidis gäbe (Abb. S. 411 u. Abb. a, S. 424). In Wirklichkeit ist es nur ein fortlaufender Gang, welcher den des Nebenhodenkopfes ununterbrochen fortsetzt und am Ende des Schwanzes rückläufig wird, weniger gewunden ist, und allmählich in den

Samenleiter, Ductus deferens, übergeht. Der feinere Bau des Nebenhodenganges ist im Körper und Schwanz gleich dem im Kopfe, nur nimmt die Größe der Lichtung gegen das Schwanzende etwas zu. Dieser Teil dient als eine Art Receptaculum seminis. Zieht man die Schlängelungen des Nebenhodenganges auseinander, so ergibt sich eine Gesamtlänge von etwa 4 m, welche im intakten Nebenhoden auf ebenso viele Zentimeter zusammengedrängt ist. Denkt man sich, der Nebenhodengang und alle Ductuli efferentes wären bei einem Manne gestreckt aneinander gereiht, so würde der Hode etwa 4—5 m hinter ihm nachschleifen. Die Lichtung des Nebenhodenkanales hat durchschnittlich 0,5—0,3 mm Durchmesser, die Fläche der Wand ist also ungeheuer viel größer als in einem kurzen weiten Kanal von gleichem Fassungsvermögen. Der lange Gang und die enorme Berührungsfläche mögen deshalb besonders wichtig sein, weil sie wie eine Heizschlange von zahlreichen Blutgefäßen der Nachbarschaft erwärmt werden; besonders im erweiterten letzten Abschnitt des Nebenhodenganges, welcher die Aufgabe eines Samenspeichers hat, spielen sich wichtige biologische Beziehungen zwischen dem Produkt des Hoden und des Nebenhoden während der Verweildauer des Samens im letzteren ab. Jedenfalls erlangen die Spermatozoen ihre volle Reife erst während ihres Aufenthaltes im Nebenhoden. Hier erhalten sie größere Widerstandsfähigkeit gegen äußere Einflüsse (Temperatur, Veränderung der Wasserstoffionenkonzentration), besonders wird ihre Bewegungsfähigkeit erhöht. Vorerst werden sie im Samenspeicher ruhig gestellt, so daß ihre Bewegungsenergie nicht vorzeitig und unnütz erschöpft wird.

Diese Prozesse spielen sich ab unter der Wirkung des Sekretes des Nebenhodenganges. Gegenüber der Flüssigkeit in den Hodenkanälchen, welche der Blutflüssigkeit physikalisch-chemisch nahesteht, weist das Nebenhodensekret eine verhältnismäßig hohe Wasserstoffionenkonzentration auf, d. h. seine Reaktion ist nach der sauren Seite verschoben. Durch diese Änderung in der Reaktion werden die Samenfäden allmählich gelähmt und ruhiggestellt. Dabei findet die Ausreifung statt. Die Lähmung ist aber nicht endgültig, sondern reversibel. Sie wird aufgehoben durch die mehr alkalische Reaktion des Prostatasekretes, mit welchem die Samenfäden bei der Ejaculation in der Harnröhre gemischt werden. Durch das Prostatasekret erhalten die im Samenspeicher ausgereiften Spermatozoen ihre volle Bewegungsfähigkeit, mit welcher sie innerhalb der weiblichen Geschlechtsorgane den Weg bis zum Orte der Befruchtung zurückzulegen vermögen. In ähnlichem Sinne wirkt wahrscheinlich das Sekret der Samenblasen, wenigstens beim Menschen (vgl. auch S. 418).

Abortive Anhänge und Einschlüsse Rudimentäre, den Zusammenschluß mit dem Hoden und manchmal auch mit dem WOLFFschen Gang verpassende Urnierenkanälchen (Abb. b, S. 405) entwickeln sich regelmäßig oder häufig weiter, ähnlich wie die Reste des MÜLLERschen Ganges (ungestielte Hydatide des Hoden). An allen Teilen, die von der Urniere und dem Urnierengang gebildet werden, kommen derartige Gebilde gelegentlich vor. Weniger wichtig und sehr variabel sind Anhänge des Rete testis; kleine, blind endigende und mit Flimmerepithel ausgekleidete Gänge dieser Art können im Nebenhodenkopf eingebettet liegen oder äußerlich als Cystchen hervorragen. Gelegentlich und nicht so regelmäßig wie der Appendix testis kommt ein Appendix epididymidis (gestielte Hydatide) vor. Ist bei den vorigen der Anschluß an das Rete testis eingetreten, der an den WOLFFschen Gang jedoch nicht, so ist bei der gestielten Hydatide das umgekehrte der Fall; sie sitzt deshalb auf dem Nebenhoden, etwas oberhalb des Appendix testis. Auch mehr als eine kann vorkommen. Das kleine Organ ist birnförmig, mit wässeriger Flüssigkeit gefüllt, der Stiel sehr verschieden, manchmal sehr lang, ohne Lumen. Die Paradidymis (GIRALDÉSsches Organ) ist eine Folge von Urnierenkanälchen, die beiderseits blind endigen, nur im Kindesalter vorkommen und später zum größten Teil verschwinden; nur ein hinter dem Nebenhodenkopf liegender Abschnitt kann beim Erwachsenen sich erhalten. Am regelmäßigsten und größten sind die Ductuli aberrantes des Nebenhoden, besonders der Ductulus aberrans inferior (Halleri). Letzterer entspringt im Schwanz des Nebenhoden vom Ductus epididymidis und verläuft stark geknäuelt aufwärts auf den Nebenhodenkopf zu (Abb. S. 423). Er entspricht dem sog. Harnteil der Urniere niederer Tiere. Weniger regelmäßig ist der Ductulus aberrans superior, welcher vom Rete testis ausgeht und im Körper des Nebenhoden abwärts verläuft.

Die Blutzufuhr ist die gleiche wie beim Hoden, ebenso verhalten sich die Venen. Die Lymphgefäße nehmen dagegen einen anderen Weg. Sie führen in die oberflächlichen Lymphknoten der Leistengegend, nicht in das Innere der Bauchhöhle. Bei Erkrankungen des Nebenhoden schwellen daher die Leisten„drüsen" (Bubo), ähnlich wie bei Erkrankungen der Harnröhre. Die Nerven des Nebenhoden kommen aus den gleichen Geflechten wie diejenigen des Hoden. Gefäße und
Nerven

c) Die Samenleiter und Samenblasen.

Der Samenleiter, Ductus deferens, ist die Fortsetzung des Nebenhodenganges, der seinen Namen ändert, wie ein Fluß, der von Strecke zu Strecke anders benannt wird. Samen „leitend" ist das genitale Ausführsystem vom Rete testis ab. Inwieweit und wo Sekrete den Samenfäden auf diesem Wege hinzugefügt werden, ist zum Teil unsicher. Jedenfalls verdient die als „Samenleiter" im speziellen bezeichnete Strecke durch ihren Namen hervorgehoben zu werden, weil in ihr kein oder doch keine wesentliche Menge von Sekret bereitet wird, sondern weil der Same ganz oder fast unverändert passiert. Auch kommt es hier nicht zur Stagnation, er dient nicht als Reservoir, sondern sein Bau sichert eine schnelle Fortleitung des Inhaltes nach dem männlichen Gliede hin. Endlich ist er nicht versteckt wie die Windungen des Ductus epididymidis, welche im Nebenhoden verborgen liegen, sondern er zieht als wichtigster Bestandteil des Samenstranges, Funiculus spermaticus, bis zum Leistenring aufwärts und ist sogar beim Lebenden in diesem tastbar. Rollt man mit den Fingerkuppen den Samenstrang bei seinem Austritt aus dem äußeren Leistenring über den oberen Rand des Schambeins oder faßt man den Samenstrang zwischen Daumen und Zeigefinger, so fühlt man den Samenleiter als einen stricknadelförmigen Körper; er fühlt sich solide an, da er sehr dickwandig ist und infolgedessen nicht wie die Gefäße in seiner Umgebung zusammengedrückt werden kann. Innerhalb der Bauchhöhle ist er bei Operationen oder an der Leiche besonders leicht zu sehen, weil er hier allein unmittelbar unter dem Bauchfell liegt und, falls er nicht vorspringt, leicht dazu gebracht werden kann, sobald man ihn ein wenig anhebt (Abb. S. 390); auch ist er hier allenthalben tastbar. Ductus
deferens

Von da ab, wo der Nebenhodengang an der Schweifspitze pfeifenkopfartig umbiegt, läuft der Samenleiter rückwärts, in der Richtung auf den Nebenhodenkopf zu (Abb. a, S. 423). Anfänglich ist er noch ziemlich stark gewunden wie der Ductus epididymidis, dem er auch in der Struktur seiner Schleimhaut zunächst gleicht. Aber bald streckt er sich zu einem geraden Kanal mit besonderem Bau seiner Wandung. Die Grenze gegen den Nebenhodengang ist also strukturell nicht scharf, sie wird herkömmlich durch die spitzwinklige Umbiegung am Ende des Nebenhoden gekennzeichnet. Man nennt die Strecke bis zum Anulus abdominalis subcutaneus (s. externus) des Leistenkanales extraabdominal. Hier liegt er im Hodensack, der erst bei den äußeren Genitalien behandelt werden wird. Im Leistenkanal liegt er in der Bauchwand selbst eingeschlossen, intramural, als ein Bestandteil des Samenstranges. Die intraabdominale Strecke reicht vom Anulus inguinalis abdominalis (s. internus) bis zum Grunde der Harnblase. Hier erweitert er sich spindelig zur Ampulle, Ampulla ductus deferentis (Abb. S. 428). Die Gesamtlänge im gestreckten Zustand beträgt 50—60 cm; da der Anfangsteil gewunden ist, so ist der Weg, den er zurücklegt, nur etwa $^2/_3$ so lang wie jenes Maß. Links ist die Strecke um so viel größer als der linke Hode tiefer herabhängt als der reehte.

Entsprechend der Lage des Leistenkanals in der Bauchwand (Bd. I, S. 174), tritt der Ductus deferens lateral von der Arteria epigastrica inferior und ihren Begleitvenen in die Bauchhöhle ein (Abb. S. 408). Hier trennt er sich von den Blutgefäßen und Nerven, die ihn bis dahin im Samenstrang begleiteten und läuft zunächst eng angeschmiegt an die Beckenwand, die er erreicht, indem er um die Vasa iliaca externa medial herumbiegt. Er überkreuzt den Nervus obturatorius und die daneben liegenden Vasa obturatoria, ferner die obliterierte Arteria umbilicalis, die Arteriae vesicales superiores und passiert den Winkel zwischen dem Ureter und der Harnblase bei dessen Einmündung in letztere (Abb. Nr. 223). Auf diese Weise verläßt er die Becken-

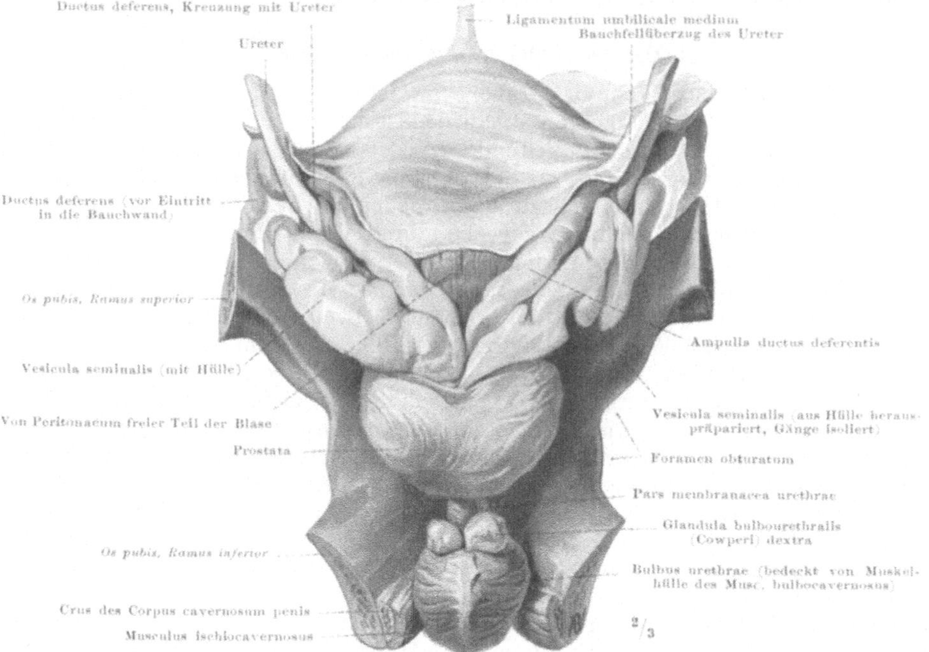

Abb. 223. **Hintere Blasenwand** des Mannes. Links ist das Samenbläschen nicht auspräpariert, rechts die einzelnen Gänge präparatorisch isoliert. Rechts und links von der Symphyse sind die oberen und unteren Äste des Schambeins durchsägt.

wand und läuft dem Blasengrund angeschmiegt bis dicht an die Medianlinie heran. Diese letztere Strecke ist zur **Ampulle** angeschwollen.

Der feinere Bau unterscheidet sich vom Nebenhodengang hauptsächlich durch den Fortfall der Stereocilien, durch das starke Anschwellen der Muskelschicht und den Reichtum der Wandung an elastischem Gewebe (Abb. S. 442). Der Gesamtquerschnitt hat einen Durchmesser von 3 mm, das Lumen ist jedoch nur 0,5 mm weit, so daß die Hauptmasse auf die Wandung fällt. Daher ist auch der Samenleiter so leicht tastbar. Die Wandung ist geschichtet in eine **Schleimhaut, Tunica mucosa,** eine **Muskelhaut, Tunica muscularis,** und eine **Faserhaut, Tunica adventitia,** die in dieser Reihenfolge von innen nach außen aneinander anschließen.

Die Muskelhaut ist am dicksten (Abb. S. 442); sie fühlt sich beim Betasten des Samenleiters knorpelhart an. Sie ist selbst wiederum in drei Schichten zerlegbar, ein **Stratum internum, medium** und **externum.** Die mittlere Schicht besteht aus ringförmig angeordneten, die beiden Grenzschichten aus

längs verlaufenden Bündeln von glatten Muskelzellen. Die innere Längsschicht
fehlt streckenweise, am regelmäßigsten ist sie im Beginn und am Ende des
Samenleiters zu finden. Die Muskelzellen des Samenleiters sind besonders groß,
in ihrem Zelleib sind mit starken Vergrößerungen Fibrillen erkennbar, die allen
glatten Muskelzellen zukommen, aber hier leicht zu beobachten und auch
zuerst gefunden worden sind. Durch die Anordnung in Ring- und Längszügen
vermag die Muskulatur das Lumen zu verengern, ohne daß sich gleichzeitig der
Samenleiter entsprechend streckt und dadurch den Raumverlust im Querschnitt durch Verlängerung ausgleicht. Die Samenfäden, welche in ihn geraten,
werden deshalb sofort nach den Ampullen und Samenbläschen weiterbefördert,
welche, wie der Nebenhoden, oft strotzend mit ihnen gefüllt sind, solange
die Zeugungsfähigkeit des Mannes dauert und sofern nicht eine Ejaculation
vorausgegangen ist. An dem Bewegungsmechanismus ist das elastische Gewebe
beteiligt, welches reichlich zwischen den Muskelzellen eingebettet liegt und die
Tendenz hat, passiv das Lumen zu verengern. Wird der Samenstrang gezerrt, so
kann die Längsmuskulatur helfen, ihn wieder zu verkürzen.

Die Tunica mucosa besteht aus dem Epithel und einer Tunica propria,
welche das Epithel trägt und vorwiegend aus elastischen Fasern besteht. Das
Epithel des leeren Samenleiters erhebt sich unter dem Druck des musculo-
elastischen Apparates zu 3—4 niedrigen Längsfältchen, welche in das Lumen
vorspringen und auf dem Querschnitt sternförmig aussehen, besonders wenn
bei aktiver Kontraktion der Muskeln die Lichtung geschlossen ist. Das Epithel
ist ein zweireihiges Cylinderepithel, das nach dem Lumen zu einen Cuticularsaum trägt. Ob es sezerniert oder nicht, steht nicht fest; jedenfalls fehlen besondere Drüsenbläschen wie in den Ductuli efferentes oder celluläre Drüsen-
apparate wie in dem Ductus epididymidis des Nebenhoden. Die äußere Faserhaut geht ohne scharfe Grenze in das umgebende Bindegewebe über, sie ist reich
an Gefäßen, enthält viel elastisches Gewebe und gelegentlich verstreute glatte
Muskelzellen, die längs oder auch circulär verlaufen.

Die Blutzufuhr besorgt eine besondere, feine A. deferentialis, die im Becken
aus der A. hypogastrica an den Samenleiter tritt. Sie anastomosiert am Nebenhoden
mit der A. spermatica interna. Die Ampullen und Samenblasen erhalten außerdem
Ästchen der A. haemorrhoidalis media und superior sowie der A. vesicalis inferior.
Die Venen stehen mit dem Plexus pampiniformis des Samenstranges und dem
Plexus vesicalis der Blase in Zusammenhang. Die Lymphgefäße des Abschnittes
fließen wie diejenigen des Hoden in die lumbalen Lymphknoten neben und vor der
Aorta abdominalis ab, auch in Lymphknoten der Niere und solche neben den Vasa
hypogastrica. Die oberflächlichen Lymphknoten der Leistengegend erhalten keine
Zuflüsse. Die Nerven stammen aus dem Plexus hypogastricus, sie umspinnen
innerhalb der Adventitia den Samenleiter mit einem feinen Geflecht sympathischer
und parasympathischer Fasern, in welches Ganglienzellen hier und da eingebettet
liegen.

    Gefäße und Nerven des Samenleiters

Das Ende des Samenleiters, welches am Blasengrunde von der Kreuzungsstelle mit dem Harnleiter bis zum Eintritt in die Vorsteherdrüse, Prostata, reicht,
erscheint äußerlich spindlig aufgetrieben und wird deshalb Ampulle, Ampulla ductus deferentis, genannt (Abb. S. 428). Doch ist diese Strecke keine
bloße Erweiterung des Ganges, sondern sie ist der Sitz von Drüsen. Man bemerkt
bereits äußerlich kleine bucklige Vorwölbungen der Wand der Ampulle; den
Vertiefungen zwischen ihnen entsprechen im Inneren Scheidewände, welche in
die Lichtung vorspringen. So ist das Lumen von einer Schicht von Kämmerchen
umgeben, deren Schleimhaut ein Sekret absondert. Da die Samenbläschen,
welche lateral von den Ampullen liegen, nichts anderes als eine besondere Abspaltung eines Zuges solcher sezernierender Kämmerchen sind, so haben wir hier
spezialisierte Genitaldrüsen vor uns, während im Nebenhoden doch nur das
übliche Epithel des Wandbelages Sekret liefert und nicht — außer den intra-

    Ampulla ductus deferentis

epithelialen Drüsenblasen — besondere Drüsenkammern zu finden sind. Das Sekret regt die Bewegungen der Samenfäden an, allerdings nicht so stark wie der Prostatasaft, durch welchen die Spermien erst ihre volle Beweglichkeit erhalten. Es gesellt sich ihnen zu und bildet mit dem Sekret der Genitaldrüsen der äußeren Geschlechtsorgane zusammen die eigentliche Samenflüssigkeit. Fehlen die Samenfäden infolge Atrophie der Samenkanälchen im Hoden oder bei wiederholter Kohabitation, so kann das Sekret der Genitaldrüsen allein ejaculiert werden.

Die Musculoelastica der Ampulle ist annähernd so stark wie beim Samenleiter. Die Schleimhaut ist in viele Fältchen gelegt und dringt peripherwärts in die Kammern ein, welche teils in der Tunica propria der Schleimhaut liegen, teils labyrinthartig verzweigt in die Muskelhaut eingenistet sind. Das cylindrische bis kubische Epithel dieser Kämmerchen liefert das Sekret der Ampullen, das in Form von Körnchen im Zelleib vorgebildet liegt. Auch das Oberflächenepithel ist ähnlich beschaffen und scheint zu sezernieren, nur sind die Zellen hochcylindrisch.

Vesicula seminalis Die Samenblasen, Vesiculae seminales, sind in erster Linie Drüsen wie die Ampullen. Die Samenfäden, welche die Ampulle passieren müssen, um in das männliche Glied zu gelangen, treten in die Samenblasen wie in einen Überlauf ein, müssen also denselben Weg wieder zurück, den sie gekommen sind (ähnlich wie die Galle aus der Gallenblase). Man findet beim geschlechtsreifen Mann die Lichtung der Samenblase immer mit Sekret gefüllt und dieses häufig ganz durchsetzt mit Samenfäden. Letztere können auch fehlen oder spärlich sein; die Samenblase ist also kein Receptaculum seminis schlechthin wie ähnlich gelagerte Organe bei manchen Tieren, sondern sie ist dauernd als Drüse und nur akzidentell als Spermabehälter benutzt. Ihr Name darf darüber nicht täuschen.

Äußerlich ist sie mit einem einheitlichen Bindegewebsmantel bedeckt, so daß die komplizierten inneren Windungen ausgeglichen erscheinen. Die Oberfläche ist wohl höckerig, erscheint aber wie ein spindeliger Körper, welcher der Ampulle außen anliegt und ihrer Richtung folgt (Abb. S. 428, links). Das distale Ende ist abgestumpft, das proximale zugespitzt; es schließt sich eng dem Samenleiter an. Wo dieser in die Prostata eintritt, mündet die Samenblase seiner Körperseite in ihn. Nimmt man die Bindegewebshülle und die derben Septen, welche von ihr in das Innere eindringen, mit dem Messer weg, so läßt sich der wahre Verlauf des anscheinend kurzen weiten Schlauches erkennen. Er ist viel dünner und länger als es den Anschein hat, ist zickzackartig gewunden (Abb. S. 428, rechts) und am Ende umgeschlagen. Die Umschlagstelle entspricht dem anscheinenden distalen stumpfen Ende des intakten Organs. Von hier aus verläuft der Schlauch häufig ungeteilt zurück auf die Prostata zu bis zur Mitte des Samenbläschens im ganzen oder nicht ganz so weit; bei dem in Abb. S. 428 wiedergegebenen Individuum war der Schlauch gespalten, der kürzere Endast schmiegte sich zwischen die Windungen des Hauptschlauches.

Die Musculoelastica der Wandung ist schwächer als beim Samenleiter und bei der Ampulle. Die Schleimhaut kleidet nicht nur den gewundenen Gang aus, sondern formt zahlreiche Buchten und Kämmerchen ähnlich dem Relief der Gallenblase, nur noch viel komplizierter und labyrinthärer als dort. Die Zwischenwände zwischen den Nischen sind größtenteils elastisch, enthalten daneben spärliche kollagene Fasern und glatte Muskelzellen. Das Epithel entspricht dem der Drüsenkammern der Ampulle; es ist von vielen gelben Pigmentkörnchen erfüllt. Das Sekret ist zäh gelatinös, es gleicht gequollenen Sagokörnern. Chemisch ist es ein Eiweißkörper (Globulin).

Die Musculoelastica der Wandung ist schwächer als beim Samenleiter und bei der Ampulle. Die Schleimhaut kleidet nicht nur den gewundenen Gang aus, sondern formt zahlreiche Buchten und Kämmerchen ähnlich dem Relief der Gallenblase, nur noch viel komplizierter und labyrinthärer als dort. Die Zwischenwände zwischen den Nischen sind größtenteils elastisch, enthalten daneben spärliche kollagene Fasern und glatte Muskelzellen. Das Epithel entspricht dem der Drüsenkammern der Ampulle; es ist von vielen gelben Pigmentkörnchen erfüllt. Das Sekret ist zäh gelatinös, es gleicht gequollenen Sagokörnern. Chemisch ist es ein Eiweißkörper (Globulin).

Am Ende der Ampulle gegen die Prostata zu wechselt der Weg für den Samen abermals seinen Namen. Er heißt, während er die Prostata durchquert, Spritzkanal, Ductus ejaculatorius (Abb. S. 445). Gegenüber der Ampulle ist die Lichtung außerordentlich verengt, sie sinkt von anfänglich 1 mm Durchmesser im Lichten am Schluß bis auf nur 0,2 mm Durchmesser ab. Die Länge beträgt von der Stelle ab, wo der Kanal die Mündung der Samenblase aufnimmt, bis zu seiner Mündung in die Harnröhre 2 cm. Auf dieser ganzen Strecke wird er durch das muskelreiche Zwischengewebe der Prostata beherrscht (Abb. S. 460). Beide Ductus ejaculatorii liegen dicht nebeneinander, sie fassen nahe ihrem Ende den unpaaren Utriculus prostaticus (Uterus masculinus) zwischen sich und münden als feine, längsgestellte Schlitze auf einem kleinen Hügel der Harnröhrenschleimhaut (Colliculus seminalis). Die Schleimhaut eines jeden Spritzkanals ist in viele kleine Längsfältchen gelegt, besitzt auch kleine Divertikel, die von den Tiefen der Falten ausgehen und blind endigen. Das Epithel ist cylindrisch und sitzt auf einer dünnen Tunica propria, die reich an elastischen Fasern ist. An der Mündung geht das elastische Gewebe in elastische Septen zwischen venösen Netzen über, welche die Mündungen umspinnen.

Gewöhnlich verschließt der Tonus der glatten Muskulatur der Prostata und die Spannung des elastischen Gewebes den Austritt des Samen in die Harnröhre. Die in den Samenabführwegen bis zu den Ductus ejaculatorii angesammelten Samenfäden mit dem Sekret der bisher beschriebenen Genitaldrüsen wird dagegen bei der Ejaculation durch Lösen des Verschlusses und durch die Vis a tergo der Muskelkräfte, welche auf den Inhalt der Ausführgänge wirken — besonders im Ductus deferens —, in die Harnröhre mit großer Kraft auf einmal hineingespritzt. Beim Kaninchen entspricht der Druck der Höhe einer Quecksilbersäule von 34 mm, beim Hunde von 67 mm. Von dort ab wird der Same durch die bei der Erektion gerade gestreckte und dilatierte Harnröhre bis an den Eingang der Gebärmutter (Orificium externum cervicis) weitergeleitet; sein Quantum wird auf diesem Wege durch die Sekrete der Genitaldrüsen der Harnröhre (Prostata, COWPERsche Drüsen) und seine Geschwindigkeit wird wahrcheinlich durch die Wirkung quergestreifter Muskeln des Gliedes beträchtlich vermehrt.

2. Äußere männliche Geschlechtsorgane.

Anfänglich münden der Darm und der Sinus urogenitalis beim Embryo in einen gemeinsamen Raum, die entodermale Kloake. Sie ist durch die Kloakenmembran (Abb. S. 343) gegen eine Einstülpung des Ektoderms, die

ektodermale Kloake, abgeschlossen, ähnlich wie anfänglich die entodermale
Mundhöhle gegen die ektodermale Mundbucht durch die Rachenhaut begrenzt
ist. Die gesamte Kloake wird der Länge nach in zwei Schläuche aufgespalten,
indem der Enddarm und der Sinus urogenitalis sich voneinander trennen (Abb.
Nr. 224). Anfänglich sind beide wie die entodermale Kloake, aus der sie entstanden
sind, gegen die Außenwelt abgeschlossen. Bald aber brechen sie durch und wir
unterscheiden von da ab die Afteröffnung, Anus, für den Darm und die
Geschlechtsrinne, Sulcus genitalis, für den Canalis urogenitalis. Die
Scheidewand zwischen beiden wird zum späteren Damm, Perineum. Die
Geschlechtsrinne ist eine median stehende feine Spalte, vor welcher sich — auf
den Nabel zu — ein unpaarer Höcker erhebt, der Geschlechtshöcker, Tuber

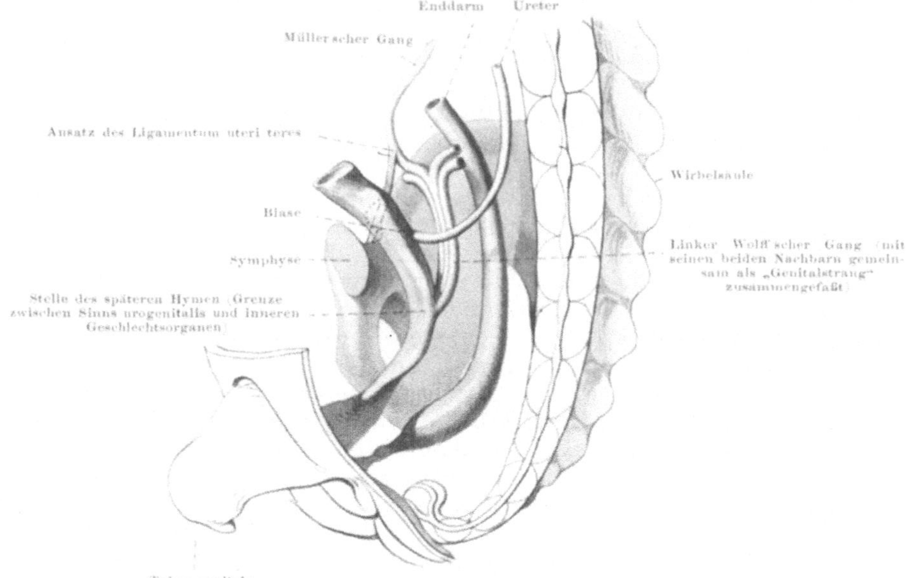

Abb. 224. Urogenitalapparat eines menschlichen Embryo von 8½—9 Wochen. Nach einem Modell
von KEIBEL, Skelet nach PETERSEN (aus BRAUS, Festschrift ROUX, Arch. Entwickl.-Mech., Bd. 30, 1910.)
Indifferentes Stadium der äußeren Geschlechtsorgane.

genitale (Abb. Nr. 224 u. Abb. a, S. 405). Um ihn herum zieht der Geschlechtswulst, Torus genitalis, welcher beiderseits die Geschlechtsrinne umgibt und
gegen den Damm verläuft. Während bei den inneren Geschlechtsorganen bereits
bei Embryonen von 22 mm Länge an Verschiedenheiten der männlichen und
weiblichen Keimdrüse das Geschlecht des Embryo zu erkennen ist, sind äußerlich bis zum Ende des 2. Monats des Fetallebens keine Unterschiede zwischen
beiden Geschlechtern zu bemerken. Der große Geschlechtshöcker ist keineswegs
die unmittelbare Anlage des männlichen Gliedes. Selbst wenn die äußeren Geschlechtsorgane eines weiblichen Embryo bereits als solche zu erkennen sind
(Embryonen von 31 mm Rumpflänge), ist der Geschlechtshöcker deutlicher als
beim gleichalterigen männlichen Embryo. Später tritt er allerdings beim Weibe
sehr stark zurück, indem die Nachbarschaft stärker wächst als er selbst und ihn
in die Tiefe versenkt, während beim männlichen Geschlecht gerade das Gegenteil
der Fall ist.

Die An-
lagen der
paarigen
Schwell-
körper   Der Geschlechtshöcker enthält die Anlagen der Schwellkörper, Corpora
cavernosa, welche beim weiblichen Geschlecht verhältnismäßig klein und
auch an Zahl auf einem primitiven Zustand stehen bleiben, beim Manne dagegen

sekundäre spezifische Veränderungen erleiden. Wir unterscheiden zwei Paare, die
Corpora cavernosa urogenitalia (Abb. a, S. 405, blaugrün) und die Corpora cavernosa penis s. clitoridis (gelbgrün). Die ersteren entsprechen
dem mehr centralen Spitzenteil des Geschlechtshöckers, die letzteren den beiden
seitlichen basalen Teilen. Bei der Frau vereinigen sich nur die Corpora cavernosa
clitoridis an ihrer Spitze auf eine kurze Strecke. Beim Manne vereinigen sich
die ihnen entsprechenden Corpora cavernosa penis ebenfalls, doch bleibt immer
die Zusammensetzung aus 2 Schwellkörpern bei ihnen äußerlich und innerlich
sichtbar, trotzdem gerade der vereinigte Teil viel länger auswächst als beim
Weibe (gelbgrün, Abb. b, S. 405, 488). Dagegen verwachsen beim Manne auch die
Corpora cavernosa urogenitalia, welche bei der Frau zeitlebens getrennt bleiben,
zu einem einzigen Schwellkörper, Corpus cavernosum urogenitale s.
urethrale (blaugrün, Abb. b, S. 405). Hier ist beim Erwachsenen äußerlich
und innerlich jede Spur der ursprünglichen Paarigkeit verloren gegangen.

Die Verschiedenheit im Verhalten der Schwellkörper wird verständlich
durch die Veränderungen, welche der Geschlechtswulst bei beiden Geschlechtern
erleidet. Er bleibt beim weiblichen Geschlecht
wie beim Embryo eine kragenförmige Falte,
welche die Genitalöffnung umzieht; aus den seitlichen Teilen sind im endgültigen Zustand die
großen Schamlippen des Weibes, Labia
majora, hervorgegangen. Da die Genitalöffnung
zwischen ihnen liegt, so bleiben sie paarig. In
ihre Basis kommen die Corpora cavernosa urogenitalia zu liegen; sie bleiben infolgedessen
paarig wie die großen Schamlippen. Beim männlichen Geschlecht vereinigen sich dagegen die
seitlichen Teile des Geschlechtswulstes miteinander, indem die anfänglich schmale Brücke zwischen After und Geschlechtsrinne, der Damm
(Abb. a, S. 405), immer breiter wird. So entsteht
eine mediane Raphe (Abb. Nr. 225), d. h. eine Ver-
wachsungsnaht zwischen dem anfänglich rechts
und dem links von der Geschlechtsrinne liegenden

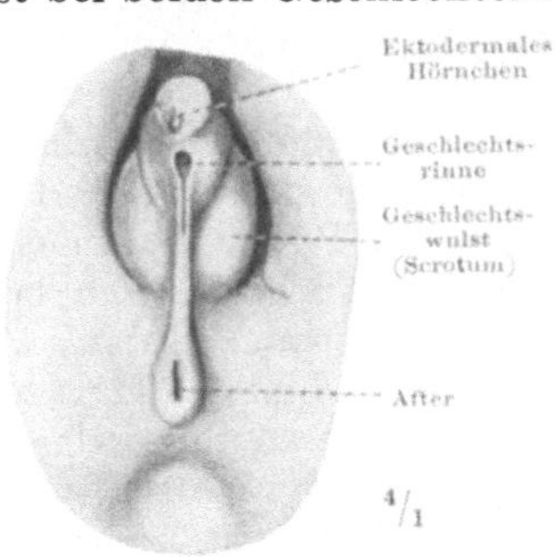

Abb. 225. Äußere Geschlechtsorgane eines männlichen Embryo
von 46 mm Rumpflänge. Hinter der
Glans penis ist die Harnröhre als
Spalte offen („Geschlechtsrinne"). Die
endgültige äußere Öffnung entsteht
später an Stelle des ektodermalen
Hörnchens auf der Glans (aus OTIS,
Anat. Hefte 1905).

Teile des Geschlechtswulstes, welche zunächst dem After beginnt und immer
weiter nach vorn fortschreitet. Die Geschlechtsrinne wird auf diese Weise von
hinten her äußerlich verschlossen. Im Inneren bildet sich aus ihr eine Röhre,
welche im Geschlechtshöcker nach vorn verläuft und anfänglich noch an ihrem
vorderen Ende offen ist. Infolge des Verschlusses der Rinne können sich auch
die Corpora cavernosa urogenitalia vereinigen und um die Röhre herum einen
einheitlichen Schwellkörper formen. Die Röhre, die spätere Harnsamenröhre
oder kurz Harnröhre des Mannes, wird so von einem kavernösen Mantel umhüllt, der an der Stelle der Raphe geschlossen ist wie ein Mantel, den man vor
dem Körper zuknöpft. Bleibt allerdings dieser Verschluß aus, was in pathologischen Ausnahmefällen vorkommt, dann ist die Harnröhre auf ihrer Unterseite gespalten und der Harn träufelt aus der Peniswurzel ab (Hypospadie).
An dieser Hemmungsbildung sehen wir im Gegenbild, welche biologische Bedeutung die Verlötung des Geschlechtswulstes zur Raphe für die Harnabfuhr
beim Manne hat. Je mehr nämlich der Geschlechtshöcker zum männlichen Gliede
in die Länge wächst, um so günstiger ist für das Harnlassen, daß das offene
Ende der Harnröhre der Spitze des Gliedes zunächst zu liegen kommt. Bei
der Hypospadie, wo diese Verlagerung ausbleibt, rinnt der Harn über den Hodensack und erzeugt Unreinlichkeit, die schwer zu beseitigen ist und gewöhnlich

Anlaß zu Entzündungen der Haut gibt. Bei normaler Führung des Harns durch das Glied hindurch fällt das weg. Für den Samen ist die Verlängerung des Gliedes Voraussetzung für die Immissio penis in die Genitalien des Weibes beim Geschlechtsakt; dabei ist der Austritt des Samen aus der Penisspitze ein Mittel, die Samenfäden bei der Begattung möglichst tief in die Geschlechtswerkzeuge der Frau einzuführen, sie vor dem sauren Scheidensekret zu schützen und möglichst nahe den Eierstöcken zu deponieren, so daß der Weg, den sie durch eigene Bewegungen zurückzulegen haben, verkürzt wird.

Die Anlagen des unpaaren Schwellkörpers und der Eichel
Zu den beschriebenen 4 Schwellkörpern, die paarig angelegt werden, kommt beim Manne noch ein fünfter, unpaarer hinzu, welcher die Eichel bildet, Corpus cavernosum glandis. Er ist anfänglich durch eine ringförmige Rinne gegen die übrigen Schwellkörper getrennt (Abb. S. 433), doch wird später diese Begrenzung äußerlich durch die Vorhaut, Praeputium, verdeckt. Innerlich verwächst das Corpus cavernosum glandis mit dem inzwischen unpaar gewordenen Corpus cavernosum urogenitale, ohne daß eine Grenze erkennbar bleibt (blaugrün, Abb. b, 405). Die beiden Corpora cavernosa penis sind mit ihren vorderen Spitzen in den Schwellkörper der Eichel eingepflanzt und durch Bindegewebe mit ihm verlötet, aber nicht innerlich verschmolzen.

Die endgültige Öffnung der Harnröhre des Mannes kommt so zustande, daß sich die provisorische Öffnung an der Basis der Eichel (Abb. S. 433) schließt, indem die Raphe sich nach vorn ausdehnt und den letzten Rest der ursprünglichen Geschlechtsrinne beseitigt. Dafür entsteht auf der Spitze der Eichel eine spaltförmige Bucht, welche in die Tiefe wächst und in die vom Sinus urogenitalis gebildete Harnröhre durchbricht. Tritt hier eine Hemmungsmißbildung ein, so führt das Orificium externum der Harnröhre, welches in der Norm allein den Austritt von Harn und Samen gestattet, in eine blinde Tasche und der Penis ist unterhalb der Eichel wie in Abb. S. 433 offen.

Durch das Wachstum des Geschlechtshöckers und den Hinzutritt der Eichel kommt das männliche Glied, Penis, zustande, welches, wie wir sahen, seiner ganzen Länge nach durch eine Röhre durchbohrt ist und nur an der Eichelspitze eine Öffnung hat. Bei der Frau ist von alle dem keine Spur zu sehen. Die weibliche Klitoris hat zwar eine sog. Eichel, Glans clitoridis; diese hat aber genetisch mit dem gleichnamigen Teil des männlichen Gliedes nichts zu tun. Die weibliche Glans wird nicht von der Harnröhre durchzogen, sie ist lediglich aus der Verwachsung der beiden freien Enden der Corpora cavernosa clitoridis entstanden (Abb. S. 488).

Anlage des Hodensackes
Bei der Frau wachsen die Labia majora, welche aus dem Geschlechtswulst hervorgegangen sind, stärker als die Klitoris. Letztere liegt beim geschlechtsreifen Weibe infolgedessen zwischen den großen Schamlippen versteckt. Beim jungen männlichen Embryo dagegen bleiben die Teile des Geschlechtswulstes, welche zu Seiten der medianen Raphe liegen, an Größe hinter dem auswachsenden Penis weit zurück (Abb. S. 433). Aus ihnen wird der Hodensack. Denn durch das Herabwandern des Hoden, Descensus testis, gelangt der rechte Hode in die rechte, der linke Hode in die linke Seite des Geschlechtswulstes. Er hat sich bereits vorher entsprechend vergrößert, um den Hoden aufnehmen zu können. Beide Hälften vereinigen sich ventral von der Wurzel des Penis zu dem endgültigen einheitlichen Hodensack, der aber immer im Inneren durch ein Septum in seine ursprünglichen beiden Hälften getrennt bleibt. Die mediane Raphe bleibt erhalten, sie zieht vom Damm aus in der Mitte über den Hodensack herüber, entspricht der Scheidewand zwischen rechts und links im Inneren und reicht beim Embryo bis an die Spitze des Gliedes; später ist sie am Penis selbst verschwunden und oft auch am Hodensack streckenweise undeutlich, doch vertreten sehr häufig Pigmentierungen ihre Stelle.

Bleibt das primäre Entwicklungsstadium bestehen, bei welchem der Enddarm und Sinus urogenitalis noch nicht geschieden, sondern in der einheitlichen Kloake vereinigt sind (Abb. S. 343), so kann der Kot nach der Geburt in die männliche Harnröhre gelangen. In diesem Fall ist der Durchbruch der Afteröffnung ausgeblieben (Anus imperforatus), dagegen die Geschlechtsrinne normal in die Harnröhre umgebildet worden. In der Mehrzahl derartiger Fälle endet der Darm in der Pars membranacea der Harnröhre, seltener in der Pars prostatica. Teilt sich die Kloake durch und bleibt der Rest der epithelialen Kloakenmembran erhalten, so endigt der Mastdarm blind. Bei schwereren Mißbildungen muß der Chirurg künstlich eine Vereinigung des Mastdarms mit der blind endigenden Analbucht herstellen. Bei der Frau wird bei Anus imperforatus der Kot in die Vulva oder Vagina entleert, falls der Darm nicht blind endigt.

Da sich die ventrale Bauchwand erst sekundär bildet, so kann auch von ventral her eine Spalte in die Geschlechtsorgane hineinführen, wenn der normale Verschluß gehemmt wird. Die Spalte des Penis führt dann zwischen den Corpora cavernosa penis hindurch (Epispadie); in diesen Fällen ist besonders häufig eine mediane Spalte, welche in die Harnblase hineinführt, so daß diese nach vorn zu offen ist (Ecstrophia vesicae, s. a. Bauchblasenspalte S. 386).

Die Frage nach dem Anteil des Ekto- und Entoderms an der Bildung des Sinus urogenitalis ist nach dem Verlauf der normalen Entwicklung schwer zu entscheiden, da die Scheidewand zwischen der ekto- und entodermalen Komponente der Kloake zu früh verschwindet. Sicher ist, daß die in die Eichel eindringende, anfänglich solide Platte (spätere spaltförmige Bucht, siehe oben) rein ektodermal ist. Sie bildet die endgültige Fossa navicularis in der Penisspitze. Manche Autoren glauben, daß darauf oder wenig mehr der ektodermale Anteil beschränkt sei. Bei Echidna erhält sich die Trennung zwischen Ekto- und Entoderm länger, dort entstehen die Glandulae bulbourethrales (Cowperi) von der ektodermalen Kloake aus. Daß beim Menschen ein entsprechend hohes Eindringen des Ektoderms in die Harnröhre des Mannes stattfinde, wird neuerdings bestritten (S. 9).

a) Der Hodensack im ganzen.

Die Wand des Hodensackes besteht aus der besonders differenzierten und in zwei Kammern geteilten Haut, Scrotum, welche auch als Hodensack im engeren Sinn bezeichnet wird, und aus den Hüllen der beiden Hoden, Nebenhoden und ihrer Samenstränge, Tunicae testis et funiculi spermatici; der Inhalt des Hodensackes besteht aus den genannten, von den Hüllen umkleideten Organen, von denen je eines in jeder Kammer des Hodensackes liegt. Wie der Hode in den Hodensack hineingelangt, haben wir zuerst zu betrachten, weil daraus die Zusammensetzung der Hüllen erhellt, ebenso der Aufbau des Samenstranges, Funiculus spermaticus. Den Hoden und die zu ihm gehörigen Samenabführwege setzen wir nach dem Vorhergehenden als bekannt voraus; sie gehören zu den inneren Geschlechtsorganen und sind sekundär durch den Descensus zum Bestandteil der äußeren Geschlechtsorgane geworden. Auf diese Weise ist auch der Samenstrang mit seinen Hüllen aus Teilen aufgebaut, welche teils den inneren, teils den äußeren Genitalien entstammen. Er wird deshalb erst in diesem Abschnitt beschrieben. Sein für den Samenerguß wichtigster Bestandteil, der Samenleiter, gehört zu den inneren Geschlechtsorganen, nimmt aber der Dicke nach nur einen geringen Bruchteil des Querschnittes des Samenstranges ein; mit seiner Kenntnis ist also nur ein bescheidener Anteil des ganzen Stranges erledigt.

Die Hoden sind im Hodensack halbschwebend befestigt, eine Einrichtung, welche für die Entwicklung der Samenfäden und für die Zeugungsfähigkeit des Mannes von größter Bedeutung ist. Wir wissen aus den nicht seltenen Fällen, in welchen der Hode des Menschen diese Lage nicht erreicht, sondern auf seinem Wege liegen bleibt (so daß der Hodensack leer und der Hode zwar nicht fehlt, aber im Hodensack nicht zu fühlen ist, Kryptorchismus), daß sich zwar Samenbildungszellen entwickeln können, daß aber schließlich das Hodenparenchym zugrunde geht und, falls beide Hoden betroffen sind,

28*

Sterilität des Mannes eintritt. Man führt dies auf den Druck zurück, den der
Hode am unrechten Ort durch die Umgebung erleidet, z. B. auf den Widerstand,
den ein im Leistenkanal stecken gebliebener Hode erfährt, wenn er beim Knaben
wächst, besonders bei Beginn der Pubertät. Ähnliches ist im umgekehrten
Fall beobachtet, wenn nämlich der Hode seinen richtigen Platz im Hodensack
erreicht, wenn dieser aber außer ihm Darmschlingen aufnimmt, wie es bei gewissen Leistenbrüchen der Fall ist. Der zwar nicht große, aber wechselnde
Druck des durch die Peristaltik bewegten Darminhaltes scheint die für die
Spermiogenese ungünstige Sachlage herbeizuführen. Liegen die Hoden in den
Zwischenzeiten zwischen den Brunftperioden innerhalb der Bauchhöhle wie
bei vielen Säugetieren, so verlassen sie diese, sobald die Brunft einsetzt
und der Hoden anschwillt, ebenfalls, wie es scheint, um der Nachbarschaft der
Darmschlingen zu entgehen. Die sehr viel exponiertere Lage im Hodensack,
der an sich vor äußeren Gewalten sehr viel weniger schützt als die Tiefe der
Bauchhöhle, ist offenbar das kleinere Übel; durch die Lage unterhalb der
Bauchwand und zwischen den Oberschenkeln sowie die Empfindlichkeit der
Gegend und ihre Reaktionsfähigkeit auf äußere Reize wird allerdings dieser
Mangel einigermaßen ausgeglichen.

Bei Versuchen, den Mann wehrlos zu machen, sind Druck oder Stoß auf die
Hoden im Hodensack ein Mittel, welches, mit der nötigen Kraft angewendet, bei
der hohen Schmerzempfindlichkeit des Organs zum Ziele führt. Beim sportlichen
Ringkampf sind solche Mittel verpönt.

Die Hoden liegen beim Fetus bis fast zur Beendigung des intrauterinen
Lebens in der Bauchhöhle zu beiden Seiten der Wirbelsäule in der Höhe des
1. und 2. Lendenwirbels (Abb. S. 247). An der Hinterwand der Bauchhöhle ist
jeder Hode ähnlich dem Darm mit einer Duplikatur des Bauchfells, welches
ihn überzieht, befestigt, dem Mesorchium. Der Körper wächst gleichsam über
den Hoden empor, so daß die absolute Entfernung des Hoden vom Leistenband zwar nicht kleiner, wohl aber die relative Entfernung — etwa im Verhältnis zum Zwischenraum zwischen Niere und Leistenband — vermindert ist:
die Niere macht das Wachstum der Wirbelsäule mit, indem der Ureter sich
entsprechend verlängert, der Hode nähert sich dagegen relativ dem Leistenband, indem seine kaudale Fortsetzung nicht sonderlich wächst. So liegt der
Hode im 3. Fetalmonat in der Fossa iliaca und im 7. Fetalmonat nahe dem
abdominalen Ende des Leistenkanals. Das Mesorchium bleibt dabei bestehen
und erhält sich auch, wenn der Descensus zum Abschluß gekommen ist, beim
kindlichen Hoden im Hodensack (Abb. S. 411).

Wenn der Hode neben der abdominalen Öffnung des Leistenkanals angelangt ist, hat sich bereits vom parietalen Peritonaeum aus ein hohler Fortsatz wie ein Handschuhfinger in den Leistenkanal hinein und durch diesen hindurch ausgestülpt, Processus vaginalis (Abb. a, S. 437). Er führt in die äußerlich sichtbare Vorwölbung des Genitalwulstes hinein, der bis dahin solide ist,
nunmehr von innen heraus ausgehöhlt wird und sich dazu anschickt, den Hoden
aufzunehmen. Die individuelle Entwicklung vollzieht also die erste Ausbildung
des Hodensackes unabhängig von dem späteren Inhalt. Nicht der Hode treibt
durch seinen Descensus die Bauchwand vor sich her und erzeugt so die Umhüllung, in der wir ihn später finden, sondern er benutzt die für ihn bereit-
gestellte Hülle wie jemand, der in einen fertig gekauften Mantel schlüpft. Freilich
vollziehen sich die endgültigen Größenzunahmen des Hodensackes erst, wenn
der Hode in ihm liegt. Aber auch das ist nicht nötig, wie bei Kryptorchismus
am tauben Hodensack zu sehen ist, der gerade so groß wie ein normaler sein kann.
Man wird wohl annehmen dürfen, daß sich in der Urgeschichte der Säugetiere
aus dem Geschlechtswulst ein Hodensack unter dem unmittelbaren Einfluß

des Hoden bildete und daß erst nachträglich die Herstellung des Sackes von seinem Inhalt unabhängig wurde.

Der Processus vaginalis durchsetzt die ganze Dicke der Bauchwand dicht oberhalb des Leistenbandes. Infolgedessen ist seine Peritonaealauskleidung von den Schichten der Bauchwand umgeben, zunächst von der Fascia transversa, dann von den drei seitlichen Bauchmuskeln bzw. deren Anlagen und schließlich von der Haut (Abb. a, Nr. 226). Vom Hoden aus, welchem die Urniere, der spätere Nebenhode, anliegt reicht ein kaudaler Fortsatz, welcher retroperitonaeal (wie der Hode und Nebenhode selbst) gelagert ist, bis in den Grund des Processus vaginalis hinein. Man nennt ihn mit einem wenig klaren Namen Leitband des Hoden, Gubernaculum testis (Hunteri). Er setzt sich zusammen aus obliterierten Teilen der Urniere und des Hoden. Wir sahen früher, daß sich die Anlagen beider als lang gestreckte bandförmige Organe durch die ganze Länge der Bauchhöhle erstrecken. Der kaudale Teil der Urniere, welcher keine Urnierenkanälchen mehr enthält, sondern nur das

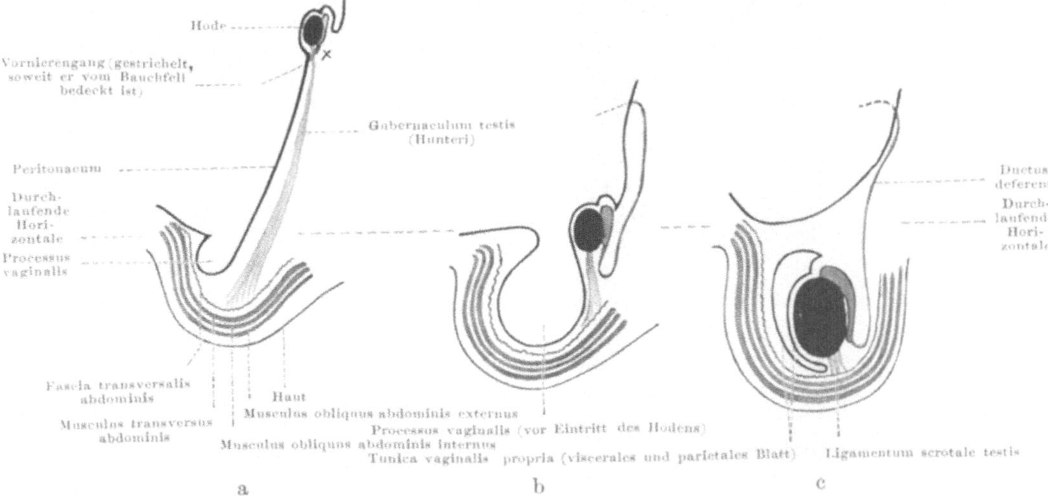

Abb. 226. Descensus testis, Schema. a Hode und Nebenhode in der Höhe des 1. und 2. Lendenwirbels. b Hoden und Nebenhoden beim Eintritt in den Leistenkanal. c Hoden und Nebenhoden im Hodensack, Verbindung des Processus vaginalis mit dem Peritonaeum obliteriert. ✕ in Abb. a entspricht der Umbiegung des Ductus deferens in Abb. b und c. Durchlaufende Horizontale in der Höhe des Abganges des Processus vaginalis vom Peritonaeum.

Bindegewebe, welches zwischen ihnen liegt, wird Leistenband der Urniere genannt, die ursprüngliche Fortsetzung der Keimdrüse bis zum unteren Pol der entwickelten Urnierenkanälchen kaudales Geschlechtsband (Abb. a, S. 405). Beide „Ligamente" liegen in einer Flucht und vereinigen sich zu dem einheitlichen Leitband des Hoden, welches auf diese Weise vom unteren Pol des Hoden bis an das Ende der Bauchhöhle gegen den Oberschenkel, nämlich bis an das POUPARTIsche Band reicht. Der Name „Ligament" ist ebensowenig gerechtfertigt wie bei den sog. Bändern der Bauch- und Brusthöhle. Das Leitband ist eine Falte, welche in das Innere der Bauchhöhle vorspringt, ähnlich wie das „Ligamentum" pulmonale der Lunge. Es leitet nicht den Hoden, sondern bezeichnet nur die Richtung, in welcher durch verschiedenes relatives Wachstum der Hode mit dem Nebenhoden den Leistenkanal passiert. Auch nach vollzogenem Descensus ist das Leitband noch vorhanden in Form einer festeren Verbindung des unteren Hodenpoles mit dem Grunde des Hodensackes, Ligamentum scrotale testis (Abb. c, Nr. 226). Es ist zwar relativ klein geworden, aber nicht absolut verkleinert gegenüber seiner ursprünglichen Größe bei dem winzigen Ausgangsstadium beim Embryo. Aber es verdient wegen des eingelagerten Bindegewebes schon eher den Namen eines Bandes.

Wenn der Hode im Hodensack angelangt ist, verschwindet die offene Verbindung der Bauchhöhle mit dem Peritonaealdivertikel der betreffenden Seite des Hodensackes. Man nennt den obliterierten Strang Ligamentum ^{Tunica vaginalis propria und Hodensackhöhle}

vaginale; gelegentlich bleibt er noch auf eine kurze Strecke oder an einzelnen
Stellen durchgängig (Abb. Nr. 227) und mit Peritonaealepithel ausgekleidet, gewöhnlich aber ist er seiner ganzen Länge nach solide und rein bindegewebig.
Die beiden gegen den Bauchhöhlenraum abgeschlossenen Hodensackkammern
sind Exklaven der Leibeshöhle (Abb. c, S. 5). In jede ist ein Hode und Nebenhode so vorgewölbt, wie ein Bauch- oder Brusteingeweide in die Leibeshöhle.
Man nennt die ganze, aus dem Processus vaginalis entstandene Peritonaealauskleidung jeder Hodensackkammer Tunica vaginalis propria und unterscheidet an ihr wie an den Bauch- und Brustorganen ein parietales und
ein viscerales Blatt. Das letztere überzieht den Hoden und Nebenhoden
als eine Haut von einschichtigem Plattenepithel oder stellenweise kubischem

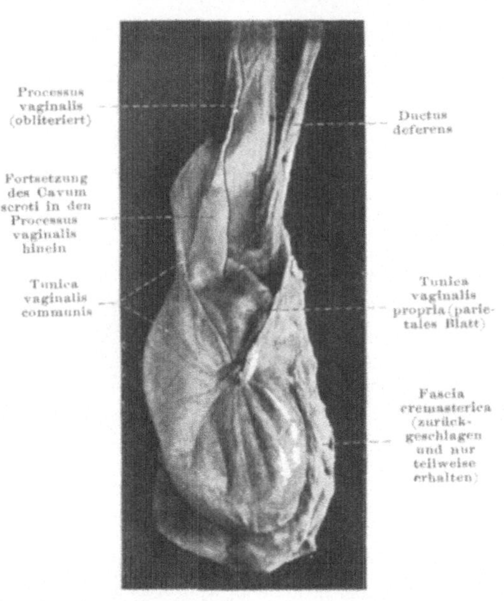

Abb. 227. Hüllen des Hoden. Offener Rest des Processus
vaginalis (Varietät). Die Tunica vaginalis communis ist
nur zum Teil gespalten und zur Verhinderung weiterer
Einreißens am Ende des Schnittes zu einem Knötchen
künstlich vernäht (Photo).

(und sogar cylindrischem) Epithel
und wird auch Tunica serosa
genannt. Sie hat keine eigene
bindegewebige Unterlage und
kann deshalb von der Albuginea
nicht abpräpariert werden. Am
hinteren Rand des Nebenhoden
biegt die Tunica vaginalis propria um, ähnlich wie die Pleura
am Lungenhilus, und läßt Raum
frei für die Gefäße und Nerven,
welche wie durch den Lungenhilus in die Lunge, so hier von
hinten auf dem Wege des ursprünglichen Mesorchium in den
Hoden und Nebenhoden ein-
dringen (Abb. S. 411). Das parietale Blatt der Tunica vaginalis
propria kleidet die ganze Wand
der Hodensackkammer aus und
geht am hinteren Rand des Nebenhoden in das viscerale Blatt über.
Beim Erwachsenen ist das parietale Blatt ein auf der Innenseite mit Plattenepithel bedecktes
bindegewebiges, stellenweise an
glatter Muskulatur reiches Häut-
chen; es gleicht in seinem Aufbau ganz dem Bauchfell. Infolgedessen kann es
— zum Unterschied vom visceralen Blatt — gegen die nach außen folgenden
Hüllen des Hoden leicht präparatorisch isoliert werden. Man erkennt es
besonders daran, daß es der Hodensackhöhle, Cavum scroti, zunächst
gelegen ist und daß es im allgemeinen höchstens $^1/_2$ cm über den Kopf des
Nebenhoden am Samenstrang hinaufreicht. Ausnahmen bieten nur solche
Fälle, wo der Processus vaginalis ganz oder partiell offen geblieben ist, doch
ist auch in diesen Fällen meistens ein Absatz gegen die eigentliche Tunica vaginalis propria sichtbar (Abb. Nr. 227). Die Hodensackhöhle ist eine capillare
Spalte, in welcher der Hode gegen das parietale Blatt seiner Hülle verschieblich ist. Sie ist nur potentiell ein „Raum“, kann aber jederzeit durch einen
pathologischen Erguß zum Raum werden.

Seröse Ergüsse sind bei Entzündungen des Hoden oder Nebenhoden nichts
Ungewöhnliches (Hydrocele; auch gelegentlich ausgehend von Resten des Lumens
im Processus vaginalis: Hydrocele funiculi spermatici). Sie können beträchtliche
Größen erreichen und sind an dem charakteristischen Fluktuationsgefühl von der

Pseudofluktuation des Hoden selbst zu unterscheiden; doch ist bei geringem Flüssigkeitserguß die Unterscheidung schwierig. Normal ist nur eine Spur Feuchtigkeit vorhanden, genug um das Gleiten des visceralen gegen das parietale Blatt der Tunica vaginalis propria zu erleichtern.

Auch bei der Frau gibt es einen abortiven Processus vaginalis, dessen Rest Diverticulum Nucki genannt wird (Bd. I, S. 176).

Bei den Tieren, bei welchen der Hode periodisch in die Bauchhöhle zurücktritt (z. B. Kaninchen, Igel), stülpt sich der untere Pol der Hodensackwand handschuhfingerartig nach innen zu um, so daß das Gubernaculum testis dem Hoden Raum läßt, um durch die offen bleibende Verbindung zwischen Bauch- und Hodensackhöhle hinaufzusteigen. In diesem Fall geht also der Hode nicht den retroperitonaealen Weg wie bei seinem ersten Hinabsteigen, sondern er bewegt sich intraperitonaeal; ebenso beim Wiederaustritt aus der Bauchhöhle, indem jener Vorsprung zurückgestülpt wird. Glatte und zum Teil auch quergestreifte Muskulatur im Gubernaculum beteiligt sich an der Regulation der Bewegungsvorgänge. Auch beim Menschen sind glatte Muskelzellen und manchmal auch einige quergestreifte Elemente, die vom M. cremaster ausgegangen sind, im Gubernaculum zu finden.

Bei offen bleibendem Processus vaginalis können beim Menschen Darmschlingen in die Hodensackhöhle hineingelangen: angeborener Leistenbruch. Sie nehmen den gleichen Weg wie der Hode bei den Tieren mit periodischem Descensus testis. Die erworbenen Leistenbrüche zeichnen sich jedoch durch einen eigenen Bruchsack aus, d. h. der Darm drängt ein Divertikel des Bauchfells vor sich her, welches nicht mit dem Processus vaginalis identisch ist. So bildet sich eine neue, pathologische Hodensackkammer, Bruchsack genannt, in welcher die Darmschlingen liegen. Bemerkenswert ist, daß sie nicht wie der Hode bei seinem ersten Hinabsteigen retroperitonaeal zum Bauchfelldivertikel, sondern intraperitonaeal liegen. Über die Beziehungen zum Leistenkanal siehe Bd. I, S. 175.

Da sämtliche Bestandteile der Bauchwand oder ihre Anlagen vom Processus vaginalis mit ausgestülpt werden (Abb. S. 437), so kann man theoretisch die Schichten der Hodensackwand leicht auf die Schichten der Bauchwand zurückführen, wie aus folgender Tabelle zu ersehen ist: Tabelle der Schichten

Bauchdecke:	Hodensackwand:
Haut mit subcutanem Gewebe	Haut mit Tunica dartos
Fascie und Aponeurose des Musculus obliquus abdominis externus.	Fascia cremasterica
Musculus obliquus abdominis internus.	Musculus cremaster
Musculus transversus abdominis	
Fascia transversalis abdominis	Tunica vaginalis communis
Peritonaeum	Tunica vaginalis propria.

In der Praxis ist es jedoch nicht so leicht, die Schichten zu identifizieren, wenn man nicht gewisse Vorsichtsmaßregeln anwendet. Man wird bemerken, daß von dem Reichtum der Muskulatur der Bauchwand in den Hüllen des Hoden nur die eine Schicht des Musculus cremaster übrig bleibt. Von dieser hat die Analyse auszugehen. Die quergestreiften Muskelzüge stehen stets in Verbindung mit den ihnen entsprechenden beiden Muskeln der seitlichen Bauchwand (Abb. S. 408), können aber auch am isolierten Hodensack leicht gefunden werden. Außen und innen von ihnen läßt sich je eine bindegewebige Lamelle isolieren, welche man unter Wasser von den Nachbarschichten abhebt und zurückklappt, die Fascia cremasterica außen und die Tunica vaginalis communis innen vom M. cremaster (entsprechend der Tabelle). Darauf beruht die Regel, nach welcher beim Präparieren verfahren wird.

Die Tunica vaginalis communis, welche nach außen auf die oben beschriebene Tunica vaginalis propria zunächst folgt, ist eine feste bindegewebige, zum Teil mit glatter Muskulatur reichlich durchsetzte Lamelle, die mit der gleichgebauten Außenschicht des parietalen Blattes der Tunica vaginalis propria durch lockeres Bindegewebe verbunden ist und sich deshalb leicht von ihr Tunica vaginalis communis abziehen läßt (außer am Lig. scrotale des unteren Hodenpoles, durch welches alle Hüllen miteinander und mit dem Hoden zusammenhängen). Von der Tunica vaginalis propria unterscheidet sich die Tunica vaginalis communis — und daher hat sie ihren Beinamen — vor allem dadurch, daß sie den gesamten Inhalt des Hodensackes: Hoden und Samenstrang überzieht (Abb. Nr. 228), während erstere gewöhnlich den Samenstrang ganz oder fast ganz frei läßt. Steckt man daher eine Sonde in die Hodensackhöhle, so gelangt man mit ihr nur bis zum oberen Rande des Nebenhodenkopfes oder wenig darüber hinaus (¹/₂ cm). Führt man dagegen den Sondenknopf in dem Bindegewebe zwischen Tunica vaginalis communis und T. vag. propria aufwärts, so gelangt er bis

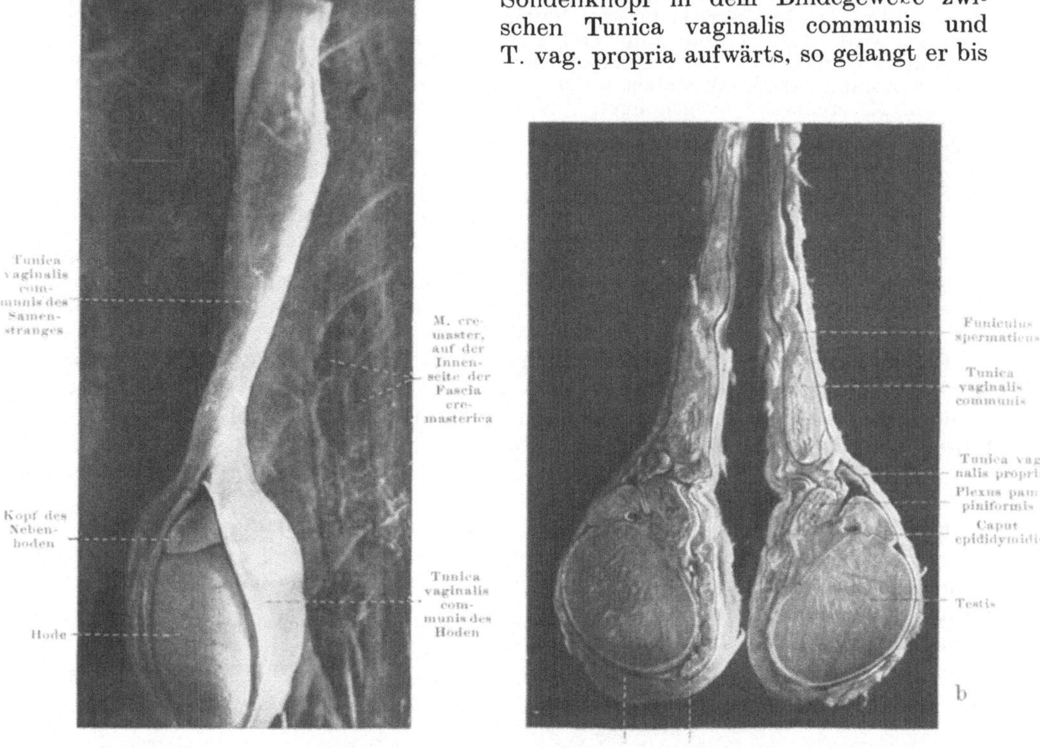

Abb. 228. Hüllen des Hoden und Samenstranges. a Fascia cremasterica und M. cremaster zurück-geklappt, Tunica vaginalis communis und parietales Blatt der Tunica vaginalis propria eröffnet, soweit das Cavum scroti reicht. Photo. b Medianschnitt. Photo.

zum Leistenkanal. Allerdings ist die Bedeckung des Samenstrangs viel weniger derb als diejenige des Hoden, aber man kann doch regelmäßig am äußeren Leistenring die trichterförmige Fortsetzung der dicken Fascia transversalis abdominis auf den Samenstrang feststellen (Bd. I, S. 176). Die hintere Wand des Nebenhoden, welche mit dem Hilus der Lunge verglichen wurde, ist die einzige Stelle des gesamten Hodensackinhalts, welche frei von der Tunica vaginalis communis bleibt.

Musculus cremaster — Während die Tunica vaginalis propria durch ihre beiden Blätter dem Hoden eine gewisse Verschieblichkeit innerhalb seiner Hüllen läßt, durch welche er äußeren Gewalten entschlüpfen kann, ist die Tunica vaginalis communis mit dem Musculus cremaster zusammen ein musculofibröser Schwebeapparat, welcher die Lage des Hoden samt seinen Hüllen reguliert. Die quergestreiften Muskelfasern ziehen vom äußeren Leistenring aus schleuderförmig um die Tunica vaginalis communis herum (Abb. S. 408). Man nennt sie auch M. cremaster externus zum Unterschied von der glatten Muskulatur in der T. vaginalis communis (M. cremaster medius) und in dem parietalen Blatt der T. vaginalis propria (M. cremaster internus). Indem die quergestreiften Muskelfasern sich hier und da miteinander verbinden, überziehen sie den Grund des Beutels, dessen Substrat die T. vaginalis communis ist, mit einem weitmaschigen lockeren Netz; außer diesen Muskeln sorgt die glatte Muskulatur der Tunica dartos (S. 443) dafür, daß der Hode schwebend gehalten ist. Läßt der Tonus nach wie regelmäßig bei alten Leuten, so hängen die Hoden viel tiefer und ungeschützter herab als bei jugendlichen Personen. Auf die Berührung der Haut in der näheren und weiteren Umgebung des Hodensacks hin werden die Hoden sofort reflektorisch ohne unseren Willen emporgehoben. Dieser feine Reflex, Cremasterreflex, kann z. B. durch Bestreichen der Innenseite des Oberschenkels sofort ausgelöst werden und dient wegen seiner Promptheit dem Arzte als wichtiger Prüfstein für die normale Funktion der Reflexe eines Individuums überhaupt. Die glatte Muskulatur der Tunica vaginalis communis und des parietalen Blattes der T. vag. propria unterstützt die Reflexbewegungen und den Tonus des quergestreiften Cremaster durch die zwar langsamere, aber doch auf die Dauer wirksame Zusammenraffung des Beutels, in welchem der Hode eingeschlossen liegt; die quergestreiften Muskeln können dadurch ohne Kraftverlust auf den Hoden selbst wirken.

Die glatte Muskulatur sitzt wesentlich an der Hinterseite nach der Umschlagstelle und dem dorsalen Rande der genannten Membranen zu und am unteren Hodenpol, wo sie mit dem Ligamentum scrotale und dessen glatten Muskelzellen in Verbindung steht. Der untere Hodenpol wird dadurch besonders beeinflußt und genötigt, dem quergestreiften Hebemuskel zu folgen, was für die Bewegung des Ganzen von entscheidender Bedeutung ist.

Ob die quergestreifte und glatte Muskulatur auch durch Druck auf den Nebenhoden (und Hoden?) die Fortbewegung der Samenfäden begünstigt, ist zweifelhaft.

Die beiden Schenkel des äußeren Leistenringes lassen sich nur künstlich mit dem Messer scharf gegen die Öffnung des Leistenkanales begrenzen. In Wirklichkeit setzen sich von ihnen aponeurotische Züge auf den Samenstrang fort, vermischt mit Fascienbündeln der Fascie des Musculus obliquus abdominis externus (Bd. I, S. 176); die so gebildete Hülle des Samenstranges, welche den M. cremaster bedeckt, heißt danach Fascia cremasterica (Cooperi). Sie wird nach dem Hoden zu undeutlicher und besteht dort nur mehr aus Bindegewebe, welches mit den Muskelfasern des M. cremaster verlötet und zwischen sie eingebettet ist (Abb. a, S. 440). Eine besondere Bedeutung kommt dieser Haut nicht zu; sie kann jedoch bei älteren Leistenbrüchen sehr verstärkt und von Wichtigkeit für die Wandung des Bruchsacks sein.

Denkt man sich den Hoden in seine alte abdominale Lage, die er vor dem Descensus einnahm, zurückgeführt, so verläuft sein Ausführgang, der Samenleiter, senkrecht (Abb. b, S. 405). Die Gefäße des Hoden, Vasa spermatica interna, welche ihm gegenüber aus der Bauchaorta entspringen, bzw. hier in die Vena cava mittelbar oder unmittelbar münden (S. 412), müssen diese Lage einnehmen, sobald sich der Hode relativ zur hinteren Bauchwand senkt. Sie kommen also so zu liegen, wie ehemals der Samenleiter lag und folgen ungefähr dem Harnleiter, da letzterer seinen Längsverlauf innehält (Abb. S. 254). Inzwischen hat aber der Samenleiter seine alte Lage aufgegeben und ist im Bogen nach abwärts in den Hodensack hinabgesunken; so kommt es, daß die Gefäße des Hoden bis zum Leistenkanal für sich allein verlaufen, daß sie aber vom Leistenkanal ab mit dem Samenleiter einen gemeinsamen Weg haben. Die innere Öffnung des Leistenkanales ist, vom Inneren der Bauchhöhle aus gesehen, der Treffpunkt für die Vasa spermatica, die von oben kommen, und für den intraabdominalen Teil des Samenleiters, der von dem

Blasengrund ab bis zu dieser Stelle zu verfolgen ist (Abb. S. 390). Von hier aus nennt man alles, was im Leistenkanal als dessen Inhalt zusammengefaßt und durch Bindegewebe vereinigt ist, **Samenstrang, Funiculus spermaticus** (Abb. S. 408). Er hat die gleichen Hüllen wie der Hode (Abb. S. 440) und ist samt Hoden und Nebenhoden jederseits im Hodensack eingelassen. Man kann ihn jedoch durch die Haut des Hodensacks hindurch fühlen, insbesondere seinen wichtigsten Bestandteil, den Samenleiter (S. 427).

Der Samenleiter bleibt beim **Descensus** des Hoden an den Vasa epigastrica, um welche er sich herumschlägt, hängen und behält diese Lage endgültig (Abb. S. 408, linke Körperseite). Daraus erklärt sich die Lage der inneren Öffnung des Leistenkanals (Bd. I, S. 174).

Der Samenstrang ist etwa kleinfingerdick und füllt den Leistenkanal gerade aus. Seine Länge ist variabel je nach der Stellung des Hoden. Der Samenleiter und die zahlreichen Blutgefäße, insbesondere die Venen, sind durch

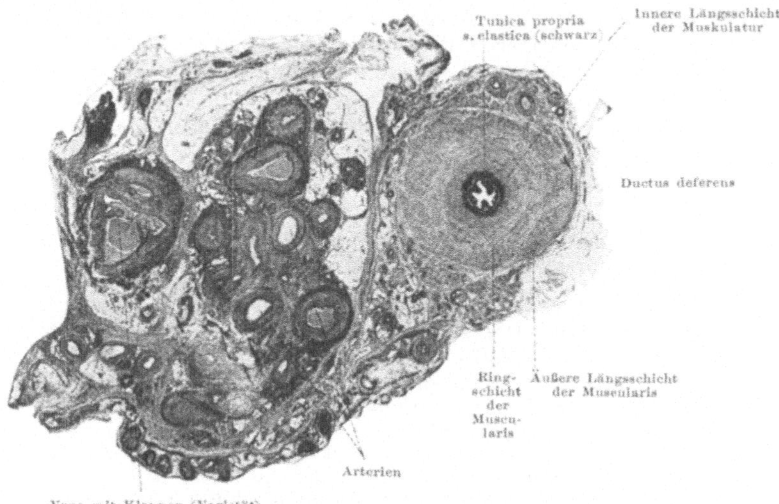

Abb. 229. **Samenstrang, Hingerichteter.** Querschnitt (links ein Stück in der Wiedergabe weggelassen). Das elastische Gewebe mit Resorcin-Fuchsin gefärbt hier schwärzlich grau. In einer Vene ausnahmsweise eine Klappe. Photo.

zahlreiche längs verlaufende glatte Muskeln in ihrer Wandung ausgezeichnet (Abb. Nr. 229), welche bei Dehnung des Samenstrangs durch äußere Gewalt die alte Länge wiederherzustellen suchen. Dasselbe bewirken zahlreiche glatte Muskelfasern, die im Bindegewebe zwischen jenen längs verlaufen und nach dem Hoden zu mit den glatten Muskeln der Hodenhüllen (M. cremaster internus et medius) zusammenhängen. Zahlreiche elastische Elemente innerhalb der Wandung der Einschlüsse des Samenstrangs und im Bindegewebe zwischen ihnen wirken passiv in der gleichen Richtung. Eingesprengte Fetthaufen erleichtern die Verschieblichkeit des Inhalts, so daß die einzelnen Teile einem äußeren Druck bis zu einem gewissen Grade entgleiten können.

Die vordere Abteilung des Samenstrangs enthält die Blutzu- und -ableitung, die Lymphgefäße und Nerven für den Hoden und Nebenhoden (S. 412), in der hinteren Abteilung liegt der Samenleiter und die nach ihm benannten Gefäße (S. 429). Die Venen sind in zahlreiche Zweige aufgesplittert, welche die ungeteilten Arterien rankenartig umspinnen, **Plexus pampiniformis.** Da die Venen klappenlos sind, kann sich das Blut leicht in ihnen anstauen, besonders im linken Samenstrang, da die linke Vena spermatica interna, welche im Verlauf durch den

Leistenkanal aus zwei Venen und später unpaar aus dem Plexus hervorgeht, nicht unmittelbar in die Vena cava inferior wie die rechte, sondern zunächst in die Vena renalis sinistra mündet; der Blutstrom trifft hier senkrecht auf das von der linken Niere abfließende Blut, während rechts die Einmündung in die Vena cava günstiger für den Abfluß ist, da sie spitzwinklig erfolgt. Darauf ist zurückzuführen, daß der linke Hode durch das leichter zurückstauende Blut schwerer als der rechte ist und gewöhnlich etwas tiefer herabhängt als dieser. Krankhafte Erweiterungen der Venen, welche Geschwülste des Samenstranges und Hoden vortäuschen können (Varicocele), sind prozentual links häufiger als rechts beobachtet worden, gleichsam ein Naturexperiment, welches die angegebene Ursache für den Tiefstand des linken Hoden erhärtet.

Außer den genannten zum Inhalt des Samenstranges und Hodensackes gehörigen Gefäßen und Nerven, welche erst durch den Descensus in den Hodensack hineingelangt sind, enthält der Samenstrang auch solche, welche seine Hüllen, die Hüllen des Hoden und die Hodensackhaut versorgen. Entsprechend der Entwicklung des Hodensackes gehören diese zu einer ganz anderen Kategorie als die erstgenannten: sie stammen von der Bauchdecke ab, aus welcher die Hodensackwand entsteht (Abb. S. 437). Von Arterien gehören hierher die A. spermatica externa, ein Ast der A. epigastrica inferior (aus der A. iliaca externa), von Venen die gleichnamige Vene. Sie hängen mit den Arterien und Venen zusammen, welche an den Hodensack direkt, ohne Vermittlung des Samenstranges herantreten (siehe unten). Ebenso verhalten sich die Lymphgefäße, deren Abfluß nach den Lymphknoten der Leistengegend gerichtet ist. Anastomosen zwischen den Gefäßen des Inhaltes und den Gefäßen der Hüllen sind bei den Arterien nicht vorhanden, bei Venen und Lymphgefäßen selten. Erkrankungen sind dafür eine Bestätigung. Denn die Nekrosen des Hoden bei Absperrung der A. spermatica interna und A. deferentialis, die Varicocelen bei Anschoppung der Vena spermatica interna und die Verschleppung von Bakterien oder Geschwulstkeimen durch die Lymphgefäße sind lediglich durch die zu den Einschlüssen des Samenstranges und Hodensackes gehörigen Gefäße bedingt und können nicht oder nur unvollkommen durch die Gefäße der Hüllen ersetzt werden. Von Nerven der letzteren gelangt der sensible N. spermaticus externus (Ast des N. genitofemoralis aus dem Plexus lumbalis) mit dem Samenstrang zur Haut des Hodensackes. Der N. spermaticus internus aus dem sympathischen und parasympathischen Plexus hypogastricus geht zur glatten Muskulatur des Samenstranges, der Hüllen des Hoden und vielleicht der Tunica dartos.

Der Hodensack, s. Scrotum im engeren Sinn, überzieht als unpaarer gemeinsamer Überzug alle bisher genannten paarigen Teile und setzt sich auf die Haut des männlichen Gliedes fort, mit der er kontinuierlich zusammenhängt und engste Wechselbeziehungen hat. An die ursprüngliche Abkunft aus den paarigen Teilen des Geschlechtswulstes erinnern die mediane Raphe scroti und die Scheidewand, Septum scroti (Abb. S. 445), welche die beiden Hodensackkammern voneinander scheidet. Bei entzündlichen Ergüssen wird der Übertritt von einer Hodensackkammer in die andere beobachtet, ein Beweis, daß die Scheidewand durchlässig ist.

Die Haut ist immer dunkler pigmentiert als die übrige Haut und behaart; sonst ist sie von Individuum zu Individuum, aber auch bei dem gleichen Menschen zeitlich sehr verschieden. Sie sieht bald glatt und schlaff, bald runzelig und zusammengezogen aus. Dies beruht auf dem großen Reichtum an glatten Muskelzellen, welche eine besondere Schicht unter dem Corium der Haut einnehmen, Fleischhaut oder Tunica dartos genannt. Die Muskulatur setzt sich nur in spärlichen Zügen in die Scheidewand des Hodensackes fort, im allgemeinen umhüllt sie den Hodensack im ganzen als ein geschlossener Mantel. In der übrigen Haut gibt es ebenfalls glatte Muskulatur, besonders als Muskeln, welche die Haare und Haarfollikel bewegen (z. B. bei der „Gänsehaut"). Aber nirgends sind sie so zahlreich und zu einer geschlossenen Schicht entwickelt wie im Hodensack. Dem verdankt er seine außerordentliche Veränderlichkeit. Ist die Muskulatur erschlafft,

so kann sich die Haut sehr stark dehnen. Sie findet besonders Verwendung
bei der Erektion des Gliedes, bei welcher der Hodensack emporgehoben und
klein erscheint, weil seine Haut durch die Verlängerung und Verdickung des
Penis mit zur Bekleidung der Wurzel des Gliedes herangezogen wird. Die
Hodensackhaut ist geradezu Reservematerial für die Haut des Penis, ähnlich
wie gewisse Hautfalten nötig sind, um Bewegungen des Körpers und seiner
Glieder Luft zu geben. Sie ist fast fettlos, dagegen reich an elastischen Fasern.
Das Bindegewebe, welches die Tunica dartos mit den eigentlichen Hüllen des
Hoden (zunächst der Fascia cremasterica) verbindet, ist ganz besonders locker.
Entzündungen können sich hier sehr leicht ausbreiten und auch aufwärts in die
Haut des Penis und unter die Bauchhaut aufsteigen.

Unter der Einwirkung der Kälte runzelt sich die Hodensackhaut besonders
stark, weil die Tunica dartos sich kräftig kontrahiert. Bei Einschnitten in die Haut
kann durch die Stärke der Kontraktion ein Defekt vorgetäuscht werden.

Blutzufuhr: Außer den Gefäßen des Samenstranges (Vasa spermatica externa)
kommen von vorn her die Rami scrotales anteriores aus der A. femoralis, vom Damm
her die Rr. scrotales posteriores aus der A. pudenda interna und aus der Tiefe Ästchen der A. obturatoria in Betracht; alle hängen mit ihren Enden zusammen. Die
Versorgung kann trotzdem bei sehr starker andauernder Dehnung der Scrotalhaut
nicht ausreichen, wie die bei Geschwülsten nicht seltenen Nekrosen beweisen. Die
den Arterien zugeordneten Venen fließen in die Vena saphena magna, Vena femoralis,
Vena epigastrica inferior und Vena pudenda interna ab. Lymphgefäße: siehe
oben beim Samenstrang. Von Nerven beteiligen sich von vorn her außer dem
N. spermaticus externus jedes Samenstranges in wechselndem Maße der N. lumbo-
inguinalis und der N. ilioinguinalis an der sensiblen Versorgung der Scrotalhaut,
vom Damme her kommen regelmäßig die sensiblen Nn. scrotales posteriores aus
dem N. pudendus. Ob die motorischen Nerven aus dem sympathischen Plexus
hypogastricus auf dem Wege des N. spermaticus internus im Samenstrang zur Tunica
dartos gelangen, ist ungewiß.

Scham-
haare

Außer den Falten der Haut in der Schamgegend, welche mit dem Fettgehalt
der Haut zusammenhängen (Mons veneris, S. 536), ist die Art der Behaarung
bei Mann und Weib verschieden. Daß die Schamhaare, Pubes, zu den accessorischen Sexuszeichen gehören, geht schon daraus hervor, daß sie erst bei
Beginn der Pubertät erscheinen, bei Frühkastraten ausbleiben und bei Spät-
kastraten verloren gehen oder sehr dünn werden. Der Hodensack und vor allem
der Penisschaft haben nur spärliche Behaarung, am dichtesten ist sie über der
Schamfuge und um die Wurzel des Gliedes herum; für den Mann ist besonders
charakteristisch, daß die obere Grenze nicht scharf ist wie bei der Frau, bei
welcher sie an der oberen Querlinie des Schamberges wie abgeschnitten aufhören. Beim Mann erstreckt sich vielmehr die Behaarung aufwärts und fließt
in die Behaarung der Bauchdecken hinein, welche bis zum Nabel oder über
diesen hinaus reicht. Die Spalte zwischen dem Hodensack und den Oberschenkeln ist gewöhnlich frei von Haaren, ebenso der Damm. Erst am After
ist die Behaarung wieder stärker. Die Verteilung weist auf eine rein sexuelle,
nicht motorische Funktion hin, an die man vielfach bei den Haaren in Hautfalten gedacht hat (Regulierung der Verschiebungen der sich berührenden
Hautflächen wie durch zwischengelegte Rollen). Ob bei niederen Völker-
stämmen die Art der Behaarung auf dem Wege über das Auge oder ob die
von den Haaren festgehaltenen Riechstoffe der Drüsen von Genitale und After
auf dem Wege über das Riechorgan sexuelle Reize auslösen, ist nicht sicher
bekannt.

Das Ausreißen der Schamhaare war und ist bei manchen Völkern religiöse Vorschrift (Mohammedaner) oder landesüblich. Sie gleichen ihrem Bau nach den Barthaaren, sind aber dünner. Im Alter ergrauen sie, aber später als das Bart- und
Haupthaar.

b) Das männliche Glied.

Beziehung
der Harn-
röhre zum
Penis

Die Harnröhre, Urethra virilis, ist der Abkömmling des Sinus urogenitalis, welcher beim Mann zum Unterschied von der Frau eine große Längenausdehnung und eine Differenzierung in verschieden geartete Abschnitte erfährt (braun, Abb. S. 405). Man teilt die Harnröhre ein in eine Pars prostatica, welche die Prostata durchbohrt, eine Pars membranacea, welche den weichen

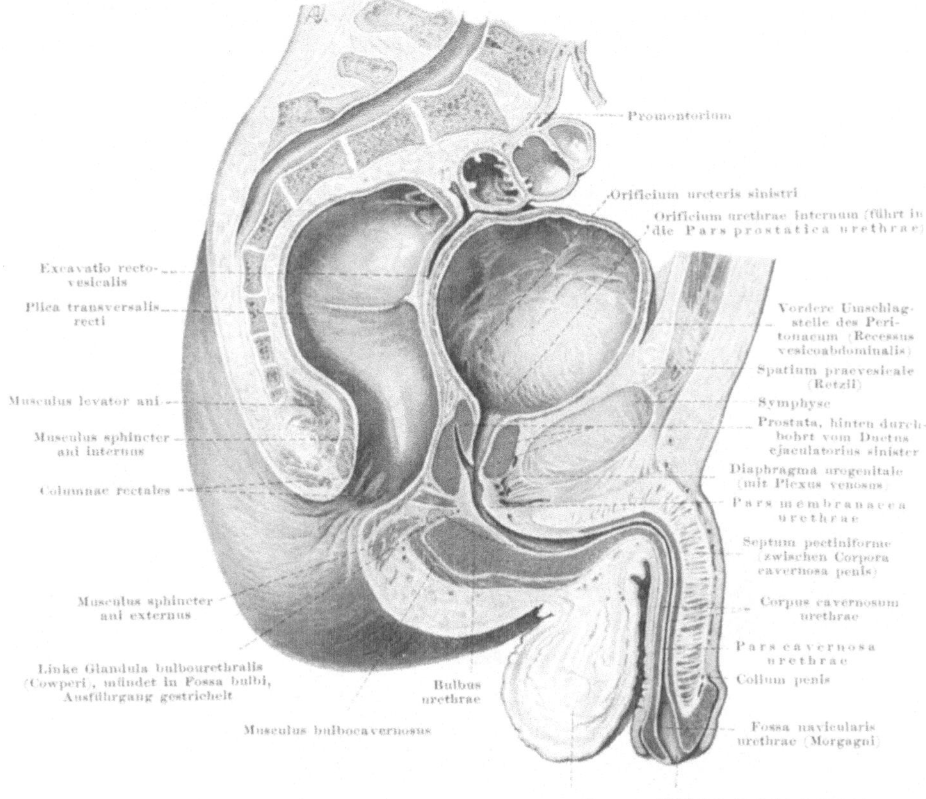

Abb. 230. Männliches Becken, linke Hälfte. Medianschnitt. Im Bereich der Prostata ist die Schnittrichtung ein wenig nach links von der Medianebene abgewichen. Der „Recessus vesicoabdominalis" ist übertrieben tief, weil die kontrahierte Blase an der Leiche gewaltsam dilatiert worden ist. Beim Lebenden würde eine gefüllte Blase von dieser Größe länglich walzenförmig aussehen (Abb. S. 387) und der „Recessus" vor ihr wäre eine Furche, keine tiefe Einsenkung.

Beckenboden durchsetzt, und eine Pars cavernosa, welche mit Schwellkörpern umgeben ist (Abb. Nr. 230). Die letzteren gehören zum männlichen Gliede, Membrum virile s. Penis, welches also nur von einem Teil der Harnröhre, ihrer Pars cavernosa, durchzogen ist. In der Ruhe hängt es als Pars pendula über den Hodensack herab; in dieser Lage hat die Harnröhre S-Form. Bei der Erektion richtet sich das Glied unter gleichzeitiger Vergrößerung und Versteifung auf, so daß die S-förmige Krümmung der Harnröhre ausgeglichen und von ihr nur ein, nach oben konkaver Bogen um die Symphyse herum beschrieben wird. In dieser Lage kann es in die weibliche Scheide so eingeführt werden, daß der Geschlechtsakt zu einem Samenerguß an die richtige Stelle führt.

Wir sehen zunächst von den Besonderheiten der Harnröhre selbst und ihren Anhängen (Drüsen) ab. Für die biologische Bedeutung und den essentiellen Bau des Gliedes genügt die früher mitgeteilte Feststellung, daß der Same bei der Ejaculation in die Harnröhre an der Einmündungsstelle der beiden Ductus ejaculatorii gespritzt und daß der Harn beim Harnlassen von der Blase aus durch die unpaare Pars prostatica an dieselbe Stelle geleitet wird; von da ab geht die „Samenharnröhre" als einheitlich fortlaufender Kanal bis zur Penisspitze durch (Abb. S. 445). Wir beschreiben zuerst den motorisch-vasculären Apparat, d. h. das dem Gliede zugrunde liegende Schwellkörpersystem, dessen Entstehung wir bereits in den Hauptzügen kennen gelernt haben. Im Anschluß daran wird die

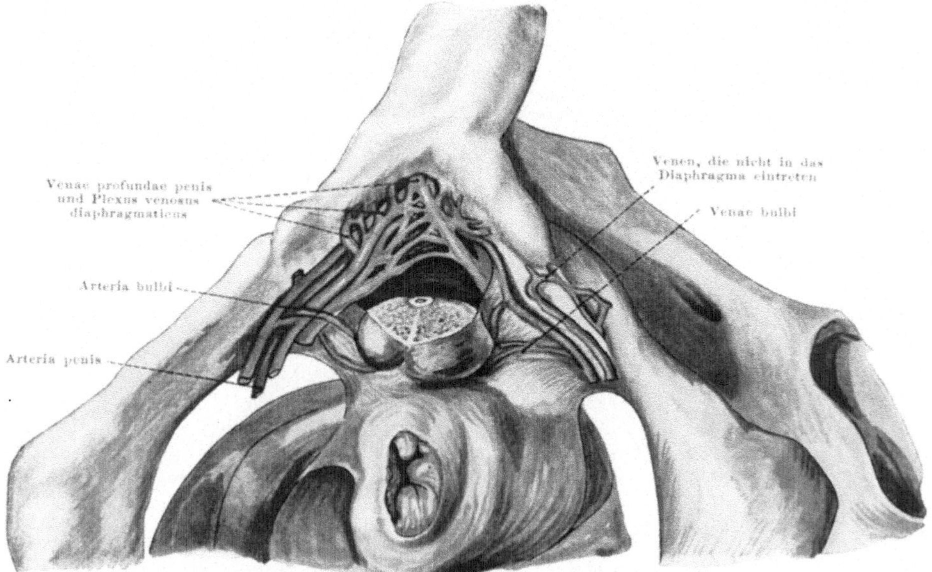

Abb. 231. Arterien und Venen der Schwellkörper des Penis. Ansicht von unten. Der Bulbus urethrae ist dicht vor seinem Ende quer durchtrennt, der ganze vordere Teil abgetragen. Die Gefäße liegen in einer bindegewebigen Lamelle, welche das Dreieck zwischen den Crura penis ausfüllt, Lamina intercruralis; sie ist bei der Präparation der Gefäße entfernt worden. (Aus Kiss, Zeitschr. f. Anat. u. Entwicklungsgesch., Bd. 61, 1921.)

spezielle Behandlung des Harnsamenweges wieder an denjenigen Stellen aufzunehmen sein, wo wir sie früher verlassen haben; Zutaten kommen innerhalb der Harnröhre bei der Ejaculation zu den Samenbestandteilen aus dem Hoden und Nebenhoden hinzu und vervollständigen erst den Samen zu dem endgültigen Ejaculat. Sie sind sehr wichtig, passieren aber den Penis bloß als passives Element. Er selbst als das aktive Organ sei hier an die Spitze gestellt.

Die paarigen Schwellkörper Man unterscheidet den Rücken, Dorsum penis, und die Unterseite, Facies urethralis. Dem Rücken zunächst liegen die paarigen Schwellkörper, Corpora cavernosa penis, welche die Versteifung des Penis bei der Erektion allein bewirken. Sie bilden an ihrer Unterseite eine seichte Rinne, Sulcus urethralis (Abb. Nr. 231), in welche der dritte Schwellkörper, das unpaare Corpus cavernosum urethrae, eingebettet liegt; dieses ist an der Erektion nicht aktiv beteiligt wie die beiden anderen, welche allein versteift werden. Das Corpus cavernosum urethrae und die Eichel, Glans, in welche es übergeht, bleiben auch auf der Höhe der Erektion kompressibel. Nur durch die beiden letzteren verläuft die Harnröhre. Die Corpora cavernosa penis sind ein

Schwammgewebe, das nur Blut enthält, in der Ruhe wenig, bei der Erektion in großer Fülle.

Die drei Schwellkörper zusammen werden von einer gemeinsamen Membran, Fascia penis, umschlossen, welche sie zusammenhält. Sie ist reich an elastischen Fasern, so daß sie bei der Erektion nachgeben kann. Sie verhindert, daß die drei Schwellkörper gegeneinander verrutschen, und sichert insbesondere dem Corpus cavernosum urethrae seine Lage zu den beiden übrigen.

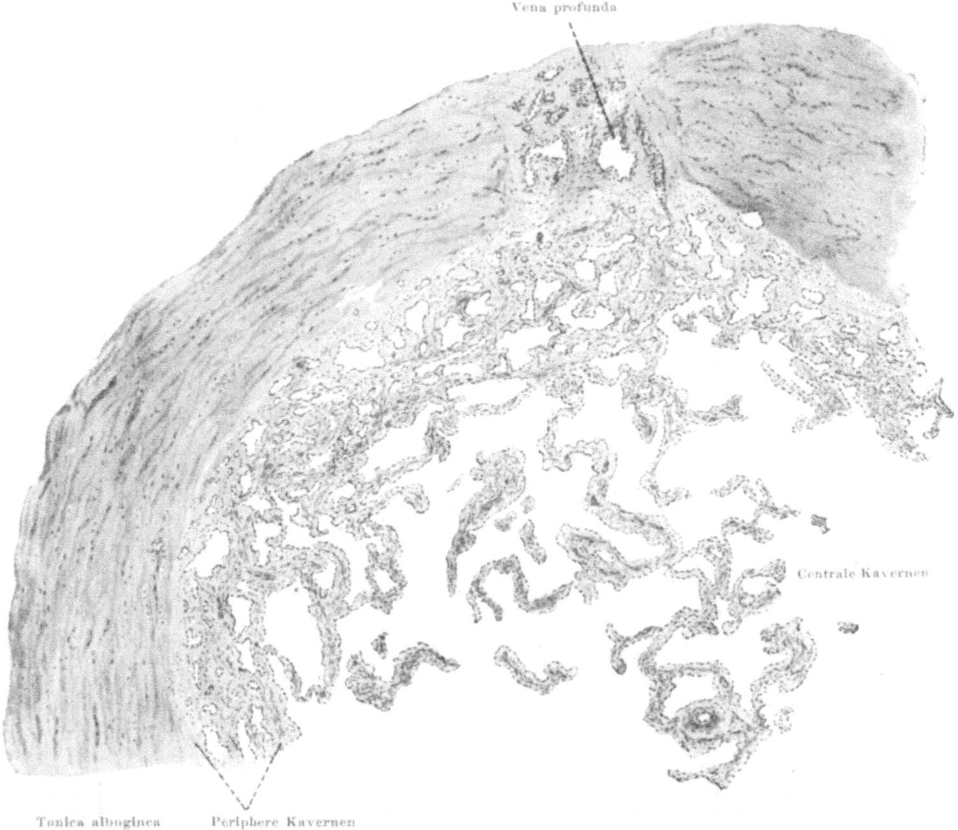

Abb. 232a. Corpus cavernosum penis. Querschnitt. Schlaffes Glied. Mittelstarke Vergrößerung.

Dieser von den Schwellkörpern gemeinsam gebildete Teil des Penis heißt Schaft, Corpus. Auf seinem Querschnitt haben die drei Schwellkörper Kleeblattform (Abb. S. 408). An der Wurzel des Penis, Radix, und der Eichel, Glans, ist hauptsächlich der unpaare Schwellkörper beteiligt.

Jedes Corpus cavernosum penis ist im Ruhezustand $\wedge$-förmig gebogen, doch ist der eine Schenkel beträchtlich kürzer als der andere (Abb. S. 407). Man nennt den kürzeren Schenkel Crus. Die Crura penis beider Schwellkörper legen sich dem knöchernen Schambeinbogen an, indem sie so gegeneinander divergieren, daß sie genau in die Richtung des unteren Schambeinastes zu liegen kommen. Sie sind nach ihrem Ende zu zugespitzt und so fest mit dem Periost des Knochens verlötet, daß man sie nur mit diesem zusammen unverletzt vom Schambein ablösen kann (Abb. S. 407, 446). Sie können mit ihrer äußersten Spitze bis gegen die Sitzbeinhöcker hinreichen. Der Musculus ischiocavernosus überzieht sie mit einer dünnen muskulösen und später aponeurotischen Decke. Die langen Schenkel beider Schwellkörper, die im engeren Sinn Corpora cavernosa heißen, sind zu einem einheitlichen Organ verschmolzen, das aber äußerlich und innerlich deutlich die beiden in ihm enthaltenen Schwellkörper verrät. Mit seiner stumpfen Doppelspitze dringt dieser Teil von hinten in die Eichel vor und gibt ihr bei der Erektion einen festen, unkomprimierbaren Sockel (Abb. S. 453).

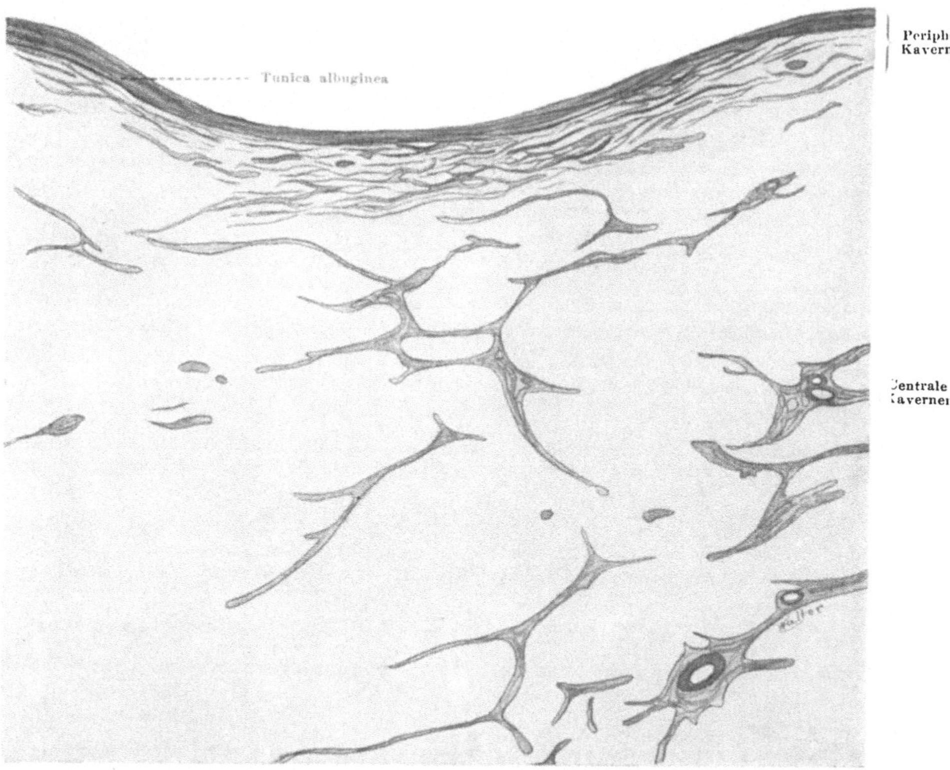

Abb. 232 b. Corpus cavernosum penis. Künstliche Erektion nach Einspritzen von Gelatine in das Schwammgewebe durch Anstich mit einer Pravaznadel. Die gleiche Vergrößerung wie bei a. (Aus KISS, l. c.)

Außer an dem erwähnten Sulcus urethralis an der Unterseite ist auch an einer Längsfurche der Dorsalseite der Schwellkörper äußerlich zu sehen, wo beide verschmolzen sind. Dieser Sulcus dorsalis nimmt eine wichtige Vene, Vena dorsalis profunda, in sich auf.

Der feinere innere Bau der paarigen Schwellkörper verrät die ursprüngliche Zusammensetzung viel deutlicher als das Äußere. Jeder von ihnen ist von einer sehr kräftigen, aus kollagenem Bindegewebe aufgebauten Membran umgeben, Tunica albuginea (Abb. S. 447). Die äußeren Fasern verlaufen längs, die inneren quer. Elastische Fasern sind nur spärlich vorhanden. Infolgedessen leistet die Membran, wenn sie gespannt wird, Widerstand. Sie ist nicht auf elastisches Ausweichen gebaut wie andere Membranen, z. B. auch die Fascia penis, sondern darauf hin, dem Innendruck innerhalb der paarigen Schwellkörper standzuhalten. Anfangs — solange die Fasern nicht gespannt sind — kann die Tunica albuginea allerdings eine Zunahme des Inneren, das sie umschließt, nicht hindern; der Widerstand beginnt erst bei Straffung der Fasern und ist, wenn alle gestrafft sind, maximal. Die Tunica albuginea leistet also dasselbe wie beim Bewegungsapparat die flächenhaft ausgebreiteten Sehnen, Aponeurosen, welche dort dem Muskelzug Widerstand entgegensetzen. Beide Tunicae albugineae sind innerhalb des Schaftes des Gliedes miteinander zu einem Septum penis verschmolzen. Es trennt die Schwellkörper nicht vollständig voneinander, sondern enthält zahlreiche senkrecht gestellte Schlitze wie die Zwischenräume zwischen den Zähnen eines Kammes (Septum pectiniforme penis, Abb. S. 445). Die Spalten bleiben zwischen den ringförmigen Fasern frei, welche sich in die tiefe Schicht der äußeren Tunica albuginea fortsetzen, während die Längsfasern im Septum fehlen.

Der Name Dorsum penis und die davon abgeleiteten Bezeichnungen dorsal und ventral für die entsprechenden Seiten der Harnröhre usw. sind nicht konsequent. Auf die Körperflächen bezogen entspricht das Dorsum des schlaffen Gliedes der ventralen weichen Bauchdecke, müßte also ventral heißen. Doch wendet man allgemein die genannten Termini an.

Das Innere der paarigen Schwellkörper wird von dem spezifischen Schwammgewebe, Cavernae corporum cavernosorum, eingenommen, welches sich durch die Spalten des Septum hindurch vom einen zum anderen Schwellkörper hinüber begibt. Große Lacunen (Kavernen), welche durch feine Septen und Balken, Trabeculae, voneinander getrennt sind, fallen beim erigierten Gliede im mikroskopischen Bild durch ihre Menge und Ausdehnung sofort auf (Abb. b, S. 448). Beim schlaffen Gliede kollabieren sie und sind dann viel weniger deutlich. Sie sind nichts anderes als sehr ausgedehnte Netze von Gefäßen, in welchen sich arterielles Blut befindet. Das erigierte Glied wird infolgedessen deutlich wärmer als im schlaffen Zustand. Das Blut wird den Kavernen durch Äste der A. profunda penis (Ast der A. penis, Abb. S. 446) zugeleitet, welche in jedes Crus in dem dreieckigen Zwischenraum zwischen den beiden Crura eintreten. Innerhalb des Schwammgewebes sind die Bluträume mit Endothel ausgekleidet. Die glatte Muskulatur der Arterienwände ist in den Trabekeln zu Zügen verschmolzen. Die Venen führen unmittelbar aus den peripheren Lacunen heraus, sind innerhalb der Tunica albuginea unmittelbar mit dem fibrösen Bindegewebe verlötet und nur mit Endothel ausgekleidet (Abb. a, S. 447, oben). Sie liegen wie die Arterien zwischen den Crura penis (Abb. S. 446) und sind die einzigen Abflüsse für das Blut aus den paarigen Schwellkörpern. In unserem Fall sind also keine Blutcapillaren zwischen Arterien und Venen eingeschaltet (arteriovenöse Anastomosen, S. 623). Das Blut hat innerhalb der Kavernen selbst nicht die Aufgabe, den Gas- und Stoffaustausch zwischen seinem Bestand und dem seiner Umgebung zu vermitteln wie in den Capillaren, sondern seine Aufgabe ist rein hydrostatisch. Beim schlaffen Glied werden die Lacunen durch den Tonus der glatten Muskulatur in den Trabekeln geschlossen gehalten. Dadurch wird vermieden, daß arterielles in venöses Blut übertreten kann. Wäre dies bei unmittelbaren arteriovenösen Anastomosen möglich, so würde das Blut nirgends im Körper den Widerstand der Capillarnetze überwinden, sondern überall den direkten Anastomosen zuströmen und nur diese benutzen. Die massenhafte glatte Muskulatur in den Trabekeln, die längs und quer zur Länge des Penisschaftes angeordnet ist, hat große Kraft und verschließt das Schwammgewebe bei schlaffem Gliede wie der Hahn eine Wasserleitung. Bei der Erektion, deren Maximum sich durch ein deutliches Gefühl des vollständigen Tonusverlustes kenntlich macht, wird die Muskelwirkung aufgehoben und daher plötzlich das Schwammgewebe mit einem Strom arteriellen Blutes überschwemmt. Dieser kann nicht durch die Venen abströmen. Denn die Arterien führen in die centralen Kavernen der Schwellkörper hinein (Abb. S. 447, 448, rechts unten) und erweitern sich hier zu

Erektiles
Schwammgewebe und
Erektion

diesen. An den Stellen der Peniswurzel, wo die Venen austreten, liegt eine Rindenschicht von kleinen Kavernen; sie kommt nur da vor, wo Venen beginnen, sonst fehlt sie. Füllen sich die großen Kavernen im Innern, was zuerst statthat, da hier das arterielle Blut eintritt, so werden die kleinen Kavernen an der Peripherie komprimiert und lassen keine Flüssigkeit mehr durch (Abb. b, S. 448). So wird durch dauernd zuströmendes Blut das Schwammgewebe maximal gefüllt. Die Albuginea gibt nicht nach, sowie ihre Fasern maximal gestrafft sind. Die paarigen Schwellkörper werden infolgedessen steinhart; was bei manchen Säugetieren durch einen besonderen Penisknochen stetig erzielt ist, das wird durch den prall mit Flüssigkeit gefüllten Schwellkörper des Menschen vorübergehend auf der Höhe der Erektion erreicht. Ähnlich wie das straffe Bindegewebe des Handtellers, Aponeurosis palmaris, im Augenblick des Gebrauches durch den M. palmaris oder durch eine entsprechende Stellung der Hand passiv gespannt werden kann und hart wie ein Knochen wird, ohne daß wir dauernd durch eine Knochenplatte in der Hand gestört werden, so tritt beim Penis die Verhärtung nur zur Zeit der Geschlechtstätigkeit ein; in der Zwischenzeit ist er nachgiebig, für das Harnlassen geeigneter und den Bewegungsmöglichkeiten des Menschen und seiner Art zu Stehen und Gehen durch seine Lage angepaßt.

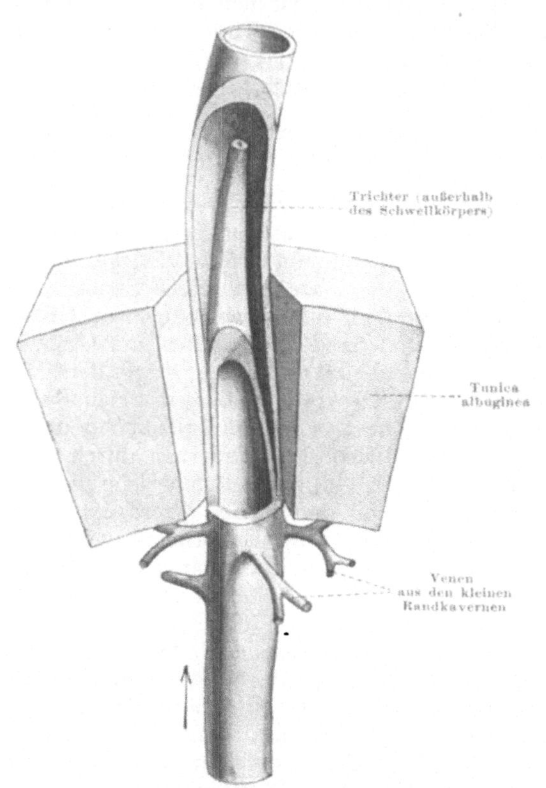

Abb. 233. Modell einer Vene mit Trichtereinsatz des Corpus cavernosum penis. Mann von 22 Jahren. ↑ Richtung des Blutstroms. (Aus Kiss, l. c.)

Der Druck auf das straffe Gewebe der Albuginea erfolgt bei den paarigen Schwellkörpern von innen heraus, als Überdruck der Blutmasse, welche wie alle Flüssigkeit praktisch inkompressibel ist. Jeder Tropfen Blut mehr wirkt wie der feine Strahl, durch welchen bekanntlich die hydraulische Presse große Kräfte entwickelt. Der M. ischiocavernosus treibt das Blut aus den Crura nach vorn und erhöht dadurch noch den Überdruck im Schaft; er besteht aus quergestreiften Muskelfasern (S. 483), so daß auch der Wille den Grad der Erektion etwas beeinflussen kann.

Rückkehr in den schlaffen Zustand

Beim Nachlassen der Erektion sind besondere Einrichtungen der Gefäße tätig, um die feinen Randkavernen wieder zu öffnen. Außer den Venen, welche das Blut unmittelbar aus der Randschicht des Schwammgewebes herausführen, beginnt eine größere Vene bereits in den centralen Kavernen. Auch in diese münden nahe der Albuginea Venen aus der Randschicht kleiner Kavernen (Abb. Nr. 233). Aber das Besondere der großen Vene ist ein starrer Trichtereinsatz aus straffem Bindegewebe, dessen winzige Öffnung einen feinen Blutstrahl durchläßt. Da die Wurzel der Vene central im Schwammgewebe liegt, so kann bei nachlassendem Blutzufluß von hier aus die Kompression der Randschicht gelockert und der Abfluß durch die Venen ganz allgemein freigegeben werden. Die Langsamkeit, mit welcher der erigierte Penis wieder erschlafft, erklärt sich aus diesem Mechanismus leicht.

Aus dem starren Trichtereinsatz der Vene fließt dauernd Blut ab, auch während der Erektion. Diesen Verlust kann die Menge des zufließenden arteriellen Blutstroms leicht decken. Erst wenn dieser abgestoppt wird, entleeren die Trichtervenen wirklich, wenn auch langsam die Kavernen. Wenn die Randkavernen geöffnet und alle Venen frei geworden sind, nimmt die Versteifung schneller ab. Einen im Prinzip ähnlichen Entleerungsmechanismus hat die Technik bei Spülapparaten für photographische Platten und Papiere angewendet.

Venen mit Trichtereinsatz sind erst neuerdings bekannt geworden und wurden bisher nur bei zwei Individuen gefunden, auch bei diesen nur in je einem Fall. Sie scheinen aber nicht so selten zu sein, sondern sind nur schwer zu finden. Daß sie bei zeugungsfähigen Männern regelmäßig, wenn auch nur in einem oder wenigen Exemplaren vorkommen, könnte daraus geschlossen werden, daß angegeben wird, der Penis werde bei einer beliebigen Leiche durch Einstich mit der Pravazspritze in das Schwammgewebe der paarigen Schwellkörper nur dann in maximaler Erektion erhalten, wenn die Injektion dauernd fortgesetzt wird. De facto findet bei sehr vielen Leichen und trotz praller Füllung kein Abfluß statt. Wie in solchen Fällen in vivo die Erschlaffung möglich war, ist zur Zeit ungeklärt.

Die geringe Blutdurchspülung bei der Erektion erneuert das Blut in den Grenzen, welche für das Weiterleben der Gewebe nötig ist. Auch kommen in den Trabekeln und in der Albuginea feinste Arterien und Venen mit zwischengeschalteten Capillaren vor. Bei lange während Erektion, z. B. dem „Priapismus" gewisser Geisteskranker, wird das Glied nicht nekrotisch.

Die frühere Annahme, daß es außer dem venösen Abfluß aus den Crura penis noch andere (in die tiefe Dorsalvene) gäbe, ist nach neueren Injektionen nicht richtig. Das arterielle Blut scheint dagegen nicht nur aus den in die Crura eintretenden Ästen der A. profunda penis, sondern auch aus Ästchen zuzuströmen, welche aus dem Corpus cavernosum urethrae oder der A. dorsalis penis stammen. Die eigentlichen und regelmäßigen Zuflüsse sind jedoch die ersteren. Sie ziehen vom Crus penis eines jeden Schwellkörpers in einem centralen Gefäß (manchmal zu zwei oder mehreren parallelen Gefäßen) nach vorn und geben zahlreiche Ästchen ab, welche sämtlich, beim schlaffen Gliede ehe sie sich in die Kavernen ergießen, einen stark gewellten Verlauf haben, Rankenarterien, Aa. helicinae. Die Windungen gleichen sich bei der Erektion aus; sie ermöglichen lediglich den Gefäßen sich entsprechend der Verlängerung und Verdickung des Gliedes zu strecken. Die Nervengeflechte, welche den Arterien folgen, sind ebenfalls in der Ruhe wellenförmig angeordnet.

Alle Arterien und Venen, welche außen von den Schwellkörpern auf diese zu- und von ihnen wegführen und auch die Arterien innerhalb des Schwammgewebes haben eine besondere Einlage von langgestreckten Polstern aus längs- und manchmal auch querverlaufenden glatten Muskelzügen und elastischen Fasern in der Tunica interna, innen von der Elastica interna. Bei den Arterien sind die Polster besonders auffällig. Das Lumen der Arterien ist bei schlaffem Gliede dadurch auf längere Strecken, namentlich in der Nähe der Gabelung in Äste, fast völlig verlegt. Bei erschlaffter Ringmuskulatur der Tunica media der Arterien während der Erektion erweitert sich die Wand der Arterien im ganzen so, daß viel Blut an den Polstern vorbeifließen kann. Eine Berechnung zeigt, daß ein großer Querschnitt, der fast ganz verstopft ist, durch eine geringe Vergrößerung seines Durchmessers eine größere Lichtungszunahme ergibt als ein kleiner Querschnitt ohne Verstopfung, dessen Querschnitt sich beträchtlich vergrößert. Deshalb können die elastischen Wände der Penisgefäße infolge ihrer Nachgiebigkeit schnell die großen Blutmengen durch die Lichtung passieren lassen, welche bei der Erektion in Betracht kommen. Die Sachlage ist ähnlich wie bei einem dicken Wasserleitungsrohr mit Hahn, welches je nach der Stellung des Hahnes mehr Sekundenliter durchläßt als ein dünnes Rohr ohne Hahn. Nur ist bei den Penisgefäßen die Wand nicht starr und der Hahn beweglich, sondern die Polster sind starr und die Wand dehnbar: das Polster bleibt stehen, aber die gegenüberliegende Wand nähert oder entfernt sich, wie es gerade der Blutzufluß erfordert. Die Nerven und Muskeln der Gefäßwand regeln automatisch den Mechanismus, ebenso wie den des Schwammgewebes selbst. Die Blutzufuhr, der Blutdurchlaß und die Blutabfuhr der Schwammgewebe spielen im gleichen Sinn (siehe Nerven des Penis, S. 457). Dieser Mechanismus ist viel wichtiger als die Wirkung der quergestreiften, vom Willen beeinflußbaren Fasern der Mm. ischiocavernosi.

Auch die Gefäße des unpaaren Schwellkörpers haben diesen Bau. Die Drosselung erfolgt immer nur an einigen Stellen, die natürlich maßgebend sind für den Blutstrom in den Penisgefäßen im ganzen wie der Haupthahn für die Versorgung eines Hauses.

Der unpaare Schwellkörper

Die beiden Corpora cavernosa urogenitalia und das unpaare Corpus cavernosum glandis sind zu einem einheitlichen Schwellkörper vereinigt, welcher wie ein Pilz einen Wurzelknollen, Schaft und Hut besitzt (Abb. S. 453). Eine in der Volksmedizin einst viel verwendete Morchel (Phallus impudicus) sieht ihm so ähnlich, daß sie ihren wissenschaftlichen Namen daher hat. Die Wurzel des Gliedes, Radix, ist hauptsächlich vom knollenförmigen Ende des unpaaren Schwellkörpers, Bulbus, gebildet. Meist hat er am hinteren Rand und auf der Ventralfläche eine schwache Rinne oder Delle, einen Rest des einst paarigen Aufbaues. Danach heißen seine Hälften Hemisphaeria bulbi. Er springt viel weiter nach dem After zu vor als die paarigen Schwellkörper (Abb. S. 407, 445), Während die Crura der letzteren dem Scham- und Sitzbein angeheftet sind, liegt der Bulbus frei in den Weichteilen des Dammes und ist hier oder vom After aus leicht zu tasten, vor allem beim erigierten Glied. Er ist der Außenfläche des muskulösen Beckenbodens fest angeheftet und vom Musculus bulbocavernosus überzogen. Er enthält die Harnröhre nicht (der übliche Name der BNA Bulbus „urethrae" ist irrig); sie tritt erst weiter vorn, wo sich die drei Schwellkörper durch die Fascia penis zum Schaft des Gliedes vereinigen, schräg von oben in ihn ein und zieht schräg zu seiner Achse durch ihn hindurch. Anfänglich liegt sie seiner Dorsalfläche ganz nahe (Abb. S. 445, 408); im weiteren Verlauf kommt sie auf kurze Strecken ganz central, meistens ein wenig exzentrisch im Schwellkörper zu liegen, während sie in der Eichel ventrale Lage hat, also entgegengesetzt wie beim Eintritt in den Schaft. Auf die Form der Harnröhre im einzelnen werde ich zurückkommen.

Die Eichel ist an ihrer Basis am breitesten. Ihr vorspringender Rand, welcher beim Erwachsenen durch die Vorhaut hindurch sichtbar ist, heißt Corona glandis, die basalwärts folgende Ringfurche Hals, Collum penis (Abb. S. 453, 445). Die paarigen Schwellkörper schieben sich mit ihrer Doppelspitze kegelförmig in die Eichel vor; sie füllen eine Höhlung in der Basis des Schwellkörpers der Eichel aus (Abb. b, S. 453). Insofern sind sie versteckte Teilhaber am Aufbau der Glans. Das Äußere wird aber lediglich vom Schwellkörper der Eichel selbst beherrscht. Er ist beim Embryo wohl selbständig angelegt, ist aber beim Erwachsenen mit dem Corpus cavernosum urethrae eins, dagegen immer völlig isoliert gegen die paarigen Schwellkörper. Man kann letztere aus der Höhlung an der Basis der Eichel herauslösen; dabei gelingt es aus technischen Gründen kaum je, das Schwammgewebe der Schwellkörper unverletzt zu lassen. Am Hals des Gliedes beginnen bereits die paarigen Schwellkörper sich zuzuspitzen, so daß hier eine seichte Rinne äußerlich sichtbar ist, in deren Tiefe letztere liegen. Die äußere Öffnung der Harnröhre, Orificium urethrae externum, ist schlitzförmig, senkrecht gestellt und nicht klaffend, außer wenn der Harnstrahl, das Ejaculat oder künstliche Mittel von außen sie erweitern.

Nicht erektiles Schwammgewebe

Der feinere Bau des unpaaren Schwellkörpers ist zwar durch Schwammgewebe wie bei den paarigen Schwellkörpern ausgezeichnet, unterscheidet sich aber von ihnen in wesentlichen, für die Funktion ausschlaggebenden Punkten. Auch das ursprüngliche Corpus cavernosum urethrae und Corpus cavernosum glandis sind, trotzdem ihre Kavernen communicieren, doch ihrem Bau nach deutlich voneinander unterschieden.

Die Albuginea des unpaaren Schwellkörpers ist sehr viel dünner und weniger resistent als bei den paarigen, da sie viele elastische, vor allem ringförmig angeordnete Fasern enthält. Sie fehlt der Eichel ganz; hier grenzt das Innere

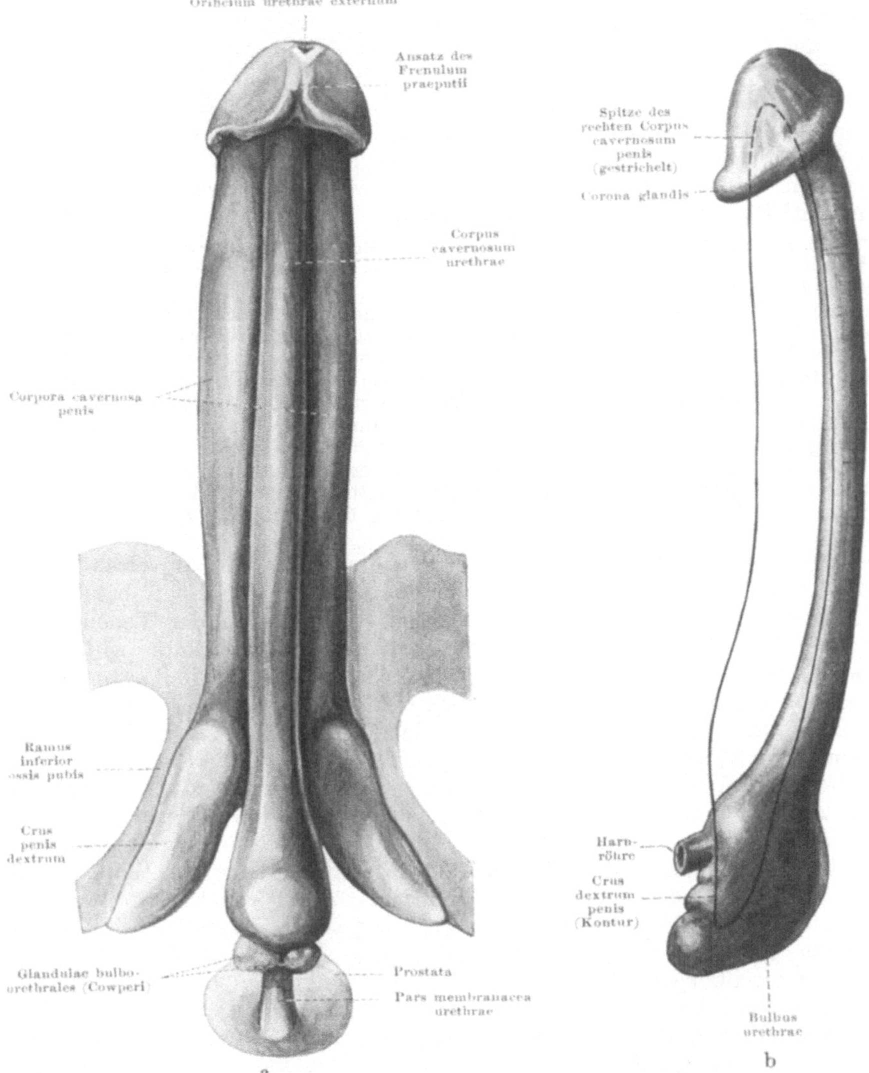

Abb. 234. Die Schwellkörper des männlichen Gliedes. Die Corpora cavernosa penis sind an der Leiche durch Injektion mit Formol künstlich dilatiert. a Die drei Schwellkörper im natürlichen Verband, Penis gegen die Bauchwand aufgerichtet, er verdeckt die Symphyse. b Corpus cavernosum urethrae mit Glans penis, isoliert. Ansicht von der Seite, rechtes Corpus cavernosum nur als Kontur.
Die Schwellkörper sind durch Injektion erigiert.

unmittelbar an den Hautüberzug, über welchen unten berichtet werden wird. Die Farbe des Blutes leuchtet deshalb an der Eichel durch, sie sieht meistens etwas bläulich aus, besonders an der Corona; daraus geht hervor, daß der Inhalt nicht arteriell ist wie bei den paarigen Schwellkörpern. Nur während der Erektion schlägt die Farbe in das Rötliche um und wird viel lebhafter, ein Zeichen für den starken Zustrom arteriellen Blutes, der sich in das Innere ergießt. Im Corpus cavernosum urethrae sind die Kavernen, abgesehen von ihrer Größe, ähnlich denen der paarigen Schwellkörper gebaut, nur sind die Trabekel zarter. Ein medianes Septum, welches von der Albuginea aus eine Strecke weit zwischen die beiden Hemisphären des Bulbus eindringt, erinnert noch an die paarige Entstehung. Im Penisschaft fehlt es. Im Corpus cavernosum glandis haben die Lacunen nicht die labyrinthäre Form wie in dem Schwammgewebe der drei am Penisschaft beteiligten Schwellkörper. Sie gleichen erweiterten, stark geschlängelten und durcheinander gewundenen Venen mit dicker glatter Ringmuskulatur und innen davon liegenden, oft nur einseitig entwickelten Längsmuskeln. Das Zwischengewebe ist reich an elastischen Fasern, enthält aber keine glatten Muskeln.

Nach der Epidermis der Eichel zu sitzen dem Schwammgewebe unmittelbar hohe Papillen auf, welche nach Art der üblichen Papillen des Corium in die Epidermis eindringen.

An der Unterseite der Eichel bleibt zwischen dem von rechts und links um die Penisspitze herumgreifenden kavernösen Gewebe eine Lücke frei, welche mit Bindegewebe geschlossen ist; es füllt hier den Zwischenraum zwischen der Harnröhre und der Haut der Eichel aus, Ligamentum medianum glandis. Außen geht es in das Vorhautbändchen über. Vom Rücken der Eichel aus dringt ebenfalls an der Spitze ein medianes Septum in das Schwammgewebe bis zur Harnröhre vor, Septum glandis. Die Harnröhrenöffnung ist daher in einen festen bindegewebigen Strang eingelassen, der dorsal und ventral an der Haut der Eichel befestigt ist und deshalb unverrückbar feststeht. Er dient indirekt dem Vorhautbändchen als Ursprung. Das Septum teilt die Eichel nur an der Spitze in zwei Hälften, im übrigen ist sie unpaar und einheitlich.

Der entscheidende Unterschied des Schwammgewebes im unpaaren gegenüber den paarigen Schwellkörpern liegt in dem Mangel einer besonderen Rindenschicht aus kleinen Kavernen an den Abflußstellen der Venen. Alle Kavernen füllen sich gleichmäßig; der Ablauf des venösen Blutes wird nicht während der Erektion gedrosselt. Dazu hilft auch der Umstand, daß es mehr und bedeutendere Abflußwege gibt als den einen, welcher bei jedem paarigen Schwellkörper in Form kleiner Venen aus dem Crus herausführt. Beim Bulbus des unpaaren Schwellkörpers fehlt dieser Weg nicht (Abb. S. 446, Venae bulbi); der Hauptabzugskanal ist aber die Vena dorsalis penis profunda, welche dem Rücken des Penis zunächst (aber unter der Fascie) im Sulcus dorsalis zwischen den paarigen Schwellkörpern liegt. Bezeichnend ist, daß sie trotz ihrer Nähe aus den letzteren keinen Zufluß erhält. Dagegen nimmt sie das Blut aus der Eichel auf und, da das Eichelinnere mit dem Corpus cavernosum urethrae communiciert, das Blut aus dem gesamten unpaaren Schwellkörper. Daher kann es zu einer wirklichen Erektion, d. h. der spezifischen Verhärtung im unpaaren Schwellkörper nicht kommen. Die Umgebung der Harnröhre in ihrer ganzen Länge bleibt immer, selbst bei maximaler Versteifung des Gliedes, kompressibel, ebenso die Eichel. Dies ist für den ungehemmten Erguß des Samens eine notwendige Bedingung; durch die Beschränkung des kleinmaschigen Rindengewebes auf die Schwellkörper wird in sehr einfacher Weise in einem Fall Fortfall jeder Kompressibilität bis zur steinharten Versteifung erzielt, im anderen Fall gerade dieses Extrem vermieden.

Allerdings schwillt der unpaare „Schwell"körper bei der Erektion an, indem ihm mehr Blut zufließt als im Ruhezustand. Die Ventileinrichtungen an seinen Gefäßen und ihre Windungen (Aa. helicinae) sind dieselben wie bei den Gefäßen des erektilen Gewebes. Als Arterien fungieren die in den Bulbus eintretenden Arteriae bulbi (Abb. S. 446). Die dünne elastische Tunica albuginea gibt dem Blutzufluß leicht nach. So kann der unpaare Schwellkörper der Längen- und Dickenzunahme des Gliedes bei der Erektion folgen, indem er sich selbst entsprechend ausdehnt. Die erektilen Corpora cavernosa nehmen ihn mit, da sie fest am Beckenknochen verankert sind und sich mit der vorderen Spitze in den Sockel der Eichel hineinstemmen. Würde sich der unpaare Schwellkörper nicht aus sich heraus vergrößern, so würde er bei der Erektion passiv in die Länge gezerrt und verdünnt (Abb. b, S. 453), die Harnröhrenlichtung entsprechend verengt werden. Das wird im Leben durch sein eigenes Mitgehen mit der Vergrößerung des Gliedes verhindert. Seine Textur ist tatsächlich auf Schwellung, nicht auf Verhärtung gerichtet. Es wäre deshalb für eine scharfe Trennung nicht unzweckmäßig, den Namen „Schwellkörper" auf ihn allein anzuwenden und die beiden anderen „erektile Körper" zu nennen. Da aber auch die letzteren bei der Verhärtung anschwellen, so würde der Nichtsachverständige bei solcher Benennung, welche nur das spezifisch Trennende hervorhebt, leicht Schwierigkeiten finden. Übrigens verhärtet auch die Eichel beim Anschwellen, aber so steinhart wie die paarigen Schwellkörper wird sie nie. Die Gesamtvergrößerung des Gliedes durch die Corpora cavernosa beträgt etwa das sechsfache des Volumens im schlaffen Zustande.

Der unpaare Schwellkörper ist eine große arteriovenöse Anastomose, nur kann man das Innere der Glans als Venenkonvolut auffassen, weil hier das Blut in der Ruhe bereits venös geworden ist; im Corpus cavernosum urethrae ist es arteriell und bei der Erektion wird es, wie wir sahen, auch in der Eichel arteriell. Die glatten Muskeln in den Trabekeln und Venenwänden verhindern den Gebrauch des abgekürzten Weges für das Blut im schlaffen Gliede.

Über die Beteiligung der quergestreiften Muskelfasern des M. bulbocavernosus vgl. S. 483).

Die Haut des Gliedes, Schafthaut, ist zart, dünn, bräunlich pigmentiert und fast oder ganz frei von Schamhaaren außer an der Wurzel, an welcher sie im dichten buschigen Kranz sitzen. Das Unterhautbindegewebe, welches die Haut mit der Fascia penis verbindet, ist extrem locker und fettlos; die Haut ist dadurch stark beweglich, besonders ihre Fortsetzung, die Vorhaut, Praeputium (Abb. S. 445). Sie ist beim schlaffen Gliede eine Duplikatur der äußeren Haut, welche an der Öffnung der Vorhaut, Orificium praeputii, nach innen umgeschlagen ist und sich hinter der Corona glandis auf die Eichel umschlägt; die Eichel selbst ist von sehr dünner Haut überzogen, welche ohne Unterhautbindegewebe unmittelbar dem Schwammgewebe aufsitzt. Beide Hautlamellen der Vorhaut sind miteinander verschmolzen; das Unterhautbindegewebe im Inneren setzt die gleiche Schicht des Penisschaftes fort; seine große Lockerheit wird besonders durch die starken Schwellungen der Vorhaut bezeugt, welche bei entzündlichen Ergüssen eintreten. Die normale Vorhaut ist auf die Verlängerung des Gliedes bei der Erektion eingerichtet. Indem sie sich von der Eichel zurückzieht, dehnt sich das Zwischengewebe zwischen dem äußeren und inneren Blatt so sehr, daß die innere Lamelle ganz nach außen zu liegen kommt und die Haut des Penisschaftes bis zum Collum penis verlängert. Einen gewissen Halt gebietet dabei eine Hautfalte, das Vorhautbändchen, Frenulum praeputii, welches von der inneren Lamelle der Vorhaut zur ventralen Mittellinie der Eichel geht und hier am Ligamentum medianum glandis inseriert. Wird die Vorhaut beim Geschlechtsakt zu stark gezerrt, so reißt das Bändchen ein.

Wie von der Wurzel aus die Haut des Hodensackes bei der Erektion mit herangeholt wird, so von der Spitze aus die Vorhaut, um das Glied zu decken. Die Friktionen beim Geschlechtsakt werden durch die Beweglichkeit der Haut und Vorhaut unterstützt.

Die glatte Muskulatur der Tunica dartos des Hodensackes ist zu einer dünnen Schicht glatter Muskeln fortgesetzt, welche unmittelbar unter der zarten Haut liegt. Beim schlaffen Glied adaptiert sie die Haut dem Gliede, bei der Erektion verliert sie jeden Tonus, so daß die Hautfläche in sich sehr stark vergrößert ist. Bei der rituellen Beschneidung wird die eine Komponente der dreifach gesicherten Hautvergrößerung beseitigt, die anderen beiden bleiben und müssen sie beim Coitus ersetzen, vor allem die Dehnbarkeit der Haut des Schaftes.

Die Raphe des Hodensackes ist bei manchen Männern auf die Unterseite des Penis und der Vorhautaußenfläche fortgesetzt, kann aber ganz fehlen oder nur durch bräunliche Pigmentierung angedeutet sein.

Der Hautüberzug der Eichel und die Innenseite der Vorhaut sehen schleimhautartig aus. Talgdrüsen beweisen jedoch die Zugehörigkeit zur äußeren Haut.
Die Epidermis ist hier sehr dünn, die Blutgefäße des Corium schimmern durch
wie bei der Mundschleimhaut und den Lippen. An der Eichel ist beim schlaffen
Glied die Haut leicht runzlig; auch dies ist ein Vorrat für die Zeit der starken Dehnung
während der Erektion und Kohabitation.

Zur Haut gehört ein Fixationsapparat an der Wurzel des Gliedes, nämlich
das Ligamentum suspensorium penis und das Ligamentum fundiforme
penis. Das erstere (Abb. S. 407, zwischen Haut und Symphyse, nicht bezeichnet)
entspringt vom knöchernen Becken als Fortsetzung von Sehnenfasern der Musculi
recti der vorderen Bauchwand, das letztere setzt die Fascia subcutanea von der
Linea alba der weichen Bauchdecke aus auf das Glied fort (Bd. I, S. 162). Beide
verhindern, daß die Gliedwurzel vom Becken abgedrängt wird. Das Ligamentum
fundiforme ist elastisch, gibt also nach, gleicht aber durch seinen Zug jede übermäßige Entfernung der Gliedwurzel von der Bauchhaut wieder aus. Es teilt sich
am Penisrücken, umzieht rechts und links das Glied und schließt häufig auf der
Unterseite schleuderartig zusammen; danach hat es seinen Namen, doch können
die beiden seitlichen Schenkel früher aufhören und an der Fascia penis inserieren.
Dies tut regelmäßig das straffe fibröse Ligamentum suspensorium, welches zu
großem Zug an der Peniswurzel Widerstand leistet und nicht nachgibt. Seine Form
ist dreieckig, sein Ursprung sitzt in der Symphyse (Abb. S. 408, oberhalb des Penis-
querschnittes, nicht bezeichnet).

Smegma Die Haut im Inneren des Vorhautsackes sezerniert ein Sekret, welches sich
mit abgeschilferten Epidermisschüppchen zusammen zu einer weißlichen stinkenden Schmiere, Smegma praeputii, verbindet. Bei unreinlichen Menschen
sitzen Mengen davon hinter der Corona glandis an der Umschlagsstelle der
Vorhaut zur Eichel. Der penetrante Geruch rührt von dem Sekret besonderer
Drüsen, Talgdrüsen, Glandulae sebaceae, her, welche überall in der Haut,
auch in der Penishaut außen am Schaft vorkommen, aber in besonderer Größe
auf der Corona glandis und in individuell sehr wechselnder Häufigkeit auch sonst
auf der Eichel und an der Innenseite der Vorhaut sitzen, Glandulae praeputiales. Entfernt man den ausgeschiedenen Talg nicht regelmäßig, so bilden
sich unter dem Einfluß der Körpertemperatur in der engen Nische des Vorhautsackes sehr bald Fettsäuren wie bei ranzigem Fett. Die rituelle Beschneidung
ist eine radikale hygienische Maßnahme, um die Reinlichkeit zu erzwingen,
indem mit der Amputation der Vorhaut die Quellen des Smegma entfernt
werden. Symbolische Deutungen des Aktes als einer inneren Reinigung stehen
bei den etwa 200 Millionen Menschen, welche ihn üben, im Vordergrund.

Die Haut des Penis ist nicht ganz haarlos. Nur die gröberen, mit bloßem Auge
leicht sichtbaren Schamhaare fehlen. Dagegen sind feine Wollhaare, kleine Talg-
und Schweißdrüsen auf der äußeren Haut verbreitet. Am Orificium praeputii
hören sie auf. Nur die Glandulae praeputiales finden sich im Vorhautsack. —
Neben der äußeren Öffnung der Harnröhre münden feine blind endigende Kanäle,
parurethrale Gänge; sie werden besonders leicht gonorrhoisch infiziert und
sind deshalb den Pathologen gut bekannt. Man sieht, wenn sie entzündet sind,
ein bis zwei rote Pünktchen rechts und links innen in den Lippen der Öffnung,
wenn man diese auseinanderdrängt. Außen von der Öffnung kommen sie selten
vor. In der Norm sind alle sehr klein und nur mikroskopisch sichtbar. Sie entstammen den Drüsen der Harnröhre.

Gefäße und Die Blutzufuhr zum Glied besorgt vom Damm her beiderseits die A. pudenda
Nerven interna (aus der A. hypogastrica), von vorn her die Aa. pudendae externae (aus der
A. femoralis). Die letzteren gehen nur zur Haut des Gliedes, wo sie sich mit Ästen
der A. pudenda interna (Aa. scrotales posteriores, Aa. dorsales penis) vereinigen.
Die Schwellkörper erhalten ihr Blut lediglich aus der A. pudenda interna, deren Fort-
setzung A. penis genannt wird (Abb. S. 446); ein Ast von ihr, die A. bulbi et urethralis,
geht an den unpaaren Schwellkörper und an die Harnröhre, ein anderer Ast, A. profunda penis, senkt sich in den paarigen Schwellkörper der betreffenden Seite. Die
A. penis endet als A. dorsalis penis. Sie läuft jederseits lateral von der unpaaren
Vene am Penisrücken bis zur Eichel und dringt in deren Inneres ein. Wegen des
Details der Arterien für die Schwellkörper verweise ich auf diese. — Die Venen
für die Abfuhr des in oberflächlichen Hautvenen des Gliedes abfließenden Blutes
sammeln sich in einer unpaaren Vena dorsalis penis subcutanea, die entweder mit

den Venae scrotales anteriores nach vorn zum Oberschenkel zieht oder in die V. dorsalis penis profunda mündet und dadurch das Blut nach dem Damm zu leitet. Die Vena profunda enthält regelmäßig das Blut aus dem Inneren des unpaaren Schwellkörpers und der Eichel; die Venen, welche aus den paarigen Schwellkörpern und dem Bulbus heraustreten, sind zu dem Plexus diaphragmaticus urogenitalis (Abb. S. 446) vereinigt, welcher mit den Venengeflechten am Grund der Blase und der Prostata zusammenhängt. Der Abfluß erfolgt, da alle Venen miteinander verbunden sind, in verschiedener Richtung, für den Penis hauptsächlich nach dem Damm zu in den Plexus pudendalis; aus ihm führt jederseits die Vena pudenda interna in das kleine Becken zurück. Der Durchtritt der Vena dorsalis profunda, der beiden Aa. dorsales penis und der Nervi dorsales penis liegt zwischen dem Lig. arcuatum pubis und dem Lig. transversum pelvis (Bd. I, S. 453). — Die Lymphgefäße des Gliedes liegen in einer tiefen Schicht (in den Schwellkörpern) und einer oberflächlichen Schicht (Haut); die Abflüsse aus beiden ziehen größtenteils zu den inguinalen Lymphknoten (mediale Gruppe), welche bei Entzündungen leicht anschwellen (Bubonen, leicht fühl- oder sogar sichtbar); manche gelangen unter Umgehung der inguinalen Lymphknoten in die iliacalen Knoten im Innern des Beckens. Erkrankungen des Gliedes, besonders auch Entzündungen der Eichel (Gonorrhöe), haben infolge der zahlreichen Lymphgefäße zwar immer schnelle Schwellungen der Lymphknoten im Gefolge, aber die Bubonen können in der Tiefe versteckt liegen.

Die Nerven gehören zu zwei Kategorien. Die einen gehören zu den Spinalnerven, sind sensibel und vermitteln insbesondere das Wollustgefühl. Sie kommen aus dem N. pudendus (Plexus lumbosacralis); er geht mit Rr. scrotales und perinei an die Haut der Unterseite des Gliedes, ferner mit dem R. dorsalis penis jederseits an die Haut des Penisrückens und durch die Glans penis hindurch an deren Haut. Hier sitzen spezifische Endorgane, welche das Wollustgefühl vermitteln. Der Nervus dorsalis penis liegt jederseits lateral von der Arterie gleichen Namens, so daß auf dem Rücken des Gliedes eine unpaare Vene (V. profunda) beiderseits eingefaßt von einer Arterie und einem Hautnerven zu finden ist; alle fünf laufen parallel über die ganze Länge des Rückens. Die andere Art von Penisnerven gehört zum Sympathicus und Parasympathicus, ist motorisch und reguliert den Gesamtvorgang der Erektion. Die sympathischen Fasern kommen aus dem Plexus hypogastricus, die parasympathischen sind unmittelbare Äste des 1.—3. Sacralnerven (Nervus erigens s. pelvinus); beide Arten schließen sich den Aa. helicinae im paarigen und unpaaren Schwellkörper an. Das Centrum, welches die Geschlechtstätigkeit bei der Erektion und dem Samenerguß regelt, liegt im untersten Teil des Rückenmarks. Wird experimentell das Centrum zerstört, so wird das Glied nicht mehr steif. Übergeordnet sind Centren im Gehirn, welche auf das erwähnte Centrum im Rückenmark (Centrum genitospinale) wirken und selbst durch Sinnesreizungen (Auge, Geruch) oder erotische Vorstellungen geweckt werden. Außer diesen centralen bewußten, unter- oder unbewußten Reizen kommen rein reflektorische vor, welche durch Füllung der Blase, des Mastdarmes, durch Samenstauung oder onanistische Manipulationen ausgelöst werden. Die Ejaculation muß in der Norm auf der Höhe der Erektion erfolgen. Auch diesen Zeitpunkt bestimmt das Centrum genitospinale. Durch die innige Verknüpfung zahlreicher nervöser Vorgänge, welche den Geschlechtsakt regeln, wird verständlich, daß besonders leicht Störungen der Geschlechtsfunktion bei Menschen auftreten, bei welchen der richtige Zusammenklang der Einzelerregungen nachgewiesenermaßen auch in ihren übrigen Nervenfunktionen gelitten hat (Neurasthenie). Aber auch organische Erkrankungen des Rückenmarks, welche unmittelbar das Centrum genitospinale oder seine Verbindungswege mit der Peripherie treffen, können zuerst an der Impotentia coeundi bemerkbar werden. Bekannt ist seit alters her, daß beim Erhängten Samenabfluß eintritt, ebenfalls ein Hinweis auf Einflüsse der Rückenmarksbahnen auf das Centrum genitospinale.

c) Die Harnröhre und ihre Drüsen.

Die Schleimhaut der Harnröhre ist in den außerhalb des Gliedes gelegenen Teilen von einer Muskelhaut umkleidet, innerhalb des Gliedes grenzt sie unmittelbar an das Schwammgewebe des unpaaren Schwellkörpers. Die Tunica propria mucosae ist reich an elastischen Fasern, eine Muscularis mucosae existiert nicht. Das Epithel ist in den verschiedenen Abteilungen nicht gleich gebaut, aber immer mehrschichtig. Von ihm gehen die verschiedenartigsten Drüsen aus, deren Sekret in die Harnröhre ergossen wird, deren Drüsenkörper selbst aber nicht immer innerhalb der Wandung der Harnröhre liegt, sondern weit von der Stelle ihrer Entstehung weggerückt sein kann, wie etwa manche Speicheldrüsen von der Mundhöhle. Die Einmündung des Ausführganges, welcher wie ein Ariadnefaden nachgezogen wird, entspricht auch bei der Harnröhre ungefähr dem ursprünglichen Ausgangspunkt der Drüse von der Harnröhre. In Abb. S. 445 ist mit einer punktierten Linie die Lage und der Verlauf des Ausführganges der Glandula bulbourethralis sinistra (COWPERsche Drüse) eingezeichnet. Ihre Mündungsstelle liegt innerhalb der Pars cavernosa der Harnröhre, die Drüse selbst entspricht in ihrer Lage der Pars membranacea. Aus diesem, allerdings extremsten Beispiel geht hervor, in wie hohem Grade die Drüsen ihre Lage wechseln können: im endgültigen Zustand kann aus Gründen der Platzökonomie ein ganz anderer Abschnitt der Harnröhre als der ausganggebende Teil erreicht sein; nur die Eintrittsstelle des Sekretes in die Harnröhre ist die alte geblieben.

Wir unterscheiden je nach der Lage der Drüsen zum Gliede solche, welche innerhalb des Penis und solche, welche außerhalb gelegen sind, Nur geht aus dem Vorausgehenden hervor, daß man sich hüten muß, die außerhalb liegenden Drüsen generell für Abkömmlinge des betreffenden Abschnittes der Harnröhre zu halten. Das Beispiel der COWPERschen Drüse lehrt das Gegenteil, bei anderen Drüsen, z. B. der Prostata, stimmt es dagegen.

Da bei niederen Säugern (Echidna) die COWPERschen Drüsen noch vom Ektoderm gebildet werden, könnte man auch die von der Penisspitze ab bis zu diesen entstehenden Drüsen als ektodermale, die von da ab bis zur Blase entstehenden als entodermale bezeichnen. Doch bestehen die gleichen Unsicherheiten der Ableitung von den Keimblättern wie bei der Mundhöhle (S. 9, 435).

Unter den Drüsen der Harnröhre haben die Vorsteherdrüse, Prostata, und die beiden COWPERschen Drüsen, Glandulae bulbourethrales, eine besondere Größe erreicht; die Prostata ist am größten und liefert deshalb quantitativ das wichtigste Sekret. Wir werden diese beiden Drüsen zuerst beschreiben und uns dann erst den Abschnitten der Harnröhre selbst zuwenden, welche bei dieser Anordnung des Stoffes ihrer Eigenart nach verständlicher sein werden.

Spezifische und un-
spezifische
Drüsen Das schleimige Sekret der Harnröhrendrüsen hat die „Schleim"hautfläche gegen die Lichtung hin zu befeuchten und schlüpfrig zu erhalten. Diese Aufgabe wird dauernd erfüllt; auch für das Harnlassen ist eine glitschige Harnröhrenwand nicht ohne Bedeutung. Die eigentlichen Genitaldrüsen liefern einen sehr beträchtlichen und wichtigen Zusatz zum Samen. Sie ergießen ihr Sekret periodisch, nämlich nur, wenn der Same als Ejaculat das Glied passiert. Daß sie nur für den Geschlechtsakt von Bedeutung sind, geht daraus hervor, daß diese Drüsen bei Kastraten veröden, während die Drüsen, deren Sekret lediglich zur Befeuchtung der Harnröhrenschleimhaut dient, bestehen bleiben und weiter funktionieren. Wir nennen deshalb die einen spezifische Genitaldrüsen, die anderen unspezifische Schleimdrüsen. Auch die spezifischen Drüsen können schleimiges Sekret liefern, das aber nur während der Ejaculation die Harnröhrenwand befeuchtet, nicht in den Zwischenzeiten wie die unspezifischen Drüsen. An Menge ist das spezifische Sekret der äußeren Genitaldrüsen (Prostata, COWPERsche Drüsen) beträchtlich, jedenfalls bedeutender als das Sekret der inneren Genitaldrüsen (Nebenhodendrüsen, Ampullen, Samenbläschen). Genaue Zahlen über den Anteil am Ejaculat sind nicht bekannt. Die Prostata liefert zweifellos von allen Genitaldrüsen (äußeren und inneren) das meiste Sekret.

Der periodische Erguß des Sekretes der Genitaldrüsen bezieht sich nur auf den Eintritt in die Harnröhre. Die Sekretbildung selbst geht beim zeugungsfähigen Mann ununterbrochen vor sich. Das Sekret wird so lange gestaut, bis sich der

Verschluß der Spritzkanälchen, Ductus ejaculatorii, und der Prostataausführgänge löst. Erfolgt keine Erektion mit Samenerguß bei hinreichender Ansammlung von Samen vor diesem Verschluß, so löst er sich auch ohne Erektion (Pollution), ein Beweis dafür, daß ununterbrochen sezerniert wird. Die Genitaldrüsen der äußeren Geschlechtsorgane ergießen ihr Sekret beim Samenerguß ebenfalls in die Harnröhre. Ihr Sekret muß bis dahin in der Drüse selbst deponiert bleiben, während auf dem Wege zwischen Hoden und Spritzkanälchen auch die Lichtung der Ausführwege als Receptaculum benutzt wird (Ductuli efferentes, Nebenhodengänge, Ampullen). Daß die Harnröhre frei von Samen bleiben muß außer während der Erektion, ist bei ihrer Doppelbenutzung für Harn und Samen selbstverständlich. Der Bau der Genitaldrüsen ist darauf eingerichtet. Die Steuerung ist nervös. Daß das Harnlassen während der Erektion nicht möglich ist, beruht auf nervösem Einfluß.

α) Die Vorsteherdrüse.

Die Vorsteherdrüse, Prostata, liegt vom Damm aus gesehen, wie ihr Name angibt, vor der Blase (Abb. S. 407, 445). Sie wird, wie wir früher berichteten, von der Harnröhre, Pars prostatica, und von den beiden Spritzkanälchen für den Samen durchbohrt. Außerdem liegt in ihr eingebettet der blind endigende Utriculus prostaticus s. Uterus masculinus, ein Derivat des MÜLLERschen Ganges (Abb. b, S. 405). Sie selbst ist nur scheinbar eine einheitliche unpaare Drüse. In Wirklichkeit besteht das Organ aus etwa 30—35, manchmal noch mehr einzelnen Drüsen, welche in dichtem Kranz die Harnröhre an ihrem Austritt aus der Harnblase umgeben (Abb. S. 460). Bei manchen haben sich die Ausmündungsgänge zu einem einzigen Kanal vereinigt, doch münden an Zahl noch etwa halb so viele Gänge wie Drüsen separat in die Harnröhre. Zwei Gänge sind größer als alle übrigen, 15 oder mehr sind sehr fein. Da die Drüsen in der Entwicklung in die ringförmige muskulöse Wand der Harnröhre (Lissosphincter) einwuchsen und daher durch ein Gerüst von Bindegewebe und Muskulatur, das alle Zwischenräume zwischen ihnen ausfüllt und alle Niveauunterschiede ausgleicht, zusammengeschlossen werden, entstand das äußerlich einheitliche Organ, in welches die zwischen den Drüsen liegenden, gar nicht zu ihnen gehörigen Spritzkanälchen, der Utriculus prostaticus und auch die Harnröhre mit eingebettet wurden. Die Drüse als solche ist keine Einheit, sie ist ein Konvolut. Als Organ ist die Prostata dagegen einheitlich. Ihre drüsige und ihre bindegewebig-muskulöse Komponente stehen beim Erwachsenen im Verhältnis von 5:1, 3:1 oder 2:1 zueinander; dementsprechend schwankt individuell die derbe Konsistenz, die um so größer ist, je massiver das Gerüst im Einzelfall ist. Aus der Lage der einzelnen Drüsen zur Harnröhre folgt, daß die Prostata ringförmig die Harnröhre umgibt; letztere liegt exzentrisch, der Vorderfläche näher als der Hinterfläche, da die hinteren Drüsen viel stärker entwickelt sind als die vorderen. Daraus erklärt sich auch, daß die Prostata vorn viel niedriger ist als hinten.

Sie hat die Form einer Eßkastanie, deren Basis dem Blasengrund angeheftet ist; nahe der Spitze, Apex, tritt die Harnröhre heraus (ein wenig vorn von der Spitze). Die der Symphyse zugewendete vordere Fläche heißt Facies anterior, die dem Mastdarm zugewendete hintere Fläche Facies posterior. Letztere kann man gut bei der rectalen Untersuchung des Lebenden fühlen und, da die Prostata wegen des nahen Knochens nach vorn nicht ausweichen kann, so massieren, daß Prostatasekret aus der Harnröhre entleert wird. Bei manchen Menschen kommt ein scheinbarer Samenfluß während der Defäkation durch Druck des abgehenden Kotes vom Mastdarm aus vor, in Wirklichkeit harmloses Prostatasekret, das auf diese Weise rein gewonnen werden kann. Die Mittellinie der Hinterfläche ist leicht vertieft; man begrenzt durch sie einen Lobus dexter und Lobus sinister, die in seltenen Fällen auch innerlich getrennt sein können; gewöhnlich hängt aber das Gerüst beider zusammen, die Drüsen sind wegen ihrer radiären Anordnung immer getrennt. Beide Lappen haben je eine Seitenfläche. Seitenflächen und Apex lehnen sich an den weichen Beckenboden an. Die Prostata liegt im ganzen innerhalb des Beckenraumes, gehört also nicht zum Damm, obwohl sie mit dem Messer von dort aus am besten erreichbar ist; der Beckenboden muß dabei durchtrennt werden. Vom Bauchfell wird sie nur ausnahmsweise erreicht, gewöhnlich liegt zwischen dem oberen Rand und der Umschlagsstelle des Bauchfells in der Excavatio rectovesicalis ein Zwischenraum, der so hoch ist wie die Prostata selbst (Abb. S. 428).

Das Stück der Prostata, welches zwischen den Spritzkanälen für den Samen und dem Beginn der Harnröhre eingeschlossen ist (Abb. S. 445), wird als besonderer Lappen unterschieden, obgleich es kontinuierlich mit dem übrigen

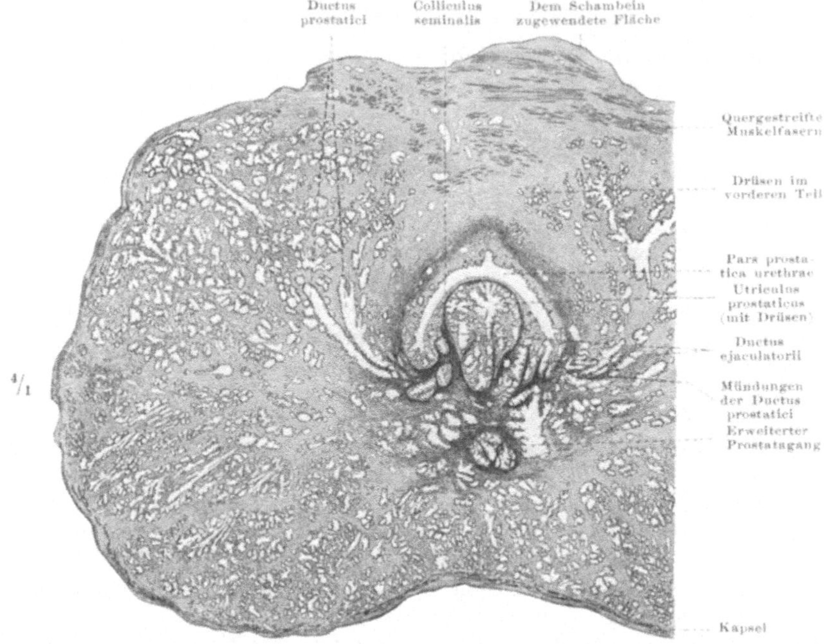

Abb. 235. Prostata, Mensch. Übersichtsbild. Elastische Fasern dunkel getönt.

Prostatagewebe zusammenhängt, Lobus medius. Bei den nicht seltenen Vergrößerungen gerade dieses Abschnittes wird der Vorsprung des Lobus medius in das Blaseninnere und in den Beginn der Harnröhre hinein um so deutlicher (Uvula, S. 392). Bei älteren Leuten wird diese Stelle häufig zum ernstlichen Hindernis beim Harnlassen; gerade sie und ihre eventuellen Veränderungen kann man vom Mastdarm aus nicht fühlen.

Kapsel und Bänder Die Oberfläche der Prostata ist nur hinten und seitlich glatt, nach vorn zu ziehen Züge von Bindegewebe und glatter Muskulatur gegen das Becken zu (Abb. S. 407). Soweit sie zwischen Prostata und Schambein liegen, heißen sie Ligamenta puboprostatica (S. 389), weiter oben zwischen Blase und Schambein Ligamenta pubovesicalia. Sie sind zu zwei Zügen vereinigt, zwischen welche vom Beckeninnenraum aus eine mediane Grube eindringt. Am glatten Teil der Prostataoberfläche liegt die derbe bindegewebige Kapsel frei vor, welche das ganze Organ umhüllt, auch an dem vorderen Teil, welcher von den nach vorn abschwenkenden „Ligamenten" verdeckt ist. Zwischen Prostata und Mastdarm findet sich eine Bindegewebsplatte, welche besonders derb und weiß nach dem Beckenboden zu ist und hier mit der Fascia endopelvina in Zusammenhang steht; an sie gerät der Chirurg zuerst, der vom Damm aus seitlich an die Prostata herangeht. Venen, die längs der Vorderfläche des Mastdarmes verlaufen, weisen hier den richtigen Weg, so daß vor der

Vorderwand des Darmes vorsichtig ausgewichen werden kann. Kranialwärts wird
das Bindegewebe lockerer. Man nennt es Septum rectovesicale; in ihm liegen
auch die Samenbläschen und Ampullen.

Bei pathologischen Vergrößerungen des Drüsengewebes der Prostata spricht
man ebenfalls von einer „Kapsel", welche die Drüsenwucherung (Adenom) umhüllt.
Sie ist nicht mit der normalen Kapsel identisch, sondern unveränderte Rindensubstanz der Drüse, aus welcher die pathologischen Knoten im Innern leicht herausgelöst werden können. Wird dabei die Pars prostatica der Harnröhre mitentfernt,
so kann diese Hülle benutzt werden, um die durchschnittenen Enden einander zu
nähern und zu vereinigen. Dies macht sich der Chirurg bei Prostataoperationen
zunutze. Der Venenplexus am Grunde der Blase erstreckt sich in das Gewebe zwischen
Prostata und Schambein hinein, Plexus vesicoprostaticus.

Die eigentlichen Drüsen sind verzweigte tubuloalveoläre Gänge, deren
weites Lumen Prostatasekrete bis zur nächsten Ejaculation aufbewahrt (Abb.
S. 462). Die Gänge münden meistens in der Nische zwischen Colliculus seminalis
und Harnröhrenwand (Abb. S. 460). Die Drüsen gegen die Symphyse zu sind
besonders kurz und ampullär. Sie münden in die vordere Wand der Harnröhre.
In der Medianlinie der letzteren fehlt das Drüsengewebe ganz. Hier ist die Wand
rein muskulös, ein Bestandteil des Sphincter vesicae (Lissosphincter, S. 394).
Die seitlichen und hinteren Drüsen sind reich verzweigt; sie sind der Haupt-
drüsenanteil des Organes. Sie münden auch mit feinen punktförmigen Öffnungen auf dem Samenhügel (siehe Pars prostatica der Harnröhre) und in
den Utriculus prostaticus.

Das Ejaculat besteht seiner Hauptmenge nach aus Prostatasaft und aus
dem Inhalt der COWPERschen Drüsen, Samenbläschen und Ampullen. Bei
einem kurz folgenden zweiten Ejaculat ist der Hauptinhalt dieser Drüsen verbraucht, ebenso wie der Hauptinhalt des Nebenhoden. Bei weiteren Ejacu-
laten sind praktisch keine Samenfäden mehr in ihm zu finden, dafür sondern
die Drüsen wieder mehr Sekret ab, doch werden auch diese durch geschlechtliche Exzesse geschädigt. Weitaus am stärksten von allen drüsigen Absonde-
rungen ist der Prostatasaft am Samen beteiligt.

Das Epithel ist cylindrisch, in einfacher Reihe, manchmal auch zweireihig.
Faltenartige Erhebungen können wie Zotten aussehen, welche in die Lichtung
hineinragen, weil die Basalmembran sehr dünn und deshalb schwer zu sehen ist.
Das bindegewebige Zwischengerüst zwischen den einzelnen Drüsenalveolen ist
von glatten Muskelzellen durchzogen und reich an elastischen Fasern. Das
Zwischengewebe gibt nach, je mehr Sekret ausgeschieden wird, kann aber dann
plötzlich durch seine Kontraktion den Inhalt herauspressen. Umgekehrt wie
in den Schwellkörpern ist die glatte Muskulatur hier während der Ruhe schlaff
und bei der Ejaculation gestrafft. Quergestreifte Muskelfasern der Damm-
muskulatur, welche die Spitze der Prostata umgeben (M. sphincter vesicae
externus s. urethrae membranaceae) können auf die Drüsen mit einwirken.

Das Sekret ist in Form feinster Lipoidkörnchen im Inneren der Zellen vorgebildet (Abb. S. 462). Der abgeschiedene Prostatasaft, von dem man beim
Lebenden manchmal durch Massieren vom Mastdarm aus ein Tröpfchen rein
aus der Harnröhre auspressen kann, ist eine Aufschwemmung solcher Körnchen,
die wie gewässerte Milch aussieht und den für den menschlichen Samen
charakteristischen Spermageruch hat. Das gallertige Sekret der Samenbläschen
löst sich nicht in ihm; daraus wird geschlossen, daß es sich mit dem Nebenhodensekret mischt, denn im Ejaculat verschwinden die geleeartigen Klumpen
sehr bald. Das Prostatasekret ist oft innerhalb der Drüse in einer eingedickten,
konzentrierten Form deponiert, nämlich als geschichtete Körper, welche äußerlich den Amylumkörnern der Pflanzen gleichen (Abb. S. 462). Es regt die
Bewegungen der Samenfäden an, die erst durch den Prostatasaft das lebhafte
Gewimmel zeigen, welches dem normalen Samen eigen ist.

Die Samenfäden beginnen sich innerhalb des Organismus im Nebenhoden spontan zu bewegen, jedoch wird die Bewegung erst lebhaft beim Hinzutritt von Prostatasaft. Ist die Bewegung durch Veränderungen des umgebenden Medium zum Stillstand gekommen, so entfacht sie neuhinzutretendes Prostatasekret wieder. Dies ist jedoch nur dann möglich, wenn die Bewegungsenergie der Spermien durch äußere Einflüsse gehemmt, nicht wenn sie durch lange dauernde, vorhergehende Bewegungen erschöpft, das Uhrwerk also gleichsam abgelaufen ist. (Siehe auch das S. 426 Gesagte.)

Der Prostatasaft ist an der Bildung von besonderen Krystallen im erkalteten Ejaculat beteiligt, das der Arzt bei fraglicher Impotenz untersucht, um das Vorhandensein oder Fehlen von normalen Samenfäden festzustellen; doch muß die

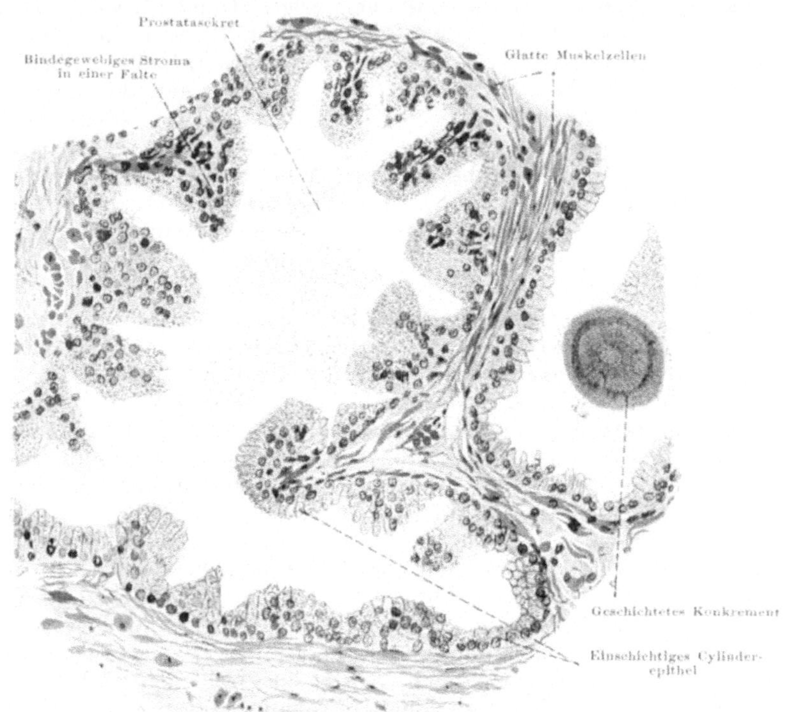

Abb. 236. Prostata, Hingerichteter. Stark vergrößertes Bild.

nötige Phosphorsäure für die Krystalle von den übrigen Spermabestandteilen geliefert werden (Spermakrystalle, Böttchersche Krystalle). Die Krystalle enthalten diejenige Substanz des Prostatasaftes, welche typisch nach Sperma riecht.

Die Blutzufuhr geschieht aus den Arteriae vesicales inferiores und Aa. haemorrhoidales mediae. Die Venen münden in den oben genannten Plexus. Sie können bei alten Individuen stark erweitert sein. Die Nerven stammen aus dem sympathischen und parasympathischen Plexus. Ganglienzellen liegen nicht selten im Gerüst der Drüse.

β) Die Cowperschen Drüsen.

Die Glandulae bulbourethrales (Cowperi) des Mannes liegen am blinden Ende des Bulbus nahe der Pars membranacea urethrae (Abb. S. 428). Sie sind nicht immer zu finden außer auf Serienschnitten mit dem Mikroskop, weil sie nicht nur von einem Mantel von quergestreiften Fasern der Dammuskeln umhüllt sind, sondern weil die Verzweigungen der Drüse oft durch Muskeln quergestreifter und glatter Art so auseinander gedrängt werden, daß das Drüsengewebe auf ein ziemlich ausgedehntes Gebiet verzettelt ist. Deshalb sind Größenangaben für die Drüse schwer zu machen. Ist sie kompakt und gut begrenzt, so ist sie etwa erbsengroß, von gelblichbrauner Farbe. Zwischen der Prostata und den beiden COWPERschen Drüsen liegt der weiche Beckenboden. Die „Ausführgänge" sind etwa so dick wie eine Stopfnadel und etwa 6 cm lang (Abb. S. 445); sie ziehen schräg durch das Schwammgewebe des unpaaren Schwellkörpers hindurch und münden weiter vorn schlitzförmig in die Fossa bulbi der Harnröhre (S. 466). Neben den ausgebildeten COWPERschen Drüsen kommen nicht selten blind endigende Kanäle vor, die nicht oder wenig verzweigt, aber sonst gerade so wie jene gebaut sind: accessorische COWPERsche Drüsen (Abb. Nr. 237).

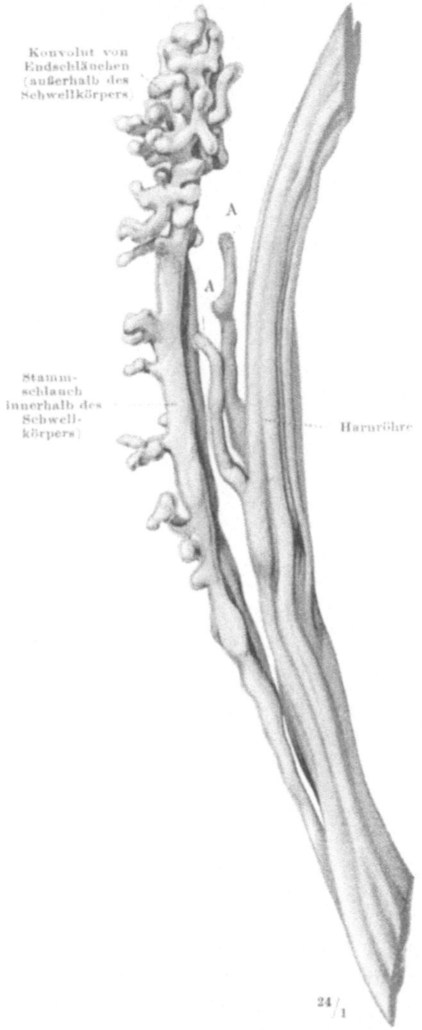

Das sezernierende Epithel kleidet nicht nur die Endkammern des Drüsenbaumes, sondern auch den langen „Ausführgang" aus. Zum Unterschied von anderen Drüsen gibt es im letzteren kein Deckepithel, welches lediglich die Wand gegen den Inhalt abschließt, sondern die Drüse liefert bis zu ihrer Mündungsstelle Sekret. Richtiger ist es deshalb von einem Stammschlauch und seinen Ästen zu sprechen. Anfangs sind die Äste kurz und spärlich, gegen das Ende zu werden sie zahlreich und stark verzweigt (Abb. S. 463), besonders beim Erwachsenen. Denn in dem Muskelgewebe hinter dem Bulbus können sie sich freier ausdehnen als innerhalb des Schwammgewebes des Schwellkörpers. Die Äste des eigentlichen Drüsenkonvolutes sind ampullär erweitert (Abb. S. 464). Die Ampullen fassen beträchtliche Mengen von Sekret, welches nur während der Ejaculation durch die glatte und quergestreifte Muskulatur herausgepreßt wird.

Die Zellen, welche die Wand der Endschläuche der Ampullen und des Stammschlauches auskleiden, sind hell, einschichtig, cylindrisch. In den Ampullen können sie abgeplattet, im Stammschlauch mehrreihig cylindrisch sein. Sie gleichen Schleimzellen, der Inhalt der Zellen bläut sich mit Hämatoxylin wie Schleim, besonders in den Lichtungen der Ampullen. Allerdings läßt sich diese Art Schleim nicht mit Essigsäure ausfällen. Das Sekret wird bei der Ejaculation höchstwahrscheinlich zuerst herausgeschleudert. Es scheint, daß die Sekrete der einzelnen Genitaldrüsen schußweise getrennt ausgestoßen werden und sich erst im Ejaculat richtig mischen.

Abb. 237. Glandulae bulbourethrales (Cowperi). Fetus von 21 cm Länge. Wachsplattenmodell (A. LICHTENBERG, Anatomie Heidelberg, siehe Anatomische Hefte 1906, Tafel 15/16, Abb. 1). A A accessorische COWPERsche Drüsen (intrabulbär gelegen).

Gefäße und Nerven   Die **Blutzufuhr** geschieht durch Ästchen der A. bulbi (A. pudenda interna). Die **Nerven** stammen höchstwahrscheinlich aus dem Plexus hypogastricus.

γ) Pars prostatica urethrae.

Die Pars prostatica der Harnröhre ist so lang wie die Prostata hoch ist (3 bis 4 cm). Sie verläuft fast senkrecht, ein wenig nach vorn konkav gebogen. Das obere und untere Ende sind enger als der mittlere Abschnitt, der am weitesten von der ganzen Harnröhre ist. Außer beim Durchtritt von Flüssigkeiten drängt der Tonus der Prostatamuskeln die Vorderwand an die Hinterwand an; statt

Abb. 238. **Glandula bulbourethralis.** Schnittbild. Starke Vergrößerung.

einer Lichtung ist nur ein feiner Spalt vorhanden (Abb. S. 460). Auf der Hinterwand verläuft eine longitudinale Leiste, **Crista urethralis**, welche sich oft in der Medianlinie bis in die Uvula vesicae fortsetzt und auf dem Querschnitt halbmondförmig aussieht. Die höchste Anschwellung ist der **Samenhügel**, **Colliculus seminalis**, weil hier die beiden Spritzkanäle, Ductus ejaculatorii, mit feinen schlitzförmigen Öffnungen münden; zwischen ihnen liegt eine feine unpaare Öffnung, welche in den blind endigenden **Utriculus prostaticus** s. **Uterus masculinus** führt, ein Derivat des MÜLLERschen Ganges beim Manne. Bei aufsteigender eitriger Erkrankung der Harnröhre (Gonorrhöe) kann dieses Kanälchen leicht infiziert und eine Quelle immer neu aufflammender Entzündungen werden. Die Ausführgänge der Prostata münden in der Nische zwischen der Crista urethralis und der Harnröhrenwand, aber auch auf dem Samenhügel, in den Utriculus prostaticus und in ganz winzigen Exemplaren dem Samenhügel gegenüber.

Beim Katheterisieren der Blase ist auf den Vorsprung des Samenhügels an der Hinterwand der Pars prostatica Rücksicht zu nehmen. Der Katheter darf nicht zu dünn sein, die Spitze muß der Vorderwand der Harnröhre folgen, sonst bleibt er leicht an dem Vorsprung der Hinterwand hängen. Manche Katheter haben eine nach vorn gekrümmte Spitze, welche in schwierigen Fällen leichter über den Samenhügel hinweghilft als eine gerade Spitze.

Die Schleimhaut ist in feine Längsfältchen gelegt, welche beim Passieren des Harnstrahles entfaltet werden können. Das Epithel ist gleich dem der Blase gebaut. Die Tunica propria ist reich an elastischen Fasern, besonders in der Crista urethralis (Abb. S. 460), welche fest zusammengepackte Faserzüge und zwischen ihnen kavernenartige Bluträume enthält. Der Austritt des Samen wird nur bei der Ejaculation gestattet, dabei werden die elastischen Elemente gedehnt, und die Bluträume entleeren sich. Der Sphincter vesicae verhindert einen Eintritt des Samen in die Harnblase. Bei funktionellen Störungen kann ein Versagen dieses Verschlusses zur Unfruchtbarkeit des Mannes führen, weil der Same bei der Erektion den falschen Weg nimmt und nicht ejaculiert wird.

Beim schlaffen Glied hält die glatte Muskulatur der Prostata die Lichtung der Harnröhre geschlossen und verhindert, daß Sekret in die Spritzkanäle aufsteigen kann. Bakterien (Gonorrhöe u. a.) können durchschlüpfen und von hier aus den Weg zum Nebenhoden und Hoden finden.

Der Sphincter vesicae zerfällt in einen glatten Lissosphincter (s. Sph. ves. internus) und einen quergestreiften Rhabdosphincter (s. Sph. ves. externus, Abb. S. 477). Der erstere folgt unmittelbar auf die Schleimhaut der Pars prostatica in einer Strecke, welche vom oberen Rand etwa 1 cm breit abwärts reicht. Er verschließt die Blase gegen den Samen. Die quergestreiften Muskelfasern sind beim Verschluß gegen den Urin mitbeteiligt. Sie liegen weiter nach dem Gliede zu und umhüllen die Prostata von außen, besonders ihre Spitze. Durch willkürliches krampfhaftes Zuquetschen dieses Muskels kann dem Einführen eines Katheters oder Bougies kräftiger Widerstand geleistet und die Gefahr des Abirrens der Katheterspitze (siehe Pars membranacea) vergrößert werden. — Ein zu dünner Katheter kann sich bei erweitertem Utriculus prostaticus in diesen verirren.

δ) Pars membranacea urethrae.

Die Pars membranacea der Harnröhre ist ihr engster und kürzester Teil Größe und Form (1 cm lang). Sie reicht von der Spitze der Prostata bis zum Eintritt in den unpaaren Schwellkörper (Abb. S. 407 u. Abb. a, S. 453) und ist ihrer ganzen Länge nach in die Muskeln des weichen Beckenbodens eingebettet. Das Diaphragma urogenitale, welches wir beim Damm genauer behandeln, besteht aus quergestreiften und glatten Muskeln, welche quer vom einen Schambein zum anderen ziehen. Eine dreieckige Lücke bleibt offen, deren Basis jene Muskeln und dessen Spitze das Ligamentum arcuatum (Bd. I, S. 453) formt; in die Lücke ist die Pars membranacea genau eingepaßt und so fixiert, auch Pars fixa urethrae genannt (Abb. S. 480). Sie wird von einem Venenplexus umschlossen, welcher sich eng dem Knochen anschließt (Abb. S. 446). Die Venen sind nicht in die Muskeln eïngebettet und können deshalb nicht von den Muskeln gesperrt werden, wie man früher annahm, um so — irrig — die Füllung der Corpora cavernosa bei der Erektion zu erklären.

Die Schleimhaut, deren Epithel anfänglich noch wie in der Blase geformt Wandung ist, dann aber in mehrreihiges hohes Cylinderepithel übergeht, ist in Falten gelegt, welche beim Passieren von Harn oder Samen verstreichen. In der Ruhe sieht sie auf dem Querschnitt sternförmig aus, da eine dicke, auf die Schleimhaut folgende Ringschicht von quergestreiften Muskeln, Sphincter urethrae membranaceae, sie durch ihren Tonus zusammendrängt. Die Ringmuskeln sind in den Rhabdosphincter vesicae (Sphincter vesicae externus) fortgesetzt.

Der Bulbus des Gliedes überragt die Pars membranacea um ein gutes Stück und bedeckt sie von hinten (Abb. S. 407). Hier liegen ihr die COWPERschen Drüsen an, welche, wie wir sahen, genetisch nicht zu ihr, sondern zur Pars cavernosa gehören. Die quergestreiften Muskelfasern der Dammuskeln können sich hier ringförmig um die Harnröhre zum M. compressor urethrae zusammenschließen. Die sog. „spasmodische

Striktur" ist ein Beweis für die Fähigkeit dieser Züge, auf die Lichtung der Harnröhre verengernd zu wirken. Der Muskelwiderstand gegen das Einführen eines Instrumentes in die Blase hat im allgemeinen nur in der Pars membranacea seinen Sitz (und in der Fortsetzung ihres Sphincters in den Rhabdosphincter vesicae). Strikturen, die weiter nach der Blase zu sitzen, kommen durch Veränderungen (Wucherungen) des Drüsengewebes der Prostata, nicht der Muskeln zustande, namentlich im höheren Alter. Sie sind stationär und nur künstlich zu beseitigen; der Muskelverschluß ist dagegen intermittierend, er verschwindet von selbst, sobald der Muskelkrampf aufhört.

Durch die Nähe des Schambogens kann die Pars membranacea gehindert sein auszuweichen und beim Fall rittlings auf den Damm quer durchreißen.

ε) Pars cavernosa urethrae.

Größe und Form

Die Pars cavernosa der Harnröhre ist von den drei Abschnitten am längsten (etwa 20 cm lang). Sie ist vollständig vom unpaaren Schwellkörper eingehüllt. Am hinteren und vorderen Ende liegt eine Erweiterung des Lumens, sonst ist die Lichtung ziemlich gleich eng. Zuvorderst sitzt in der Eichel die Fossa navicularis, deren weitester Durchmesser dorsoventral gerichtet ist (Abb. S. 445). Vor ihr, am Orificium urethrae externum, ist die Lichtung besonders eng, schlitzförmig. Die Schleimhaut ist hier oft ein wenig geschwollen und quillt beiderseits etwas vor, Labien. Zu hinterst in der Pars cavernosa liegt die Fossa bulbi (Abb. S. 445); sie entspricht etwa der Mitte des Dammes. Im ganzen ergeben sich drei weite und drei enge Stellen der Harnröhre. Die weiten sind von innen nach außen: Mitte der Pars prostatica, Fossa bulbi und Fossa navicularis. Die engen sind: Orificium urethrae internum, Pars membranacea und Orificium urethrae externum.

Der an die Pars membranacea anstoßende Teil setzt die Krümmung der Harnröhre um die Symphyse herum zunächst aufwärts fort, Curvatura infrapubica (Abb. S. 445). Er gehört mit zu der Pars fixa, deren wenigstverschieblicher Teil allerdings die Pars membranacea ist. Von der Stelle ab, wo das Ligamentum suspensorium penis zu Ende ist, welches den ansteigenden Teil fixiert, hängt das Glied herab, Pars mobilis (Abb. S. 407). Die Harnröhre in ihm macht an der Übergangsstelle eine Krümmung, deren Konvexität nach oben gerichtet ist, Curvatura praepubica. Sie kann leicht ausgeglichen werden, indem man die Pars mobilis anhebt; bei der Erektion nimmt sie von selbst diese Lage an.

Die Katheter zur künstlichen Entleerung der Harnblase haben nur eine Hauptkrümmung, welche der Curvatura infrapubica entspricht. Dagegen nehmen die Katheter auf die Curvatura praepubica keine Rücksicht; man drängt vor dem Einführen des Instrumentes das Glied gegen die vordere Bauchwand und hat dann keine Schwierigkeiten. In der Fossa bulbi kann die Spitze eines zu feinen Katheters einen falschen Weg nehmen, wenn sie eine Falte der Schleimhaut vor sich herschiebt. Die folgende Enge in der Pars membranacea begünstigt das Ausweichen des Instrumentes aus der natürlichen Richtung. Katheter von 7—8 mm Durchmesser sind für eine normale Harnröhre nicht zu dick; sie folgen der gegebenen Straße am besten. Die Curvatura infrapubica ist nicht so fest verankert, daß nicht eine gewaltsame Streckung ohne Gefahr des Zerreißens möglich wäre (das Cystoskop ist gerade gestreckt außer an seinem Ende, das nach dem Einführen in der Blase sitzt, gleicht also die Curvatura infrapubica aus).

Die Harnröhre tritt schräg in die dorsale Wand des unpaaren Schwellkörpers ein (Abb. b, S. 453), anfänglich ist sie dorsal frei von Schwammgewebe. Erst nahe der Curvatura praepubica ist sie ganz von kavernösem Gewebe eingehüllt (Abb. S. 445). In der Eichel liegt die Hauptmasse des Schwammgewebes nach dem Penisrücken zu, also gerade umgekehrt wie am anderen Ende.

Falten und Drüsen

Die Schleimhaut ist durch die ganze Länge der Röhre von cylindrischem, mehrreihigen Epithel bedeckt; in der Fossa navicularis wird es platt und geht ohne Grenze in die Epidermis am Orificium externum über. Die Tunica propria ist reich an elastischen Fasern. Die Dehnbarkeit der Schleimhaut beruht aber hauptsächlich auf ihren zahlreichen hohen Längsfalten, welche so weit ausladen,

daß der Querschnitt einem Stern mit verästelten Strahlen gleicht (Abb. Nr. 239).
Nach vorn zu nimmt die Stärke der Verästelung ab, in der Fossa navicularis
ist die Lichtung eine einzige sagittal gestellte Spalte. In der Regel sitzt an dem
der Harnröhrenöffnung abgewendeten Ende der Fossa navicularis eine niedrige
Querfalte, welche von der dorsalen Seite der Wand ausgeht und halbmondförmig in die Lichtung vorspringt, Valvula fossae navicularis (GUÉRINsche

Falte). Wegen dieser Falten
müssen Instrumente, welche in die
Harnröhre eingeführt werden, zunächst mit der Spitze den Kontakt
zur unteren Wand einhalten, damit
sie nicht hängen bleiben. Später
muß umgekehrt die Spitze der
dorsalen Wand anliegen, um das
Hängenbleiben in der Fossa bulbi
und am Samenhügel zu vermeiden.

Die Längsfalten in der Haupt-
strecke der Pars cavernosa sind in
der Fossa bulbi ganz besonders
hoch und reich verästelt. Aus
ihnen lösen sich zwei ab, welche
als selbständige Gänge weiter auf
die Harnblase zu verlaufen und
nichts anderes sind als die Stamm-
schläuche der COWPERschen Drüsen
(Abb. Nr. 239). Versprengte accessorische COWPERsche Drüsen kommen
außerdem vor (Abb. S. 463). Die Falten verstreichen nur teilweise bei der
natürlichen Dilatation der Harnröhre und kehren auch bei extremen künstlichen Erweiterungen
wieder an der alten Stelle und in
der alten Form wieder. Unveränderlich sind die Buchten, welche
im proximalen Teil der Pars cavernosa überall auf den Kuppen, an
den Seiten und in den Tiefen der
Falten sitzen. Sie haben ein ganz
anderes Epithel als ihre Umgebung,
nämlich einschichtiges helles, nicht

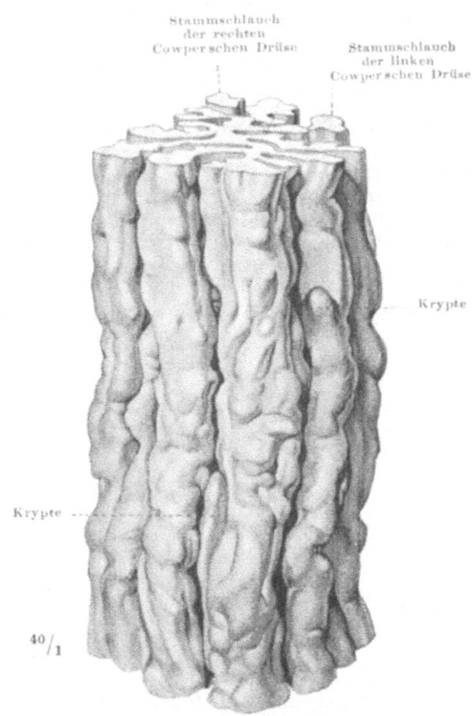

Abb. 239. Schleimhaut der männlichen Harnröhre, Hingerichteter, 20 Jahre alt. Die Schleimhaut
ist aus der übrigen Wand herausgelöst; man sieht die
basale, der Tunica propria zugewendete Fläche. Das
spaltförmige Lumen ergibt sich aus der Form der Falten;
es ist nicht gezeichnet. Proximale Partie der Pars cavernosa an der Einmündung der COWPERschen Drüsen.
Eigenes Wachsplattenmodell in 50facher Vergrößerung.
Die proximale Schnittfläche sieht nach oben, der Harnstrahl würde nach unten laufen. (Publiziert von
A. LICHTENBERG, l. c. Tafel 11/12.)

sehr hohes Cylinderepithel mit hellem Protoplasma. Die Zellen gleichen den Epithelien der COWPERschen Drüsen und liefern wie diese ein schleimartiges Sekret,
das die Harnröhrenschleimhaut schlüpferig erhält. Während die COWPERschen
Drüsen, die wahrscheinlich besonders hohe Entfaltungen dieses Epithels sind, zu
Genitaldrüsen geworden sind, bleiben die Epithelien der Harnröhre im Dienst
der Harnabfuhr. Die mehrzeiligen hochcylindrischen Epithelien auf den Falten
sind reine Deckepithelien, die nicht sezernieren. Ich rechne alle sezernierenden
Teile zu den Glandulae urethrales (LITTREsche Drüsen). Die einfachsten
Formen sind flache Dellen der Schleimhaut, welche mit dem hellen spezifischen
Epithel ausgekleidet sind. Diese intraepithelialen Drüsen sind die ein-
fachsten Formen von mehrzelligen Drüsen in unserem Körper überhaupt.
Die nächsthöhere Form sind Verbände, die ebenfalls intraepithelial liegen,

aber bereits eine Blase mit engem Ausführloch formen (wie die Drüsen der Ductuli efferentes des Nebenhodenkopfes). Am höchsten stehen entsprechende Blasen oder Schläuche, welche nicht innerhalb des Epithelverbandes bleiben, sondern in die subepithelialen Bindegewebsschichten geraten und sich besonders in dem lockeren Bindegewebe zwischen den Schleimhautfalten und in der dehnbaren, alle umhüllenden Tunica propria ausbreiten. Eine buchtige, primitive Form dieser subepithelialen und submucösen Drüsen zeigt das Modell Abb. Nr. 240. Die großen sind langgestreckt und häufig verzweigt.

Man nennt vielfach die buchtigen Formen „Lacunae urethrales". Ich verwende diesen Namen lediglich für solche Ausbuchtungen, welche kein spezifisches Epithel haben und welche nicht sezernieren (siehe unten: Krypten).

Die intraepithelialen Drüsen enthalten oft einen kugligen Einschluß von hellem Sekret, welches im Lumen verweilt. Desquamierte abgefallene Epithelien können darin enthalten sein. — Besonders große Drüsen finden sich nahe der äußeren Harnröhrenöffnung. Sie können auch auf die Spitze der Eichel verschoben sein und sogar mit eigenen Öffnungen münden (parurethrale Gänge, S. 456). Ausnahmsweise liegen accessorische Gänge im Frenulum und in der Raphe der Vorhaut oder im Penisrücken.

Eine so faltenreiche und mit Drüsenbuchten und -schläuchen versehene Schleimhaut wie die der Harnröhre eignet sich zur Einnistung von Bakterien. Die Schlüpfrig-

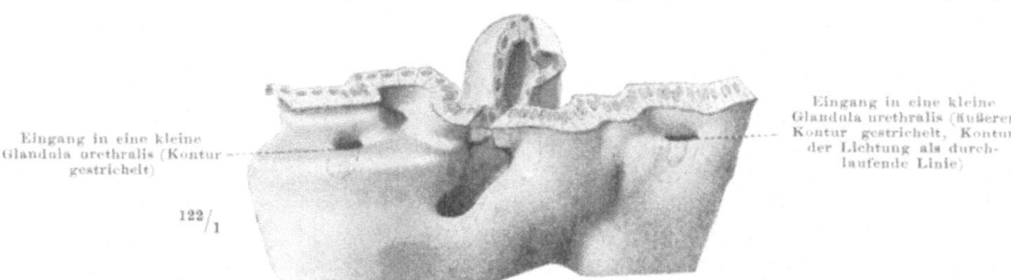

Abb. 240. Glandulae urethrales aus der Fossa navicularis. Wachsplattenmodell 135 mal vergrößert. Die mittlere der drei Drüsen (die größte) ist halb eröffnet, ihr äußerer Kontur ist durch eine gestrichelte Linie angegeben. (A. LICHTENBERG, l. c., Taf. 11/12, Abb. 7.)

keit und die Spülung durch den Harn verhindern in der Norm ein Eindringen von Schädlingen, aber beim Coitus von der Vagina der Frau aus eindringende pathogene Organismen fassen trotzdem Fuß und können dann leicht zur Ausbreitung kommen. Sie sind schwer zu entfernen. Alle Harnröhrenentzündungen sind sehr hartnäckig (Gonorrhöe), besonders wenn sie die besonders buchtenreiche hintere Strecke erreicht haben. Die Heilung nach ulcerierenden Entzündungen führt häufig zu narbigen Verengerungen (Strikturen), die an jeder Stelle der Pars cavernosa sitzen können. Sie sind von den früher erwähnten Verengerungen spastischer oder drüsiger Art in der Pars membranacea und Pars prostatica der Harnröhre wohl unterschieden.

Bei übermäßiger Sekretion der Glandulae urethrales entwickelt sich die Urethrorhöe, welche Samenfluß vortäuschen kann. Gewöhnlich ist im Samen nur wenig Harnröhrensekret vorhanden.

Krypten (Lacunen) Die Längsfalten der Schleimhaut haben häufig seitliche Divertikel, welche blind endigen. Sie sind in der Regel so gestellt, daß ihr Grund nach der Blase zu, dem Harnstrahl entgegen gerichtet ist (Abb. S. 467). Das Epithel ist das gleiche wie das Deckepithel der Falten selbst, es sezerniert nicht. Solche Vertiefungen von Schleimhäuten heißen allgemein Krypten. In der Harnröhre nennt man sie Lacunae urethrales (Morgagni). Doch sind darunter vielfach auch die buchtigen Formen der Drüsen verstanden worden (siehe oben). Ich beschränke die Bezeichnung „Lacunen" lediglich auf die Krypten und brauche beide Namen als Synonyme. Die größten Lacunen sitzen an der dorsalen Wand der Harnröhre, wo ihre Öffnungen manchmal als eine Längsreihe von Pünktchen in regelmäßigen Abständen zu sehen sind. Kleine Krypten kommen aber über die ganze Wand der Harnröhre verteilt vor.

Die Krypten sind durch ihre Richtung und die Lage ihrer Öffnung für den Harnstrahl nicht zugänglich, dagegen wohl für pathogene Keime, welche gegen die Blase
hin aufsteigen. Sie sind als Schrittmacher für aszendierende Infektionen gefürchtet
(Gonorrhöe).

Die Gefäße und Nerven der Harnröhre sind die gleichen wie die beim Gliede
erwähnten (S. 457). Die Schleimhaut ist ganz besonders reich an Lymphgefäßen. Gefäße und
Nerven

d) Der Same.

Auf die Einzelheiten der Bestandteile des Samen, Sperma, werde ich
hier nicht eingehen. Sie sind beim Hoden und bei den Genitaldrüsen beschrieben. Doch sollen hier die wesentlichen Punkte für die Beurteilung des
Samen zusammengestellt und ergänzt werden.

Die Samenfäden sind nicht der einzige, aber für die Befruchtung wichtigste
Bestandteil des Samen. Fehlen sie, so ist keine Zeugung möglich. Bei un-
fruchtbaren Ehen ist deshalb, soweit der Mann in Betracht kommt, in erster
Linie darauf zu achten, ob das Ejaculat Spermien enthält und ob diese normal
sind. Darüber entscheidet allein das Mikroskop (Potentia generandi).

Bei der Untersuchung der Beweglichkeit der Samenfäden ist auf die Temperatur
zu achten; in der Kälte stellen auch normale Spermien ihre Bewegungen ein, das
Optimum liegt bei 35⁰ C. — Doppelköpfige und doppelgeschwänzte (sogar vier-
schwänzige) Spermien, Riesen- und Zwergspermien kommen gelegentlich als Mißbildungen beim Gesunden vor. Im krankhaft veränderten Samen sind die Zahl,
Beweglichkeit und das Substrat der Samenfäden ganz anders wie beim normalen.

Samenfäden ohne Drüsensekrete sind ebensowenig imstande eine Zeugung
auf natürlichem Weg zu vermitteln wie Drüsensekrete ohne Samenfäden,
obgleich man im Tierversuch Spermien dem Hoden entnommen und durch
ihre künstliche instrumentelle Einführung in die Geschlechtsteile des Weibchens
Befruchtung erzielt hat. Unter „künstlicher Befruchtung" beim Menschen
versteht man ähnliche ärztliche Maßnahmen, welche bei mechanischen Hindernissen für die Kohabitation dennoch die Samenfäden zur Vereinigung mit
dem Ei im Mutterleib bringen und bis dahin sterile Ehegatten zeugungsfähig
machen. Aber abgesehen von solchen Experimenten bei Tier und Mensch ist
für die natürliche Zeugung eine Vermischung der eigentlichen Samenelemente
mit Sekreten der Geschlechtsdrüsen notwendig; der richtig zusammengesetzte
Same wird auf dem natürlichen Weg an die richtige Stelle der weiblichen Geschlechtsorgane ergossen (Potentia coeundi). Die Drüsensekrete stammen,
wie wir gesehen haben, der Hauptsache nach aus vier Quellen: den Nebenhoden, den Ampullen und Samenblasen, der Prostata, den COWPERschen Drüsen.
Jede von ihnen liefert einen eigenartigen Saft. Die vor den Spritzkanälen
liegenden beiden Sekretarten sind bereits mit den Spermien vereinigt und
unter sich gemischt, wenn die Ejaculation erfolgt; bei manchen Tieren gibt
es einen besonderen Mischraum unmittelbar vor den Spritzkanälen. Die beiden
anderen Sekretarten treten erst während der Ejaculation selbst aus den Drüsen,
in denen sie bis dahin stagnieren, zum Samen hinzu. Sehr häufig werden sie
schußweise entleert, z. B. einige Tropfen reinen Prostatasaftes zuerst und dann
erst der übrige Same.

Die biologische Bedeutung der einzelnen Komponenten des Sperma ist
keineswegs ganz sichergestellt. Männliche Ratten sollen durch Entfernung
der Samenblasen und der Prostata zeugungsunfähig werden, auch bei gut
funktionierenden Hoden. Selbst wenn die Folgen der Eingriffe als solcher dabei
völlig ausgeschaltet sind, ist doch die Anwendung auf den Menschen proble-
matisch, da die Genitaldrüsen außerordentlich verschieden und gerade bei den
Nagern sehr eigenartig sind. Vom reinen Prostatasaft des Menschen steht
fest, daß er unbewegliche Samenfäden zu Bewegungen anregt und schwach

bewegliche in lebhaftes Gewimmel versetzt. Das letztere ist der übliche Vorgang, da die Samenfäden im Hoden, Nebenhoden und im Samenleiter bis zu den Mündungen der Spritzkanäle hin sich nur wenig bewegen. Erst im frischen Ejaculat sieht man das wirre Durcheinander, welches für das normale Sperma charakteristisch ist. Inwieweit die Sekrete der übrigen Drüsen ähnliche chemische Wirkungen ausüben, ist weniger sicher. Doch ist wohl anzunehmen, daß jedes die Rolle eines ganz bestimmten Enzymes in dem Gemisch übernimmt, um den Samenfäden, denen es als Vehikel dient, auch wirklich die höchste Leistungsfähigkeit zu verleihen und etwaige Schädlichkeiten im Geschlechtsapparat der Frau bei der Kohabitation zu paralysieren.

Auch eine physikalische Rolle der Drüsensekrete ist anzunehmen. Die Menge von 200—300 Millionen Spermatozoen, welche durchschnittlich auf einmal ejaculiert wird, bedarf eines gewissen Raumes, damit sich der einzelne Faden bewegen kann. Bei der sog. künstlichen Befruchtung müssen die dem Hoden entnommenen Spermien in physiologischer Kochsalzlösung aufgeschwemmt werden. Das indifferente Vehikel verschafft den Einzelelementen gleichsam Raum für den Anlauf. Diese Rolle übernehmen die Sekrete der Drüsen bei der natürlichen Befruchtung. Auch wird durch sie die Oberfläche der Eichel schlüpferig, ähnlich wie bei der Frau das Vestibulum vaginae durch das Sekret der BARTHOLINschen Drüsen während des Coitus angefeuchtet wird. Man schreibt diese Wirkung beim Manne den entsprechenden Drüsen (COWPERschen Drüsen) zu.

Der Same im Nebenhoden ist weißlich pappig, das Sekret der Ampullen und Samenblasen geleeartig, der Prostatasaft leicht flüssig, das Sekret der COWPERschen Drüsen zähschleimig, also Verschiedenheiten der Konsistenz, die erst durch eine Mischung der Komponenten den richtigen Aggregatzustand des Samen ergeben. Dabei lösen sich nicht alle untereinander, z. B. das Sekret der Samenblasen nicht im Prostatasaft, wohl aber im Nebenhodensekret. Das Prostatasekret bleibt flüssig, auch wenn es konzentriert ist; die Körnchen, die es enthält, dicken zwar zu geschichteten Konkrementen ein, aber nicht der Saft als solcher. Das erkaltende Ejaculat nach dem Erguß aus dem Gliede wird in den ersten Minuten gallertig, nimmt aber dann an Viscosität ab. Wie es sich in utero verhält, wissen wir nicht. Es reagiert schwach alkalisch.

Die Menge eines Ejaculates beträgt etwa 3,5 ccm, wechselt aber individuell und bei demselben Individuum je nach dem Alter, der Häufigkeit der Samenergüsse im gleichen Zeitraum und nach der Intensität des Orgasmus.

3. Damm und Beckenboden des Mannes.

Damm oder Mittelfleisch, Perineum, heißt die Weichteilbrücke, welche bei beiden Geschlechtern in der Mitte zwischen dem After und den Genitalien liegt; sie ist sekundär eingeschoben worden, als die Kloake in den Sinus urogenitalis und Mastdarm aufgeteilt wurde (Abb. S. 432). Bei der Frau ist der Damm verhältnismäßig primitiv und kurz. Beim Mann ist er durch die Vereinigung der Labia majora zum Hodensack verlängert; die Entstehung aus zwei verschmolzenen Hälften ist beim Erwachsenen noch durch die Raphe angedeutet, welche vom Hodensack auf die Haut des Dammes fortgesetzt ist. Man rechnet ihn beim Mann vom After bis zum Beginn des Hodensackes. Doch reichen die zum Damm gehörigen Muskeln über diese Grenze nach vorn und hinten hinaus (hinten bis zur Wirbelsäule, vorn bis zur Symphyse und bis auf das Glied). Auch sind die Dammuskeln zum Teil zum Abschluß der unteren Beckenöffnung verwendet. Der weiche Beckenboden, Diaphragma pelvis (Abb. S. 471), hat bei der aufrechten Stellung des Menschen seine besondere Bedeutung als Träger der Eingeweide erhalten, die auf ihm und nur ganz wenig auf der vorderen Bauchwand ruhen, soweit sie sich nicht selbst tragen (S. 538), während beim Vierfüßler die Bauchdecke die ganze Last der Eingeweide zu tragen hat. Da der menschliche Beckenboden und Damm an sich die schwächsten Punkte der Konstruktion unseres Körpers wären, so finden wir hier alle Hilfen bereit gestellt, um ein Nachgeben zu verhindern. Der Aufbau ist sehr kompliziert, weil die verschiedensten Bausteine verwendet sind. Die Festigkeit genügt für die Beanspruchungen beim Manne; bei der Frau sind Einrisse während des Gebäraktes nichts Seltenes (Dammrisse).

Wegen der engen Beziehungen der Dammuskeln zu den Geschlechtsorganen, auf welche bei diesen schon mehrfach vorverwiesen wurde, werden sie zweckmäßig im Zusammenhang mit diesen behandelt, obgleich die Muskeln quergestreift und ihrer Abkunft nach Skeletmuskeln sind. Noch mehr als etwa die Gesichtsmuskeln zu den Öffnungen in der Gesichtsmaske ist hier die Anpassung an die aboralen

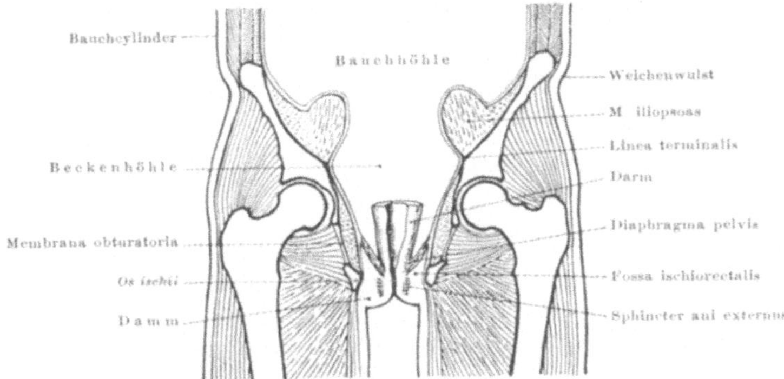

Abb. 241. Boden des großen und kleinen Beckens. Halbschematischer Frontalschnitt durch den in Bd. I, Abb. S. 166 u. a. abgebildeten Muskeltorso.

Öffnungen der Eingeweide vollzogen; jede Eigenaktion, wie dort die Beziehung zur Mimik, fehlt. Nur wenige Autoren haben an dieser Stelle den biologischen Zusammenhang zwischen äußeren Geschlechtsorganen und Damm vernachlässigt und die Dammuskeln bei den Skeletmuskeln belassen. Wir ziehen die weitere Konsequenz und behandeln den männlichen und weiblichen Damm getrennt nach den Geschlechtern, da die wichtigen Verschiedenheiten und ihre Bedeutung für Mann und Weib dabei besonders hervortreten.

a) Die Muskeln des männlichen Dammes und Beckenbodens.

Bei geschwänzten Tieren zieht vom Schambein zur Schwanzwirbelsäule beiderseits eine Muskelgruppe, welche einzeln die Rute nach der Mitte zu und zur Seite bewegen, gemeinsam sie nach abwärts senken kann (M. ileopuboischiocaudalis s. Adductor caudae, Abb. a, S. 472). Die Afteröffnung liegt zwischen den beiderseitigen Schwanzmuskeln dieser Art und schaut nach hinten. Bei der aufrechten Körperhaltung des Menschen ist eine Verstellung des Afters zugleich mit einer Einkrümmung des Steißbeins nach vorn eingetreten (Abb. b, S. 472). Das Steißbein mit seinen Bandverbindungen ist zur federnden Stütze des Beckenbodens in der Medianebene geworden. Die Muskeln, welche ursprünglich zur Schwanzwirbelsäule gingen, sind noch erhalten, haben auch ihre Ursprünge am Schambein bewahrt, die Insertionen sind jedoch auf das Steißbein und auf die angrenzenden Weichteile verlagert. Am ursprünglichsten verhält sich von ihnen der Lage nach jederseits der Musculus coccygeus;

er ist aber oft ganz rudimentär. Abweichend von der alten Lage, aber fortgebildeter an Umfang ist der Musculus levator ani, der ebenfalls auf jeder
Körperseite entwickelt ist und sich mit seinem Partner so in der Mittellinie des
Dammes vereinigt, daß er zum hauptsächlichsten Träger des Beckenbodens
wird (Abb. b, Nr. 242); das Steißbein mit den Steißbein- bzw. Schwanzmuskeln

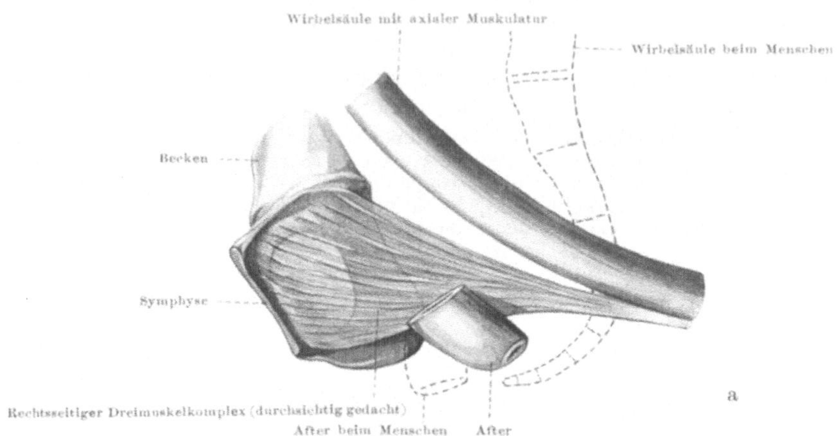

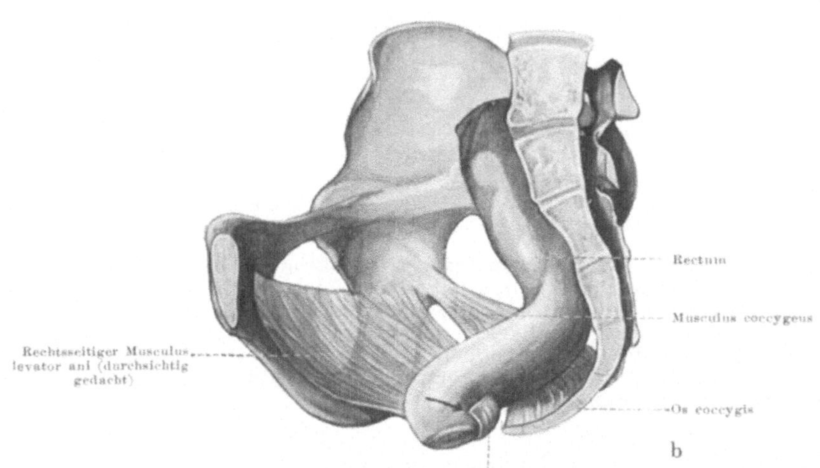

Abb. 242. Verstellung des Afters, Schema. Becken median durchsägt, rechte Seite von links gesehen.
Gruppe der ehemaligen Schwanzmuskeln des Menschen. a Kater, Dreimuskelkomplex (M. ileopuboischiocaudalis). Die gestrichelten Konturen entsprechen Abb. b. b Homo. Das Becken stark nach hinten geneigt.

und mit den aus den Muskelfascien abzuleitenden fibrösen Stütz- und Schutzapparaten des Beckenausgangs ist die eine Gruppe der Bauelemente des Dammes.
Die zu ihr gehörigen Muskeln sind sämtlich quergestreift, da sie alte Skeletmuskeln sind, die ja auch heute noch ihre Beziehungen zum Skelet, wenn auch
zum Teil nur unvollständig, bewahren.

Als zweite Gruppe kommen ganz andere Muskeln hinzu, welche ebenfalls
eine einheitliche Abstammung haben. Die ungeteilte Kloake ist von einem
Ringmuskel, Sphincter cloacae, umzogen. Er wird durch die Teilung der

Kloake in den Sinus urogenitalis und den Mastdarm in zwei Sphincteren aufgeteilt, welche brillenförmig am Damm im Zusammenhang bleiben. Bei der Frau
ist diese Aufteilung fast unverändert erhalten (Abb. S. 532; man beachte den
Übergang des M. sphincter ani externus in den M. bulbocavernosus auf der
rechten Körperseite). Aber auch beim Weibe spalten sich neue Muskelindividuen
von dem ursprünglichen Sphinctersystem ab und gewinnen sekundäre Anheftung
an den Beckenknochen. Beim Manne gehen sehr verschiedenartige Muskeln aus
dem ursprünglich einheitlichen Sphincter hervor, deren Eigenart wir bei den
Einzelindividuen kennen lernen, bei denen aber an vielen Stellen noch die
primitive Anordnung nachweisbar ist.

Der Sphincter cloacae ist quergestreift, ebenso seine Abkömmlinge (beim
Manne: M. sphincter ani externus, M. bulbocavernosus, M. ischiocavernosus,
M. transversus perinei superficialis et profundus, M. sphincter urethrae membranaceae). Außerdem kommen glatte Muskeln von den Wänden des Mastdarmes, der Harnröhre und ihren Drüsen hinzu, welche oft innig mit den quergestreiften Muskeln vermischt liegen.

Die Innervation der beiden Gruppen quergestreifter Muskeln ist ganz ver- ^{Verschie-}
schieden. Die ehemaligen Schwanzmuskeln sind von Spinalnerven versorgt, welche ^{dene Inner-}
an ihrer Innenseite verlaufen (aus dem Plexus coccygeus). Sie sind vom Damm ^{vation der}
aus nicht erreichbar, wohl aber vom Innern des Beckenraumes aus. Man präpariert ^{Gruppen}
sie beim Menschen bei median zersägtem Becken vom Plexus aus. Die Abkömm-
linge des M. sphincter cloacae sind von Ästen des N. pudendus versorgt (aus dem
Plexus pudendus); der Hauptnervenstamm hat die Umstellung des Afters mitgemacht, er läuft entsprechend der Krümmung des Steißbeins im Bogen von oberhalb der Spina ischiadica außen um diese herum und dann zum Damm (Abb. S. 482).
Die Muskeläste gelangen am Damm in die Außenseite der Muskeln, welche sie
versorgen. Man kann sie nicht vom Innern des Beckens aus, wohl aber vom Damm
aus erreichen. Ursprünglich ist wohl der Sphincter cloacae auch ein Abkömmling
der Skeletmuskeln ähnlich dem Sphincter oris am anderen Ende des Verdauungsschlauches. Aber er ist ganz unabhängig von den Schwanzmuskeln entstanden
und viel früher als diese mit dem Darm in Beziehung getreten. Bei den Raubtieren
ist jetzt noch der Dreimuskelkomplex der Schwanzmuskeln (Abb. a, S. 472) ohne Beziehung zum After. Bei Halbaffen u. a. finden sich die ersten Vermischungen beider
Gruppen. Die glatte Muskulatur stammt von der Darmwand selbst und ist von
denselben sympathischen und parasympathischen Nerven versorgt, wie die glatte
Muskulatur des Mastdarms und des Sinus urogenitalis.

Äußerlich pflegt man dem Damm bei Rückenlage und bei auseinander- ^{Regio analis}
gespreizten Beinen eine rautenförmige Begrenzung zu geben, indem man zwei ^{und Regio}
gerade Linien divergierend je von der Steißbeinspitze zu den Sitzbeinknorren ^{urogenitalis}
und von dort konvergierend je an die Wurzel des Hodensackes zur Raphe zieht.
Teilt man die Raute durch eine quere Verbindungslinie der Sitzbeinknorren
in der Mitte durch, so erhält man zwei Dreiecke; das hintere, Regio analis,
enthält den After, das vordere, Regio urogenitalis, enthält bei der Frau die
äußere Scham (Abb. S. 532), beim Mann die Wurzel des Gliedes (Abb. S. 482).
Die Grenze zwischen beiden Regionen wird nach Entfernung der Haut durch
einen dünnen Muskel markiert, M. transversus perinei superficialis,
der allerdings bei der Frau nicht selten fehlt.

Die Muskeln der Regio analis erfüllen die doppelte Aufgabe, den knöchernen
Beckencylinder nach unten durch einen widerstandsfähigen Boden abzuschließen
und für den Mastdarm einen regulierbaren Durchschlupf zu lassen. Dringt man
vom Damm aus zu beiden Seiten neben dem After vor, so gelangt man in eine
tiefe, mit Fett gefüllte Grube zwischen Sitzbein und Mastdarm, Fossa ischiorectalis, welche am Beckenboden, Diaphragma pelvis, blind endigt
(Abb. S. 471). Wir rechnen den Boden selbst zur Analregion, obgleich er in der
Tiefe über ihre Grenzen hinaus bis in die Regio urogenitalis hineingreift. Letztere hat bei beiden Geschlechtern etwas Eigenes, das Diaphragma urogenitale, eine besondere muskulöse Deckplatte für den Durchtritt des Canalis

urogenitalis (Abb. S. 480). Sie ist in das nach oben vom spitzwinkligen Schambeinbogen des Mannes begrenzte Dreieck eingefügt (über den Namen „Trigonum“ urogenitale siehe S. 481, 485). Beim Mann ist sie besonders kräftig, weil sie nur den engen Durchschlupf für die engste Stelle der Harnröhre, Pars membranacea, offen läßt; bei der Frau wird sie von der Scheide durchbohrt (Abb. a, S. 475), die Schambeinbogen laden bei ihr entsprechend weiter aus (Bd. I, Abb. S. 458) und die Muskelplatte ist nicht kleiner als beim Mann, aber wegen der weiteren Durchlochung doch weniger widerstandsfähig. Unter besonderen Verhältnissen kann sie nachgeben, so daß in pathologischen Fällen die inneren Geschlechtsorgane vorfallen, Prolapsus uteri.

Die beiden Bodenplatten, das Diaphragma pelvis und Diaphragma urogenitale, ergänzen sich gegenseitig. Die Beckenbodenplatte schließt den ganzen Beckenausgang ab, umgreift mit ihren Muskelfasern also nicht nur den After, sondern auch die Harnröhre bzw. Scheide (Abb. a, S. 475). Das Diaphragma urogenitale ist eine Spezialeinrichtung, welche nur den schwächsten Punkt des Beckenausgangs verstärkt. Am Schambeinausschnitt ist der untere Rand des knöchernen Beckencylinders nach vorn zu eingekerbt (Bd. I, Abb. II, S. 459) wie der obere Rand eines Topfes an der Stelle, wo der Ausguß ansitzt. Diese Stelle ist doppelt gesichert. Vor das Diaphragma pelvis ist als zweiter Abschluß das Diaphragma urogenitale davor gestellt. Vom Inneren des Beckens aus kann man es nur teilweise sehen, weil dort das muskuläre Diaphragma pelvis in die Regio urogenitalis hinein bis zur Symphyse reicht (Abb. a, S. 475); von außen her sieht man innerhalb des Schambeinbogens nur das Diaphragma urogenitale, welches ihn ausfüllt und deshalb den vorderen Abschnitt des Diaphragma pelvis verdeckt (Abb. S. 478, 480).

Wir beschäftigen uns beim Aufbau der Muskeln des Dammes zunächst mit den zwar in der Tiefe versteckten, aber die Grundlage des ganzen Aufbaues darstellenden Diaphragmata und schließen daran erst die Beschreibung der Hilfsmuskeln an, welche für den After und das männliche Glied (bzw. die weiblichen äußeren Geschlechtswerkzeuge) besonders herausgebildet sind. Hinweise auf die Herkunft aus den verschiedenen Komponenten der Dammuskeln werden uns lehren, wie die jetzige Muskelzusammenstellung zustande gekommen ist. Die Aufgabe gliedert sich nach der Beziehung der Muskeln einerseits zum After und andrerseits zum Penis (bzw. Vulva). Da der Beckenboden nur am After, nicht am Diaphragma urogenitale beteiligt ist, so besprechen wir ihn mit dem After zusammen. Bei der Präparation an der Leiche gelangt man an die Diaphragmata erst zum Schluß, der Gang ist gerade umgekehrt wie in unserer Beschreibung.

Beckenboden und AfterverschlußDer Beckenboden, Diaphragma pelvis, dient gleichzeitig dem Afterverschluß. Er ist ausschließlich von den Abkömmlingen der Schwanzmuskeln gebildet, dem Musculus levator ani und dem Musculus coccygeus. Der letztere ist durch ein festes Band ersetzt, Ligamentum sacrospinosum (Bd. I, S. 448) und kommt deshalb kaum in Betracht. Von den Kloakenmuskeln ist auch nur ein Muskel, der Musculus sphincter ani externus, für den After tätig. Hinzu kommen glatte Muskeln der Mastdarmwand selbst, Musculus sphincter ani internus (S. 479). Alle haben gemeinsam, daß sie den After schließen. Wir haben uns also im wesentlichen mit drei synergetischen Muskeln zu beschäftigen. Sie geben dem Afterverschluß eine hohe Sicherheit, denn jeder stammt aus einer anderen Quelle und hat deshalb eine andere Innervation. Sie sind bei beiden Geschlechtern so ähnlich, daß wir beim Damm der Frau auf diesen Abschnitt zurückverweisen werden. Die Abbildung des weiblichen Beckenbodens stellen wir deshalb hierher (Abb. S. 475).

M. levator ani, Abb. S. 472, 475, 478, 480, 482Musculus levator ani. Der Muskel entspringt von der Innenseite des Beckens in der Höhe des Foramen obturatum. Da hier eine knöcherne Unterlage für seinen Ursprung fehlt, sind die Muskelfasern an einer Bandverstärkung der derben Fascie befestigt, welche den M. obturator internus innen bedeckt, Arcus

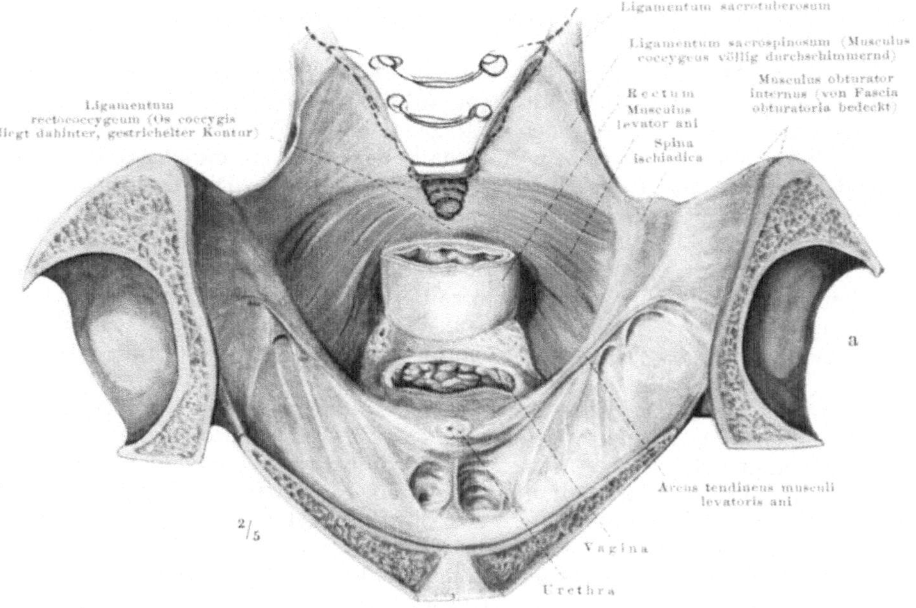

Abb. 243. **Muskulöser Beckenboden. a Weibliches Becken von innen. Das Kreuzbein als Kontur ergänzt** (siehe Abbildungen des Kreuzbeins, des M. sacrococcygeus anterior und des gleichnamigen Bandes Bd. I, Abb. S. 166, 471, 493). **b Männliches Becken von der Seite nach Wegnahme des Beckenknochens. Oberer Teil der Blase gestrichelt.** (Präparate von Prof. HEISS, München, jetzt Königsberg.)

tendineus (Abb. a, S. 475, vgl. auch Bd. I, S. 486). An beiden Enden der Sehnenbrücke geht der Muskelursprung auf die Knochenpfeiler über, an welchen sie befestigt ist, nach vorn auf den absteigenden Schambeinast bis zur Symphyse, nach hinten auf das Darmbein unterhalb der Linea terminalis. Man unterscheidet danach eine Pars pubica und Pars iliaca. Die Ursprünge beider gehen kontinuierlich ineinander über. Die Insertionen verhalten sich jedoch verschieden. Die Pars pubica umgreift schlingenförmig den Canalis urogenitalis und den Mastdarm, indem sie sich mit ihrem Partner in einer medianen Raphe vereinigt, welche von der Spitze des Steißbeins zum After zieht, Ligamentum anococcygeum. Es ist etwa 3 cm lang und $^1/_3$ cm breit. Die Schlinge liegt in der Tiefe der Flexura perinealis recti und füllt diese aus (Abb. b, S. 472 u. Abb. S. 445). Kontrahiert sich die Pars pubica, so nähert sie mit großer Gewalt die Hinterwand des Mastdarms seiner Vorderwand und verschließt so den After. Das Darmlumen wird dabei zu einer querstehenden Spalte verengt. Bei rectaler Untersuchung fühlt der palpierende Finger an der Hinterwand des Mastdarms die Muskelschlinge der Partes pubicae beider Levatoren als harten Wulst, wenn der After kräftig zugekniffen wird. Eine wesentliche Hebung des Afters findet beim Kotabgang nicht statt, er wird nur ein wenig gedreht, indem sein Vorderrand sich senkt und sein Hinterrand sich hebt.

Der Name M. levator ani ist für andere Fälle nicht ganz unrichtig. Denn die Muskelrichtung ist im schlaffen Zustand schräg absteigend, besonders bei der Pars iliaca. Man sieht sie vor allem vom Damme aus (Abb. S. 478). Ihre Fasern verlaufen zunächst der schlingenförmigen Pars pubica fest angeschlossen, welche sich um den Mastdarm herumlegt, inserieren aber am Steißbein und am Ligamentum sacrococcygeum anterius, einer Sehnenplatte auf der Vorderseite vom Kreuz- und Steißbein (Bd. I, S. 108). Durch ihr schräges Absteigen von oben nach unten und von vorn nach hinten (Abb. b, S. 475) wirken die Muskelfasern von beiden Seiten auf das Steißbein, das nur wenig oder im Alter gar nicht beweglich ist. Sie straffen sich zwischen den beiden Fixpunkten und versteifen dadurch den Beckenboden. Eine geringe Beweglichkeit des Steißbeins ermöglicht dem Levator tatsächlich den Beckenboden etwas in die Höhe zu ziehen. Manche Menschen können es willkürlich (bis zu 2 cm). Aber im allgemeinen begnügt er sich damit ihn zu befestigen und tragfähiger zu machen.

Bei den Musculi mylohyoidei, welche den Mundhöhlenboden als trichterförmig vertiefte Muskelplatte abschließen und darin ganz dem Beckenboden ähneln, spielt die Bewegung des Zungenbeins (und damit der Zunge) eine ganz andere Rolle als beim Levator ani die Bewegung des Steißbeins und des Afters. Die Last, welche der Mundhöhlenboden zu tragen hat, ist auch äußerst gering gegenüber der zwar nicht dauernden, aber gelegentlichen Belastung des Beckenbodens im aufrechten Stehen und Gehen (Bauchpresse usw.). Die Levatores ani sind statisch wirkende Muskeln, welche den fibrösen Teil des Diaphragma pelvis, sobald er nachzugeben droht, versteifen; dynamisch sind sie beim Afterverschluß als Hilfen für den M. sphincter ani externus und internus tätig. Auch die Glutaei maximi können im äußersten Fall mitwirken (Bd. I, S. 484).

Man stellt sich gewöhnlich vor, daß der Muskel beim Kotabgang den After über die Kotsäule hinwegstreife und versteht so seinen Namen „Levator ani‘‘. Doch ist diese Annahme irrig. Die Vorläufer des Muskels beim Vierfüßler (Abb. a, S. 472) sind keine Heber, sondern Senker des Schwanzes. Beim Tier erschlaffen die beiderseitigen Muskelkomplexe, welche vom Becken zum Schwanz gehen, während der Defäkation, der Schwanz wird von dorsalen Muskeln gehoben. Auch beim Menschen ist der Levator ani beim Kotabgang schlaff. Beim Harnlassen ebenso, denn die Harnblase tritt dabei tiefer, wie Röntgenaufnahmen lehren. Dagegen kann eine beiderseitige Kontraktion beim Weibe auf die Scheide wirken, an welcher die Pars pubica seitlich vorbeizieht, ehe sie den Mastdarm umgreift (Abb. a, S. 475). Eine willkürliche Einengung der Scheide bei der Kohabitation ist dadurch möglich (s. auch M. bulbocavernosus s. Constrictor cunni der Frau). Der Levator ani kann streckenweise fehlen. Hernien kommen vor (Hernia perinealis).

Muskelfasern der Pars pubica können zum M. sphincter ani externus und M. bulbocavernosus aberrieren und in diese Muskeln eintreten.

Innervation: Äste des 3. und 4. Sacralnervs (aus Plexus coccygeus). Wenn Zweige aus dem N. pudendus in den M. levator ani hineingelangen, so sind ihm Abkömmlinge des M. sphincter ani externus beigemengt (umgekehrt wie beim oben mitgeteilten Übergreifen des Levator auf den Sphincter). Siehe über das Centrum anospinale S. 479.

Musculus coccygeus. Der Muskel entspringt von der Spina ischiadica und inseriert an den letzten Kreuzbein- und an den Steißwirbeln. Seine Fasern sind oft in das Ligamentum sacrospinosum eingegraben und individuell sehr verschieden entwickelt. Das Band hat den Muskel ersetzt, weil die Verankerung des Kreuzbeins gegen die Beckenhälften bei der aufrechten Haltung eine ganz andere Kraft erfordert als beim Vierfüßler (Bd. I, S. 447); das Band trägt die Last automatisch und entlastet dadurch die Muskulatur. Es verstärkt den Beckenboden und vertritt auch für diesen den Muskel, der aber immer noch — wenn auch abortiv — tätig ist.

Innervation wie beim M. levator ani.

Musculus sphincter ani externus. Der äußere Schließmuskel des Afters ist platt, umgibt ringförmig das Darmende und wiederholt dadurch für den Mastdarm, was sein Ahne, der Sphincter cloacae, für den ungeteilten Darm tat (Abb. S. 478). Er ist am wenigsten von allen Dammuskeln vom ursprünglichen Zustand entfernt, vor allem seine oberflächlichsten und tiefsten Fasern. Die der Haut zunächst liegende oberflächliche Schicht ist nicht am Knochen befestigt. Die Fasern überkreuzen sich vor und hinter dem After in der Mittellinie und endigen in dem subcutanen Bindegewebe der Haut, welches aponeurotisch verdichtet ist. Die mittlere Hauptschicht des Sphincter ist in zwei Hälften geteilt, welche zu beiden Seiten des Afters liegen. Die Fasern entspringen am Steißbein bzw. am Ligamentum anococcygeum und inserieren zwischen After und Hodensack (bzw. Vulva) an einer sehnigen Platte in der Medianlinie des Dammes, Centrum tendineum perinei (Abb. S. 407). Es liegt gerade an der Grenze zwischen Regio analis und Regio urogenitalis. Der oberste Rand der tiefsten Schicht ist 3—4 cm von der Analöffnung entfernt. Sie ist rein ringförmig und wie die oberste Schicht nirgends am Knochen befestigt. Die obersten Fasern grenzen an die Schlinge des M. levator ani und gehen zum Teil in sie über; doch unterscheidet sich die Hauptmasse durch den ringförmigen Verlauf vom Levator, dessen Fasern am Knochen entspringen (Pars pubica). Die glatte Längsmuskelschicht des Mastdarms strahlt in die Ringfasern des Sphincter ein (Abb. S. 445).

Die quergestreiften Fasern des gesamten Sphincter externus stehen unter dem Einfluß des Willens. Man nennt deshalb diesen Ringmuskel auch den willkürlichen Sphincter. Damit ist nicht gesagt, daß er nicht auch instinktiver, ungewollter Bewegungen fähig sei. Der Wille kann ihn regieren, beim Sphincter

M. coccygeus, Abb. S. 475

M.sphincter ani externus, Abb. S. 407, 445, 471, 475, 478

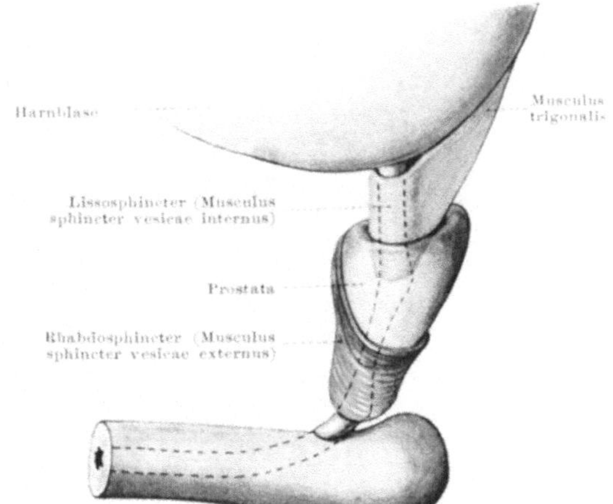

Abb. 244. **Lisso- und Rhabdosphincter** der menschlichen Harnröhre, halbschematisch. **Blau** glatte Muskeln, **rot** quergestreifte Muskeln. Lichtung der Harnröhre gestrichelt.

internus kann er es nicht. Darin stimmt der äußere Schließmuskel mit allen quergestreiften Muskeln des Bewegungsapparates überein. Durch den Tonus der am Skelet befestigten Fasern ist die Afteröffnung dauernd zu einem längsstehenden Spalt geschlossen (Abb. Nr. 245). Kontrahiert er sich, so preßt er die seitlichen Wände fester zusammen. Die Pars perinealis s. analis des Mast-

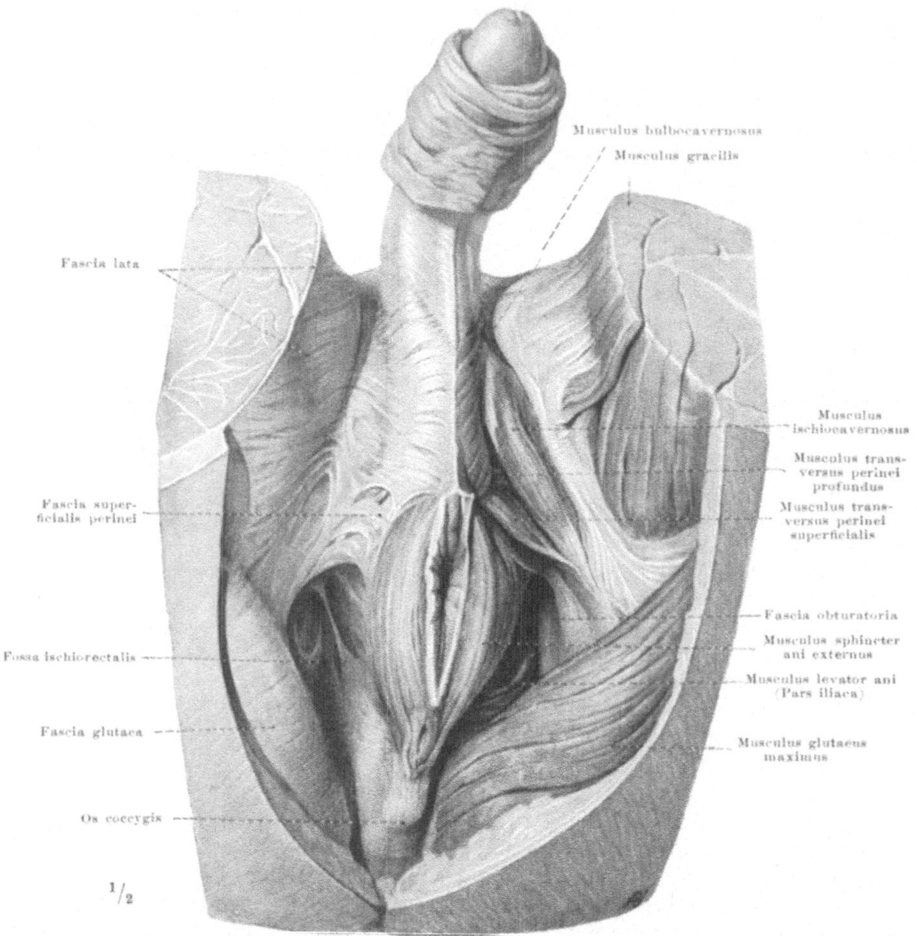

Abb. 245. Männlicher Damm, Hodensack entfernt. Leiche auf dem Rücken liegend, Oberschenkel gehoben und gespreizt (quer abgesetzt). Links vom Beschauer sind die Fascien erhalten, rechts entfernt.

darms wird also durch ihn zu einem longitudinalen Spalt, die Flexura perinealis durch den Levator ani zu einem transversalen Spalt zusammengepreßt. Beide Muskeln sind willkürlich und wirken zusammen. Durch die kreuzweise Schließung zusammen mit der Knickung des Darmendes kann der Verschluß sehr fest sein. Dazu kommen noch die glatten Ringmuskeln und evtl. die großen Gesäßmuskeln (Bd. I, S. 484).

Innervation: Rr. haemorrhoidales inferiores des Nervus pudendus (Abb. S. 482). Siehe über das Centrum anospinale S. 479.

Glatte Aftermuskulatur Die quergestreiften Ringmuskeln liegen zu äußerst, die glatten zu innerst in der Darmwand. Beide sind durch die glatte Längsmuskelschicht getrennt.

Da aber die Längsmuskeln zum Teil in die Ringfasern des äußeren Sphincter ^{(M. sphincter ani} einstrahlen, so ist die Entfernung nur geringfügig, aber immer liegen einige internus), tiefe Längsmuskelzüge zwischen beiden. Die Schleimhaut der ganzen Pars ^{Abb. S. 299} perinealis (s. analis) des Mastdarms steckt also in einem doppelwandigen Hohlcylinder, zu innerst dem glatten Sphincter internus und zu äußerst dem quergestreiften Sphincter externus mit der anschließenden Pars pubica des Levator ani; man nennt die dem Muskelcylinder zunächst liegende Schleimhaut Annulus haemorrhoidalis, weil sie reich an Venen ist, welche zwischen ihr und dem Sphincter internus eingelassen sind und welche bei Stauungen des venösen Blutes leicht anschwellen können (Hämorrhoiden, S. 301). Der innere Schließmuskel ist eine Verdickung der gewöhnlichen Ringschicht der glatten Darmmuskulatur auf das Doppelte. Er reicht etwas höher hinauf als der quergestreifte Schließmuskel. Er wirkt rein reflektorisch. Erschlaffen sämtliche Schließmuskeln, so kann der Kot oder eine Blähung abgehen. Die Kräfte, welche dies bewirken, gehören dem Darm selbst an und haben mit dem Damm sehr wenig zu tun. Nur die Längsmuskeln, welche in den Sphincter externus einstrahlen, beteiligen sich. Bei operativer Entfernung des Mastdarmendes funktionieren die oberhalb wirkenden Kräfte allein: der Stuhl geht periodisch wie in der Norm ab (S. 283, 296, 301). Selbst der aktive Afterverschluß ist also unter gewöhnlichen Druckverhältnissen entbehrlich, wenn auch bei besonderen Beanspruchungen sicher nötig und auch sonst in Tätigkeit; die aktive Afteröffnung tritt demgegenüber ganz in den Hintergrund.

Die Längsmuskeln sind im unteren Ende des Mastdarms zu zwei breiten Bändern verdichtet, welche in der vorderen und hinteren Wand liegen, die Seitenwände haben viel dünnere Längsmuskeln. In dieser Anordnung tritt die antagonistische Tätigkeit zum Levator ani in die Erscheinung, welcher die Flexura perinealis zum Querspalt verengt. Die vorderen und hinteren Längszüge lösen diesen Verschluß und gleichen die Biegung des Darmes aus. So wird eine Art Klappenverschluß geöffnet, der Druck für die Kotentleerung kommt von oberhalb hinzu.

Glatte Muskelzüge der Längsschicht setzen sich durch die Ringmuskeln hindurch bis in das Unterhautbindegewebe fort und strahlen radiär an die Haut um die Afteröffnung herum aus. Durch ihren Tonus ist die Haut radiär gerunzelt (Abb. S. 445). Man nennt diese Züge auch M. corrugator cutis ani. Andere glatte Muskelbänder ziehen von der Mastdarmwand nach hinten zum Steißbein, M. rectococcygeus; er enthält oft quergestreifte Fasern, die aus dem Sphincter externus und Levator ani in ihn abschwenken. Auch die Bauchfellfalten zwischen Mastdarm und Blase (bzw. Mastdarm und Gebärmutter) enthalten glatte Muskeln, die bis in die Sphincteren hinabreichen; beim Mann unterscheidet man einen besonderen M. rectourethralis zur Pars membranacea der Harnröhre, der aus glatten Muskelzügen besteht.

Innervation: Der Tonus der glatten Ringmuskeln untersteht zunächst Ganglienzellen, welche in sie eingebettet sind. Deshalb kann sich bei Isolation des Anus gegen seine Umgebung der Verschluß wieder herstellen. Die von außen hinzutretenden Fasern wirken hemmend oder fördernd auf das dem Verschlußapparat eigene Nervensystem. Sie sind sympathisch und parasympathisch, der Verlauf ist nicht genau bekannt. Im unteren Ende des lumbalen Rückenmarks liegt ein besonderes Centrum anospinale, welches die Tätigkeit des quergestreiften und glatten Sphincters regelt. Die Lage der zu ihm führenden afferenten Fasern von der Mastdarmschleimhaut aus, ist unbekannt; sie erregen das Centrum reflektorisch. Außerdem gehen vom Großhirn aus Bahnen zum Centrum anospinale, welche ihm die Willenseinflüsse übermitteln; der 3. und 4. Sacralnerv leiten die dadurch ausgelösten und die reflektorischen Reize für die quergestreifte Muskulatur auf dem Wege des Plexus coccygeus und Plexus pudendus zum M. levator ani und M. sphincter ani externus (siehe deren Innervation).

Das Diaphragma (s. Trigonum) urogenitale ist bei beiden Geschlech- ^{Dia-phragma} tern sehr verschieden. Besonders die muskulösen Elemente sind bei der Frau ^{urogenitale} viel spärlicher entwickelt als beim Mann. Alle Muskelfasern stammen vom Sphincter cloacae ab; sie haben die Beziehung zum Canalis urogenitalis noch zum Teil rein bewahrt. Denn beim Mann umgibt ein geschlossener Ring von quergestreifter Muskulatur die Pars membranacea der Harnröhre als ihr besonderer Sphincter (S. 465). Von hier aus ist die quergestreifte Muskulatur auf die Oberfläche der Prostata fortgesetzt (Abb. S. 477). Bei der Frau ist die ringförmige Anordnung hochgradig gestört, die Fasern verlaufen nicht mehr um die Scheide herum, sondern sind unterbrochen und mit ihrem Ende an die Wand der Scheide angeheftet, wirken aber als Verengerer der Scheide. Ganz losgelöst von dem alten ringförmigen Verlauf sind andere Teile, welche

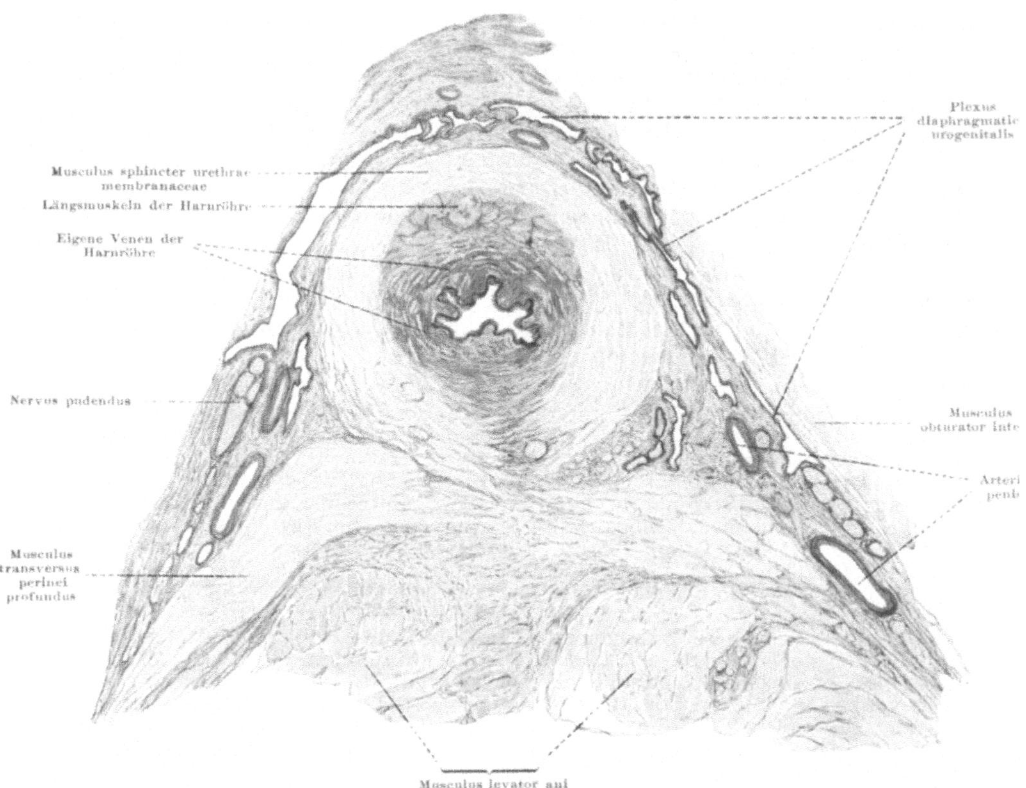

Abb. 246. **Männliches Diaphragma urogenitale**, neugeborener Knabe. Das Diaphragma ist aus dem Angulus pubis herausgelöst und in Flachschnitte zerlegt. (Aus Kiss, Zeitschr. f. Anat. u. Entwicklungsgesch., Bd. 61, 1921.)

am Beckenknochen Fuß gefaßt haben. Sie ziehen vom unteren Sitzbeinast (Ramus inferior ossis ischii) der einen Seite quer zu ihrem Gegenüber: **Musculus transversus perinei profundus.** Der M. sphincter urethrae membranaceae und M. transversus perinei profundus hängen in der Mittellinie noch zusammen, sonst haben sie sich beim Kinde vollständig voneinander getrennt (Abb. Nr. 246). Beim Erwachsenen pflegen auch in den Zwischenräumen nachträgliche Verbindungen zu bestehen. Beide Muskeln sind von glatten Muskelzügen reichlich durchzogen, obgleich sie ihrer Herkunft aus dem Sphincter cloacae nach selbst quergestreifte Muskeln sind. Manchmal kann die eine Hälfte des M. transversus ganz quergestreift, die andere ganz glatt sein. Auch andere Verteilungen kommen vor. Die glatte Muskulatur stammt aus der Wand des Canalis urogenitalis.

Man bekommt das Diaphragma von außen erst ganz zu Gesicht, wenn man die Schwellkörper ablöst und zurückklappt, der Bulbus ist fest mit dem Diaphragma verwachsen (S. 452). Derbe Fascien bilden die äußere und innere Fläche des Diaphragma und dichten die Lücken zwischen den Muskeln. Bei der Präparation sieht das Diaphragma weißlich aus, weil die Muskulatur kaum durchschimmert.

Beide Fascien vereinigen sich am oberen Rand des Diaphragma zu einem derben Strang, Ligamentum transversum pelvis. Es läßt die oberste Spitze des Schambeinwinkels frei. Daher ist eine Spalte zwischen dem Ligamentum arcuatum pubis und dem genannten Querband offen, durch welche die Vena dorsalis penis profunda passiert. Eine zwischen den Schenkeln der paarigen Schwellkörper ausgebreitete Lamina intercruralis ist Trägerin der Arterien und Venen für die Schwellkörper, welche das Diaphragma urogenitale, aber außerhalb der Muskulatur desselben durchbohren (Abb. S. 446. 480). Die Venen des Gliedes können im Diaphragma nicht durch Muskelwirkung abgeklemmt werden. Zieht man in Betracht, daß die Spitze des Diaphragma abgestumpft ist, so hat es eine vierseitige Begrenzung wie ein Trapez; die obere Seite, welche das Lig. transversum pelvis bildet, ist die kürzeste. Die Bezeichnung „Trigonum" ist nicht korrekt, „Diaphragma" ist der bessere Name.

Musculus sphincter urethrae membranaceae. Die der Harnröhrenschleimhaut des Erwachsenen zunächst liegenden Fasern sind rein circulär wie sämtliche Züge beim Kinde (Abb. S. 480). Die entfernteren ziehen zum Teil radiär, weil sie bereits am Knochen (Schambein) befestigt sind. Sie machen im individuellen Leben den gleichen Entwicklungsgang durch, welchen der M. transversus perinei profundus bereits durchlaufen hat, und sind dasselbe wie er in statu nascendi. Viele sind in der Medianebene durch ein Septum unterbrochen, sowohl vor, besonders aber hinter der Harnröhre. Sie wirken gewöhnlich weniger schnürend (im Sinn eines reinen Sphincters) als fixierend. Die Muskelplatte verhindert durch ihre Ansätze am Knochen, durch ihre fascialen Verstärkungen und durch die mediane Raphe eine Verschiebung der Harnröhre: „Pars fixa". Das Bindegewebe zwischen den Muskellamellen ist reich an elastischen Fasern, welche bei der Erweiterung der Harnröhrenlichtung ausweichen. Dieselbe Bedeutung hat die Muskulatur, welche durch Tonusverlust ebenfalls ausweichen kann. Eine reine Bindegewebsplatte aus straffem Bindegewebe würde wohl die Harnröhre gut fixieren, aber nicht ihrem wechselnden Inhalt Rechnung tragen können.

Interessant ist das häufige Überwiegen der glatten circulären Muskulatur über die quergestreifte, weil darin zum Ausdruck kommt, daß es auf eine rasche Wirkung eines Ringverschlusses nicht mehr ankommt. Statt der früheren dynamischen ist die statische Bedeutung die Hauptsache geworden. Über die Beziehung zum dynamisch wichtigen Rhabdosphincter siehe S. 465.

Innervation: Tiefe Ästchen des N. pudendus bei seinem Übergang in den N. dorsalis penis.

Musculus transversus perinei profundus. Wie der Name sagt, verläuft der Muskel quer, seine Fasern entspringen beiderseits am Ramus inferior des Sitzbeines. Der unpaare Muskel ist in der Medianebene durch eine bindegewebige Raphe geteilt; sie schließt an die Raphe des vorigen Muskels an. Der Transversus ist gleichsam in Reinkultur, was im Sphincter urethrae sich zu gestalten beginnt. Ein Teil der Fasern zieht vor, ein Teil hinter der Harnröhre und ihrem Sphincter vorbei (Abb. S. 407, 445). Im letzteren liegt beiderseits eine COWPERsche Drüse eingebettet. Der Transversus vermag die Harnröhre von vorn und hinten zu komprimieren, seine Hauptwirkung besteht in der statischen Fixation ihrer Lage im Schambeinwinkel.

Innervation wie beim vorigen.

Am verschiedensten sind naturgemäß diejenigen Dammuskeln beider Geschlechter voneinander, welche neben ihren alten Beziehungen zu dem Diaphragma urogenitale mit den äußeren Geschlechtsteilen selbst in Verbindung getreten sind und zum Teil ganz in deren Dienst aufgehen. Beim Weibe sind die

Verhältnisse primitiver. Dort existiert ein Muskel, welcher die Scheide umschnürt, allerdings nur teilweise mit fleischigen, teilweise mit sehnigen Zügen, M. bulbocavernosus s. constrictor cunni (Abb. S. 532). Der M. sphincter ani externus und der M. bulbocavernosus sind bei der Frau miteinander verflochten und formen zusammen eine Brille, in deren Löchern der After und die Scheide eingelassen sind. Der Sphincter cloacae ist daran noch gut erkennbar. Beim

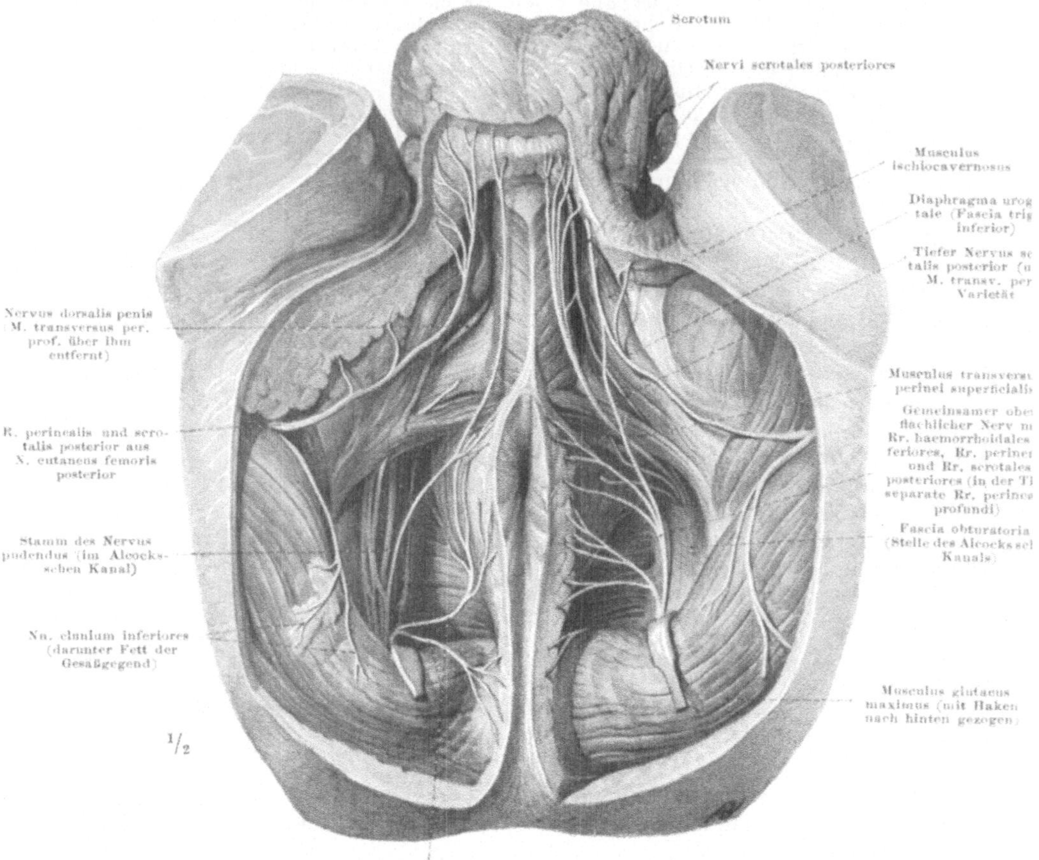

Abb. 247. **Männlicher Damm.** Lage wie in Abb. S. 478, Hodensack erhalten, Fascien zum Teil entfernt. Der ALCOCKSsche Kanal ist rechts vom Beschauer geschlossen, links geöffnet. Nervenpräparat.

Mann ist durch den Verschluß der Geschlechtsrinne zur Harnröhre des Gliedes auch die Muskulatur wesentlich verändert worden. Der M. bulbocavernosus umfaßt den Bulbus und hat von seinem Verhalten beim Manne seinen Namen erhalten (der vom Verhalten bei der Frau aus ganz unverständlich ist, da ihr der Bulbus fehlt). Denkt man sich beim Mann den Bulbus in der medianen Raphe gespalten (Abb. Nr. 247), so würden auch bei ihm die Fasern des M. bulbocavernosus hüben und drüben von der Spalte liegen und noch die alte Lage wie beim Sphincter cloacae zeigen.

Wesentlicher sind vom ursprünglichen Schema abgewichen der M. ischiocavernosus und M. transversus perinei superficialis. Beide haben Anheftungspunkte am Skelet gefunden und sind ähnlich verlagert wie der M. transversus perinei profundus zum ausganggebenden Sphincter urethrae. Der M. transversus perinei superficialis, welcher beiden Geschlechtern gemeinsam ist, hat einen ganz ähnlichen Faserverlauf wie der tiefe Quermuskel, nur liegt er im ganzen an der Oberfläche des Dammes. Beide gehen häufig mit ihren hinteren Rändern ineinander über; doch ist dies eine sekundäre Verwachsung. Der M. ischiocavernosus hat wie der oberflächliche Transversus am Sitzbeinknorren einen Fixpunkt gewonnen. Beim Manne halten beide Muskeln vom Sitzknorren jeder Körperseite aus das Glied an regulierbaren Zügeln, indem der Quermuskel am Hinterende des unpaaren Schwellkörpers (Bulbus), der M. ischiocavernosus schräg nach vorn am paarigen Schwellkörper angreift. Der Penis wird so von hinten her bei der Erektion in der Medianebene festgehalten. Dies spielt bei denjenigen Tierformen eine große Rolle, bei welchen sämtliche Schwellkörper frei in der Muskulatur endigen wie beim Menschen allein der Bulbus. Durch die Anheftung der Crura penis an den Beckenknochen ist das erigierte Glied beim Menschen sehr viel besser fixiert, zumal die alten Muskelzügel daneben erhalten sind. Daß sie ihre Aufgabe, wenn auch nur akzidentell, noch heute ausüben, wird wahrscheinlich durch den Vergleich mit der Frau: dort sind beide Muskeln weit weniger ausgebildet als beim Manne, der Transversus superficialis fehlt häufig ganz.

Musculus bulbocavernosus. Die Fasern entspringen am Centrum tendineum perinei und weiter vorwärts an einer medianen Raphe der Unterfläche des Bulbus (Abb. S. 482). Andere Ursprungsbündel gehen unmittelbar aus dem Sphincter ani externus der gleichen oder entgegengesetzten Seite hervor. Die tiefste Schicht des Muskels umkreist den unpaaren Schwellkörper, wirkt also unmittelbar auf die Harnröhre (Abb. S. 407). Die oberflächliche, sehr häufig aponeurotische Schicht umgibt die ganze Wurzel des Gliedes, umschließt also außer dem unpaaren auch die paarigen Schwellkörper. Sie inseriert dorsal an der Fascia penis. Diese beiden Muskelschichten können die Schwellkörper komprimieren und bei der Erektion das Blut nach vorn treiben, so daß die Spitze des Penis besonders stark und schnell versteift und vergrößert wird. Da die Fasern quergestreift sind, ist der Wille auf sie von Einfluß und also auch in gewissem Grade auf die Erektion. Daß der Muskel im Orgasmus reflektorisch erregt wird, auf den Inhalt der Harnröhre wirkt und das Ejaculat beim Samenerguß mit Gewalt nach vorn treibt, wird allgemein angenommen.

Der Bulbus ist mit seinem hinteren stumpfen Ende der Unterfläche des Diaphragma urogenitale angelagert (Abb. S. 407); man kann infolgedessen nur nach Entfernung des Bulbus das Diaphragma von außen ganz wahrnehmen. Die Befestigung ist sehr innig durch Fascienverbindungen, aber auch durch Muskelzüge des M. bulbocavernosus, welche zu hinterst im Muskel liegen und anstatt sich circulär hinter dem unpaaren Schwellkörper zu vereinigen, weiter laufen und in die Fascie des Diaphragma urogenitale eintreten.

Hier liegt noch die alte Beziehung zum muskulösen Teil des Diaphragma vor, wenn auch die unmittelbare Muskelverbindung verschwunden ist. — Einzelne Fasern können den Bulbus hinter dem Eintritt der Harnröhre in den unpaaren Schwellkörper umkreisen, M. compressor hemisphaeriorum bulbi; sie fehlen häufig.

Innervation: Tiefe Rr. perinei des N. pudendus.

Musculus ischiocavernosus. Geradeso wie der M. bulbocavernosus den unpaaren Schwellkörper an seiner Wurzel einhüllt, so bedecken die beiden Mm. ischiocavernosi je einen paarigen Schwellkörper. Jeder entspringt sehnig am Tuber ischiadicum und am Ligamentum sacrotuberosum. Eine dünne fleischige Schicht überzieht das Crus penis (Abb. S. 478, 482) und wird weiter nach vorn auf der Seiten- und Dorsalfläche des eigentlichen Corpus cavernosum penis aponeurotisch. Die dünne Sehnenplatte inseriert an der Tunica albuginea des Schwellkörpers, einige Züge pflegen schlingenförmig über den Rücken des Gliedes hinweg mit denen der Gegenseite verbunden zu sein.

Die Muskeln pressen beiderseits auf die Crura der paarigen Schwellkörper und drängen in diesen das Blut nach vorn, der M. bulbocavernosus wirkt mit seiner oberflächlichen Schicht unterstützend, die Erektion des vorderen Abschnittes des Gliedes wird dadurch, wie oben beschrieben, begünstigt. Insofern ist der oft verwendete Beiname „M. erector penis" nicht unbegründet, aber die Haupttätigkeit bei der Erektion fällt nicht dem Muskel zu, sondern dem Gefäßapparat (S. 449).

Der Muskel vermag nicht die Vena dorsalis penis profunda zusammenzudrücken, wie meistens irrigerweise angenommen wird. Ebensowenig findet eine Wirkung auf die Harnröhre statt.

Muskelfasern, welche gelegentlich vom Ursprung des M. ischiocavernosus schräg zum Bulbus hinüberziehen (R. ischiobulbosus) sind Relikte auf dem Weg, den der Muskel genommen hat, als er sich vom Sphincter cloacae loslöste und Ursprung am Knochen fand. Auch Verbindungen mit dem Sphincter ani externus, die seltener gefunden werden, haben atavistische Bedeutung.

Innervation: Tiefe Äste der Rr. perinei des N. pudendus.

M. transv.,
per. superf..
Abb. S. 478,
482Musculus transversus perinei superficialis. Dieser Muskel ist oft noch im fertigen Zustand mit dem vorigen in engster Verbindung. Gewöhnlich divergieren sie vom Sitzbeinknorren nach der Medianebene zu, indem die mittlere Partie des Dreiecks, welches sie begrenzen, rückgebildet und nur noch als Fascienplatte erhalten ist (unter ihr liegt am Boden des Dreiecks der M. transv. perinei profundus, Abb. S. 478). Die Bündel sind sehr verschieden stark, beim rechten und linken Muskel nicht immer gleich und manchmal sehr stark zurückgebildet.

Der genaue Ursprungspunkt ist der Ramus inferior ossis ischii und die angrenzende Fascia trigoni inferior. Insertion am Centrum tendineum perinei. Er ist in subcutanes Fett eingeschlossen und oft schwer in demselben zu finden. An seine Stelle können aberrierende Fasern des M. levator ani treten, welche ganz anderer Herkunft sind wie der aus dem Sphincter cloacae stammende echte M. transv. per. spf., die aber seinen Verlauf genau nachahmen. Indem der Muskel von beiden Seiten auf die Mitte des Dammes wirkt, spannt er ihn und verhindert ein Ausweichen des Bulbus nach der Seite. Die Fascien sind jedoch dafür wichtiger als das schwache Muskelfleisch.

Innervation: Aus der Tiefe aufsteigende Rr. perinei des N. pudendus.

b) Bänder, Fascien, Baufett.

Der Beckenausgang und Damm sind durch die beschriebenen Muskeln und außerdem durch besonders straffe Bindegewebszüge und -platten versorgt, welche von den Fascien der Muskeln ausgegangen sind oder doch mit ihnen zusammenhängen. Da der After und Urogenitalkanal in einen festen knöchernen Rahmen eingespannt sind, ihre Lichtungen aber je nach der Füllung sehr verschieden groß sein können, so gibt es nicht nur Gewebe, welche einem Widerstand trotzen, sondern auch solche, welche nachgeben, ohne dabei Schaden zu leiden, z. B. lockeres Bindegewebe und Fett (Bd. I, S. 30). Wie in der Wange der BICHATsche Fettpfropf dem Aufblasen des Mundes Raum gibt, so passen sich beim Damm besondere, mit Fett gefüllte Taschen dem Mastdarm beim Durchtritt der Kotsäule an (ähnlich der weiblichen Scheide bei der Geburt des Kindes).

Dadurch, daß der muskulöse Beckenboden trichterförmig nach unten hängt, entsteht oberhalb und unterhalb von ihm jederseits ein spitzwinkliger Raum (Dreieck, Abb. S. 471). Der obere ist mit der Spitze abwärts, der untere aufwärts gerichtet. Wir betrachten zuerst die bindegewebigen Einrichtungen des ersteren, welche der Bauchhöhle zugewendet sind.

Die Fascia transversalis der vorderen Bauchwand setzt sich auf den Becken- Fascia
pelvis
boden fort und hat hier den Namen Fascia pelvis (s. endopelvina). Sie
kleidet die Seitenwand des kleinen Beckens und die dort liegenden Muskeln aus
(Bd. I, Abb. S. 493) und ist über dem endopelvinen Abschnitt des M. obturator
internus mit dessen Fascie identisch (Fascia obturatoria). Der Sehnenbogen,
von welchem der M. levator ani entspringt, ist eine aponeurotische Verstärkung
dieser Fascie (Bd. I, S. 486). Sie heftet sich beim Übergang auf das Diaphragma
urogenitale und Diaphragma pelvis überall am Knochen fest an und ist an den
Durchlässen für die Harnröhre und den Mastdarm an diesen Organen lückenlos
befestigt. Auf diese Weise ist das kleine Becken eine ringsum osteofibrös abgeschlossene Kammer, welche mit Bauchfell austapeziert ist.

Allerdings liegt das Bauchfell nicht überall der Beckenwand an, wie eine schlecht
befestigte Tapete. Da es sich der Kammerwand bald anschmiegt, bald mehr entfernt bleibt, so entstehen Zwischenräume zwischen beiden, welche mit lockerem
fettlosen Bindegewebe ausgefüllt sind. Sie sind praktisch außerordentlich wichtig,
weil Abscesse u. dgl. sich hier leicht ausdehnen können. Erfahrungsgemäß greifen
sie nicht leicht auf den außerhalb des Beckenbodens gelegenen Damm oder auf
die äußeren Geschlechtsorgane über, ein Beweis für die dichte und feste Konstruktion der Wandung, speziell des Beckenbodens. Die Falten des Bauchfells in der
Beckenhöhle sind in der Tabelle S. 268 unter 1 c aufgeführt. In sie steigt das
lockere Füllgewebe am weitesten aufwärts. Am wichtigsten ist das Ligamentum
latum der Gebärmutter bei der Frau. Die Umschlagstellen des Bauchfells sind bei
diesem (Tabelle S. 269 unter Nr. 2) und bei den einzelnen Geschlechtsorganen aufgeführt.

Der M. levator ani ist manchmal von Lücken durchbrochen. Aber das ihn nach
dem Beckeninneren zu bedeckende Blatt der Fascia pelvis ist immer eine derbe
und dicke zusammenhängende Membran, welche sich durch den Reichtum an fibrösen
Fasern passiv einer Druckwirkung der Beckeneingeweide entgegenstemmt, Fascia
diaphragmatis pelvis superior. Der Muskel ist der veränderliche, die Fascie
der unveränderliche Bestandteil eines einheitlichen Mechanismus, der wesentlich
statisch das Becken nach unten abzuschließen hat (S. 476).

Auch die Lücke zwischen Lig. arcuatum pubis und Lig. transversum pelvis
oberhalb des Diaphragma urogenitale ist von der Fascia pelvis austapeziert. Wie
beim Beckenboden im ganzen, so bedeckt sie auch beim Diaphragma urogenitale
die dem Beckeninneren zuschauende Fläche. Da sie das Dreieck zwischen den
Schambeinen völlig ausfüllt, nennt man sie mit Recht Fascia „trigoni" urogenitalis superior (der Muskel ist dagegen trapezförmig, nicht dreieckig). Zu beiden
Seiten der Prostata setzt sich das an glatten Muskelzellen reiche Bindegewebe in
zwei Falten fort, die sog. Ligamenta puboprostatica lateralia. In der
Medianebene laufen von der Symphyse zur Prostata sich überkreuzende Züge,
Ligamentum puboprostaticum mediale (Abb. S. 407). Zwischen den beiderseitigen Zügen bleibt nahe der Symphyse eine mediane Grube frei; sie gehört
bereits zu dem mit lockerem Bindegewebe ausgefüllten Cavum Retzii an der
vorderen Wand der Blase.

Die beiden Räume außen vom Beckenboden sind die bereits erwähnten Fossa
ischio-
rectalis
Fossae ischiorectales (Abb. S. 471 u. Abb. b, S. 475). Die beiden Gruben sind
auf die Regio analis beschränkt und nach der Regio urogenitalis zu durch Bindegewebsmembranen fest verschlossen (Abb. S. 478, links vom Beschauer). Sie
enthalten Fett in größeren Mengen, welches sich nach der Haut zu ununterbrochen in das Unterhautfettgewebe fortsetzt. Räumt man die Gruben aus,
so sieht man medialwärts eine dünne, unwichtige, den Levator ani bedeckende
Fascie, Fascia diaphragmatis pelvis inferior, nach außen die Fascie des
zum Damm gehörenden Abschnittes des M. obturator internus, Fascia obturatoria (Bd. I, S. 486). Sensible Nerven und feine Gefäße zur Haut des
Dammes und motorische Äste zum M. sphincter ani externus durchziehen
das Fett der Fossa ischiorectalis. Der Chirurg benutzt mit Vorliebe diesen
beweglichsten, den Volumschwankungen des Rectum und Afters angepaßten
Teil des Dammes zum Vordringen zu den Harn- und Geschlechtsorganen im
Innern des kleinen Beckens.

Die einzigen Verstärkungen liegen in der Medianebene, nämlich der M. sphincter ani externus, der von einer dünnen Fascie überzogen ist: vor und hinter ihm je ein derbes Bindegewebspaket, das Centrum tendineum perinei und Ligamentum anococcygeum. Sie sind bei den Dammuskeln beschrieben, denen sie als Befestigungspunkte dienen. Die großen Gefäß- und Nervenstämme liegen in einer Duplikatur der Fascia obturatoria eingeschlossen, ALCOCKSscher Kanal (Abb. S. 482).

Fascia super-ficialis perinei Die in der Regio urogenitalis befindlichen Muskeln sind durch die sie einhüllenden Fascien zu einem festen Bündel zusammengeschnürt. Die Plombe, welche die einzelnen Muskeln und Fascien im Diaphragma urogenitale bilden, wird dadurch ganz beträchtlich verstärkt, daß die Gliedmuskeln des Dammes fest an sie angedrängt werden. Außer den dünnen Fascien jedes einzelnen Muskels gibt es wie beim Oberarm eine alle Muskeln gemeinsam überbrückende Gruppenfascie, Fascia superficialis perinei (Abb. S. 478). Sie setzt sich nicht auf die Fossa ischiorectalis fort, sondern schlägt sich um den Hinterrand des M. transversus perinei superficialis um und heftet sich in der Tiefe an das Diaphragma urogenitale an. Auf diese Weise wird jederseits ein fester Abschluß gegen die Fossa ischiorectalis erzielt. Dafür haben wir einen Beweis in den bei pathologischen Einrissen der Harnröhre eintretenden Urininfiltrationen, welche nie den Weg in die Regio analis, sondern nach vorn zum Hoden und von da evtl. in die vordere Bauchwand nehmen.

Das Unterhautbindegewebe des Dammes ist ganz besonders fettreich. Nach vorn setzt es sich in die Tunica dartos des Hodensackes fort (Abb. S. 482), hinten ist es zu den Fettklumpen in den Fossae ischiorectales verdickt. Nur in der Regio urogenitalis hat es in der Fascia superficialis perinei eine membranöse Unterlage.

Das Diaphragma urogenitale ist beiderseits von einer bindegewebigen Haut überzogen. Nach dem Beckeninneren zu heißt sie Fascia trigoni urogenitalis superior (S. 485), nach dem Damm zu Fascia trigoni urogenitalis inferior. Sie bedeckt die Nerven und Gefäße, welche vom N. pudendus und von der A. pudenda mit ihren Begleitvenen zum Gliede ziehen (Abb. S. 482). An den Hinterrand dieser Fascie ist die Fascia superficialis perinei angeheftet. Gelegentlich sind hier die Mm. transversi perinei (superficialis und profundus) mit ihren freien Rändern verschmolzen; dann hängt die F. superficialis mit der F. trigoni superior zusammen.

Die Fascia superficialis ist seitlich am Arcus pubis und in der Mittellinie an der Raphe des Bulbus befestigt (Abb. S. 478), nach vorn ist sie in das Septum scroti fortgesetzt. In der Regio analis kann man die Fascie des M. sphincter ani externus zu ihr rechnen. Über den erwähnten Weg von Urininfiltrationen gegen die vordere Bauchwand zu siehe Bd. I, S. 162.

Gefäße und Nerven Die Blutzufuhr zum Damm besorgt die A. pudenda interna. Sie tritt zuerst aus dem kleinen Becken durch die infrapiriforme Spalte des Foramen ischiadicum majus aus und dann durch das Foramen ischiadicum minus zum Damm. Hier liegt sie zunächst in der lateralen Wand der Fossa ischiorectalis (eingeschlossen im ALCOCKSschen Kanal, Abb. S. 532). Auf diesem Wege gibt sie Ästchen zum After ab (1—3 Aa. haemorrhoidales inferiores). Am Beginn des Diaphragma urogenitale zerfällt der Hauptstamm in zwei Endäste. Der eine Ast, A. perinei, versorgt mit seinen Ästen die Muskeln des Gliedes und den Hodensack (A. scrotalis posterior). Der andere Ast ist die eigentliche Fortsetzung des Stammes, A. penis (Abb. S. 446), Über ihre Beziehung zu den Schwellkörpern und zum männlichen Gliede siehe S. 449, 456. Die Venen begleiten die Arterien, die A. pudenda interna hat am Damm meistens 2 Begleitvenen (Abb. S. 532). Schließlich vereinigen sie sich vor dem Eintritt in das kleine Becken zu einer großen Vena pudenda interna. Der Weg um den Sitzbeinstachel herum ist der gleiche wie bei der Arterie. — Die Lymphbahnen des Dammes führen zu den oberflächlichen medialen Leistenlymphknoten.

Die Nerven, welche zu den Dammuskeln führen, sind bei diesen bereits einzeln angeführt. Der Nervus pudendus, aus welchem die Abkömmlinge des M. sphincter cloacae ihre Äste erhalten, hat den gleichen Verlauf wie die A. pudenda interna mit ihren Begleitvenen. Die Nervenäste, welche den ALCOCKSschen Kanal verlassen und zum After treten, versorgen auch die Haut des Dammes: Rami haemorrhoidales inferiores, weiter vorn Rr. perineales; die Rr. scrotales posteriores sind rein sensibel (Abb. S. 482). Außerdem gehen Äste vom Hautnerven der Hinterseite des

Oberschenkels zum Damm (R. perineus des N. cutaneus femoris posterior, manchmal sehr groß, Abb. S. 482; sie treten am unteren Rand des M. glutaeus maximus heraus und können dort am besten gefunden werden).

4. Innere weibliche Geschlechtsorgane.

Beim Weibe ist die beiden Geschlechtern gemeinsame Anlage weniger weit umgestaltet als beim Mann. Dem männlichen Gliede, einem hoch differenzierten Begattungsapparat, entsprechen beim Weibe nur relativ gering entwickelte Schwellkörper. Der Geschlechtsakt ist beim Manne an ein regelrechtes Funktionieren dieser Einrichtungen gebunden, die neuromuskulär reguliert und von besonderen centralen Centren abhängig sind. Bei der Frau sind der Geschlechtsgenuß und das Wollustgefühl wohl von ähnlichen Einrichtungen abhängig, aber der Beischlaf selbst ist auch ohne diese möglich.

Hündinnen, denen das Rückenmark operativ entfernt war, konnten trotzdem konzipieren, gebären und säugen.

Die morphologische Differenzierung kommt beim Manne der Begattung, bei der Frau der Schwangerschaft zugute. Das Kind lebt bis zur Geburt im Mutterleib. Die organischen Veränderungen sind außerordentlich groß; die Gebärmutter, bis dahin ein kleines, unansehnliches Organ, wird zum Behälter der Frucht. Mutter und Kind bauen gemeinsam eine besondere Einrichtung zum Austausch der Gase zwischen beiden und zur Zufuhr von Nahrung an das Kind, den Mutterkuchen, Placenta; er ist Lunge und Darm zugleich für den wachsenden Fetus. Alles das fehlt dem Mann, dessen physische Tätigkeit mit der Zeugung beendet ist; die Schwangerschaft ist allein der Frau auferlegt.

Die Urniere wächst zwar wie beim männlichen Embryo auch beim weiblichen in die Keimdrüse hinein, doch obliterieren die Urnierenkanälchen, ohne Anschluß an das Keimepithel gefunden zu haben (Abb. S. 488, rot). Die Eier, welche jederseits in der Keimdrüse, Eierstock (Ovarium), entstehen, nehmen daher den alten Weg durch die Bauchhöhle. Allerdings ist die Entfernung bis zur abdominalen Öffnung des Eileiters, Ovidukt, nur ganz gering und der kurze Weg dorthin ist außerdem durch bestimmte Einrichtungen gesichert; daß aber auch beim Menschen unter Umständen wirklich die freie Bauchhöhle passiert wird, geht aus gelegentlichen Abirrungen des Eies gerade an dieser gefährdeten Stelle hervor, welche zu einer Schwangerschaft außerhalb der normalen Straße des Eies führen, Abdominalschwangerschaft. Wie häufig sie wäre, wenn die verirrten Eier sämtlich befruchtet würden, in der fremden Umgebung Fuß fassen und wachsen könnten, entzieht sich unserer Kenntnis; in der Regel gehen sie zugrunde, da das komplizierte Ineinandergreifen der normalen Vorgänge bei der Befruchtung und Einnistung des Eies in die Wand der Gebärmutter an anderen Orten nicht leicht möglich ist.

Zu jedem Eierstock gehört ein Eileiter, der in die Gebärmutter mündet (Abb. S. 488, blau). Ein Parallelgang des WOLFFschen Ganges, welcher MÜLLERscher Gang genannt wird, ist die erste Anlage. Das abdominale Ende, welches den freien Zugang zur Bauchhöhle vermittelt, ist trompetenartig aufgetrieben, mit feiner Öffnung für den Eintritt des Eies; der Eileiter heißt deshalb Muttertrompete, Tuba uterina (Falloppii). Sie leitet das Ei bis zum uterinen Ende, wo es in die Gebärmutter, Uterus, eintritt. Hier nistet es sich ein, falls es befruchtet ist und Schwangerschaft eintritt. Die Gebärmutter und die anschließende Scheide, Vagina, sind unpaare Kanäle, welche durch Verschmelzung der paarigen MÜLLERschen Gänge entstehen (Abb. a, S. 405). Bei Tieren bleibt vielfach die Verschmelzung ganz oder teilweise aus (Uterus bipartitus, Uterus bicornis); beim Menschen kommt ähnliches infolge von Hemmungsmißbildungen vor, selbst die Scheide des Weibes kann in abnormen

Fällen gespalten sein. Ist ein völlig doppeltes System von Wegen für die Eier, eines für jeden Eierstock, vorhanden, so ist Schwangerschaft auf der

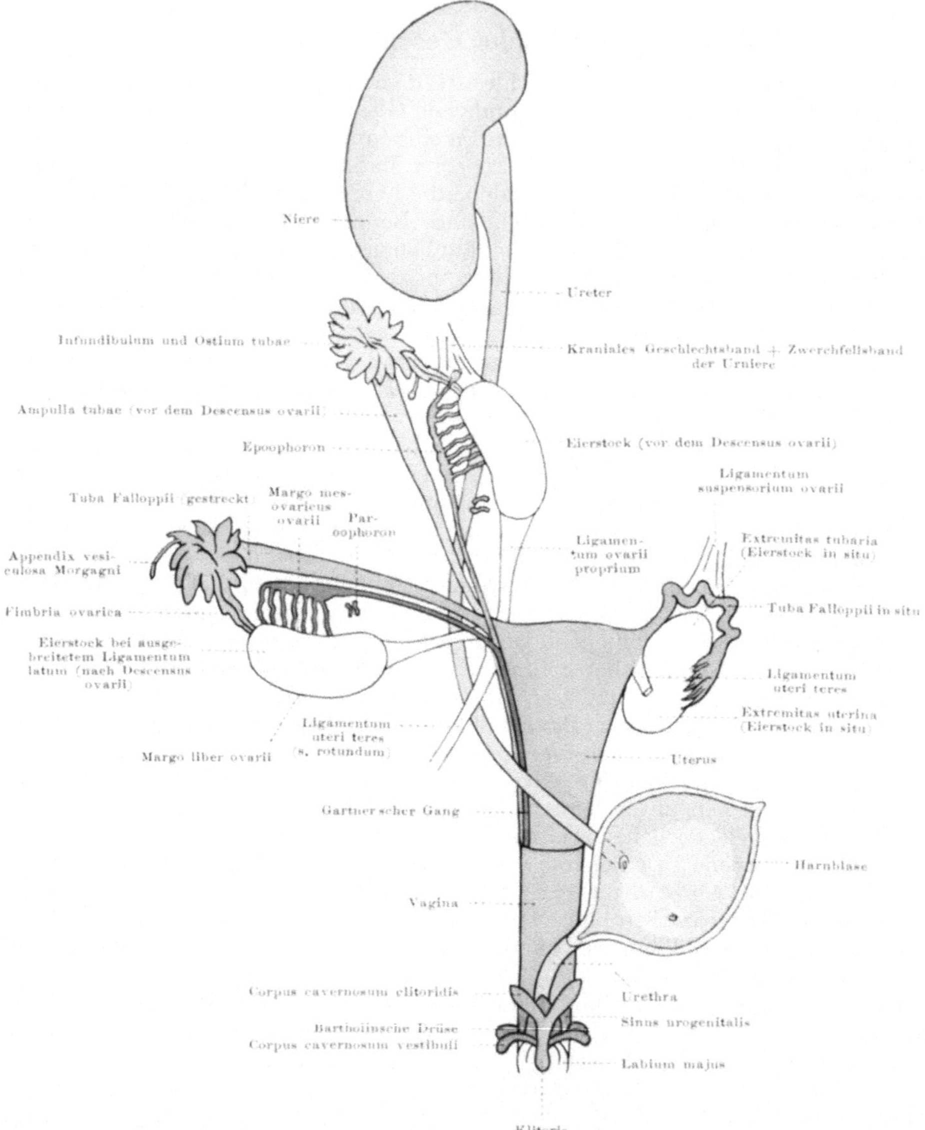

Abb. 248. **Weiblicher Geschlechtsapparat, Schema.** Endgültiger Zustand bei der Frau. Links vom Beschauer der Eierstock vor und nach dem Descensus, Ligamentum latum ausgebreitet gedacht: rechts vom Beschauer Eierstock und Eileiter in situ. Indifferentes Ausgangsstadium siehe Abb. a, S. 405. Die Farben sind die gleichen wie dort.

einen Seite oder auf beiden Seiten möglich. Theoretisch könnte bei verschiedenen Begattungen die Vaterschaft für ein befruchtetes Ei des einen Eierstockes eine andere sein als beim Ei aus dem Eierstock der Gegenseite, während beim normalen Weibe der männliche Same den Weg zu den Eiern beider Eierstöcke finden kann. Die Möglichkeit der Zeugung desselben Paares, welche

beim Menschen im höchsten Fall mit Milliarden von Samenfäden des Mannes
auf ein Ei des Weibes beziffert worden ist (S. 416), ist dadurch so hoch,
daß Scheide und Gebärmutter für die Eier beider Ovarien gemeinsam sind.

Der Same wird beim Beischlaf an die Stelle gespritzt, wo die Gebärmutter
in die Scheide mündet, und wird dort in einer besonderen Ausbuchtung abgelagert (Scheidengewölbe). Der Anfang der Gebärmutter, Portio vaginalis uteri,
springt in die Scheide vor (Abb. S. 512, Abb. c, Nr. 249, weiß gestrichelt) und
taucht in das Spermiendepot hinein. Die Samenfäden gelangen so, ohne mit
dem schädlichen Scheidensekret in Berührung zu treten, in die Gebärmutter
hinein. Ihr Weg ist der gleiche wie der des Eies, nur in umgekehrter Richtung.
Beide können sich auf dem ganzen Wege treffen und vereinigen. Dieser Moment

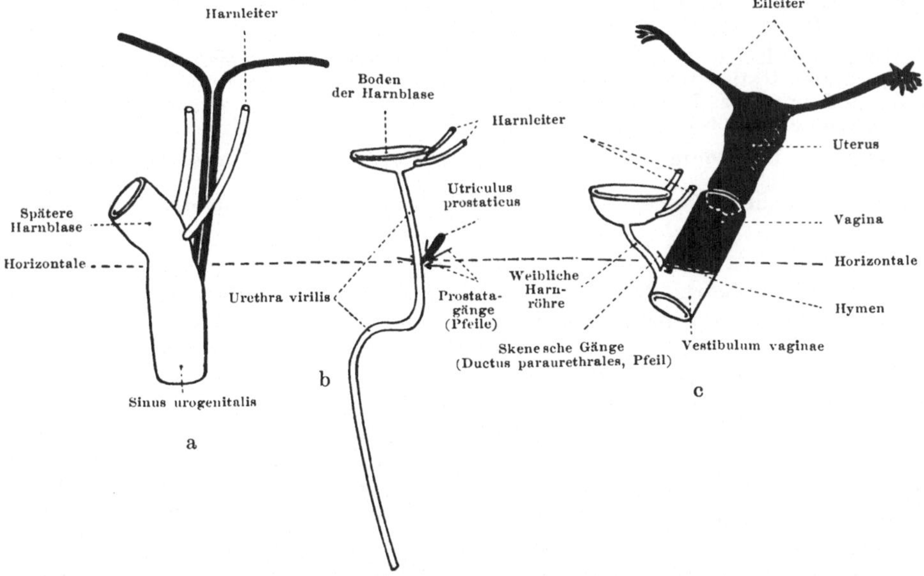

Abb. 249. Die MÜLLERschen Gänge, schwarz, Schema. a Ausgangsstadium (vgl. Abb. S. 432). b Endgültiger
Zustand beim Mann. c Endgültiger Zustand bei der Frau. Der Vorsprung des Uterus in die Vagina (Portio,
gestrichelt) liegt in Wirklichkeit nicht am distalen Ende der Scheide, sondern am Ende der Vorderwand
der Scheide, hier wegen der Nähe der Blase nicht berücksichtigt. Die gestrichelte Horizontale entspricht
der Grenze zwischen äußeren und inneren Geschlechtsorganen (beim Manne wird die ganze Strecke von der
Harnblase bis zur Penisspitze als „Harnröhre" bezeichnet und zu den äußeren Geschlechtsorganen gerechnet;
diese Abweichung von dem Schema b geschieht einer einfacheren Bezeichnungsweise zuliebe und ist
eigentlich nicht korrekt, aber allgemein üblich).

bedeutet die eigentliche Befruchtung. Beischlaf und Befruchtung sind deshalb nicht gleichzeitig. Bei Fledermäusen beispielsweise liegt der ganze Winter
dazwischen, da bei ihnen die Samenfäden vom Herbst ab in der Scheide des
Weibchens aufbewahrt bleiben, ohne daß dadurch die Lebens- und Befruchtungsfähigkeit leiden; erst im Frühjahr vereinigen sie sich mit dem Ei. Beim
Menschen wird eine kurze Lebensdauer bzw. Befruchtungsfähigkeit der ejacu-
lierten Samenfäden angenommen. Sie gelangen schnell durch die Gebärmutter
in einen der beiden Eileiter; die Befruchtung findet in der Regel nahe dem
abdominalen Ende desselben statt, wo die Samenfäden bereits angelangt sind,
ehe das Ei die Tube betritt. Daß Samenfäden selbst bis zum Eierstock gelangen und dort das Ei befruchten können, ist aus dem Vorkommen von Eier-
stockschwangerschaft bekannt.

Das befruchtete Ei gelangt in die Gebärmutter und verharrt dort, bis es
ausentwickelt und das Kind reif ist. Dann wird es durch die Scheide hindurch

Männliche Geschlechtsorgane:	Gemeinsame Ausgangsform:	Weibliche Geschlechtsorgane:
Hode	Keimdrüse	Eierstock
Nebenhode, Rete testis (Rudimente: Ductuli aberrantes des Nebenhoden, Paradidymis)	Urniere	(Rudimente: Markstränge des Eierstockes, Epoophoron, Paroophoron)
Samenleiter und Samenblasen	WOLFFscher Gang	(Rudiment: GARTNERscher Kanal; bei einigen Säugetieren viel besser erhalten als beim Menschen)
(Rudimente: Hydatide des Hoden, Utriculus prostaticus)	MÜLLERscher Gang	Eileiter, Gebärmutter, Scheide
Leitband des Hoden (Gubernaculum testis Hunteri) und späteres Ligamentum scrotale testis	Leistenband der Urniere und kaudales Geschlechtsband	Ligamentum uteri rotundum und Ligamentum ovarii proprium
Männliche Harnröhre	Canalis urogenitalis	Vorhof der Scheide

Eine besondere Vergleichstabelle für die äußeren Geschlechtsorgane findet sich auf S. 530.

geboren. Das unbefruchtete Ei geht denselben Weg, nur unbemerkt. weil es für die Beobachtung mit bloßem Auge nicht groß genug und auch für das bewaffnete Auge in den faltenreichen Schleimhäuten der Genitalien unauffindbar ist.

MÜLLERsche Gänge und Sinus urogenitalis Ein sehr wichtiger Unterschied zwischen den Geschlechtswegen von Mann und Frau ist das ganz andere Größen- und Richtungsverhältnis der Abkömmlinge der Urniere zu den Derivaten der Kloake bei beiden Geschlechtern. Ich verweise nur nochmals kurz auf die früher bereits hervorgehobene enorme Verlängerung des Canalis urogenitalis, welcher aus der Kloake hervorgegangen ist, beim Manne, und die relative Verkürzung bei der Frau (Abb. a—c, S. 489, unterhalb der gestrichelten Horizontale). Auch komme ich nicht darauf zurück, daß beim Mann der Ausführgang der Vor- und Urniere, der WOLFFsche Gang, die Hauptrolle spielt, dagegen bei der Frau der MÜLLERsche Gang. Wir halten uns hier nur an den letzteren, der auch beim Manne in einem Rudiment erhalten ist, dem Utriculus prostaticus (s. Uterus masculinus; er entspricht seiner Lage nach in Wirklichkeit der Vagina, nicht dem Uterus, vgl. Abb. b u. c, S. 489), Beide MÜLLERsche Gänge, welche bereits früh in ihrer letzten Strecke nahe der Mündung in den Canalis urogenitalis verschmelzen, sind anfänglich Seitenwege, welche in den Hauptweg, die Kloake, münden (Abb. a, S. 489). Wenn sich von der Kloake der Canalis urogenitalis abspaltet, hat sich bereits eine ventrale Aussackung der Kloakenwand gebildet, die Harnblase. Sinus urogenitalis und Harnblase sind dann der Hauptweg. Beim Manne bleibt dies zeitlebens so (Abb. b, S. 489), Der Utriculus prostaticus (und ebenso die Ductus ejaculatorii) sind bei ihm seitlich angeschlossene Kanäle, welche auf dem Samenhügel münden. Beim Weibe drehen sich jedoch diese Beziehungen in ihr Gegenteil um. Der kleinere Nebenweg wird zum Hauptweg und umgekehrt. In Abb. c, S. 489 erscheint die Vagina mit dem anschließenden Uterus als geradlinige Fortsetzung des Sinus urogenitalis, welcher bei der Frau Vestibulum vaginae genannt wird. Der ursprünglich selbständige Hauptkanal ist zum „Vorhof" der Scheide geworden. Die Harnröhre, welche den Sinus urogenitalis einst fortsetzte und mit ihm den Hauptkanal bildete (Abb. a, S. 489), ist beim Weibe zum Seitenkanal, zum Anhängsel geworden.

Ob wirklich der Hymen an der Stelle liegt, wo die Müllerschen Gänge in den Sinus urogenitalis münden, wird bestritten. Nach neueren Untersuchungen wird an der Berührungsstelle der vereinigten mesodermalen Müllerschen Gänge mit dem entodermalen Sinus urogenitalis nicht von diesem, sondern vom Sinus (oder von den Enden der Wolffschen Gänge) eine solide Epithelplatte gebildet, welche das Epithelrohr der Scheide und vielleicht auch noch des untersten Abschnittes der Cervix uteri liefert. (Der Hymen occlusivus ist nach der älteren Meinung eine Hemmungsbildung, nach der neueren eine wahre Mißbildung, ohne Gegenstück in der normalen Entwicklung; siehe über dieses Vorkommnis S. 535.)

Trotz der großen Unterschiede zwischen den endgültigen Organen lassen sich bei beiden Geschlechtern auf Grund der geschilderten Entwicklung leicht entsprechende Abschnitte feststellen wie die Abbildungen S. 405, 488 und die Tabelle auf vorhergehender Seite zusammenfassend nachweisen sollen (die rudimentären Teile sind in der Tabelle als solche gekennzeichnet, in Klammern). Genetisch gleiche Abschnitte beider Geschlechter

a) Die Eierstöcke.

Wir behandeln die Verlagerung der Eierstöcke beim Embryo an dieser Stelle, weil die Wegstrecke kleiner ist als beim Hoden; die Keimdrüse gelangt nicht in das Gebiet der äußeren Geschlechtsorgane, wo wir das Endstadium des Descensus testium auffanden und beschrieben. Immerhin ist die relative Verschiebung so beträchtlich, daß die Eierstöcke aus dem Bauchraum in die Höhle des kleinen Beckens und damit in die Höhe des Gebärmutterendes geraten (Abb. S. 488). Die Eileiter steigen deshalb nicht senkrecht in die Höhe wie beim Embryo, sondern sind, wenn man sie ausbreitet, horizontal ausgestreckt; sie sitzen auf der Gebärmutter wie ein Geweih (Abb. c, S. 489). In situ steht die Längsachse des Eierstocks allerdings senkrecht in Anpassung an das Relief der seitlichen Beckenwand, welcher er anliegt (Abb. S. 532); der Eileiter läuft leicht geschlängelt um die mediale und obere Seite des Eierstockes herum, sein trompetenartig erweitertes, mit Fransen besetztes Ende ist dem lateralen Rande innig angeschmiegt (Abb. S. 488, rechts vom Beschauer). Descensus ovariorum und endgültige Lage

Jeder Eierstock ist von Bauchfell überzogen und besitzt ein Gekröse, Mesovarium (S. 493). Die Eierstöcke lagern sich der seitlichen Wand des kleinen Beckens an (Abb. S. 524), und zwar gewöhnlich in der Gegend einer Nische, welche danach Fossa ovarica genannt wird. Sie hat ungefähr Dreiecksform, da sie den Astwinkel zwischen den beiden Fortsetzungen der großen Gefäße der Beckenwand, Vasa iliaca, einnimmt (zwischen Vasa iliaca externa und Vasa iliaca interna s. hypogastrica). Das parietale Peritonaeum, welches zwischen den Gefäßen einsinkt, kleidet die Grube aus. Die Delle ist von sehr variabler Tiefe, je nach der Dicke des Fettpolsters zwischen dem Bauchfell und der Fascie des M. obturator internus; in der Regel ist sie beim Menschen ganz seicht. Nach unten reicht sie bis an die Umschlagstelle des Bauchfells am Beckenboden. In die Fossa ovarica schmiegt sich der Eierstock so hinein, daß er mit der Längsachse senkrecht steht und daß eine Seite der Nische anliegt, die andere dem Beckenraum zugewendet ist (zum Teil aber bedeckt von dem Eileiter). Ist jedoch die Gebärmutter nicht, wie sie sollte, median gestellt, sondern seitlich verschoben, z. B. nach rechts, so bleibt nur das rechte Ovarium in seiner typischen Lage, das linke kann durch den Zug der Verbindungen zwischen Eierstock und Gebärmutter aus seiner Grube wie der Gelenkkopf aus der Pfann luxiert werden; es liegt schräg oder quer. Bei Frauen, die geboren haben, haben die Ovarien häufig eine schräge Stellung außerhalb der Fossa ovarica (häufiger weiter hinten, selten weiter vorn an der seitlichen Beckenwand). Auch Entzündungsprozesse wirken häufig verschiebend.

Unter dem den Boden der Fossa ovarica auskleidenden Bauchfell zieht der Nervus obturatorius zu der Vereinigungsstelle mit den gleichnamigen Gefäßen hin. Nahe dem Hinterrande der Grube findet man den Harnleiter und die Arteria uterina, nahe dem Vorderrand die obliterierte Nabelarterie (Ligamentum umbilicale laterale). Die Ränder des Eierstockes liegen unmittelbar neben den genannten Bildungen, welche als ungefähr senkrecht verlaufende Züge das Bauchfell ein wenig vordrängen. So ist es wenigstens bei der typischen Lage des Eierstockes der Frau, welche nicht geboren hat. Die Höhe entspricht etwa dem Niveau der Spina ischiadica; die Frontalebene, in welcher der Eierstock liegt, geht durch das Promontorium. Man kann von dem hinteren Scheidengewölbe aus den Eierstock abtasten und sich bei der Lebenden von seiner richtigen oder veränderten Lage und Größe überzeugen.

Zur Zeit der Geburt liegen beim Mädchen die Eierstöcke halb in der Bauch-, halb in der Beckenhöhle, oft aber schon ganz in der letzteren. Das Leistenband der Urniere und das kaudale Geschlechtsband der Keimdrüse (Abb. a, S. 405) bilden zusammen ein Gubernaculum wie beim Mann. In seltenen Fällen kann sogar der Weg der gleiche sein wie beim Hoden. Der Eierstock passiert dann den Leistenkanal und liegt in der großen Schamlippe der betreffenden Seite, eine Mißbildung, welche geradezu den experimentellen Beweis für die Richtigkeit des Vergleiches zwischen Hodensack und großen Schamlippen liefert. Aber gewöhnlich geht der Descensus anstatt durch das große Becken zum Leistenkanal den kürzeren Weg in das kleine Becken. Infolgedessen verkürzt sich das Gubernaculum nicht wie beim Mann, bei welchem nur das kurze Ligamentum scrotale übrig bleibt, sondern es bleibt erhalten als Ligamentum ovarii proprium und Ligamentum teres uteri s. rotundum (Tabelle S. 490). Das Lig. uteri teres s. rotundum gibt den Weg an, den das Ovarium gehen würde, wenn es sich wie der Hode verhielte und welchen es in den oben genannten Mißbildungen tatsächlich nimmt. Wie bei den Brustwarzen das männliche Geschlecht Anlagen übernimmt, welche nur beim Weibe zur Funktion gelangen, so ist der Frau in diesen Bändern eine Anlage eigen, welche gewöhnlich nur beim Descensus testium des Mannes ausgenutzt wird. Die mißgeleiteten Ovarien sind Abweichungen im Sinne des anderen Geschlechtes wie das gelegentliche Vorkommen sezernierender Milchdrüsen beim Manne.

Die beiden Eierstöcke sind solide Körper, auf beiden Seiten abgeplattet, elliptisch, beim erwachsenen Weibe 25—50 mm lang, 15—30 mm breit und 5—15 mm dick (Größe und Form einer großen Mandel, Abb. S. 493, 512). Der rechte Eierstock ist oft etwas massiger als der linke. Der obere Pol ist in situ vom Eileiter begrenzt, Extremitas tubaria ovarii, der untere Pol liegt gegen die Gebärmutter, Extremitas uterina (Abb. S. 524). Von den abgeplatteten Seitenflächen heißt die der Beckenwand anliegende Facies lateralis, die dem Beckenraum zugekehrte Facies medialis. Der in situ nach vorn gerichtete Rand zwischen beiden Flächen ragt frei in den Beckenraum hinein, Margo liber, der andere ist durch eine Bauchfellduplikatur, Mesovarium, ähnlich dem Hilus der Lunge festgehalten, Margo mesovaricus. Die betreffende Stelle des Eierstockes selbst heißt Hilus ovarii. Hier treten die Gefäße und Nerven aus und ein, beim Embryo auch die Urnierenkanälchen, welche später obliterieren. Breitet man die Eileiter aus, so bleibt der Margo mesovaricus des Eierstockes in seiner Lage zum Ligamentum latum fixiert (Abb. S. 493, 512), der Margo liber kann nach oben oder unten umgeklappt werden. In situ ist er ebenfalls verschieblich. Die normale Lage des Eierstockes darf man sich nicht als fest vorstellen, sondern durch Drehungen des freien Randes um den relativ feststehenden Margo mesovaricus oder durch Verschiebungen des ganzen Befestigungsapparates inkl. des Margo mesovaricus ist ein Ausweichen vor andrängenden anderen Eingeweiden möglich. Die Rückkehr in die normale Lage in der Fossa ovarica ist typisch; nur wenn sie verwehrt und dadurch der Eierstock dauernd außerhalb der Fossa fixiert ist, ist seine Lage atypisch. Bei den Befestigungsbändern ist darauf zurückzukommen.

Beim Betasten des Eierstockes fühlt man eine ihm eigene weiche Resistenz, welche der Gynäkologe kennen muß, um das Organ bei der lebenden Frau durch die Bauchdecken hindurch oder per vaginam mit dem tuschierenden Finger erkennen zu können. Die Oberfläche ist für das Gesicht nicht so feucht-

glänzend wie die Serosa der übrigen Becken- und Bauchorgane, sondern rötlich-
weiß, ähnlich einer blassen Schleimhaut. Bis zur Pubertät ist sie glatt, später
höckerig-narbig (Abb. S. 494, 512). Die Erklärung gibt der feinere Bau (s. unten).
  Der Eierstock ist gegen die Leibeshöhle hin so stark prominent, daß er
von einer Duplikatur des Bauchfells umhüllt wird. Am Hilus schlägt sich
das Bauchfell um und hat hier den Namen Mesovarium. Der Eierstock
würde nach dem Descensus durch dieses an der hinteren Beckenwand befestigt sein, wenn nicht die ganze Bauchfellauskleidung des Beckenbodens
durch den Uterus emporgehoben wäre (Abb. S. 258). Die Gebärmutter liegt
in einer Querfalte, dem breiten Mutterband, Ligamentum latum uteri
(Tab. S. 268, Abb. S. 524). Das Mesovarium wird mit in die Höhe genommen
und kommt an die Hinterseite des breiten Mutterbandes zu liegen (Abb. Nr. 250).
Man kann seine endgültige Beziehung zum Bauchfell so ausdrücken, daß man
sagt: die hintere Lamelle des breiten Mutterbandes ist in eine Duplikatur

Verbin-
dungen mit
der Nach-
barschaft,
„Bänder“

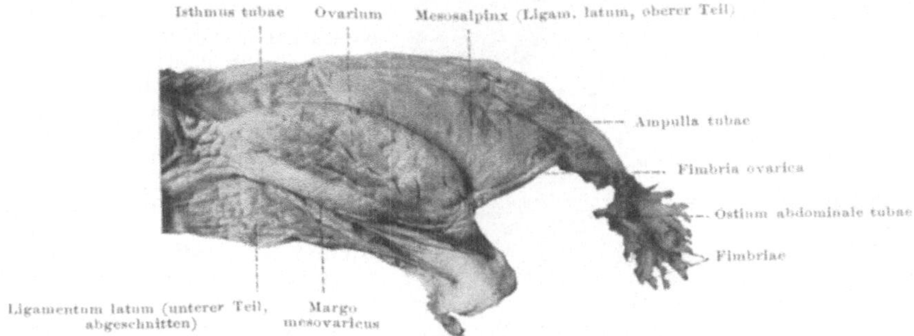

Abb. 250. Rechter Eierstock, von medial und hinten. Ligamentum latum ausgebreitet, Eileiter in die
Höhe geklappt. Das Ovarium ist mit seinem freien Rand nach oben gerichtet und verdeckt dadurch das
Epoophoron (in Abb. S. 494 abwärts geklappt, Epoophoron sichtbar). Vgl. auch Abb. S. 512.

ausgezogen, in welcher der Eierstock liegt. Das Bauchfellepithel ist im Bereich
des Eierstocks zum Keimepithel geworden (siehe unten).
  Zwischen die beiden Blätter des breiten Mutterbandes sind die „Bänder“ eingeschlossen, welche als Reste der ursprünglichen Fortsetzung der Keimdrüse und
der Urniere übrig geblieben sind. Von der jetzigen Extremitas uterina des Eierstocks
geht das kaudale Geschlechtsband aus und seine Fortsetzung, das Leistenband
der Urniere (Abb. a, S. 405). Das erstere bildet die Verbindung des Eierstocks mit der
Gebärmutter, Eierstocksband, Ligamentum ovarii proprium (Abb. S. 512,
494), und das runde Mutterband, Lig. teres uteri s. rotundum (Abb. S. 524),
Da dessen Anlage ursprünglich in der Fortsetzung des Lig. ovarii proprium liegt, so
ist auch im fertigen Zustand der Ansatzpunkt beider am Uterus der gleiche; er findet
sich jederseits an der Einmündung des Eileiters. Daraus ergibt sich die praktisch
wichtige Regel, daß drei Gebilde (Eileiter, rundes Mutterband und Eierstocksband)
an jeder der beiden Ecken des Fundus uteri abgehen. Ist eines von ihnen gefunden,
so kann man leicht die anderen von demselben Punkt aus aufsuchen, oder ist die
Tube in pathologischen Fällen so geschwollen, daß die Grenze gegen die Gebärmutter
verwischt ist, so ist nach den drei Ansätzen (oder auch nur nach einem von ihnen)
eine Orientierung über die ursprüngliche Gliederung leicht möglich. Im Eierstocksband liegen glatte Muskelzellen, welche die Länge des Bandes so regeln, daß der
Eierstock auch bei Verschiebungen der Gebärmutter in der Fossa ovarica liegen
bleiben kann. Nur bei entzündlichen Verdickungen und Verhärtungen wirkt das
Band als straffer Zügel und erzeugt Schmerzen; seine Aufgabe in der Norm ist gerade
die umgekehrte, nämlich nachzugeben, ähnlich einem elastischen Zug.
  Von dem oberen Pol, der Extremitas tubaria des Eierstocks verläuft nach aufwärts
zum Beckeneingang in der Gegend der Arteria iliaca communis das Ligamentum
suspensorium ovarii (Abb. S. 488), auch Ligamentum infundibulo-pel-
vicum genannt. Meist zieht es zu der Stelle, wo der Ureter die großen Gefäße
kreuzt, so daß es scheinbar durch den Ureter bedingt ist (vgl. Abb. S. 524 u. 254).

Es dient hauptsächlich den Gefäßen und Nerven des Eierstocks als Weg von der hinteren Bauchwand zum Mesovarium und Hilus ovarii. Die Gefäßwandungen wirken durch ihre elastischen Fasern und glatten Muskeln ähnlich wie das Eierstocksband, tragen nicht etwa wie straffe Tragbänder das Ovarium, sondern regulieren ihre Länge je nach dessen Lage. Sowie Starrheit der „Bänder" eintritt, ist der Zustand pathologisch.

Schließlich hat die Extremitas tubaria des Eierstocks noch eine besondere Verbindung mit dem abdominalen Ende der Tube, die Fimbria ovarica (Abb. Nr. 251). Sie wird erst durch den feineren Bau des Eierstocks und die Vorgänge beim Follikelsprung verständlich (s. unten).

Abortive Anhänge   Die in der Tabelle S. 490 aufgeführten rudimentären Abkömmlinge der Urniere beim Weibe entsprechen dem Nebenhoden beim Manne und dessen abortiven Anhängen. In demjenigen Teil des breiten Mutterbandes, welcher dem Eileiter zunächst liegt und deshalb Mesosalpinx genannt wird (Abb. S. 512), liegt neben dem Eierstock ein aus 10—20 blind endigenden Kanälchen bestehendes Konvolut, der Nebeneierstock, Epoophoron (Abb. S. 488 u. Abb. Nr. 251); man sieht die Querkanälchen am besten, wenn man das Mesosalpinx gut ausbreitet und gegen das Fenster hält. Die Kanälchen dringen zum Teil in den Hilus ovarii ein, auch im Inneren des Eierstocks werden einzelne gefunden. Aber sie vereinigen sich nicht mit dem Keimepithel, wie die entsprechenden Ductuli efferentes und das Rete testis mit den Samenkanälchen im Hoden. Abgesprengte Kanälchen entwickeln sich in der Regel zu ein oder zwei Hydatiden, Appendices vesiculosae (Abb. Nr. 251). Sie entsprechen der Nebenhodenhydatide und dem Ductulus aberrans superior im Nebenhoden des Mannes.

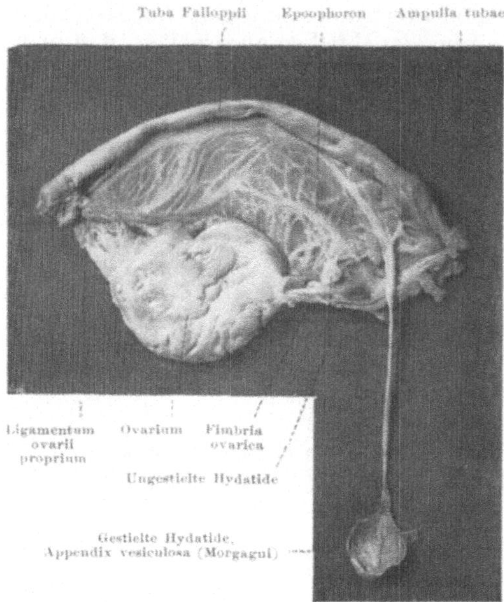

Abb. 251. **Ovarium und abortive Anhänge desselben.** Die gestielte Hydatide ist in diesem Falle ganz ungewöhnlich lang. In anderen Fällen ist auch die zweite Hydatide gestielt. Das Epoophoron ist häufig viel deutlicher als in diesem Fall.

Ein Längskanal, in welchem sich die Urnierenkanälchen sammeln, heißt GARTNERscher Kanal, Ductus epoophori longitudinalis; er entspricht dem WOLFFschen Gang, ist aber ohne Funktion und oft unterbrochen. Er ist in Resten längs der Tube und in der Seitenwand der Gebärmutter bis zur Scheide zu verfolgen (Abb. S. 488), fehlt aber häufig bei der erwachsenen Frau ganz oder größtenteils.

Das Paroophoron geht aus dem kaudalen Teil der Urniere hervor und entspricht dem Ductulus aberrans inferior (Halleri) des Mannes. Es liegt zwischen den untersten Ästen der Arteria ovarica, erhält sich aber meistens nur bis in die ersten Kinderjahre. Auch Reste anderer Teile der Urniere bleiben gelegentlich erhalten. Alle können zu kleinen Cysten entarten und als solche zeitlebens bestehen bleiben. Mit den Eierstocksgeschwülsten haben sie nichts zu tun.

Feinerer Bau   Von dem Epithel des Keimdrüsenfeldes (S. 406) wachsen in das Bindegewebe Zellstränge ein, die sehr dicht aneinander liegen und als Epithelkern bezeichnet werden. In diesen Epithelkern werden die in die Genitalleiste eingewanderten Urgeschlechtszellen (vgl. S. 414) eingeschlossen. Beim männlichen Geschlecht wandelt sich der Epithelkern in deutliche Stränge um, aus denen die Tubuli contorti hervorgehen. Das oberflächliche „Keimepithel" wird zum visceralen Blatt der Tunica vaginalis propria. Beim weiblichen Geschlecht wird der Epithelkern durch einwuchernde Bindegewebszüge in die Keimballen zerlegt, welche jeweils mehrere Urgeschlechtszellen (Oogonien) enthalten.

Bevor unter dem „Keimepithel" eine Bindegewebsschicht, die Tunica albuginea, gebildet wird, entsteht noch ein neuer Epithelkern, der ebenfalls in Keimballen aufgeteilt wird. Vielfach haben die Keimballen zunächst längliche Gestalt (PFLÜGERsche Schläuche). Sie werden schließlich durch Bindegewebe so weit unterteilt, daß jeder Ballen nur noch eine Oogonie mit einer Anzahl „indifferenter" Zellen enthält. Diese letzteren ordnen sich [um die Oogonien in Form eines einschichtigen Plattenepithels. Eine solche zusammengehörige Gruppe heißt Primärfollikel (Abb. Nr. 252). Seine Zellen stammen sämtlich aus den Keimballen. Man nennt die Eizelle im Primärfollikel Urei, die umgebenden Zellen Follikelzellen. Bindegewebszellen aus dem Inneren des Eierstocks dringen in die Keimballen so weit vor, daß schließlich alle

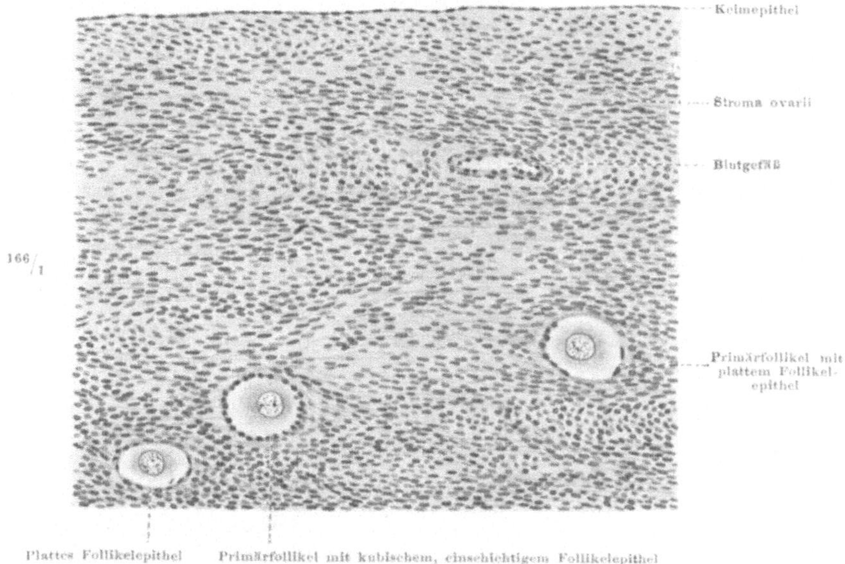

Abb. 252. Primärfollikel, neugeborenes Mädchen.

Primärfollikel voneinander durch Schichten und Septen von Fasergewebe getrennt sind. Das Keimepithel bleibt als eine Schicht von niedrigen cylindrischen Zellen zeitlebens erhalten. Durch ihr anderes Aussehen als das platte Epithel des benachbarten Bauchfells sieht die Oberfläche des Eierstocks mehr schleimhautartig, nicht serös aus.

Der Eierstock im ganzen besteht aus einer Rinden- und Markschicht. Die Rindenschicht ist kompakter als die Markschicht, sie ist nur am Hilus unterbrochen durch die Markschicht, welche hier bis zur Oberfläche vordringt. Unter dem Keimepithel der Rindenschicht liegt eine oberflächliche Lage von dichten Bindegewebszellen, Tunica albuginea. Dann folgt eine lockere Bindegewebsschicht der Rinde, in welcher die Primärfollikel eingebettet liegen. Die Markschicht ist reich an Blut- und Lymphgefäßen, welche netzförmig das lockere Bindegewebe durchziehen und am Hilus ein- oder austreten, ebenso die Nerven des Eierstocks. Das gesamte Bindegewebe wird als Stroma ovarii zusammengefaßt; am Hilus und vom Eierstocksband aus an der Extremitas uterina dringen zahlreiche glatte Muskeln in das Stroma ein. Das Mark ist reich an elastischen Fasern. Über besondere Zwischenzellen (interstitielle Zellen) des Stroma, welche den gleichnamigen Zellen des Hoden entsprechen, siehe S. 504.

Im Innern des Marks finden sich die oben erwähnten Urnierenreste, welche noch mit dem Epoophoron zusammenhängen oder isoliert sind.

GRAAFscher Follikel   Da nur ausnahmsweise Eier nach der Geburt in den vom Keimepithel ausgehenden PFLÜGERschen Schläuchen entstehen, so ist der ganze Lebensvorrat von Eiern beim neugeborenen Mädchen in der Rindenschicht der beiden Eierstöcke beisammen. Man hat in beiden Eierstöcken zusammen über 400000 Follikel gezählt; nur 200—500 Stück werden befruchtungsfähig, die übrigen gehen zugrunde, indem sie schon als Primärfollikel aufgelöst werden oder auf einem späteren Stadium der Entwicklung stille stehen und dann nachträglich zugrunde gehen, atretische Follikel. Bei niederen Tieren werden von den

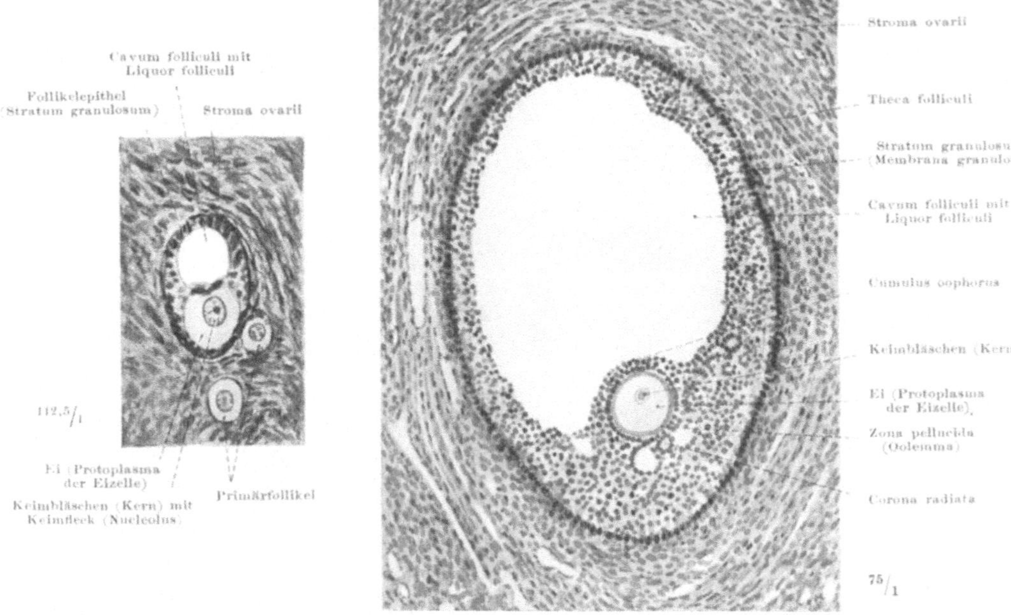

Abb. 253. Primärfollikel und GRAAFsche Bläschen aus dem Eierstock des Menschen.
Abb. a frühes, Abb. b vorgeschrittenes Stadium des GRAAFschen Follikels.

Eiern, welche abgelegt werden, viele durch die Ungunst der äußeren Umstände vernichtet; beim Menschen kommen nur die kräftigsten Ovarialeier zur Entwicklung, von diesen werden nur einige befruchtet.

Die Eier, welche reif werden, liegen in einer besonderen, mit Flüssigkeit gefüllten Umhüllung, dem GRAAFschen Bläschen, Folliculus oophorus vesiculosus (Abb. Nr. 253). Das Ei selbst, Ovum s. Ovulum, hat im reifen Zustand höchstens einen Durchmesser von 0,3 mm (0,15—0,2 mm im Durchschnitt), eine Größe, welche bereits die der Primärfollikel im ganzen (mit 30—40 μ Durchmesser) ganz beträchtlich übertrifft. Die platten, dem Urei im Primärfollikel knapp anliegenden Zellen sind sehr viel mehr gewachsen, indem sie sich vermehrten und eine Hohlkugel formten, welche 1—1$\frac{1}{2}$ Zentimeter im Durchmesser hat. Man hat sie anfangs für das Ei selbst gehalten, doch ist dieses mit bloßem Auge nur auf schwarzem Grunde eben sichtbar; daher wurde es lange übersehen. Es liegt innerhalb des GRAAFschen Bläschens exzentrisch, und zwar der Oberfläche des Eierstocks gegenüber. Alle anderen Zellen des Bläschens werden als Follikelzellen bezeichnet, und zwar die einem mehrschichtigen kubischen Epithel vergleichbare Rindenschicht aus Follikelzellen als Stratum granulosum (s. Membrana granulosa), die Verdickung der Rindenschicht, in welcher das Ei liegt, als Eihügel, Cumulus oophorus, und der flüssige Inhalt des Follikels als Liquor folliculi. Die Follikelzellen sind vergleichbar den SERTOLISchen Zellen des Hoden. Während aber dort die Zahl gegenüber den essentiellen Samenzellen gering bleibt, wird im Eierstock ein mächtiger Apparat gebildet, hinter welchem die Eier selbst zurücktreten. Die biologische Aufgabe ist die gleiche, nur graduell verschieden. Die wenigen Eizellen brauchen eine besondere Pflege; sie werden im GRAAFschen Bläschen durch die Tätigkeit der Follikelzellen ernährt und geschützt, bis das Ei reif ist und aus dem Eierstock austreten kann.

Anfänglich sind die Follikelzellen ganz platt und schwer sichtbar, da sie beim Primärfollikel nur in einer Schicht das Urei umgeben. Sie bleiben zunächst einschichtig, wandeln sich aber in ein cylindrisches Epithel um (Abb. S. 495, 496). Die Zellen desselben teilen sich. So entsteht die mehrschichtige Membrana granulosa des fertigen GRAAFschen Bläschens. Der Liquor folliculi sammelt sich zuerst in einer halbmondförmigen Spalte innerhalb des Follikels, indem sich anfänglich Granulosazellen auflösen, später eine eiweißhaltige Flüssigkeit, welche aus den Blutgefäßen in der Umgebung des Follikels stammt, von den Granulosazellen wie von Drüsenzellen an den Hohlraum weitergegeben wird und diesen dilatiert. Das Ei bleibt dabei mit dem Haufen von Granulosazellen, in welchem es liegt, an der Wand liegen (Abb. b, S. 496). Seine unmittelbare Umgebung besteht aus cylindrischen, radiär gestellten Granulosazellen, Corona radiata. Das Ei selbst ist von einer durchsichtigen feinen, radiär gestreiften Haut umgeben, welche von den einen für ein Produkt des Follikelepithels, von den anderen für ein Produkt des Eies gehalten wird, Oolemma s. Zona pellucida (radiata; nicht zu verwechseln mit der „Corona" radiata). Die radiäre Streifung wird als feinste Durchlöchelung des Oolemma aufgefaßt, die Poren sind die Wege der von den benachbarten Follikelzellen gelieferten Nahrung. Protoplasmafortsätze sollen in die Poren hinein- und durch sie hindurchreichen. Geht das Ei zugrunde, so bleibt im atretischen Follikel das leere Oolemma als kollabierte verdickte Haut übrig.

Die Umgebung des Follikels ist im Dienst des Aufbaues und Unterhaltes der Granulosazellen und des Liquor besonders gefäßreich. Man nennt die gegen das übrige Stroma nicht scharf abgegrenzte Umhüllung aus Bindegewebszellen Theca folliculi. Dem Granulosaepithel zunächst liegt eine feine Basalmembran, die Glashaut, die Gefäße folgen dann in einer etwas lockeren Schicht, Stratum vasculosum s. internum; zu äußerst ist sie am derbsten, Stratum fibrosum s. externum. Die letztere enthält bei manchen Tieren reichliche glatte Muskelzellen, welche beim Follikelsprung besonders tätig sein dürften (z. B. Schwein).

Das Ei ist eine Zelle mit allen Attributen einer solchen. Der Kern wird von alters her Keimbläschen genannt, das Kernkörperchen Keimfleck, der Zelleib Eidotter. Diese Namen rühren von tierischen Eiern her, welche wie das Hühnergelbei durch ihren Dotterreichtum sehr stark anschwellen können. Die weitaus größten Dotter finden sich bei einigen Haien und Vögeln (das Gelbei mißt 22 cm im Durchmesser bei einem japanischen Riesenhai, beim Strauß 10,5 cm; nach den größten fossilen Eierschalen von prähistorischen Vögeln ergibt sich schätzungsweise ein Durchmesser von 16 cm). Die Eier sind die größten Zellen; äußerlich sind sie von anderen Zellen nur durch ihren Ballast von Dotter unterschieden. Der Potenz nach ist die Eizelle natürlich etwas vollkommen anderes als alle übrigen Zellen, denn sie erzeugt durch ihre Vereinigung mit dem Samenfaden das Kind. Die menschliche Eizelle ist die größte unter den Eizellen aller bekannteren Placentalier. Die niedersten Säugetiere haben größere und dotterreichere Eier (Monotremen), weil sie ihre Eier ablegen. Das dürftige Dottermaterial der übrigen wird durch die Ernährung des Eies im Eierstock ergänzt, welche die Follikelzellen übernehmen, und in der Gebärmutter durch die Placenta. Nur für den Weg durch den Eileiter muß das Nährmaterial des Eies selbst reichen. Es liegt im Protoplasma des menschlichen Eies als feine Körnchen durch den ganzen Zelleib verteilt, Deutoplasma. Außerdem kommen im Zelleib besondere Zellorgane, Plastokonten (Mitochondrien) vor; sie entsprechen den viel winzigeren Einschlüssen der Samenbildungszellen, welche zum Teil mit dem Spermakopf in die Eizelle eindringen und sich mit denen des Eies vermischen. Das Protoplasma des menschlichen Eies ist leicht flüssig, die Einschlüsse zeigen beim lebenden Ei lebhaft tanzende Molekularbewegung;

der Kern steigt in jeder Lage an die oberste Kuppe des Eies, weil er leichter ist
als der Dotter, er ist dadurch vor Druckschädigungen bewahrt.

Die menschliche Eizelle ist ungefähr 250 000 mal voluminöser als die Spermie.
Die Reservestoffe des Deutoplasma, auf welchen das Plus der Eizelle hauptsächlich
beruht, sind teils eiweiß-, teils lecithinartig. Die Chromatinmengen der Kerne des
Eies und Samenfadens sind ungefähr gleich groß, nur ist der Kern der Eizelle sehr
locker, bläschenartig (Keim,,bläschen"), das Chromatin hat die Form lockerer
Fäden, das Kernkörperchen tritt infolgedessen sehr deutlich hervor, beim Samenfaden
ist das Chromatin ganz kondensiert und ein Kernkörperchen darin versteckt. Da
die Eigenschaften der beiden Eltern durchschnittlich in gleichen Mengen auf die
Kinder vererbt werden, so ist das Chromatin, das in beiden Keimprodukten in gleicher
Menge vorhanden ist, der hauptsächliche Träger der Erbsubstanzen, aber das Protoplasma ist ebenfalls beteiligt. — Gelegentlich kommen in einem GRAAFschen Bläschen
des Menschen zwei oder drei Eier vor. Bei mehrgebärenden Tieren ist das viel häufiger
zu sehen. Indem die Eier eines Follikels gleichzeitig in die Tube gelangen, können
sie auch gleichzeitig befruchtet und geboren werden (mehreiige Zwillinge, Drillinge
usw.). Teilt sich ein befruchtetes Ei und entwickelt sich jede Hälfte zu einem Ganz-
individuum, wie man es bei Seeigeleiern künstlich durch Schütteln des zweigeteilten
Eies erzielen kann, so ist die Folge ein Zwillingspaar, welches alle Eigenschaften
der Eizelle und des Samenfadens gemeinsam hat, die sich vereinigt haben; beim
Menschen beginnt die Verdoppelung dieser Art wahrscheinlich zur Zeit der Gastru-
lation, solche Kinder sind sich zum Verwechseln ähnlich (eineiige Zwillinge). —
Wenn in einer Eizelle zwei Kerne vorkommen, so hat dies mit einer Verdoppelung
der Zelle nichts zu tun. Auch drei Kerne in einer Eizelle sind beobachtet. Von
anderen Zellen wissen wir, daß die Kernfragmentation wieder rückläufig werden
kann, so daß wieder eine Zelle mit einem Kern zustande kommt.

Die GRAAFschen Bläschen rücken anfänglich aus der Rindenschicht in tiefere
Lagen des Eierstocks und finden dort Platz sich auszudehnen. Kurz vor der
höchsten Höhe der Entwicklung, werden sie so groß, daß sie wieder in die Rinde
hineinreichen und die Oberfläche des Eierstocks erreichen. Der reife Follikel
schimmert als dunkler Fleck durch und ist für die Betrachtung mit bloßem Auge
sichtbar, auch wölbt er schließlich die Oberfläche bucklig vor. Beim geschlechtsreifen Weibe kommt nur ein Follikel in regelmäßigen Zwischenräumen zur Entwicklung. Das äußere Zeichen dafür ist die menstruelle Blutung, die aus dem
Uteruskörper stammt. Bei Nagetieren (Meerschweinchen, Maus) durchläuft
auch der Scheidenschleim ganz bestimmte mikroskopisch feststellbare Veränderungen, an welchen sofort erkannt werden kann, in welchem Stadium der Entwicklung sich die nächst berstenden Follikel im Ovarium befinden. Die Menstruation und Ovulation (Ausstoßung des Eies, Follikelsprung) beim Menschen stehen
zwar in kausaler Verknüpfung, aber nicht unmittelbar. Während die gesunde
Frau durchschnittlich alle 4 Wochen menstruiert, scheint der Follikelsprung
innerhalb weiter Zeiträume zu schwanken wie zwei Wellenzüge von ähnlicher Wellenlänge, von denen Wellenberg mit Wellenberg verschiedene Abstände voneinander haben können. Es fällt wohl auf jeden Zwischenraum
zwischen zwei Menstruationen nur eine Ovulation, d. h. die Zahl der Menstruationen und Ovulationen ist die gleiche, falls nicht der Follikelsprung
ausnahmsweise versagt, aber der Tag des Follikelsprungs ist wechselnd. Besonders häufig fällt er in den Anfang der 3. Woche nach dem Einsetzen der
letzten Blutung (Abb. b, S. 499), kann aber auch früher oder später liegen.

Die technische Unsicherheit der Bestimmung ist beim menschlichen Weibe
wegen der Verstecktheit des Vorganges sehr groß. Ob die individuellen Schwankungen konstant sind, ob also die gleiche Frau ihren eigenen Ovulationstag hat,
der in ähnlicher relativer Konstanz wiederkehrt wie der Menstruationstermin, oder
ob der Ovulationstermin beim gleichen Individuum schwankt und um wieviel stärker
als der Menstruationstermin, wissen wir nicht. Außer den spontanen Ovulationen
soll es auch solche geben, welche durch die Kohabitation ausgelöst werden.

Die Schwankungen der Menstruationstermine (,,Perioden") sind innerhalb der
kultivierten Völker bei vielen gesunden Individuen beträchtlich, noch beträchtlicher
bei blutarmen und schwächlichen Personen, oft auch familiär bedingt; doch stellt sich

meistens eine gewisse „Regel" ein, so daß zwar statt 4 Wochen ein kürzerer oder längerer Termin eintritt, dieser aber oft auf den Tag genau durch längere Zeiträume eingehalten wird, um dann zu schwanken und einer neuen Folge von gleichartigen Terminen Platz zu machen. Das Blut stammt aus der Schleimhaut der Gebärmutter (siehe diese).

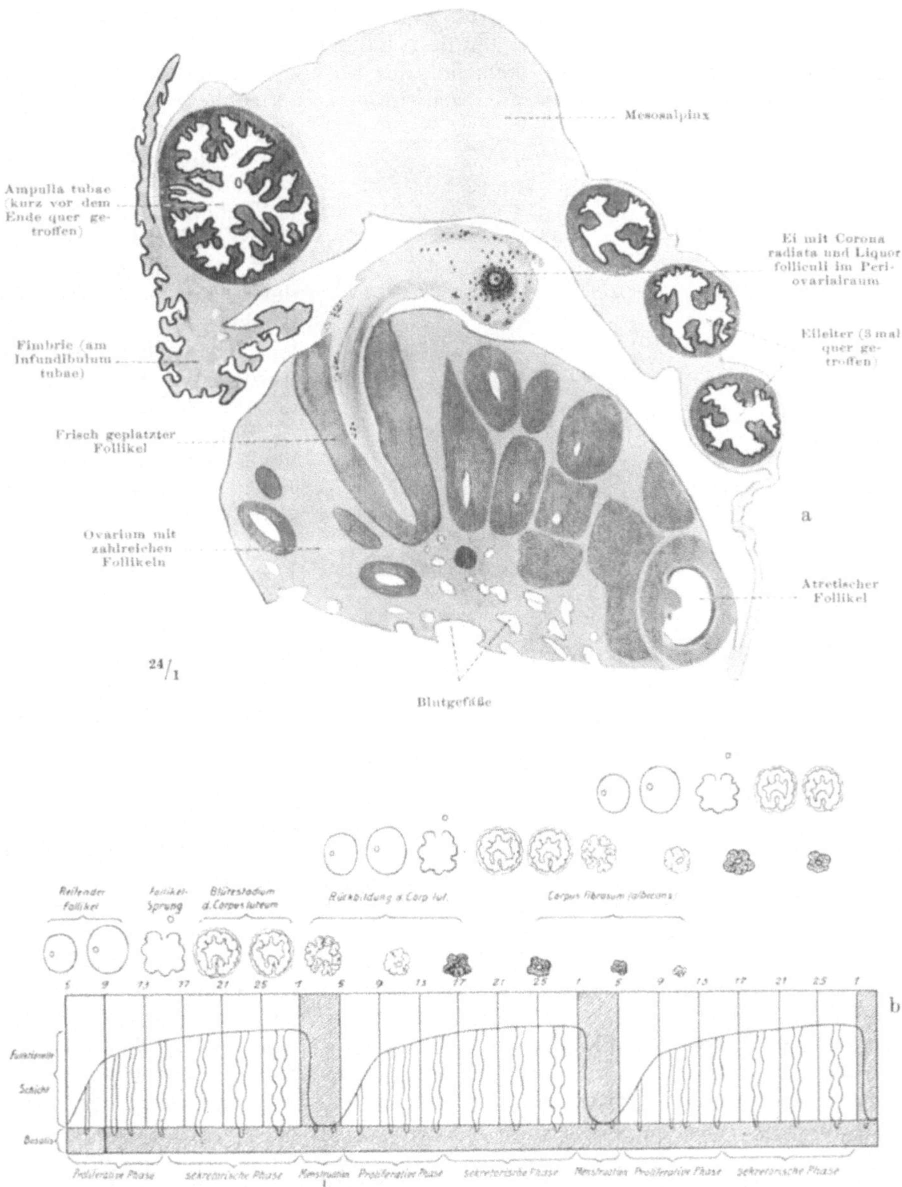

Abb. 254. Ovulation. a Follikelsprung, Eierstock des Meerschweinchens mit zahlreichen Follikeln (dunkelgrau), Stroma ovarii (hellgrau) (nach SOBOTTA, Anatomische Hefte, Bd. 54, 1916; Abb. 5 und 6 von mir kombiniert). b Normaler Menstruationscyclus des Weibes in seiner Beziehung zur Ovulation. Schema. Die Wellenlinie entspricht der Dickenveränderung der Schleimhaut der Gebärmutter (Abb. S. 513). Die Ziffern entsprechen den Tagen der Periode. Oberhalb derselben sind die Veränderungen eines Follikels bis zur Rückbildung des gelben Körpers gezeichnet (nach SCHRÖDER, aus DIETERICH, Einführung in die Geburtsh. und Gynäk. 1920).

　　Das reife GRAAFsche Bläschen platzt an der über die Oberfläche des Eierstocks vorspringenden Kuppe. Ob dabei die vom sympathischen Nervensystem
regulierte glatte Muskulatur im Eierstock mitwirkt oder ob Hormoneinflüsse
seitens anderer Organe oder beide verantwortlich sind, ist nicht sicher bekannt.
Der Liquor folliculi wird fontänenartig herausgepreßt und reißt einen Teil
des Eihügels mit dem Ei mit sich (Abb. a, S. 499). Das Ei hat zu dieser Zeit eine
besonders dicke Zona pellucida. Außen hängen ihm die Follikelzellen der
Corona radiata und andere Follikelzellen des Eihügels an, welche aber auf dem
Weg zum Eileiter oder in diesem abschwimmen, bis schließlich das Ei allein

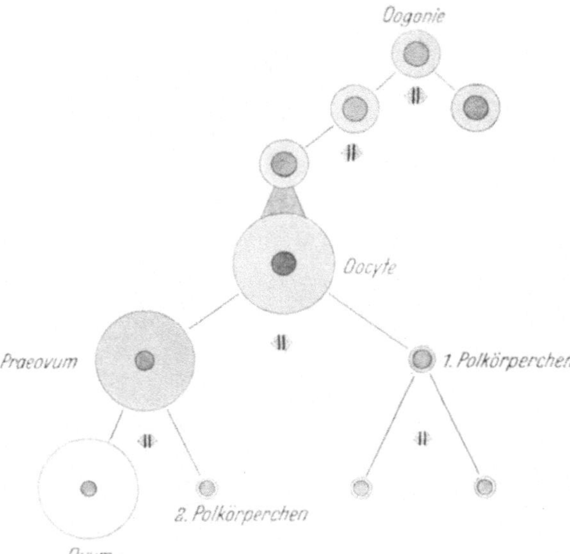

Abb. 255. Lebenscyclus einer Eibildungszelle, Schema. Die
Größe der Eimutterzelle ist gleich der Größe der Samenmutterzelle
(Abb. b, S. 413) angenommen. In Wirklichkeit ist sie 4mal so groß.
Auch die Eizelle ist im Verhältnis viel zu klein gezeichnet. Die Verringerung der Kerndurchmesser und -volumina wie bei den Samenbildungszellen (in Wirklichkeit sind die Verhältnisse komplizierter
und noch nicht geklärt). Farben wie in Abb. b, S. 413.

liegt. Schon vorher finden
die Samenfäden den Weg
zu ihm und befruchten es
(s. Tube).

　　Nach dem Follikelsprung
liegt das Ei zunächst auf
der Oberfläche des Eier-
stocks. Wie es in den Ei-
leiter hereinbefördert wird,
werden wir bei diesem zu
behandeln haben.

　　Von der Reifung des Follikels ist die Reifung des Eies
selbst verschieden. Die Ei-
reifung beginnt im Eier-
stock, wird aber erst im
Eileiter abgeschlossen. Beim
Menschen ist der Vorgang im
einzelnen noch unbekannt,
doch ist anzunehmen, daß
er von den bei Tieren genau
bekannten Prozessen nicht
wesentlich abweicht. Ich beschränke mich auf das All-
gemeinste und verweise im
übrigen auf die Lehrbücher
der Entwicklungsgeschichte.

Bei der Reifung der Samenzellen unterschieden wir drei Reifungsteilungen, welche
kurz vor der Umbildung der Bildungszellen in die fertigen Spermien unmittelbar
aufeinanderfolgen; bei der Eizelle sind nur zwei Reifungsteilungen nachgewiesen (vgl. Abb. b, S. 413 u. Abb. Nr. 255). Außerdem sind beim Ei zwei
wichtige Unterschiede konstatierbar, die aber an dem beim Samen beschriebenen essentiellen Vorgang der Reifung nichts ändern. Der erste Unterschied
ist rein quantitativ. Die Eizelle teilt sich viel weniger häufig als die Samen-
mutterzellen, wächst aber dafür viel stärker als die Spermatogonie, indem
sie zur Spermatocyte wird. Man nennt sie entsprechend dem Fachnamen
der Samenbildungszellen vor der Wachstumsperiode Oogonie oder Urei,
nachher Oocyte. Bei der Reifung selbst ist außer dem quantitativ veränderten Ausgangspunkt ein zweiter Unterschied gegen die Abfolge bei der
Samenreifung, der lange das eigentlich Wichtige verbarg, sehr auffällig. Man
könnte glauben, die Oocyte sei das endgültige Ei. Das ist nur scheinbar so.
Die Oocyte teilt sich mitotisch in zwei Zellen, von denen allerdings eine ganz
klein ist und oft bald zugrunde geht. Die andere ist groß, ist aber nur
scheinbar die Oocyte von vorher; wir nennen sie analog der entsprechenden

Samenbildungszelle **Vorei**, **Präovum**. Sie teilt sich abermals, auch diesmal bleibt die eine Tochterzelle klein, die andere ist nur scheinbar dasselbe wie die Oozyte und das Präovum; sie ist in Wirklichkeit eine neue Zelle, das **Reifei**, **Ovum**. Die beiden Teilungen besorgen die Verringerung der (48) Chromosomen des unreifen Eies auf die Hälfte. Da beim Samen das gleiche statthat, wird bei der Befruchtung der Chromosomenbestand wieder der alte, da die halbe weibliche und halbe männliche Zahl (je 24) in einem neuen Kern vereinigt werden. Dieser Kern ist also das Verschmelzungsprodukt des männlichen und weiblichen **Vorkernes** (Kopf der Spermie und Kern des Ovum); er ist selbst der Ausgangspunkt für sämtliche Kerne des werdenden kindlichen Organismus. Man nennt die beiden Reifeteilungen **Reduktionsteilungen**, weil durch sie die Zahl der Chromosomen halbiert wird (beim Menschen 24 statt 48 Chromosomen). Bei Säugetieren fehlt oft die erste der beiden Reduktionsteilungen, die angegebene Zahlenverminderung ist durch eine allein garantiert, auch da, wo beide Teilungen vorkommen.

Die kleinen Zellen, welche bei der Reifung vom Ei abgestoßen werden, heißen **Richtungskörperchen** oder **Polzellen**. Sie sind rudimentäre Eier. Man fand sie, ehe der Vorgang seiner Wesenheit nach bekannt war, meistens am animalen Pol der Zelle, an welchem sich bei allen dotterhaltigen Eiern die eigentlichen Bildungsvorgänge des Embryo wegen der exzentrischen Lage des schweren Dotters abspielen. Daher der Name. Bei Säugetiereiern ist die Lage sehr verschieden. Das erste Polkörperchen (Abb. S. 500, rot) teilt sich bei manchen Tieren nochmals in zwei neue, so daß im ganzen drei Polocyten resultieren (hellblau), meistens sind es jedoch nur zwei im ganzen (das ungeteilt bleibende erste und das zweite Polkörperchen) oder nur eines (hellblau). Indem die Natur von den vier Zellen, welche aus je einer Oocyte hervorgehen, nur eine zur Reife kommen läßt, wird diese auf Kosten der anderen begünstigt. Die Spermien, die viel kleiner bleiben, werden dagegen alle reif. Beim Ei beginnt die Auslese bereits in der Vorentwicklung des Reifeies, setzt sich bei der Follikelbildung im Eierstock fort und findet bei der Befruchtung ihr Ende. Rechnet man auf ein Reifei drei abortive Eier und legt man die Zahl von 400 000 Follikeln zugrunde, so ergeben sich pro Individuum über $1^1/_2$ Millionen präsumptive Kindanlagen. Aus diesen werden die wenigen Kinder ausgewählt, welche eine Frau zur Welt bringt. Die Auslese ist schon ungeheuer. Beim Mann ist sie noch viel größer, aber mehr auf die Befruchtungsperiode selbst beschränkt. Bei manchen Tieren (Nagern) ist der Uterus prall mit Millionen und Milliarden von lebenden Spermien gefüllt, von denen nur einige in den Eileiter vordringen; von diesen vollziehen wieder nur wenige die Befruchtung. Die Auslese im Hoden und vor der Ejaculation spielt dagegen eine geringere Rolle. Auch beim Menschen ist die Zahl der Spermien, die ejaculiert werden, ganz gewaltig und der Zahl der Reifeier ungeheuer überlegen (S. 416).

Im Ovarium kommen nicht selten Geschwülste vor, in welchen sich Teile von Embryonen, Knochen, Haarsträhne, einzelne Zähne u. dgl. finden (**Teratome**). Sie können aus Eiern hervorgehen, welche sich pathologisch entwickeln; doch ist bei ihnen auch möglich, daß sie Polocyten entstammen, die sich ausnahmsweise, anstatt zugrunde zu gehen, weiter entwickelt haben.

Da das Urei sehr stark wächst, muß der Kern folgen, da bei allen Zellen zwischen Kern und Zelleib eine bestimmte Größenbeziehung eingehalten wird (**Kernplasmarelation**; es bleibe dahingestellt, wo im vorliegenden Fall der Anstoß zum Wachstum zu suchen ist, ob im Kern, im Plasma, in einer äußeren Ursache u. dgl.). Bei den Kernen der jungen Ovarialeier äußert sich das Wachstum des Chromatins in eigenartigen Veränderungen der Chromosomen, die z. B. bei niederen Wirbeltieren feinste Ausläufer nach allen Richtungen aussenden (Lampenputzerfiguren). Durch die feinste Verteilung, welche offenbar dem Wachstum des Chromatins günstig ist, verschwindet es scheinbar für die Beobachtung mit den üblicheren mikroskopischen Systemen. Auch bei menschlichen Oocyten ist der Kern besonders hell, weil das Chromatin bis auf feinste Pünktchen unsichtbar ist.

Der Eierstock sondert ähnlich dem Hoden Hormone ab, welche auf dem Wege **Innere** Sekretion der Körpersäfte andere Stellen des Körpers beeinflussen. Am bekanntesten ist die Wirkung auf die Gebärmutter, bei der Menstruation und bei der Einnistung des Eies (Nidation). Entfernt man die Eierstöcke des menschlichen Weibes operativ, so kann zwar sofort eine Menstruation erfolgen, die nicht zu erwarten war, aber in Zukunft bleibt die Menstruation aus. Tierzüchter wissen, daß man bei Kühen vom Mastdarm aus die gelben Körper im Eierstock (s. unten) zerdrücken und dadurch die Brunft wieder anfachen kann. Man hat daraus geschlossen, daß speziell die gelben Körper die Brunft hemmen; dazu stimmt, daß nach Kastration sofort eine Menstruation einsetzt, sofern ein gelber Körper vorhanden war. Aber geklärt ist diese Frage noch nicht und ganz im allgemeinen ist noch ganz unsicher, welche Teile des Eierstocks die fördernden und hemmenden Hormone liefern. Bei der Milchsekretion ist sogar unbekannt, ob die

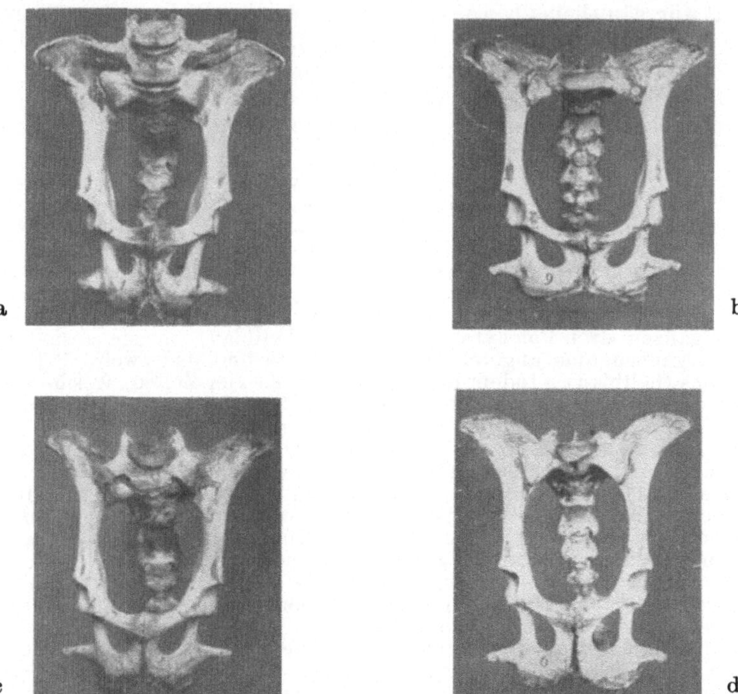

Abb. 256. **Wirkung der Eierstöcke auf das Becken.** In der oberen Reihe sind Becken von normalen, in der unteren Reihe Becken von kastrierten Tieren abgebildet. a Becken eines 2jährigen männlichen, b eines gleichalterigen weiblichen Schafes, c eines 2jährigen männlichen Kastraten, d eines gleichalterigen weiblichen Kastraten. (Nach FRANZ, HEGARS Beiträge Bd. 13, 1909.)

Hormone nur vom Eierstock oder auch von der schwangeren Gebärmutter ausgehen. Da die Milchdrüsen bei männlichen Ratten, die kastriert und dann durch Implantation eines Eierstocks feminiert wurden, sich stark vergrößern und so viel Milch geben, daß die Tiere fremde Jungen säugen können, so ist in diesem Fall eine Einwirkung des Uterus ausgeschlossen und allein eine solche des Eierstocks möglich. Beim Meerschweinchen liegen die Dinge komplizierter: ein Einfluß der Placenta auf die Milchdrüse ist hier neben dem Einfluß der Eierstöcke festgestellt.

Man nimmt an, daß Ovarialhormone die Schleimhaut der Gebärmutter sensibilisieren und glaubt, sie gingen vom gelben Körper aus. Sicher ist, daß die Nidation des Eies zur Zeit der Brunft beim Meerschweinchen durch Messereinschnitte in die Schleimhaut der Gebärmutter nachgeahmt werden kann und daß letztere darauf so reagiert, wie wenn ein Ei in sie eingedrungen wäre (Bildung einer Decidua, siehe Uterus).

Die Hormone des Eierstocks wirken besonders auf die Proportionen des Skelets; beispielsweise entsteht die spezifische Form des weiblichen Beckens, die dem Gebärakt angepaßt ist, nur bei intaktem Eierstock, bei Kastraten bleibt die spezifisch weibliche Erweiterung des Beckens aus (Abb. d, S. 502). Einflüsse der Ovarien auf den Kalkstoffwechsel, welche an sich wahrscheinlich sind, weil bei schwangeren Frauen schwerwiegende Knochenerweichungen namentlich am Becken auftreten können (Osteomalacie), sind ihrer Wesenheit nach noch ganz ungeklärt; sie sind vielleicht nur auf dem Wege über andere Drüsen mit innerer Sekretion, z. B. die Schilddrüse, möglich. Noch dunkler sind mannigfache Einwirkungen auf andere Organe, welche den Eierstöcken bei Normalen und Kranken zugeschrieben werden. Über die Beziehungen zur Gebärmutter siehe S. 517.

Früher schrieb man den Eintritt der Menstruation und Nidation dem Einfluß des Nervensystems zu. Dem widersprechen die erfolgreichen Versuche, rückenmarklose Hunde zu befruchten; ein solches Weibchen warf ein lebendes und zwei tote Junge. Dagegen führen die Keimdrüsen dem Gehirn auf dem Säfteweg Hormone zu, welche die Brunft beim Tier und den Geschlechtstrieb beim Menschen entfachen. Ursache und Wirkung sind gerade die umgekehrten, wie man ursprünglich glaubte.

Die Proportionen im allgemeinen werden dadurch bestimmt, daß die knorpligen Epiphysenfugen der Knochen in einem bestimmten Zeitpunkt verschwinden, indem sie verknöchern. Ein weiteres Längenwachstum ist dann nicht mehr möglich. Die Keimdrüsen hemmen während der Pubertät das Knorpelwachstum der Epiphysen. Je früher die Pubertät einsetzt, um so kleiner bleibt bei gleich schnellem Wachstum in der Kindheit das betreffende Individuum. Die Frau, welche früher geschlechtsreif wird als der Mann, ist deshalb durchschnittlich kleiner. In den Tropen, wo die Reife der Geschlechtsdrüsen durch das Klima beschleunigt wird, kommt das Knochenwachstum unter der stürmischen Einwirkung ihrer Hormone bei beiden Geschlechtern ungefähr zur gleichen Zeit zum Stillstand und die sexuellen Verschiedenheiten in den Proportionen sind nicht so ausgeprägt wie bei den langsam wachsenden Nordländern. Die absolute Länge ist davon abhängig, wie stark das Wachstum vor der Pubertät war, auch wenn diese sehr früh eintritt (vgl. Bd. I, S. 15 und diesen Band S. 419).

Das leere GRAAFsche Bläschen geht nach dem Follikelsprung nicht sofort zugrunde. Die Granulosazellen vermehren sich vielmehr; die Membrana granulosa, welche sich infolge ihres Wachstums flächenartig ausbreitet, hat im bisherigen Raume nicht mehr Platz und legt sich in eng aneinandergedrängte Falten, die nach dem Inneren zu vorspringen und den Hohlraum, der nach dem Follikelsprung übrig blieb, ausfüllen (Abb. b, S. 499, Blütestadium). Der Rest der Höhle ist mit Blut gefüllt, wenn beim Platzen des Follikels Blutgefäße einrissen, Corpus rubrum; fehlt ein Bluterguß, was gelegentlich vorkommt, so sammelt sich seröse Flüssigkeit im Innern. Die Granulosazellen verändern sich aber nicht nur ihrer Masse nach. Sie beladen sich mit Lipoidstoffen, welche in Form kleiner Körnchen im Protoplasma abgelagert werden, so daß der Zelleib aufgebläht ist und bei Präparaten, in welchen das Lipoid gelöst ist, fein vacuolisiert aussieht. Man nennt sie Luteïnzellen. Makroskopisch verleihen sie dem Follikel eine gelbe Farbe, daher der Name gelber Körper, Corpus luteum menstruationis. Bei der nächsten Menstruation treten Blutungen in den gelben Körper hinein auf, welche von Zersetzungen des ergossenen Blutes und Ablagerung von braunem Pigment gefolgt sind (Abb. b, S. 499, Stadium der Rückbildung). Die Kerne der Luteïnzellen lösen sich auf, der Zelleib schwindet und Gallertgewebe erscheint im Centrum des gelben Körpers; makroskopisch wandelt sich seine Farbe in Weiß um, je mehr der gallertige Kern in derbes glänzendes Narbengewebe übergeht, Corpus fibrosum albicans s. candicans. Nach 6—8 Wochen ist der letzte Rest geschwunden (Abb. b, S. 499, Corpus fibrosum).

Anders bei Befruchtung desjenigen Eies, welches beim Follikelsprung das GRAAFsche Bläschen verließ, und bei nachfolgender Schwangerschaft. In diesem Fall wird der Follikel zum Corpus luteum graviditatis s. verum. Der Durchmesser erhöht sich in diesem Fall bis auf 3 cm, weil die Ablagerung von Luteïn besonders reichlich und nicht durch Blutungen gestört ist; denn bekanntlich setzt mit eintretender Schwangerschaft die Menstruation aus. Das Corpus luteum verum erhält sich während der ganzen Schwangerschaft, verfällt aber auch schließlich der Rückbildung.

Die Oberfläche des Eierstocks von älteren Frauen sieht nicht mehr glatt, sondern uneben, höckerig aus, da GRAAFsche Bläschen an den verschiedensten Stellen platzen können und narbige Einziehungen hinterlassen (Abb. S. 494, 512).

Beim Pferd treten die Eier immer an derselben Stelle aus, Emissionsgrube; die GRAAFschen Bläschen verschieben sich dorthin, ehe sie bersten.

Auch Bindegewebszellen der Theca folliculi dringen mit Blutgefäßen in den gelben Körper ein. Die Luteïnzellen sind durch feine Bindegewebssepten in Häufchen abgeteilt. Da Lipoide auch in die Bindegewebszellen abgelagert werden, unterscheidet man Granulosa-Luteïnzellen und Theca-Luteïnzellen. Inwieweit die Hormone, welche vom gelben Körper ausgeschieden werden, von einer dieser beiden Arten oder von beiden herstammen, ist noch unsicherer als die Beantwortung der Frage, welche Wirkungen der gelbe Körper hat. Wahrscheinlich ist, daß er die Körpergröße des Mädchens zur Zeit der Pubertät und später bei der Frau die Nidation und anfängliche Ernährung des Eies bei eintretender Schwangerschaft regelt (siehe oben).

Andere glauben, daß der gelbe Körper die Reifung weiterer Eier im Eierstock hemme, ebenso die Blutungen aus der Gebärmutter. Kaninchen und Meerschweinchen werden durch die Überpflanzung von Eierstöcken trächtiger Weibchen auf nicht trächtige der gleichen Art vorübergehend unfruchtbar. Man hat dies als „hormonale temporäre Sterilisierung" seitens des eingepflanzten gelben Körpers gedeutet. In diesem Sinne wurde verständlich, daß die Tierärzte bei der Kuh persistierende gelbe Körper zerdrücken, um das ihnen bekannte Ausbleiben der Brunft bei solchen Vorkommnissen zu vermeiden.

Genetisch gleichwertig den Zellen in den gelben Körpern sind auch die Zellen in den atretischen Follikeln (Abb. a, S. 499). Wir sahen, daß eine große Zahl von Follikeln vor dem Follikelsprung zugrunde geht. In einem Fall wurden für beide Eierstöcke einer 22-Jährigen zusammen 12000 atretische Follikel berechnet. Wenn also auch der einzelne atretische Follikel viel weniger Elemente als ein gelber Körper enthält, so summiert sich die an sich geringe Zahl durch die beiden Eierstöcke ganz erheblich. Die Elemente selbst sind sehr verschieden. Bei Raubtieren und Nagern, gelegentlich auch beim Menschen treten Luteïnzellen auf; solche atretische Follikel sehen der Farbe nach gelben Körpern zum Verwechseln ähnlich, sind jedoch viel kleiner, Corpora lutea atretica. Die Luteïnzellen scheinen in diesem Fall ausschließlich aus eingewanderten Thecazellen zu stammen. Meistens lösen sich die Granulosazellen der atretischen Follikel früh auf; es bleibt nur ein zerknittertes, verdicktes Oolemma übrig. Wird die Glashaut der Theca verdickt, so kann diese als stark färbbare zerknüllte Haut einen Kern von zersprengten Granulosazellen und von fibrinösem Material umhüllen, in welchem erst das Oolemma mit Resten der Eizelle versteckt liegt.

Manche Autoren glauben, daß die atretischen Follikel Hormone bilden, welche sich auch in den Corpora lutea menstruationis et graviditatis finden, und sprechen alle Arten von gelben Körpern und die Zwischenzellen als Abwandlungen eines einheitlichen innersekretorischen Organs der Eierstöcke an.

Zwischenzellen

Bei vielen Tieren, z. B. den Nagern und Raubtieren, liegen zwischen den Follikeln im Stroma ovarii Zellnester und -stränge, welche bindegewebiger Abkunft sind, aber epitheliale Form angenommen haben und darin ganz den Zwischenzellen des Hoden gleichen (vgl. S. 421). Beim Menschen kommen sie nur bei Kindern vor der Pubertät vor; alle ähnlichen Zellen im späteren Alter sind wahrscheinlich Reste atretischer Follikel. Die Rolle der Zwischenzellen ist äußerst zweifelhaft. Ich verweise auf das beim Hoden Gesagte.

In Analogie zum Hoden wären beim Eierstock die vom Keimepithel stammenden Follikelzellen und das Ei selbst als innersekretorische Bildungsstätten anzusehen.

Da aber neben den Granulosa-Luteïnzellen auch Theca-Luteïnzellen vorkommen, und da die Corpora lutea artretica ausschließlich aus letzteren zu bestehen scheinen, so läßt sich beim weiblichen Geschlecht eine Reihe konstruieren, an deren einem Ende reine Bildungen aus Keimepithel, am anderen reine Bildungen aus Stromazellen stehen, während dazwischen Mischformen aus den genetisch verschiedenartigen Zellen den größten Teil der Reihe ausmachen. Gerade die Symbiose zwischen den beiderlei Zellarten wird ähnlich wie bei den lymphoepithelialen Organen (Tonsillen, Thymus) als besonders wichtig für die innere Sekretion gehalten. Doch bedürfen diese Vorstellungen und ihre Grundlagen noch sehr der Nachprüfung.

Blutzufuhr: Die Arteria ovarica kommt hoch oben von der Aorta ähnlich wie die A. spermatica interna für den Hoden, manchmal auch aus der A. renalis. Sie erreicht den Eierstock durch das Lig. suspensorium ovarii (s. ovariopelvicum). Die Äste treten von dort durch das Mesovarium in den Hilus und verzweigen sich in der Markschicht. Feinste Ästchen umspinnen die Follikel in der Gefäßschicht der Theca. Ein Ramus ovaricus der A. uterina anastomosiert nahe dem Hilus mit der A. ovarica und kann vikariierend eintreten. Meistens reicht die Arteria ovarica mit einem Ramus uterinus bis an den oberen seitlichen Gebärmutterwinkel und anastomosiert dort mit der A. uterina. — Die Venen bilden ähnlich dem Plexus pampiniformis des Mannes einen Plexus ovaricus, der in den Plexus uterinus et vaginalis zu seiten der Gebärmutter und Scheide abfließt (Abb. S. 532). Zahlreiche Anastomosen führen zu den Venen der benachbarten Organe des Beckeninneren und der Beckenwand. — Die Lymphgefäße beginnen unmittelbar in der Umgebung der Follikel, welche sie netzförmig umspinnen. Sie nehmen wie die Venen ihren Weg durch den Hilus und das Mesovarium. Die Lymphknoten längs der Aorta und Vena cava inferior (Nodi lumbales) nehmen die Lymphe aus den Eierstöcken, den Eileitern und vom Fundus der Gebärmutter auf, welche in Lymphgefäßen längs der Vasa ovarica fließt. Die Lymphe der übrigen Teile des Uterus und der Scheide nimmt einen anderen Weg.

Die Innervation geschieht durch sympathische und parasympathische Geflechte, welche den Eierstock auf zwei Wegen erreichen. Die ersteren gehören zum Plexus aorticus. Der Hauptweg führt entlang den Nierenarterien, der Nebenweg verläßt das Aortengeflecht viel tiefer. Beide erreichen den Eierstock längs der A. ovarica. Die aufsteigenden Fasern gelangen in das Rückenmark durch die hintere Wurzel des 10. Thorakalnervs. Die Nerven sind im Eierstock zu den Gefäßen und glatten Muskeln im Mark und in feinsten Netzen bis in die Rindenschicht an die Follikel und bis unter das Keimepithel zu verfolgen. Einzelne sympathische Ganglienzellen und chromaffine Zellen kommen in der Marksubstanz vor.

b) Die Eileiter.

Von jedem Eierstock führt ein drehrunder Kanal zur Gebärmutter, der Eileiter, Tuba uterina (Falloppii, Abb. S. 488, 493, 512). Er ist 14—20 cm lang und etwa $\frac{1}{2}$ cm dick. Am dünnsten, aber dickwandigsten ist das innere Drittel, welches dem Uterus zunächst liegt, Isthmus tubae; weiter und dünnwandiger sind die beiden äußeren Drittel nach dem Eierstock zu, Ampulla tubae (ersterer 3—6 cm, letzterer 11—14 cm lang). Die Ampulle schlängelt sich in situ um den oberen Pol des Eierstockes herum, den wir danach Extremitas tubaria nannten. Das freie Ende, Ostium abdominale tubae, ist eine feine Öffnung, die bei der Leiche etwa 2 mm im Durchmesser hat, aber im Leben durch den Tonus der Muskulatur und besonders bei ihrer Kontraktion viel enger ist. Sie liegt im Grunde einer trichterförmigen Erweiterung des Tubenendes, von deren Rand eine Anzahl von einfachen oder verästelten Fransen ausgehen, Fimbriae tubae (Abb. S. 493, 512, 506). Wie das Ei vom Eierstock aus den Weg in das Labyrinth von Falten und Fältchen und durch dasselbe hindurch in den Eileiter hinein findet, werden wir erst durch den feineren Bau so weit verstehen können, als es nach unseren heutigen Kenntnissen möglich ist. Eine Fimbrie, welcher dabei eine besondere Rolle zugeschrieben wird, weil sie von der Tubenöffnung bis zum Eierstock durchläuft, heißt Fimbria ovarica (Abb. S. 493). In die Lichtung der Ampulla tubae springen zahlreiche Längsfalten, Plicae

ampullares, vor, welche reichlich verzweigt sind (Abb. Nr. 257) und oft miteinander anastomosieren, so daß das Ei auf seiner Wanderung zur Gebärmutter und umgekehrt die Samenfäden auf ihrem Weg gegen den Eierstock
hin durch ein System von deltaförmig verzweigten Armen des Tubenkanals
passieren müssen. Bei Tieren sind die Längsfalten oft verhältnismäßig einfach
gestaltet (Abb. a, S. 499). Auch beim Menschen wird der Kanal im Isthmus
einheitlicher und enger, die Falten sind niedrig und oft unverzweigt, so daß
das Ei nur noch in der centralen Lichtung Platz hat (Plicae isthmicae,

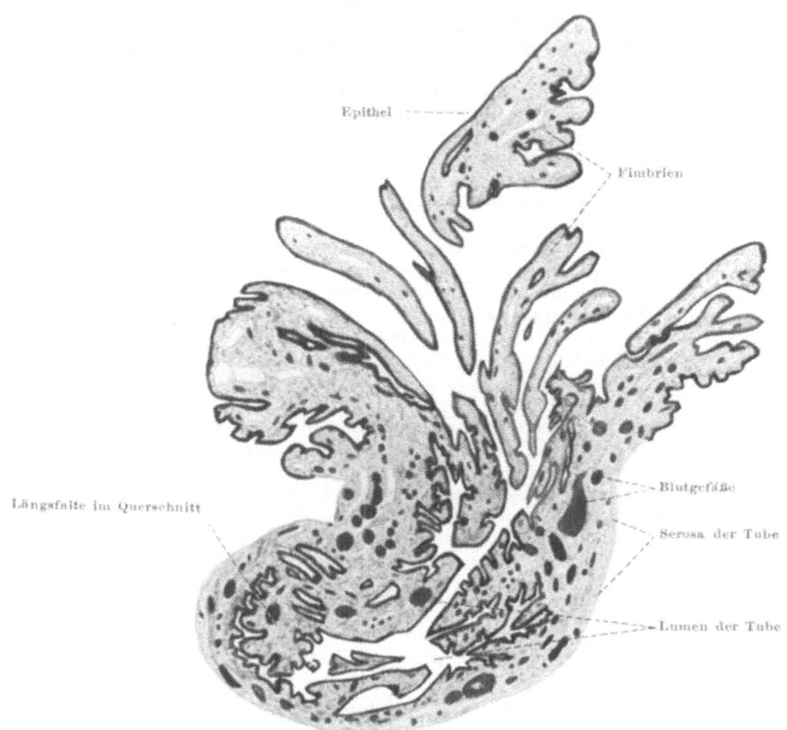

Abb. 257. Ostium abdominale tubae, neugeborenes Mädchen, Längsschnitt.

Abb. S. 507). Diese Strecke verläuft gerade, mündet jederseits in die Ecke des
Gebärmuttergrundes und durchbohrt die dicke Wandung desselben, so daß
die Lichtung des Kanals frei in die Höhle des Uterus mündet. Auch innerhalb der Wandung (intramural) behält der Eileiter seine eigene Wandung.
Die Öffnung, Ostium uterinum tubae, ist nur halb so groß wie die am
anderen Ende (0,5—1 mm im Durchmesser).

Befesti- Die Eileiter sind in den oberen Rand des breiten Gebärmutterbandes, Liga-
gung und mentum uteri latum, eingelassen; die ihnen zunächst liegende Partie des Bandes
Lage heißt Eileitergekröse, Mesosalpinx. Auf der Hinterseite reicht es bis zum
Mesovarium. Denkt man sich einen Schnitt quer zum Eierstock durch das ausgebreitete Lig. latum gelegt, so bekommt man eine Y-förmige Figur; der eine (kurze)
Schenkel geht zum Eierstock (Mesovarium), der andere (lange) geht zur Tube
(Mesosalpinx). Breitet man das breite Mutterband aus, so sind die Tuben gerade
gestreckt; in situ biegen sie im mittleren Drittel ihres Verlaufes fast rechtwinklig
nach hinten und unten um (Abb. S. 524). Diese Strecke folgt dem Kontur des Eierstocks und ist am Ende nochmals geknickt, diesmal medianwärts. Die freie Kante
des Eileitergekröses dient zur Verbindung des Infundibulum mit der Beckenwand,

Ligamentum infundibulopelvicum (S. 493); aber weder das Gekröse selbst noch dieses „Band" verhindern die Beweglichkeit der Tube bei Einwirkungen von außen und bei den eigenen Kontraktionen. Ist die Gebärmutter seitlich verlagert, so können die Eileiter folgen, nur bei entzündlicher Verhärtung leisten sie Widerstand und verursachen Schmerzen. Die Ausbildung der Fossa ovarica (S. 491) steht in Beziehung zu den Schlängelungen des Eileiters, welche dem Eierstock anliegen, wie der Vergleich der sehr wechselnden Verhältnisse bei den Säugetieren gelehrt hat.

Die Blutzufuhr geschieht durch anastomosierende Ästchen, Rr. tubarii, der A. ovarica und A. uterina, welche dem Eileiter parallel im Mesosalpinx verlaufen, die Venen schließen sich den Arterien an und münden teils in den venösen Plexus des Eierstocks, teils in den der Gebärmutter direkt. Die Lymphgefäße enden mit denen des Eierstocks in den lumbalen Lymphknoten. Die Nerven verlaufen mit den Gefäßen. Sie stammen aus den Geflechten des Eierstocks und der Gebärmutter. Die afferenten Fasern gehören zu den beiden letzten Thorakal- und ersten Lumbalnerven. Zahlreiche Ästchen dringen in die Außenwand des Eileiters ein und sind mit ihren feinsten Ausläufern bis an das Epithel verfolgt worden. Gefäße und Nerven

Zu äußerst liegt die Tunica serosa, die Bauchfellduplikatur, welche zum breiten Mutterband gehört und dessen Rand bildet. Sie umschließt eine ganze Reihe von Schichten: 1. Tunica adventitia, 2. Tunica muscularis mit einem äußeren Stratum longitudinale und inneren Stratum circulare, 3. Tunica mucosa im weiteren Sinn mit einer Tela propria und dem Eileiterepithel. Die Tunica adventitia und Tela propria sind Bindegewebsschichten, welche das Gerüst für die Gefäße und Nerven abgeben und die übrigen Schichten verknüpfen; eine nicht besonders bezeichnete, zwischen Längs- und Ringmuskelschicht eingeschobene Bindegewebslamelle ist besonders gefäßreich. Die Muskulatur ist glatt, innen von der Ringschicht können gelegentlich einzelne Längsmuskeln vorkommen. Die „Ring"fasern stehen meistens etwas schräg und überschneiden sich schichtweise in spitzen Winkeln. Die innersten glatten Muskelbündel dringen nicht selten durch die Tunica propria bis gegen das Epithel hin vor, in die Falten der Schleimhaut gelangen sie nicht. Im Isthmus ist die Muskelschicht Der feinere Bau

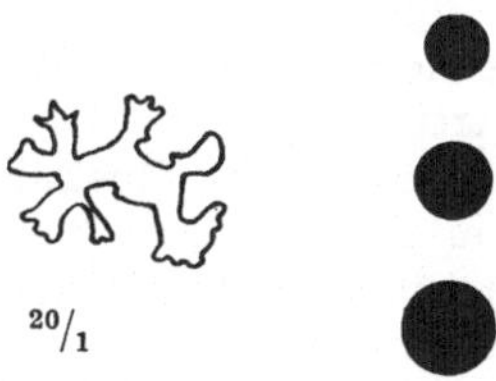

Abb. 258. Isthmus tubae, Querschnitt durch die Lichtung. Daneben die Größen menschlicher Eier von 200 bis 300 μ Durchmesser in der gleichen Vergrößerung (aus Grosser, Anat. Anz., Bd. 48, 1915).

am dicksten, hier ist sie die Hauptmasse der Wandung; nach dem abdominalen Ende des ampullären Abschnittes wird sie immer dünner und umgekehrt die Schleimhautauskleidung immer dicker. Aber auch das Infundibulum hat glatte Muskeln, welche sich von der Tubenwandung aus in seine trichterförmigen Ausbreitungen fortsetzen. Man hat einen besonderen glatten Musculus infundibuli unterschieden, welcher Beziehungen zur Aufnahme des Eies in den Eileiter hat. Die Muskelschicht im allgemeinen kann durch ihre peristaltische Bewegung das Ei nach der Gebärmutter zu vorwärts treiben. Daß sich dabei das Ei selbst passiv verhält, geht daraus hervor, daß Lokomotionseinrichtungen bei ihm fehlen; auch ist der Vorgang dadurch nachgeahmt worden, daß dickschalige Spulwurmeier in die Bauchhöhle von Kaninchen gebracht, geradeso in der Tube fortwanderten wie die eigenen Eier des Tieres. Man findet bei Tieren die letzteren, auch wenn sie zu sehr verschiedener Zeit aus dem Eierstock ausgetreten sind, ungefähr an der gleichen Stelle. Daraus wird mit Wahrscheinlichkeit geschlossen, daß die Muskelwirkung der Hauptfaktor für die Fortbewegung des Eies ist; denn der andere Faktor, die Flimmerbewegung der Schleimhaut, müßte das Ei je nach der verstrichenen Zeit bald um einen kurzen, bald um einen langen Abschnitt vorgeschoben haben, gleiche Flimmertätigkeit in allen Phasen vorausgesetzt. Die Zeit, welche das Ei braucht, um die ganze Länge der Tube zu passieren, wird sehr verschieden geschätzt, von den einen auf etwa 3, von den anderen auf etwa 10 Tage. Der

Isthmus wird wahrscheinlich unter der Wirkung seiner dicken Muskulatur am schnellsten passiert. Große Eier müssen hier die Falten verdrängen, um genügenden Platz zum Durchgleiten zu haben (Abb. S. 507).

Die Schleimhaut mit ihren zahlreichen Längsfalten befördert die Fortbewegung des Eies durch den Flimmerbesatz ihrer der Lichtung zugewendeten Oberfläche. Die Cilien erreichen das Ei von allen Seiten, während es durch das Labyrinth von Falten hindurchgleitet und wirken so intensiver als bei einer weiten und faltenfreien Lichtung. Die Spermien wandern durch ihre eigenen Bewegungen zwischen den Schleimhautfalten auf die abdominale Tubenöffnung hin. Die Flimmerung verhindert, daß sie sich zwischen die Wimpern hindurch in das Epithel der Tube einbohren, verwehrt ihnen aber nicht das Vordringen ampullenwärts, da die Spermien positiv rheotaktisch reagieren.

Das Epithel ist an den meisten Stellen einschichtig, selten zweischichtig. Die Zellen sind kubisch bis cylindrisch, in der einen Phase ihres Lebens mit Flimmerhärchen besetzt, welche nach dem Uterus hin schlagen, in der anderen Phase flimmerfrei und mit Sekretkörnchen gefüllt. Andere Drüsen fehlen. Das gelieferte Tubensekret genügt, die Oberfläche schlüpfrig zu erhalten. Die flimmernden Zellen sind gruppen- und streifenweise durch nicht flimmernde Zellen getrennt. Doch ist anzunehmen, daß ein ununterbrochener Sekretstrom gegen die Gebärmutter zu im Fluß erhalten wird. Er unterstützt die Tätigkeit der Muskulatur, doch scheint die letztere der Hauptfaktor zu sein. Im Isthmus, wo die Muskelschicht am dicksten ist, sind die Cilien am spärlichsten und die sezernierenden Zellen am häufigsten, umgekehrt am abdominalen Ende.

An exstirpierten und überlebend gehaltenen inneren Geschlechtsorganen von Tieren (Eileiter, Gebärmutter, Scheide) sind unausgesetzte, wenn auch schwache Kontraktionen der glatten Muskulatur beobachtet worden. Die nie erlöschende Tätigkeit dieser Hohlorgane befördert das Sekret ihrer Drüsen und alles, was darin schwimmt, allmählich den äußeren Genitalien zu.

Gröbere Bewegungen der Tube werden bei der Laparotomie an der Lebenden nicht gesehen, z. B. auch nicht bei Unterbindung zum Zweck der künstlichen Sterilisation (wenn ich richtig berichtet bin). Der mit der Pinzette gekniffene Ureter reagiert dagegen sofort. Dies widerspricht nicht dem Vorkommen feinster Bewegungen an den inneren Geschlechtsorganen, welche für den geschilderten Transport genügen.

Manche Autoren nehmen an, daß die Muskulatur des Isthmus die Lichtung des uterinen Endes der Tube zu drosseln vermag, denn man weiß, daß der Uterus mancher Tiere mit Samenfäden vollgestopft sein kann, während nur einige wenige in die Eileiter gelangen.

<table><tr><td>Überwanderung des Eies vom Eierstock in den Eileiter</td><td>Die spaltförmige Bucht, welche beim hochgeklappten Eierstock zwischen seiner Facies medialis und dem Eileitergekröse übrig bleibt, setzt sich nach dem freien Rand des breiten Mutterbandes bis zur Fimbria ovarica fort (Abb. S. 493, 524). Beim Follikelsprung legt sich das Infundibulum bei Kaninchen und Meerschweinchen an den Eierstock an, so daß aus der Spalte, welche bei diesen Tieren wie beim Menschen gewöhnlich offen ist, eine geschlossene Bursa ovarica wird (Abb. a, S. 499). Die einzige Öffnung liegt dem Ostium abdominale tubae gegenüber. Der Musculus infundibuli reguliert, wie angenommen wird, die Öffnung so, daß das Ei, falls kein Versager eintritt, den Weg in die Tubenöffnung nehmen muß. Daraus, daß sich beim Platzen mehrerer Follikel alle Eier an der gleichen Stelle des Eileiters nahe seinem abdominalen Ende versammelt finden, wird geschlossen, daß die Ampulle durch Muskelkontraktionen die Eier aus der Bursa auf einmal aufsaugt. Flimmerbewegungen spielen eine vikariierende Rolle, sie stehen in Reserve. Nach dem abdominalen Tubenende zu flimmernde Cilien sitzen besonders in der Furche der Fimbria ovarica,</td></tr></table>

die zudem seitlich von zwei Fältchen überhöht wird. Außerdem sind aber auch alle Blätter der übrigen Fimbrien mit Wimperepithel bekleidet. Versagen alle geschilderten Beförderungsmittel, so kann das Ei in die freie Bauchhöhle gelangen und — falls es ausreichende Anheftung und Ernährung findet — zur abdominalen Schwangerschaft führen.

Bei besonders fruchtbaren Tieren ist die Bursa ovarica nicht fakultativ, sondern dauernd geschlossen (z. B. Maus), ein Entschlüpfen des Eies in die Bauchhöhle ist dann nicht möglich. Bei anderen (z. B. Pferd) wird das Ei immer an der gleichen Stelle der Eierstocksoberfläche ausgestoßen, Emissionsgrube; auch dies erleichtert den Eintritt des Eies in die Tube. Beim Menschen treten die Eier an den verschiedensten Stellen aus, das Infundibulum umgreift nur einen Teil des Eierstocks (Abb. S. 488). Ob es sich gerade demjenigen Teil des Eierstocks, an welchem ein Follikel platzt, zuwendet und wie es dies macht, steht nicht fest. Jedenfalls sind die Sicherungen weniger ausgeprägt wie bei vielen Tieren. Die gegenseitigen Fimbrien können beim Menschen ausnahmsweise das Ei erwischen, wie aus den sicheren Fällen hervorgeht, in welchen eine Tubenschwangerschaft im Eileiter der anderen Körperseite bestand (sog. „äußere Überwanderung" bei nur einem normalen Eierstock und bei pathologischem Verschluß der zugehörigen Tube).

Die Samenfäden erreichen das Ei in der Regel bereits im distalen Teil des Eileiters. Mögen noch so viele im Scheidensekret, auf dem Wege durch die Gebärmutter und im Labyrinth der Tubenfalten hängen bleiben, ein Samenfaden aus den Millionen eines Ejaculates, welcher das Ei erreicht, genügt, um es zu befruchten. Die Follikelzellen, welche dem Ei anhängen, Corona radiata, lockern sich bei Eintritt in die Tube bald; der Samenfaden kann zwischen ihnen hindurch, oder, nachdem sie durch den Flimmerstrom ganz weggespült sind, frei bis zum Ei vordringen. Nur der Kopf mit dem Mittelstück bohrt sich in das Ei ein (S. 418). Vor dem Eindringen mehrerer Samenfäden sind die Eier durch besondere Einrichtungen geschützt, welche allerdings beim Menschen noch nicht genau bekannt sind. Beim Seeigelei ist der Vorgang am besten beobachtet. Eine Vorwölbung des Eies, der Empfängnishügel, erhebt sich da, wo das Spermatozoon eindringt und nimmt seinen Kopf auf. Dann kontrahiert sich das Ei und bildet eine feine Membran um sich herum, die Dotterhaut, welche das weitere Eindringen von Samenfäden verwehrt. In anderen Fällen sind die Schutzeinrichtungen rein chemischer Natur (Abwehrfermente).

(Randnotiz: Besamung des Eies, Beginn der Schwangerschaft)

Der Austritt des Eies aus dem GRAAFschen Bläschen (Follikelsprung, Ovulation) findet am häufigsten in der dritten Woche des Intervalls zwischen zwei Menstruationen statt, am 13.—20. Tage nach Beginn der letzten Menstruation, kann jedoch auch an allen anderen Tagen erfolgen außer am ersten und den beiden letzten. Die Eizelle tritt aus, nachdem sie im GRAAFschen Bläschen die erste ihrer beiden Reifungsteilungen durchgemacht hat, die zweite wird außerhalb des Follikels durchgeführt, und zwar wahrscheinlich nur, wenn Befruchtung eintritt. Bleibt diese aus, so geht die Eizelle zugrunde, vielleicht schon nach wenigen Stunden. Es muß also angenommen werden, daß die Befruchtung nur zustande kommt, wenn die Eizelle bei ihrem Eintritt in die Tube alsbald auf Spermatozoen trifft, die jedenfalls erheblich länger lebens- und befruchtungsfähig bleiben (im allgemeinen wohl 1—2 Tage, ausnahmsweise bis etwa 8 Tage). Den Weg von der Scheide, in welche sie ejaculiert werden, bis zur Ampulla tubae können sie in etwa 2 Stunden zurücklegen.

Die Berechnung der Dauer der Schwangerschaft und damit des Alters der Frucht geht nach allgemeinem Brauche aus vom ersten Tage der letzten Menstruation, von einem Tage also, an welchem niemals eine Ovulation und Befruchtung stattfinden kann. Das wirkliche Alter, gerechnet vom Tage der Befruchtung, ist um soviel Tage geringer als die Ovulation nach dem Beginn der letzten Menstruation eingetreten ist, im allgemeinen also etwa 2—3 Wochen. Das nach der letzten Menstruation bestimmte „Menstrualalter" ist also höher als das durch den Tag der Ovulation und Befruchtung gegebene wirkliche Alter der Frucht. Dieses „Ovulations-" oder „Konzeptionsalter" ist einigermaßen genau nur in denjenigen Fällen bestimmbar, in welchen nur eine einzige Kohabitation stattgefunden und zur Befruchtung des Eies geführt hat.

Zwischen dem ersten Tag der letzten Menstruation und dem Eintritt der Geburt liegt erfahrungsgemäß eine Zeit von 10 Mondmonaten (= 40 Wochen), d. h. 9 Sonnenmonaten. Die landläufige Berechnung identifiziert damit das Alter des Kindes.

c) Die Gebärmutter.

Gravider und nicht-gravider Zustand

Die Gebärmutter, Uterus, des Weibes dient bei eintretender Schwangerschaft als Behälter für das heranwachsende Kind und ist bei der nichtschwangeren Frau nur insofern tätig, als vom Beginn der Geschlechtsreife ab monatliche Blutungen (die erwähnten menstruellen Blutungen) aus der Schleimhaut abgehen. Sie hören mit dem Ende der Geschlechtsperiode auf, Menopause. Abgesehen davon ist der Uterus außerhalb der Gravidität ein Kanal wie die Scheide, nur mit dickerer Wandung, in welcher bereits die für das schwangere Organ höchst wichtige Muskulatur vorbereitet und aufgestapelt ist. Die vorhandenen glatten Muskelelemente vermehren sich trotz der enormen Vergrößerung des schwangeren Uterus nicht oder nur unbedeutend; jede einzelne Zelle wächst für sich und kann schließlich die zehnfache Länge ihrer für das nichtschwangere ausgebildete Organ üblichen Länge erreichen. Andere Organe unseres Körpers verändern ebenfalls ihre Größe, Form und Struktur je nach den verschiedenen Funktionszuständen. Wir kennen aber außer der Milchdrüse, welche wie der Uterus auf die Zeit des Gebärens harrt, kein Organ, welches auf lange Fristen und bei manchen Individuen (nichtgebärenden Frauen) zeitlebens in einem Zustand verbleibt, der ganz verschieden ist von dem bei der Schwangeren.

Obgleich die Schwangerschaft ein Vorgang ist, welcher vollkommen in den normalen Lebenscyclus der Frau gehört, so sind doch die Veränderungen so eingreifend und in vielem so ähnlich gewissen Krankheitsprozessen anderer Organe, daß die ausführlichere Behandlung dieses Themas im Unterricht der Klinik zugeteilt wird, weil sie zugleich die Aufgaben des Arztes bei der Kontrolle des normalen Ganges der Schwangerschaft und der Geburt und bei etwa nötigen Nachhilfen und Eingriffen in das normale oder krankhaft veränderte Geschehen lehrt. Diese Abtrennung von der normalen Anatomie und Physiologie ist rein organisatorischer Natur. Sie hat den großen Vorteil, daß der in das Gesamtleben des Weibes besonders einschneidende Vorgang seiner Wichtigkeit nach besonders hervortritt und daß sämtliche Veränderungen des Körpers und der Seele der Schwangeren und Gebärenden in ihren biologischen Zusammenhängen betrachtet werden. Denn die Gebärmutter ist keineswegs das einzige Organ, welches sich während dieser Zeit verändert; sie ist nur das wichtigste. Wir haben es an dieser Stelle wesentlich mit ihrem Latenzzustand zu tun, welcher die Veränderungen bei Eintritt der Schwangerschaft vorbereitet und nur im Hinblick auf die Gebärfähigkeit der Frau zu verstehen ist.

Körper und Hals

Der nichtschwangere Uterus, den wir im folgenden immer meinen, wenn nicht ausdrücklich von Schwangerschaftsveränderungen gesprochen wird, hat im ganzen die Form einer abgeplatteten Birne, deren rundlicher dicker Abschnitt von der Scheide weg, deren verjüngter Abschnitt auf diese hin gewendet ist und von ihr ein Stück weit umfaßt wird. Die Abplattung trifft den anteroposterioren Durchmesser (Dicke). Die Länge beträgt bei der Frau, welche nicht geboren hat, im Mittel 7,5 cm, die größte Breite 4 cm, die größte Dicke 2,5 cm. Nach mehrfachen Geburten sind die Maße um 1—1¹/₂ cm größer. Das Organ ist dickwandig und fühlt sich solide an, hat aber ein plattes, spaltförmiges Lumen, Cavum uteri (Abb. S. 512), welches von den Eiern und vom Sperma passiert wird und bei der Schwangerschaft die Frucht aufnimmt. Die Gesamtlänge des Hohlraumes bei der geschlechtsreifen Frau beträgt 6—7 cm (Sondenlänge vom äußeren Muttermund aus bis zum Fundus gemessen). Der ganze Uterus wiegt etwa 50 g, bei Mehrgebärenden das Doppelte.

Ursprünglich ist der Uterus paarig, denn er entsteht aus den beiden MÜLLERschen Gängen, welche im Bereich der Scheide und der Gebärmutter zu einem unpaaren Kanal verschmelzen, weiter distal jedoch getrennt bleiben und als die paarigen Eileiter zeitlebens bestehen (Abb. S. 432 u. Abb. c, S. 489). Ist dieser Entwicklungsgang gehemmt, so entstehen verschiedenartige Mißbildungen, je nach dem Stadium, auf welchem die Hemmung einsetzt. Bleibt die Verwachsung der MÜLLERschen Gänge ganz aus, so existieren zwei getrennte Uteri, Uterus didelphys; bleibt sie nur im Bereiche des distalen Teiles aus, so entsteht der zweihörnige Uterus, Uterus bicornis; ist die Gebärmutter äußerlich einheitlich, aber im Inneren in zwei Kanäle geteilt, so nennt man sie Uterus septus. Schließlich kann die ganze Hemmung darauf beruhen, daß nur am distalen Ende eine mediane Einkerbung des Konturs übrig bleibt, Uterus arcuatus. Zwischen diesen Haupttypen gibt es zahlreiche Zwischenformen.

Ein entwicklungsgeschichtliches Rudiment der WOLFFschen Gänge sind die gelegentlich an den beiden seitlichen Kanten der Gebärmutterwand vorkommenden GARTNERschen Gänge (Abb. S. 488); sie sind beim Kind ausgedehnter als bei der Erwachsenen, bei der letzteren am ehesten noch gegen die Scheide zu erhalten.

Die Einteilung in Körper, Corpus, und Hals, Cervix, richtet sich nach einer taillenartigen Einschnürung des Organs, Isthmus uteri, der sich etwas unterhalb der Mitte befindet. Das Corpus ist abgeplattet, die Cervix ist röhrenförmig. Der Isthmus ist die 1 cm lange oberste Strecke der Cervix. Der über die Einmündungen der Eileiter distalwärts vorragende Endteil heißt Muttergrund, Fundus uteri. An seinem Beginn ist die Gebärmutter am breitesten. Die Höhle ist platt dreieckig; die Basis des Dreiecks entspricht dieser Stelle, die Spitze entspricht dem Beginn der Cervix. Solange die Frau nicht geboren hat, sind die Seitenränder des Dreiecks und seine Basis etwas nach innen eingezogen, konkav. Nach Geburten kehrt das Lumen nicht mehr in die virginale Form zurück. Von außen betrachtet ist die Vorderfläche des Uterus, welche der Blase zugewendet ist, Facies anterior s. vesicalis, schwach gewölbt; die Hinterfläche, Facies posterior s. intestinalis (dem Mastdarm zugewendet) ist stärker gewölbt (Abb. S. 523). Beide sind voneinander durch den stumpfen Seitenrand, Margo lateralis, mehr verbunden als getrennt.

Das unterste Drittel der Cervix wird durch die Vagina umfaßt. Das in den Vaginalkanal vorspringende Stück nennt man Portio vaginalis, kurzweg „Portio‟, mit Vorder- und Hinterlippe, Labium anterius et posterius (Abb. S. 512). Vor der ersten Geburt ist die Öffnung des Kanals, Canalis cervicis, welche die beiden Lippen gegeneinander begrenzt, rundlich, grubenförmig; nach Geburten ist sie gewöhnlich ein quergestellter, breiter Schlitz von etwas unregelmäßiger Form. Im letzteren Fall sind die beiden Lippen am deutlichsten gegeneinander begrenzt. Das Loch heißt äußerer Muttermund, Orificium externum uteri. Die Vorderlippe ist dicker und mehr gerundet, die Hinterlippe ist dünner und länger. Die Lippen stehen so zur Vagina, daß sie beide die Hinterwand berühren, die vordere an einer etwas tiefer gelegenen Stelle als die hintere. Man kann sie bei der vaginalen Untersuchung der Lebenden, welche ihr Hymen verloren hat, abtasten und sie gegen die vor und hinter den Lippen gelegenen Vorwölbungen der Scheide, die Scheidengewölbe, Fornices vaginae, begrenzen.

Die oberhalb des Durchtritts durch die Scheidenwand gelegenen zwei Drittel der Cervix heißen Portio supravaginalis. Nach dem dreieckigen Cavum uteri im Gebärmutterkörper zu mündet der Cervixkanal ebenfalls mit einer wohl begrenzten Öffnung, dem inneren Muttermund, Orificium internum uteri (Abb. c, Nr. 259). Er ist etwas kleiner als der äußere Muttermund. Der Cervixkanal zwischen beiden Ostien ist etwa 2,5 cm lang, er ist in seiner Mitte spindelförmig erweitert, gegen die Enden verengert und von vorn nach hinten etwas abgeplattet. Die Details dieser Formen haben eine große Bedeutung für die Schwangere und für die Geburt, weil die Erweiterung des engen Cervixkanals für den Durchtritt des Kindes eine

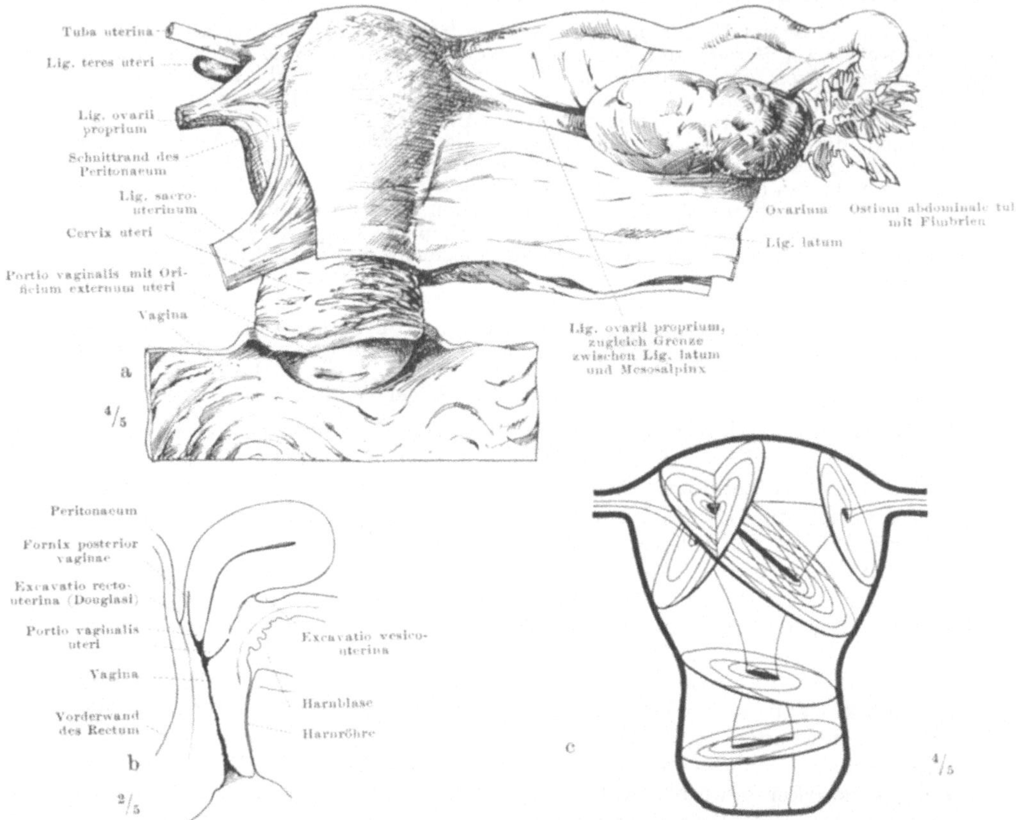

Abb. 259. a Uterus und Adnexe von dorsal gesehen. Lig. latum und Tube in die Papierebene ausgebreitet (vgl. Abb. S. 524). Vagina längs des Fornix posterior an der Cervix abgeschnitten und aufgeklappt. b Sagittalschnitt durch Vagina und Uterus, Virgo. Halbschematisch. c Schema für die Anordnung der Uterusmuskulatur. Grenzen des Tuben- und Uteruslumens eingezeichnet. Nach den Untersuchungen von GOERTTLER, Morph. Jahrb. Bd. 65, 1930.

große Schwierigkeit bietet, die bei der Erstgebärenden etappenweise überwunden und nach dem Verhalten der einzelnen Stellen des Cervixkanals bemessen wird; bei späteren Geburten wird der Kanal in einem Zug eröffnet. Die Cervix im ganzen ist cylindrisch, beim Kinde viel länger gestreckt als bei der Erwachsenen.

Endo-
metrium
Die Wand der Gebärmutter ist mächtig, bei jungen Mädchen 10—15 mm, bei erwachsenen Frauen bis 20 mm stark. Sie besteht aus drei Schichten, der Schleimhaut (Mucosa), Muskelhaut (Muscularis) und dem Bauchfellüberzug (Serosa). Den letzteren behandeln wir mit den Beziehungen des Bauchfells zum Uterus im ganzen, die sich nicht auf den bloßen Überzug beschränken. Er ist weitaus die dünnste Schicht. Die Muskulatur ist weitaus am dicksten, die Schleimhaut ist viel dünner als sie (Abb. a, S. 513).

Die Schleimhaut der Gebärmutter, Endometrium, schließt an den Mündungen der beiden Tuben unmittelbar an deren Schleimhaut an und kleidet den Körper glattwandig aus. Im Cervixkanal erhebt sie sich zu zwei Faltensystemen, von welchen das eine auf der Vorder-, das andere auf der Hinterwand des Kanals liegt. Jedes System besteht aus einer axialen Längsfalte mit beiderseitig anschließenden Seitenfältchen, ähnlich einem Palmwedel, Plica palmata. Indem die Falten der Vorderwand in die Rinnen zwischen den Falten der Hinterwand eingreifen, ist durch beide Faltensysteme gemeinsam der Cervixkanal gegen das Eindringen von Scheidenschleim oder bewegungslosen Partikeln aus der Scheide geschützt. Die Samenfäden können dagegen

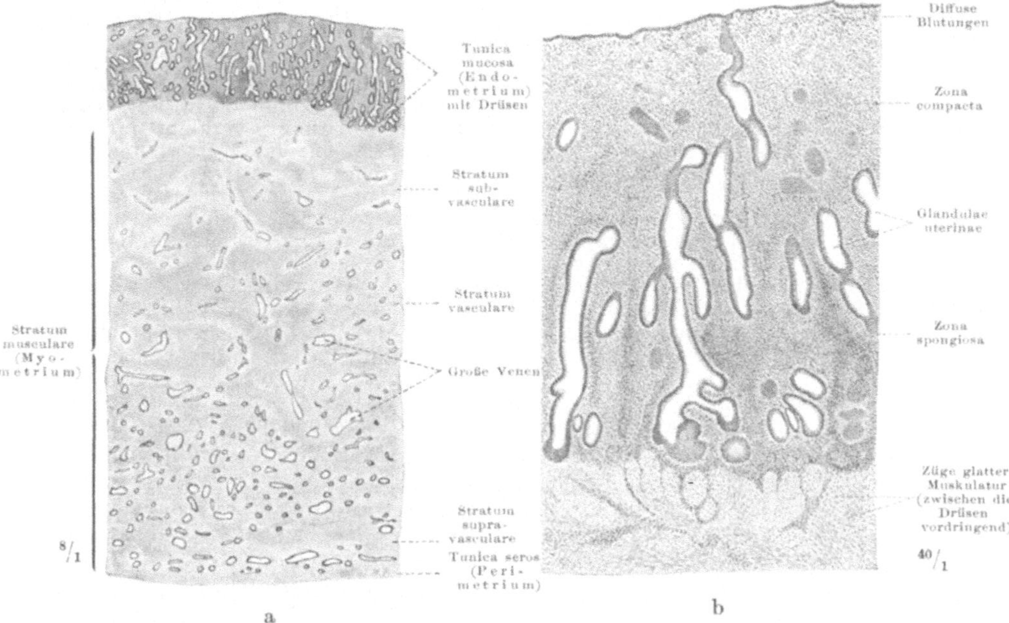

Abb. 260. Querschnitt durch die Uteruswand. Schleimhaut kurz vor Beginn der Menstruation. a Übersichtsbild. Die Schleimhaut dunkelgrau, die Muskelhaut hellgrau. b Vergrößerte Stelle von a. Ausgetretene Blutkörperchen gelbrot.

das Hindernis überwinden, da sie in den Spalten zwischen den ineinandergreifenden Falten genügend Spielraum für ihre aktive Fortbewegung behalten. Beim Kind ist der Verschluß wirksamer, weil sich bei ihm die Plicae palmatae durch die ganze Höhle des Uteruskörpers erstrecken. Ohne sie wäre der Cervixkanal auf dem Querschnitt rundlich.

Das Epithel ist einschichtig, cylindrisch und trägt Flimmerbesatz bis in die Nähe des äußeren Muttermundes. Dieser selbst und die Oberfläche der Portio vaginalis sind wie die Vagina mit mehrschichtigem Plattenepithel bedeckt. Die „Drüsen", Glandulae uterinae, sind cylindrische Schläuche, die in den verschiedenen Phasen der Schleimhaut (siehe Menstruation) sehr verschieden lang und höchstens an ihrem Grunde verästelt, sonst gerade oder leicht geschlängelt und ungeteilt sind (Abb. Nr. 260). Sie sind mit dem gleichen Flimmerepithel ausgekleidet wie die Schleimhautoberfläche selbst, sind also gewöhnlich keine eigentlichen Drüsen, sondern nur Vergrößerungen der Oberfläche (Krypten). Sie spielen eine besondere Rolle bei der Ernährung des Eies kurz nach der Einnistung und verdienen in Hinsicht darauf ihren alt eingebürgerten

Namen „Drüsen" (eine „sekretorische Phase" bereitet bei jeder Menstruation die Einnistung des Eies vor, Abb. b, S. 499). Bei der Wiedererzeugung einer Schleimhaut nach der Menstruation und nach der Geburt, bei welcher die alte Schleimhaut verloren geht, dienen die blinden Enden der Schläuche, welche bei der Geburt nicht mit ausgestoßen werden, als Proliferationsherde, von denen das neue Epithel auswächst (außerdem von den Tubenöffnungen aus).

Der Flimmerbesatz ist an konservierten Präparaten sehr schwer nachzuweisen und nicht immer gleichmäßig über die ganze Schleimhaut ausgebreitet. Der Flimmerstrom ist auf den äußeren Muttermund zu gerichtet, innerhalb der Krypten vom Grunde nach den Öffnungen zu. Bei Tieren fehlen die Cilien meistens ganz, ebenso beim Kind. Das Sekret, welches von den Cilien vaginalwärts weg-bewegt wird, stammt aus den Tuben und vielleicht aus den nicht flimmernden Zellen, welche wie in den Tuben phasenweise mit den flimmernden abzuwechseln scheinen. Im Cervixkanal gibt es Glandulae cervicales, welche stärker verzweigt als im Cavum uteri, aber sonst gleich gebaut sind. Schleimproduzierende Zellen im Oberflächenepithel und in den Cervixdrüsen sind deutlich. Sogenannte „Schleimbälge", d. h. Schleimdrüsen von 1 mm Weite kommen in der Nähe des äußeren Muttermundes vor und können, wenn ihre Öffnung verklebt und das Sekret in ihnen gestaut ist, zu Cysten anschwellen, welche im Muttermund der Lebenden bei der Spiegeluntersuchung sichtbar werden (Ovula Nabothi). Die Grenze des Cylinderepithels gegen das mehrschichtige Plattenepithel ist scharf, aber die Begrenzungslinie nicht geradlinig, sondern oft gezackt und gebuchtet. So kommt es, daß stellenweise Cylinderepithel auch außen vom Orificium externum auf der Portio liegen kann und bei der vaginalen Untersuchung der Lebenden (mit dem Speculum) zu sehen ist. Da das Cylinderepithel viel röter gefärbt ist als das Scheidenepithel, kann der Unkundige es mit Verletzungen des letzteren verwechseln.

Die Tunica propria der Uterusschleimhaut ist ihrer periodischen Neubildung entsprechend ein junges faserarmes Bindegewebe, ähnlich dem embryonalen, aus verzweigten, miteinander verbundenen Zellen bestehend. Die Drüsen liegen in der Tunica propria in ziemlich weiten Abständen, die viel größer sind als etwa die Abstände der LIEBERKÜHNschen Drüsen in der Darmschleimhaut.

Myo-
metrium

Die Muskelhaut oder das Myometrium ist zugleich Gefäßhaut; die Gefäße des Organs sind in die dicke Muskelschicht eingebettet. Besonders die zahlreichen Venen fallen auf Schnitten auf (Abb. a, S. 513). Man teilt danach die ganze Muskelschicht ein in eine mittlere Lage weitester Gefäße: Stratum vasculare, eine innen und eine außen davon gelegene Schicht mit weniger zahlreichen Gefäßen, die ich Stratum subvasculare und Stratum supra-vasculare nenne. Eine Submucosa fehlt, die Muskulatur grenzt unmittelbar an die Drüsenschicht der Schleimhaut an; Züge von glatten Muskelzellen dringen sogar zwischen die Drüsen ein. Die Muskulatur des Uterus besteht aus zwei spiegelbildlichen Systemen. Innerhalb jedes Systems ist sie in Spiralen angeordnet, welche im Sinne von Rechts- und Linksspiralen von außen nach innen dem Lumen zu verlaufen (Abb. c, S. 512). Die Spiralen liegen in Ebenen, welche gegen die Medianebene geneigt sind: im Bereiche der Cervix stehen sie fast senkrecht zur Medianebene, gegen den Fundus hin in zunehmend spitzen Winkeln; an den Tubenecken gehen die Muskelspiralen in die Ringmuskulatur der Tuben über. Auf einem Schnitte, welcher in der entsprechenden Ebene gelegt ist, findet man die Spiralen des einen der beiden spiegelbildlichen Systeme längs getroffen, die der anderen quer. Durch die Spiralanordnung ist ermög-licht, daß die Erweiterung des Uterus in der Schwangerschaft entsprechend dem Wachstum der Frucht zum großen Teil durch Streckung der Spiralen erfolgen kann und nur zum Teil durch Verlängerung der einzelnen Muskelzellen geschehen muß. Bei dieser Weiterstellung wird die Uteruswand nicht nur relativ, sondern auch absolut dünner. Mit der Streckung der Spiralen geht notwendig eine Vergrößerung der mit Bindegewebe (und Blutgefäßen) erfüllten Spalten zwischen den Spiralen einher, der durch entsprechende Vermehrung des Bindegewebes Rechnung getragen wird.

Die gesamte Muskulatur hat außerhalb der Schwangerschaft nur eine geringe Bedeutung. Immerhin verraten Schmerzen, welche dem Darmkneifen bei Durchfall ähnlich sind, bei starken menstruellen Blutungen oder bei pathologischem Inhalt des Cavum uteri die Tätigkeit dieser Muskeln beim Ausstoßen des Inhaltes. Weitaus die größte Bedeutung erlangt die Muskulatur bei der Geburt, bei der sie gemeinsam mit der Bauchpresse die Austreibung des Kindes verursacht. Die damit physiologisch verbundenen Schmerzen heißen „Wehen".

Die von außen an den Uterus herantretenden Muskelbündel des Ligamentum ovarii proprium, Ligamentum teres und Ligamentum sacro-uterinum (Abb. a, S. 512) biegen nach zunächst oberflächlichem Verlaufe in die Spiralen des gleichseitigen Muskelsystems ein. Mit ihren oberflächlichen Verlaufsstrecken bilden sie das Stratum supravasculare der Muskulatur. Teile dieser Züge treten erst kurz nach Überschreiten der Mittellinie in die Tiefe und bilden mit den entsprechenden Zügen der Gegenseite eine Längsraphe auf der Vorder- und Hinterfläche. Einige der aus dem Ligamentum ovarii proprium stammenden Züge biegen nahe der Mittellinie nach aufwärts um und umziehen als oberflächliche Längsbündel bogenförmig den Fundus. Zarte subseröse Längszüge stammen auch aus der Längsmuskulatur der Tuben und der Vagina.

Die glatten Muskelzüge sind durch reichliches Bindegewebe zusammengehalten, welches zugleich Träger der Gefäße und Nerven ist. Nach der Schleimhaut zu ist es reich an elastischen Fasern, welche die Dehnbarkeit der Wand unterstützen. Besonders zahlreich sind sie in der Muskulatur des Cervixkanals, Tunica muscularis cervicis, welche bei der Geburt am stärksten gedehnt wird. Zugleich sind aber auch zahlreiche kollagene Fasersysteme in ihr vorhanden, welche so eingestellt sind, daß trotz stärkster Dehnung in der Norm kein Einriß entstehen kann. Lediglich die Portio vaginalis pflegt beim Durchtritt des Kindes nicht standzuhalten und seitlich überdehnt zu werden oder einzureißen. Daher rührt der Unterschied ihrer Form bei der Frau vor und nach Geburten (Nulliparae und Multiparae). Wegen des Reichtums der Cervix an kollagenem Bindegewebe ist sie rigider als das ihr gegenüber weiche Corpus.

Beim Menschen und den Primaten tritt beim geschlechtsreifen Weibe in Abständen von vier Wochen eine regelmäßige Blutung ein, Menstruation (Regel, Periode). Sie ist von der Reifung eines Follikels und von dem Austritt eines Eies aus ihm abhängig (Abb. b, S. 499, drei Follikel in übereinander gezeichneten Serien). Erst wenn die neue Menstruation eingetreten und das Schicksal des ihr zuzurechnenden Eies besiegelt ist, kann ein neuer Follikel reifen und sein Ei den gleichen Weg senden wie der vorherige. Wenn das Ei befruchtet wird und sich eine Schwangerschaft anschließt, bleibt die Reifung weiterer Follikel und das Eintreten neuer Blutungen gesperrt.

Die eigentliche Schwangerschaft beginnt mit der Einnistung des Eies in die Schleimhaut der Gebärmutter. Dieser Vorgang, Nidation, schneidet zwar die äußere menstruelle Blutung ab, ehe sie noch begonnen hat, aber die einleitenden Vorgänge an der Schleimhaut, Prämenstruation, sind in beiden Fällen gleich. Sie bereiten das Bett für das zu erwartende Ei vor, indem Drüsensekrete zu seiner Ernährung bereit gestellt und die ganzen inneren Organe stärker durchblutet werden; sie sind die eigentlich wichtigen Veränderungen. Die Benennung Menstruation nimmt darauf keine Rücksicht, sondern sie bezieht sich bloß auf den Vorgang, welcher wieder die Ruhelage herbeiführt. Sie ist allerdings in der Regel der Abschluß der Prämenstruation; denn selbst häufige Schwangerschaften sind beim menschlichen Weibe im Verhältnis zur Zahl der monatlichen Blutungen doch nur Seltenheiten.

Tritt keine Schwangerschaft ein, so nehmen die prämenstruellen Veränderungen eine andere Richtung, sie klingen jäh mit der Blutung ab. Die Schleimhaut wird bis auf die basalsten Teile abgestoßen (Kurve in Abb. b, S. 499, Reste in der Basalschicht während der Menstruation).

Die Veränderungen, welche auf eine Blutung folgen, heißen postmenstruell; sie nehmen etwa den 4.—11. Tag nach vollendeter Menstruation ein.

Dann beginnt bereits die Prämenstruation für die folgende Blutung, welche zu erwarten wäre, wenn keine Schwangerschaft eintritt. In der postmenstruellen Zeit hat sich die Schleimhaut auf annähernd das 3fache ihrer Dicke während der vorhergehenden Blutung verdickt. In der Prämenstruation schwillt sie noch viel stärker an und erreicht schließlich das Doppelte der postmenstruellen Dicke, also das 5—6fache des Ausgangsstadium. In diesem Zustand ist sie für die Einbettung des Eies am besten vorbereitet. Tritt Nidation ein, so geht die verdickte Schleimhaut unmittelbar in die mütterlichen Umhüllungen für die Frucht über.

Die periodischen Veränderungen, welche in diesen Dickenverhältnissen der Schleimhaut zutage liegen, betreffen nur die oberflächlichen, nicht die tiefen Schichten. Letztere bleiben unberührt, solange keine Schwangerschaft eintritt, und verändern sich auch dann nur wenig. Die Krypten der prämenstruellen Schleimhaut sind in die Länge gestreckt, ihre Wandung ist verdünnt und runzlig gefaltet, die hellen, gequollenen Zellen sezernieren reichlich Schleim und Glykogen. Am dichtesten liegen sie in der tiefen Schicht, weil die Drüsen dort verzweigt sind. Die Basalschicht ist durch ihren reichlicheren Drüsenbesitz aufgelockerter als die oberflächliche Schicht, Zona spongiosa (s. basalis) und Zona compacta (Abb. b, S. 513). Die letztere ist die eigentlich funktionelle Lage, die in den verschiedenen Phasen bald hoch, bald niedrig ist, während die Basalschicht gleichbleibt (Abb. b, S. 499). Aus den Gefäßen austretende Flüssigkeit (Ödem) bringt die funktionelle Schicht zum Schwellen, die Bindegewebszellen der Tunica propria wandeln sich in rundliche epitheloide Zellen um, welche Glykogen enthalten und den späteren Deciduazellen der Eihäute entsprechen. Am Ende der prämenstruellen Zeit findet man bereits freies Blut im Bindegewebe der Tunica propria. Auch die weißen Blutkörperchen sind vermehrt.

Tritt die Menstruation ein, so zerreißen die Bluträume, welche durch extravasiertes Blut unter dem Epithel entstanden sind; die Drüsen kollabieren und die Schleimhaut wird abgestoßen; doch können die Defekte stellenweise im gleichen Uterus oder individuell sehr verschieden tief gehen. In der postmenstruellen Phase regeneriert die Schleimhaut; die oberflächlichen Epithelien können, wenn sie keine tiefgehenden Defekte erleiden, schon am ersten Tag nach der Menstruation wieder zu einer geschlossenen Decke verheilt sein. Wenn die Schleimhaut bis auf die basale Schicht zerstört ist, brauchen sie etwas länger dazu, immer aber nur wenige Tage.

Die Größe des Blutverlustes ist sehr schwer sicher zu bestimmen, da außer Blut auch Drüsensekrete, Ödemflüssigkeit und eingeschmolzenes Gewebe abgehen. Die Angaben schwanken zwischen 50 g und $^3/_4$ kg. Individuelle Verschiedenheiten sind sehr ausgeprägt. Dies hängt auch mit der Dauer der Blutung zusammen, die zwischen 2,5 und 8 Tagen schwankt. Sie tritt in unseren Klimaten zwischen dem 13. und 15. Lebensjahr zuerst auf (Menarche). Die sozialen Verhältnisse, die körperliche Gesamtentwicklung und auch die psychische Verfassung des Individuums sind darauf von Einfluß. Die periodische Wiederkehr ist bei der gesunden Frau nur während der Schwangerschaft und anschließend daran, solange sie stillt (Lactation), unterbrochen. Gegen Ende der 40er Jahre erlischt sie (Klimakterium, Menopause). Die gesamte befruchtungsfähige Zeit dauert 30—35 Jahre.

Man hat die Menstruation mit dem pathologischen Abgang eines Embryo verglichen, da auch bei der frühzeitigen Lösung einer Frucht aus der Uteruswand Blutungen auftreten (Abortus). Sie entspräche danach dem Abort eines unbefruchteten, nicht eingenisteten Eies. Der Vergleich trifft nur äußerliche Ähnlichkeiten, nicht das eigentliche Wesen, da beim Abort einer Frucht die Verletzung der Schleimhaut unmittelbar durch die Fruchtlösung bedingt ist, während bei der Menstruation ohne unmittelbare Wirkung des Eies auf die Schleimhaut doch eine Läsion und Blutung einsetzt. Im letzteren Falle wird die Schleimhaut von außerhalb, vom Eierstock und von dem dort vom Ei zurückgelassenen gelben Körper beeinflußt und geleitet (S. 501). Bei Tieren ist die Brunft ebenfalls von Blutungen begleitet, doch fallen Ovulation und Blutung auf den gleichen Tag; das Blut stammt außer bei Affen nicht aus der Gebärmutter, sondern aus der Scheide (z. B. bei der „läufigen" Hündin).

Innere Sekrete des Eierstocks und der Uterusschleimhaut beeinflussen regelmäßig das menstruelle Blut derart, daß es nicht gerinnt.

Beim Menschen liefern die Ergebnisse der Strahlentherapie Beweise für die Abhängigkeit der Uteruswand von Hormonen des Eierstocks, z. B. hören die bei Muskelgeschwülsten der Gebärmutter (Myomen) üblichen Blutungen auf, wenn das Follikelepithel in den Eierstöcken durch Röntgenbestrahlung zerstört wird.

Bis zum Augenblick, wo das befruchtete Ei in die Schleimhaut des Uterus eindringt, ist es in seiner Ernährung auf die eigenen Vorräte angewiesen, welche es im Eierstock als Dotter mit auf den Weg bekommen hat, ferner auf etwaige Sekrete von Follikelzellen, welche es begleiten, und von Tubenzellen, welche es passiert. Von der Nidation ab übernehmen die Sekrete der Uterindrüsen und vor allem das mütterliche Blut in der Schleimhaut der Gebärmutter die Ernährung für das Kind. Eine wirkliche Vermischung des mütterlichen und kindlichen Blutes kann nie eintreten. Geschähe es, so würde der sehr viel stärkere Motor des größeren der beiden Organismen, das mütterliche Herz, sofort das sehr viel schwächere Herz des Kindes zum Stillstand bringen. In der Norm verhalten sich die mütterlichen und kindlichen Gefäße ganz ähnlich zueinander wie die Luft und das Blut in der Lunge; das mütterliche Blut entspricht der Luft innerhalb der Lungenbläschen, das kindliche Blut dem Blut in den Alveolarwänden. Durch Diffusion wird in beiden Fällen eine Erneuerung des O-Gehaltes erzielt, bei dem graviden Uterus kommt noch ein Durchtritt gelöster Nahrungssubstanzen vom mütterlichen zum kindlichen Blut hin dazu. Der Vorgang entspricht der Atmung in der Lunge und der Resorption von Nahrung im Darme des Erwachsenen zu gleicher Zeit und am gleichen Ort. Auch die Abfuhr der Schlacken der Respiration und Nutrition geschieht durch das mütterliche Blut. Dazu gehören enorme Umgestaltungen der Schleimhaut der Uteruswand und des Eies, welche gemeinsam ein besonderes Organ, den Mutterkuchen, Placenta, aufbauen. Andere Teile, welche nur vorübergehend oder gar nicht für die Ernährung und Atmung des Kindes in Gebrauch sind, werden zu Schutzeinrichtungen für die wachsende Leibesfrucht ausgestaltet, die Eihäute oder Fetalhüllen.

Die Gebärmutter vergrößert sich entsprechend dem Wachstum des Kindes sehr schnell. Sie ist nicht mehr birnförmig, sondern rund, ballonartig durch den Inhalt aufgetrieben. Besonders die Blutgefäße sind sehr vermehrt und vergrößert, da sie die Blutzu- und -abfuhr zu besorgen und die Ernährung und Atmung für das Kind zu gewährleisten haben.

Bei der Tubenschwangerschaft wird die Tubenwand, welche nicht für die Schwangerschaft vorgebildet ist, ganz beträchtlich gedehnt, selbst bis zur völligen Reife des Kindes. Häufiger reißt sie allerdings früh ein und veranlaßt gefährliche Blutungen in die Bauchhöhle hinein. Daß die Frucht von sich aus die Wandung zu dehnen vermag, ist daraus klar zu erkennen. Bei Entzündungen vergrößern seröse oder eitrige Ergüsse die Tubenwand ganz ähnlich (Hydro- und Pyosalpinx). Bei der Gebärmutter ist der Vorgang viel komplizierter, da selbständige Wachstumsvorgänge der Uteruswand mit solchen der Frucht kombiniert sind; daß sie sehr fein aufeinander abgestimmt sein werden, um die Ernährung und Atmung der Frucht ungestört im Gange zu halten, ist anzunehmen, doch wissen wir im einzelnen darüber sehr wenig.

Die ersten Stadien der menschlichen Entwicklung können wir nur nach Analogie mit tierischen Embryonen erschließen. Bekannt sind jedoch menschliche Keime, welche erst seit kurzem in die Schleimhaut der mütterlichen Gebärmutter eingenistet, „implantiert" wurden. Die prämenstruell bereits aufgelockerte und verdickte Schleimhaut ist in gesteigertem Maße gequollen. Die Drüsen zeigen außerordentlich starke Sekretion, entsprechend weite Lumina und sind sehr lang und geschlängelt. Da die ganze Schleimhaut bei der Geburt zugrunde geht, heißt sie Decidua (hinfällige Haut). Wie der menschliche Keim in sie eindringt, ist nicht sicher bekannt. Die Implantationsstelle, in welcher er gefunden wird, liegt gewöhnlich an einer der Flächen der Uterushöhle nahe dem Fundus, und zwar meistens an der Hinterseite der Uteruswand (Abb. Nr. 261). Doch kann auch eine beliebige andere Stelle zur Nidation benutzt werden (in Abb. S. 523 sitzt die junge Frucht in der Vorderwand). Da der Keim in der Schleimhaut drinnen sitzt, so liegt ein Teil über ihm, nach dem Cavum zu, die Decidua capsularis; ein Teil liegt unter ihm, nach der Muscularis des Uterus zu, die Decidua basalis. Da der Keim und mit ihm

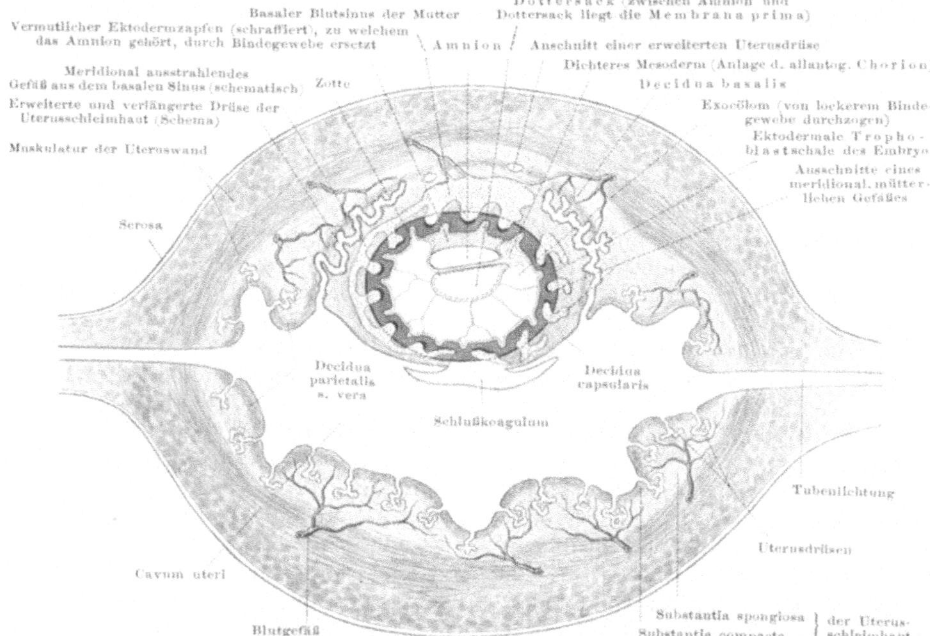

Abb. 261. **Schwangerer Uterus, kurz nach der Implantation, quer durchschnitten.** Halbschematisch; der Uterus im Verhältnis zum Ei vielmal zu klein gezeichnet (mit Benutzung des von PETERS beschriebenen Befundes einer jungen menschlichen Frucht).

die ihn einschließenden Deciduae wachsen, so vergrößert sich die Schleimhautstelle, an welcher er sitzt, immer mehr. Anfänglich ist die Verdickung kaum sichtbar, später füllt sie das Lumen des Uterus (auch des wachsenden Organs) immer mehr aus. Wie etwa die Lungenanlage nach der üblichen schematischen Darstellung durch ihr Wachstum die Pleurahöhle ausfüllt, so nimmt schließlich die von der Decidua capsularis überzogene Frucht die ganze Uterushöhle ein. Die Schleimhaut, an welcher der Keim nicht eingenistet ist, heißt Decidua vera. Sie wird in den Prozeß mit einbezogen, indem die Decidua capsularis sich ihr nähert, bis sich beide berühren und miteinander verschmelzen (Abb. S. 523 u. 520). Je größer die Frucht wird, um so größer wird die Decidua basalis; sie differenziert sich innerlich durch Beteiligung der kindlichen Eihäute zum Mutterkuchen. Die Decidua capsularis verkümmert jedoch (in der zweiten Hälfte der Schwangerschaft), wenn sie mit der Decidua vera verlötet und durch diese gleichsam ersetzt ist. Auch die Decidua vera wird stark verdünnt, das Epithel verschwindet ganz und nur faseriges Gewebe der Tunica propria bleibt übrig. Dieses reißt bei der Geburt ein, so daß lediglich die Basalschicht der Decidua vera im Uterus verbleibt und sich an der Neubildung der Uterusschleimhaut nach der Geburt beteiligen kann (im Wochenbett, Puerperium). Die Decidua vera und Decidua capsularis sind aber, wenn sie auch der Dicke nach den entgegengesetzten Weg gehen wie die Decidua basalis, darum doch von großer Bedeutung für die Frucht. Denn sie festigen die Wand des kindlichen Amnion, in welchem der Fetus schwimmt (siehe unten).

Die funktionelle Schicht, in welcher sich bereits in der prämenstruellen Periode die wesentlichen Änderungen abspielten (Abb. b, S. 499), ist auch während der Gravidität der Sitz derselben. Die Zona compacta (Abb. S. 518) enthält massenhaft glykogenreiche Deciduazellen, an welchen die Decidua im mikroskopischen Präparat leicht zu erkennen ist. In den vom Kinde stammenden Anteilen der Eihäute fehlen sie.

Man hat die Decidua vera auch als Decidua parietalis bezeichnet. Wie die viscerale Pleura sich der parietalen Pleura anschmiegt und bei Entzündungen mit ihr verschmilzt, so legt sich die Decidua capsularis (s. visceralis) an die Decidua vera s. parietalis an und verklebt normalerweise mit ihr. In Abb. S. 523 ist ein Stadium abgebildet, in welchem sich die Decidua capsularis der Decidua vera der Gegenseite der Uteruswand so sehr genähert hat, daß nur ein schmaler Spalt zwischen ihnen übrig ist.

Auf dem freien Pol der Decidua capsularis sitzt manchmal bei ganz jungen Eiern eine Art Wundschorf von der Form eines Pilzes. Aus seinem Vorkommen und aus anderen Indizien hat man geschlossen, daß das befruchtete Ei die Schleimhaut durch Ausscheidung eines Fermentes annagt und durchbohrt; die nekrotische Stelle schließt sich wie eine Wunde, deshalb der Name: Schlußkoagulum für den Schorf (Abb. S. 518). Nach einer anderen Annahme schlüpft das Ei in eine erweiterte Drüse, deren Eingang sich über ihm schließt und deren Epithel verloren geht. Der eine Prozeß würde den anderen nicht ausschließen.

Wegen der Entwicklung des menschlichen Keimes verweise ich auf die Lehrbücher der Entwicklungsgeschichte. Wir beschränken uns darauf, den dreiblättrigen Keim auf seine Beteiligung am Aufbau der Eihäute und der Placenta hin zu betrachten. In Abb. S. 518 ist der flach ausgebreitete Keim (Keim„scheibe“, Membrana prima) senkrecht zu seiner Fläche zerschnitten: Ekto-, Meso- und Entoderm liegen übereinander geschichtet. Das Ektoderm im ganzen ist eine in sich geschlossene Blase, welche wahrscheinlich ursprünglich an einer Stelle eine zapfenförmige Verdickung trägt. Der Zapfen hat sich bei dem in Abb. S. 518 abgebildeten Keim bereits von der dickwandigen Schale der Blase gelöst dadurch, daß Mesoderm seinen Stiel ersetzt hat (schraffierte Stelle). Der Hohlraum innerhalb des Zapfens und seine nächste Umgebung sind erhalten, Amnionhöhle und Amnionwand. Die dickwandige Schale (dunkelgrau) heißt Trophoblast. Sie liegt den mütterlichen Geweben zunächst, ernährt, wie ihr Name sagt, den Keim durch Aufnahme von Substanzen aus den Geweben der Mutter und ist gleichzeitig der Sitz für die Ausscheidung von Fermenten, welche die Umgebung einschmelzen und Platz für den wachsenden Keim schaffen. Das Entoderm schließt sich ebenfalls zu einer Blase, dem Dottersack. Den Zwischenraum zwischen der Gesamtblase, dem Trophoblasten, und den beiden in sie eingeschlossenen, dem Keim anhängenden Bläschen (Amnion und Dottersack) nehmen Mesodermstränge ein, welche von dem mittleren Keimblatt der Membrana prima ausgehen. Die Spalten zwischen ihnen entsprechen dem Zwischenraum zwischen den Blättern des Mesoderm innerhalb des Embryo, dem Cölom, nur liegen sie außerhalb des Keims; man nennt sie deshalb Exocölom.

Mit dem Keim wächst die dicke ektodermale Trophoblastschale und bildet verzweigte Fortsätze, die Zotten, in welche kindliches Mesoderm einwuchert; eine besondere Rolle spielt dabei eine Ausstülpung der Darmanlage, die Allantois, unter deren Leitung reichliches und stark mit Blutgefäßen versehenes

Mesoderm der Trophoblastschale angelagert wird (allantogenes Chorion, Abb. S. 518). Der Trophoblast zerstört mütterliches Gewebe der Uterusschleimhaut, eröffnet dabei Drüsen und vor allem Blutgefäße, so daß ein weiter bluterfüllter Raum geschaffen wird, in welchen die Chorionzotten hineinwachsen:

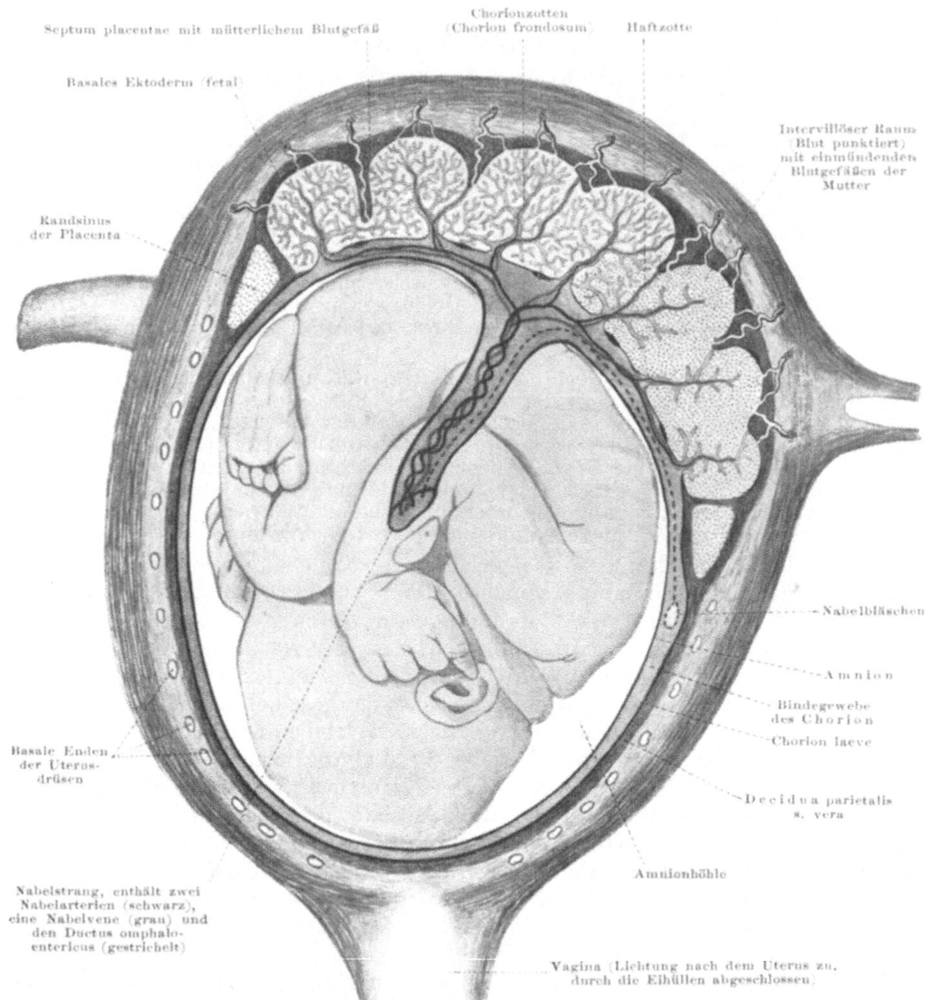

Abb. 262. **Schwangerer Uterus, längs durchschnitten. Schema.** Rechts vom Beschauer sind die Zotten ohne ihre Äste gezeichnet; der intervillöse Raum daher besser sichtbar als links, wo der Reichtum der Zottenäste angedeutet ist. Nabelstrang künstlich unterbrochen und größtenteils weggelassen.

intervillöser Raum (Abb. Nr. 262). Das mütterliche Blut strömt gleichsam in einen See, in welchen die Chorionzotten eintauchen und mit ihrem Epithelbelag den Stoffaustausch zwischen Mutter und Frucht vollziehen. Die überwiegende Mehrzahl der Zotten flottiert frei im intervillösen Raum. Ihr Trophoblastüberzug ist in 2 Lagen differenziert; die LANGHANSsche Zellschicht und die oberflächliche syncytiale Schicht, Cyto- und Plasmoditrophoblast. Später wird das Epithel einschichtig. An gewissen Stellen sind die Zotten mit der Decidua der Mutter verlötet, Haftzotten (Abb. Nr. 262). Das Chorion ist vom Kinde gebildet und vertritt seinen Darm, da der embryonale Darm im Mutterleibe nichts hat, das er resorbieren könnte. Der dünne Trophoblastüberzug vermag die Eiweißkörper der Mutter so weit abzubauen, daß das Kind daraus sein Individualeiweiß neu bilden kann; er erlaubt gleichzeitig auch die Diffusion von Gasen aus dem mütterlichen in das kindliche Blut und umgekehrt. Die Zottenwand zwischen kindlichen und mütterlichen Gefäßen vertritt die Schleimhaut im Darm und die Alveolarwand in der Lunge des Erwachsenen. Die Größe der Oberfläche sämtlicher Zotten ist außerordentlich groß (etwa 6,5 qm).

Anfänglich ist die ganze Trophoblastschale in ein Chorion mit allseitig dem Ei anhängenden Zotten umgebildet. Die Zotten vermögen in die Umgebung vorzudringen, indem sie die Gewebe auflösen (durch ausgeschiedene Fermente?). Am klarsten ist das bei der Tubenschwangerschaft, bei welcher das Ei am fremden Ort liegt und vorgebildete Einschmelzungen der Tubenwand auszuschließen sind. Manchmal nagen die Zotten ein winziges Loch in die Wand, welches die Blutung in die Bauchhöhle einleitet (siehe oben). — In der Placenta werden die Zotten immer zahlreicher und verästelter. Sie gleichen reich verzweigten Bäumchen (Chorion frondosum) (Abb. S. 520). Am übrigen Chorion werden sie frühzeitig rückgebildet, so daß dessen Oberfläche glatt wird (Chorion laeve). Die Verdünnung der Trophoblastschale geht etappenweise vor sich. Auf die Einzelheiten kann hier nicht eingegangen werden. Je nach dem Zustand des Epithelüberzuges läßt sich das Chorion junger Embryonen von dem älterer mikroskopisch unterscheiden. Dem Chorion laeve legt sich das Amnion unmittelbar an (Abb. S. 520) und bildet mit ihm und der Decidua capsularis die Wand der „Fruchtblase", welche für die Eröffnung des Cervixkanales bei der Geburt von großer Bedeutung ist.

Die Bluträume der mütterlichen Decidua heißen, da sie zwischen den Zotten liegen, intervillöse Räume. Die großen, reich verästelten Zotten der Placenta flottieren frei im Blut der Mutter, weil nur die ektodermale Deckschicht der Zotten erhalten bleibt, die Gefäßwände der intervillösen Räume dagegen verschwinden. Zwischen dem kindlichen und mütterlichen Blut sind durch den Verlust der Wände bei den Gefäßen der Decidua und die Verdünnung des Trophoblastüberzuges der Chorionzotten nur sehr dünne und leicht durchlässige Zwischenwände übrig. Sie sind aber nirgends durchbrochen, da sonst das Herz des Embryo durch den Druck des mütterlichen Blutes zum Stillstand käme. Aber die Diffusion ist sehr erleichtert. — Die roten Blutkörperchen des fetalen Blutes haben Kerne, die des mütterlichen Blutes haben keine. Diese sehr charakteristischen Unterschiede verschwinden allerdings gegen Ende der Schwangerschaft.

Von den beiden dem Keim in Abb. S. 518 anhängenden Bläschen, dem Amnion und dem Dottersack, nimmt das erstere eine progressive, der letztere eine regressive Entwicklung. In Abb. S. 523 ist im Innern der Frucht eine Höhlung zu sehen, die Amnionhöhle (an der Spitze des auf die Vorderwand des Uterus deutenden Verweisungsstriches); sie nimmt schließlich das ganze Innere der Eihäute ein (Abb. S. 520). Die Dottersackhöhle ist dagegen zu einem kleinen Rest am Rande der Placenta herabgesunken, dem sog. Nabelbläschen. Wie sich die Amnionhöhle bei ihrem Wachstum um den wachsenden Embryo herum bildet, bleibe hier unerörtert. Genug, zum Schluß schwimmt der Embryo in dem mit Flüssigkeit gefüllten Amnion (Liquor amnii) wie in einem selbst hergestellten Aquarium. Das verminderte spezifische Gewicht der zarten, im Wasser flottierenden Gewebe des wachsenden Embryo ist für die Gestaltung ein sehr günstiger Faktor. So wird bei Landtieren („Amnioten") und trotz des Einschlusses der Frucht in den Mutterleib die günstige mechanische Beziehung des Keimes zum umgebenden Medium wie bei Wassertieren bis zur Geburt aufrecht erhalten.

Das Amnion dehnt sich so stark aus, daß es überall die Decidua mit dem ihm von außen verschmolzenen Chorion erreicht. Die Eihäute bestehen nunmehr außerhalb der Placenta aus drei Lamellen, zu äußerst der Decidua, in der Mitte dem Chorion und zu innerst dem Amnion (Abb. S. 520).

Innerhalb der Placenta überzieht das Amnion als eine glatte glänzende Membran die dem Kinde zugewendete Fläche, während die Dicke des Mutterkuchens die zu einer morphologischen Einheit verschmolzenen Chorionzotten (Villi) des Kindes und die intervillösen Räume der Mutter umfaßt.

Bei der Geburt löst sich die Placenta in der Zona spongiosa der Decidua basalis (Abb. S. 520) und folgt dem Kinde, welches bereits vorher die der Scheide zugewendete Stelle der Eihäute durchbrochen hat und mit dem abfließenden Amnionwasser ausgestoßen wurde. Sie verläßt als „Nachgeburt" die Gebärmutter, indem auch die Eihäute sich in der Zona spongiosa der Decidua vera lösen. Die Blutungen bei der Geburt stammen aus den zahlreichen, bei diesen Prozessen eröffneten Gefäßen. Da die Placenta schwerer ist als die Eihäute, so verläßt sie durch das Loch in letzteren, welches das Kind bereits passiert hat, die Scheide der Gebärenden früher als jene; die Eihäute werden dadurch wie ein Handschuh umgedreht. Placenta und Eihäute werden, wenn sie geboren sind, dem Untersucher die glatte Amnionfläche zu, die innerhalb der Gebärmutter statt nach außen nach innen zu gewendet war.

Über die äußere Form der Placenta, über den Nabelstrang, der sie mit dem Kinde verbindet, über dessen Entstehung und Zusammensetzung siehe die Lehrbücher der Entwicklungsgeschichte.

Peri- und Parametrium
Die Gebärmutter ist größtenteils vom Bauchfell überzogen, Tunica serosa s. Perimetrium. An der Vorderfläche läßt es die supravaginale Portion der Cervix unbedeckt, auf der Hinterseite reicht es bis auf die letztere hinab (Abb. S. 523 u. b S. 512, Auskleidung der Excavatio vesicouterina und der Excavatio recto uterina, vgl. S. 269). Sehr häufig schlägt sich das Peritonaeum erst auf der Hinterwand des Scheidengewölbes um (Excavatio rectovaginalis). Infolgedessen nähert sich das hintere Scheidengewölbe dem Bauchfell hinter dem Uterus bis zur Berührung. Der Finger des Untersuchers kann, wie schon früher hervorgehoben wurde, von hier aus die dünne Zwischenwand leicht vorschieben und die Beckeninnenwand sowie den Uterus und seine Adnexe abtasten. Dringt der Operateur vom hinteren Scheidengewölbe aus mit dem Messer vor, so kann er das nur locker auf der Hinterseite der Cervix befestigte Perimetrium leicht wegschieben. Sonst ist es fest mit dem Myometrium auf der ganzen Hinter- und Vorderseite des Corpus und auf dem Fundus verlötet. Vom vorderen Scheidengewölbe bleibt es um die Höhe des supravaginalen Teiles der Cervix entfernt. Dort befindet sich eine dickere Zwischenwand zwischen der Bauchhöhle und der Scheide, so daß sich das vordere Scheidengewölbe weniger zur gynäkologischen Untersuchung eignet als das hintere.

An den Seitenrändern der Gebärmutter geht das Perimetrium der Vorderseite nicht unmittelbar in dasjenige der Hinterseite über, sondern beide setzen sich seitlich nach der Beckenwand zu fort. Man nennt die beiden Blätter, welche eine gemeinsame Scheidewand quer durch den Beckenraum bilden, breites Mutterband oder Ligamentum latum (Abb. S. 512, 524). Die Gebärmutter steckt im Ligamentum latum drin wie in einem gefalteten Tuch; nur nennt man den Teil, welcher ihr unmittelbar anliegt, nicht Ligamentum latum, sondern Serosa oder Perimetrium. Das Bindegewebe der Tunica serosa, welches im allgemeinen das Plattenepithel fest an das Myometrium kittet, ist an den Übergangsstellen in das Ligamentum latum sehr locker und setzt sich hier in das Bindegewebe fort, welches zwischen dem Peritonaealepithel auf der Vorder- und Hinterseite des Ligamentum latum eingeschoben ist. Die lockere, unmittelbar an den Uteruskörper beiderseits anschließende Bindegewebsschicht hat besondere Bedeutung für die Ausbreitung von pathologischen Prozessen, sie hat deshalb einen besonderen Namen erhalten: Parametrium. Der Arzt lokalisiert mit diesem Namen den Sitz einer Erkrankung, z. B. eines „parametritischen" Abscesses.

Befestigungen und Verbindungen
Die Gebärmutter ist außer durch das breite Mutterband noch durch andere Bauchfellduplikaturen, außerdem durch bindegewebige oder muskulöse Züge mit den Nachbarorganen in Verbindung. Zunächst kommt die Harnblase in Betracht. Zwischen ihrer Hinterwand und der Cervix liegt lockeres Bindegewebe in der Höhe von etwa 2 cm zwischen beiden Organen (unterhalb der Excavatio vesicouterina und oberhalb des vorderen Scheidengewölbes). Nicht so unmittelbar ist der Mastdarm mit der Gebärmutter verbunden, weil dazu

der große Douglas (Excavatio rectouterina) zu tief hinabreicht. Jedoch verläuft von ihm aus je ein Halbring von Bauchfellfalten zum Uterus, Plicae rectouterinae (Abb. S. 524). Sie enthalten fibröse Bindegewebszüge und zahlreiche Bündel glatter Muskulatur, welche die seitlichen Ränder des Uterus mit der Rectalwand und daran vorbei mit dem Kreuzbein verbinden:

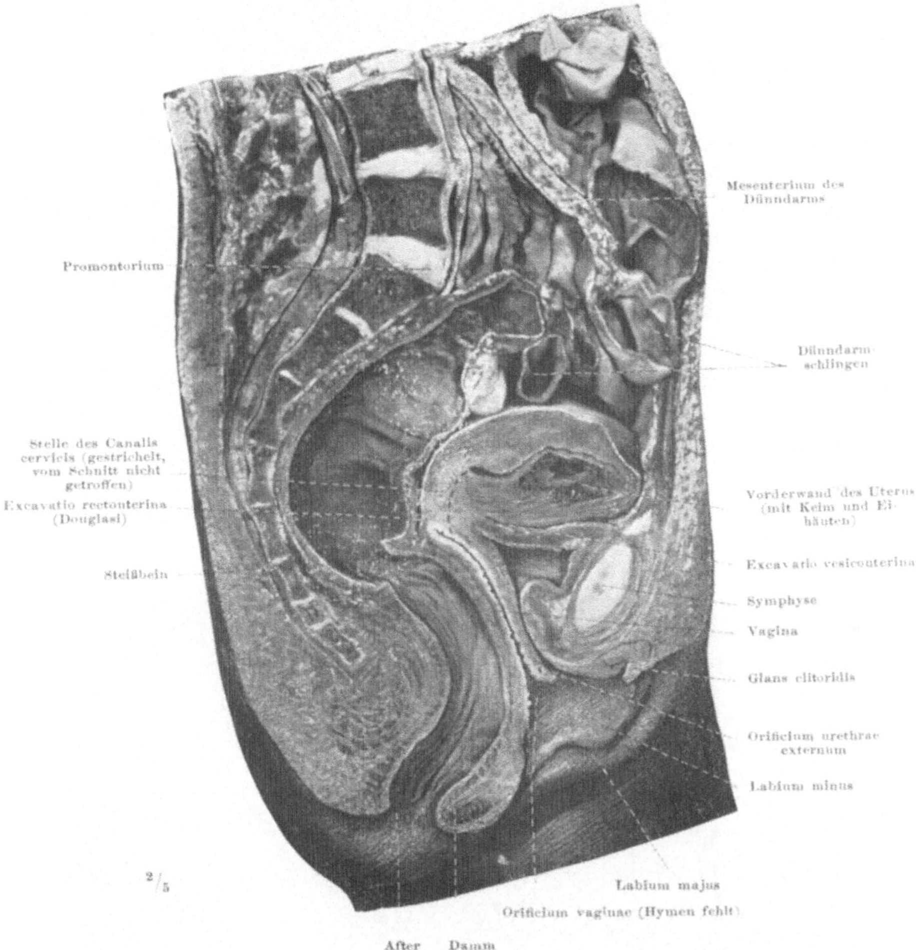

Abb. 263. Medianschnitt durch die weibliche Beckenhöhle. Beginn der Schwangerschaft. Die Scheide ist ausnahmsweise nach hinten konkav anstatt konvex. Die Anteflexio des Uterus ist in diesem Fall hochgradig, aber noch innerhalb der bei nichtschwangeren Frauen normalen Grenzen.

Ligamenta rectouterina, Musculi rectouterini und Ligamenta sacrouterina (Abb. a, S. 512). Die Cervix ist durch die Fixationsapparate gehindert nach vorn auszuweichen oder sie kehrt, wenn sie von ihrer Stelle weggedrängt ist, durch den Zug der gedehnten Bänder und die Kontraktion der glatten Muskeln wieder in ihre alte Lage zurück.

Das breite Mutterband geht in Peritonaealfalten über, welche ihm aufsitzen. Ich verweise auf die früheren Angaben über das Ligamentum ovarii proprium und Ligamentum uteri teres s. rotundum (S. 492). Da sich der Eileiter, welcher in den freien Rand des breiten Mutterbandes eingeschlossen ist, um den Eierstock in situ herumlegt (Abb. S. 488), so umhüllt das Ligamentum latum selbst

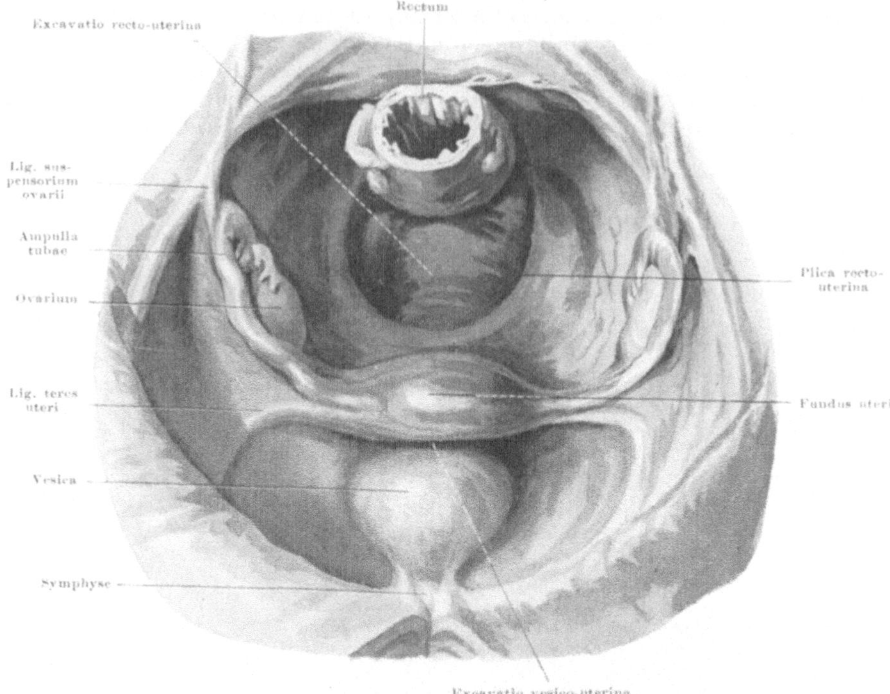

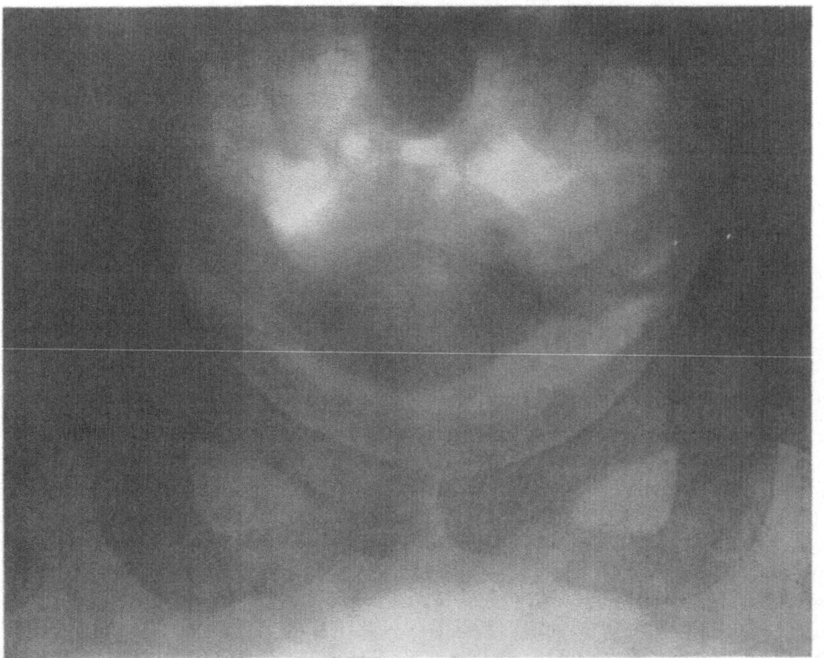

Abb. 264a u. b Weibliche Beckenorgane in situ. a Nach CORNING, aus Handbuch der Urologie,
Bd. 1, 1926. b Röntgenaufnahme von der Lebenden in Bauchlage nach Einblasen von Luft in die Bauchhöhle (Pneumoperitonaeum). Aus SCHITTENHELM, Röntgendiagnostik, Bd. 2.

das Ovarium an der Vorderseite wie ein zusammengerafftes Tuch und bildet so die Bursa ovarica. Man verwechsle nicht damit die flache Fossa ovarica an der seitlichen Beckenwand, in welche sich die Hinterseite des Eierstocks hineinschmiegt (S. 491). Möglicherweise schließen sich die Bursa und Fossa ovarica beim Übertritt des Eies aus dem Eierstock in die Tube vorübergehend so fest aneinander, daß dadurch ein Entschlüpfen in die freie Bauchhöhle verhindert wird (S. 508). Dem steht allerdings entgegen, daß bei Frauen, die geboren haben, der Eierstock oft gar nicht in der Fossa liegt (S. 491). trotzdem aber Gravidität eintritt. Jedenfalls ist die Bursa ovarica beim Menschen nie mit der Beckenwand verwachsen und sie bildet mit dieser nie eine wirklich geschlossene Blase wie bei gewissen Tieren; in pathologischen Fällen kann eine entzündliche Verklebung vorkommen, die aber dann eine Überwanderung des Eies durch mechanische Hindernisse und durch die Störung der Keimentwicklung im Eierstock aufhebt.

Nur die Stellung der Cervix ist einigermaßen gesichert, indem sie einmal durch die beschriebenen Bauchfellduplikaturen, Bindegewebe- und Muskelzüge nach vorn und hinten an Blase, Mastdarm und Kreuzbein, andererseits durch die Einstülpung in die Scheide an deren Lage und Länge gebunden ist. Das Corpus ist freier beweglich, da ihm das breite Mutterband zu beiden Seiten einen gewissen Spielraum nach vorn und hinten gibt. Je nachdem die Blase oder der Mastdarm stärker gefüllt sind, weicht der normale Uterus aus. Gewöhnlich wird er nach vorn gedrängt, da der große Douglas mit Darmschlingen gefüllt zu sein pflegt und außerdem die Ampulla recti bei der Frau sehr häufig durch chronische Stuhlverhaltung erweitert ist (Abb. S. 523). Nach den beiden Seiten zu ist ein stärkeres Abweichen des Uterus aus der Medianebene nicht so leicht möglich, da sich, je nach der Seite, nach welcher er abzuweichen droht, die Gegenseite des breiten Mutterbandes spannt und Widerstand leistet. Jedoch ist eine geringe Abweichung nach einer Seite sogar die Regel (nach rechts häufiger als nach links). Auch steht meistens der linke Rand der Gebärmutter ein wenig nach vorn, der rechte ein wenig nach hinten (wegen des linksseitigen Colon sigmoideum und diesem entsprechend gelagerten Rectum).

Lage- und Form-
wechsel

Da der normale Uterus ziemlich weich, die Cervix jedoch je weiter nach unten um so härter und widerstandsfähiger als das Corpus ist, so kann sich innerhalb des Halsteiles eine stumpf- bis rechtwinklige Biegung einstellen. Man unterscheidet zwischen Verlagerungen des ganzen Uterus nach vorn oder hinten gegen das senkrechte Lot im Stehen, Anteversio und Retroversio, und zwischen Biegungen des Uterus in sich nach einer der beiden Richtungen, Anteflexio und Retroflexio. Gewöhnlich ist eine leichte Anteflexio mit der Anteversio kombiniert, so daß der Fundus über die leere Blase so herübergebeugt liegt, daß die Uterushöhle bei der stehenden Frau horizontal steht, vornehmlich bei dem besonders erweichten Organ zu Beginn der Schwangerschaft (Abb. b, S. 523). Druck auf die Blase und häufiger Harndrang sind deshalb bei Schwangeren nichts Seltenes. Aber der normale Uterus zeichnet sich vor dem in pathologischer Weise fixierten und in entzündlichem Bindegewebe eingebackenen Organ dadurch aus, daß er dem Spiel der sich füllenden und entleerenden Nachbarorgane, der Gesamtstellung des Körpers beim Stehen, Gehen und Liegen und den Eigenartigkeiten des Uterus in den verschiedenen Lebensaltern und in der Schwangerschaft in seiner Form und Lage leicht und schmerzlos folgen kann. Der Tonus der Muskulatur ist an der Innehaltung der üblichen Lage mitbeteiligt; bei der Leiche ist der Uterus sehr oft retroponiert.

Die Längsachse der Scheide bildet mit der Längsachse des Uterus bei leerer Blase einen nach vorn zu offenen Winkel (Abb. b, S. 512). Stellt sich bei voller Blase und leerem Mastdarm der Uterus in die Richtung der Scheide ein, so nennt man das bereits Retroversio, da die Scheide selbst schräg nach oben hinten aufsteigt, also gegenüber der Vertikalen retrovertiert steht.

Ist eine der Formen fixiert, ist z. B. eine Retroflexio durch entzündliche Verhärtung stabil geworden, so drückt die Gebärmutter auf den Mastdarm, sobald sich

Kot dort ansammelt; solche Störungen können an sich sehr schmerzhaft sein oder werden übermäßig stark empfunden und geben bei nervös belasteten Individuen oft Anlaß zu hartnäckigen und quälenden Frauenleiden. — Sind Blase und Mastdarm gleichzeitig gefüllt, so wird der normale Uterus im ganzen nach oben gedrängt, soweit die Länge der Scheide Spielraum gibt. Der kindliche Uterus steht viel höher, weil das Becken relativ enger ist als bei Erwachsenen; zur Zeit der beginnenden Pubertät gewinnt er erst seine definitive Größe und endgültige Lage im kleinen Becken. — Verlagerungen des ganzen Organs nach vorn oder hinten heißen Anteposition und Retroposition. Gewöhnlich steht der Uterus so, daß die Portio in der hinteren Hälfte des kleinen Beckens, der größere Teil des Corpus mit dem Fundus in der vorderen Hälfte liegen. Eine Horizontale durch den obersten Punkt trifft ungefähr den 4. Kreuzbeinwirbel, eine Horizontale durch den tiefsten Punkt das Steißbein. Eine Horizontalebene durch die Portio entspricht außerdem dem Niveau der beiden Sitzbeinstachel (Interspinalebene; in Abb. S. 523 steht der schwangere Uterus bereits höher, in späteren Stadien der Schwangerschaft steigt er in das große Becken und in die Bauchhöhle hinauf). Ist die Vagina abnorm schlaff und sind die Bänder pathologisch gelockert, welche den Uterus halten, so kann er abwärts sinken und sogar durch die äußeren Geschlechtsteile vortreten (Prolapsus uteri).

Der innere Muttermund liegt bei der gewöhnlichen Anteflexion und Anteversion des Uterus nach vorn in der Richtung des Uteruskörpers; der äußere Muttermund sieht nach unten, die beiden Lippen der Portio berühren die hintere Scheidenwand (Abb. b, S. 512). Über die Lage der Cervix zum Harnleiter siehe S. 381.

Gefäße und
Nerven Blutzufuhr: Die großen Gefäße liegen in dem lockeren Parametrium zu beiden Seiten der Gebärmutter in Fett eingebettet. Die Arteria uterina (aus der Arteria hypogastrica, Abb. S. 532) läuft zuerst abwärts dicht am Eierstock und Harnleiter entlang, biegt dann in der Basis des breiten Mutterbandes um und steigt von dort an der Seite der Gebärmutter aufwärts; sowohl die Hauptarterie wie ihre Äste sind im nichtschwangeren und schwangeren Uterus geschlängelt oder korkzieherartig gewunden. Ein kleiner Ast wird nach abwärts gegen die Cervix hin abgegeben; mehrere Äste gehen von dem aufwärts gerichteten Stämmchen zum Corpus und Fundus ab. Ein Endast anastomosiert gegen den Tubenansatz zu mit dem Endast der A. ovarica (aus der Aorta abdominalis), welche vom Eierstock aus die Gebärmutter erreicht und mit versorgt (manchmal liegt die Anastomose am Hilus ovarii, S. 505). Ein anderes Endästchen folgt dem Eileiter und anastomosiert mit Ästchen der A. ovarica, die an die Tube gehen. Der Ast zum Fundus ist mit dem der anderen Seite verbunden und versorgt die Stelle der Schleimhaut besonders reichlich, an welcher sich gewöhnlich der Keim bei der Schwangerschaft einnistet. Die Venen verlaufen in reichlichen Geflechten durch das Parametrium zur Vena hypogastrica. Die Vasa uterina lassen die Mitte der Gebärmutter frei, da die größeren Stämme sämtlich an den Seiten verlaufen; beim Kaiserschnitt kann daher ohne große Blutung durch die Mitte zum Kind vorgedrungen werden.

Zahlreiche Lymphgefäße, welche vom Uteruskörper ausgehen und sich mit denjenigen der Eierstöcke vereinigen, fließen in die lumbalen Lymphknoten ab (vor und neben der Aorta abdominalis). Auch vermitteln einige Lymphgefäße im Ligamentum rotundum eine Verbindung zwischen dem Netzwerk, welches in der Gebärmutter liegt, und den Lymphknoten der Leistengegend. Die Lymphbahnen der Cervix endigen in einem Lymphknoten nahe der Teilungsstelle der A. iliaca communis in ihre beiden Äste.

Die Nerven gelangen zum größten Teil von einem besonderen Geflecht zwischen Cervix und Scheidengewölbe, welchem eine Kette von sympathischen Ganglien eingelagert ist, an die Gebärmutter (Plexus uterovaginalis). Dieser wird aus den sympathischen Nerven zu beiden Seiten des Mastdarms (Plexus hypogastricus) gespeist und aus parasympathischen Ästen des 3.—4. Sacralnervs (N. pelvicus). Einige Fasern gelangen unmittelbar vom Mastdarm aus zum Uterus, ohne den Plexus uterovaginalis zu passieren, andere ebenso vom Plexus vesicalis der Harnblase aus. Daß die Muskulatur vom Nervensystem aus gehemmt und gefördert werden kann, gilt als sicher, doch sind die Nervenbahnen im einzelnen nicht genau bekannt. Nach Beobachtungen am Krankenbett scheinen die sensiblen aufsteigenden Reize das Rückenmark durch die hinteren Wurzeln des 10.—12. Thorakal- und 1.—4. Sacralnervs zu erreichen.

d) Die Scheide.

Form und
Lage Die Scheide, Vagina, ist ein ziemlich gerader platter Schlauch, in welchen sich nahe dem oberen Ende die Portio vaginalis der Gebärmutter einstülpt, und welcher beim Kind und bei der Jungfrau nach den äußeren Genitalien zu durch das Jungfernhäutchen, Hymen, abgeschlossen ist. Beide Verschlüsse sind durchgängig. Die Portio springt wie der Kork im Flaschenhals in die Vagina vor, ist aber nicht in das obere Ende, sondern in die vordere Wand eingestülpt (Abb. S. 523). Beim Tuschieren fühlt man die Portio nicht oben, sondern vorn, auch vom Mastdarm aus kann der Muttermund wegen seiner Lage in der vorderen Scheidenwand deutlich getastet werden. Der die Portio durchsetzende Canalis vaginalis stellt die Verbindung zwischen der Uterushöhle und der Scheide her. Am unteren Ende ist das Orificium s. Introitus vaginae ein Durchlaß im Hymen aus der Scheide nach außen hin für die Sekrete der inneren Genitalien und besonders für die menstruellen Blutungen. Erst bei und nach der Defloration gelingt die Immissio penis und anschließend das Vordringen von Samenfäden aus dem Ejaculat in die Gebärmutter und Eileiter; der unverletzte Hymen verhindert bei den meisten Individuen das Eindringen des männlichen Gliedes und die für den Orgasmus nötigen Friktionen. Eine künstliche Befruchtung beim menschlichen Weibe ist dagegen durch instrumentelle Einfuhr von Samen in den Uterus möglich, wie ärztliche Eingriffe bei mechanischen Hindernissen der Begattung bewiesen haben.

Die Vagina wird durch den erigierten Penis entfaltet, sie umgibt ihn wie eine „Scheide", woher sich der Name herleitet. Während die Gebärmutter erst in der Schwangerschaft ihre größte Ausdehnung erlangt, also sich jeweils der zu gebärenden Frucht gemäß neu umgestaltet, hat die Scheide nicht nur dauernd die für den Geschlechtsakt erforderliche Größe, sondern ihre Weite und Dehnbarkeit bedürfen nur geringer Veränderungen, um auf die Geburt eingestellt zu werden; die Wände kollabieren allerdings, solange sie nicht vom erigierten Gliede gedehnt sind. Nur das obere Ende ist durch die in die Vorderwand eingestülpte Portio uteri auseinandergehalten und sieht auf dem Querschnitt oval aus mit einer ebensolchen Lichtung; weiter unten legt sich die Vorderwand an die Hinterwand, der Querschnitt ist ein einfacher Querspalt (Abb. a, S. 475) oder (nahe dem Hymen) ein ⊢—⊣.

Die Scheide ist etwa fingerlang; sie ist schräg von unten vorn nach oben hinten gerichtet (Abb. S. 523), ihre Achse verläuft in der Beckenachse (Axis pelvis, Bd. I, S. 459). Daher ist die hintere, nach vorn konkave Wand länger als die vordere (7—8 cm gegen $5^1/_2$—7 cm). Denn hinten reicht die Scheide höher hinter der Portio vaginalis uteri hinauf als vorn. Das Scheidengewölbe, Fornix, ist eine verschieden tiefe Rinne, welche ohne Unterbrechung rings um die Portio herumläuft. Der oberste Umschlagsrand der Scheidenwand auf die Portio ist die oberste Grenze des Gewölbes. Da die Portio nicht in der Längsachse der Scheide steht, sondern schräg von vorn in sie hineinragt, so ist das hintere Scheidengewölbe, Fornix posterior, tiefer als das vordere, Fornix anterior, und als die beiden seitlichen je rechts und links von der Portio, Fornix lateralis dexter et sinister. In das hintere Scheidengewölbe und die Lichtung des obersten Scheidenabschnittes, in welche der äußere Muttermund hineintaucht, wird beim natürlichen Vollzug des Beischlafes das Ejaculat des Mannes gelagert. Das hintere Scheidengewölbe spielt die Rolle einer Art von Receptaculum seminis bei der Frau, da es das eigentliche distale blinde Ende des Scheidenschlauches ist und daher im Liegen den tiefsten Punkt der Scheide einnimmt. Von hier aus treten die Samenfäden durch eigene Bewegungen den Weg an, der sie dem Ei entgegenführt. Ob dabei die Muskulatur der Cervix mittätig ist oder sein kann, ist ungewiß.

Die Scheide ist vorn mit der Blase bindegewebig verlötet (Abb. S. 523, siehe auch S. 390, vgl. Lage des Harnleiters S. 381). Die Harnröhre verläuft der ganzen

Länge nach vor der Vorderwand der Vagina und drängt einen Längswulst der Schleimhaut in sie vor, Carina (s. Caruncula) urethralis; die Mündung liegt vor dem Hymen, also bereits innerhalb des Vestibulum vaginae, wo darauf einzugehen sein wird. Während die Bindegewebszüge zwischen Blase und Scheide locker und nachgiebig sind, ist die Harnröhre des Weibes mit der Vorderwand der Scheide fest und unverschieblich vereinigt (Septum urethrovaginale). Die nahe Nachbarschaft der Harnröhre macht sich geltend und führt zu einer abnormen Ausmündung in die Scheide, wenn bei lange dauernden Geburten der Kopf des Kindes und die gegenwirkende Symphyse des mütterlichen Beckens das Septum urethrovaginale so sehr quetschen, daß es nekrotisch wird (Scheidenharnröhrenfistel).

Nach hinten zu setzt sich das Bauchfell auf eine Strecke von $^1/_2$—1 cm auf die Scheide fort (Abb. b, S. 512). Von der Umschlagstelle des Peritonaeum ab (Tiefe des großen Douglas, entsprechend der Höhe der Spina ischiadica, Interspinalebene, vgl. auch S. 301) ist eine Bindegewebslamelle zwischen Vagina und Rectum eingeschoben, welche stellenweise ziemlich dick ist, da der Mastdarm nach vorn, die hintere Scheidenwand nach hinten konvex zu sein pflegen und die sanduhrförmigen Zwischenräume, die dadurch offen bleiben, durch Bindegewebe ausgeglichen werden (Septum rectovaginale; Abb. a, S. 475, nicht bezeichnet). Dasselbe ist innerhalb der Pars perinealis recti widerstandsfähig und derb, weiter oberhalb bis zum Bauchfellumschlag locker. Außerdem ziehen Dammuskeln durch die tieferen Partien des Zwischenraumes. Der große Douglas enthält meistens Darmschlingen, der kleine ist eine leere Spalte.

Seitlich von der Scheide zieht der M. levator ani dicht an ihr vorbei; eine Kontraktion beider Levatores kann die Scheide der Breite nach verengern, da die sich spannenden Muskeln lateralwärts rücken und an den Seitenwänden ziehen (Abb. a, S. 475). Unterhalb dieser Muskeln durchsetzt die Scheide das Diaphragma urogenitale; hier grenzt sie gegen das Vestibulum vaginae, welches bereits außerhalb des Diaphragma liegt.

Für angeborene Anomalien der Scheide vgl. S. 487. Statt der mit dem Uterus didelphys manchmal kombinierten Vagina bipartita (welche bei Beuteltieren die Regel ist) kommt gelegentlich beim Menschen eine bloße Kammerung in zwei Schleimhautrohre vor, Vagina septa.

<table><tr><td>Bau und Struktur der Schleimhaut</td><td>

Die Scheidenwand hat etwa die Dicke der Darmwand, schwankt aber beträchtlich, je nachdem sie schlaff oder gedehnt ist. Sie ist infolge des Reichtums an elastischen Fasern und glatten Muskelzellen sehr erweiterungsfähig. Trotzdem kann sie bei brutaler Immissio penis reißen und, falls sich der Riß in den vom Bauchfell überzogenen oberen Teil der Hinterwand hineinerstreckt, einer unmittelbaren Infektion der Bauchhöhle durch Bakterien den Weg öffnen. Bei der schwangeren Frau wird die Vaginalwand so gelockert, daß sie bei der Geburt dehnbar genug ist, um das reife Kind passieren zu lassen.</td></tr></table>

Man unterscheidet eine Schleim-, Muskel- und Faserhaut.

Die Schleimhaut, Tunica mucosa, hat eine Decke von mehrschichtigem Plattenepithel wie die Epidermis, aber nur mit Andeutung von Verhornung (Keratohyalinkörnchen), nicht mit echten Hornschüppchen wie die äußere Haut. Bei einer pathologischen Lockerung der Scheidenwand, die in einem Vorfall der Wand nach außen endigt (Prolapsus vaginae), äußert sich die prospektive Potenz der Hornbildung in einem wirklichen Hornüberzug der vorgefallenen Schleimhautpartie. Die Zellen in den tiefen Schichten des Epithels speichern Glykogenkörnchen, welche bei der Abschilferung der oberflächlichen Schicht in das Scheidensekret gelangen. Die Papillen der Tunica propria sind schlank und dringen weit in das dicke Epithellager ein. Die Scheidenschleimhaut sieht graurot aus (zum Unterschied von der intensiver rot gefärbten Schleimhaut der Gebärmutter und ihrer Cervix). Das elastische Gewebe ist in der Tunica propria ganz besonders reichlich. Drüsen sind in ihr nicht vorhanden außer gelegentlichen, mit den Cervixdrüsen übereinstimmenden Exemplaren am oberen Ende. Dagegen sind Lymphocyten zahlreich, welche auch in das Epithel eindringen. Stellenweise bilden sie sogar follikelähnliche

Anhäufungen. Das gröbere Relief der ungedehnten Schleimhaut setzt sich aus zahlreichen Querfalten zusammen, Rugae vaginales (Abb. a, S. 512). An der Vorder- und Hinterwand springen die Falten vor, weil hier die Wand durch eingelagerte venöse Geflechte je zu einer Längsfalte vorgebuchtet ist, Columna rugarum anterior et posterior. Man sieht dieses Relief bei jungen Personen im unteren Teil der Scheide am deutlichsten. Die vordere Säule springt um so stärker vor, je mehr sich die Harnröhre gegen die vordere Scheidenwand zu vordrängt, Carina (s. Caruncula) urethralis. Nach mehrfachen Geburten und bei älteren Frauen ist die Scheidenwand viel glatter als bei der Nullipara. Man hat die Faltenreihen als Reibeapparat für die Begattung bezeichnet.

Der Scheidenschleim stammt zum geringsten Teil aus der Scheidenwand selbst, da sie nur wenige Drüsen besitzt. Dagegen sind die äußeren Genitalien reich an Drüsen, ebenso auch der Cervixkanal. So liefert die Umgebung die eigentlichen schleimigen Bestandteile. Die Scheidenwand selbst gibt aber eine seröse Ausschwitzung dazu, die so reichlich sein kann, daß statt wenigen Schleimes reichliches weißliches Sekret vorhanden ist, welches bei krankhaft gesteigerter Absonderung auch nach außen abfließt (Fluor albus). Das Scheidensekret reagiert immer sauer und vernichtet dadurch die meisten Bakterienarten (bactericid). Die Infektion der Gebärmutter und weiter aufsteigend der Eileiter und Bauchhöhle wird dadurch unter normalen Umständen verhindert. Das mit dem Serum in die Scheide gelangende Glykogen wird durch spezifische Bakterien in Milchsäure vergoren (DÖDERLEINsche Scheidenstäbchen). Harmlose Mikroorganismen, z. B. ein Infusorium, Trichomonas vaginalis, widerstehen der Säure (Milchsäure) und schmarotzen in der Scheide. Die Samenfäden gehen im Scheidensekret zugrunde. Der schwach alkalische Cervixschleim erregt dagegen ihre Fähigkeit sich fortzubewegen; daher entgehen die dem äußeren Muttermund zunächst deponierten Spermien der Vernichtung durch den sauren Scheidenschleim (S. 418, 426).

Bei den Nagern (Meerschweinchen, Maus, Ratte) verändert sich der Scheidenschleim in mikroskopisch leicht feststellbarer Weise entsprechend den Veränderungen der Follikel im Eierstock, so daß man den unsichtbaren reifenden Follikel beim lebenden Tier gleichsam im Spiegel des sichtbaren Scheidensekretes durch das Mikroskop kontrollieren kann. Dies hängt damit zusammen, daß vom Epithel der Scheide außerhalb der Brunftperiode eine hornige Membran abgeschieden wird, welche die Vagina gegen den Uterus abschließt. Samenfäden können nur in die Gebärmutter gelangen, wenn die Hornmembran ausgestoßen wird. Die weißen Blutkörperchen, welche bei den Rückbildungsvorgängen in den Vaginalschleim gelangen, zeigen dem Beobachter den bevorstehenden Follikelsprung an. Beim Menschen fehlen ähnliche Wandlungen des Zellgehaltes des Sekretes, doch wechselt sein Säuregehalt periodisch (Einfluß des Eierstockes?).

Die Muskelhaut, Tunica muscularis, schließt ohne scharfe Grenze an die Tunica propria der Schleimhaut an. Einzelne circuläre Bündelchen von glatten Muskelzellen drängen sich in die Schleimhaut vor. Die Hauptmasse verläuft in der Längsrichtung, kann also die in die Länge gedehnte Scheide wieder verkürzen. Die Muskulatur geht oben ohne Grenze in die glatte Muskulatur des Uterus über, unten strahlt sie in die quergestreiften Dammuskeln und in die Septen zwischen Scheide, einerseits und Mastdarm und Blase andererseits aus. Alle Muskelbündel sind durch stark elastisches Bindegewebe zusammengehalten, welches in dasjenige der Schleimhaut übergeht.

Die Faserhaut, Tunica adventitia, ist im oberen Teil der Scheide locker, nach unten zu derb, schwartig, wie bei den Septen nach Mastdarm und Blase zu dargestellt wurde. In diese geht sie ohne Grenze über.

Blutzufuhr: Das Hauptgefäß ist der absteigende Ast der A. uterina zur Cervix, welcher von oben her auch die Scheide versorgt (A. cervicovaginalis). Dazu kommen Zweige aus der A. haemorrhoidalis media, A. vesicalis inferior und vom Damm her (A. pudenda communis). Sie stammen sämtlich aus der A. hypogastrica. Die Venen bilden einen mächtigen Plexus vaginalis zu beiden Seiten der Scheide (Abb. S. 532); Anastomosen führen zu sämtlichen Beckenvenen und Venen der äußeren Genitalien, der Abfluß geht zur Vena hypogastrica. Die Venenplexus, welche den Columnae rugarum zugrunde liegen, haben kavernösen Charakter und stehen mit dem kavernösen Gewebe der äußeren Genitalien im Zusammenhang.

Die reichlichen Lymphgefäße formen in der Wand der Scheide Netze. Vom oberen Teil der Scheide führen die Abflüsse zu den Lymphknoten längs der A. hypogastrica, vom unteren Teil der Scheide zum Mastdarm und zu den äußeren Genitalien, von dort zu den Lymphknoten der Leistengegend.

Die Innervation ist die gleiche wie bei der Gebärmutter. In das perivaginale Nervengeflecht sind zahlreiche Ganglienzellen eingelagert. Die Empfindlichkeit der Schleimhaut gegen manche Reize, z. B. gegen Wärme, ist auffallend gering, so daß heiße Spülungen, die von den äußeren Geschlechtsorganen nicht vertragen werden, in der Scheide keine Schmerzen verursachen. Auch die sonstige Schmerzempfindlichkeit ist nicht groß.

5. Äußere weibliche Geschlechtsorgane.

Die Entstehung der weiblichen Scham, Pudendum muliebre, aus einem mit den männlichen Genitalien äußerlich identischen Ausgangsstadium wurde früher beschrieben (S. 432 u. f., Abb. S. 405, 488, 489). Ich gebe hier eine kurze tabellarische Übersicht über die Genitalien beider Geschlechter im fertigen Zustande, welche die gleichwertigen Teile bei Mann und Weib nebeneinander stellt. Die Erklärung der einzelnen Bestandteile der weiblichen äußeren Geschlechtsorgane wird erst aus der speziellen Beschreibung hervorgehen.

Gleichwertige Teile beider Geschlechter

Männlich (Abb. b, S. 489).	Weiblich (Abb. c, S. 489).
1. Oberer Teil der Pars prostatica urethrae bis zum Colliculus seminalis.	1. Weibliche Harnröhre vom Orificium internum bis zum Orificium externum.
2. Mündung des Utriculus prostaticus auf dem Colliculus seminalis.	2. Orificium s. Introitus vaginae mit Hymen.
3. Mündungen der Ductus prostatici neben dem Colliculus seminalis.	3. Mündungen der Ductus paraurethrales (SKENEsche Gänge) neben dem Orificium urethrae im Vestibulum vaginae.
4. Männliche Harnröhre distal vom Colliculus seminalis (Canalis urogenitalis, bei Hemmungsbildungen besteht ein Sinus urogenitalis).	4. Vestibulum vaginae s. Vulva (Sinus urogenitalis), besonders die Furche vom Orificium urethrae externum gegen die Glans clitoridis.
5. Glandulae bulbourethrales (Cowperi).	5. Glandulae vestibulares majores (Bartholini).
6. Corpus cavernosum urethrae (unpaar).	6. Bulbi vestibuli (paarig).
7. Corpus cavernosum penis.	7. Corpus cavernosum clitoridis.
8. Glans und Praeputium penis.	8. Glans und Praeputium clitoridis.
9. Rand des Orificium urethrae externum.	9. Frenula clitoridis.
10. Haut des männlichen Gliedes.	10. Labium minus.
11. Scrotum.	11. Labium majus.

Die Schamteile der Lebenden, Übersicht

Beim Mann sind die äußeren Geschlechtsteile unverhüllt außer durch die Behaarung, welche aber nur die Wurzel des Gliedes bedeckt. Beim geschlechtsreifen Weibe ist im Stehen das eigentliche Genitale fast ganz versteckt. Von der Behaarung und dem Schamberg, Mons veneris, welche allein sichtbar sind, wird erst zum Schluß dieses Kapitels Näheres berichtet werden. Sie sind sehr charakteristisch für die Frau, ganz abgesehen von negativen Merkmalen (Fehlen des männlichen Gliedes und des Hodensackes) und abgesehen von den positiven akzessorischen weiblichen Sexuszeichen (Brüste, Haupthaar, Gang, Haltung, Stimme).

Den Verschluß der Schamspalte, Rima pudendi, bewirken die beiden großen Schamlippen, Labia majora. Drängt man sie auseinander, so kommt die eigentliche Vulva oder der Scheidenvorhof, Vestibulum vaginae, erst zu Gesicht (Abb. S. 532). Er wird beiderseits begrenzt von beiden kleinen Schamlippen oder Nymphen, Labia minora. Sie sind gewöhnlich ganz hinter den geschlossenen großen Schamlippen verborgen, können aber bei einzelnen Individuen so lang sein, daß sie aus der geschlossenen Schamspalte als faltige Wülste ein wenig vorschauen. Bei Hottentottinnen ist das die Regel, und zwar in oft sehr umfänglichem Maße („Hottentottenschürze"). Bei der Europäerin ist meistens Masturbation die Ursache, aber auch angeborene prominierende „kleine" Schamlippen kommen vor. Vorn von den Labia minora liegt der Kitzler, Klitoris. Die kleinen Schamlippen treten als Frenula clitoridis an ihn heran und vereinigen sich spitzwinklig unterhalb der Spitze der Klitoris. Außerdem geben die kleinen Schamlippen auf ihrer Außenseite lappenförmige Fortsätze ab, welche höher sind als das Frenulum und die Klitoris wie ein überhängendes Dach umfassen, Praeputium clitoridis. Auf diese Weise sieht man gewöhnlich vom Kitzler nur die Spitze, Glans clitoridis. Zwischen ihr und dem Praeputium liegt eine Falte, Sulcus clitoridis, welche um die Glans herumläuft, aber beiderseits am Frenulum endigt. Auch das Praeputium kann vergrößert sein und die Glans verdecken; streift man es zurück und ist die Klitoris erigiert, so wird sie auch bei verlängertem Praeputium sichtbar. Nach hinten zu reicht die Schamspalte bis nahe an den After, so daß der weibliche Damm viel kürzer als der männliche ist. Die kleinen Schamlippen vereinigen sich nach dem Damm zu im Frenulum labiorum posterius, welches man als eine flache scharfe Leiste zu Gesicht bekommt, wenn man es allseitig spannt; davor liegt dann eine seichte Grube, die Fossa navicularis. Hinter dem Frenulum liegt die Vereinigung der großen Schamlippen, Commissura labiorum posterior.

Zieht man auch die kleinen Schamlippen auseinander, so gewahrt man erst das Orificium (s. Introitus) vaginae, das beim nicht deflorierten Weibe durch den Hymen partiell verschlossen, nach Geburten an Resten desselben, den Carunculae hymenales erkennbar bleibt. Vor dem Eingang in die Scheide sieht man bei auseinandergezogenen großen und kleinen Schamlippen das Harnröhrenfeld mit dem Orificium externum urethrae (Abb. S. 532). Harn und Vaginalabgänge (Schleim, Menstruationsblut) treffen sich erst an dieser Stelle. Weil die weibliche Harnröhre in der Vulva mündet und nur ganz kurz ist, wird sie in diesem Kapitel behandelt werden. Das Harnröhrenfeld und der Scheideneingang zusammen liegen in einer kahnförmigen Grube, welche auch als Vestibulum vaginae im engeren Sinn bezeichnet wird. Zwischen den kleinen Schamlippen und dem Boden der Grube bleibt nur eine Spalte übrig, der Sulcus nymphohymenalis, welcher gewöhnlich von den Labia minora nach außen verschlossen ist.

Vergegenwärtigen wir uns die von außen nach innen aufeinanderfolgenden Verschlüsse, so haben wir eine ganze Serie von Hemmnissen für von außen eindringende Schädlichkeiten. Auf die Vulva fallen drei: die von den großen Schamlippen, den kleinen Schamlippen und vom Hymen gesetzten Schranken.

34*

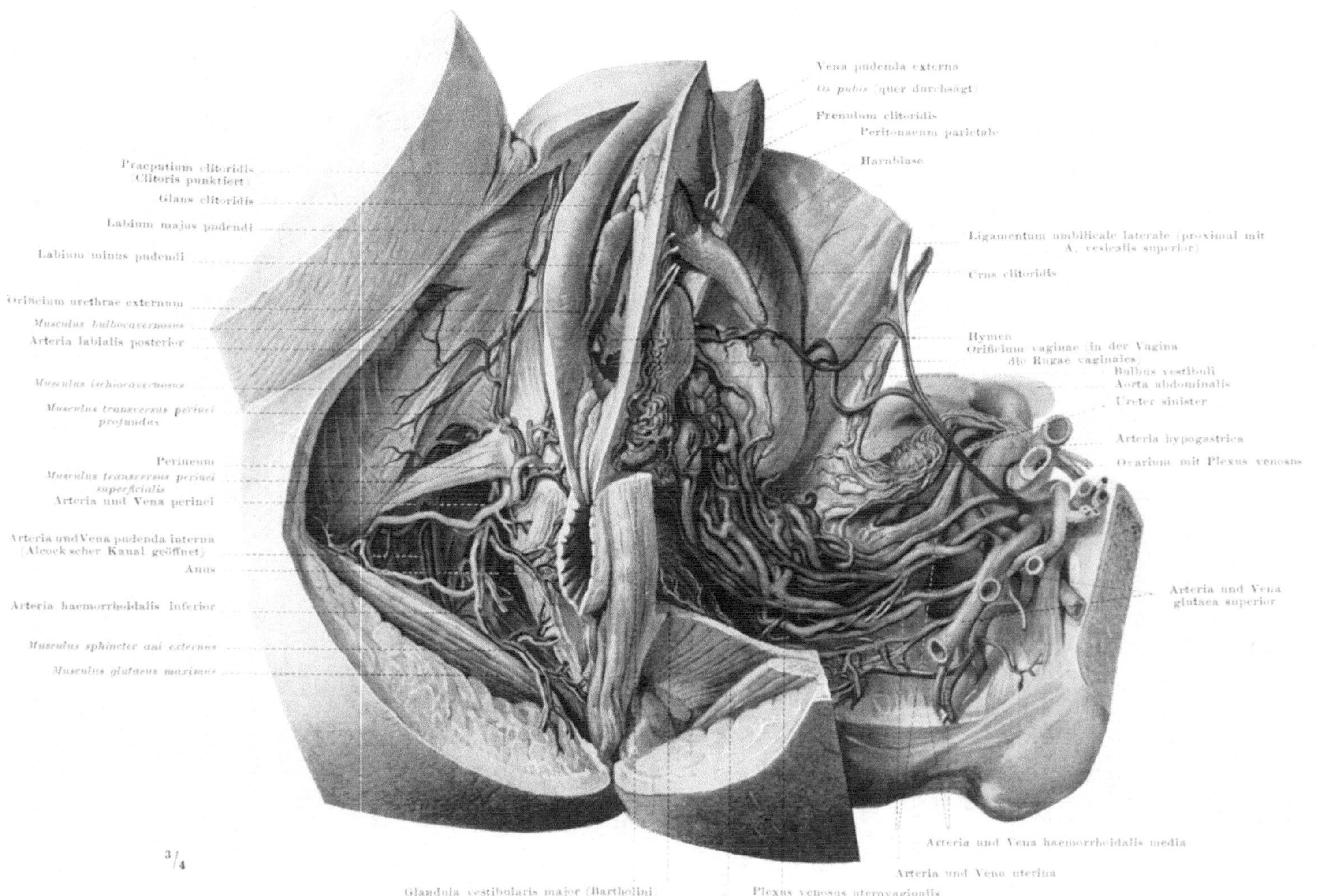

Abb. 265. Äußere weibliche Geschlechtsorgane. Gefäße mit TEICHMANNscher Masse injiziert. Auf der linken Körperseite ist das Becken weggenommen und die seitliche Wand der Beckenorgane mit ihren Gefäßen freigelegt (ergänzt nach einem Trockenpräparat der Anatomischen Sammlung Heidelberg).

Darauf folgt die Scheide, deren Wände aneinander liegen, und noch weiter oben
die Plicae palmatae und die aneinandergeschmiegten Wände des Uterus. Spreizt
die Frau, während sie auf dem Rücken liegt, die Oberschenkel, so werden die
Verschlüsse der Vulva geöffnet; bei der Frau, die geboren hat, ist auch ohnedies
der Hymen rückgebildet. Durch die Immissio penis werden die Teile bis zum
äußeren Muttermund vollends auseinandergedrängt, ebenso durch Specula bei
der gynäkologischen Untersuchung; der Arzt kann auf diese Weise von außen
den äußeren Muttermund besichtigen.

a) Die weibliche Harnröhre.

Die weibliche Harnröhre, Urethra muliebris, mißt nur 2,5—4 cm. *Verlauf und Bau*
Sie durchläuft die kurze Strecke zwischen ihrem Orificium internum an der
Harnblase und ihrem Orificium externum in der Vulva in einem nach vorn
konkaven Bogen, entsprechend der Hinterwand der Symphyse (Abb. S. 523),
seltener ganz gestreckt. Da sie nach vorn wegen der Nähe des Beckens nicht
ausweichen kann und da hinter ihr unmittelbar anschließend die Vorderwand
der Scheide liegt, so kann sie bei langsamem Durchtreten des kindlichen Kopfes
während der Geburt infolge von Wehenschwäche u. dgl. in die Klemme kommen
und Schaden leiden. Sonst ist der Platz ausreichend. Sie durchsetzt den
Beckenboden (Abb. a, S. 475).

Die Schleimhaut, Tunica mucosa, ist wie bei der männlichen Harnröhre
in Längsfalten gelegt, allerdings in weniger zahlreiche und verästelte als beim
Manne; an der Rückseite der Harnröhre springt eine besonders stark vor,
Crista urethralis. Die Falten berühren sich und verlegen die Lichtung,
außer wenn der Harnstrahl oder ein in die Harnröhre eingeführtes Instrument
sie auseinanderdrängt. Nach der Blase zu ist das Epithel gleich dem Übergangsepithel im Ureter und in der Blase, weiter unten tritt an seine Stelle das
gleiche cylindrische Epithel wie in der männlichen Harnröhre mit den dazugehörigen drüsigen Buchten, Drüsen und Krypten (Abb. S. 468). Die Tunica
propria ist sehr dick, ihre Gefäßpapillen dringen tief in die Epitheldecke vor; die
Schleimhaut sieht blaßrosa aus. Das Bindegewebe ist reich an elastischen
Fasernetzen und außerdem schwammig durchsetzt von unzähligen Venen. Durch
die stärkere oder geringere Füllung dieses sog. Corpus spongiosum wird
offenbar die Weite der Lichtung reguliert. Näheres ist aber nicht bekannt.

Die Muskelhaut, Tunica muscularis, hat keine scharfe Grenze gegen
die Schleimhaut. Zahlreiche feine Bündelchen von glatten Muskelzellen dringen
in die Propria zwischen die Venennetze ein und unterstützen die Regulation
der Blutabfuhr. Da sie zum Teil longitudinal, zum Teil circulär verlaufen,
so wird die Weite der Lichtung auch direkt von ihnen beeinflußt. Die Ringfasern sind besonders zahlreich und schließen nach oben an den Musculus trigoni
der Blase, wie beim Manne, an. Bei der Kürze der weiblichen Harnröhre ist
eine genaue Anpassung an den Harnstrahl und ein gutes Aufeinanderliegen der
Schleimhautfalten bei leerer Harnröhre als Schutz gegen aufsteigende pathogene
Keime wichtig. Es kommt trotzdem nicht selten vor, daß auf diesem Wege
die Blase infiziert wird (Blasenkatarrh; viel häufiger bei der Frau als beim
Manne). Zu äußerst umkreisen willkürliche quergestreifte Muskelfasern die
weibliche Harnröhre, und zwar die untersten gemeinsam mit der Scheide
(Sphincter urogenitalis), die oberen um die Harnröhre allein (Sphincter
urethralis).

Eine äußere Faserhaut als begrenzbare Membran gibt es nicht. Das straffe
Bindegewebe geht in das derbe Septum urethrovaginale über, mit welchem die
Harnröhre an die vordere Scheidenwand verlötet ist.

Harn-
röhrenfeld
und Harn-
röhren-
mündung

Das **Orificium urethrae externum** gehört bereits zum Vestibulum vaginae (Abb. S. 523, 532). Es liegt etwa 2 cm hinter der Klitoris als längsverlaufender Schlitz, welcher von zwei seitlichen, kaum hervortretenden Lippen begrenzt und verschlossen ist. Neben der Harnröhrenöffnung mündet jederseits ein feiner Gang von 1—2 cm Länge, **Ductus parurethrales** (SKENEsche Gänge). Sie entsprechen ihrer Lage nach den Prostatadrüsen des Mannes, geben aber kein dem Prostatasaft vergleichbares Sekret ab. Sie sind Krypten, die in der Tiefe mit einfachem Cylinderepithel ausgekleidet und wie die Krypten der männlichen Harnröhre beliebte Schlupfwinkel für pathogene Mikroorganismen bei Entzündungen der Schamteile sind (Gonorrhöe).

Die Erweiterungsfähigkeit der weiblichen Harnröhre im ganzen und ihrer Mündung wird besonders in solchen Fällen deutlich, wo bei der Immissio penis der richtige Weg verfehlt und das männliche Glied mit brutaler Gewalt statt gegen die Öffnung der Scheide gegen die benachbarte Öffnung der Harnröhre gerichtet wird; auf diese Weise kann die Urethra allmählich scheidenartig erweitert werden. Abnormitäten des Hymen und nervöse Überreizung (Vaginitis) sind gewöhnlich die Veranlassung zu solchem Vorkommnis. Auch ohne solche Voraussetzung kann der Arzt unter Umständen mit dem untersuchenden Finger bis in die Blase vordringen.

b) Die Schleimhaut der Vulva und ihre Drüsen.

Epithel und
indifferente
Drüsen,
Smegma

Die großen Schamlippen besitzen einen Epithelüberzug aus mehrschichtigem Plattenepithel mit verhornten oberflächlichen Schichten, ganz wie die Epidermis der äußeren Haut. Die in der Schamspalte aneinanderliegenden Flächen haben eine dünne Hornschicht, die freiliegenden Flächen eine weit dickere. Talg- und Schweißdrüsen kommen wie in der Haut vor, ebenfalls Haare. Die kleinen Schamlippen haben gleichfalls einen Epidermisüberzug, aber mit ganz feiner oberflächlicher Hornschicht. Schweißdrüsen und Haare fehlen, dagegen kommen bei der erwachsenen Frau Talgdrüsen von besonderer Größe vor, und zwar auf beiden Seiten der Nymphen. Sie entstehen in den ersten Lebensjahren im Anschluß an epitheliale Zapfen, die als gehemmte Haaranlagen gedeutet werden. In der Tiefe der Epithelschicht finden sich viele intracellulare braune Pigmentkörnchen. Das Innere der großen Schamlippen ist mit Fettmassen gefüllt, welche durch Bindegewebssepten gefeldert werden. Bei den kleinen Schamlippen ist das bindegewebige Innere sehr reich an elastischen Fasern, Gefäßen und Nerven, aber fettfrei; der innerste Kern besteht aus derbem Bindegewebe. Hohe Papillen dringen in die Epidermisdecke ein und bewirken, daß sie rosarot gefärbt ist. Man bezeichnet sie daher ähnlich wie in der Mundhöhle als „Schleimhaut", zumal sie wie dort durch Sekret dauernd feucht gehalten wird. Die außerhalb der Schamspalte liegenden Teile der großen Schamlippen sind dagegen trocken und hautähnlich gefärbt, sie rechnen daher zur äußeren Haut.

Die Sulci nymphohymenales und das Harnröhrenfeld haben den gleichen Epithelüberzug wie die kleinen Schamlippen; auch die Glans clitoridis ist von geschichtetem Plattenepithel überzogen.

Am ganzen Grund der kahnförmigen Grube und gelegentlich auch bis auf die abschließenden kleinen Schamlippen hinauf, auch auf der Klitoris, kommen verstreute kleine Drüsen vor, welche den Harnröhrendrüsen der Pars cavernosa des Mannes und auch denen der weiblichen Harnröhre funktionell entsprechen, **Glandulae vestibulares minores**. Sie enthalten Schleimzellen, deren Sekret die Vulva befeuchtet. Außerdem wird von dem Talgdrüsensekret und von abgestoßenen Epithelien eine Schmiere, **Smegma**, gebildet, deren Geruch charakteristisch ist. Bei Unreinlichkeit können Mengen des zersetzten, stinkenden Sekrets in den Falten der Vulva sitzen bleiben.

Viel ausgiebiger, aber nur im Orgasmus sezernieren die Glandulae vestibulares majores (Bartholini, Abb. S. 532). Sie liegen eingebettet in den hinteren Teil der Basis der kleinen Schamlippen, an jeder Seite der Vulva eine. Die Größe entspricht der einer Erbse oder Bohne. Der Bau und das Sekret gleichen der Glandula bulbourethralis des Mannes. Der Ausführgang mündet im Sulcus nymphohymenalis, meistens 1—2 cm nach vorn von der hinteren Commissur; seine Öffnung ist mit bloßem Auge nur bei Entzündungen als kleiner roter Punkt sichtbar (Macula gonorrhoica). Das Sekret macht die Vulva beim Coitus schlüpfriger als sie sonst ist. Die Drüse beginnt vom 30. Jahr der Frau ab zu degenerieren; auch darin äußert sich ihre Zugehörigkeit zu der eigentlichen Genitalsphäre. Spezifische Genitaldrüsen

Der Hymen (Abb. S. 489) ist eine Schleimhautfalte, welche bei der Jungfrau halbmondförmig mit scharfem freiem Rande vorspringt und so den Scheideneingang bis auf eine kleine Öffnung verschließt (Hymen semilunaris). Es kommen auch andere Formen vor, z. B. Häutchen mit einem central gelegenen Loch oder mit mehreren Löchern (Hymen anularis, Hymen cribriformis) u. a. m. Ursprünglich liegt an dieser Stelle beim Embryo eine solide Epithelmasse (Abb. S. 432), welche sich erst im 6. Fetalmonat öffnet. Unterbleibt ausnahmsweise die normale Kanalisierung (Hymen imperforatus s. occlusivus), so ist ein Abfluß des Scheidensekretes und des menstruellen Blutes und eine Konzeption nicht möglich; in diesem Fall muß eine Operation das Hindernis beseitigen, als Beweis dafür, wie notwendig die Öffnung ist. Ausnahmsweise kann sie so groß sein, daß beim Coitus kaum Einrisse entstehen. Hymen

Ist die Resistenz abnorm groß, so ist auch ein normal geformter Hymen ein Begattungshindernis. Gewöhnlich zerreißt das Häutchen bei den ersten Kohabitationen, der völlige Schwund bis auf die Carunculae hymenales ist allerdings erst die Folge einer oder mehrerer vorausgegangenen Geburten. Bei manchen Multiparae erhalten sich die Carunculae bis in das hohe Alter, bei anderen verschwinden sie ganz.

c) Die Schwellkörper.

Die Clitoris besitzt wie die Corpora cavernosa penis zwei auseinanderweichende Schenkel, Crura, welche jederseits am unteren Schambeinast des Beckens befestigt, und zwar mit der Knochenhaut fest verwachsen sind. Sie gehen nahe der Symphyse mit einem Knick in das gemeinsame Corpus clitoridis über, welches aber entsprechend den beiden Crura innerlich noch durch ein Septum inkomplett in zwei Corpora cavernosa getrennt ist (in Abb. S. 532 ist das Corpus cavernosum gestrichelt eingezeichnet). Der Bau ist der gleiche wie beim Penis, nur ist die verschmolzene Partie klein, sie sitzt wie ein Haken an den viel größeren Crura, während umgekehrt beim männlichen Glied die Crura kurz sind im Verhältnis zu den im Penisschaft liegenden Körpern. Daß die Clitoris nicht von einer Röhre durchbohrt ist wie das männliche Glied von der Harnröhre, entspricht ganz den Corpora cavernosa penis, welche ja auch außerhalb der Harnröhre liegen. Der Spitze des Corpus clitoridis ist als Glans clitoridis der unpaare vordere Teil der Vorhofsschwellkörper (S. 536) angelagert. Beim Manne, bei welchem die paarige Anlage des äußeren Genitales in den unpaaren Zustand übergeführt wird, ist die Glans von der Harnröhre durchbohrt. Das ist bei der weiblichen Glans nicht der Fall. Corpus et Glans clitoridis

Das Schwellkörpergewebe hat eine ähnliche Struktur wie in den Corpora cavernosa penis; es läßt sich leicht mit künstlichen Injektionsmassen prall füllen (Abb. S. 532), doch ist der feinere Mechanismus nicht bekannt. Eine Erektion der Clitoris findet statt, doch in individuell sehr wechselndem Grade.

Die Epidermis, welche die Glans clitoridis bedeckt, entspricht dem mehrschichtigen Plattenepithel des übrigen Vestibulum. Darunter liegen reichliche

Gefäßschlingen und sehr zahlreiche sensible Nerven mit besonderen Nervenendkörperchen (KRAUSEsche Genitalkörperchen; außerdem KRAUSEsche Endkolben,
VATER-PACINIsche Körperchen, MEISSNERsche Körperchen). Der deutsche Name
Kitzler bezeichnet treffend die geschlechtliche Empfindungssphäre der Frau,
welche beim Beischlaf oder durch onanistische Manipulationen (Masturbation) von
der Clitoris ausgelöst wird. Auch die kleinen Schamlippen tragen einzelne spezifische Genitalkörperchen, außerdem KRAUSEsche Endkolben usw. Die Scheide ist
verhältnismäßig unempfindlich; die Wollustgefühle haben ihren Sitz wesentlich
in der Vulva.

Ein Ligamentum suspensorium clitoridis entspricht dem gleichnamigen
Band des Mannes, ist nur entsprechend kleiner und zarter.

Bulbus vestibuli Der Bulbus vestibuli liegt versteckt in der Wand der äußeren Scham,
längs der Basis der Nymphen (Abb. S. 532). Er ist infolgedessen nicht unmittelbar sichtbar wie die Clitoris, sondern muß präparatorisch freigelegt werden, was
bei leerem Schwellkörpergewebe oft nicht leicht ist. Die Gestalt ist doppelt-
keulenförmig. Vorn liegt ein unpaarer Teil, die Glans clitoridis, die aus
einem Venengeflecht zwischen Harnröhrenöffnung und Clitoris besteht und
mit den Gefäßen der letzteren zusammenhängt. Von da aus ziehen die
paarigen Bulbi vestibuli nach hinten längs der ganzen Länge der Schamspalte und bedecken noch mit dem hinteren verdickten Ende teilweise die
BARTHOLINsche Drüse. Sie sind mit der Unterfläche (Außenfläche) des Diaphragma pelvis verlötet. Die paarigen Teile sind beim Manne verschmolzen,
da bei ihm der Sinus urogenitalis verschlossen wird. Daher können beide
Bulbi zu dem einheitlichen Bulbus urethrae zusammenfließen; die Hemisphaeria bulbi (S. 452) bedeuten einen letzten Rest der ehemaligen Paarigkeit.
Beim Weibe ist gerade umgekehrt nur der Anfang der Verschmelzung in statu
nascendi zu sehen, und zwar nicht am analen Ende, sondern vorn in der
Pars intermedia. Speziell der Bulbus des männlichen Gliedes entspricht den
Bulbi vestibuli der weiblichen Scham, da das Längenwachstum des Penisschaftes bei der Frau keine Parallele hat; sonst käme das ganze Corpus cavernosum urethrae des Penis in Betracht.

Die feinere Struktur ist folgende: zahlreiche Venen bilden ein Konvolut,
welches durch spärliches Bindegewebe mit beigemischten glatten Muskelzellen
zusammengehalten ist (Abb. S. 532). Die Venen anastomosieren reichlich und
sind zum Teil kavernös erweitert. Erektil ist der Bulbus ebensowenig wie das
entsprechende Schwammgewebe beim Manne. Bei der Immissio penis wird die
für den Orgasmus nötige, richtig dosierte Berührung der kleinen Schamlippen
mit dem Gliede durch eine nachgiebige Schwellung des Bulbus bewirkt, ohne
daß in der Norm eine Versteifung und Verhärtung die Friktionen in das
Schmerzhafte zu steigern vermöchte.

d) Schamberg, Behaarung.

In der Schamgegend des Weibes tritt das Vorwiegen des Fettgehaltes der
Haut besonders deutlich hervor, und zwar einmal im Innern der großen Schamlippen, die dadurch wulstig geformt sind und aneinanderliegen, so daß die
Schamspalte geschlossen ist, ferner aber im Schamberg, Mons veneris,
dem vorderen Zusammenfluß der beiden großen Schamlippen (Commissura
labiorum anterior). Das Fett liegt wie in den letzteren in großen Paketen
zwischen den Septen des subcutanen Bindegewebes eingebettet. Da die Symphyse
des Beckens darunter liegt und eine Ausdehnung in die Tiefe verhindert, wulstet
das Fettpolster nach außen die Haut vor, und zwar unterhalb einer Querlinie der Haut, welche den Bauch nach unten abschließt (Bd. I, Abb. S. 160).
Der Schamberg hat Dreiecksform, die Spitze ist nach unten gerichtet und läuft
dort in die zusammenliegenden großen Schamlippen aus; seitlich von dem

Dreieck liegen die Schenkellinien, d. h. Falten, welche bei Bewegungen des Beines gegen den Bauch entstehen.

Beim Manne fehlt eine entsprechende Fettanhäufung oder sie ist doch geringer und nicht so scharf lokalisiert. Ein Querwulst oberhalb der Peniswurzel, welcher den Schaft des Gliedes teilweise verdeckt, kann vorhanden sein und mit dem Schamberg des Weibes verglichen werden. Wie groß der quantitative Unterschied des Fettes im weiblichen Körper gegenüber dem männlichen ist, geht aus anthropologischen Messungen über das Verhältnis von Fett und Muskulatur zur ganzen Körpermasse hervor. Die Muskeln der Frau sind im Verhältnis von 35,8 : 48,8% schwächer, das Fett im Verhältnis von 28,2 : 18,2% stärker als beim Mann ausgebildet. Eine besondere Anhäufung des Fettes liegt in der Beckengegend des Weibes, außer im Schamberg in den Weichenwülsten und am Gesäß (das Extrem ist die „Steatopygie", Fettsteiß, Bd. I, Abb. S. 482).

Im umgekehrten Verhältnis zur Fettanhäufung steht die Behaarung der Schamgegend bei Mann und Weib, Pubes. Spezifisch weiblich ist die Haararmut. Sie äußert sich gewöhnlich in einer geradlinigen queren Begrenzung der Behaarung gegen den Bauch; nur bei wenigen Frauen von virilem Typus setzt sie sich gegen den Nabel zu fort. Die dreieckige Fläche, auf welche sich gewöhnlich die Behaarung beschränkt und welche dem Schamberg und den großen Schamlippen entspricht, hat charakteristische Keilform. Bei manchen Individuen und ganzen Rassen ist selbst dieses Haarfeld sehr gelichtet. Aber gewöhnlich verdeckt es die Schamteile der geschlechtsreifen Frau; nur bei gespreizten Oberschenkeln fällt die Verhüllung fort und die Schamspalte öffnet sich von selbst, bei Multiparae weit stärker als bei Nulliparae.

e) Gefäße und Nerven.

Die Gefäße und Nerven entsprechen genau denen des Mannes, wenn man die gleichwertigen Teile miteinander vergleicht (Tabelle S. 530). Die Benennungen sind bei der Frau zum Teil andere als beim Manne.

Die Blutzufuhr geschieht größtenteils durch die A. pudenda interna vom Damme aus (A. labialis posterior, Abb. S. 532) und teilweise auch von vorn aus den Aa. pudendae externae (A. femoralis). Jedes Crus clitoridis erhält aus der A. pudenda interna eine A. profunda clitoridis, die Glans ihre besondere A. dorsalis clitoridis, der Bulbus an jeder Seite seine besondere A. bulbi vestibuli; alle drei entsprechen den gleichnamigen Arterien des männlichen Gliedes. Die Venen führen teils in den Plexus vesicalis hinter der Symphyse, teils längs dem Damm zu den Venae pudendae internae. Anastomosen leiten das Blut in die Vena femoralis (durch die V. pudenda externa, Abb. S. 532) und in die Vena obturatoria.

Die Lymphgefäße sind sehr reichlich. Sie führen sämtlich zu den Leistendrüsen, Nodi inguinales superficiales.

Die Innervation (sensible Nerven) entspricht der des Hodensackes. Die obere Partie der großen Labien ist vom N. ilioinguinalis (Plexus lumbalis) versorgt, die untere Partie vom N. pudendus (Rr. labiales posteriores) und vom R. perinealis des N. cutaneus femoris posterior. Die Clitoris erhält einen besonderen R. dorsalis clitoridis aus dem N. pudendus (aus dem spinalen Plexus pudendalis) und sympathische Äste aus dem Plexus hypogastricus. Über die Nervenendkörperchen siehe S. 536, über die Muskelnerven siehe Dammuskeln.

6. Damm und Beckenboden des Weibes.

Beim Weibe spielt die Belastung des Beckenbodens eine ganz andere Rolle als beim Manne, weil der Durchlaß für die Scheide zu den auch beim Manne vorhandenen Pforten für den Mastdarm und die Harnröhre hinzukommt (Abb. S. 9 u. Abb. a, S. 475). Dieses Plus wiegt besonders schwer, weil die Scheide, besonders bei der Geburt, erweiterungsfähig sein muß und, je häufiger eine Frau geboren hat, um so weniger den Zustand vor der Geburt wieder erreicht. Der Beckenboden und der relativ kurze Damm des Weibes haben deshalb Höchst-

Das Kräftespiel zwischen Eingeweiden und Beckenboden

leistungen zu vollziehen, die ihnen beim Mann nicht zugemutet werden. Wir gehen deshalb an dieser Stelle auf die Beziehungen zwischen Eingeweiden und Becken ein, weil sie beim Weibe am deutlichsten zu erkennen sind.

Im gewöhnlichen Leben spielt allerdings die Belastung des Beckenbodens durch die Baucheingeweide nicht die Rolle, wie man früher allgemein glaubte. Das Eingeweidepaket, welches die freie Bauch- und Beckenhöhle füllt, wird vielmehr in der Schwebe gehalten, da es den verfügbaren Raum so ausfüllt, daß nirgendwo ein luftleerer Raum besteht. Man macht sich das am besten an der Hand eines bekannten Taschenspielerkunststückes klar: Füllt man ein Wasserglas bis zum Rande mit Wasser, legt ein Blatt Papier darauf, ohne daß Luft zwischen Wasser und Papier tritt, und dreht das Glas um, so bleibt das Wasser trotz seines Gewichtes im Glase, der Luftdruck trägt es. Ähnlich wie die dünne, an sich nachgiebige Papierbedeckung, auf welcher scheinbar das Gewicht des Wassers lastet, verhält sich beim menschlichen Körper der an sich weiche Beckenboden, welcher das kleine Becken nach unten abschließt (Abb. S. 471). Er würde also, falls die Bauchdecken starr wären wie die Wände und der Boden des Glases, unbelastet sein. Würde aber nur im geringsten der Inhalt der Bauchhöhle durch Zutritt von Nahrung, durch Gasentwicklung, durch Blutzudrang zu einzelnen Organen usw. vergrößert werden, so träte bei starren Wänden der Bauchhöhle sofort eine entsprechende Belastung des Beckenbodens ein oder bei Verkleinerung des Bauchhöhleninhaltes müßte der Beckenboden nach oben steigen und den Raumverlust ausgleichen; in unserem Beispiel des Wasserglases genügt tatsächlich ein geringes Plus oder Minus, um den Papierverschluß zu stören und das Wasser zum Ausfließen zu bringen.

Regulier-
barer
Druck-
ausgleich Beim menschlichen Körper ist aber die Bauchwand nicht starr, sondern insbesondere die vorderen Bauchdecken und das Zwerchfell bestehen aus quergestreiften Muskeln, welche sich jeder Situation im Innern der Bauchhöhle und den dort bestehenden Raumverhältnissen von Fall zu Fall sofort anpassen. Eine tiefe Inspiration kann durch den Lungenzug auf die Eingeweide wirken und den Beckenboden für den Augenblick entlasten. Das Spiel der Muskeln ist automatisch durch Reflexe seitens des Nervensystems so geregelt, daß es gewöhnlich ohne unseren Willen abläuft und ohne daß unser Bewußtsein davon erfährt. Allerdings können wir jeder Zeit bewußt eingreifen und durch Erhöhung des Druckes der Bauchdecke und des Zwerchfells auf den Bauchinhalt pressen z. B. beim Stuhlgang, Harnlassen, bei der Austreibung des Kindes während der Geburt usw. (Prelum abdominis, Bd. I, S. 170).

Der Konfliktsfall zwischen Eingeweiden und Beckenboden tritt nur ein, wenn aus irgendeinem Grunde der gewöhnliche Schwebezustand des Eingeweidepakets aufgehoben wird. An ihm ist natürlich der Beckenboden insofern mitbeteiligt, als auch er regulierbar ist, weil die quergestreiften Dammuskeln sich automatisch so einstellen, wie es den augenblicklichen Raumverhältnissen im Innern der Bauchhöhle entspricht. Sie kommen aber am ehesten ins Gedränge, wenn die Anforderungen an die Regulierbarkeit zu hoch werden, d. h. wenn bewußt oder unbewußt die Zunahme oder Abnahme des Innendrucks das zu bewältigende Maß über- oder unterschreitet. Dann hat der Beckenboden den ungünstigsten Stand, weil im Stehen die ganze Höhe der Eingeweidesäule unmittelbar auf ihm lastet. Ein Teil der Last wird zwar vom osteofibrösen Becken getragen, aber der weiche Beckenboden hat sein gutes Teil dabei zu übernehmen und muß dem gewachsen sein. Gerade an diesem Punkt ist die aufrechte Stellung des Menschen durch die Einrichtungen unseres Körpers nicht immer voll kompensiert; sehr häufig besteht individuell eine Gewebsschwäche, welche ja auch an anderen Stellen vorkommt (asthenischer Habitus, Bd. I, S. 201).

Wir gehen nach diesen allgemeinen Vorbemerkungen auf die Einzelheiten der Haft- und Stützapparate des weiblichen Beckenbodens ein. Der Damm ist nur ein Teil des Beckenbodens, und zwar gerade beim Weibe ein sehr kleiner, keilförmiger Abschnitt (Abb. S. 523). Er ist von außen sichtbar (Abb. S. 532). Im übrigen wird der Beckenboden bei der Frau ganz von der After- und Schamöffnung eingenommen.

a) Passiver Haft- und Stützapparat.

Die bei der Gebärmutter behandelten Bauchfellfalten und „Bänder", welche den Uterus und seine Adnexe mit der Beckenwand verbinden, halten nicht nur diese Organe selbst, sondern vermögen auch mittelbar die übrigen Eingeweide mitzutragen, wenn ihre Last den Beckenboden trifft. Allzu groß wird man die Beihilfe nicht veranschlagen. Die Hauptbedeutung dieser Apparate erschöpft sich mit der Erhaltung der Lage und Form der Gebärmutter selbst, besonders während der Gravidität. Sie sind nicht rein passiv, sondern ihr Reichtum an glatten Muskelzellen erlaubt ihnen, sich innerhalb weiter Grenzen auf wechselnde Distanzen einzustellen, wie es gerade bei den Größenunterschieden zwischen schwangerem und nichtschwangerem Uterus nötig ist. *Bauchfellfalten*

Dagegen gibt es einen wichtigen, rein passiven Haftapparat für die Organe des kleinen Beckens in dem Beckenbindegewebe, welches die Zwischenräume zwischen den Organen ausfüllt. Wir haben bereits gesehen, daß zwischen Blase und Genitalschlauch (Gebärmutter und Scheide), ferner zwischen Genitalschlauch und Mastdarm Bindegewebe liegt; dieses reicht nach oben bis zur Umschlagsstelle des Bauchfells, nach unten bis zum Beckenboden und hängt seitlich mit der Beckenwand zusammen, umgibt auch nach der Symphyse zu die Blase und nach dem Kreuzbein zu den Mastdarm. Auf die einzelnen Benennungen werde ich nicht mehr zurückkommen. Aber ich erinnere daran, daß die Namen wesentlich an solche Stellen vergeben sind, an welchen das Bindegewebe besonders fest ist. Man faßt die Verdichtungscentren bei der Gebärmutter zusammen als Retinacula uteri; sie strahlen von der Cervix aus nach vorn, seitlich und nach hinten aus. Daß sie die Cervix an ihrem Platz halten und dadurch für die Form und Lage der Gebärmutter von Bedeutung sind, habe ich bei dieser ausgeführt. Dasselbe gilt für die Scheide. Bei der Blase gibt es die besonderen Ligamenta pubovesicalia zwischen Symphyse und Vorderwand des Hohlorgans (die auch glatte Muskeln enthalten, S. 389). Hier interessiert uns, daß die Verdichtungscentren des Beckenbindegewebes eine besondere statische Bedeutung für das Zusammenhaften aller Teile im kleinen Becken untereinander haben und dadurch verhindern, daß eines allein abwärts oder aufwärts bewegt wird und dadurch den Zusammenhang des Ganzen lockert. Eine Last, welche die Organe im kleinen Becken trifft, wird von ihnen gemeinsam durch diesen Haftapparat aufgefangen, auch wenn sie unmittelbar nur einen Teil der einander verhafteten Bestandteile belastet. *Beckenbindegewebe*

Das Bindegewebe zwischen den Beckenorganen hat auch besonders nachgiebige Stellen, welche locker gewebt und mit Fettträubchen gefüllt sind. Hier liegen gleichsam die Gelenkstellen; an ihnen sind leichte Verschiebungen der Organe gegeneinander möglich, ohne daß das Haften im allgemeinen leidet. — Die Hauptaufgabe der Retinacula uteri scheint die zu sein, den Schwebezustand gerade an der Knickungsstelle zwischen Cervix und Corpus aufrecht zu erhalten. Diese Stelle wird während der Schwangerschaft nicht ausgedehnt und ist daher ein verhältnismäßig konstanter Angriffspunkt der Bindegewebszüge.

Das Bindegewebe, welches die Beckenwand selbst ausfüttert, heißt Fascia pelvis (s. endopelvina, S. 485). Sie hängt überall mit dem Haftapparat zwischen den Beckenorganen zusammen, dient aber selbst als Stützapparat. Denn von einer besonderen Verdichtung der Fascia obturatoria, die mit ihr verschmolzen ist, dem Arcus tendineus für den Ursprung des M. levator ani, entspringt dieser Muskel, welcher wie beim Manne den Beckenboden bildet und versteift. Die Fascia diaphragmatica pelvis superior und die Fascia trigoniurogenitalis superior sind Bindegewebsüberzüge der Muskeln des Diaphragma pelvis und des Diaphragma urogenitale, die beim männlichen Geschlecht beschrieben wurden, aber beim Weibe erhöhte Bedeutung haben. Denn sie festigen den muskulösen Beckenboden und unterstützen die Haftapparate zwischen den Beckenorganen. Eine scharfe Trennung zwischen Haft- und Stützapparat ist nicht zu ziehen.

Knickung des Genitalschlauches Von Wichtigkeit ist ferner die übliche Lage der Gebärmutter, welche in einem nach vorn offenen Winkel zur Scheide steht (Anteversio + Anteflexio) und deren Cavum bei der stehenden Frau gewöhnlich horizontal gerichtet ist (Abb. S. 523, 512), weil der große Douglas in der Regel Darmschlingen enthält oder die erweiterte Ampulle an ihre Stelle tritt, wenn Kotansammlungen in ihr die Darmschlingen nach oben drängen. Genug, der normale Uterus steht gegen die Scheide wie ein halb oder fast halb zugeknicktes Messer und wird in dieser Lage durch seine Fixationsapparate und seinen Tonus gehalten. Dadurch wird der Genitalschlauch selbst ein Stützapparat für den Beckenboden. Wäre er gerade gestreckt, so könnte die wirksam gewordene Last der Baucheingeweide die Scheide und den Uterus nach außen vordrängen. Bei erschlafften Genitalien, welche die natürliche Lage nicht einhalten, kommt es auch zu Prolapsus vaginae oder Prolapsus uteri. Deshalb sind Lage- und Formänderungen des Uterus für die allgemeine Situation im kleinen Becken so bedenklich, nicht nur für das Organ selbst und für eine eventuelle Schwangerschaft.

Am wichtigsten scheint zu sein, daß der kleine Douglas frei von Darmschlingen ist. Treten solche in ihn ein, so kann der Haft- und Stützapparat leicht gelockert werden, oder die Füllung mit Därmen ist ein Anzeichen bereits eingetretener Lockerung. Der normal stehende Uterus liegt wie eine dicke Plombe auf dem Beckenboden und hält die Scheide um so fester geschlossen, je stärker der Druck ist, welcher ihn von oben belastet. Gewöhnlich fehlt dieser Druck und die Gebärmutter ist ihrerseits beweglich. Wird sie vom Eingeweidepaket belastet, so dient sie als Schutz für den Beckenboden, verliert aber ihre Beweglichkeit. In der Norm währt dies nur kurz. Ist dagegen die schwebende Lage des Eingeweidepakets dauernd gestört und der Uterus dauernd belastet, so ist dies oft der Ausgang schwerer pathologischer Störungen („Frauenleiden"), ein Beweis dafür, wie wichtig der Schwebezustand der Norm ist.

b) Aktiver Apparat (Dammuskeln).

Die gleichen quergestreiften Muskeln der Regio analis und Regio urogenitalis wie beim Manne finden wir auch bei der Frau. Wir gehen nur auf die Besonderheiten der Frau ein; im übrigen sei auf die Beschreibung beim Manne verwiesen (S. 471).

Muskeln des Beckenbodens Der Musculus levator ani (Abb. a, S. 475) entspringt vom Arcus tendineus der Fascia obturatoria; seine Pars pubica bildet mit derjenigen der Gegenseite eine Muskelschlinge, welche beiderseits die Scheiden- und Mastdarmwand berührt; einige Muskelfasern inserieren auch an der Vorderwand des Mastdarms. Die Pars pubica ist die wichtigste beim Weibe, wegen der Pars iliaca sei auf früher Gesagtes verwiesen (S. 476). Kontrahiert sich die Pars pubica beider Levatores in gleichem Maße, so wird die Scheide (und die Pars perinealis des Mastdarms) nach vorn auf die Symphyse zu gezogen und den Eingeweiden jede Möglichkeit abgeschnitten, nach unten durch den Beckenboden vorzudringen. Nur das Erlahmen der Muskelzüge und der eigenen Schließmuskeln des Afters und der Vulva (M. sphincter ani ext. und int., M. bulbocavernosus s. Constrictor cunni) gibt den Weg frei, der in pathologischen Fällen oft genug beschritten wird (Prolapse). Über die verengernde Wirkung auf die Scheide siehe S. 476.

Der Musculus transversus perinei profundus (Abb. S. 532) ist hier anzuschließen. Er hängt wie beim Manne mit dem M. sphincter urethrae zusammen. Doch ist letzterer viel schwächer entwickelt und nicht so regelmäßig zirkulär wie beim Manne angeordnet, weil die Nachbarschaft von Harnröhre und Scheide die Ringfasern ablenkt. Viele Fasern umgeben die Harnröhre und Scheide gemeinsam, andere verbinden einfach die Harnröhren- und Scheidenwand, wieder andere verlieren sich von der zirkulären Lage aus im Bindegewebe nach dem Becken zu. Sie gehen in die spärlichen queren Züge des M. transversus profundus über, welche wie beim Manne in den Schambeinbogen eingefügt sind und zwischen ihrem oberen Rande und dem Knochen Platz für den Durchtritt der Gefäße und Nerven der Clitoris lassen (Arteria und Vena dorsalis clitoridis und zwei gleichnamige Nerven). Der Levator und Transversus profundus schieben sich im Schambeinbogen kulissenartig übereinander und verstärken sich bei Belastungen gegenseitig. Außerdem sind die hintersten Querfasern des Transversus in komplizierter Weise mit der Pars pubica des Levator ani und mit den vordersten Ausläufern des Sphincter ani externus zu einem Muskelknoten verfilzt, welcher zwischen After und Scham liegt und ganz wesentlich mit zur Festigung des Beckenbodens der Frau beiträgt. Hier reichen sich gleichsam die verschiedenen beteiligten Träger des muskulösen Diaphragma die Hand und schützen sich vor dem Auseinanderweichen aus der ihnen eigenen kulissenartigen Schichtung.

Der Transversus profundus der Frau ist ganz wesentlich durch die derben Fascien auf der Ober- und Unterseite (innen und außen) gefestigt, Fascia trigoni urogenitalis superior et inferior. Bindegewebszüge strahlen von hier aus in den erwähnten Muskelknoten im Damm reichlich ein, außerdem enthält er viel glatte Muskulatur, die von der After- und Scheidenwand in ihn gelangt. Der Name Centrum tendineum perinei nimmt nur auf die fibröse Komponente Bezug, weil sich der Knoten bei der Lebenden hart anfühlt. Die Muskeln sind wohl noch wichtiger. Das Centrum ist der Stützpunkt der Eingeweide im Damme selbst.

Der Musculus bulbocavernosus (Abb. S. 532) wird auch Musculus constrictor cunni s. Sphincter vaginae genannt, weil seine ziemlich reichlichen Fleischfasern um den Scheideneingang herumlaufen. In der Mittellinie sind die Züge beider Seiten durch eine Raphe vorn und hinten von der Schamspalte miteinander verbunden (hinten im Centrum tendineum, vorn hinter der Clitoris); im übrigen sind der linke und rechte Muskel vollständig voneinander getrennt. Nicht alle Fasern, welche am Damm beginnen, erreichen die Clitoris; viele werden früh sehnig und setzen sich am Schwellkörper der Clitoris oder am benachbarten Bindegewebe an. Fasern des Sphincter ani externus der gleichen Seite strahlen von hinten in den Bulbocavernosus ein. Er ist im ganzen ein plattes Muskelband, welches sich dem Bulbus vestibuli und der BARTHOLINschen Drüse von außen eng anschmiegt. Die schnürende Wirkung auf die weibliche Scham ist nicht sehr groß, sie summiert sich aber für die statische Aufgabe mit der Abklemmung durch die Levatorschlinge; beim Beischlaf vermag der Muskel die Vulva dem Gliede enger anzupressen und den Reiz der Friktionen zu steigern. Inwieweit er die Füllung des Bulbus mit Blut beeinflussen kann, ist nicht sicher bekannt. Die Drüsenläppchen der BARTHOLINschen Drüse, die zum Teil zwischen den Muskelfasern versprengt liegen, können unter seiner Wirkung während der Kohabitation ausgiebig und schnell entleert werden.

Der Musculus ischiocavernosus (Abb. S. 532) ist bei der Frau sehr unansehnlich, weil er vorwiegend sehnig ist und weil sein Muskelfleisch auf die nächste Nachbarschaft des Ursprungs am Sitzbeinknorren beschränkt zu sein pflegt. Wird bei der Herausnahme der Genitalien der Leiche der Schwellkörper der Clitoris samt der Knochenhaut des Schambeins nicht sorgfältig abgelöst, so bekommt man am Eingeweidepräparat den Muskel gar nicht zu Gesicht, weil das Muskelfleisch in der Leiche bleibt und die sehnigen Züge ohne Zusammenhang mit ihm schwer zu diagnostizieren sind. Er liegt auf dem Crus clitoridis seiner Seite und hat wohl eine Wirkung auf den Schwellkörper der Klitoris, indem er wie beim Manne das Blut bei der Erektion nach vorn der Eichel zu treibt (,,Erector clitoridis'').

Der Musculus transversus perinei superficialis (Abb. S. 532) ist bei der Frau sehr häufig besonders schwach oder fehlt ganz.

Der Musculus sphincter ani externus ist von dem des Mannes nicht verschieden (siehe auch Musculus sphincter ani internus, S. 479 u. f.).

Die Fascien der Dammuskeln sind ausführlich beim Manne beschrieben (S. 484); sie tragen mit dazu bei, den im vorigen Abschnitt geschilderten Stützapparat zu ergänzen. Der Damm ist dadurch dem Beckenboden im ganzen fest angeschlossen; lediglich die Blase, der Uteruskörper und die Pars ampullaris des Mastdarms behalten ihre freie Beweglichkeit, während die im Damm verankerten Teile dieser Eingeweide relativ unverschieblich fixiert sind.

Gefäße und Nerven   Die Innervation der Muskeln des Dammes und Beckenbodens ist beim Weibe die gleiche wie beim Manne (S. 486). Die Gefäße für die äußeren weiblichen Genitalien sind bereits beschrieben (S. 537); sie versorgen auch den Damm (Abb. S. 532). Ich verweise wegen aller Details und wegen der Benennungen auf das beim Manne Gesagte.

Periphere Leitungsbahnen.

Allgemeiner Teil: Blut, Lymphe, ihre Bildungs- und Zerstörungsstätten; Gefäßwand, Herz und Herzbeutel.

A. Allgemeines.

Die vorangegangenen Teile dieses Buches haben versucht, den Bau und Begriff der peripheren Leitungs-bahnen die Struktur des Bewegungsapparates und der Eingeweide dem Sachverhalt und inneren Wesen nach darzulegen. Für den biologischen Zusammenhang, den wir für die einzelnen Organe überall festzuhalten suchten, fehlt jedoch das alle Einzelorgane verbindende Leitungssystem, die Kanäle, in welchen Flüssigkeiten von Organ zu Organ fließen (Blut und Lymphe), und die Nerven-stränge, welche Reize in alle Winkel unseres Körpers leiten. Wir haben unseren bisherigen Weg mit dem Rundgang durch eine Fabrik verglichen: jede Werk-statt wurde genau besichtigt, es wurde festgestellt, wie sie gebaut ist und wie die ihr zufallende Leistung auf Grund ihrer Einrichtung möglich ist. Jetzt haben wir die Heizeinrichtungen, Gas- und Wasserröhren, Licht- und Kraft-kabel, Telephon- und Klingelverbindungen, kurz alle Leitungen der Arbeits-räume untereinander und mit den Centralen (Fernheizöfen, Geschäftszimmer usw.) zu besprechen, soweit sie dem Betriebe im allgemeinen dienen. Wenn auch bei den einzelnen Räumen, um in unserem Beispiel zu reden, die Hähne der Wasserleitung, die Kraftanschlüsse, Fernsprecher usw. bereits betrachtet sind, so fehlt doch noch ganz eine zusammenhängende Darstellung der Einrichtungen im ganzen, welche meistens in die Mauern oder Böden hineingelegt und deshalb nicht ohne weiteres sichtbar sind. Im menschlichen Körper fassen wir den ungemein entwickelten und auf das Feinste differenzierten Apparat unter dem Begriff der peripheren Leitungsbahnen zusammen. Sie nehmen in der Regel die Lücken zwischen den Teilen der bisher besprochenen Apparate ein (Bd. I, S. 2).

Wir werden in den folgenden Kapiteln auch das Herz beschreiben. Nehmen wir es als Einzelorgan, so haben wir eine Reihe Einrichtungen an ihm darzu-stellen, welche den Ein- und Austritt des Blutes in der richtigen Quantität und Verteilung in der Norm sicherstellen. Insofern gehört das Herz zu den Einzelorganen. Wir rechnen es selbst nicht zu den Eingeweiden, wohl aber seine Hülle, den Herzbeutel (S. 4). Wir wollen es als Einzelorgan zum Bei-spiel nehmen dafür, daß ein Verständnis für den Bau und die Struktur nur im Zusammenhang mit dem Ganzen vollständig möglich ist. Dieses Organ ist geradezu Symbol für die Harmonie der Teile unseres Körpers, die durch Lei-tungen vermittelt ist. Der Dichter verlegt in das Herz feinste Regungen unserer Seele und Gefühle zartester Art, die ihren Sitz zwar sicher nicht im Herzen haben, welche aber seine Tätigkeit durch die Verknüpfung mit dem Gehirn und Rückenmark untrüglich meldet. Ganz allgemein vermitteln

Botenstoffe (Hormone), welche vom Blut transportiert werden und das Herz passieren, und nervöse Reize, welche durch Nerven zu ihm geleitet werden, den innigen Zusammenhang zwischen dem ganzen übrigen Körper und diesem wichtigen Motor für die Flüssigkeitsbewegungen. Trotzdem läßt sich das Herz losgelöst von allen diesen Beziehungen züchten. Das früheste Material eines Froschembryo, welches an der Stelle des späteren Herzens liegt, aber noch nichts davon unter dem Mikroskop erkennen läßt, vermag außerhalb des Körpers ein schlagendes Herz zu erzeugen, welches in einem kleinen, von Ektoderm überhäuteten Bläschen für sich am Leben erhalten werden kann. Man beobachtet an ihm eine typische Schlaganordnung und Schlagfolge, wie wenn es sich am richtigen Ort entwickelt hätte, eine lebende, mikroskopisch kleine Uhr, die alle Bedingungen für ihren Gang in sich trägt, solange sie genügend ernährt ist und atmen kann. Wäre es möglich, alle Organe in dieser Weise bis zur Vollendung zu züchten, so hätten wir ein Raritätenkabinett von Einzeldingen, aber keinen Organismus. Der ganze Darm- und Atemtractus mit Herz und Gefäßen kann für sich in steriler warmer physiologischer Kochsalzlösung, losgelöst vom übrigen Körper, am Leben und im Betrieb gehalten werden (z. B. bei einer Katze für einige Tage). Ein solches „Eingeweidetier" kann

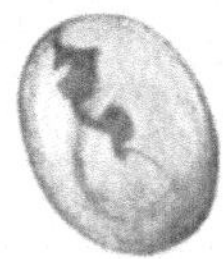

Abb. 266. Herz der Unke, aus der indifferenten, nicht pulsierenden Anlage nach der EKMANschen Methode isoliert gezüchtet (extra corpus). Drei Phasen der Schlagfolge aus einer mikrokinematographischen Aufnahme. Kulturaufnahme von Prof. STÖHR jun.

ebenfalls dem Organismus als Ganzes nicht verglichen werden. Die Wege, welche die Nahrung und die Luft zu passieren haben, um vom einen Abschnitt zum anderen zu gelangen, sind zwar erhalten, aber gerade diejenigen Zusammenhänge, welche wir im folgenden behandeln wollen, fehlen in ihren wichtigsten Teilen. Erst wenn das Gefäß- und Nervensystem Mittler der zahlreichen Beziehungen der Körperteile untereinander geworden sind, wird der Rhythmus des Lebens aller Teile mit- und zueinander möglich, welcher einen Organismus als Ganzes auszeichnet.

Wir sehen hier zunächst ab von den Centralen des Nervensystems (Rückenmark, Gehirn), welche wie die Geschäftszimmer großer Betriebe und Verwaltungen die oberste Leitung führen, deren Fenster den Blick in die Umwelt eröffnen (Sinnesorgane), von außen her Nachrichten und Eindrücke hereinlassen, um sie für die Oberleitung zu verwerten und deshalb mit zu den Centralen gerechnet werden. Beim Herzen liegt die Sache anders; es ist in seiner Bauweise und in seinen örtlichen Beziehungen zu innig mit den Gefäßen verknüpft, als daß wir es vom peripheren Gefäßsystem absondern könnten.

Kanalisierte und strangförmige Leitungen Die Leitungsbahnen des Körpers sind röhren- oder strangförmig. In den ersteren, den Gefäßen, bewegt sich eine Flüssigkeit, Blut oder Lymphe. Das Röhrensystem geht in Spalten und Lücken oder große Hohlräume (Körperhöhlen) unmittelbar oder mittelbar über und speist sämtliche Organe und Gewebe mit Nahrungsstoffen und Sauerstoff, führt die Schlacken des Stoffwechsels ab, vermittelt den intermediären Stoffwechsel zwischen den Organen und transportiert Fermente und Botenstoffe (Hormone) an die Stätten ihrer Wirkung (S. 1). Die strangförmigen Leitungen sind solide Kabel, in welchen Erregungsvorgänge von den Centralen peripherwärts nach den Erfolgsorganen, den Muskeln, oder von der Haut, den Schleimhäuten usw. centralwärts zum

Rückenmark und Gehirn forteilen, ohne daß eine sichtbare Bewegung wie beim
Inhalt der Röhrenleitung festzustellen ist. Man kann die Leitung in den
soliden Strängen, den Nerven, mit der in elektrischen Kabeln für Kraftstrom
(motorische Nerven) oder in Klingel- und Fernsprechleitungen (sensible Nerven)
vergleichen, je nachdem sie von den Centralen weg- oder zu diesen hinführen.
Die motorischen und sensiblen Nerven sind an den meisten Stellen des Körpers
zu gemischten Kabeln vereinigt, welche ihn in bestimmten Bahnen durchziehen (Abb. S. 546). Nur die letzten Abzweigungen zu den einzelnen Muskelfasern und zu den sensiblen Empfangsorganen der Haut sind rein motorisch
bzw. rein sensibel. Nach dem üblichen Sprachgebrauch wird allerdings bei
der Bezeichnung von den Beimischungen des sympathischen und parasympathischen Nervensystems abgesehen; tut man dies, so gibt es scheinbar
zahlreiche rein motorische und sensible Nerven und Nervenäste.

Bei den Gefäßen haben wir die Kanalwand und den Inhalt zu unterscheiden. Bei den Nerven gibt es kein sichtbares Bewegtes, keinen Inhalt,
dafür aber einen um so komplizierteren Aufbau der Nervenbahnen selbst.
Wir verlegen die Beschreibung des letzteren auf einen späteren Zeitpunkt
(Bd. III), um die genetische Beziehung zu den Zellen, von welchen die eigentlich
leitenden Teile der Kabel ausgehen, nicht aus den Augen zu verlieren; diese
liegen bei den meisten Nerven in oder dicht neben den Centralorganen. Dagegen
liegt bei den Kanälen der Motor für den bewegten Inhalt, das Herz, in der
Peripherie. Es wird anschließend an die Beschreibung des Inhaltes der Gefäße
(Blut oder Lymphe) und der Gefäßwände hier behandelt werden. Da die
corpusculären Elemente, welche in den Gefäßlichtungen schwimmen (Blut- und
Lymphkörperchen) nicht innerhalb des Kanalsystems selbst erzeugt und vernichtet werden, so gehört zu ihnen eine weit durch den Körper verstreute Anlage
von Bildungs- und Zerstörungsstätten. Diese, dem Blutkreislauf und seinen
Anhängen (Lymphbahn) allgemein zukommenden Einrichtungen sind hier
als Teil I, Allgemeiner Teil der peripheren Leitungsbahnen zusammengefaßt
und mit den Eingeweiden in diesem Bande vereinigt.

Band II enthält auf diese Weise für den Präpariersaal alle Beschreibungen,
welche für das Studium der Lage der Teile in den Körperhöhlen nötig sind (Situs
der Brust, des Bauches und des Beckens). Die Anleitungen zur präparatorischen
Darstellung der Hals-, Brust-, Bauch- und Beckeneingeweide am Schlusse dieses
Bandes nehmen auf die hier folgenden Beschreibungen mit Bezug, vor allem auf
das Herz und die Milz, da die Organe der peripheren Leitungen, welche mit den
eigentlichen Eingeweiden vergesellschaftet sind, der natürlichen Lage nach mit diesen
zusammen präpariert werden. Die Gefäße und Nerven im speziellen, welche den
Eingeweiden eingelagert sind, können allerdings erst im III. Bande im Zusammenhang dargestellt werden (2., spezieller Teil der peripheren Leitungswege); hier sind
bei den Eingeweiden überall die Anschlüsse erwähnt und die wichtigsten speziellen
Leitungsbahnen in Abbildungen als Leitfaden für die Präparation beigegeben.

Die höchste Entfaltung des Kanalsystems ist der geschlossene Kreislauf, Blutkreis-
durch welchen die gesamte Blutmasse durch den Körper bewegt wird. Bei lauf
den Warmblütern (Vögel und Säuger) sind die beiden Hälften des Herzens
und sämtliche mit der einen und mit der anderen Hälfte zusammenhängenden
Strombahnen voneinander getrennt. Die linke Hälfte des Herzens (schwarz,
Abb. S. 549) führt mittels der Schlagadern, Arterien, das Blut in den
Körper. Sie verzweigen sich in allen Organen bis in feinste Ästchen, die
Haargefäße, Capillaren, welche die Besonderheit haben durchlässig zu
sein und den Austausch zwischen dem Blut und den Geweben zu vermitteln.
Sie sammeln sich wieder zu Gefäßen, welche wie die Arterien lediglich als
Leitungsröhren dienen und das Blut zur rechten Hälfte des Herzens führen,
den Saugadern, Venen (dunkelgrau). Dieser Teil des zirkulierenden Blutes
bildet den großen Kreislauf oder Körperkreislauf. Er ist in Abb. S. 549

ohne Rücksicht auf die einzelnen Organe als ein Netz gezeichnet. Man denke sich in Wirklichkeit in jedem einzelnen Organ ein solches Netz von Capillaren.

Die Verbreitungsart der Arterien und Venen richtet sich danach, für jedes Organ die Zu- und Abfuhr des Blutes sicherzustellen. Der Körperkreislauf zerfällt also in so viele kleine Kreisläufe, als es Organe gibt. Aber alle werden von derselben großen Schlagader gespeist, welche aus dem linken Herzen kommt, der Aorta, und alle sammeln sich in zwei große Venenstämme, welche in das rechte Herz münden, die Hohlvenen, Venae cavae (in Abb. S. 549 ist schematisch nur eine Hohlvene gezeichnet).

Der kleine Kreislauf oder Lungenkreislauf ist bei den Warmblütern vom großen Kreislauf völlig getrennt. Das verbrauchte Blut, welches aus dem Körper und seinen Organen in das rechte Herz zurückkehrt, verläßt dasselbe, nicht um unmittelbar in den Körper zurückzukehren, sondern um zunächst in der Lunge regeneriert zu werden. Die Arteria pulmonalis führt das Blut aus dem rechten Herzen in die Lunge, die Vena pulmonalis führt das neu mit Sauerstoff beladene Blut aus der Lunge in das linke Herz und von dort tritt es den Weg durch den Körper erneut an (in Abb. S. 549 ist der Lungenkreislauf schematisch vereinfacht, in Wirklichkeit hat jede Lunge ihre eigene Arteria und Vena pulmonalis).

Das Blut wird durch die Trennung in Körper- und Lungenkreislauf als Transportmittel für Gase besonders ökonomisch ausgenutzt. Wir werden bei der Beschreibung des Herzens auf andere Formen des Kreislaufes eingehen, welche ihre Spuren im menschlichen Herzen und in den großen Gefäßstämmen hinterlassen haben; dort wird sich erst zeigen lassen, um wieviel ökonomi-

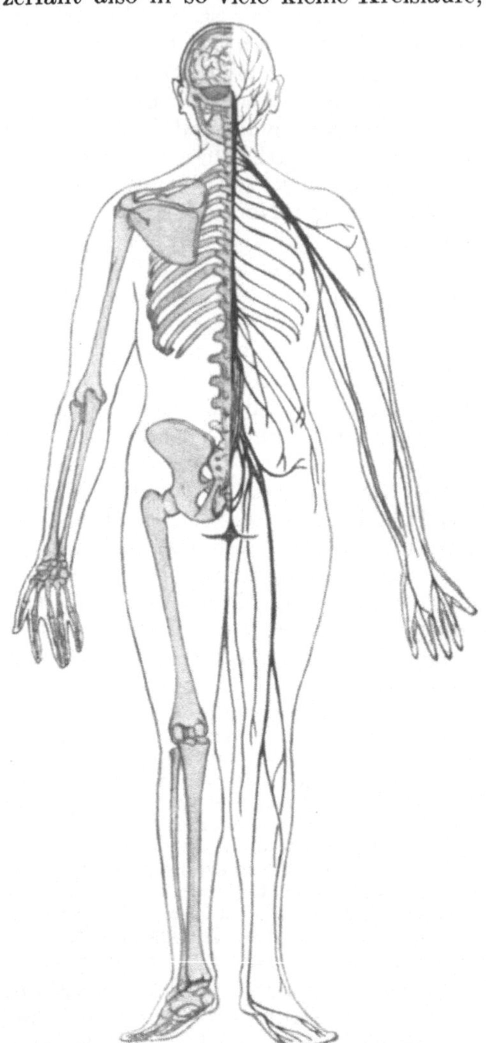

Abb. 267. **Die peripheren Nerven** (cerebrospinales Nervensystem), ihre Lage im Vergleich zu den Knochen. Übersichtsbild, Körper von hinten gesehen; links Gehirn freigelegt.

scher sich der Gaswechsel bei getrenntem Körper- und Lungenkreislauf vollzieht als bei einer Art der Blutbahn, welche von der Erneuerungsstätte des Sauerstoffes direkt zu den Organen führt, ohne vorher zum Herzen, wie bei den Warmblütern, zurückzukehren. Allerdings ergeben sich durch die innerliche Trennung des Herzens in ein linkes arterielles und ein rechtes venöses Herz auch große Betriebsgefahren, z. B. dann, wenn nicht genau die gleiche Menge Flüssigkeit aus dem Körper in das rechte Herz hineingelangt wie aus der Lunge in das linke Herz. Der Herzmuskel für beide Herzhälften hängt im wesentlichen so zusammen, daß das arterielle und venöse Blut von dem gleichen Motor in den gleichen Phasen in den Körper- und Lungenkreislauf hineinbefördert wird. Beim normalen Herzen ist die Arbeit des Motors so fein reguliert, daß kleine Störungen im Zu- und Abfluß sofort ausgeglichen werden und daß zeitlebens immer die richtige, der Masse des Körpers in den verschiedenen Lebensaltern und physiologischen Lebensbedingungen angepaßte Blutmenge durch Körper und Lunge zirkuliert.

Wie wir beim Magendarmkanal bereits gesehen haben, gehört zu den Transportaufgaben des Blutes auch die Beförderung der Kohlehydrate und Eiweißkörper, welche aus der Nahrung aufgenommen werden, durch die Leber hindurch in den Kreislauf. Während die Gefäßfolge im allgemeinen nach dem Schema: Arterie → Capillarnetz → Vene eingerichtet ist, ist bei dem Abtransport für die genannten Stoffe eine doppelte Einschaltung von Capillarnetzen festzustellen. Wir nennen das zwischen Darm und Leber liegende Gefäß Pfortader, Vena portae. Das Schema lautet:

Darmarterie → Capillarnetz des Darmes → Pfortader → Capillarnetz der Leber → Lebervene.

(Da die Pfortader eine Vene ist in bezug auf den Darm, so liegt das Capillarnetz der Leber zwischen zwei Venen, wir bezeichneten es deshalb bei der Leber als venöses Wundernetz, vgl. auch S. 622; in Abb. S. 549 sind die Leber und der Eingeweidetractus für sich neben das Gefäßsystem gezeichnet ohne Rücksicht auf die wirkliche Lagerung zu letzterem.) Indem das gesamte Blut aus dem Magendarmkanal (und der Milz) durch die Leber hindurchpassiert, wird diese zum wichtigsten Umschlagplatz für die den Zellen des Körpers vom Blut zugeführten Nahrungsstoffe, die in der richtigen Verteilung von hier aus in das Herz und weiter in die Organe gelangen, geradeso wie das mit O angereicherte Blut aus der Lunge zuerst in das Herz und von dort aus dem Körperkreislauf zugeteilt wird. Für Gase und gelöste Nahrungsstoffe ergibt sich insofern der gleiche Verteilungsmodus, daß die Mischung zuerst erfolgt (in der Lunge bzw. in der Leber) und daß dann erst der Motor, das Herz, die Weiterführung und Verteilung an die Organe des Körpers übernimmt.

Für die Pfortader ergibt sich eine Betriebsgefahr daraus, daß sie zwischen die großen Widerstände zweier Capillargebiete eingeschaltet ist. Diese müssen wie beim Herzen ständig so reguliert sein, daß die gleiche Menge Blut durch das eine und das andere hindurchfließt; sonst entstehen in der Pfortader Störungen durch Zu- oder Abnahme des normalen Blutgehaltes, deren Auswirkungen besonders die Leber schädigen.

Unser Körper enthält außer dem gefärbten Blut die farblose Lymphe. Das Blut geht vom Herzen aus und kehrt wieder zum Herzen zurück, wie das Wasser einer Warmwasserleitung dauernd vom Boiler in die Hausleitung aufsteigt und wieder in ihn zurückkehrt. Die Lymphe zirkuliert nicht in einem geschlossenen Kreislauf, sondern die Lymphgefäße beginnen und endigen wie die Röhren einer Wasserleitung, welche von einer oder mehreren Quellen zu den Abflußhähnen führen. Die in den Gewebelücken des Körpers und in den Körperhöhlen sich sammelnde Lymphe, deren Flüssigkeit teils aus den Gewebssäften, teils aus Transsudaten der Blutcapillaren stammt, hat in den Lymphknoten besondere Centralen, die überall im Körper verbreitet sind (in Abb. S. 549 sind nur die mesenterialen Lymphknoten und ihre Abflüsse gezeichnet, hellgrau). An diesen Stellen wird der Gehalt der Lymphe an corpusculären Bestandteilen reguliert, die in ihr schwimmen wie die Blutkörperchen im Blut. Sie sind gleichsam die Brunnenstuben für den Beginn der Lymphleitung. Ein großer Lymph-

35*

stamm, Ductus thoracicus, führt einen großen Teil der fertigen Lymphe in eine der Hohlvenen; diese Stelle entspricht dem Zapfhahn einer Wasserleitung. Beim Darm sahen wir, daß die Lymphe das von den Eingeweiden aufgenommene Fett transportiert; indem sie in das Blut kurz vor dessen Eintritt in das Herz mündet, wird auch dieses wichtige Nahrungsmittel gleichmäßig mit den anderen durch den Motor Herz dem ganzen Körperkreislauf mitgeteilt. Wir können die Beziehung zwischen Blutkreislauf und Lymphbahn in folgendem Schreibschema verdeutlichen:

Seitenbahn: . . . . Gewebssäfte → Lymphcapillaren → Lymphknoten
(Lymphablauf)   ←
                                     Lymphstämme (z. B.
                                     Ductus thoracicus)

Hauptbahn: Herz → Arterien → Blutcapillaren → Venen → Herz
(Blutkreislauf)

Motor und Capillaren

Das Herz pumpt alles, was es empfängt, in den Körper- und Lungenkreislauf. Die Organe regulieren das Blutquantum, welches sie aufnehmen, je nach ihrem Bedarf nach Gas und gelöster Nahrung für ihren Betrieb. Ein entzündetes Organ ist beispielsweise von einer größeren Blutmenge durchströmt und deshalb röter, wärmer und dicker als dasselbe Organ im normalen Zustand. Die Regulation geht von den Capillarnetzen aus, welche einen spezifischen Bestandteil des Gefäßsystems darstellen. Alle übrigen Leitungsbahnen, Arterien, Venen, Lymphstämme, sind rein leitend. Sie haben nur ihren Inhalt an den richtigen Ort zu transportieren. Wieviel sie transportieren, wie eng oder weit also ihre jeweilige Lichtung zu sein hat, wird von dem Bedarf an Ort und Stelle, in den peripheren Organen selbst bestimmt. Wie das durch Vermittlung von Nerven (Vasomotoren) möglich ist und wie die Endothelien der Capillaren den Bedarf zu regulieren vermögen, wird erst bei der speziellen Beschreibung des Aufbaues ihrer Wandung behandelt werden, soweit wir heute davon Kenntnis haben. Doch sei von vornherein der große Unterschied betont zwischen der einheitlichen centralen Kraftstation für die Fortbewegung der gesamten Blutmenge, dem Herzen, und den zahlreichen peripheren Regulatoren für die im einzelnen zu verteilenden Blutquanten, den Capillarnetzen der einzelnen Organe. Man hat bei den Capillaren direkt von einem jedem Organ eigenen „Blutgefühl" gesprochen. Beide Einrichtungen, Herz und Capillaren, sind so aufeinander eingestellt, daß das richtige Gesamtquantum in der richtigen Verteilung Tag und Nacht durch das ganze Leben hindurch unseren Körper durchströmt und Atmung und Ernährung der einzelnen Zellen aufrecht erhält. Auf die übrigen Aufgaben der Blutverteilung sei hier nicht eingegangen.

Flüssigkeitspegel

Der Flüssigkeitstransport, welcher eine so große Rolle für den Haushalt unseres Körpers spielt, ist dadurch erleichtert, daß die Menge der Flüssigkeit genau geregelt ist. Die Wasseraufnahme geschieht durch den Magendarmkanal, durch welchen das Wasser dem Gefäßinhalt in seinen Wandungen zugebracht wird, soweit es nicht ungenutzt mit dem Kot abgeht. Als Wasserabgabestellen, welche von dem aus den Gefäßen abgeschiedenen Wasser gespeist werden, funktionieren Lunge, Haut, Darm und Niere (Wasserdampf im Atem und von der Hautoberfläche, eventuell Schweiß, nicht sezerniertes und sezerniertes Wasser im Kot und hauptsächlich das Harnwasser, Abb. S. 549).

Zu- und Abfuhr können sich die Wage halten oder können der Menge nach voneinander verschieden sein. Der Pegel der gesamten Flüssigkeitsmenge unseres Körpers bleibt entsprechend unverändert oder er wechselt; er steigt oder fällt je nach dem Verhältnis zwischen Zu- und Abfluß. Das für jede Körpergröße eines Menschen durchschnittliche Normalgewicht ist wesentlich abhängig vom Pegelstand des an die Gewebe gebundenen Wassers. Starke Muskeln unterscheiden sich zwar von schwachen Muskeln auch durch größere Gewichte der Trockensubstanz, aber die Flüssigkeitsunterschiede sind überwiegend. Die Wasserabgabe durch Harnlassen, Schwitzen, Speichelfluß u. ä. äußert sich natürlich in einem Gewichtsverlust des Gesamtkörpers. Gelangt das abgegebene Wasser wirklich nach außen und wird es nicht nur, wie bei Bauchwassersucht,

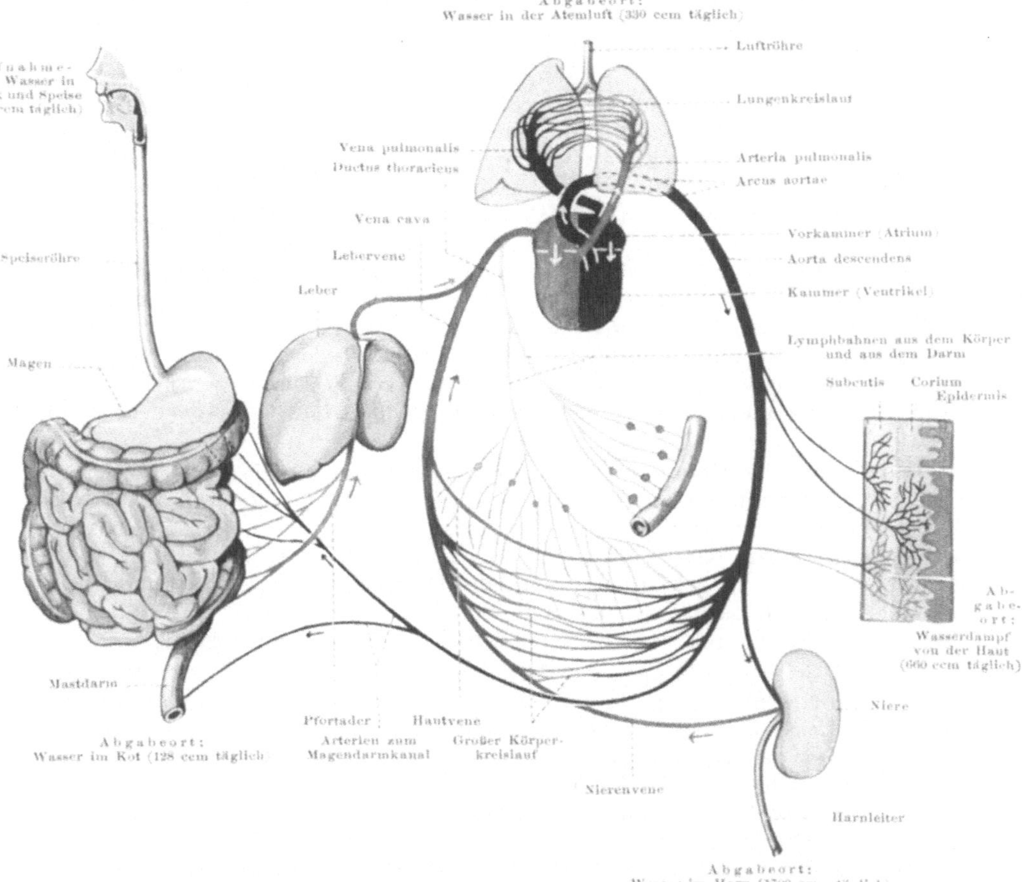

Abb. 268. Der Flüssigkeitswechsel im menschlichen Körper, Schema. Der verschiedene Sauerstoffgehalt des Blutes ist durch schwarzen und dunkelgrauen Ton (arterielles und venöses Blut) wiedergegeben, Lymphe hellgrau. Man verwechsle nicht diese Art der Darstellung mit den später beim Herzen gegebenen Bildern der Arterien und Venen (z. B. enthält die Lungenarterie venöses Blut). — Die Zahlen über die Wasseraufnahme und -abgabe stammen von Messungen in einem speziellen Fall (Schema in der Ausstellung „der Mensch", Dresden); sie ergeben eine kleine Differenz zwischen Zu- und Abfluß, welche durch hier nicht genannte Abgaben gedeckt ist.

Hautödemen u. dgl. im Körper selbst verschoben, so ist der Gewichtsverlust beim Wiegen eines Menschen im Verhältnis zu seiner Körpergröße ein gutes Maß für den Pegelstand der Gesamtflüssigkeit. Bei Geisteskranken kommen plötzliche gefährliche Gewichtsverluste vor; 40% Wasserverlust und mehr von der üblichen, der Körperlänge entsprechenden Durchschnittsmenge wirken erfahrungsgemäß tödlich, weil der Körper sie nicht mehr zu ersetzen vermag. Bei schlaflosen Menschen beobachtet man häufig vermehrtes, vom Gehirn beeinflußtes Harnlassen, welches zum Fallen des Flüssigkeitspegels führt;

eingefallenes, schlechtes Aussehen ist die Äußerung davon im Gesicht. In diesem Falle wird der Wasserverlust meist schnell ersetzt.

Die Beispiele sollen erläutern, wie sehr die Flüssigkeitsmenge den Gesamtkörper beeinflußt (Körperfülle, Bd. I, S. 16, 17). Die Bedeutung für die Zirkulation im speziellen beruht darauf, daß Gewebewasser und Blutwasser durch die Capillarwände hindurch in einem beständigen Austausch miteinander stehen. Dieser Vorgang ist beim Menschen besonders am Gegenbeispiel krankhafter Störungen studiert worden. Wir wissen, daß Hilfsapparate in den gewöhnlichen Zirkulationsvorgang eingreifen, wenn vermehrte Flüssigkeitsmengen das Herz zu erdrücken drohen. Ein solches Hilfsorgan ist z. B. das Körperbindegewebe und insbesondere das Unterhautbindegewebe, welches als Flüssigkeitsstapel dienen kann, ohne daß davon äußerlich etwas zu bemerken ist. Eine sehr wichtige Hilfseinrichtung ist die Leber, durch welche das dem Herzen zufließende Blut großenteils wie durch ein Ventil hindurch muß und welche wahrscheinlich in der Norm rückstauendes Blut aus der nahen Hohlvene aufzunehmen vermag. Die Leber scheint daher aus mehr als einem Grunde imstande zu sein, den Flüssigkeitspegel lokal zu senken. Auch der Milz wird die Funktion zugeschrieben, einen Teil des Blutes zurückhalten und dadurch die Gesamtmenge des zirkulierenden Blutes verändern zu können. Andererseits kann die Fortbewegung des Blutes gefördert werden. So können die Muskeln durch ein Mehr oder Minder an Arbeit sehr wesentlich auf die Flüssigkeitsbewegung regulierend wirken und das Herz entweder ent- oder belasten.

Wenn auch das Gesamtvolumen der Körperflüssigkeit nicht so konstant ist wie etwa die Bluttemperatur, deren Störung sofort als „Fieber" krankhafte Veränderungen des Gesamtkörpers setzt, so ist doch eine Grenze gegeben, welche nicht über- oder namentlich nicht unterschritten werden darf, ohne das Leben sofort zu gefährden; innerhalb des normalen Bereiches der Flüssigkeitsfülle sind Hilfsapparate imstande, lokal eine Über- oder Unterfülle auszugleichen oder zu mildern. Hier müssen diese Andeutungen genügen.

Physiologische und morphologische Einteilung

Die Flüssigkeitsverteilung und -bewegung im Körper umfaßt, wie bei dem Begriff „Eingeweide" (S. 1), physiologisch betrachtet, eine Unzahl von Organen, deren wichtigste in Abb. S. 549 schematisch zusammengestellt sind. Die Eingeweide nebst den Blutverteilungen in ihrem Innern sind dabei ein wichtiger Bestandteil, nicht nur die Eingeweideverhältnisse an und für sich, sondern der Gesamtzustand in jedem Augenblick ihres Verhältnisses zur Nahrungsaufnahme, Kotabgabe usw. Das gilt von den anderen in Betracht kommenden Organen ebenso. Die Gefäße als solche, aber auch viele ganz anders gebaute Teile unseres Körpers gehören physiologisch mit zu den Organen der Flüssigkeitsbewegung und sind Sitz ihrer Ursachen.

Die morphologische Betrachtungsweise hat zwar diese allgemeinen Beziehungen nicht aus dem Auge zu verlieren, will sie den Aufbau der kanalisierten Leitungsbahnen verstehen; aber das ihr eigene Thema, welches wir im folgenden zu behandeln haben, ist der Aufbau der Leitungsbahnen selbst und die Zusammensetzung ihres Inhalts. Die Form und Struktur der Arterien, Venen, Lymphgefäße, Capillaren, des Herzens, der blutbereitenden und -zerstörenden Organe, des Blutes und der Lymphe selbst haben wir im ersten Teil unserer Betrachtungen über die peripheren Leitungsbahnen aufzuzeigen und daran zu erläutern, wie diese Einrichtungen unseres Körpers auf Grund ihrer geschichtlichen Entstehung und ihres heutigen Ausbaues den Anforderungen der Flüssigkeitsverteilung genügen.

B. Blut und Lymphe (Hämatologie).

Wir behandeln zuerst den Inhalt der Gefäße. Das Blut läßt durch seine Unter-
schiede
beim
Lebenden
Farbe unsere Haut an den Wangen usw. rötlich erscheinen; es schimmert
insbesondere durch die Schleimhäute durch. Die Lymphe dagegen, welche
farblos ist, ist weniger auffällig, ihre Wege sind ungefärbt. An fast allen
Stellen sind die Blut- und Lymphgefäße so nebeneinander gelagert und miteinander verflochten, daß bei Verletzungen Blut und Lymphe zugleich abfließen; die Farbe des Blutes verbirgt jedoch die Lymphe. Eine Ausnahme
macht der rein epitheliale Überzug der Haut, die Epidermis. Sie ist frei
von Blutgefäßen. Bei einer tiefergehenden Verletzung wird sie freilich durchrissen oder durchschnitten, so daß Blut aus den Gefäßen der bindegewebigen
Lederhaut, dem Corium, ausströmt. Bei ganz oberflächlichen Abschürfungen,
z. B. beim Rasieren mit einem stumpfen Rasiermesser, quillt nicht selten ein
Tröpfchen einer wässerigen Flüssigkeit aus der unscheinbaren Wunde. Dies
ist reine Lymphe. Sonst sieht man sie am Lebenden nur bei größeren Eingriffen wie Bauchhöhlen- oder Gelenkeröffnungen u. dgl.

Das Blut ist bei Tieren mit Schwimmhäuten, z. B. beim Frosch, dem Schwanz
der Kaulquappe, den Kiemengefäßen von Fischen und Amphibien, den Embryonen
fast aller Tierklassen auch im Leben innerhalb der Blutgefäße zu beobachten.
Beim lebenden Menschen sieht man die feinsten Blutwege mit binokularen Mikroskopen im Augenhintergrund und im Nagelfalz; neuerdings ist für die Beobachtung in den oberflächlichen Schichten der Lederhaut ein besonderes Mikroskop
eingeführt worden („Capillarmikroskop"). Was man dort beim Lebenden sieht,
ist nicht die Gefäßwand selbst, diese bleibt unsichtbar, sondern nur der „körnige"
Inhalt, das Blut. Die Richtung des Blutstromes ist an der Fortbewegung der
„körnigen" Trübung erkennbar. Die Blutkörperchen sind beim lebenden Menschen
nicht einzeln zu sehen, sie sind bloß die Grundlage des „körnigen" Inhaltes der
Capillaren. Bei niederen Tieren mit großen Blutkörperchen, z. B. in der Schwimmhaut des Frosches, sind sie auch einzeln zu beobachten, zumal bei durchfallendem
Licht viel stärkere Vergrößerungen wie mit dem Capillarmikroskop anwendbar sind.

Blut und Lymphe enthalten corpusculäre Elemente, Zellen, welche in der Flüssigkeit
und
Corpuscula
Flüssigkeit, welche die Hauptmasse bildet, schwimmen, zum Teil rein passiv,
zum Teil insofern aktiv, als sie vom Flüssigkeitsstrom an einen neuen Ort zwar
fortgeschwemmt, von dort aus aber sich durch eigene Tätigkeit weiterbewegen
können. Die Corpuscula, welche dem Blut seine rote Farbe geben, sind bei
den Säugetieren und beim Menschen aus Zellen entstanden, aber kernlos. Eine
Vermehrung durch mitotische oder irgendeine andere Art der Kernteilung ist
unmöglich. Infolgedessen sind die Bildungsstätten außerhalb des Blutstromes
zu suchen. Auch bei den wirklichen (kernhaltigen) Zellen im Blut und in der
Lymphe, welche immer farblos sind und sich dadurch sehr sinnfällig von den
gefärbten, kernlosen Elementen unterscheiden, liegt der Entstehungsherd
außerhalb der Gefäßbahn. Nur in pathologischen Zuständen und nur ganz
ausnahmsweise im normalen Leben werden Bildungszellen von Blut- oder
Lymphkörperchen mit in die Strombahn ausgeschwemmt oder die Zellen
(Leukocyten), welche an sich die Fähigkeit haben sich zu teilen und zu vermehren, üben dieses in der Norm latente Vermögen aus; sie wandern besonders
bei Entzündungen in die benachbarten Gewebe, nehmen Bakterien in ihren
Plasmakörper auf (Phagocytose) und schmelzen durch ihre Fermente Gewebe
ein (Eiter, Absceß). Das ist aber das Gegenbild des üblichen Verhaltens. Die
corpusculären Elemente im Blut und in der Lymphe sind zwar von höchster
biologischer Bedeutung, aber sie benutzen gewöhnlich die strömende Flüssigkeit
nur als Vehikel. Sie gelangen von außerhalb in sie hinein, um in ihr zu altern
und zu sterben oder um sie wieder zu verlassen und außerhalb zugrunde zu
gehen. Die Stätte der Vernichtung kann die gleiche sein wie die Bildungs-

stätte; beide sind aber häufiger ganz verschiedenartig und weit voneinander entfernt.

Bildung
und
Zerstörung

Blut und Lymphe sind also eine Art Fremdkörper im Organismus. Sie sind zwar von ihm hervorgebracht, stehen aber, solange sie in ihren Strombahnen fließen, nicht in dem organischen Zusammenhang mit ihren Bildungs- und Zerstörungsstätten wie es für die Gewebe und Organe charakteristisch ist, deren Zellen, indem sie sich vermehren und Produkte abgeben, aus sich und aus ihren Derivaten am Ort das aufbauen, was für sie charakteristisch ist. Man hat geradezu gesagt, daß das Blut weder ein Gewebe noch ein Organ sei. Auch die Flüssigkeit muß von außen in die Gefäße eingefüllt werden.

Wir behandeln im folgenden beim Blut und bei der Lymphe in getrennten Kapiteln 1. die geformten Elemente der fertigen Flüssigkeiten und 2. ihre Bildungs- und Zerstörungsstätten.

Da die Blut- und Lymphkörperchen an sehr verschiedenartigen und weitgetrennten Stellen entstehen, würde es die Übersicht erschweren anstatt sie zu erleichtern, wenn wir hier von der Entwicklung ausgehen würden. Bei den eigentlichen Organen, z. B. der Lunge oder der Leber, sieht man im Gange der individuellen Entwicklung am Orte selbst zunächst einfache und dann kompliziertere Sonderungen Platz greifen, so daß der ontogenetische Gang didaktische Vorteile hat. Beim Blut ist die Entwicklung nicht minder wichtig. Aber für Lehrzwecke ist sie für jede Art von körperlichen Elementen an besondere Organe gebunden, die besser erst geschildert, weil leichter verstanden werden, wenn das Ziel ihrer Tätigkeit, die normale Zusammensetzung des fertigen Blutes, bekannt ist. Für die Lymphe gilt ähnliches. Wir stellen das Blut voran, weil hier die ganze Fülle übersichtlich wird. Die Lymphe ergießt sich in das Blut; alles was in ihr ist, findet sich also auch im Blut.

Wegen der eigenartigen biologischen Stellung des Blutes zu den Geweben und Organen gibt es keine genuinen Krankheiten des Blutes. Sie werden lediglich in dieses hineingetragen. Da es aber durch den ganzen Körper wieder und wieder hindurchströmt, ist es ein äußerst feines Reagens für Erkrankungen, die es widerspiegelt, das Substanzen in sich aufnimmt, vernichtet oder verbreitet. Das Fieber ist eines der wichtigsten Merkmale von Störungen des Organismus, welche die erhöhte Bluttemperatur dem Arzt anzeigt.

I. Das fertige Blut.

Plasma,
farbige und
farblose
Blut-
körperchen

Die Kenntnis des Blutes ist für die Beurteilung des gesunden und kranken Menschen von so hoher Wichtigkeit, daß sie zu einem besonderen Wissenszweig, der Hämatologie, ausgewachsen ist (von $\alpha\tilde{\iota}\mu\alpha$ = Blut). Im weiteren Sinn gehört auch die Lymphe mit hierher, weil alle Lymphkörperchen auch im Blut vorkommen.

Das Blut ist eine Emulsion, d. h. eine Aufschwemmung zahlreicher, mikroskopisch kleiner Körperchen in einer Flüssigkeit ähnlich wie die Milch. Man nennt die Körperchen Corpuscula sanguinis, die Flüssigkeit Blutplasma. Die Gesamtmenge des zirkulierenden Blutes beträgt etwa 7,5 % oder $^1/_{15}$ des Körpergewichts, also bei einem 140 Pfund schweren Manne höchstens 5 Liter. Die Beziehung ist ungefähr konstant. Große Blutverluste können durch schnelle Abgabe von Gewebsflüssigkeit an das Blut oder durch künstliche Einverleibung von physiologischer Kochsalzlösung in eine Vene ausgeglichen werden. Geschieht dies nicht rechtzeitig, so kann der Tod die Folge sein.

Im strömenden Blut ist die Emulsion so gleichmäßig gemischt, daß das Ganze gleichmäßig rot gefärbt und gleichmäßig flüssig ist. Beim Leichenblut oder bei Blut, welches im Leben aus den Gefäßen austritt, verändert sich der Aggregatzustand: das Blut „gerinnt". Eine feste Masse, der rote oder braune Blutkuchen (Cruor sanguinis), ist beim geronnenen Blut zu Boden gesunken, darüber steht eine durchsichtige wässerige Flüssigkeit, das Blutserum. Im Herzen einer Leiche sitzt gewöhnlich den Blutkoagula, welche

das Innere füllen, eine weißlich gefärbte Rindenschicht, die Speckhaut, auf;
sie besteht aus fast reinem Fibrin, einer Substanz, von welcher im strömenden
Blut nur eine Vorstufe (Fibrinogen) vorkommt und welche erst wirklich
gebildet wird, wenn das Blut längere Zeit stockt oder dem gerinnungs-
fördernden Einfluß anderer Gewebe (auch der zerstörten Gefäßwand selbst)
ausgesetzt wird. Blutplasma ist Blutserum + Fibrin (letzteres in seiner gelösten Vorstufe). Blutserum ist Blutplasma ohne Fibrin (siehe die Tabelle
weiter unten).

Unter den Blutkörperchen gibt es gefärbte und farblose, Erythrocyten
oder rote Blutkörperchen und Leukocyten oder weiße Blutkörperchen.
Die ersteren sind einzeln im durchfallenden Licht gelblich-grün gefärbt,
wirken aber durch ihre Masse rot, die letzteren sind in Wirklichkeit nicht
weiß, sondern farblos; ihre Menge ruft graue bis weißliche oder gelbliche
Töne hervor. Das „rote" Knochenmark, in welchem rote und weiße Blutkörperchen zugleich gebildet werden, ist ein gutes Reagens für die Farbe
der Elemente, denn es sieht um so roter aus, je mehr die Menge der
Erythrocyten überwiegt, ist dagegen von grauer bis gelblicher Tönung bei
besonders starkem Gehalt an Leukocyten (S. 569). Unter den Lymphknoten,
die gewöhnlich weißlich aussehen, da sie nur farblose und keine roten Körperchen
bilden, gibt es einzelne, welche rot aussehen, sobald sie Blutextravasate enthalten (S. 583); darin spiegelt sich der gleiche Farbenunterschied wie im Knochenmark. Außer den roten und weißen Blutkörperchen gibt es im normalen
Blut noch Blutplättchen und Blutstäubchen. Ich verweise auf die
unten folgende Beschreibung. Die Zusammensetzung des Blutes ist:

Corpuscula				Plasma	
Rote Blut- körperchen	Weiße Blut- körperchen	Blut- plättchen	Blut- stäubchen	Fibrin	Serum

Die Tabelle berücksichtigt nur diejenigen Substanzen, welche geformt sind
oder Form annehmen können wie das Fibrin, das zwar im strömenden Blut fehlt,
aber zu jeder Zeit unter besonderen (pathologischen) Bedingungen entstehen kann.
Das Serum ist das einzige niemals geformte Element unter den genannten. Der
Gehalt des Blutes an gelösten Substanzen, die chemische Zusammensetzung und
der Gehalt des Serums an Salzen bleiben hier außer Betracht. Nur darauf sei hingewiesen, daß zwar gewisse Gase an bestimmte Blutkörperchen gebunden sind
(siehe Erythrocyten), daß aber die Nährsubstanzen, welche das Blut transportiert,
im Plasma gelöst, also nicht an eine Form gebunden und weder unmittelbar noch
mittelbar sichtbar sind. Inwieweit Körnchen im Zelleib von Leukocyten dabei
in Frage kommen, ist nicht sicher bekannt. Sie würden nicht genügen, um den ungeheuren Stofftransport für die Ernährung der Gewebe im Körper zu bewerkstelligen.
Außerdem sind die Substanzen, welche die Organe zwischen sich austauschen (inter-
mediärer Stoffwechsel), die Hormone (Botenstoffe), die Schlacken des Stoffwechsels,
soweit sie vom Blut transportiert werden, die Antitoxine u. a. m., unsichtbar, weil
im Plasma gelöst.

Bei größeren Gefäßen gibt es im strömenden Blut eine schnellfließende centrale
Blutsäule, die sehr reich an Erythrocyten ist, und eine langsamer fließende dünne
Randschicht, die aus Plasma und aus vereinzelten Leukocyten besteht. In den
Capillaren fehlt die Randschicht. Dagegen erscheint in ihnen die Blutsäule unter
dem Capillarmikroskop gelegentlich wie abgerissen. Dies kann zustande kommen
entweder dadurch, daß die Capillare sich völlig kontrahiert und kein Blut durchläßt, oder daß vorübergehend nur Plasma ohne Blutkörperchen durchströmt, weil
diese vorübergehend festgehalten sind, etwa an einer Gefäßteilung.

Durch Zentrifugieren kann man die Blutkörperchen aus frisch dem Körper entnommenen Blut herausschleudern und das Plasma in größeren Quanten rein gewinnen. Wird es in stark gekühlten, peinlich sauberen Glasgefäßen aufgefangen

und im Eisschrank aufbewahrt, so gerinnt es nicht. — Ein häufig vorkommender
Fehler im Sprachgebrauch ist der, Blutplasma als Blutserum zu bezeichnen.

Fibrin Zur Entstehung von Fibrin ist das Zusammentreffen des Fibrinogen, das
in allen plasmatischen Körperflüssigkeiten gelöst vorkommt, mit einer ferment-
artigen Substanz notwendig, welche im normalen Blut fehlt. Fibrinferment wird
beim Zerfall von Blutplättchen, Leukocyten, aber auch von Zellen außerhalb des
Blutes, z. B. gerissenen Gefäßwandzellen, frei. Daher gerinnt das Blut, welches
aus einer Gefäßwunde austritt, automatisch unter der Wirkung der letzteren und
verstopft die Wunde, falls nicht der Riß zu groß ist oder die Fibrinplombe unter
dem Druck der Blutsäule wieder gesprengt wird. So nützlich der Gerinnungsprozeß
für die Wundheilung sein kann, so gefährlich ist in pathologischen Fällen das Auftreten von Blutgerinnseln im Inneren der Gefäße selbst (Thromben). Die Fibrin-
pfröpfe können vom Blutstrom mitgerissen werden, die Gefäße lebenswichtiger Organe
verstopfen und schwere Erkrankungen oder den Tod herbeiführen (Embolie).

Die Fibrinausscheidung ähnelt einem Krystallisationsprozeß. Man sieht feinste
Partikelchen aneinander schießen, bis lange Fäden entstehen. Der Vorgang liegt
unterhalb des Auflösungsvermögens des gewöhnlichen Mikroskops, ist aber mit
dem Ultramikroskop in allen seinen Phasen zu verfolgen. Ein Plasmatröpfchen,
welches geronnen ist, gleicht einem feinsten Gerüstwerk von ultramikroskopisch
feinen Fäserchen, welche sich netzförmig überkreuzen und verbinden; die Maschen
sind mit flüssigem Serum gefüllt. Man benutzt solche Plasmaklümpchen mit Vorliebe zur Züchtung von Zellen und Geweben außerhalb des Körpers (Explan-
tation, Kultur in vitro). In krankhaft veränderten Organen oder in Spalten des
menschlichen Körpers können große Mengen von Fibrin ausgeschwitzt werden, in
welchen grobe Fäden und Balken unter dem gewöhnlichen Mikroskop sichtbar sind.
Ich verweise deswegen auf die Lehrbücher der Pathologie.

Schlägt man Blut, so kann man es „defibrinieren", d. h. das Fibrin scheidet
sich allein ab. Während beim gewöhnlichen Gerinnungsprozeß höchstens in der
Speckhaut reines Fibrin abgeschieden wird, das meiste jedoch mit den Blutkörperchen zusammen ausfällt, bleibt beim defibrinierten Blut das Serum mit
den Blutkörperchen beisammen; die Flüssigkeit sieht unverändert rot, nicht farblos
aus (wie bei der gewöhnlichen Gerinnung).

1. Erythrocyten.

Form Die einzelnen roten Blutkörperchen, Erythrocyten, sind verschieden
geformt, je nachdem sie im strömenden Blut innerhalb der Gefäße oder in einem
Blutstropfen, welcher einer Riß- oder Stichwunde entnommen ist, untersucht
werden. Die Normalform ist natürlich die erstgenannte. Die Blutkörperchen
haben das Aussehen eines eingedrückten Gummiballes (Gastrula); ihre Form
wird oft verglichen mit der eines niedrigen Napfes (Napfform) oder einer weit
offenen Glocke (Glockenform, Abb. S. 555). Sie ist äußerst veränderlich, so daß
die Entnahme aus dem Körper genügt, um sie umzugestalten; die roten Blutkörperchen werden dann zu bikonkaven Scheiben, deren Centrum heller aussieht als die Peripherie, weil die Delle der einen Seite sich im Centrum der
Scheibe der gegenüberliegenden Delle am meisten nähert und die dazwischenliegende Substanz dünner und deshalb durchsichtiger ist als der kompaktere
Randring (links oben in Abb. S. 556 und 561). Man darf die helle Stelle in
solchen Bildern nicht mit dem Kern von Zellen verwechseln. Die künstliche
Färbung mit Kernfarbstoffen lehrt, daß kein Kern vorhanden ist. Im Profil
gesehen haben die bikonkaven Blutkörperchen Biskuitform. Sie neigen dazu,
sich mit den Flächen aneinander zu reihen wie aufeinandergetürmte Geld-
stücke, man spricht von „Geldrollen"; sie sind charakteristisch für dicke
Blutstropfen, die man unter dem Mikroskop betrachtet, dünn ausgebreitetes
Blut zeigt sie nicht. Im strömenden Blut der Gefäße sieht man an geeigneten
Objekten, daß die Erythrocyten im axialen Strom mit großer Geschwindigkeit,
in den Capillaren langsam fortgetrieben werden. In sehr engen Capillaren,
deren Querschnitt geringer ist als der Durchmesser der roten Blutkörperchen,
bleiben oftmals letztere für kurze Zeit hängen, werden aber dann kraft ihrer

Plastizität unter der vis a tergo des nachdrängenden Blutes passiv durch die enge Lichtung durchgezwängt.

Die Form der Blutkörperchen außerhalb des Körpers („Blutpräparat") war zuerst bekannt und ist immer noch, obgleich sie nicht die natürliche ist, von Wichtigkeit, weil sie für einen entnommenen Blutstropfen charakteristisch ist. Sie dient mittelbar dazu zu bestimmen, ob das Blut normal ist oder nicht. Unter besonderen Kautelen kann man die Napfform der Erythrocyten auch im Blutpräparat erhalten (Abb. S. 556).

Werden die Blutkörperchen im Blutpräparat besonders geschädigt, z. B. durch Verdunstung des Blutplasma oder durch Zusätze, welche die osmotischen Austauschprozesse zwischen dem Inhalt der Blutkörperchen und dem Plasma beeinflussen, so nehmen sie Stechapfelform an, d. h. durch Schrumpfung zieht sich die Rinde zwischen stehenbleibenden Höckerchen der Oberfläche zurück. Der Gegensatz dazu sind in gewisser Hinsicht die Blutschatten; bei ihnen ist der einzelne Erythrocyt gequollen, gleichzeitig ist sein Farbstoff ausgelaugt, so daß er oft nur schwer auffindbar ist.

Bei Nichtsäugern sind die Erythrocyten oval. Nur die Tylopodidae (Kamel, Lama) unter den Säugern haben ovale Blutkörperchen, aber ohne Kern, während die ovalen Erythrocyten der Nichtsäuger sämtlich Kerne haben. Unter den Nichtsäugern

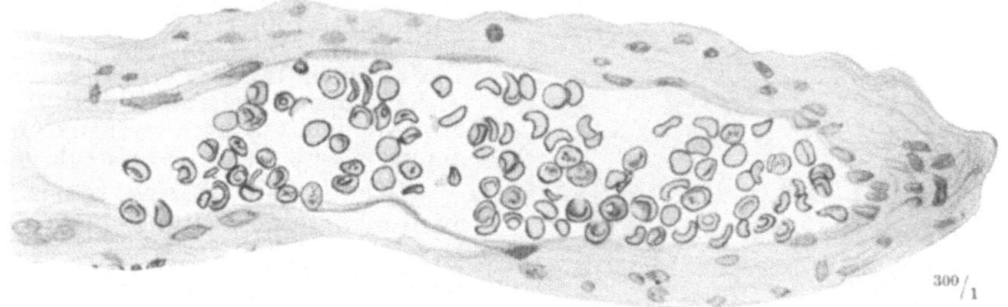

Abb. 269. Rote Blutkörperchen im strömenden Blut des Menschen fixiert.
Kleines Gefäß der Luftröhre eines Hingerichteten.

haben die Petromyzonten (Neunauge) runde Erythrocyten; dies ist die einzige Ausnahme. Für forensische Fälle kann die Feststellung der Form sehr wichtig sein.

Die Größe aller Erythrocyten ist nahezu gleich; die Scheiben messen im Durchmesser 7,5 μ (Normocyten; 75% aller Erythrocyten). Nur an wenigen Exemplaren (25%) schwankt die Größe um $\pm$ 1,5—2 μ (die größeren werden Megalo-, die kleineren Mikrocyten genannt; sie finden sich etwa zu gleichen Teilen). Der Gerichtsarzt kann daher an Blut, dessen rote Blutkörperchen so weit unverändert sind, daß sie gemessen werden können, bestimmen, ob menschliches Blut vorliegt oder nicht. Tierisches Blut hat meist ganz andere Größen der Erythrocyten; von den forensisch hauptsächlich in Betracht kommenden Haus- und Schlachttieren steht nur der Hund mit 7,3 μ Durchmesser (und das Meerschweinchen mit 7,4 μ) dem Menschen nahe. Redet sich ein Verbrecher nicht gerade darauf hinaus, daß er einen Hund geschlachtet habe, so ist der Nachweis von Menschenblut mikroskopisch exakt zu erbringen; wenn beispielsweise ein feiner Blutspritzer auf einer Glasscheibe aufgefangen ist, so kann er unter dem Mikroskop direkt untersucht werden, in anderen Fällen muß eine dünne Blutschicht von einem Messer oder einem anderen Gegenstand abgelöst und dann geprüft werden. Blut im dünnen Ausstrich trocknet so schnell, daß die Erythrocyten ihre Scheibenform behalten. In dick aufgetrocknetem Blut geht sie allerdings verloren. Die zur sicheren Entscheidung geeigneten Fälle sind deshalb nicht zahlreich.

Dem Einwand, daß es sich um Farbe oder Rost, aber nicht um Blut handle, kann man leicht durch die TEICHMANNsche Blutprobe auf chemisch-mikroskopischem Wege begegnen. Selbst ganz zersetztes Blut ergibt mit Kochsalz verrieben und mit Eisessig auf dem Objektträger gekocht sehr charakteristische rhombische

Krystalle von sehr verschiedener, oft nur mit den starken Vergrößerungen sichtbarer Größe: Häminkrystalle. Sie sind für jedes Blut, nicht nur für menschliches Blut charakteristisch.

Die roten Blutkörperchen der Nichtsäuger haben Kerne. Solche sind auch noch in stark verändertem Blut durch künstliche Kernfärbungen nachweisbar. Die Behauptung, daß Blutflecken bei einem Verbrechen vom Schlachten eines Huhns oder einer Taube herrührten, läßt sich daher mikroskopisch relativ leicht entkräften.

Die moderne Serologie hat uns die sicherste Methode geliefert, gerade menschliches Blut nachzuweisen. Menschliches Blut, in geringen Dosen einem Kaninchen eingeimpft, wirkt wie ein Gift; der Organismus reagiert durch die Erzeugung von Schutzstoffen, welche die Giftwirkung aufheben. Durch fortgesetzte Impfung wird das Tier gegen kleine Giftdosen immunisiert. Entnimmt man ihm Blut und befreit man das Plasma durch Zentrifugieren von den Blutkörperchen, so trübt es sich beim Zusatz von minimalsten Spuren menschlichen Blutplasmas, während anderes Blut, gegen welches das Tier nicht immunisiert ist, keine Trübung hervorruft. Die ausgeflockte Substanz senkt sich als Präcipitat zu Boden; man nennt danach die Probe Präcipitinreaktion. Mit ihr kann man Spuren menschlichen Blutes, auch wenn es zersetzt ist, mit Sicherheit nachweisen. Die Agglutinations- und Hämolysinprobe sind ähnliche biologische Serumreaktionen.

Neuerdings hat sich gezeigt, daß auch menschliches Blut, einem anderen Menschen eingespritzt, in dessen Blut Agglutination (Zusammenballung der Blutkörperchen) oder Hämolyse (Auflösung der Blutkörperchen) bewirken kann. Es gibt Menschen, deren Serum auf das keines anderen Menschen in diesem Sinne wirkt, und umgekehrt solche, deren Serum die Erythrocyten jedes anderen ballt oder auflöst. Außerdem bestehen zwei weitere Gruppen von Menschen, deren Serum nur auf die Erythrocyten bestimmter anderer Gruppen wirkt, nicht aber aller. Man ordnet deshalb die Menschen nach „Blutgruppen", die für Vererbungsfragen und für die Klinik (Bluttransfusion) von großer Bedeutung geworden sind.

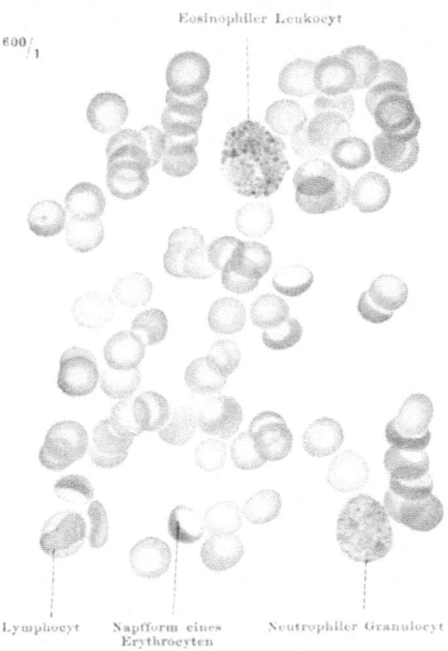

Abb. 270. Rote und weiße Blutkörperchen. Mensch. Blutstropfen ausgestrichen, Räucherung mit Osmiumsäuredämpfen, Triacidfärbung. Der Lymphocyt liegt etwas weiter ab im Präparat, in der Zeichnung in das Gesichtsfeld geschoben. Präparat von Prof. WEIDENREICH.

Die geringe Größe der Erythrocyten ermöglicht einer großen Zahl den Aufenthalt im gleichen Quantum von Plasma. Bei Tieren, welche sehr große rote Blutkörperchen haben, z. B. bei Fischen und Amphibien (der Grottenolm mit einem größten Durchmesser von 58 μ, d. h. fast dem 8fachen des menschlichen Erythrocyten), ist die Menge entsprechend geringer. Da die Oberfläche im Quadrat, die Menge im Kubus abnimmt, so haben viele kleine Erythrocyten eine ungleich größere Gesamtoberfläche im Verhältnis zu ihrer Masse als wenige große. Indem sie sich durch enge Capillaren durchzwängen, wird die große Oberfläche zum innigen Kontakt mit der Capillarwand ausgenutzt. Wir werden unten sehen, daß darauf die wesentliche biologische Leistung der Erythrocyten beruht. Daher darf es uns nicht wundernehmen, daß die Kaltblüter mit ihrem trägen Stoffwechsel meist wenige große, die Warmblüter viele kleine rote Blutkörperchen haben.

Beim gesunden Menschen findet man in 1 mm³ Blut rund 5 Millionen   Zahl
Erythrocyten (bei der Frau 4,5 Millionen). Die Suspension von roten Blutkörperchen im Plasma ist an verschiedenen Körperstellen nicht wesentlich
verschieden. Doch kann durch die Tätigkeit der Capillaren die Zahl relativ
zum Plasma vermehrt oder vermindert werden. So weiß man z. B., daß aus
Hautgefäßen entnommenes Blut bei Menschen, die in verschiedenen Höhen
über dem Meeresspiegel leben, verschiedene Zahlen von Erythrocyten hat.
Die obengenannte Zahl gilt für die Tiefebene; im Hochgebirge ist sie erhöht.
Dies beruht nur zum Teil auf einer absoluten Zunahme, zum Teil auf einer
anderen Verteilung, indem die Hautgefäße höhere Erythrocytenzahlen aufweisen. Sie werden zu stärkeren Leistungen angeregt und schöpfen gleichsam
den Rahm ab. Absolute Erhöhung oder Verminderung der Erythrocytenzahl
(Poly- und Oligocythämie) findet sich charakteristisch bei einer Reihe von
krankhaften Zuständen, besonders bei „Blutkrankheiten".

Berechnet man die ungefähre Gesamtzahl der roten Blutkörperchen für
einen Menschen von 140 Pfund Körpergewicht und 5 Liter Blut, so erhält man
25 Billionen (25000 Milliarden). Daraus ergibt sich eine ungefähre Vorstellung
der enormen Oberfläche, welche für die Gewebsatmung zur Verfügung steht.

Wird die Menge des Blutplasmas verringert, so steigt die Zahl der Erythrocyten
im mm³. Bei den Gasvergiftungen im Kriege trat Plasmaverlust durch Abgabe
von Flüssigkeit der Lungencapillaren in die Alveolen ein (Ödeme). Das Blut wird
dadurch zähflüssig, klebrig, weil die Emulsion viel dicker als normal ist. Reichliche
Sauerstoffzufuhr zu den Lungen ist nötig, weil das Blut langsamer fließt, nicht
weil es ärmer an respiratorischen Mitteln ist.

Der wichtigste Bestandteil der roten Blutkörperchen ist ihr Farbstoff, das   Feinerer
Hämoglobin. Es hat die Fähigkeit den Sauerstoff der Luft zu binden, Oxy-   Bau
hämoglobin. In den Lungencapillaren beladen sich die Erythrocyten, indem
sie an den Wänden der Alveolen vorbeistreichen, kraft ihrer großen Oberfläche
leicht und schnell mit neuem Sauerstoff, an welchem die reine Atmosphäre
viel reicher ist als das Blut, werden vom Blutstrom überallhin im Körper verteilt
und geben den Sauerstoff an die einzelnen Organe und innerhalb dieser an
die einzelnen Gewebe und Zellen ab (Gewebeatmung, „innere" Atmung). Man
nennt die roten Blutkörperchen wegen dieses lebensnotwendigen Transportes,
für den sie das Monopol haben, Pneumocyten ($\pi\nu\varepsilon\nu\mu\alpha$ = Lebensodem). Die
in den Geweben aufgestapelte Kohlensäure verdrängt bei ihrem Eintritt in das
Blut den Sauerstoff der roten Blutkörperchen, wird vom Blut zur Lunge zurück-
transportiert und an die auszuatmende Lungenluft abgegeben. Die Kohlensäure ist aber nur zum Teil an die Erythrocyten gebunden, zum Teil als „freie"
Kohlensäure im Blut gelöst.

Der Hämoglobingehalt kann unabhängig von der Zahl der roten Blutkörperchen
schwanken, am deutlichsten beim Neuersatz der Blutkörperchen nach starken
Blutungen; sie sind anfangs häufig der Zahl nach wieder normal, aber arm
an Hämoglobin. Bei bestimmten Erkrankungen (Anämien) ist Verringerung oder
Erhöhung des Hämoglobingehaltes der Erythrocyten ein regelmäßiger Befund.
Für die genaue Bestimmung gibt es besondere Meßinstrumente. Zur oberflächlichen
Orientierung dient das Aussehen der Schleimhäute (Innenseite der Lippen, der
Augenlider usw.), die bei geringem Hämoglobingehalt des Blutes auffallend blaß
sind. Doch kann dieses Zeichen sehr trügen, weil auch bei Enge und Undurchlässig-
keit der Blutgefäße trotz ganz normalen Hämoglobingehaltes des Blutes Blässe
eintritt.

Methämoglobin ist eine Modifikation des Hämoglobins; der Sauerstoffgehalt
der Erythrocyten ist der gleiche wie beim Oxyhämoglobin, doch läßt er sich weder
durch Auspumpen noch durch Verdrängung mit Kohlensäure aus ihnen entfernen.
Es kommt im Leichenblut vor, dem es die Sepiafarbe verleiht. Die Farbe von
zersetztem Blutfarbstoff geht in das Gelbe und Grüne über. Die Leichenflecken
rühren von diffundiertem Hämoglobin her, welches die Gewebe in der Nachbarschaft der Blutgefäße der Haut durchtränkt und dessen Farbe durch die Epidermis

hindurchschimmert. Auch blutige Beulen beim Lebenden spielen vom Roten durch die Farbenskala hindurch entsprechend der Zersetzung des ausgetretenen Blutes.

Über den Aggregatzustand der Erythrocyten ist man sich trotz aller Bemühungen der Blutforscher, Klarheit zu schaffen, nicht einig. Man sieht beim Anstich eines isolierten Erythrocyten mit einer Glasnadel (Mikrochirurgie), wie sein Inhalt herausquillt. Am wahrscheinlichsten ist nur das Innere weich, die Peripherie zu einer festeren, nicht oder nur wenig quellbaren Hülle verdichtet. Das gallertig-flüssige Innere, Stroma oder Soma, kann infolgedessen seine Form nicht so leicht durch Quellung ändern, solange die Außenschicht nicht verletzt ist. Ein besonderes Gerüstwerk als Stütze für die Gallerte ist nicht anzunehmen. Die Außen„membran“ ist nur im physikalisch-chemischen, nicht im morphologischen Sinn als etwas Separates zu denken. Sie wird als ein von der Außenschicht der Zellen der Körpergewebe verschiedenes Mosaik von impermeablen und semipermeablen Substanzen aufgefaßt, das nach den Erfahrungen der Pharmakologen über die Angriffsweise der Blutgifte einen Austausch zwischen dem Inhalt und der Außenwelt teils verhindert, teils ermöglicht. Tritt der wichtigste Bestandteil, das Hämoglobin, aus, so spricht man von Hämolyse und von der Wirkung hämolytischer Gifte (Hämolysine). Bei normalen Erythrocyten sieht man das nie; sie verlieren die ihnen zukommende Hämoglobinmenge erst bei ihrem Tode, indem sie in Trümmer zerfallen, nicht durch Abgabe in das normale Plasma, solange sie leben. Sie sind äußerst feine Indicatoren für pathologische Veränderungen des Plasmas, in welchem sie schwimmen.

Hämolysine, welche dem Plasma in Spuren beigemischt sind, können als solche unnachweisbar sein, verraten aber ihre Anwesenheit durch die Giftwirkung auf die Erythrocyten, welche auf sie durch Abgabe von Hämoglobin reagieren. Die bereits erwähnte Giftwirkung artfremden Blutes kann ebenfalls durch die hämolytische Reaktion biologisch nachgewiesen und als „Blutprobe“ verwendet werden.

Bei den Säugetieren und beim Menschen haben nur die Bildungszellen der roten Blutkörperchen Kerne, Erythroblasten, Normoblasten (Abb. S. 571). Sie werden zu Erythrocyten, indem der Kern sich intracellulär auflöst und verschwindet. An der Form der bikonkaven Scheiben ist noch erkennbar, wo der Kern lag; die beiderseitige Delle entspricht dem Schwund im Inneren, den der Kernverlust bedingte. Bei den Tieren mit kernhaltigen Blutkörperchen (alle Nichtsäuger) ist die Scheibe über dem Kern beiderseitig etwas vorgewölbt, bikonvex. Nur selten findet man beim Neugeborenen vereinzelte Erythroblasten im strömenden Blut. Beim Erwachsenen fehlen sie, obgleich die Erythropoese im Knochenmark lebhaft ist.

Doch liegen in der Peripherie der fertigen roten Blutkörperchen nicht selten feine Stäubchen, welche durch Kernfärbungsmittel künstlich sichtbar gemacht werden können und wegen ihres tinktoriellen Verhaltens für „Kernreste“ gehalten werden.

Die Bezeichnung Erythrocyt ist inkonsequent, weil κύτος die Zelle bedeutet, die roten Blutkörperchen aber keine Zellen mehr sind; es fehlt ihnen der Kern und damit die Möglichkeit der Vermehrung. Das Blut kann nicht aus sich heraus, sondern nur von außen her mit roten Blutkörperchen neu bevölkert werden. Die Erythroblasten haben einen Kern, sie allein sind also vollwertige Zellen. Die Fachausdrücke beziehen sich nicht auf den histologischen Charakter, sondern auf die genetische Beziehung; sie wollen sagen, daß die Erythroblasten die Bildungszellen, d. h. die genealogischen Vorläufer der Erythrocyten sind. Das fetale Blut ist ein „Blastem“, da die Erythroblasten sich in ihm durch mitotische Zellteilung vermehren; es wächst aus sich, das Blut nach der Geburt hat diese Fähigkeit eingebüßt. Siehe auch Erythropoese S. 570.

Im Blut der Leiche sind die Blutkörperchenschatten häufig; sie haben nach dem Tode das Hämoglobin an das Plasma abgegeben und färben sich so gut wie gar nicht. Keulen-, Birn-, Amboß- oder Pessarformen kommen nur bei Blutkrankheiten vor, auch findet man bei ihnen umfänglichere Kernreste als normal und färbbare Granula anderer Herkunft im Soma. Alles das fehlt im normalen strömenden Blut.

Im Blut des Fetus ist der Hämoglobingehalt der roten Blutkörperchen höher als nach der Geburt. Anfangs haben sämtliche Blutkörperchen in den Bildungsstätten und im strömenden Blut des Fetus Kerne; bereits in den letzten Embryonalwochen sind die Erythroblasten bis auf wenige Exemplare verschwunden, die sich gelegentlich über die Geburt hinaus retten. Im Knochenmark des Erwachsenen sind die Erythroblasten ebenfalls massenhaft vertreten (Abb. S. 571), aber das normale strömende Blut ist frei davon. Darin unterscheiden sich das fetale und postfetale Blut — abgesehen von den letzten Wochen der Schwangerschaft — auf das schärfste. Am deutlichsten ist der Unterschied in der Placenta der schwangeren Frau. Hier ist während der Frühzeit der Schwangerschaft das mütterliche Blut an seinen Erythrocyten vom kindlichen Blut mit dessen Erythroblasten leicht zu trennen (S. 521).

2. Leukocyten.

So gleichmäßig die Form und der Bau der roten Blutkörperchen ist, so vielgestaltig sind die farblosen oder „weißen". Sie sind sämtlich wirkliche Zellen mit Kernen. Ihre Formen unterscheiden sich durch verschiedene Größe des Zelleibes, verschiedene Gestalt und Zahl der Kerne und durch verschiedenen Gehalt des Zelleibes an körnigen, bald groben, bald feinen Einschlüssen, Granula. Ehe wir auf die Eigenschaften der einzelnen Formen näher eingehen, soll eine Tabelle eine Übersicht über die Formmannigfaltigkeiten der verschiedenen Elemente geben. Ob diese Eigenschaften konstant sind wie etwa die Rasseneigentümlichkeiten im Körperbau der Menschen und Tiere im ganzen oder ob Übergänge vorkommen, ist der Gegenstand heftiger Fehden unter den Blutforschern. Sehr wahrscheinlich gibt es im Blut zwei fest begrenzte Rassen, die Lymphocyten und Granulocyten. Die ersteren kommen in der Lymphe und im Blut vor, die letzteren sind blutspezifisch (sog. Dualismus der weißen Blutkörperchen). Am umstrittensten ist die Frage, ob die Herkunft der Rassen an bestimmte Bildungsstätten gebunden ist oder ob bald die eine, bald die andere Stelle des Organismus Sitz der Entstehung ist. Damit sind verschiedene Bezeichnungsweisen eng verknüpft. Die Granulocyten werden als „myeloische Reihe" bezeichnet, um auszudrücken, daß sie knochenmarkspezifisch sind. Ich ziehe trotz der hohen Wahrscheinlichkeit, welche ich dieser Ansicht zubillige (S. 573), den rein beschreibenden Namen vor, der darauf Bezug nimmt, daß der Zelleib dieser Leukocyten deutlich sichtbare Granula enthält, die bei den Lymphocyten fehlen oder doch sehr wenig auffällig sind. Man nennt die Granulocyten häufig Leukocyten schlechthin oder Blutleukocyten, weil sie zum Unterschied von den Lymphocyten nur im Blut vorkommen; doch ist das Wort Granulocyten weniger mißverständlich.

Die Größe wird am einfachsten an der Größe der Erythrocyten im gleichen Präparat gemessen, da diese relativ konstant ist. Die kleinsten Formen der Leukocyten sind ebenso, die größten doppelt so groß. Die Gesamtzahl ist viel geringer als bei den Erythrocyten. Im mm³ kommen etwa 7000 weiße Blutkörperchen vor, also auf etwa 700 rote ein weißes. Bei Kindern vor dem 10. Lebensjahr sind die weißen Blutkörperchen zahlreicher, namentlich die Lymphocyten. Auch beim Erwachsenen ist das Verhältnis der weißen zu den roten Blutkörperchen nicht fest determiniert. Einiges ist darüber bereits bei den Erythrocyten berichtet, deren Zahl durch Einflüsse der Capillaren und während der Schwangerschaft schwanken kann. Die Zahl der Leukocyten selbst ist nicht nur relativ, sondern auch absolut veränderlich; sie ist namentlich während der ersten Schwangerschaft, nach körperlichen Anstrengungen, unter thermischen und vasomotorischen Einflüssen, vielleicht sogar nach größeren Mahlzeiten vermehrt. Eine genaue Grenze zwischen normalen und abnormen Zahlen ist schwer zu finden, weil vorübergehende Vermehrungen normal sein können. 5000—8000 Granulocyten plus 2000—2500 Lymphocyten gelten als Grenzwerte.

Weniger gefährlich sind die Vermehrungen, welche ohne wesentliche Veränderung des histologischen Charakters der Zellen verlaufen (Leukocytose), als diejenigen, bei welchen Leukocyten von ganz anderem Bau als gewöhnlich auftreten und bei welchen auch die roten Blutkörperchen verändert sind. Es kann dann das ganze Gesichtsfeld von Leukocyten erfüllt sein. Seltener ist eine pathologische Verminderung der weißen Blutkörperchen (Leukopenie).

Die Zählung wird mit der Zählkammer ausgeführt, einem in mikroskopisch kleine Quadrate geteilten Objektträger, auf welchem das Blut gleichmäßig verteilt wird, so daß nur einige Quadrate ausgezählt zu werden brauchen, um daraus die Gesamtzahl im mm³ zu berechnen.

Die verschiedenen Arten von Leukocyten, auf welche sich die Gesamtzahl verteilt, charakterisieren wir in folgender Weise:

Tabelle der im strömenden Blut vorkommenden Leukocyten
(Abb. S. 561).

Name	Zahl in % der Gesamtzahl aller Leukocyten	Größe im Verhältnis zu Größe der Erythrocyten im gleichen Präparat	Kern	Protoplasma
1. Lymphatische Reihe:Lymphocyten	**20—30%**	= oder >	kreis- bzw. kugelrund	Mit basischen Farbstoffen färbbar (basophil). Keine Granula ähnlich denen der Granulocyten, wohl feinste Azurgranula. Oft der Zelleib kaum sichtbar
2. Myeloische Reihe: Leukocyten oder Granulocyten (spezifische Blutleukocyten), polymorphkernige Leukocyten				
α) neutrophile	**65—70%**	>	polymorph (beim Austritt aus der Blutbahn polynucleär = Eiterkörperchen)	Neutrophile Granulationen, sehr feine Stäubchen, die im ungefärbten Präparat nicht glänzen
β) acidophile (eosinophile)	2—4%	>	dimorph (selten polymorph) oder binucleär	Acidophile Granulationen, grobe Körner, welche den Zelleib ganz erfüllen, im ungefärbten Präparat glänzend gelblich wie Fettkörnchen
γ) basophile (Mastzellen)	0,3%	>	polymorph, ausnahmsweise auch polynucleär	Granula basophil (oft metachromatisch mit rotem Farbton), grobe Körperchen, in Wasser leicht löslich, im frischen Präparat nicht glänzend
3. Monocyten (mononucleäre Leukocyten)	6—8%	>	mononucleär, manchmal schwach gelappt	Basophil, reichliche Azurgranula

Zur Erklärung der in der Tabelle gebrauchten Fachwörter sei auf das Vorhergehende verwiesen und außerdem bemerkt, daß mit neutro-, acido- und basophil die Reaktion auf künstliche Färbungen bezeichnet wird. Man verwendet meistens Gemische aus Farben, von welchen die einen an neutrale Stoffe, die anderen an Säuren, wieder andere an Basen gebunden sind, und stellt fest, welche von den verwendeten Farben durch die Granula der Leukocyten gespeichert worden sind (Triacidfärbung, Giemsafärbung, Pappenheimfärbung usw., Abb. S. 556 u. Nr. 271). Nehmen die Granula bald saure, bald basische Farben an, so nennt man sie metachromatisch. Azurgranula sind solche feinste Körnchen, welche mit Azurrot tingiert werden. Kerne, welche nicht geteilt, sondern rund oder oval sind, heißen mononucleär; Kerne, welche gelappt, aber nicht fragmentiert sind,

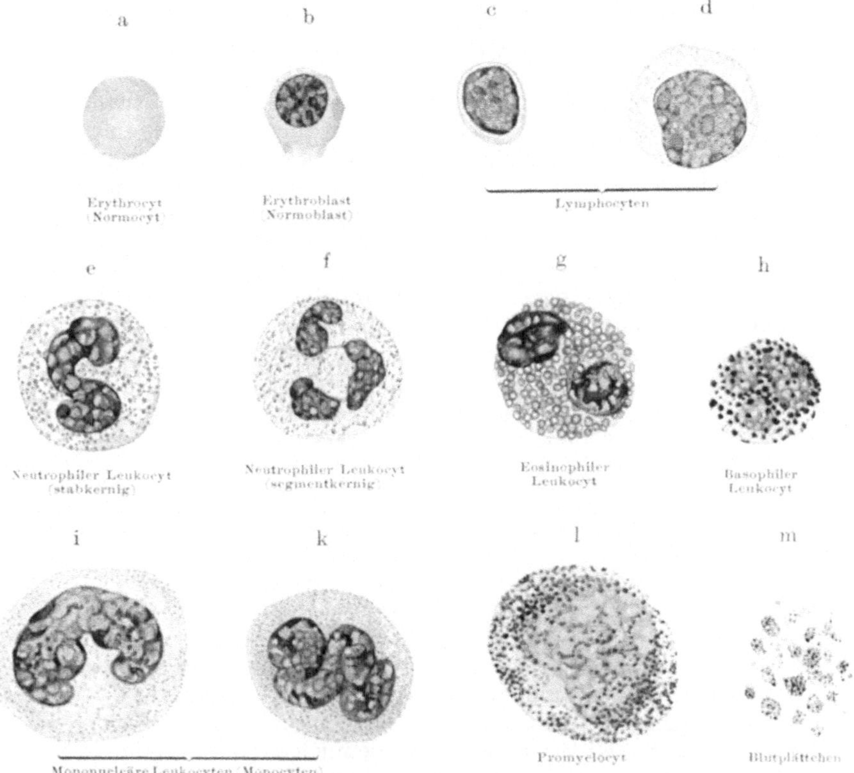

Abb. 271. Typen der Blutkörperchen. Kombinierte Färbung nach PAPPENHEIM.
(Aus MÜLLER-SEIFERT, Taschenbuch d. klin. Diagnostik, 31. Aufl., 1933.)

heißen polymorph (bei zwei Lappen: dimorph); Kerne, welche in mehrere Stücke zerfallen, heißen polynucleär (bei Zweiteilung binucleär).

Bei der Wichtigkeit, welche den Granula schon allein technisch für die Diagnose der Leukocytenarten im Blutpräparat zukommt, ist eine besondere Verständigung darüber notwendig, was speziell unter Granulationen der weißen Blutkörperchen verstanden wird. Denn körnchenartige Trübungen findet man in allen Zellen des Organismus, welche im fixierten Zustand untersucht werden. Ob sie im Leben vorgebildet oder durch die Fixierungsmittel erst ausgefällt werden, ist in vielen Fällen zweifelhaft und bleibe hier außer Betracht. Die Granula der weißen Blutkörperchen sind sicher bei der lebenden Zelle beobachtet. Wir wenden die obengenannten Farbmischungen als Reagens an und vergleichen das bei derselben Farbe entstehende Farbenbild im Präparat. Man muß deshalb bei der Bestimmung der Art der Leukocyten darauf achten, welche Färbung und ob sie lege artis angewendet worden ist. Als Granulocyten

werden solche Zellen bezeichnet, welche bei der Färbung mit EHRLICHschem
Triacid (Säurefuchsin-Methylgrün-Orange G) deutlich gefärbte Körnchen in
ihrem Zelleib aufweisen, während die Lymphocyten frei davon sind; bei
anderen Methoden können sehr wohl auch die letzteren feinste Körnchen im
Protoplasma enthalten (z. B. Azurgranula bei der Giemsafärbung). Man
spricht bei den Triacidkörnchen von „echten" Granula als dem Standard,
der allein für die Diagnose gilt („spezifisch und nicht spezifisch granulierte
Leukocyten" wäre die exakteste, aber auch umständlichste Benennung).

Sehr umstritten ist die Frage nach der Herkunft und biologischen Bedeutung
der Granula. Nach der heute gangbarsten Vorstellung über die Rassen der
Leukocyten und deren Herkunft aus bestimmten blutbildenden Organen sind
sie höchstwahrscheinlich spezifische Zellorgane, an deren Vorhandensein der
Aufbau von Substanzen gebunden ist, welche im Blut aus einfacheren chemischen
Bausteinen entstehen; so nimmt man an, daß die Synthese von Fett, Eisen,
Glykogen, Gallenfarbstoff u. a. irgendwie mit den Granula zusammenhängt.
Auffallenderweise werden die Granula bei manchen Erkrankungen (lymphatische
Leukämie, Pseudoleukämie) seltener als gewöhnlich, ohne daß die ihnen zu-
geschriebenen Reaktionen des Blutes abnehmen (z. B. die fermentative Fähig-
keit). Vorsicht ist also gegenüber der üblichen biologischen Deutung des
Granulabildes geboten; das Bild selbst steht außer Diskussion und ist rein
deskriptiv zum Vergleich des gesunden und krankhaften Blutbefundes sehr
wichtig.

Die groben Schollen der acidophilen Granulocyten reagieren auf Farben wie
das Hämoglobin; daß sie tatsächlich aufgenommene Trümmer zerfallener Erythrocyten sind, ist vielleicht für einzelne Fälle, aber nicht für alle wahrscheinlich. —
Die neutrophilen Granula sind außer beim Menschen nur bei wenigen Organismen
bekannt (Affe, Hund, Schwein). Sie können für die forensische Blutprobe bei ganz
frisch konserviertem Blut gebraucht werden; doch sind solche Fälle aus äußeren
Gründen höchst selten.

Polymor-
phie und
Fragmen-
tierung der
Kerne,
Mitosen

Die Kerne der weißen Blutkörperchen sind regelmäßig bei den kleinen
Lymphocyten und häufig bei den Monocyten rund, oval oder nierenförmig.
In allen anderen Fällen sind sie gelappt oder scheinbar in verschiedene Stücke
zerlegt. Bei genauerem Zusehen mit stärksten Vergrößerungen entdeckt man
bei den neutrophilen Granulocyten regelmäßig Brücken aus Kernsubstanz
zwischen den scheinbar unabhängigen Fragmenten; die Brücken können die
Form solcher feinster Fäden haben oder ziemlich grob sein (Abb. S. 561). Bei
den anderen Formen kommen wirkliche Zerschnürungen vor. Daß man die
ersteren polymorphe, die letzteren polynucleäre Formen nennt, wurde
oben bereits erwähnt.

Mit der Zellteilung haben solche Bilder nichts zu tun. Man kennt in den
Leukocyten neben dem Kern Centrosomen, die auch beim Menschen gefunden
sind und von welchen die mitotische Zellteilung ausgeht. Im Säugerblut kommt
eine Mitose auf 500 ruhende weiße Blutkörperchen.

Die Lappung der Kerne beginnt mit einer wurstförmigen Streckung des
Kernes. In der klinischen Hämatologie nennt man diese Kerne „stabförmig".
Die Stabkerne biegen sich und nehmen meist die Form eines S an. Bei den
acido- und basophilen Granulocyten wird der Stabkern weiterhin grob gelappt;
bei den neutrophilen Granulocyten wird der Kern zwischen den „Lappen" bis
auf zarte Brücken eingeschnürt, wird „segmentiert" (Abb. S. 561). Die stab-
kernigen Leukocyten werden als Jugend-, die segmentkernigen als Reife-
formen angesprochen. Auch bei den Monocyten kann der Kern gelappt, polymorph werden. Solche Monocyten werden als „Übergangsformen" bezeichnet.
Bei den Lymphocyten ist der Kern nie gelappt. Da sie fast $\frac{1}{3}$ aller Leukocyten

ausmachen, die neutrophilen Granulocyten über $^2/_3$, so ist die Verschiedenheit ihrer Kerne die auffallendste Erscheinung in einem Blutpräparat und das beste Mittel sich zunächst über die Verteilung der beiden Hauptgruppen der Leukocyten zu orientieren. Trotz der sehr starken Aufteilung der Kerne in den neutrophilen Granulocyten zerfallen sie doch bei diesen nicht. Geschieht es, so ist die Zelle nicht mehr normal. Bei den plumpen Einschnürungen der acido- und basophilen Granulocyten kommt dagegen in seltenen Fällen eine Durchschnürung vor. Bei den Acidophilen ist der Kern meist in zwei große Lappen eingeschnürt (oder zerschnürt), drei Lappen sind seltener, mehrere kommen nur ausnahmsweise vor.

Am wahrscheinlichsten stehen diese verschiedenen Kernformen in Beziehung zu den Lebensprozessen, welche sich innerhalb der Zelle zwischen dem Kern und dem Protoplasma abspielen. Die Kernoberfläche wird um so größer, je mehr der Kern gelappt ist; doppelte Kerne kommen auch in anderen Zellen des Körpers vor, wahrscheinlich aus ähnlichen Gründen (z. B. Leberzellen, S. 335). Worauf der biologische Unterschied der Polymorphie und Fragmentierung im einzelnen beruht, ist unbekannt.

Die polymorphen Kerne der neutrophilen Granulocyten werden in pathologischen Fällen zweifellos fragmentiert. Die Zellen verlassen das Blut in großen Mengen bei der akuten Eiterung, bilden die aktiven Elemente des Eiters und heißen Eiterkörperchen; von ihnen werden fermentartige Substanzen abgeschieden, welche entweder unmittelbar (durch autolytische oder peptische Wirkung) oder mittelbar (durch angelockte Bakterien) in der Umgebung andere Gewebselemente zerstören und einschmelzen. — Über Monocyten s. S. 571, 602, 603.

Die weißen Blutkörperchen haben nur unter abnormen Bedingungen eine starre kuglige Form, z. B. bei Warmblütern, wenn sie dem Organismus entnommen und bei gewöhnlicher Temperatur untersucht werden (Kältestarre). Innerhalb des Körpers und besonders wenn sie die Blutbahn verlassen, sind sie imstande ihre Form selbsttätig zu ändern. Sie bewegen sich ähnlich den Amöben unter den einzelligen Organismen. Man spricht deshalb von amöboiden Bewegungen. Man studiert sie bei einem Präparat in einem Wärmeschrank, in welchem sich das ganze Mikroskop befindet, bei konstanter Temperatur. Auch bei schnell fixierten Blutausstrichen sind gelegentlich die amödoiden Fortsätze der Zellen sichtbar. Sie werden in sehr verschiedener Zahl und Lebhaftigkeit von der Zelle ausgesendet, und zwar sind sie gerade bei den protoplasmaarmen kleinen Lymphocyten am reichlichsten. Die Fähigkeit, die Blutbahn zu verlassen und in den Geweben des Körpers außerhalb der Blutbahn herumzukriechen, beruht auf der amöboiden Bewegung. Auch die roten Blutkörperchen können unter gewissen Bedingungen die Blutbahn verlassen (per diapedesin). Sie verhalten sich dabei rein passiv. Dank ihrer starken Plastizität lassen sie sich durch engste Spalten hindurchzwängen. Die Leukocyten vollziehen ihre Fortbewegung jedoch aus eigenen Kräften, sie wandern aktiv. Dabei wird der Kern im Innern hin und her verschoben. Die gelappten Bestandteile geraten immer wieder in neue Lagen. Bei fixierten Kernen ist das Bild deshalb sehr vielgestaltig. Wahrscheinlich ist dabei die Kernform als solche nie wirklich verändert, sondern die bestehenden Läppchen kommen nur in neue Lagen zum Ganzen und zueinander. Man kann sie sich in den meisten Fällen leicht so zurückgelegt denken, daß wieder die S-Form herauskommt. Innere Beziehungen zum Zelleib o. dgl. sind die primären Ursachen der Polymorphie der Kerne, die amöboide Beweglichkeit kommt nur als äußerliches sekundäres Moment hinzu.

Viele amöboide Zellen können andere Zellen oder Zelltrümmer in sich aufnehmen — ob innerhalb oder außerhalb der Blutbahn, scheint gleichgültig

Amöboide Bewegungen, Phagocytose

zu sein —; sie werden als Freßzellen, Phagocyten, bezeichnet. Man betrachtet sie als eine Art Schutztruppe zur Bekämpfung fremder Eindringlinge in den Organismus (Bakterien), zum Abräumen des Schlachtfeldes von Zelltrümmern und -leichen, aber auch zum Wiederaufbau des gerade Zerstörten. Nicht alle amöboiden Zellen sind Freßzellen.

Die Phagocytose besteht darin, daß die amöboiden Fortsätze einer Zelle eine fremde Zelle (Körperzelle, Bacterium) umfließen und in das Zellinnere aufnehmen. Dort wird Verdauliches aufgenommen und verarbeitet, Unverdauliches wird ausgestoßen. Je nachdem die Leukocyten große oder kleine Partikel aufzunehmen vermögen, nennt man sie makro- oder mikrophag. Makrophag sind die Monocyten, mikrophag die neutrophilen Leukocyten. Bei den vitalen Färbungen speichern die Lymphocyten den künstlich zugefügten Farbstoff nicht; die Fähigkeit zur Phagocytose haben sie nicht. Manche Gewebszellen haben amöboide Beweglichkeit und zugleich phagocytäre Fähigkeit (S. 599).

Nicht immer sind Bakterien, welche in Leukocyten eingeschlossen sind, auch von diesen abgetötet worden. Man weiß z. B. von Cholerakulturen, daß nur abgetötete Vibrionen von weißen Blutkörperchen gefressen werden; lebende werden nicht aufgenommen.

3. Blutplättchen.

Form, Bau und Zahl

Die Blutplättchen sind keine Zellen, wie der vielgebrauchte, aber irreführende Fachname Thrombo„cyten" andeutet. Sie besitzen zwar einen chromatischen Innenkörper (Abb. S. 561). Von manchen wird er als Rest eines Kernfragmentes gedeutet, von anderen wird er mit mehr Recht für zusammengeballte basophile Granula ·des Zelleibes der Mutterzellen gehalten. Als diese werden heute allgemein die Riesenzellen des Knochenmarkes angesehen, welche Fortsätze aussenden und Stücke dieser Fortsätze abstoßen, eben die Blutplättchen (S. 573). Danach sind sie nicht Zellen, welche ihren Kern verloren haben wie die Erythrocyten, sondern sie sind von vornherein Zellfragmente. Eine Vermehrung durch Zellteilung ist nicht möglich.

Die Zahl ist sehr schwankend, im mm³ findet man etwa 150000—200000. Man kommt zu mnemotechnisch leicht einprägbaren Zahlen, wenn man von den Leukocyten als Einheit ausgeht. Dann kommen auf einen Leukocyt ungefähr 666 Erythrocyten und 66 Plättchen. In Ausstrichpräparaten sehen sie rundlich aus, haben verwaschene Konturen, häufig längliche Fortsätze und tropfenförmige Anhänge. Sie sind verschieden groß (1—3 μ), aber immer kleiner als die roten und weißen Blutkörperchen im gleichen Präparat. Man kann die Blutplättchen ähnlich einer Bakterienkolonie auf einem entsprechend präparierten Nährboden aus Agaragar im Wärmeschrank am Leben erhalten (man kann sie aber nicht züchten wie Bakterien, da die Vermehrungsfähigkeit fehlt!). Man sieht in der Kultur, wie sie feine Fortsätze aussenden; auch Bewegungen an einen anderen Ort — wenn auch von geringem Ausmaß — sind beobachtet worden. Ob allerdings diese Lebenserscheinungen denen innerhalb der Blutbahn entsprechen, ist fraglich. Im frisch entnommenen Blutstropfen steigen die Blutplättchen infolge ihrer Leichtigkeit in die Höhe und kleben an der Unterseite des Deckgläschens, wo sie mit starken Vergrößerungen als hellglänzende Pünktchen wahrnehmbar sind. Von der Fläche gesehen erscheinen sie rundlich, von der Kante gesehen wetzsteinförmig; Ausläufer sind im gewöhnlichen Blutstropfen nicht sichtbar. Die Blutplättchen bleiben bei Einwirkung von Essigsäure ungelöst.

Da die weißen und roten Blutkörperchen im stehenden Blut zu Boden sinken, die Blutplättchen dagegen aufsteigen, kann man sie leicht von den letzteren trennen, wenn man das Blut lange genug flüssig erhält. Bei einem Blutstropfen genügt dazu, ihn anstatt auf Glas auf eine Unterlage von Paraffin zu bringen, bei größeren Blutmengen wendet man paraffinierte Röhren oder Kölbchen an (auch sehr sauberes, stark gekühltes Glas ist geeignet, S. 553). Man kann dann die Blutplättchen von der Oberfläche mit einem Deckgläschen abstreichen oder bei größeren Mengen abpipettieren. Infolge des verschiedenen spezifischen Gewichtes der Corpuscula des Blutes gehört besondere Vorsicht dazu, um im Abstrichpräparat das richtige Mengenverhältnis zu erhalten. Wartet man zu lange und haben sich die einen bereits gesenkt, die anderen gegen die Oberfläche des Bluttropfens gehoben, so gibt das Präparat je nach dem Niveau, aus welchem es stammt, sehr verschiedene Bilder, obgleich die Verteilung in Wirklichkeit ganz gleichmäßig war. Am schnellsten sedimentiert das Blut des Pferdes und Esels; daher ist bei diesen Tieren ein reines Plättchenbild am leichtesten zu erhalten.

Die Zahl der Blutplättchen schwankt nicht nur aus technischen Gründen, sondern auch absolut ganz beträchtlich. Verluste an Zahl werden sehr schnell ausgeglichen. Man hat im Tierversuch nicht unbeträchtliche Blutmengen einer Vene durch Aderlaß entnommen und alle Blutplättchen abpipettiert, dann das entnommene sterile Blut wieder in die Vene zurückinjiziert. Durch fortgesetzte Wiederholung dieser Prozedur kann beim Hund das Blut auf kurze Dauer so gut wie ganz von Blutplättchen befreit werden. Bereits nach fünf Tagen war wieder der gleiche Bestand wie vor den Eingriffen nachzuweisen. So groß ist die Regeneration seitens des Knochenmarks (siehe dieses).

Bei manchen Krankheiten werden enorme Ansammlungen von Blutplättchen gefunden, welche oft plötzlich auftreten, z. B. die „Blutplättchenkrise" bei echter Lungenentzündung. Übermäßige Abnahme der Blutplättchen nennt man Thrombopenie. Je nachdem die Bildung oder Zerstörung überwiegt und krankhaft verändert ist, entstehen die abnorm großen oder kleinen Zahlen.

Bei Nichtsäugern, vor allem bei Amphibien, kommen echte, kernhaltige Zellen im Blut vor, welche die Rolle der Blutplättchen bei den Säugern zu vertreten scheinen (Spindelzellen). Die Autoren, welche die Entstehung der Blutplättchen aus den Riesenzellen des Knochenmarkes leugnen, halten sie für abortive Zellen, und zwar für Abkömmlinge aus jenen, mit mehr Recht als Thrombo„cyten" bezeichneten Blutzellen der niederen Tiere. Dagegen spricht, daß Zellteilungen bei den Blutplättchen nie beobachtet worden sind. Ihre Herkunft von außerhalb des Blutes ist also sehr wahrscheinlich; vergleiche dazu auch das oben mitgeteilte Experiment über Beseitigung und Neubildung von Blutplättchen bei Säugern.

Die Blutplättchen sind von Bedeutung für die Blutgerinnung, daher ihre Bezeichnung als „Thrombo"cyten. Die Fibringerinnung, die im normalen Körper fehlt, wird durch den Zerfall von Blutplättchen (aber auch von anderen Zellen!) in Gang gebracht. Die Plättchen ballen sich zu Häufchen zusammen, wozu sie durch ihre Klebrigkeit neigen, und zerfallen, indem sich der Innenkörper in Körnchen auflöst und das übrige Plättchen schaumig aufquillt; im Anschluß daran werden feinste strahlenartige Fädchen von Fibrin sichtbar, in deren Mittelpunkt die Gruppe zerfallener Thrombocyten liegt. Den freiwerdenden Plättchenstoff, eine fermentartige Substanz, nennt man Thrombokinase. Er ist von dem Fibrinogen, welches im Blut- und Lymphplasma gelöst ist (S. 554), verschieden. Erst das Zusammentreten von Fibrinogen (auch Thrombogen genannt) und Thrombokinase erzeugt das wirksame Thrombin. Die Gerinnung kann im Blut stürmisch auftreten, weil das Fibrinogen überall vorhanden ist und die labilen Blutplättchen schnell die Kinase freigeben können.

Funktion

4. Blutstäubchen.

Außer den bisher beschriebenen lebenden Corpuscula gibt es auch Beimischungen des Blutes beim gesunden Menschen, welche als tote Zelltrümmer von außen in dasselbe hineingelangen und eine Zeitlang mitgeschleppt werden, oder sonstige Splitter organischer oder anorganischer Natur als zufällige Zutaten. Eine biologische Bedeutung kommt ihnen nach unseren jetzigen Kenntnissen nicht zu. Von im Plasma gelösten Substanzen und von pathologischen geformten oder gelösten Beimengseln sehen wir hier ab. Am häufigsten sind im normalen Blut an der Stelle der Einmündung des Hauptlymphganges feinste Fetttröpfchen, welche aus dem im Darm aufgenommenen und von der Lymphe transportierten Fett stammen. Sie lassen sich in Äther lösen und mit Fettfarbstoffen (Sudan) färben. Wie ein schlammiger Nebenarm in den klaren Hauptfluß einmündet, so trübt die Lymphe eine Strecke weit das Blut der Vena anonyma sinistra. Aber an Stellen, welche entfernt von den Lymph-

zuflüssen liegen, ist das Blut arm an Fetttröpfchen. Außerdem findet man
Körnchen und Körnchenhaufen feinster Art, die in sehr wechselnder Verteilung
vorkommen und schwer auf ihre spezielle Herkunft zu analysieren sind.

Manche Autoren bezeichnen nur die letzteren als Blutstäubchen, Hämokonien.
Ich wende den Namen auf alle nicht lebenden Blutcorpuscula an. Wenn sich
unter ihnen Trümmer von Leukocyten oder Blutplättchen befinden sollten, so
unterscheiden sie sich von den intakten Elementen dieser Art dadurch, daß sie
Abfälle des Lebendigen sind. Diese Annahme ist eine vorläufige; weitere Forschungen
werden vielleicht auch unter den Blutstäubchen lebenswichtige Elemente aufzudecken vermögen. Bei abnormem Reichtum des Blutes an Fettkügelchen spricht
man von Lipämie.

II. Die fertige Lymphe.

Von den Blutkörperchen finden wir verschiedene in der Lymphe wieder.
Blutspezifisch sind jedoch alle Erythrocyten, die neutrophilen Granulocyten
und die Blutplättchen. Sie fehlen in der Lymphe stets. Übrig bleibt für die
Lymphe nur der eine Hauptstamm der Leukocyten, die Lymphocyten, welche
etwa $^1/_4$ aller weißen Blutkörperchen im Blut ausmachen und ihren Namen daher
tragen, daß sie aus dem lymphatischen System stammen, also nicht blutspezifisch sind. Da der Lymphstrom in die Blutbahn ausmündet, so werden
sie naturgemäß in beiden Flüssigkeiten gefunden, in der Lymphe und im Blut.
Eine Beschreibung erübrigt sich, da die Lymphocyten in der Lymphe genau
denen im Blut entsprechen (Abb. S. 561).

Das Lymphplasma ist eine durchsichtige klare Flüssigkeit, welche allerdings
zeitweise durch Beimischung zahlreicher bereits beim Blut beschriebener Fetttröpfchen getrübt sein kann; sie sind am zahlreichsten nach fettreichen Mahlzeiten in den Lymphgefäßen des Gekröses, z. B. bei Säuglingen, welche kurz
vorher Milch getrunken haben (Chylus, S. 272). Das Lymphplasma ist
chemisch dem Blutplasma ähnlich; an gelösten Substanzen und Gasen ist es
ärmer, dagegen an Fett reicher, da es nur Fett transportiert und nicht wie das
Blut Kohlehydrate und Eiweißkörper. Die Emulsion ist viel dünner: während
beim normalen Blut im mm³ über 5 Millionen Corpuscula schwimmen, zählt
man in der Lymphe nur wenige und sehr wechselnde Zellen pro mm³. Die
Gesamtmenge der Lymphe, welche pro Tag in das Blut abfließt, wird auf
1—2 Liter geschätzt.

Die Lymphocyten sind durch ihre amöboide Tätigkeit aktiv ganz besonders
beweglich. Sie können infolgedessen, anstatt sich mit der Lymphe in das Blut
passiv mitschleppen zu lassen, unmittelbar in die Blutgefäße einwandern (Immigration). Doch unterliegt ihre Auswanderung (Emigration) in den meisten Fällen
einer sonderbaren Beschränkung. Lymphocyten, die noch nicht in das Blut gelangt
sind, können in die Gewebe des Körpers einwandern und also auch innerhalb der
Lymphbildungsstätten in die Blutgefäße eindringen. Sie verlieren aber meistens ihre
Fähigkeit zu wandern, wenn sie im Blutstrom drin sind und können nicht mehr aus
ihm heraus bis zu ihrem Untergang; sie sind Gefangene des Blutes. Darin gleichen
sie den blutspezifischen Corpuscula, die ebenfalls das Blut nie verlassen, außer
den neutrophilen Granulocyten. Die Konstanz der Blutkörperchenzahl ist also
fast ausschließlich bestimmt durch die Zu- und Abfuhr seitens bestimmter Organe,
die Blutbahn selbst ist kein Sieb für die Corpuscula, wohl für die gelösten Stoffe,
aber auch nur an bestimmten Stellen (siehe Blutcapillaren). Die Lymphocyten
können auch in pathologischen Zuständen nur aus den lymphbildenden Organen
und Lymphgefäßen emigrieren, nicht aus den Blutgefäßen; sie bilden die Hauptmasse der krankhaften kleinzelligen Infiltration der Gewebe (lymphocytär-exsu-
dative Entzündung). Obgleich der Lymphstrom offen in die Blutbahn mündet,
dringen nie Blutplättchen in ihn ein. Aber die Lymphe vermag trotzdem zu
gerinnen. Die Fibrinfermente sind also nicht ausschließlich in den Blutplättchen
lokalisiert. Thrombokinase hat man auch in weißen Blutkörperchen und Gewebszellen gefunden.

III. Bildungs- und Zerstörungsstätten der Blutkörperchen.

Da die corpusculären Elemente der Lymphe im Blut nicht fehlen, so behandeln wir mit der Frage des Blutkörperchenersatzes zugleich die Frage der Entstehung der Lymphkörperchen.

Die Lebensdauer der Erythrocyten wird auf 3—4 Wochen veranschlagt. Allmonatlich also wird fast der gesamte Bestand des Blutes an corpusculären Elementen erneuert, aber nicht auf einmal, wie annähernd die Mauserung der Haare vom Winter- zum Sommerpelz, sondern sukzessive, da jedes Körperchen wieder ein anderes Alter hat und deshalb jedes zu seiner Zeit dem Nachfolger Platz macht. Der Gesamtbestand von Erythrocyten wird trotz beständigen Zu- und Abganges auf das Feinste eingehalten (vgl. S. 600).

Wie lange die Leukocyten und Thrombocyten leben, wissen wir nicht genau. Erstere bleiben außerhalb des Körpers (in vitro) tage-, selbst wochenlang lebend, haben also einen Turnus, der wahrscheinlich so lang ist wie bei den Erythrocyten; sie sind zur mitotischen Vermehrung innerhalb des Blutstromes befähigt, da sie mit Kernen und Centrosomen ausgestattet sind, teilen sich aber in Wirklichkeit so selten, daß auch sie ihren Ersatz im wesentlichen von auswärts beziehen. Wir können an den zahlreichen unreifen Bildungszellen für sämtliche corpusculäre Elemente des Blutes, die in besonderen Organen liegen, erkennen, daß diese die Hauptstätten sind, welche mit der Lieferung betraut sind. Andere Organe dienen zum Abbau, zur Zerstörung. Die Blutbahn selbst ist im wesentlichen vom Vermehrungs- und Vernichtungsprozeß befreit. Wir sahen, daß sie ihren Bestand behütet, indem in der Norm der Durchtritt durch die Capillarwand in allen Organen für alle Corpuscula gesperrt ist außer in den Bildungs- und Vernichtungsstätten; Gasen und Flüssigkeiten steht in den Capillaren ganz generell ein genau geregelter Austausch mit der Umgebung frei. Im übrigen ist der normale Blutstrom wie eine Falle: er hält alle ihm von außen einverleibten Körperchen fest, bis sie wieder herausgenommen und vernichtet werden. Darin liegt der prinzipielle Unterschied zu Organen, welche ebenfalls in sich nicht die Möglichkeit haben zu regenerieren oder sich zu vermehren. Die Reifeier im Ovarium sind beispielsweise auch nicht mehr teilungsfähig. Sind sie verbraucht, so ist die Tätigkeit des Eierstocks endgültig erschöpft. Beim Centralnervensystem liegen die Dinge ähnlich, nur ist dort ein beschränkter Ersatz der Ganglienzellen möglich. Aber beim Blut ist der Verschleiß und dementsprechend der Ersatz ganz außerordentlich lebhaft. Er wird nicht oder nur in geringem Maß innerhalb des Blutes gedeckt wie etwa bei schnell wachsenden embryonalen Organen, sondern von außerhalb.

Schneidet man die Haare oder Nägel, so werden die regenerierenden Zellen, welche außerhalb — im Haar- und Nagelbett — liegen, nicht berührt, das Wachstum geht ungestört weiter. Beim Blut ist es ähnlich. Blutverluste werden durch die natürliche Vermehrung der Blutbildungszellen von außerhalb ergänzt. Die Menge des Blutes muß allerdings bei starken Verlusten künstlich aufgefüllt werden, weil sonst die Zirkulation des verbleibenden Blutes gestört ist (Injektion von physiologischer Kochsalzlösung). Bei kleinen Blutungen wird der Ausfall durch erhöhten Abfluß von Gewebewasser genügend gedeckt. Die natürlichen, sehr erheblichen Blutverluste bei der Geburt werden von vielen Frauen überstanden, ohne daß eine merkliche Anämie zurückbleibt. Auch nach Verletzungen ist das Blut oft erstaunlich schnell wieder auf seinem alten Bestand.

Man hat den Blutersatz als „Mauserung" des Blutes bezeichnet. Der Ausdruck wäre zutreffend, wenn ein Abgang vieler Erythrocyten ungefähr zur gleichen Zeit einträte. Sie ersetzen sich aber sukzessive und unmerklich wie der gewöhnliche Haarersatz außerhalb der Mauserungszeiten.

Anfänglich ist beim Embryo das ganze mittlere Keimblatt zur Bildung von Blutkörperchen fähig. Die sich bildenden roten Blutkörperchen sind an ihrem Hämoglobin leicht erkennbar: Erythropoese. Sie beginnt beim

Menschen in der Wand des Dottersackes, später treten Blutbildungsherde im Bauchstiel des Embryo und in seinem eigentlichen Inneren hinzu. Am lebhaftesten ist die Erythropoese in der Milz und in der Leber. Letztere ist beim Fetus relativ sehr groß, weil sämtliche Gefäße perivasculär von Blutbildungsherden umgeben sind, deren Gesamtheit zu dem eigentlichen Leberparenchym hinzukommt. Im 7. Fetalmonat hat die Milz bereits fast völlig aufgehört rote Blutkörperchen zu bilden. Die Leber behält sie bis zur Geburt, wenn auch in vermindertem Maße. Beim Neugeborenen ist das Organ noch sehr groß (Abb. S. 122). Später bleibt es im Wachstum zurück, weil die Erythropoese eingestellt ist und die Blutbildungsherde verschwinden. Der untere Rand überschreitet dann nicht mehr wie beim Neugeborenen den Rippenbogen. Im dritten Fetalmonat beginnt bereits die Erythropoese im Knochenmark. Mit ihr wollen wir uns näher beschäftigen, weil sie allein durch das ganze extrauterine Leben fortgeführt wird, während alle anderen Quellen der roten Blutkörperchen spätestens zur Zeit der Geburt versiegen. Die histogenetischen Einzelheiten sind bei der Erythropoese, mag sie in der Milz, in der Leber, im Knochenmark oder wo auch immer stattfinden, einander so ähnlich, daß wir für unsere Zwecke mit der Betrachtung der Vorgänge im Knochenmark auskommen.

Man darf daraus nicht schließen, daß etwa die Bildungszellen, welche beim Embryo zuerst im Dottersack auftauchen, die gleichen seien wie die späteren im Bauchstiel und im embryonalen Körper selbst. Eine Einwanderung des blutbildenden Gewebes von außen in den Embryo und eine sukzessive Verbreitung in ihm findet nicht statt. Man hat durch künstliche Isolierung der einzelnen Anlagen der Blutbildung bei tierischen Embryonen (Knochenfischen, Hühnchen usw.) festgestellt, daß die Blutinseln in loco entstehen, unabhängig von anderen Blutinseln. Das Gewebe scheint seiner Anlage nach ubiquitär im Mesoderm verbreitet zu sein; seine Tätigkeit im einzelnen ist dabei überall ungefähr die gleiche. Später wird die Fähigkeit des Mesoderms zur Erythropoese immer mehr auf einzelne Stellen beschränkt. Das Knochenmark ist die letzte, aber um so stärkere Position, die festgehalten wird, solange überhaupt rote Blutkörperchen entstehen und vergehen, d. h. bis zum letzten Atemzug.

In krankhaften Fällen scheinen sich die embryonalen Blutbildungsherde zum Teil wieder auftun zu können. Bei gewissen Blutkrankheiten mit exzessiver Ausschwemmung von Knochenmarkszellen in das Blut findet man außerdem knochenmarkähnliches, sog. myeloisches Gewebe in der Milz, in den Lymphknoten und in der Leber.

Topographie der endgültigen Bildungsstätten

Die Bildungszellen der weißen Blutkörperchen und der Blutplättchen entstehen ebenfalls bereits beim Embryo. Sie sind sehr viel schwerer zu erkennen als die sich bildenden roten Blutkörperchen. Deshalb gibt es zahlreiche Kontroversen über die Zeit und den Ort ihres ersten Auftretens, Leukopoëse. Wir beschränken uns auf die Bildungsstätten, welche nach der Geburt übrig bleiben. Sie sind bei der größeren Hauptgruppe der weißen Blutkörperchen, den neutrophilen Granulocyten, und bei den Blutplättchen ebenso im Knochenmark monopolisiert wie die Erythropoese. Für die kleinere Hauptgruppe, die Lymphocyten, sind die Bildungsstätten die lymphatischen Organe. Wir fassen in ihnen die staffelförmige Entfaltung ein und desselben Bauprinzipes zusammen.

Dem Knochenmark und den lymphatischen Organen ist gemein, daß sie durch den ganzen Körper verbreitet sind. Das erstere hat seiner Empfindlichkeit wegen seinen Sitz in dem härtesten Material unseres Körpers, in den Knochen. Sie sind feste, unnachgiebige Behälter, in welchen das Knochenmark gut verstaut und vor Verletzungen geschützt ist. Der Bewegungsapparat ist also der Sitz der Bildungsstätten für weitaus die meisten Blutkörperchen (Erythrocyten, Granulocyten, Monocyten und Blutplättchen). Die lymphatischen Organe befinden sich in den Schleimhäuten der Eingeweide, sind aber in ihren höchsten Formen, den Lymphknoten, auch in den Bewegungsapparat eingebaut und daher topographisch weniger beengt als das Knochenmark. Inwieweit das gewöhnliche Bindegewebe Lymphocyten liefern kann, ist schwer zu entscheiden; wir kommen darauf zurück.

Die Zerstörungsstätten sind anfänglich identisch mit den Bildungsstätten. Nach der Geburt verliert die Milz die Fähigkeit der Erythropoese, sie behält dagegen die Arbeit des Abbaues der Erythrocyten. Knochenmark und Milz sind im postfetalen Leben des gesunden Menschen eine Arbeitsteilung eingegangen, indem das eine nur den Ersatz, das andere nur die Ausmusterung der Erythrocyten (und wahrscheinlich auch der Blutplättchen) besorgt. Die in ihrem Gesamtbestand ungefähr gleichbleibende Armee der Erythrocyten wird durch neue Rekruten aus dem Knochenmark genau so stark ergänzt, wie sie Verluste an die Milz abgibt. Die Milz ist aber gleichzeitig Bildungsstätte für die Lymphocyten; selbst im Knochenmark finden sich lymphbildende Stellen. So fügen sich Bildungs- und Zerstörungsstätten der Erythro- und Leukopoese in buntem Wechsel ineinander. Deshalb kann bei der Störung eines Gesamtorganes, z. B. der Milz, die Folge sehr verschiedenartig für die verschiedenen Blutkörperchenarten sein. Wir betrachten die einzelnen Organe, welche für die Blutbildung und -zerstörung in Betracht kommen, als solche in ihrem eigenen Zusammenhang, um ihren Bau aus ihrer biologischen Leistung zu verstehen.

1. Das Knochenmark.

Das Knochenmark, Medulla ossium, ist bei jungen Individuen in allen Knochen rot gefärbt, bei zunehmendem Alter wird es in den Diaphysen der Röhrenknochen durch Einlagerung von Fettzellen gelb (Fettmark), im Alter ist es weißlichgrau, gelatinös, soweit die Blutbildung erloschen ist (Gallertmark). Bei Röhrenknochen mit gelbem Mark ist doch in den engen Maschen der Knochenstrukturen der Epiphysen noch rotes Mark vorhanden; vor allem sitzt letzteres bei erwachsenen Menschen in allen kleineren Knochen wie den Wirbelkörpern, Schädel-, Hand- und Fußwurzelknochen, endlich im Brustbein und in den Rippen. Es ist das eigentlich blutbildende Gewebe. Sein Volumen ist beim Kind 11 mal so groß wie das der Milz. In seiner Totalität heißt es das Markorgan.

Wegen der Anordnung des roten Knochenmarkes verweise ich auf die Beschreibung der Knochenspongiosa (Bd. I, S. 40); sie ist das Gerüst, welches die empfindlichen Bildungszellen und reifenden Blutkörperchen vor Erschütterungen schützt. Daß die Compacta der Knochen als Kapsel den Inhalt vor Zertrümmerungen oder Quetschungen sichert, wurde oben erwähnt.

Der Raum, Cavum medullare, für das Knochenmark ist nur da einheitlich, wo große Massen von Fettmark angehäuft sind, z. B. in den großen Röhrenknochen der Rinder, die deshalb als „Markknochen" für die Küche Verwendung finden. Beim Menschen ist auch das gelbe Knochenmark von zahlreichen Knochenbälkchen durchzogen, welche das Rinderknochenmark ungenießbar machen würden. Es enthält verstreute Inselchen von Blutbildungszellen, letztere sind aber nicht entfernt so zahlreich wie im roten Knochenmark. Charakteristischerweise verschwinden die Knochenbälkchen erst dann völlig, wenn alle Blutbildung erloschen und das Mark ganz verfettet ist.

Im Greisenalter verfetten auch die Markräume der kleineren Knochen. Dafür tritt in den Diaphysen der langen Röhrenknochen neues rotes Knochenmark auf. Auch bei Krankheiten ist das gleiche beobachtet.

Bei Tieren, die wenig Knochenmark besitzen, enthalten die Nieren entsprechende Blutbildungsstätten.

Je nach dem Gehalt an roten und weißen Bildungszellen ist die Farbe des Markorgans für das bloße Auge lebhafter rot oder mehr graurot. Bei starkem Überwiegen von neutrophilen Granulocyten kann die Tönung in das Gelbliche übergehen, ohne daß daraus auf Fetteinlagerungen geschlossen werden darf. Sicherheit gibt allein die mikroskopische Untersuchung.

Die fertigen Erythrocyten verlassen das Knochenmark auf dem Wege der Venen in den Foramina nutricia, die bei den großen Röhrenknochen genau bekannt sind (siehe Bd. I: Humerus, Radius, Ulna, Femur, Tibia, Fibula). Der Name ist wenig glücklich, weil die wesentlichen ernährenden Gefäße für den Knochen nicht durch diese Löcher, sondern durch die perforierenden VOLKMANNschen Kanäle vom Periost aus, besonders auch von den metaphysären Gefäßen aus eindringen. Die Foramina „nutricia" ernähren vielmehr im gewissen Sinne den Körper, d. h. sie führen ihm die nötigen neuen Blutkörperchen zu. In diesem Sinne kann ihr Name gelten, nur ist er ihnen in dem anderen, irrigen Sinn verliehen worden und wird auch heute noch häufig so verstanden. Die Arterien der Foramina nutricia führen blutkörperchenarmes Blut in das Markorgan hinein, die Venen leiten das angereicherte Blut heraus. Außer der Transportleistung ist selbstverständlich die ernährende Tätigkeit des arteriellen Blutes für das Markorgan wichtig wie bei allen Organen, nur ist sie nicht die einzige Aufgabe. Beim reinen Fett- und Gallertmark bleibt die ernährende Tätigkeit für das Mark, die ganz gering ist, allein übrig.

Beim Durchgang durch die Substantia compacta zweigen Seitenästchen von den Vasa nutricia ab, welche mit den eigentlichen ernährenden Knochengefäßen verbunden sind. Sie sind also nicht vom Ernährungs- und Aufbauprozeß des Knochengewebes ganz ausgeschlossen. Auch innerhalb des Markraumes dringen Ästchen in die Substantia spongiosa ein und hängen mit deren Gefäßen zusammen. Aber die Hauptaufgabe der Knochenernährung fällt eben den Periostgefäßen zu, nicht den Vasa nutricia.

Die Konzentrierung auf einzelne Hauptstämme und Foramina ist nur bei den großen Röhrenknochen durchgeführt. Bei den flachen und kleinen Knochen scheint die Sonderung in Gefäße des Markorgans und Gefäße des Knochengewebes nicht so weit gediehen zu sein.

Leuko- und Erythro-poese — Das Knochenmark enthält ein Stützgerüst, Reticulum, aus spärlichen Fasern, welche das eigentliche Parenchym des Markorgans durchziehen. Eingezwängt zwischen den Knochenbälkchen der Spongiosa einerseits und zahlreichen weiten Blutcapillaren andrerseits besteht das Parenchym aus Zellen, welche in den Netzmaschen des Reticulum dicht gedrängt liegen (Abb. Nr. 272). Die dazwischen eingestreuten, vereinzelten Fettzellen nehmen zu und ordnen sich in Häufchen an, wenn sich das Markorgan anschickt zum Fettmark zu werden, ein Vorgang, der ganz der Fetteinlagerung in die Thymus entspricht. Die eigentlichen Zellen des Parenchyms heißen Markzellen (Hämatogonien, Hämatoblasten, Abb. S. 571); sie sind die Vorläufer der Blutkörperchen. Von den spärlichen Reticulumzellen sind sie durch ihre große Zahl und durch ihren Bau unterschieden. Sie wandeln sich in Leukoblasten und Erythro-

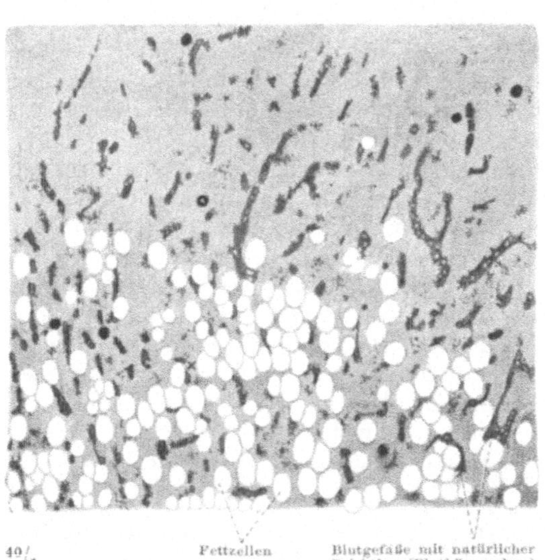

Abb. 272. Ein Schnitt durch das rote Knochenmark, Hund. Übersichtsbild. Die Riesenzellen sind als schwarze Flecken wiedergegeben. Das Parenchym grau.

blasten um, je nachdem sie Mutterzellen der weißen oder roten Blutkörperchen werden. Anfänglich kann man beide Arten nicht sicher unterscheiden. Wenn die Erythroblasten sich mit Hämoglobin zu beladen beginnen, ist man sicher, eine Zelle vor sich zu haben, welche zum Bildungscyclus eines roten Blutkörperchens gehört. Indem sie den Kern verliert und ihre endgültige Ladung von Hämoglobin aufnimmt, wird sie zum Erythrocyten. Diese sind nicht mehr teilungsfähig. Die Leukoblasten (Myeloblasten) bleiben hämoglobinfrei, aber in ihrem Zelleib treten lange Fäden und Körnchenreihen auf, welche sich in die Granula sondern. In diesem Entwicklungsstadium bezeichnet man sie als **Promyelocyten** (Abb. S. 561). Die meisten Leukoblasten wandeln sich in neutrophile **Granulocyten** um, andere in eosino- oder basophile Granulocyten. Die Zellen verlieren mit wenigen Ausnahmen die Fähigkeit sich zu teilen, obgleich sie noch einen Kern haben. Daß Leukoblasten auch zu Monocyten umgewandelt werden können, muß nach neuesten Untersuchungen abgelehnt werden. Für die Bildung von Monocyten kommt das Knochenmark nur wenig in Betracht. Hingegen werden Lymphocyten im Knochenmark vieler Menschen beobachtet, manchmal sogar in Massen und als follikelartige Häufchen. Bei Blutkrankheiten kann jedenfalls auch das Knochenmark Lieferant von Lymphocyten sein. Wie die fertigen Blutkörperchen in die Blutcapillaren hineingelangen, steht dahin; sind sie drin, so werden sie in den Blutkreislauf ausgeschwemmt.

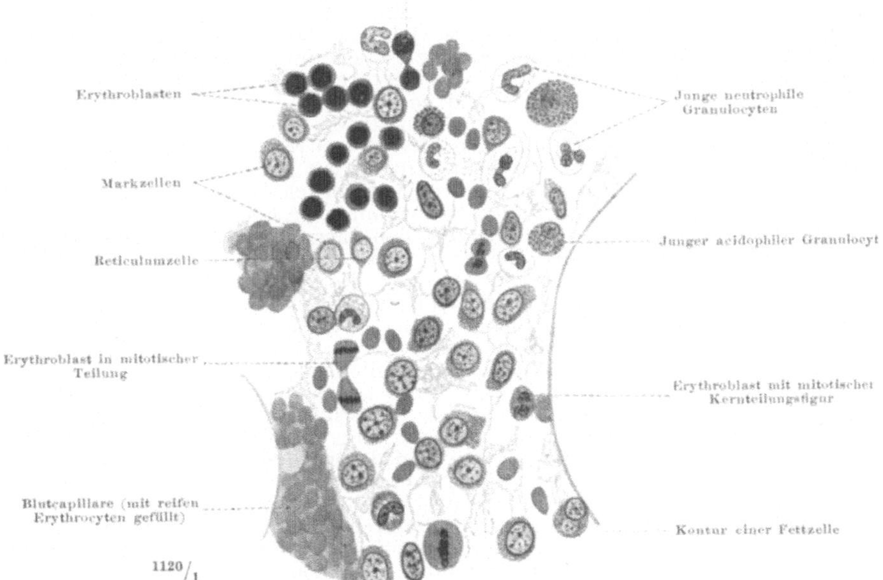

Abb. 273. **Zellen des roten Knochenmarkes bei starker Vergrößerung.**
Die in Abb. S. 570 mit × bezeichnete Stelle.

Die Blutbildungszellen und die Endothelien der Capillaren sind Geschwister. Beide stammen von denselben Zellen ab, welche beim Embryo in Zellsträngen beisammen liegen (Stammzellen); die einen werden zu den Wandungen der Capillaren, die anderen zu ihrem Inhalt, dem Blut. Wahrscheinlich können sich auch nachträglich unter besonderen Umständen Endothelien in Blutbildungszellen verwandeln. Denn im erkrankten Körper treten nicht selten weiße Blutkörperchen an Stellen auf, welche in der Norm als Bildungsstätten nicht in Betracht kommen. Die „Stammzellen" geben in diesen Fällen möglicherweise den Ausgang der abnormen Prozesse. Manche Autoren leiten sogar alle Blutbildungszellen direkt von den Endothelien anstatt von den Stammzellen beider ab. Dabei ist wieder zweifelhaft, ob alle Blutbildungszellen außerhalb der Blutbahn im Parenchym zwischen den Capillaren liegen oder ob nicht die Erythroblasten innerhalb der Lichtung der Capillaren entstehen; ich habe oben die erstere von beiden Hypothesen vertreten.

Unterschiede zwischen dem Knochenmark vor und nach der Geburt werden darin gefunden, daß vor der Geburt besonders große Blutmutterzellen häufig sind, die später fehlen. Vergleichen wir die Blutbildung etwa mit der Entstehung der Eier im Ovarium, so wird angenommen, daß jene Urleukoblasten und Urerythroblasten, ähnlich den Oogonien, nur beim Embryo entstehen können und daß nach der Geburt keine neuen mehr hinzukommen, sondern daß nur die bereits vorhandenen sich noch teilen können (deshalb auch **Hämatogonien** genannt). *Fetales und postfetales Knochenmark*

Ja die Teilungsprozesse sollen kurz nach der Geburt bereits so weit fortgeschritten sein, daß die ältesten Blutmutterzellen sowohl für die Erythro- wie Leukocytenreihe im Knochenmark bereits verschwunden sind (wie wenn es im Eierstock keine Oogonien, sondern nur Oocyten, Präovien und Reifeier gäbe). Auf die zahlreichen und schwierigen Benennungen der Zellen, die aus diesen Vorstellungen resultieren, gehe ich nicht ein; ich verweise auf die hämatologische Spezialliteratur. Erweisen sich diese Annahmen als richtig, so wäre die Entstehung des Blutes beim Embryo verschieden von derjenigen beim Erwachsenen; man wendet auf die letztere vielfach den Namen Regeneration an und nennt Leuko- und Erythropoese lediglich die ersten Blutbildungsstufen beim Embryo. Ich habe die Wörter in einem weiteren Sinn gebraucht und auch auf das Knochenmark des Erwachsenen angewendet; denn zweifellos wird in letzterem Blut „gebildet", selbst wenn die ersten Stufen lediglich in das Embryonalleben fallen.

Noch in anderer Hinsicht kann ein Vergleich mit der Bildung der Zeugungsstoffe klärend wirken. Bei niederen Wirbeltieren findet man Ureier in der ganzen Peritonaealauskleidung der Leibeshöhle verbreitet, selbst in der Serosa der Darmwand. Die eigentliche Entwicklung und Reifung ist auf den Eierstock beschränkt. Bei den Blutbildungszellen ist die Entwicklung der neutrophilen Granulocyten beim Menschen auf das Knochenmark beschränkt; die Erythroblasten werden beim Embryo an sehr verschiedenen Stellen zu Erythrocyten, nach der Geburt auch nur im Knochenmark. Die acidophilen und neutrophilen Granulocyten können außer im Knochenmark auch sonst im Körper entstehen. Die Differenzen der Autoren bestehen nun darin, ob tatsächlich alle neutrophilen Granulocyten aus dem Knochenmark hervorgehen? Für den Menschen wird das ziemlich allgemein angenommen. Doch sollen bei manchen Säugetieren und namentlich bei Nichtsäugern die ihnen entsprechenden Zellen auch sonst im Körper und vor allem auch im Bindegewebe vorkommen. Danach wäre das, was bei den Eiern noch als Anlage, aber nicht als Fertigstellung außerhalb des Eierstocks beobachte wird, bei den Blutbildungszellen die Regel. Der Streit bezieht sich auch darauf, ob die basophilen Granulocyten („Mastzellen") im Blut und im Bindegewebe etwas ganz Verschiedenes oder ob sie die Repräsentanten der gleichen, nicht im Knochenmark konzentrierten Anlage sind. Das erstere ist wahrscheinlicher.

Das fetale Blut ist reich an Blutbildungszellen und ist deshalb weniger geeignet als Transportmittel als das reife Blut; vor allem die Sauerstoffversorgung der Gewebszellen ist um so geringer, je weniger reife Erythrocyten im Blutstrom zirkulieren. Die schnellere Blutzirkulation beim Embryo und damit eine erhöhte Sauerstoffabgabe der Mutter müssen das Manko decken. Bei Tieren, deren Junge nicht im Mutterleib aufwachsen, ersetzt der Dottervorrat und der Luftwechsel durch die Eischalen hindurch die noch fehlende oder geringwertige Versorgung durch den Blutstrom. Es ist klar, daß eine Rückkehr des Knochenmarks in den Embryonalzustand beim Erwachsenen alle Gewebe äußerst schädigt; denn bei ihm haben die Gewebszellen keinen Ersatz für die mangelnde Sauerstoffzufuhr u. dgl.

Bei Blutkrankheiten mit entzündlichen Reizungen des Knochenmarks treten stürmische Neubildungen auf und zahlreiche unreife Zellen werden frühzeitig in die Blutbahn ausgespült. Beim gesunden Menschen ist ihr Vorkommen im strömenden Blut eine seltene Ausnahme. Man sieht aus dieser Gegenüberstellung des embryonalen und krankhaften Blutbefundes gegenüber dem normalen, wie wichtig die Konzentration der Blutbildung auf das Knochenmark ist und wie sehr sie das normale Blut in seiner biologischen Bedeutung für den übrigen Körper entlastet. Für die Diagnose des gesunden und kranken Blutes spielt die Kenntnis des Knochenmarks eine große Rolle.

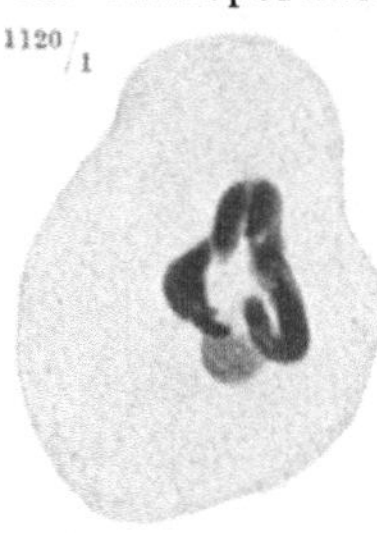

Abb. 274. Riesenzelle des Knochenmarks. Aus demselben Präparat wie in Abb. S. 570. Dort ist die Verteilung und Häufigkeit der Riesenzellen erkennbar.

Bildung der Blutplättchen

Die Riesenzellen, Megakaryocyten, des Knochenmarks (Abb. Nr. 274) liegen in den Parenchymsträngen zwischen den Blutcapillaren, und zwar ziemlich gleichweit von den Wandungen zweier benachbarter Capillaren entfernt. Sie gehören mit zu den größten Zellen des Körpers und enthalten einen großen gelappten Kern, auf welchen ihr griechischer Fachname Bezug nimmt. Er ist eine aus vielen Klümpchen und Fäden zusammengesetzte Gitterkugel, deren Inneres hohl ist und die Centrosomen birgt. Die Zelle hat die Fähigkeit amöboide Fortsätze auszusenden, welche durch die Wand der benachbarten Capillare hindurch in deren Lichtung vordringen. Die Enden der Fortsätze schnüren sich innerhalb des Lumens ab, die basophilen Körnchen, an welchen der Zelleib der Riesenzellen reich ist, verdichten sich in den abgeschnürten Enden nach neueren Untersuchungen zu kleinen, kernähnlichen Klümpchen. So entstehen die Blutplättchen mit ihren Innenkörpern.

Daß sie auch an anderen Stellen als im Knochenmark entstehen können, wird von den besten Blutkennern auf das Entschiedenste bestritten. In pathologischen Fällen können einzelnen Riesenzellen in die Blutcapillaren einwandern und in das strömende Blut des Körpers gelangen. Beim gesunden Menschen verlassen sie das Knochenmark nicht.

Der vielgelappte Kern entsteht im Anschluß an mehrpolige mitotische Kernteilungen, auf welche keine Zellteilung folgt; die kleinen Kerne verschmelzen zu einem komplizierten Kerngebilde, isolierte Stücke sind gelegentlich noch übrig.

2. Die Lymphorgane.

Wir beschäftigen uns mit den Entstehungsstätten der Lymphocyten. Auf die Frage nach der Herkunft des Lymphplasmas gehe ich nicht ein, da es keine geformte Substanz ist. Die dualistische Anschauung (S. 559) nimmt eine von den Granulocyten scharf getrennte Entstehungsweise an. Die klinischen Befunde bei einer Blutkrankheit, der Leukämie, haben dieser Lehre eine weite Verbreitung und fast allgemeine Anerkennung verschafft. Im einen Fall findet man nämlich eine ausschließliche Vermehrung der Granulocyten, im anderen Fall eine ausschließliche Vermehrung der Lymphocyten und dementsprechende Reizungen des Knochenmarkes oder der Lymphknoten (myeloische und lymphatische Leukämie). Man kann darin gleichsam den experimentellen Beweis beim Menschen sehen, daß das Knochenmark lediglich die eine, die Lymphknoten lediglich die andere Rasse von Zellen bildet. Das Knochenmark ist an die Blutbahn angeschlossen, die Lymphorgane gehören dagegen zur Lymphbahn.

Ein Zweifel in der Rassenfrage wäre nicht möglich, wenn keine Zwischenformen existierten. Myeloische Herde in den Lymphknoten und anderen Organen sind bei der myeloischen Leukämie nicht selten, von Lymphbildungsherden im Knochenmark wurde bereits berichtet (S. 571); sie können bei der lymphatischen Leukämie sehr stark hervortreten. Infolgedessen verstummen die Einwendungen nicht, daß Lymphoblasten in Granulocyten und Granuloblasten in Lymphocyten übergehen können. Da es reine Formen der myeloischen und lymphatischen Leukämie gibt, bei welchen tatsächlich nur das Knochenmark oder nur die Lymphorgane von der histospezifischen Neubildung ergriffen sind, so wiegen diese Einwürfe gegen die dualistische Lehre nicht schwer; wir nehmen sie mit einer an Sicherheit grenzenden Wahrscheinlichkeit als bewiesen an.

Außer den Lymphknoten kommen einfacher gebaute lymphbildende Organe in Frage, welche ich hier zusammen mit den höchsten Manifestationen des Lymphbildungsgewebes, den Lymphknoten, gemeinsam behandle. In der Art der Darstellung folgen wir der Stufenfolge von einfachen zu komplizierter gebauten Lymphorganen.

a) Einfache Lymphorgane (Noduli lymphatici).

Im Netz kommen weißliche Flecken vor, welche wegen ihrer äußerlichen Ähnlichkeit mit Flecken verschütteter Milch als Milchflecken (Taches laiteuses) bezeichnet werden. Sie bestehen aus Anhäufungen von Lymphocyten, welche in retikulärem Bindegewebe suspendiert sind. Die Flecken sind immer reich an Blutgefäßen, welche sie versorgen. Sie können sehr stark verfetten, indem zwischen den Lymphocyten Fettzellen auftauchen und die für das Netz charakteristischen Fettanhäufungen formen. Manchmal werden die kleinen Fettinseln zu ganzen Fettklumpen. Bilden sich aber die Fettzellen zurück, so sind die Lymphocyten wieder da, ähnlich wie im Markorgan der Knochen Fettmark auftaucht und nach dessen Verschwinden im Alter oder bei

Krankheiten wieder rotes Markgewebe erscheinen kann. Die Lymphocyten
sind sehr stark amöboid beweglich. Sie haben die Fähigkeit in die Bauchhöhle
auszuwandern und haben gegenüber anderen Lymphocyten die Besonderheit,
durch Phagocytose Bakterien unschädlich zu machen, welche bei Verletzungen
in die Bauchhöhle gelangt sind. Wahrscheinlich entstehen die Lymphocyten
in loco durch Teilung aus indifferenten Zellen, Lymphoblasten, über deren
Herkunft wir nichts wissen. Genaueres darüber ist bei den Lymphfollikeln
bekannt (siehe den Abschnitt: Lymphknoten). Die Retikulumzellen gehen
aus dem Bindegewebe des Netzes hervor, in welchem sie auftauchen, ohne
daß wir wissen, ob sie präformiert sind, oder ob sie aus anderen Bindegewebszellen durch Umbildung entstehen. Jedenfalls ist ihr Produkt ein ganz anderes

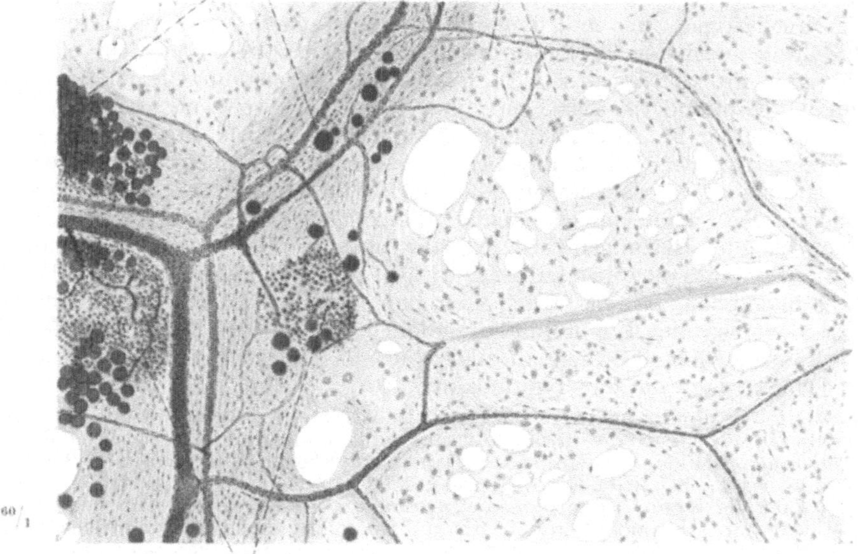

Abb. 275. Großes Netz, Mensch. Durch Laparotomie gewonnenes Stückchen, Sudanfärbung.
Die Bindegewebs- und Epithelkerne sind unterscheidbar (Präparat von Priv.-Doz. Dr. SEIFERT, Würzburg).

als das gewöhnliche fibrilläre Bindegewebe, aus welchem die Stränge des Netzes
bestehen. Die Fäserchen sind netzartig verbunden und äußerst zart. Wir
werden darauf zurückkommen (Abb. S. 575 und S. 579).

Einzelne Lymph-follikel   In vielen Schleimhäuten trifft man Anhäufungen von Lymphocyten an,
welche die Form einer Kugel oder einer Pyramide haben und welche bei den
Eingeweiden schon vielfach erwähnt wurden, Knötchen, Noduli lymphatici
solitarii oder Follikel (Abb. S. 234, 271, 278, 279). Sie alle haben gemein, daß
sie im Centrum eine hellere Stelle, das Keimcentrum, besitzen können. Die
Rindenschicht ist dichter und oft sehr deutlich geschichtet (Abb. S. 278).
Größere Knötchen wölben die Oberfläche der Schleimhäute etwas vor, besonders
wenn sie entzündlich geschwollen sind. Man sieht z. B. nicht selten an der
hinteren Rachenwand vom Munde aus die Schleimhaut körnig verdickt wie
die Oberfläche einer Erdbeere, weil dort zahlreiche einzelne Knötchen sitzen,
welche in den Zwischenräumen zwischen den Gaumenmandeln und der Rachenmandel oder an der Stelle der letzteren den lymphatischen Schlundring

vervollständigen (S. 121). Man glaubt, daß die einzelnen Follikel vorübergehende Gebilde sind, welche an einer Stelle entstehen und wieder vergehen können, während an anderen Stellen neue auftauchen. Sie können sich vorübergehend im Zustand der Milchflecken befinden, solange noch kein Keimcentrum existiert, sondern die Anhäufung von Bildungszellen diffus und allerorts zur Erzeugung von Lymphoblasten fähig ist. Auf der Höhe ihrer Entwicklung haben sie jedoch das Keimcentrum vor den Milchflecken voraus.

Im Keimcentrum liegen helle Zellen, Lymphoblasten, die Keimzellen für die Lymphocyten. Sie unterscheiden sich von den letzteren durch ihre Größe, welche derjenigen der Blutbildungszellen im Knochenmark gleichkommt, während uns die Lymphocyten, welche aus ihnen hervorgehen, als kleine Zellen mit einem schmalen Protoplasmasaum um den runden Kern herum bekannt sind. Oft werden Kernteilungsfiguren in den Lymphoblasten angetroffen. Indem sie sich immer und immer wieder teilen, verringert sich die Größe ihrer einzelnen Nachkommen. Die endgültigen Lymphocyten werden schubweise in die Rindenschicht abtransportiert; daher liegen sie dort lamellenartig geschichtet. Die äußerste Lage ist die älteste, die innerste die jüngste. Ist der Follikel schon älter und ist das Keimcentrum fast erschöpft, so ist die Rindenschicht dick, bei jungen Follikeln ist das Größenverhältnis das umgekehrte. Doch findet man auch in der Rinde verstreute Lymphoblasten, so daß auch in ihr neue Lymphocyten entstehen können. Nur hat das Keimcentrum die Hauptaufgabe für die Vermehrung und bleibt deshalb von fertigen

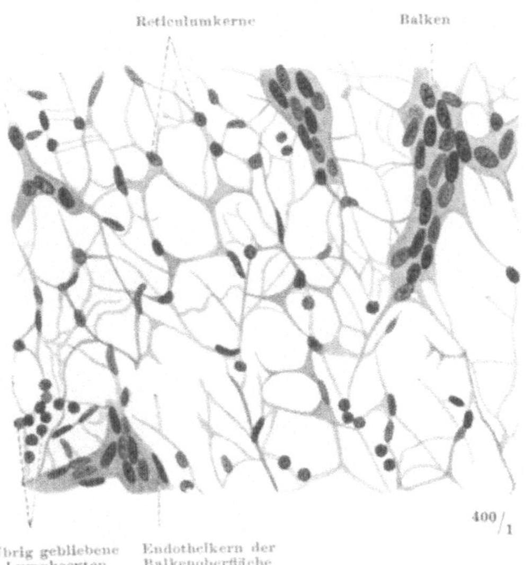

Abb. 276. Retikuläres Bindegewebe aus dem Sinus eines Lymphknotens, Hund. Die Lymphocyten sind möglichst ausgeschüttelt, die Sinus infolgedessen künstlich entleert, um das Stützgerüst deutlicher sehen zu können.

Zellen frei. Über die Funktion der Keimcentren als „Reaktionscentren" siehe S. 581. Außerhalb des Follikels liegen Netze von Lymphgefäßen, welche sich der Rinde anschmiegen und die Lymphocyten aufnehmen. Sie gelangen von dort als Lymphkörperchen in den Lymph- und eventuell mit der Lymphe in den Blutstrom.

Das Stützgerüst ist retikuläres Bindegewebe (Abb. Nr. 276). Wir werden beim Lymphknoten darauf näher eingehen, ebenso auf die Reticulumzellen und Lymphoblastenfrage. Lymphsinus wie dort fehlen innerhalb der solitären Follikel.

Kurz hingewiesen sei hier auf das Vorkommen von ganzen Herden von Einzelfollikeln, Noduli lymphatici aggregati. Am bekanntesten sind die PEYERschen Flecken im Dünndarm (Plaques, Abb. S. 279). Im Wurmfortsatz liegen die Anhäufungen um die enge Lichtung in einer röhrenförmigen Scheide herum (auf dem Querschnitt im Kreise, Abb. S. 281). Dieses leitet über zu den mantelförmigen Umhüllungen der Krypten bei den Mandeln, die nichts anderes sind als Herden von Lymphfollikeln, die in einer Fläche liegen, allerdings nicht in einer der Ebene so nahekommenden Fläche wie die PEYERschen Haufen, sondern in einer stark gekrümmten Fläche (Abb. S. 118). Das Prinzip ist immer

Gehäufte
Lymph-
follikel

das gleiche. Charakteristisch ist, daß die einzelnen Follikel Stück für Stück ihre Selbständigkeit bewahren, aber nicht einzeln, sondern zu vielen nebeneinander liegen. Nur selten verschmelzen Nachbarn partiell miteinander und fast nie wird die Anordnung in einer Schicht zugunsten einer mehrschichtigen Lage aufgegeben.

b) Hochorganisierte Lymphorgane (Nodi lymphatici).

Markstränge und Sinus In den Lymphknoten, Nodi lymphatici (von alters her meist Lymphdrüsen, Lymphoglandulae, genannt, S. 15) sind die Rindenknötchen eines der wesentlichsten Bestandteile; sie heißen so, weil sie eine Schicht von Lymphknötchen, Noduli, in der Rinde, Substantia corticalis, bilden (Abb. Nr. 277). Sie unterscheiden sich in nichts von den solitären und aggregierten Follikeln, sind insbesondere selbständig gegeneinander und nur in einer Schicht ausgebreitet. Aber der Lymphknoten ist trotzdem sehr verschieden von

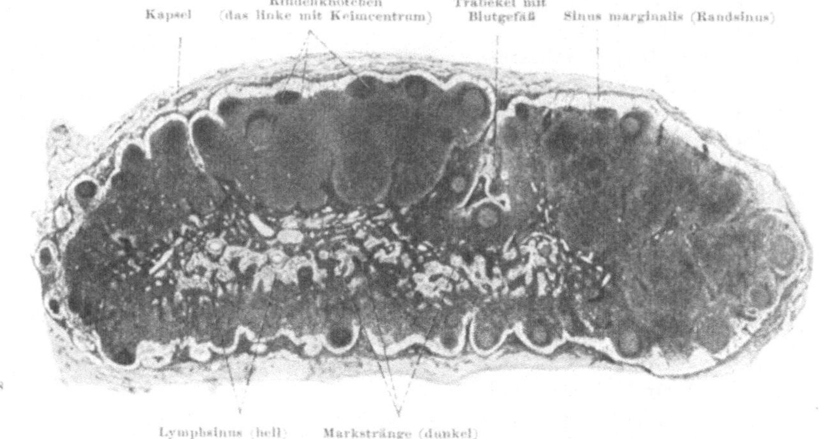

Abb. 277. Lymphknoten, Mensch. Vom Hals. Photo. Links oben ist die Rinde nicht genau senkrecht zur Oberfläche getroffen, deshalb liegen scheinbar zwei Rindenknötchen untereinander (Schrägschnitt). Vgl. das Schema Abb. d, S. 578.

den bisher genannten lymphatischen Organen. Er ist keine bloße Häufung der einzelnen Follikel zu Herden, sondern die Herden sind in einen neuen morphologischen Zusammenhang mit der Organisation des Lymphknotens im ganzen gebracht. Betrachten wir das Mark, Substantia medullaris, des Knotens, so finden wir hier zahlreiche lacunäre Erweiterungen, die Lymphsinus, welche durch Stränge aus dicht gedrängten Zellen voneinander getrennt sind, Markstränge genannt. Letztere hängen mit den Rindenknötchen zusammen und setzen gleichsam deren Rinde in einem gemeinsamen Lager von netzförmig verbundenen Schläuchen fort, welche dicht mit Lymphocyten vollgepfropft sind. Die vom Keimcentrum der Rindenknötchen gebildeten Zellen werden in die Markstränge wie in Lagerhäuser abgeschoben und warten dort auf ihre weitere Verwendung. Wie in der Rinde innerhalb der Solitärfollikel, so ist auch in den Marksträngen eine Vermehrung der Lymphocyten beobachtet, aber nur an verstreuten Stellen. Selbst die in den Sinus liegenden Lymphocyten werden hin und wieder in mitotischer Zellteilung angetroffen. Aber die Hauptvermehrungsstätten bleiben die Keimcentren der Rindenknötchen. Soweit ist der Lymphknoten ein zwar neuer, aber im Prinzip nur gesteigerter Typus der einfacheren Bildungsstätten für Lymphocyten, die wir bisher kennen lernten. Auch die Rindenknötchen sind vorübergehende Gebilde wie die Solitärfollikel.

Der Sinus, ein Element, das uns ausschließlich im Lymphknoten entgegentritt, ist von einfacheren Einrichtungen der bisher behandelten Lymphbildungsstätten ableitbar. Wir konstatieren zunächst die Art seiner topographischen Anordnung und seiner Beziehung zu den Rindenknötchen und Marksträngen. Die Rindenknötchen, welche allein den solitären und aggregierten Follikeln entsprechen, enthalten wie dort keine Sinus. Von den Marksträngen sind die Sinus der Verbreitung im Lymphknoten nach dadurch unterschieden, daß sie im Mark und in der Rinde vorkommen. In der Rinde unterscheiden wir einen durchlaufenden Sinus, welcher alle Rindenknötchen und die Zwischenräume zwischen ihnen überdeckt, Randsinus, Sinus marginalis. Die Lymphgefäße, welche von außen an den Lymphknoten herantreten, Vasa afferentia, münden in ihn ein (Abb. d, S. 578) und vereinigen ihren Inhalt hier wie in einem Sammelbecken. Der Lymphstrom wird vom marginalen Sinus durch radiäre Spalten in die netzförmig verbundenen und dilatierten centralen Sinus geleitet und in dem Maße verlangsamt, wie der Gesamtquerschnitt aller Lymphsinus größer ist als derjenige der Vasa afferentia. Schließlich fließt die Lymphe aus dem Vas efferens wieder in schnellerem Tempo aus dem Lymphknoten ab. Die Lymphe mit ihrem Inhalt, den Lymphocyten der freien Lymphbahn, stagniert in den Sinus fast völlig wie das Wasser in einem See. Sie umspült die Außenzone der Rindenknötchen und der Markstränge für eine lange Zeit; dabei treten die in jenen gespeicherten Lymphocyten, die bis dahin ortsgebunden sind, mit den Lymphocyten in den Sinus in Austausch. Das Genauere werden wir weiter unten betrachten. Die enorme Berührungsfläche zwischen den sessilen und fluktuierenden Lymphocyten ist das Neue, was im Lymphknoten durch eine sehr weit geführte Spezialisation erreicht ist.

Wie die Lymphknoten von den einfacher gebauten lymphatischen Bildungsstätten abzuleiten sind, lehrt uns die Entwicklungsgeschichte. Anfänglich treten die Lymphgefäße nur an die Peripherie eines ungegliederten Haufens von embryonalen Lymphzellen heran (Abb. a, S. 578). Die Lymphgefäße sind getrennt voneinander oder plexusartig verbunden. Das gleiche System sehen wir auch bei den einfachen Bildungsstätten während des ganzen Lebens; einige dienen zum An-, andere zum Abtransport der Lymphe (Pfeile). Bei den älteren Stadien der Lymphknotenbildung fließen die peripheren Lymphgefäße jedoch zu einem einheitlichen marginalen Sinus zusammen und von hier aus senkt sich später der centrale Sinus wie ein verzweigter Baum von einer Stelle aus in das Innere des Knotens hinein (Abb. b, S. 578); wahrscheinlich folgen die Äste den feinen Lymphgefäßen im Innern, welche auch bei den einfachen lymphatischen Bildungsstätten zeitlebens vorkommen und weiten diese bloß aus; schließlich erreichen sie überall den marginalen Sinus und brechen in ihn durch, so daß der endgültige Zustand der Sinus erreicht wird (Abb. c, S. 578). Die Trabekel wachsen in umgekehrter Richtung zu den Sinusästen in den Knoten hinein (in Abb. b, S. 578 ist der spätere Trabekel der betreffenden Stelle in c gestrichelt eingezeichnet) und werden die Träger der größeren Blutgefäßstämme. Sie bleiben mit den feinen Capillarnetzen für das Blut in den Marksträngen durch Gefäße in Verbindung, welche die Sinus durchqueren (Abb. c, S. 578).

Außer dem feinen Netz aus einem besonderen „retikulären" Bindegewebe, welches die Lymphknoten mit allen einfacheren Bildungsstätten gemeinsam haben und auf welches ich zurückkomme, ist ihnen ein grobes Stützgerüst aus fibrillärem Bindegewebe eigentümlich. Außen begrenzt es den Randsinus als derbe Kapsel, welche von den Vasa afferentia durchbohrt wird. An einer

Stelle ist die Kapsel dünn, eingebuchtet oder unterbrochen, dem Hilus, an welchem das Vas efferens (das häufig in Mehrzahl vertreten sein kann) den Knotenverläßt(Abb.d, Nr. 278). Hier fehlt auch die Rindensubstanz, so daß das Mark des Knotens freiliegen kann.

Die Blutgefäße liegen in den Sprossen der bindegewebigen Kapsel. Wie wir gesehen haben, schieben sich erst, wenn die centralen Sinus überall mit dem

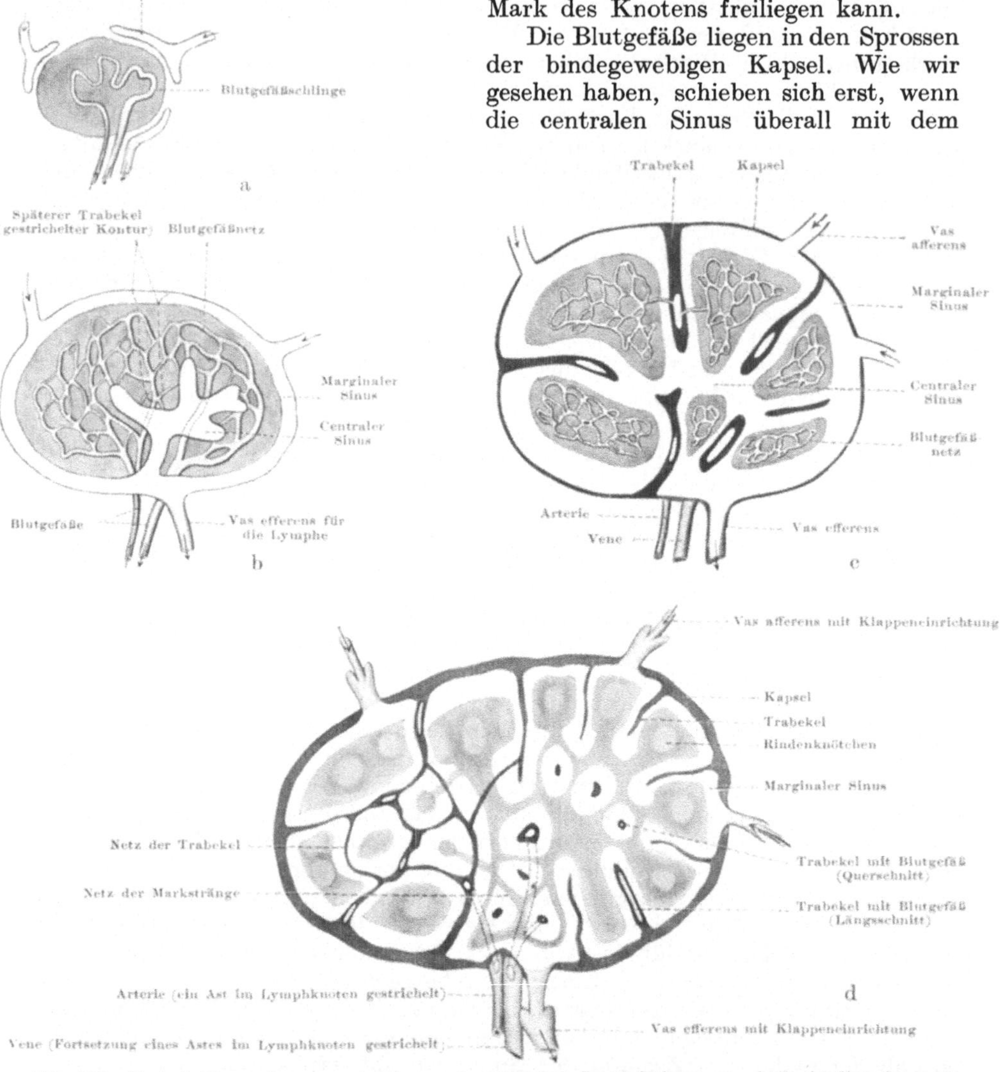

Abb. 278. Entwicklung des marginalen und centralen Lymphsinus. a—d die Stadien der Aufteilung des ungegliederten Knötchens in den gegliederten Knoten. Rindenknötchen und Markstränge hellgrau, Sinus und Blutgefäße hell, Trabekel dunkelgrau. In der Abb. d ist links vom Beschauer das Netz der Trabekel so gezeichnet, daß die Netzmaschen in die Papierebene fallen, rechts fallen die Netzmaschen der Markstränge in die Papierebene (ein naturgetreues Bild der Anordnung im Schnittbild gibt Abb. S. 576).

Randsinus in Verbindung getreten sind, Bindegewebsstränge in das Innere des Knotens hinein, die Balken oder Trabekel (Abb. c u. d, Nr. 278). Sie stützen das Innere des Knotens, indem sie sich netzförmig verbinden und ein Fachwerk aus derbem Bindegewebe aufbauen. Dieser überall an der Kapsel aufgehängte und in ihr verankerte Teil des Lymphknotens ist also Träger der gröberen Blutgefäße (Vasa trabecularia). Die Trabekel liegen immer im

Centrum der Lymphsinus und sind von den benachbarten Marksträngen gleichweit entfernt. Wir müssen uns vorstellen, daß das Mark des Knotens aus drei
ineinander gesteckten Netzen besteht. In den Maschen der Markstränge stecken
die Maschen der Sinus und in den Sinus, ihrem Centrum folgend, stecken die
Balken, so daß die Maschen der Balken den Maschen der Sinus adäquat sind,
während die Maschen der Markstränge von Punkt zu Punkt senkrecht dazu
verlaufen.

Die Markstränge und Trabekel sind ebenso vielgestaltig wie die Leberzellenbalken und Wundernetze der Leber: man findet neben drehrunden auch platte
Gebilde wie Stämme und Bretter mit dementsprechenden Zwischenräumen.

Die Kapsel ist bei Tieren reich an glatten Muskelzellen, beim Menschen fehlen
sie nicht, sind aber selten.

Die Lymphsinus sind keine reinen Hohlräume. Der Weg der Lymphe in Reticulo-
endo-
theliales
System
ihnen wird nicht nur durch den erweiterten Gesamtquerschnitt verlangsamt,
sondern weiterhin gehemmt durch zahlreichste feinste Fäserchen, welche wie
ein kompliziertes Reusensystem in alle Lymphsinus eingebaut sind (Abb. S. 575).
Sie bestehen aus retikulärem Bindegewebe, einer syncytialen Spezial-
form der bindegewebigen Substanzen, welche nur in den lymphatischen Bildungsstätten vorkommt (deshalb auch adenoides Bindegewebe genannt).
Wir können die retikulären Elemente in den Lymphsinus, aus welchen
sich die Lymphe mit ihren Lymphocyten verhältnismäßig leicht heraus-
spülen läßt, am besten studieren. Feinste Fäserchen, die chemisch und physikalisch weder kollagener, noch elastischer Natur sind, sondern eine Art von
Zwischenform zwischen beiden innehalten, spannen sich zwischen den benachbarten Marksträngen und Trabekeln aus. Meistens fußen sie mit dem einen
Ende am Markstrang, mit dem anderen an der Trabekel. Oft verzweigen sie
sich und hängen sternförmig mit anderen zusammen. Die Knotenpunkte der
Strahlen sind der Sitz der Reticulumkerne (Abb. S. 575). Das Reticulum besteht
demnach aus miteinander verbundenen sternförmig verzweigten Zellen, deren
strahlige Fortsätze besondere Reticulumfäserchen enthalten, und aus undifferenzierten Elementen, welche umgebildet werden können, z. B. zu Lymphocyten.

Eine weitere, nicht ganz geklärte Frage betrifft die Beziehung des retikulären
Bindegewebes zu den Grenzhäutchen der Sinus. Nach deren Lichtung zu ist
eine Tapete aus ganz platten einschichtigen Endothelzellen zu beobachten,
welche das mit Lymphocyten vollgestopfte Innere des Markstranges begrenzt.
Die Rinde der Rindenknötchen ist nach dem Sinus zu ebenfalls mit einem
endothelialen Grenzhäutchen überzogen. Der Überzug der Trabekel ist weniger
deutlich. Aber hier ist die Begrenzung des retikulären Gewebes gegen das
fibrilläre schon durch die Verschiedenheit der beiden Gewebsarten gesichert.
Endothel- und Reticulumzellen haben die Fähigkeit der Phagocytose und der
Speicherung von Stoffen, z. B. bestimmten Farbstoffen. Sie teilen diese Eigenschaft mit den KUPFFERschen Sternzellen der Leber, mit Reticulum und Endothel
der Milz und des Knochenmarks. Aus dem Verbande des Endothels und des
Reticulums können sich einzelne Elemente loslösen und als freie Zellen in die
Sinus austreten („freie Endothelphagocyten"). Die Gesamtheit dieser Reticula
und Endothelien wird als „reticulo-endothelialer Apparat" zusammengefaßt,
der ähnlich wie die phagocytierenden Elemente des Blutes ein Schutzsystem
des Körpers darstellt.

Retikuläres Bindegewebe formt auch im Innern der Markstränge und Rindenknötchen (wie bei allen einfachen lymphatischen Organen) die Stützsubstanz für
die aufgestapelten Zellen. Durch die Dichtigkeit der letzteren ist das Reticulum
feiner, mehr verdeckt und nicht so gut sichtbar zu machen wie in den Sinus. Die
Reticulumzellen sind in den Keimcentren der Follikel oft sehr groß und frei von
Fäserchen; sie sind daher schwer von den Lymphoblasten zu unterscheiden (siehe
unten). Am Rande der Rindenschicht und der Markstränge sitzen die retikulären

Fäserchen der endothelialen Grenzhaut von innen geradeso an wie von außen das Reticulum der Sinus.

Quelle für
Lympho-
cyten

Vergleicht man das in den Venen aus dem Lymphknoten abfließende Blut mit dem zufließenden Blut in den Arterien, so findet man geradeso wie in den Milzvenen eine Zunahme der Lymphocyten (Abb. S. 592). Man erkennt daran am leichtesten, daß die Lymphknoten eine Bildungsstätte der Lymphocyten sind. Ähnliches werden wir in der Milz finden; sie wird besonders behandelt werden. Die neugebildeten Zellen nehmen zwei Wege in den Lymphknoten, entweder den Weg in die Lymphe, indem sie durch die endothelialen Grenzhäutchen zwischen den Stapelplätzen und Sinus hindurchwandern, die freie

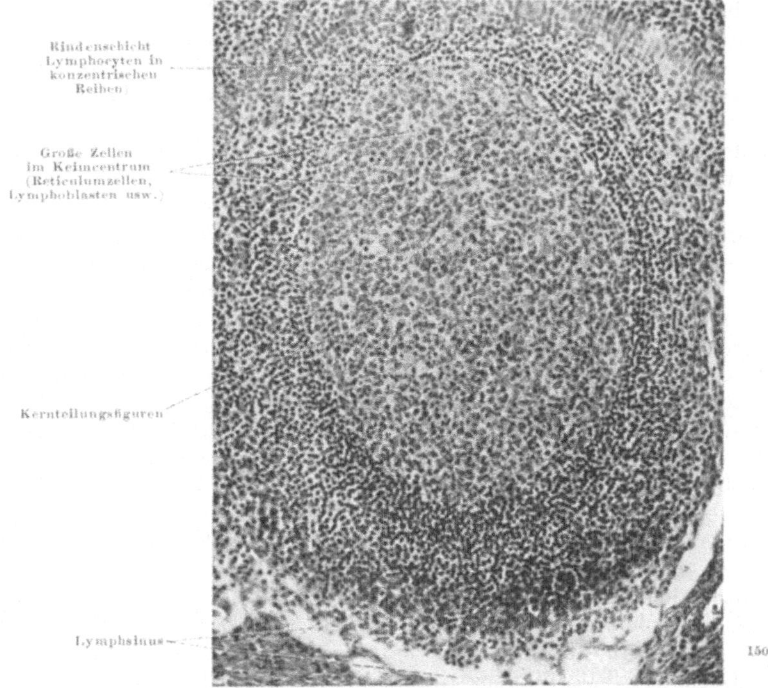

Abb. 279. Rindenknötchen eines Lymphknotens, Mensch. Photo.

Lymphbahn gewinnen und durch das lymphatische Vas efferens in die Körperlymphe gelangen, oder den unmittelbaren Weg in das Blut, indem sie in die feineren Blutgefäße des Lymphknotens eindringen. Im letzteren Falle können sie die Blutbahn wieder verlassen und in das Bindegewebe der Organe auswandern. Eine Rückwanderung in das Blut gilt als unmöglich. Da die Lymphe der Lymphgefäße in das venöse Blut abfließt, so ist auch der Weg in die Lymphsinus ein mittelbarer Zugang zum Blut. Schließlich gelangen so viele Lymphocyten in die Blutbahn, daß der normale Bestand von etwa einem Viertel sämtlicher Leukocyten dauernd aufrecht erhalten werden kann.

Die Lymphoblasten sitzen hauptsächlich in den Keimcentren als geballte Haufen, aber verstreut kommen sie auch in der Rinde der Knötchen, in den Marksträngen und in den Sinus vor. Sie haben große Kerne von etwas unregelmäßiger, aber annähernd kugeliger Form und ziemlich viel basophiles Protoplasma. Sie werden von undifferenzierten Reticulumzellen (Mesenchymzellen) abgeleitet.

Die speicherungsfähigen Reticuloendothelien sind an der Lymphocytenbildung nicht beteiligt. Aus den Lymphoblasten gehen die Lymphocyten durch Teilung hervor, wobei zunächst mittelgroße Lymphocyten gebildet werden.

Die fertigen (kleinen) Lymphocyten haben etwa die Größe der Erythrocyten, doch kommen auch etwas größere vor (Tabelle S. 560 u. Abb. c u. d, S. 561). Der Kern ist rund, relativ groß; das Protoplasma bildet einen schmalen Überzug um den Kern. In den dichtgedrängten Haufen in der Rinde der Knötchen und in den Marksträngen sieht man im Schnittbild vom Zelleib der Lymphocyten nichts, da die Kerne die darunter oder darüber liegenden Protoplasmaleiber verdecken. Je dichter die Lymphocyten liegen, um so mehr entsteht der irrige Eindruck, als ob sie aus freien Kernen ohne Zelleib beständen (Abb. S. 580 unten).

Als Plasmazellen bezeichnet man umgewandelte Lymphocyten, welche durch reichlicheres Protoplasma ausgezeichnet sind, das sich mit basischen Farbstoffen sehr intensiv färbt und häufig eine oder mehrere Vacuolen aufweist. Der Kern zeigt das Bild des Lymphocytenkerns, nicht selten eine radspeichenartige Anordnung des Chromatins („Radkern"), wie sie gelegentlich auch in Lymphocyten vorkommt.

Die Pathologie hat uns gelehrt, daß Bakterien, welche in das Blut eingedrungen sind, in Milz und Leber (und Lunge) festgehalten werden, daß solche, welche von der Lymphe weggeschwemmt werden, in den Lymphknoten hängen bleiben. Beobachtungen an normalen Tieren mit vitaler Injektion von geeigneten Farbstoffen haben das bestätigt. Die Träger sind neutrophile Granulocyten und Histiocyten, deren Wege von der Lymphe in die Lymphocytenaufstapelungen der Lymphknoten hinein auf diese Weise sichtbar wurden. Die Rindenknötchen und Markstränge sind also nicht nur Keim- und Lagerstätten für neue Lymphocyten, sondern auch Filter für verbrauchte Elemente. Sie sind Quelle und Sieb zugleich. Inwieweit das bei den einfacheren Lymphbildungsstätten der Fall ist und wie die Zerstörung der verbrauchten Phagocyten im einzelnen vor sich geht, ist nicht sicher bekannt. Sicher finden sich besonders in den „Keim"centren die Trümmer zugrunde gegangener Zellen und ihrer Kerne („tingible Körperchen"). Farbstoffkörnchen, welche vital dem Gewebe einverleibt waren, findet man vor allem in den Endothelien des Wandbelags der Sinus wieder, wo sie gespeichert und festgehalten werden, außerdem in den „freien Endothelphagocyten" (S. 579).

Die Lymphe verläßt also gereinigt und bereichert den Lymphknoten, um mit dem gleichen vitalen Bestand dem Körper dienen zu können. Das Blut zieht daraus ebenfalls seinen Vorteil.

Neuere Untersuchungen haben auch in normalen Lymphorganen nekrobiotische Reaktions-Prozesse innerhalb der Keimcentren und Vermehrung der letzteren bei Infektions- centren krankheiten nachgewiesen; man faßt sie deshalb als „Reaktionscentren gegen giftige Stoffe (Bakterien u. ä.)" auf. An dieser Auffassung kann kaum noch ein Zweifel sein seit dem experimentellen Nachweis, daß in den Lymphknoten von völlig bakterienfrei aufgezogenen Tieren (Meerschweinchen) „Keim"centren vollkommen fehlen. Daß die Reaktionscentren, die nach Bedarf jeweils gebildet werden und dann wieder verschwinden können, zugleich als Bildungsstätten von Lymphocyten, also wirklich als „Keim"centren funktionieren, ist damit nicht ausgeschlossen. Sicher aber sind sie nicht die einzige Bildungsstätte.

Beim Hund fand man, daß viel mehr Lymphocyen aus dem Hauptlymphgang in das Blut gelangen, als im Blut selbst nachweisbar sind; wie der Überschuß verschwindet, ist unbekannt.

Die Lymphknoten im ganzen sind sehr verschieden geformt: rundlich, Größe und oval, abgeplattet, bohnenförmig oder irregulär geformt, häufig mit einer Ein- Ver- breitung der ziehung an einer Stelle, dem Hilus. Sie sind weißlichgrau bis graurötlich gefärbt; Knoten die Farbe hängt von der momentanen Funktion, der Durchblutung und Lage des Knötchens ab. Die Lymphknoten an der Lungenwurzel sehen meistens schwarz aus, die in der Nähe der Leber und Milz bräunlich, die im Gekröse cremeweiß oder rosarot, je nach dem Material, welches gerade in ihnen deponiert ist (Ruß, Blutfarbstoff, Chylus). Ihre Größe schwankt zwischen 2—30 mm Durchmesser. Geschwollene Lymphknoten sind verhärtet und leicht zu fühlen, besonders wenn sie auf harter Unterlage liegen und beim Abtasten gegen dieselbe verschoben oder gerollt werden können, z. B. die Lymphknoten hinter dem Ohr und am Haaransatz im Nacken, die dem Schädel dicht aufliegen. Lymphknoten finden sich nur an bestimmten Stellen des Körpers. Sie haben eine streng regionäre Verbreitung; ein jedes Organ gehört zu einer oder mehreren bestimmten Gruppen von Lymphknoten, in welche seine Lymphe abfließt (z. B. Zunge, S. 91). Erkrankt das Organ, so reagieren meistens die zu ihm gehörigen „regionären" Lymphknoten; da diese oberflächlicher liegen und leichter zugänglich sein können als das Organ selbst, so sind sie dem Arzt oft wertvolle Indicatoren für eine bestehende oder überstandene Erkrankung, die ohne sie nicht oder nicht so leicht erkannt werden kann. Meistens bilden 2—15 eine Gruppe, einzeln kommen sie selten vor. Wir haben bei den Eingeweiden überall die zugehörigen Lymphbahnen und regionären Lymphknoten kenntlich gemacht (der Zusammenhang der Knoten mit den peripheren Lymphgefäßen wird im IV. Band Berücksichtigung finden). Für die Bildung und Vernichtung der Lymphocyten ist die weite periphere Verbreitung der Knoten das Beispiel einer weitgehenden Decentralisation. Quelle und Sieb sind nicht in einer Centrale vereinigt, sondern fangen die schädlichen Stoffe möglichst nahe der Pforte ihres Eindringens ab und liefern zur Erhaltung des normalen Geschehens und besonders bei pathologischen Prozessen neue Kämpfer für das naheliegende Schlachtfeld. So sind beispielsweise bei der Frühtuberkulose der Lunge die Hilusknoten mit Tuberkelbacillen vollgestopft, die hier vernichtet werden, aber, wenn dies nicht gelingt, die ganze Lunge infizieren können. Meistens sintert die Lymphe hintereinander durch mehrere Lymphknoten hindurch und wird infolgedessen gründlicher filtriert, wie wenn sie nur einen Knoten passierte.

Die Vasa afferentia und efferentia liegen strahlenförmig um den zugehörigen Lymphknoten herum. Sie lassen sich an der Stellung ihrer Klappen unterscheiden (Abb. d, S. 578). Manchmal ist die Stromrichtung der Lymphe im Leben das einzige Erkennungsmerkmal. Die Kapsel geht allmählich in das umgebende Bindegewebe über. Bei Entzündungen sind die Lymphknoten fest in die infiltrierte Umgebung eingebacken. Manche liegen oberflächlich im subcutanen Bindegewebe, die meisten finden sich weiter entfernt von der Oberfläche des Körpers, gewöhnlich zu Seiten der großen Blutgefäße.

An jeden Lymphknoten tritt ein Blutgefäß heran, das gewöhnlich in den Hilus eintritt (Hilusarterie, Abb. d, S. 578). Feinere Ästchen können sich auch ringsum in die Kapsel einsenken. Die Venen verlassen ebenso den Knoten. Im Innern liegen die größeren Blutgefäße in den Trabekeln, die feineren durchqueren den Sinus und gelangen in die Markstränge und Rindenknötchen, wo sie Capillarnetze bilden.

c) Zweifelhafte Lymphbildungsstätten.

Thymus

Die Thymusdrüse haben wir als lymphoepitheliales Organ kennen gelernt (S. 124). Ob die Lymphzellen in sie einwandern und dort zugrunde gehen, oder ob sie sich vermehren und die Lymphgefäße von der Thymus aus erneut bevölkern, wissen wir nicht sicher. Es bleibt zur Zeit eine offene Frage, ob wir sie zu den lymphbildenden Organen rechnen sollen.

Eine lymphatische Mantelschicht (in der „Rinde") ist ähnlich wie bei den Tonsillen vorhanden, aber Lymphfollikel fehlen. Sie fehlen aber auch in den Milchflecken.

Die Pathologen kennen eine Vergesellschaftung von Hyperplasie der Thymus und der lymphatischen Organe (sog. Status thymolymphaticus). Es besteht dabei erhöhte Empfindlichkeit gegenüber Infekten. Der plötzliche „Thymustod" bei Kindern wird auf eine Störung der Thymusfunktion bezogen und kommt besonders bei der genannten Kombination vor.

Binde-
gewebe

Besonders umstritten ist die Beteiligung des Bindegewebes am Lymphbildungsvorgang. Man unterscheidet fixe Bindegewebszellen, Fibroblasten, welche die Fasern gebildet haben und das Leben des fertigen Gewebes regulieren oder Verluste regenerieren, und **Wanderzellen**. Von den letzteren sind am bekanntesten die weit verzweigten „**ruhenden Wanderzellen**" (Polyblasten, auch Clasmatocyten genannt wegen ihrer früher vermeinten Fähigkeit, ähnlich den Riesenzellen im Knochenmark ihre Ausläufer abschnüren zu können); ferner die **Mastzellen**, rundliche Zellen mit basophilen groben Granula; weiter Zellen mit eosinophilen Granula, Lymphocyten und Plasmazellen. Diese Zellen sollen aus dem Bindegewebe auswandern und in die Lymphe gelangen können; sie werden mit Blutzellen für identisch gehalten. Andere Blutforscher leugnen das auf das Bestimmteste. Die Frage der Herkunft und des Schicksals dieser Zellen ist noch nicht geklärt. Auch die Anteile des reticuloendothelialen Apparates (S. 579), Reticulum- und Endothelzellen der Milz und der Lymphknoten, KUPFFERsche Sternzellen der Leber können frei werden und in Blut bzw. Lymphe gelangen. Mit den speicherungsfähigen Zellen des Bindegewebes, besonders den ruhenden Wanderzellen, werden sie unter dem Namen **Histiocyten** vereinigt.

Die Fibroblasten haben längliche Kerne und zipflige Protoplasmaausläufer ihres Zelleibes in der Längsrichtung des Kernes. Liegen sie an Gewebsspalten, so sind sie platt, wie ausgewalzt, der Kern ist längsoval und scheibenartig dünn; feine Ausläufer können nach verschiedener Richtung vom Rand der dünnen Protoplasmahaut ausgehen. Die Frage ist, ob die Fibroblasten bei Erkrankungen ihre fixe Lage verlassen und ebenfalls wandern können. Die **kleinzellige Infiltration** bei Entzündungen des Bindegewebes wird der Hauptmasse nach von ausgetretenen Lymphocyten (Plasmazellen) abgeleitet. Die Frage, ob ein Teil der Zellen aus mobil gewordenen, amöboid beweglichen Fibroblasten herstammt, wird immer wieder ventiliert, obwohl sie von vielen Forschern aufs Heftigste als unrichtig bekämpft wurde. Kulturen in vitro scheinen zu bekräftigen, daß fixe Zellen unter besonderen Bedingungen aktiv beweglich werden und auswandern können.

3. Die Blutlymphknoten.

Eine Zwischenstellung zwischen den Lymphknoten und der Milz nehmen die **Blutlymphknoten, Nodi haemolymphatici,** ein. In gewissen Lymphknoten können normalerweise Blutungen in die Lymphsinus hinein erfolgen (Hämorrhagien). Infolgedessen sehen sie bei der Betrachtung mit bloßem Auge nicht grauweiß, sondern intensiv rot aus. Auch ohne Hämorrhagie kann ein Lymphknoten rötlich aussehen, wenn nämlich sein Gehalt an Blut innerhalb der üblichen Blutbahn beträchtlich ist. Injiziert man in diesem Fall das frisch dem Körper entnommene Organ von den Blutgefäßen aus mit einer blauen Farbe, so schlägt bei dem bis dahin rötlichen Knoten die Färbung in das Bläuliche um; der Knoten dagegen, welcher Blut in seinem Lymphsinus birgt, behält seine rote Farbe. Im übrigen ist er ein echter Lymphknoten und unterscheidet sich von einem solchen in gar nichts, wenn das Blut aus den Lymphsinus wieder verschwunden ist. Bei Wiederkäuern gibt es außerdem rotgefärbte Knoten, welche ebenfalls als Blut„lymph"knoten bezeichnet werden, obgleich sie keine echten Lymphknoten sind. Denn sie haben keine Lymphgefäße. Da sie aber einen marginalen und viele centrale Sinus besitzen, die entwicklungsgeschichtlich nur von Lymphgefäßen aus gebildet sein können, so kann man den Namen aus genetischen Gründen gelten lassen. Sie haben sekundär die Lymphzu- und -abflüsse verloren; ihre Sinus haben **dauernd** ihren Inhalt gewechselt, während die hämorrhagischen Lymphknoten dies nur **vorübergehend** tun (**Nodi haemolymphatici perpetui et transitorii**). Aus den dauernden Blutlymphknoten der Wiederkäuer fließt das Blut durch das Vas efferens ab, das in ihrem Fall nicht der Lymph-, sondern der Blutbahn zugehört.

In allen Arten von Blutlymphknoten werden rote Blutkörperchen in großer Zahl zerstört. Wahrscheinlich geschieht es in geringem Grade auch in den gewöhnlichen weißen Lymphknoten. Diese Eigenschaft ist überhaupt den Bindegewebszellen nichts Fremdes. Bei einer subcutanen Blutung der Haut (Blutbeule) verwandelt sich das ergossene Blut nach einiger Zeit in Bilirubin und in weitere Abbaustufen seines Farbstoffes; man findet mittlerweile mit dem Mikroskop Wanderzellen aus dem Bindegewebe in dem Extravasat und sieht, daß sie mit Erythrocyten beladen sind, welche sie durch Phagocytose in sich aufgenommen haben. In den Lymphknoten sind die Reticulumzellen und Endothelien imstande, das gleiche zu tun. Die Blutlymphdrüsen unterscheiden sich konstitutionell und graduell von den genannten Vorkommnissen. Sie sind Organe, welche die Blutzerstörung im großen betreiben. Ganze Ballen von Hämoglobin können in ihnen von den Reticulumzellen aufgenommen werden, so daß diese zu Riesenzellen anschwellen. Der Vorgang gehört zur normalen Konstitution des Organismus und ist nicht atypisch wie das Extravasat bei der Blutbeule; er ist sehr ausgiebig in seinen Wirkungen und nicht irrelevant wie bei den weißen Lymphknoten. Wir gehen hier nicht weiter auf ihn ein, da wir in der Milz ein Dauerorgan kennen lernen werden, welches beim Menschen die Zerstörung der Erythrocyten so gut wie monopolisiert hat. Wird die Milz künstlich entfernt, so übernehmen andere Organe (die Leber und die Lymphknoten) in vermehrtem Maß die Blutzerstörung. Denn der normale Bestand des Blutes an roten Blutkörperchen kann nur dann gesichert sein, wenn sich Auf- und Abbau die Waage halten. Das Fehlen der Milz wird zwar ertragen, aber eben nur deshalb, weil die Bilanz des Blutes an corpusculären Elementen nicht ausschließlich von ihr abhängt.

Lage und Gefäßverbindungen

Die vorübergehenden Blutlymphknoten können ihren Blutgehalt von auswärts beziehen, indem eine Blutung in der Nachbarschaft des Knotens abgebaut und die Bluttrümmer in die Lymphsinus geschafft werden. Der eigentliche Prozeß ist aber eine Blutung im Knoten selbst, und zwar wahrscheinlich an solchen Stellen, wo vorher zahlreiche amöboid bewegliche Lymphocyten in die Gefäßwand eingedrungen sind und diese porös geworden ist. Meistens sind die dünnwandigen Venen, welche die Sinus durchqueren, um in die Trabekel einzudringen, der Sitz der Blutung. Beim Menschen gehören transitorische Blutlymphknoten nicht zu den Seltenheiten. Natürlich können sie im mikroskopischen Bild ganz fehlen, wenn zur Zeit der Konservierung des betreffenden Knotens gerade keine Blutung erfolgt ist und die Reste der früheren resorbiert sind. Rote Knoten liegen mit Vorliebe prävertebral in der Bauchhöhle an der hinteren Bauchwand oder prävertebral am Halse. Nach der Exstirpation der Milz und bei Blutkrankheiten sind sie besonders dicht in der Milzgegend gefunden worden.

Dauernde Blutlymphknoten sind bisher nur bei Wiederkäuern bekannt. Zu ihrer Diagnose gehört der Nachweis, daß das lymphatische Bildungsgewebe rudimentär ist (Kleinheit oder Fehlen der Rindenknötchen, kein Unterschied zwischen Rinde und Mark). Dies hängt mit dem oben erwähnten Mangel an Lymphgefäßen zusammen. Die Blutzerstörung ist zur Hauptsache geworden, die Entstehung von Lymphkörperchen wurde dem fast ganz geopfert. Das Blut fließt in Gefäßen zu, welche in der Literatur als zuführende „Venen" bezeichnet werden. Die Sinus sind prall mit Erythrocyten gefüllt. Das abführende Gefäß ist eine Vene, die, wie oben erwähnt, aus dem Vas efferens entstanden ist. Die Lage der Blutlymphknoten beim Schaf, bei welchem die eingehendsten Untersuchungen angestellt wurden, ist ähnlich denen der vorübergehenden Blutlymphknoten beim Menschen. Man erkennt sie beim frisch geschlachteten Tier leicht an ihrer Farbe und sieht sie einzeln und gruppenweise durch die Peritonaealauskleidung vor und zu Seiten der Wirbelsäule durchschimmern (längs der ganzen Aorta).

4. Milz.

Hepatolienale und leukopoetische Beziehungen

Die Milz, Lien, gehört zu den Organen, deren einfache Gestalt wie die schlichte Fassade eines Hauses einen höchst komplizierten Innenbau verbirgt. Denken wir an die Leber, bei welcher die Blutgefäße ganz wesentlich die Komplikation bedingen, so wird uns der feinere Bau der Milz nicht so sehr in Erstaunen setzen. Das eigentliche Gewebe der Milz, Parenchym, ist noch mehr eingeengt als das der Leber, die Blutgefäße sind noch mehr in den Vordergrund getreten. Ich sagte, daß die Milz gegenüber den Lymphknoten das Monopol der Blutzerstörung an sich gerissen hat. Das ist richtig innerhalb des Bereiches der lymphatischen Organe. Aber innerhalb des Körpers als Ganzes besteht eine innige Zusammenarbeit zwischen Milz und Leber beim Abbau der roten Blutkörperchen und ihres Blutfarbstoffes. Man hat dies neuerdings besonders untersucht, seitdem man darauf aufmerksam geworden war, daß bei Erkrankungen der Leber häufig die Milz geschwollen und miterkrankt ist (hepatolienale Krankheiten). Die Milz ist also nur der eine notwendige Faktor, die Leber der andere, welche gemeinsam den intermediären Hämoglobinstoffwechsel regeln. Man stellt sich den Prozeß als wesentlich aktiven Vorgang vor, indem nicht etwa nur zugrunde gegangene oder geschädigte Elemente aus der Blutbahn in der Milz abgefangen werden, wie sie pathogene Organismen speichert (z. B. Malariaplasmodien), sondern indem aktiv bestimmt wird, welche Blutkörperchen am Leben bleiben sollen und welche nicht. Da bei dem Zerfall der Erythrocyten das im Hämoglobin enthaltene Eisen frei wird, so handelt es sich um eine sehr wichtige Frage des Stoffhaushaltes des Körpers. Eisen wird zwar durch die Nahrung aufgenommen (alimentäres, exogenes Eisen), scheint aber gewöhnlich nur vorübergehend im Körper zu bleiben; das dauernd einverleibte Eisen wird hauptsächlich dem Blut entnommen (Bluteisen, endogenes Eisen).

Die Schlacken des Eisenstoffwechsels fließen als Gallenfarbstoffe in den Darm ab. Die Galle wird in der Leber abgeschieden; daraus ist in der Norm die innige Verkettung der Leber mit der Milz beim Blutabbau zu ersehen. Wie die Milz dabei verfährt, wird sich aus ihrem Intimbau ergeben, soweit wir heute einen Einblick in die schwer deutbaren Vorgänge haben.

Aber die Milz ist nicht Zerstörungsherd allein, wie die dauernden Blutlymphknoten der Wiederkäuer, bei denen die lymphatischen Bildungsherde rudimentär geworden sind. Sie ist nebenbei ein sehr wichtiges leukopoetisches Organ. Wie die beiden biologischen Aufgaben für die Zusammensetzung des Blutes im Bau des Organs zum Ausdruck kommen, soll uns beschäftigen; wir werden sehen, daß auch physikalische Beziehungen zum Blutkreislauf mit im Spiele sind. Die äußere Form verrät von alledem so gut wie nichts. Wir stellen eine kurze Beschreibung der äußeren Beziehungen voraus, ehe wir uns der Schilderung des wichtigeren inneren Baues zuwenden.

Durch dauernd eisenfreie Kost kann im Tierversuch der Hämoglobingehalt des Blutes so stark herabgesetzt werden, daß eisenarme Generationen von Tieren gezüchtet werden konnten (bei weißen Mäusen). Verfüttert man dann Eisen, so entstehen sofort vollwertige rote Blutkörperchen, während sie bis dahin sehr hämoglobinarm waren. Das alimentäre Eisen wird also beim kranken Organismus gut assimiliert. Dem gesunden Körper genügt dagegen im wesentlichen das bei der Blutzerstörung freiwerdende Metall.

Form und Größe der normalen Milz sind eine Funktion ihrer Lage. Ist der Magen kontrahiert und ist der Dickdarm dilatiert, so hat die Milz die Form einer dreiseitigen Pyramide. Die eine Fläche liegt dem Magen an, die andere dem Zwerchfell, die dritte der Niere, die Basis ruht auf dem Darm; ist der Magen gefüllt und der Dickdarm leer, so ist die Form eine ganz andere, sie ist in diesem Fall mit dem Segment einer Orange verglichen worden. Zwischen diesen beiden Extremen gibt es allerlei Zwischenformen, die man fixieren kann, wenn man das Organ in situ härtet, ehe die Nachbarorgane der Leiche herausgenommen sind. Die ungehärtete Milz fällt bei der Herausnahme aus der Form, nur Andeutungen der tetraederischen Flächen und Kanten bleiben zurück (Abb. S. 586).

Bei krankhaften Vergrößerungen überwindet das Organ den Einfluß der Nachbarschaft, dehnt sich auf Kosten derselben aus und erreicht eine Größe, welche der normalen Milz nie zukommt. Doch ist auch das normale Organ von sich aus veränderlich, es kann sich vergrößern und zusammenziehen. Infolge des Verhaltens der Nachbarorgane und des eigenen Inneren schwankt die Größe beträchtlich; durchschnittlich beträgt die Länge 12 cm, die Breite 7 cm, die Dicke 4 cm, das Gewicht 150 g. Die Längsachse folgt beim liegenden Menschen ziemlich genau der 10. Rippe, steht also schräg zur Längsachse des Körpers. Beim stehenden Menschen steht die Längsachse der Milz fast senkrecht, besonders bei der erwachsenen Frau. Der vordere Pol des normalen Organs

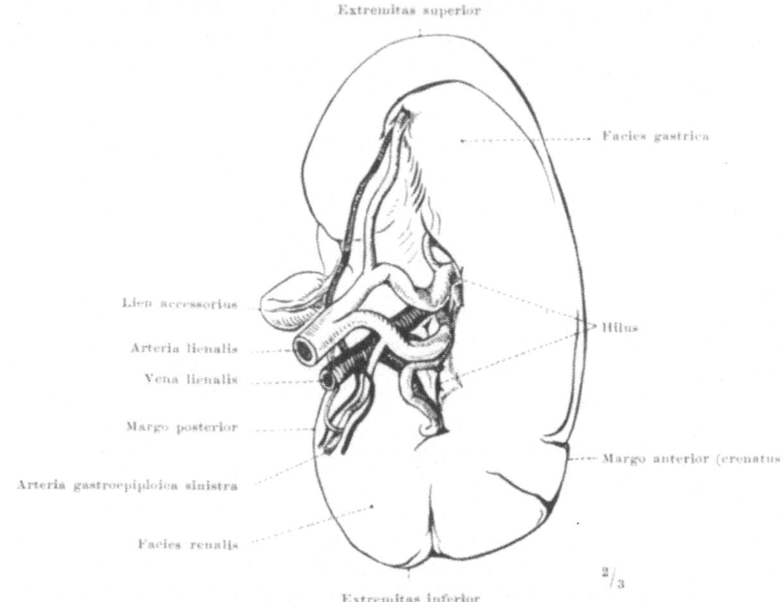

Abb. 280. Milz, Erwachsener.
Aus der Leiche herausgenommen und dann gehärtet (Milz in situ vgl. Abb. S. 259).

überschreitet nie eine Hilfslinie von der Spitze der 11. Rippe zum inneren Schlüsselbeingelenk (Articulatio sternoclavicularis); ist die Milz vergrößert, so kann der vordere Pol bis zum Rippenbogen und über diesen hinaus vordringen, doch ist dies immer ein Zeichen schwerer Erkrankung. Ein Gewicht von über 200 g gilt im allgemeinen als Zeichen einer pathologisch veränderten Milz. Die Palpation beim Lebenden ist wegen der versteckten Lage im linken Hypochondrium und wegen der Nachgiebigkeit der Milz selbst nicht leicht. Der Geübte faßt die Gegend von hinten und vorn zwischen die tastenden Hände und fühlt das Organ bei richtig erschlafften Bauchdecken zwischen den Fingerkuppen. Nur vergrößerte und verhärtete Milzen sind leicht zu fühlen und daran als krank zu erkennen; bei der normalen Milz gelingt es häufig überhaupt nicht.

Die Farbe ist purpurrot; bei der Leiche ändert sie sich bald infolge der Veränderung des Blutfarbstoffes, und zwar um so mehr, je reichlicher die Blutmenge ist, welche im Moment des Todes und postmortal in der Milz festgehalten wird und je schneller die Fäulnis einsetzt.

Man unterscheidet vier Flächen: eine Facies diaphragmatica (Abb. S. 259), Facies renalis, Facies gastrica und Facies basalis (s. colica). Letztere verschwindet bei stark dilatiertem Magen. Die vier Kanten heißen: Margo anterior (zwischen Facies gastrica und Facies diaphragmatica), Margo posterior (zwischen Facies diaphragmatica und Facies renalis), Margo intermedius (zwischen Facies renalis und Facies gastrica), Margo inferior (zwischen Facies basalis und Facies diaphragmatica). Der Margo inferior verschwindet mit der Facies basalis. Der Margo anterior ist regelmäßig, der Margo posterior manchmal eingekerbt; der Vorderrand hat gewöhnlich 2 Kerben, doch können 6—7 vorkommen (deshalb auch Margo crenatus genannt, Abb. S. 586). Die Einschnitte in das Milzgewebe können in Ausnahmefällen über die ganze Facies diaphragmatica hinwegziehen.

Auf der Facies gastrica liegt eine unregelmäßig gestaltete, schlitzartige Vertiefung, der Hilus; dort treten die Blutgefäße aus und ein (Abb. S. 586). Die Blutzufuhr besorgt die A. lienalis, ein Ast der A. coeliaca (aus der Aorta abdominalis), die Blutabfuhr geschieht durch die Vena lienalis, eine der drei Wurzeln der Pfortader (Vena portae), welche das Blut aus der Milz in die Leber leitet. Die beiden anderen Wurzeln der Vena portae heißen Vena mesenterica superior s. magna und Vena mesenterica inferior s. parva. Sie leiten das Blut aus dem Darm der Leber zu. Stauungen in diesen Gefäßen setzen sich von der Pfortader aus auf die Milzvene fort und werden durch eine Vergrößerung der elastischen Milz kompensiert; die Leber wird vor Überdruck in den Darmgefäßen geschützt, da ihn die Milz abfängt. Beim inneren Bau der Milz werden wir auf ihre elastische Natur eingehen. Lymphgefäße gibt es nur dicht unter der Oberfläche der Milz, nicht im Inneren. Die Lymphe fließt ebenfalls am Hilus ab.

Die Nerven der Milz sind marklos. Bei großen Tieren, z. B. beim Rind, sind sie zu einem dicken marklosen Nerv vereinigt, beim Menschen begleiten sie plexusartig die Milzarterie und ihre Äste (Abb. S. 592). Sie dringen am Hilus in das Innere des Organs ein und durchsetzen das ganze Innere. Sie stammen aus dem Plexus coeliacus an der Wurzel der A. coeliaca.

Die Milz ist bei der Schilderung des Bauchsitus bereits berücksichtigt worden (S. 251). Da sie vom Magen größtenteils verdeckt ist (Abb. b, S. 206 u. Abb. S. 259), ist sie bei der üblichen Eröffnung der Bauchhöhle von vorn erst sichtbar zu machen, wenn man den Magen anhebt und aus dem linken Hypochondrium herauszieht. Man fühlt sie auch bei nicht disloziertem Magen, indem man mit den Fingern dem Zwerchfell entlang hinter den Magen vordringt. Ihre Breite entspricht zwei Zwischenrippenräumen samt den begrenzenden Rippen. Da die Längsachse gewöhnlich der 10. Rippe folgt, so entspricht der obere Rand dem Oberrand der 9., der untere Rand dem Unterrand der 11. Rippe. Man vergesse nicht, daß die Rippen an dieser Stelle mit Pleura überzogen sind, da die Pleurahöhle bis zur letzten Rippe hinabreicht (Abb. b u. d, S. 181). Auch ist die Milz durch das Zwerchfell von den Rippen getrennt. Würde man also versuchen von den Rippen aus auf die Milz vorzudringen, so würde man die Brustwand, den Komplementärraum der Pleurahöhle und das Zwerchfell zerstören müssen; von vorn her ist dagegen nur die Eröffnung der vorderen Bauchwand notwendig. Die Beziehung der Milz zur Lage der Rippen hat deshalb keine unmittelbar chirurgische Bedeutung; für die topographische Projektion auf die Körperoberfläche ist die Beziehung zu den leicht tastbaren Rippen besonders wichtig.

Die ganze Milz ist mit Peritonaeum überzogen. Zwei Bauchfellfalten, das Ligamentum gastrolienale und Ligamentum renolienale spannen sich von ihr zum Magen bzw. zur Niere aus. Sie ruht beim aufrechtstehenden Menschen auf dem Ligamentum phrenicocolicum, mit welchem sie aber nicht selbst verbunden ist (Abb. S. 259). Accessorische Milzen sind nicht selten (Abb. S. 586). Sie sind klein und kuglig, gewöhnlich liegen sie im Ligamentum gastrolienale nahe dem Hilus der Milz.

Das Innere der Milz ist eine weiche, plastische Masse, Pulpa (die entsprechende Konsistenz weicher Seetiere wird in Italien noch heute mit dem gleichen Wort Polpa bezeichnet; es kehrt in der Bezeichnung der weichen Nasen„polypen“ u. a. in der Medizin wieder). Man unterscheidet in der Milz eine rote und weiße Pulpa. Gewöhnlich ist die rote von der weißen verdeckt. Knetet man ein Stückchen der Milz einer Leiche, die bereits in Verwesung übergegangen ist, in Wasser, so fallen die Elemente heraus, welche die rote Farbe bedingen. Eine weißliche faserige Masse mit kleinen Knötchen darin bleibt übrig: die weiße Pulpa. Die Knötchen haben 0,2—0,7 mm im Durchmesser; die größeren sind auf dem Schnitt des frischen Organs, besonders bei jugendlichen Individuen, als weißliche Pünktchen sichtbar, Milzfollikel, Noduli lymphatici lienales (MALPIGHI, Abb. S. 588). Die faserigen Stränge heißen

Balken, Trabeculae. Sie sind besonders dicht am Hilus der Milz gelagert. An der ganzen übrigen Oberfläche hängen sie mit der Milzkapsel zusammen und haben die Form von Strängen und durchlöcherten Platten, die zu einem Gerüstwerk verbunden sind, in welches die rote Pulpa eingeschlossen ist. In der Milz alter Leute sind sie am deutlichsten. Die Trabekel sind wie in den Lymphknoten die Träger der Blutgefäße (Abb. Nr. 281 u. Abb. S. 592). Aber das Blut in den trabekulären Gefäßen ist spärlich gegenüber den Massen, welche zwischen

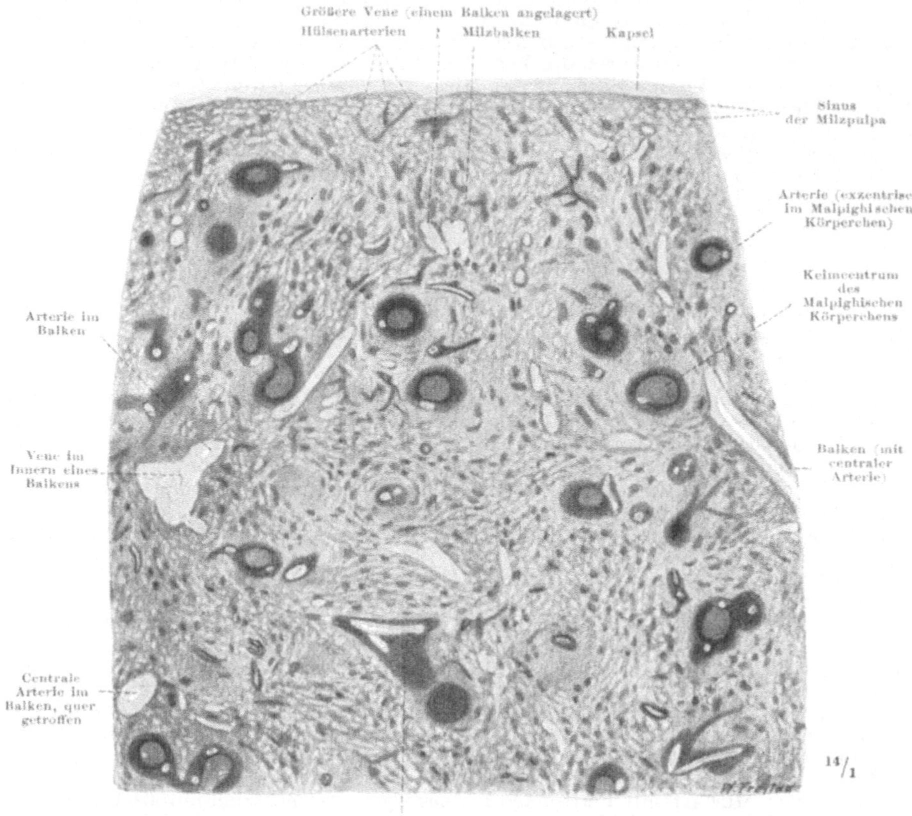

Abb. 281. Milz, Mensch. Übersichtsbild. Bei manchen MALPIGHIschen Körperchen sind die von ihrem Rand aus in die Pulpastränge ausstrahlenden, baumartig verästelten Fortsätze gut getroffen (z. B. am rechten Rande unterhalb des dort bezeichneten Balkens).

den Trabekeln liegen. MALPIGHIsche Körperchen (nicht zu verwechseln mit denjenigen der Niere!), Trabekel und Kapsel formen zusammen die weiße Pulpa. Manche Autoren beschränken den Namen auch auf die MALPIGHIschen Körperchen allein.

In der roten Pulpa überwiegen Hohlräume, welche besonders durch ihre Leere auffallen, wenn die Milz stark entblutet ist (Abb. S. 590 u. Abb. S. 593) oder bei künstlicher Injektion mit Farbstoffen (Abb. S. 589). Sie heißen analog den Hohlräumen in den Lymphknoten Sinus. Sie sind wie bei den Blutlymphknoten mit Blut, nicht wie bei den weißen Lymphknoten mit Lymphe gefüllt. Aus ihnen lassen sich die Blutkörperchen, wie oben beschrieben, bei etwas angefaulten Milzen leicht ausschütteln. Die Sinus schlängeln sich wie ein Haufen

Röhrennudeln durcheinander. Doch sind sie in Wirklichkeit nicht sehr lang, dabei sehr verschieden weit. Von den Zusammenhängen mit den Blutgefäßen sieht man auf einzelnen Schnitten nur Bruchstücke. Doch wissen wir aus Rekonstruktionen und aus den Ergebnissen der Injektionstechnik, daß die Sinus in die Blutbahn der Milz als ein zu ihr gehöriges Glied eingefügt sind. Wie in den Schwellkörpern des männlichen Gliedes fehlen in der Milz eigentliche Capillaren, die Arterien gehen direkt in die Sinus über (arteriovenöse Anastomosen, S. 623).

Zwischen den Sinus liegt das eigentliche Milzgewebe, Parenchym (oder Pulpastränge, Abb. Nr. 282, gelblich, und Abb. S. 593). Da es ebenfalls

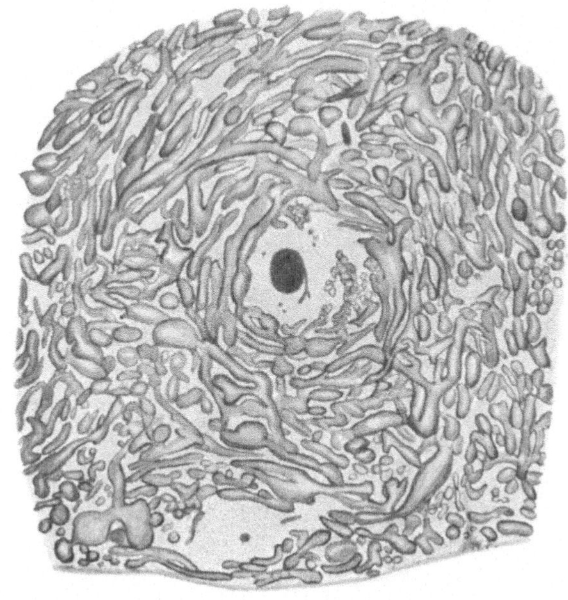

Abb. 282. Sinus der Milz, Kaninchen. Die Sinus sind von den Venen aus mit Berlinerblau, die Arterien sind mit Carminrot injiziert. Das übrige Gewebe tritt zwischen den erweiterten Sinus zurück, nur die MALPIGHIschen Körperchen sind an ihrer Größe kenntlich (gelb mit roten Centralarterien). Präparat von Prof. HOYER (Anat. Samml. Würzburg).

reich an Blutkörperchen ist, so ist bei einer mit Blut beladenen Milz der Unterschied zwischen Sinus und Parenchym in mikroskopischen Schnitten nicht leicht wahrzunehmen. Bei entbluteten Milzen gibt auch ein Übersichtsbild einen Begriff von der Verteilung der Sinus und des Parenchyms (Abb. S. 588). Beide zusammen bilden die rote Pulpa.

Wir finden in der Milz alle wichtigen Bausteine der Lymphknoten wieder: die Sinus, die Follikel, die Stränge (Markstränge bzw. Pulpastränge), die Trabekel und die Kapsel. Aber viele von ihnen haben eine andere Anordnung zueinander. Dies ist namentlich darauf zu beziehen, daß der Blutstrom eine viel bedeutendere Rolle in der Milz spielt als selbst in den Blutlymphknoten. Auf ihn ist das feinere Gefüge der Milz in hohem Grade zugeschnitten, der Lymphstrom fehlt. Lymphkörperchen werden gebildet und gelangen, wie wir sehen werden, sofort in die Blutbahn, nicht auf dem Umweg über die Lymphe, folgen also nur dem einen der beiden Typen, die in den Lymphknoten verwirklicht sind.

In den Pulpasträngen der Milz werden die zahlreichen zelligen Elemente, wie in den Marksträngen der Lymphknoten, durch ein Reticulum gestützt und, soweit Gegensätze zum Lymphknoten sie nicht selbständig wandern, auch festgehalten; in den Sinus zirkuliert der Inhalt ganz frei, ein Reusensystem wie in den Lymphsinus fehlt. Dies ist aber nicht der einzige Unterschied zwischen der Milz und den Lymphknoten (auch den Blutlymphknoten). Denken wir an die Lage der Trabekel zu den Sinus in den Lymphknoten, so können wir feststellen, daß die Trabekel dort innerhalb der Sinus liegen, bei der Milz nicht; bei ihr entsprechen sie dem Innern der Pulpastränge (Parenchym), wie wenn sie in den Marksträngen der Lymphknoten lägen. Die MALPIGHIschen Körperchen sind zwar Lymphfollikel mit Keimcentren wie in den Lymphknoten, sie sind aber nicht auf die Rinde beschränkt, sondern durch das ganze Milzinnere verteilt. Auch enthalten sie stets eine oder mehrere größere Arterien, die sog. Centralarterien; die Arterien haben

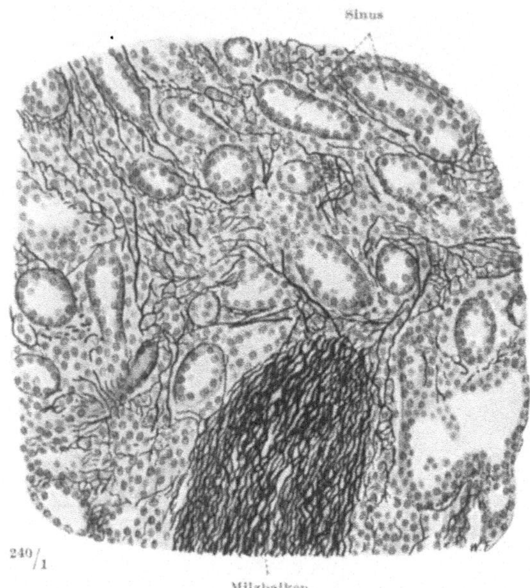

Abb. 283. **Präkollagene Fasern der Milz, Kind.** Außer spärlichen längsgetroffenen Fasern der Pulpa sieht man quergetroffene als schwarze Pünktchen. Silberimprägnation nach BIELSCHOWSKY-STUDNIČKA.

anfänglich, wenn der Lymphfollikel entsteht, centrale Lage, behalten sie aber nur selten bei. Gewöhnlich tragen sie ihren Namen in der Milz nicht mit Recht, denn sie liegen fast stets exzentrisch im Knötchen. Den Follikeln der Lymphknoten **fehlen** die Centralarterien. Besonders charakteristisch ist die Lage der Milzfollikel. Sie liegen nicht wie die Rindenknötchen der Lymphknoten in den Zwischenräumen zwischen den Balken, **intertrabekulär,** sondern gleichsam **intratrabekulär;** denkt man sich nämlich das Bindegewebe des Balkens entlang einer Arterie, welche in ihm verläuft, auch nach dem Austritt der Arterie auf diese fortgesetzt — wir werden sehen, daß Bindegewebszüge der Arterie tatsächlich folgen —, so würde der Follikel **im Balken drin** liegen. Er umgibt die bindegewebige Scheide der Arterien (Tunica externa).

Beim Embryo besteht die Milz zunächst nur aus weißer Pulpa, d. h. einer Anhäufung von kernhaltigen Bildungszellen wie beim beginnenden Lymphknoten (Abb. a, S. 578). Die Sinus entstehen erst spät und lassen für die lymphatischen Bildungszellen nur die Pulpastränge und Follikel übrig. Dabei wird die oben beschriebene andere Lage der Teile zueinander eingeschlagen, indem die erst spät auftauchenden Trabekel nicht in die Sinus hineinwachsen, sondern zwischen ihnen und im Anschluß an die Follikel auftreten. Die Milz ist daher eine Bildung sui generis; eine Ableitung aus den Blutlymphknoten im einzelnen ist nicht möglich, da diese den Typus der Lymphknoten, wenn auch in einem rudimentären Zustand des lymphatischen Bildungsgewebes einhalten. Gerade die Leukopoese ist in der Milz nicht erloschen, sondern sehr lebhaft. Man kann wohl von einer Zwischenstellung der Blutlymphknoten zwischen weißen Lymphknoten und Milz sprechen, weil bei ihnen auch die Sinus wie in der Milz mit Blut erfüllt sind; aber ein Übergang in dem Sinn, daß die Milz aus Blutlymphknoten entstanden sei, liegt nicht vor. Die Wurzel der Milzentstehung liegt tiefer; das Organ ist, wie es scheint, früh seine eigenen Wege gegangen.

Die Kapsel ist von einem platten einschichtigen Epithel überzogen analog der Tunica serosa der Magenwand. Darunter liegt eine dicke Schicht von straffem Bindegewebe, Tunica fibrosa s. albuginea (Abb. S. 593). Sie ist reich an elastischen Fasern und bei Tieren auch reich an glatten Muskelzellen, die

Kapsel, Balken, Reticulum

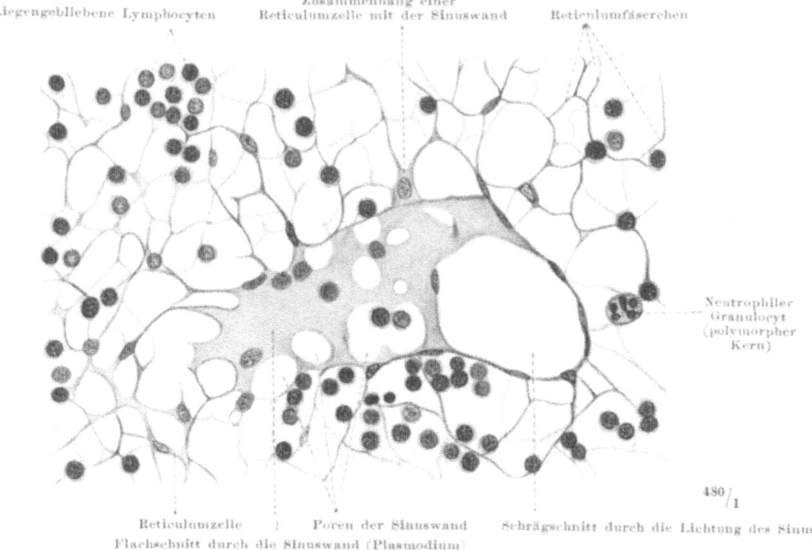

Abb. 284. Reticulum und Endothel der Milz, Katze. Das Organ ist mit Ringerlösung durchspült und dann nach HEIDENHAIN fixiert worden.
(Präparat von Dr. W. SCHULZE, siehe NEUBERT, Zeitschr. Anat. u. Entw. 66 [1922].)

aber beim Menschen nur spärlich vertreten sind. Unter dem Druck von strotzend gefüllten Bluträumen in der Milz kann die Kapsel nachgeben; sie versucht wieder in ihre alte Lage zurückzukehren und drückt das Blut gegen die Milzvene vorwärts, beim Menschen wesentlich passiv durch den Druck des gedehnten elastischen Gewebes, bei Tieren wesentlich aktiv durch die Kontraktion der glatten Muskelzellen. Die Trabekel und Septen im Innern der Milz sind bei der Dehnung der Kapsel innerhalb normaler Grenzen nicht im Wege, helfen dagegen bei der nachfolgenden Verkleinerung mit; denn sie sind selbst sehr reich an elastischen Fasern. Im übrigen bestehen sie aus kollagenem Bindegewebe mit eingelagerten Blutgefäßen. Die Vorläufer des leimgebenden Bindegewebes sind in der kindlichen Milz besonders deutlich (Abb. S. 590). Das kollagene Gewebe der kapsulären Tunica fibrosa, der Septen und Trabekel hemmt eine Überdehnung der normalen Milz; wird es entzündlich geschädigt und erweicht, so kann das Organ die von manchen Blutkrankheiten her bekannte übernormale Größe annehmen. Infolge ihrer Dehnbarkeit ist die Milz eine Art Ventil für die Gefäße der Bauchhöhle, welches bei Überdruck in den übrigen Gefäßen wie ein Gassack in einem Explosionsmotor nachgeben kann.

Der Zusammenhang der Vena lienalis mit den Venen der Bauchhöhle in dem gemeinsamen Abfluß der Pfortader ist dafür wichtig (S. 587).

In die Pulpastränge setzen sich von den Balken aus kollagene und elastische Fasern fort, welche in lockeren Zügen und Netzen die Milzsinus umgeben. Dichteres kollagenes Bindegewebe der Septen und Balken begleitet die Arterien, welche aus ihnen austreten, in die Pulpa hinein. Die Lymphfollikel entstehen, indem zahlreiche Lymphkörperchen in die Außenschicht der bindegewebigen Tunica externa der Arterie eingelagert werden. Sie wird dadurch stark

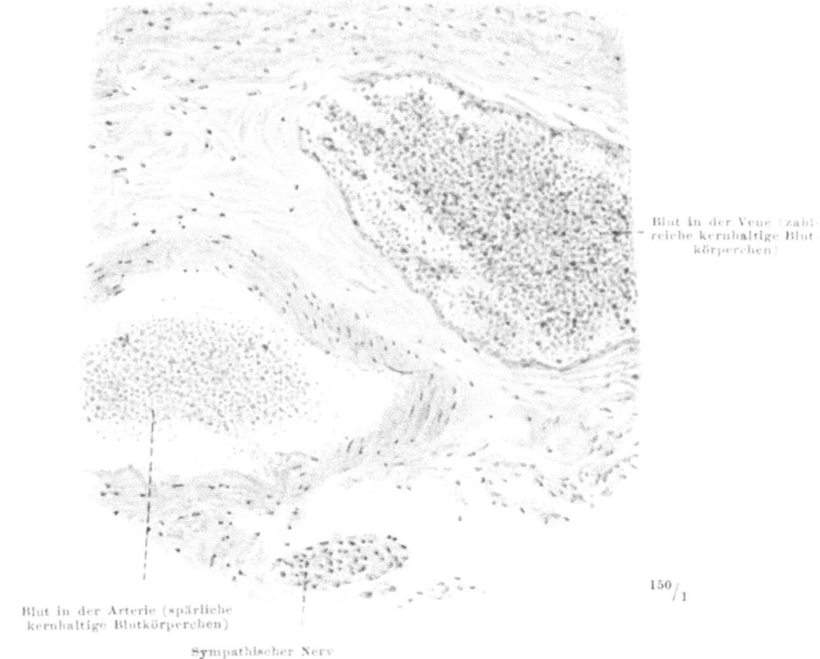

Abb. 285. Trabekel mit Arterie und Vene. Milz, Mensch.

aufgelockert, durchzieht aber in Zügen kollagenen Gewebes das ganze MALPIGHIsche Körperchen.

Außer den kollagenen und elastischen Fasern gibt es noch ein Reticulum in der Milz, welches dem retikulären Bindegewebe in den Lymphknoten ähnlich ist (Abb. S. 591). Es enthält ein Netzwerk von Fäserchen, welche den Gitterfasern in der Leber in ihrer Reaktion auf Farbstoffe gleichen. An den Knotenpunkten liegen die sternförmigen Zellen des Reticulum. Sie stehen auch mit der Wand der Sinus in Verbindung (Abb. S. 591) und bilden die Hülsen der Hülsenarterien (S. 594). Die Zellen im Reticulum und die Endothelien in den Wänden der Sinus bilden einen Anteil des reticuloendothelialen Apparates (S. 579). In den Maschen des Reticulum sind Lymph- und Blutkörperchen suspendiert.

In den MALPIGHIschen Körperchen sind neben den fibrösen Strängen, welche von dem groben Stützgerüst der Milz ausgehen, ebenfalls zahlreiche feine Maschen des Reticulum gelegen, welche in die größeren Zwischenräume zwischen jenen eingefügt sind und die eigentlichen Träger der Lymphoblasten und -cyten wie in jedem Follikel sind. In den Marksträngen sind die Lücken im Gefüge des Reticulum weitmaschiger. Auch sind neben elastischen Fasern einzelne kollagene Züge beobachtet. Das Reticulum ist also überall außer in dem groben Stützgerüst, wo es ganz fehlt, mit Abkömmlingen dieses Gerüstes gemischt.

Die Wand der trabekulären Gefäße ist besonders reich an elastischen Fasern. Wahrscheinlich dient auch dies mit dazu, die Elastizität des ganzen Organs zu steigern. Denn von den Gefäßen der Milz, welche außerhalb des Hilus liegen, sind die Wandungen der trabekulären Gefäße spezifisch verschieden.

Die Milzfollikel oder Malpighis sehen auf Schnitten meistens wie runde Scheiben aus und erwecken den Eindruck als ob sie sämtlich Kugeln wie die Rindenknötchen der Lymphknoten seien (Abb. S. 588). Aber die Schnittbilder täuschen. Oft begleiten die Lymphocytenansammlungen eine Arterie eine ganze Weile, beginnen etwa an ihr kurz vor ihrer Teilung in zwei Äste und umgeben jeden Ast eine Strecke weit, um allmählich aufzuhören. Neben solchen gurkenartig verlängerten und verzweigten Formen (Abb. S. 597), die nur auf

MALPIGHIsche Körperchen und Leukopoëse

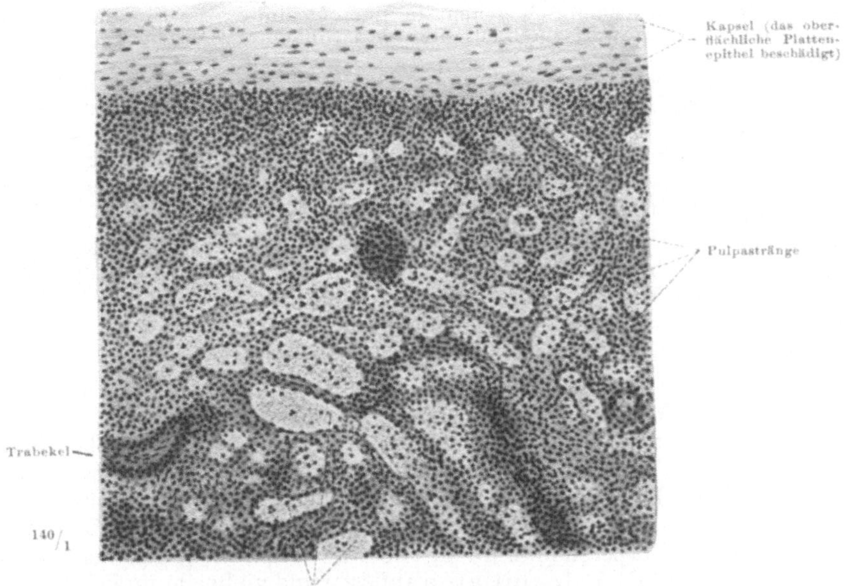

Abb. 286. **Sinus und Pulpastränge.**
Dasselbe Präparat wie in Abb. S. 588; eine Stelle nahe der Kapsel zehnmal stärker vergrößert als dort.

Schnitten mit dem Mikrotom runde An- oder Querschnitte ergeben, kommen auch wirklich kuglige Malpighis vor. Die meisten haben in ihrem Inneren ein Keimcentrum. Dasselbe kann scheinbar fehlen, wenn nämlich alle Zellen Lymphoblasten sind und also keine Rinde mit fertigen kleinen Lymphocyten vorhanden ist. Auch kann ein Querschnitt nur die Rinde treffen. Bei manchen Malpighis fehlt das Keimcentrum wirklich, sie bestehen nur aus „Rinden"-substanz, d. h. aus fertigen Lymphocyten. Die Arterie weicht gewöhnlich dem Keimcentrum aus und liegt daher exzentrisch. Im Inneren des Knötchens gehen feine Äste von ihr ab, welche das Knötchen durchziehen (die kleinen roten Querschnitte des mittleren Malpighi in Abb. S. 589) und sich in Capillaren aufsplittern, **Follikelcapillaren.** Wir werden auf sie bei der Blutbahn der Milz zurückkommen.

Die Lymphoblasten des Keimcentrums werden sehr häufig in mitotischer Teilung betroffen. Die fertigen Lymphocyten werden wie in den Lymphknoten in der Rinde der Follikel deponiert und gelangen von dort in die Pulpastränge (Parenchym). Man findet dort immer zahlreiche mononucleäre kleine Zellen, welche von der Pulpa aus in die Milzvene gelangen. Bereits in den Sinus ist die große Zahl der Leukocyten auffallend (Abb. S. 593). In den Venen der Trabekel und Septen zählt man etwa 70mal mehr Leukocyten als in den benachbarten Arterien, was allerdings großenteils eine Folge des Unterganges zahlreicher roter Blutkörperchen in der Milz ist (Abb. S. 592).

Untersuchungen des Milzvenenblutes in der Vena lienalis außerhalb der Milz haben einen zwar deutlichen, aber viel geringeren Überschuß an Leukcoyten gegenüber dem Prozentsatz im Arterienblut überhaupt ergeben (das 1,8fache). Ich erinnere daran, daß auch nach der Einmündung des großen Brustlymphganges in die Vena anonyma sinistra die zahlreichen Lymphocyten sehr bald verschwinden.

Unter den weißen Blutkörperchen des Milzvenenblutes befinden sich sehr viele polynucleäre Formen. Da durch die Arterie wenige in die Milz hineingelangen, müssen sie aus dieser ausgeschwemmt sein. Ihre Bedeutung ist unbekannt. — Granulocyten mit polymorphen Kernen kommen in der roten Pulpa der Milz vor (Abb. S. 591), wahrscheinlich gehen sie hier zugrunde. Sie finden sich besonders bei Leukämie, wo wahrscheinlich der embryonale myeloische Charakter wieder aufflammt.

Rote Blutbildungszellen sind nur beim Embryo anzutreffen (S. 568) und gelangen bei diesem geradeso in das Milzvenenblut wie beim Erwachsenen die weißen Blutkörperchen.

Die Arterien, welche in den Hilus der Milz eindringen, verästeln sich mit den Trabekeln und gelangen mit diesen in die peripheren Septen des Organs. Sie liegen immer im Centrum des groben Gerüstes, während die Venen, in welchen sich schließlich das Blut wieder sammelt, auf lange Strecken den Trabekeln nur angelagert sind (Abb. S. 588, 597). Aus der Rinne am Rande des Trabekels, in welchem die Vene verläuft, dringt sie schließlich auch in den Balken ein und liegt dann neben der Arterie im Innern des Balkens bis zum Austritt aus dem Hilus.

Wie sieht die Blutbahn in der Pulpa aus, nachdem die Arterie das grobe Gerüstwerk der Milz verlassen hat, bis die zugehörige Vene wieder zu demselben Gerüstwerk, wenn auch nicht immer an die gleiche Stelle, zurückkehrt? Große Strecken davon sind genau bekannt, entscheidende Stellen aber sind noch recht unsicher. Ein Schema des Verlaufes gibt Abb. S. 597. Wir verfolgen an seiner Hand die einzelnen Strecken und strittigen Punkte der Blutbahn. Im MALPIGHIschen Körperchen werden, wie wir oben sahen, Ästchen abgegeben, welche sich in die Follikelcapillaren auflösen und vielleicht im Follikel endigen. Dann folgt eine Strecke der Arterie, welche, nicht mehr vom Lymphfollikel umgeben, frei in der roten Pulpa liegt. Alle Äste, in welche die Arterie endigt, bleiben selbständig, ohne Anastomosen mit anderen Arterienaufzweigungen. Sie sind Endarterien (S. 623). Eine Verstopfung der zuführenden Arterie eines Bogens wie im Schema würde das ganze Gebiet zur Verödung bringen, wenn nicht innerhalb des Parenchyms ein Blutaustausch möglich wäre. Darauf komme ich zurück.

Die Arterie zerfällt kurz vor oder nach ihrem Austritt aus dem MALPIGHIschen Körperchen pinselförmig in zahlreiche Ästchen, Penicilli. Früher oder später erleidet die Arterienwand eine Umwandlung. Sie ist auf eine Strecke weit in eigenartiger Weise verdickt und heißt deshalb Hülsenarterie. Oft liegt diese Strecke vor der Aufsplitterung der Arterie in die Penicilli, oft sind die Penicilli selbst Hülsenarterien wie im Schema (Abb. S. 597, 595). Die Lichtung der einzelnen Hülsenarterie ist stark verengt (Durchmesser 6—8 μ gegen 15 μ beim Verlassen der Malpighis). Die Wand besteht aus Endothel und einem syncytialen Belag, welcher dem Reticulum angehört, jedoch keine Lücken aufweist. Zwischen den zahlreichen Kernen der Scheide liegen feinste Fäserchen, Reste des retikulären Bindegewebes, aus welchem sich die syncytiale Scheide ableitet. In den Hülsen haben wir die Regulationsvorrichtungen für die Drosselung des Blutstromes zu suchen. Da keine Capillaren bestehen, sondern die Sinus infolge ihrer Weite und die Pulpa infolge ihrer Elastizität stark dilatierbar sind, so nehmen wir an, daß in Form der Hülsenarterien ein Ventil eingeschoben ist, welches wie ein Wasserhahn nur das jeweils nötige Flüssigkeitsquantum durchläßt, und zwar wahrscheinlich durch eine nervöse Regulation. Bei Injektionen hat man die Erfahrung gemacht, daß die Sinus nur von den Venen aus gefüllt werden können; die Hülsenarterien sind wahrscheinlich das Hindernis, welches wie ein geschlossener Wasserhahn den Weg in der Richtung von der Arterie zur Vene bei der Leiche nicht freigibt. Die Sinus liegen oft isoliert, oft reihen sich viele wie eine Kette aufeinanderfolgender und oft durch Seitenäste verbundener Teiche aneinander (Abb. S. 589); sie münden schließlich in die Balkenvene. Die Form der einzelnen Sinus ist sehr wechselnd, rundlich oder länglich spindelig.

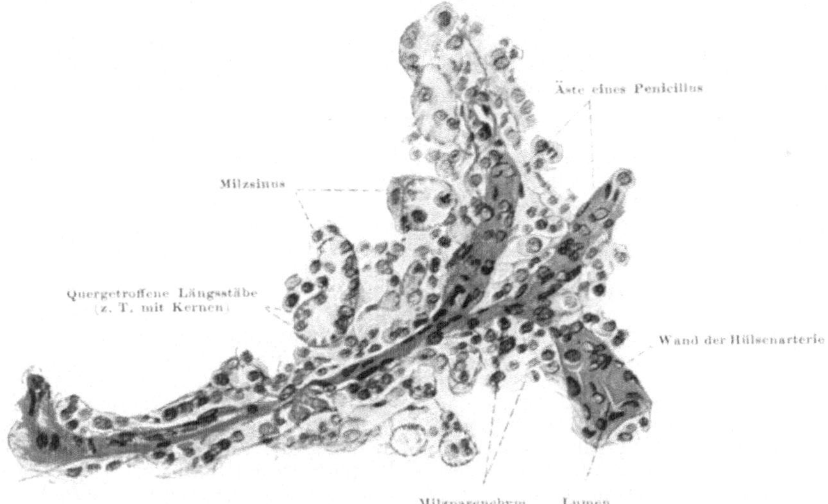

Abb. 287. Penicillus, Milz, Hingerichteter. Drei Ästchen liegen in der gleichen Schnittebene ausgebreitet, die übrigen nicht getroffen. Beim oberen Ast ist der Übergang in den Sinus angeschnitten.

Verfolgt man den Verlauf des Blutes durch die geschilderten Strecken, so hat die Bahn große Ähnlichkeit mit den kavernösen Geweben; allerdings ist der Mechanismus der Stauung ein anderer als dort, aber der Effekt ist der gleiche; das Blut kann in den Sinus gestaut und wieder daraus entfernt werden, wie es die Funktion der Milz verlangt. Im Penis sind die Wände der Kavernen sicher für das Blut unpassierbar. In der Milz muß an irgendwelchen Stellen ein Austausch von Blutkörperchen zwischen dem Inhalt der Blutbahn und dem eigentlichen Milzparenchym (Pulpastränge) durch die Wände hindurch stattfinden. Man beobachtet im normalen Organ immer rote Blutkörperchen im Parenchym, bei manchen Krankheiten ist es ganz von solchen überschwemmt. Wie kommen sie dorthin? Welchen Weg nehmen sie? Ist der Sinus zwischen seinen beiden Enden kontinuierlich (Abb. S. 597 bei a) oder ist er ganz unterbrochen, wie bei b im Schema (diskontinuierlich)? Gibt es durch die Sinuswand hindurch einen Weg in das Parenchym und wieder zurück oder nur in einer der beiden Richtungen? Gibt es noch einen anderen Weg zwischen den Arterien und Venen als denjenigen, welcher durch die Hülsenarterien führt? Auf diese Fragen ist eine sichere Antwort zur Zeit nicht möglich. Ganz wesentlich ist eine genaue Kenntnis der Sinuswand. Wir behandeln sie deshalb in einem besonderen Abschnitt und gehen dort auf die Frage ein, wie Blutkörperchen das Sinusinnere verlassen oder erreichen können.

Die Hülsenarterien werden von manchen Autoren als Capillaren mit verdickter Epithelwand aufgefaßt. Danach werden die Sinus als anschließende Venen bezeichnet (capillare „Venen"). Wir sehen in den Hülsenarterien etwas Milzspezifisches und halten es für am richtigsten anzunehmen, daß die Capillaren ganz in Fortfall gekommen sind.

Ob die Zellpolster der Hülsen nervös reguliert oder chemotaktisch zum An- und Abschwellen gebracht werden, ist eine offene Frage, da Nerven der Wandungen nicht sicher bekannt sind. Selbst wenn Nervenfasern vorhanden sind, könnten chemische Einflüsse maßgebend sein.

Die Sinus anastomosieren vielleicht auch mit solchen, welche von anderen Penicilli gespeist werden. Man denke sich z. B. die offenen Sinus in Abb. S. 597 mit anderen, nicht gezeichneten Sinus fremder Systeme im Austausch.

Ge-
schlossene
oder offene
Blutbahn

Manche Forscher nehmen an, daß die Knötchencapillaren an der Peripherie der Malpighis frei in die Pulpa münden und daß von dort aus ein Teil des arteriellen Blutes frei in das Parenchym einströmen kann in der Richtung des Pfeiles bei **d** im Schema. So soll der zur Zerstörung bestimmte Teil des Blutes durch das Reticulum hindurchsickern. Nach anderen Milzforschern hängen an den Hülsenarterien keulenförmige Sinusanhänge, aus welchen das Blut frei in das Parenchym austritt (im Schema bei **b**), um sich dann wieder in neuen Sinus zu sammeln, wie wenn zwischen zwei aufeinanderfolgenden Teichen nicht ein Kanal, sondern ein freies Überfließen in zahllosen wechselnden Rinnsalen besteht. Im letzteren Fall fließt das gesamte Blut durch die Pulpa. Wie dem auch sei, das Blut, welches mit den Reticulumzellen in Kontakt kommt, soll so geschädigt werden, daß viele Erythrocyten entweder bereits im Reticulum phagocytiert bzw. aufgelöst werden, oder aber daß ihre Form unverändert bleibt, das Innere jedoch „angedaut" wird. Zur Vernichtung bestimmt gelangen solche Erythrocyten in die Balkenvenen und werden von dort der Leber zugeführt.

Diejenigen Forscher, welche lediglich die Knötchencapillaren frei in die Pulpa münden lassen, aber glauben, daß die Sinus kontinuierlich sind wie bei **a**, nehmen außerdem eine zweite Blutbahn an, die via Knötchencapillare, Parenchym und Sinus geht, zwar kürzer ist als die erste, im Schema bei **a** gezeichnete Bahn, aber schwieriger passierbar ist, weil das Blut nur langsam durch die engen Filter des Reticulum in den Pulpasträngen hindurchsickern kann. Die Ventile der Hülsenarterien sollen dem Blut bald den einen, bald den anderen der beiden Wege vorschreiben. Diese Annahme stützt sich ganz wesentlich auf die experimentelle Transfusion von Hühnerblut in die Blutbahn der Säugetiermilz. Man hat gesehen, daß die großen, wohlcharakterisierten Erythrocyten des Huhnes zuerst in der Peripherie der Malpighis auftreten. Ähnliches ist bei Blutstauung und bei Farbinjektionen der Säugetier- und Menschenmilz beobachtet, nur ist in diesen Fällen eine Täuschung durch künstliche Sprengung der Blutbahn schwer auszuschließen. Das Experiment mit artfremden Erythrocyten, die vom unveränderten Blutstrom selbst transportiert werden, ist sehr sinnreich und wäre schlüssig, wenn nicht die Befunde vorerst zu spärlich wären.

Die zweite Blutbahn wäre nach diesen Annahmen eine offene Bahn, d. h. das Blut flösse durch das Parenchym ohne vorgeschriebene Route. Die Bahn durch die Sinus wie bei **a** im Schema ist eine geschlossene Bahn in dem Sinne, daß der Blutstrom selbst nicht durch das Parenchym führt. Viele Forscher nehmen an, daß nur diese eine Bahn existiert, daß offene Bahnen in der Milz gar nicht vorkommen. Diese Annahme schließt nicht aus, daß die Sinuswand für corpusculäre Elemente durchlässig, ja sogar ganz mit Öffnungen durchsetzt, porös ist.

Eine dritte Möglichkeit, welche durch die neuesten histologischen Untersuchungen wieder an Wahrscheinlichkeit gewonnen hat, rechnet nur mit offenen Bahnen. Danach sind die Sinus, wie oben bereits erwähnt (Schema bei **b**), diskontinuierlich. Entweder strömt das Blut frei in der Richtung des Pfeiles im Schema aus den keulenförmigen Anfangsstrecken durch das Gitter des Reticulum in beliebige sinuöse Anfänge der Balkenvenen, oder das Anfangs- und Endstück könnten einander so zugeordnet sein (bei **c** im Schema durch gestrichelte Konturen angegeben), daß im wesentlichen das Blut so strömt, wie wenn die Sinuswand vom Anfangs- zum Endstück fortgesetzt wäre. In diesem Falle (**c** im Schema) könnte man eine reticulumfreie und reticulumhaltige Strecke des Sinus unterscheiden; der Sinus wäre in gewissem Sinne doch kontinuierlich.

Die neuste Auffassung gibt das Schema Abb. b, S. 597 wieder: Die Hülsenarterien öffnen sich frei in die Maschen des Reticulums (in die „Flutkämmerchen");

aus diesen gelangt das Blut in die Sinus durch die Öffnungen der Sinuswände. In
dem Schema sind nicht berücksichtigt die Knötchencapillaren, die sich zum Reticulum ebenso verhalten wie die Fortsetzungen der Hülsenarterien. Weiter ist nicht

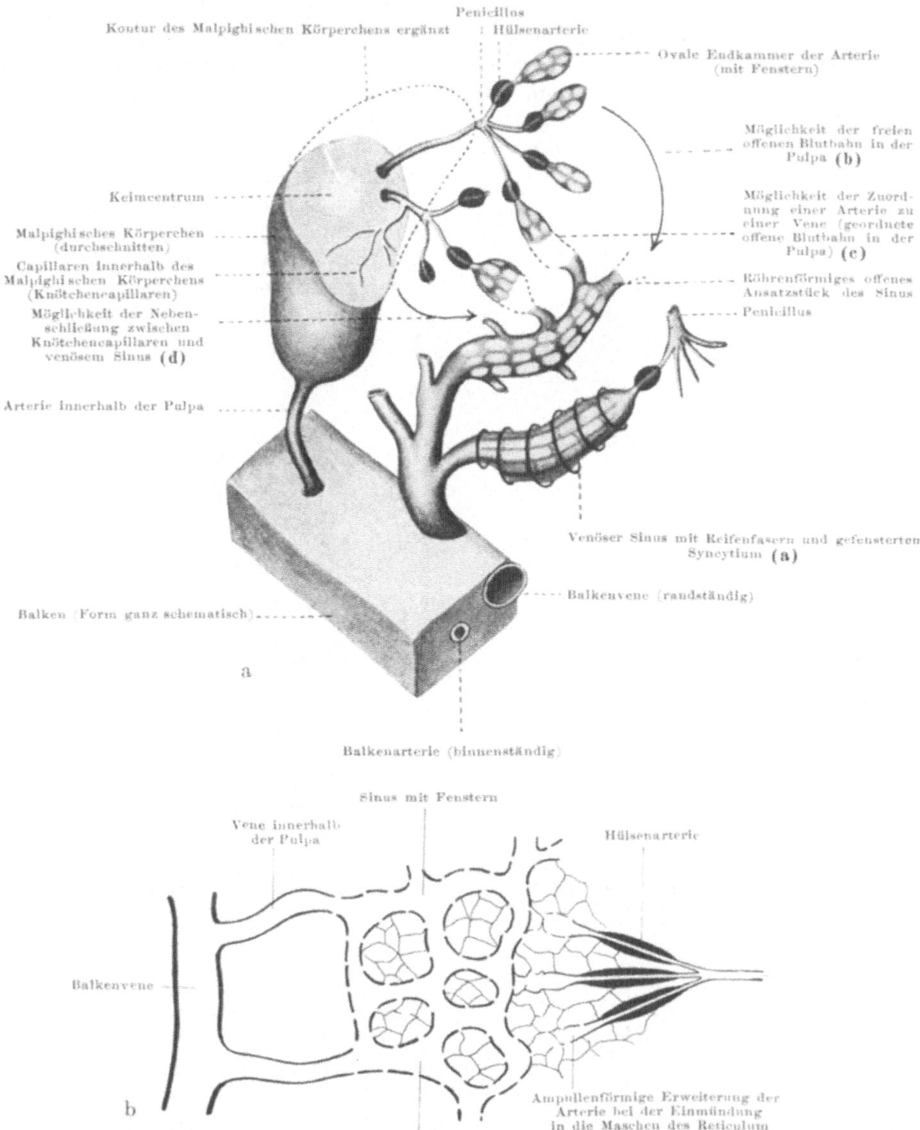

Abb. 288. Blutbahn der Pulpa. a Die verschiedenen Möglichkeiten nebeneinander schematisch dargestellt.
a geschlossene Blutbahn. b. c und d verschiedene Arten der offenen Blutbahn (mit Benutzung der Abbildungen
von Eppinger und Neubert). b aus Hartmann in Möllendorffs Handb. d. mikr. Anat. VI/1, S. 523.

berücksichtigt, daß neben dieser Hauptbahn, welche „offen" ist, eine geschlossene
Bahn, wenn auch vielleicht nicht überall, gegeben ist, in der unmittelbaren Einmündung eines Astes der Hülsenarterie in einen Sinus (wie bei a in Abb. a, Nr. 288),
also einer arterio-venösen Anastomose, welche wie ein Auslaßventil die Umgehung
der „offenen" Hauptbahn ermöglicht.

Man denke sich eine Faßwand aus Dauben und aus Reifen, welche die Dauben zusammenhalten, so hat man das grobe Bild der Sinuswand der menschlichen Milz. Den Dauben entsprechen langgestreckte Elemente mit einem Kern, welcher oval ist und in die Lichtung des Sinus vorspringt (Abb. Nr. 289, 290). Wir nennen sie Längsstäbe; sie entsprechen dem Endothel der Capillarwand. Den Faßreifen entsprechen Reifenfasern, die ihrer Substanz nach den Gitterfasern des Reticulum zugehören, aber dicker sind. Sie sind einfach oder gespalten, liegen quer oder etwas schräg zur Längsachse des Sinus. So weit sind im großen und ganzen die Autoren einig. Die Hauptschwierigkeit beginnt mit der Frage, ob es noch ein drittes Element der Wand gäbe? Die Längsstäbe schließen nicht fest aneinander wie die Dauben eines gut gedichteten Fasses, sondern sie sitzen sehr locker. Nach den Einen sind die Zwischenräume

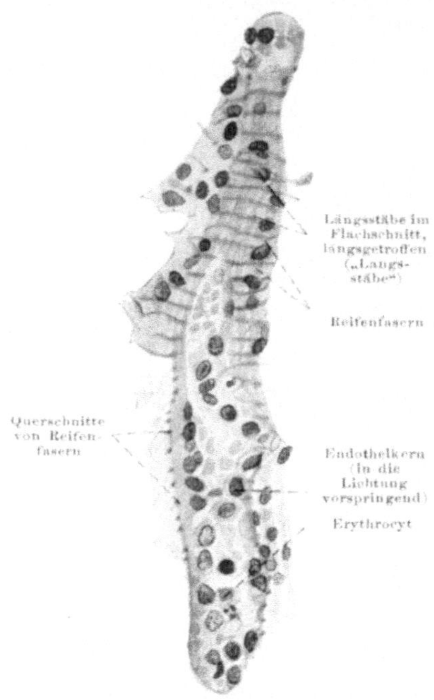

Abb. 289. Milzsinus, längsgetroffen. Hingerichteter. Im oberen Teil ist die Wand im Flachschnitt zu sehen, im unteren Teil geht der Schnitt längs durch die Lichtung des Sinus.

Abb. 290. Schema der Sinuswand, oberer Teil ohne Häutchen, unterer Teil mit Häutchen.

zwischen den Längsstäben offen; sie wären danach wie Fenster ohne Scheiben (oberer Teil des Schemas Abb. Nr. 290). Nach den Anderen sind sie an den meisten Stellen wie durch Scheiben verschlossen, und zwar durch ein strukturloses Häutchen, welches zwischen Längsstäben und Reifenfasern liegt und eine dritte Schicht — in der Mitte der Wandung — darstellen würde (unterer Teil des Schemas). Das Häutchen wird für eine Basalmembran gehalten, wie sie häufig zwischen Epithel und Bindesubstanzen vorkommt, wird aber von der Gruppe der Forscher, welche für offene Fenster eintritt, kategorisch geleugnet.

In beiden Fällen ist ein Passieren von Blutkörperchen in das Parenchym hinein oder vom Parenchym in das Innere des Sinus hinein möglich. Im ersteren Fall dienen dazu besondere Poren, welche wie der Spund eines Fasses durch das Häutchen hindurchgehen, im letzteren Fall lassen sämtliche Zwischenräume die Blutkörperchen durch. Die Poren sind in manchen Milzen zahlreich (Katze, Abb. S. 591). Beim Menschen stecken in der Wandung der Sinus von pathologischen Milzen oft Massen von Erythrocyten; sonst sind die Lücken nicht so leicht sichtbar wie in der tierischen Milz.

Im einzelnen gibt es der dunklen Punkte sehr viele. Ich nenne die Endothelien Längs„stäbe", weil sie nicht einzelne Zellen, sondern von Anfang an zusammenhängende Plasmodien geblieben sind. Einem Zellterritorium entsprechen 3—7 Stäbe. In der tierischen Milz sind nicht immer Längsstäbe sichtbar, sondern ein diffuses, flächenförmiges Plasmodium bildet die Sinuswand (Abb. S. 591). Auch die Reifenfasern sind bei tierischen Milzen zarter und nichts anderes als Teile eines „Netzfasermantels", welcher in das Gittergerüst der Pulpastränge ohne scharfe Grenze übergeht und zu ihm gehört. Da Endothel und Reticulum wie in den Lymphknoten dem reticuloendothelialen Apparat zugehören, so ist auch die Sinuswand nach dieser Auffassung eine Einheit. Die Wand wäre stark porös, indem das innere syncytiale und das äußere faserige Reticulum mit ihren Lücken aufeinander passen. — Ist ein Häutchen vorhanden, so sind die Poren in ihm durch durchwandernde Lymphocyten entstanden zu denken; sie entstehen und vergehen, können aber auch rote Blutkörperchen, die unmittelbar auf weiße folgen, hindurchlassen. Ein Verschluß der Sinuswand ist so denkbar, daß die Längsstäbe und Reifenfasern durch Kontraktilität sich nähern und daß so die Zwischenräume verengt und verschlossen werden.

Auf Querschnitten durch die Sinus sieht man die Längsstäbe als kleine Pünktchen (Abb. S. 595) Bei leeren, etwas kollabierten Sinus können die Kerne, die zu den Längsstäben gehören, sehr dicht stehen, so daß das Lumen von einem geschlossenen kubischen Epithel ausgekleidet zu sein scheint (Abb. S. 590). Sind die Sinus gefüllt und erweitert, so stehen die Kerne der Wandbekleidung weiter auseinander.

Die Pulpastränge (Milzparenchym) werden von dem maschenreichen Reticulum gebildet, welches die Zwischenräume zwischen den Sinus ausfüllt (Abb. S. 593). Außer zahlreichen Blutkörperchen (Lymphocyten, Erythrocyten und Granulocyten) ist eine besondere Zellart in ihnen beschrieben worden, welche Pulpazellen, Splenocyten, genannt werden. Sie sind groß, mononucleär und haben die Fähigkeit, große Elemente phagocytär zu assimilieren (Makrophagen). Blutkörperchen, die noch ganz sind oder bereits in Trümmer zerfielen, werden von ihnen aufgenommen. Freie Pigmentschollen und -körner in den Pulpasträngen rühren von nicht aufgenommenen oder ausgestoßenen Resten der zerstörten Erythrocyten her (Hämosiderin). Die Eisenreaktionen zeigen, daß das Metall vor allem an der Grenze zwischen den Sinus und dem Parenchym gespeichert wird. Die Endothelien (bzw. das endotheliale Plasmodium) sind der Sitz der Speicherung. Man geht deshalb wohl nicht fehl, wenn man den reticuloendotheliälen Apparat als das System ansieht, welchem die Zerstörung der roten Blutkörperchen in der Milz obliegt. Die Pulpazellen oder Splenocyten sind danach aus Reticulumzellen hervorgegangen, welche sich aus dem Verbande des Reticulum loslösen; man nimmt an, daß sie in die Blutbahn hineingelangen und das Eisen verfrachten können.

Reticulo-
endo-
thelialer
Apparat
und
Eisenstoff-
wechsel

In den Pulpasträngen der Milz findet man regelmäßig zahlreiche Blutplättchen. Man schließt daraus, daß sie wie die Erythrocyten in der Milz zerstört werden. Auch für die neutrophilen Granulocyten könnte dies zutreffen, so daß die knochenmarkspezifischen Körperchen sämtlich in der Milz ihren Untergang finden, sobald sie verbraucht sind.

Da die Splenocyten ursprünglich Gewebszellen sind, so gehören sie zu den Histiocyten (S. 583, 579). Vital mit Carmin und anderen Farbstoffen beladene Endothelien der Milzsinus und abgelöste KUPFFERsche Sternzellen der Leber können ebenfalls im Blut angetroffen und an ihren Einschlüssen erkannt werden. Sie werden mit zum reticuloendothelialen Apparat gerechnet, ebenfalls die Endothelien aus dem Knochenmark, aus den Lymphknoten u. a.

Wieviel Hämoglobin in gelöstem Zustand von der Milz in die Leber transportiert wird, ist nicht sicher bekannt. Neuerdings wird behauptet, es sei gleich Null.

In den Sternzellen der Leber finden sich die gleichen, mit Eisenreaktionen nachweisbaren Einschlüsse wie in den Endothelien der Milzsinus. Daraus wird geschlossen, daß gewisse Erythrocyten in der Milz nicht zerstört und phagocytiert, sondern nur „angedaut" werden. Scheinbar unverändert gelangen sie

mit dem Venenblut der Milz in die Pfortader und in das venöse Wundernetz der Leberläppchen. Dort nehmen die KUPFFERschen Sternzellen sie durch Phagocytose auf.
Wieviel sich von diesen Vorstellungen durch spätere Untersuchungen bewahr-
heiten wird, bleibe dahingestellt. Ich erwähne sie, weil sie einen vorläufigen Begriff
von den Bahnen geben, welche das Eisen beim Zerfall der Erythrocyten nimmt.
Daß dabei die Milz und Leber gemeinsam arbeiten, steht außer jedem Zweifel,
nur das feinere histologische Detail ist zur Zeit verschieden deutbar. Nach Exstirpation der Milz nehmen die blutzerstörenden Zellen in der Leber zu. Man hat
geradezu von einer lienalen Komponente der Leber gesprochen (S. 337).

Da die Leber in den Gallenfarbstoffen die eisenfreien Abkömmlinge des Hämoglobin ausscheidet, so kann man durch Berechnung der Menge des abgeschiedenen
Gallenfarbstoffes im Kot (und Harn) auf die Menge des zerstörten Hämoglobin
schließen. Danach wird bei Kindern in ungefähr einem Monat die gesamte Blutmenge umgesetzt (täglich 3,4%). Damit stimmt gut überein, daß die letzten Reste
transfundierten Blutes nach 30 Tagen verschwinden. Die Annahme, daß die Erythrocyten 3—4 Wochen lang leben, wird dadurch gestützt (S. 567). Doch werden gegen
diese Berechnungen neuerdings Einwände gemacht.

Die Beziehung der Milz zum Eisenstoffwechsel ist nicht ihre einzige Tätigkeit,
aber die zur Zeit bekannteste. Sie reguliert auch den Umsatz des Cholesterin im
Körper. Außerdem dient sie als Regulator für die Menge des im Körper zirkulierenden
Blutes und der Erythrocytenzahl, indem sie mehr oder weniger Blut in ihren Bluträumen zurückhält.

C. Allgemeine Gefäßlehre (Angiologie).

I. Die Wandungen der Gefäße.

Undurch-
lässigkeit
und Durch-
lässigkeit

Die Wandung der Gefäße hat zwei ganz verschiedenen Beanspruchungen
zu genügen. Erstens hat sie den Inhalt wie das Wasser einer Wasserleitung
an die Stellen, wo er gebraucht wird, hinzuführen und wieder zurückzuleiten
und muß dazu dicht sein wie eine Rohrleitung, welche das Versickern des
Inhaltes verhindert; zweitens hat sie den Austausch der Gase, der gelösten
Stoffwechselsubstanzen und gewisser corpusculärer Elemente zwischen Inhalt und Umgebung dort zuzulassen oder sogar aktiv zu regeln, wo sie
gebraucht werden. Im ersteren Fall bleibt der Inhalt durch die Tätigkeit
der Wandung unverändert, im letzteren Fall wird er verändert. Diese
entgegengesetzte Tätigkeit ist auf verschiedene Strecken der Gefäßbahn verlegt, indem die Blutcapillaren (Abb. S. 602) und die Lymphcapillaren nur
eine einzige Wandschicht besitzen, das Endothel (Angiothel). Alle Haargefäße haben es gleichsam in Reinkultur. Auch in den Arterien, Venen und
Lymphgefäßen bildet es die innerste Lage der Gefäßwand; beim Embryo ist
es anfänglich allein da (primäre Gefäßwand). Aber zur Dichtung und Fortbewegung kommt bei allen Gefäßen außer bei den Capillaren noch eine Hülle
hinzu, welche das innere Endothelrohr überzieht und welche selbst sehr reich an
verschieden gebauten Lamellen sein kann, die Accessoria (sekundäre Gefäßwand, Perithel). Der Beweis für die sichere Abdichtung des Endothelrohres
seitens der Accessoria liegt darin, daß die Accessoria ihre Nahrung von auswärts beziehen muß. Auch da, wo ihr Inneres dauernd vom Blutstrom mit
seinem reichen Gehalt an Gasen und Nährstoffen bespült wird wie in den
Arterien, treten von außen an die Accessoria besondere Ästchen, die Vasa
vasorum (Abb. S. 609), heran, welche sich in ihr verzweigen; sie sind vorher
irgendwo von dem Hauptstrom abgezweigt wie Ästchen, welche die Organe
versorgen, bleiben aber innerhalb der Gefäßwand und geben nach kurzem
Verlauf Capillaren ab, welche bis gegen die innerste Schicht der Accessoria
vordringen. Die Nahrungszufuhr für die Gefäßwand kommt nicht auf dem
nächsten Wege von innen, sondern auf einem Umwege von außen. Die Accessoria

ist ihrer Ernährung nach dem Blutstrom gerade so gut ein Fremdorgan wie irgendein beliebiges Organ des Körpers, welches von der Gefäßwand entfernt liegen kann.

Die Accessoria ist in anderer Hinsicht ein integrierender Baustein der Gefäßwand und nicht weniger wichtig als das Endothelrohr. Sie enthält bei den Blut- und Lymphgefäßen elastische und muskulöse Elemente, oft in großer Zahl und immer in feinster, der lokalen Aufgabe und dem Dienst des ganzen Zirkulationsapparates genau angepaßter Verteilung. Bringt man experimentell bei Embryonen den Kreislauf zum Stillstand, so entwickelt sich die Accessoria abweichend von dem Bau, den sie bei zirkulierendem Blut annehmen würde. Die Bausteine fügen sich also gemäß dem Grade der Beanspruchung zusammen. Die Wand ist nicht starr wie die Röhren einer Wasserleitung. Das Herz würde gar nicht die Kraft haben, das Blut durch ein starres System von der Verteilung der Gefäße im Körper hindurchzutreiben. Wie im Bewegungsapparat für den Gesamtkörper und seine einzelnen Teile aus verschiedenen Materialien immer wieder neue Anordnungen und Formen entstanden sind, so auch in der Accessoria der Gefäßwand. Sie ist bei Arterien, Venen und Lymphgefäßen von Stelle zu Stelle des Körpers so verschieden gebaut, daß an jedem Ort die Verschiedenheit im Bau der genannten Leitungsrohre gegen andere Orte mit dem Mikroskop nachweisbar ist. Diese Verschiedenheiten sind bedingt durch die dynamischen Faktoren des Blutstroms (Seitendruck, Längszug), durch die Verschiedenheit der Umgebung hinsichtlich der Unterstützung der Gefäßwand gegenüber dem Blutstrom (vgl. S. 606) und durch die Aufgabe für die Regulierung der Blutströmung (Durchflußmenge, Blutdruck). Man könnte genau so, wie jede Stelle eines Armes oder Beines ihre besondere Zusammenstellung von Knochen, Bändern, Baufett und Muskeln aufweist, für jede kleine Gefäßstrecke einen Aufbau der Accessoria aus elastischen und muskulösen Häuten der gemischten Musculo-elasticae schildern. Die Forschung ist hier bezüglich der kausalen Zusammenhänge noch vielfach in den Anfängen. Aber das Prinzip ist gesichert, daß die Accessoria ihrer technischen Konstruktion nach zu den vollendetsten Bewegungsapparaten unseres Körpers gehört: ihre Aufgaben erfüllt sie Tag und Nacht, für sie gibt es keine Pause.

Die Endothelien der primären Gefäßwand sehen mikroskopisch viel einfacher aus als die Accessoria, aber dieser Schein trügt. Auch ihnen liegen sehr komplizierte Aufgaben ob, die von Ort zu Ort und vor allem von Stunde zu Stunde oder sogar von Sekunde zu Sekunde wechseln können. Die chemisch physikalischen Eigenschaften des Zelleibes der Endothelien, welche diese Aufgaben nach der Art einer Sekretion zu lösen haben, sind mit dem Mikroskop nicht zu lokalisieren. Ob und wie sie an bestimmte Strukturen der Zellen gebunden sind, ist noch so gut wie unbekannt.

Der Name Angiothel für Endothel bei den Gefäßen will ausdrücken, daß die Zellen biologisch etwas Spezifisches und jedenfalls etwas anderes sind als etwa die Endothelien in den Gelenkhöhlen, Schleimbeuteln, Sehnenscheiden u. dgl., welche zwar auch Substanzen durchlassen, aber zum mindesten graduell nicht die eminente Wichtigkeit für den Flüssigkeitsaustausch und Gaswechsel haben wie das Angiothel. Wir müssen annehmen, daß diese Verschiedenheiten im feineren Bau sich äußern und auch einst strukturell aufgezeigt werden können. Da dies zur Zeit nicht der Fall ist und der wissenschaftliche Sprachgebrauch sich seit jeher auf das Wort Endothel bei den Gefäßen festgelegt hat, so behalten wir es bei.

Inwiefern die Endothelien der Capillaren einerseits und die der Blut- und Lymphgefäße mit einer Accessoria andrerseits strukturell verschieden gebaut sind, entzieht sich begreiflicherweise bei dieser Sachlage unserer Kenntnis. Man nimmt an, daß die Endothelien in den letzteren so weit durchlässig sind, daß die Tunica interna vom strömenden Blut aus versorgt wird, die Tunica media und Tunica externa dagegen von den Vasa vasorum aus. — Gewisse Endothelien sind imstande zu speichern, z. B. die Capillarendothelien der Nebenniere und der Hypophyse, wie die KUPFFERschen Sternzellen der Leber usw. (reticuloendothelialer Apparat, S. 579). Die Annahme, daß die Monocyten des Blutes aus Endothelien stammen, ist irrig (vgl. S. 603).

1. Die Wand der Haargefäße.

Mikro-
skopisches
Bild

Die Wand der Haargefäße, Blut- und Lymphcapillaren, des Menschen sieht unter dem Mikroskop äußerst einfach aus. Man bemerkt bei gewöhnlichen Färbungen eine strukturlose feine Röhre mit länglich ovalen, platten Kernen, welche bald zahlreicher, bald weniger zahlreich in der Wand liegen und je nach ihrer Stellung zum Auge des Beobachters schmäler oder breiter aussehen (Abb. S. 608, 604). Durch Behandlung mit Höllenstein (Argentum nitricum) lassen sich gezackte Zellgrenzen nachweisen, weil die Zellen durch eine Kittsubstanz miteinander verlötet sind, welche das genannte Reagens speichert und sich dann durch die Einwirkung des Tageslichtes schwärzt (Abb. a, Nr. 291). Die Zellen sind in der Richtung der Capillare langgestreckt, verjüngen sich an beiden Polen zu Spitzen oder abgestumpften Enden und haben je einen Kern. An günstigen Objekten (Amphibien)

Abb. 291. Blutcapillare. a Färbung mit Höllenstein und Hämatoxylin. Mesenterium, Frosch. Totalpräparat (da auch die Kerne des umgebenden Bindegewebes gefärbt sind, so läßt sich schwer entscheiden, welche Kerne im Präparat auf der Vorder- und Hinterfläche der Capillare zu der Capillarwand selbst gehören und welche nur auf sie projiziert sind; deshalb sind in der Zeichnung alle Kerne auf der Vorder- und Hinterwand weggelassen). b Pericyte (ROUGETsche Zelle) einer Capillare aus der Froschzunge. Nachvergoldung nach APATHY (aus VIMTRUP, Zeitschr. f. d. ges. Anat. Abt. I, Bd. 65, Taf. V, Abb. 10). c Pericyten kleinster Arterien mit anschließenden Capillaren (letztere rechts) aus dem Herzen eines 43jährigen Mannes. Chromsilberimprägnation. (K. W. ZIMMERMANN, Ibidem Bd. 68, Abb. 107, 1923.)

wollen verschiedene Autoren gesehen haben, daß die Kittsubstanz, welche von ihnen für gallertartig (halbflüssig) gehalten wird, hier und da feine Poren besitzt. Die feinsten heißen Stigmata, die etwas größeren Stomata. Die ersteren werden für stationär gehalten; die letzteren sollen beim Durchtritt amöboid beweglicher Leukocyten aus ersteren entstehen und wieder vergehen, sobald die Capillarwand von der Zelle passiert ist. Nach dieser Definition sind die Stomata vorübergehende Gebilde (auf andere Anschauungen und Definitionen gehe ich nicht ein). Ob tatsächlich die Durchtrittsstelle vorgebildet ist oder wechselt, ist für die höheren Tiere und den Menschen fraglich. Sicher ist, daß speziell die Lymphocyten die Wand der Blut- und Lymphcapillaren passieren können (kleinzellige Infiltration) und daß bei Erkrankungen auch die neutrophilen Granulocyten und Erythrocyten die Blutbahn verlassen, ohne daß sie selbst Schaden leidet, also durch vorgebildete oder ad hoc entstehende Lücken in der Intercellularsubstanz.

Nicht alle Endothelien bestehen aus abgegrenzten Zellen. Die KUPFFERschen „Zellen" in der Leber und die Wandbekleidung der Milzsinus sind Plasmodien, in welchen Zellgrenzen fehlen. Bei den Capillaren der Embryonen scheint dies allgemein so zu sein, so daß die Befunde dieser Art bei ausgewachsenen Organen als Überbleibsel primitiver Zustände gelten.

Man nennt in der Pathologie den Austritt bei unverletzter Wand per diapedesin, bei zerrissener Wand per rhexin. Nur im letzteren Fall ist die Wand selbst defekt, im ersteren ist die normale Fähigkeit quantitativ verstärkt, aber nicht eigentlich verändert. Daß die roten Blutkörperchen in der Norm nicht in das Freie gelangen können, bei Erkrankungen dagegen wohl, hängt vielleicht damit zusammen, daß die Poren bei zahlreich emigrierenden Leukocyten gelegentlich zu größeren Löchelchen verschmelzen, aus welchen die Erythrocyten ausschlüpfen, weil bei der Entzündung zugleich der Blutdruck in den Capillaren als vis a tergo gesteigert ist.

Eine viel umstrittene Frage betrifft die homogene Grundmembran, welche das Endothel, namentlich in den Lungencapillaren, umgeben soll. Sie wird von vielen Autoren ganz geleugnet. Nach den neueren Forschungen kann als sicher gelten, daß vielfach besondere contractile Zellen (Pericyten, ROUGETsche Zellen) spinnenförmig die Capillaren umschließen (Abb. b u. c, S. 602). Ob sie wirklich con-tractile Elemente darstellen, ist nicht sicher. Sie besitzen zum Teil die Fähigkeit der Speicherung und verhalten sich ähnlich wie die ruhenden Wanderzellen des Bindegewebes (S. 583). Sicher sind die Endothelien der Capillaren selber contractil und können die Capillaren streckenweise zum Verschluß bringen (vgl. auch S. 604). Außer den ROUGETschen Zellen liegen in der Nachbarschaft der Capillaren undifferen-zierte Mesenchymzellen („Adventitiazellen"), aus welchen neuerdings die Monocyten des Blutes hergeleitet werden.

Die sich entwickelnden Haargefäße entstehen beim Embryo und nach der Geburt im Anschluß an bereits vorhandene Gefäße als solide Sprossen, welche aufeinander zuwachsen und sich zu einer neuen Masche zusammenschließen. Solange keine Lichtung gebildet ist, ist der Sproß je nach seiner Dicke aus einigen oder mehreren Zellagen aufgebaut, die später zu einer einschichtigen Tapete auseinanderweichen und dadurch das Lumen freigeben. Die Entwicklung neuer Gefäße geht immer von schon vorhandenen Gefäßen aus.

Der Übergang der Capillaren in die Arterien, Venen oder Lymphgefäße erfolgt beim Menschen allmählich. Ob bei Tieren gelegentlich Anhäufungen von contrac-tilen Zellen nach Art von Schleusenvorrichtungen vorkommen, welche den Blut-zutritt zum Capillargebiet regeln, ist strittig.

Man hat mit Recht die Haargefäße als den Umschlagshafen zwischen den im Blut- und Lymphstrom an- und abtransportierten Gütern und dem Hinter-land der Gefäße, den Geweben und Organen des Körpers, bezeichnet. Der Austausch geht im allgemeinen nach den physikalischen Gesetzen der Filtration, Diffusion und Osmose vor sich, als übergeordnete Faktoren können außer-dem besondere elektive biologische Kräfte regelnd eingreifen, die wir uns in der Endothelschicht lokalisiert denken. Ob die Zellen oder die Intercellular-strukturen oder beide zusammen das rein Physikalische des Prozesses be-sorgen, bleibe dahingestellt. Die Auswahl durch die Zellen ist eine Art von Sekretion, die wahrscheinlich durch die Art des Gewebssaftes ausgelöst wird, welcher von außen die Wand des Haargefäßes benetzt und durch nervöse Einflüsse reguliert wird. Je nach dem momentanen Zustand eines Gewebes oder Organes, in welchem sich das Haargefäß befindet, ist die Benetzung derWand eineandere; sie kann dementsprechend verschieden funktionieren nach Art einer Drüse, deren Sekret je nach den Umständen verschieden sein kann. Über die Nerven der Haargefäße soll unten berichtet werden.

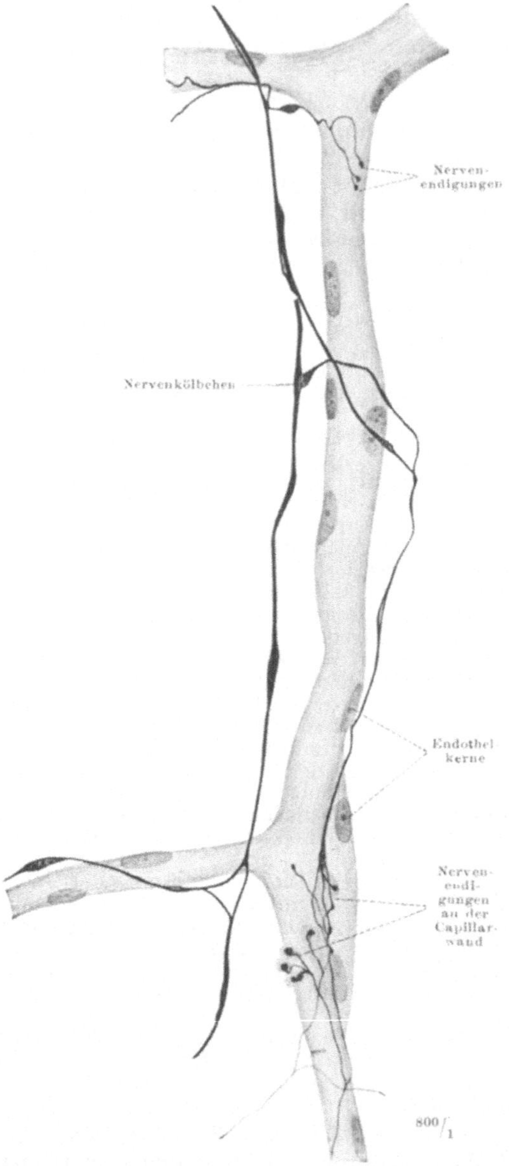

Schon früher war von niederen Wirbeltieren bekannt, daß sich die Lichtungen der Haargefäße durch die eigene Tätigkeit der Wandungen verengern und erweitern können. Durch das moderne Capillarmikroskop ist das gleiche für die Blutcapillaren der menschlichen Haut sichergestellt worden. Man hat den Einfluß des Herzens und eine Täuschung durch die von ihm ausgehende, bis in die Capillaren sich fortsetzende Pulsation dadurch ausschalten können, daß man den Blutstrom bei einer Extremität durch eine feste Ligatur abdrosselte, wie es bei Zerreißungen und Operationen zur Blutstillung geschieht (ESMARCHsche Binde). Trotzdem war unter Umständen die Beweglichkeit der Capillaren erhalten, bei Tieren auch nach Entblutung des betreffenden Gebiets und Unterbindung der zuführenden Arterien. Erfahrungen an der frischen Leiche sprechen in demselben Sinne. Fraglich ist nur, ob die Verengerung der Lichtung durch Quellung der Endothelien oder durch eine aktive Kontraktion der Zellen zustande kommt. Die Pericyten (oder ROUGETschen Zellen, Abb. b u. c, S. 602)

Abb. 292. Blutcapillare mit Nervenendigungen. O. SCHULTZEsche Silberfärbung. Aus der Tela chorioidea des menschlichen Gehirns. Präparat von Dr. PH. STÖHR jun.

sind wahrscheinlich contractil; außer diesen Zellen kommen die Endothelien selbst für den Vorgang in Betracht. Nach den beobachteten Geschwindigkeiten und Intervallen der motorischen Erscheinungen ist es nicht wahrscheinlich, daß die hämodynamische Kraft des Herzens durch eine regelmäßige Tätigkeit der Capillaren unterstützt wird, daß die Capillaren gleichsam als ein „peripheres

Herz" die Kraft des centralen Motors ständig unterstützen. Aber in besonderen Fällen kann die eigene Tätigkeit der Haargefäße nach Art einer peristaltischen Welle einsetzen und das vom Herzen ausgehende Druckgefälle korrigieren, ebenso wie die Endothelien die chemisch-physikalischen Eigenschaften der Capillarwand selbsttätig beeinflussen. Besonders da, wo zwei Capillargebiete hintereinander geschaltet sind, wie im Pfortaderkreislauf (Abb. S. 549), ist wahrscheinlich die Eigentätigkeit der Capillaren für die Hämodynamik besonders wichtig.

Die neuere Technik hat uns mit einer reichlichen Versorgung der Haargefäße mit Nerven bekannt gemacht, welche deshalb als Bahn der nervösen Leitung für die Capillarwand gesichert sind, weil besondere Nervenendigungen in ihr festgestellt wurden (Abb. S. 604). Inwieweit die Capillaren der verschiedenen Körperdistrikte verschieden innerviert werden, ist noch zu wenig untersucht. Die besten Bilder stammen aus den Plexus chorioides des Gehirns, in welchen eine besonders lebhafte Tätigkeit bei der Ausscheidung des Liquor cerebri und deshalb vielleicht eine besonders hohe Ausbildung der Nervenbahnen für die Capillarwand statthat. Die Nerven gehören zum sympathischen Nervensystem; denn man hat den Sympathicus bei Tieren gereizt und gesehen, daß die Lichtung der zugehörigen Haargefäße sich daraufhin verengerte.

Gewisse konstitutionelle Eigentümlichkeiten äußern sich gleichzeitig in den Haargefäßen und an sonstigen Provinzen des Körpers, die vom Sympathicus abhängig sind, z. B. an der glatten Muskulatur (vasoneurotische Schwäche). Die Haargefäße weisen dabei Anomalien der sekretorischen Tätigkeit oder der Motilität ihrer Wandungen auf. Daraus können wir schließen, daß auch in der Norm die nervösen Leitungsbahnen sowohl sekretorisch wie motorisch auf die Endothelien der Haargefäße einwirken. In dem nervösen Zusammenhang zwischen den Centralorganen des Nervensystems und den Blutcapillaren zeigt sich ein Weg, welcher die Abhängigkeit organischer Erkrankungen des Körpers von psychischen Leiden begreiflich erscheinen läßt. Seelische Vorgänge können auf dem Wege über den Sympathicus die Haargefäße beeinflussen und dadurch die Funktionen der Organe nach der gesunden oder kranken Seite hin leiten.

Welche Bedeutung die verschiedenartigen Endknöpfchen der Capillarwandnerven haben (Abb. S. 604), ist noch unbekannt, ebenso ob nur eine Zuleitung vom Sympathicus oder auch eine Ableitung dorthin besteht.

2. Die Wand der Arterien und Venen.

Man kann sagen, daß im allgemeinen bei den Arterien das muskulöse, bei den Venen das bindegewebige Element in der Wandung vorwiegt, doch sind die Schwankungen so groß, daß Venen vorkommen, deren Wand genau so viel oder mehr Muskulatur enthält als Arterien. Ganz anders gestaltet sich die Sache, wenn wir diejenigen Arterien und Venen miteinander vergleichen, welche zu ein und demselben Organ oder zu dem gleichen Körperbezirk gehören. In diesem Falle sind sie aufs deutlichste voneinander verschieden und nicht miteinander zu verwechseln.

Die hämodynamische Aufgabe der beiden Gefäßarten ist prinzipiell sehr verschieden. Die Arterien leiten das Blut gegen den Widerstand der eigenen Gefäßwandungen und des Capillarnetzes der Peripherie zu. Man hat den Druck in der Aorta mit dem in den Capillaren verglichen und daraus berechnet, daß ein ganz gewaltiges Druckgefälle zwischen Herz und Peripherie besteht; durch die Viscosität des Blutes, durch die Reibung an den Wänden und besonders an den Verzweigungsstellen der Arterien, schließlich durch das Einzwängen der Blutkörperchen in die engen Lumina der kleinsten Arterien wird der größte Teil der Herzkraft erschöpft, bis das Blut die Haargefäße erreicht. Dabei wird Wärme frei, und zwar so viel, daß etwa 2% der vom Menschen täglich produzierten Gesamtwärme aus dieser Quelle stammt. Die Geschwindigkeit und der Druck des Blutes in den Arterien ist also viel größer als in den Capillaren. In den Venen dagegen ist der Druck des Blutes sehr gering, in großen Venen kann er dem Einfluß der Umgebung, z. B. der inspiratorischen Tätigkeit des Brustkorbes, so wenig standhalten, daß sogar negativer Druck entsteht. Wird bei einer Halsoperation eine Halsvene ohne die nötigen Vorsichtsmaßregeln geöffnet, so kann Luft in das Blut hineingesaugt werden und mit ihm in das Herz und in die Lungenarterie gelangen; dadurch, daß die Luftbläschen die feinen Gefäße der Lunge verlegen, kann fast augenblicklich der Tod herbeigeführt werden. Gegen die Peripherie zu enthalten die kleineren Venen allerdings stets positiven Druck, aber doch immer einen viel geringeren als die Arterien, weil die Kraft des Herzens in den kleinsten Arterien fast ganz erschöpft ist und weil gewöhnlich die zwar an sich möglichen peristaltischen Eigenbewegungen der Capillarwände keine Rolle für den Blutdruck spielen.

Da die Beanspruchung der Venen- und Arterienwand prinzipiell äußerst verschieden ist, sollte man erwarten, daß sie überall und unter allen Umständen sehr verschieden gebaut seien. Bei näherer Analyse ist dies auch immer nachweisbar, aber alle gröberen Unterschiede können verdeckt sein infolge der Anpassung der Accessoria der Gefäße an die lokale Umgebung, vor allem an die das Gefäßrohr von außen her beeinflussenden mechanischen Verhältnisse und Widerstände. Tritt z. B. ein Gefäß in den Knochen oder in ein von Knochen festgefügtes Gehäuse wie den Schädel ein, so entsteht ihm aus der Umgebung eine Hilfe, welche in einer Umgebung von Weichteilen fehlt (z. B. in den dazu noch stark verschieblichen Eingeweiden). Eine Arterie und eine Vene, welche in der gleichen Umgebung liegen und welche gewöhnlich dem gleichen Körperbezirk der Versorgung nach angehören, stehen unter ähnlichen äußeren Bedingungen. So kann sich die prinzipielle Verschiedenheit der Arterien- und Venenwand unverdeckt äußern, sobald wir zwei nebeneinander liegende Gefäße betrachten, während sie sich unter Umständen versteckt, wenn wir sie unter verschiedenen Bedingungen untersuchen, z. B. eine Arterie im Schädel mit einer Vene in den Eingeweiden. Meine Beschreibungen und Abbildungen berücksichtigen deshalb immer die Arterie und Vene an der gleichen Stelle. Erleichtert wird dies durch die Anordnung im Körper, die, außer im Kopfbereich, tatsächlich meistens den Venen die Lage neben der entsprechenden Arterie anweist, was seine Ursache in den hämodynamischen Gesetzen haben dürfte. Man spricht deshalb auch von Begleitvenen, Venae comitantes (Abb. S. 607).

Man teilt gewöhnlich die Wandung der Blutgefäße in drei Schichten ein: Tunica interna (s. intima), Tunica media und Tunica externa (s. adventitia oder conjunctiva). Sie sind namentlich in den Arterien sehr deutlich gegeneinander abgesetzt, weil sich zwischen die Interna und Media eine elastische Haut, Lamina elastica interna, einschiebt, und weil auch die Grenzschicht zwischen Media und Externa so reich an elastischen Fasern ist, daß man sie als Tunica elastica externa zusammenfaßt (Abb. S. 609). Meistens sind die beiden Elasticae nur mit stärkeren Vergrößerungen erkennbar. Man rechnet sie bald zu einer der genannten drei Schichten, bald zählt man sie als besondere Häute. Darin liegt nichts Prinzipielles, wie denn überhaupt die ganze Einteilung rein orientierenden, keinen ursächlichen Wert hat. Besonders deutlich ist das bei der Tunica interna, welche aus dem Endothel und aus einer das Endothelrohr umschließenden Bindegewebsschicht zusammengesetzt ist (Abb. S. 615); das Endothel ist eine Bildung sui generis, welche wir in dem vorhergehenden Abschnitt analysiert haben, die Faserschicht gehört bereits zur Accessoria, hat also mit dem Endothel nichts zu tun. Wenn wir sie trotzdem beide als Tunica interna zusammenfassen, so entspricht das einem praktischen Bedürfnis nach leicht überblickbaren topographisch-mikroskopischen Verhältnissen.

Es kommt für die ganze Gefäßwand darauf an, Namen zu haben, welche in bequemer Weise zur Verständigung dienen, um bei der Beschreibung von Stellen der Gefäßwand, die etwa erkrankt sind, sicher angeben zu können, wo der Herd sitzt. Ich behalte die obengenannten Namen für die drei Schichten und für die beiden elastischen Grenzhäute zwischen ihnen bei, weil sie mir die praktischste Art der Bezeichnung zu sein scheinen. Die genetische Frage, wie sie sich zueinander verhalten, spielt dabei keine Rolle. Endothel und Accessoria sind nicht synonym mit der einen oder anderen der drei Schichten, sondern Bezeichnungen für sich.

Bei den Arterien ist die Media schon bei schwachen Vergrößerungen in gewöhnlich gefärbten Präparaten immer sehr auffällig; sie ist der Hauptsitz der glatten Muskeln, welche ringförmig verlaufen und welche deshalb auf Querschnitten durch die Gefäße am deutlichsten sind (Abb. Nr. 293). Innen von ihr liegt die sehr viel dünnere Interna, außen die Externa; letztere geht allmählich in

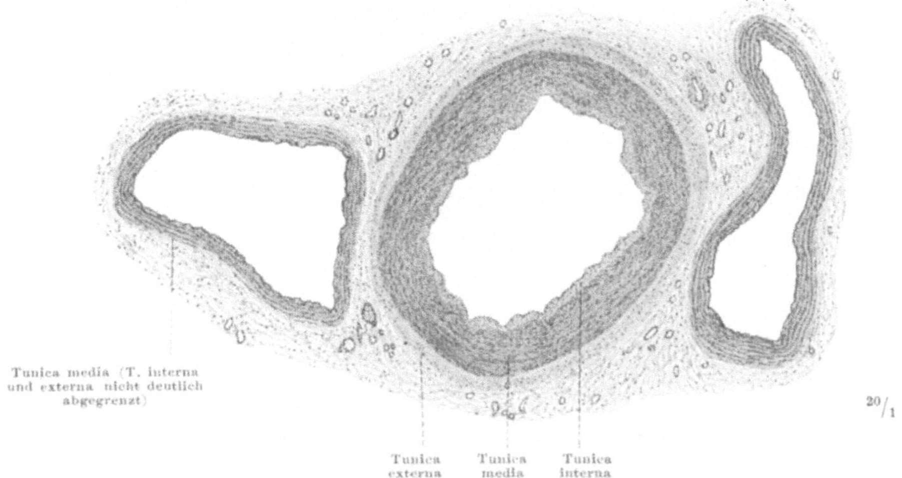

Abb. 293. Eine Arterie mit zwei Begleitvenen, Übersichtsbild (Arteria peronaea des Unterschenkels, Mensch). Färbung mit Hämatoxylin-Eosin.

das umgebende lockere Bindegewebe über (deshalb auch der Name Adventitia oder Conjunctiva, hinzutretende oder verknüpfende Scheide). Die benachbarten Venen, welche, wie wir sahen, keinen so starken Druck auszuhalten haben, sind im ganzen dünnwandiger; die Media kann aus Ringmuskeln bestehen wie bei der Arterie, doch ist die Zahl der Elemente geringer, wie an der geringeren Dicke der Schicht und an der lockeren Anordnung der einzelnen glatten Muskelzellen zu sehen ist. Die Interna und Externa können so unscheinbar und schlecht begrenzt sein, daß sie bei schwachen Vergrößerungen zu fehlen scheinen.

Diese Unterschiede: deutliches Hervortreten der glatten Ringmuskulatur in der Media bei den Arterien und mehr bindegewebiger Charakter der ganzen Wand, auch der Media, bei den Venen, ist sehr auffällig in den kleinen Gefäßen und in den Übergangszonen der Arterien und Venen in die Capillaren. Man nennt die Strecken der Arterien, kurz bevor die Capillaren beginnen, präcapillare Arterien, die Strecken der Venen unmittelbar nach dem Aufhören der Capillaren postcapillare Venen (Abb. S. 608). Die präcapillare Arterie unterscheidet sich von der Capillare durch quergestellte lange Kerne. Der letzte Kern dieser Art bezeichnet das Ende der Arterie. Diese Kerne gehören zu den glatten Muskelzellen, welche ringförmig verlaufen und also zur Media gehören. Bei den Capillaren haben wir nur längsgestellte Kerne (Abb. S. 604). Sie gehören zum Teil zu den Endothelien, zum Teil zu angrenzenden Bindegewebszellen, welche sich in die Richtung der Capillaren einstellen und als erster Beginn einer Accessoria aufzufassen sind (in Abb. a, S. 602 schmiegen sich Bindegewebskerne eng der Capillarwand von außen an, so daß sie ganz ähnlich wie die Endothelkerne aussehen; durch sorgfältige Benutzung der Mikrometerschraube kann man sich überzeugen, daß jede Endothelzelle einen Kern hat und nicht mehr, die überschüssigen sind Bindegewebskerne). Sind glatte Muskelzellen vorhanden, die ringförmig verlaufen, so schieben sie sich zwischen die Endothelien und das Bindegewebe ein. Deckt sich zufällig ein

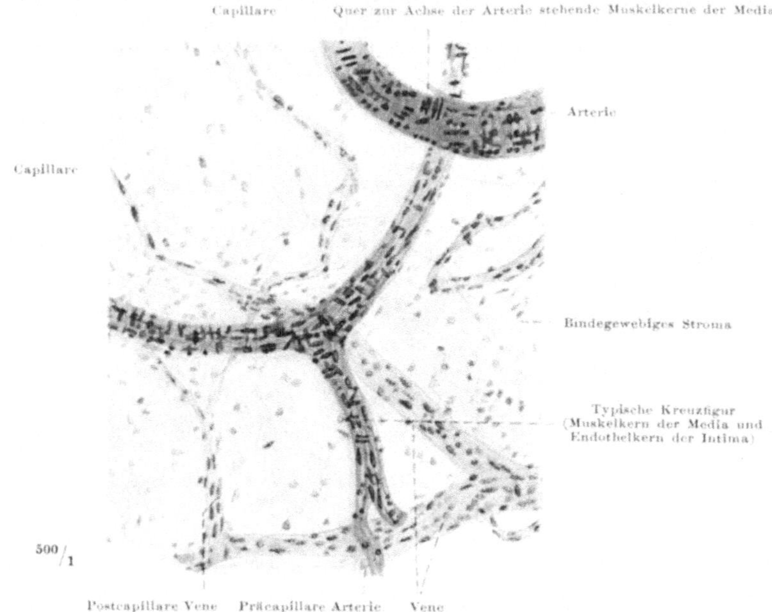

Abb. 294. Gefäße der Pia mater des Gehirns, Mensch. Totalpräparat.

Muskelkern mit einem Endothelkern, so entsteht die Figur eines Kreuzes (Abb. Nr. 294).

Die Kerne der Muskelzellen können am Rand der präcapillaren Arterie, wo sie mit ihrer Längsachse in die optische Achse des Mikroskops einbiegen, wie dunkel gefärbte Scheibchen aussehen und kuglige Kerne vortäuschen. Bei stärkeren Vergrößerungen können die Zellquerschnitte der in Wirklichkeit langgestreckten Muskelzellen wie ein einschichtiges kubisches Epithel aussehen. Auf Längsschnitten durch etwas größere Arterien liegen die Querschnitte der glatten Muskelzellen und der quergetroffenen Kerne in ihnen in mehreren Schichten übereinander, anscheinend wie ein mehrschichtiges Epithel, mit welchem aber in Wirklichkeit gar keine Verwandtschaft besteht (Abb. S. 615).

Die Pericyten der Capillarwand haben auch längsstehende Kerne; sie sind durch zahlreiche Übergangsformen mit den glatten Muskelzellen der Media sowohl der Arterien- wie der Venenwand verknüpft (Abb. c, S. 602). Statt der vielen queren Fortsätze der Pericyten sind die typischen glatten Muskelzellen der letzteren im ganzen quer gestellt (Abb. Nr. 294).

Die postcapillaren Venen sind von den größeren Venen durch keine scharfe Grenze geschieden. Denn beide haben außen vom Endothel rein bindegewebigen Charakter; Muskelzellen treten oft erst bei viel größeren Venen auf. Die post-

capillare Vene hat mehr Kerne als die Capillare, weil die Bindegewebskerne
um so reichlicher sind, je reichlicher die Fasern sind, welche sich in die Längsrichtung der Vene einstellen (Abb. S. 608).

Sehr häufig ist am Präparat das Blut nur in den Lichtungen der postcapillaren
Venen vorhanden, nicht in den präcapillaren Arterien und nur wenig in den Capillaren. Die Muskulatur kann noch nach dem Tode die Blutkörperchen aus dem
Arteriensystem heraustreiben, in den Capillaren wirken die Pericyten ebenso;
daher füllen sich postmortal die Venen. Aber dieses Merkmal kann sehr trügen,

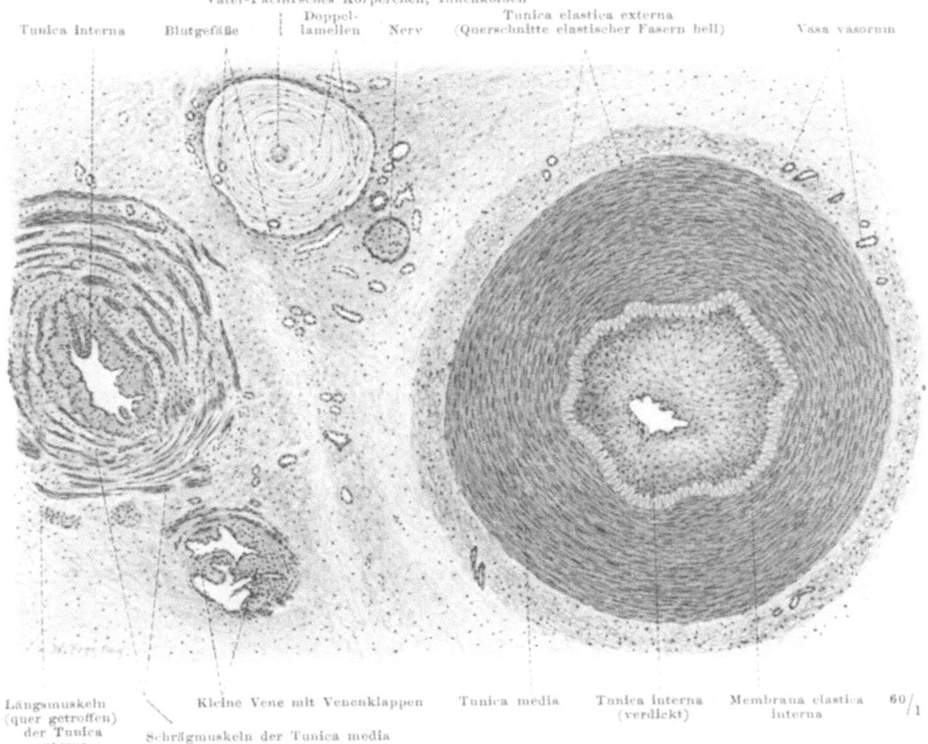

Abb. 295. Querschnitt durch die Arteria und Vena tibialis anterior mit Vater-Pacinischem
Körperchen, Mensch. Rechts vom Beschauer die Arterie, links die Vene. Die Bindegewebsschicht in der
Tunica interna der Arterie ist abnorm verdickt. Färbung mit Hämatoxylin-Eosin.

wenn aus lokalen Gründen oder wegen der Todesart das Blut in den Arterien verharrt. Die Kennzeichen der Gefäßwand selbst sind für die Diagnose, ob Arterie
oder Vene, weitaus am sichersten.

Bei den präcapillaren Arterien und postcapillaren Venen der Haut sind durch
die Capillarmikroskopie dieselben Verengerungen des Lumens, welche unabhängig
von der Herztätigkeit erfolgen, wie bei den Haargefäßen nachgewiesen.

Das Blut wird vom Herzen in periodischen Stößen (Systolen) in die Arterien
hineingepreßt, spritzt aber aus eröffneten kleinen Arterien in ununterbrochenem
Strahl heraus. Dies wird durch die elastische Komponente der Arterienwand bewirkt. Sie gibt zunächst dem Druck des Blutes, welches in die Arterien eintritt,
nach, die Arterien werden ausgeweitet, besonders je näher sie dem Herzen liegen.
Die Aorta großer Tiere enthält deshalb weitaus am meisten elastisches Gewebe
und kann bei manchen fast keine Muskulatur enthalten. Da die elastischen
Kräfte gleichmäßig, nicht intermittierend auf den Inhalt der Arterien wirken,
indem alle gedehnten Fasern und Häutchen der Wandung in der zweiten Phase

Elastische
und
kollagene
Kompo-
nente der
Arterien

wieder in ihre Ruhelage zurückzukehren suchen (auch während der Diastole des Herzens), so wird der Blutstrom dauernd in die Capillaren vorwärts getrieben und fließt in diesen ganz kontinuierlich. Wäre die Arterienwand starr, so müßte das Blut allein durch die Kraft des Herzens vorwärts getrieben werden. Bei elastischen Röhren hilft jedoch die Elastizität der gedehnten Wandung mit, da dem Blut die Rückkehr in das Herz durch entsprechende Klappenvorrichtungen verwehrt ist.

Die elastische Natur der Arterienwand ist für die Ersparnis von Herzkraft in doppelter Weise nützlich, einmal dadurch, daß die elastischen Elemente nachgeben, ausweichen und also die Reibung vermindern, und zweitens dadurch, daß sie sich wieder zusammenziehen und die Vorwärtsbewegung unterstützen. Die große Dehnbarkeit des elastischen Gewebes ist dabei am wichtigsten.

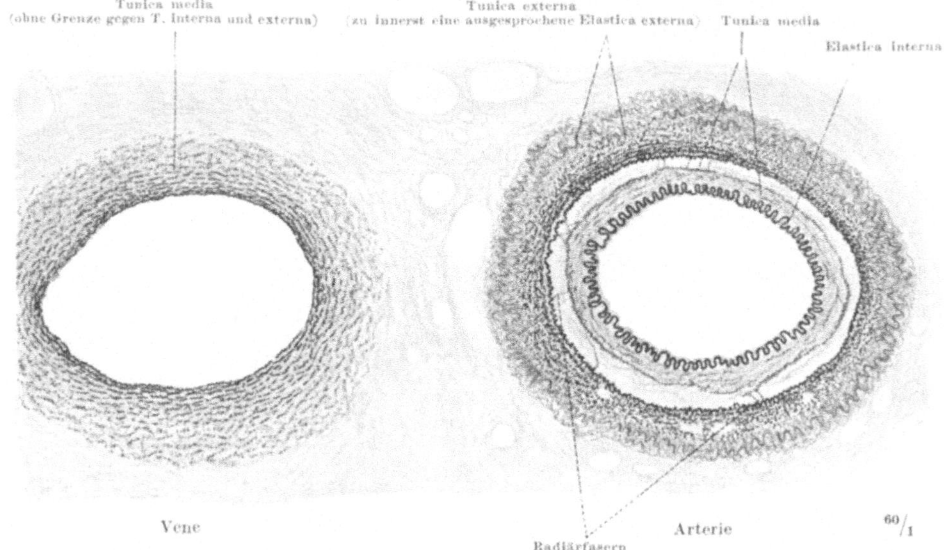

Abb. 296. Querschnitt durch die Arteria und Vena lienalis. Färbung der elastischen Elemente mit Orcein. Lage der Gefäße und Vergrößerung wie in Abb. S. 609.

Werden Gefäße leicht aus der Lage gebracht oder gedehnt wie die Darmarterien, so ist auch dafür ihre elastische Komponente zweckmäßig. Die elastische Struktur ist nicht etwa auf eine Schicht der Wandung beschränkt, sondern geht durch die ganze Accessoria, allerdings sind meistens die Elastica interna und Elastica externa am hervorstechendsten (Abb. Nr. 296, Arterie). Daß ein gewisses alternierendes Verhältnis zu den Muskeln der Arterienwand besteht, soll weiter unten analysiert werden (elastischer und muskulärer Typus).

Fragen wir zunächst, wie sich das elastische zum kollagenen Gewebe verhält, so wissen wir ganz allgemein, daß gerade die kollagene Faser die Eigenschaft der elastischen, auszuweichen und nachzugeben, nicht hat. Die kollagene Faser kann wohl, wenn sie wie gewöhnlich gewellt verläuft, gestreckt werden; dann aber leistet sie Widerstand, solange sie nicht zerreißt. Bei den Arterien ist das Endothelhäutchen der Tunica interna von einer fibrillären Schicht überzogen, die oft auffallend arm an Kernen und Fibrillen, im ganzen bei der normalen Arterie immer sehr dünn ist (Abb. S. 615). Unter gewissen funktionellen Beanspruchungen, z. B. bei dauernder Wiederholung ein und derselben Bewegung, welche die Gefäßwand einseitig trifft, soll sich die fibrilläre Schicht verdicken.

Am deutlichsten ist dies bei Menschen, die dauernde Tretbewegungen machen, an der Arteria femoralis bei ihrem Durchtritt durch die Lacuna vasorum. Doch ist es zweifelhaft, ob solche abnorme Bindegewebsanhäufung lediglich durch die funktionelle Beanspruchung erzeugt werden kann. Ich fand sie ringsum in der Arteria tibialis anterior am Unterschenkel eines normalen Menschen und bilde sie ab, weil die Fasern und Zellen der Tunica interna in solchen Abnormitäten am deutlichsten sind (Abb. S. 609). Eine Überdehnung des Endothelrohres und eine Diapedese des Blutes per rhexin (Zerreißen des Endothels) wird durch die Unterfütterung mit kolla-genem Bindegewebe gehindert; ist die Gefahr durch eine schädigende Stromrichtung oder durch Über-druck des Blutes über das Normale vergrößert, so dient eine entspre-chende funktionelle Verstärkung der Faserschicht zum Ausgleich der gestörten Kräfte.

Außer in der Tunica interna, in welcher die kollagenen Fasern, übrigens sehr zart und fein, in Reinkultur vorkommen, sind sie durch die ganze Dicke der Arterien-wand verteilt, nur sind sie mit elastischen und muskulösen Ele-menten so gemischt, daß sie ganz in den Hintergrund treten und schwer zu sehen sind. Nur in der Tunica externa werden sie wieder zahlreicher und übernehmen die Verbindung der Arterienwand mit der Umgebung des Gefäßes. Bei starken Überdehnungen der Gefäße durch äußere Gewalt hält die Tunica externa am längsten stand. Der ganze innere Cylinder kann ab-gelöst und aufgerollt werden, ohne daß das äußere Ror reißt.

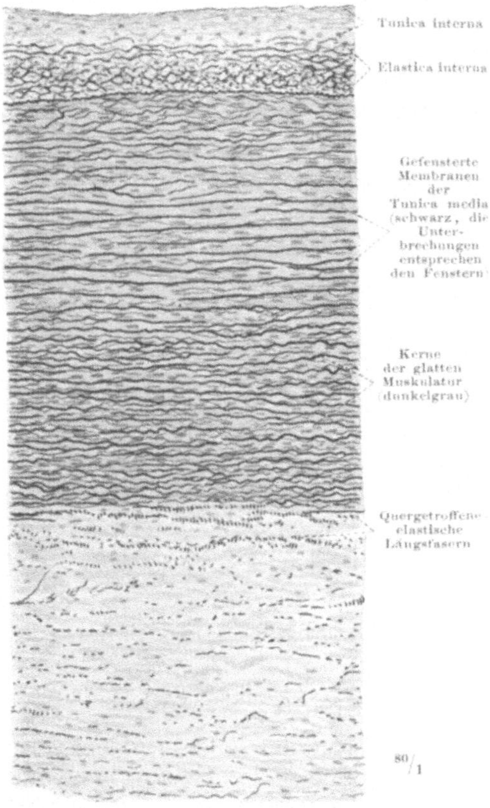

Wir müssen uns vorstellen, daß die elastischen Elemente die wich-tigeren sind, daß die kollagenen zwischen sie wie Zügel eingefügt sind, welche eine übermäßige Dila-tation verhindern und gerade diejenigen Stellen schützen, deren Zusammenhang durch zügelloses Walten der elastischen Elemente am meisten Schaden leiden würde. Dabei ist sicher, daß die fibröse Scheide in der Tunica interna und daß alle übrigen kollagenen Gerüste weit genug sind, um der normalen Dehnung der elastischen Elemente genügenden Spielraum zu lassen.

Die Wandung größerer Arterien, besonders der Aorta (Abb. Nr. 297), ist reich an elastischen Elementen, welche auf Querschnitten durch die Gefäßwand wie elastische Fasern aussehen, in Wahrheit aber Schnitte durch dünne elastische Häutchen sind. Die Häutchen sind aus elastischen Netzen entstanden. Verbreitern sich die netzförmig verbundenen Fasern zu bandartigen Zügen, so werden die Lichtungen in den Netzmaschen immer kleiner. Schließlich bleiben nur kleine ovale Lücken, Fensterchen, übrig: Membrana fenestrata (Abb. S. 612). Werden durch ein solches Gebilde Schnitte senkrecht zur Fläche

Abb. 297. Querschnitt durch die Aortenwand, Mensch. Färbung der elastischen Elemente mit Resorcin-Fuchsin (WEIGERT).

Elastische Fasern, gefensterte Membranen und Laminae elasticae der Arterien der Membran gelegt, so werden aus ihr Streifen herausgeschnitten, welche wirklichen Fasern zum Verwechseln ähnlich sind; sie erscheinen kurz, da jedesmal, wo der Schnitt ein Fenster erreicht, ihr Ende erreicht zu sein scheint. So bekommt man in Schnitten nur eine ganz unvollkommene Vorstellung von dem Reichtum der Arterienwandung an gefensterten Membranen. Sie stecken ineinander wie ein zusammengeschobenes Perspektiv und sind häufig durch Zwischenlamellen miteinander verbunden. Nach der Intima zu liegt jeder gefensterten Membran ein grobes Netzwerk elastischer Fasern an, außerdem sind die Membranen durch Lagen glatter Muskelzellen und kollagenen Gewebes voneinander getrennt. Je größer die Arterie ist, besonders bei den Aorten großer Säugetiere, um so verbreiterter sind die gefensterten Membranen und um so mehr treten die glatten Muskeln zurück. In kleineren Arterien wiegen die Netze aus echten elastischen Fasern vor (Abb. S. 610); die Tunica media ist bei ihnen wesentlich von glatten Muskelzellen und spärlichem kollagenem Gewebe besetzt. Die elastischen Fasern sind, wenn sie quer getroffen sind, als helle Scheibchen kenntlich (Abb. S. 615).

In der Tunica externa neigen die elastischen Fasern im allgemeinen nicht dazu, sich zu Häuten zu verbreitern und zu vereinigen. Sie verlaufen in der Längsrichtung, sind also auf dem Querschnitt der Gefäße als Pünktchen zu sehen, auch in der Aortenwand (Abb. S. 611). In vielen Arterien sind zahlreiche längsverlaufende elastische Fasern an der Grenze zwischen Media und Externa zu einer Grenzscheide zusammengedrängt, der „Lamina" elastica externa (Abb. S. 609). Manchmal, aber nicht häufig, ist die innerste Schicht dieser Lage zu einer wirklichen Lamina geworden (Abb. S. 610). Während die ringförmigen elastischen Fasern der Media bei der Rückkehr in die Ruhelage den

Abb. 298. Gefensterte Membran, Isolationspräparat. Im unteren Teil der Abbildungen sind die der Membran überall anhängenden gröberen Geflechte (bzw. Netze) aus elastischen Fasern gezeichnet, im oberen Teil sind sie weggelassen.

gedehnten Querdurchmesser der Lichtung verkleinern, sorgen die längsverlaufenden Fasern der Externa für die Rückkehr des gedehnten Längsdurchmessers in die Ruhelage. Die gefensterten Membranen sind beiden Fähigkeiten gewachsen und korrigieren obendrein die Spannungen in den Schrägrichtungen.

Soweit der Puls in den Arterien reicht, haben sie eine Lamina elastica interna, eine im fixierten Präparat meist wie ein Wellblech gebogene homogene Platte, welche die Grenze zwischen Interna und Externa bildet. Da die Falten längs zum Verlauf der Gefäße gerichtet sind, geben sie auf dem Querschnitt durch die Arterie das Bild einer höchst charakteristischen geschlängelten glänzenden Linie (Abb. S. 609, 610). Die Kannelüren der Elastica interna sind oft durch besondere elastische Fasern zusammengehalten, welche in der Media liegen und die Kuppen benachbarter Falten miteinander verbinden. Sie selbst sind gegen die Lichtung hin konkav gebogen („Bogenfasern"). Sie verhindern gewöhnlich einen völligen Ausgleich der Fältelung bei der Dehnung des Gefäßes durch den systolischen Stoß des Herzens, können aber bei Überbeanspruchung nachgeben, ebenso die Fältelungen der Elastica, so daß begreiflich ist, wie diese Einrichtung gerade der Pulsation der Arterien dient. Von Verletzungen ist bekannt, daß die Tunica interna allein reißen kann, ohne daß die Elastica verletzt wird.

Die Wellung der Elastica interna ist in vivo nicht vorhanden. Sie ist eine Folge der starken Kontraktion der muskulären Media unter der Einwirkung der Fixierungsmittel; jedenfalls sind stärkere Falten postmortale Erscheinungen.

Bei der Aorta ist an die Stelle einer einheitlichen Elastica interna eine größere Zahl von elastischen Häutchen getreten (Abb. S. 611). Bei ihr ist die Gefahr des Überdrucks und Einreißens am größten, weil das Herz so nahe liegt, ebenso auch da, wo Äste von den größeren Arterien abgehen (ebenfalls der Sitz ganzer Systeme von Elasticae internae). Die Elastica interna fehlt als solche; man sieht, sie ist eine Spezialäußerung der gefensterten Membranen. Treten trotzdem Risse ein, so kann sich daraus eine pulsierende Blutgeschwulst, Aneurysma, entwickeln, die in der Aorta nicht so selten ist.

Die Elastica interna enthält auch Löchelchen als Rest ihrer Herkunft. Sie sind allerdings sehr fein. Bei Infektionen dringen Bakterien durch sie in die Tunica interna ein und erzeugen dort Eiterherde. Doch sind die Löcher nicht groß genug, um das Eindringen von Blutcapillaren der Vasa vasorum zu ermöglichen. Wenigstens wird allgemein angenommen, daß die Tunica interna vom Blutstrom, d. h. von der Lichtung aus ernährt wird. Der Bedarf an Gasen und Nährstoffen seitens der Bindegewebssubstanzen der Arterienwand ist freilich sehr gering. Man kann Gefäße lange Zeit steril im Eisschrank aufheben und dann in eine Gefäß- wunde einnähen; sie wachsen an und ersetzen den Defekt, weil das elastische Ge- webe durch den Aufenthalt extra corpus nicht gelitten hat. Die glatte Muskulatur geht allerdings häufig zugrunde.

Bei manchen Arterien laufen radiäre Fasern von der Elastica externa zur Elastica interna als besondere Schutzvorrichtungen (Abb. S. 610). Sie können verzweigt sein (Gabelfasern).

Alle Arterien enthalten gegenüber ihren Nachbarvenen eine große Muskel- menge. Sie liegt hauptsächlich in Form von ringförmig angeordneten kom- pakten Massen von glatten Muskelzellen in der Media, kann aber daneben in gewissen Fällen in schräg- oder längsverlaufende Bündelchen umgeordnet sein, welche in die Tunica externa oder sogar in die Tunica interna verschoben sind; längsverlaufende Muskeln sehen ähnlich aus wie die Längsbündel in der Tunica externa der Venenwand (Abb. S. 609, Vene). Würde man die gesamte glatte Muskulatur aller Arterienwandungen zu einem Muskel zusammenballen, so würde sie wohl der Masse des Herzmuskels gleichkommen oder sie übertreffen. Ob die glatte Muskulatur der Arterien als „peripheres Herz" funktioniert, ist trotzdem zweifelhaft. Die Kontraktionen erfolgen zu langsam und zu selten, als daß die Herzschläge stetig dadurch gefördert werden könnten. Aber für die Blutverteilung an die einzelnen Organe, für die Unterstützung der Herz- systolen beim Ausgleich besonderer Beanspruchungen und bei der Überwindung lokaler Hemmnisse im Körper ist die Gefäßwandmuskulatur sehr wichtig.

Die
Muskel-
kompo-
nente der
Arterien

Ich stelle mir vor, daß die Muscularis eine doppelte Sicherung ist, welche für die Fortbewegung des Blutes zwar in der Regel entbehrlich sein könnte, trotzdem aber notwendig ist, weil in einem so komplizierten System von elastischen Röhren leicht Stockungen vorkommen, die ohne das Eingreifen des „peripheren Herzens" schlimme Folgen haben würden. Das Herz ist der centrale Motor, der alle Körper- gegenden gleichmäßig bedient; die Muskulatur der Arterien ist der eigene Motor einer jeden Körperprovinz, welcher die dort entstehenden Besonderheiten am leich- testen zu überwinden hilft, weil er „in loco" wirkt.

Zieht sich die Muskulatur der Media maximal zusammen, so wird die Lichtung verschlossen. Blutungen aus zerrissenen Gefäßen können so zum vorübergehenden Stillstand kommen. Unterläßt der Arzt die Unterbindung der offenen Gefäßenden, so tritt eine „Nachblutung" ein, sobald der Krampf der Muskulatur aufhört; sie kann sehr gefährlich werden und führt bei schwer zugänglichen tiefen Wunden nicht selten nachträglich zum Tode.

Man hat auch bei abgeschnürten Gliedern, in welchen der Druck des Herzens nicht tätig sein konnte, eine Wirkung der glatten Muskeln auf die Blutbewegung beobachtet. Ihr wird auch zugeschrieben, daß bei der Leiche alles Blut aus den Arterien verschwunden sein kann, weil es post mortem (also nachdem das Herz steht!) vollends in die Capillaren und von diesen in die Venen weiterbefördert wird.

Die Alten wußten deshalb nicht, daß die Arterien Blut führen, sie glaubten, sie seien auch im Leben mit Luft gefüllt; daher stammt der heutige Name Arterie (von $\alpha\eta\varrho$ Luft; das $\pi\nu\varepsilon\nu\mu\alpha$, der Lebensodem, sollte speziell durch sie im Körper verteilt werden).

Die Muskulatur der Arterien teilt sich mit den elastischen Fasern und Häuten in den Widerstand gegen den Innendruck seitens des Blutes. Die glatten Muskeln vermögen in jedem beliebigen Dehnungszustand den gleichen Widerstand zu leisten. Daher kann sich der dicke Muskelcylinder der Media immer genau dem Querschnitt der Blutsäule im Innern, mag sie an- oder abschwellen, anpassen und Druckwirkungen von außen standhalten. Die Arterienwand legt sich im Leben nie in Falten, sie kollabiert nicht, sie garantiert stets eine glattwandige, auf dem Querschnitt kreisförmige Lichtung des Rohres. Für die Leiche gilt dies natürlich nach Absterben der glatten Muskeln nicht; man sieht deshalb bei mikroskopischen Schnitten nicht selten Ausnahmen und darf sich bei der mikroskopischen Diagnose von Arterien nicht auf diese Merkmale des lebenden Organs verlassen. Man kann sagen, daß der Organismus für jeden Druck und jede Geschwindigkeit des Blutes in den Arterien innerhalb normaler Bedingungen ein genau passendes Rohrstück bereit hält. Nur werden die verschiedenen Rohrstärken, welche an ein und derselben Stelle des Körpers notwendig sind, nicht von Fall zu Fall ausgewechselt, wie wir es bei den starren Röhren einer Wasserleitung tun müßten, sondern die Arterienwand stellt sich durch ihre inneren Kräfte jeweils von selbst so ein, wie es für den momentanen Bedarf nötig ist.

Der Blutdruck innerhalb der Gefäße wird vor allem durch den Kontraktionsgrad der Arterien beherrscht; ist beispielsweise die Lichtung durch eine stark kontrahierte Muskulatur verengt, so genügt ein geringes Blutquantum, welches das Herz in die Gefäße treibt, um den Blutdruck auf einem hohen Stand zu erhalten. Bei einem Widerstand der Arterienmuskeln von mittlerer Größe treibt das Herz in der Zeiteinheit die größte Blutmenge in die Arterien. Der Arzt benutzt die Blutdruckbestimmung an seinen Patienten, um die Beziehung zwischen der Arbeit der Arterienwand und der Arbeit des Herzens zu kontrollieren.

Die Innervation ist reichlich. Sie erfolgt durch Äste des sympathischen, vielleicht auch des parasympathischen Nervensystems, welche in der Media ein feines Netz bilden mit Endigungen an den glatten Muskelzellen, aber auch mit feinsten Ausläufern bis in die Tunica interna vordringen. Man kann beim Tier alle von außen an die Arterienwand gelangenden Nervenäste experimentell ausschalten, es kehren dann die gleichen Kontraktionserscheinungen, welche vor der Operation bestanden, wieder, ein Beweis dafür, daß auch die „entnervte" Arterienwand in sich regulatorisch tätig ist. Ob es die Muskeln allein vermögen oder ob eingestreute Ganglienzellen dazu nötig sind, ist strittig. Im unversehrten Körper hat die Innervation engste Beziehungen zu psychischen Vorgängen; man denke an das Erröten, welches durch eine Erweiterung der feinen Arterien und durch stärkere Durchblutung der Haut bedingt, letztlich aber von bewußten oder unbewußten Vorgängen im Centralnervensystem abhängig ist. Bei stark arbeitenden Organen oder bei Entzündungen wird durch eine entsprechende Einstellung der Muskulatur dem erkrankten Organ mehr Blut als gewöhnlich zugeleitet, ohne daß wir davon wissen oder Einfluß darauf haben. Die feineren Vorgänge sind noch nicht vollständig bekannt, sicher aber ist, daß die Blutverteilung von Organ zu Organ genau dem Bedürfnis im gesunden oder kranken Zustand gemäß geregelt wird und daß die Innervation daran beteiligt ist.

**Musku-
löser und
elastischer
Typus der
Arterien** Bei vielen Arterien sind die ineinander gebauten beiden Gerüstwerke aus elastischer und muskulöser Substanz ziemlich gleich verteilt (siehe die Media in Abb. S. 615). In anderen wiegt entweder die eine oder die andere Komponente vor, so daß man von einem elastischen und muskulösen Typus spricht Vorwiegend elastisch sind beispielsweise die Aorta mit ihren großen zum Kopf und zur oberen Extremität gehenden Ästen, die Arteria pulmonalis u. a.

Vorwiegend muskulös sind die Arterien in Organen, welche sehr wechselnd
gefüllt sind wie Darm, Harnblase und Gebärmutter, oder welche wie die
Extremitätenarterien zwischen sich kontrahierenden Muskeln eng eingepfercht
liegen. Man kann daraus schließen, daß die Muscularis außer den Aufgaben,
welche sie mit der Elastica gleichmäßig und gleichsinnig besorgt, speziellere
örtliche Leistungen vollbringen kann, z. B. Zuweisung des gemäßen Blut-
quantums an die Einzelorgane, Ausgleichen von Schlängelungen, Widerstand
gegen Druck der Nachbarschaft, welche die Elastica nicht auszuüben vermag.

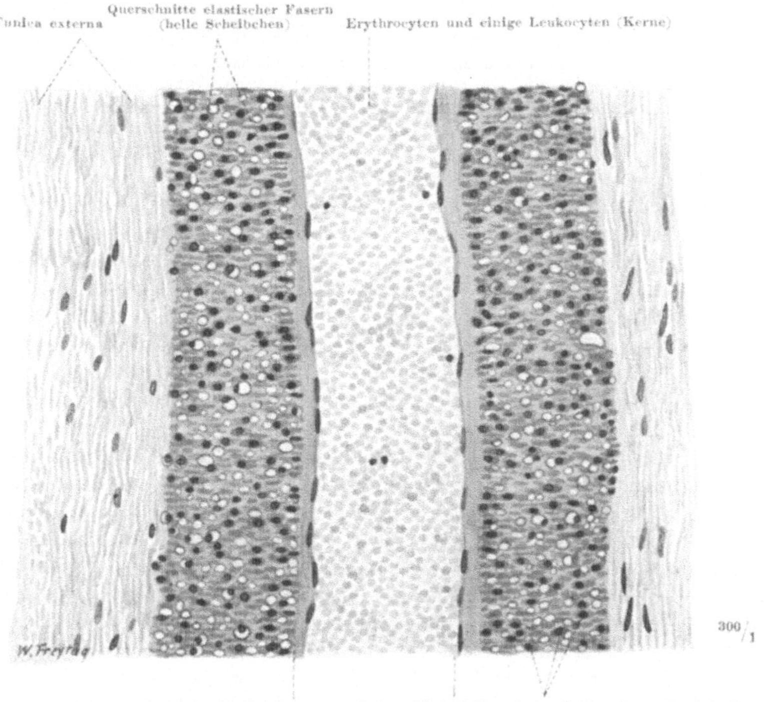

Abb. 299. Längsschnitt durch eine kleine Arterie aus der Glandula submaxillaris des Menschen.
Färbung mit Hämatoxylin-Eosin.

Letztere wiederum ist durch ihre exzessive Dehnbarkeit der Muscularis überlegen und um so mehr geeignet, ihre Fähigkeiten bis zum höchsten Grad
der Leistungsfähigkeit zu entfalten, je weniger sie durch die Anwesenheit von
glatten Muskeln gehemmt ist. Die Venenwand im Vergleich zur Arterienwand
an entsprechender Stelle lehrt uns gleichfalls, wie durch Spezialisation der
einzelnen Komponenten besondere Leistungen möglich werden. Im allgemeinen
ist aber für die Arterienwand gerade die Mischung des muskulösen und elastischen
Einschlags der Accessoria am besten geeignet, allen Anforderungen einer
reibungslosen Fortbewegung des Blutes zu genügen. Man hat bei Hunden
Stücke von Venen in die Arterien eingeheilt und gefunden, daß die Muskulatur
entsprechend der Stärke der betreffenden Arterie zunimmt.

Die elastischen Elemente sind in situ gespannt, wie an der Verkürzung der
Arterienlänge herausgenommener Gefäße deutlich zu sehen ist. Die Aorta verkleinert sich um einige Zentimeter, wenn man sie aus dem Körper herausnimmt
(bis zu 30% der Länge). Die Arterica poplitea ist bei gebeugtem Knie sogar nur
halb so lang wie bei gestrecktem.

Die längsverlaufenden Muskeln finden sich besonders reichlich in den Venen des Samenstranges, die starken Zerrungen ausgesetzt sein können. Die Pathologen haben bei anderen Gefäßen, welche gewöhnlich nicht gezerrt werden, aber durch eine abnorme Situation Längsdehnungen ausgesetzt sind, feststellen können, daß schräge und längsverlaufende glatte Muskeln wie in den Gefäßen des Samenstranges gebildet wurden. Die Funktion verursacht in allen diesen Fällen die Form („funktionelle Gestalt", vgl. Bd. I, S. 41, 43, 49).

Wird eine Arterie durch die Umgebung leicht verschoben, so ist ihre Media vorwiegend muskulös (Ringfasern), die Externa vorwiegend elastisch (Längsfasern); die Externa erleichtert in diesem Fall das Ausweichen vor dem Druck der Nachbarorgane, die Media versteift die Wand, wenn sie trotzdem eingedellt zu werden droht.

Die elastischen Fasern vermehren sich und wachsen bis zum 35. Lebensjahre, vom 50. Lebensjahre ab beginnen sie sich rückzubilden. Während der dazwischen liegenden 15 Jahre ist der Bestand ziemlich unverändert, solange die Anforderungen sich innerhalb der Norm bewegen. In den senilen Gefäßen ersetzen fibröse Umwandlungen der Wand den Verlust an elastischen und muskulösen Bestandteilen, aber die Wirkung ist unvollkommener und die Gefahr der Wandschädigungen groß.

Die Komponenten der Venenwand Die Venenwandung enthält ein viel stärkeres Gerüst aus kollagenen Fasern als die Arterienwand. Das kollagene Gewebe ist von elastischen Fasern und von Strängen glatter Muskelzellen durchschossen, welche viel lockerer liegen als in der Arterie (Abb. S. 609, 610). Die drei Schichten sind viel weniger deutlich, die Grenzlamellen zwischen ihnen fehlen. Bei den Gefäßen der unteren Körperhälfte liegen in der Tunica interna gelegentlich Längsbündel von glatten Muskelzellen, sonst besteht sie aus dem Endothel und einer kollagenen, oft mit feinsten elastischen Fäserchen durchwebten Umgebung, welche aber bei den kleinsten Venen vollkommen fehlen kann. Die Tunica media ist nicht wie bei den Arterien die dickste der drei Schichten; auch sind die Ringschichten der Muskulatur, die an sich spärlich sind, durch zwischengeschaltetes kollagenes Bindegewebe auseinander gedrängt. Meist ist die Muskulatur in Schrägzügen (Spiralen) angeordnet (Abb. S. 609). Ist von den Ring- und Längszügen der glatten Muskulatur in den Venen nur eine Art vorhanden, so ist es die Längsmuskulatur, bei den Arterien immer die Ringmuskulatur. Die Tunica externa ist ziemlich geradeso reich an elastischen Fäserchen wie die beiden übrigen Schichten, dazwischen enthält sie viel kollagenes Gewebe und häufig zahlreiche Bündel von längsverlaufenden glatten Muskelzellen.

Die spärliche Muskulatur genügt, um dem sehr geringen Druck innerhalb der Venen Widerstand zu leisten. Der verschiedene Bau der Venenwand gegenüber der Arterienwand ist hauptsächlich dadurch bedingt, daß die dynamischen Wirkungen des Blutstroms in den Venen sehr gering sind. Durch besondere Einrichtungen, wie den negativen Druck des Brustkorbes, wie Fascien und quergestreifte Muskeln, welche von außen auf die Venenwand wirken (z. B. M. omohyoideus, Bd. I, S. 191), wird ein Teil der großen Venen offen gehalten und dadurch wird der größte Teil der Muskeln in der Wandung überflüssig. Die elastischen Fasern sind in minderem Maß nötig als in den Arterien, weil die Wand der Venen so weit ist, daß sie die Blutsäule zu fassen vermag, ohne daß sich das Lumen ganz rundet. Sehr häufig tritt auch im mikroskopischen Querschnitt dieser Unterschied zwischen Arterien und Venen hervor (Abb. S. 607); er ist aber nicht konstant, weil die aus dem Körper herausgeschnittene Arterie ebenfalls kollabieren kann. Die kollagenen Fasern genügen oft den meisten Anforderungen seitens des Blutes im Innern und seitens der Umgebung, die Muskeln und elastischen Elemente können auf spärliche Zugaben beschränkt sein. Da gerade das kollagene Gewebe besonders widerstandsfähig ist, zerreißt die Venenwand, obgleich sie dünner ist als die Arterienwand, doch nicht leichter als diese; sie ist meistens sogar etwas fester.

Wenn zwei Venen dicht nebeneinander liegen, so ist die Wanddicke an der Berührungsstelle beider geringer als im übrigen Umfang. Daraus geht hervor, daß die beiden Venen sich gegenseitig stützen. Die dehnende Ringspannung des Blutes findet überall den gleichen Widerstand und bedarf deshalb an der Berührungsstelle nur einer verminderten Wandstärke. Würde der Blutdruck als solcher die Wandstärke bestimmen, so müßte sie überall gleich sein.

Die Innervation ist die gleiche wie bei der Arterienwand.

Der Blutdruck, welcher von den Kontraktionen des Herzens ausgeht, ist zwar sehr stark herabgesetzt, bis das Blut die Venen erreicht, ist aber doch die Hauptursache für die Fortbewegung des Venenblutes. Als Hilfen kommen die Einflüsse der sich kontrahierenden Muskeln in der Nachbarschaft der Venen u. a. m. hinzu. Diese Kräfte würden nicht genügen, das Blut in der Richtung auf das Herz vorwärts zu treiben, wenn nicht den Venen besondere Einrichtungen eigen wären, welche dem Blut nur einen Weg offen lassen, den auf das Herz zu. Jede Kraft, welche die Venenwandung oder das Blut in ihr trifft und die Blutsäule auch nur im geringsten verschiebt, wird so geleitet, daß eine Verschiebung nach dem Herzen herauskommt. Aus kleinsten Antrieben können so große Kraftmengen gesammelt werden, welche beim stehenden Menschen das venöse Blut vom Fußboden bis zur Höhe des Herzens, also bei Erwachsenen um mehr als Meterhöhe heben können. Freilich versagen gerade die Venen der unteren Extremität am ehesten; die Häufigkeit des Unterschenkelgeschwürs (Ulcus cruris), welches mit der verminderten Blutzirkulation in den Hautvenen in engem ursächlichem Verhältnis steht, ist ein Beweis dafür.

Die Venenklappen, Valvulae, sind das Mittel, mit welchem das Blut genötigt wird, nach einer Richtung zu fließen. In den Venen unter 2 mm Weite ist ein Rückfluß durch den Widerstand der Capillargeflechte im allgemeinen verhindert, sie haben häufig keine Klappen.

Venen-
klappen

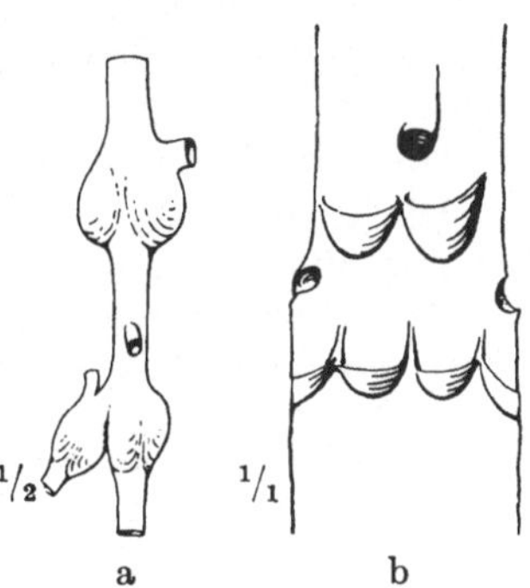

Abb. 300. a Stück einer blutgefüllten (gestauten) Vene. b Stück einer längs aufgeschnittenen Vene, ausgebreitet. (Siehe auch Venenklappen in Abb. S. 442, 609).

Meistens findet man im Verlauf eines Venenstamms von mehr als 2 mm Weite 2 oder 3 halbmondförmige Taschen (Abb. Nr. 300), welche kontinuierlich mit der Tunica interna zusammenhängen und wie diese aus einem kollagenfaserigen Gerüst mit einem Endothelüberzug bestehen. Die Taschen sind an ihrem äußeren, mit der Interna verbundenen Rand konvex, der freie Rand ist gegen das Herz gerichtet. Der Blutstrom drückt die Klappen gegen die Wand der Vene und wird deshalb nicht gehindert dem Herzen zuzufließen Staut sich dagegen das Blut, so füllt es die Taschen und drückt die freien Ränder und ein Stück der Klappen selbst so fest gegeneinander, daß es nicht zwischen ihnen hindurch kann; die Venenwände buchten sich am Sitz der Klappen aus, Sinus (Abb. a, Nr. 300); man kann daran an mageren Individuen den Sitz der Klappen in den Hautvenen beim Lebenden erkennen (Bd. I, Abb. S. 316). Kleine Venen haben Klappen mit nur einer Tasche. Die Klappen sitzen oft an den Stellen, wo Äste einmünden (Astklappen). Sie versperren den Rückfluß des Blutes in der Hauptlichtung (nicht in die Äste hinein, da sie distal von der Einmündungsstelle des Astes zu liegen pflegen, Abb. S. 617).

Drückt man das durch die Haut bläulich durchschimmernde Blut der Venen am Handrücken in der Richtung vom Handgelenk nach den Fingern zu weg und preßt man die Fingerkuppe am distalsten Ende der Strecke fest gegen die Vene, so bleibt die bestrichene Strecke blutleer, weil die proximalliegende Klappe das Blut hindert in sie zurückzufließen und weil das von den Capillarnetzen her nachfließende Blut durch die Fingerkuppe des Beobachters abgesperrt ist. Lüftet man die Fingerkuppe, so schießt das venöse Blut von der Peripherie her sofort in die bis dahin künstlich hergestellte Blutleere.

Die Klappen sind in den Venen von Feten und Kindern zahlreicher als bei Erwachsenen. Sie verschwinden im Laufe des Körperwachstums, erhalten sich aber in manchen (aber nicht in allen) Venen der Tiefe des Körpers zahlreicher als in den Hautvenen. Die untere Extremität hat besonders viele Venenklappen, auch in den Hautvenen, im Pfortadersystem fehlen sie, außer am Magen.

Gefäße und
Nerven Die Blutzufuhr für die Wandung der Arterien und Venen (außer der Tunica interna, S. 600, 613) geschieht durch besondere Vasa vasorum (Abb. S. 609). In großer Zahl zweigen sich feine Äste aus der Arterie, welche versorgt wird, oder aus einer benachbarten Arterie ab und dringen unter starker Verästelung von außen in die Tunica externa ein, um in der Tunica media sich in Capillarnetze aufzusplittern. Die glatte Muskulatur hat am meisten Bedarf nach Blut und wird am besten versorgt. Feine Venen sammeln sich aus den Capillaren (Venae vasorum) und führen in die benachbarten Venen. Lymphgefäße gibt es in der Tunica externa. Die Bindegewebsspalten in den inneren Schichten werden als die Anfänge der Lymphbahn aufgefaßt.

Über die Nerven siehe S. 614.

Gefäß-
nerven-
scheide Die einzelne Arterie kann außerhalb der Tunica externa noch von einer dichten Bindegewebshülle umgeben sein, Vagina vasis. Gewöhnlich umhüllt sie benachbarte Arterien, Venen und Lymphgefäße gemeinsam, oft ist auch noch ein Nerv mit eingeschlossen. Ein Beispiel am Halse ist die gemeinsame Scheide für die Arteria carotis communis, die Vena jugularis interna und den Nervus vagus (Bd. I, Abb. S. 189). Die gemeinsame Gefäßnervenscheide mit ihrem Inhalt ist wie ein Kabel in die Lücken eingepaßt, welche zwischen den übrigen Organen, z. B. den Muskeln und Knochen, ausgespart sind. Darauf wird bei den speziellen peripheren Leitungsbahnen im einzelnen einzugehen sein (Bd. IV).

3. Die Wand der Lymphgefäße.

Die kleineren Lymphgefäße sind außer von dem die Lichtung begrenzenden Endothel lediglich durch eine dünne Schicht aus kollagenem Bindegewebe mit eingestreuten elastischen Netzen gesichert. Bei den größeren Lymphstämmen entspricht der Bau der Accessoria dem der Venenwand. Die Wand des größten Lymphgangs, Ductus thoracicus, ist relativ reich an glatten Muskeln.

Klappen sind sehr viel zahlreicher als in den Venen. Kissenartige Verdickungen der Intima in den größeren Lymphgängen und im Ductus thoracicus, die übrigens auch in den Venen hin und wieder beobachtet sind, funktionieren an Stellen besonderer Belastung der Wand durch den Inhalt als Verstärkungen gegen den Überdruck.

Die Klappen des Ductus thoracicus fehlen im oberen Teil. Die Lymphe soll in ihm bald in der einen, bald in der anderen Richtung fließen, also bei Stauungen ausnahmsweise nicht venenwärts gerichtet sein.

Das Endothel der Lymphgefäße entsteht nach den neueren Untersuchungen selbständig, nicht von den Venen aus. Nur an der Einmündung des Ductus thoracicus in die Vene ist ein Verbindungsglied venöser Abkunft in den Lymphgang einbezogen, Saccus lymphaticus jugularis der Embryologie; im fertigen Zustand ist er nicht abgegrenzt, sondern scheinbar das Endstück des Ductus thoracicus. Er wird als Rest eines ehemaligen venolymphatischen Herzens der Säugetiere angesehen. (Lymphherzen existieren bei Nichtsäugern in größerer Zahl, bei Säugern kommt nur das eine Herz für den Blutkreislauf zur Ausbildung.)

II. Verästelungen und Vereinigungen der Gefäße.

Im vorhergehenden Kapitel war im wesentlichen von der Struktur der Gefäße die Rede; hier haben wir es mit der Gestalt der Gefäßbahn als solcher, ihrer allgemeinen Morphologie zu tun.

Die größeren Arterien verästeln sich wie ein Baum in immer feinere Zweige und gehen schließlich in das Capillarnetz über; aus diesem sammeln sich die Venen wiederum nach dem Bilde eines Baumes, in dem kleinere zu größeren zusammentreten und schließlich in große Stämme münden. Die Verästelungsweise ist im großen und ganzen streng normiert, wenn auch individuelle Varianten, besonders bei den Venen, häufiger sind als bei anderen Systemen unseres Körpers, etwa bei den ebenfalls reich verästelten Nerven. Das Lymphgefäßsystem ist nicht weniger verästelt. Seine Astfolge und -verbreitungsart ist besonders variabel. Die spezielle Beschreibung der peripheren Leitungsbahnen (Bd. IV) hat das Wichtigste der Normierung der Gefäße im einzelnen aufzuzeigen. Hier kommt es auf das Prinzipielle an.

Beim menschlichen Embryo treten die ersten Gefäße vielfach als Netze auf, aus welchen sich die späteren Arterien- und Venenstämme erst allmählich sondern. Diese Netze haben respiratorische Funktion, sie gleichen also dem späteren Capillarnetz der einzelnen Organe, sind aber durch den Körper des Embryo hindurch so allgemein verbreitet, daß sie auch dort anzutreffen sind, wo später nur vereinzelte Arterien- und Venenstämme liegen. Durch den Vergleich mit den Embryonen der Wirbeltiere überhaupt ließ sich wahrscheinlich machen, daß die embryonalen Netze Anpassungen an den großen Sauerstoffbedarf des Embryo im Mutterleib sind, welchem die Gefäße durch enorme Vergrößerung ihrer Wandung im Capillarnetz angepaßt sind. Bei Tieren, deren Embryonen im freien Wasser und reichlich von Sauerstoff umspült aufwachsen, fehlen die Netze. Danach ist das Netz nicht der Urzustand der Gefäßausbreitung, in welchem die späteren Arterien- und Venenstraßen vom Blutstrom durch Übrigbleiben des Passendsten mechanisch ausgelesen werden, wie man vielfach glaubt, sondern die bereits vorhandenen Straßen werden von dem Netz so übersponnen und verkleidet, daß wir sie erst zu Gesicht bekommen, wenn sie größer und dicker werden als die übrigen Netzmaschen.

Die Bahnen der Arterien, die am meisten studiert sind und welche wir als Beispiel herausheben, entsprechen im allgemeinen dem kürzesten Weg zwischen Beginn und Ende; aber vielfach werden Umwege eingeschlagen, welche durch nachträgliche Verschiebungen der Endorgane bedingt sind und welchen die Arterien einfach folgen (z. B. die Arterie spermatica interna dem Descensus testis). Die Verschiebungen können vererbt sein, so daß nicht das individuelle Geschehen, sondern phylogenetisch bedingte Ursachen den jetzigen Verlauf der Gefäße mit bedingen. Im großen und ganzen treten die Arterien aus dem embryonalen Netz bereits in ihrer endgültigen Anordnung hervor; die historisch gewordene und vererbte Anlage ist so fest in sich determiniert wie etwa die gröbere Gestalt eines Femur, seine Gliederung in Schaft, Hals, Kopf usw.

Dagegen ist wie beim Knochen das feinere Detail in hohem Grade beeinflußbar durch die jeweilige Funktion, in unserem Falle besonders durch die funktionelle Anpassung an den passierenden Blutstrom und dessen hämodynamische Einwirkung. Bei den Arterien ist die Dicke und der Bau der Wandung und die Weite und Gestalt der Lichtung (ob der Querschnitt

kreisförmig oder elliptisch ist) hämodynamisch bestimmt. Wir haben im
vorigen Kapitel dafür Beispiele kennen gelernt. Hier haben wir noch die
Art des Astursprungs und die ganze Art der Astabgabe, welche deutlich
funktionell beeinflußt sind, zu betrachten. Das Prinzip, welches darin waltet,
fassen wir dahin zusammen, daß das Blut mit geringstem Kraftverbrauch
durch die Arterien verteilt wird. Verluste an lebendiger Kraft durch Rei-
bungen an vorspringenden Kanten oder durch Wirbel werden vermieden,
indem die Arterienwand immer genau einem möglichst ungehemmten Verlauf des Blutstromes angepaßt ist. Auch in den „Internodien" zwischen
den Stellen der Astabgabe fehlen scharfe Knicke; sanfte Biegungen sind die
Regel.

Die Pathologie der Blutbahn hat vortreffliche Belege dafür geliefert, daß
der Blutstrom selbst die ihm günstigste Gefäßform erzwingt, daß sie mechanisch
im individuellen Leben bedingt ist. Allerdings sind uns die wirkenden Faktoren
im einzelnen nicht bekannt. Ich hebe im folgenden die besonders klaren Fälle
hervor.

Berechnet man den Mittelwert von mehreren Millionen Ästen, in welche sich
ein Arterienstamm aufteilt, was unter gewissen Voraussetzungen gelungen ist,
so erhält man eine Zahl, welche den errechneten optimalen Bedingungen für die
Fortbewegung der Blutsäule sehr nahe kommt oder vielleicht identisch mit ihr ist.
Der Gesamtquerschnitt der Äste nimmt gegenüber dem Querschnitt des Hauptstammes zu. Das Verhältnis des ersteren zum letzteren sollte zwischen 1,2 und
1,4 liegen, um optimale Bedingungen zu sichern; gefunden wurde 1,23—1,28
(„Querschnittsquotient").

Ursprungs-
kegel Die Äste, welche von einem Hauptstamm seitlich abzweigen, haben ganz
unabhängig von ihrer weiteren Verlaufsrichtung eine ganz bestimmt gerichtete
und geformte Anfangsstrecke. Sie steht in bestimmtem Winkel zur Achse
des Hauptstammes und ist nicht cylindrisch geformt, wie es der Menge des
der Peripherie zufließenden Blutes adäquat zu sein scheint, sondern ist konisch
verjüngt, daher Ursprungskegel genannt. Läßt man Wasser durch ein
cylindrisches starres Rohr fließen und läßt man den Strahl aus einem ovalen
Loch in der Seite des Rohres frei herausspringen, so zeigt er die gleiche Richtung
und Verjüngung wie der Ursprungskegel der Arterien. Die Arterienwand ist,
wenn sie nicht durch die umliegenden Organe gestört ist, vollkommen den
hydraulischen Kräften angepaßt, welche die Form des frei aus dem Loch des
Modells herausspringenden Strahles bedingt. Sie ist nicht im Wege, die Blutbewegung vollzieht sich reibungslos.

Sowohl der hydrodynamisch bedingte Winkel an jeder Stelle der Blutbahn
wie auch die Gestalt der Abgangsstelle hängen ab von der vitalen Empfindlichkeit des Endothels, welches sich so richtet, daß es vom Blutstrom möglichst
wenig gestoßen wird. Die Accessoria paßt sich den Formänderungen des Endothels an. So können bestehende Astwinkel und Coni nachträglich umgeändert
werden, wenn sich die Blutgeschwindigkeit oder die Gestalt der vorausgehenden
Strecke der Blutbahn ändern, wie es in pathologischen Zuständen häufig der
Fall ist.

Das Endothel hält dem nicht geringen Seitendruck der strömenden Flüssigkeit
stand, weicht aber vor dem schwächsten Flüssigkeitsstoß aus und wird dadurch der
Ausgangspunkt für Neugestaltungen, wenn sich die Strömung ändert. Diese Gegen-
sätzlichkeit im Verhalten ist eine wunderbare vitale Eigenschaft, die auch sonst
bei der Reaktion der Zellen auf Reize bekannt ist, z. B. bei den Knochenbildungs-
zellen (Bd. I, S. 43).

Ver-
ästelungs-
und
Verlaufs-
winkel Gewöhnlich nimmt man bei der Verästelung einer Arterie nur den Winkel
wahr, welchen die Mutter- und Tochterarterie bis zu ihrer folgenden Gabelung
miteinander bilden: Verlaufswinkel. Er ist meistens von Anfang an festgelegt und durch Vererbung determiniert. Sieht man genauer zu, so gewahrt

man, daß die beiden Gefäße dicht an der Verzweigungsstelle einen anderen
Winkel bilden als den Verlaufswinkel. Es biegt nämlich die Mutterarterie
ein wenig in entgegengesetzter Richtung zu derjenigen der Tochterarterie ab
(wenigstens sobald der Durchmesser der Tochterarterie $^2/_5$ desjenigen der Mutterarterie beträgt oder größer ist). Die Ablenkung der Mutterarterie ist um so
größer, je weiter die Tochterarterie ist. Die Art der Gabelung ist hämodynamisch bedingt und bietet dem Blutstrom den geringsten Widerstand,
da der Sporn zwischen Mutter- und Tochterarterie wie ein zugeschärfter
Brückenpfeiler in die Lichtung vorragt, an welchem die Flüssigkeit zur
Rechten und zur Linken vorbeischießt. Den Winkel an der Gabelungsstelle
nennt man Verästelungswinkel. Er ist streng vom Verlaufswinkel zu
unterscheiden und kann nur zufällig mit ihm übereinstimmen.

Die Muskulatur geht an der Teilungsstelle der Arterien, welche sich in zwei gleich-
dicke Äste gabeln, in eine bandförmige Schleife über; sie stützt den Sporn und
verliert sich von ihm aus stromaufwärts allmählich in die gewöhnliche Schichtung
der Arterienwand: Stammschleife. Außerdem geht ein dünneres Muskelband,
Astschleife, von der Muskulatur der beiden Arterienäste aus, welches ebenfalls
durch den Sporn hindurchgeht, aber gerade entgegengesetzt gerichtet ist wie die
Stammschleife. Beide Muskelzüge können gleichzeitig oder alternierend gespannt
werden und je nach der Art der Belastung der Verzweigungsstelle durch den Blutdruck Widerstand leisten und die Strömung regeln. Beim Abgang kleinerer Zweige
von der Hauptarterie ist die Umlagerung der Muskulatur weniger typisch; sie
splittert sich in Scharen von Muskelzügen auf, welche die Teilungsstelle stützen,
ehe sie sich wieder zu der Schichtenordnung der Tochterarterie sammeln.

Kurz oberhalb des Sporns der Teilungsstelle ist der Querschnitt der Arterie
etwas dilatiert gegenüber der stromaufwärts folgenden Strecke. Äußerlich ist eine
leichte Verdickung der Arterie im ganzen kurz vor der Gabelung sichtbar, Nodus
(die Strecke zwischen zwei Gabelungen ist eine Internodie). Das Strombett ist
ähnlich wie bei Bächen kurz vor engen Brückentoren erweitert. Die Flüssigkeit
staut sich, ehe sie in die Äste einströmt, ein wenig, das Blut fließt langsamer. Die
Dilatation ist dem angepaßt.

Seitenäste einer oder verschiedener Hauptarterien können untereinander Anastomo-
sen und
Kollate-
ralen
in Verbindung treten, ehe sie sich in die zugehörigen Capillarnetze auflösen.
Sind solche Verbindungen vereinzelt, so heißen sie Anastomosen, das verbindende Gefäß Vas anastomoticum oder Ramus communicans. Bei
Venen kommt ähnliches vor. Die Anastomosen gleichen verschiedenes Druckgefälle in der Ästeverteilung aus.

Besonders wichtig sind Seitenäste, welche der Hauptarterie parallel verlaufen und deshalb Kollateralen heißen; sie anastomosieren sehr häufig mit
anderen Seitenästen der gleichen Hauptarterie oder einer ihrer Äste, welche
rückläufig sich der zuerst genannten Astart nähern. Wird in diesem Fall der
Blutstrom in der Hauptarterie gestört, so kann er seinen Weg durch die Vasa
collateralia nehmen und so die Blutversorgung der Peripherie, die sonst
leiden würde, wieder herstellen. Die Pathologie, vor allem die häufig von den
Chirurgen geübte ,,Unterbindung" von Arterien (künstlicher Verschluß des
Hauptstamms) liefert schlagende Beispiele für die eminent wichtige Tätigkeit
der Kollateralen. Im normalen Geschehen kommen vorübergehende Über-
flutungen der Kollateralen vor, welche abebben, sobald die Hauptstrombahn,
die momentan für das Quantum des passierenden Blutes zu eng war, wieder
hinreichend funktioniert. Angeborene Verlegungen des Hauptstamms bedingen
gelegentlich auch beim Normalen eine Anordnung der Arterien, welche der
Kollateralbahn entspricht (Varietäten).

Die Regelung erfolgt bei der Unterbindung nicht grob mechanisch stromaufwärts vor der Verschlußstelle der Hauptarterie durch eine Drucksteigerung,
welche die Seitenäste erweitert; wenigstens erklärt eine solche nicht den ganzen
komplizierten Vorgang des sog. Kollateralkreislaufes. Man muß annehmen,

daß die Blutzufuhr vom Parenchym der vom Blutstrom versorgten Organe aus geregelt wird. Sehr deutlich ist dies bei versprengten Geschwulstkeimen (Metastasen), welche an dem Ort, an welchen sie gerade verschleppt sind, ein ausgiebiges Gefäßnetz verursachen und von hier aus die Blutzufuhr bestimmen, welche für die wachsende Geschwulst notwendig ist, trotzdem sie im Plane der Strombahn des Normalen nicht irgendwie vorgesehen sein kann. Wieviel Blut durch die Kollateralen fließen soll und wie sich demgemäß deren Lichtungen einstellen, wird auch bei Verschluß der Hauptarterie durch das Bedürfnis der von der gewöhnlichen Blutzufuhr abgeschnittenen Organe bestimmt, wahrscheinlich auf dem Wege der Innervation, welche die Gefäßwand versorgt.

Gefäß-
netze,
Wunder-
netze

Die Anastomosen der Arterienästchen unter sich oder der Venenästchen unter sich können so häufig sein, daß ein ganzes Netz von gleichartigen Gefäßen zustande kommt. Von den Netzen der Capillaren unterscheiden sie sich dadurch, daß die Netze sich nicht wie dort schlechthin zu Venen sammeln, sondern zu der Art von Gefäßen, durch welche sie gespeist werden. Man unterscheidet danach arterielle und venöse Netze. Im eigentlichen Sinn flächenhafte Anordnungen wie ein Fischernetz kommen zwar vor, sind aber, ebenso wie bei den Capillar„netzen“, nur in dünnen Häutchen möglich. Bei dickeren Organen ist eine dreidimensionale Anordnung der Maschen die Regel (deshalb wird statt Netz, Rete, auch der Name Geflecht, Plexus, gebraucht).

Bestehen grobe Netze zwischen ausgesprochenen Arterien- oder Venenästen, welche strukturell eine entsprechende Accessoria ihrer Wandung erkennen lassen, so spricht man von einem Rete vasculosum (Plexus vasculosus, besonders bei Venen). Ein typisches Beispiel sind die Arkadenverbindungen der Mesenterialgefäße (Abb. S. 255). Das Blut wird je nach dem Druck der Umgebung, welcher die Strombahn bald hier, bald dort verlegen kann, immer wieder einen anderen Weg geleitet. An Stellen, wo Knochen unmittelbar unter der Haut liegen und die Blutgefäße infolgedessen leicht zugedrückt werden können, wenn wir uns auf einen harten Gegenstand stützen oder ihn tragen, finden sich charakteristischerweise ähnliche Netze (Rete patellare vor der Kniescheibe, Rete acromiale auf der Schulter u. ä.). Sie sind sehr häufig gleichzeitig an der Versorgung der benachbarten Gelenke beteiligt und leiten daher über zu den Netzen feinerer Art, in welchen infolge der Struktur der Wandung Austauschprozesse mit der Umgebung möglich sind. Die groben dickwandigen Netze sind lediglich Aufsplitterungen mechanischer Art, ohne daß zu dem Inhalt der Gefäße etwas hinzu- oder davon hinwegkommt.

Manche Häute, wie die Gefäß- oder Aderhäute (Tunicae vasculosae) des Gehirns und der Sinnesorgane, enthalten Netze von Arterien oder Venen, welche Serum durchlassen und in quantitativ höherem Maße das leisten, was etwa das Rete patellare für das Kniegelenk durch Absonderung der Flüssigkeit für die Gelenkschmiere besorgt. Der Liquor cerebrospinalis im Gehirn und Rückenmark wird auf diese Weise abgesondert.

Das feinste Netz dieser Art ist das Wundernetz, Rete mirabile, welches beim Menschen am typischsten im Glomerulus der Niere entwickelt ist (Abb. S. 360, 1). Eine Arterie teilt sich quastenartig mit einem Male in Ästchen auf und diese sammeln sich erneut zu einer Arterie. Der Unterschied gegenüber dem Capillarnetz besteht darin, daß das Vas efferens keine Vene, sondern eine Arterie ist, und daß erst von ihm aus capillare Netze an die Tubuli contorti der Niere gehen, welche in Venen abfließen. Was Wundernetz und was Capillarnetz ist, läßt sich hier im Beispiel und Gegenbeispiel nebeneinander erkennen. Wir können mit unseren heutigen Untersuchungsmitteln einen durchgreifenden Unterschied im feineren Bau nicht feststellen. Denn die Struktur des Endothels in den

Ästchen des Rete mirabile erlaubt im MALPIGHIschen Körper der Niere den Durchtritt von Flüssigkeiten und gelösten Substanzen. Nur ein Gasaustausch findet nicht statt wie in den Capillaren.

Man nennt Wundernetze mit einem Zu- und Abfluß wie bei den meisten Glomeruli (Vas afferens und Vas efferens) auch bipolar. Mehrere Abflüsse oder auch Zuflüsse sind in Wundernetzen nicht selten. Wundernetzbildungen kommen bei den Wirbeltieren in mannigfachen Formen vor, auch im Bereiche größerer Gefäße, sowohl Arterien sowie Venen. Ihre Bedeutung ist sehr verschieden. Die Strömung ist in den Wundernetzen regelmäßig verlangsamt.

Ich habe die Definition des Wundernetzes in diesem Werke streng danach gerichtet, ob aus einem Netz das gleiche Blut heraus- wie hereinfließt. Am zweifelhaftesten kann die Bezeichnung bei der Leber sein. Dort münden Zweiglein der Leberarterien in das Stromnetz innerhalb der Läppchen ein; die Centralvene sammelt das Blut aus dem Netz. Insofern verdient es den Namen Capillarnetz, der gewöhnlich gebraucht wird. Ich habe den Namen venöses Wundernetz vorgezogen (S. 325), weil das weitaus meiste und wichtigste Blut aus der Vena portae stammt und in die Centralvene abfließt: insofern liegen die Netze innerhalb der Leber zwischen zwei Venen (Abb. S. 549).

Münden mehrere Gefäße der gleichen Art in ein Netz, so kann die Zu- und Abfuhrstraße für das Blut schwanken, d. h. eine Arterie, welche zu dem Netz gehört, kann bald Zufluß, bald Abfluß sein. Die Stromrichtung innerhalb des gleichen Gefäßes ist also nicht immer konstant. In embryonalen Gefäßen wechselt sie manchmal innerhalb kurzer Perioden mehrfach, wie bei der Durchsichtigkeit des Gewebes im Leben unter dem Mikroskop beobachtet werden kann (z. B. in den Gefäßen der Gliedmaßenanlagen).

An gewissen Stellen des Körpers finden sich im Gefäßsystem Vorflut-kanäle (Apparatus derivatorius), durch welche der Blutstrom in abgekürzter Weise durch ein Gebiet durchgeleitet wird, so daß keine Stauung entstehen kann. In der Niere kann das arterielle Blut z. B. an den Glomeruli vorbei in die Capillarnetze und zu den Venen fließen (S. 372). Ähnliche Verbindungen sind bisher in den Lippen, den Zehen, der Ohrmuschel, der Nasenspitze und den Geschlechtsorganen gefunden worden. Sie sind gewöhnlich gesperrt, weil sonst das Blut nicht den Widerstand der Capillarnetze überwinden würde; sie öffnen sich nur zu bestimmten Zeiten wie die Vorflutkanäle von Bewässerungseinrichtungen, nach welcher sie benannt sind.

Neben-
schließun-
gen und
arterio-
venöse
Anasto-
mosen

An anderen Stellen fehlt ein Capillarnetz ganz, die Arterien münden direkt in die Venen. Die Corpora cavernosa penis des männlichen Gliedes enthalten z. B. lacunäre Erweiterungen der Arterien, aus welchen sich das Blut sammelt wie aus den Arteriennetzen und arteriellen Wundernetzen (S. 449). Man müßte die ableitenden Venen, welche aus den Crura penis herausführen, Arterien nennen, wenn nicht in sie auch die feinen Gefäße in den Septen zwischen den Kavernen mündeten, welche das Gewebe ernähren und durch welche venöses Blut abfließt.

Direkte arteriovenöse Anastomosen werden in der Nierenkapsel und in der Pia mater beschrieben. Sie müssen gewöhnlich verschlossen sein, sonst würde das Blut die Netze vermeiden. Über die Blutverhältnisse in der Milz siehe diese.

End-
arterien

Der Blutverbrauch eines Organs bestimmt die Menge der Blutzu- und -abfuhr. Gewöhnlich sind viele der Netzmaschen im Capillargebiet halb oder ganz verschlossen. Erweitern sie sich, sobald das Parenchym mehr Blut verlangt, so strömt auch durch die Gefäße mehr Blut hinzu, um die Capillaren zu füllen. Sind mehrere zuführende Arterien beteiligt und bestehen einfache Anastomosen oder Netzverbindungen zwischen ihnen, so kann vikariierend zu der bisherigen Blutbahn neuer Zufluß erfolgen. Die nervöse Regulation richtet ihn jeweils so ein, daß Bedarf und Angebot sich decken. Sonst wäre Unterernährung und Nekrose des Organs und des ganzen Organismus die Folge.

Der Zufluß kann aber auch dadurch geregelt sein, daß nur ein einziges Gefäß in das betreffende Capillarnetz hineinführt, eine sog. Endarterie. Wird die Endarterie durch einen Gefäßpfropf (Embolus) verstopft oder sonstwie für

das Blut undurchgängig, so wird der ganze Bezirk des Organs, zu welchem
die Endarterie gehört, blutleer. Umgekehrt kann man durch Injektion einer
farbigen Flüssigkeit in die betreffende Endarterie einen Organbezirk färben
und gegen die Nachbarschaft scharf hervorheben (S. 370). Die Capillardistrikte
stehen untereinander in Zusammenhang, so daß die Endarterien eines Organs
ein gemeinsames Capillarnetz haben. Doch wird von jeder Endarterie immer
nur ein bestimmtes Gebiet dieses Capillarnetzes gespeist. Beim Gehirn gibt
es z. B. in den Gehirnhäuten zahlreiche Gefäßnetze (Pia mater); von dort aus
dringen Endarterien in die Gehirnsubstanz selbst ein, so daß der Ausfall einer
solchen Endarterie den ganzen Bezirk vom Blutstrom abschneidet.

So schädlich dies bei Verstopfungen und anderen abnormen Schädigungen
ist, so günstig ist die Versorgung durch eine Endarterie im normalen Geschehen,
weil durch sie das nötige Blutquantum am feinsten dosiert werden kann; es
wird genau so viel zugeleitet, wie jeweils dem arbeitenden Parenchym und seinem
Materialbedürfnis entspricht. So finden wir denn gerade Endarterien in sehr
wichtigen Organen, z. B. Lunge, Leber, Milz, Niere und Schilddrüse.

Für die Pathologie spielen sie eine große Rolle, weil die Gefährdung des Organs
besonders groß ist. Das ist gleichsam der Preis, den der Organismus für den laufenden
Nutzen des gemeinen Lebens bezahlen muß und der vielen Menschen das Leben
kostet, sobald der Ausfall größer ist als durch die nicht verstopften Bezirke gedeckt
werden kann.

Endarterien können ihre Leistungen steigern, indem neue Gefäßschlingen aus
dem Capillarnetz auswachsen und die arbeitende Fläche vergrößern. Auf diese
Weise kann in der Enwticklung ein Gefäßgebiet über ein anderes die Oberhand
gewinnen. Im allgemeinen ist der Regulationsmechanismus, welcher ein Organ
und die zu ihm gehörige Blutbahn in das richtige Verhältnis von Zu- und Abfuhr
versetzt, erblich fixiert.

Capillar-
netze

Die Netze sind polygonal, die Capillaren selbst stehen in allen Richtungen,
sehr häufig genau quer zur Richtung der zuführenden Arterien. Die Maschenweite ist in den verschiedenen Organen verschieden. Besonders eng ist sie
in den Lungen, Muskeln, Drüsen; weitmaschiger und weniger zahlreich sind
die Netze in Bändern, Sehnen und bindegewebigen Füllmassen. Das Bestimmende
ist die Leistungsfähigkeit des Organs, sein Umsatz an Energie. Der Gesamtquerschnitt sämtlicher Capillaren wird auf 1500 cm² geschätzt, d. h. dem
200—300fachen des Aortenquerschnitts. Sie sind aber nicht alle gleichzeitig
durchströmt, beim nicht arbeitenden Organ liegen viele Capillaren brach,
beim arbeitenden (oder entzündeten) füllen sich immer mehr Capillaren; beim
Meerschweinchen ist die innere Oberfläche der Haargefäße beim arbeitenden
Muskel bis zu 250mal größer als beim ruhenden.

Der Gesamtquerschnitt der Capillaren ist größer als derjenige der Venen,
am kleinsten ist derjenige der Arterien des Körpers. Die Geschwindigkeit
des Blutstroms ist daher im Capillarnetz am geringsten, in den Venen größer,
in den Arterien am größten.

Mit dem Capillarmikroskop kann man in der menschlichen Haut im
Leben einen ziemlich konstanten Strom in den Capillaren beobachten. In
der Schwimmhaut des Frosches sieht man ganz andere Bilder: manchmal stockt
die Blutsäule, sobald ein Blutkörperchen in der engen Capillarlichtung eingeklemmt wird, oder die Richtung des Blutstroms wechselt, manchmal mehrfach, so daß das Blut in einer Strecke hin- und herpendeln kann. Die Bedeutung
der langsamen Durchströmung des Capillarnetzes für die Austauschprozesse
zwischen dem Blut und den Geweben liegt auf der Hand; der Austausch selbst
ist bei dem Endothelbelag erörtert worden (S. 603).

Die derivatorischen Kanäle (S. 623) in der menschlichen Haut sind 0,05 mm
weit und bis zu 7 mm lang, die Capillaren in den gleichen Gebieten nur 0,007 bis
0,013 mm weit. Letztere setzen also dem Blutstrom viel größeren Widerstand

entgegen. Die arteriovenösen Vorflutkanäle entlasten so das Capillargebiet vor Überdruck, sobald solcher eintritt und sie sich öffnen. Die motorischen Kräfte für die Regelung der Lichtung sind auf S. 604 analysiert.

D. Herz und Herzbeutel.

I. Entstehung des Herzens.

In den Blutkreislauf ist ein pumpenartiger Motor eingeschaltet, das Herz, Cor. Das Herz ist geräumig genug, um wechselnde und auch große Mengen von Blut aufzunehmen, und ist stark genug, um das jeweils von den Organen benötigte Blut durch diese hindurch zu treiben; die Rückkehr des venösen Blutes zum Herzen und auch der Lymphstrom werden bis zu einem gewissen Grade von der Herzkraft mitbedingt. Das Herz ist seiner Herkunft nach nichts anderes als ein Stück des Gefäßschlauches, welches sich gegen ihn durch Erweiterung der Lichtung und Zunahme der Wandmuskulatur an Kraft und Dicke absetzte. Deshalb findet seine Beschreibung hier im Anschluß an die allgemeine Morphologie der Gefäße ihren Platz, obgleich es durch seine Ausgestaltung eine ganz eigenartige Stellung und einen so hohen Rang gegenüber den Gefäßen erreicht hat, daß man von ihm mit Recht als einer „Centrale", bei den letzteren insgesamt von „peripheren" Gefäßen sprechen kann.

Eine einfache Zirkulation, wie sie in einem Röhrensystem mit contractilen Wandungen ähnlich dem Darm auch ohne besonderen Motor möglich wäre, genügt beim Gefäßsystem nicht, weil für die Arbeit der Organe des Körpers sehr wechselnde Blutmengen nötig sind und oft plötzlich verlangt werden. Wenn ein Muskel beispielsweise 10 mal soviel Arbeit leisten muß wie in der Ruhe, was bei Sportsleistungen momentan von ihm verlangt wird, so ist sein eigener Vorrat an Glykogen sehr schnell dahin und seine Kraft würde erlahmen, wenn nicht das Herz sofort größere Mengen von Blut mit Reserveglykogen aus der Leber in die Peripherie pumpte. Das menschliche Herz befördert zwischen 3 und 30 l Blut in der Minute, ist also auf ganz außerordentliche Unterschiede des Bedarfs eingerichtet. Wird ein bestimmter Leistungsunterschied konstant, wie z. B. beim Rennpferd gegenüber dem Schrittpferd (Karrengaul), so äußert sich die dauernde Verstärkung der Wand im Gewicht des Herzens (englischer Vollbluthengst 6 kg Herzgewicht gegenüber 5,22 kg Durchschnittsgewicht bei belgischem Schlag). Werden zwei junge Hunde aus dem gleichen Wurf unter ganz verschiedenen Bedingungen aufgezogen, so erhält der Hund, welcher dauernd körperliche Arbeit leisten muß, ein viel höheres Herzgewicht als sein Bruder, der keine nennenswerte Arbeit verrichtet. Beim Arbeitshund beträgt das Herzgewicht 8,9 g auf 1 kg Körpergewicht, beim Kontrollhund nur 5,5 g. Bei den Warmblütern, welche dauernd die gleiche Temperatur ihres Körpers unter ganz verschiedenen äußeren Bedingungen aufrecht zu erhalten haben, ist die Leistung des centralen Motors eine viel hochgradigere als bei den wechselwarmen Tieren (sog. Kaltblütern). Bei Fischen haben große und kleine Exemplare der gleichen Species das gleiche relative Herzgewicht, bei Vögeln und Säugern ist es jedoch bei größeren Exemplaren geringer als bei kleineren Exemplaren der gleichen Art; denn die Oberfläche wächst nur im Quadrat, das Innere im Kubus, das größere Individuum hat daher eine verhältnismäßig geringere Wärmeabgabe seiner Oberfläche als das kleinere Individuum und daher ein geringeres Herzgewicht. Auch für große und kleine Menschen trifft dies zu. Außerdem wird die Herzgröße noch durch die Reibungswiderstände in den Organen, durch Sauerstoffmangel in den Lungen u. a. m.

beeinflußt. Die Pathologie hat dafür sehr klare Belege geliefert (Aortenstenose, Schrumpfniere, Lungenemphysem). Diese Beispiele mögen genügen, um die Notwendigkeit eines besonderen Motors begreiflich zu machen. Wie ist er aus dem gewöhnlichen Gefäßschlauch entstanden?

Provi-
sorische und
endgültige
Herzabteile Das primitive Herz bei den niederen Wirbeltieren ist in allem Wesentlichen bei den Embryonen der höchsten noch heute erhalten als ein Schlauch, welcher in die Länge gewachsen und daher auf dem engen zur Verfügung stehenden

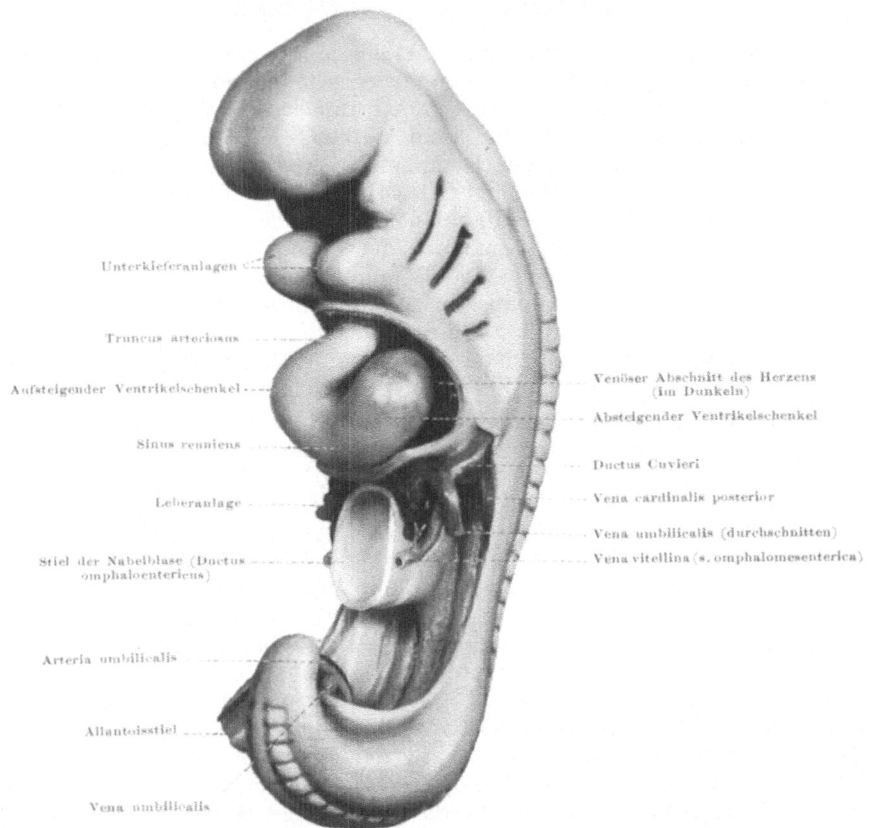

Abb. 301. Herzschleife eines menschlichen Embryo. Modell von W His sen.

Raum in eine S-förmige Schleife gelegt ist (Abb. Nr. 301). Die Herzanlage liegt anfangs ventral von den Kiemen, also unter dem Kopfdarm, und wächst bald so, daß sie sich bei Embryonen zeitweise in einem Bruchsack aus der Körperwand vorwölbt (Bd. I, Abb. S. 22, unter dem Unterkiefer, nicht bezeichnet). Die Blutsäule wird durch peristaltische Bewegungen wie beim Darm vorwärts getrieben, aber vier Bewegungscentren sind lokalisiert und danach sind verschiedene Abteile kenntlich, welche sich bei jeder Kontraktion gleich verhalten, so daß ihnen bestimmte Ausweitungen des Herzschlauches entsprechen. Sie stellen sich beim Embryo bereits ein, ehe die Muskeln des Herzens sichtbar sind; denn die Zellen können durch Protoplasmakontraktionen Bewegungen zustande bringen ähnlich den Bewegungen einzelliger muskelfreier Organismen. Wir nennen die vier Abteilungen des primitiven Herzschlauches, welche nicht durch Klappen oder Zwischenwände, sondern nur durch ihre Form voneinander geschieden sind, in der Richtung stromabwärts von dem venösen auf das arterielle Ende zu:

(1. Sinus),
2. Atrium,
3. Ventrikel,
(4. Truncus arteriosus).

Im Ventrikel (Kammer) liegt die Hauptbiegungsstelle der Schleife, daher hat er einen absteigenden und aufsteigenden Schenkel. Kontrahiert er sich, so wird das Blut in den folgenden Abschnitt, Truncus, hineingetrieben, der infolgedessen weiter ist als die anschließende Gefäßbahn (Aorta ascendens, Abb. S. 633); man nennt den Truncus arteriosus deshalb auch Bulbus. Noch deutlicher ist die Aufblähung des dem Ventrikel vorausgehenden Abschnittes, in welchem das Blut gestaut wird, solange die Kontraktion des Ventrikels dauert (Systole). Dieser erweiterte Abschnitt ist das Atrium (Vorhof, Vorkammer). Der Sinus venosus ist ihm stromaufwärts vorgelagert als ein Sammelbecken für das gesamte Venenblut des Körpers und seiner Anhänge, welches hier gemischt wird und aus welchem der Herzschlauch bei seiner Pumparbeit schöpft.

Von den vier obengenannten Abteilen pulsiert jeder für sich; sie sind aber nicht identisch mit den vier Abteilen des fertigen Herzens. Vielmehr werden die eingeklammerten Abschnitte 1 und 4 nachträglich von den an sie angrenzenden Teilen verschluckt, so daß sie eins mit ihnen sind. Dagegen gliedern sich die beiden nicht eingeklammerten Abteile neu in je zwei nebeneinander liegende Abschnitte, so daß wir im fertigen Herzen zwei Atrien und zwei Ventrikel haben nach folgendem Schreibschema:

2a. Rechtes Atrium	2b. Linkes Atrium
3a. Rechter Ventrikel	3b. Linker Ventrikel.

Die nebeneinander liegenden Teile sind durch Zwischenwände vollkommen voneinander geschieden (Doppelstrich), die hintereinander liegenden Teile sind zeitweise durch Klappen gegeneinander abgeschlossen, zeitweise durch Öffnungen verbunden (einfacher Strich). Das endgültige vierteilige Herz der Vögel und Säugetiere ist also etwas ganz anderes als der provisorische vierteilige Herzschlauch, von welchem es noch jetzt in der individuellen Entwicklung seinen Ausgang nimmt. Wir finden in der Tierreihe bei den Fischen, Amphibien und Reptilien noch alle Vorstufen in Gebrauch, welche zu dem höchsten Typus des Herzens geführt haben; ebenso in der individuellen Entwicklung der Vögel und Säuger. Wir sind daher über den historischen Gang des jetzigen Aufbaues unseres Herzens gut unterrichtet. Manche Einrichtungen, beispielsweise das Reizleitungssystem des menschlichen Herzens, folgen noch jetzt der ersten Urform des Herzschlauches, so daß die Betrachtung der Herzentstehung für das Verständnis der Form des fertigen Herzens große Vorteile bietet.

Auf eine fortlaufende Beschreibung der ganzen Herzentwicklung, die recht viele Komplikationen bietet, kann jedoch hier nicht eingegangen werden (siehe die Lehrbücher der Entwicklungsgeschichte); wir greifen kapitelweise die für das fertige Herz wichtigen Tatsachen der Entwicklung und vergleichenden Anatomie heraus.

Beim menschlichen Embryo fließt das Blut, welches aus dem Herzen kommt, zunächst durch die Kiemenbögen an den Kiemenspalten vorbei (Abb. S. 628, 633). Bei den wasserlebenden Tieren wird hier der Sauerstoff erneuert; das Herz ist rein venös, das venöse Blut wird in den Kiemen arterialisiert und kommt dann in den Körperkreislauf, von dort kehrt es als venöses Blut in das Herz und in die Kiemen zurück. Arterielles und venöses Blut sind also scharf

Getrenntes
und
gemischtes
Blut der
wechsel-
warmen
Tiere

40*

getrennt, obgleich das Herz nur in Atrium und Ventrikel, d. h. zwei Abteile zerlegt ist. Diese Hintereinanderschaltung von arteriellem und venösem Blut in einem einzigen Kreislauf erlaubt keine sehr schnelle Bewegung des Blutes, da es zwei capillare Hindernisse hintereinander zu nehmen hat; denn die Kiemengefäße sind in Kapillaren für die Respiration und die Körpergefäße in Capillaren für die Nutrition aufgesplittert (man denke sich in Abb. Nr. 302 alles weg außer den Kiemengefäßen, dem Körperkreislauf und dem Bogen, in den beide gemeinsam mit dem Herzen eingeschaltet sind). Für die landlebenden Tiere würde der hintereinander geschaltete Kreislauf zu träge sein, um den erhöhten Beanspruchungen zu genügen; im Wasser ist die zu

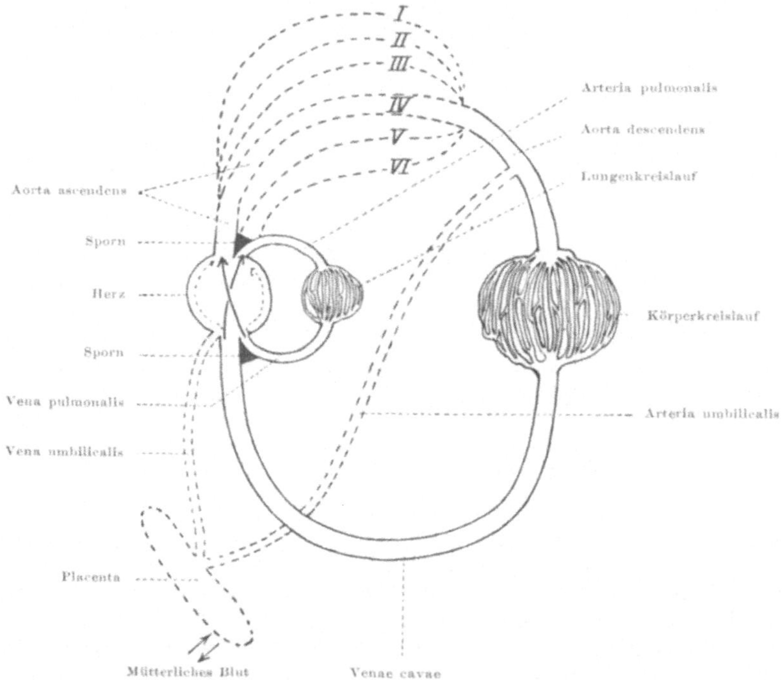

Abb. 302. Schema des Körper- und Lungenkreislaufes mit hineinpunktierten Kiemen- und Placentargefäßen.

bewältigende Masse des Körpers infolge des verminderten spezifischen Gewichtes eine ganz andere als in der Luft. Dort gibt es flinke Räuber wie die Haie trotz des einfachen Kreislaufes. Alle landlebenden Tiere von den Amphibien an haben jedoch einen doppelten Kreislauf und ein mehr als zweigeteiltes Herz.

Der Prozeß geht von der Peripherie aus und ergreift das Herz zuletzt. Bei den Fischen ist innerhalb des Körperkreislaufs jedes Organ im Besitz seines eigenen Capillarsystems wie bei allen Wirbeltieren. So auch der Vorläufer der Lunge, ein der Schwimmblase der Fische analoger Gassack. Bei den wirklichen Lungen ist ihr Capillarbezirk für die Respiration reserviert und vom übrigen Kreislauf getrennt. Bei der Lungenanlage des menschlichen Embryo ist zu sehen, daß sie anfänglich von einem Ast der letzten Kiemenarterie versorgt ist (Abb. a, S. 147). Dieses kleine Gefäß wird nach dem Verschwinden der meisten Kiemenarterien zur selbständigen Arteria pulmonalis; das linke 4. Kiemengefäß wird zu einem Teil der Hauptschlagader des Körpers, Arcus aortae

Abb. S. 628, IV). Zwischen der Aorta und der Arteria pulmonalis befindet sich wie bei allen Gefäßgabelungen ein Sporn, dessen Schneide stromaufwärts ge-richtet ist. Die Erweiterung der Herzanlage wirkt aus mechanischen Gründen dahin, auch die Anfänge der Aorta und Arteria pulmonalis zu erweitern und zu verkürzen, so daß der Sporn gegen das Herz zu vorrückt. Diese zwangs-läufig sich ergebende Möglichkeit wird später für die Kammerung des Herzens ausgenutzt, wie wir noch sehen werden.

Bei den Amphibien bleibt der Truncus arteriosus, von welchem beide Gefäße ausgehen, äußerlich ungeteilt, ganz ungeteilt ist der Ventrikel, aber wir haben bei ihnen zwei Vorhöfe (Abb. Nr. 303). Diese Einteilung des Herzens der Am-phibien und der meisten Reptilien beruht darauf, daß der Sporn zwischen der Vena pulmonalis, einem selbständig gewordenen Ast der Körpervenen, und den Venae cavae in das Herz vordringt (Abb. S. 628) und den zunächst liegenden Teil des Schlauches in zwei nebeneinander liegende Atrien auf-spaltet. Sie werden infolge der Schlingenbildung hinter den Truncus arteriosus in die Höhe geschlagen; der letztere liegt vor der Scheidewand, welche im Innern des Herzens die beiden Vorhöfe trennt (das Emporsteigen des Eintritts der Venen ist beim menschlichen Embryo deutlich zu sehen, S. 632).

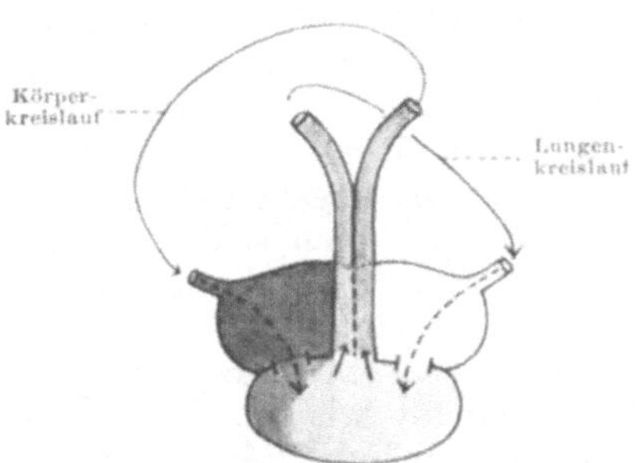

Abb. 303. Schema des Amphibienherzens.

Diese neue Einteilung des Herzens be-deutet eine vollständige Revolution der Blutverteilung im Körper. Denn das arterielle und venöse Blut sind nicht mehr wie bei der Hintereinanderschaltung des respiratorischen und nutritorischen Ca-pillarsystems der kiemenatmenden Tiere getrennt, sondern die beiden Blutarten werden im Ventrikel des Herzens ge-mischt. Aus der Körpervene ergießt sich das verbrauchte Blut in den rechten Vorhof und von da in den Ventrikel, wohin aus dem linken Vorhof ebenfalls das in der Lunge erneuerte Blut der Vena pulmonalis gelangt (Abb. Nr. 303). Die Umschaltung der hintereinander angeordneten Capillargebiete der Oxydation und der Carbonisation des Blutes in nebeneinander geordnete, koordinierte Gebiete der lungenatmenden Tiere führt also zunächst zu einer Verschlechterung des Gesamtblutes. Denn es gibt gar kein rein arterielles Blut mehr im Körper. Immer wieder läuft das ver-brauchte Blut durch die Adern. Aber wie die Atemluft in unseren Lungen nie ganz erneuert wird, sondern nur zum Teil frische, sauerstoffreiche Luft aus der Atmosphäre aufnimmt, mit der verbrauchten Luft mischt und durch den dauernden Pumpmechanismus der Atemmuskeln so verteilt, daß genügend Sauerstoff in die Alveolen hinein gelangt, so vermag auch das Herz bei den wechselwarmen Tieren (Poikilothermen) die für ihre Bedürfnisse ge-nügende Verteilung des Sauerstoffs von der Lunge aus bis in alle Organe des Körpers zu besorgen. Das Geheimnis liegt darin, daß der Motor zwar zwei Widerstände wie beim Fischherzen zu überwinden hat, daß diese aber nicht hintereinander geschaltet sind, sondern nebeneinander und daß Hindernisse in beiden sich nicht notwendig summieren müssen, oder daß ein Hindernis im einen nicht notwendig den ganzen Kreislauf stört. Entsteht ein besonderer Widerstand im Körperkreislauf, so kann der Motor trotzdem das Blut unbe-hindert durch den Lungenkreislauf treiben und umgekehrt. In dem Misch-gefäß des Ventrikels gleichen sich alle Druckverschiedenheiten gegenseitig aus. Die Schwierigkeiten, welche das vierteilige Herz zu überwinden hat, wenn etwa aus dem Körper mehr Blut zuläuft als in die Lunge abläuft oder umgekehrt und wenn dadurch das Gleichgewicht im rechten Herzen gestört wird, kennt das Kaltblüterherz nicht. Das Amphibienherz leistet mit schlechtem Blut mehr als das Fischherz mit gutem Blut, weil sein Motor leichter arbeitet.

Bei den Reptilien ist die Scheidewand für den Ventrikel so weit durchgeführt, daß nur eine kleine Kommunikation offen bleibt, bei den Crocodiliern ist sie vollständig, dafür besteht eine Kommunikation zwischen den paarigen Aorten, Foramen Panizzae. Auf die mechanischen Vorteile, welche der Druckausgleich zwischen Körper- und Lungenblut im Ventrikel hat, wird also von keinem „Kaltblüter" verzichtet. Die ungeheuer vermehrten Ansprüche, welche das eigenwarme (homoiotherme) Tier an seinen Kreislauf stellen muß, setzen dagegen die völlige Teilung des Ventrikels in zwei Kammern voraus. Bei den Vögeln kommt hinzu, daß das Fliegen eine äußerste Belastung des Kreislaufs bedeutet. Bei den Reptilien ist die Kammerung bis in alle Details vorbereitet; es bleibt schließlich nur noch ein Ventil für den Notfall in den genannten Kommunikationen offen. Aber dem gesteigerten Bedürfnis wird dieses Ventil geopfert. Der Organismus unterzieht sich der Gefahr von Blutstockungen und von Sprengungen des Herzens gegenüber der Notwendigkeit, genügend Sauerstoff seinen Geweben zuführen zu können.

Bei den eigenwarmen Tieren haben wir wieder eine scharfe Scheidung zwischen arteriellem und venösem Blut wie beim einfachen Kreislauf und beim Herzen des Embryo oder der kiemenatmenden Tiere. Aber die beiden Kreisläufe sind koordiniert. Der Motor arbeitet daher wie bei Amphibien und Reptilien mit großer Kraftersparnis. Da das reine Blut eine viel höhere Energie an die Organe heranbringt als das gemischte Blut der wechselwarmen Tiere, so verhalten sich beide Betriebe wie zwei Feuerungen, von welchen die eine mit schlechtem, die andere mit gutem Heizmaterial arbeitet. Das Warmblüterherz allein bringt es fertig, dauernd im Organismus so viel Energie zu verteilen, daß er trotz aller Hindernisse von außen und innen die gleiche Wärme behält wie ein durch eine Warmwasserheizung dauernd gleich temperiertes Gebäude. Außerdem muß das Blut bei Vögeln und Säugetieren alle übrigen Leistungen vollbringen, die ihm obliegen.

Das vierteilige Herz der eigenwarmen Tiere

Die Kammerung des Ventrikels ist bei den wechselwarmen Tieren durch den Sporn vorbereitet, welcher zwischen Aorta und Arteria pulmonalis besteht und gegen das Herz vordringt (Abb. S. 628). Aber erst bei den eigenwarmen Tieren wird sie wirklich effektiv; bis dahin wird wohl eine partielle, aber nie eine totale Scheidung des Ventrikels in eine rechte und linke Kammer durchgeführt. Denken wir uns, der Sporn zwischen den Arterien wüchse mit dem Sporn zwischen den Venen so zusammen, daß ein rechtes und ein linkes Herz entstünde, in welchem das Blut in der Richtung der punktierten Pfeile der Abb. S. 628 liefe, so würde das aus der Lunge kommende Blut wieder in die Lunge, das aus dem Körper kommende Blut wieder in den Körper strömen müssen, eine offenbare Unmöglichkeit für die Aufrechterhaltung des Lebens. Das Prinzip, welches zur vollen Ausnutzung der koordinierten Kreisläufe für Respiration und Nutrition führte, ist denn auch ein ganz anderes. Das Blut wird im vierkammerigen Herzen der eigenwarmen Tiere so geführt, daß es sich überkreuzt (ausgezogene Pfeile). Jetzt strömt das gesamte Blut zweimal durch das Herz, und zwar einmal, wenn es aus der Lunge als gutes Blut herauskommt, durch das linke Herz und in den großen Kreislauf, das zweitemal, wenn es aus dem großen Kreislauf herauskommt, durch das rechte Herz in den kleinen Kreislauf (Abb. S. 549).

Das Prinzipielle dieser Einrichtung ist bereits bei den wechselwarmen Tieren von den „Lungen"fischen (Dipnoern) an vorbereitet, bei welchen zuerst die Luft der Atmosphäre unmittelbar verarbeitet wird. An bereits aus anderen Gründen vorhandene Bauelemente knüpft der Blutweg der eigenwarmen Tiere an wie oft bei einer Erfindung gegebene Elemente zu neuen Kombinationen zusammengefügt werden. Das bei den wechselwarmen Tieren Vorhandene beruht auf folgendem. Es gibt für einen Schlauch außer der Möglichkeit, auf engem Raum durch Schleifenbildung in die Länge zu wachsen, noch eine andere Möglichkeit sich zu verlängern, nämlich die Verdrehung (Torsion). Man versteht darunter, daß ein Teil des Herzschlauches stehen bleibt: ein beliebiger Radius des Querschnittes zeigt dauernd auf die gleiche Stelle; ein anderer Teil des Herzschlauches dreht sich so, daß ein ursprünglich dem stehenbleibenden Radius entsprechender Radius des Querschnittes mit oder gegen den Uhrzeiger verschoben ist. Der Winkel, um welchen er gedreht ist, gibt den Grad der Torsion an. Beim Herzen sind die beiden Enden, das Ostium für den Eintritt der Venen und dasjenige für den Austritt der Arterien, fixiert (Porta venosa und Porta arteriosa). Eine Torsion des Herzschlauches in der Nähe der Porta arteriosa mit dem Uhrzeiger (von der Arterie aus stromaufwärts gesehen) muß also durch eine entgegengesetzte Drehung innerhalb der Herzschleife (gegen den Uhrzeiger) kompensiert werden; sonst könnten die beiden Ostien nicht ungedreht stehen bleiben, was sie wegen ihrer Beziehungen zur Umgebung tatsächlich tun.

Diese beiden Torsionen sind nachgewiesen und auch an Einrichtungen des menschlichen Herzens erkennbar. Am deutlichsten und seit jeher bekannt ist die Überkreuzung nahe der Porta arteriosa stromaufwärts: die Aorta aus dem linken Herzen kreuzt hinter der Arteria pulmonalis aus dem rechten Herzen in einer Spiraltour vorbei (Abb. S. 650). Arterielles und venöses Blut (schwarz und weiß in der Abbildung) kreuzen also wie die ausgezogenen Pfeile im Herzen des Schema, Abb. S. 628.

Die Gegentorsion liegt in der Nähe der Porta venosa innerhalb des ursprünglichen Sinus und ist noch jetzt an der Stellung der embryonalen Klappen dieses Herzabteils des Menschen ablesbar. Doch ist sie sehr versteckt, nur bei genauester Analyse der embryonalen Vorgänge zu verstehen und daher erst neuerdings entdeckt worden. Wir müssen uns hier mit dieser Andeutung begnügen.

Das viergeteilte Herz hat zwei Blutmengen zu bewältigen, das Lungen- und das Körperblut. Beide Kreisläufe müssen absolut harmonieren; denn sobald dauernd auch nur ein wenig mehr Blut in das Herz hinein- als herausläuft, muß es allmählich anschwellen und schließlich platzen. Das wäre zwar beim Kaltblüterherzen auch so, aber dort reguliert sich ein Plus—Minus sehr einfach durch eine beliebig verringerte Strömung. Beim Warmblüter jedoch kommt die Einstellung des Gesamtkörpers und aller seiner Funktionen auf die konstante Eigenwärme, die das Herz zu bedienen hat, hinzu und macht ein beliebiges Stromtempo unmöglich. So ist sein Herz ein Spezialinstrument von höchster Leistungsfähigkeit und Präzision, aber auch von großer Empfindlichkeit. Viele seiner Einrichtungen sind nur aus dem historischen Gang seiner Entwicklung, die wir schilderten, zu verstehen.

Eine besondere Betrachtung beansprucht die Septierung des embryonalen menschlichen Herzens, d. h. die Art, wie die beiden Atrien und Ventrikel durch Scheidewände aus dem ungekammerten Schlauch herausgeschnitten werden. Wir haben bisher nur das allgemeine Prinzip der Torsion, welche vorher vorhanden ist und an welche die Septierung anschließt, herausgehoben. Beim Menschen hat das Detail der Vorgänge besondere Bedeutung für manche fertigen Zustände, vor allem aber auch für die Pathologie (Hemmungsmißbildungen des Herzens).

Beim Embryo der Säuger und des Menschen ist an den Körperkreislauf statt des koordinierten Lungenkreislaufs der Placentarkreislauf angehängt (Abb. S. 628. gestrichelt), solange der Embryo im Mutterleib von der Atmosphäre abgeschnitten ist. Die Nabelvene (Vena umbilicalis) leitet das gute Blut aus dem Mutterkuchen in das Herz. Dort mischt es sich mit dem schlechten Blut, welches aus dem Körper des Fetus kommt. Das gemischte Blut wird vom Herzen in den Körperkreislauf getrieben. Aber ein Teil zweigt sich ab, ehe die Capillargebiete der Organe erreicht sind und fließt in der Nabelarterie (Arteria umbilicalis) dem Mutterkuchen wieder zu. So haben wir etwas Ähnliches wie beim Amphibienherzen. Es gibt kein wirklich rein arterielles Blut beim Fetus, aber durch die teilweise Erneuerung des Sauerstoffs wird doch den Geweben so viel Energie zugeleitet, daß sie nicht nur leben, sondern auch wachsen können. Wir werden noch sehen, daß das embryonale Herz in besonderer Weise durch Klappen und Durchbrüche das Blut leitet; die schneller wachsenden Teile der oberen Körperhälfte erhalten auf diese Weise besseres Blut als die langsamer wachsenden Teile der unteren Körperhälfte (Abb. S. 633). Am Herzgewicht läßt sich erkennen, daß der Widerstand, welchen die Eihäute und die Placenta außer den Körpercapillaren dem Blutstrom bereiten, und welcher nach der Geburt fortfällt, größere Anforderungen an das Herz stellt als die später in Funktion tretenden Lungencapillaren. Beim Neugeborenen kommen auf 1 kg Körpergewicht 7,6 g Herzgewicht, nach einem Monat 5,1 g, nach zwei Monaten 4,8 g, nach vier Monaten 3,8 g. Dann hebt sich das Herzgewicht unter dem funktionellen Einfluß lebhafterer Bewegungen des Kindes, bis mit $1^1/_4$ Jahren ein relatives Herzgewicht von 5 g erreicht ist, welches mit Schwankungen (bis 6,13 g) durch das Leben anhält. Das durch die fetalen Embryonalanhänge verursachte hohe relative Herzgewicht des Neugeborenen wird aber vom normalen Herzen während des ganzen Lebens nicht mehr erreicht. Der kräftige fetale Motor gleicht die schlechte Blutmischung aus, indem er für so gute Zirkulation sorgt, daß jede Zelle genügend Sauerstoff erhält. Freilich wird ihm die Arbeit erleichtert, weil im Mutterleib die Regulation der Eigenwärme nicht in Anschlag kommt.

Äußere Trennung der beiden Vorhöfe

Der Sinus des ungekammerten Herzschlauches beim menschlichen Embryo nimmt auf jeder Körperseite eine Reihe von Venen auf: 1. aus der Körperwand die Vena cardinalis anterior und posterior, die sich kurz vor der Mündung zum Ductus Cuvieri vereinigen; 2. von der Placenta her die Vena umbilicalis; 3. vom Dottersack her die Vena omphaloenterica s. vitellina (Abb. S. 633). Die Venen ergießen sich jederseits in eine hornartige Verlängerung des quer zur Körperachse gestellten Sinussackes, in das linke und rechte Sinushorn. Indem die Ventrikelschleife wächst und sich senkt, kommt der Sinus anders zum übrigen Herzen zu stehen als bisher; für uns genügt festzustellen, daß er aus seiner anfangs rein kaudalen Lage relativ kopfwärts zum Herzen im ganzen rückt. Die Sinushörner werden am stärksten kopfwärts verschoben, der ganze Sinus bekommt dadurch Sichelform (Abb. b, S. 634, violett). Die einzige unpaare Vene, Vena cava inferior, welche in ihn mündet, unterscheidet sich von den obengenannten paarigen Venen dadurch, daß sie am tiefsten Punkt der Sichel in den Sinus selbst, nicht in seine Hörner eintritt. Wie sie zustande kommt, wie sich die Venen im Körper verhalten und zu den endgültigen Venen des Stammes umbilden, ist hier nicht zu erörtern (s. Bd. IV). Zu dieser Zeit hat das embryonale Herz, von vorn gesehen, zwei blasenförmige Seitenzipfel des Atrium, die Herzohren, Auriculae, zwischen welche sich der nach oben aufsteigende Truncus arteriosus legt (Abb. a, S. 634). Betrachtet man den Vorhof von hinten, so liegt ihm der Sinus auf (Abb. b, S. 634). Das linke Sinushorn ist schmächtiger geworden als das rechte; beim fertigen Herzen ist nur noch ein größerer Rest von ihm übrig, der Sinus coronarius (Abb. S. 646). In ihn münden keine Körpervenen mehr wie beim Embryo, aber alle größeren Venen der Herzwand selbst; unter ihnen befindet sich eine unscheinbare kleine Vene, welche schräg vom linken Vorhof herabsteigt (Vena obliqua Marshalli), der Überrest der einst großen Spitze des linken Sinushorns.

Das rechte Sinushorn bleibt dagegen voll bestehen und wächst entsprechend der Vergrößerung des ganzen Herzens mit. Es hängt von hinten dem rechten Vorhof an (Abb. S. 636) und kennzeichnet diesen bei der Betrachtung des Herzens von außen und hinten. Das gesamte venöse Blut des Körpers und seiner embryonalen Anhänge mit Ausnahme der Lungenvene strömt in diesen Sinusabschnitt, auch das der linken Körperseite, welches nicht mehr in das obliterierte linke Sinushorn gelangen kann und in einer hier nicht zu erörtenden Weise auf die rechte Körperseite übergeleitet wird. Später wird die rechte Sinushälfte in das rechte Atrium eingeschluckt; bei der Anatomie des fertigen Herzens wird sie als Teil des rechten Vorhofes beschrieben (vgl. Abb. S. 646 mit Abb. b, S. 634, dunkelviolette Farbe). Nach dieser Übersicht über die äußerlich sichtbaren Vorgänge am embryonalen Herzen haben wir die entscheidenden Veränderungen zu untersuchen, welche innerlich das rechte und linke Atrium voneinander trennen.

Nicht weniger als drei Septen sind am Aufbau des endgültigen Septum atriorum beteiligt: das Septum primum, Septum secundum und Septum

Septum primum

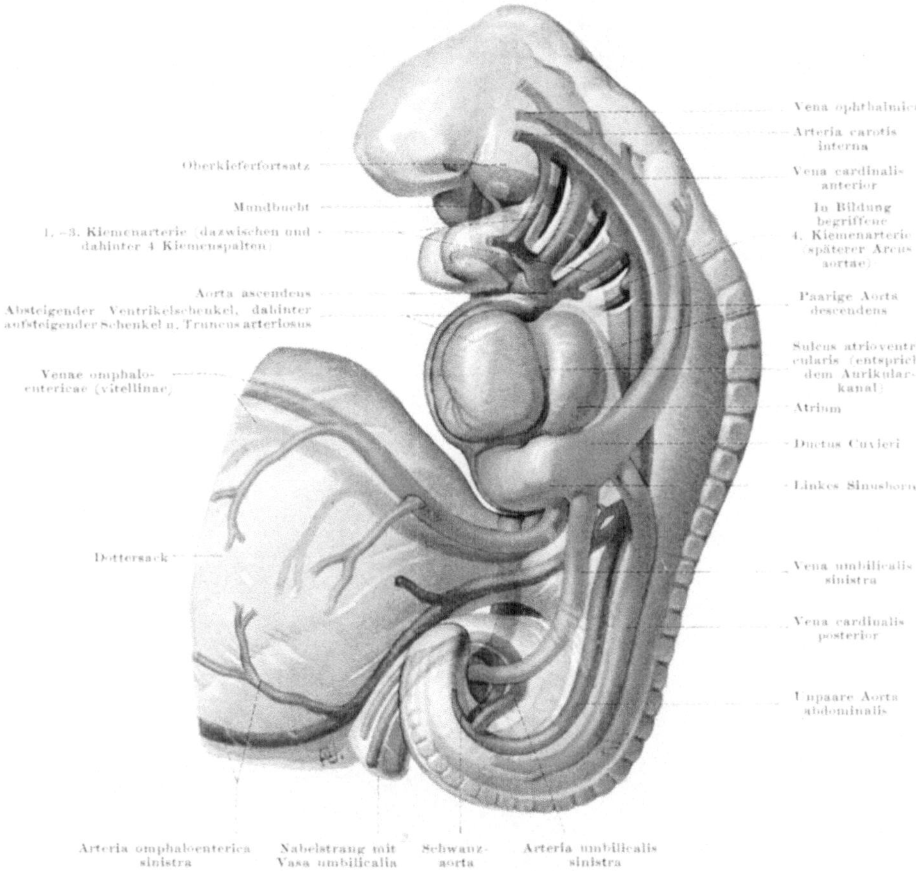

Abb. 304.. **Blutgefäßsystem** eines menschlichen Embryo (mit Benutzung der HISschen Modelle).

spurium. Ihre Lage zueinander entspricht der spiraligen Gegendrehung zu der Torsion der Aorta und Arteria pulmonalis; auf die letztere werden wir zurückkommen. Die Torsion der Septen ist die Ursache der Komplikation; wir übergehen aber die Begründung im einzelnen, da für die Beschreibung ohnedies die Komplikation groß genug ist. Das Septum primum kann man mit dem Schlitzverschluß einer photographischen Kamera vergleichen. Während es sich von der oberen Fläche des Vorhofes in dessen Lichtung herabsenkt, kommt zwar anfänglich eine komplette Verschlußhaut zwischen rechts und links zum Vorschein, dann aber erscheint in dem Septum eine Spalte wie der Schlitz im Schlitzverschluß, so daß das Blut durch dieses Loch vom rechten in den linken

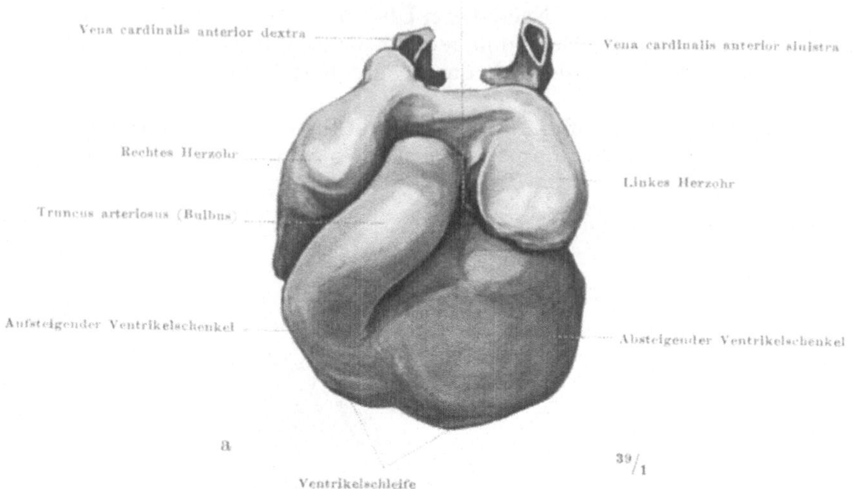

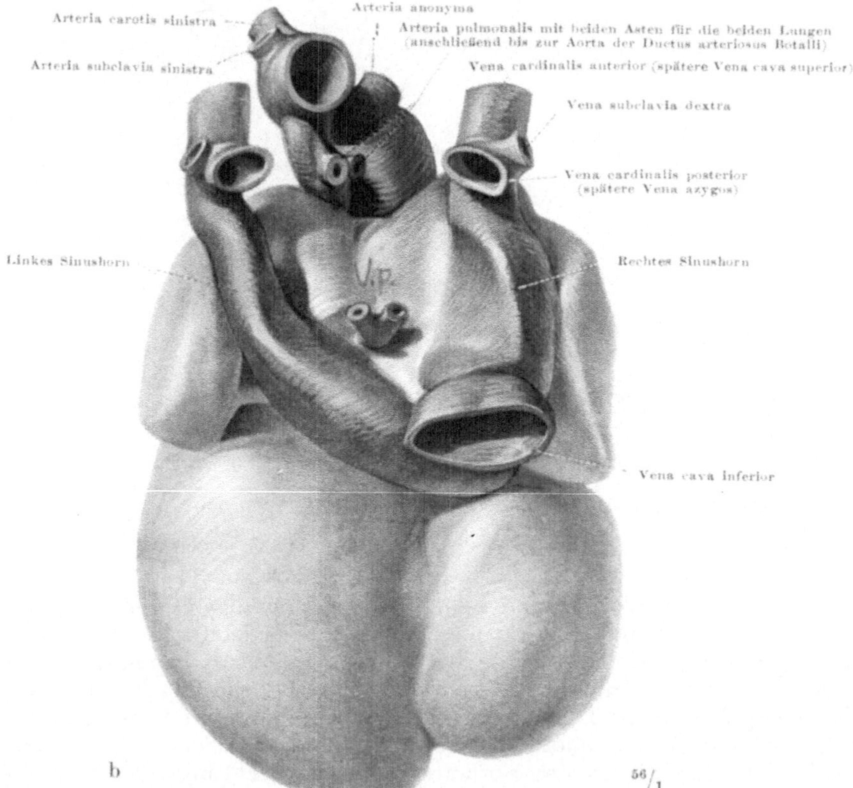

Abb. 305. Embryonales Herz, Anfang des zweiten Monats. (Eine Totalansicht des Embryo, von welchem das Herz stammt, ist in Bd. I, Abb. S. 22 gegeben.) Eigenes Wachsplattenmodell. a Ansicht von vorn, b Ansicht von hinten (Aorta und A. pulmonalis nach den BORNschen Modellen ergänzt).

Vorhof hindurchfließen kann. Ohne das Loch innerhalb des Septum primum wäre der rechte gegen den linken Vorhof abgeschlossen, sobald die Scheidewand bis zum Ventrikelanfang vorgedrungen ist. Das muß wegen der Besonderheit des embryonalen Kreislaufs verhindert werden: in der Tat bleibt das Loch bis zur Geburt offen und bleibt auch, wenn es geschlossen ist, noch beim Herzen des Erwachsenen an der Form seiner Ränder kenntlich. Es heißt Foramen ovale, nach dem Verschluß Fossa ovalis (Abb. S. 640).

Beim embryonalen Herzen gibt es danach zwischen rechtem und linkem Vorhof ein Foramen I. und Foramen II. Zuerst ist die Kommunikation unter dem frei herabwachsenden Rand des Septum primum zu suchen, Foramen I. (Abb. Nr. 306); dieses verschwindet später, aber ehe es geschlossen ist, kommt schon das dem Schlitz

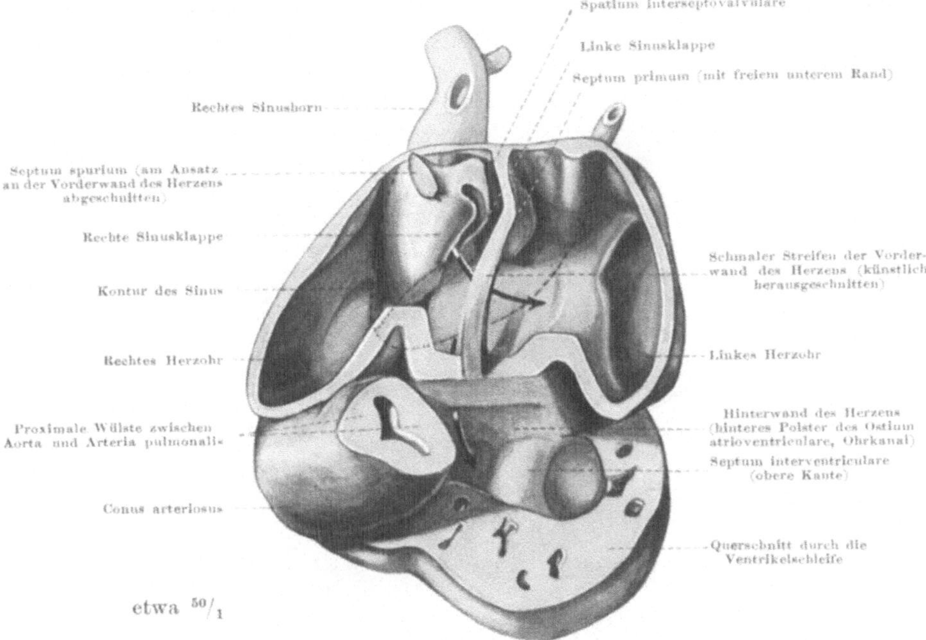

Abb. 306. Septum primum, Sinusklappen, Septum interventriculare, dasselbe Objekt wie in Abb. S. 634. Der Schnitt ist nicht in einer Ebene, sondern etwas windschief durch das Modell geführt. Die Vorderwand der Herzschleife ist durch ihn entfernt, so daß der Einblick in alle Innenräume gestattet ist. Im Ventrikel sind die schwammigen lockeren Massen, welche die Lichtung füllen, weggelassen; nur die kompakteren Massen der Wand sind wiedergegeben. Es steckt je ein Pfeil im Loch zwischen rechtem und linkem Vorhof und im Foramen atrioventriculare commune. Der kaudale Kontur des Sinus, der auf der Hinterwand des Herzens sichtbar ist (Abb. b, S. 634), wurde in das Bild in der richtigen Lage zu den Vorhöfen eingetragen.

im Schlitzverschluß entsprechende Loch innerhalb des Septum primum zum Vorschein, das Foramen II. (Abb. S. 636). Eine Zeitlang bestehen beide Löcher nebeneinander. Das endgültige Foramen ovale entspricht dem Foramen II.

Zwischen Vorhof und Ventrikel ist der Herzschlauch schon früh tief eingezogen, Sulcus atrioventricularis (Abb. S. 633). Diese Stelle bleibt im Wachstum zurück, wenn sich der Vorhof und Ventrikel vergrößern und teilen, so daß das embryonale Herz einen tiefen taillenartigen Einschnitt hat, über welchen sich die beiden Herzohren vorwölben und herabhängen (Abb. a, S. 634). Im Innern wird diese Stelle Ohrkanal, Canalis auricularis genannt (er hat mit den Herzohren nichts zu tun, die Bezeichnung nimmt auf die äußerliche Nachbarschaft Bezug). Der Ohrkanal wird durch zwei Polster, welche von der Vorder- und Hinterwand des Herzschlauches auswachsen, zu einem schmalen Schlitz eingeengt, Ostium atrioventriculare commune. Das Septum I. wächst auf diesen Schlitz hin (Abb. S. 636) und erreicht ihn gerade in seiner Mitte. Er wird in zwei Öffnungen geteilt, die nun je eine Vorhofhälfte mit der entsprechenden Ventrikelhälfte verbinden: die späteren Ostien der beiden Herzhälften.

Septum spurium und Septum secundum

Das Septum spurium ist bereits vorhanden, während sich das Septum primum bildet. Es liefert später gleichsam zu dem Schlitzverschluß den Rahmen. Um die Vorstellung zu erleichtern, betrachte man zuerst am fertigen Herzen den feinen Saum, welcher um die Fossa ovalis herumläuft (Abb. S. 640). Die Verschlußplatte des Foramen liegt von hinten diesem Saum an und wird von ihm gehalten wie von einer Führung. Der Rahmen im ganzen heißt Limbus fossae ovalis (Vieusseni). Er wird größtenteils von den Sinusklappen gebildet, aber nur von einem ganz bestimmten Teil derselben. Anfänglich ragen die beiden Sinusklappen trichterförmig weit in die Lichtung des rechten Vorhofes vor (Abb. S 635). Sie vereinigen sich an ihrem oberen Ende zu einer gemeinsamen Falte, welche gespannt wird, sobald der Blutdruck versucht, das Blut vom Vorhof in den Sinus zurück zu befördern. Dieser Spannapparat für die

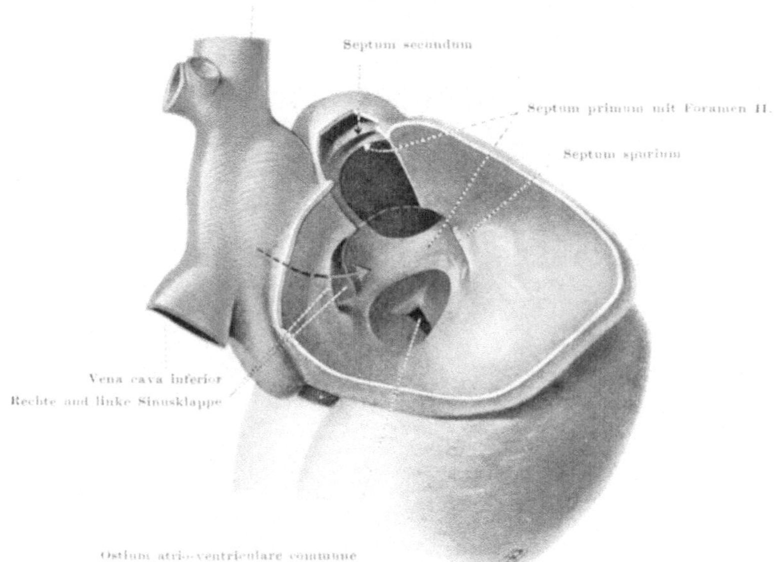

Abb. 307. Rechter Vorhof mit Sinusklappen, Septum primum, Septum secundum und Septum spurium. Mit Benutzung der Zieglerschen Modelle, etwas älteres Stadium als Abb. S. 635.

Sinusklappen heißt Septum spurium; er wird hauptsächlich zum Aufbau des Limbus verwendet, außerdem aber die linke Sinusklappe selbst und schließlich ein besonderes Septum, welches nach rechts vom Septum primum herabwächst, das Septum secundum (Abb. Nr. 307). Anfänglich entsprechen die Bausteine des Limbus und die Anlage des Foramen ovale einander in ihrer Lage nicht; erst wenn sie einander so nahe gekommen sind, daß das ovale Loch und der ovale Rahmen räumlich miteinander korrespondieren, strömt das Blut durch das ovale Loch vom rechten in den linken Vorhof; wächst das Septum primum weiter, so legt es sich als feines Häutchen von links auf die Umrahmung des Foramen ovale und füllt sie aus, Valvula foraminis ovalis. Der Schlitzverschluß ist jetzt geschlossen und der Übertritt des Blutes zwischen rechtem und linkem Vorhof gesperrt. Der Abschluß tritt zur Zeit der Geburt des Kindes ein.

Untersucht man am erwachsenen Herzen mit einer Sonde genau den Limbus, so wird man oft durch einen feinen Schlitz oder ein Löchelchen vom rechten Vorhof in den linken gelangen. In diesem Falle ist die Verwachsung der Ränder des Limbus mit dem Septum primum nicht vollendet. Der Verschluß funktioniert aber auch ohne Verwachsung, weil nach der Geburt das Blut im linken Vorhof einen höheren Druck hat als im rechten und deshalb auf das Septum drückt und es geschlossen hält. Bis zur Geburt ist umgekehrt der Druck im rechten Vorhof höher als im linken. Er hält also die Türe für das Blut offen. Sowie das Blut mit den ersten Atemzügen in die Lunge gesaugt wird und in das linke Herz abfließt, ändern sich die Druckverhältnisse, so daß in der Norm automatisch mit der Geburt die Kommunikation zwischen rechts und links geschlossen wird. Infolge Nichtgebrauch verlöten in der Regel die Ränder der Klappe mit dem Limbus. Sie können es allerdings nicht, wenn das Septum primum aus irgendeinem Grunde mißbildet, z. B. zu kurz oder sonst defekt ist. Dann tritt auch nach der Geburt Blut aus dem rechten Vorhof in den linken und umgekehrt (angeborener Herzfehler, Cor biloculare).

Beim Vogelherzen ist das Septum primum siebartig durchbrochen. Dort müssen sich die Löchelchen im richtigen Augenblick durch Wachstum der Umgebung schließen, damit das Blut nicht mehr vom rechten zum linken Vorhof gelangen kann. Beim Säugetier wird durch den Klappenmechanismus die Schließung automatisch infolge der veränderten Druckverhältnisse vollzogen; sie ist vom Wachstum nicht in der Weise abhängig wie beim Vogelherzen.

Anfänglich liegt im embryonalen Herzen zwischen der Einmündung des Sinus und dem Septum primum eine tiefe Nische, Spatium interseptovalvulare (Abb. S. 635). Sie verschwindet, wenn der Limbus sich formt.

Die Bedeutung des anfangs offenen und erst nach der Geburt geschlossenen Foramen ovale wird erst aus der Verfolgung des embryonalen Kreislaufs verständlich; daß die Zwischenwand beim fertigen Herzen geschlossen sein muß, da sonst arterielles und venöses Blut sich mischen würden, ist bereits am Schema der Abb. S. 549 dargetan worden.

Der Knick der Ventrikelschleife zwischen ab- und aufsteigendem Schenkel bezeichnet schon beim ungekammerten Herzschlauch die Stelle, wo später der Ventrikel innerlich in einen rechten und linken aufgeteilt wird. Die Herzwand wird durch sich entwickelnde Muskelmassen schwammig umgewandelt (Abb. S. 635). Der embryonale Ventrikel hat anfangs kein zusammenhängendes Lumen, sondern viele Poren, welche von Blut gefüllt sind und welche während der Systole wie ein Schwamm ausgepreßt werden. Beim Herzen der Fische und Amphibien verharrt der Ventrikel zeitlebens auf diesem Zustand, bei den höheren Wirbeltieren macht er einem centralen Hohlraum Platz. Im menschlichen Herzen wird das Schwammwerk am tiefsten Punkt des Ventrikels zu einer festen Zwischenwand kondensiert, Septum interventriculare, welches relativ gegen den Vorhof in die Höhe wächst. Zu beiden Seiten lockern sich nämlich die Maschensysteme und erweitern sich zu centralen Hohlräumen, welche sich immer mehr ausdehnen und zu beiden Seiten des Septums das Herz kaudalwärts vorwölben, so daß es in zwei stumpfe Zipfel ausläuft (Abb. S. 634). Die seichte Incisura cordis des fertigen Herzens (Abb. S. 644) ist der letzte Rest des Sattels zwischen den beiden Gipfeln, der durch Muskelmassen fast ausgeglichen wird.

Würde das Septum interventriculare zu früh zur Vereinigung mit der Vorhofzwischenwand gelangen, so würde das in den absteigenden Schenkel der Ventrikelschleife eintretende Blut in eine Sackgasse geraten. Das Septum interventriculare bleibt aber lange Zeit so kurz, daß das Blut nach wie vor von dem absteigenden in den aufsteigenden Ventrikelschenkel gelangen kann; das Foramen interventriculare oberhalb des Randes des Septums leitet es hinüber. Erst durch die Verwachsung des gleich zu behandelnden Septum aorticopulmonale im Truncus arteriosus mit der Kammerzwischenwand wird der Abschluß zwischen rechts und links im Ventrikelteil des Herzens vollendet. Sein Ausbleiben ist die häufigste Hemmungsmißbildung des menschlichen Herzens. Auch in diesem Fall mischen sich arterielles und venöses Blut wie im Amphibien- und Reptilienherzen, während gerade für das normale Säugerherz der vollzogene Verschluß das charakteristische Merkmal ist.

Der Truncus arteriosus setzt beim ungekammerten embryonalen Herzen den aufsteigenden Ventrikelschenkel stromabwärts fort (Abb. a, S. 634); er ist nur durch seine selbständige Pulsation vom Ventrikel zu trennen. Später erweitert sich der aufsteigende Ventrikelschenkel zum rechten Ventrikel, dabei wird der Truncus arteriosus teilweise in ihn einbezogen und auch erweitert (daher der häufig gebrauchte Name Bulbus arteriosus. Man verwechsle ihn nicht mit dem Bulbus aortae, S. 655, einer ganz heterogenen Bildung, der zuliebe ich es bei dem Namen Truncus statt Bulbus arteriosus bewendet sein lasse; den Namen Conus arteriosus für den nicht erweiterten oberen Teil wende ich nur auf das fertige Herz an, vgl. S. 645). Im Truncus vollziehen sich die spiraligen Trennungen, welche dahin führen, daß das Blut aus der linken Kammer durch die Aorta, das Blut aus der rechten Kammer durch die Arteria pulmonalis abfließt. Die Scheidewand, welche seine Lichtung in zwei Halbröhren zerlegt, würde, wenn sie gerade stände, das Septum interventriculare so treffen, daß das Blut aus der linken Kammer in die Lunge gelangen würde und das Blut aus der rechten Kammer in den Körper flöße (punktierte Pfeile im Herzen der Abb. S. 628). Das wird aber gerade vermieden. Wie sich Aorta und Arteria pulmonalis in Wirklichkeit verhalten, kann man sich an einem Modell der eigenen Hände klarmachen. Man halte den Daumen und Zeigefinger der rechten Hand in die Höhe; man stelle sich vor, der Daumen sei der linke, der Zeigefinger sei der rechte Ventrikel. Setzt man den Daumen der linken Hand gleich Arteria pulmonalis, ihren Zeigefinger gleich Aorta und nähert man den Daumen der linken Hand mit nach abwärts gerichteter Spitze der Daumenkuppe der rechten Hand, ebenso die beiden Zeigefinger einander, so würde das Blut den falschen Weg nehmen; dreht man nun die obere Hand um 180°, so kommt der Daumen der einen Hand auf den Zeigefinger der anderen Hand zu stehen, d. h. das Blut geht den richtigen Weg. Diese spiralige Drehung macht die Scheidewand, welche den Truncus arteriosus in die Aorta und Arteria pulmonalis zerlegt, anstatt gerade abwärts zu wachsen.

Die Spirale ist bei den Fischen und Amphibien bereits durch Reihen von Taschenklappen vorgebildet, die einander gegenüberstehen, aber nicht mit ihren Gegenüber verwachsen. Sie sind wie eine langgezogene Spindel angeordnet. Denkt man sich die Klappen einer Reihe zu einem Längswulst zusammengezogen, so erhält man ähnliche Wülste wie diejenigen, welche im Truncus der Säugetiere auftauchen. Sie entwickeln sich allerdings nicht stückchenweise, sondern als einheitliche Leisten. Doch gibt es beim menschlichen Embryo proximale und distale Wülste und außerdem noch ein gesondertes Septum aorticopulmonale. Wie sie anfangs voneinander getrennt sind und sich später vereinigen, würde uns hier zu weit führen. Das Endresultat ist der oben geschilderte Verlauf nach Art einer Wendeltreppe.

Der Sporn zwischen Aorta und Arteria pulmonalis (Abb. S. 628), welcher infolge der Erweiterung des Herzens stromaufwärts vordringt, ist nach unseren früheren Ausführungen die eigentliche Ursache der Aufspaltung der Porta arteriosa in zwei Arterien. Wie es ihm möglich ist, den richtigen spiraligen Verlauf zu finden, verstehen wir angesichts der im Truncus bereits von den niederen Wirbeltieren ab vorgebildeten spiraligen Anordnungen. In der individuellen Entwicklungsgeschichte sind von dem historischen Gang nur Teile erkennbar. Die Truncusscheidewand dringt abwärts bis zur Kammerscheidewand vor und verschließt dort das Foramen interventriculare. Beim fertigen Herzen ist die Stelle daran erkennbar, daß sie membranös bleibt, Septum membranaceum (Abb. S. 659); die übrige Zwischenwand ist dagegen dick muskulös.

Auch das der Aorta zugewendete Segel der Valvula bicuspidalis wird zum Teil von der aus dem Truncus herabwachsenden Scheidewand gebildet.

Das Ostium atrioventriculare commune steht anfangs viel mehr links als später, da der Blutstrom beim ungekammerten Herzen vom Atrium in den absteigenden Schenkel der Ventrikelschleife führt. Mit der Erweiterung des aufsteigenden Schenkels zum rechten Ventrikel rückt das Ostium mehr nach rechts, so daß es von dem Septum primum halbiert werden kann. Jetzt haben die beiden Vorhöfe gleich große Pforten nach den beiden Ventrikeln zu. Wird das Foramen interventriculare verschlossen, so kann das Blut, welches aus dem linken Vorhof in den linken Ventrikel strömt, durch die inzwischen dem letzteren angeschlossene Aorta abfließen, anstatt den alten Weg in den rechten Ventrikel und erst von dort aus in den Truncus zu nehmen.

Die Pathologie des menschlichen Herzens hat uns eine große Zahl von Hemmungs-bildungen im normalen Verlauf der Septierung des Truncus und der Vereinigung des Truncus- und Kammerseptum kennen gelehrt, welche den embryonalen Ent-wicklungsgang in seinen Hauptetappen wie Naturexperimente belegen. Auch miß-bildete oder dem Normalen entgegengesetzt gerichtete Spiralen kommen vor. Der Fetus ist dadurch zwar sehr gefährdet, doch kommen nicht wenige Feten mit der-artigen angeborenen Anomalien mit dem Leben davon, da das Ventrikelsystem im Ductus arteriosus (Botalli, Abb. Nr. 308) einen zweiten Ablauf hat. Bleibt dieser bestehen und paßt er sich genügend den abnormen Verhältnissen an, so können solche Kinder am Leben bleiben und zu recht alten Menschen heranwachsen.

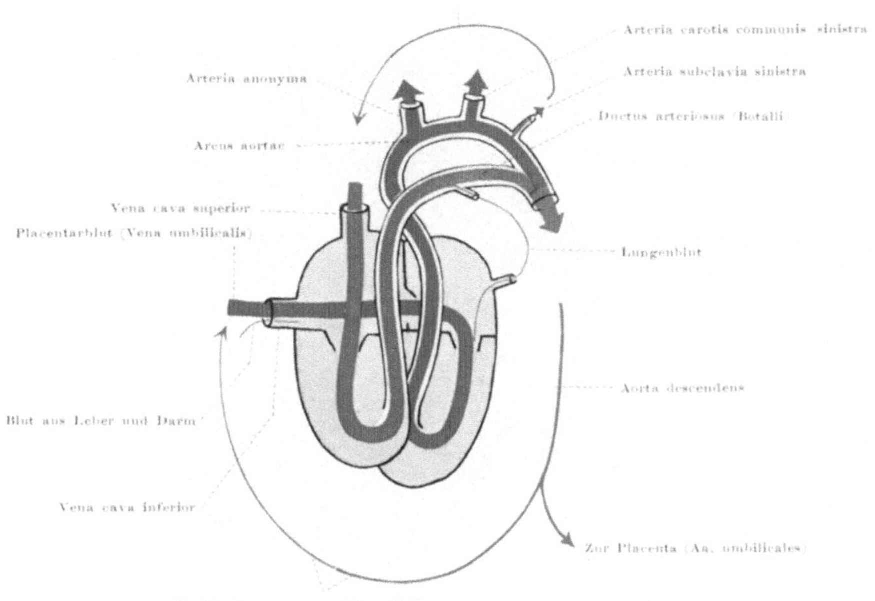

Abb. 308. Fetaler Blutweg im Herzen, Schema. Arterielles Blut rot, venöses Blut blau, gemischtes (arteriell-venöses) Blut violett.

Viele der bisher beschriebenen Einrichtungen des fetalen Herzens haben nur eine vorübergehende Bedeutung und keinen Bezug zum endgültigen Kreis-lauf. Denn im Mutterleib hat das Blut eine ganz andere Strombahn als nach der Geburt. Wir nennen seinen Gesamtverlauf den fetalen Kreislauf. Das von der Placenta kommende gute Blut (Vena umbilicalis, Abb. S. 628) wird im fetalen Herzen mit dem aus dem Körper kommenden schlechten Blut gemischt, ähnlich wie sich im Amphibienherzen das Lungen- und Körperblut vermengen, ehe sie weiter gepumpt werden. Aber im Herzen des Fetus wird bei den Säugern besseres und weniger gutes Blut voneinander geschieden; das erstere wird der schneller wachsenden oberen Körperhälfte, das letztere der langsamer wachsenden unteren Körperhälfte zugeleitet. Die Proportionen des Neu-geborenen sind ganz andere als beim Erwachsenen: die Höhe des Kopfes macht beim Kinde ein Viertel der gesamten Körperlänge aus, beim Erwachsenen nur ein Achtel (Bd. I, S. 15). Darin liegt der Nutzwert der verschiedenen Blutarten für das obere und untere Stockwerk unseres Körpers während der Fetalzeit

klar zutage; wird nach der Geburt gleichmäßig gutes Blut allen Teilen des
Körpers zugeführt, so wird das Tempo des Wachstums der oberen Körperhälfte relativ verlangsamt und das der unteren Körperhälfte relativ beschleunigt.
Die endgültige Körperproportion wird dann erst möglich. Das Blut liefert
für die Wachstumsprozesse nur die Energie, ohne welche nichts wachsen kann;
die geordnete Leitung des Wachstums haben die im Körper kreisenden endokrinen
Stoffe bestimmter Drüsen. Ob und wie diese von übergeordneten Centralen
dirigiert werden, so daß stets die Harmonie des Wachstums im normalen Gang
gewahrt ist, wissen wir nicht.

Aber sehr klar ist die Voraussetzung für das differente Wachstum der beiden
Körperhälften beim Fetus durch die Art, wie das Blut durch das fetale Herz

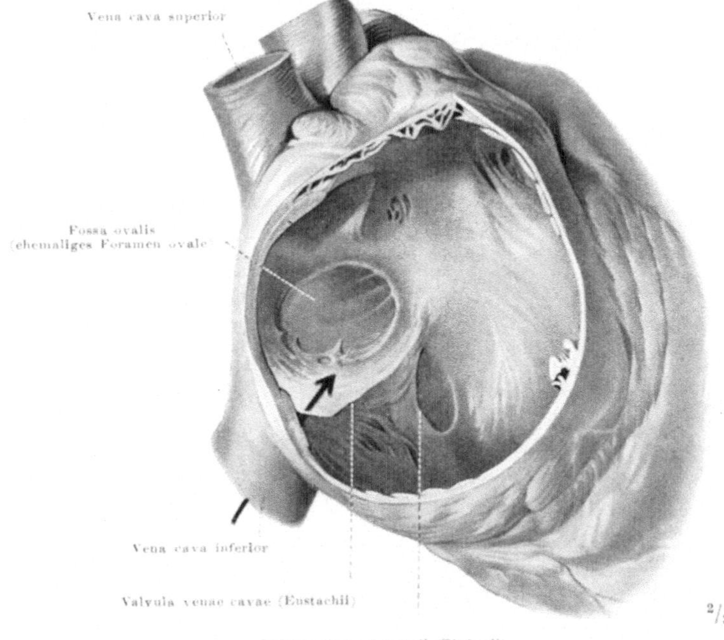

Abb. 309. Rechter Vorhof mit Valvula venae cavae (Eustachii) und Valvula sinus coronarii
(Thebesii). Die Seitenwand ist ausgiebig reseziert.

geleitet wird. Wir betrachten zuerst die verschiedenartigen Zuflüsse. Das Blut,
welches aus der Placenta dem Herzen zugeleitet wird, ist rein arteriell. Es würde
vor seinem Eintritt in den rechten Vorhof bereits vermischt mit dem gesamten
venösen Blut aus dem Körperkreislauf, wenn nicht zwei getrennte Zuflüsse für
den rechten Vorhof gebildet würden. Solange der Sinus vom Atrium getrennt ist,
mündet er allerdings nur mit einer Öffnung in das letztere (Abb. S. 636). Die
Sinusmündung springt trichterförmig in die Lichtung des Vorhofs vor und
ist so gerichtet, daß das Blut von ihr durch die Öffnung in der Vorhofscheidewand nach dem linken Vorhof zu dirigiert wird (Abb. S. 635, horizontaler Pfeil).
Wird der Sinus in das rechte Atrium einbezogen (Abb. S. 646), so gehören die
bisher in den Sinus einmündenden Venen mit ihren getrennten Öffnungen der
Atriumwand an. Auf diese Weise haben wir in ihr besondere Einmündungen
der beiden Hohlvenen, eine für die Vena cava superior und eine für die
Vena cava inferior (Abb. Nr. 309). Während der Einbeziehung des Sinus in

das Atrium wird, wie wir sahen, der Vorhof septiert. Dabei werden die linke Sinusklappe und das zu dem Sinustrichter gehörige Septum spurium zum Aufbau des Limbus der Scheidewand mit verwendet. Die rechte Sinusklappe bleibt übrig. Sie hat die Richtung des Blutes gegen die linke Vorkammer zu, welche anfänglich der ganze Sinustrichter besorgte, allein zu übernehmen. Sie zerfällt aber selbst in zwei Unterabteilungen. Aus dem Vorhergehenden ist uns bekannt, daß der Sinus im ganzen in zwei Teile aufgelöst wird, in den Rest des linken Abschnittes, den Sinus coronarius, und das große dem rechten Atrium einverleibte Stück (Abb. S. 646). Zwischen diesen beiden Teilen schneidet ein Sporn von außen nach innen in die rechte Sinusklappe ein. In Abb. S. 635 ist seine Richtung durch einen gestrichelten Pfeil in der rechten Sinusklappe kenntlich gemacht, beim ausgebildeten Herzen sieht man die Spitze des Keiles sehr häufig noch unverändert erhalten (in Abb. S. 640 zwischen den beiden Verweisungslinien für die Valvulae, Spitze nach oben rechts gerichtet). Er zerlegt die rechte Sinusklappe in eine Valvula venae cavae (Eustachii) und eine Valvula sinus coronarii (Thebesii). Die EUSTACHIsche Klappe steht zur Einmündung der Vena cava inferior so, daß sie das Blut in gerader Richtung auf das Foramen ovale zuleitet (Pfeil in Abb. S. 640). Sie ist beim fetalen Herzen so hoch wie ein Wasserwehr, das den Fluß in einen Mühlbach zwingt. Sie hindert das Blut aus der unteren Hohlvene abwärts dem rechten Ventrikel zuzuströmen, zwingt es dagegen, in der Richtung auf den linken Vorhof weiter zu fließen (der Weg geht je nach der Stellung des Körpers in verschiedener Richtung zur Schwerkraft; die hier gebrauchte Ausdrucksweise ist nur bildlich gemeint).

Man kann sich beim fertigen Herzen von der für das fetale Herz wichtigen Blutrichtung dadurch eine Vorstellung machen, daß man den Finger durch die untere Hohlvene hindurch in die rechte Vorkammer einführt und die Fingerkuppe auf die Valvula foraminis ovalis legt. Der Finger entspricht dann dem Blutstrom aus der unteren Hohlvene nach dem linken Vorhof zu. Reste der EUSTACHIschen Klappe, die meistens vorhanden sind, werden dabei am leichtesten erkennbar; sie liegen dem untersuchenden Finger so an, daß ihre ursprüngliche Bedeutung klar vor Augen liegt.

Die obere Hohlvene hat die Beziehung zu den Sinusklappen verloren, denen sie von vornherein ferner lag (Abb. S. 636). Die beiden Hohlvenen, welche getrennt in das rechte Atrium münden, führen infolgedessen das Blut ganz verschieden. Die obere Hohlvene leitet ihr Blut dem rechten Ventrikel zu, die untere Hohlvene führt es dem linken Vorhof und von dort aus dem linken Ventrikel zu (Abb. S. 639). Das Blut der unteren Hohlvene ist das weitaus bessere. Das von der Placenta kommende rein arterielle Blut ist zwar vermischt mit venösem Blut aus der Leber, dem Darm und der unteren Körperhälfte (Beine), aber die venöse Beimischung ist relativ gering, da die untere Körperhälfte relativ langsam wächst und klein ist, da ferner Darm und Leber nicht oder nur wenig funktionieren. Das Blut der oberen Hohlvene ist dagegen rein venöses Blut, welches keine Beimischung von arteriellem Blut aus der Placenta erhält, sondern nur den Abfluß des verbrauchten Blutes der oberen Körperhälfte (Kopf, Arme) darstellt.

Auf diese Weise haben wir zwei getrennte Zuflüsse: einen Zufluß besseren Blutes durch die untere, einen Zufluß schlechten Blutes durch die obere Hohlvene. Sie werden getrennt bis in die beiden Ventrikel geleitet. Sehen wir im folgenden, in welcher Weise sie beim Fetus aus dem Herzen heraus- und den beiden Körperhälften zugeführt werden.

Eine Mischung der beiden Blutarten im rechten fetalen Vorhof ist durch die Valvula venae cavae nicht ganz ausgeschlossen, sondern nur erschwert. Die Hauptsache ist, daß gutes Blut in das linke Herz gelangen kann, wie wir unten sehen werden. Mischt sich gutes Blut mit dem schlechten, welches aus der oberen Hohlvene in die rechte Kammer fließt, so hat dies keine große Bedeutung.

Das obere Hohlvenenblut nimmt seinen Weg nach vorn von der EUSTACHIschen Klappe, so daß also der rechte Vorhof bis zur Geburt in zwei, inkomplett voneinander geschiedene Räume zerfällt, einen vorderen Raum für das obere und einen hinteren Raum für das untere Hohlvenenblut.

Abflüsse verschiedenartigen Blutes aus dem fetalen Herzen Wir hatten das verschiedenartige, dem fetalen Herzen zufließende Blut bis in die beiden Ventrikel verfolgt. Wären die Abflüsse von hier aus die gleichen wie beim fertigen Herzen, so würde das gute Blut aus dem linken Ventrikel ausschließlich dem Körperkreislauf, das schlechte aus dem rechten Ventrikel ausschließlich dem Lungenkreislauf zugeleitet werden (Abb. S. 549). Das ist aber beim Fetus nicht so; der Lungenkreislauf spielt nicht die Rolle wie nach der Geburt. Die Lunge erhält allerdings durch die Arteria pulmonalis Blut, aber schlechtes Blut, das sie am Leben und in geringem Wachstum zu erhalten vermag; sie entfaltet sich bei der Geburt und erreicht erst ihr volles Wachstum, wenn sich die Thymus aus dem seitlichen Teil der beiden Brustkorbhälften zurückzieht und ihr Platz macht. Das aus der Lunge abfließende Blut nimmt den gleichen Weg wie beim Erwachsenen, ist aber durch das, was es für die Lungenanlage abgab, vollends verbraucht; es verschlechtert das gute Blut im linken Herzen. Nur weil es so gering an Menge ist, macht das für das gesamte Blut im fetalen linken Herzen nicht viel aus.

Dagegen hat das fetale Herz einen Rest der Kiemengefäße in Gebrauch, den Ductus arteriosus (Botalli, Abb. b, S. 634). Er gibt der Hauptmasse des schlechten Blutes aus dem rechten Ventrikel die Möglichkeit, an der Lunge vorbei zu fließen und die Hindernisse der engen Gefäßbahnen der Lungenanlagen zu umgehen (Abb. S. 639). Der Ductus Botalli ist ein Rest des linken 6. Kiemengefäßes, dessen Seitenast die Arteria pulmonalis ist (Abb. S. 628). So erscheint sie noch beim fetalen Herzen; die Hauptmasse des Blutes folgt daher dem Wege des viel größeren Kiemengefäßes und gelangt in die Aorta, wo sie mit dem guten Blut aus der linken Kammer gemischt wird. Daher bekommt die untere Körperhälfte des Fetus minderwertigeres Blut als die obere Körperhälfte. Denn ehe der Ductus Botalli in die Aorta mündet, verlassen bereits die Arterien für die obere Körperhälfte den Aortenbogen (A. anonyma für die rechte Kopfhälfte und den rechten Arm, A. carotis communis sinistra für die linke Kopfhälfte, A. subclavia sinistra für den linken Arm, Abb. S. 639).

Bei den ersten Atemzügen des Neugeborenen saugt die Lunge Blut in großen Mengen an; das Größenverhältnis zwischen Ductus Botalli und Arteria pulmonalis ändert sich infolgedessen schnell zugunsten der letzteren. Der ehemalige BOTALLOsche Kanal wird zu einem Anhang der Lungenarterie und verödet in den ersten 2 Monaten zu einem weglosen Strang, **Ligamentum arteriosum** (Botalli, Abb. S. 644). Beim fertigen Herzen kann man sich durch die Präparation dieses Bandes, welches am Ansatz des Herzbeutels liegt, überzeugen, daß es von der Arteria pulmonalis ausgeht und an der Aorta gegenüber der Arteria subclavia sinistra inseriert; die letztere Stelle ist charakteristisch dafür, daß beim Fetus von der Subclavia sinistra an stromabwärts schlechtes Blut dem bis dahin guten Blut beigemischt wird. Das Foramen ovale wird automatisch verschlossen durch die gleiche der Lunge zuströmende Blutmasse, welche die Arteria pulmonalis bahnt und den BOTALLOschen Kanal ausschaltet: sobald sie im linken Vorhof angelangt ist, erhöht sie den Druck in diesem. Das übrige ergibt sich von selbst, wie früher geschildert wurde (S. 637).

Der fetale Kreislauf im ganzen Das Blut fließt durch den Körper des Menschen bis zur Geburt nicht in zwei getrennten Kreisläufen, dem Körper- und Lungenkreislauf, die sich im Herzen überkreuzen, wie beim Erwachsenen (Abb. S. 549). Das arterielle und venöse Blut sind auch nicht völlig gesondert wie später. In diesen Punkten ähnelt das Herz des Fetus dem Herzen erwachsener Kaltblüter; aber es ist doch von den verschiedenen Typen der Amphibien und Reptilien wesentlich unterschieden und dem Herzen des erwachsenen Menschen darin gleich, daß das meiste Blut zweimal auf seinem Wege zu den Organen durch das Herz hindurch muß. Zwischen dem Gasgehalt und Nährstoffgehalt des Blutes ist dabei ein deutlicher Unterschied.

Nach der Geburt läuft sämtliches Blut aus dem Herzen in die Lunge, dann in das Herz zurück und schließlich in den übrigen Körper. Vor der Geburt läuft ein Teil des Blutes, und zwar das sauerstofffreie Blut, aus der Placenta durch das Herz in die obere Körperhälfte, dann in das Herz zurück und nun erst durch die untere Körperhälfte. Während also der gesamte Körperkreislauf des Erwachsenen von dem gleichen Blut durchströmt wird, ist beim Fetus ein mit Sauerstoff gut versorgter Oberstock (Kopf, Arme) von einem mit Sauerstoff schlecht versorgten Unterstock (Bauch, Beine) zu unterscheiden; der Unterstock erhält das Blut erst, wenn es den Oberstock passiert hat und zum Herzen zurückgekehrt ist, um von dort zum zweiten Male in die Peripherie getrieben zu werden. Der große Kreislauf ist vor der Geburt in zwei verschiedenwertige Stockwerke geteilt, nach der Geburt ist er erst einheitlich.

Die vom Blut transportierten Nährstoffe werden ihm vor der Geburt an derselben Stelle mit auf den Weg gegeben, an welcher die Blutgase ausgetauscht werden, nämlich in der Placenta. Nach der Geburt kommen die Nährstoffe aus dem Darm in die Venen und durch diese in das Herz; sie werden vom Herzen aus durch den Lungenkreislauf hindurchgepreßt, um zum zweiten Male in das Herz und dann erst in den großen Kreislauf zu gelangen. Vor der Geburt gelangen die meisten Nährstoffe dagegen nur einmal in das Herz; nur diejenigen, welche das obere Stockwerk passiert haben, dort nicht verbraucht sind und nun dem unteren Stockwerk zugeleitet werden, gehen auch vor der Geburt zweimal durch das Herz.

II. Das fertige Herz.

1. Äußere Gestalt und Bau im allgemeinen.

Aus den vorausgegangenen Schilderungen ist als Hauptergebnis für das fertige Herz seine innere Einteilung in vier Räume festzuhalten, zwei Vorkammern, Atrien, und zwei Kammern, Ventrikel. Die beiden Atrien sind die Empfänger, in welche das Blut von außerhalb des Herzens einströmt; die beiden Ventrikel sind die Hauptpumpstationen, welche das Blut aus dem Herzen heraustreiben. Sowohl die Atrien wie auch die Ventrikel sind gegeneinander durch Zwischenwände abgegrenzt, dagegen führt von jedem Vorhof in den Ventrikel derselben Herzseite eine Öffnung, Ostium atrioventriculare. Beim lebenden Herzen sieht man eine Zusammenziehung der Ventrikel, Systole, gleichzeitig mit einer Erweiterung der Vorhöfe, Diastole. Die Vorhöfe füllen sich in diesem Zustand mit Blut, während sich die Ventrikel entleeren. Darauf treten die Ventrikel in Diastole und die Vorhöfe in Systole, d. h. das Blut strömt aus den sich kontrahierenden Atrien durch die Öffnungen zwischen Vorhof und Ventrikel in die letzteren, weil sie inzwischen erschlafft sind.

Man nennt die Öffnungen, welche von den Vorhöfen in die Ventrikel hineinführen, venöse Pforten, Ostia venosa, die aus den Ventrikeln in die Arterien führe den Öffnungen heißen arterielle Pforten, Ostia arteriosa (Abb. S. 655). Diesen Bezeichnungsweise entspricht der Benennung der Gefäße, welche das Blut zu- und abführen, d. h. die Ostia venosa führen das aus den Herzvenen kommende Blut, die Ostia arteriosa das zu den Arterien strömende Blut. Die Beschaffenheit des Blutes selbst hat damit nichts zu tun. Denn nur durch das Ostium venosum dextrum strömt venöses, durch das Ostium „venosum" sinistrum strömt dagegen arterielles Blut; das Ostium arteriosum sinistrum (Aorta) enthält zwar arterielles, das Ostium „arteriosum" dextrum (Lungenarterie) enthält dagegen venöses Blut.

Der Inneneinteilung des Herzens entspricht eine viel einfachere äußere Form, welche nur durch geringe Anzeichen die Grenzen der inneren Abgrenzungen

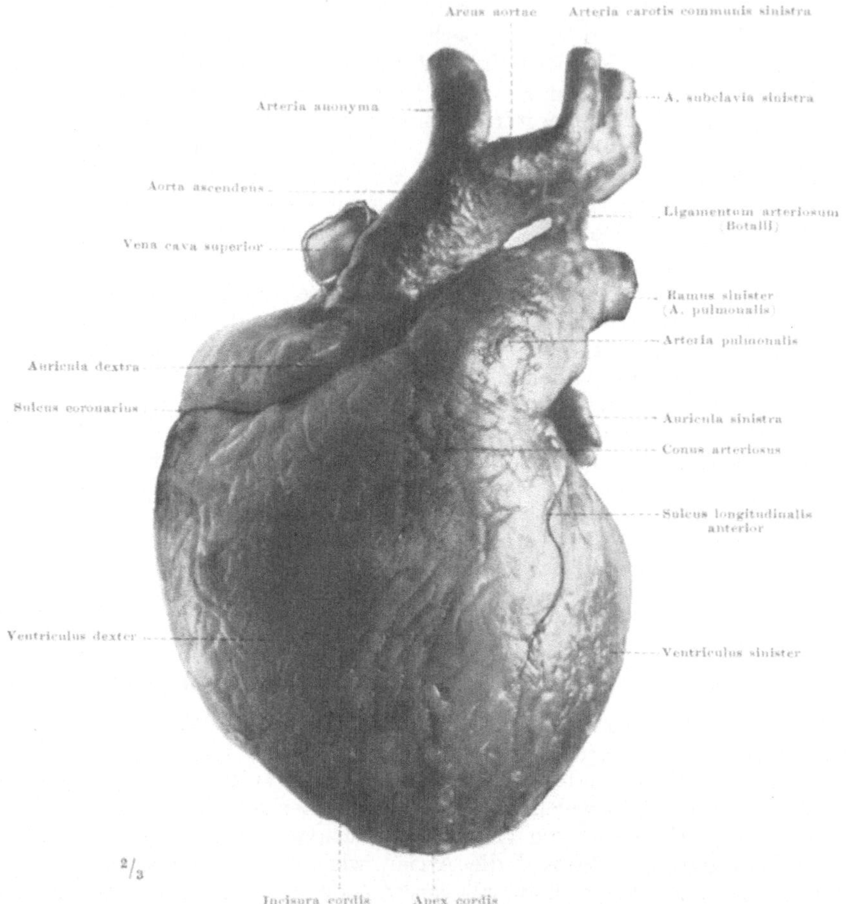

Abb. 310. Vorderansicht des Herzens. Mit Paraffin durchtränktes Präparat (von Prof. GÖPPERT, Anatomie Heidelberg). Längsachse senkrecht gestellt (die schräge Lage in situ in Abb. S. 646, 684 zu sehen).

verrät. Das ausgebildete Herz ist ein dickwandiger Kegel von nicht ganz regelmäßiger Form, der insbesondere bei der Leiche von vorn nach hinten etwas abgeplattet ist. Hält man das aus der Leiche herausgenommene Herz mit der Längsachse senkrecht, so ist die Spitze des Kegels, Apex, nach abwärts, die Basis nach aufwärts gerichtet (Abb. Nr. 310). In situ ist die Spitze nach unten und links, die Basis nach oben und rechts gewendet; auch fehlt im Innern des lebenden Körpers die Abplattung, sobald sich das Herz kontrahiert und daher abrundet.

Man unterscheidet beim abgeplatteten Herzen der Leiche zwei deutlich voneinander getrennte Flächen, Facies sternocostalis und Facies diaphragmatica.

Die letztere liegt dem Zwerchfell auf (durch den dünnen Herzbeutel von ihm getrennt) und plattet sich dem Herzsattel des Zwerchfelles entsprechend besonders ab. An der rechten Herzhälfte sind die beiden Flächen durch eine scharfe Seitenkante voneinander getrennt, Margo acutus (Abb. S. 648). Er wird von Fettgewebe gebildet, das sich als Leiste auf dem rechten Ventrikel erhebt und sich in den Spalt zwischen vorderer Brustwand und Zwerchfell einschiebt. Er ist dann besonders sichtbar, wenn das rechte Herz leer und die Wände kollabiert sind. Man nennt den abgerundeten linken Rand Margo obtusus. Beim lebenden Herzen ist auch der Margo „acutus" mehr gerundet und die Abgrenzung der Herzflächen ist nirgends scharf.

Die Grenze zwischen den Vorhöfen und Kammern ist äußerlich an einer seichten Vertiefung kenntlich, der Kranzfurche, Sulcus coronarius. Sie läuft senkrecht zur Längsachse des Herzens, ist aber auf der Vorderseite durch die Arteria pulmonalis und die Aorta, welche aus ihr austreten und sich auf die Kranzfurche legen, größtenteils verdeckt; seitlich ist der Sulcus immer sichtbar (Abb. S. 644). Am deutlichsten sieht man ihn auf der Hinterseite des Herzens. Die Kranzfurche ist mit Blutgefäßen und mit Fett ausgefüllt, doch schimmern die Gefäße durch den serösen Überzug des Herzens durch und lassen so die Lage des Sulcus erkennen (Abb. S. 646). Er liegt der Basis näher als der Spitze: $^1/_3$ der Höhe des erschlafften Herzens kommt auf die Vorhöfe, $^2/_3$ kommen auf die Ventrikel.

Die Grenze zwischen dem linken und rechten Ventrikel ist äußerlich an seichten Längsfurchen, Sulci longitudinales, kenntlich. Sie verlaufen schräg zur Längsachse des Herzens und vereinigen sich am rechten Rande in einem Einschnitt in den Außenkontur des Herzens, der Incisura cordis; sie liegt rechts von der Herzspitze, so daß letztere also ganz dem linken Herzen angehört (Abb. S. 644, 646). Der Sulcus longitudinalis anterior auf der Vorderseite des Herzens ist wenig deutlich, zumal er nach der Herzbasis zu durch den Conus arteriosus des rechten Ventrikels überlagert und verdeckt wird. Man suche ihn zwischen der Spitze des linken Herzohres und der Arteria pulmonalis in einer geraden Linie, welche man von dort bis zur Incisura cordis zieht. Durchschimmernde oder präparatorisch freigelegte Gefäße bestimmen ihn mit Sicherheit. Auf der Rückseite des Herzens entspricht ihm der Sulcus longitudinalis posterior (Abb. S. 646); er ist an der Vereinigungsstelle mit der Kranzfurche vom Sinus coronarius der Herzvenen überlagert, aber sonst nicht verdeckt.

Die Grenze zwischen den beiden Atrien ist nur undeutlich und nur an einer kleinen Stelle der Basis des Herzens äußerlich kenntlich; sie wird als Fortsetzung des Sulcus longitudinalis posterior auf die Vorhöfe bezeichnet (Abb. S. 646). An den meisten Stellen ist sie durch die ein- und austretenden Gefäße verdeckt.

Während das Herz äußerlich im ganzen sehr einfach geformt ist, bietet die Basis cordis ein kompliziertes Bild, weil hier sämtliche Gefäße des Körper- und Lungenkreislaufs gegen das Herz frei werden, wenn sie auch nicht alle an dieser Stelle entspringen oder münden. Die Herzbasis gehört ausschließlich den Atrien, besonders dem linken Vorhof an. Sie ist in situ nach oben und hinten, gegen die Wirbelsäule zu gerichtet (Abb. b, S. 189). Die aus den Ventrikeln hervorgehenden Gefäße (Aorta und A. pulmonalis) werden neben den Atrien (an der Vorderfläche des Herzens) frei; das Blut wird bis dahin durch besondere röhrenförmige Ansatzstücke der Ventrikel, die Coni arteriosi (Abb. S. 651, 652, 653). geleitet. So ist die Basis des Herzens mindestens mit acht, häufig mit mehr Gefäßen besetzt, je nach der Zahl der Lungenvenen, welche in den linken Vorhof münden.

Die zahlreichen vom Herzen ausstrahlenden Gefäße sind in der religiösen Kunst in stilisierter Wiedergabe symbolisiert als Strahlen, welche es als eine Gloriole umgeben, um dem inneren Empfinden für den geheiligten Gegenstand Ausdruck zu geben.

Außer den beiden großen Arterien (Aorta und A. pulmonalis), welche nur
scheinbar von der Basis ausgehen, münden in Wirklichkeit in die Basis: rechts
die beiden Hohlvenen, Vena cava superior und Vena cava inferior, links
die vier Lungenvenen, zwei Venae pulmonales dextrae und zwei Venae
pulmonales sinistrae (Abb. Nr. 311). Die Lungenvenen können so kurze
Stämme haben, daß ihre Äste unmittelbar in die linke Vorkammer münden,

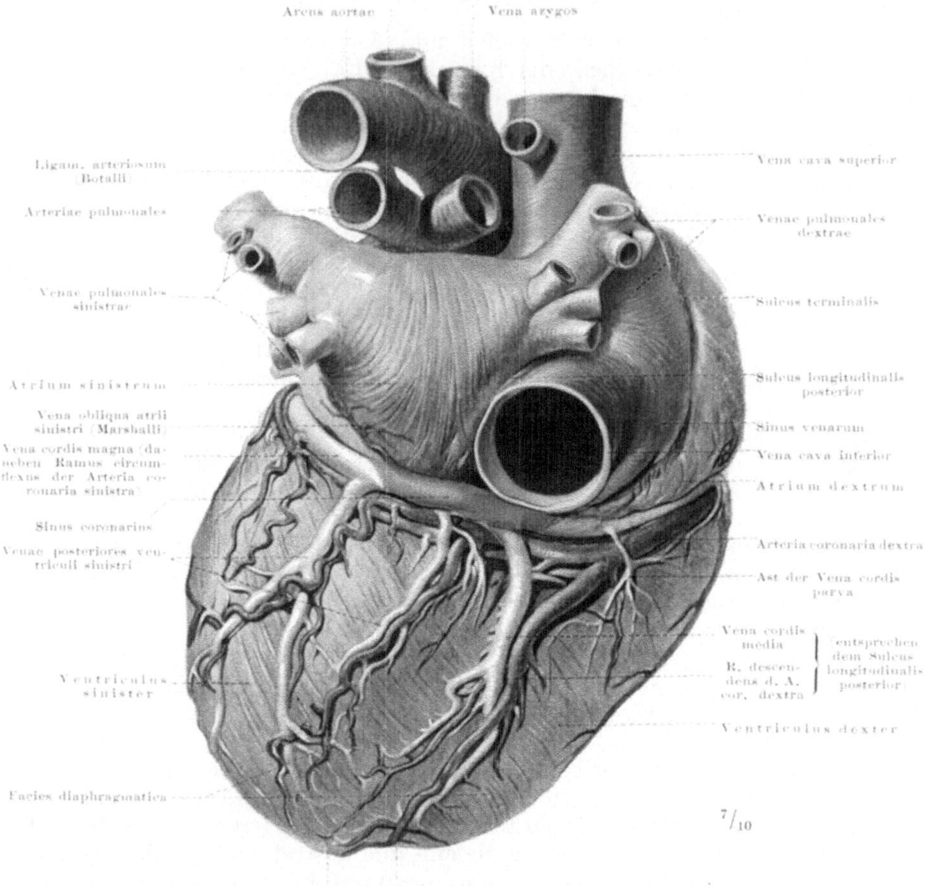

Abb. 311. Hinterfläche des Herzens, Arterien und Venen des Herzens injiziert. (Präparat Anatomie
Heidelberg.) Sinus dunkelviolett, linker Vorhof hellviolett, ursprüngliches rechtes Atrium grau. Von den
Venen sind die Abkömmlinge des Sinus dunkelviolett getönt, die Lungenvenen hellviolett, alle übrigen grau.
Das Herz steht, wie es in situ stehen würde. Die oberhalb der Kranzgefäße im Sulcus coronarius abgebildete
Partie des Herzens heißt Basis.

so daß die Zahl der in das Herz mündenden Venen erhöht ist. Die zwischen
der linken und rechten Lungenvene befindliche Wand des linken Vorhofes
entspricht einer blinden Tasche des Herzbeutelraumes hinter dem Herzen
(Sinus obliquus, Abb. a, S. 679). Die vom rechten Vorhof eingenommene
Fläche der Herzbasis ist viel kleiner; sie gehört insbesondere dem Sinusanteil des
rechten Vorhofes an (Abb. Nr. 311, dunkelviolett), der ursprüngliche Atriumteil
ist nur ganz wenig beteiligt. Die obere und untere Hohlvene stehen so zueinander, daß sie bei der Lage des Herzens in situ senkrecht übereinander
stehen (Abb. Nr. 311 u. Abb. b, S. 679).

Das herausgenommene Herz läßt sich am einfachsten in die seiner natürlichen Lage im Körper entsprechende Stellung bringen, wenn man auf die senkrechte Stellung der beiden Hohlvenen zueinander achtet: die obere ist gleichsam die gradlinige Fortsetzung der unteren. Die Umschlagstelle des Perikard begrenzt die Herzbasis nach rechts zu mit einer senkrechten Grenzfalte, welche von der oberen zur unteren Hohlvene verläuft und die rechten Lungenvenen in sich schließt (Abb. b, S. 679). Nach links zu bildet die Vena obliqua (Marshalli) die Grenze. Von ihr aus steigt eine Falte bis zum Abgang der linken Lungenarterie aufwärts, welche die linken Lungenvenen auf ihrer ventralen Seite überzieht, Plica venae cavae (sinistrae).

Die beim embryonalen Herzen besonders hervortretenden seitlichen Ausbuchtungen der Vorhöfe, die Herzohren, Auriculae cordis, sind beim ausgebildeten Herzen im Verhältnis zum ganzen viel kleiner, aber immer deutlich. Sie werden ihrer Form und seitlichen Lage nach mit den Ohren des menschlichen Kopfes verglichen und tragen danach ihren Namen. Sie sitzen aber nahe der Basis, also relativ höher als die Ohren am Kopf. Beide biegen mit ihrem blinden Ende nach vorn und schmiegen sich den beiden großen, an der Vorderwand des Herzens sichtbaren Arterien an (am Übergang der Coni in die Aorta bzw. A. pulmonalis, Abb. S. 644, 650). Sie erweitern den Innenraum der Vorhöfe sehr beträchtlich, besonders während der Diastole, wenn sie prall gefüllt sind. Jeder Vorhof hat sein eigenes Ohr. Das rechte ist beim senkrecht stehenden Herzen von vorn ausgiebig sichtbar, vom linken sieht man nur die äußerste Spitze (Abb. S. 644).

Die Spitze, Apex cordis, ist beim Leichenherzen sanft gerundet, sie liegt nach links von der Incisura cordis, der Grenze zwischen rechtem und linkem Herzen, gehört also ganz dem linken Ventrikel an. Ihre Lage ist beim Lebenden am Spitzenstoß kenntlich. Wenn der Ventrikel systolisch zusammengezogen wird, so richtet er sich mit der Spitze gegen die vordere Brustwand und stößt gegen diese unterhalb der 5. linken Rippe einen Finger breit einwärts der Mamillarlinie. Trifft der Stoß wie gewöhnlich den Intercostalraum, so kann man die Vorbuchtung der Brustwand direkt mit dem Auge wahrnehmen, immer aber ist sie fühlbar. Der Arzt vermag sich aus der Art des Stoßes (Resistenz, Ausdehnung) eine Vorstellung von der Kraft des Herzmuskels des betreffenden Menschen zu machen.

Die Herzspitze trifft die Innenwand des Brustkorbes nie unmittelbar, sondern die Lunge liegt an dieser Stelle beim normalen Menschen immer zwischen Herz und Brustwand (Abb. b, S. 206). Das in der Systole verhärtete linke Herz treibt die nach vorn über ihm lagernden Teile (Herzbeutel, Pleura, Lunge, Zwischenrippenmuskeln) von innen her vor sich her, weil es fester ist als sie alle. In der Diastole erweicht das Herz, die vordere Brustwand bekommt dann die Oberhand: das Herz weicht zurück und seine Spitze wird durch die Brustwand nach links und hinten zurückgedrängt.

Die Herzwand wird in ihrer Dicke völlig beherrscht durch die Masse der Muskeln, welche in ihr angehäuft sind, und zwar in den verschiedenen Abteilungen entsprechend ihren Leistungen bei der Herzarbeit in sehr verschieden starken Mengen. Die Vorkammern haben die dünnste Muskelschicht; sie sind nur vorläufige Behälter für das Blut, ehe es in die Kammern eintritt, ohne es direkt hineinzutreiben. Die Blutbewegung wird dabei durch die Kammerwand automatisch unterstützt, da diese während jeder Systole der Atrien erschlafft. Die dünne Vorkammerwand muß so stark sein, daß sie bei der diastolischen Füllung der Atrien nicht durch das Blut auseinandergesprengt werden kann. Sie ist in beiden Atrien ungefähr gleich dick. Ganz anders die Ventrikelwand. Auf einem Querschnitt ist am deutlichsten, um wieviel stärker die Wand des linken Ventrikels gegenüber der des rechten entwickelt ist (Abb. S. 648). Beide hängen in der Kammerscheidewand miteinander von Anbeginn der Entwicklung an zusammen; aber sie lassen sich künstlich entsprechend dem Verlauf der einzelnen Muskelzüge und deren Zuordnung zu der Spezialaufgabe eines jeden der beiden Ventrikel

voneinander sondern, so daß man wenigstens ungefähr die linke von der rechten
Kammerwand auch innerhalb des Septum isolieren kann (gestrichelte Linie).
Der rechte Ventrikel hat das Blut durch den Lungenkreislauf zu treiben und
findet dabei verhältnismäßig geringen Widerstand, da die Lunge sehr elastisch
und das Capillarsystem nur dem einen Organ angehörig ist. Der linke Ventrikel
treibt dagegen das Blut durch den Körperkreislauf, also durch die Capillargebiete sämtlicher Organe des Körpers mit Ausnahme der Lungen; er hat dabei
(unter Beihilfe der Wandungen der Arterien) die sehr verschiedenen und oft
beträchtlichen Widerstände der einzelnen Organe zu überwinden. Seine Wand
ist daher weitaus am dicksten; diejenige des rechten Ventrikels ist nur halb
so dick, die Wandung der Vorhöfe ist sehr viel dünner als diejenige des rechten
Ventrikels.

Die Dicke der Wandung kommt im Gewicht zum Ausdruck. Die Wandungen
der beiden Vorhöfe zusammen wiegen etwa $^1/_6$ des Gewichtes beider Ventrikel,

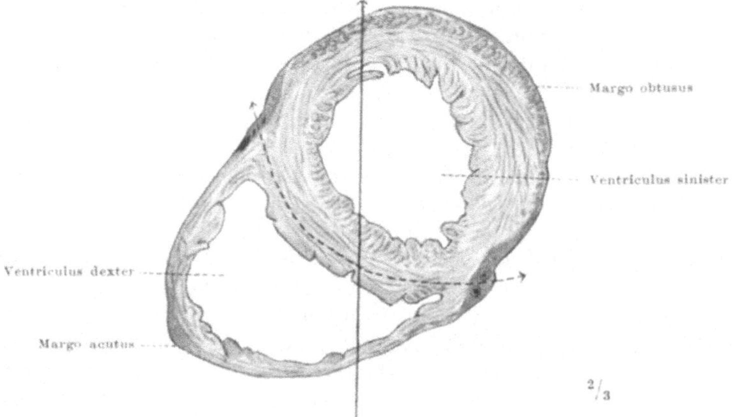

Abb. 312. Querschnitt durch die beiden Ventrikel, Herz in situ (wie in Abb. b, S. 206, etwas höheres
Niveau als dort).

der rechte Ventrikel wiegt halb soviel wie der linke. Über die Schichtung der Herzwand und die Struktur der Muskeln wird später berichtet werden (S. 664, 666).

Die Muskulatur der Vorhöfe ist gegen diejenige der Ventrikel völlig durch
zwei zwischen sie eingeschobene fibröse Ringe getrennt, Annuli fibrosi
(Abb. S. 655). Entsprechend der Dicke der linken Kammerwand ist der Annulus
fibrosus sinister breiter und deutlicher als der Annulus fibrosus dexter.
Beide Ringe bestehen aus feinen Zügen von derbem Bindegewebe, welche sich
zu einem Bande vereinigen. Die Fläche des Faserringes liegt in einer Ebene,
welche man zwischen Vorhof und Ventrikel hindurchlegt; in der gleichen Ebene
liegen die Ostien zwischen den Vorhöfen und Ventrikeln (Ventilebene,
Abb. S. 687). Äußerlich ist von den Faserringen nichts zu sehen, weil sie ihre
Außenkante der Oberfläche des Herzens zuwenden und diese zwischen den
Muskeln des Vorhofes und Ventrikels verschwindet. Aber die Muskeln der
Vorhöfe und Kammern gehen nie ineinander über, weder durch die Faserringe
hindurch, noch außen, noch innen von ihnen. Beide Faserringe hängen in der
Scheidewand zwischen den beiden Ostia atrioventricularia zusammen, sie haben
gemeinsam Brillenform.

Der linke Faserring hat je eine linke und eine rechte dreieckige Verbreiterung,
Trigonum fibrosum; das rechte Dreieck steht in breiter Verbindung mit dem
rechten Anulus. Die Segelklappen sind mit ihrer Basis an den Faserringen befestigt;
besonders deutlich und stark ist der Zusammenhang zwischen dem vorderen Segel

der Valvula bicuspidalis und dem linken Annulus, an der Grenze zwischen der Aorta und dem linken Ostium atrioventriculare (Abb. S. 655).

Das Herz hat im ganzen ungefähr die Größe der Faust des betreffenden Größe und Menschen. Die proportionale Beziehung zu anderen Organen, welche bei der Gewicht Faust als einem jeder Zeit demonstrablen Glied des Körpers willkürlich herausgegriffen und ohne innere kausale Relation zu denken ist, beruht auf der Massenkorrelation des Herzmuskels zur Körpermasse im ganzen. Durch Wägungen des von allem anhängenden Fett und von den Gefäßen befreiten Herzens, dessen Gewicht ziemlich genau das Gewicht des Herzmuskels anzeigt, ist festgestellt worden, daß Menschen von athletischem Körperbau eine stärker entwickelte Herzmuskulatur haben als muskelschwache Menschen. Denn die körperliche Betätigung erfordert eine größere Blutzufuhr und Herzarbeit, damit die tätigen Muskeln genug Nahrung haben. Das weibliche Herz ist wegen der grazileren Bauart der Frau leichter als das männliche (Verhältnis von Herz zu Körpergewicht beim Manne 1:170, bei der Frau 1:183). Infolge von Altersveränderungen der Arterien hat der Herzmuskel beim Greis mehr Arbeit zu leisten; das Herz nimmt an Gewicht zwar ab, wenn die Organe durch allgemeinen Altersschwund im ganzen abnehmen, aber es verliert relativ wenig, weil der Verlust zum Teil durch die größere Arbeit gegen den Widerstand der Arterien ausgeglichen wird. Alle anderen Organe zeigen beim Greis einen größeren Massenverlust als gerade das Herz.

Das Herz wächst besonders stark im 1. Lebensjahr, dann später in der Pubertätszeit. Das Gewicht bei Männern zwischen dem 21.—30. Lebensjahr ist im Mittel 297,4 g, bei gleichaltrigen Frauen 220,6 g. Bei einem mäßig zusammengezogenen Herzen der Leiche mißt die größte Länge durchschnittlich 12,9 cm, die größte Breite (unterhalb der Kranzfurche) 9,5 cm, die größte Dicke (Abstand der Vorder- von der Hinterwand) 6,8 cm. Natürlich schwanken diese Maße im Leben sehr, je nach dem Füllungs- und Kontraktionszustand des Herzens und seiner Abteilungen (siehe Röntgenschatten, S. 684).

Vom Innenbau des Herzens kommt für seine äußere Gestalt außer der bereits Eigenerwähnten Sonderung in vier Abteile noch besonders die Form des rechten und gestalt des linken Herzens in Betracht. Würde die Herzwand der verschiedenen Abteilungen rechten und nicht verschieden dick sein, so wären rechtes und linkes Herz ihrer Eigengestalt linken nach äußerlich viel leichter zu unterscheiden. So aber sind die Formen verhüllt Herzens wie bei einem Menschen, der in einem dicken Überzieher steckt. Wir können sie auf indirektem Weg wahrnehmen, wenn wir Ausgüsse der Vorhöfe und Ventrikel betrachten und sie mit dem intakten Herzen vergleichen. Füllt man die rechte Herzhälfte von den Körpervenen aus mit einer blauen, die linke Herzhälfte von den Lungenvenen aus mit einer roten Harzmasse und entfernt dann den Herzmuskel durch Maceration, so erhält man zwei völlig getrennte Kerngüsse, welche entsprechend ihrer Lage zueinander im intakten Herzen oder einzeln betrachtet werden können (Abb. S. 650, 651).

Der Hauptunterschied zwischen dem rechten und linken Herzen ist die andere Stellung, welche der Conus arteriosus im Verhältnis zum Ventrikel bei jedem von beiden einnimmt. Der Conus leitet das Blut beim linken Ventrikel in die Aorta, beim rechten Ventrikel in die Lungenarterie. In beiden Fällen läuft er vom Ventrikel aus in die Höhe; der Conus hat mit seinem Ventrikel etwa die Form eines Pfeifenkopfes. Dies ergibt sich aus der Schleifenform des embryonalen Herzens, bei welchem der aufsteigende Ventrikelschenkel gegen den absteigenden Schenkel abgeknickt ist (Abb. a, S. 634). Beim rechten Herzen ist die $\bigvee$-Form besonders deutlich, weil dort der Winkel zwischen der Achse des Ventrikels in der Richtung auf den Vorhof und zwischen der Achse des Conus ziemlich beträchtlich ist (Abb. a, S. 651). Beim linken Herzen ist dagegen der Winkel sehr klein und daraus resultiert ein enges $\bigvee$ (Abb. b, S. 651).

Beide Haken sind in situ so ineinander gesteckt, daß der weitere den engeren
umfaßt; denn der Conus arteriosus des rechten Herzens mit der Lungenarterie
legt sich so um den Conus arteriosus des linken Herzens mit der Aorta herum,
daß die Lungenarterie anfangs vor der Aorta liegt; erst weiter oberhalb kommt
die Aorta durch ihren Bogen (Arcus) weiter nach vorn und legt sich in die Gabel
der beiden Hauptäste der Lungenarterie, welche auf die rechte und linke Lunge
hinziehen (Abb. Nr. 313). Man kann diese Art der Umklammerung des linken

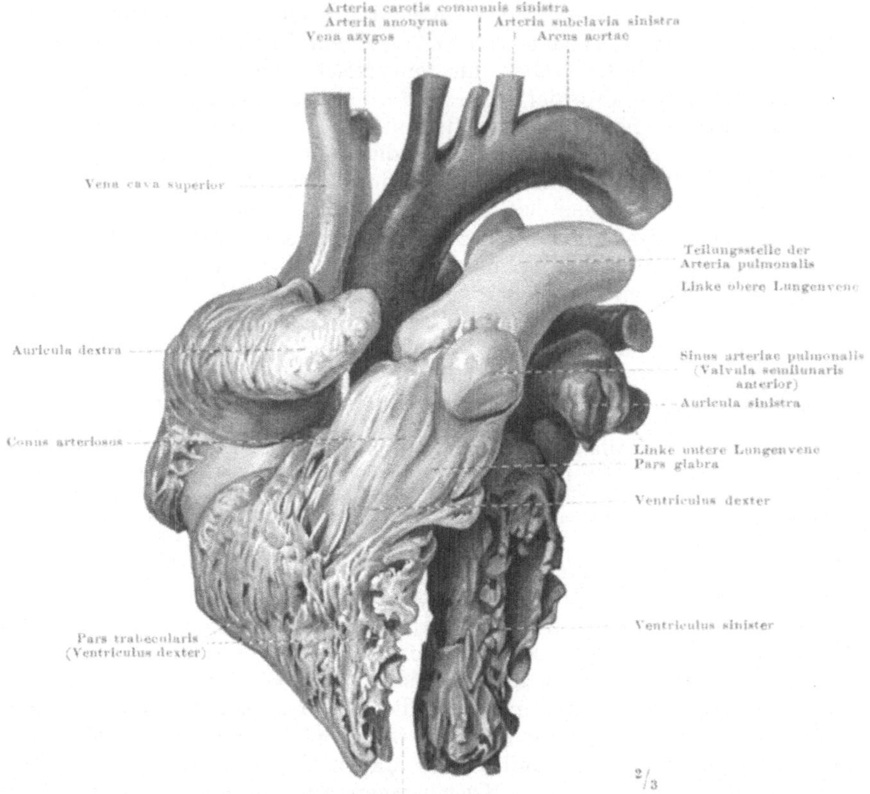

Abb. 313. **Harzausguß der Herzhöhlen.** Linkes Herz rot (dunkel gezeichnet), rechtes Herz blau (hell
gezeichnet) injiziert. Die beiden Herzhälften in der richtigen Lage zueinander, Herzlängsachse senkrecht
stehend.

Herzens durch das rechte Herz in der äußeren Gestalt wahrnehmen, wenn
man die eigentlichen Formen gut versteht (vgl. Abb. S. 644 mit Abb. Nr. 313).
Die Überkreuzung des arteriellen und venösen Blutes kommt durch die Lagerung der beiden Coni zueinander zustande.

Auch im Querschnitt des Herzens (Abb. S. 648) kommt zum Ausdruck, wie sich
das rechte Herz um das linke herumschmiegt, am wenigsten, je näher der Querschnitt der Herzspitze liegt, am meisten, je weiter oben die Coni getroffen sind.

Die Kerngüsse der Herzhöhlen zeigen besonders deutlich die stark dilatierten
Herzohren und ihre Beziehung zu den Atrien. Das rechte und linke Herzohr sind
nach vorn gerichtet, in den Zwischenraum zwischen beiden sind die Aorta und
Lungenarterie eingelassen (Abb. Nr. 313).

Beim Füllen des Herzens der Leiche unter Druck ist nicht zu vermeiden, daß
die dünnwandigeren Abschnitte mehr nachgeben als die dickwandigeren. Deshalb
sieht in den Kerngüssen der linke Ventrikel im Verhältnis weitaus kleiner aus als

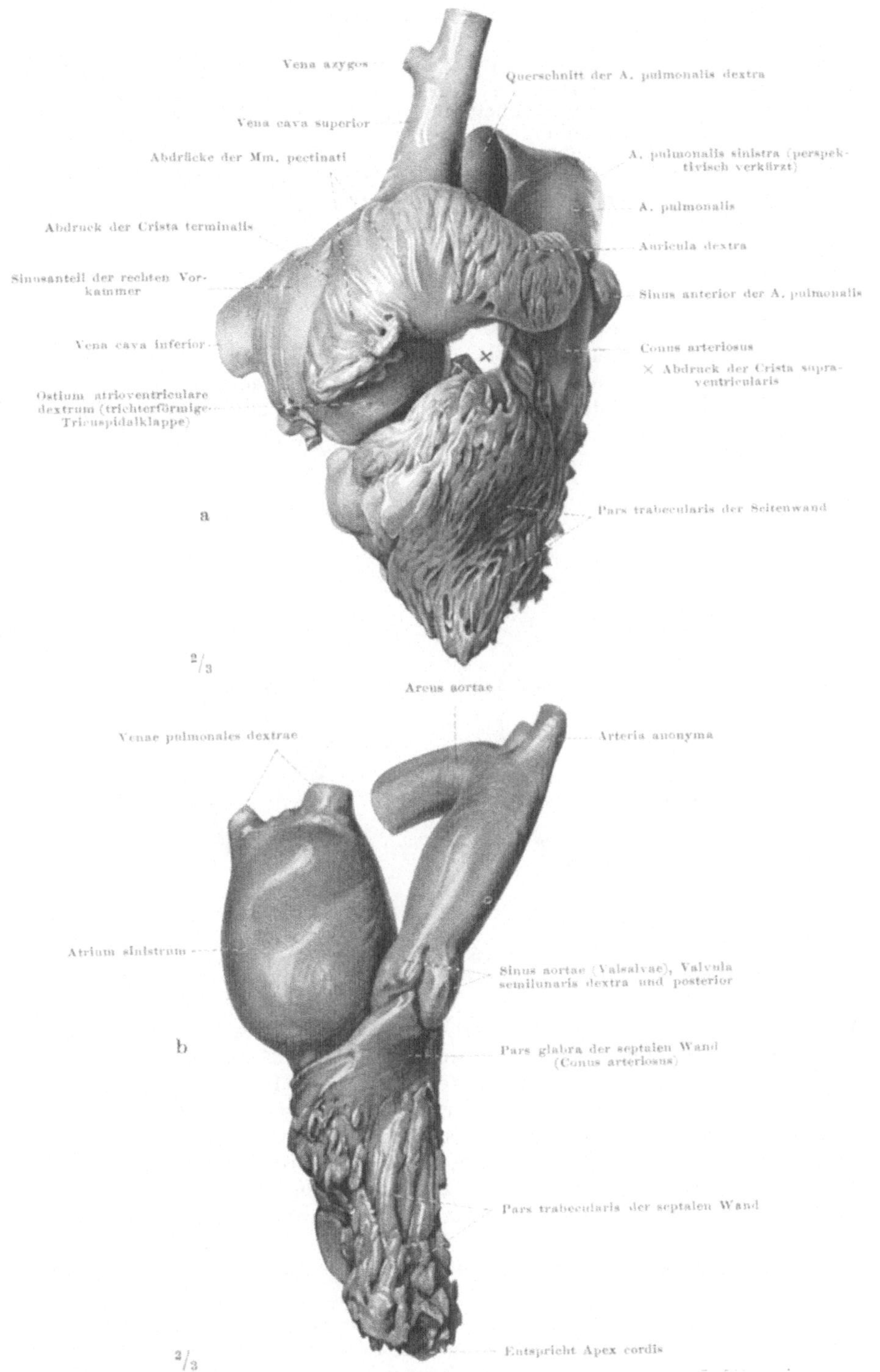

Abb. 314. **Harzausgüsse des rechten und linken Herzens.** Die Kerngüsse der Abb. S. 650 auseinander genommen. a Das rechte Herz, von dem rechten Herzrand aus gesehen (marginale Ansicht); b das linke Herz von der Kammerscheidewand aus gesehen (septale Ansicht).

der rechte und vor allem als die Vorhöfe. Im Leben wechselt die Größe der Lichtung
je nach der Systole oder Diastole. Für unsere Zwecke ist der Harzausguß trotz
der geschilderten Unvollkommenheit geeignet, die Formbeziehungen der äußeren
Gestalt zur inneren Einteilung des Herzens aufzudecken. Man kann auch die
Zwischenwand zwischen rechtem und linkem Herzen beim gut gehärteten Präparat
spalten und dadurch die beiden Herzhälften voneinander trennen. Dann fallen die
künstlichen Erweiterungen durch die Harzmasse fort.

2. Die Herzklappen.

Segel-
klappen

Die Richtung des Blutstromes innerhalb des Herzens wird durch einen
vielgestaltigen Ventilapparat sichergestellt, die Herzklappen. Sie beherrschen
die Öffnungen der beiden Ventrikel, und zwar die Einflußbahn des Blutes
von den Vorkammern aus und die Ausflußbahn nach den Arterien (Aorta,
Lungenarterie) zu. Unter bestimmten Umständen lassen sie das Blut in die
Kammer herein oder heraus, unter anderen verwehren sie ihm den Zu- oder

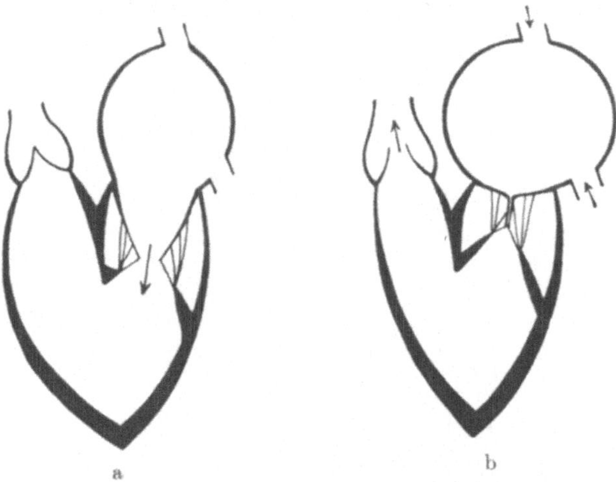

Abb. 315. Stellung der Klappen bei der Systole und Diastole, Schema. Eine Herzhälfte im Längsschnitt (z. B. in Abb. a, S. 651 Schnitt in der Papierebene, Spiegelbild).
a Systole des Vorhofes und Diastole des Ventrikels; b Diastole des Vorhofes und Systole des Ventrikels.

Austritt. Zwischen den Vorhöfen und Ventrikeln finden sich die Segelklappen,
Valvulae atrioventriculares, am Beginn der Aorta und Lungenarterie
die Taschenklappen, Valvulae semilunares. Beide sind voneinander in
ihrer Form und in der Art ihrer Tätigkeit ganz verschieden.

Die Segelklappen setzen an den Faserringen an, welche die Vorhöfe von den
Ventrikeln trennen (Annuli fibrosi, S. 648). Die einzelnen Teile heißen Zipfel,
Cuspides, weil sie als dünne, dreieckige Membranen von dem Faserring aus in
den Ventrikel hinabhängen und spitz endigen (Abb. S. 653, 659). Im rechten
Ostium atrioventriculare gibt es drei, im linken zwei Zipfel, Tricuspidal-
und Bicuspidalklappe. Die Bezeichnung Segelklappen ist sehr anschaulich,
weil die Zipfel durch einen besonderen Spannapparat festgehalten und dann
durch den Blutstrom wie das Segel vom Winde gebläht werden. An den Rand
und an die Unterfläche der Zipfel gehen feine Sehnenfäden, Chordae tendineae, welche zu cylindrischen Muskeln gehören, deren Basis in der Kammerwand sitzt und welche frei in die Kammerlichtung vorspringen, Musculi
papillares. Je ein Musculus papillaris entspricht dem Zwischenraum zwischen
zwei Zipfeln. Von den zahlreichen Sehnenfäden, welche büschelförmig aus

seinem freien Ende, auch aus seinen Seiten und manchmal sogar direkt aus der Kammerwand hervorgehen, inserieren die einen an dem Rand der einen der beiden Klappen, die anderen an dem ihr zugewendeten Rand der anderen der beiden Klappen, zwischen welchen sich der Papillarmuskel befindet. Die Nachbarklappen werden infolgedessen immer ganz gleichmäßig dirigiert, da der Zug auf die einander zugewendeten Ränder immer der gleiche sein muß.

Ist der Vorhof mit Blut gefüllt, so erschlafft der Ventrikel und das vom Vorhof her in den leeren Ventrikel einströmende Blut drückt die Segelklappen

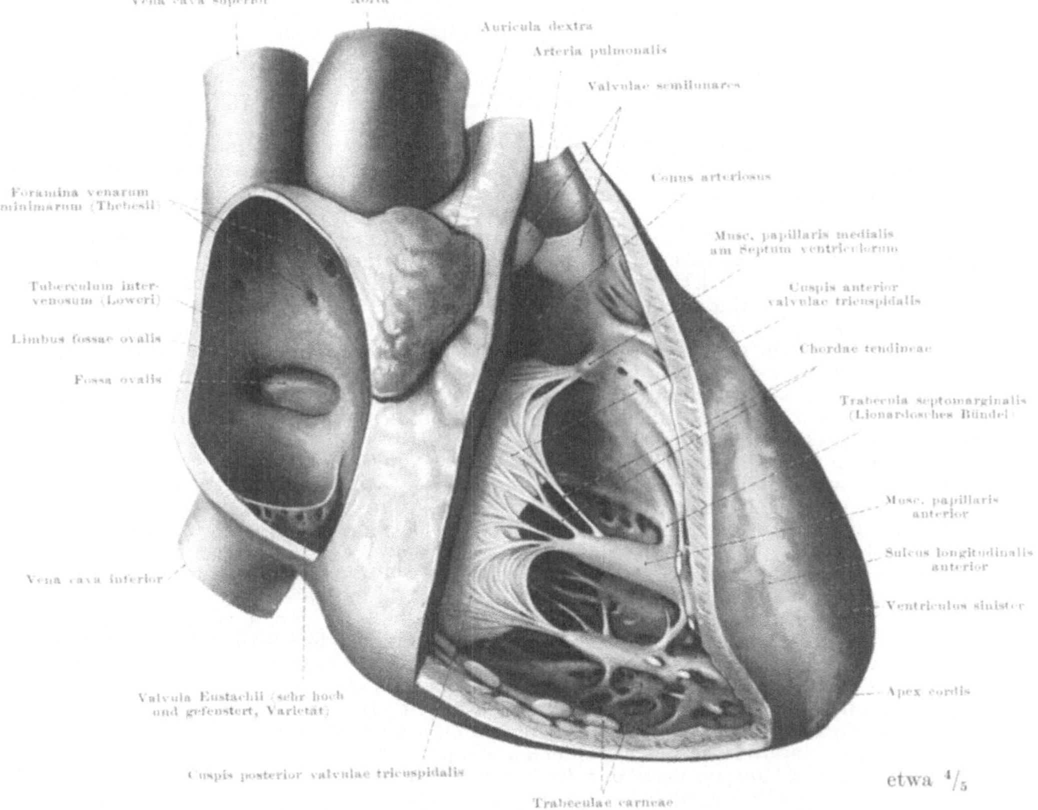

Abb. 316. **Rechtes Herz mit Fensterschnitten** in der Vorhofs- und Ventrikelwand. Valvula tricuspidalis in Öffnungs-, die beiden hinteren Valvulae semilunares art. pulmonalis in Schlußstellung (die vordere durch den Schnitt entfernt).

zur Seite (Abb. a, S. 652). Sie bilden zusammen einen weit offenen Trichter (z. B. Abguß des Trichters in Abb. a, S. 651). Kontrahiert sich aber bei der Systole des Ventrikels die Kammerwand, so ziehen sich die Papillarmuskeln so zusammen, daß die Segelklappen zwar zusammenrücken und sich aneinander legen können (Abb. b, S. 652, aber nicht in den Vorhof unter dem Druck des gestauten Blutes durchschlagen, wie ein Schiffssegel, welches losgelassen wird und frei im Winde flattert. Die Segelklappen behalten ihre Trichterform, mag der Ventrikel kontrahiert sein oder nicht. Bei der Diastole weitet sich der Trichter und läßt mit seinem offenen Ende das Blut vom Vorhof in den Ventrikel einströmen, bei der Systole verengt sich der Trichter und schließt unter dem Druck des Blutes sein Ende, so daß sich das Blut selbst den Weg in den Vorhof versperrt. Dies wäre aber nicht möglich, wenn nicht der von den Papillar-muskeln bediente Spannapparat kraft einer durch die Nerven genau geregelten Kontraktion die Trichterform aufrecht erhielte. Das aktive Element der Herzmuskeln ist bei den Segelklappen ganz unentbehrlich.

Man findet die Segelklappen nie der Herzwand anliegend, sondern sie sind in allen Stellungen des lebenden Herzens so gestellt, daß sie im Blut frei flottieren. Bei der Systole nähern sie sich und verschließen den Trichter, doch ist die Annäherung bereits am Ende der Diastole sehr groß, so daß keine große Kraft nötig ist, um sie in die richtige Verschlußlage zu bringen.

Die Chordae tendineae sitzen am Rand der Zipfel und auch an der dem Kammer-innern zugewendeten Unterfläche, im ganzen in drei, nicht regelmäßig durch-geführten Reihen. Die Sehnenfäden sind im allgemeinen rund, glänzend. An der Insertion sind sie dreieckig verbreitert. Der Rand der Segelklappen sieht infolge der dreieckigen Sehnenansätze ausgezackt aus. Normalerweise darf er nicht ver-dickt sein, doch kommen bei krankhaften Veränderungen leicht fühlbare oder bei hochgradigen Zuständen sichtbare Verdickungen der Ränder vor. Schrumpft die Klappe, so kann sie nicht mehr mit ihren Nachbarn zusammenschließen und nicht verhindern, daß das Blut bei der Systole des Ventrikels in den Vorhof zurückfließt (Herzklappenfehler). Die schweren Kreislaufstörungen, welche im Gefolge der Patho-logie der Segelklappen eintreten, sind Gegenbeispiele dafür, wie notwendig das genau ausregulierte Zusammenspiel der Papillarmuskeln, Chordae tendineae und Klappen ist, um den Ventilmechanismus zwischen Vorhof und Ventrikel zu sichern.

Strukturell sind die Klappen ähnlich den Faserringen aus feinfaserigem, aber widerstandsfähigem Bindegewebe gebaut, welches die dünne Grundmembran formt. Auf der Unterfläche sind auch elastische Fasern in sie eingebettet. Die Klappen sind beiderseits von einschichtigem Plattenepithel überzogen (Endokard, S. 664). Vom Vorhof gelangen Muskeln in die Klappenbasis hinein, auch vom Ventrikel aus steigen solche in sie auf, ohne sich aber mit der Vorhofsmuskulatur zu begegnen oder gar zu verbinden. Die Klappen sind gefäßlos, bis auf feinste Ästchen zwischen den eintretenden Muskeln.

In der Entwicklungsgeschichte gibt es an Stelle der späteren Segelklappen anfänglich zwei primitive Polster des Endokards, welche den Ohrkanal zu einer engen Spalte verengern (Abb. S. 635). Bei der Durchteilung des Herzens in ein rechtes und linkes Herz entwickelt sich aus der Scheidewand, welche den Ohrkanal halbiert, je ein Endokardkissen, so daß jedes Ostium durch drei Polster eingeengt ist. Der muskulöse Spannapparat der Papillarmuskeln und ihrer Sehnen ist eine sekundär auftretende Zutat, welche im Anschluß an das muskulöse Schwammwerk im Innern des embryonalen Herzens entsteht. Bei der Rückbildung der muskulösen Netze und bei der Verdichtung in der eigentlichen Ventrikelwand bleibt die Innenseite der letzteren von einem groben Flechtwerk von Muskelzügen überzogen, Trabeculae carneae (Abb. S. 658, 659). Die in die Lichtung hinein vorspringenden Musculi papillares sind die Reste des Muskellabyrinths im Innern des Ventrikels. Der Blutstrom unterwühlt ganz besonders die Stelle unterhalb der späteren Segel-klappen. Die dadurch herausmodellierten Klappen schließen sich mit den rein bindegewebigen Abkömmlingen der Endokardkissen in einer hier nicht näher zu beschreibenden Weise zusammen. Dabei erhält das rechte Ostium drei Zipfel, das linke nur zwei. Bei niederen Säugern (Monotremen) sind noch die Segelklappen von Muskelsträngen gehalten, welche unmittelbar an sie heranreichen, sehnige Ver-bindungen treten bei den Beuteltieren und allen höheren Säugern auf; auch beim Menschen wird ausnahmsweise statt der Chordae noch der eine oder **andere** Muskelstrang gefunden.

Als Überreste des Labyrinths im Innern der Ventrikel sind gelegentliche Chordae tendineae zu betrachten, welche quer durch die Kammerwand hindurchziehen, ohne mit den Klappen eine Beziehung zu haben. Im rechten Kammerraum findet sich zuweilen einer, im linken finden sich häufig mehrere. Auch feine Muskelfäden durchkreuzen manchmal die Kammerlichtung (Abb. S. 653, 673). Ganze Gruppen von Trabeculae carneae können sehnig umgebildet sein, so daß Sehnenfäden längs der Kammerwand von einem Punkt zum anderen oder von der Kammerwand an einen Papillarmuskel ziehen. Das Reizleitungssystem bedient sich nicht selten dieser sehnigen Brücken, welche den Weg beträchtlich abkürzen (z. B. LIONARDOsches Bündel im rechten Ventrikel).

Taschen-
klappen

Die Coni arteriosi der Ventrikel leiten die Ausflußbahn des Blutes von der Kammerlichtung nach den Arterien zu (Aorta und Lungenarterie). Sie gehen in die Arterien in der gleichen Ebene über, in welcher die Einflußbahnen aus den

Vorkammern in die Kammern münden. Alle Ventile des Herzens liegen also in der gleichen Ebene, Ventilebene (Abb. Nr. 317 u. Abb. S. 687). Die beiden Ausflußöffnungen sind durch je drei Taschenklappen, Valvulae semi-lunares, verschließbar, welche rein passiv wirken, sich also von den Segel-klappen außer durch ihre Form besonders durch den Mangel eines aktiven Spannapparates unterscheiden.

Die einzelne Taschenklappe ist ein halbmondförmiges, beiderseits mit Endothel überzogenes Bindegewebshäutchen, welches wie eine Wagentasche mit der einen Seite in die Wand des Herzens (Conus- bzw. Arterienwand) übergeht, mit der freien Seite in die Lichtung der Ausflußpforte hineinragt (siehe in Abb. S. 653 die Valvulae semilunares der Lungenarterie). Wird die Kammer systolisch verengert, so wird das Blut durch die Ausflußöffnung in die Arterie getrieben, weil ihm der Rückweg in die Vorkammern durch die Segelklappen versperrt ist. Die Taschenklappen nähern sich dabei den Wänden

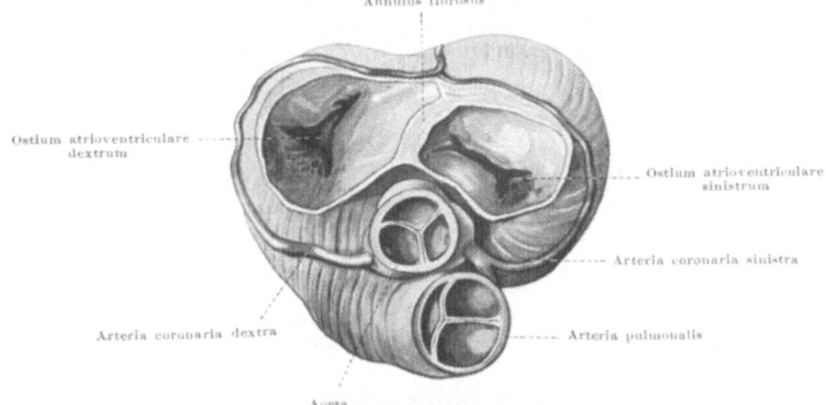

Abb. 317. **Ventilebene des Herzens** mit den Ostia arteriosa und Ostia venosa. Die ventrale Herzfläche schaut nach unten. Die Vorhöfe sind abgetragen. Die vier Ostien mit den Segel- und Taschenklappen freiliegend. (Präparat der Anatomie Heidelberg, von GÖPPERT, publiziert in „Blutgefäßsystem" 1913, GEGENBAUR-FÜRBRINGER, Lehrb. d. Anat. Bd. 3, Lief. 1.)

der Arterien (Abb. b, S. 652). Wird dagegen der Ventrikel diastolisch erweitert, so schließen sich die Taschenklappen automatisch, weil das zurückstauende Blut die Taschen füllt und sie so stark erweitert, daß die Taschenränder der drei Klappen einer Ausflußöffnung fest aneinanderschließen (Abb. a, S. 652 u. Abb. Nr. 317). Daß der Verschluß rein passiv ist, läßt sich am Herzen der Leiche zeigen, da auch bei ihm die Taschenklappen schließen, wenn man von den Arterien aus Wasser in das Herz zu gießen versucht. Jeder Klappe entspricht eine Aus-buchtung der Wandung, Sinus (Valsalvae), welche sich ausweitet, wenn die Tasche gefüllt wird (Abb. S. 650 u. Abb. b, S. 651). Die Anschwellung, welche die Aorta durch die drei Sinus im ganzen erfährt, nennt man Bulbus aortae.

Wenn die drei Taschenklappen eines jeden Ostium zusammenstoßen, so entsteht ein dreistrahliger Stern (Abb. Nr. 317). Die Spitze einer jeden Klappe, welche dem Centrum der Kernfigur entspricht, ist durch ein kleines Knötchen verstärkt, Nodulus (Arantii). Von hier aus erstreckt sich längs des freien Randes der Taschenklappe nach jeder Seite ein besonders dünner Saum, Lunula valvulae. Der Nodulus sitzt in der Mitte der Lunula und springt über sie vor; alle drei Noduli verschließen gemeinsam das Centrum der Stern-figur und bewerkstelligen die letzte Dichtung der Ausflußöffnung für das rück-stauende Blut.

Die Taschenklappen sind wie die Segelklappen im Leben immer flottierend im Blut, welches das Herz und die Gefäße füllt, zu denken. Da ihnen die Sinus Valsalvae entsprechen, so kann sich die Klappe nicht wirklich der Wand anschmiegen. Bei der Kammersystole werden die Taschenklappen nur ganz vorübergehend beiseite gedrückt, solange das Blut ausströmt. Sie schließen sich beim Nachlassen des Kammerdrucks fast momentan.

Die Zahl und Stellung der Taschenklappen wird während der Entwicklung durch die Art der Scheidung des Truncus des Herzschlauches durch das Septum aorticopulmonale entschieden (S. 638). Die Septierung engt das sanduhrförmige Lumen (Abb. a, Nr. 318) immer mehr von beiden Seiten ein, bis sie vollzogen ist; die beiden Tochteröffnungen sind dreieckige Spalten mit einander zugewendeten Spitzen. Die Taschen stehen infolgedessen so, daß in der zuvorderst liegenden Lungenarterie eine vordere unpaare und zwei hintere paarige Taschen, umgekehrt in der zu hinterst liegenden Aorta zwei vordere paarige und eine hintere unpaare Tasche festzustellen sind (Abb. b u. c, Nr. 318). Die Bezeichnungen werden danach gerichtet, so daß wir bei der A. pulmonalis eine Valvula semilunaris anterior und zwei Valvulae semilunares posteriores (dextra et sinistra) unterscheiden, bei der Aorta zwei Valvulae semilunares anteriores (dextra et sinistra) und eine Valvula semilunaris posterior. Allerdings steht das Herz so im Brustkorb, daß die Orientierung der Taschenklappen im Verhältnis zum Gesamtkörper eine andere ist (Abb. S. 687). Im Bulbus aortae hat man danach auch die Valvula semilunaris anterior dextra als Valvula anterior, die beiden anderen als Valvulae posteriores bezeichnet; obgleich sie tatsächlich so im Körper stehen, so ist doch meines Erachtens die ältere Bezeichnungsweise vorzuziehen, weil sie in Übereinstimmung steht mit der Bezeichnung der Kranzarterien, daher weniger kompliziert und im Anschluß an die Entwicklung der Taschenklappen (Abb. Nr. 318) einprägsamer ist und nicht so leicht zu Irrtümern Anlaß gibt.

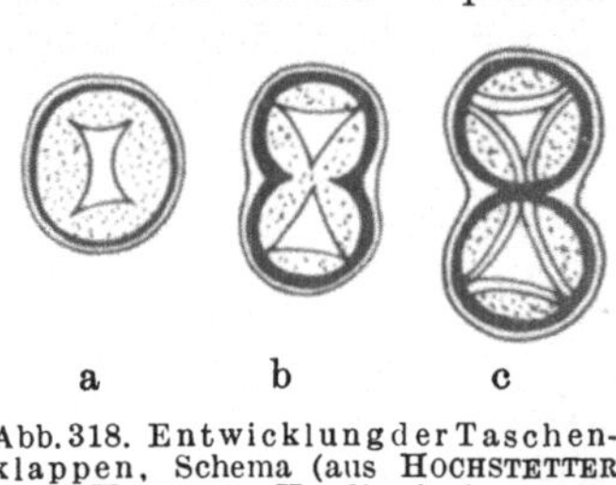

a   b   c

Abb. 318. Entwicklung der Taschenklappen, Schema (aus HOCHSTETTER in O. HERTWIGs Handbuch der vergl. Entwicklungslehre, Bd. 3, Teil 2, S. 54).

Die Semilunarklappen haben ebensowenig Gefäße wie die Atrioventrikularklappen. Die feinere Struktur ist bei beiden Klappenarten im wesentlichen die gleiche.

3. Die Binnenräume.

Wir betrachten die vier Binnenräume des Herzens in der Reihenfolge, in welcher der Blutstrom sie durchläuft und beginnen beim Eintritt des aus dem Körperkreislauf zurückströmenden Blutes, welches durch die obere und untere Hohlvene in die rechte Vorkammer eintritt.

Rechte Vorkammer   Die Wand der rechten Vorkammer ist entwicklungsgeschichtlich aus zwei verschiedenen Bausteinen zusammengesetzt, der rechten Sinushälfte und dem eigentlichen rechten Atrium (Abb. S. 646, dunkelviolett und grau). Jeder von ihnen hat seine Besonderheit und beide sind außerdem durch eine scharfe Grenze äußerlich und innerlich voneinander getrennt, so daß sie im fertigen Herzen gut unterscheidbar sind. Der Sinusanteil ist glattwandig, was besonders am Ausguß des Herzens hervortritt (Abb. a, S. 651). Der alte Atriumanteil ist mit Muskelbalken besetzt, welche in die Lichtung des Vorhofs vorspringen und besonders dicht im rechten Herzohr stehen, Musculi pectinati (Abb. S. 658, 659). Die schmalen niedrigen Muskelleisten verlaufen beim aufrechtstehenden Herzen im wesentlichen senkrecht und sind einander parallel gerichtet, daher der Vergleich mit den Zähnen eines Kammes (Pecten). Wo sie an der seitlichen hinteren Vorhofswand aufhören, springt eine Falte in das Innere vor, Crista terminalis (Abb. a, S. 651); ihr entspricht auf der Außenwand des Vorhofs eine seichte Rinne, Sulcus terminalis (Abb. S. 646). Hier ist die Grenze zwischen altem Vorhof und Sinus. Ist sie im Einzelfall nicht ausgeprägt, so ist doch der Unterschied der glatten und der mit Muskelbalken besetzten Wandpartie sehr charakteristisch.

Die beiden großen Zuflüsse des rechten Vorhofs, die Hohlvenen, und auch die kleineren Venen, welche in ihn münden, würden das Blut, wenn es im Vorhof unter starken Druck gestellt würde, zurückfließen lassen. Nur im Ventrikel bestehen Ventile, welche den Rückstrom völlig ausschließen, so daß hier allein eine starke Drucksteigerung wie bei einer Druckpumpe möglich ist. Die Vorhöfe haben ganz wesentlich in ihrem alten Atriumanteil die Aufgabe, das Blut in der nötigen Menge aufzunehmen, um den Ventrikel zu füllen. Wie sehr sich dabei das Herzohr ausdehnen kann, ist aus der Größe bei übermäßiger Füllung zu entnehmen (Abb. a, S. 651). Man nimmt an, daß die Kammern von den Vorhöfen aus übervoll gefüllt werden und daß dann das überschießende Blut kurz vor Klappenschluß wieder in die Vorkammer zurücktritt: der Ventrikel wird auf diese Weise jedesmal „gestrichen" voll. Die Musculi pectinati geben wegen ihrer Anordnung und Häufigkeit wie die Harmonikafalten einen großen Spielraum für die Ausdehnungsfähigkeit der Vorhofswand. Dies ist rechts ausgeprägter als links, weil dort das Blut aus der Lunge kommt und leichter zuströmt als aus dem großen Kreislauf mit seinen zahlreichen wechselnden Widerständen.

Der alte Sinusanteil des rechten Vorhofs gehört eigentlich jetzt noch ganz zu den beiden Hohlvenen, Sinus venarum. Er verbindet die senkrecht übereinanderstehenden Venen, wenn man das Herz in dieselbe Lage bringt, die es in situ hat (Abb. S. 646) und ist glatt wie das Innere der Venen selbst.

Die ganze Innenwand des Vorhofes ist mit spiegelndem Endothel (Endokard) ausgekleidet.

Die Einmündung der Vena cava inferior trägt gewöhnlich am vorderen unteren Rande noch einen Überrest der rechten Sinusklappe, die Valvula venae cavae inferioris (Eustachii, Abb. S. 658). Sie kann sehr unscheinbar sein oder ganz fehlen, kann aber auch als eine ausgedehnte Membran mit vielen kleinen Löchelchen, manchmal wie ein spinnwebfeines Netz entwickelt sein (Abb. S. 653). Gewöhnlich ist sie sichelförmig und reicht bis an den Rand des einstigen Foramen ovale der Vorhofscheidewand. Sie ist für die Strömung des Blutes beim fetalen Herzen sehr wichtig; im Herzen des Erwachsenen ist sie ein Rudiment ohne größere Bedeutung. Die Einmündung der oberen Hohlvene hat keine Klappeneinrichtung, auch kein Rudiment einer solchen. Das Blut ist also nicht gehindert in die Hohlvenen zurückzuströmen, sobald der Druck im Vorhof größer würde als in den Hohlvenen, was offenbar nicht der Fall ist. Zwischen der Mündung der oberen und unteren Hohlvene, hinter dem oberen Teil der Fossa ovalis, ist die alte Sinuswand etwas vorgewölbt, Tuberculum intervenosum (Loweri, Abb. S. 653).

Ähnliches wie von der Eustachischen Klappe gilt von der Valvula sinus coronarii (Thebesii, Abb. S. 658). Sie ist ein Rudiment am rechten Rand der Einmündungsstelle des Sinus coronarius, durch welchen fast das gesamte venöse Blut der Herzwand in die rechte Vorkammer geleitet wird. Sie ist äußerst wechselnd, oft nur ein schmaler Saum, manchmal eine dünne komplette oder siebartig durchlöcherte Membran, welche die ganze Öffnung zu bedecken vermag.

Die Zwischenwand zwischen den Vorhöfen hat nach dem rechten Atrium zu eine seichte ovale Vertiefung, Fossa ovalis (Abb. S. 640, 653). Sie ist umgeben von einem scharfen Rand, der besonders oben und vorn hervortritt, Limbus fossae ovalis. Unten geht er in der Regel in die Valvula venae cavae inferioris über. Die Fossa ist der Überrest des Foramen ovale, welches im fetalen Herzen eine große Rolle spielt. Auch beim Erwachsenen findet man in 20% der Fälle noch eine feine Spalte oder ein spaltenförmiges Löchelchen, wenn man vorsichtig den Rand sondiert; es führt vom rechten in den linken Vorhof, ohne aber Blut hindurchtreten zu lassen, da es durch den Druck der Blutmasse im linken Vorhof geschlossen gehalten wird.

Zahlreiche feinste Grübchen von der Größe eines Nadelstiches sind über die Wand des rechten Vorhofes zerstreut, Foramina venarum minimarum (Thebesii, Abb. S. 653). Sie sind, wie der Name sagt, die Einmündungsstellen der feinsten Herzvenen, Venae minimae, welche in den Wänden der Vorhöfe nicht zu größeren Stämmen gesammelt werden wie in den Ventrikelwänden, sondern unmittelbar in die Lichtung einströmen. Nicht alle Grübchen sind Venenmündungen, viele endigen blind.

Ostium
atrioven-
triculare
dextrum
und Tri-
cuspidal-
klappe

Aus der rechten Vorkammer führt eine weite Öffnung, Ostium atrioventriculare dextrum, in die rechte Kammer hinein. Sie ist durch die
dreizipfelige Segelklappe, Valvula tricuspidalis, verschließbar. Bei in situ
stehendem Herzen liegt die Öffnung am weitesten vorn (ventral) und unten
(kaudal) von allen Ventilen des Herzens (Abb. S. 687, 688). Sie läßt drei Finger
der menschlichen Hand durch, wenn sie normale Weite hat.

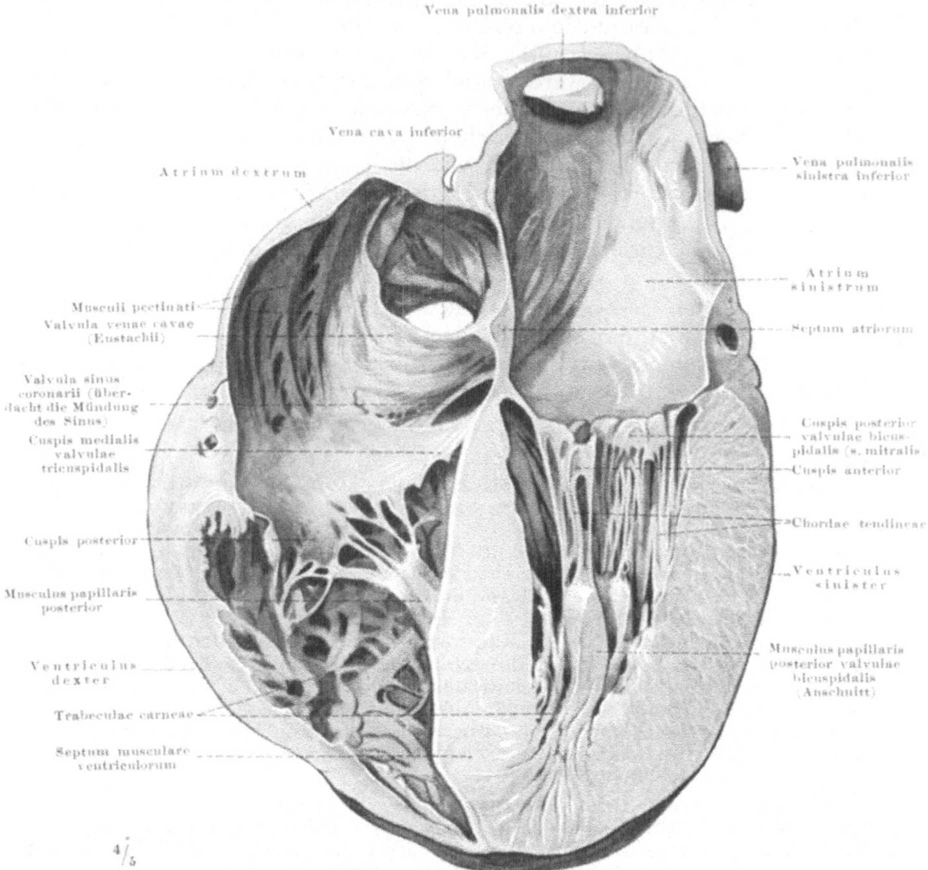

Abb. 319. Frontalschnitt durch das senkrecht stehende Herz, dorsale Hälfte.

Die drei Klappen sitzen vorn, hinten und medial, wenn man das Herz so
hält, daß seine Vorderfläche nicht schräg wie in situ, sondern frontal eingestellt ist,
Cuspis anterior, Cuspis posterior, Cuspis medialis (Abb. S. 655; in situ
liegt das hintere Segel lateral, das mediale Segel hinten, Abb. S. 687). Der vordere
und hintere Zipfel entspringen von der freien Herzwand; sie heißen deshalb
auch marginale Zipfel. Der vordere ist der größte; er entspringt am vorderen
Umfang der Herzwand und hängt zwischen dem eigentlichen Innenraum der
rechten Kammer und ihrem Conus herab (Abb. S. 659). Der hintere Zipfel entspringt vom hinteren Umfang der Herzwand; er ist manchmal verdoppelt,
oder neben ihm besteht noch ein kleiner accessorischer Zipfel. Der mediale
Zipfel entspringt von der Scheidewand zwischen den Herzhälften. Er heißt
deshalb auch septaler Zipfel. Die Ursprünge kommen bei allen dreien aus dem
Faserring, welcher zwischen den Vorhof und Ventrikel eingelassen ist.

Die Segel sind nach dem Vorhof zu geradeso glänzend und glatt wie der Sinusanteil des Vorhofes (Abb. Nr. 320). Die nach dem Ventrikel zugewendete Fläche ist wegen der Ansätze der Chordae tendineae rauh und höckerig. Die

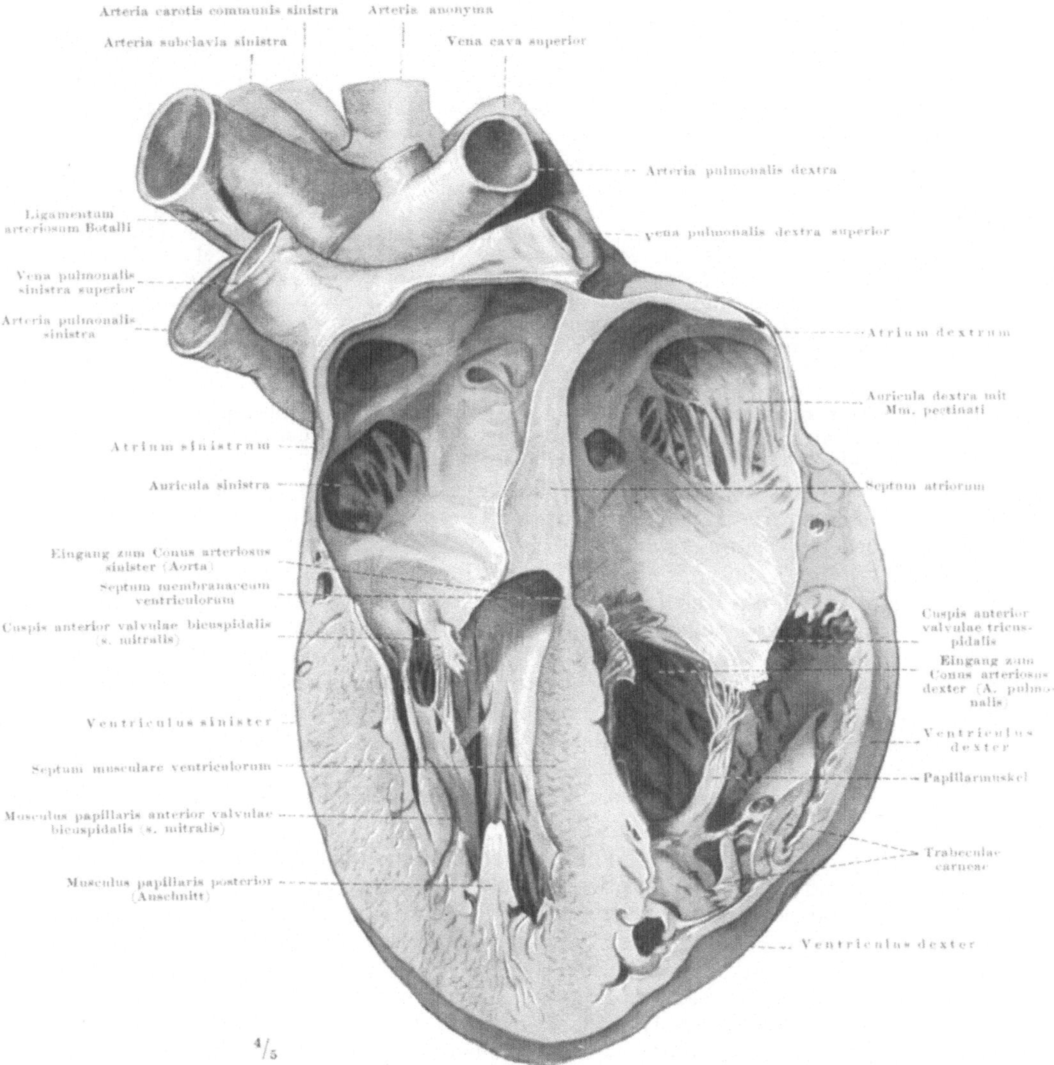

Abb. 320. Frontalschnitt durch das senkrecht stehende Herz, ventrale Hälfte.

drei Zipfel hängen an ihrer Basis zusammen (z. B. Cuspis medialis und Cuspis posterior in Abb. S. 658). Die Einschnitte zwischen den drei Zipfeln teilen sie also nur inkomplett auf, indem sie nicht bis an den Faserring heranreichen. Dadurch ist die Ähnlichkeit des Apparates mit einem Trichter noch größer: die Öffnung ist durch einen regulierbaren Trichter ausgefüllt ähnlich den beweglichen Specula der Ärzte, welche aus einzelnen Teilen bestehen und bald näher, bald weiter gestellt werden können.

Die Papillarmuskeln im rechten Ventrikel sind sehr wechselnd ausgebildet. Im allgemeinen kann man drei unterscheiden, von welchen jeder dem Einschnitt zwischen zwei Zipfeln der Tricuspidalklappe entspricht. Am regelmäßigsten ist dies bei dem vorderen Papillarmuskel zu sehen (auch „großer" Papillarmuskel genannt, Abb. S. 653, 659); seine Chordae tendineae gehen an die einander zugewendeten Ränder des vorderen und hinteren Zipfels. Weniger konstant ist bereits der hintere und am wenigsten deutlich pflegt der mediale Papillarmuskel zu sein. Sie können durch mehrere Papillarmuskelchen vertreten sein oder die Chordae tendineae entspringen unmittelbar aus sehnigen Flecken der Kammerwand (besonders aus der Kammerscheidewand) und inserieren an den Klappen.

Gibt es einen ausgesprochenen Musculus papillaris posterior, so liegt er in dem Winkel zwischen hinterer Kammerwand und Kammerseptum, seine Chordae gehen an die einander zugewendeten Ränder des hinteren und medialen Zipfels (Abb. S. 658). Der vordere Rand des septalen Zipfels und der mediale Rand des vorderen Zipfels sind fast nie von einem einheitlichen Papillarmuskel gemeinsam versorgt, wie nach dem Schema zu erwarten wäre. Gibt es einen medialen Papillarmuskel, so findet man ihn als kleines Gebilde am Boden des Conus arteriosus, seine Chordae gehen aber ausschließlich zum vorderen Zipfel. Ein accessorischer Papillarmuskel zum vorderen Zipfel kommt oft noch hinzu. Die dem vorderen Zipfel zugewendete Seite des septalen Zipfels ist fast stets von Chordae versorgt, welche unmittelbar aus der Kammerscheidewand entspringen.

Beim Neugeborenen sitzen auf den dem Vorhof zugewendeten Flächen der Klappenzipfel nahe den Rändern häufig kleine hyaline Knötchen, Noduli Albini. Sie gehen bald verloren und fehlen im ausgewachsenen Herzen.

Rechte Kammer Der Innenraum des rechten Ventrikels zerfällt in die eigentliche Kammerhöhle und in einen Ansatzteil, den Conus arteriosus, welcher wie ein Divertikel aus der vorderen Kammerwand medialwärts hervorgeht und zu der Lungenarterie überleitet. Dieser Teil der Kammerinnenwand ist relativ glatt, Pars glabra (am besten am Relief des Abgusses zu erkennen, Abb. S. 650); die eigentliche Kammerhöhle ist dagegen mit zahlreichen Trabeculae carneae ausgekleidet, Pars trabecularis (Abb. a, S. 651 u. Abb. S. 658); die Trabekel durchflechten sich kreuz und quer und legen sich bei der systolischen Zusammenziehung der Kammer so zwischen die Papillarmuskeln, daß die Zwischenräume zwischen ihnen ausgefüllt werden. Zwischen eigentlicher Ventrikelhöhle und Conus springt von oben her in die Lichtung eine dicke Muskelleiste vor, Crista supraventricularis, × in Abb. a, S. 651; dieser liegt der vordere Zipfel der Tricuspidalklappe zunächst.

Das Blut, welches aus der Vorkammer kommt, streicht um die vordere Segelklappe und die Crista supraventricularis herum, indem es im scharfen Knick der Lungenarterie zu geleitet wird. Wie bei der Biegung eines Flusses nimmt die Hauptströmung ihren Weg auf der konkaven Seite, also entlang den geglätteten Teilen der Klappe und der Ventrikelwand, die ihm am wenigsten Widerstand in den Weg setzen. Auf der konvexen Seite, wo der Fluß zu verlanden pflegt, hat das Herz stille Strominseln in den Zwischenräumen zwischen den Klappen und Herzwänden und zwischen den Trabekeln, die aber eine automatische Stromkorrektur erfahren, sobald die Systole ihren Höhepunkt erreicht hat und die Trabeculae, wie oben beschrieben, die Zwischenräume zwischen den Papillarmuskeln ausfüllen. Das Blut findet so keinen Platz mehr und gerät in den Strom, welcher aus dem Herzen gegen die Lunge getrieben wird. Es bleibt für den Blutstrom nur eine Stromrinne verfügbar, welche oben durch die Crista supraventricularis und unten durch eine vom Septum gegen den Margo acutus ziehende Trabekel begrenzt ist, auf welcher der vordere Papillarmuskel aufsitzt (Trabecula septomarginalis, Abb. S. 653). Hier strömt das Blut wie durch ein rundliches Tor aus der Ventrikelhöhle in den Conus.

Am Übergang des Conus in die Lungenarterie liegt das Ostium pulmonale mit seinen drei Taschenklappen. Beim in situ befindlichen Herzen liegt dieses Ventil nach links und kranial von der Tricuspidalklappe, ziemlich in der gleichen Entfernung von der vorderen Brustwand wie diese (Abb. S. 687, 688). Die Stellung der drei Valvulae semilunares ist oben bereits geschildert (S. 656).

Wenn das Blut die rechte Herzhälfte verlassen und die Lunge passiert hat, kehrt es durch die Lungenvenen in den linken Vorhof zurück. Anfänglich mündet beim Embryo nur eine Lungenvene in das Herz (Abb. b, S. 634). Sie wird (ähnlich wie die Sammelkanälchen der Niere in das Nierenbecken, Abb. S. 377) so weit in den linken Vorhof aufgenommen, daß jederseits zwei Äste der Lungenvene separat in den Vorhof münden. Bei vielen Individuen geht der Prozeß weiter, so daß auch die folgenden Aststellen der beiden Lungenvenen eingeschluckt werden, bis schließlich zwei Büschel von Lungenvenen dem rechten Vorhof aufsitzen, Venae pulmonales dextrae et sinistrae (Abb. S. 646). Man sieht häufig zu beiden Seiten der Lungenvenen kleine Wülste in die Lichtung vorspringen, die selten zu halbmondförmigen Leisten erhöht sind; sie sind die Grenzen des in die Vorhofwand aufgenommenen Stückes der Vena pulmonalis. Die ganze Stelle ist glattwandig.

Die alte Atrienwand ist ebenfalls glatt mit Ausnahme des Herzohres, Auricula sinistra, welches mit einer scharfen rundlichen Öffnung gegen den linken Vorhof abgesetzt und innen mit zahlreichen Musculi pectinati besetzt ist (Abb. S. 659). Das linke Herzohr ist länger und enger als das rechte, meistens ist es in seinem Verlauf geknickt; es reicht bis an die Lungenarterie heran (Abb. S. 650). Die Blutmenge, welche aus der Lunge in das linke Herz fließt, muß zwar beim normalen Herzen genau die gleiche sein wie diejenige, welche aus dem Körper in das rechte Herz strömt, weil sonst das Herz seine typische Größe und Form nicht einhalten könnte; aber die Art, wie das Blut in den linken Vorhof und von dort in die linke Kammer strömt, ist doch eine andere als beim rechten Herzen wegen der verschiedenen Spannungen, welche auf die Blutsäule im Lungen- und im Körperkreislauf einwirken. Das drückt sich in dem verschiedenartigen Besatz der Vorhofwände mit Kammuskeln und der verschiedenen Größe und Form der Herzohren aus.

An der Vorhofscheidewand ist manchmal ein sichelförmiger Saum als Rest des Randes der ehemaligen Klappe des ovalen Fensters (Valvula foraminis ovalis) erhalten. Die schräge Spalte, welche beim rechten Vorhof beschrieben wurde, mündet an dieser Stelle in den linken. Kleine radiäre Trabekel können am Septum entsprechend dem oberen Teil der Fovea ovalis im rechten Vorhof vorkommen, sonst ist die Scheidewand aber glatt. Foramina venarum minimarum kommen auch im linken Vorhof vor.

Die ohne das Herzohr rundlich viereckige Form des linken Vorhofs (Abb. b, S. 651) hat Eindrücke seitens der Speiseröhre auf der Hinterseite und der Aorta ascendens und Arteria pulmonalis auf der Vorderseite, denen der Vorhof angeschmiegt ist. In situ liegt er am weitesten hinten nach dem hinteren Mediastinum zu, dicht über und auf dem Herzsattel des Zwerchfells.

Die Öffnung, welche von dem linken Vorhof in die linke Kammer führt, Ostium atrioventriculare sinistrum, unterscheidet sich von der rechten durch ihre ovale Form und ihre Enge (Abb. S. 655); sie ist so weit dilatierbar, daß zwei Finger der Hand bequem hindurchgesteckt werden können. Die Blutmenge, welche in den linken Vorhof hineingelangt, kann durch die engere Pforte nicht so schnell in den Ventrikel einströmen wie rechts, muß aber schließlich in der gleichen Menge in die Aorta und den großen Kreislauf hinausgetrieben werden wie in den Lungenkreislauf. Die große Elastizität der Lunge ist der Grund dafür, daß die linke Pforte enger sein kann als die rechte, ohne den Stromverlauf zu stören.

Bei in situ stehendem Herzen liegt die Öffnung am weitesten dorsal (wirbelsäulenwärts) und medial von der Valvula tricuspidalis (Abb. S. 687, 688). Sie ist durch zwei Segel oder Zipfel verschließbar, Valvula bicuspidalis s. mitralis (Abb. S. 655). Das eine Segel, Cuspis anterior s. aortica, ist aortenständig, d. h. seine mit dem Faserring verlötete Basis ist durch diesen an der Aortenwand befestigt (auch „septaler Zipfel" genannt, weil es der Kammerscheidewand zunächst liegt). Es ist etwas größer als sein Gegenüber. Das andere, kleinere Segel, Cuspis posterior, ist wandständig (Cuspis „marginalis"), d. h. die Basis des Segels steht mit der freien Herzwand in Zusammenhang. Die Spalte zwischen den beiden Segeln steht schräg zum Querdurchmesser des Herzens, sie entspricht der Längsachse der ovalen Begrenzung der Pforte im ganzen.

Die Spitzen der dreieckigen Segel hängen in die linke Kammer hinab (Abb. S. 659). Die nach dem Trichterinnern zugewendete Fläche, welche sich in die Vorhofwand fortsetzt, ist geradeso glattwandig wie diese. Die nach der Ventrikelwand gerichtete Fläche ist durch den Ansatz der Chordae tendineae wie bei der Tricuspidalis rauh und höckerig. Doch macht der Aortenzipfel eine Ausnahme, da bei ihm auch die Ventrikelseite glatt ist. Das kommt bei keinem der Zipfel der Tricuspidalis vor. Der Verlauf der Stromrinne des Blutes in der linken Kammer wird uns den Grund dafür kennen lehren.

Entsprechend den beiden Zipfeln gibt es zwei besonders starke Papillarmuskeln, die kräftiger als im rechten Herzen entwickelt sind. Jeder von beiden steht in dem Winkel zwischen den beiden Zipfeln und sendet den einander zugewendeten Rändern beider Klappen Sehnenfäden zu (Abb. S. 658). Daraus ergibt sich die Stellung der beiden Papillarmuskeln: der eine entspringt an der Vorder-, der andere an der Hinterwand der linken Kammer, Musculus papillaris anterior et posterior.

Linke
Kammer Der Hohlraum der linken Kammer zerfällt wie rechts in die eigentliche Ventrikelhöhle, welche konische Gestalt hat, und einen Ansatz der vorderen Wand, der zu der Aorta führt, den Conus. In diesem Fall ist der Conus kurz, er ist auf eine Strecke unmittelbar unter dem Ostium aorticum beschränkt, die wie beim rechten Ventrikel durch die Glätte ihrer Wand auffällt, Pars glabra (Abb. b, S. 651). Die eigentliche Ventrikelhöhle, namentlich der gegen die Spitze des Herzens gelegene Teil, ist mit zahlreichen und weit in das Innere vorspringenden Trabeculae carneae ausgekleidet, Pars trabecularis. Daran sind die Strömungsverhältnisse des Blutes ablesbar; denn die glatten Teile entsprechen der Hauptströmung, die hier ganz besonders kräftig ist. Der Blutstrom muß, da er aus dem linken Vorhof ein- und aus dem Conus ausströmt, einen scharfen Knick beschreiben; die Ein- und Ausflußrichtung stehen fast parallel zueinander. Die Stromrinne hält sich möglichst an der konkaven Seite, indem der Aortenzipfel der Mitralklappe, welcher zwischen Ventrikelhöhle und Conus frei herabhängt (Abb. S. 659), beim Einströmen des Blutes gegen die Conuswand gedrängt wird, beim Ausströmen des Blutes entgegengesetzt. Dieses Segel verhält sich wie eine Gangtür in einem Korridor, welche nach beiden Seiten ausschlagen kann, und steht in jeder Phase der Herztätigkeit so, daß möglichst viel Blut durch die Kammer in den Körper befördert werden kann. Daher ist es auf beiden Seiten wie blank gescheuert. Der Kausalnexus ist wahrscheinlich der, daß die glattwandigen Stellen der Wandungen und des Segels keine Wirbel erzeugen, dem Blutstrom den geringsten Widerstand bieten und deshalb die Stromrinne begrenzen; die trabekulären Partien können sich bei der Kontraktion temporär in glattwandige umwandeln, indem das Schwammwerk sich schließt und die Zwischenräume zwischen den Papillarmuskeln ausfüllt.

Die ganze Wand mit Ausnahme des kurzen Conus ist contractil, letzterer enthält keine Muskelelemente, sondern nur fibröses und faserknorpliges Gewebe, Beide Gewebsarten sind nach dem Innern zu mit Endothel (Endokard) über-

zogen, auch die Papillarmuskeln mit ihren Sehnen, sämtliche Trabekel und
die Zwischenräume zwischen ihnen.

Die Kammerscheidewand enthält in ihrem obersten Teil kein Muskelgewebe,
Septum membranaceum (Abb. S. 659, vgl. S. 638); die Grenze der Scheidewand-
muskulatur gegen die fibröse Stelle ist in der linken Ventrikelhöhle an einem bogenförmigen Wulst kenntlich, dem Limbus marginalis.

Oben am Eingang in die Aorta, dem runden Ostium aorticum, befinden
sich die drei Valvulae semilunares der Aorta, deren Stellung bereits
geschildert wurde (S. 656). Bei dem in situ befindlichen Herzen liegt dieses
Ventil zwischen der Pulmonal- und Mitralklappe, ziemlich genau in der Mitte
des Thorax (Abb. S. 688).

4. Schichten der Herzwand und feinerer Bau.

Der später immer unpaare Herzschlauch entsteht bei vielen Tieren und beim Die häutige
Menschen anfänglich als zwei getrennte Endothelschläuche (Abb. Nr. 321). Bei Herzanlage

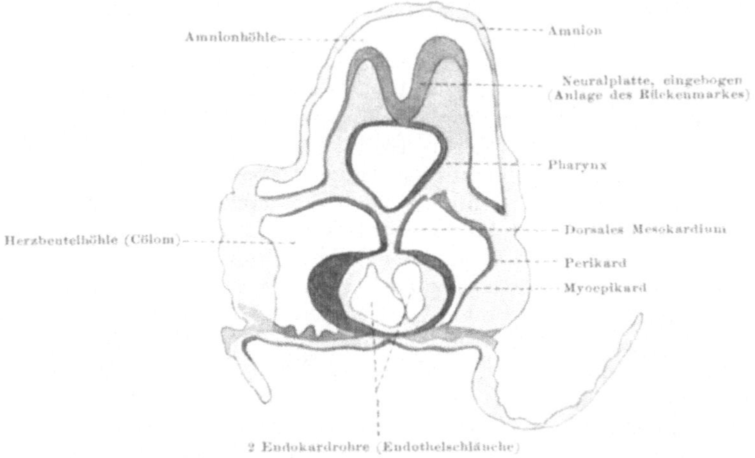

Abb. 321. Entstehung des Herzschlauches und Herzbeutels.
Querschnitt durch einen Schafembryo mit offener Rückenmarksfurche, 8 Urwirbel.

den Wirbeltieren, die dotterarme Eier haben, ist ventral vom Darm Platz genug
für ein sich einheitlich entwickelndes Herz. Bei dotterreichen Eiern jedoch
wird die Herzanlage in zwei Hälften auf jede Seite des mit Dotter angefüllten
und dilatierten Darms verlegt, die sich erst vereinigen, wenn der Dotter an der
betreffenden Stelle nicht mehr im Wege ist. Bei den Säugern, deren niederste
Vertreter noch dotterreiche Eier haben, ist zwar durch das Leben im Mutterleibe der Dottervorrat überflüssig geworden, aber der Herzschlauch legt sich
doch noch paarig an. Verschmelzen die beiden Anlagen nicht rechtzeitig, so
können als Mißbildung zwei embryonale Herzen statt eines sich bilden, wie
aus einem künstlich halbierten Seeigelei zwei Ganzindividuen hervorgehen.

In der Norm vereinigen sich die beiden Endothelschläuche, indem sie sich
eng aneinander schmiegen, sehr früh zu einem einzigen; die Zwischenwand,
welche sie trennt, verschwindet. Zu dieser Zeit haben sich die beiden Leibeshöhlenhälften (Cölome, Abb. Nr. 321) um die Endothelschläuche herumgelegt.
Das viscerale Blatt des Mesoderms kommt ihnen zunächst zu liegen. Der
unpaare Herzschlauch wird infolgedessen zweischichtig, er besteht aus
dem inneren Endothelschlauch, Endokard, und aus einer äußeren Mantel-

schicht, **Myoepikard**. Die letztere liefert nach dem Endokard zu die weitaus dickste Schicht des fertigen Herzens, die Muskulatur, **Myocardium**; auf ihr bleibt ein feines Häutchen, das **Epicardium**, als äußerer Rest der Mantelschicht übrig. So ist der Herzschlauch schließlich dreischichtig geworden: **Endo-, Myo-, Epikard**. Alle drei bleiben zeitlebens erhalten, nur in ganz anderen Dimensionen als beim Embryo.

Daß die Zellen des Myoepikard aus dem Mesoderm stammen, geht aus der Entwicklung eindeutig hervor; sie verhalten sich ganz so wie beim Darm die Splanchnopleura, welche die Muskelwand und den Serosaüberzug der Darmwand bildet (Abb. S. 3). Nicht völlig geklärt ist jedoch die Abstammung des Endokards. Die Bildungszellen werden unter dem Mikroskop in der Nähe des Darmepithels (Entoderm) zuerst sichtbar, sind aber trotz dieser Nachbarschaft höchstwahrscheinlich **Mesodermzellen**, welche frühzeitig aus dem mittleren Keimblatt frei geworden sind und sich hier ansammeln. Es knüpfen sich an diese Ableitung weittragende Theorien. Die verbreitetste von ihnen besagt, daß das Lumen des Endokardschlauches der Leibeshöhle (Cölom) entspricht. Die Lichtungen des Herzens (und auch der größeren Gefäße) wären danach mittelbare Cölomabkömmlinge, die mit Cölomepithel ausgekleidet sind; sie verteilen das Blut so, wie bei manchen Wirbellosen die Körperflüssigkeit durch dendritisch verzweigte unmittelbare Ausläufer der Leibeshöhle durch den Körper geleitet wird. Die Cölomumkleidung durch den Herzbeutel ist unabhängig davon eine spätere Zutat.

Endo- und Epikard

Die innerste und äußerste Schicht der Herzwand sind besonders dünn und einander sehr ähnlich gebaut. Beide bestehen aus einschichtigem Plattenepithel, dem Abkömmling der inneren und äußeren Schicht des häutigen Herzschlauches, und einer bindegewebigen Stützlamelle für das Epithel, welche von der mittleren Schicht des häutigen Herzschlauches geliefert wird. Das **Endokard** ist im ganzen sehr dünn, je nach der Stelle $^1/_{20}$—$^1/_2$ mm dick (in den Vorhöfen am dicksten, im linken Ventrikel dicker als im rechten). Die Unterschiede beruhen auf der verschieden dicken Bindegewebsschicht, die aus kollagenen und elastischen Fasern mit spärlich eingestreuten Bindegewebszellen besteht, in den Atrien vorwiegend aus elastischen Elementen. An den Ein- und Austrittsöffnungen der Gefäße geht das Endokard ohne Grenze in die Tunica interna (s. intima) der letzteren über. Nach dem Myokard zu ist es kontinuierlich mit dem Bindegewebe zwischen den Muskeln in Zusammenhang. Das Epithel besteht aus platten Zellen wie die Endothelauskleidung der Gefäße.

Die Klappen sind endokardiale Bildungen, die aus einer bindegewebigen Grundmembran mit allseitigem Endothelüberzug bestehen (S. 654, 655). Das Bindegewebe des Endokards ist gefäßhaltig, nur die Klappen sind es nicht.

Das **Epikard** ist geradeso gebaut wie die serösen Überzüge des gastropulmonalen Apparats. Gewöhnlich ist es so dünn, daß die Muskulatur durchschimmert. Doch kann Fett in größeren Mengen in der bindegewebigen Schicht angesammelt sein und das Epikard ganz erheblich verdicken. Die Epithelzellen sind polygonal und sehr platt; sie lassen zwischen sich feine Öffnungen frei, **Stomata**, welche eine Kommunikation zwischen dem Inhalt des Herzbeutels und den zahlreichen feinsten Lymphgefäßen des Epikards zulassen. Das Bindegewebe, in welchem Lymphgefäße und feine Blutgefäße liegen, ist in seinen tieferen Schichten reich an elastischen Fasern, welche den Größenschwankungen des Herzens folgen können; es ist überall mit dem Bindegewebe der Muskelschicht in innigem Zusammenhang.

Das Epikard setzt sich auf die großen Gefäßstämme fort, soweit der Herzbeutel reicht.

Myokard, Struktur des Herzmuskels

Das Myokard ist zwischen den beiden häutig gebliebenen Grenzschichten der Herzwand eingeschlossen. Über die Dicke der Muskulatur, die seinen wesentlichsten Bestandteil bildet, ist bereits berichtet worden (S. 647). Die Muskelelemente werden durch Bindegewebe zusammengehalten, welches mit dem Bindegewebe des Epi- und Endokards innig verknüpft ist.

Die Struktur des Herzmuskels ist eine andere als bei allen übrigen Muskeln des menschlichen Körpers. Sie steht zwischen den Skelet- und Eingeweidemuskeln. Der Skeletmuskulatur gleicht sie darin, daß sie aus quergestreiften Fasern besteht, doch unterscheidet sie sich von ihr durch die netzförmigen Verbindungen der Fasern, die nach allen Seiten durch Anastomosen miteinander zusammenhängen (Abb. Nr. 322). Der glatten Muskulatur der Eingeweide gleicht sie darin, daß die Kerne central liegen und daß Einteilungen der Fasern sichtbar sind, welche sich auf eine ehemalige Zusammensetzung aus einzelnen Zellen (Herzmuskelzellen) beziehen lassen. Die einzelnen Elemente bestehen außer dem Kern aus Sarkoplasma und aus diesem eingelagerten Fibrillen. Die Fibrillen

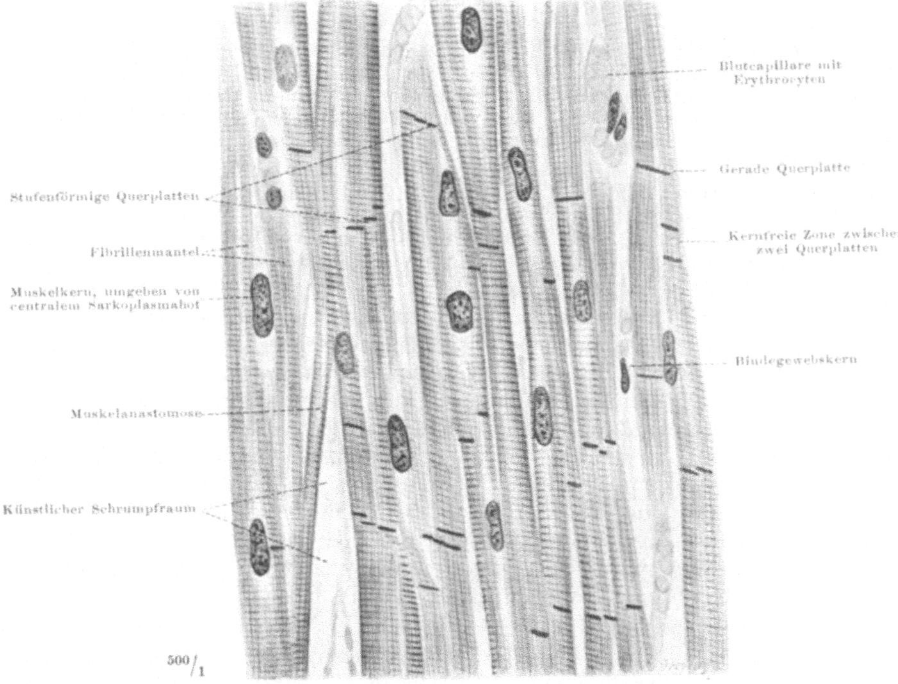

Abb. 322. Herzmuskel, längs geschnitten. Die Zwischenräume zwischen den Muskeln sind etwas erweitert (künstliche Schrumpfräume). Dadurch ist die netzige Anordnung deutlicher. Färbung mit Brillantschwarz und Phenosafranin (M. HEIDENHAIN).

umgeben mantelförmig eine centrale, fibrillenfreie Sarkoplasmamasse, in welcher der Kern liegt. Ein Sarkolemm wie bei den Skeletmuskeln ist nicht vorhanden. Das Bindegewebe füllt alle Spalten zwischen dem komplizierten Netzwerk der Muskelelemente aus, ist Träger zahlreicher Blutgefäße, die mit feinsten Capillaren die Herzmuskeln umspinnen, und enthält außerdem zahlreiche Nerven und Ganglienzellen.

Durch besondere Färbungen treten im Verlauf der Herzmuskelfasern die Querplatten besonders hervor, welche oft gerade, oft in einigen oder mehreren Treppenstufen die Faser quer durchsetzen (Abb. Nr. 322). Sie bestehen aus Verdickungen der Fibrillen; liegen die Knötchen der Fibrillen in einer Höhe, so ist die Querplatte durchlaufend, sind die Knötchen gruppenweise gegeneinander etwas verschoben, so entsteht die Treppenfigur. Wahrscheinlich sind die Knötchen Wachstums- und Regenerationsstellen für den Muskel. Denn der

Herzmuskel hat nur an den Faserringen zwischen Vorhof und Kammer und an den Spitzen der Papillarmuskeln freie Enden, sonst geht eine Faser durch Anastomosen endlos in die andere über. Bei den Skeletmuskeln sind die Enden der Muskelfasern die Vermehrungsstellen. Statt dessen sind sie im Herzmuskel in den Verlauf der Fasern selbst verlegt.

Bei Betrachtung eines einzelnen Schnittes macht es den Anschein, als ob kernfreie Zonen zwischen zwei Querplatten bestünden (Abb. S. 665). Doch handelt es sich in diesen Fällen um Ausläufer von kernhaltigen Bezirken, welche aus einer anderen Ebene in die Schnittebene hineinragen und sich zwischen zwei kernhaltige Distrikte einschieben. In Wirklichkeit zerfällt der Herzmuskel durch die Querplatten noch in die alten Zellterritorien, aus denen seine Fasern zusammengesetzt sind. Jede Zelle hat ihren Kern. Doch sind die Zellgrenzen nicht unverändert erhalten, sondern sie sind in die spezifischen Querplatten umgewandelt und nur indirekt an ihnen erkennbar.

Außer dieser, mir wahrscheinlichsten Deutung der feineren Struktur des Herzmuskels gibt es auch andere Ansichten, darunter die nihilistische Meinung, daß die Querplatten nichts anderes als fixierte Kontraktionsknoten seien. Daß solche vorkommen, sei nicht bestritten; aber die echten Querplatten sind distinkte, konstante Strukturen. Andere Benennungen sind: Querlinien, Kittlinien, Schaltstücke, Glanzstreifen.

Die Muskelfibrillen bilden Bündelchen im Innern des Sarkoplasmas; [auf dem Querschnitt entsteht ein Bild ähnlich der COHNHEIMschen Felderung der Skeletmuskeln (Bd. I, Abb. S. 52). Die Bündelchen sind nicht selten nahe der Peripherie wie Radspeichen angeordnet (radiäre Stellung); dies ist eine Besonderheit gegenüber den Skeletmuskeln.

Arbeits-
und
Leitungs-
muskeln

Die beschriebenen Muskelfasern sind zu streifenförmigen Komplexen vereinigt (Abb. S. 667); diese haben die eigentliche Herzarbeit zu leisten und sind an den verschiedenen Abteilungen in verschiedener Weise angeordnet, Arbeitsmuskeln. Ihnen gegenüber stellen wir die Leitungsmuskeln, besondere Elemente von anderem Bau, welche sich an der eigentlichen Herzarbeit nicht beteiligen, sondern nur die Überleitung von Reizen von der einen Herzregion in die andere besorgen. Da die Vorkammern von den Kammern durch Faserringe getrennt sind, so kann sich der Reiz nicht innerhalb der Herzmuskelfasern selbst ausdehnen, sondern dazu sind Züge eines Gewebes da, dessen Struktur wir später im Zusammenhang mit der ganzen Anordnung dieses Systems beschreiben werden (Abb. S. 670, 672, 673).

Die Herzarbeit, welche die Arbeitsmuskeln zu leisten haben, ist sehr beträchtlich, namentlich im linken Ventrikel, welcher gegen die Widerstände des großen Kreislaufs zu arbeiten hat. Das Herz macht durchschnittlich 70 Systolen in der Minute, also rund 100000 Systolen am Tag. Man hat die hierbei erzeugte Tagesleistung auf rund 15000 Meterkilogramm berechnet, d. h. eine Kraft, welche einen vollbeladenen Eisenbahnwagen $^3/_4$ m hoch heben würde. Die Herzmuskeln sind besonders reich an Sarkoplasma, weil sie andauernd diese Leistung vollbringen müssen, und deshalb im frischen Zustand die trübsten Elemente unter allen Muskeln des Körpers.

Im Sarkoplasma liegen zahlreiche Körnchen, die zum Teil Dauerorgane sind und in sich Glykogen enthalten. Dadurch wird die Herzarbeit gespeist, bei Mehrverbrauch sind die Blutcapillaren imstande schnell nachzuliefern. Außerdem gibt es im Sarkoplasma abgelagerte Stoffwechselprodukte u. dgl. von Körnchenform, die keine Bedeutung für die Herzarbeit haben.

Muskulatur
der
Vorhöfe

Die oberflächlichen Faserzüge umgeben beide Vorkammern, die tiefen nur diejenige Vorkammer, welcher sie zugehören. Besonders auf der Vorderseite überqueren oberflächliche Züge beide Atrien; am dichtesten liegen sie in der Höhe der Kranzfurche. Als Fasciculus horizontalis interauricularis wird ein besonderer Querzug bezeichnet, welcher vorn nicht weit von der Kranzfurche von einem Herzohr zum anderen zu verfolgen ist.

Die tiefen Bündel entspringen meistens an dem Faserring zwischen Atrium und Ventrikel, steigen senkrecht auf und biegen schleifenförmig in schräge und quere Richtungen um. Auch von der oberflächlichen Schicht strahlen Bündel in die Scheidewand zwischen den Vorhöfen ein und verflechten sich dort mit tiefen Bündelchen.

Besondere ringförmig angeordnete Züge der tiefen Schicht finden sich an den Einmündungsstellen der Lungenvenen (nicht der Hohlvenen), in den Herzohren

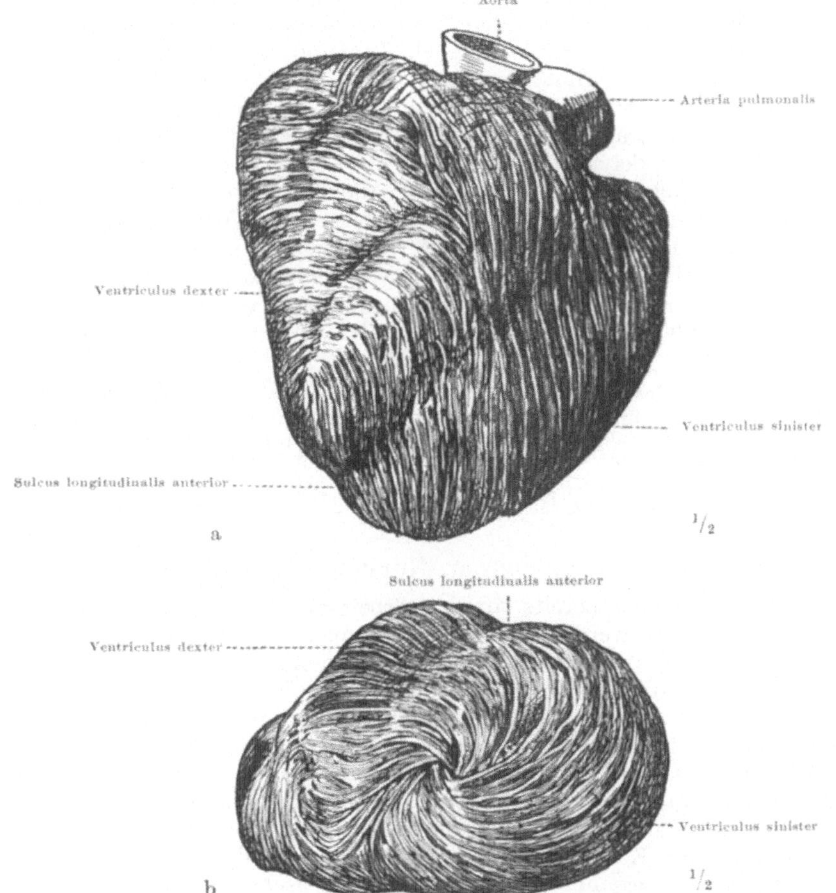

Abb. 323. Oberflächliche Muskulatur der Herzkammern. Nach Entfernung des Epikards. a Ansicht von vorn, b Ansicht der Herzspitze (aus GÖPPERT, l. c. S. 34, Präparat der Anatomie Heidelberg).

und rund um die Fossa ovalis. In der rechten Vorkammer treten einige Züge besonders hervor, welche vom Trigonum fibrosum dextrum des Faserringes des linken Herzens ausgehen. Einer ist in der Crista terminalis bis zur EUSTACHIschen Klappe zu verfolgen.

Die Muskulatur der Kammern ist sehr kompliziert angeordnet. Wir können hier nur die wichtigsten Lagen hervorheben. Sehr deutlich ist eine dünne oberflächliche Schicht, welche am Faserring des rechten Herzens beginnt und auf der vorderen Fläche schräg abwärts auf das linke Herz hinüberzieht; alle oberflächlichen schräg abwärts ziehenden Fasern dringen in einem spiraligen Wirbel, Vortex cordis, an der Herzspitze in das Innere des Herzmuskels ein (Abb. b, Nr. 323). Sie tauchen in der linken Kammer an der dem Ventrikelinnern zugewendeten Fläche wieder auf und ziehen besonders an der Scheidewand steil aufsteigend zu dem Faserring empor, wo sie enden. Jedes Fascikel hat demnach, wenn wir es uns in einer Ebene ausgebreitet denken, die Form eines $\vee$ mit bald engerem, bald weiterem Winkel; die beiden freien Enden sind an den Faserringen befestigt, die Knickstelle liegt an der Herzspitze, der Zwischenraum zwischen den Schenkeln ist mit mittleren Lagen von Herzmuskeln ausgefüllt.

Die Mittelschicht zwischen den beschriebenen dünnen Schichten der äußeren und inneren Oberfläche ist für jeden Ventrikel selbständig und beim linken Ventrikel besonders stark. Sie wird auch Treibwerk genannt, weil ihr die Hauptaufgabe zufällt, das Blut durch den Körper zu befördern. Die Muskelbündel verlaufen wesentlich circulär, doch gehen sie nach außen und innen zu mit zahlreichen schräg verlaufenden Übergangsbündeln allmählich in die steilen Oberflächenbündel über. Die circulären Fasern entfalten die größte Kraft bei der Verengerung des Ventrikels; die schrägen und longitudinalen regulieren dieses Treibwerk so, daß eine konzentrische Verengerung zustande kommt und daß nicht das, was durch die transversale Verengerung gewonnen wird, durch eine Verlängerung des Herzens wieder teilweise verloren gehen kann.

Die Mittelschichten sind im Herzseptum nicht scharf voneinander geschieden, auch ziehen Züge von dem septalen Papillarmuskel der linken Kammer durch die Scheidewand hindurch zu den der Scheidewand angehefteten oder naheliegenden Papillarmuskeln der rechten Kammer.

Man hat aus entwicklungsgeschichtlichen Gründen versucht, alle Bündel der Ventrikel aus zwei getrennten Systemen abzuleiten. Eines entspringt vom Conus arteriosus und der Aorta ascendens, das andere von der Stelle des rechten Ventrikels, welche dem Sinusanteil der rechten Vorkammer zunächst liegt (bulbospirales und sinuspirales System). Die Grenzen sind jedoch beim fertigen Herzen so verwischt und die Ableitung ist so kompliziert, daß nur wenig damit gewonnen scheint.

5. Reizleitungssystem, Nerven und Gefäße.

Spezifität der Reizleitungsfasern

Wir unterschieden oben bereits von den Arbeitsmuskeln die Leitungsmuskeln des Herzens. Letztere werden auch Brückenmuskeln genannt, weil sie die einzigen Verbindungen zwischen Vorhöfen und Ventrikeln sind, also die Grenze überbrücken, welche für die Arbeitsmuskeln durch die Faserringe ganz scharf gezogen ist. Alle Leitungsfasern zusammen heißen Reizleitungssystem; ein Teil davon, speziell die Brückenfasern für die Vorhöfe und die Kammern, sind mit bloßem Auge sichtbar und werden als das Atrioventrikularbündel bezeichnet. Dem ganzen System liegt die Regelung der festen Schlagzahl und -folge des Herzens ob und die normale Sukzession zwischen den Systolen der Vorhöfe und der Kammern. Wird das Atrioventrikularbündel im Tierversuch gequetscht, zerschnitten oder beim Menschen durch krankhafte Prozesse zerstört, so schlagen die Ventrikel nicht mehr im gleichen Tempo mit den Vorhöfen (atrioventrikuläre Dissoziation), ein Beweis für die Wichtigkeit der Reizleitung.

Die atrioventrikularen Muskeln unterscheiden sich histiologisch von den Arbeitsmuskeln (eigentliches Myokard) durch einen größeren Reichtum an Sarkoplasma und durch Armut an Muskelfibrillen. Beim Herzen der Huftiere ist der Unterschied besonders deutlich. Dort erweisen sich die hellen Fäden des Atrioventrikularbündels, welche man makroskopisch leicht durch das Endokard hindurch sehen kann, unter dem Mikroskop als zusammengesetzt aus Reihen von kubischen Zellen, welche nur einen schmalen Randbelag von Muskelfibrillen aufweisen, im übrigen aber mit Sarkoplasma gefüllt sind, in dessen Centrum der Kern liegt (PURKINJEsche Zellen). Beim menschlichen Herzen sind die Unterschiede weniger deutlich. Die Fasern sind durch Querplatten eingeteilt, häufig sind die Abschnitte zwischen je zwei Querplatten verdickt, so daß die Fasern rosenkranzartig aussehen. Die Fibrillen laufen wie in den Arbeitsmuskeln durch die ganze Länge des Bündels kontinuierlich hindurch und sind in den Querplatten nur verdickt. Der Gehalt an Glykogen ist in den Reizleitungsfasern besonders groß.

Diese Unterschiede sind keine absolut sicheren; man kann auch im System der Arbeitsmuskeln des menschlichen Herzens Stellen finden, welche unter dem Mikroskop ganz ähnlich aussehen. Besonders ungünstig ist beim menschlichen Herzen, daß die Fasern tiefer in der Arbeitsmuskulatur versteckt liegen und daher weniger sicher makroskopisch freizulegen sind als beim Herzen der Wiederkäuer. Deshalb ist hier das Kalbsherz abgebildet (Abb. 670, 672, 673). Doch ist beim menschlichen Herzen durch subtilste Präparation genau der gleiche Verlauf wie beim Kalbsherzen nachgewiesen.

Die zuverlässigeren Merkmale für das Atrioventrikularbündel gegenüber dem eigentlichen Myokard sind die geflechtartige Anordnung seiner Fasern, die bindegewebigen Scheiden, der Besitz eigener Gefäße, Nerven und Ganglienzellen. Diese Merkmale stempeln es zu einem besonderen Bestandteil des Herzens, der allerdings an seinen Enden überall· in die Faserbündel des Myokards ohne Grenzen übergeht, so daß über die Ausdehnung des spezifischen Reizleitungssystems im ganzen Kontroversen bestehen. Das Atrioventrikularbündel ist der sicherste Teil und bestimmt spezifisch.

Die geflechtartige Anordnung besteht in einem Wirrwarr von· Zügen, welche sich durchkreuzen, sich dabei anastomotisch vereinigen und sehr oft radiär auf einen Punkt zulaufen, während im Myokard die Muskelfasern immer parallel liegen und sich spitzwinklig vereinigen. Die sogenannten „Knoten" des atrioventrikulären Bündels treten sehr häufig äußerlich nicht oder nur undeutlich hervor, sind aber innerlich immer durch die Geflechte gekennzeichnet. Die breiteren Züge in den Kammern sind mehr den Myokardfasern ähnlich, da hier zwar auch Geflechte eingestreut sind, aber die parallel angeordneten Fasern überwiegen. Dafür sind hier die bindegewebigen Hüllen am deutlichsten, welche das ganze Atrioventrikularsystem einscheiden; sie sind so dicht, daß man den ganzen Verlauf durch Injektion von Farbstofflösungen in das Bündel hinein hat darstellen können, weil die Farbe durch die Scheiden nicht diffundieren kann. Die Blutcapillaren in den Bündeln sind verhältnismäßig spärlich an Zahl, aber sie kommen von besonderen Arterien, welche speziell für das Atrioventrikularsystem bestimmt sind. Am konstantesten ist eine feine Arterie im Sulcus terminalis des rechten Vorhofs, nach welcher die dort befindlichen Teile des Systems (Sinusknoten) bestimmt werden. Ganglienzellen und marklose Nervenfasern sind den Muskelfasern des Bündels so zahlreich zugeordnet, daß man sie für spezifische Beimengsel ansieht, welche wahrscheinlich für die Reizleitung unentbehrlich sind.

Ob die Leitung durch die Muskeln oder durch die Nerven oder durch beide zusammen bewirkt wird, ist noch strittig. Sicher ist, daß beim embryonalen Herzen eine geordnete Schlagfolge ohne Anwesenheit von Nerven möglich ist. Das in Abb. S. 544 wiedergegebene Präparat ist aus einem Häufchen Zellen außerhalb des Körpers gezüchtet; zur Zeit der Entnahme waren noch keine Nerven vorhanden, auch bildete sich das Herz erst extra corpus aus den Zellen, welche von der Stelle entnommen wurden, wo es sich im normalen Verlauf gebildet hätte. Es ist damit nicht gesagt, daß beim fertigen Herzen die Ganglienzellen und Nerven nicht notwendig seien. Embryonales und fertiges Herz könnten sich sehr wohl verschieden verhalten, indem die Nervenkomponente, welche anfangs nicht notwendig ist, später unentbehrlich wird. — Die Atrioventrikularbündel, Trabeculae carneae und Papillarmuskeln entwickeln sich aus der gleichen Anlage. Daher bleiben die Übergänge zwischen beiden fließend. Dies sind Reste der phylogenetischen Vorstufe. Doch sind die ausentwickelten Syteme außer an diesen Übergängen spezifisch verschieden. Ob sich die Atrioventrikularbündel zu kontrahieren vermögen, ist unsicher.

Man unterscheidet einen gemeinsamen Stamm, Crus commune, und zwei getrennte Schenkel des Atrioventrikularbündels, welche durch eine Tförmige Teilung aus dem Stamm hervorgehen (Abb. S. 670). Der eine Schenkel, Crus dextrum, verläuft in die rechte Kammer (Abb. S. 672), der andere, Crus sinistrum, in die linke Kammer (Abb. S. 673).

Der gemeinsame Stamm, nach seinem Entdecker (W. His jun.) Hissches
Bündel genannt, ist die eigentliche Brücke zwischen dem rechten Vorhof
und den Ventrikeln. Es ragt mit dem einen Ende in die rechte Vorkammer
hinein, verläuft von dort durch den Faserring hindurch und in der Kammerzwischenwand rechts neben dem Septum membranaceum (also auch rechts
von der höchsten Firste des muskulösen Septum, Abb. Nr. 324) nach vorn und
liegt mit seinen beiden Schenkeln rittlings auf der oberen Kante der muskulösen
Kammerscheidewand. Dieser ganze Zug besteht innerlich aus wirren Geflechten,
welche sich gegen die Teilungsstelle hin zu ordnen beginnen und in den beiden
Kammerschenkeln parallelfaserig werden.

Im rechten Vorhof beginnt das Hissche Bündel mit einem feinsten Faser-
schleier in der Gegend des Sinus coronarius dicht unter der Einmündung der

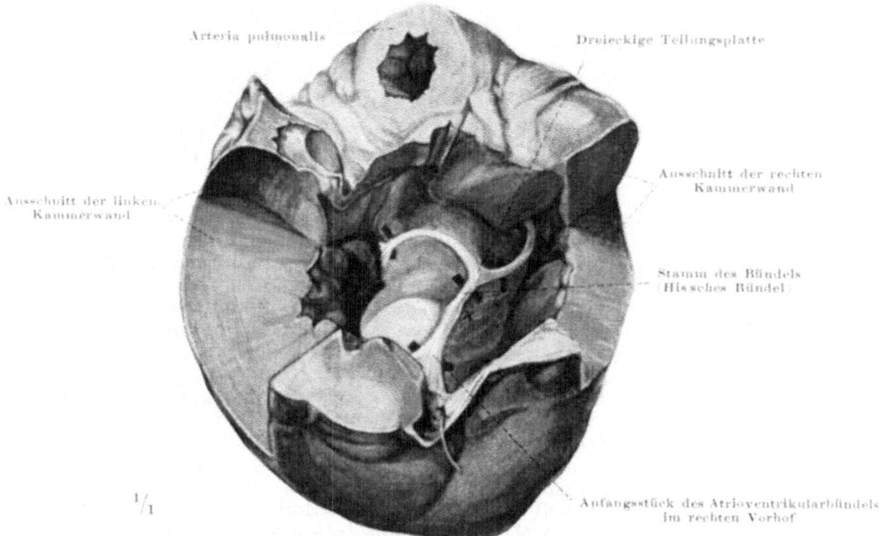

Abb. 324. Vorhof und Kammerverlauf des Atrioventrikularbündels, Kalbsherz. Die beiden
Vorhöfe sind abgetragen bis auf Reste, ebenso Teile der Kammerwände. Das Atrioventrikularbündel mit
Fischbeinstäbchen unterlegt. Ansicht auf die Herzbasis. Ventrale Seite des Herzens nach oben gerichtet!
Blauer Pfeil in der Vena cava inferior, roter Pfeil in der Aorta. Bei × His-Tawarascher Knoten.

unteren Hohlvene (Abb. Nr. 324 u. Abb. S. 672). Man nennt eine Verdickung
des Hisschen Bündels im rechten Vorhof His-Tawaraschen Knoten (Abb.
Nr. 324 u. Abb. S. 672 bei ×).

Diese Verdickung tritt äußerlich nicht immer hervor. Die innere Geflechtbildung
ist das Entscheidende. Sie ist über das ganze Hissche Bündel ausgedehnt. Einteilungen
in mehrere Knoten auf der ganzen Strecke haben keine besondere Wichtigkeit.

Im rechten Vorhof gibt es außer dem Hisschen Bündel mit seinen Geflechten
noch einen davon isolierten Komplex von Geflechten in dem Winkel zwischen der
Einmündung der oberen Hohlvene und dem rechten Herzrohr (vgl. diese Stelle in
dem Abguß Abb. a, S. 651, nicht bezeichnet). Er heißt Sinusknoten (Keith-Flack-
scher Knoten). Seine Fortsetzung erstreckt sich auf die Crista terminalis zwischen
dem Sinusanteil und dem alten Atriumbestand des rechten Vorhofs. Hier ist die
Beziehung zu einer kleinen Arterie, um welche die Geflechte angeordnet sind,
konstant. Man nimmt an, daß vom Sinusknoten als dem empfänglichsten Bestandteil des Herzleitungssystems die Reize ausgehen, welche von dort auf diffusen
(vielleicht nervösen) Bahnen in der Vorhofwand dem Hisschen Bündel zufließen
und von diesem dann den beiden Kammern zugeleitet werden. Der His-Tawarasche
Knoten und die Knoten in den Ventrikeln können vicariierend eintreten und ganz
andere Schlagfolgen des Herzens bedingen als die gewöhnliche Art der Pulsation

(Arrhythmie des Herzens). Bei der oben erwähnten Zerstörung des Hısschen Bündels schlagen die Vorkammern im gewöhnlichen Tempo, die Kammern schlagen auf Anregung ihrer eigenen Centren, die als Ersatz eintreten, viel langsamer oder setzen ganz aus (Adams-Stockessche Krankheit).

Der rechte Kammerschenkel ist etwas kürzer als der linke. Infolge- dessen gelangt der Reiz in die rechte Kammer um 0,01″ früher als in die linke, ein so minimaler Zeitunterschied, daß die beiden Ventrikel praktisch gleichzeitig kontrahiert werden. Der Schenkel ist dünn und rund, er läuft über die Scheide- wand, nicht unmittelbar unter dem Endokard, sondern in die Muskulatur ein- gebettet, und gelangt unter Benutzung der Trabecula septomarginalis, manchmal als freies Lionardosches Band durch die Lichtung des rechten Herzens hin- durch zu dem großen vorderen Papillarmuskel (Abb. S. 672). Von den Enden der beiden Bündel gehen feine netzige Stränge des Reizleitungssystems zu fast allen Teilen der rechten Kammer, ähnlich wie in der linken.

Der linke Kammerschenkel ist platt und erheblich breiter als der rechte (Abb. S. 673). Man kann zwei Randzüge und einen mittleren Zug, der gegen die Herzspitze ausstrahlt, unterscheiden. Sind die drei Bündel schmal, so sind sie deutlich getrennt, sonst hängen sie in einem breiten Schleier zusammen. Von den beiden Randbündeln geht jeder zu einem der beiden Papillarmuskeln, zum Teil unter Benutzung von Muskel- oder Sehnenfäden, welche frei durch das Kammerinnere hindurchziehen. Von dem oberen Rand der muskulösen Kammer- scheidewand aus strahlt das Gesamtsystem der linken Kammer mit seinen letzten Verzweigungen wie ein auf dem Kopf stehender Baum aus, der sich reich verzweigt und dessen Äste wie bei einer Trauerweide rückläufig zum Stamm verlaufen; sie gelangen zu allen Teilen des linken Ventrikels, außer zu den Kuppen der Papillarmuskeln und zu den Teilen des Septums neben dem Hauptstamm. Bei vielen der feinsten Verästelungen des Reizleitungssystems ist strittig, ob sie spezifisch oder ob es gewöhnliche Myokardfäden sind.

Wird einer der beiden Kammerschenkel im Tierversuch gequetscht oder durch- schnitten, so kommt der Reiz viel später in dem betreffenden Ventrikel an als im anderen oder erreicht ihn gar nicht. Eine Arrhythmie zwischen den beiden Ven- trikeln, die auftritt, ist der Beweis für die geschädigte oder unterbrochene Leitung; sie ist weit erheblicher als die normale geringe Schlagdifferenz und mit ihr nicht zu verwechseln. Die Eigencentren des abgesonderten Ventrikels ersetzen die sonst vom intakten Schenkel zugeleiteten Reize.

Die Lage des Atrioventrikularbündels wird verständlich, wenn wir das Herz der Amphibien und Reptilien oder das embryonale Säugetierherz in Betracht ziehen. Die Kammerscheidewand in ihren Anfängen ist der Träger zahlreicher centraler Trabekel, welche gegen die Atrioventrikularöffnung emporragen und mit der Mus- kulatur der Vorhöfe zusammenhängen. Bei dem Wachstum des Herzens bleibt die obere Kante der muskulösen Kammerscheidewand stehen (Abb. S. 635), während die beiden Kammern distalwärts sich immer mehr ausbuchten (ähnlich wie beim Vor- hof die Herzohren sich beiderseits vergrößern). Das Atrioventrikularbündel geht aus einer stehenbleibenden centralen Trabekel hervor und läuft jetzt noch wie in jenen primitiven Zuständen vom Atrium kontinuierlich bis zur Kammerscheidewand, indem es das ehemalige Foramen interventriculare (das jetzige Septum membrana- ceum) überbrückt. Aus Herzmuskelgewebe, welches schon bei den Amphibien heller und fibrillenärmer ist als die übrige Muskulatur des Herzens, ist das spezifische Reizleitungsgewebe geworden. Die Zusammenhänge mit den Papillarmuskeln sind die alten geblieben. Der Weg Sinus—Atrium—Ventrikel und die gabelförmige Teilung in den rechten und linken Kammerschenkel entsprechen ganz dem Verlauf des primitiven Herzschlauches.

Der linke Vorhof bekommt nur indirekt vom rechten Vorhof aus Bündel, ist aber sehr arm an solchen. Aus klinischen und experimentellen Erfahrungen wird geschlossen, daß aus der rechten in die linke Kammer Bündel übergehen und um- gekehrt, indem sie die Kammerscheidewand durchsetzen.

Das Herz hat sein eigenes Nervensystem, das marklose Nervenfasern besitzt und dessen Ganglienzellen im Herzen selbst liegen. Außerdem treten sympathi- sche und parasympathische Nervenfasern von außen an das Herz heran. Die beiden

letzteren vereinigen sich zum Plexus cardiacus, der eine oberflächliche und
tiefe Schicht hat (erstere liegt ventral vom Aortenbogen und an der Teilungsstelle der Lungenarterie, letztere liegt dorsal vom Aortenbogen, zwischen ihm
und der Bifurkation der Trachea). Die sympathischen Nervenfasern stammen
aus dem Halsteil des Grenzstranges, dem das embryonale Herz vor seinem
Descensus in die Brusthöhle hinab gegenüberlag; die sympathischen Fasern haben

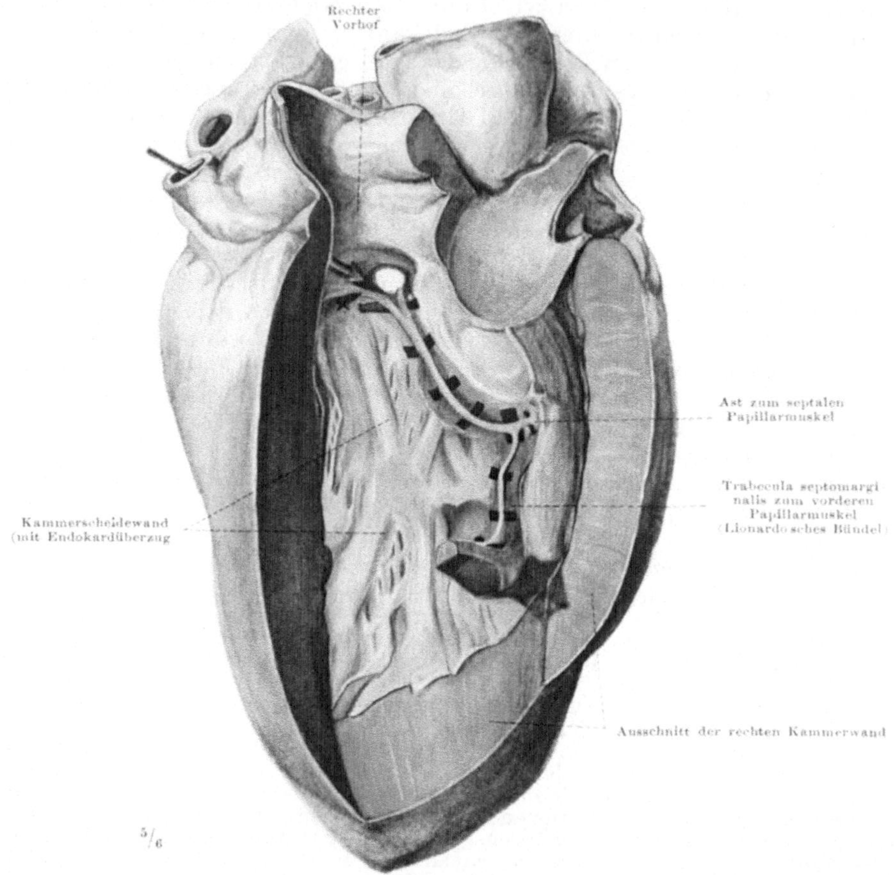

Abb. 325. **Rechter Kammerschenkel des Atrioventrikularbündels, Kalbsherz.** Die äußere Vorhofs-
und Ventrikelwand sind abgetragen. **Blauer Pfeil in der unteren Hohlvene.** Bei × **His-Tawara**scher
Knoten. Die Trabecula septomarginalis ist im Bild beim Eintritt in die Lichtung der rechten Kammer
stufenweise zerschnitten („Moderatorband“, beim Menschen entspricht ihm häufig ein freies Bündel von
Lionardo di Vinci). Das Septum membranaceum ist entfernt. Fischbeinstäbchen sind unter das
Atrioventrikularbündel geschoben.

den Weg abwärts mitgemacht und halten ihn noch jetzt inne. Sie wirken be-
schleunigend auf die Herzaktion (Accelerantes). Die parasympathischen Nerven
gehören dem Nervus vagus an, sie steigen ebenfalls entsprechend dem Descensus
cordis in die Brusthöhle hinab (der Nervus recurrens vagi, von dem sie zum Teil
abgehen, ist das deutlichste Überbleibsel der Verlagerung des Herzens aus der
Hals- in die Brustregion, Abb. a u. c, S. 147). Die Vagusfasern wirken hemmend
auf das Herz, sie sind Antagonisten des Sympathicus. Ist ein Lymphknoten
am Hals entzündlich mit dem Nervus vagus verbacken, so kann man durch
den Druck auf den Lymphknoten den Vagus reizen und dadurch das Herz

zum vorübergehenden Stillstand bringen, ein nicht ungefährlicher, aber beweisender Versuch am Menschen für die Art der Vaguswirkung auf das Herz.

Die Vagus- und Sympathicusfasern gehen höchstwahrscheinlich nicht unmittelbar zu den Herzmuskeln und zum Reizleitungssystem, sondern sie endigen an Ganglienzellen, welche zahlreich im Plexus cardiacus, in den dorsalen Vorhofswänden, in der Nachbarschaft der Kranzgefäße im Sulcus coronarius und an den Ursprüngen der Aorta und Lungenarterie angeordnet sind. Von hier aus

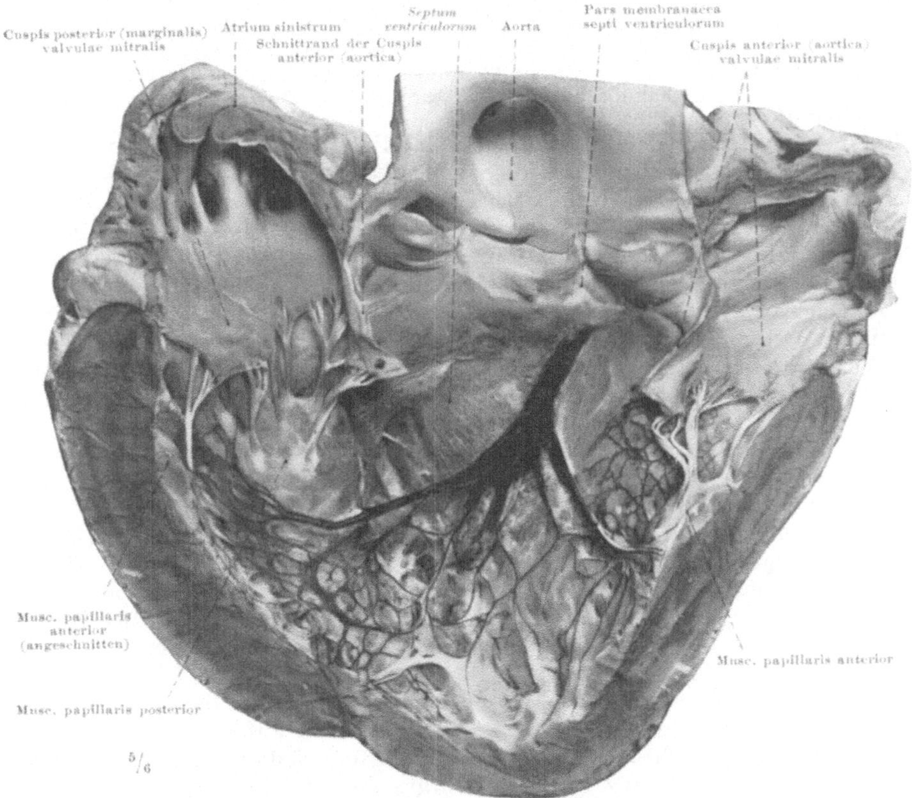

Abb. 326. Linker Kammerschenkel des Atrioventrikularbündels, Kalbsherz. Der linke Ventrikel längs des Margo obtusus, die Aorta zwischen Valvula semilunaris anterior sinistra und posterior aufgeschnitten. Um das ganze Septum ventriculorum mit dem Stamm des linken Kammerschenkels sichtbar zu machen, ist auch die Cuspis anterior (aortica) der Valvula mitralis durchtrennt und durch eine Nadel zurückgehalten. Das Reizleitungssystem ist durch Injektion von Tusche in den es umgebenden Lymphraum dargestellt (vgl. AAGAARD und HALL, Anat. Hefte 51, 1914). Man beachte, daß die Kuppen der Papillarmuskeln frei bleiben von Anteilen des Reizleitungssystems. Am Septum ventriculorum ist die Injektion nur neben dem hinteren Papillarmuskel nicht vollständig. — Präparat und Photogramm von Dr. v. HAYEK.

beginnen die marklosen Nervenfasern der eigentlichen Herznerven. Sie wirken entweder auf den Reiz der Herzganglienzellen hin (etwa beim schlagenden, aus dem Körper herausgenommenen, überlebenden Herzen) oder sie werden fördernd oder hemmend von den Reizen des Sympathicus oder Vagus beeinflußt. Indem die marklosen Nervenfasern des Herzens sich dem Reizleitungssystem anschließen, können sie alle Teile des Herzens in Erregung setzen (ob die muskulösen Elemente des Reizleitungssystems nur die Vermittlerrolle spielen oder ob sie auch selbständig leiten können, ist immer noch eine Streitfrage).

Die sehr große Mannigfaltigkeit der Nervenfasern und die verschiedenen Kombinationen von Reizen, welche dadurch möglich sind, sichern die große Regelmäßigkeit der Herzaktion beim gesunden Menschen. Einflüsse durch Hormone, welche dem Herzen von den Drüsen mit innerer Sekretion (z. B. von der Schilddrüse) durch das Blut zugeführt werden, können sich in ihm in Wirkungen auf das Herznervensystem umsetzen, so daß die beiden großen Kontrolleinrichtungen des Körpers, die kanalisierten und strangförmigen Leitungen (S. 544), hier gemeinsame Arbeit leisten. Die einen wirken mehr physikalisch, die anderen chemisch, beide regulieren von außen die Herztätigkeit und gängeln die herzeigenen Apparate, seine Ganglienzellen, marklosen Nervenfasern und Reizleitungsmuskeln.

Schilddrüse, Epithelkörperchen, Thymus und Herz samt den großen Gefäßen empfangen im wesentlichen in gleicher Weise ihre Nervenfasern vom Halsabschnitt des Vagus und des Sympathicus. Hormonale und nervöse Einwirkungen sind dadurch für diesen ganzen Komplex von Organen miteinander verknüpft. Gewisse Erkrankungen (BASEDOWsche Krankheit) sind lange bekannt als Syndrome von Störungen dieser Organe und scheinen ihre anatomische Unterlage in der gemeinsamen Abkunft ihrer Nerven zu besitzen.

Kranzarterien
Wie die Wände der Gefäße nicht von dem Blutstrom unmittelbar versorgt werden, welcher ihre Lichtung passiert, sondern durch besondere Gefäße (Vasa vasorum), so hat auch das Herz ein eigenes Gefäßsystem für seine Wandung. Die Arterien gehen von der Aorta ascendens ab, gehören also ihrem Ursprung nach bereits zu den peripheren Gefäßen. Wir stellen sie hier voraus, weil sie allein dem Herzen sein Ernährungsblut zuführen (sie geben außerdem minimale Ästchen an die Wand der Aorta und der Lungenarterie ab). Die Gesamtblutzufuhr für die Herzwände ist auf zwei Arterien beschränkt, welche in den Sinus Valsalvae der beiden vorderen Taschenklappen der Aorta ihren Ursprung haben und von da ihren Weg zunächst in der Kranzfurche des Herzens nehmen, daher der Name: Kranzarterien, Arteriae coronariae (Abb. S. 655). Wird beim lebenden Menschen eine der Kranzarterien infolge von krankhaften Störungen plötzlich verstopft, so ist der Herzmuskel im Ausbreitungsbezirk der betreffenden Kranzarterie vom Blutstrom abgeschnitten. Ein solcher Mensch kann lautlos und ohne eine Miene zu verziehen tot zusammenbrechen (Herzschlag). Bei minderen oder weniger plötzlichen Verstopfungen tritt Herzschwäche mit lebhaften Schmerzen und dem angstvollen Gefühl des bevorstehenden Todes auf (Angina pectoris), ohne daß der Patient dem Anfall zu erliegen braucht; denn ein Ausgleich durch Anastomosen seitens der anderen Kranzarterie ist möglich.

Jede Kranzarterie versorgt zuerst mit separaten Ästchen den Vorhof ihrer Seite, sie läuft dann zwischen den beiden Ventrikeln auf die Herzspitze zu und verteilt dabei an beide Ventrikel ihre Äste. Jede Kammer ist daher ausgiebig von beiden Kranzarterien versorgt, die Vorhöfe dagegen nur von einer. Alle kleinen Zweiglein der Coronararterien anastomosieren untereinander.

Die linke Kranzarterie, Arteria coronaria sinistra, entspringt im Sinus Valsalvae der linken vorderen Taschenklappe der Aorta. Der Stamm ist sehr kurz, er läuft zwischen dem linken Herzohr und der Lungenarterie nach vorn auf die Vorderseite des Herzens (Abb. S. 655). Der Stamm teilt sich dort im Sulcus coronarius in zwei gleichgroße Äste, Ramus descendens anterior und Ramus circumflexus. Der Ramus descendens ist der eigentliche Endast. Er läuft im Sulcus longitudinalis anterior des Herzens der Incisura cardiaca zu und anastomosiert dort mit den Enden der rechten Kranzarterie. Der Ramus circumflexus ist ein starker Seitenast; er biegt vom Stamm aus nach hinten um, läuft in der Kranzfurche um die Basis des linken Ventrikels herum und gelangt so auf die Hinterfläche des Herzens, wo er ebenfalls mit den Enden der rechten Kranzarterie anastomosiert (in Abb. S. 646 zwischen linkem Vorhof und linkem Ventrikel um den Margo obtusus umbiegend). Vom Ramus circumflexus gehen Ästchen zum linken Vorhof, zum Seitenrand der linken Kammer und zur Hinterfläche der letzteren. Vom Ramus descendens anterior verlaufen Ästchen nach rechts und links zu den Vorderwänden der rechten und linken Kammer. Er ist begleitet von der Vena cordis magna und von zahlreichen Nervenästchen des Plexus cardiacus mit eingestreuten Ganglienzellen. An diesem Gefäßnervenstrang ist beim unversehrten Herzen die vordere Längsfurche (Grenze zwischen rechter und linker Kammer) durch das Epikard hindurch zu erkennen.

Die rechte Kranzarterie, Arteria coronaria dextra, entspringt aus dem Sinus Valsalvae der rechten Taschenklappe der Aorta und läuft zwischen dem rechten Herzohr und der Wurzel der Lungenarterie im Sulcus coronarius nach rechts, um den Margo acutus des Herzens herum und erreicht in der Kranzfurche den Sulcus longitudinalis posterior auf der Hinterwand des Herzens (Abb. S. 655). Hier angelangt geht der eigentliche Endast als Ramus descendens posterior in der hinteren Längsfurche abwärts zur Incisura cordis, während ein gleichstarker Seitenast in der Kranzfurche verbleibt und dem Ramus circumflexus der linken Kranzarterie zuläuft (Abb. S. 646). Sowohl in der Kranzfurche wie in der Incisura cordis anastomosiert die rechte mit der linken Kranzarterie. Die Seitenäste der rechten Kranzarterie auf ihrem Verlauf durch die Kranzfurche gehen nach oben zum rechten Vorhof, nach unten zum Rand und zur Hinterfläche des rechten Ventrikels. Auf der Hinterseite des Herzens gibt der Ramus descendens posterior Ästchen zum rechten und linken Ventrikel. Hier ist die Arterie von der Vena cordis media und von Nervenzweigen des Plexus cardiacus mit zahlreichen eingestreuten Ganglienzellen begleitet. An diesem Konvolut von Gefäßen ist am unversehrten Herzen die hintere Längsfurche zu erkennen (Grenze zwischen rechter und linker Kammer).

Die feinen Ästchen zu den Wänden der Aorta und Lungenarterie nahe deren Ursprung gehen von beiden Kranzarterien ab. Die Ästchen im Innern des Herzens splittern sich in Capillaren auf, welche alle Muskeln, das subendokardiale und das subepikardiale Gewebe erreichen. Die Muskelfasern sind einzeln von zahlreichen feinsten Gefäßcapillaren umscheidet. Nur die Klappen enthalten keine Gefäße außer an den Stellen der Segelklappen, wo Vorhofsmuskeln in sie einstrahlen und Gefäßcapillaren mit sich nehmen. Die feinen Gefäße für das Atrioventrikularbündel stammen fast ausnahmslos aus der rechten Kranzarterie. — Varietäten der Öffnungen der Kranzarterien im Bulbus aortae und in ihrem Verlauf sind sehr häufig.

Alle größeren Herzvenen heißen Kranzvenen, Venae coronariae, weil sie sich im Sinus coronarius cordis in der Kranzfurche an der Hinterwand des Herzens sammeln (Abb. S. 646). Der Sinus liegt zwischen linkem Vorhof und linkem Ventrikel und ist gewöhnlich mit einer dünnen Schicht von quergestreiften Muskelfasern des linken Vorhofs überzogen, also in dessen Wand eingebettet. Die einmündenden Venen, besonders die größte von ihnen (Vena magna cordis) sind gegen den Sinus mit Klappen versehen (einfachen oder doppelten Taschenklappen). Nach dem rechten Vorhof zu, in welchen er mündet, ist der Sinus ebenfalls gewöhnlich mit einer Klappe, Valvula sinus coronarii (Thebesii, Abb. S. 640) ausgestattet. Der kurze, walzenförmige Raum ist also nach beiden Seiten verschließbar; doch sind die Ventile sehr häufig unvollständig ausgebildet und deshalb nicht leistungsfähig. Kleinere Venen, besonders die kleinsten, Venae minimae, münden immer ohne Vermittlung des Sinus und ohne Ventilsicherung in die Herzlichtung hinein, besonders in den rechten Vorhof (Foramina venarum minimarum, S. 657; sie werden auch für den linken Vorhof und sogar für die Kammern angegeben). Die größeren Venen, welche in den Sinus münden, verlaufen in Begleitung der Kranzarterien, und zwar in Einzahl (Abb. S. 646; sonst haben die peripheren Arterien meistens zwei Begleitvenen).

Der Sinus coronarius ist ein Überbleibsel der linken Hälfte des Sinusabteils des embryonalen Herzens (Abb. b, S. 634), Wenn eine linke Vena cava superior ausnahmsweise bestehen bleibt, so mündet sie in den Sinus coronarius (auf dem Wege der Vena obliqua Marshalli, siehe unten).

In den Sinus münden gewöhnlich: 1. die Vena cordis magna; sie verläuft im Sulcus longitudinalis anterior des Herzens aufwärts, um die Basis des linken Ventrikels herum und nimmt auf ihrem Wege Ästchen aus der Vorderwand beider Ventrikel, eine größere Randvene des linken Ventrikels und kleine Venen aus dem linken Vorhof auf. 2. Die Vena cordis parva; sie liegt in der rechten Kranzfurche, besonders auf der Hinterwand des rechten Ventrikels und mündet in den Sinus coronarius am meisten entfernt von der Mündung der großen Herzvene, gerade an seinem äußersten rechten Ende (Abb. S. 646). Die Venen der Vorderwand des rechten Ventrikels münden entweder, indem sie durch die rechte Kranzfurche verlaufen, in die Vena cordis parva und so in den Sinus, oder sie münden direkt in den rechten Vorhof und verhalten sich dann geradeso wie die Venae minimae. Die Venen des rechten Vorhofs, soweit solche neben den Venae minimae existieren, münden in die Vena parva cordis. 3. Die Vena cordis media; sie mündet zwischen großer und kleiner Herzvene in den Sinus, meist dem rechten Ende genähert, verläuft im Sulcus longitudinalis posterior und nimmt auf ihrem Wege Ästchen aus der rechten und linken Kammerwand auf (Abb. S. 646). 4. Die **Vena posterior ventriculi sinistri**, manchmal durch zwei vertreten (Abb. S. 646); sie führt das Blut aus der Hinterwand des linken Ventrikels dem Sinus zu. 5. Die **Vena obliqua atrii sinistri** (Marshalli, Abb. S. 646 u. Abb. b, S. 679); sie ist eine ganz unbedeutende (Vene auf der Hinterwand des linken Vorhofs, ein Rest des linken Sinushorns S. 631) und nur wegen ihrer Abstammung wichtig. An ihrer Stelle bleibt oft lediglich ein feiner bindegewebiger Strang übrig, **Ligamentum venae cavae sinistrae**; in anderen Fällen ist gerade das Gegenteil einer Rückbildung, nämlich eine große strotzend gefüllte Vene, an dieser Stelle vorhanden, falls die obere Hohlvene auch **links** erhalten bleibt.

Varietäten im Gebiet der Herzvenen sind nicht selten. Der Sinus coronarius kann, anstatt in den rechten Vorhof zu münden, nach oben, nach der Vena anonyma sinistra zu, geöffnet sein. Diese Anomalie erklärt sich aus der Entwicklung des peripheren Venensystems (Bd. IV).

Die Lymph-gefäße der Herzwand — Das Herz ist außerordentlich reich an Lymphgefäßen, welche durch die ganze Masse seiner Wände verteilt sind. Alle münden in ein oberflächliches feines Netzwerk von Lymphgefäßen, welches im Bindegewebe des Epikards liegt. Von da aus fließt die Lymphe weiter in Stämmchen längs den Kranzgefäßen, welche in das vordere Mediastinum einbiegen und in die **Nodi lymphatici mediastinales anteriores** eintreten.

III. Herzbeutel und Lage des Herzens.

1. Entstehung des Herzbeutels.

Porta arte-riosa und Porta ve-nosa — Die beiden Leibeshöhlenhälften, rechtes und linkes Cölom, liegen anfänglich zu beiden Seiten des Herzschlauches, kurz bevor die beiden Endothelschläuche zu einem unpaaren Schlauch verschmelzen (Abb. S. 663). Das Herz verhält sich zu dieser Zeit zu dem Raum, in welchem es liegt, wie das Darmrohr zur Leibeshöhle, da es wie letzteres durch eine dorsale und ventrale Duplikatur mit der Wand seiner Höhle verbunden ist, **Mesocardium dorsale** und **Mesocardium ventrale**. Beim Darm bleiben stellenweise beide Mesenterien, das dorsale und ventrale, erhalten oder das ventrale geht zugrunde; das dorsale Mesenterium kann zwar versteckt liegen, indem es in die Bauchwand einbezogen wird, aber es bleiben immer Reste von ihm erhalten, wenn es nicht voll weiter besteht. Beim Herzen gehen jedoch beide Mesokardien völlig verloren (außer an den beiden Enden des ursprünglichen Herzschlauches, siehe unten). Infolgedessen hängt der Herzschlauch frei in der Leibeshöhle (Abb. S. 677). Der betreffende Teil der letzteren ist gegen die Brust- und Bauchhöhle abgetrennt und heißt **Peri-kardial-** oder **Herzbeutelhöhle** (Abb. S. 5, Pc). Infolge dieser Losgelöstheit von den Wänden seiner Höhle ist die Sförmige Windung des Herzens und die Ausdehnung seiner Teile besonders erleichtert. Wir nennen die beiden Enden der Herzschleife, welche allein mit dem Perikard in Verbindung bleiben, **Porta arteriosa** und **Porta venosa**. Die letztere liegt anfänglich rein kaudal von der Porta arteriosa, sie steigt aber bei der Sförmigen Drehung des Herzschlauches kranialwärts in die Höhe und kommt dorsal von der Porta arteriosa zu liegen. Infolgedessen befinden sich die Atrien und der Sinus schließlich hinter der Aorta und Lungenarterie (Abb. S. 634). Während dieser Verschiebungsprozesse hat sich das arterielle Ende des Herzens in die beiden zuletzt genannten Arterien geteilt, das venöse Ende nimmt die beiden Hohlvenen und mehrere Lungenvenen (meistens vier) in sich auf, ist also im ganzen in der Regel in 6 Gefäße aufgesplittert. Die Teile, welche je zur Porta arteriosa und zur Porta venosa gehören, bleiben durch das Perikard in einer für jede Pforte einheitlichen Krause zusammengefaßt. Die beiden Umschlagsstellen nähern sich einander, bleiben aber, so nahe sie auch einander durch das Aufsteigen der Porta venosa dorsal hinter die Porta arteriosa kommen, doch scharf getrennt. Das Herz hat mittlerweile seine Form geändert, indem sich die Ventrikel beträchtlich vergrößert haben. Dies trägt dazu bei, daß die Porta venosa und Porta arteriosa relativ nahe an der Basis des Herzens nebeneinander stehen (Abb. Nr. 328). Der Zwischen-

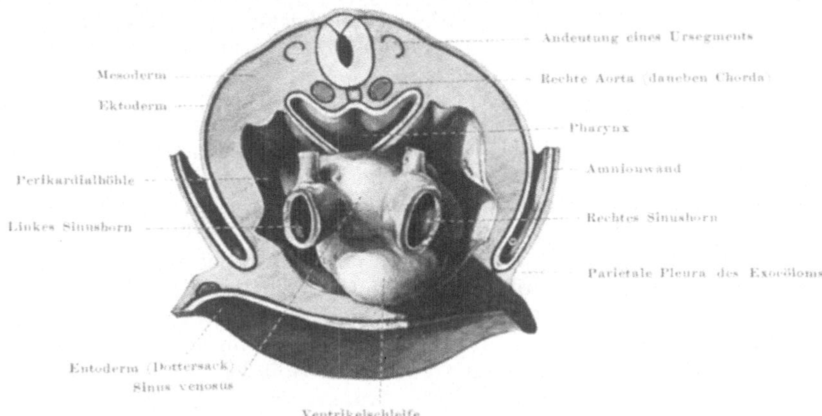

Abb. 327. **Querschnitt durch einen Embryo in der Höhe der Herzanlage**, halbschematisch. Die Porta venosa des Herzschlauches ist so dargestellt, daß sie über die Schnittfläche des Embryo hinausragt.

raum zwischen beiden innerhalb des Herzbeutels heißt Sinus transversus pericardii. Er hat gar nichts mit dem Sinus des Herzens selbst zu tun.

Das Schicksal des visceralen Blattes der Leibeshöhle, welches zum Myoepikard wird (Abb. S. 663), haben wir früher verfolgt. In diesem Kapitel beschreiben

Parietales und visceralesBlatt

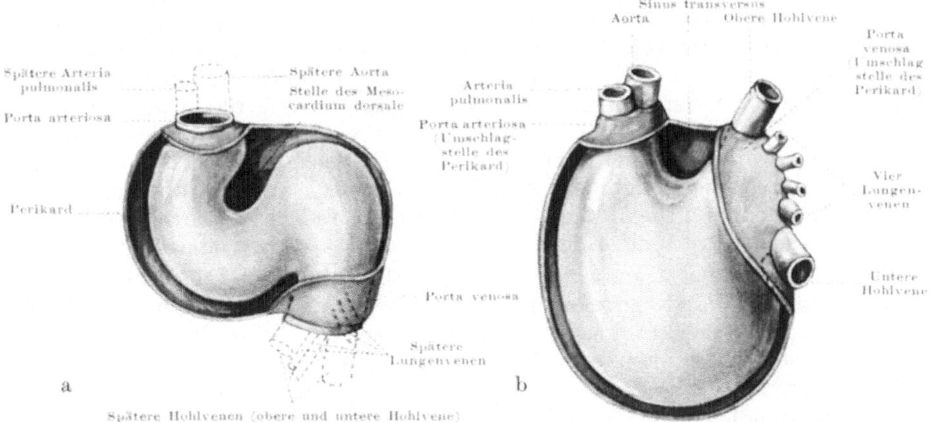

Abb. 328. **Herz mit Herzbeutel**, Seitenansicht, Schema. a Herzschleife. b fertiges Herz. Parietales Blatt rot, viscerales Blatt blau. Die dem Beschauer zugewendete Seite des Herzbeutels ist bis auf einen Teil an der Porta arteriosa und Porta venosa abgetragen, welcher wie ein Umschlagskragen die Gefäße umgibt. Die definitiven Gefäße sind in Abb. a in die ursprünglichen durch Strichelung eingetragen.

wir das parietale Blatt, welches zum Perikard oder Herzbeutel wird. An der Porta arteriosa und Porta venosa geht das viscerale Blatt zeitlebens in das parietale Blatt über, der Zusammenhang wird nie gestört. Die Umschlagstelle liegt auf den verschiedenen Gefäßen, welche an die Stelle der ursprünglich einheitlichen Gefäße der Pforten getreten sind, sie ist daher an der Porta arteriosa auf dem Ursprung der Aorta und der Lungenarterie, an der Porta venosa auf den Einmündungen der beiden Hohlvenen und der vier Lungenvenen zu suchen (Abb. S. 677). Die Konsequenzen dieser Beziehungen der beiden Pforten zu den Gefäßen des Herzens erklären die Zustände am fertigen Herzbeutel.

Die Art, wie sich die Herzbeutelhöhle von der übrigen Leibeshöhle absondert, ist nicht einfach. Ich verweise auf die Lehrbücher der Entwicklungsgeschichte, da ein direktes Interesse für die Anatomie des Fertigen nicht damit verknüpft ist.

2. Der fertige Herzbeutel und die Herzbeutelhöhle.

Die Sinus pericardii

Aus der Entstehung des Herzbeutels ist eine praktisch sehr wichtige Stelle der Herzbeutelhöhle zu verstehen, welche wir hier zuerst beschreiben, um den Zusammenhang mit dem Vorausgehenden zu wahren. Schneidet man den Herzbeutel auf, so kann man den Finger an der Basis des Herzens so zwischen den Gefäßen hindurchstecken, daß die Fingerkuppe auf der anderen Seite wieder herauskommt. Er folgt dabei einem engen Kanal, welcher zwischen den Arterien einerseits (Porta arteriosa) und den Venen andererseits (Porta venosa) hindurchführt: Sinus transversus pericardii (Abb. S. 679, Doppelpfeil). Für die schnelle Orientierung in dem Gewirr von Gefäßen, welche an der Basis des Herzens frei werden, gibt der Sinus transversus dem Kundigen eine große Hilfe: steckt der Finger in ihm, so liegen hüben von ihm die Arterien und drüben die Venen. Dies beruht auf der alten Sonderung der beiden Gefäßarten, die ursprünglich an den entgegengesetzten Enden des Herzschlauches lagen und trotz der Näherung der Porta arteriosa und Porta venosa aneinander und trotz der schließlichen Verwachsung beider Pforten miteinander doch gesondert bleiben.

Da sich die untere Hohlvene sehr weit von den übrigen Venen entfernt, so reicht die Umschlagsfalte an der Porta venosa sehr weit abwärts. Von allen Venen wird die Figur eines liegenden ⊢ eingenommen (Abb. a, S. 679, blau). Das ⊤ im ganzen wird von der gemeinsamen Umschlagskrause der Porta venosa umhüllt. Die beiden Hohlvenen nehmen die äußersten Enden des einen Schenkels ein, die vier Lungenvenen sind in beiden Schenkeln gelagert. Die Tasche des Perikards, welche zwischen den rechten Lungenvenen und den linken Lungenvenen an der Hinterseite des Herzens gegen den Sinus transversus in die Höhe steigt, endet blind. Sie wird auch Sinus obliquus pericardii genannt. Die übrigen blinden Taschen, welche zwischen den Gefäßen in die Umschlagsfalte hineinführen, sind kleiner, inkonstant und namenlos.

Sowohl der Sinus transversus wie der Sinus obliquus sind spaltförmige „Räume“, deren Wände gewöhnlich aneinander liegen. Nur wenn dilatierende Kräfte, beispielsweise krankhafte Ansammlungen von Flüssigkeiten, die Herzbeutelhöhle ausweiten, können auch hier die Spalten zu wirklichen Räumen entfaltet werden.

Selbstverständlich sind die Sinus des Herzbeutels nur von der Herzbeutelhöhle aus zugänglich. Sucht man sie an der Leiche auf, so muß vorerst der Herzbeutel geöffnet sein, ehe man sie erreichen kann. Um den Sinus obliquus zu finden, muß man das Herz in die Höhe klappen.

Kommt eine Vena cava sinistra vor, so folgt diese ventral von den linken Lungenvenen der Vena Marshalli am linken Vorhof (Abb. b, S. 679) und begrenzt den Sinus obliquus auf seiner linken Seite bis herab zur Kranzfurche.

Herzbeutel und Herz

Der Herzbeutel umgibt das Herz als ein Sack, welcher durch den elastischen Zug des in vivo dilatierten Lungengewebes — auch ohne daß beide miteinander verbunden sind — ausgespannt gehalten wird. Bei der Leiche kollabiert das Herz und der Herzbeutel schmiegt sich ihm in zahlreichen Falten wie ein nasses Hemd dem Körper an. Das lebende Herz dagegen füllt den Herzbeutel

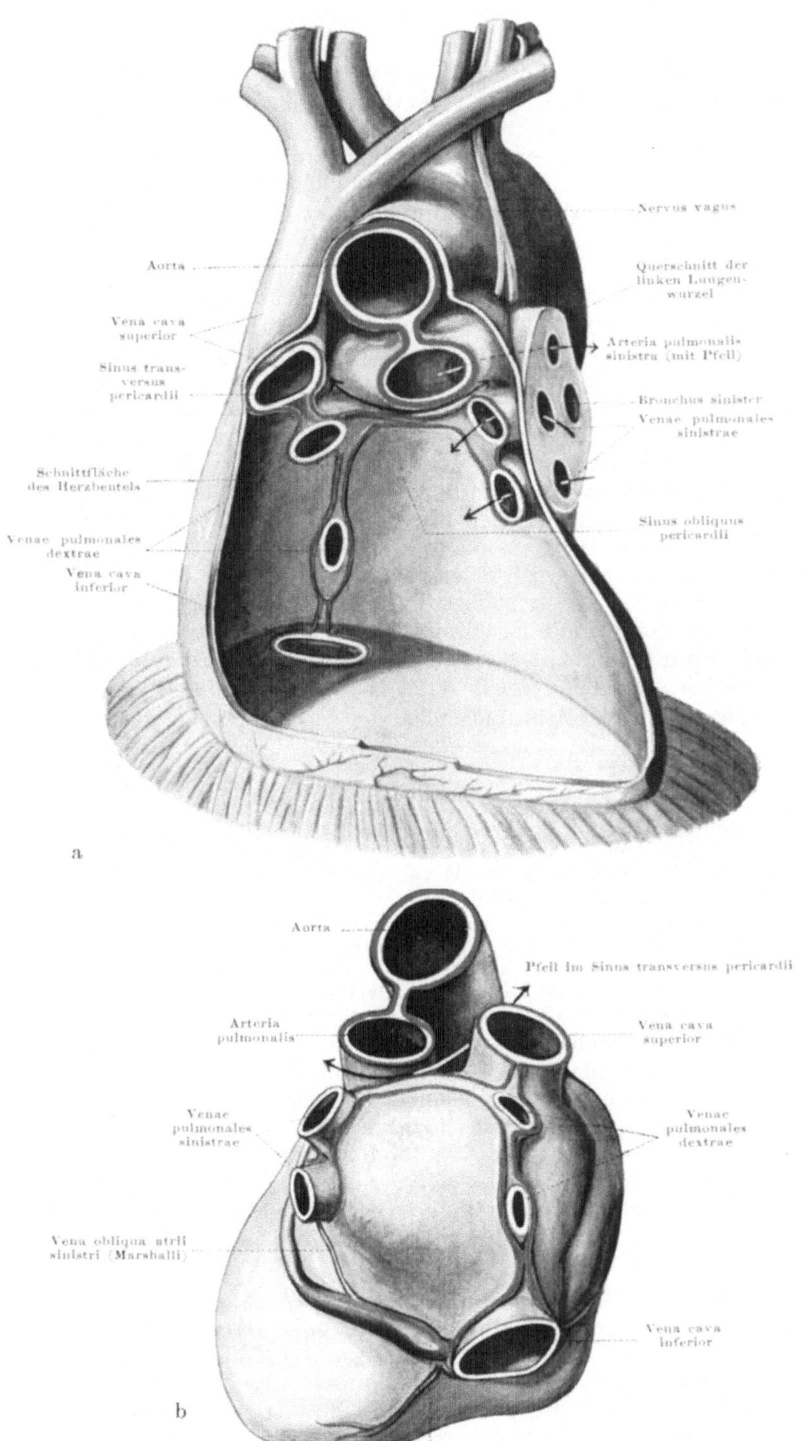

Abb. 329. Herzbeutel und Herz. a Hinterwand des Herzbeutels, nach Entfernung des Herzens. b Hinterwand des Herzens nach Entfernung des Herzbeutels. Der Schnitt ist in beiden Abbildungen an der Umschlagstelle des Perikards in das Epikard angebracht. Rot: Umschlagstelle an der Porta arteriosa. Blau: Umschlagstelle an der Porta venosa. Der Doppelpfeil folgt dem Sinus transversus pericardii.

aus bis auf Spalten, welche noch erwähnt werden sollen, in welchen sich Spuren von Herzbeutelflüssigkeit, Liquor pericardii, befinden. Man stellt sich die Tätigkeit des Herzens bei der Systole und Diastole so vor, daß eine bestimmte, von dem jeweiligen elastischen Zug der Lungen abhängige Masse von Blut in den Höhlen des Herzens Platz findet. In dieser Blutsäule schiebt sich die Ventilebene des Herzens (Abb. S. 687) wie ein durchlochter Pumpenstempel hin und her. Nähert sich die Ventilebene der vorderen Brustwand, so sind die Segelklappen geschlossen und die Taschenklappen offen (Systole), entfernt sich die Ventilebene von der vorderen Brustwand, so sind umgekehrt die Segelklappen offen und die Taschenklappen geschlossen (Diastole). Im letzteren Fall schiebt sich die Ventilebene über das Blut in den Herzhöhlen gleichsam hinüber, so daß der Inhalt, ohne sein Volumen zu ändern, von den Vorhöfen in die Kammern tritt. Im ersteren Fall schieben sich die arteriellen Ostien über die Blutsäule hinüber, so daß letztere von den Kammern in die Aorta und Lungenarterie tritt. Genau so viel Blut, wie aus dem Herzen hinaus in die Arterien gepumpt wird, genau so viel Blut wird von den Ventrikeln aus den Vorhöfen geschöpft, indem die Ventilebene mit offenen Segelklappen den Weg zurückgeht, den sie bei der Systole auf die Brustwand hin durchlaufen hat. Das Blut, welches aus den Vorhöfen entnommen wird, ersetzt sich sofort, indem das gleiche Quantum von den Venen in die Atrien nachströmt. Die Segelklappen arbeiten also wie die Ventile einer Saug- und Druckpumpe in einem Raume, dessen Form und Kaliber ständig gleich bleibt. Man muß sich den Herzbeutel im Leben als konstante Höhle vorstellen, welche vom Herzen gleichmäßig ausgefüllt ist.

Die Herzbeutelform ist beim Lebenden von der Pleurahöhle aus gesehen immer die gleiche. Legt man bei Operationen den Finger an die Herzbeutelwand, so fühlt man, wie sich das Herz bei seiner Kontraktion versteift und inniger dem Herzbeutel anpreßt. Am deutlichsten ist dies beim Spitzenstoß des Herzens, der durch die Versteifung des Herzens in der Längsachse zustande kommt. Aber die Herzspitze bleibt auch beim erschlafften Herzen dem Herzbeutel angelagert. Nicht sie bewegt sich auf den Herzbeutel zu oder von ihm weg, sondern die Ventilebene des Herzens pendelt innerhalb der Herzbeutelhöhle periodisch hin und her. Sie ist der bewegteste Teil des Herzens.

Die Änderungen, welche die Form und das Kaliber der Herzbeutelhöhle im Leben erleiden, beruhen auf Ab- und Zunahme der Lungenspannung bei der In- und Exspiration. Man darf deshalb nicht jede Veränderung des Herzschattens im Röntgenbild auf eine selbständige Veränderung des Herzumfanges beziehen. Die Einwirkung der Lunge ist stets in Betracht zu ziehen.

Schichtung und Struktur Der Herzbeutel besteht aus zwei Schichten, einer äußeren Schicht, Tunica fibrosa, und einer inneren Schicht, Tunica serosa. Die fibröse Schicht besteht aus zwei Lagen von kollagenen Bindegewebsfasern. Die Fasern der äußeren Lage verlaufen vom Umschlagsrand an Porta arteriosa und venosa zur Anheftung des Perikards am Zwerchfell, die der inneren Lage sind großenteils senkrecht zu denen der äußeren gerichtet. Über den Vorhöfen ist die Tunica fibrosa besonders fest gefügt. Die Faserschicht hat den Druck des Herzens aufzufangen und auszuhalten, wenn es sich dem Herzbeutel bei seiner Versteifung anpreßt.

Die Tunica serosa besteht aus den gleichen Endothelzellen wie beim Epikard des Herzens selbst. Beide sind aus dem Epithel der Leibeshöhle hervorgegangen und verhalten sich wie das parietale und viscerale Blatt der Pleura oder des Peritonaeum zueinander. Man spricht infolgedessen auch von einem Pericardium parietale und Pericardium viscerale; das letztere ist synonym mit dem Epikard. Die Aufgabe, welche die Epithelien zu erfüllen haben, ist beim Herzbeutel und Herzen die gleiche: die Innenwand des Herzbeutels und die Außenwand des Herzens sind glatt und spiegelnd, so daß sie sich leicht gegeneinander verschieben können, wenn die Teile des Herzens bei den

Pulsationen ihre Form und Lage zueinander ändern und dabei längs der Herzbeutelwand entlang gleiten. Der Kontakt zwischen Herz und Herzbeutel wird dabei überall gewahrt.

Das Endothel der Tunica serosa ist unterfüttert von einer dünnen Bindegewebsschicht, welche ohne Grenzen in die Tunica fibrosa übergeht. Sie ist reich an feinen Blutgefäßen, Lymphgefäßen und Nerven, welche den Herzbeutel vom Mediastinum und Zwerchfell aus versorgen. Das Bindegewebe ist hier zum Unterschied von der Tunica fibrosa reich an elastischen Fasern.

Die Endothelien, welche das Innere der Herzbeutelhöhle und das Herz überziehen, lassen eine kleine Menge einer serösen Flüssigkeit durch, welche dauernd die aneinandergleitenden Flächen befeuchtet, Liquor pericardii. Normalerweise sind nur Spuren vorhanden. Doch kann in Krankheitsfällen die Menge vermehrt sein (perikarditisches Exsudat). Da der Herzbeutel nicht ausweichen kann, wird das Herz in seinem Volumen beengt und eine operative Entfernung des raumbeengenden Liquorüberschusses notwendig. Die Erfolge der Herzbeutelpunktion in solchen Fällen sind beweisende Experimente für die Unnachgiebigkeit der Tunica fibrosa.

Die auf dem Zwerchfell befestigte Fläche des Herzbeutels und die der vorderen Brustwand angeheftete Fläche hängen in einem spitzwinkligen Spalt zusammen, da das Zwerchfell vorn steil in die Höhe steigt und der Brustwand anliegt (in Abb. S. 209 ist dieser Spalt durch das Diaphragma verdeckt; das als Trigonum pericardiacum bezeichnete Feld erstreckt sich noch hinter dem Schnitt durch das Zwerchfell nach abwärts in den Spalt hinein, vgl. auch Abb. a, S. 679). Bei Exspiration der Lungen liegen hier die beiden Perikardblätter aneinander wie die parietalen Pleurablätter in den Komplementärräumen der Pleurahöhle aneinanderliegen. Bei der Inspiration drängt sich das Herz in die Spalte hinein, so daß sich der Komplementärraum verkleinert; er wird bei Herzbeutelwassersucht von der Herzspitze aus gefüllt, weil er bei aufrechter Körperhaltung am tiefsten steht. Trifft ein kleinkalibriges Geschoß diese Stelle während der Exspiration, so kann es durch den Herzbeutel hindurchgehen, ohne das Herz zu treffen.

Die Tunica fibrosa geht kontinuierlich in die Tunica externa (adventitia) der Gefäße des Herzens über. Sie setzt sich in dieser Weise auf die Aorta und die Lungenarterie an der Stelle, wo das Ligamentum arteriosum Botalli beide verbindet, fort, außerdem auf die beiden Hohlvenen und die vier Lungenvenen (Abb. S. 679). Da die Aorta und die Lungenarterie bei der Diastole prall mit Blut gefüllt sind, welches durch die Taschenklappen verhindert ist, in die Ventrikel zurückzuströmen, so hat der Herzbeutel in dieser Periode an den Arterien wie an einer festen Stange einen besonderen Halt. Die Ventilebene kann sich innerhalb des Herzens verschieben, ohne daß das Herz und der Herzbeutel im ganzen dadurch ihre Lage und ihr Kaliber ändern.

Die Tunica serosa (Epikard) überkleidet nicht nur das Herz, sondern auch die Anfänge der Arterien und die Mündungen der Venen (Abb. S. 679). Am deutlichsten ist dies bei der Aorta und der Lungenarterie zu sehen. An der Aorta reicht die Serosa bis nahe an die Abgangsstelle der Arteria anonyma heran (in der Regel 1 cm von ihr entfernt), sie folgt dem Ligamentum arteriosum bis zur Lungenarterie und umschließt letztere an ihrer Gabelung in ihren rechten und linken Ast (die je zur rechten und linken Lunge ziehen). Die ganze Aorta ascendens und der ganze Stamm der Lungenarterie liegen daher intraperikardial in einer gemeinsamen Scheide der Serosa. Zerreißt die Wand der Aorta ascendens, z. B. beim Aneurysma, so ergießt sich das Blut in den Herzbeutel hinein und komprimiert das Herz. Bei den Venen ist meistens nur ein Teil der Einmündungsstellen von der Serosa überzogen, ein Teil liegt extraperikardial. Die Vena cava inferior erreicht den Herzbeutel an seiner hinteren unteren Ecke (Abb. S. 210). Sie liegt eine Strecke weit zwischen Zwerchfell und Herzbeutel frei im Mediastinum. Innerhalb des Herzbeutels ist sie vorn und zu beiden Seiten von Serosa überzogen, hinten ist sie frei von Serosa (Abb. b, S. 679). Die Vena cava superior ist ebenfalls vorn und zu beiden Seiten von Serosa überzogen, hinten nicht. Ihre intraperikardiale Strecke ist etwas länger als bei der unteren Hohlvene. Am wechselndsten und recht kompliziert ist die Art, wie die Lungenvenen von der Serosa überkleidet werden (im allgemeinen auf der Vorder-, Ober- und Unterfläche, nicht auf der Hinterfläche); der Herzbeutel erstreckt sich an ihnen entlang bis an die Stelle, wo die Lungenvenen aus dem Lungenhilus austreten.

Da der Herzbeutel sich eine Strecke weit auf die Gefäße fortsetzt, so reicht er höher im Brustkorb aufwärts als das Herz selbst; denn die Gefäße werden ja erst an der Basis des Herzens frei. Der Herzbeutel hat die Form eines schiefen Kegels, dessen Spitze nach oben gerichtet und dessen nach rechts gewendete Seite steiler in die Höhe gerichtet ist als die nach links gewendete Seite. Die Spitze überragt die Herzbasis um so viel, wie sich der Herzbeutel auf die großen Herzarterien und die obere Hohlvene in die Höhe erstreckt. Man kann den höchsten Punkt am Brustkorb des Lebenden etwa so bestimmen, daß man die Mitte der Verbindung zwischen Manubrium und Corpus sterni aufsucht (Synchondrosis sterni superior, Angulus Ludovici). Hier oder etwas höher hinter dem Manubrium sterni endet erst der Herzbeutel. Bis hierher steigt daher die Dämpfung bei maximaler Herzbeutelwassersucht in die Höhe, da die Ausdehnung des Herzbeutels dafür die natürlichen Grenzen abgibt. Das normale Herz selbst reicht nie so weit in die Höhe. Eine perforierende Verletzung kann also hier den Herzbeutel (und in ihm die Gefäße), aber nicht das Herz treffen.

Die Basis des Herzbeutelconus, Pars diaphragmatica, liegt auf dem Zwerchfell und ist mit dem Centrum tendineum und einem schmalen Saum des angrenzenden Muskelfleisches verwachsen (Abb. a, S. 679). Diese Stelle ist dem unter dem Zwerchfell liegenden Magen nach links zu nahe benachbart (Abb. b, S. 206). Beginnende Magenerkrankungen äußern sich deshalb oft zuerst durch nervöse Herzbeschwerden, ohne daß das Herz selbst krank ist; die Magengase im Fundus drücken in solchen Fällen auf den Herzbeutel und das Herz.

Bei fast allen Säugetieren ist die Basis des Herzbeutels von dem Zwerchfell durch einen Zwischenraum getrennt, so daß in der Regel ein Lappen der rechten Lunge zwischen beiden Platz findet, Lobus infracardiacus (S. 186).

Man rechnet den Herzbeutel mit seinem Inhalt zum vorderen Mediastinum. Seine Hinterwand bildet die Grenze gegen das hintere Mediastinum. Von der wahren Stellung im Körper gibt das Röntgenbild des Herzens, dessen Hinterfläche mit der Hinterwand des Herzbeutels zusammenfällt, eine korrekte Vorstellung (Abb. b, S. 189); man sieht, daß das hintere Mediastinum eine ziemlich breite Platte ist und daß zwischen hinterer Herzbeutelwand und Wirbelsäule ziemlich viel Platz für dasselbe und für die ihm einverleibten Organe bleibt. Bei der liegenden Leiche wird dagegen das hintere Mediastinum nach Eröffnung des Brustkorbs durch das Gewicht des Herzens zusammengedrückt. Es sieht infolgedessen viel schmaler aus, das Herz mit dem Herzbeutel reicht viel weiter dorsalwärts als im Leben (Abb. S. 210).

Der Herzbeutel ist speziell mit der Speiseröhre und der Aorta descendens im hinteren Mediastinum locker verlötet. Die dünne Herzbeutelwand trennt den linken Vorhof, der ihr an dieser Stelle anliegt, von den genannten beiden Organen. Wie nahe aber der linke Vorhof der Speiseröhre liegt, kann man daran ermessen, daß von ihr aus die Pulsation des linken Vorhofs durch einen eingeführten Tambour (Registrierapparat) aufgezeichnet werden kann.

Die Seitenflächen des Herzbeutels, Partes mediastinales, sind beiderseits mit den Pleurasäcken verhaftet, speziell mit der Pars mediastinalis der Pleura parietalis (daher Pleura „pericardiaca" genannt). Man kann Perikard und Pleura leicht voneinander lösen, indem man das lockere Bindegewebe zwischen ihnen zerreißt.

Der Nervus phrenicus, welcher von dem Halsnervengeflecht zum Zwerchfell zieht und letzteres versorgt, liegt zwischen den beiden Blättern eingeschlossen und ist von der Pleurahöhle aus in der Regel zu sehen, da er durch die dünne Pleurabedeckung durchschimmert (wenn nicht er selbst, dann die ihn begleitenden feinen Gefäße). Der rechte Nervus phrenicus liegt oben auf der Vena cava superior, unten auf der Vena cava inferior, dazwischen ventralwärts vom Hilus der rechten Lunge (Abb. S. 210).

Der linke Nervus phrenicus liegt hinter dem am meisten vorspringenden linken
Rand des Herzens, so daß man ihn erst gewahr wird, wenn man das Herz mit
dem Herzbeutel um die Längsachse des Herzens nach rechts zu herumdreht.

Die Vorderfläche, Pars sternocostalis, des Herzbeutels ist zum größten
Teil von den Lungen und den Pleurae parietales überdeckt (Abb. a, S. 181). Nur
eine dreieckige Stelle, Trigonum pericardiacum, ist mit der vorderen Brustwand in unmittelbarem Kontakt (Abb. S. 209 u. S. 211). Die Ausdehnung kann
schwanken je nach der Lage des Herzens im Brustkorb und der davon abhängigen
verschiedenen Überlagerung des Herzbeutels durch die Pleurasäcke (Situs
superficialis und Situs profundus cordis, S. 209). Zwei derbere Verbindungen verlöten die vordere Herzbeutelfläche mit dem Brustbein, Ligamentum sternopericardicum superius et inferius. Nach oben zu würde
der Herzbeutel auch dem Brustbein anliegen, wenn sich nicht die Thymus
bzw. das beim Erwachsenen an ihre Stelle getretene Fettorgan zwischen Herzbeutel und vordere Brustwand schöbe (Abb. S. 210, zwischen Aorta und Schnitt-
kante der Pleura mediastinalis, nicht bezeichnet). Auch innerhalb des Trigonum
pericardiacum kann Fett dem Herzbeutel aufgelagert sein, welches sich seitlich
in die Pleurasäcke vorstülpt (Plica adiposa, Abb. S. 210).

Der Herzbeutel ist in der Regel mit der linken Hälfte der unteren Partie des
Brustbeins und mit den Knorpeln der linken 4.—6. Rippe in Verbindung. Zwischen
Rippenknorpel und Herzbeutel schiebt sich die dünnfleischige oder sehnige Lamelle
des Musculus transversus thoracis ein. Geht man im 4. oder 5. linken Zwischenrippenraum nahe dem Brustbein durch die Zwischenrippenmuskeln hindurch ein, so muß
man die Arteria mammaria nebst ihren Begleitvenen (Abb. S. 209) beachten und die
Pleura schonen, um den Herzbeutel freilegen zu können. Wird der Herzbeutel
punktiert, um bei Herzbeutelwassersucht den Überschuß zu entfernen und das
Herz zu entlasten, so dringt man heutzutage gegen den tiefsten Punkt des Herzbeutels vor, welcher der Lage der Herzspitze entspricht (Abb. S. 679); dazu ist es
meistens notwendig von links her die Lunge zu durchbohren (S. 209).

Die Grenzen des Herzbeutels projizieren sich auf die vordere Herzwand außen
an der Spitze des Kegels, die höher hinaufreicht als die Basis des Herzens, im
übrigen an die gleichen Stellen wie die Ränder des Herzens. Wir behandeln sie
deshalb nicht besonders, sondern verweisen auf das folgende Kapitel. Über den
Komplementärraum zwischen unterem Herzrand und Herzbeutelbasis siehe S. 681.

3. Lage des Herzens (und Herzbeutels) im Brustkorb.

Das Herz hat im allgemeinen die Form eines abgestumpften Kegels, der schief
im Brustraum steht: die Basis ist nach rechts oben, die Spitze nach links unten
gerichtet (Abb. S. 684). Seine genauere Lage werden wir noch erörtern. Der
Herzbeutel ist ebenfalls kegelförmig, aber seine Spitze schaut nach oben, seine
Basis nach unten. Die beiden Kegel passen trotz ihrer verschiedenen Stellung
so ineinander, daß die Wände sich praktisch allseitig berühren. Sie sind eben nicht
im geometrischen Sinn genau kegelförmig. Die Stellen, an welchen der Herzbeutel das Herz überragt, sind im vorhergehenden Abschnitt beschrieben. Im
großen und ganzen fallen Herzbeutelkontur und Herzkontur in jeder beliebigen
Ansicht zusammen. Wir beschäftigen uns deshalb nur mit dem Herzkontur.

In krankhaften Fällen weicht der Herzbeutelkontur sehr stark vom Herzkontur
ab (Herzbeutelwassersucht). Darin äußert sich gerade die krankhafte Veränderung.

Durch die Untersuchung des lebenden Herzens auf dem Röntgenschirm
und der Röntgenplatte haben wir eine zuverlässigere Kenntnis von der Lage
des Herzens, vor allem von den individuellen Verschiedenheiten seiner Größe
und deren Beziehungen zur Form des Brustkorbs erhalten, als das an der
Leiche und mit den älteren Mitteln des Beklopfens und Behorchens am Lebenden
möglich ist. Viele Details der Herzlage kann man durch eingestochene Nadeln
bei der Leiche, an Querschnitten durch gefrorene oder sonst gehärtete Leichen

(Abb. S. 206) oder durch die plastische Präparation des in seiner Lage und Form fixierten Herzens an gehärteten Leichen (Abb. S. 687) kontrollieren. Das Röntgenbild ist auf diesen Wegen ergänzt und bereichert worden. Insbesondere sind die Grenzen des Herzschattens gegen die Leber und gegen die großen Gefäße, welche im oberen vorderen Mediastinum an das Herz anschließen, auch die Lage der Ostien und Klappen im Inneren des Herzens im Röntgenbild nicht unmittelbar zu sehen, aber durch die Vergleichung des mit allen anderen Methoden Gefundenen mit dem Röntgenbild sehr wohl feststellbar. Die Kenntnis der Lage und Form des Herzens in situ hat daher in der neueren Zeit große Fortschritte gemacht und ist besonders im Weltkrieg durch die Aufnahme zahlreicher Röntgenbilder von normalen Menschen gefestigt und erweitert worden.

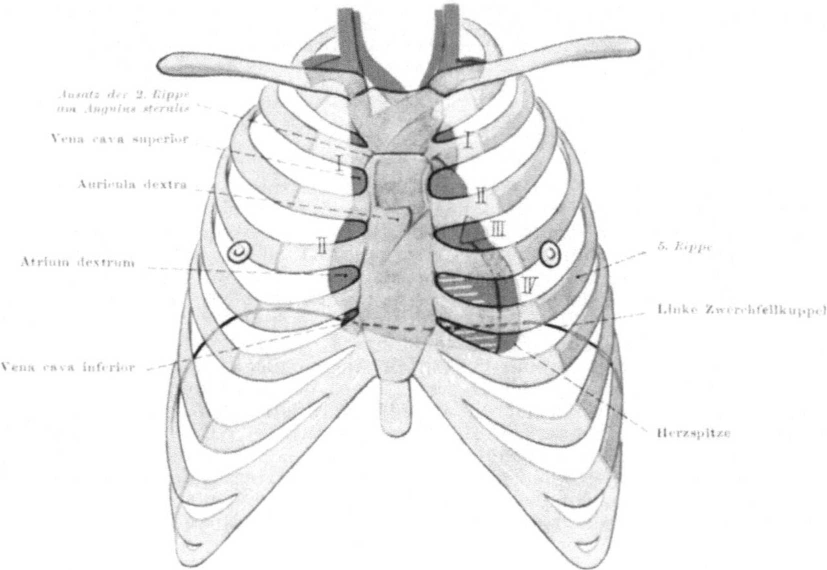

Abb. 330. **Lage des Herzens zur vorderen Wand des Brustkorbs beim Lebenden im Liegen.** Kombination nach Röntgenbildern. Linkes Herz und Arterien **rot**, rechtes Herz und Venen **blau**. Absolute Herzdämpfung **weiß** schraffiert, soweit sie nicht mit dem Brustbein zusammenfällt. Die bogenförmigen Vorbuchtungen des Herzkonturs sind rechts bei I: rechter Gefäßbogen, rechts bei II: rechter Vorhofbogen; links bei I: Bogen des Arcus aortae und der Aorta descendens, links bei II: Pulmonalbogen, links bei III: linker Vorhofbogen, links bei IV: linker Ventrikelbogen. (Einteilung nach GRÖDEL, Röntgendiagnostik 1921, Abb. 178, 177, Skelet nach Präparaten ergänzt.)

Die Technik der Röntgenuntersuchung des Herzens ist nicht leicht, obgleich das Herz wegen seiner Dichtigkeit für Röntgenaufnahmen außer den Skeletteilen eines der günstigsten Objekte ist; es wurde von Anfang an auf Röntgenbildern eifrig studiert. Die Schwierigkeit beruht gerade bei ihm darin, daß bei Beleuchtung aus großer Nähe die Projektion des Herzschattens auf den Leuchtschirm oder die Platte wesentlich vergrößert wird. Wirklich proportional genaue Bilder zu erhalten, erfordert besondere Einrichtungen und große Erfahrung (Orthodiagraph, Fernphotographie). Ich halte mich hier an die Ergebnisse und verweise wegen der Technik auf die Röntgenliteratur. Meine eigenen Erfahrungen am Röntgenschirm verdanke ich wesentlich dem Heidelberger Beobachtungslazarett im Kriege (Professor A. FRÄNKEL).

Im folgenden erwähne ich die einzelnen Methoden nur hin und wieder. Wichtig für uns ist das Ergebnis, gleichgültig mit welcher Methode es gewonnen wurde.

Herzachse und Körperachse — Die Längsachse des Herzens bildet mit der Längsachse des menschlichen Körpers im Stehen einen Winkel von durchschnittlich 40°. Dies ist sowohl in der Frontalebene wie in der Sagittalebene so (Abb. a u. b, S. 189), d. h. die Herzachse steht sowohl schräg von rechts oben nach links unten, wie auch schräg von hinten oben nach vorn unten. Außerdem liegen das rechte und linke Herz nicht in der Frontalebene, sondern in einer Ebene, welche gleichfalls um ca. 40°

gegen die Frontalebene gedreht ist. Lägen die beiden Herzhälften mit ihren vorderen Wänden der vorderen Brustwand parallel, so müßte von vorn her vom rechten Herzen gleich viel wie vom linken Herzen zu sehen sein; so aber ist vom linken Herzen nur ein Segment am linken Rand des Herzschattens sichtbar, während der ganze übrige Herzschatten vom rechten Herzen eingenommen wird (Abb. S. 684).

Infolge der Stellung der Herzachse und des Herzens liegen zwei Drittel des Herzens links von der Medianebene des Körpers, nur ein Drittel rechts von ihr. Die beiden Lungen sind infolgedessen sehr verschieden stark vom Herzen eingeengt; die Folgen für die Lungen und die Pleurasäcke sind früher behandelt (S. 183, 208).

Das Herz nimmt die beschriebenen Schrägstellungen von vornherein infolge der Art seiner Entwicklung ein. Es steht anfänglich nicht gerade und wird dann erst schräg gestellt. Um sich jedoch die Schrägstellungen klar zu machen, ist aus rein didaktischen Gründen zu empfehlen, von einer rein ideellen Stellung des Herzens auszugehen, bei welcher die Längsachse senkrecht steht (Abb. S. 650). Veranschaulicht man sich die Vorderfläche des Herzens in dieser Stellung durch ein rechteckiges Blatt Papier (oder ein Buch), auf welchem eine senkrechte Halbierungslinie in der Längsrichtung die Herzachse darstellt, und hält man das Modell vor die eigene Brust in der Frontalebene mit senkrecht stehender Achse, so muß man drei Drehungen vornehmen, um ihm die wirkliche Lage des Herzens im Brustkorb zu verleihen: 1. man dreht um 40° um eine Transversalachse des Modells; dadurch kommt der obere Rand des Rechteckes nach hinten, der untere Rand nach vorn zu liegen (wie in Abb. b, S. 189); 2. man dreht um 40° um eine Achse, welche senkrecht zur Modellebene steht und welche die Mitte seiner Achse trifft; dadurch kommt der obere Rand des Rechteckes nach rechts und der untere Rand nach links zu liegen (wie in Abb. a, S. 189); 3. man dreht das Modell um 40° um seine Achse selbst (von oben gesehen entgegen dem Uhrzeiger); dadurch kommt das rechte Herz mehr nach vorn, das linke Herz mehr nach hinten zu liegen (wie Blau und Rot in Abb. S. 684).

In der Ansicht von vorn wird der Brustkorb im Röntgenbild durch den „Mittelschatten" in zwei Hälften zerlegt, seitlich liegen die hellen Lungenfelder (Abb. a, S. 189); der „Mittelschatten" ist vom Herzen von der Wirbelsäule und von den aus dem Herzen austretenden Gefäßen zusammengesetzt.

In der Ansicht von der Seite ist zwischen Brustbein und Herzschatten ein helles, mit der Spitze nach abwärts gerichtetes Feld sichtbar: Retrosternalfeld; ferner ein zweites dreieckiges helles Feld zwischen Zwerchfell und hinterem Herzkontur, das Retrocardialfeld (Abb. b, S. 189). Unterhalb des Retrosternalfeldes liegt das Herz mit dem Herzbeutel der vorderen Brustwand unmittelbar an. Die absolute Herzdämpfung (Abb. S. 684, weiß schraffiertes Feld) entspricht dieser Stelle des Herzens; denn da, wo das Herz nicht von Lunge überdeckt ist, ist der Schall beim Beklopfen (Perkussion) dumpf wie beim Klopfen auf irgendeinen anderen Muskel.

Die absolute Herzdämpfung ist nicht identisch mit dem Trigonum pericardiacum (Abb. S. 209); denn die Pleuragrenzen bestimmen zwar dieses Dreieck, sind aber nicht identisch mit den Lungengrenzen, vielmehr ist gerade links unten zwischen Herzbeutel und vorderer Brustwand der costomediastinale Komplementärraum der Pleura eingeschoben, jedoch keine Lunge (individuell in verschiedenem Grade, je nachdem ein Situs cordis superficialis oder Situs cordis profundus besteht, S. 209).

Die der vorderen Brustwand zugewendete Fläche des Herzens ist in situ praktisch am wichtigsten, weil sie wegen der Nähe des Herzens dem Arzt beim Behorchen, Beklopfen und auch bei operativen Eingriffen am zugänglichsten ist. *Felderung der nach vorn gewendeten Herzfläche*

Die rechte Kammer nimmt die größte Fläche ein, ihr Kontur hängt im Röntgenbild mit dem Schatten der Leber zusammen und ist nur bei Wegdrängung der Leber durch Lufteinblasen in die Bauchhöhle sichtbar zu machen. Dagegen ist die Fortsetzung, die Lungenarterie, am linken Rand des Herzschattens als eine Ausbauchung des Schattenrandes erkennbar (Abb. S. 684, links bei II, Pulmonalbogen).

Der rechte Ventrikel entspricht der Hinterfläche des Brustbeines und dem linken 4.—6. Rippenknorpel. Er reicht so weit über die Mittellinie des Körpers nach links, daß ein Stich in die Brust links vom Brustbein die rechte Kammer eröffnen kann.

Da die Kammerscheidewand gewölbt ist, so kann eine Stichverletzung zuerst durch die rechte Kammer und dann durch die linke Kammer gehen (Abb. S. 648, gerader Pfeil). Im Weltkrieg habe ich einen Patienten gesehen, welchem ein kleinkalibriges Geschoß das Herz genau in der Richtung der Kammerscheidewand durchbohrt hatte, ohne eine nennenswerte Schädigung zu hinterlassen.

Der rechte Vorhof bildet die ganze untere Hälfte des rechten Schattenkonturs (II in Abb. S. 684, rechter Vorhofbogen). Das rechte Herzohr liegt umfänglich vor, ist aber ganz hinter dem Brustbein verborgen. Rechts neben dem Brustbein ist vom Herzen selbst nur der rechte Vorhof erreichbar; eine Stichverletzung kann daher, wenn das Brustbein nicht zerstört wird, den rechten Ventrikel nicht rechts, sondern nur links vom Sternum treffen. Die Vorhofscheidewand steht in einer Frontalebene und wird von der Medianebene des Körpers halbiert (sie trifft die Fossa ovalis). Rechter Vorhof und rechter Ventrikel zusammen sind von vorn fast ganz übersehbar und werden infolgedessen bei Verletzungen des Herzens weitaus am häufigsten, jedenfalls fast immer zuerst betroffen.

Die linke Kammer ist nur als schmales Segment von vorn sichtbar, das der linke Kontur des Herzschattens zunächst dem Zwerchfell bildet (IV in Abb. S. 684, linker Ventrikelbogen). Die Fortsetzung der linken Kammer in den Conus und in die Aorta wird von dem Feld der Lungenarterie überlagert (wegen der spiraligen Drehung beider umeinander), die Aorta ascendens kann aber im oberen Teil der Herzfigur an der oberen Hälfte des rechten Herzkonturs beteiligt sein; meist ist die obere Hohlvene ein wenig als ein schmaler Saum an dieser Stelle von vorn sichtbar (I in Abb. S. 684, rechter Gefäßbogen), besonders beim Untersuchen im Liegen und immer beim Kind. Der oberste Teil des rechten Gefäßbogens wird stets von der Vena cava bzw. Vena anonyma dextra gebildet.

Der Aortenbogen projiziert sich so auf die vordere Brustwand, daß die oberste Ausbuchtung des linken Herzkonturs seiner perspektivischen Verkürzung und der Aorta descendens entspricht (Abb. S. 684, linker Bogen der Aorta).

Der Spitzenstoß entspricht nicht genau der Herzspitze. Letztere liegt um wenige Millimeter weiter medial, weil das sich kontrahierende Herz schräg nach vorwärts stößt und weil sich infolgedessen die Kraft außen etwas lateralwärts von der Stelle bemerkbar macht, welche von der Herzspitze berührt wird, und zwar um so mehr, je kräftiger der Spitzenstoß ist („Irradiation" des Spitzenstoßes). Für praktische Zwecke ist der Spitzenstoß eine genügend sichere Marke.

Der linke Vorhof ist vorn nicht sichtbar, außer der Spitze seines Herzohres, welche als Ausbuchtung am linken Herzkontur erkennbar ist (III in Abb. S. 684, linker Vorhofbogen).

Die Vorbuchtungen des Herzkonturs bestehen gewöhnlich aus zwei Stück auf der rechten (I, II) und vier (I—IV) auf der linken Seite, im ganzen sechs Stück (Abb. S. 684). Von den beiden rechten entspricht die untere dem rechten Vorhof, die obere der oberen Hohlvene (eventuell der Aorta). Von den vier linken entspricht die oberste der Aorta, die zweite von oben der Lungenarterie, die dritte von oben dem linken Herzohr und die unterste dem linken Ventrikel.

Parzellierung der nicht nach vorn gewendeten Herzflächen

Die Zwerchfellfläche des Herzens wird zum größten Teil vom linken Ventrikel, ferner von einem schmalen Streifen der rechten Kammer und von demjenigen Teil der rechten Vorkammer gebildet, in welchen die untere Hohlvene mündet (Abb. S. 210 u. Abb. b, S. 679). Die dem hinteren Mediastinum zugewendete Hinterfläche des Herzens ist vorwiegend die Wand der linken Vorkammer, außerdem von der rechten Vorkammer so viel, wie von den nach der vorderen Brustwand und dem Zwerchfell zugewendeten großen Anteilen übrig gelassen wird. In der Fossa cardiaca der rechten Lunge findet man den rechten Vorhof und die rechte Kammer (Abb. S. 210), in der viel tieferen Fossa cardiaca der linken Lunge haben das linke Herzohr, die linke Kammer und noch ein schmaler Streifen der rechten Kammer Platz.

Lage der Ventilebene und ihrer Öffnungen

Bei der Pulsation des Herzens und der Tätigkeit des Zwerchfells bewegt sich die Ventilebene hin und her. Eine konstante Lage kommt ihr also im Leben nicht zu. Dennoch ist es wichtig für den Arzt, ihre relative Lage zu den Hauptebenen des Körpers zu kennen, weil sich daraus die Lage der

einzelnen Ventile zu der Brustwand ergibt. Man kann im Leben die Geräusche
hören, welche die Ventile bei ihren Eigenbewegungen verursachen. Doch sind
sie nicht am deutlichsten gerade an der Stelle, wo sich die betreffende Öffnung
auf die Brustwand projiziert, sondern der Blutstrom und andere Faktoren
leiten entsprechend ihrer Richtung das Geräusch an andere Stellen fort, wo
es dann vom Arzt am leichtesten gehört werden kann. Wenn die „Auskultationsstellen" der Herzklappengeräusche also auch nicht identisch sind
mit der Lage der Ventile selbst, so sind sie doch von der letzteren abhängig.
Die anatomische Grundlage für die akustischen Phänomene ist eben die Lage
der Ventilebene innerhalb des Brustkorbs. Wir können sie im Röntgenbild
nicht sehen, haben also kein anderes Mittel als die Bestimmung an der Leiche.

Da die Herzachse schräg zu der Frontal- und Sagittalebene des Brustkorbs
steht und da der Herzkörper um die Herzachse so gedreht ist, daß das rechte

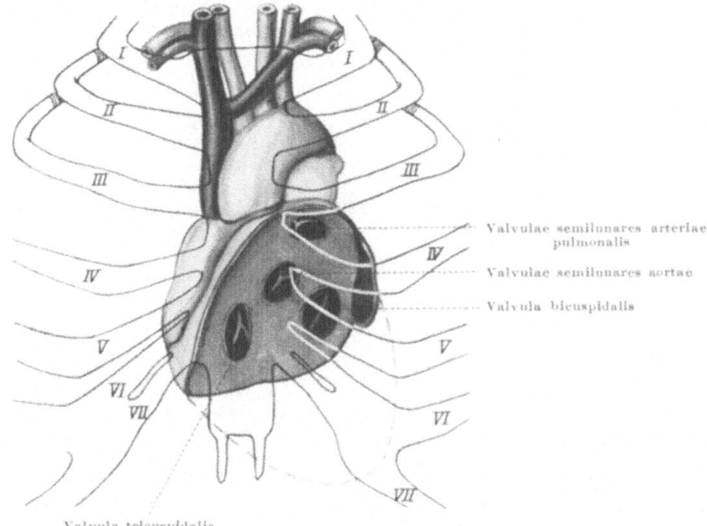

Abb. 331. Stellung der Ventilebene des Herzens im Brustkorb der Leiche. (Mit Benutzung der
Abb. 2 und 3 von H. VIRCHOW, Virchows Arch. f. pathol. Anat., Jahrg. 1913; Herz nach eigenem
Präparat, neben der Ventilebene ist der linke Vorhof angeschnitten.) Herzkontur unterhalb der Ventilebene
gestrichelt.

Herz mehr vorn, das linke Herz mehr hinten zu liegen kommt, so muß auch die
Ventilebene des Herzens windschief im Thorax liegen. Das Ostium atrioventriculare dextrum (Valvula tricuspidalis) kommt am weitesten nach vorn und
rechts zu stehen, das Ostium atrioventriculare sinistrum (Valvula bicuspidalis
s. mitralis) liegt links daneben, aber genau doppelt so weit von der vorderen
Brustwand entfernt (Abb. Nr. 331 u. S. 688). Sieht man von der linken Körperseite her auf die Ventilebene, so sieht man infolge der Stellung des Herzens die
Ebene am wenigsten verkürzt, während in der Ansicht von vorn die perspektivische Verkürzung sehr stark ist. Die Ventile nehmen in der Ansicht von
links den Raum eines etwa gleichschenkligen Dreiecks ein. Die Basis des
Dreiecks wird vorn von der Valvula tricuspidalis und hinten von der Valvula
bicuspidalis begrenzt, an der oberen Spitze des Dreiecks liegt die Klappe der
Pulmonalis (Abb. S. 688); die Aortenklappe liegt etwa in der Mitte des Dreiecks,
dem hinteren Rande genähert.

In der Projektion auf die vordere Brustwand sieht das Dreieck ver-
zerrt aus; es ist mehr ein keilförmiger Streifen, der links oben an der 4. Rippe

beginnt (Pulmonalisklappe), die Schneide des Keiles reicht nach rechts unten bis zum Ansatz der 7. Rippe (Tricuspidalis) und der breite Rücken des Keiles verläuft links vom Brustbein parallel dessen linkem Rande zwischen dem Ansatz des 4. Rippenknorpels und der Höhe des unteren Endes des Brustbeinkörpers (Abb. S. 687).

Gewöhnlich wird die Projektion der Atrioventrikularklappen auf die vordere Brustwand so angegeben, daß sie in einer geraden Verbindungslinie zwischen dem oberen Rand der 3. linken Rippe (3 cm links vom Brustbeinrand) und dem Ansatz der 6. rechten Rippe am Brustbeinrand liegen. Die Projektion der Pulmonalis- und Aortenklappe wird gewöhnlich durch eine gerade Linie zwischen der 3. Rippenbrustbeinverbindung links und der 5. Rippenbrustbeinverbindung rechts bestimmt. Diese Linien entsprechen ihrer Richtung nach etwa dem oberen und unteren Rand des oben beschriebenen Keiles, stehen aber sehr viel weiter kopfwärts als in dem Präparat, welches den Abb. S. 687 u. Nr. 332 zugrunde liegt. Da die Ventilebene je nach dem Stand der Zusammenziehung oder Erweiterung des Herzens und nach dem Zwerchfellstand verschieden hoch steht, so ist auf die Höhenangaben kein großer Wert zu legen. Bei dem Präparat, welches hier zugrunde gelegt ist, ist jedoch der Art der Behandlung nach das Herz post mortem zweifellos nach abwärts gedrückt worden. Dies geht indirekt aus gewissen Anzeichen an Röntgenaufnahmen des lebenden Herzens hervor. Die Lage der Ostien zueinander und zu den Hauptrichtungen des Raumes ist aber exakter als bei den älteren Bestimmungen an Leichen ermittelt.

Die Ebenen der vier Ostien des Herzens wurden an der Leiche wie folgt bestimmt: Beim rechten Ostium atrioventriculare (Tricuspidalis) steht sie fast genau in der Medianebene, beim linken (Mitralis) schaut sie mehr nach vorn als nach links und nur wenig abwärts, steht also im wesentlichen in der Frontalebene. Die Ebenen der Aorten- und Pulmonalisostien sind beim aufrechtstehenden Menschen um 45° zum Horizont geneigt, stehen aber senkrecht zueinander: bei der Pulmonalis schaut die Ventrikelseite des Ostium schräg nach vorn und unten, bei der Aorta schräg nach unten und links.

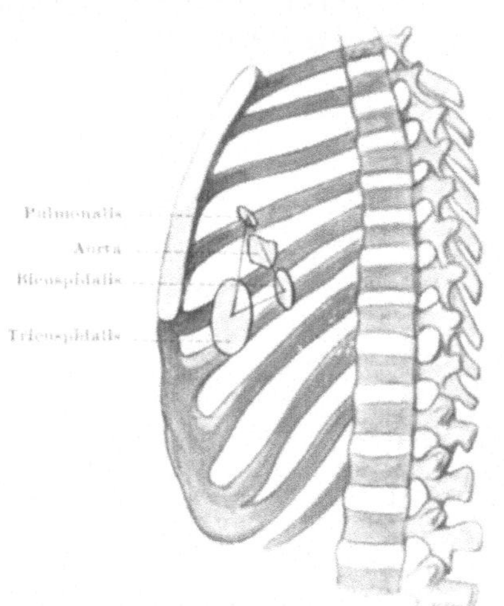

Abb. 332. Die vier Ventile des Herzens an der Leiche. Die Marken schweben nach Wegnahme des Herzens an ihrer richtigen Stelle scheinbar frei im Raume. Athletischer männlicher Körper, mit Formolalkohol von den Gefäßen aus gehärtet, linke Hälfte des Brustkorbs entfernt; dasselbe Präparat wie in Abb. S. 181 (Präparat von H. VIRCHOW, 1913, l. c. Abb. 1).

Die günstigsten Auskultationsstellen sind folgende: 1. für die Aortenklappe im rechten 2. Zwischenrippenraum neben dem Brustbein (das Geräusch wird fortgeleitet durch den Blutstrom an die Stelle der Aortenausbuchtung des rechten Herzkonturs, Abb. S. 684, rechts I); 2. für die Pulmonalklappe im linken 2. Zwischenrippenraum neben dem Brustbein (Geräusch fortgeleitet durch den Blutstrom in der Lungenarterie bis an die Ausbuchtung der Pulmonalis am linken Herzkontur, Abb. S. 684, links II); 3. für die Mitralklappe im linken 5. Zwischenrippenraum etwas einwärts von der Mamillarlinie (Geräusch fortgeleitet durch die Muskulatur gegen die Herzspitze und den Spitzenstoß hin); 4. für die Tricuspidalis über dem Brustbein am Ansatz der 5. rechten Rippe (bei dem in Abb. S. 687 abgebildeten Befund liegt die Klappe in der Höhe des unteren Randes des Brustbeinkörpers, also beträchtlich tiefer als diese Stelle; dies ist um so auffallender, da der Klappenschluß und damit das Geräusch bei der Annäherung der Ventilebene an die vordere Brustwand auftritt, die günstigste Auskultationsstelle also besonders tief und nicht besonders hoch zu erwarten wäre. Der Fehler liegt am Präparat und ist wahrscheinlich auf die künstliche Herabdrängung des Herzens zu beziehen, die Auskultationsstelle ist gewöhnlich die richtige).

Bei der Untersuchung des Aortengeräusches wird außer an der Stelle im rechten 2. Zwischenrippenraum auch links vom Brustbein im 3. Zwischenrippenraum auskultiert, ebenso bei der Mitralis anstatt im 5. Zwischenrippenraum links im linken zweiten. Überhaupt gilt als Regel in der Klinik, an zahlreichen Stellen zu auskultieren, um die beste zu finden; der Ton jeder Klappe hat seinen eigenen lautlichen Charakter und kann daran von den Schallerscheinungen an den anderen Klappen unterschieden und unabhängig von der Lage diagnostiziert werden. Die Fortleitung der Geräusche wechselt nach diesen Erfahrungen individuell und temporär; die beste Auskultationsstelle ist infolgedessen manchmal dem anatomischen Ort des Ostium mehr genähert als gewöhnlich (siehe die klinischen Lehrbücher).

Die Projektion des Herzens auf die vordere Brustwand ergibt gewöhnlich ein länglich ovales Bild von Eiform, dessen stumpfer Pol oben rechts, dessen spitzer Pol unten links liegt (Abb. a, S. 189). Die Röntgenuntersuchungen neuerer Zeit haben uns jedoch zahlreiche temporäre und individuelle Abweichungen kennen gelehrt (Orthodiagramme). Die temporären Verschiedenheiten bei dem gleichen Individuum sind geringen Grades; sie hängen von der Atmung, insbesondere von dem Hoch- oder Tiefstande des Zwerchfells in den verschiedenen Atmungsphasen, und von der Stellung des Körpers im ganzen (Stehen, Liegen) ab, welche ihrerseits die Art der Atmung beeinflußt. Die recht beträchtlichen individuellen Verschiedenheiten beruhen wesentlich auf der Konstitution des betreffenden Menschen und äußern sich daher nicht nur am Herzen, sondern gleichsinnig an der Form des Brustkorbes u. a. m.

Abarten des Herzbildes

Die übliche schematische Projektion der Herzgrenzen auf die vordere Brustwand hat nur sehr bedingten Wert. Zieht man die betreffenden Grenzen und kontrolliert man sie bei dem gleichen Individuum am Röntgenschirm, so ist das wahre Herzbild sehr oft davon recht verschieden. Man zieht die Herzgrenzen gewöhnlich so, daß man auf die vordere Brustwand eine Linie von der Stelle des Spitzenstoßes im linken 5. Zwischenrippenraum in einer gleichbleibenden Entfernung von $3-3^1/_2$ cm vom linken Rande des Brustbeines bis zur Mitte des linken 2. Zwischenrippenraumes aufzeichnet, von dort schräg über das Brustbein zum Oberrand der 3. rechten Rippe, $1^1/_2-2$ cm vom rechten Brustbeinrand entfernt, herüberfährt und von hier aus die Linie abwärts in leicht nach außen konvexem Bogen zum Unterrand des rechten 5. Rippenknorpels, etwa $1^1/_2$ cm vom rechten Sternalrand entfernt, weiter führt, um schließlich von diesem Punkt zum Ausgangspunkt an der Herzspitze durch eine gerade Verbindungslinie zurückzukehren. Zu einer ungefähren Orientierung ist die Vorschrift brauchbar.

Das Zwerchfell ist bei den temporären Abänderungen des Herzbildes am meisten beteiligt, doch ist die Veränderung dabei nicht wesentlich; es ist auch ein Hauptfaktor bei den sehr wesentlichen individuellen Verschiedenheiten, weil je nach der Form des Brustkorbes die Zwerchfellatmung einen sehr verschiedenen Grad und Charakter hat (Bd. I, S. 201—202). Das Herz folgt den Bewegungen des Herzbeutels, wenn der Herzsattel des Zwerchfells bei angestrengtem Atmen gesenkt wird. Gewöhnlich bleibt dabei die nach oben gerichtete Spitze des Herzbeutels stehen, seine nach unten gerichtete Basis wird weiter nach abwärts verlagert, die konische Herzbeutelfigur wird infolgedessen in die Länge gezogen. Dies ist z. B. in besonderem Maße beim hochgradigen asthenischen Habitus der Fall, bei welchem der Brustkorb im Röntgenbild einem hohen Spitzfenster der Spätgotik gleicht und das Zwerchfell beim Stehen oft stark nach abwärts verlagert ist. Das Herz nimmt, da es den Herzbeutel ausfüllt, seine Form an; sein Bild, von vorn gesehen, gleicht einem hängenden Tropfen, **Tropfenherz**. Vom üblichen Herzbild (schräg gestelltes Ei) unterscheidet es sich wesentlich durch die Steilstellung der Längsachse („Steilherz"). Bei abgeflachtem Zwerchfell, am ausgeprägtesten bei gleichzeitiger Hochstellung desselben, legt sich umgekehrt der Herzbeutel wie ein umgefallener Sack auf den Herzsattel, dies bedingt eine Querstellung der Längsachse des Herzens („Querherz"). Beim emphysematischen Habitus, bei schwangeren Frauen und bei alten Leuten ist dies die Regel. Gewöhnlich steht das Herz beim Gesunden schräg, Schrägstellung der Herzachse („Schrägherz").

Schräg-, Steil- und Querherz

Der Winkel zwischen Körperlängsachse und Herzlängsachse, welcher gewöhnlich 40° beträgt, schwankt je nach der Körperstellung und -haltung um 5—10° nach oben und unten, verändert sich jedoch konstitutionell ganz erheblich (er erhöht sich beim Querherz bis auf 90° und er verringert sich beim Steilherz auf wenige Grade oder bis auf Null).

Die Merkmale des asthenischen Habitus sind nicht nur am Brustkorb und Herzen, sondern über den ganzen Körper verstreut zu finden, z. B. steil gestellter und nicht selten auch gesenkter Magen („Steilmagen"), Schwellung der Lymphknoten (Lymphatismus), Schwäche der bindegewebigen Strukturen usw. Deshalb ist kein Zweifel, daß die Konstitution im ganzen betroffen und die Lage und Form des Herzens nur ein Symptom eines Allgemeinzustandes ist. Die betreffenden Menschen sind Kümmerformen der Rasse. Daneben kommen auch selbständige Varianten des Herzbildes vor, z. B. kann in einem normalen Brustkorb ein Tropfenherz oder in einem langen, flachen Brustkorb ein typisches Schrägherz gefunden werden. Die Abhängigkeiten sind keine ausnahmslos gesetzlichen, die üblichen Regeln lassen vielmehr Ausnahmen zu. Deshalb erfordert die Untersuchung eine auf den ganzen Körper des Menschen gerichtete, peinlich genaue Analyse.

Man mißt an den Orthodiagrammen der Röntgenaufnahmen bei lebenden Menschen 1. den größten Abstand des linken Herzrandes von der Medianlinie des Körpers, 2. den größten Abstand des rechten Herzrandes von der Medianlinie, 3. die Herzlängsachse (Abstand des Einschnittes zwischen I und II des rechten Herzkonturs und der Herzspitze, Abb. S. 684). Diese drei Maße des Herzschattens geben einen ungefähren Anhaltspunkt für die Größe des Herzens selbst, welche beim Lebenden nicht unmittelbar gemessen werden kann. Große Zahlreihen haben ergeben, daß bei gesunden Menschen die Herzgröße nicht immer gleichsinnig mit der Körpergröße und dem Körpergewicht sinkt und steigt, sondern daß viele andere Momente mit hineinspielen, in erster Linie die konstitutionelle Form des Brustkorbs. Die Beziehung zwischen Herz und Brustkorb wird am Röntgenbild durch den Vergleich des Querdurchmessers des Herzens (Nr. 1 + Nr. 2 der drei oben angegebenen Maße) mit dem Querdurchmesser der beiden Lungen an der breitesten Stelle der letzteren festgestellt (Lungenbreite). Gewöhnlich ist die doppelte Herzbreite gleich der Lungenbreite; überschreitet die doppelte Herzbreite das Maß der Lungenbreite, so ist das Herz größer als normal, bleibt sie dahinter erheblich zurück, so ist das Herz kleiner als normal.

Diese einfache Regel erleidet Einschränkungen, sobald die Lunge pathologisch verändert ist; ist sie beispielsweise überdehnt (Emphysem), so kann selbstverständlich auch beim normalen Herzen sein doppelter Querdurchmesser kleiner als die (pathologisch vergrößerte) Lungenbreite sein. Über die Wirkung der Lungen auf das Schattenbild des Herzens siehe S. 678.

(Randtitel: Herz- und Lungenbreite*)*

Berichtigung.

S. 105 Zeile 12 u. 16 von oben lies Sulcus nasopharyngeus statt Meatus nasopharyngeus.

S. 110 Abb. 62 „ Tonsilla pharyngea statt Tonsilla palatina.

S. 134 Abb. 80 „ Sulcus nasopharyngeus statt Meatus nasopharyngeus.

S. 343 Abb. 180 sind die Bezeichnungen „Urnierengang (Wolffscher Gang)" und „Urnierenkanälchen mit Urnierenkörperchen" vertauscht.

S. 394 Zeile 3 von oben lies M. rectovesicalis statt M. retrovesicalis.

Sachverzeichnis für Text und Abbildungen.